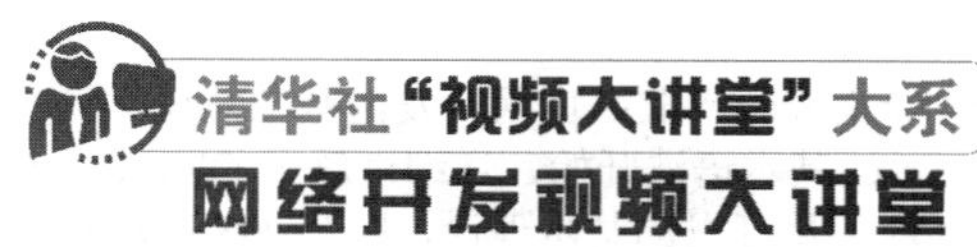

iOS 开发从入门到精通

刘 燕 编著

清华大学出版社

北 京

内 容 简 介

《iOS 开发从入门到精通》一书以 iOS 9.0、Xcode 6.4 为平台，全面介绍了 iOS 应用开发的基础知识。

掌握 Objective-C 语言是 iOS 应用开发的基础，全书从 Objective-C 基本语法开始，详细讲解了 Objective-C 语法结构、Objective-C 面向对象特征、Foundation 核心类库用法，iOS 应用开发的基本理论，以及 iOS 应用和编程技巧，主要包括 iOS 应用核心、窗口和视图、事件处理、视图控制器绘图、文件、SQLite、数据处理、网络、多媒体、设备支持、游戏开发等内容。本书还提供了很多开发应用案例，模仿练习这些案例，能够帮助用户快速地找到实战的感觉。

1．同步视频讲解，让学习更为直观高效。200 节大型高清同步视频讲解，先看视频再学习效率更高。

2．海量精彩实例，用实例学更轻松快捷。102 个精彩实例，模仿练习是最快捷的学习方式。

3．精选行业案例，为高薪就业牵线搭桥。4 个大型综合案例，为就业奠定实战经验。

4．完整学习套餐，为读者提供贴心服务。iOS 参考手册 26 部，实用模板 380 套，工具集 30 部，前端案例 1770 个，海量配色图卡，让学习更加方便。

5．讲解通俗翔实，看得懂学得会才是硬道理。

本书内容翔实、结构清晰、循序渐进，基础知识与案例实战紧密结合，既可作为 iOS 初学者的入门教材，也适合中高级用户对新技术做进一步的学习和参考。

图书在版编目（CIP）数据

iOS 开发从入门到精通/刘燕编著. —北京：清华大学出版社，2017
（清华社“视频大讲堂”大系　网络开发视频大讲堂）
ISBN 978-7-302-44866-2

I. ①i…　II. ①刘…　III. ①移动终端-应用程序-程序设计　IV. ①TN929.53

中国版本图书馆 CIP 数据核字（2016）第 201679 号

责任编辑：杨静华
封面设计：李志伟
版式设计：牛瑞瑞
责任校对：王　云
责任印制：刘海龙

出版发行：清华大学出版社
网　　址：http://www.tup.com.cn，http://www.wqbook.com
地　　址：北京清华大学学研大厦 A 座　　邮　　编：100084
社 总 机：010-62770175　　邮　　购：010-62786544
投稿与读者服务：010-62776969，c-service@tup.tsinghua.edu.cn
质 量 反 馈：010-62772015，zhiliang@tup.tsinghua.edu.cn
印 装 者：三河市铭诚印务有限公司
经　　销：全国新华书店
开　　本：203mm×260mm　　印　　张：55.25　　字　　数：1591 千字
（附 DVD 光盘 1 张）
版　　次：2017 年 10 月第 1 版　　印　　次：2017 年 10 月第 1 次印刷
印　　数：1～5000
定　　价：108.00 元

产品编号：062156-01

前　言

Preface

随着 4G 网络和移动互联网技术的普及，以苹果 iOS 为代表的移动应用开发方兴未艾。苹果应用商店影响着各行各业，拥有超过 30 万个应用可供用户随意下载，每天有成百上千的 iOS 开发者跟随潮流，各种新奇的应用不断涌现，商店中造就了很多富翁，如果您真的有意从事 iOS 开发，并想通过好的软件设计让开发工作更加高效，那么就应该阅读本书。

学习新的编程语言绝非易事，一旦学会开发 iOS 应用程序，就很容易被它优美的设计和结构所打动。这种优美来自设计者的深思熟虑，通过把各种为人熟知或不为人知的设计模式应用到框架的各种基础结构之中，为开发者提供了很好的可扩展性与灵活性。

对于一个多年奋战在移动应用开发第一线的人来说，iOS 开发是一个全新的领域。本书旨在成为 iOS 开发的权威指南，引导读者了解如何在 iOS 平台上以 Objective-C 语言实现开发。

本书特色

☑　系统的基础知识

全书兼顾理论和技术，以理论为纲，以技术为体，旨在向读者介绍 iOS 开发相关的知识，并以循序渐进的方式提高学习者的开发技能。读者只需通过 24 章内容的学习，就能掌握所有 iOS 基础知识。

☑　可操作的实战体验

本书通过大量的案例实战，直观引导上机练习。所有的程序都经过作者认真调试，可以直接运行。读者不可能在一夜之间就开发出 iOS 应用程序，但是只要多加练习，完全可以在几天之内编写出初级应用程序。相信在苹果开发工具上花费的时间越多，创建出激动人心的应用程序的可能性就越大。

☑　讲解深入浅出

全书很多内容来自编者多年开发的经验。根据 iOS 开发的实际情况，针对新版本进行内容上的调整。全书实例丰富，讲解到位，代码分析详细，实用性强。作为编程类书籍，免不了有大量的代码，但本书对多数代码都进行了阐释。

☑　结构完整

本书以 iOS 开发为主题，由浅入深介绍了整个 iOS 框架层次，包括 Objective-C 语言简介、SDK 的构成、Foundation 框架、UIKit 框架、QuartzCore、Core Animation 以及其他第三方扩展框架等。

☑　同步视频讲解，海量资源赠送

本书光盘中包含书中范例的同步视频讲解、源文件及大量参考素材（由于光盘容量有限，部分资源需登陆出版社网站按指定地址下载）。扫描图书封底的二维码，可在手机中在线学习教学视频。

本书内容

本书共 24 章，具体结构划分如下。

第 1 部分：Objective-C 语言部分，包括第 1～7 章。这部分内容主要介绍了 Objective-C 相关基础知识，包括 iOS 开发基础，Objective-C 基本语法、数据类型、运算符、语句、C 特性、类、协议和对象。

第 2 部分：iOS 部分，包括第 8～20 章。这部分内容主要讲解 iOS 开发相关框架和各种应用主题。主要内容包括 Foundation 框架、iOS 开发入门、窗口和视图、视图控制器、事件、iOS 控件详解、绘图、动画、多媒体、设备管理、文件操作、数据库操作等。

Note

第 3 部分：案例部分，包括第 21～24 章。这部分内容主要通过 4 个案例具体演示 iOS 应用程序开发的过程。

本书读者

本书适合以下读者：

☑ 从未接触过 Objective-C 语言的初学者。
☑ 希望在苹果应用商店淘金的创业人员。
☑ 从其他语言转向 iOS 开发的程序员。
☑ 正准备转向移动应用开发的 iOS 应用程序开发人员。

本书约定

本书是为从未进行过 iOS 开发的读者而写的，读者不需要有 Objective-C、Cocoa 和 Apple 开发工具方面的经验。当然，如果有一定的开发经验，将更容易掌握这些工具和技术。

读者在阅读每章的内容时，应该事必躬亲，手动输入每行代码，同时应该理解每一节中的重要概念。另外。读者还需花时间阅读 APP 开发文档，并研究本书介绍的主题。有关 iOS 开发的信息浩如烟海，而本书的篇幅有限，只能为读者打下坚实的 iOS 开发基础。

阅读本书之前，读者需要已安装苹果 Mac OS X 10.10.x 以上版本操作系统的计算机，PC 也可以安装 Mac OS X，或根据系统情况和需要选择安装 iPhone SDK 软件包，可以在 http://developer.apple.com/iphone/program/download.html 免费下载。

本书所有示例都是用 Mac OS X 10.10 上的 Xcode 6.4 以及 iOS 9 开发的。读者需要一个苹果开发人员账户来访问大部分工具和文档，并且需要一个开发人员许可证来运行 iOS 设备上的应用程序。可参考 https://developer.apple.com/programs/并注册账号。本书中大部分示例可以在 Xcode 6.4 的 iOS 模拟器中运行。使用 iOS 模拟器就不需要苹果开发人员许可证了。当然，如果读者需要把自己开发的程序放在 App Store 上销售，还需要花费 99 美元去购买许可证。

苹果网站上提供了大量文档。如果想在 Xcode 中寻找文档，请在 Help 菜单下选择 Documentation and API Reference，在 Documentation Organizer 窗口中单击搜索图标，输入文档的标题，并从搜索结果中选择文档。如果想在苹果官方网站查找文档，可以访问 https://developer.apple.com/，单击 Member Center 并登录，选择 iOS Dev Center，并在搜索框中输入文档关键词即可。

关于我们

参与本书编写的人员还包括咸建勋、奚晶、文菁、李静、钟世礼、李增辉、甘桂萍、杨凡、李爱芝、余乐、孙宝良、余洪萍、谭贞军、孙爱荣、何子夜、赵美青、牛金鑫、孙玉静、左超红、蒋学军、邓才兵、袁江、李东博等。由于编者水平有限，书中疏漏和不足之处在所难免，欢迎读者朋友不吝赐教。广大读者如有好的意见、建议，或在学习本书时遇到疑难问题，可以联系我们，我们会尽快为您解答，联系方式为 jingtongba@163.com。

编　者

目 录

Contents

Note

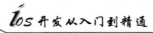

Note

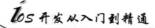

Note

Note

Note

Note

iOS基础

（视频讲解：23分钟）

iOS是目前最主流的两种移动设备操作系统之一（另一种是Android），该操作系统由苹果公司开发，最早于2007年1月9日的Macworld大会上公布，随后于同年6月发布第一版iOS操作系统，当初的名称为iPhone runs OS X。最初iOS是设计给iPhone使用的，后来陆续套用到iPod touch、iPad及Apple TV等苹果产品上。

本章将简单介绍iOS基础知识及其架构，熟悉使用Xcode编写简单的Objective-C程序，以及创建简单的单视图界面项目，为后面实践学习奠定基础。

【学习要点】

- 了解iOS
- 了解Objective-C
- 熟悉Xcode工具
- 能够在Xcode中编写Objective-C程序，并进行测试
- 能够在Xcode中创建应用项目

1.1 iOS 发展历史

Note

iOS 系统诞生至今已近 10 年，这期间手机行业发生了翻天覆地的变化。从第一代时的无名小辈，到现在的行业霸主，iOS 经过不断发展和完善，逐步被用户熟悉和追捧。下面简单介绍 iOS 的发展历史。

1. iPhone OS 1.0

2007 年 1 月 9 日，苹果公司在 Macworld 展览会上公布 iPhone OS，随后于同年 6 月发布第一版 iOS 操作系统，最初名称为 iPhone Runs OS X。

2007 年 10 月 17 日，苹果公司发布了第一个本地化 iPhone 应用程序开发包（SDK），并且计划于次年 2 月发送到每个开发者以及开发商手中。

3.5 英寸 480×320 分辨率的大屏幕、多点触控的交互方式，以及简洁的 UI，颠覆了人们对于传统意义上手机的认识。如图 1.1 所示为 iPhone OS 1.0 界面。

2. iPhone OS 2.0

在 iPhone OS 诞生初期，还没有应用商店可供下载第三方的应用程序。苹果公司在 2008 年 3 月发布了第一款 iOS 软件开发包，并且将 iPhone Runs OS X 改名为 iPhone OS，如图 1.2 所示为 iPhone OS 2.0 界面。

图 1.1　iPhone OS 1.0

图 1.2　iPhone OS 2.0

同年 7 月，苹果公司推出 App Store，这是 iOS 历史上的一个重要里程碑，它的出现开启了 iOS 和整个移动应用时代。2008 年 9 月，苹果将 iPod touch 系统也换成了 iPhone OS。

收入三七分成的制度和良好的生态环境迅速吸引了大量开发者。在此后的几年中，苹果不停完善 App Store 的功能。直到现在，App Store 里的应用数量都是苹果最值得骄傲的地方之一。

3. iPhone OS 3.0

iPhone OS 3.0 的实用性较之前大大增强，填补了前两代系统的空白。例如，键盘的横向模式、新邮件和短信的推送通知、彩信、数字杂志，以及最初的语音控制功能，能够帮助用户寻找、播放音乐以及调用联系人，还有最重要的复制粘贴功能。

2010 年 4 月，苹果发布了 iOS 3.2。iOS 3.2 是一次划时代的演变，因为这是第一款针对大屏 iPad 平板优化的移动系统，苹果公司重新设计了 iPhone OS 的系统结构和自带程序，如图 1.3 所示。

4. iOS 4

2010 年 6 月，苹果公司将 iPhone OS 改名为 iOS，同时还获得了思科 iOS 的名称授权。

2010 年第四季度，苹果公司的 iOS 占据了全球智能手机操作系统 26%的市场份额。

2011 年 10 月 4 日，苹果公司宣布 iOS 平台的应用程序已经突破 50 万个。

2012 年 2 月，应用总量达到 552247 个，其中游戏应用最多，达到 95324 个，比重为 17.26%；书籍类总量为 60604 个，排在第二，比重为 10.97%；娱乐应用排在第三，总量为 56998 个，比重为 10.32%。

iOS 4 是前四代 iOS 系统中外观改善最大的一代操作系统，乔布斯及其设计团队为界面上的图标设计了复杂的光影效果，让界面看上去更加漂亮，如图 1.4 所示。例如，Game Center 的界面颜色丰富，绿色、酒红色、黄色等，上下底部则是类实木设计。正是在这一版系统中，仿真拟物风格（skeuomorphic）开始完善起来。

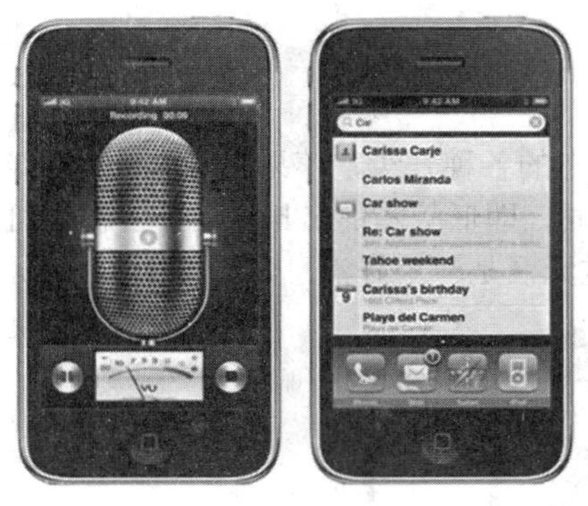

图 1.3　iPhone OS 3.2

图 1.4　iOS 4

5. iOS 5

iOS 5 的界面与 iOS 4 基本相同，新添了一项重要功能：Siri。这是苹果第一次尝试让用户以不同的方式使用 iOS 设备，并将 Siri 打造成为 iOS 中的个人助理服务。

仿真拟物设计在 iOS 5 中可谓达到了极致，苹果的软件界面中大量模仿现实世界中的实物纹理，例如，黄色纸张背景的备忘录和亚麻纹理的提醒应用。通知中心也在此版本中被引入了。

6. iOS 6

2012 年 6 月，苹果公司在 WWDC 2012 上发布了 iOS 6，提供了超过 200 项新功能。例如，全新设计的地图软件，Passbook，全景相机，蜂窝数据状态下的 FaceTime，丢失模式等都在 iOS 6 中加入。

7. iOS 7

2013 年 6 月 10 日，苹果公司在 WWDC 2013 上发布了 iOS 7，重绘了所有的系统 APP，去掉了所有仿实物化，整体设计风格转为扁平化设计，采用全新的图标界面设计，总计有上百项改动，其中包括控制中心、通知中心、多任务处理能力等。

8. iOS 8

2014 年 6 月 3 日，苹果公司在 WWDC 2014 上发布了 iOS 8。iOS 8 对其下所有平台进行了整合，使其生态环境愈发完善。Continuity 功能的加入使苹果旗下的产品联系得更紧密，如图 1.5 所示。

Note

图 1.5　Continuity

9. iOS 9

在 WWDC 2015 上，苹果公布了 iOS 9 系统，除了功能上的各种升级，苹果把 iOS 9 的升级门槛控制在与上一代的 iOS 8 相同，支持的升级设备与 iOS 8 相同，即低版本的 iPhone 4S 手机也可以升级到 iOS 9，iPhone 4S 作为最受欢迎的 iPhone 手机之一，这无疑是一个好消息，如图 1.6 所示。

图 1.6　iOS 9

10. iOS 10

在 WWDC 2016 中，苹果发布了最新一代的 iOS 10 系统，带来包含众多出色新功能的 APP，以及全新设计的地图、照片和 Apple Music。实现 Apple Pay 网页支付。系统设计了 iOS、macOS、watchOS、tvOS 四大支柱操作系统。

1.2　iOS 特性

1. 界面设计

iOS 支持多点触控操作。控制方法包括滑动、轻触开关及按键。与系统互动包括滑动（Swiping）、轻按（Tapping）、挤压（Pinching，通常用于缩小）及反向挤压（Reverse Pinching or Unpinching，通常用于放大）。此外，通过 iOS 内建的加速器，可以令其旋转装置改变其 y 轴，以令屏幕改变方向，这样的设计使 iPhone 更便于使用。

屏幕的下方有一个 Home 按键，界面底部则是 dock，使用者最常用的 4 个程序图标被固定在 dock 上。界面上方有一个状态栏能显示有关资讯，如时间、电量和信号强度等。界面中间主体区域用于显示当前的应用程序。启动 iPhone 应用程序的唯一方法就是在当前屏幕上点击该程序的图标，退出程序则是按下屏幕下方的 Home 键。在第三方软件退出后，iPhone 应用程序直接就被关闭了，但在 iPhone 3.0 及后续版本中，当第三方软件收到了新的信息时，苹果公司的服务器将把这些通知推送至 iPhone 或 iPod Touch 上（不管是否正在运行中）。

Note

2. iOS 内置大量应用程序

以 iPhone 4.1 版本为例，iPhone 主接口包括以下内建的应用程序：SMS（短信）、日历、照片、相机、YouTube、股市、地图（AGPS 辅助的 Google 地图）、天气、时间、计算器、备忘录、系统设定、iTunes、App Store 以及联络资讯。还有 4 个位于最下方的常用应用：电话、Mail、Safari 和 iPod。在后继版本中，新的应用程序不断充实，功能也不断得到完善，在此就不再一一举例。

3. 第三方支持

iOS 支持第三方应用，用户只能从 App Store 中用官方的方法安装完整的第三方应用软件。然而，自 iOS 起步之日起，就已经有 App Store 以外第三方软件可以在 iPhone 上运行，但是任何一次 iOS 更新都可能会破坏这些软件。

4. 硬件支持

☑ 多点触摸和手势。触摸功能在 iOS 设备之前就被采用，但基本都是单点触摸，即只能用一个手指，而 iOS 设备能够感应多个手指的触摸。为了配合这种多点触摸，iOS 上的触摸分为多种手势：触击、双击、滑动、长时间触击、轻拂、刷屏和手指合拢张开等。

☑ 统一的屏幕尺寸。统一的屏幕尺寸给应用软件开发带来很多好处，开发人员可以不用关心屏幕尺寸适配的问题，从而把精力集中在其他方面。

☑ 高分辨率。iPhone 4S 的屏幕分辨率是 960×640，iPhone 5 和第 5 代 iPod touch 的屏幕分辨率是 1136×640，第 1、2 代 iPad 的屏幕分辨率是 1024×768，第 3 代 iPad 的屏幕分辨率是 2048×1536，而 iPad mini 的屏幕分辨率是 1024×768。

☑ 重力加速计。iOS 内置了重力加速计。有了重力加速计，用户能够玩很多有意思的游戏（如极品飞车，它可以把 iPhone 作为方向盘，通过重力加速计感应方向的变化）。此外，还有很多与重力加速计有关的应用软件，如水平尺应用等。

☑ 指南针。iOS 内置了指南针设备。很多应用基于指南针，例如，导航软件和地图应用软件。

☑ 蓝牙和 Wi-Fi 连接。iOS 内置了蓝牙和 Wi-Fi 通信模块。iOS 设备之间可以采用 Wi-Fi 互相连接，也可以采用蓝牙进行连接，很多基于局域网的游戏就是通过这个功能实现的。当然，也可以通过 Wi-Fi 上网。此外，iOS 还可以与计算机连接。

1.3 iOS 架构

iOS 架构和 Mac OS 的基础架构相似。从高级层次来看，iOS 扮演底层硬件和应用程序（显示在屏幕上的应用程序）的中介，如图 1.7 所示。用户所创建的应用程序不能直接访问硬件，而需要和系统接口进行交互。系统接口转而又去和适当的驱动打交道。这样的抽象可以防止应用程序改变底层硬件。

iOS 实现可以看作是多个层的集合，如图 1.8 所示，底层为所有应用程序提供基础服务，高层则包含一些复杂巧妙的服务和技术。

Note

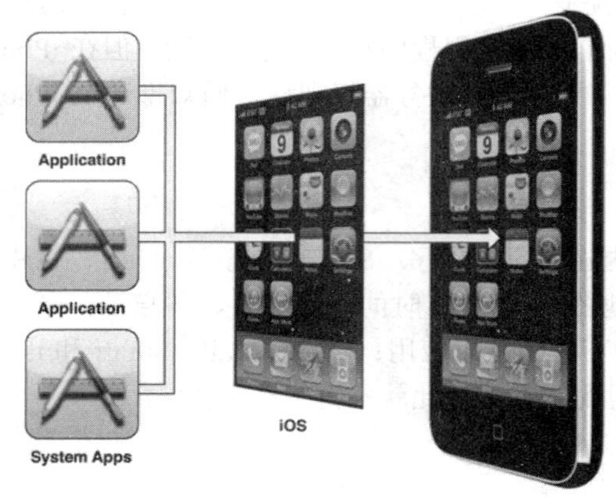

图 1.7　应用程序位于 iOS 上层

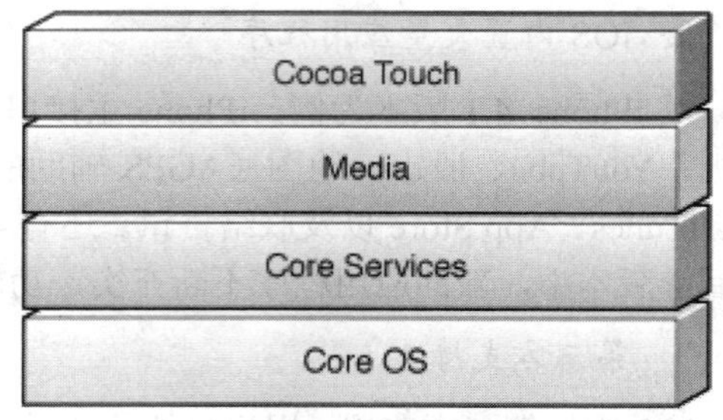

图 1.8　iOS 架构层次

在编写代码时，应该尽可能地使用高层框架，而不要使用底层框架。高层框架为底层构造提供面向对象的抽象。这些抽象可以减少需编写的代码行数，同时还对诸如 Socket 和线程这些复杂功能进行封装，从而让编写代码变得更加容易。虽说高层框架是对底层构造进行抽象，但是它并没有把底层技术屏蔽起来。如果高层框架没有为底层框架的某些功能提供接口，开发者可以直接使用底层框架。

注意：虽然应用程序通常会和底层硬件隔离，但是编写应用程序代码时仍需考虑设备之间的某些差异。例如，iPad 和 iPod touch 不能打开包含电话号码的 URL，但是 iPhone 可以。

1.3.1　Cocoa Touch 层

Cocoa Touch 层包含创建 iOS 应用程序所需的关键框架。上至实现应用程序可视界面，下至与高级系统服务交互，都需要该层技术提供底层基础。在开发应用程序时，尽量不要使用更底层的框架，尽可能使用该层的框架。

1. Cocoa Touch 层高级特性

Cocoa Touch 层包含如下常见特性，对于打算在应用程序中支持这些特性的用户来说，掌握这些特性尤为重要。

☑　多任务。
☑　数据保护。
☑　推送通知服务。
☑　本地通知。
☑　手势识别器。
☑　文件共享支持。
☑　点对点服务。
☑　标准系统视图控制器。

提示：UIKit 框架中包含一个 UIGestureRecognizer 类，它定义了所有手势识别器的基本行为。可以使用自定义的手势识别器子类或系统定义的某个子类来处理下面这些标准手势：

- ☑ 拍击（任意次数的拍击）。
- ☑ 向里或向外捏（用于缩放）。
- ☑ 摇动或者拖曳。
- ☑ 擦碰（以任意方向）。
- ☑ 旋转（手指朝相反方向移动）。
- ☑ 长按。

2. Cocoa Touch 层包含的框架

☑ Address Book UI 框架。

Address Book UI 框架（AddressBookUI.framework）可以显示创建或编辑联系人的标准系统界面。

☑ Event Kit UI 框架。

Event Kit UI 框架（EventKitUI.framework）提供一个视图控制键，可以展现查看并编辑事件的标准系统界面。Event Kit UI 框架的事件数据是该框架的构建基础。

☑ Game Kit 框架。

Game Kit 框架（GameKit.framework）支持点对点连接及游戏内语音功能。可以通过该框架为应用程序增加点对点网络功能。

☑ iAd 框架。

可以通过 iAd 框架（iAd.framework）在应用程序中发布横幅广告。

☑ Map Kit 框架。

Map Kit 框架（MapKit.framework）提供一个可被嵌入到应用程序的地图界面，该界面包含一个可以滚动的地图视图。

☑ Message UI 框架。

可以利用 Message UI 框架（MessageUI.framework）撰写电子邮件，并将其放入用户的发件箱排队等候发送。

☑ UIKit 框架。

UIKit 框架（UIKit.framework）的 Objective-C 编程接口为实现 iOS 应用程序的图形及事件驱动提供关键基础。iOS 系统所有程序都需要通过该框架实现应用程序管理、用户界面管理、图形和窗口支持、多任务支持、处理触摸及移动事件等。

1.3.2　媒体层

媒体层包含图形技术、音频技术和视频技术，这些技术相互结合就可为移动设备带来最好的多媒体体验，更重要的是，它们使创建外观与音效俱佳的应用程序变得更加容易。可以使用 iOS 的高级框架更快速地创建高级的图形和动画，也可以通过底层框架访问必要的工具，从而以某种特定的方式完成某种任务。

1. 媒体层高级特性

媒体层包含如下常见特性。

- ☑ 图形技术。
- ☑ 音频技术。
- ☑ 视频技术。

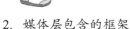

2. 媒体层包含的框架

媒体层包含如下常用框架。

☑ AV Foundation 框架。

☑ Core Audio 框架。

☑ Core Graphics 框架。

☑ Core Text 框架。

☑ Core Video 框架。

☑ Image I/O 框架。

☑ 媒体播放器框架。

☑ OpenGL ES 框架。

☑ OpenAL 框架。

☑ Quartz Core 框架。

☑ 资产库框架。

1.3.3 Core Services 层

Core Services 层为所有的应用程序提供基础系统服务。可能应用程序并不直接使用这些服务，但这些服务是系统很多部分赖以构建的基础。

1. Core Services 层高级特性

☑ 块对象。

在 iOS 系统中，块对象通常用于作为委托或委托方法的替代品、作为回调函数的替代品、实现一次性操作的完成处理器、简化在群体所有子项上迭代执行某种任务的操作和配合分发队列等场合。

☑ Grand Central Dispatch。

iOS 4.0 引入了 Grand Central Dispatch（GCD），它是 BSD 级别的技术，可用于在应用程序内管理多个任务的执行。

☑ 应用程序内购买（In App Purchase）。

可以在应用程序内出售内容或服务。

☑ 定位服务。

应用程序可使用 Core Location 框架提供的接口追踪用户位置。

☑ SQLite 库。

SQLite 库允许开发者将一个轻量级 SQL 数据库嵌入到应用程序，而且开发者不需要运行独立的远程数据库服务器进程。

☑ XML 支持。

Foundation 框架支持使用 NSXMLParser 类从 XML 文档中解析元素。

2. Core Services 层包含的框架

下面将介绍 Core Services 层的框架及这些框架提供的服务。

☑ Address Book 框架。

☑ CFNetwork 框架。

☑ Core Data 框架。

☑ Core Foundation 框架。

☑ Core Location 框架。

- ☑ Core Media 框架。
- ☑ Core Telephony 框架。
- ☑ Event Kit 框架。
- ☑ Foundation 框架。
- ☑ Mobile Core Services 框架。
- ☑ Quick Look 框架。
- ☑ Store Kit 框架。
- ☑ System Configuration 框架。

Foundation 框架为下述功能提供支持：

- ☑ 群体数据类型（数组、集合等）。
- ☑ 程序包。
- ☑ 字符串管理。
- ☑ 日期和时间管理。
- ☑ 原始数据块管理。
- ☑ 偏好管理。
- ☑ URL 及数据流操作。
- ☑ 线程和 RunLoop。
- ☑ Bonjour。
- ☑ 通信端口管理。
- ☑ 国际化。
- ☑ 正则表达式匹配。
- ☑ 缓存支持。

> **提示：** Foundation 框架（Foundation.framework）为 Core Foundation 框架的许多功能提供 Objective-C 封装。可以参考 Core Foundation 框架了解前面对 Core Foundation 框架的描述。

1.3.4 Core OS 层

Core OS 层的底层功能是很多其他技术的构建基础。在通常情况下，这些功能不会直接应用于应用程序，而是应用于其他框架。但是，在直接处理安全事务或和某个外设通信时，必须应用到该层的框架。

Core OS 层包含 Accelerate 框架、External Accessory 框架、Security 框架和 System 框架等。

1.4 Objective-C 概述

学习 iOS，首先应该掌握 iOS 系统的编程语言——Objective-C。Objective-C 是一种以 C 为基础，并结合 Smalltalk 特征扩充出来的面向对象语言，该语言于 20 世纪 80 年代初由 Brad J.Cox 创建。1988 年，NeXT 公司获得了 Objective-C 语言的授权。1996 年，苹果公司收购 NeXT 公司，Objective-C 语言就变成了 Apple 公司的专用编程语言。2007 年，苹果公司发布了 Objective-C 的升级版，并称之为 Objective-C 2.0。

与 Java、C 等编程语言不同的是，Objective-C 的应用并不太广泛，很长时间以来，Objective-C

在商用语言排行榜的位置并不靠前，但由于苹果电子产品的广泛流行，Objective-C目前是上升势头最快的编程语言。

Note

另外，Objective-C是一种苹果公司专用编程语言，实际上，目前很少有公司或产品采用Objective-C语言。对于大部分学习者来说，学习Objective-C的目的就是为了开发iOS应用，而iOS应用开发则具有光明的前景。

虽然Objective-C是以C为基础扩展而来的，也受到了Smalltalk的影响，但即使读者没有任何C语言的编程基础，甚至根本不知道Smalltalk这种语言，也不影响学习Objective-C。

1.5 比较iOS和Mac OS

虽然iOS的大多数框架同样存在于Mac OS X系统中，但不同平台的框架具有不同的实现方式和使用方式。下面介绍Mac OS X开发者开发iOS应用程序需要注意的重要事项。

1.5.1 UIKit与AppKit的对比

在iOS系统中，创建图形应用程序、管理事件循环及执行其他界面相关的任务都离不开UIKit提供的基础结构。UIKit和AppKit具有非常显著的区别，在设计iOS应用程序时，应该特别注意这一点。也正是因为这个原因，在将Cocoa应用程序迁移到iOS系统时，必须提供和界面相关的类和逻辑。表1.1列出了框架之间特定的差异，帮助读者理解iOS中的应用程序应该具有什么特征。

表1.1 界面技术的差异

目标领域	差异性
文档支持	在iOS系统中，文档角色的重要性有所降低，简单内容模型变得越来越重要。因为iOS系统的应用程序通常只拥有一个窗口（在不连接外部显示的情况下），主窗口是创建及编辑所有应用程序内容的唯一环境。更重要的是，所有和文档相关的操作，包括文件的创建和管理，现在都由应用程序在幕后完成，不再需要用户干预
视图类	UIKit框架提供一组非常有针对性的视图和控件。AppKit框架有许多视图和控件无法在iOS设备上工作，其他一些视图则被更具iOS特色的视图替代。例如，在显示分层信息时，iOS不使用NSBrowser类，而是使用完全不同的样式（导航控制器）
视图坐标系统	iOS系统中Quartz和UIKit内容的绘画模型和Mac OS X的基本相同，只有一处例外。在Mac OS X绘画模型坐标系统中，窗口和视图的原点默认位于左下角，坐标轴向上向右延伸。但在iOS系统中，默认的原点位置是左上角，坐标轴向下向右延伸。Mac OS X的坐标系统称为“被翻转”的坐标系统，iOS则是默认坐标系统
窗口即视图	从概念上来看，iOS系统的窗口和视图Mac OS X具有相同含义。但从实现的角度来看，区别很大。在Mac OS X系统中，NSWindow类是NSResponder类的子类，但在iOS系统中，UIWindow实际是UIView的子类。继承关系上的改变表明窗口将会使用Core Animation层来绘制外表。之所以有这样的改变，主要是为了在操作系统级别支持窗口分层。例如，系统可以在一个独立的窗口中显示状态栏，并让该窗口浮动于应用程序窗口之上。iOS系统和Mac OS X系统另外一个差异和窗口的使用方式相关。Mac OS X应用程序可以用于任意数量的窗口，但大多数iOS应用程序只能有一个窗口。在iOS应用程序中显示不同屏幕的数据不是通过改变窗口实现的，而是通过在应用程序窗口中切换定制视图来完成的

续表

目标领域	差异性
事件处理	UIKit 的事件处理模型和 Mac OS X 的事件处理模型区别很大。UIKit 框架不向视图发送鼠标和键盘事件，而是发送触摸和移动事件。这些事件不但要求实现一组不同的方法，同时也要求修改整个事件处理代码。例如，本地跟踪循环的排队事件不能包含触摸事件，代码也据此做相应调整
目标-动作模型	UIKit 支持 3 种形式的动作，AppKit 仅支持一种。UIKit 的控件可以在不同的交互阶段调用唤醒不同动作，而且一个交互过程可以指定多个目标。因此，在 UIKit 中，一个控件可以在一次交互过程中向多个目标发送多个不同的动作
绘画及打印支持	为支持 UIKit 渲染需要，UIKit 的绘画能力经过了适当的调节。它支持图片的加载和显示、字符串显示、颜色管理、字体管理，以及多个用于渲染矩阵和获取图形上下文的函数。UIKit 不包含通用目的的绘图类，因为 iOS 系统使用其他方式完成此类功能（即 Quartz 和 OpenGL ES）。iOS 系统不支持打印功能，iOS 设备不能连接打印机或其他相关的打印硬件
文本支持	撰写电子邮件和记事本是 iOS 系统提供的主要的文本支持。UIKit 类可以让应用程序显示并编辑简单的字符串和稍微复杂点的 HTML 内容。在 iOS 3.2 及后续系统中，Core Text 框架和 UIKit 框架提供更加精密的文本处理能力，可以通过它们实现更精密的文本编辑及展现视图，也可通过它们定制视图提供的输入方法
存取方法的使用和属性对比	UIKit 在其类声明中大量使用属性。属性由 Mac OS X 10.5 版本引入，由 AppKit 框架中的大量类创建出来以后才出现。属性不是对 AppKit 框架 getter 和 setter 方法的简单模仿，而被 UIKit 用于简化类接口
控件和单元	UIKit 控件不使用单元。单元被 Mac OS X 作为视图的轻量级替代物。但是 UIKit 视图本身就是非常轻量的对象，因此在 UIKit 控件上单元派不上用场。虽然在命名约定上，UITableView 类也用到了单元这个词，但是此处的单元实际上是 UITableView 的子类
表视图	iOS 系统的 UITableView 类可以看成是 AppKit 框架中 NSTableView 和 NSOutlineView 的折中产物。它结合 Appkit 框架中两个类的特征，更适合在小屏幕上显示。UITableView 一次显示一列数据，而且将相关的行组合成一个区段。UITableView 也可用于显示并编辑分层列表数据
菜单	几乎所有 iOS 应用程序的命令集都比类似的 Mac OS X 应用程序小得多，因此，iOS 不支持菜单，通常也用不到菜单。对于需要少数命令的场合，使用工具栏或一组按键更加合适。对于需要数据菜单的场合，使用拾取器或导航控制器界面通常更合适，而对于需要上下文敏感的菜单的场合，则其中的菜单项可显示在 Edit 菜单，用它们替代或补充剪切、复制或粘贴等命令
Core Animation 层	在 iOS 系统中，所有外表的绘制都由 Core Animation 层实现。该框架还隐式为许多视图相关属性提供动画支持。由于有了这种内建的动画支持，就不需要在代码中显示 Core Animation 层，只需更改一下视图的某些属性即可实现大多数动画

1.5.2 Foundation 框架的差异

Mac OS X 和 iOS 都有 Foundation 框架，大多数类都可以在这两个平台的 Foundation 框架中找到。两个平台的 Foundation 框架都支持数值管理、字符串、集合、线程及许多其他常见的数据类型。表 1.2 列出了一些不包含于 iOS 框架的重要功能及相关类不存在的缘由，同时也尽量列出有哪些技术

可作为替代。

表 1.2　iOS 的 Foundation 不具有的技术

技　术	注 意 事 项
元数据和预测管理	iOS 不支持 Spotlight 元数据和搜索预测，因为 iOS 不支持 Spotlight
分布式对象和端口名称服务管理	iOS 不存在分布式对象技术，但是开发者可以使用 NSPort 家族类和端口（及 socket）进行交互，也可以使用 Core Foundation 和 CFNetwork 框架处理网络需求
Cocoa 绑定	iOS 不支持 Cocoa 绑定，而是使用经过少量修改的目标-动作模型。因为这种方式可以让代码对动作的处理方式更灵活
Objective-C 垃圾收集	iOS 不支持垃圾收集，开发者必须使用内存管理模型，需要通过保持对象来宣告对对象的拥有权，并在不需要对象时释放对象
AppleScript 支持	iOS 不支持 AppleScript

1.5.3　其他框架的改变

对于同时存在于 iOS 和 Mac OS X 的框架，它们之间有很大的差异，表 1.3 列出了同时存在于 iOS 与 Mac OS X 的与其他框架的重要差异。

表 1.3　同时存在于 iOS 和 Mac OS X 的框架之间的差异

框　架	差　异
AddressBook.framework	该框架接口可用于访问用户的联系人信息。虽然名称相同，但是此框架的 iOS 版本和 Mac OS X 版本却有很大的区别 在 iOS 系统中，除了访问联系人数据的 C 接口，还有 Address Book UI 框架提供的类展现标准联系人挑选和编辑界面
AudioToolbox.framework AudioUnit.framework CoreAudio.framework	在 iOS 系统中，这些框架支持音频录制、播放，以及单声道和多声道的音频内容混合，但不支持更高级的音频处理功能和定制音频单元插件。不过 iOS 系统增加了一个功能，即触发 iOS 设备（具有相应硬件）的震动功能
CFNetwork.framework	该框架包含 Core Foundation Network 接口。在 iOS 系统中，CFNetwork 框架是顶层框架，它没有子框架。该框架的接口大部分保持不变
CoreGraphics.framework	该框架包含 Quartz 接口。在 iOS 系统中，Core Graphics 框架是顶层框架，它没有子框架。在 iOS 系统中使用 Quartz 创建路径、渐变、阴影、图案、图像及位图的方式和在 Mac OS X 系统中完全相同。不过有一些 Quartz 的功能（包括 PostScript 支持、图像来源和去向、Quartz 显示服务支持、Quartz 事件服务支持）不存在于 iOS 系统
OpenGLES.framework	OpenGL ES 是专为嵌入式系统设计的 OpenGL 版本。如果是 OpenGL 开发人员，则应该会很熟悉 OpenGL ES 接口。不过，在 iOS 系统和 Mac OS X 中，OpenGL ES 接口还是有几点较大差别。第一，它是一套更加小巧的接口，仅支持可以在现有图形硬件有效执行的功能。第二，许多桌面 OpenGL 可以使用的扩展并不存在于 OpenGL ES 中。虽然如此，开发者还是能够执行大多数和桌面 OpenGL 相同的操作。但如果是在迁移现有的 OpenGL 代码，则可能需要重写一部分代码，需要使用 iOS 系统的渲染技术（不同于 Mac OS X）
QuartzCore.framework	该框架包含 Core Animation 接口。iOS 的大部分 Core Animation 接口和 Mac OS X 相同。但是 iOS 系统没有用于管理布局约束的类，也不支持使用 Core Image 过滤器。另外，iOS 也没有 Core Image 和 Core Video 接口（两者都包含于 Mac OS X 版本的 QuartzCore 框架中）

续表

框　架	差　异
Security.framework	该框架包含安全接口。在 iOS 系统中，该框架通过加解密、伪随机数生成及 Keychain 保护应用程序数据安全。该框架不包含身份验证或身份验证接口，也不支持显示证书内容。Keychain 接口也是 Mac OS X 版本的简化
SystemConfiguration.framework	该框架包含和网络相关的接口。在 iOS 系统中，可以使用这些接口来决定设备如何与网络连接，是通过 EDGE、GPRS 还是通过 Wi-Fi

1.6　iOS 开发环境和工具

在正式开始学习 iOS 应用开发之前，读者应先拥有一台运行 OS X 系统的计算机。直接购买的 Apple 计算机都安装有最新的 OS X 系统，建议选择可运行 OS X 10.8 及其以上系统的计算机。

如果经济条件有限，也可使用普通计算机，甚至使用虚拟机来安装 OS X 系统，这样也可用于开发 iOS 应用，俗称黑苹果操作系统。但是此种搭建 iOS 开发环境的方式比较复杂，需要安装虚拟机，再安装 OS X 系统以及相关 SDK，操作繁琐，配置复杂，谨慎选用。

苹果公司为 iOS 应用开发者准备了强大的 IDE 工具——Xcode，Xcode 集成了功能强大的界面设计器（Interface Builder），它可以让初学者充分享受快速上手的快乐，即使开发者没有任何编程基础，也可通过拖曳控件设计出一个美观的界面。当然，只是界面而已。如果需要让应用程序能与用户交互，能按一定逻辑去执行操作，最终还是需要通过编码来实现。

1.6.1　了解 Xcode

苹果公司于 2008 年 3 月 6 日发布了 iPhone 和 iPod touch 的应用程序开发包，其中包括 Xcode 开发工具、iPhone SDK 和 iPhone 手机模拟器。

iOS 开发工具主要是 Xcode。自从 Xcode 3.1 发布以后，Xcode 就成为 iPhone 软件开发工具包的开发环境。Xcode 可以开发 Mac OS X 和 iOS 应用程序，其版本是与 SDK 相互对应的。例如，Xcode 3.2.5 与 iOS SDK 4.2 对应，Xcode 4.1 与 iOS SDK 4.3 对应，Xcode 4.2 与 iOS SDK 5 对应，Xcode 4.5 和 Xcode 4.6 与 iOS SDK 6 对应，Xcode 5 与 iOS SDK 7 对应。

在 Xcode 4.1 之前，还有一个配套使用的工具 Interface Builder，它是 Xcode 套件的一部分，用来设计窗体和视图，通过此工具可以"所见即所得"地拖曳控件并定义事件等，其数据以 XML 的形式被存储在 xib 文件中。在 Xcode 4.1 之后，Interface Builder 成为了 Xcode 的一部分，与 Xcode 集成在一起。目前，最新版本为 Xcode 7.3，同时 Xcode 8 Beta 也开始提供测试（https://developer.apple.com/xcode/）。

打开 Xcode 工具，需要先创建或打开一个项目，然后 Xcode 会显示如图 1.9 所示的界面。

Xcode 主界面可分为 5 个区域，简单说明如下。

- ☑ 顶部区域：包括运行程序按钮、停止程序按钮、为程序选择运行平台、切换不同的编辑器、开关左面板、底部面板、右面板等按钮。简单地说，Xcode 的上部区域相当于一个工具条，该工具条包含各种按钮。
- ☑ 左侧面板：左侧面板是 Xcode 的导航面板，该面板的顶部包含 8 个按钮，用于切换不同的导航面板。
- ☑ 底部面板：底部面板是 Xcode 的调试、输出区域，包括各种控制台输出、调试信息等。

Note

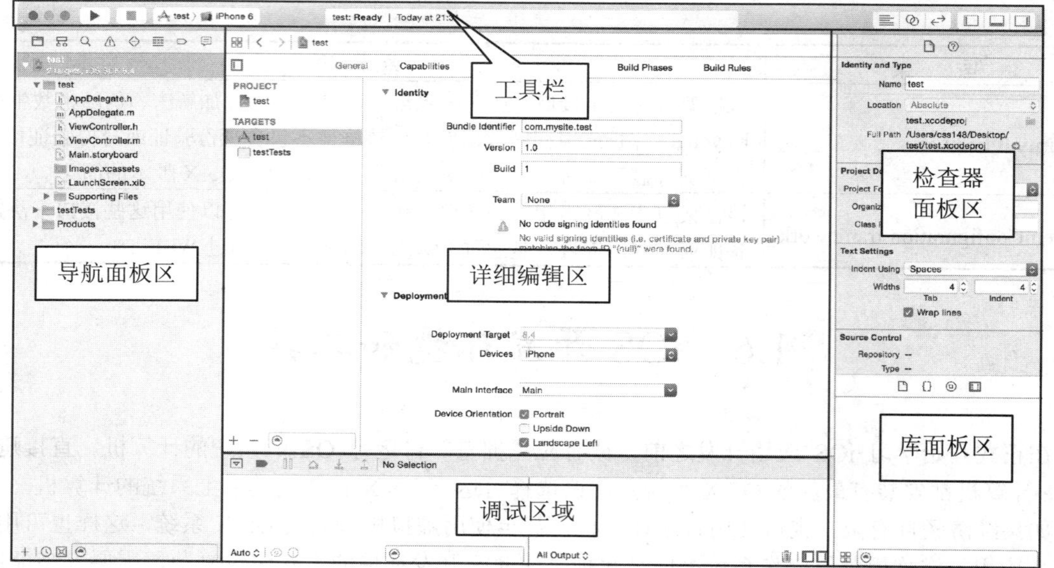

图 1.9　Xcode 主界面

☑ 右侧面板：用于管理项目中不同种类的对象，该面板实际上包含了两个面板，即检查器面板和库面板，其中检查器面板随着项目不同将包含大量不同的检查器；而库面板则包含了文件模板库、代码片段库、对象库和媒体库。

☑ 详细编辑区：这是 Xcode 的主体区域，位于中间部分，iOS 应用界面设计和编写代码都是在该区域内完成的。

下面将详细介绍 Xcode 界面中的主要面板，帮助读者初步熟悉 Xcode。在阅读之前读者还需要参考 1.7.2 节介绍的步骤创建一个项目。

1.6.2　Xcode 导航面板

Xcode 主界面左侧是导航面板，导航面板总共包含 8 个面板，如图 1.10 所示。

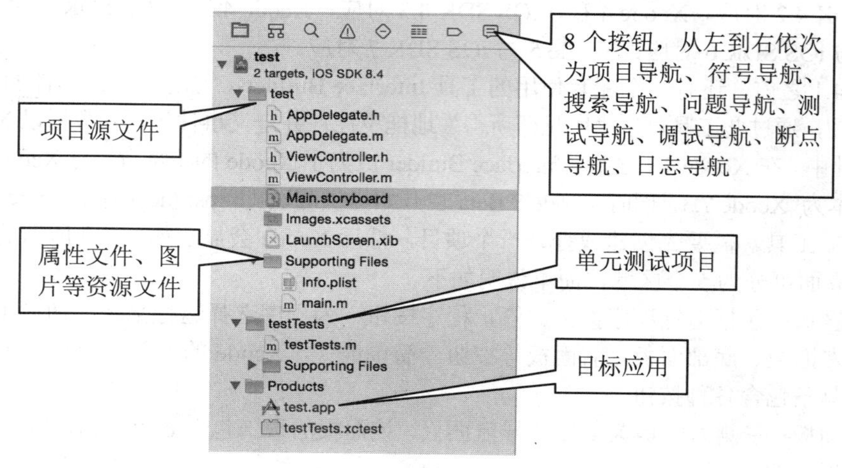

图 1.10　项目导航面板

其中，项目导航将会以组的形式来管理项目的源代码、属性文件、图片、生成项目等各种资源。

单击导航面板顶部第 2 个按钮，将切换到符号导航面板，如图 1.11 所示。

符号导航面板主要以类、方法、属性的形式来显示项目中所有的类、方法和属性。通过符号导航面板可以非常方便地查看项目包含的所有类，以及每个类所包含的属性、方法，从而允许开发者快速定位指定类、指定方法，以及指定属性。

单击导航面板顶部第 3 个按钮，将切换到搜索导航面板，开发者可以在搜索面板的搜索框中输入想要搜索的目标字符串，按 Enter 键后，搜索面板将会显示如图 1.12 所示的搜索面板。

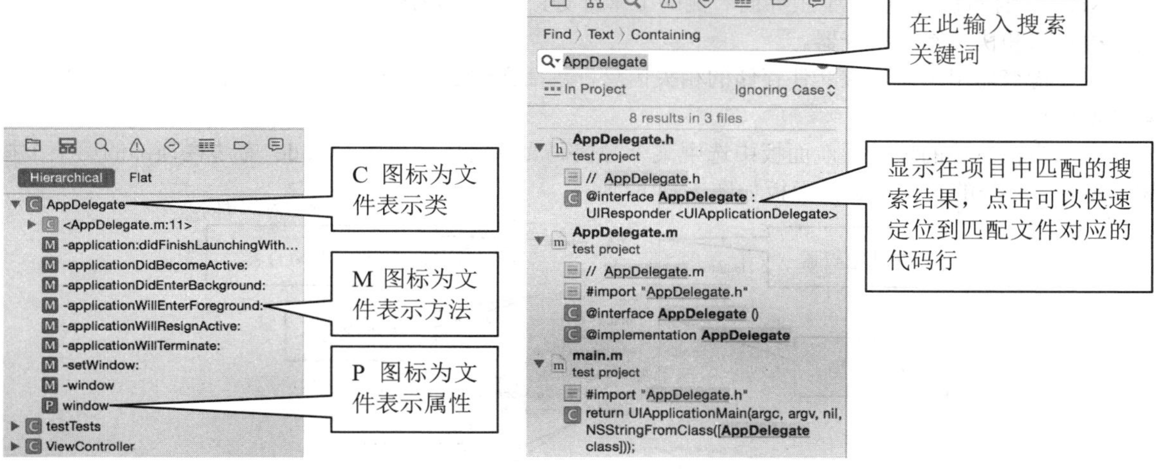

图 1.11　符号导航面板　　　　图 1.12　搜索导航面板

单击导航面板顶部的第 4 个按钮，将切换到问题导航面板。如果项目中存在任何警告或错误，都会在该面板中列出来，如图 1.13 所示。其中红色圆圈列表项表示错误，红色感叹号列表项表示警告。

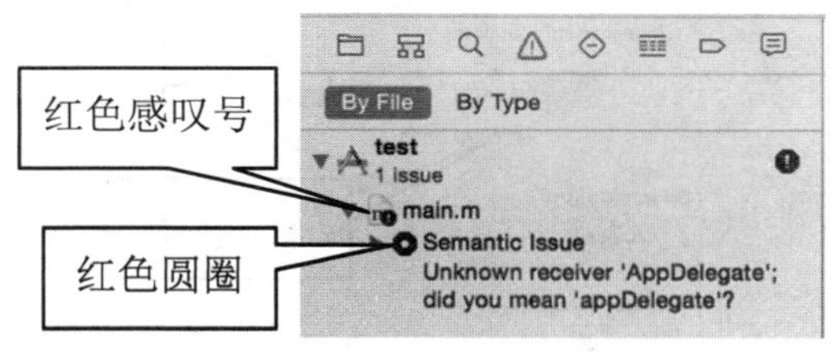

图 1.13　问题导航面板

单击导航面板顶部的第 5 个按钮，将切换到测试导航。测试导航的用途：统一显示代码白盒测试结果，测试用例执行情况，以及快捷行测试用例。在这个区域，当鼠标指针移动到测试用例最右边时就会出现一个执行按钮，单击这个按钮测试就会自动开始执行。如果测试成功就会在相应的用例旁边出现一个绿色的勾，反之就会出现一个红色的叉。

单击导航面板顶部的第 6 个按钮，将切换到调试导航。调试导航的用途：统一显示应用程序调试状态，或者在出错情况下堆栈的调试状态，CPU 的使用情况，以及相关的网络和内存信息等。一个好的程序员都是从 Debug 开始的，用户少不了和这个面板打交道，务必学会如何看 Frame，如何看线程，以及程序崩溃时通过调试树找到出错行。

单击导航面板顶部的第 7 个按钮，将切换到断点导航面板。断点导航的用途：统一显示所有断点。用户可以通过右键快速编辑、禁用或者删除断点。编辑断点功能包括设置断点的触发条件、忽略次数

以及断点发生时的自动处理动作，这些功能可以方便地应用于一些比较复杂的调试场景。

单击导航面板顶部的第 8 个按钮，将切换到日志导航。日志导航的用途：统一显示所有的变更日志和信息，主要包含两部分内容：编译调试日志和源代码变更日志。单击 Build 或者 Debug 按钮，可以在编辑区看到详细的编译、调试日志，而 Project 目录下的变更日志就是 git 的提交信息，用户可以查看到详细的提交日志，以及文件变更前后的差异对比。

Note

1.6.3 Xcode 检查器面板

Xcode 的检查器面板位于主界面右侧的上半部分，对于普通源代码文件而言，检查器面板只显示文件检查器和快速帮助检查器。

文件检查器用于显示该文件存储的相关信息，包括文件名、文件类型、文件存储路径、文件编码等基本信息。

当用户在左边的项目导航面板中选中某个源代码文件之后，单击 Xcode 右边栏顶部的第一个按钮，Xcode 打开的文件检查器面板如图 1.14 所示。

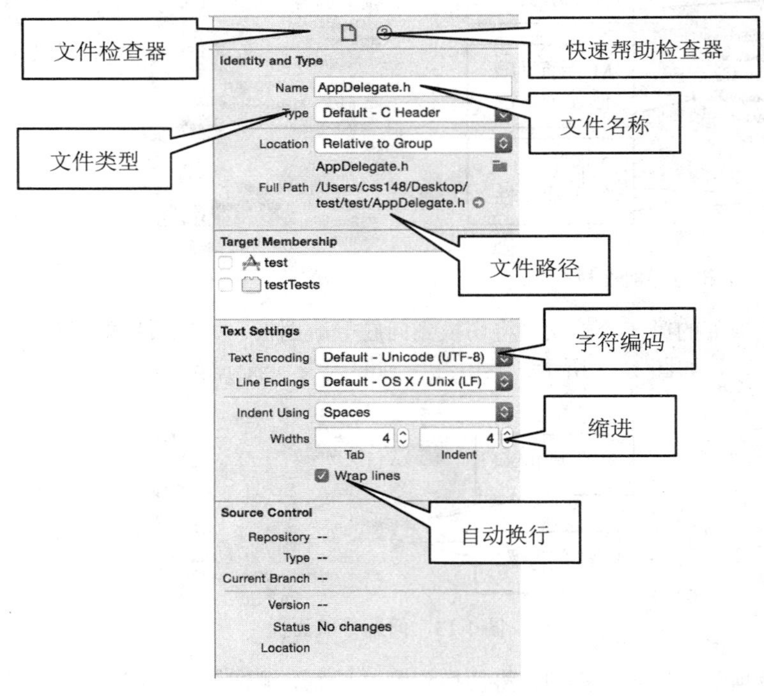

图 1.14　文件检查器面板

文件检查器主要用于显示、更改该文件存储和文件编码的详细信息。

单击文件检查器面板上方的第二个按钮，将会显示快速帮助检查器面板，当开发者把光标停留在任何系统类上时，该面板就会显示有关该类的快速帮助，快速帮助包括该类的基本说明，以及有关该类的参考手册、使用指南和示例代码。

当切换到快速帮助检查器面板，并将光标停在 AppDelegate.h 文件中的 UIApplicationDelegate 上时，快速帮助检查器面板将会显示如图 1.15 所示的帮助信息。

如果在项目导航面板中选中*.storyboard 文件，或选中*.xib 文件，将会看到右边的检查器面板上方会显示更多的检查器图标。图 1.16 显示了当用户选中 Main.storyboard 后右边显示的检查器面板。

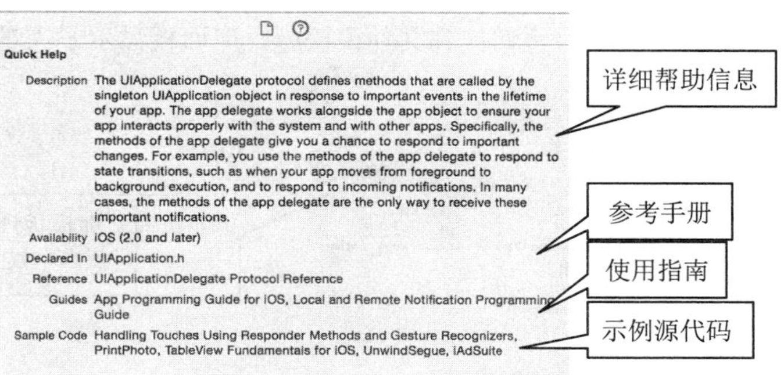

图 1.15 快速帮助检查器面板

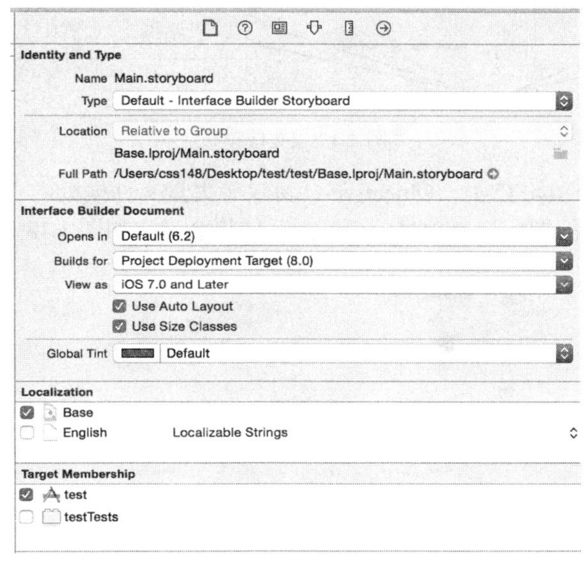

图 1.16 界面设计文件的检查器面板

从图 1.16 中可以看到，Xcode 将会添加如下 4 个与界面设计相关的检查器，从第 3 个按钮开始依次说明如下。

- ☑ 身份检查器：用于管理界面组件的实现类、恢复 ID 等标识性属性。
- ☑ 属性检查器：用于管理界面组件的显示方式、背景色等外观属性。
- ☑ 大小检查器：用于管理界面组件的宽、高、x 坐标、y 坐标等大小和位置相关属性。
- ☑ 连接检查器：用于管理界面组件与程序代码之间的关联性。

1.6.4 Xcode 库面板

Xcode 主界面右侧下半部分就是库面板，包括如下 4 种库。

- ☑ 文件模板库：该库用于管理各种文件模板，开发者可将指定的文件模板拖入项目，从而快速创建指定类型的文件。
- ☑ 代码片段库：该库用于负责管理各种代码片段，开发者将这些代码片段直接拖入源代码中。
- ☑ 对象库：该库负责管理各种 iOS 界面组件，这些界面组件是开发 iOS 应用的基础。
- ☑ 媒体库：该库负责管理该项目中各种图片、音频等各种多媒体资源。

单击库面板上方的第 1 个按钮，将切换到文件模板库，库面板显示了大量文件模板，如图 1.17 所示。

图 1.17　文件模板

该库面板内包括 Objective-C 类、Objective-C 协议等大量文件模板，当为项目添加某个类型的文件时，只要将该文件模板的图标拖入项目即可。Xcode 将会弹出如图 1.18 所示的对话框。

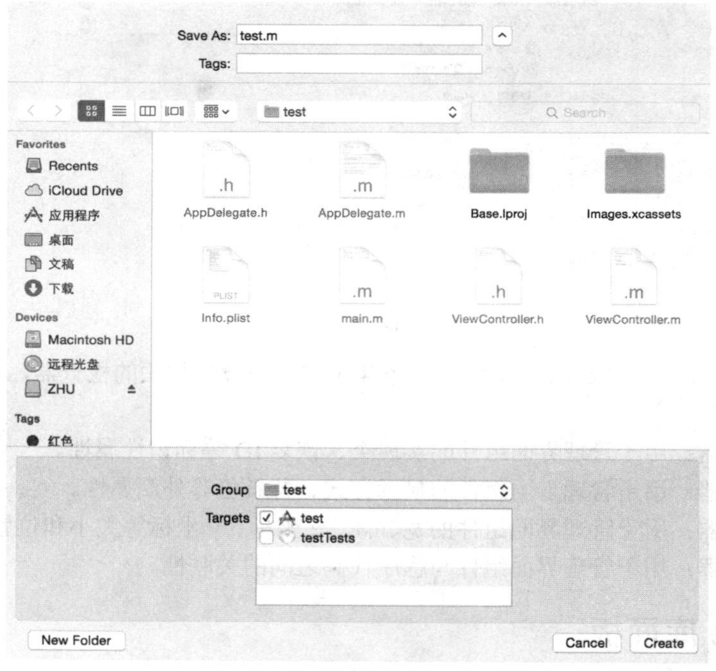

图 1.18　创建模板文件

在对话框中，添加该文件的文件名，并选择将文件添加到哪个组或项目中，接着单击 Create 按钮就会创建该文件。

单击库面板顶部的第 2 个按钮，将会切换到代码片段库，如图 1.19 所示。如果希望在源代码中插入指定的代码片段，可用鼠标按住指定的代码片段，并将该代码片段拖入源代码中。

单击库面板顶部的第 3 个按钮，将会切换到对象库，并切换成图标方式显示，如图 1.20 所示。

对象库就是 iOS 提供的大量界面控件，通过这些界面控件，用户可以开发出丰富多彩的 iOS 应用。有关对象库中每个对象的用法，会在后面详细讲解。

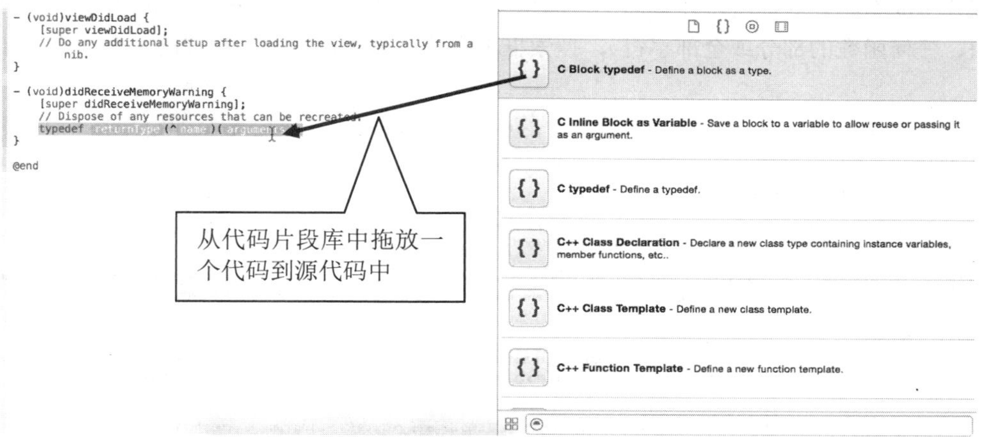

图 1.19　代码片段库

单击库面板顶部的第 4 个按钮，将会切换到媒体库，如图 1.21 所示。

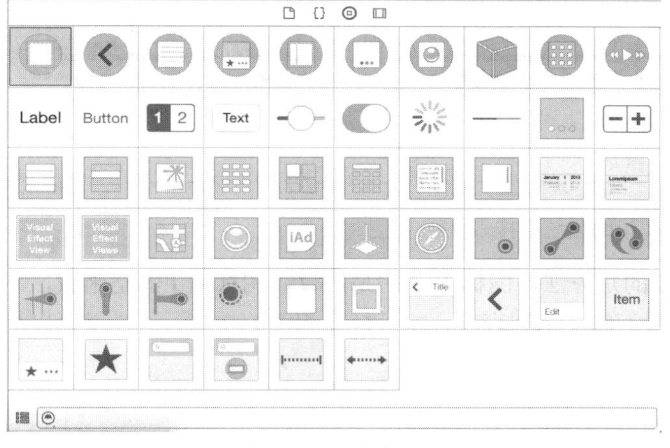

图 1.20　对象库

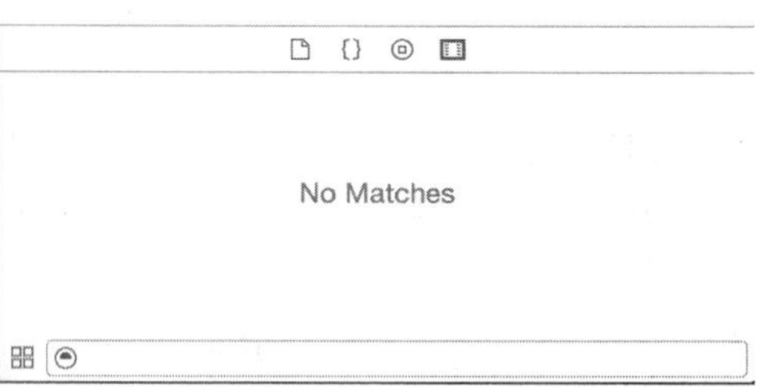

图 1.21　媒体库

1.6.5　使用帮助

在使用 Objective-C 开发 iOS 应用的过程中，不可能记住每个类的功能和用法，也很难记住每个类各自包含的方法。当用到某个类或对该类用法不太确定时，可查看 Xcode 的帮助系统。查多了，代码写多了，那些常用的类和常用的方法自然就记住了。关于 Xcode 的帮助系统，有如下 3 种常用的使用方式。

1. 使用快速帮助面板

只要在编辑区将光标停留在不知道如何使用的类或函数上，快速帮助面板就会立即显示有关该类或该函数的简要帮助信息。

Note

2. 利用搜索框

当打开帮助系统之后，也可在页面上方的搜索框中进行搜索。在搜索框中输入关键字（任何类、任何方法、任何函数的部分或全部字符），搜索框下方就会列出该关键字相关的所有文档，如图 1.22 所示。

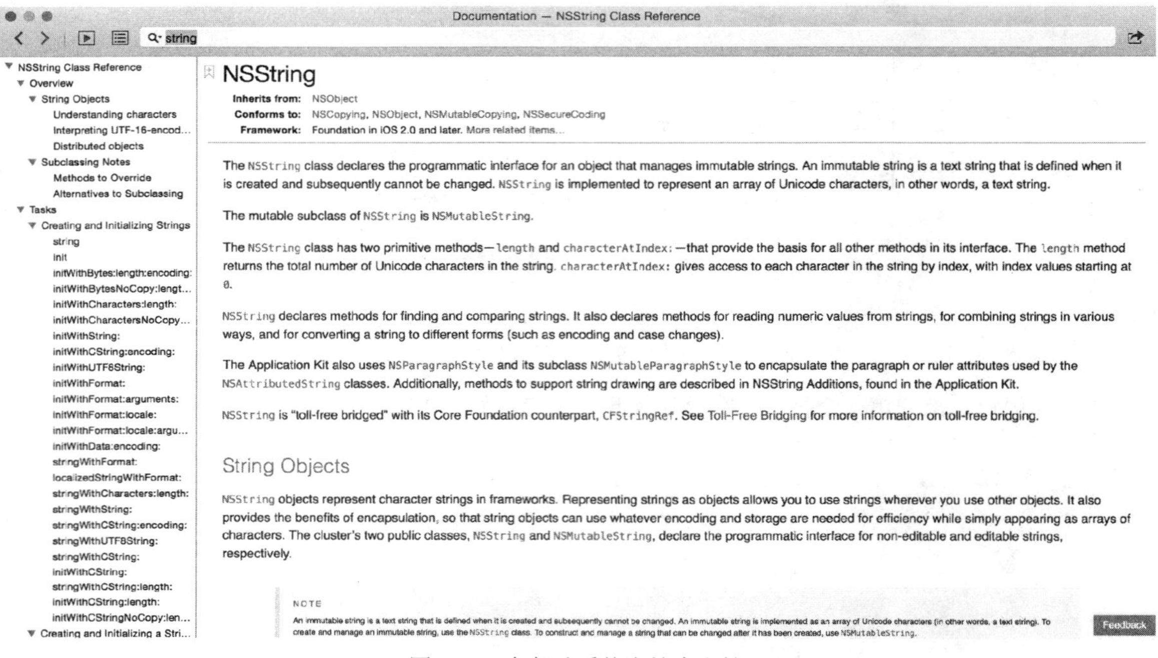

图 1.22　在帮助系统中搜索文档

文档前面的图标为 C 的是类，图标为 M 的是方法，图标为 P 的是协议，图标为 f 的是函数，不同类型的文档以不同的图标区分。单击搜索框下的文档列表项，即可打开相关的文档，这样就可以看到关于该类、该方法、该函数的详细信息。

3. 利用编辑区的快速帮助

当在编辑区编写代码时，只要按下 Option 键，再将光标移动到某个类上，光标就会显示一个问号，此时单击编辑区会弹出如图 1.23 所示的快速帮助界面。

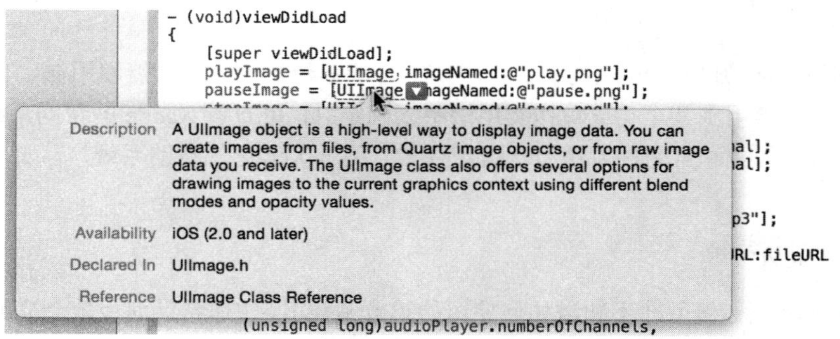

图 1.23　编辑区快速帮助

1.7　使用 Xcode

Xcode 是 iOS 应用开发的核心工具，下面以创建开发 iOS 项目为例详细介绍 Xcode 工具的界面组成和基本使用。

1.7.1　案例：编写第一个 Objective-C 程序

本节通过一个简单案例介绍如何使用 Xcode 编写第一个 Objective-C 程序。具体操作步骤如下：

第 1 步，启动 Xcode，选择 File→New→Project 命令，或者按 Command+Shift+N 组合键，Xcode 将会打开如图 1.24 所示的新建项目的对话框。

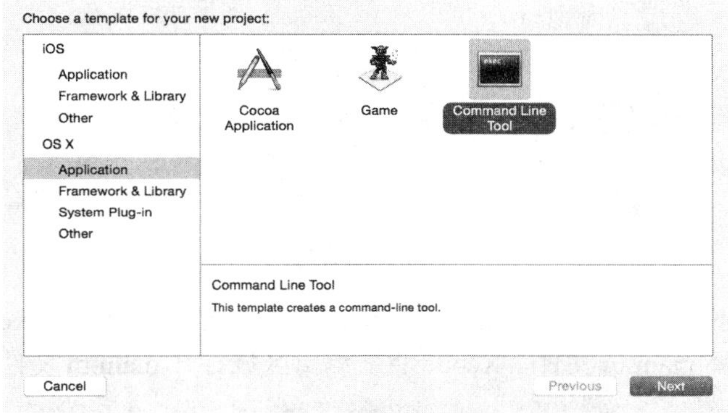

图 1.24　新建项目

提示：图 1.24 中对话框将项目分为两类：iOS 和 OS X，其中，iOS 应用就是为手机、平板电脑等移动设备开发应用的，本书将会详细介绍 iOS 应用的开发。此处需要开发的是在 OS X 系统运行的程序，因此，在左边选择 OS X 分类，在右边选择 Command Line Tool，这就是人们常说的命令行工具。

第 2 步，单击对话框底部的 Next 按钮，打开如图 1.25 所示的对话框。在此输入项目的名称，如 test，其他选项保持默认值，在 1.7.2 节中将详细介绍。

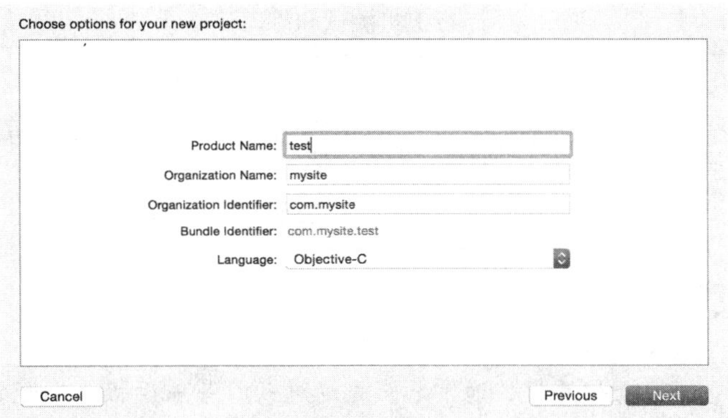

图 1.25　命名项目

第 3 步，单击对话框中的 Next 按钮，打开选择项目保存位置的对话框，如图 1.26 所示。这里可以自行决定将该项目保存到哪个位置。

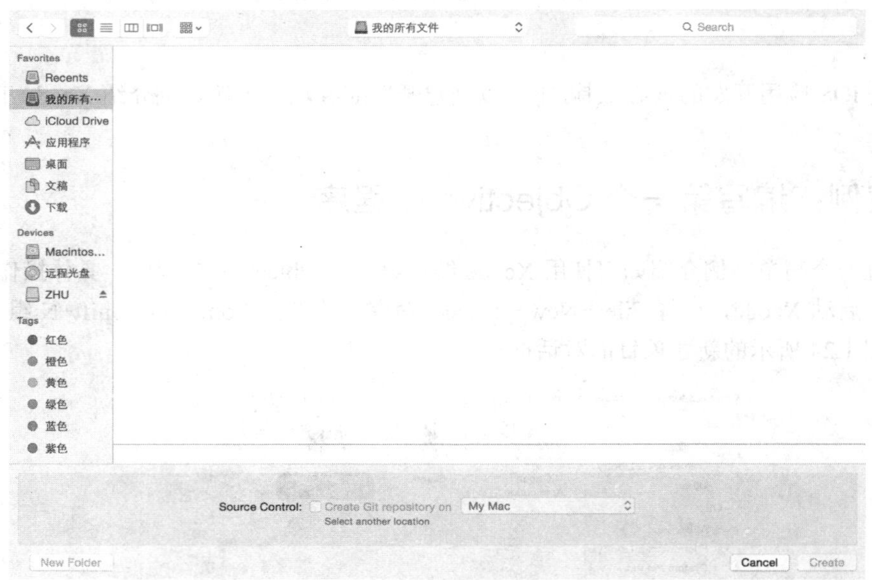

图 1.26　保存项目

第 4 步，选择保存位置后，单击 Create 按钮创建项目，此时将会打开 Xcode 主界面。在主界面左侧项目导航面板中选择 main.m 文件，Xcode 将在编辑区域打开 main.m 文件，如图 1.27 所示。

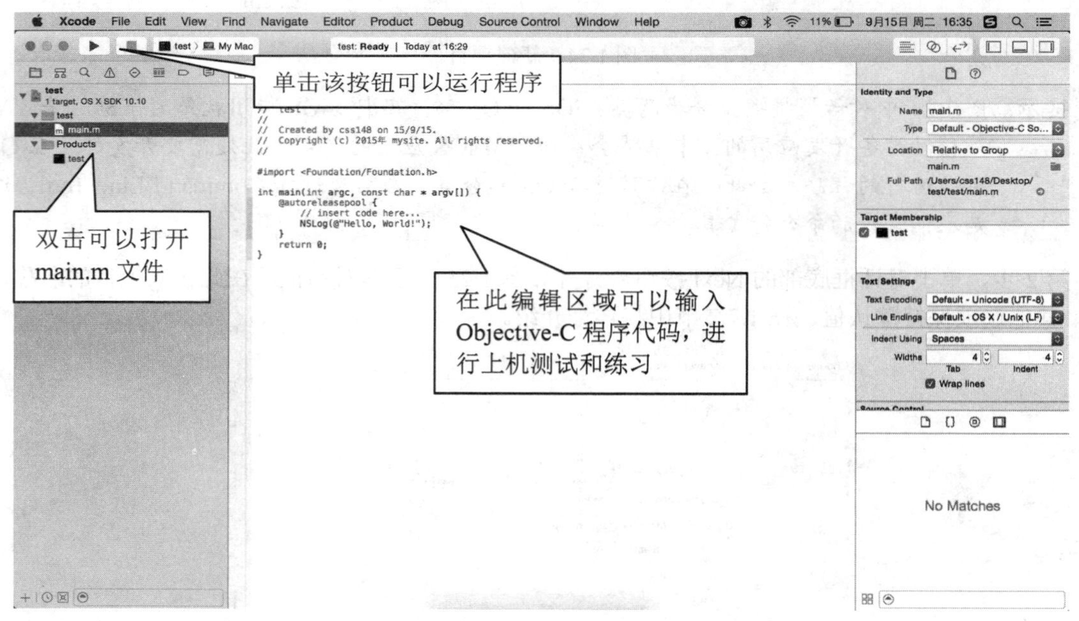

图 1.27　打开 main.m 文件

> 提示：为了使用 Xcode 进行开发，通常总是先通过项目导航面板来浏览需要编辑的文件，然后在编辑区域中编辑指定的文件即可。

Note

第 5 步，在 main.m 文件中输入下面代码，然后选择 File→Save 命令，或者按 Command+S 快捷键，保存当前文件。

```
#import <Foundation/Foundation.h>              // ①
int main(int argc, const char * argv[]) {      // ②
    @autoreleasepool {                         // ③
        //此处插入代码                           // ④
        NSLog(@"Hello, World!");               // ⑤
    }                                          // ⑥
    return 0;                                  // ⑦
}                                              // ⑧
```

【解析】在 Objective-C 程序中，main()函数仅在最小程度上被使用。当在 Xcode 中开始一个新的应用程序时，每个工程模板都会提供一个 main()函数的标准实现。main 例程只做 3 件事：创建一个自动释放池，调用 NSLog （通常调用 UIApplicationMain()函数），以及使用自动释放池。下面将对上面代码中各行的作用进行介绍。

① import 的作用是让系统导入后面文件的内容到这个程序中，Foundation.h 是一个系统头文件。

② main()函数是 C 语言程序中的主函数。在一个 Objective-C 项目中，至少一个程序中有一个 main()函数。main 只有这两个参数：argc 表示参数（包括程序名）个数，argv 是一个指针数组，其中每个指针指向一个字符串，即一个参数，因此 argv[0]就是程序名，argv[1]就是第一个参数。

③ 创建一个系统自动释放池，这个池的作用是管理对象的内存释放。在创建一个对象时就申请一些内存，而释放一个对象就会释放这些内存。除了自己管理内存外，还可以使用自动释放池来管理内存释放。

④ “//”表示该行为一行注释，这样编译器在编译时就跳过该行。除了可以使用“//”，还可以使用“/*”和“*/”，在两者之间的文字都是注释。

⑤ NSLog()是 Objective-C 库函数，是一个输出方法。其作用是在控制台上打印出后面字符串的内容。其作用类似于 C 语言中的 Printf。@"Hellow World!"是一个字符串，与 C、Java 和 C#不同，Objective-C 字符串需要在" "之前使用指令符@。

⑥ 把池中的对象所占有的内存释放。

⑦ return 语句是最后一条语句，返回一个整数，在习惯上，0 表示成功。

⑧ “}”表示程序结束。

第 6 步，单击 Xcode 左上角的 Run（运行）按钮，程序将会自动编译、生成目标程序，并运行该程序，接下来将可以在 Xcode 的底部区域看到如图 1.28 所示的输出结果。在程序代码中，可以修改字符串来显示不同的文字。

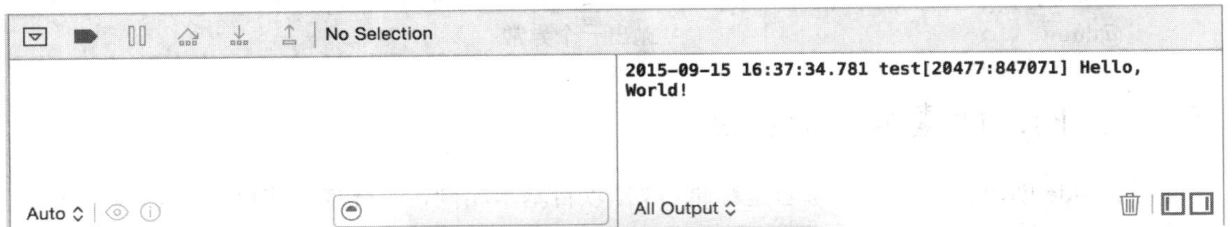

图 1.28　在控制台输出结果

【拓展 1】Xcode 在生成代码时，还生成不同格式的后缀。各个文件后缀的含义如表 1.4 所示。

Note

表 1.4　文件后缀的含义

后　　缀	含　　义
.c	C 语言源文件
.cc	C++语言源文件
.cpp	C++语言源文件
.h	头文件
.m	Objective-C 语言源文件（实现.h 文件）
.mm	C++语言源文件（实现.h 文件）
.o	编译后的文件
.app	编译后的可执行文件（即可以在 iPhone、iPad 或 Mac OS 上运行的文件）

【拓展 2】在 Objective-C 中，经常会看到多个地方使用@符号，用来表示编译器使用的指令符。表 1.5 中总结了 Objective-C 上的各个指令符。

表 1.5　Objective-C 的指令符

指　　令	含　　义
@"char"	定义一个字符串常量
@class c1,c2,…	将 c1,c2…声明为类
@defs(class)	返回 class 结构变量的列表
@encode(type)	将字符串编码为 type 类型
@interface	开始一个类接口部分
@implementation	开始一个类实现部分
@end	结束类接口部分、类实现部分或协议部分
@privte	声明一个或多个实例变量的作用域为 private
@protected	声明一个或多个实例变量的作用域为 protected
@public	声明一个或多个实例变量的作用域为 public
@property(list)names	声明属性变量（可以是多个），其中，list 为可选参数
@protocol	为指定的 protocol 创建一个 protocol 对象
@ protocol name	开始 name 协议的定义
@synthesize names	为 names 生成 getter/setter 方法
@try	开始捕获异常
@catch(exception)	处理捕获到的异常
@finally	不管是否抛出异常均会执行语句块
@throw	抛出一个异常

1.7.2　案例：创建第一个项目

使用 Xcode 创建 iOS 项目，与创建普通 OS X 项目基本相同，具体操作步骤如下。

第 1 步，打开 Xcode，选择屏幕顶部的 File→New→Project 命令，打开如图 1.29 所示的对话框。

提示：从图 1.29 可以看到，iOS 应用模板分为 3 类：Application、Framework & Library 和 Other。

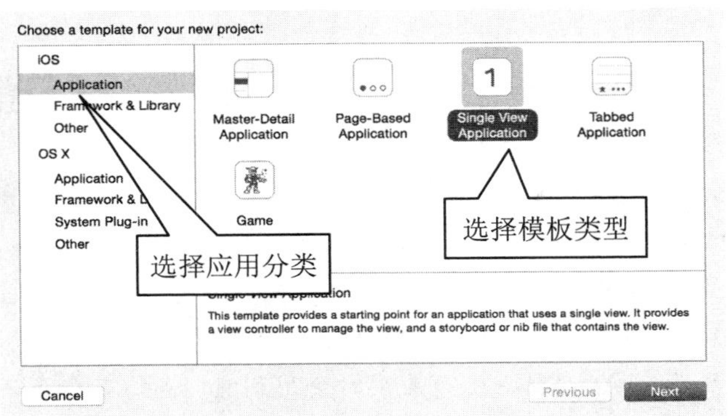

图 1.29　选择应用模板

（1）Application 类型

大部分的开发工作都是从使用 Application 类型模板创建 iOS 程序开始的。该类型共包含 5 个模板。

- ☑ Master-Detail Application：可以构建树形结构导航模式应用，生成的代码中包含了导航控制器和表视图控制器等。
- ☑ Page-Based Application：可以构建类似于电子书效果的应用，这是一种平铺导航。
- ☑ Single View Application：可以构建简单的单个视图应用。
- ☑ Tabbed Application：可以构建标签导航模式的应用，生成的代码中包含了标签控制器和标签栏等。
- ☑ Game：可以构建基于 OpenGL ES 的游戏应用。

（2）Framework & Library 类型

可以构建基于 Cocoa Touch 的静态库。出于代码安全和多个应用重用代码的考虑，需要将一些类或者函数编写成静态库。静态库不能独立运行，编译成功时会生成名为 libXXX.a 的文件，如 libHelloWorld.a。

（3）Other 类型

利用该类型，可以构建应用的内置付费内容包（In-App Purchase）和空应用。使用内置付费内容包，可以帮助开发者构建具有内置收费功能的应用。

第 2 步，在图 1.29 所示对话框左侧模板分类中选择 iOS 分类，并选择该分类下的 Application 项目。

第 3 步，选择最简单的 Single View Application 模板，单击 Next 按钮，打开如图 1.30 所示的对话框。

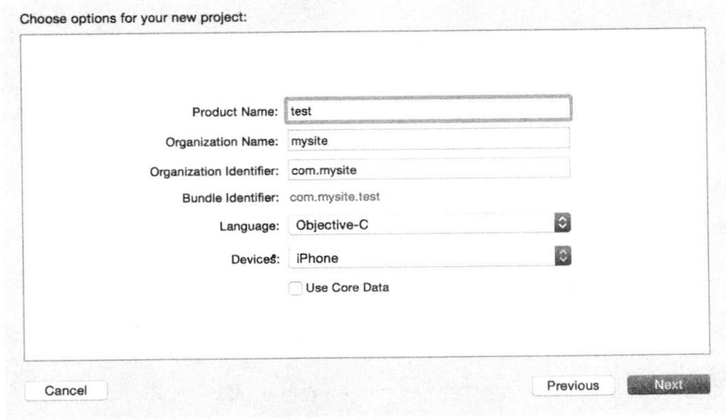

图 1.30　填写项目信息

第 4 步，在图 1.30 所示对话框中，开发者需要填写 Product Name（项目名称），如 test，其他选项可以先保持默认值。

Note

提示：这里可以按照提示并结合实际情况和需要输入相关内容。各选项简单说明如下。

☑ Product Name：项目名称。

☑ Organization Name：组织名称。

☑ Organization Identifier：组织标识（很重要）。一般情况下，这里输入的是公司的域名，这类似于 Java 中的包命名。

☑ Bundle Identifier：捆绑标识符（很重要）。该标识符由 Product Name+Company Identifier 构成。因为在 App Store 发布应用时会用到它，所以其命名不可重复。

☑ Language：应用开发所使用的语言，默认为 Objective-C。

☑ Devices：选择运行该 iOS 应用的设备类型，默认为 iPhone。选择 iPhone，则表示以 iPhone 手机作为应用的运行设备；选择 iPad，则表示以 iPad 平板电脑作为应用的运行设备；如果选择 Universal，则表示该应用要兼顾 iPhone、iPad 等不同的设备，需要为不同的设备编写不同的界面布局文件和不同的处理逻辑。

☑ Use Core Data：选中此复选框，此时生成的项目文件 AppDelegate 中，会自动生成被管理的数据上下文等相关代码（AppDelegate.h），如下所示：

```
@property (readonly, strong, nonatomic) NSManagedObjectContext *managedObjectContext;
@property (readonly, strong, nonatomic) NSManagedObjectModel *managedObjectModel;
@property (readonly, strong, nonatomic) NSPersistentStoreCoordinator *persistentStoreCoordinator;
- (void)saveContext;
- (NSURL *)applicationDocumentsDirectory;
```

第 5 步，单击 Next 按钮，打开如图 1.31 所示的对话框。选择项目保存的位置，这里可以自行决定将该项目保存到哪个位置。

图 1.31　保存项目位置

第 6 步，单击 Create 按钮创建项目，将会显示如图 1.32 所示的界面。

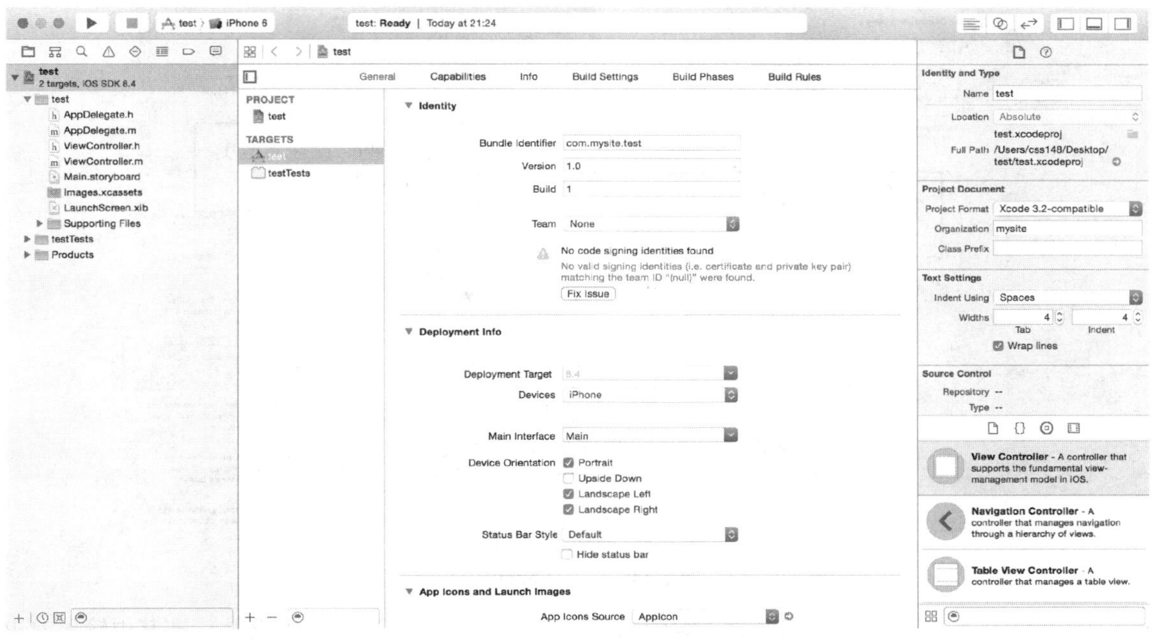

图 1.32　新建项目主界面

第 7 步，在主界面左侧的导航面板中单击 Main.storyboard 文件，然后在 dock 区域展开 View Controller Scene（视图控制器场景），从中选择 View Controller（视图控制器）选项，则在右侧编辑窗口显示一个视图区域，如图 1.33 所示。

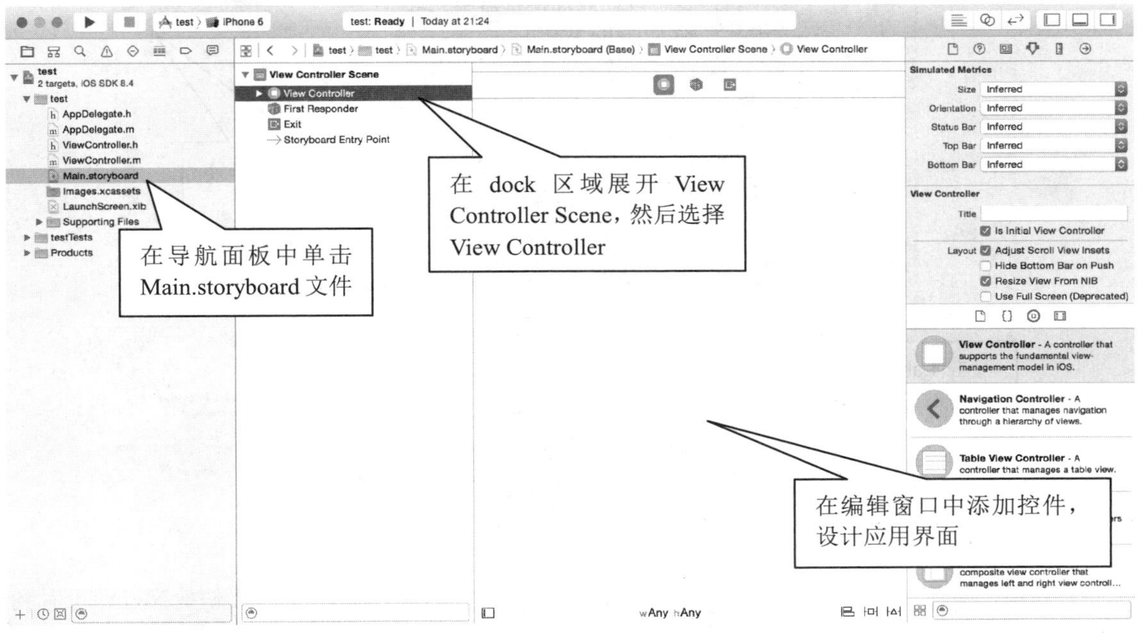

图 1.33　打开视图设计文件

Note

第 8 步，在右下角的对象库中选择 Label 控件，将其拖曳到 View 上并调整其位置，如图 1.34 所示。

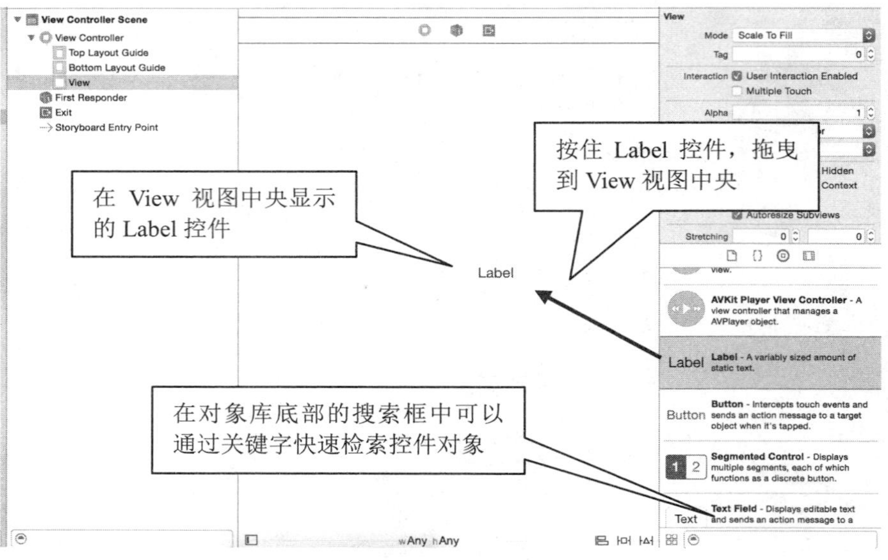

图 1.34　添加 Label 控件

第 9 步，双击 Label 控件，使其处于编辑状态（也可以通过控件的属性来设置），在其中输入 Hello World，如图 1.35 所示。

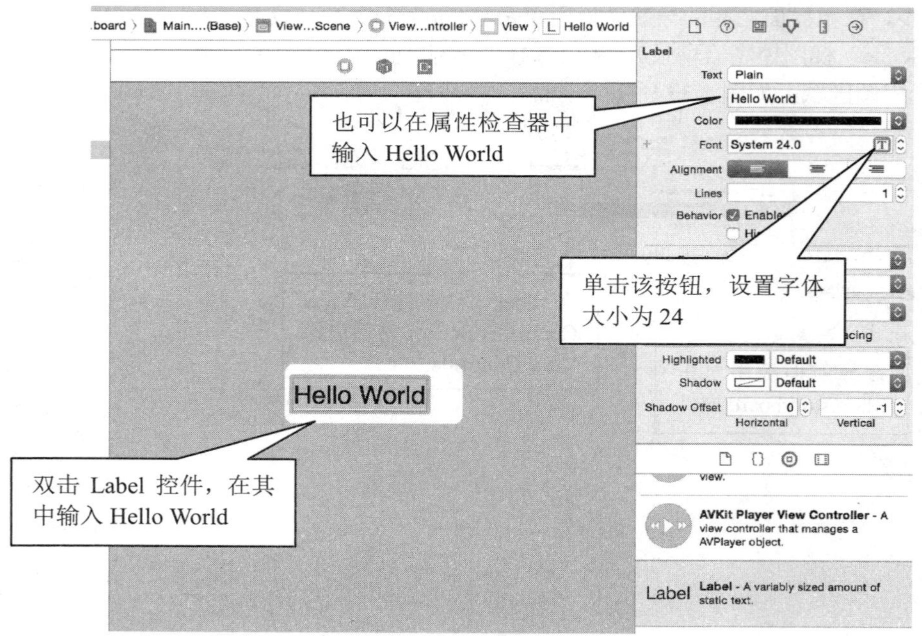

图 1.35　编辑控件

第 10 步，至此，整个工程创建完毕。单击 Run 按钮，或者按 Command+R 快捷键，即可看到运行结果，预览效果如图 1.36 所示。

本节在没有输入任何代码的情况下，利用 Xcode 工具的 Single View Application 模板创建了一个

工程，并成功运行，可见 Xcode 之强大。

图 1.36　运行项目

1.8　小　　结

本章重点介绍了 iOS 的发展历程、功能和特性，简单分析了 iOS 的架构，比较分析了 iOS 与 Mac OS X 框架的差异性，为初步学习 iOS 奠定了基本知识和概念基础，同时介绍了编写 Objective-C 程序需要掌握的工具，如何使用 Xcode 自带的命令行工具，以及如何创建应用项目，如何编写和测试 Objective-C 程序。本章是学习 iOS 开发的基础，希望读者能够认真学习并掌握。

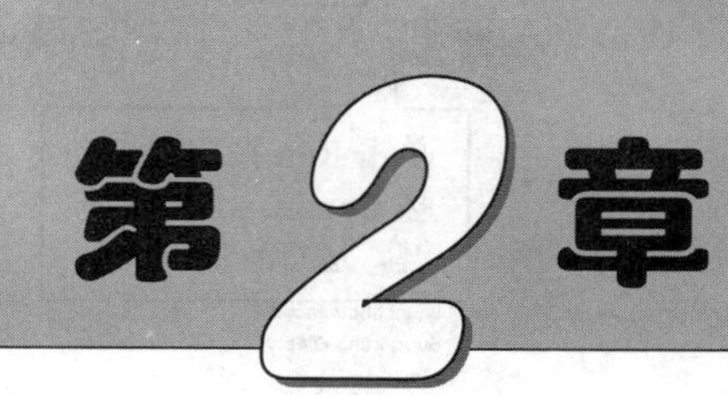

数据类型和运算符

（视频讲解：88 分钟）

本章将重点介绍 Objective-C 数据类型和运算符。它们是 Objective-C 语言的基石，任何 Objective-C 编程都离不开基本的数据类型和运算符的支持。

Objective-C 提供了丰富的数据类型，如整型、字符型、浮点型等。基本类型大致可以分为两类：数值类型和布尔类型，其中，数值类型可以包括整型、字符型和浮点型，所有的数值类型之间可以进行类型转换，这种类型转换包括自动类型转换和强制类型转换。

Objective-C 定义了一系列功能丰富的运算符，这些运算符包括所有的算术运算符以及功能丰富的位运算符、比较运算符、逻辑运算符，这些运算符是 Objective-C 编程的基础。将运算符和操作数连接在一起就形成了表达式。

【学习要点】

- 了解数据类型分类
- 掌握基本数据类型的使用
- 能够灵活使用类型变量
- 掌握类型转换的方法和技巧
- 掌握各种运算符的使用
- 掌握运算符的一般运算逻辑和优先级

2.1 数据类型分类

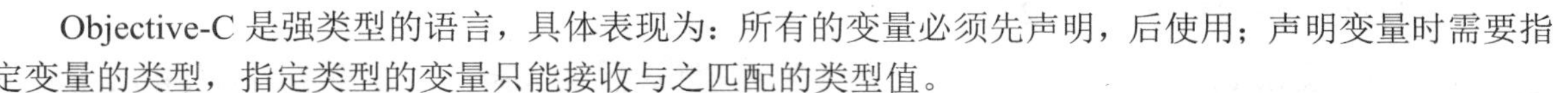

Objective-C 是强类型的语言，具体表现为：所有的变量必须先声明，后使用；声明变量时需要指定变量的类型，指定类型的变量只能接收与之匹配的类型值。

类型限制了一个变量能被赋的值，也限制了一个表达式可以产生的值，还限制了在这些值上可以进行的操作，并确定了这些操作的含义。

声明变量的语法非常简单，只要指定变量的类型和变量名即可，语法格式如下：

```
type varName;
```

定义变量时，变量的类型可以是 Objective-C 所支持的任意类型。Objective-C 是 C 语言的超集，因此，它支持的数据类型与 C 基本相似，如图 2.1 所示。

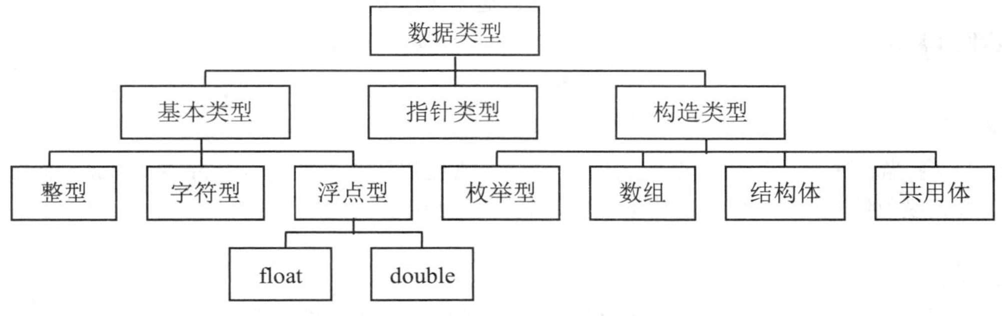

图 2.1 Objective-C 支持的数据类型

基本类型包括整型、浮点型、字符型 3 类。指针类型既是 C 语言最重要的数据类型，也是 Objective-C 最重要的类型，所有的系统类、自定义类的本质都是指针类型。

提示： 还有一种特殊的空类型（null type），空类型就是 nil 值的类型，这种类型没有名称，所以不可能声明一个空类型的变量，或将变量转换成空类型。空引用（nil）是空类型变量唯一的值，可以转换为任何引用类型。在实际开发中，用户可以忽略空类型，nil 只是指针类型的一个特殊直接量。

2.2 简单数据类型

在 Objective-C 中，比较简单、常用的数据类型主要有整型、浮点型、字符型、枚举型和布尔型，下面详细介绍。

2.2.1 整型

整型数据可以分为以下几种类型。

☑ short int（简称 short）：short 型整数在内存中通常占 16 位，取值范围是 -32768（-2^{15}）～32767（$2^{15}-1$）。

☑ int：int 型整数在内存中占 32 位，取值范围是-2147483648（-2^{31}）～2147483647（$2^{31}-1$）。

☑ long int（简称 long）：long 型整数在内存里占 64 位，取值范围是-9223372036854775808（-2^{63}）～9223372036854775807（$2^{63}-1$）。

☑ long long：long long 型整数在内存中占 64 位，取值范围是-9223372036854775808（-2^{63}）～9223372036854775807（$2^{63}-1$）。

Note

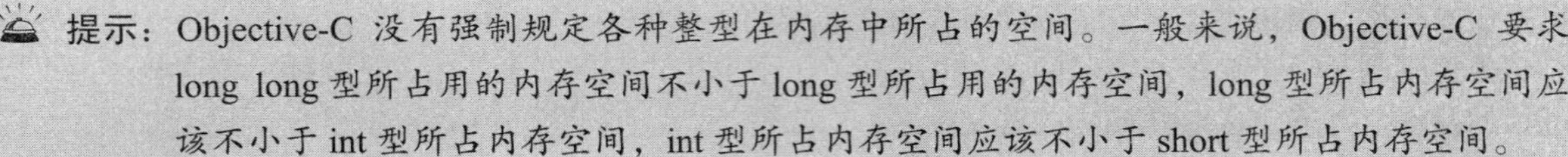

提示：Objective-C 没有强制规定各种整型在内存中所占的空间。一般来说，Objective-C 要求 long long 型所占用的内存空间不小于 long 型所占用的内存空间，long 型所占内存空间应该不小于 int 型所占内存空间，int 型所占内存空间应该不小于 short 型所占内存空间。

整型变量定义的语法形式如下：

```
类型说明符  变量名标识符, 变量名标识符,...;
```

在定义变量时，允许在一个类型说明符后定义多个相同类型的变量。各变量名之间用逗号间隔，类型说明符与变量名之间至少用一个空格间隔。最后一个变量名之后必须以“;”结尾。

【示例 1】在使用变量之前必须声明变量类型，一般放在函数体的开头部分。

```
int a,b,c;                    //a，b，c 为整型变量
long x,y;                     //x，y 为长整型变量
```

【示例 2】当程序直接给出一个较大的整数时，该整数默认可能就是 long 型或 long long 型，如果将这个整数赋值给 int 型，编译器将会发生警告，数据也会丢失。

```
//下面的代码是正确的
int a = 56;
//下面的代码需要隐式地将 9999999999999 转为 int 型使用，因此编译器将会给出提示
int bigValue = 9999999999999;
//下面的代码是正确的
long long bigValue2 = 9999999999999;
NSLog(@"%d", bigValue);
NSLog(@"%lld", bigValue2);
```

Objective-C 允许在上述整型前面添加 unsigned 关键词，将其变成无符号整型。无符号整型的最高位不是符号位，而是数值位，因此无符号整型不能表示负数，但无符号整型的最大值比对应的普通整型的最大值大一倍。例如，short int 的取值范围是-32768～32767，而 unsigned short 的取值范围则是 0～65535。例如：

```
//定义无符号整数
unsigned int ui = 30;
unsigned long ul = 200;
```

无符号型可与 3 种整型匹配为以下类型。

☑ 无符号基本型：unsigned int 或 unsigned。

☑ 无符号短整型：unsigned short。

☑ 无符号长整型：unsigned long。

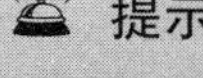

提示：有符号整型变量最大表示 32767，二进制表示如下所示。

0	1	1	1	1	1	1	1	1	1	1	1	1	1	1	1

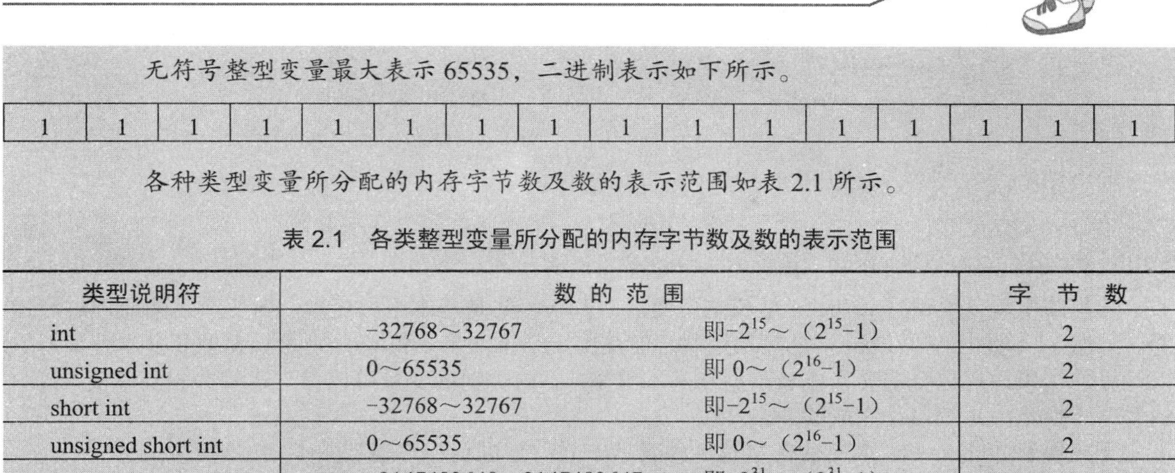

无符号整型变量最大表示 65535，二进制表示如下所示。

1	1	1	1	1	1	1	1	1	1	1	1	1	1	1	1

各种类型变量所分配的内存字节数及数的表示范围如表 2.1 所示。

表 2.1　各类整型变量所分配的内存字节数及数的表示范围

类型说明符	数的范围		字节数
int	-32768～32767	即-2^{15}～（$2^{15}-1$）	2
unsigned int	0～65535	即 0～（$2^{16}-1$）	2
short int	-32768～32767	即-2^{15}～（$2^{15}-1$）	2
unsigned short int	0～65535	即 0～（$2^{16}-1$）	2
long int	-2147483648～2147483647	即-2^{31}～（$2^{31}-1$）	4
unsigned long	0～4294967295	即 0～（$2^{32}-1$）	4

【示例 3】以 13 为例，不同类型数据在存储单元中所占字节情况如图 2.2 所示。

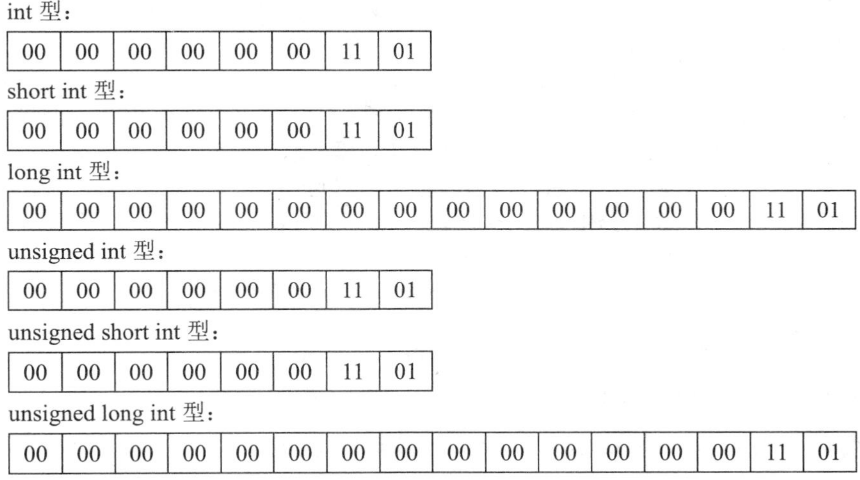

int 型：

00	00	00	00	00	00	11	01

short int 型：

00	00	00	00	00	00	11	01

long int 型：

00	00	00	00	00	00	00	00	00	00	00	00	00	00	11	01

unsigned int 型：

00	00	00	00	00	00	11	01

unsigned short int 型：

00	00	00	00	00	00	11	01

unsigned long int 型：

00	00	00	00	00	00	00	00	00	00	00	00	00	00	11	01

图 2.2　数值 13 的不同数据类型在存储单元中所占字节展示

【示例 4】整型类型的应用完整代码如下所示。

```
#import <Foundation/Foundation.h>
int main(int argc, char* args[])
{
 @autoreleasepool {
        long a,b,c;
        int x,y,w;
        a=2;
        b=25;
        x=7;
        y=4;
        c=a+x;
        w=y+b;
        NSLog (@"c=a+x=%li",d);
```

```
        NSLog (@"w=y+b=%i",w);
    }
}
```

Note

输出结果：

```
c=a+x=9
w=y+b=29
```

从程序中可以看出，a、b、c 是长整型变量，x、y、w 是基本整型变量，各变量之间允许进行运算。虽然 a、b 是长整型，x、y 是基本整型，但是由于结果变量 c 和 w 分别是长整型和基本整型，所以计算的结果最后也分别转换成长整型和基本整型。不同类型的变量可以参与运算并相互赋值，其中的类型转换是由系统自动完成的。

【拓展】Objective-C 中整数常量有 3 种表示方式：十进制、八进制和十六进制。

八进制的整数常量以 0 开头，十六进制的整数常量以 0X 或者 0x 开头，其中，10～15 分别以 a～f（此处的 a～f 不区分大小写）来表示。

如果整型值的第一位是 0，那么这个整数将用八进制计数法来表示，也就是说基数是 8 而不是 10。在这种情况下，该值的其余位必须是合法的八进制数字，也就是 0～7 之间的数字。例如，在 Objective-C 中以八进制表示的值 50（等价于十进制的值 40），其表示方式为 050。与此类似，八进制的 0177 表示十进制的值 127（1×64+7×8+7）。

通过在 NSLog()调用的格式字符串中使用格式符号%o，可在终端上用八进制显示整数值。在这种情况下，用八进制显示的值不带有前导 0，而使用格式符号%#o 将在八进制值的前面显示前导 0。

如果整型常量以 0 和字母 x（x 不区分大小写）开头，那么这个值都将用十六进制（以 16 为基数）计数法来表示。紧跟在字母 x 后的是十六进制值的数字，它可由 0～9 之间的数字和 a～f（或 A～F）之间的字母组成。字母表示的数字分别为 10～15。因此，要为名为 rgbColor 的整型常量指派十六进制的值 FFEF0D，可使用以下语句：

```
rgbColor = FFEF0D;
```

格式符号%x 将用十六进制格式显示一个值，该值不带前导的 0x，并用 a～f 之间的小写字符表示十六进制数字。要使用前导 0x 显示该值，使用格式字符%#x，如下所示：

```
NSLog("Color is %#x\n", rgbColor);
```

%X 或%#X 中的大写字母 X，可用于显示前导的 x，而随后用大写字母表示十六进制数字。

【示例 5】下面的代码比较了八进制和十六进制数值的不同用法。

```
//以 0 开头的整数常量是八进制的整数
int octalValue = 013;
//以 0x 或 0X 开头的整数常量是十六进制的整数
int hexValue1 = 0x13;
int hexValue2 = 0XaF;
NSLog(@"%d", octalValue);
NSLog(@"%d", hexValue1);
NSLog(@"%d", hexValue2);
```

提示：每个值，不管是字符、整数还是浮点数字，都有与其对应的值域。这个值域与存储特定类型的值而分配的内存量有关。一般来说，在语言中没有规定这个量，它通常依赖于所运行的计算机，因此叫做设备或机器相关量。例如，一个整数可在计算机上占用 32 位，或者可以使用 64 位存储。

2.2.2　案例：输出格式字符

NSLog()是 Foundation 提供的输出函数，不仅可以输出字符串，也可以输出整数、C 语言风格的字符串和 Objective-C 对象。

使用 NSLog()函数比较简单，它的第一个参数应该是一个字符串常量，该字符串中可使用%格式的占位符，这个占位符将会由对应的变量填充。NSLog()支持的格式字符如下所示。

- ☑ d：以带符号的十进制形式输出整数（正数不输出符号）。
- ☑ o：以八进制无符号形式输出整数（不输出 0 前缀）。
- ☑ x：以十六进制无符号形式输出整数（不输出 0x 前缀）。
- ☑ u：以无符号十进制形式输出整数。
- ☑ c：以字符形式输出，只输出一个字符。
- ☑ s：输出 C 语言风格的字符串。
- ☑ f：以小数形式输出浮点数，默认输出 6 位小数。
- ☑ e：以指数形式输出浮点数，数字部分默认输出 6 位小数。
- ☑ g：自动选用%f 或%e 之一，保证输出宽度较短的格式，并且不会输出无意义的 0。
- ☑ p：以十六进制形式输出指针变量所代表的地址值。
- ☑ @：输出 Objective-C 的对象。

在%与格式字符之间，还可插入如下附加符号。

- ☑ l（字母）：可在格式字符 d、o、x、u 之前，用于输出长整型整数；也可在 f、e、g 之前，用于输出长浮点型数。
- ☑ m（代表一个正整数）：指定输出数据所占的最小宽度。
- ☑ .n：对于浮点数，表示输出 n 位小数；对于字符串，表示截取的字符个数。
- ☑ -：表示输出的数值向左边对齐。

【示例】下面的代码演示了 NSLog()函数所支持的各种格式的字符串。

```
#import <Foundation/Foundation.h>
int main(int argc, char* args[])
{
    @autoreleasepool {
        int a = 32;
        NSLog(@"==%d==", a);
        //输出整数占 9 位
        NSLog(@"==%9d==", a);
        //输出整数占 9 位，并且左对齐
        NSLog(@"==%-9d==", a);
        //输出八进制数
        NSLog(@"==%o==", a);
        //输出十六进制数
        NSLog(@"==%x==", a);
        long b = 14;
        //输出 long int 型的整数
        NSLog(@"%ld", b);
        //以十六进制输出 long int 型的整数
        NSLog(@"%lx", b);
        double d1 = 5.12;
```

Note

```
        //以小数形式输出浮点数
        NSLog(@"==%f==", d1);
        //以指数形式输出浮点数
        NSLog(@"==%e==", d1);
        //以最简形式输出浮点数
        NSLog(@"==%g==", d1);
        //以小数形式输出浮点数，并且最少占用 9 位
        NSLog(@"==%9f==", d1);
        //以小数形式输出浮点数，至少占用 9 位，小数点共 4 位
        NSLog(@"==%9.4f==", d1);
        //以小数形式输出长浮点数
        NSLog(@"==%lf==", d1);
        //以指数形式输出长浮点数
        NSLog(@"==%le==", d1);
        //以最简形式输出长浮点数
        NSLog(@"==%lg==", d1);
        //以小数形式输出长浮点数，并且最少占用 9 位
        NSLog(@"==%9lf==", d1);
        //以小数形式输出长浮点数，至少占用 9 位，小数点共 4 位
        NSLog(@"==%9.4lf==", d1);
        NSString *str = @"iOS";
        //输出 Objective-C 的字符串
        NSLog(@"==%@==", str);
        NSDate *date = [[NSDate alloc] init];
        //输出 Objective-C 对象
        NSLog(@"==%@==", date);
    }
}
```

上面代码中大量使用了 NSLog()函数输出各种类型的数据，包括各种基本类型、Objective-C 的 NSString 对象和 NSDate 对象。运行后输出效果如图 2.3 所示。

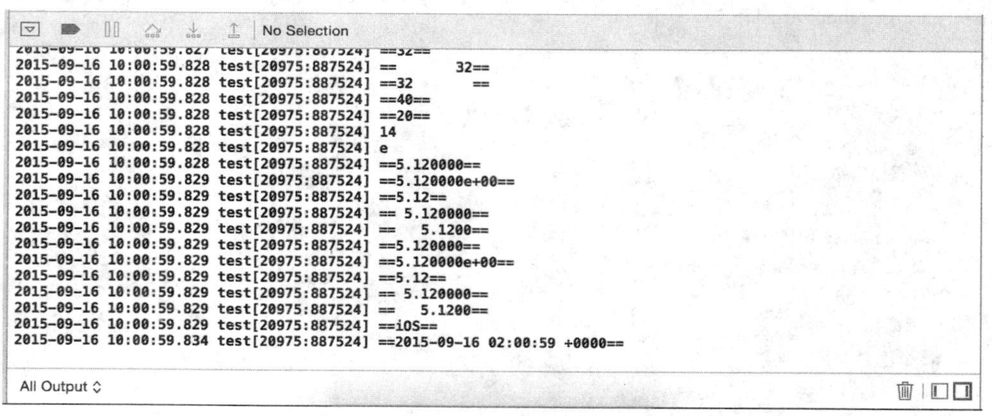

图 2.3　使用 NSLog()函数输出结果

2.2.3　浮点型

具有小数部分的数字类型被称为浮点型。Objective-C 定义了 3 种类型的浮点型数据：float、double

和 long double。后面的类型比前面的类型所能表示的范围大，所需要的内存空间也大。除非进行精确的科学计算，否则这 3 种类型之间的差别是无关紧要的。

浮点型数据可分为浮点型常量和浮点型变量。

1. 浮点型常量

浮点型常量也称为实数或者浮点数。浮点数采用十进制，有两种形式：十进制小数形式和指数形式。

（1）十进制小数形式：由数字 0～9 和小数点组成。例如：

```
0.0、25.0、5.789、0.13、5.0、300.、-267.8230
```

这些数据均为合法的浮点数。注意，必须有小数点。要显示浮点值，可用 NSLog()转换字符%f。

（2）指数形式：由十进制数、阶码标志 e 或 E 以及阶码（只能为整数，可以带符号）组成。具体格式如下：

```
a E n
```

a 为十进制数，n 为十进制整数，其值为 $a\times10^n$。用于分隔尾数和指数的字母 E，可用大写字母，也可用小写字母。要用科学计数法显示值，应该在 NSLog()格式字符串中指定格式字符%e。使用 NSLog()格式字符串%g 允许 NSLog()确定使用常用的浮点计数法还是科学计数法来显示浮点值，这取决于指数的值：如果该值小于−4 或大于 5，采用%e（科学计数法）表示，否则采用%f（浮点计数法）表示。

【示例 1】下面的代码使用了科学计数法定义浮点数。

```
1.1E5           //等于 1.1×10^5
3.2E-2          //等于 3.2×10^-2
0.3E7           //等于 0.3×10^7
-2.4E-2         //等于−2.4×10^-2
```

以下不是合法的浮点数：

```
315             //无小数点
E5              //阶码标志 E 之前无数字
-3              //无阶码标志
54.-E3          //负号位置不对
.6E             //无阶码
```

提示：十六进制的浮点常量包括前导的 0x 或 0X，后面紧跟一个或多个十进制或十六进制数字，再后面是 p 或 P，最后是可以带负号的二进制指数。例如，0x0.3p10 表示的值为 3/16×2 的 10 次方=192。Objective-C 允许浮点数使用后缀。后缀为 f 或 F 即表示该数为浮点数。如 356f 和 356.是等价的。除非另有说明，否则，Objective-C 编译器将所有浮点常量均看作 double 值。

2. 浮点型变量

浮点型变量是浮点型数据在内存中的存放形式，浮点型数据一般占 4 字节（32 位）内存空间，按指数形式存储。例如，浮点数 2.37259 在内存中的存放形式如图 2.4 所示。

小数部分占的位（bit）数愈多，数的有效数字愈多，精度愈高。指数部分占的位数愈多，则能表示的数值范围愈大。

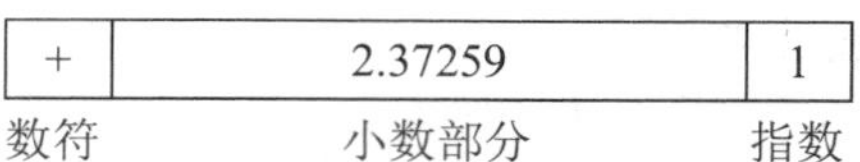

图 2.4　浮点数 2.37259 在内存中的存放形式

Note

浮点型变量分为单精度（float 型）、双精度（double 型）和长双精度（long double 型）。double 双精度与 float 非常相似，而在 float 变量所提供的值域不能满足要求时，就要使用 double 变量。声明为 double 类型的变量可存储的位数大概是 float 变量所存储的两倍多。大多数计算机使用 64 位来表示 double 值。显示 double 值的方法和显示 float 值的方法相同，同样也是使用格式符号%f、%e、%g。

在 Objective-C 中单精度型占 4 字节（32 位）内存空间，其数值范围为 3.4E-38～3.4E+38，只能提供 7 位有效数字。双精度型占 8 字节（64 位）内存空间，其数值范围为 1.7E-308～1.7E+308，可提供 16 位有效数字。浮点型 3 种类型的比较如表 2.2 所示。

表 2.2　浮点型 3 种类型的比较

类型说明符	比特数（字节数）	有 效 数 字	数 的 范 围
float	32（4）	6～7	10^{-37}～10^{38}
double	64（8）	15～16	10^{-307}～10^{308}
long double	128（16）	18～19	10^{-4931}～10^{4932}

【示例 2】浮点型变量的定义格式和书写规则与整型相同。

```
float x,y; //x，y 为单精度浮点型变量
double a,b,c; //a，b，c 为双精度浮点型变量
```

由于浮点型变量是由有限的存储单元组成的，因此能提供的有效数字总是有限的。

【示例 3】下面的代码演示了浮点型数据定义的应用。

```
#import <Foundation/Foundation.h>
int main (int argc, const char * argv[])
{
 @autoreleasepool{
        float a=145.63;
        double x=7.12e+11;
        NSLog (@"float=%f",a);
        NSLog (@"Edouble=%e",x);
        NSLog (@"Gdouble=%g",x);
    }
}
```

输出结果：

```
float=145.630005
Edouble=7.120000e+11
Gdouble=7.12e+11
```

对于 float 和 double 浮点型数据来说，%f 为十进制数形式的格式转换符，表示使用浮点小数形式打印出来；%e 表示用科学计数法的形式打印出浮点数；%g 表示用最短的方式表示一个浮点数。

【示例 4】由于浮点型变量能够提供的有效数字是有限的，例如，float 型只能提供 7 个有效数字，在实际计算中，会有一些舍入误差产生。下面的代码展示了浮点型数据舍入误差的应用。

```
#import <Foundation/Foundation.h>
int main (int argc, const char * argv[])
{
    @autoreleasepool{
            float a=123456.789;
            float b=a+15;
            NSLog (@"a=%f",a);
            NSLog (@"b=%f",b);
    }
}
```

输出结果：

```
a=123456.789062
b=123471.789062
```

【示例 5】在应用开发中，经常会遇到整型数据和浮点型数据之间的相互转换问题，那么如何理解整型数据和浮点型数据之间进行的相互转换呢？下面的代码展示了整型数据和浮点型数据之间的相互转换。

```
#import <Foundation/Foundation.h>
int main (int argc, const char * argv[])
{
    @autoreleasepool{
            float f1 = 123.125, f2;
            int i1, i2 = -150;
            //浮点型值转换成整型值
            i1 = f1;
            NSLog(@"%f ---- %i", f1, i1);
            //整型值转换成浮点型值
            f1 = i2;
            NSLog(@"%i ---- %f", i2, f1);
            //整型值除以整型值
            f1 = i2 / 100;
            NSLog(@"%i ---- %f", i2, f1);
            //整型值除以浮点型值
            f2 = i2 / 100.0;
            NSLog(@"%i ---- %f", i2, f2);
            //类型强制转换
            f2 = (float) i2 / 100;
            NSLog(@"(float) %i ---- %f", i2, f2);
    }
}
```

输出结果：

```
123.125000 ---- 123
-150 ---- -150.000000
-150 ---- -1.000000
-150 ---- -1.500000
(float) -150 ---- -1.500000
```

Note

在 Objective-C 中，只要将浮点值赋值给整型变量，数字的小数部分都会被删节。因此在示例 5 中，把 f1 的值指派给 i1 时，只有整数部分被存储到 i1 中。代码第 10 行，把整型变量指派给浮点变量的操作不会引起数字值的任何改变。代码第 13 行，由于是两个整数的运算，按照整数运算规则，结果中的任何小数部分都将删除。代码第 15 行，一个整数变量和一个浮点常量。

在 Objective-C 中，对于任何处理两个值的运算，如果其中一个值是浮点变量或常量，那么这个运算将作为浮点运算来处理。最后一个除法运算在代码第 18 行，显示了如何在声明和定义方法时将类型放入圆括号中来声明返回值和参数的类型。为了求表达式的值，类型转换运算符将变量 i2 的值转换成 float 类型。该运算符永远不会影响变量 i2 的值：它是一元运算符，行为和其他一元运算符一样。因此表达式-a 永远不会影响 a 的值，表达式(float)a 也不会影响 a 的值。在优先级上，类型转换运算符比所有算术运算符的优先级都高，但一元减号运算符除外。

下面再举一个类型转换运算符的例子：

```
(int) 29.55 + (int) 21.99
```

等价于

```
29 + 21
```

【拓展】Objective-C 提供了 3 个特殊的浮点型数值：正无穷大、负无穷大和非数，例如，使用一个正数除以 0.0 将得到正无穷大，使用一个负数除以 0.0 将得到负无穷大，0.0 除以 0.0 或对一个负数开方将得到一个非数。

必须指出的是，所有的正无穷大数值都相等，所有的负无穷大数值都相等，而非数不与任何数值相等，甚至和非数自己都不相等。

> **注意：**只有浮点数除以 0.0 才可以得到正无穷大或负无穷大，但如果使用整型值除以 0.0，将会得到整数值取值范围的边界值。例如，int 型的正数除以 0.0 将会得到 2147483647。相反，如果 int 型的负数除以 0.0，则会得到-2147483648。

【示例 6】下面的代码综合演示了上面介绍的关于浮点数的各个知识点。

```
int main(int argc, char * argv[])
{
    @autoreleasepool{
        float af = 25.2345556;
        //下面将看到 af 的值已经发生了改变，float 只能接受 6 位有效数值
        NSLog(@"%9g", af);
        double dd = 25234.5556;
        //下面将看到 dd 的值已经发生了改变，只能接受 6 位有效数值
        NSLog(@"%9e", dd);
        double a = 0.0;
        //5.0 除以 0.0 将出现正无穷大
        NSLog(@"5.0/a 的值为：%g", 5.0 / a);
        //所有正无穷大都相等，所以下面将会输出 1，代表真
        NSLog(@"%d", 5.0 / a == 50000 / 0.0);
        //-5.0 除以 0.0 将出现负无穷大
        NSLog(@"-5.0/a 的值为：%g", -5.0 / a);
        //所有负无穷大都相等，所以下面将会输出 1，代表真
        NSLog(@"%d", -5.0 / a == -50000 / 0.0);
        //0.0 除以 0.0 将出现非数
```

```
            double nan = a / a;
            NSLog(@"a/a 的值为：%g", nan);
            //非数与自己都相等，所以下面将会输出 0，代表假
            NSLog(@"%d", nan == nan);
            int ia = -5 / 0.0;
            //得到 int 取值范围的边界值
            NSLog(@"%d", ia);
        }
}
```

2.2.4 字符型

字符型可存储单个字符。将字符放入一对单引号中就能得到字符常量。例如，'a'、';' 和 '0' 都是合法的字符常量，第一个常量表示字母 a，第二个常量表示分号，第三个常量表示字符 0，它并不等同于数字 0。

1. 字符常量

字符常量是放在单引号中的单个字符，在 NSLog()调用中可以使用%c，以便显示字符变量的值。字符常量有以下特点：

☑ 字符常量只能用单引号括起来，不能用双引号或其他括号。

☑ 字符常量只能是单个字符，不能是字符串。

☑ 字符可以是字符集中任意字符，但数字被定义为字符型之后就不能参与数值运算。如'5'和 5 是不同的，'5'是字符常量，不能参与运算。

【拓展】转义字符是一种特殊的字符常量。转义字符以反斜线（\）开头，后跟一个或几个字符。转义字符具有特定的含义，不同于字符原有的意义，故称为“转义”字符。例如，“\n”就是一个转义字符，其意义是“回车换行”。转义字符主要用来表示那些用一般字符不便于表示的控制代码。常用的转义字符及其含义如表 2.3 所示。

表 2.3 常用的转义字符及其含义

转 义 字 符	转义字符的含义	ASCII 代码
\n	回车换行	10
\t	横向跳到下一制表位置	9
\b	退格	8
\r	回车	13
\f	走纸换页	12
\\	反斜线符“\”	92
\'	单引号符	39
\"	双引号符	34
\a	命令	7
\ddd	1～3 位八进制数所代表的字符	
\xhh	1～2 位十六进制数所代表的字符	

广义地讲，Objective-C 语言字符集中的任何一个字符均可用转义字符来表示。表中的\ddd 和\xhh 正是为此而提出的。dd 和 hh 分别为八进制和十六进制的 ASCII 代码。例如，\101 表示字母"A" ，\102

Note

表示字母"B"，\134 表示反斜线，\XOA 表示换行等。

2. 字符变量

字符变量用来存储字符常量，即单个字符。字符变量的类型说明符是 char。字符变量类型定义的格式和书写规则都与整型变量相同。

【示例 1】以下代码声明两个字符变量，每个字符变量被分配一字节的内存空间，因此只能存放一个字符。

```
char a,b;
```

字符值是以 ASCII 码的形式存放在变量的内存单元之中的，例如，x 的十进制 ASCII 码是 120，y 的十进制 ASCII 码是 121。对字符变量 a、b 赋予 x 和 y 值：

```
a='x';
b='y';
```

实际上是在 a、b 两个单元内存存放 120 和 121 的二进制代码形式，如图 2.5 所示。

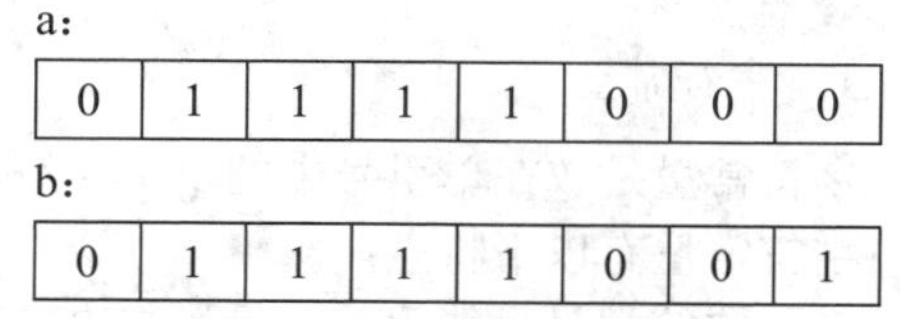

a：

0	1	1	1	1	0	0	0

b：

0	1	1	1	1	0	0	1

图 2.5　a 和 b 两个内存单元分别存放 120 和 121 的二进制编码

【示例 2】Objective-C 允许对整型变量赋以字符值，也允许对字符变量赋以整型值。在输出时，允许把字符变量按整型量输出，也允许把整型量按字符量输出。整型量为二字节量，字符量为单字节量，当整型量按字符型量处理时，只有低 8 位字节参与处理。

```
#import <Foundation/Foundation.h>
int main (int argc, const char * argv[])
{
    @autoreleasepool{
        char a='a';
        char b='b';
        a=a-32;
        b=b-32;
        NSLog (@"a=%c,b=%c",a,b);
        NSLog (@"a=%i,b=%i",a,b);
    }
}
```

输出结果：

```
a=A, b=B
a=65,b=66
```

在本示例中，a 和 b 被声明为字符变量并赋予字符值。由于大小写字母的 ASCII 码值相差 32，因此运算后把小写字母变换成了大写字母，然后分别以整数和字符的形式输出。

2.2.5　案例：定义字符串

在 Objective-C 中，字符串常量是由@和一对双引号括起的字符序列，例如，@"面向对象"、@"program"、@"$24.3" 等都是合法的字符串常量。Objective-C 的字符串与 C 语言的字符串区别在于有无@。字符串常量和字符常量是不同的量，二者之间主要有以下区别：

☑　字符常量由单引号括起来，字符串常量由双引号括起来。

☑　字符常量只能是单个字符，字符串常量可以含一个或多个字符。

在 Objective-C 中，字符串不是字符的数组，字符串类型是 NSString，这不是一个简单数据类型，而是一个对象类型，这一点与 C++语言是不同的。在后面关于基础（Foundation）框架的章节中将详细介绍 NSString。使用 NSString 输出字符串的代码如下：

Note

```
#import <Foundation/Foundation.h>
int main (int argc, const char * argv[])
{
    @autoreleasepool{
        NSLog (@"字符串实例");
    }
}
```

输出结果：

```
字符串实例
```

以上代码演示了如何把“字符串实例”字符串输出到控制台上。

2.2.6　枚举型

在 Objective-C 中，如果一个变量只有几种可能的值，那么可以把它定义为枚举类型（也称为枚举）。所谓枚举，是指将变量的值一一列举出来，变量的值只限于列举范围内的值。

定义枚举变量有两种方式。

1. 先定义枚举类型，再用枚举类型定义变量

以 enum 关键字开头，然后是枚举数据类型的名称，而后是一系列值，这些值包含在一对花括号中，定义了可以向该类型指派的所有容许的值。

【示例 1】 下面的代码定义了一个枚举类型 sex，这个数据类型只能指派 man 和 woman 两种值。如果指定其他的值，Objective-C 编辑器不会发出警告。

```
enum sex{man,woman};
```

下面使用这个类型来定义变量：

```
enum sex student,teacher;
```

上面的代码定义了两个 sex 类型的变量 student 和 teacher，这两个变量的值只能是 man 或 woman。例如：

```
student=woman;
```

在 Objective-C 编译中，将枚举元素（如 male）按照常量处理。

2. 定义匿名枚举类型时直接定义变量

在这种方式下定义枚举类型时无须指定名字，可以在定义枚举时直接定义枚举变量。

【示例 2】 下面的代码中定义了一个匿名枚举类型，并在定义该枚举类型时定义了两个变量 student 和 teacher，这两个变量都只能等于 man 或 woman 之一。

```
enum {man,woman} student,teacher;
```

Note

关于枚举，需要注意几个问题。

☑ 定义枚举时，“{}”中列出的枚举值也称为枚举常量或枚举元素，这些枚举值不是变量，因此不能对它们赋值。实际上，每个枚举常量按其定义顺序，依次为 0、1、2、3，依此类推。当然也可显式指定枚举常量的值。

☑ 枚举常量的本质就是无符号整数，因此枚举值可以用来比较大小。比较大小的规则就是它们实际的整数值。

☑ 枚举值的本质是无符号整数，因此，Objective-C 允许直接将整数值赋给枚举变量，甚至可以直接把枚举变量当成整数使用，如用它们参与四则混合运算。

【示例 3】下面的代码演示了如何使用 Objective-C 的枚举类型。

```
#import <Foundation/Foundation.h>
int main(int argc, char * argv[])
{
    @autoreleasepool {
        //定义枚举类型
        enum season {spring = 4, summer = 1, fall, winter};
        //定义两个枚举变量
        enum season myLove, yourLove;
        //为两个枚举变量赋值
        myLove = winter;
        yourLove = fall;
        //把枚举值当成无符号整数执行输出
        NSLog(@"winter 的值：%u", myLove);
        NSLog(@"fall 的值：%u", fall);
        if(spring > winter)
        {
            NSLog(@"春天大于冬天吗");
        }
        //定义匿名枚举类型，并定义两个枚举变量
        enum {male, female} me, you;
        //为两个变量赋值
        me = male;
        //直接赋整数值给枚举变量
        you = 1;
        NSLog(@"you 的值：%u", you);
        //直接把枚举值当成整数使用
        int iVal = you * 2 + 12 + me;
        NSLog(@"%d", iVal);
    }
}
```

在上面的代码中可以看到枚举变量的本质就是无符号整数，因此，程序输出枚举值时使用%u 占位符，而且程序可以对枚举值比较大小，也可以直接把枚举值放在表达式中进行计算，这都表明枚举值的本质就是无符号整数类型。

注意： 虽然可以用整数值来代替枚举值，但实际应用中尽量不要使用整数值来代替枚举值，也不要使用枚举值来代替整数值——毕竟枚举值具有更好的可读性。

2.2.7　布尔型

Objective-C 提供了一个 BOOL 类型，BOOL 类型有 YES 和 NO 两个值，分别代表真和假。但需要指出的是，Objective-C 底层实际上使用 signed char 来代表 BOOL，而 YES、NO 两个值的底层其实就是 1 和 0。

在系统头文件中可以找到如下定义：

```
#if !defined(YES)
        #define YES (BOOL)1
#endif
#if !defined(NO)
        #define NO (BOOL)0
#endif
```

从上面的定义可以发现，布尔变量的值为 YES/NO，或者 1/0，YES 或 1 表示真，NO 或 0 表示假，而不是 TRUE 或 FALSE。

在 C 语言中，所有非零数都会被当成真。因此，YES 也会被当成真处理，而 NO 的值是 0，因此，NO 也会被当成假处理。

【示例 1】 定义一个布尔变量，并设置布尔值，代码如下：

```
BOOL isEmpty=NO;
```

等同于

```
BOOL isEmpty=0;
```

判断布尔值是否为 YES，可以这样写：

```
If(isEmpty) …
```

同等于

```
If(isEmpty==YES) …
```

【示例 2】 下面的代码定义了一个返回值类型为 BOOL 类型的函数，在该函数中实际返回的是 YES 或 NO 值。这个 YES 或 NO 就可以代表真和假。

接着在 main()函数中直接把 1 或 18 赋值给 BOOL 类型变量。注意，BOOL 类型实际上就是 signed char 类型，因此程序输出这两个 BOOL 变量时，将可以看到输出 1、18。

```
#import <Foundation/Foundation.h>
//定义一个函数，用于判断 a 是否大于 b
BOOL judge(int a, int b)
{
 //如果 a>b，返回 YES
 if(a > b)
 {
        return YES;
 }
 //否则返回 NO
    return NO;
}
int main(int argc, char* args[])
```

Note

```
{
 @autoreleasepool {
        int a = 20;
        int b = 5;
        //判断 a 是否大于 b
        NSLog(@"a 是否大于 b：%d", judge(a, b));
        BOOL b1 = 1;
        BOOL b2 = 18;
        NSLog(@"b1 的值为：%d", b1);
        NSLog(@"b2 的值为：%d", b2);
 }
}
```

输出结果：

```
a 是否大于 b：1
b1 的值为：1
b2 的值为：18
```

无论是 1 还是 18，都是非零的数值，Objective-C 都会把它们当成 YES 处理。但千万不要忘记，BOOL 的实际类型是 signed char，它的底层只占一字节（只有 8 位），如果将一个较大的非零整数值赋给 BOOL 类型的变量，而这个非零整数值的最低 8 位都是 0，那么系统就会把它当成 NO 处理。在上面代码的末尾再添加如下代码：

```
BOOL bo1 = 256;
NSLog(@"bo1：%d", bo1);
BOOL bo2 = 768;
NSLog(@"bo2：%d", bo2);
```

上面代码将 256、768 赋值给 BOOL 类型的变量，256 在底层转换为二进制数为 100000000，768 在底层转换为二进制数为 1100000000，当把这两个整数赋给 BOOL 类型的变量时，将只能保留最低的 8 位，这样就会得到两个 NO，编译上面的程序，将可以看到警告性错误。

从上面的提示可以清楚地看到，BOOL 其实就是 signed char。运行该程序，可以看到后两个输出如下所示：

```
bol：0
bo2：0
```

【示例 3】下面的代码将要生成 50 以内的所有素数。最简单和直接的算法是，仅测试每个整数 p 是否能被 2～p-1 间的所有整数整除。如果任一整数能整除 p，那么 p 就不是素数；否则，p 就是素数。

```
#import <Foundation/Foundation.h>
int main (int argc, const char * argv[])
{
 @autoreleasepool {
            int p, d, isPrime;
            for (p = 2; p <= 50; ++p) {
                isPrime = 1;
                for (d = 2; d < p; ++d) {
                    if (p % d == 0)
                        isPrime = 0;
                }
```

```
                if (isPrime != 0)
                        NSLog(@"%i ", p);
            }
        }
}
```

输出结果：

```
2
3
5
7
11
13
17
19
23
29
31
37
41
43
47
```

以上代码生成了 2～50 之间的素数列表。

对于上面的代码有几点值得注意：最外层的 for 语句建立了一个循环，周期性地遍历 2～50 间的整数。p 表示循环变量，用来检查当前正在检测的整数中哪些是素数。循环中的第一条语句将值 1 指派给变量 isPrime。大家很快就会明白其中的用意。

建立的第二个循环用于将 p 除以从 2～p-1 间的所有整数。在该循环中，要执行一个测试以检查 p 除以 d 的余数是否为 0。如果为 0，就知道 p 不可能是素数，因为它能被不同于 1 和它本身外的其他整数整除。为了表示 p 不可能是素数，可将变量 isPrime 的值设置为 0，就像一个开关一样。

执行完最内层的循环时，测试 isPrime 的值，如果它的值不等于 0，表示没有发现能整除 p 的整数；否则，p 肯定是素数，并显示它的值。

注意： 变量 isPrime 只接受值 0 或 1，而不接受其他值。只要 p 还有资格成为素数，它的值就是 1。而一旦发现它有整数约数时，它的值将被设为 0，以表示 p 不再满足成为素数的条件。以这种方式使用的变量一般称作 Boolean 变量。通常，一个标记只接受两个不同值中的一个。此外，标记的值通常要在程序中至少测试一次，以检查它是 on（TRUE 或 YES）还是 off，而且根据测试结果采取特定的操作。

在 Objective-C 中，标记为 TRUE 或 FALSE 的概念大部分被自然地转换成值 1 或 0，因此在上面的代码中将 isPrime 的值设为 1 时，实际上是将其设置为 TRUE，反之亦然。

【示例 4】满足 if 语句内部指定的条件，将执行其后的程序语句。但满足的确切含义是什么呢？在 Objective-C 中，满足意味着非零，而不是其他值。因此对于下列语句：

```
if (100)
   NSLog(@"This will always be printed.")
```

这两句代码实际上是一定被执行的，因为这里的条件 100 非零，满足执行后面语句的条件。

Note

回到示例 4，同样可以使用表达式测试标记的值是否为 TRUE，这在 Objective-C 中是合法的，例如：

```
if (isPrime)
```

等价于

```
if (isPrime != 0)
```

要方便地测试标记的值是否为 FALSE，需要使用逻辑非运算符。在以下表达式中使用逻辑非运算符来测试 isPrime 的值是否为 FALSE（这条语句可读做“如果非 isPrime”）。

```
if (! isPrime)
```

一般来说，表达式!expression 用于对 expression 的逻辑值求反。因此，如果 expression 为 0，逻辑非运算符将产生 1；如果 expression 的值非零，逻辑非运算符就会产生 0。

在优先级方面，这种运算符的优先级和一元运算符相同，这意味着与所有二元算术运算符和比较运算符相比，它的优先级较高。因此，要测试变量 x 的值是否不小于变量 y 的值，例如，在! (x < y)中，圆括号是必需的，它用于确保表达式的正确求值。

【示例 5】在 Objective-C 中有两个内置的特性可以使布尔变量的使用更容易一些。一个是特殊类型 BOOL，可用于声明值为非真即假的变量；另一个是内置值 YES 或 NO。在程序中使用这些预定义的值可使它们更易于编写和读取。下面的代码即为使用这种特性重写的示例了。

```
#import <Foundation/Foundation.h>
int main (int argc, const char * argv[])
{
    @autoreleasepool {
        int p, d;
        BOOL isPrime;
        for (p = 2; p <= 50; ++p) {
            isPrime = YES;
            for (d = 2; d < p; ++d) {
                if (p % d == 0)
                    isPrime = NO;
            }
            if (isPrime == YES)
                NSLog(@"%i ", p);
        }
    }
}
```

2.3 类型转换

在 Objective-C 中，不同的基本类型的值经常需要进行相互转换。数值型之间的变量和值可以相互转换，有两种类型转换方式：自动类型转换和强制类型转换。

2.3.1 案例：自动类型转换

如果系统支持把某个基本类型的值直接赋给另一个基本类型的变量，则这种方式被称为自动类型转换，规则如下。

- ☑ 把整型类型（包括字符型）的变量和值赋给浮点型变量，不会有太大的变化。
- ☑ 把浮点型类型的变最和值赋给整型（包括字符型）变量，数值的小数部分会被直接舍弃。
- ☑ 当把取值范围大的变量和值赋给取值范围小的变量时，可能发生溢出。

【示例】下面的代码演示了如何进行自动类型转换。

```
#import <Foundation/Foundation.h>
int main(int argc, char* argv[])
{
    @autoreleasepool {
        int a = 6;
        //int 类型自动转换为 float 类型
        float f = a;
        //下面将输出 6
        NSLog(@"%g", f);
        //定义一个 short 类型的整数变量
        short b = 65;
        //short 类型自动转型为 char 类型
        char c = b;
        NSLog(@"%c", c);
        //short 型变量可以自动转换为 double 型
        double d = b;
        //下面将输出 65
        NSLog(@"%g", d);
        double d2 = 97.433;
        //将 double 型值变量复制为 int 型变量，直接舍弃小数部分
        int it = d2;
        //下面将输出 97
        NSLog(@"%d", it);
        //将 double 型值变量复制为 int 型变量，直接舍弃小数部分
        //ch 将等于 97 对应的字符，也就是小写字母 a
        char ch = d2;
        //下面将输出 a
        NSLog(@"%c", ch);
        int iValue = 33000;
        //把一个 int 类型的值转换为 short 类型的值
        short sValue = iValue;
        //下面将输出-32536
        NSLog(@"%d", sValue);
    }
}
```

当把取值范围大的变量的值赋给取值范围小的变量时，类似于把一个大瓶子里的水倒入一个小瓶子，如果大瓶子里的水很多，将会引起溢出，从而造成数据丢失。上面的代码把一个 int 型的变量赋给 short 型变量，但由于 33000 已经超出了 short 型变量的取值范围（-32768～32767），因此，上面代码的计算结果将会发生溢出。

2.3.2　案例：强制类型转换

在 Objective-C 开发中，会经常遇到需要把某个类型的数据强制转换为另外一种类型。实际上这种强制类型转换在 C++、C#和 Java 等开发语言中都存在，其强制转换的格式基本上都相同。

Note

如果希望强制指定某个表达式的类型，此时可借助强制类型转换运算符“()”。强制类型转换的一般形式为：

```
(类型说明符) (表达式)
```

其功能是把表达式的运算结果强制转换成类型说明符所表示的类型。

【示例 1】下面的代码简单演示了强制类型转换的基本使用方法。

```
int a=2;
int b;
float x=12.35;
float y=9.23;
float z;
//把 a 转换为浮点型
z=(float)a;
//把 x+y 的结果转换为整型
b=(int)(x+y);
```

【示例 2】下面的代码完整演示了如何使用强制类型转换。

```
#import <Foundation/Foundation.h>
int main(int argc, char* argv[])
{
        @autoreleasepool {
                int a = 100;
                int b = 3;
                //直接计算
                float f1 = a / b;
                //执行强制类型转换
                float f2 = (float) a / b;
                //输出 33
                NSLog(@"%g", f1);
                //输出 33.3333
                NSLog(@"%g", f2);
                int it = (int)2.3 + (int)122.2;
                NSLog(@"%d", it);
        }
}
```

在代码“float f1 = a / b;”中，a/b 中两个操作数都是 int 型的变量，因此，整个表达式的值依然是 int 型，计算出的结果直接舍弃小数部分，因此，f1 的值为 33。下一行代码使用了强制类型转换运算符，这样就可以保留小数部分，因此计算结果为 33.3333。

上面的代码中，“int it = (int)2.3 + (int)122.2;”先将 2.3 强制转换为 int 型，相当于得到整数值 2，接着将 122.2 强制转换为 int 型，这表明相当于使用整数值 122，因此，该表达式的计算结果为 124。

2.3.3 案例：自动提升

当一个算术表达式中包含多个基本类型的值时，整个算术表达式的数据类型将发生自动提升。自动提升规则如下所示：

所有的 short 型、char 型将被提升到 int 型；整个算术表达式的数据类型自动提升到与表达式中最高等级操作数相同的类型。操作数的等级排列如下所示，位于箭头右边的类型等级高于箭头左边类型

的等级。

short→int→long→long long→float→double→long double

【示例】下面的代码演示了表达式的自动提升。

```
#import <Foundation/Foundation.h>
int main(int argc, char* argv[])
{
    @autoreleasepool {
        //定义一个 short 类型变量
        short sValue = 5;
        //表达式中的 sValue 将自动提升到 int 类型，因此下面的表达式占用空间将输出 4
        NSLog(@"%ld", sizeof(sValue - 2));
        //2.0 是浮点数，因此下面的计算结果也是浮点数
        double d = sValue / 2.0;
        NSLog(@"%g", d);
    }
}
```

在上面的代码中，sValue -2 的类型将被提升到 int 类型，因此程序输出 sValue-2 所占用的空间时将会输出 4。虽然 sValue 只是 short 类型的整数，但由于 2.0 是浮点数，因此 5/2.0 将会得到 2.5。

2.4　运　算　符

运算符是一种特殊的符号，用于表示数据的运算、赋值和比较等。Objective-C 语言使用运算符将一个或多个操作数连接成表达式，从而形成可执行性语句，用以实现特定的功能。

2.4.1　运算符分类

Objective-C 运算符可分为以下几类。

- ☑ 算术运算符：用于各类数值运算。包括加（+）、减（−）、乘（*）、除（/）、求余（或称模运算，%）、自增（++）、自减（−−）共 7 种。
- ☑ 比较运算符：用于比较运算。包括大于（>）、小于（<）、等于（==）、大于等于（>=）、小于等于（<=）和不等于（!=）6 种。
- ☑ 逻辑运算符：用于逻辑运算。包括与（&&）、或（||）和非（!）3 种。
- ☑ 位操作运算符：参与运算的量按二进制位进行运算。包括位与（&）、位或（|）、位非（～）、位异或（^）、左移（<<）和右移（>>）6 种。
- ☑ 赋值运算符：用于赋值运算，分为简单赋值（=）、复合算术赋值（+=、−=、*=、/=、%=）和复合位运算赋值（&=、|=、^=、>>=、<<=）3 类共 11 种。
- ☑ 条件运算符：这是一个三目运算符，用于条件求值（?:）。
- ☑ 逗号运算符：用于把若干表达式组合成一个表达式（,）。
- ☑ 指针运算符：用于取内容（*）和取地址（&）两种运算。
- ☑ 求字节数运算符：用于计算数据类型所占的字节数（sizeof）。
- ☑ 特殊运算符：有括号（()）、下标（[]）、成员（->、.）等几种。

【拓展】表达式是由常量、变量、函数和运算符组合起来的式子。一个表达式有一个值及其类型，

等于计算表达式所得结果的值和类型。表达式求值按运算符的优先级和结合性规定的顺序进行。单个的常量、变量、函数可以看作是表达式的特例。

Note

2.4.2 运算优先级

所有的数学运算都是从左向右运算的，Objective-C 中的大部分运算符也是从左向右结合的，只有单目运算符、赋值运算符和三目运算符例外，是从右向左结合的，即从右向左运算的。

乘法和加法是两个可结合的运算，也就是说，这两个运算符左右两边的操作符可以互换位置而不会影响结果。

运算符有不同的优先级，所谓优先级，就是在表达式运算中的运算顺序，表 2.4 列出了包括分隔符在内的所有运算符的优先级顺序，上一行中的运算符总是优先于下一行的。同一优先级的运算符，运算次序由结合方向所决定。

表 2.4 Objective-C 运算符优先级

优先级	运算符	名称或含义	使用形式	结合方向	说明
1	[]	数组下标	数组名[常量表达式]	左到右	
	()	圆括号	(表达式)/函数名(形参表)		
	.	成员选择（对象）	对象.成员名		
	->	成员选择（指针）	对象指针->成员名		
2	-	负号运算符	-表达式	右到左	单目运算符
	(类型)	强制类型转换	(数据类型)表达式		
	++	自增运算符	++变量名/变量名++		单目运算符
	--	自减运算符	--变量名/变量名--		单目运算符
	*	取值运算符	*指针变量		单目运算符
	&	取地址运算符	&变量名		单目运算符
	!	逻辑非运算符	!表达式		单目运算符
	～	按位取反运算符	～表达式		单目运算符
	sizeof	长度运算符	sizeof(表达式)		
3	/	除	表达式/表达式	左到右	双目运算符
	*	乘	表达式*表达式		双目运算符
	%	余数（取模）	整型表达式%整型表达式		双目运算符
4	+	加	表达式+表达式	左到右	双目运算符
	-	减	表达式-表达式		双目运算符
5	<<	左移	变量<<表达式	左到右	双目运算符
	>>	右移	变量>>表达式		双目运算符
6	>	大于	表达式>表达式	左到右	双目运算符
	>=	大于等于	表达式>=表达式		双目运算符
	<	小于	表达式<表达式		双目运算符
	<=	小于等于	表达式<=表达式		双目运算符
7	==	等于	表达式==表达式	左到右	双目运算符
	!=	不等于	表达式!=表达式		双目运算符
8	&	按位与	表达式&表达式	左到右	双目运算符
9	^	按位异或	表达式^表达式	左到右	双目运算符

续表

优先级	运算符	名称或含义	使用形式	结合方向	说明
10	|	按位或	表达式|表达式	左到右	双目运算符
11	&&	逻辑与	表达式&&表达式	左到右	双目运算符
12	||	逻辑或	表达式||表达式	左到右	双目运算符
13	?:	条件运算符	表达式 1? 表达式 2: 表达式 3	右到左	三目运算符
14	=	赋值运算符	变量=表达式	右到左	
	/=	除后赋值	变量/=表达式		
	*=	乘后赋值	变量*=表达式		
	%=	取模后赋值	变量%=表达式		
	+=	加后赋值	变量+=表达式		
	-=	减后赋值	变量-=表达式		
	<<=	左移后赋值	变量<<=表达式		
	>>=	右移后赋值	变量>>=表达式		
	&=	按位与后赋值	变量&=表达式		
	^=	按位异或后赋值	变量^=表达式		
	|=	按位或后赋值	变量|=表达式		
15	,	逗号运算符	表达式,表达式,…	左到右	从左向右顺序运算

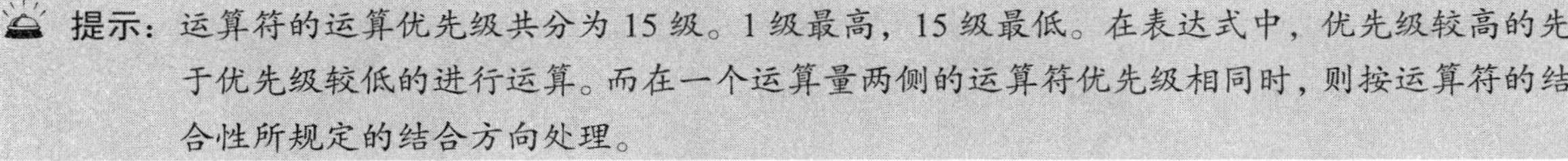
提示：运算符的运算优先级共分为 15 级。1 级最高，15 级最低。在表达式中，优先级较高的先于优先级较低的进行运算。而在一个运算量两侧的运算符优先级相同时，则按运算符的结合性所规定的结合方向处理。

当遇到同一优先级别的运算符时，运算顺序由结合方向决定。各运算符的结合性分为两种，即左结合性（自左至右）和右结合性（自右至左），如算术运算符的结合性是自左至右，即先左后右。

例如，对于表达式 x-y+z，y 应先与“-”号结合，执行 x-y 运算，然后再执行+z 的运算。这种自左至右的结合方向就称为“左结合性”。而自右至左的结合方向称为“右结合性”。 最典型的右结合性运算符是赋值运算符。

对于 x=y=z，由于“=”的右结合性，应先执行 y=z 再执行 x=(y=z)运算。C 语言的运算符中有不少为右结合性，应注意区别，以避免理解错误。

虽然 Objective-C 运算符存在这种优先级的关系，但并不推荐过度依赖这种运算符的优先级，否则会降低程序的可读性。因此，在这里要提醒读者注意以下两点：

☑ 不要把一个表达式写得过于复杂，如果一个表达式过于复杂，应把它分成几步来完成。

☑ 不要过多地依赖运算符的优先级来控制表达式的执行顺序，这会降低程序的可读性，应尽量使用()来控制表达式的执行顺序。

2.4.3 算术运算符

在 Objective-C 中，基本的算术运算符主要包括加法、减法、乘法和除法 4 种。下面列出了这 4 种基本的运算符的表达方法及意义。

☑ 加法运算符“+”：为双目运算符，即应有两个量参与加法运算，如 a+b、4+8 等，具有右结

Note

合性。除此之外，“+”还可以作为字符串的连接运算符。

☑ 减法运算符“-”：为双目运算符。也可作负值运算符，此时为单目运算，如-x、-5 等，具有左结合性。

☑ 乘法运算符“*”：为双目运算符，具有左结合性。

☑ 除法运算符“/”：为双目运算符，具有左结合性。参与运算量均为整型时，结果也为整型，舍去小数。如果运算量中有一个是浮点型，则结果为双精度浮点型。

【示例 1】下面的代码演示了算术运算符的具体应用。

```
#import <Foundation/Foundation.h>
int main (int argc, const char * argv[])
{
 @autoreleasepool {
        int a = 100;
        int b = 2;
        int c = 25;
        int d = 4;
        int result;
        result = a - b;                //减法运算
        NSLog(@"a - b = %i", result);
        result = b * c;                //乘法运算
        NSLog(@"b * c = %i", result);
        result = a / c;                //除法运算
        NSLog(@"a / c = %i", result);
        result = a + b * c;            //混合四则运算
        NSLog(@"a + b * c = %i", result);
        NSLog(@"a * b + c * d = %i", a * b + c * d);
    }
}
```

a + b * c 等价于 a + (b * c)，如果要让 a 和 b 先相加再乘以 c，就必须使用(a + b) * c。从代码中可发现，对 NSLog 指定表达式作为参数时，无须将该表达式的结果先指派给一个变量，这种做法是完全合法的。

输出结果：

```
a - b = 98
b * c = 50
a / c = 4
a + b * c = 150
a * b + c * d = 300
```

【示例 2】除法运算符有些特殊，如果除法运算符的两个运算数都是整数类型，则计算结果也是整数，就是将自然除法的结果截断取整，例如，19/4 的结果是 4，而不是 5。Objective-C 对于除数是 0 的情况将会进行警告，提醒开发者要注意除数为 0 的情况。

```
#import <Foundation/Foundation.h>
int main(int argc, char * argv[])
{
 @autoreleasepool {
        NSLog(@"19/4 的结果是：%d", 19/4);
        double a = 5.2;
```

```
            double b = 3.1;
            double div = a / b;
            //div 的值将是 1.67742
            NSLog(@"%g", div);
            //输出正无穷大：Infinity
            NSLog(@"5 除以 0.0 的结果是：%g", 5 / 0.0);
            //输出负无穷大：-Infinity
            NSLog(@"-5 除以 0.0 的结果是：%g", -5 / 0.0);
            //下面代码将出现警告，但最终也会输出负无穷大
            NSLog(@"-5.0 除以 0 的结果是：%g", -5 / 0);
        }
    }
```

【拓展】除了上面介绍的 4 种基本算术运算符外，Objective-C 还定义了多个特殊算术运算符，具体说明如下。

（1）“%”是求余运算符，要求运算符两边的操作数都必须是整数，计算结果是使用第一个运算数除以第二个运算数，得到一个整除的结果后，剩下的值就是余数。

【示例 3】由于“%”运算符也需要先进行除法运算，因此，当除数是整数时，编译器会对求余运算生成警告，提醒用户注意。

```
#import <Foundation/Foundation.h>
int main(int argc, char * argv[])
{
 @autoreleasepool {
        int a = 5;
        int b = 3;
        int mod = a % b;
        //mod 的值为 2
        NSLog(@"%d", mod);
        //下面的代码会生成警告
        NSLog(@"5 对 0.0 求余的结果是：%d", 5 % 0);
 }
}
```

（2）“++”是自加运算符。这是一个单目运算符。运算符既然可以出现在操作数的左边，也可以出现在操作数的右边，但出现在左边和右边的效果是不一样的。

【示例 4】如果把“++”放在左边，则先把操作数加 1，然后才把操作数放入表达式中参与运算；如果把“++”放在右边，则先把操作数放入表达式中参与运算，然后才把操作数加 1。

```
int a = 5;
//让 a 先执行算术运算，然后自加
int b = a++ + 6;
//输出 a 的值为 6，b 的值为 11
NSLog(@"%d, %d", a, b);
```

执行完后，a 的值为 6，而 b 的值为 11。当“++”在操作数的右边时，先执行 a+6 的运算（此时 a 的值为 5），然后对 a 加 1。对比下面的代码：

```
int a = 5;
//让 a 先自加，然后执行算术运算
int b = ++a + 6;
```

```
//输出 a 的值为 6，b 的值为 12
NSLog(@"%d, %d", a, b);
```

执行的结果是 a 的值为 6，b 的值为 12。当“++”在操作数的左边时，先对 a 加 1，然后执行 a+6 的运算（此时 a 的值为 6），因此 b 为 12。

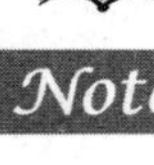

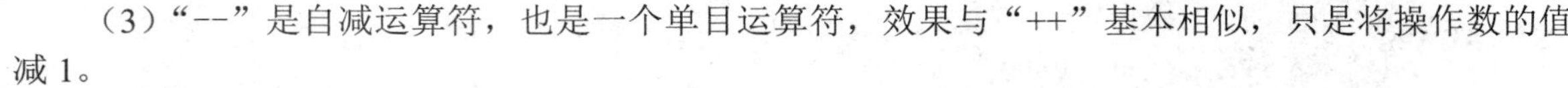

（3）“--”是自减运算符，也是一个单目运算符，效果与“++”基本相似，只是将操作数的值减 1。

自加和自减只能用于操作变量，不能用于操作数值或常量，例如，5++、6--等写法都是错误的。

【示例 5】Objective-C 没有提供其他更复杂的运算符，如需要完成乘方、开方等运算，可借助 ANSIC 标准库中<math.h>头文件定义的数学函数来完成复杂的数学运算。下面的代码演示了复杂运算的一般方法。

```
#import <Foundation/Foundation.h>
int main(int argc,char * argv[])
{
 @autoreleasepool {
        //定义变量 a 为 3.2
        double a = 3.2;
        //求 a 的 5 次方，并将计算结果赋为 b
        double b = pow(a, 5);
        //输出 b 的值
        NSLog(@"%g", b);
        //求 a 的平方根，并将结果赋给 c
        double c = sqrt(a);
        //输出 c 的值
        NSLog(@"%g",c);
        //计算随机数，返回一个 0～10 之间的伪随机数
        double d = arc4random() % 10;
        //输出随机数 d 的值
        NSLog(@"随机数：%g", d);
        //求 1.57 的 sin 函数值：1.57 被当成弧度数
        double e = sin(1.57);
        //输出接近 1
        NSLog(@"%g",e);
        //定义 double 变量 x，其值为-5.0
        double x = -5.0;
        //将 x 求负，其值变成 5.0
        x = -x;
        //输出接近 1
        NSLog(@"%g",x);
 }
}
```

<math.h>头文件下包含了丰富的数学函数，用于完成各种复杂的数学运算。

2.4.4 赋值运算符

赋值运算符用于为变量指定变量值，Objective-C 使用“=”作为赋值运算符。通常，使用赋值运算符将一个常量值赋给变量。例如：

```
//为变量 str 赋值为 Objective-C
NSString *str = @"Objective-C";
//为变量 pi 赋值为 3.14
double pi = 3.14;
//为变量 visited 赋值为 YES
BOOL visited = YES;
```

除此之外，也可使用赋值运算符将一个变量的值赋给另一个变量。例如：

```
//将变量 str 的值赋给 str2
NSString *str2 = str;
```

【示例 1】赋值表达式是有值的，赋值表达式的值就是右边被赋的值。例如，NSString *str2 = str 表达式的值就是 str。因此，赋值运算符支持连续赋值，通过使用多个赋值运算符，可以一次为多个变量赋值。

```
int a;
int b;
int c;
//通过为 a, b, c 赋值，3 个变量的值都是 7
a = b = c = 7;
//输出 3 个变量的值
NSLog(@"%d, %d, %d", a, b, c);
```

Objective-C 虽然支持一次为多个变量赋值的写法，但这种写法会导致程序的可读性降低，因此不推荐这样写。

【示例 2】赋值运算符还可用于将表达式的值赋给变量。

```
double d1 = 12.34;
//将表达式的值赋给 d2
double d2 = d1 + 5;
//输出 d2 的值
NSLog(@"%g",d2);
```

【拓展】赋值运算符可与算术运算符、位移运算符结合，扩展成为功能更加强大的运算符。扩展后的赋值运算符如下。

☑　+=：对于 x += y，即对应于 x = x+y。
☑　-=：对于 x -= y，即对应于 x=x-y。
☑　*=：对于 x *=y，即对应于 x=x*y。
☑　/=：对于 x/=y，即对应于 x=x/y。
☑　%=：对于 x %= y，即对应于 x=x%y。
☑　&=：对于 x &=y，即对应于 x = x&y。
☑　|=：对于 x |= y，即对应于 x=x | y。
☑　^=：对于 x ^=y，即对应于 x = x ^ y。
☑　<<=：对于 x <<= y，即对应于 x=x<<y。
☑　>>=：对于 x >>= y，即对应于 x=x>>y。

只要能使用这种扩展后的赋值运算符，通常都推荐使用这种赋值运算符。

2.4.5 位运算符

Note

Objective-C 支持的位运算符有如下 6 个。

- ☑ &：按位与。
- ☑ |：按位或。
- ☑ ^：按位异或。
- ☑ ～：一次求反。
- ☑ <<：向左移位。
- ☑ >>：向右移位。

这 6 个运算符，除一次求反运算符（～）外，都是二元运算符。因此需要两个运算数。注意，位运算符可处理任何类型的整型值，但不能处理浮点值。

1. 按位与运算符

在对两个值执行与计算时，会逐位比较两个值的二进制表示。当第一个值与第二个值对应位都为 1 时，在结果的对应位上就会得到 1；其他的组合在结果中都得到 0。如果 b1 和 b2 表示两个运算数的对应位，那么下面这个真值表就显示了对 b1 和 b2 所有可能取值执行与操作的结果。

```
b1      b2          b1 & b2
-------------------------
0       0           0
0       1           0
1       0           0
1       1           1
```

【示例 1】如果 w1 和 w2 都定义为 short int，w1 等于十六进制的 15，w2 等于十六进制的 0c，那么以下 Objective-C 语句会将值 0x04 指派给 w3：

```
w3 = w1 & w2;
```

将 w1、w2、w3 都表示为二进制后可以更清楚地看到此过程。假设所处理的 short int 大小为 16 位：

```
w1      0000 0000 0001 0101       0x15
w2      0000 0000 0000 1100     & 0x0c
---------------------------------------------
w3      0000 0000 0000 0100       0x04
```

按位与运算经常用于屏蔽运算。就是说，这个运算符可轻易地将数据项的特定位设置为 0。

注意：与 Objective-C 中使用的所有二元运算符相同，通过添加等号，二元位运算符可同样用作赋值运算符。因此语句“word &= 15;”与语句“word = word & 15;”执行相同的功能。

2. 按位或

在 Objective-C 中对两个值执行按位或运算时，会逐位比较两个值的二进制表示。此时，只要第一个值或第二个值的相应位是 1，那么结果的对应位就是 1。按位或操作符的真值表如下：

```
b1      b2          b1 | b2
-------------------------
0       0           0
```

```
0      1      1
1      0      1
1      1      1
```

【示例 2】如果 w1 是 short int，等于十六进制的 19，w2 也是 short int，等于十六进制的 6a，那么对 w1 和 w2 执行按位或会得到十六进制的 7b，如下所示：

```
w1     0000 0000 0001 1001          0x19
w2     0000 0000 0110 1100       |  0x6a
--------------------------------------------
w3     0000 0000 0111 1011          0x7b
```

按位或操作通常称为按位 OR，用于将某个词的特定位设为 1。例如，以下语句将 w1 最右边的 3 位设为 1，而不管这些位操作前的状态是什么都如此。

```
w1  |= 07;
```

3. 按位异或

按位异或运算符通常称为 XOR 运算符，遵守以下规则：对于两个运算数的相应位，如果任何一个位是 1，但不是两者全为 1，那么结果的对应位将是 1，否则是 0。该运算符的真值表如下：

```
b1      b2       b1 ^ b2
------------------------
0       0        0
0       1        1
1       0        1
1       1        0
```

【示例 3】如果把 w1 和 w2 分别等于十六进制的 5e 和 d6，那么 w1 与 w2 执行异或运算后的结果将是十六进制值 e8，如下所示：

```
w1     0000 0000 0101 1110          0x5e
w2     0000 0000 1011 0110       |  0xd6
--------------------------------------------
w3     0000 0000 1110 1000          0xe8
```

4. 一次求反

一次求反运算符是一元运算符，其作用仅是对运算数的位进行“翻转”。将运算数中每个是 1 的位翻转为 0，而将每个是 0 的位翻转为 1。下面是真值表：

```
b1     ~b1
-------------
0      1
1      0
```

【示例 4】如果不知道运算中数值的准确位大小，那么求反运算符非常有用，使用此运算符可让程序不依赖于整数数据类型的特定大小。例如，要将类型为 int 的 w1 的最低位设为 0，可将一个所有位都是 1，但最右边的位是 0 的 int 值与 w1 进行与运算：

```
w1 &= 0xFFFFFFFE;
```

用“w1 &= ～1;”替换，那么在任何机器上 w1 都会同正确的值进行与运算。这是因为这条语句

会对 1 求反，然后在左侧加入足够的 1，以满足 int 型数据的大小要求（在 32 位机器上，会在左侧的 31 个位上加 1）。

5. 向左移位

对数据执行向左移位运算，规则就是与该操作关联的是该值要移动的位置（或位）数目。超出数据项高位的位将丢失，而从低位移入的值总为 0。

【示例 5】如果 w1 等于 3，那么表达式：

```
w1 <<= 1;
```

结果就是 3 的二进制数值向左移一位，这样产生的 6 会赋值给 w1。

6. 向右移位

与向左移位运算符比起来，向右移位运算符（>>）显得复杂一些。从值的低位移出的位将丢失。把无符号的值向右移位，也就是总在左侧的高位移入 0。对于有符号值而言，左侧移入 1 还是 0 依赖于被移动数字的符号，同时还取决于该操作在计算机上的实现方式。如果符号位是 0（表示该值是正的），不管哪种机器都将移入 0。然而，如果符号位是 1，那么在一些计算机上移入 1，而在其他计算机上可能移入 0。前一种情况的运算符通常称为算术右移，而后一种情况通常称为逻辑右移。

注意：对于系统使用算术右移还是逻辑右移，千万不要猜测！如果进行此类猜测，那么在一个系统上可正确进行有符号右移运算的程序，有可能在其他系统上运行失败。

有以下两种情况会使计算机产生不可预知的结果：

☑ 试图用大于或等于该数据项的位数将值向左向右移位，例如，计算机用 32 位表示整数，则要移动 32 位甚至更多。

☑ 使用负数对值进行移位。

2.4.6 比较运算符

比较运算符用于判断两个变量或常量的大小，比较运算的结果是整数值（1 代表真、0 代表假）。Objective-C 支持的比较运算符有如下 6 种。

☑ >（大于）：只支持左右两边操作数是数值类型。如果前面变量的值大于后面变量的值，返回 1。

☑ >=（大于或等于）：只支持左右两边操作数是数值类型。如果前面变量的值大于或等于后面变量的值，返回 1。

☑ <（小于）：只支持左右两边操作数是数值类型。如果前面变量的值小于后面变量的值，返回 1。

☑ <=（小于或等于）：只支持左右两边操作数是数值类型。如果前面变量的值小于或等于后面变量的值，返回 1。

☑ ==（等于）：如果进行比较的两个操作数都是数值型，即使它们的数据类型不相同，只要它们的值相等，都将返回 1。例如，97 ='a'返回 1，5.0=5 也返回 1。

☑ !=（不等于）：如果进行比较的两个操作数都是数值型，无论它们的数据类型是否相同，只要它们的值不相等，都将返回 1。

【示例 1】下面的代码演示了比较运算符的使用。

```
#import <Foundation/Foundation.h>
int main (int argc, const char * argv[])
{
```

```
    @autoreleasepool {
            NSLog (@"%i",4>7);
            NSLog (@"%i",4<7);
            NSLog (@"%i",4!=7);
        }
}
```

输出结果：

```
0
1
1
```

根据程序中的判断得知，4>7 是不成立的，所以结果是 0；4<7 是成立的，所以结果是 1；4!=7 也同样成立，所以结果为 1。

【示例 2】下面的代码演示了比较运算符的复杂应用。

```
#import <Foundation/Foundation.h>
int main(int argc, char * argv[])
{
 @autoreleasepool {
        //输出 1
        NSLog(@"5 是否大于 4.0：%d", (5 > 4.0));
        //输出 1
        NSLog(@"5 和 5.0 是否相等：%d", (5 == 5.0));
        //输出 1
        NSLog(@"97 和'a'是否相等：%d", (97 == 'a'));
        //输出 0
        NSLog(@"YES 和 NO 是否相等：%d", (YES == NO));
        //创建两个 ComparableOperatorTest 对象，分别赋给 t1 和 t2 两个引用
        NSDate * t1 = [[NSDate alloc] init];
        NSDate * t2 = [[NSDate alloc] init];
        //t1 和 t2 是同一个类的两个实例的引用，所以可以比较，但 t1 和 t2 引用不同的对象，所以返回 0
        NSLog(@"t1 是否等于 t2：%d", (t1 == t2));
 }
}
```

2.4.7　逻辑运算符

逻辑运算符用于操作两个布尔型的变量或常量。逻辑运算符主要有如下 4 个。

☑　&&（与）：必须前后两个操作数都是真才返回真，否则返回假。

☑　||（或）：只要两个操作数中有一个是真，就可以返回真，否则返回假。

☑　!（非）：只需要一个操作数，如果操作数为真，返回假；如果操作数为假，返回真。

☑　^（异或）：当两个操作数不同时才返回真，如果两个操作数相同，则返回假。

Objective-C 并没有提供表示真、假的布尔型数据，Objective-C 通常会用 1 代表真，用 0 代表假。除此之外，Objective-C 会把任意非 0 的数值当成真，0 才会被当成假。对于使用逻辑运算符的表达式，返回 0 表示假，返回 1 表示真。

【示例 1】假设一个程序要同时满足条件 a<9 和 b==6，必须执行某些操作，这时应使用比较运算符和逻辑运算符&&来写这个条件代码：

```
(a<9)&&(b==6);
```

如果将上例改为：如果任一表达式为真，则程序需执行某些操作，条件代码如下：

```
(a<9)||(b==6);
```

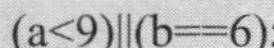

小结：“&&”的运算结果是“只有真真为真”，“||”的运算结果是“只有假假为假”。

本示例完整代码如下：

```
#import <Foundation/Foundation.h>
int main(int argc, const char * argv[])
{
 @autoreleasepool{
        int b=6;
        if((b<9)&&(b=6)){
            NSLog(@"%i",b);
        }
    }
}
```

输出结果：

```
6
```

在上面的代码中，当 b<9 且 b=6 时，就执行 if 下面的语句。将 b 的值代入表达式，发现这两个判断都成立，所以 b 的值被打印到了控制台上。

【示例 2】下面的代码演示了或、与、非和异或 4 个逻辑运算符的计算过程。

```
#import <Foundation/Foundation.h>
int main(int argc, char * argv[])
{
 @autoreleasepool{
        //直接对!5 求非运算，将返回假（用 0 表示）
        NSLog(@"!5 的结果为%d", !5);
        //5>3 返回真，'6'转换为整数 54，'6'>10 返回真，求与后返回真（用 1 表示）
        NSLog(@" 5 > 3 && '6' > 10 的结果为%d", 5 > 3 && '6' > 10);
        //4>=5 返回假，'c'>'a'返回真。求或后返回真（用 1 表示）
        NSLog(@"4 >= 5 || 'c' > 'a'的结果为%d",4 >= 5 || 'c' > 'a');
        //4>=5 返回假，'c'>'a'返回真。两个不同的操作数求异或返回真（用 1 表示）
        NSLog(@"4 >= 5 ^ 'c' > 'a'的结果为%d",4 >= 5 ^ 'c' > 'a');
 }
}
```

【拓展】与运算符“&&”和或运算符“||”均为双目运算符，具有左结合性；非运算符“!”为单目运算符，具有右结合性。逻辑运算符和其他运算符优先级的关系可表示如下：

```
!(非)→ &&(与) → ||(或)
```

“&&”和“||”的优先级低于比较运算符，“!”的优先级高于算术运算符。按照运算符的优先顺序可以得出：

```
a>b && c>d          等价于      (a>b)&&(c>d)
!b==c||d<a          等价于      ((!b)==c)||(d<a)
a+b>c&&x+y<b        等价于      ((a+b)>c)&&((x+y)<b)
```

2.4.8 逗号运算符

逗号运算符用于将多个表达式连接起来，而整个逗号表达式将返回最后一个表达式的值。逗号表达式的语法格式如下：

```
表达式 1,表达式 2,表达式,…,表达式 n
```

上面整个逗号表达式的返回值是最后一个表达式的返回值。

【示例】下面的代码演示了逗号表达式的功能。

```
#import <Foundation/Foundation.h>
int main(int argc, char * argv[])
{
 @autoreleasepool{
        //定义变量 a 的值为 2
        int a = 2;
        //将 a 赋值为逗号表达式的值，结果 a 的值为真（用 1 代表）
        a = (a *= 3, 5 < 8);
        NSLog(@"%d", a);
        //对 a 连续赋值，最后 a 的值为 9，整个逗号表达式返回 9，因此 x 的值为 9
        int x = (a = 3, a = 4, a = 6, a = 9);
        NSLog(@"a:%d, x: %d", a, x);
 }
}
```

有时候，使用逗号表达式仅仅只是把多个表达式“连接”起来，并不需要将逗号表达式的值赋给某个变量。当需要将逗号表达式的值赋给指定变量时，一定要把整个逗号表达式用圆括号括起来。

提示： 并不是所有出现逗号的地方都是逗号表达式。例如，输出语句“NSLog(@"a:%d, x: %d", a, x)”，这条输出语句中的逗号只是用于分隔向 NSLog()函数传入的多个参数，并不是逗号表达式。

2.4.9 条件运算符

条件运算符“?:”是三目运算符，具体语法格式如下：

```
(expression)?if-true-statement:if-false-statement;
```

条件运算符的规则是：先对逻辑表达式 expression 求值，如果逻辑表达式返回真，则执行并返回第二个操作数的值，如果逻辑表达式返回假，则执行并返回第三个操作数的值。

【示例 1】下面的代码简单演示了条件运算符的使用。

```
NSString * str = 5 > 3 ? @"5 大于 3" : @"5 不大于 3";
//输出“5 大于 3”
NSLog(@"%@", str);
```

条件运算符是 if else 结构语句的精简写法。因此，如果将上面的代码换成 if else 结构，则代码如下所示：

```
NSString *str = @"";
if (5>3) {
```

```
            str = @"5 大于 3";
    }else{
            str = @"5 不大于 3";
    }
```

这两种代码书写的效果是完全相同的。三目运算符和 if else 写法的区别在于：if 后的代码块可以有多个语句，但三目运算符是不支持多个语句的。

实际上，如果只是为了在控制台输出提示信息，还可以将上面的三目运算符表达式改为如下形式：

```
//输出“5 大于 3”
5 > 3 ? NSLog(@"5 大于 3") : NSLog(@"5 小于 3");
```

【示例 2】三目运算符支持嵌套，通过嵌套三目运算符，可以执行更复杂的判断，例如，下面的代码需要判断 a、b 两个变量的大小关系。

```
int a = 5;
int b = 5;
//下面将输出“a 等于 b”
a > b ? NSLog(@"a 大于 b") : (a < b ? NSLog(@"a 小于 b") : NSLog(@"a 等于 b"));
```

上面的代码首先对 a>b 求值，如果该表达式为真，程序将会执行并返回第一个表达式“NSLog(@"a 大于 b")”，否则将会计算冒号后面的表达式，这个表达式又是一个嵌套的三目运算符表达式。注意，进入该表达时只剩下 a 小于 b 或 a 等于 b 两种情况，因此，该三目运算符再次判断 a<b，如果该表达式为真，将会输出“a 小于 b”，否则只剩下“a 等于 b”一种情况。

2.5 小　　结

数据类型和运算符构成 Objective-C 语言基础，任何高级应用最终都脱离不了基本的数据类型和运算符的支持，必须认真学习和理解，只有这样才能够更好地迎接后面的知识挑战。掌握 Objective-C 的数据类型和运算符是迈入 Objective-C 编程殿堂的第一步，这对以后进一步掌握 Objective-C 至关重要。

第3章 控制语句

（视频讲解：44 分钟）

编程语言中最常见的程序结构就是顺序结构。顺序结构就是程序从上到下一行一行地执行，中间没有任何判断和跳转。如果 main()函数中多行代码之间没有任何流程控制，则程序总是从上向下依次执行，即排在前面的代码先执行，排在后面的代码后执行。如果没有流程控制，Objective-C 函数中的语句是一个顺序执行流，从上向下依次执行每条语句。

为了方便控制程序，所有编程语言都会提供两种基本的流程控制结构：分支结构和循环结构。其中，分支结构用于实现根据条件有选择性地执行某段代码，循环结构则用于根据循环条件重复执行某段代码。

Objective-C 支持 if 和 switch 两种分支语句，用来设计分支结构；支持 while、do while 和 for 这 3 种循环语句，用来设计循环结构。另外，Objective-C 也支持 foreach 循环，以方便遍历集合、数组的元素，同时支持 break 和 continue 语句来控制程序的循环结构。

【学习要点】

- 使用 if 语句
- 使用 switch 语句
- 灵活使用条件结构设计分支流程
- 使用 while 和 do-while 语句
- 使用 for 语句
- 灵活设计循环结构解决各种算法设计
- 使用 break、continue、return 和 goto 语句

3.1 条件语句

Note

Objective-C 提供了两种常见的分支控制结构：if 语句和 switch 语句，其中，if 语句使用布尔表达式或布尔值作为分支条件来进行分支控制；而 switch 语句则用于对多个整型值进行匹配，从而实现分支控制。

3.1.1 if 语句

if 语句可以根据给定的条件进行判断，以决定执行某个分支程序段。if 语句有 3 种基本形式。

1. if 语句

具体语法格式如下：

```
if(表达式)
    语句或语句块
```

语义：如果表达式的值为真，则执行其后的语句，否则不执行该语句。其执行流程如图 3.1 所示。

【示例 1】下面的代码阐述了 if 语句的第一种形式。执行代码后，先接收用户输入的值，然后使用 if 进行判断，如果为负数，则取反，最后打印出这个绝对值。

```
#import <Foundation/Foundation.h>
int main (int argc, const char * argv[]) {
    int number;
    NSLog(@"Type in your number:");
    scanf("%i", &number);
    if (number < 0)
      number = -number;
    NSLog(@"The absolute value is %i", number);
}
```

2. if-else 语句

具体语法格式如下：

```
if(表达式)
    语句(或语句块)1;
else
    语句(或语句块)2;
```

语义：如果表达式的值为真，则执行语句 1，否则执行语句 2。其执行流程如图 3.2 所示。

【示例 2】下面的代码应用了 if-else 格式。执行代码后，先接收用户输入的值，然后使用 if 进行判断，如果被 2 整除后，则提示为偶数，否则提示为奇数。

```
#import <Foundation/Foundation.h>
int main (int argc, const char * argv[]){
        int number_to_test, remainder;
        NSLog(@"Enter your number to be tested:");
        scanf("%i", &number_to_test);
```

```
    remainder = number_to_test % 2;
    if (remainder == 0)
        NSLog(@"The number is even.");
    else
        NSLog(@"The number is odd.");
}
```

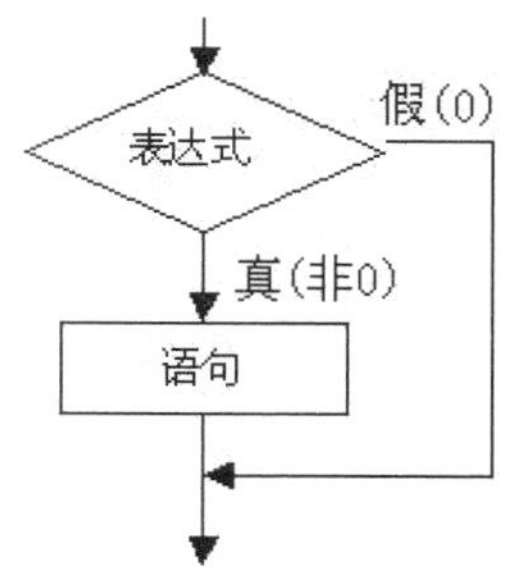

图 3.1　if 语句格式的流程图

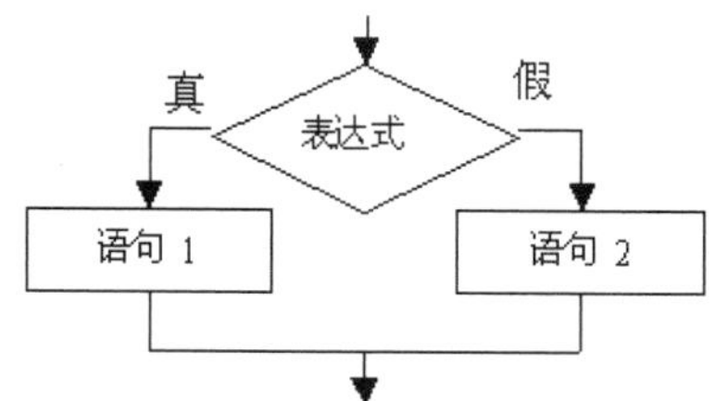

图 3.2　if-else 格式的流程图

3. if-else if 语句

前两种形式的 if 语句一般都用于两个分支的情况。当有多个分支选择时，可采用 else-if 语句。具体语法格式如下：

```
if(表达式 1)
    语句(或语句块)1;
else  if(表达式 2)
    语句(或语句块)2;
else  if(表达式 3)
    语句(或语句块)3;
    …
else  if(表达式 m)
    语句(或语句块)m;
else
    语句 n;
```

语义：依次判断表达式的值，当出现某个值为真时，则执行其对应的语句，然后跳到整个 if 语句之外继续执行程序。如果所有的表达式均为假，则执行语句 n，然后继续执行后续程序。if-else if 语句的执行过程如图 3.3 所示。

【示例 3】下面的代码应用了 if-else if 格式。执行代码后，先接收用户输入的值，然后使用 if 进行判断，如果小于 0，则设置标识为-1；如果等于 0，则设置标识为 0；如果大于 0，则设置标识为 1。最后，打印标识值。

```
#import <Foundation/Foundation.h>
int main (int argc, const char * argv[]) {
    int number, sign;
    NSLog(@"Please type in a number:");
    scanf("%i", &number);
    if (number < 0)
        sign = -1;
    else if (number == 0)
        sign = 0;
```

```
    else //必须定义
        sign = 1;
    NSLog(@"Sign = %i", sign);
}
```

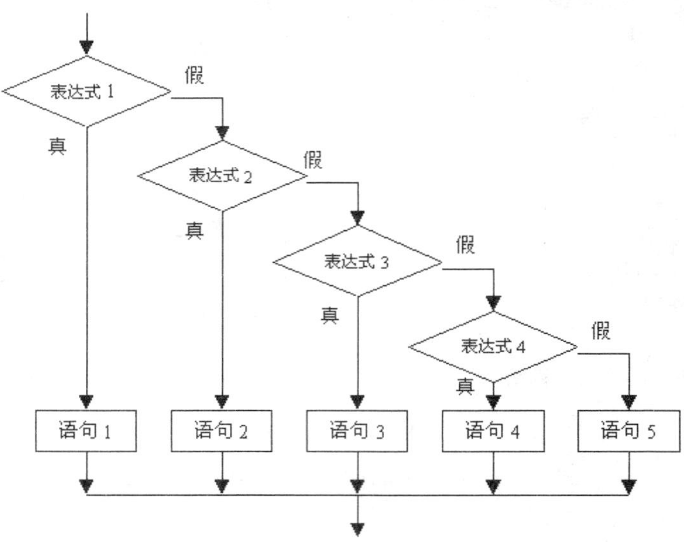

图 3.3　if-else if 格式的流程图

3.1.2　案例：分支语句应用

在 if 之后括号里的可以是任意类型的表达式，即这个表达式的返回值可以是任意类型，其中 0 或空代表假，而非 0 或非空代表真。

【示例 1】如果条件语句需要执行多行语句，则使用花括号将其包含起来，形成一个代码块，一个代码块通常被当成一个整体来执行，除非在运行过程中遇到 return、break、continue、goto 等关键字，因此，这个代码块也称为条件执行体。例如：

```
int age = 30;
if (age > 20)
//只有当 age > 20 时，下面花括号括起来的语句块才会执行
//花括号括起来的语句是一个整体，要么一起执行，要么都不会执行
{
 NSLog(@"年龄大于 20 岁");
 NSLog(@"成人年龄");
}
```

如果 if 和 else 后的语句块只有一行语句，则可以省略花括号，因为单行语句本身就是一个整体，无须花括号来把它们定义成一个整体。下面的代码完全可以正常执行：

```
//定义变量 a ，并为其赋值
int a = 5;
if (a)
//只要 a 为非零，都为真，执行下面的执行体，只有一行代码作为代码块
NSLog(@"a 为非零");
```

```
else
//否则，执行下面的执行体，只有一行代码作为代码块
NSLog(@"a 为零");
```

建议不要省略 if、else、else if 后执行块的花括号，即使条件执行体只有一行代码，保留花括号会有更好的可读性，而且保留花括号会减少发生错误的可能。例如，下面的代码则不可正常执行：

Note

```
//定义变量 b
int b = 5;
if (b > 4)
//如果 b>4，执行下面的执行体，只有一行代码作为代码块
NSLog(@"b 大于 4");
else
//否则，执行下面的执行体，只有一行代码作为代码块
b--;
//对于下面的代码而言，它已经不再是条件执行体的一部分，因此总会执行
NSLog(@"b 不大于 4");
```

上面代码中最后一行将总会被执行，因为这行代码并不属于 else 后的条件执行体，else 后的条件执行体就是“b--;”这行代码。

如果 if 语句后有多条语句作为条件执行体，并省略了这个条件执行体的花括号，则会引起编译错误：

```
//定义变量 c，并为其赋值
int c = 5;
if (c > 4)
//如果 b>4，执行下面的执行体，将只有“c--;”一行代码为条件体
c--;
//下面是一行普通代码，不属于条件体
NSLog(@"c 大于 4");
//此处的 else 将没有 if 语句，因此编译出错
else
//否则，执行下面的执行体，只有一行代码作为代码块
NSLog(@"c 不大于 4");
```

在上面的代码中，因为 if 后的条件执行体省略了花括号，则系统只把第一行代码作为条件执行体，当“c--;”语句结束后，if 语句也就结束了。后面的“NSLog(@"c 大于 4");”已经是一行普通代码了，不再属于条件执行体，这将导致 else 语句没有 if 语句，从而引起编译错误。

【示例 2】对于 if 语句，还有一个很容易出现的逻辑错误，这个逻辑错误并不属于语法问题，但引起错误的可能性更大。

```
#import <Foundation/Foundation.h>
int main(int argc, char * argv[])
{
 @ autoreleasepool {
        int age = 45;
        if (age > 20)
        {
               NSLog(@"青年人");
        }
        else if (age > 40)
        {
```

Note

```
            NSLog(@"中年人");
        }
        else if (age > 60)
        {
            NSLog(@"老年人");
        }
    }
}
```

简单分析，上面的代码没有任何问题：年龄大于 20 岁是青年人，年龄大于 40 岁是中年人，年龄大于 60 岁是老年人。但运行上面的程序，发现打印结果是：青年人，而实际上 45 岁应判断为中年人，这显然出现了一个问题。

对于任何 if-else 语句，表面上看 else 后没有任何条件，或者 else if 后只有一个条件，但这不是真相。因为 else 的含义是“否则”，else 本身就是一个条件。这也是本书中把 if、else 后的代码块统称为条件执行体的原因，else 的隐含条件是对前面条件取反。因此，上面的代码实际上可改写为：

```
#import <Foundation/Foundation.h>
int main(int argc, char * argv[])
{
 @autoreleasepool {
        int age = 45;
        if (age > 20)
        {
            NSLog(@"青年人");
        }
        else if (age > 40 && !(age > 20))
        {
            NSLog(@"中年人");
        }
        else if (age > 60 && !(age > 20) && !(age > 40 && !(age > 20)))
        {
            NSLog(@"老年人");
        }
    }
}
```

由以上代码就比较容易看出为什么发生了上面的错误，对于 age > 40 && !(age > 20)这个条件，又可改写成 age>40&&age<=20，这种情况永远也不会发生。对于 age > 60 && !(age > 20) && !(age > 40 && !(age > 20))这个条件，则更不可能发生。因此，无论如何，程序永远都不会判断中年人和老年人的情形。

为了实现正确的目的，可把程序改写成如下形式：

```
#import <Foundation/Foundation.h>
int main(int argc, char * argv[])
{
 @autoreleasepool {
        int age = 45;
        if (age > 60)
        {
            NSLog(@"老年人");
```

```
        }
        else if (age > 40)
        {
            NSLog(@"中年人");
        }
        else if (age > 20)
        {
            NSLog(@"青年人");
        }
    }
}
```

运行程序，得到了正确结果。实际上，上面的程序等同于下面的代码：

```
#import <Foundation/Foundation.h>
int main(int argc, char * argv[])
{
 @autoreleasepool {
        int age = 45;
        if (age > 60)
        {
            NSLog(@"老年人");
        }
        else if (age > 40 && !(age >60))
        {
            NSLog(@"中年人");
        }
        else if (age > 20 && !(age > 60) && !(age > 40 && !(age >60)))
        {
            NSLog(@"青年人");
        }
    }
}
```

上面程序的判断逻辑可以包含如下 3 种情形。

☑ age 大于 60 岁，判断为“老年人”。

☑ age 大于 40 岁，且 age 小于或等于 60 岁，判断为“中年人”。

☑ age 大于 20 岁，且 age 小于或等于 40 岁，判断为“青年人”。

上面判断逻辑才是正确的判断逻辑。因此，当使用 if else 语句进行流程控制时，一定不要忽略了 else 所带的隐含条件。

如果每次都计算 if 条件和 else 条件的交集，也是一件非常繁琐的事情，为了避免出现上面的错误，在使用 if-else 语句时有一条基本规则：总是优先把包含范围小的条件放在前面处理。例如，age>60 和 age>20 这两个条件，很明显 age>60 的范围更小，所以应该先处理 age>60 的情况。

3.1.3　switch 语句

switch 语句是对 if-else 语句的延伸，常用于对一个变量的值与不同的值连续进行比较。具体语法格式如下：

Note

```
switch(表达式){
        case 常量表达式 1:
                语句（或语句块）1;
        case 常量表达式 2:
                语句（或语句块）2;
        …
        case 常量表达式 n:
                语句（或语句块）n;
        default :
                语句（或语句块）n+1;
    }
```

语义：计算表达式的值，并逐个与其后的常量表达式值相比较，当表达式的值与某个常量表达式的值相等时，即执行其后的语句，然后不再进行判断，继续执行后面所有 case 之后的语句。如表达式的值与所有 case 后的常量表达式均不相同时，则执行 default 后的语句。

提示： switch 语句由一个控制表达式和多个 case 标签组成。与 if 语句不同的是，switch 语句后面的控制表达式的数据类型只能是 byte、short、char 和 int 这 4 种整型和枚举类型，不能是 boolean 型。

switch 语句往往需要在 case 标签后紧跟一个代码块，case 标签作为这个代码块的标识。完善的 switch 语句结构如下：

```
switch (expression)
{
    case condition1:
    {
        statement(s)
        break;
    }
    case condition2:
    {
        statement(s)
        break;
    }
    …
    case conditionN:
    {
        statement(s)
        break;
    }
    default:
    {
        statement(s)
    }
}
```

这种分支语句的执行是先对 expression 表达式求值，然后依次匹配 condition1、condition2、…、conditionN 等值，遇到匹配的值即执行对应的执行体。如果所有的 case 标签后的值都不与 expression 表达式的值相等，则执行 default 标签后的代码块。

与 if 语句不同的是，switch 语句中各 case 标签前后代码块的开始点和结束点非常清晰，因此完全可以省略 case 后代码块的花括号。与 if 语句中的 else 类似， switch 语句中 default 标签看似没有条件，其实是有条件的，就是 expression 表达式的值不能与前面任何一个 case 标签后的值相等。

【示例】下面的代码演示了 switch 语句的用法。

```
#import <Foundation/Foundation.h>
int main(int argc, char * argv[])
{
 @autoreleasepool{
        //声明变量 score，并为其赋值为 C
        char score = 'C';
        //执行 switch 分支语句
        switch (score)
        {
                case 'A':
                        NSLog(@"优秀.");
                        break;
                case 'B':
                        NSLog(@"良好.");
                        break;
                case 'C':
                        NSLog(@"中");
                        break;
                case 'D':
                        NSLog(@"及格");
                        break;
                case 'F':
                        NSLog(@"不及格");
                        break;
                default:
                        NSLog(@"成绩输入错误");
        }
 }
}
```

运行上面的程序，将输出字符串“中”，结果完全正常，字符表达式 score 的值为 C，对应的结果为“中”。

注意： 在 case 标签的每个代码块后都有一条“break;”语句，这个“break;”语句有极其重要的意义，Objective-C 的 switch 语句允许省略 case 后代码块的“break;”语句，但这种省略可能会引入一个陷阱，如果把上面程序中的“break;”语句都注释掉，将会执行后面所有分支中的语句。

这是由于 switch 语句的运行流程决定的:switch 语句会先求出 expression 表达式的值，然后用这个表达式和 case 标签后的值进行比较，一旦遇到相等的值，程序开始执行这个 case 标签后的代码，不再判断与后面 case、default 标签的条件是否匹配，除非遇到“break;”才会结束。

3.2 循环语句

循环语句是程序中一种很重要的语句结构。该结构的特点是，在给定条件成立时，反复执行某程序段，直到条件不成立为止。给定的条件称为循环条件，反复执行的程序段称为循环体。

在 Objective-C 中主要应用的有 for、while 和 do while 等循环语句，可以组成不同形式的循环结构。

3.2.1 while 语句

while 语句的基本语法格式如下：

```
while(表达式)
    语句或语句块
```

其中表达式是循环条件，语句或语句块为循环体。圆括号中指定的表达式将被求值。如果表达式求值的结果为 YES，则执行随后的循环体。执行完循环体后，将再次对条件表达式求值。如果求值的结果为 YES，将再次执行循环体。如此重复执行，直到表达式的求值结果为 NO，此时循环将终止。while 语句执行过程如图 3.4 所示。

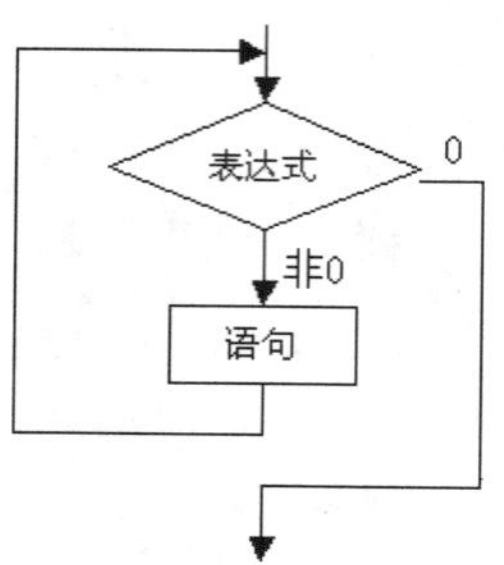

图 3.4　while 语句格式的流程图

【示例 1】下面是 while 语句的一个示例：

```
#import <Foundation/Foundation.h>
int main (int argc, const char * argv[]) {
 @autoreleasepool{
        //循环的初始化条件
        int count = 1;
        //当 count 小于 6 时，执行循环体
        while (count < 6)
        {
                NSLog(@"count:%d", count);
                //自增循环变量
                count++;
        }
        NSLog(@"循环结束!");
 }
}
```

输出结果：

```
count:1
count:2
count:3
count:4
count:5
循环结束!
```

程序最初将 count 的值设为 1，然后开始执行 while 循环。因为 count 的值小于 6，所以将执行它后面的语句。从程序的输出结果可以看出，这个程序执行了 5 次，直到 count 的值是 5 为止。

从某种意义上看，while 循环也可被当成条件语句。如果表达式条件一开始就为假，则循环体部分将永远不会获得执行。

如果 while 循环的循环体部分只有一行代码，则可以省略 while 循环后的花括号。但这种省略花括号的做法可能会降低程序的可读性。

【示例 2】使用 while 循环时，一定要保证循环条件有变成假的情况，否则这个循环将成为一个死循环，永远无法结束这个循环。例如如下代码：

```
#import <Foundation/Foundation.h>
int main(int argc, char * argv[])
{
 @autoreleasepool{
        //下面是一个死循环
        int count2 = 0;
        while (count2 < 10)
        {
               NSLog(@"不停执行的死循环  %d ", count2);
               count2--;
        }
        NSLog(@"永远无法跳出的循环体");
 }
}
```

在上面的代码中，count 的值越来越小，这将导致 count 值永远小于条件一直为真，从而导致这个循环永远无法结束。

【示例 3】使用 while 循环时要谨防陷阱：while 循环的循环条件后紧跟一个分号。

```
#import <Foundation/Foundation.h>
int main(int argc, char * argv[])
{
 @autoreleasepool{
        int count = 0;
        //while 后紧跟一个分号，表明循环体是一个分号（空语句）
        while (count < 10);
        //下面的代码块与 while 循环已经没有任何关系
        {
               NSLog(@"count: %d", count);
               count++;
        }
 }
}
```

简单阅读，这段代码没有任何问题，但仔细分析不难发现，while 循环的循环条件表达式后紧跟了一个分号。在 Objective-C 程序中，一个单独的分号表示一个空语句，不做任何事情的空语句意味着这个 while 循环的循环体是空语句。空语句作为循环体也不是最大的问题，问题是当 Objective-C 反复执行这个循环体时，循环条件的返回值没有任何改变，这就成了一个死循环。分号后面的代码块则与 while 循环没有任何关系。如果省略 while 表达式后面的花括号，那么 while 表达式仅控制到紧跟它的第一个分号前的语句。

3.2.2 do-while 语句

在 Objective-C 中，for 和 while 循环结构都需要在循环开始前先测试条件。如果条件不满足，则永远不会执行循环体。但有时用户需要在循环结尾处执行测试，而不是在开始，do-while 循环这时就能发挥应有的作用。

do-while 语句基本语法格式如下：

```
do
    语句(或语句块)
while(表达式);
```

这个循环与 while 循环的不同之处在于：它先执行循环中的语句，然后再判断表达式是否为真，如果为真则继续循环；如果为假，则终止循环。因此，do-while 循环至少要执行一次循环语句。其执行过程可用图 3.5 表示。

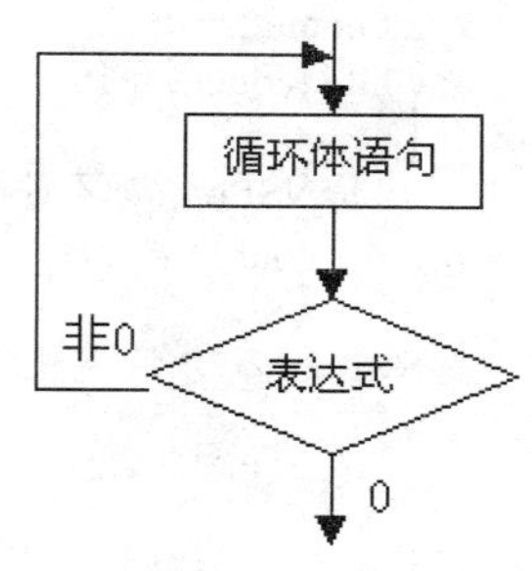

图 3.5　do-while 语句的流程图

do-while 语句按以下过程执行：先执行循环体语句，然后求圆括号中表达式的值，如果值为 YES，循环将继续，并再次执行循环体语句。只要表达式的值仍为 YES，就不断重复循环，直到表达式的值为 NO，循环将终止。

如果用 while 程序，用户输入 0，什么都不会发生。因为条件的判定在循环中的语句之前，如果不满足判定条件，循环永不被执行。而如果用 do-while 语句，能确保循环至少执行一次，从而确保在所有情况下都至少显示一个数字。

【示例】下面是一个应用 do-while 语句的示例。

```
#import <Foundation/Foundation.h>
int main(int argc, char * argv[])
{
 @autoreleasepool{
        //定义变量 count
        int count = 1;
        //执行 do-while 循环
        do
        {
                NSLog(@"count: %d",count);
                //循环迭代语句
                count++;
                //循环条件紧跟 while 关键字
        }while (count < 10);
```

```
        NSLog(@"循环结束!");
    }
}
```

即使循环条件的值开始就是假，do-while 循环也会执行循环体。因此，do-while 循环的循环体至少执行一次。下面的代码片段验证了这个结论：

```
//定义变量 count2
int count2 = 20;
//执行 do-while 循环
do
    //这行代码把循环体和迭代部分合并成了一行代码
    NSLog(@"count: %d", count2++);
while (count2 < 10);
NSLog(@"循环结束!");
```

从上面的程序看，虽然开始 count2 的值就是 20，count2<10 表达式返回假，但 do-while 循环还是会把循环体执行一次。

3.2.3　for 语句

for 语句比较灵活，用法比较简洁，可以替代 while 和 do-while 语句。for 语句主要分一般格式和多变量处理格式。

1. 一般格式

一般格式的基本用法如下：

```
for(表达式 1; 表达式 2; 表达式 3) 语句
```

for 语句的执行过程如下：

（1）求解表达式 1。

（2）求解表达式 2，若其值为真（非 0），则执行 for 语句中指定的内嵌语句，然后执行步骤（3）；若其值为假（0），则结束循环，转到步骤（5）。

（3）求解表达式 3。

（4）转回步骤（2）继续执行。

（5）循环结束，执行 for 语句下面的一个语句。

其执行过程如图 3.6 所示。

for 语句最简单，也最容易理解的应用形式如下：

```
for(循环变量赋初值; 循环条件; 循环变量增量) 语句
```

循环变量赋初值总是一个赋值语句，用来给循环控制变量赋初值；循环条件是一个关系表达式，决定什么时候退出循环；循环变量增量定义循环控制变量每循环一次后按什么方式变化。这 3 个部分之间用“;”分开。

【示例】下面的代码先给 i 赋初值 1，判断 i 是否小于等于 100，若是则执行语句，之后值增加 1。再重新判断，直到条件为假，即 i>100 时，结束循环。

```
int i, sum=0;
for(i=1; i<=100; i++)sum=sum+i;
```

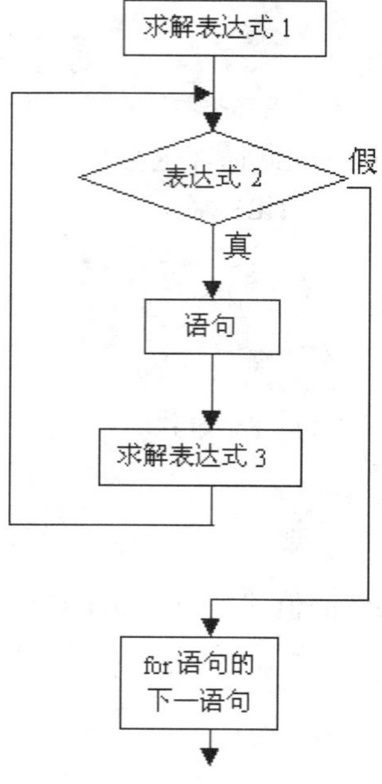

图 3.6　for 循环格式的流程图

以上处理方式相当于运用 while 这种方式：

```
i=1;
while(i<=100)
{
    sum=sum+i;
    i++;
}
```

对于 for 语句的一般形式，对应 while 循环形式如下：

```
表达式 1;
while(表达式 2)
{
    语句
    表达式 3;
}
```

2. for 多变量处理格式

for 多变量处理格式的基本语法如下：

```
for(表达式 1,表达式 2,…,表达式 n; 表达式 21, 表达式 22,…, 表达式 2n;表达式 31,表达式 32, …, 表达式 3n)
语句
```

在使用 for 循环时，在开始循环之前可能需要初始化多个变量，另外，在一次循环完成后，可能需要多个表达式。for 循环语句可以实现上述功能。它可以在任何位置包含多个表达式，只需要用逗号将这些表达式分割开就能正常使用。例如：

```
int j;
for(i=0,j=0;i<5;i++,j++)
```

3.2.4　案例：for 语句应用

for 循环和 while、do-while 循环不一样：由于 while、do-while 循环的循环变量自增语句紧跟着循环体，因此，如果循环体不能完全执行，如使用 continue 来结束本次循环，则循环变量自增语句不会被执行。但 for 循环的循环变量自增语句并没有与循环体放在一起，因此，不管是否使用 continue 来结束本次循环，循环变量自增语句一样会获得执行。

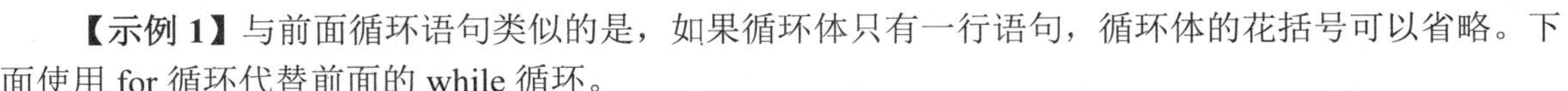

【示例 1】与前面循环语句类似的是，如果循环体只有一行语句，循环体的花括号可以省略。下面使用 for 循环代替前面的 while 循环。

```
#import <Foundation/Foundation.h>
int main(int argc, char * argv[])
{
 @autoreleasepool{
        //循环的初始化条件，循环条件，循环迭代语句都在下面一行
        for (int count = 0; count < 10; count++)
        {
                NSLog(@"count, %d", count);
        }
        NSLog(@"循环结束!");
 }
}
```

在上面的循环语句中，for 循环的初始化语句只有一个，循环条件也只是一个简单的逻辑表达式。

【示例 2】实际上，for 循环允许同时指定多个初始化语句，循环条件也可以是一个包含逻辑运算符的表达式，例如：

```
#import <Foundation/Foundation.h>
int main(int argc, char * argv[])
{
 @autoreleasepool{
        //同时定义了 3 个初始化变量，使用“&&”来组合多个逻辑表达式
        for (int b = 0, s = 0, p = 0; b < 10 && s < 4 && p < 10; p++)
        {
                NSLog(@"b:%d", b++);
                NSLog(@"s:%d, p:%d", ++s, p);
        }
 }
}
```

上面的代码中初始化变量有 3 个，但是只能有一个声明语句，因此，如果需要在初始化表达式中声明多个变量，那么这些变量应该有相同的数据类型。

【示例 3】很多初学者使用 for 循环时容易犯一个错误：认为只要在 for 后的括号内控制了循环迭代语句，就万无一失，但实际情况则不是这样的。看下面的代码：

```
#import <Foundation/Foundation.h>
int main(int argc, char * argv[])
{
 @autoreleasepool{
        //循环的初始化条件，循环条件，循环迭代语句都在下面一行
```

Note

```
        for (int count = 0; count < 10; count++)
        {
            NSLog(@"count: %d", count);
            //再次修改了循环变量
            count *= 0.1;
        }
        NSLog(@"循环结束!");
    }
}
```

在上面的 for 循环中，通过 count 变量的自加，count < 10 有变成假的时候。但实际上在循环体内修改了 count 变量的值，并且将这个变量的值乘以 0.1，这也会导致 count 的值永远都不能超过 10，因此上面的程序也是一个死循环。解决的方法是不要在循环体内擅自改动 count 变量的值。

【示例 4】for 循环圆括号中只有两个分号是必要的，初始化语句、循环条件、迭代语句部分都是可以省略的，如果省略了循环条件，则这个循环条件默认为真，将会产生一个死循环。看下面的代码：

```
#import <Foundation/Foundation.h>
int main(int argc, char * argv[])
{
 @autoreleasepool{
        //省略了 for 循环 3 个部分，循环条件将一直为真
        for (; ; )
        {
            NSLog(@"死循环");
        }
    }
}
```

运行上面的程序，将看到程序一直输出字符串“死循环”，这表明上面的程序是一个死循环。

【示例 5】使用 for 循环时，还可以把初始化条件定义在循环体之外，把循环迭代语句放在循环体内，这种做法类似于 while 循环，下面的程序再次使用 for 循环来代替前面的 while 循环。

```
#import <Foundation/Foundation.h>
int main(int argc, char * argv[])
{
 @autoreleasepool{
        //把 for 循环的初始化条件提出来独立定义
        int count = 0;
        //for 循环里只放循环条件
        for(; count < 10; )
        {
            NSLog(@"count: %d", count);
            //把循环迭代部分放在循环体之后定义
            count++;
        }
        NSLog(@"循环结束!");
        //此处将还可以访问 count 变量
    }
}
```

上面程序的执行流程和前面的 while 示例程序的执行过程完全相同。因为把 for 循环的循环迭代

部分放在循环体之后，则会出现与 while 循环类似的情形，如果循环体部分使用 continue 来结束本次循环，将会导致循环迭代语句得不到执行。

【示例 6】把 for 循环的初始化语句放在循环之前定义还有一个作用：可以扩大初始化语句中所定义的变量的作用域。在 for 循环中定义的变量，其作用域仅在该循环内有效，for 循环终止以后，这些变量将不可被访问。如果需要在 for 循环以外使用这些变量的值，就可以采用上面的做法。除此之外，还有一种做法也可以满足这种要求——额外定义一个变量来保存这个循环变量的值，例如：

```
#import <Foundation/Foundation.h>
int main(int argc, char * argv[])
{
 @autoreleasepool{
            int tmp = 0;    //声明临时变量 tmp
      //循环的初始化条件，循环条件，循环迭代语句都在下面一行
      for (int count = 0; count < 10; count++)
      {
            NSLog(@"count: %d", count);
              tmp = count;//使用 tmp 来保存循环变量 count 的值
      }
      NSLog(@"循环结束!");
 }
}
```

此处使用一个变量 tmp 来保存循环变量 count 的值，使程序更加清晰，变量 count 和变量 tmp 的责任更加清晰。反之，如果采用前一种方式，则变量 count 的作用域被扩大了，功能也被扩大了。作用域扩大的后果是，如果该方法还有另一个循环也需要定义循环变量，则不能再次使用 count 作为循环变量。

提示：选择循环变量时，习惯选择 i、j、k 作为循环变量。

3.2.5　案例：嵌套循环

如果把一个循环放在另一个循环体内，就可以形成嵌套循环，嵌套循环既可以是 for 循环嵌套 while 循环，也可以是 while 循环嵌套 do-while 循环。各种类型的循环都可以作为外层循环，也可以作为内层循环。

当程序遇到嵌套循环时，如果外层循环的循环条件允许，则开始执行外层循环的循环体，而内层循环将被外层循环的循环体执行，只有内层循环需要反复执行自己的循环体。当内层循环执行结束且外层循环的循环体也执行结束，则再次计算外层循环的循环条件，决定是否再次开始执行外层循环的循环体。

根据上面的分析，假设外层循环的循环次数为 n 次，内层循环的循环次数为 m 次，那么内层循环的循环体实际上需要执行 n×m 次。嵌套循环的运行流程如图 3.7 所示。

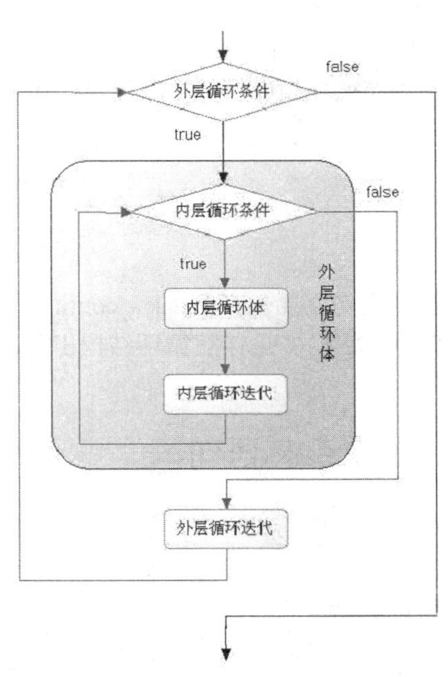

图 3.7　嵌套循环结构流程图

从图 3.7 可以看出，嵌套循环就是把内层循环当成

外层循环的循环体。当只有内层循环的循环条件为假时，才会完全跳出内层循环，才可以结束外层循环的当次循环，开始下一次循环。

下面是一个嵌套循环的示例代码：

```
#import <Foundation/Foundation.h>
int main(int argc, char * argv[])
{
 @autoreleasepool{
        //外层循环
        for (int i = 0; i < 5; i++ )
        {
                //内层循环
                for (int j = 0; j < 3; j++ )
                {
                        NSLog(@"i 的值为：%d, j 的值为：%d", i, j);
                }
        }
 }
}
```

输出结果：

```
i 的值为：0   j 的值为：0
i 的值为：0   j 的值为：1
i 的值为：0   j 的值为：2
…
```

从上面的运行结果可以看出，进入嵌套循环时，循环变量 i 开始为 0，这时即进入了外层循环。进入外层循环后，内层循环把 i 当成一个普通变量，其值为 0。在外层循环的当次循环中，内层循环就是一个普通循环。

实际上，嵌套循环不仅可以是两层嵌套，还可以是三层嵌套、四层嵌套……不论循环如何嵌套，都可以把内层循环当成外层循环的循环体来对待，区别只是这个循环体中包含了需要反复执行的代码。

3.3 控制语句

控制语句主要包括 break、continue 和 return 等。其中，break 和 continue 语句对循环结构有很强的依赖性，它们多是伴随循环结构出现。return 语句可以结束整个函数（或方法），当然也就结束了一次循环。

3.3.1 break 语句

在执行循环的过程中，希望只要特定的条件产生（如检测到错误条件或过早地到达数据末尾时），就立即退出循环。在 Objective-C 中，break 语句可以实现这个目的。只要执行 break 语句，程序将立即退出正在执行的循环，无论此时的循环是 for、while 还是 do-while。在循环中，break 之后的语句将被跳过，并且循环的执行将终止，而转去执行循环之后的其他语句。

break 语句的用法仅是在关键字 break 之后添加一个分号，格式如下：

```
break;
```

【示例】下面的循环体内，当循环递增变量值等于 2 时，将强制退出循环体。

```
#import <Foundation/Foundation.h>
int main(int argc, char * argv[])
{
 @autoreleasepool{
        //一个简单的 for 循环
        for (int i = 0; i < 10; i++ )
        {
            NSLog(@"i 的值是: %d", i);
            if (i == 2)
            {
                //执行该语句时将结束循环
                break;
            }
        }
 }
}
```

运行上面的程序，将看到 i 循环到 2 时即结束，当 i 等于 2 时，循环体内遇到 break 语句，程序跳出该循环。

提示：如果在一组嵌套循环中执行 break 语句，仅会退出执行 break 语句的最内层循环。

3.3.2　continue 语句

continue 语句和 break 语句类似，但它并不会使循环结束。在执行 continue 语句时，循环会跳过该语句之后直到循环结尾之间的所有语句。否则，循环将和平常一样执行。

continue 通常用来根据某个条件绕过循环中的一组语句，否则，循环会继续执行。continue 语句的格式如下：

```
continue;
```

【示例】continue 的功能和 break 类似，区别是 continue 只是中止本次循环，接着开始下一次循环，而 break 则是完全终止循环本身。可以理解为 continue 的作用是忽略当次循环中剩下的语句，重新开始一次新的循环。例如，下面的代码演示了 continue 的用法。

```
#import <Foundation/Foundation.h>
int main(int argc, char * argv[])
{
 @autoreleasepool{
        //一个简单的 for 循环
        for (int i = 0; i < 3; i++ )
        {
            NSLog(@"i 的值是：%d", i);
            if (i == 1)
            {
                //忽略本次循环的其余语句
                continue;
```

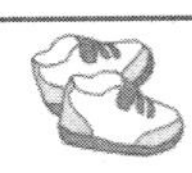

```
            }
            NSLog(@"continue 后的输出语句");
        }
    }
}
```

Note

从上面的程序看，当 i 等于 1 时，程序没有输出“continue 后的输出语句”字符串，因为程序执行到 continue 时，忽略了当次循环中 continue 语句后的代码。从这个意义上看，如果把一个 continue 语句放在单次循环的最后一行，这个 continue 语句是没有任何意义的，因为它仅忽略了一片空白，没有忽略任何程序语句。

3.3.3 return 语句

return 语句也可以用来结束循环，但是 return 并不是用于控制循环的语句，而是主要用于结束一个函数（或方法），并且针对这个方法有返回值。所以使用 return 语句来结束循环只能在函数体（或方法）中使用。当一个函数执行到一个 return 语句时（return 关键字后还可以跟变量、常量和表达式，这将在函数部分有更详细的介绍），这个方法将被结束。

【示例】Objective-C 程序中大部分循环都被放在方法中执行，前面介绍的所有循环示范程序，一旦在循环体内执行到一个 return 语句，rctum 语句将会结束该方法，循环自然也随之结束，例如：

```
#import <Foundation/Foundation.h>
int main(int argc, char * argv[])
{
 @autoreleasepool{
        //一个简单的 for 循环
        for (int i = 0; i < 3; i++ )
        {
            for (int j = 0; j < 5; j++)
            {
                NSLog(@"i: %d, j: %d", i, j);
                if (j >= 2)
                {
                    return 0;
                }
            }
        }
        NSLog(@"循环后的语句");
 }
}
```

运行上面的程序，循环只能执行到 j 等于 2，当 j 等于 2 时，程序将完全结束（当 main()函数结束时，也就是 Objective-C 程序结束时）。从这个运行结果看，虽然 return 并不是专门用于循环结构控制的关键字，但通过 return 语句确实可以结束一个循环。与 continue 和 break 不同的是，return 直接结束整个函数，不管这个 return 处于多少层循环之内。

3.3.4 案例：使用 goto 语句

goto 语句可以执行跳转，这种 goto 语句功能强大，可以实现无条件跳转，但由于 goto 语句功能

太强大，而且这种跳转完全是随心所欲的，因此过度使用 goto 语句会导致程序的可读性大幅度降低，一般建议尽量少用 goto 语句。

goto 语句需要在其后紧跟一个标签，这个标签用于标识 goto 语句将会跳转到哪里。goto 语句的基本语法格式如下：

```
goto 标签;
```

标签就是一个紧跟着英文冒号（:）的标识符。此处的标识符与前面介绍的标识符规则完全相同。

【示例 1】 所有 while 循环、do-while 循环、for 循环都可以使用 goto 语句替换。例如，下面的代码使用 goto 语句来控制循环。

```
#import <Foundation/Foundation.h>
int main(int argc, char * argv[])
{
 @autoreleasepool{
        //定义一个循环计数变量
        int i = 0;
        start:
        NSLog(@"i: %d", i);
        i++;
        //如果 i 小于 10，再次跳转到 start 标签处
        if(i < 10)
        {
               goto start;
        }
 }
}
```

上面的程序没有使用任何循环控制语句，但实际上程序依然可以执行循环，关键就在于程序中的条件结构和"goto start;"语句，只要循环计数变量的值小于 10，程序将再次跳转到 start 标签处，这将会把 start 标签与 goto 之间的代码再次执行一次，这段代码就相当于循环体。

虽然上面的程序可用 goto 语句来代替循环语句，但这种做法是一种糟糕的做法，应该尽量避免。goto 语句有时也有其必须存在的价值：当要从循环体内跳出循环或忽略循环体剩下的语句时，如果只是跳出不带嵌套的循环，或忽略不带嵌套循环剩下的语句，可使用 break 或 continue，但如果要从多层嵌套的内层循环直接跳出外层循环，就需要使用 goto 语句，或需要从多层循环的内层循环中忽略本次循环的剩下语句，这也需要使用 goto 语句。

【示例 2】 下面的程序需要直接从嵌套循环的内层循环中跳出来，此时就可借助 goto 语句，程序代码如下：

```
#import <Foundation/Foundation.h>
int main(int argc, char * argv[])
{
 @autoreleasepool{
        //外层循环
        for (int i = 0; i < 5; i++ )
        {
               //内层循环
               for (int j = 0; j < 3; j++ )
               {
```

Note

```
                NSLog(@"i 的值为：%d, j 的值为：%d", i, j);
                if (j >= 1)
                {
                    //跳到 outer 标签处
                    goto outer;
                }
            }
        }
        outer: NSLog(@"循环结束");
    }
}
```

上面的循环中增加了一条 goto 语句，控制当 j≥i 时，程序直接跳转到 outer 标签处，这样就可以从内层循环中直接跳出外层循环。

【示例 3】如果想从内层循环中忽略外层循环剩下的语句，也需要使用 goto 语句。

```
#import <Foundation/Foundation.h>
int main(int argc, char * argv[])
{
 @autoreleasepool{
        //外层循环
        for (int i = 0; i < 5; i++ )
        {
            //内层循环
            for (int j = 0; j < 3; j++ )
            {
                NSLog(@"i 的值为：%d, j 的值为：%d", i, j);
                if (j >= 1)
                {
                    //跳到 outer 标签处
                    goto outer;
                }
            }
            //标签后的分号代表一条空语句
            outer:;
        }
        NSLog(@"循环结束");
 }
}
```

在上面的循环中增加了一条 goto 语句，控制当 j≥1 时，程序直接跳转到 outer 标签处，这样就忽略外层循环剩下的语句了。这样即使内存循环还没有执行完，但对外层循环来说，这些都是剩下的语句，因此，这些语句都会忽略，从而控制程序直接开始外层循环的下一次循环。注意，标签一般放在语句之前，因此上面的程序在 outer 标签后增加了一个分号，这个分号用于代表一条空语句。

3.4 预处理命令

预处理的过程就是：读入源代码，检查包含预处理指令的语句和宏定义，并对源代码进行相应的

转换。预处理过程还会删除程序中的注释和多余的空白字符。

预处理指令是以“#”开头的代码行。“#”必须是该行除了任何空白字符外的第一个字符。“#”后是指令关键字，在关键字和“#”之间允许存在任意个空白字符。整行语句构成了一条预处理指令，该指令将在编译器进行编译之前对源代码做某些转换。

下面是部分预处理指令：

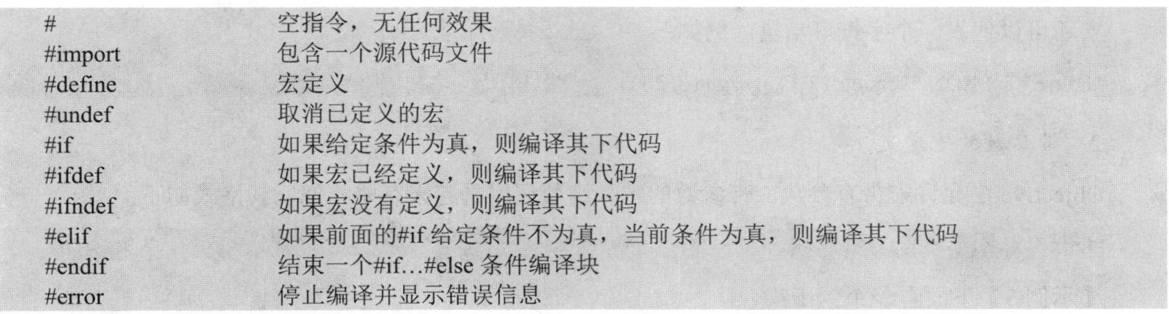

```
#               空指令，无任何效果
#import         包含一个源代码文件
#define         宏定义
#undef          取消已定义的宏
#if             如果给定条件为真，则编译其下代码
#ifdef          如果宏已经定义，则编译其下代码
#ifndef         如果宏没有定义，则编译其下代码
#elif           如果前面的#if 给定条件不为真，当前条件为真，则编译其下代码
#endif          结束一个#if…#else 条件编译块
#error          停止编译并显示错误信息
```

3.4.1　宏定义

在 Objective-C 源程序中，宏定义了一个代表特定内容的标识符。预处理过程会把源代码中出现的宏标识符替换成宏定义时的值。宏最常见的用法是定义代表某个值的全局符号，也称为无参数宏。宏的第二种用法是定义带参数的宏，这样的宏可以像函数一样被调用，但它是在调用语句处展开宏，并用调用时的实际参数来代替定义中的形式参数。

1. *无参数宏定义*

#define 预处理指令是用来定义宏的，该指令最简单的格式是：

```
#define   标识符  字符串
```

首先声明一个标识符，然后给出这个标识符所代表的代码。在后面的源代码中，就用该标识符来替代这些代码。这种宏把程序中要用到的一些全局值提取出来，赋给一些记忆标识符。

【示例 1】下面示例预定义一个标识符 MAX_NUM，来替代一个最大操作值。

```
#define MAX_NUM 10
int array[MAX_NUM];
for(i=0;i<MAX_NUM;i++)   /*…*/
```

在下面的代码中，符号 MAX_NUM 就有特定的含义，它代表的值给出了数组所能容纳的最大元素数目。在程序中可以多次使用这个值。

作为一种约定，习惯上总是全部用大写字母来定义宏，这样易于把程序中的宏标识符和一般变量标识符区别开来。如果想要改变数组的大小，只需要更改宏定义并重新编译程序即可。

【示例 2】宏表示的值可以是一个常量表达式，其中允许包括前面已经定义的宏标识符。

```
#define ONE 1
#define TWO 2
#define THREE (ONE+TWO)
```

上面的宏定义使用了括号，尽管这并不是必需的，但出于谨慎考虑，还是应该加上括号。例如：

```
six=THREE*TWO;
```

Note

预处理过程把上面的一行代码转换成：

```
six=(ONE+TWO)*TWO;
```

如果宏定义中没有括号，就转换成：

```
six=ONE+TWO*TWO;
```

宏还可以代表一个字符串常量，例如：

```
#define VERSION "Version 1.0 Copyright(c) 2003"
```

2. 带参数的宏定义

Objective-C 允许宏带有参数。带参数的宏和函数调用看起来有些相似，其格式如下：

```
#define 宏名(形参表) 字符串
```

【示例 3】下面看一个例子：

```
#define Cube(x) (x)*(x)*(x)
```

可以使用任何数字表达式甚至函数调用来代替参数 x。宏展开后完全包含在一对括号中，而且参数也包含在括号中，这样就保证了宏和参数的完整性。下面看一个用法：

```
int num=7+4;
volume=Cube(num);
```

展开后为：

```
(7+4)*(7+4)*(7+4);
```

如果没有括号，宏展开后就变为：

```
7+4*7+4*7+4;
```

下面的用法是不安全的：

```
volume=Cube(num++);
```

如果 Cube 是一个函数，上面的写法是可以理解的。但是，因为 Cube 是一个宏，所以会产生副作用。这里的参数不是简单的表达式，Cube 将产生意想不到的结果。展开后是这样的：

```
volume=(num++)*(num++)*(num++);
```

很显然，结果是：

```
11*12*13;
```

而不是：

```
11*11*11;
```

那么怎样安全地使用 Cube 宏呢？必须把可能产生副作用的操作移到宏调用的外面进行：

```
int num=7+4;
volume=Cube(num);
num++;
```

3.4.2　运算符

在宏定义中，主要有“#”和“##”两种运算符，下面将阐述这两种运算符的用法及特性。

1．“#”运算符

出现在宏定义中的“#”运算符把其后的参数转换成一个字符串。有时把这种用法的“#”称为字符串化运算符。

【示例 1】下面的代码演示了如何使用“#”运算符。

```
#define PASTE(n) "zhang"#n
    printf("%s\n",PASTE(san));
```

宏定义中的“#”运算符告诉预处理程序，把源代码中任何传递给该宏的参数转换成一个字符串，所以这里的输出应该是 zhangsan。

2．“##”运算符

“##”运算符用于把参数连接到一起。预处理程序把出现在“##”两侧的参数合并成一个符号。

【示例 2】在下面示例中，宏定义为#define XNAME(n) x##n，代码预编为：XNAME(4)，则在预编译时，宏发现 XNAME(4)与 XNAME(n)匹配，则令 n 为 4，然后将右边的 n 的内容也变为 4，然后将整个 XNAME(4)替换为 x##n，亦即 x4，故最终结果为 XNAME(4)变为 x4。

```
#define XNAME(n) x ## n
#define PRINT_XN(n) printf("x" #n " = %d\n", x ## n);
int XNAME(1) = 14; //等价于  int x1 = 14;
int XNAME(2) = 20; //等价于  int x2 = 20;
PRINT_XN(1); //等价于  printf("x1 = %d,", x1);
```

输出结果：

```
x1 = 14
x2 = 20
```

除非需要或者宏的用法恰好和手头的工作相关，否则很少有程序员会知道“##”运算符。绝大多数程序员从来没用过它。

3.4.3　#import 语句

#import 预处理指令的作用是在指令处展开被包含的文件。包含可以是多重的，也就是说一个被包含的文件中还可以包含其他文件。

预处理过程不检查在转换单元中是否已经包含了某个文件并阻止对其多次包含，这样就可以在多次包含同一个头文件时，通过给定编译时的条件来达到不同的效果。

【示例 1】下面的代码使用#import 预处理指令导入头文件。

```
#import "t.h"
```

在程序中包含头文件有两种格式：

```
##import <my.h>
##import "my.h"
```

第一种方法是用尖括号把头文件括起来，这种格式告诉预处理程序在编译器自带的或外部库的头文件中搜索被包含的头文件。第二种方法是用双引号把头文件括起来。这种格式告诉预处理程序在当前被编译的应用程序的源代码文件中搜索被包含的头文件，如果找不到，再搜索编译器自带的头文件。

采用两种不同包含格式的理由在于，编译器是安装在公共子目录下的，而被编译的应用程序是在其私有子目录下的。一个应用程序既包含编译器提供的公共头文件，也包含自定义的私有头文件。采用两种不同的包含格式使得编译器能够在很多头文件中区别出一组公共的头文件。

Note

1. #import 与#include 的联系与区别

在 Objective-C 语言中，#import 由#include 衍生而来，不同的是#import 能保证一个头文件不被多次包含。#import 被当成#include 指令的改良版本来使用。除此之外，#import 确定一个文件只能被导入一次，这使得在处理递归包含中不会出现问题。使用哪一个还要根据实际来决定。一般来说，在导入 Objective-C 头文件时使用#import，包含 C 头文件时使用#include。

2. #import 与@Class 的联系与区别

在 Objective-C 语言中，可以通过声明#import 来引用类，也可以通过声明@class 来引用类。

【示例 2】下面的代码演示了使用#import 和@class 的区别。

```
#import "SomeClass.h"
@classSomeClass;
```

那么二者有什么联系与区别呢？介绍如下：

☑ import 会包含这个类的所有信息，包括实体变量和方法，而@class 只是告诉编译器，其后面声明的名称是类的名称，至于这些类是如何定义的，暂时不用考虑，后面会介绍。

☑ 在头文件中，一般只需要知道被引用的类的名称，不需要知道其内部的实体变量和方法，所以在头文件中一般使用@class 来声明这个名称是类的名称。而在实现类中，因为会用到这个引用类的内部的实体变量和方法，所以需要使用#import 来包含这个被引用类的头文件。

☑ 在编译效率方面，如果有 100 个头文件都用#import 包含了同一个头文件，或者这些文件是依次引用的，如 A→B、B→C、C→D 这样的引用关系，若最开始的头文件有变化，后面所有引用此文件的类都需要重新编译，在有很多类的情况下，这将耗费大量的时间。而使用@class 则不会。

☑ 如果有循环依赖关系，如 A→B、B→A 这样的相互依赖关系，使用#import 来相互包含就会出现编译错误，如果使用@class 在两个类的头文件中相互声明，则不会有编译错误出现。

3.4.4 条件编译

条件编译指令将决定哪些代码被编译，哪些是不被编译的。可以根据表达式的值或某个特定的宏是否被定义来确定编译条件。

1. #if 指令

#if 指令用来检测常量表达式。如果表达式为真，则编译后面的代码，直到出现#else、#elif 或#endif 为止，否则就不编译。

2. #endif 指令

#endif 用于终止#if 预处理指令。

【示例 1】下面的代码使用了#if 指令检测 DEBUG 常量的值。

```
#define DEBUGING 0
main()
```

```
{
    #if DEBUGING
        printf("Debugging\n");
    #endif
        printf("Running\n");
}
```

由于程序定义 DEBUGING 宏代表 0，因此#if 条件为假，不编译后面的代码直到#endif，这样程序直接输出 Running。如果去掉#define 语句，效果是一样的。

3. #ifdef 和#ifndef

#ifdef 表示 if define，即先测试指定变量是否被宏定义过，#ifndef 表示 if not define，即先测试指定变量是否没被宏定义过。

【示例 2】下面的代码演示了#ifdef 和#ifndef 指令的基本用法。

```
#define DEBUGING
main()
{
    #ifdef DEBUGING
        printf("YES\n");
    #endif
    #ifndef DEBUGING
        printf("NO\n");
    #endif
}
```

4. #else 指令

#else 指令用于某个#if 指令之后，当前面的#if 指令的条件不为真时，就编译#else 后面的代码。#endif 指令将终止上面的条件块。

3.5　小　　结

程序控制语句比较好理解，但是作为 Objective-C 语言的骨架，它们控制整个程序的逻辑顺序。也正是有了程序控制语句，Objective-C 才变得有了活性，才变得灵活自如，从而变得更精彩。希望读者能够熟记常用程序控制语句，并能够在上机练习中自觉应用这些语句，增强自我逻辑控制能力。

C 语言特性

（视频讲解：122 分钟）

Objective-C 作为 C 语言的超集，其特性大部分来源于基本的 C 语言。C 语言是一门过程式语言，其中一些特性与面向对象编程的思想是对立的。这些特性会妨碍 Foundation 框架的实现策略，如分配内存的方式，或者处理包含多字节字符的字符串。因此，对于函数、结构、指针、联合和数组之类的特性可以在需要了解时再学习。

不过有一些应用程序为了优化要求使用底层方法。如使用大型的数据数组，可能会使用 C 语言的内置数据结构，而不是 Foundation 的数组对象。如果使用恰当，函数也可以方便地进行组合重复使用，并将程序模块化。

【学习要点】

- 使用数组
- 使用函数
- 使用块和结构
- 使用指针
- 灵活应用指针解决复杂的编程问题

4.1　数　　组

Objective-C 支持 C 的数组使用方法，至于 Objective-C 的 NSArray 类和 NSMutableArray 类的用法，将会在后面的章节中介绍，这里主要介绍支持 C 语言的数组使用方法。因为在 Objective-C 编程中，经常会用到基本数据类型的数组，这时，一般都会选择用 C 语言的数组来处理，这样会使编程处理显得更灵活、更简易。

4.1.1　定义数组

数组是最常见的一种数据结构，可用于存储多个数据，通常可通过数组元素的索引来访问数组元素，包括为数组元素赋值和取出数组元素的数据。Objective-C 作为 C 语言的超集，直接使用了 C 语言的数组。按数组元素的类型不同，数组又可分为数值数组、字符数组、指针数组、结构数组等。

定义数组的语法格式如下：

```
type arrayName[length]
```

在上面的语法格式中，length 用于指定数组的长度，这个 length 既可是一个固定的整数，也可是整数变量或整数表达式。

定义数组时，如果没有对数组元素初始化，那么会对数组元素定义默认初始值，赋初始值的规则如下：

☑　所有整型（包括字符型）的数组元素，默认值为 0。

☑　所有浮点型的数组元素，默认值为 0.0。

☑　所有指针型的数组元素，默认值为空。

当定义了一个数组之后，该数组的所有元素在内存中是连续存放的，这样当程序访问数组元素时将具有非常好的性能。例如，定义如下数组：

```
int arr[5];
```

数组变量本身保存了第一个数组元素的地址，然后采用如下公式计算出各数组元素的地址：

```
元素的地址 = 首地址 + 数组变量所占的内存大小 * 索引
```

通过上面的公式快速计算出各元素的地址，因此程序可以快速定位各数组元素所在的内存，从而可以快速访问数组元素。

4.1.2　初始化数组

初始化数组就是为数组指定初始值。定义数组时指定初始值的语法格式如下：

```
type arrayName[length] = {elel, ele2, ele3, …, eleN};
```

在上面的语法格式中，花括号中的elel, ele2, ele3, …, eleN 用于指定数组元素的值，此处的数组元素必须与前面定义数组类型时指定的类型相匹配。注意以下两点：

☑　指定数组元素时，既可为所有的数组元素同时指定初始值，也可只为前面几个数组元素指定初始值，没有指定初始值的数组元素将执行默认初始化。

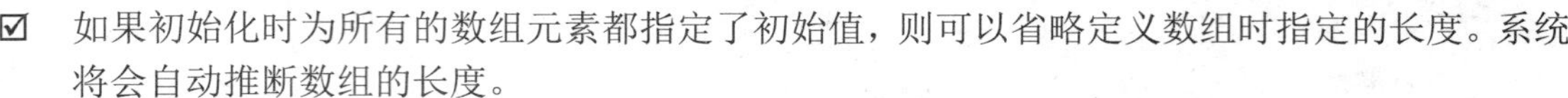

☑ 如果初始化时为所有的数组元素都指定了初始值，则可以省略定义数组时指定的长度。系统将会自动推断数组的长度。

【示例】下面的代码演示了几种定义数组的方式。

Note

```
#import <Foundation/Foundation.h>
int main(int argc, char * argv[])
{
 @autoreleasepool{
        int len = 5;
        //定义数组，不执行初始化。系统为数组元素指定默认的初始值
        int arr[len];
        //定义数组时，指定长度，并完整地指定了数组的 5 个元素
        int arr2[5] = {2, 3, 40, 300, 100};
        //只指定前面 3 个数组元素的值，后面 2 个数组元素默认为 0
        int arr3[5] = {2, 3, 40};
        //数组长度为 3
        int arr4[] = {2, 3, 40};
        //定义长度为 4 的指针类型数组，所有数组元素默认为空
        NSDate * arr5[4];
        //定义指针类型的数组，指定每个数组元素的值，系统推断数组长度为 3
        char * arr6[] = {"张三", "李四", "王五"};
        //定义长度为 4 的数组，后面 2 个数组元素为空
        NSString * arr7[4] = {@"语文", @"数学"};
 }
}
```

4.1.3 使用数组

使用数组时最常见的用法就是访问数组元素，包括对数组元素进行赋值和取出数组元素的值，访问数组元素都是通过在数组引用变量后紧跟一个方括号（[]），方括号里是数组元素的索引值，这样就可以访问数组元素了。访问到数组元素后，就可以把一个数组元素当成一个普通变量使用，包括为该变量赋值和取出该变量的值，这个变量的类型就是定义数组时使用的类型。

数组初始化完成后，不能重新对数组本身进行赋值，例如，如下代码是错误的：

```
arr = {2, 3};        //不能对数组本身赋值
```

Objective-C 的数组索引是从 0 开始的，也就是说，第一个数组元素的索引值为 0，最后一个数组元素的索引为数组长度减 1。

【示例 1】以 4.1.2 节示例中初始化的数组为基础，下面的代码演示如何输出数组元素的值，以及为指定数组元素赋值。

```
#import <Foundation/Foundation.h>
int main(int argc, char * argv[])
{
 @autoreleasepool{
        //输出 arr6 数组的第二个元素，将输出字符串"李四"
        NSLog(@"%s", arr6[1]);
        //arr6 的第一个数组元素赋值
        arr6[0] = "Spring";
```

```
	}
}
```

如果访问数组元素时指定的索引是一个常量，并且该常量小于 0，或者大于或等于数组的长度，编译器编译程序时会生成一个警告，提示用户这样访问可能会有问题。如果访问数组元素时指定的索引是一个变量或表达式，编译器编译时不会有任何问题。

无论如何，只要访问数组元素时指定的数组元素小于 0，或大于或等于数组长度，由于该数组元素并不存在，程序运行将会出现不可预期的效果。因此开发者需要注意不要让数组索引小于 0，或大于或等于数组长度。

【示例 2】下面的代码试图访问的数组元素索引等于数组长度，将引发数组索引越界异常。

```
//访问数组元素的索引与数组长度相同，编译器会生成警告，运行的结果是不可预期的
NSLog(@"%d", arr[5]);
```

Objective-C 没有提供方法或属性来访问数组的长度，但用户可以通过 sizeof()函数来计算数组的长度，计算方式如下：

```
sizeof (数组变量)
sizeof (数组变量[0])
```

在上面的用法中，sizeof(数组变量)将返回整个数组占用的字节数，sizeof (数组变量[0])将返回第一个数组元素占用的字节数，相除的结果就是数组元素的个数。

【示例 3】下面的代码演示如何快速输出 arr2 数组（动态初始化的 int[]数组）中每个元素的值。

```
#import <Foundation/Foundation.h>
int main(int argc, char * argv[])
{
 @autoreleasepool{
	//定义数组时，指定长度，并完整地指定了数组的 5 个元素
	int arr2[5] = {2, 3, 40, 300, 100};
	//遍历元素为基本类型的数组元素
	for (int i = 0, length = sizeof(arr2) / sizeof(arr2[0]); i < length; i ++){
		NSLog(@"arr2[%d] : %d", i, arr2[i]);
	}
 }
}
```

执行上面的代码将输出 2, 3, 40, 300, 100，这就是为 arr2 所指定的初始值。

【示例 4】下面的代码演示如何遍历指针类型的数组元素。

```
#import <Foundation/Foundation.h>
int main(int argc, char * argv[])
{
 @autoreleasepool{
	//定义长度为 4 的数组，后面 2 个数组元素为空
	NSString * arr7[4] = {@"语文", @"数学"};
	//遍历元素为指针类型的数组元素
	for (int i = 0, length = sizeof(arr7) / sizeof(arr7[0]); i < length; i ++){
		NSLog(@"arr7[%d] : %@", i, arr7[i]);
	}
 }
}
```

上面的代码将输出："语文","数学",(null),(null)，这是因为指定该数组的长度为 4，但只为前两个数组元素指定了初始值，因此后面两个数组元素将被指定为默认的初始值：null 和 null。

Note

【示例 5】下面的代码演示为数组元素赋值，并通过循环方式输出每个数组元素。

```
#import <Foundation/Foundation.h>
int main(int argc, char * argv[])
{
 @autoreleasepool{
        int len = 5;
        //定义数组，不执行初始化。系统为数组元素指定默认的初始值
        int arr[len];
        //对数组元素进行赋值
        arr[0] = 42;
        arr[1] = 341;
        //采用遍历方式来输出数组元素
        for(int i = 0, length = sizeof(arr) / sizeof(arr[0]);i < length; i++){
                NSLog(@"arr[%d]: %d", i, arr[i]);
        }
 }
}
```

上面代码将先输出 42 和 341，然后输出 3 个 0，这是因为此处没有为 arr 数组执行初始化，系统将会为所有的数组元素都分配一个 0 作为初始值，最后程序又为前两个元素赋值，所以看到这样的输出结果。

从上面的代码中不难看出，初始化一个数组后，相当于同时初始化了多个相同类型的变量，通过数组元素的索引就可以自由访问这些变量（实际上都是数组元素）。使用数组元素与使用普通变量并没有什么不同，一样可以对数组元素进行赋值，或者取出数组元素的值。

4.1.4 定义多维数组

实际上，Objective-C 的二维数组的本质依然是一维数组，只不过它的数组元素又是一维数组。定义二维数组的语法格式如下：

```
type arrayName[length][length]
```

例如，在下面的声明中，引入一个 3×3 的矩阵，其中每一个元素的类型都是 double。

```
double imuAarray[3][3];
```

在理论上，imuAarray 的存储空间形成了一个二维数组，该结构的元素布局如图 4.1 所示。

在计算机的内部，把变量 imuAarray 当成一个以 3 个数组为元素的数组，每一个元素都是一个包含 3 个浮点数的数组，分配给变量 imuAarray 的内存包含 9 个单元，在内存中的结构形式如图 4.2 所示。

在图 4.2 中，第一个索引号称为行号，但是这种二维空间的矩阵只是想象的。在内存中，这些数值形成了一维列表。如果希望第一个索引表示列，第二个索引表示行，不需要改变数组的定义，只需把数组的元素引用方法相应调整一下即可。然后，根据内部排列，第一个索引确实比第二个索引变化得慢，所以，内存中 imuAarray[0]的所有元素都在 imuAarray[1]前面。

函数传递多维数组和传递一维数组没有太大区别。函数头的参数声明和数组变量声明相似，并且需要包含索引信息。传递多维数组时必须给出除第一个索引外的参数数组中每一个索引的大小。由于

不考虑第一个索引边界会使得这样的声明变得不对称，所以在实际声明多维数组参数中经常包含每个索引的边界。

imuAarray[0][0]	imuAarray[0][1]	imuAarray[0][2]
imuAarray[1][0]	imuAarray[1][1]	imuAarray[1][2]
imuAarray[2][0]	imuAarray[2][1]	imuAarray[2][2]

图 4.1　二维数组 imuAarray[3][3]布局图

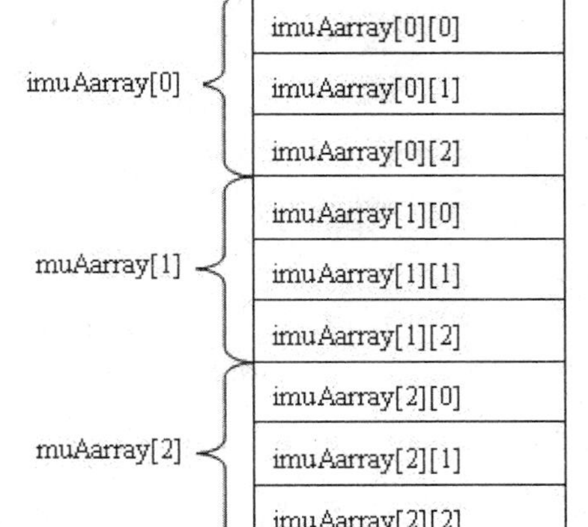

图 4.2　数组 imuAarray 在内存中结构形式

【示例】下面的代码定义了两个二维数组。

```
float arr[3][4];
int iArr[3][5];
```

上面的代码中，“float arr[3][4];”表示定义了一个长度为 3 的数组，其中每个数组元素又是长度为 4 的数组。对于“float arr[3][4];”来说，它相当于定义了如下 3 个数组变量。

☑　arr[0]：该数组再次包含了 arr[0][0]、arr[0][1]、arr[0][2]、arr[0][3]这 4 个数组变量。

☑　arr[1]：该数组再次包含了 arr[1][0]、arr[1][1]、arr[1][2]、arr[1][3]这 4 个数组变量。

☑　arr[2]：该数组再次包含了 arr[2][0]、arr[2][1]、arr[2][2]、arr[2][3]这 4 个数组变量。

同理，将二维数组的理论推广到三维数组。例如，定义如下三维数组：

```
int arr[2][3][2];
```

实际上，该三维数组的本质依然是一维数组，上面的代码相当于定义了一个长度为 2 的一维数组。也就是说，“int arr[2][3][2];”相当于定义了如下两个数组变量。

☑　arr[0]：该变量相当于一个二维数组。

☑　arr[1]：该变量相当于一个二维数组。

4.1.5　初始化多维数组

多维数组的本质是一维数组：N 维数组相当于数组元素是 N-1 维数组的一维数组，因此，完全可以按一维数组的语法来初始化多维数组。

【示例 1】下面的代码演示了如何初始化二维数组。

```
#import <Foundation/Foundation.h>

int main(int argc, char * argv[])
{
 @autoreleasepool{
```

Note

```
        //定义并初始化二维数组
        int arr1[3][4] = {
            //下面定义了 3 个元素，每个元素都是长度为 4 的一维数组
            {2, 20, 10, 4},
            {4, 100, 20, 34},
            {5, 12, -12, -34}
        };
        //采用循环来遍历二维数组
        for(int i = 0,length = sizeof(arr1) / sizeof(arr1[0]);
            i < length; i++)
        {
            for(int j = 0, len = sizeof(arr1[i]) / sizeof(arr1[i][0]);
                j < len; j++)
            {
                printf("%d\t", arr1[i][j]);
            }
            printf("\n");
        }
    }
}
```

上面的代码使用最标准的方式初始化了一个二维数组：初始化 int arr1[3][4]时，先在花括号内定义了 3 个数组元素，每个数组元素又是一个长度为 4 的数组元素。

上面程序中使用了一个 printf()函数，这是一个 ANSIC 输出函数，该函数的功能和用法与 NSLog()函数类似，甚至它们支持的格式字符也基本相似。printf()与 NSLog()存在如下两个区别。

☑ printf()函数用于输出 C 格式的字符串，因此，printf()的第一个参数只需指定一个双引号引起来的字符串即可。而 NSLog()函数的第一个参数传入字符串则需要使用@前缀。

☑ NSLog()函数主要用于记录日志，因此，该函数输出时会自动添加日期、时间、输出程序，并自动换行，但 printf()函数没有这些额外的行为。

对于上面的程序，并不希望每输出一个数组元素后就自动换行，因此使用了 printf()函数，而不是使用 NSLog()函数。上面程序的外层循环控制遍历输出二维数组的每个数组元素，内层循环控制遍历输出一维数组（即二维数组的元素）的每个元素。

输出结果：

```
2       20      10      4
4       100     20      34
5       12      -12     -34
```

【示例 2】与一维数组类似的是，初始化二维数组时，完全可以只指定部分数组元素。

```
#import <Foundation/Foundation.h>
int main(int argc, char * argv[])
{
 @autoreleasepool{
        //定义并初始化二维数组
        int arr2[3][4] = {
            //下面定义了 3 个元素，每个元素都是长度为 4 的一维数组
            //但初始化长度为 4 的数组时，都只初始化第一个元素，其他元素使用默认初始值
            {2, 12},
            {4},
```

```
            {5}
        };
        //采用循环来遍历二维数组
        for(int i = 0,length = sizeof(arr2) / sizeof(arr2[0]);
            i < length; i++)
        {
            for(int j = 0, len = sizeof(arr2[i]) / sizeof(arr2[i][0]);
                j < len; j++)
            {
                printf("%d\t", arr2[i][j]);
            }
            printf("\n");
        }
    }
}
```

在上面的程序中，初始化二维数组时依次指定了 3 个元素，每个元素都应该是长度为 4 的一维数组，但程序并未指定所有的数组元素，而是只指定了前面两个或一个数组元素，剩下的数组元素将会被赋默认值。

输出结果：

```
2    12    0    0
4    0     0    0
5    0     0    0
```

【示例 3】初始化二维数组时只指定部分元素，只为二维数组指定前几个一维数组，后面的元素让系统执行默认初始化。

```
#import <Foundation/Foundation.h>
int main(int argc, char * argv[])
{
 @autoreleasepool{
        //定义并初始化二维数组
        int arr2x[3][4] = {
            //下面只定义了一个元素，其他元素采用默认初始化
            //但初始化长度为 4 的数组时，只初始化第二个元素，其他元素使用默认初始值
            {2, 12},
        };
        //采用循环来遍历二维数组
        for(int i = 0,length = sizeof(arr2x) / sizeof(arr2x[0]);
            i < length; i++)
        {
            for(int j = 0, len = sizeof(arr2x[i]) / sizeof(arr2x[i][0]);
                j < len; j++)
            {
                printf("%d\t", arr2x[i][j]);
            }
            printf("\n");
        }
    }
}
```

在上面的代码中，程序初始化二维数组时，只指定了一个元素，但定义该二维数组时已经指定了此二维数组的长度为 3，因此，该二维数组的后两个元素将被执行默认初始化。

输出结果：

Note

```
2       12      0       0
0       0       0       0
0       0       0       0
```

【示例 4】与初始化一维数组相似的是，如果已经指定了二维数组的每个数组元素，系统就可以推断出二维数组的长度，这样在定义二维数组时就可省略二维数组的长度。

```
#import <Foundation/Foundation.h>
int main(int argc, char * argv[])
{
 @autoreleasepool{
        //定义并初始化二维数组，省略二维数组的长度
        int arr3[3][4] = {
                //下面定义了 3 个元素，每个元素都是长度为 4 的一维数组
                {2, 20 },
                {4, 100, 20},
                {5}
        };
        for(int i = 0, length = sizeof(arr3) / sizeof(arr3[0]);
                i < length; i++)
        {
                for(int j = 0, len = sizeof(arr3[i]) / sizeof(arr3[i][0]);
                        j < len; j++)
                {
                        printf("%d\t", arr3[i][j]);
                }
                printf("\n");
        }
 }
}
```

在上面的代码中，程序定义二维数组时并未指定长度，但由于初始化该数组时指定了 3 个数组元素，因此系统可以推断出该二维数组的长度为 3。

输出结果：

```
2       20      0       0
4       100     20      0
5       0       0       0
```

【示例 5】除了上面的标准语法之外，Objective-C 还允许初始化二维数组时省略其中一维数组的花括号，Objective-C 将会按定义数组时指定的长度将其分成相应的数组元素。

```
#import <Foundation/Foundation.h>
int main(int argc, char * argv[])
{
 @autoreleasepool{
        //定义并初始化二维数组
```

```
        int arr4[3][4] = {
            //由于本身指定了二维数组是一个长度为 3 的数组，且每个数组元素都是长度为 4 的一维数组，因此可以直接给出 12 个数组元素
            2, 20, 10, 4,
            4, 100, 20, 34,
            5, 12, -12, -34
        };
        for(int i = 0, length = sizeof(arr4) / sizeof(arr4[0]);
            i < length; i++)
        {
            for(int j = 0, len = sizeof(arr4[i]) / sizeof(arr4[i][0]);
                j < len; j++)
            {
                printf("%d\t", arr4[i][j]);
            }
            printf("\n");
        }
    }
}
```

上面的程序在定义二维数组时指定了二维数组的长度为 3，二维数组的每个元素都是长度为 4 的一维数组，初始化该二维数组时直接给出了 12 个元素，系统将会把前 4 个元素封装成二维数组的第 1 个元素；将中间 4 个元素封装成二维数组的第 2 个元素；将后 4 个元素封装成二维数组的第 3 个元素。

输出结果：

```
2	20	10	4
4	100	20	34
5	12	-12	-34
```

【示例 6】即使在省略一维数组中花括号的情况下，Objective-C 依然允许在定义二维数组时不指定二维数组的长度，此时系统也可推断出二维数组的长度。

```
#import <Foundation/Foundation.h>
int main(int argc, char * argv[])
{
 @autoreleasepool{
        int arr5[][4] = {
            //由于已经指定了二维数组的数组元素为长度为 4 的一维数组
            //系统将会根据给出的元素个数（5 个）推断出二维数组的长度为 2
            2, 20, 10, 4, 4
        };
        for(int i = 0, length = sizeof(arr5) / sizeof(arr5[0]);
            i < length; i++)
        {
            for(int j = 0, len = sizeof(arr5[i]) / sizeof(arr5[i][0]);
                j < len; j++)
            {
                printf("%d\t", arr5[i][j]);
            }
            printf("\n");
```

```
        }
    }
}
```

上面的代码指定了二维数组所包含的元素是长度为4的一维数组，初始化二维数组时给出了5个数组元素，系统将会把前4个元素封装为第一个长度为4的一维数组，剩下的一个元素将会被封装为第二个长度为4的一维数组，但只指定第一个元素的值。因此，系统可以推断该二维数组的长度为2。

Note

输出结果：

```
2      20     10     4
4      0      0      0
```

4.1.6 使用字符数组

对于普通字符数组而言，它们与前面介绍的整数数组、浮点型数组并没有本质的区别，可采用完全相同的方法对字符数组进行初始化、遍历数组元素。

【示例】下面的代码演示了字符数组的基本使用方法。

```
#import <Foundation/Foundation.h>
int main(int argc, char * argv[])
{
 @autoreleasepool{
        //定义并初始化字符数组
        char cArr[] = {'I', ' ', 'l', 'o', 'v', 'e', ' ', 'i', 'O', 'S'};
        //遍历并输出字符数组
        for(int i = 0, length = sizeof(cArr)/sizeof(cArr[0]);
                i < length; i ++)
        {
                NSLog(@"%c", cArr[i]);
        }
    }
}
```

从上面的代码可以看到，定义并初始化字符数组与前面介绍的定义并初始化整型数组、浮点型数组并没有任何区别。

提示：需要指出的是，C语言（Objective-C是C的超集）并没有提供真正的字符串支持，而是使用字符数组来保存字符串。

很多时候，字符串的实际长度与数组长度并不相等，例如，定义了一个长度为100的字符数组，但其中只存入了Objective-C这个字符串，那么C语言到底如何确定一个字符串结束呢？

C语言提供了“\0”标志作为字符串结束标志。也就是说，即使一个字符数组的长度为100，但如果它的第10个字符为'\0'，系统将认为该字符串只包含9个字符。在字符数组中添加'\0'结束标志后，字符数组的实际长度就没那么重要了，系统可以非常方便地根据'\0'结束标志的位置来判断字符串的长度，不需要根据字符数组的长度进行判断。

'\0'代表ASCII码为0的字符，这是一个特殊的字符，该字符不会被显示出来，代表一个“空”字符，它不是空格，也不是空白，而是代表一个“什么都不是”的字符。'\0'的作用仅代表一个字符串的结束。

当考虑使用字符数组来保存字符串时，可分为如下两种形式。

☑ 定义字符串数组时不指定长度，让系统根据其长度来决定。

☑ 如果字符串数组可能需要保存多个字符串，那就需要定义该字符串数组的长度比最长的字符串至少长一个字符。

Note

4.1.7 案例实战

数组具有广泛的开发用途。在程序中如果有多个类型相同的变量，且它们具有逻辑的整体性，则可以把它们定义成一个数组，利用数组的高效存取操作，可以完成各种复杂的操作。除此之外，还可以利用二维数组设计各种游戏，如五子棋、连连看、俄罗斯方块、扫雷等常见小游戏。下面简单介绍利用二维数组设计的两个应用案例。

【示例 1】下面借助数组设计一个 Fibonacci（斐波那契）数列，然后输出前 15 个斐波那契数。

```
#import <Foundation/Foundation.h>
int main (int argc, char * argv[])
{
    @autoreleasepool {
        int Fibonacci[15], i;
        Fibonacci[0] = 0; /* by definition */
        Fibonacci[1] = 1; /* ditto */
        for ( i = 2; i < 15; ++i )
            Fibonacci[i] = Fibonacci[i-2] + Fibonacci[i-1];
        for ( i = 0; i < 15; ++i )
        NSLog (@"%i", Fibonacci[i]);
    }
    return 0;
}
```

对于前两个斐波那契数，初始化为 F0 和 F1，分别定义为 0 和 1。此后的每个斐波那契数 Fi 都定义为前两个斐波那契数 Fi−2 和 Fi−1 之和。所以，F0 和 F1 数值之和就是 F2 的值。在上面的代码中，计算 Fibonacci[0]和 Fibonacci[1]之和就可以直接计算出 Fibonacci[2]。这个计算公式是在 for 循环中执行的，可计算出 F2～F14 的值（即 Fibonacci[2]～Fibonacci[14]的值）。

运行程序，输出结果如下：

```
0
1
1
2
3
5
8
13
21
34
55
89
144
233
377
```

【示例 2】 使用二维数组设计输出一个回形递增的数字图形。

给定 4，应该输出如下形式的数据：

```
01    12    11    10
02    13    16    09
03    14    15    08
04    05    06    07
```

给定 5，应该输出如下形式的数据：

```
01    16    15    14    13
02    17    24    23    12
03    18    25    22    11
04    19    20    21    10
05    06    07    08    09
```

设计要求：将 1～n×n 的数据存入一个二维数组。

存入规则：绕圈填入数组，如图 4.3 所示。

该程序的关键点就是控制绕圈的拐弯点，如图 4.3 所示角的位置就是重要的拐弯点。

分析图 4.3 之后，发现如下数字填充规律。

- ☑ 左上角：向下转。
- ☑ 左下角：向右转。
- ☑ 右下角：向上转。
- ☑ 右上角：向左转。
- ☑ 左下角、右上角转弯线的行索引与列索引总和为 n−1，即给定整数值减 1。
- ☑ 右下角转弯线的行索引与列索引相等。
- ☑ 左上角转弯线的行索引等于列索引减 1。

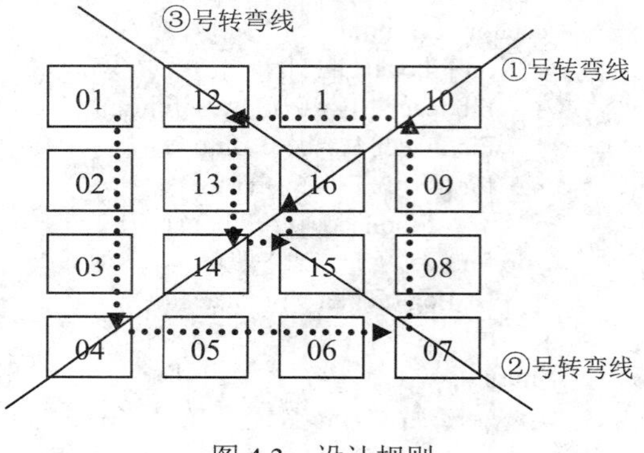

图 4.3　设计规则

总结出上面的规律之后，接下来即可实现如下程序。

```
#import <Foundation/Foundation.h>
int main(int argc, char * argv[])
{
 @autoreleasepool{
        int SIZE = 7;
        int array[SIZE][SIZE];
        //该 orient 代表绕圈的方向
        //其中，0 代表向下，1 代表向右，2 代表向左，3 代表向上
        int orient = 0;
        //控制将 1～SIZE * SIZE 的数值输入二维数组
        //其中 j 控制行索引，k 控制列索引
        for (int i = 1, j = 0, k = 0; i <= SIZE * SIZE; i++ )
        {
               array[j][k] = i;
               //如果位于图 4.3 的①号转弯线
               if((j + k == SIZE - 1))
               {
```

```
                //j>k，位于左下角
                if(j > k)
                {
                    orient = 1;
                }
                //位于右上角
                else
                {
                    orient = 2;
                }
            }
            //如果位于图 4.3 中②号转弯线
            else if(k == j && k >= SIZE / 2)
            {
                orient = 3;
            }
            //如果 j 位于图 4.3 的③号转弯线
            else if((j == k - 1) && k <= SIZE / 2)
            {
                orient = 0;
            }
            //根据方向来控制行索引、列索引的改变
            switch(orient)
            {
                //如果方向为向下绕圈
                case 0:
                    j++;
                    break;
                //如果方向为向右绕圈
                case 1:
                    k++;
                    break;
                //如果方向为向左绕圈
                case 2:
                    k--;
                    break;
                //如果方向为向上绕圈
                case 3:
                    j--;
                    break;
            }
        }
        //采用遍历输出上面的二维数组
        for (int i = 0; i < SIZE; i++ )
        {
            for (int j = 0; j < SIZE; j++)
            {
                if(array[i][j] < 10)
                {
                    printf("0%d ", array[i][j]);
```

Note

```
                }
                else
                {
                        printf("%d", array[i][j]);
                }
            }
            printf("\n");
        }
    }
}
```

本案例设计重点是当处于转弯线上时，如何控制绕圈的方向。一旦正确控制了绕圈的方向，接下来就可通过对 j（行索引）、k（列索引）的增、减来控制绕圈。运行该程序，可以看到如下输出结果：

```
01    24    23    22    21    20    19
02    25    40    39    38    37    18
03    26    41    48    47    36    17
04    27    42    49    46    35    16
05    28    43    44    45    34    15
06    29    30    31    32    33    14
07    08    09    10    11    12    13
```

【示例 3】本示例将设计一个五子棋游戏。可以先定义一个二维数组作为棋盘，每个下棋点只有 3 种状态：黑棋、白棋和没棋。为了考虑输出棋盘的美观性，考虑使用“╋”代表没棋，用“●”代表黑棋，用“○”代表白棋，这样只要定义一个二维字符串数组来保存下棋状态即可。每当一个棋手下一步棋后，也就是为二维数组的一个数组元素赋值。下面的代码初步设计了这个程序功能。

```
#import <Foundation/Foundation.h>
#define NO_CHESS "╋"
#define BLACK_CHESS "●"
#define WHITE_CHESS "○"
//定义棋盘的大小
#define BOARD_SIZE 15
//定义一个二维数组来充当棋盘
static char * board[BOARD_SIZE][BOARD_SIZE];
void initBoard()
{
 //把每个元素赋为“╋”，用于在控制台画出棋盘
 for (int i = 0; i < BOARD_SIZE; i++)
 {
        for ( int j = 0; j < BOARD_SIZE; j++)
        {
                board[i][j] = NO_CHESS;
        }
 }
}
//在控制台输出棋盘的方法
void printBoard()
{
 //打印每个数组元素
 for (int i = 0; i < BOARD_SIZE; i++)
```

```
    {
        for ( int j = 0; j < BOARD_SIZE; j++)
        {
            //打印数组元素后不换行
            printf("%s ", board[i][j]);
        }
        //每打印完一行数组元素后输出一个换行符
        printf("\n");
    }
}
int main(int argc, char * argv[])
{
 @autoreleasepool{
        initBoard();
        printBoard();
        while(YES)
        {
            int xPos;
            int yPos;
            printf("请输入您下棋的坐标，应以 x,y 的格式：\n");
            //获取用户输入的下棋坐标
            scanf("%d,%d", &xPos, &yPos);
            //把对应的数组元素赋为黑棋
            board[xPos - 1][yPos - 1] = BLACK_CHESS;
            //随机生成两个 0～15 的整数作为计算机的下棋坐标
            int pcX = arc4random() % BOARD_SIZE;
            int pcY = arc4random() % BOARD_SIZE;
            //将计算机下棋的坐标赋为白棋
            board[pcX][pcY] = WHITE_CHESS;
            /*
             上面代码还需要做如下改进
                1.用户输入的坐标的有效性，只能是数字，不能超出棋盘范围
                2.如果已有棋的点，不能重复下棋
                3.每次下棋后，需要扫描谁赢了
             */
            printBoard();
        }
    }
}
```

在上面的代码中，scanf()函数用于获取用户键盘输入的数据，它的第一个参数代表用户键盘输入的格式字符串，如“%d,%d”，这就要求用户输入两个整数，且中间以逗号隔开，后面的参数用于接收用户输入的数据。该函数是 ANSI C 提供的函数，对 Objective-C 并不是特别重要，适当了解即可。

运行本程序，演示效果如图 4.4 所示。

从图 4.4 可以看出，上面显示的点一直是棋手下棋点，计算机下棋使用随机生成的两个坐标值来控制，当然也可以增加人工智能（本例不展开介绍）来控制。

除此之外，读者还需要在这个程序的基础上进行完善，保证用户和计算机下棋的坐标上不能已经有棋子（通过判断对应数组元素只能是“+”来确定），还需要进行 4 次循环扫描，判断横、竖、左斜、右斜是否有 5 个棋连在一起，从而判定胜负。

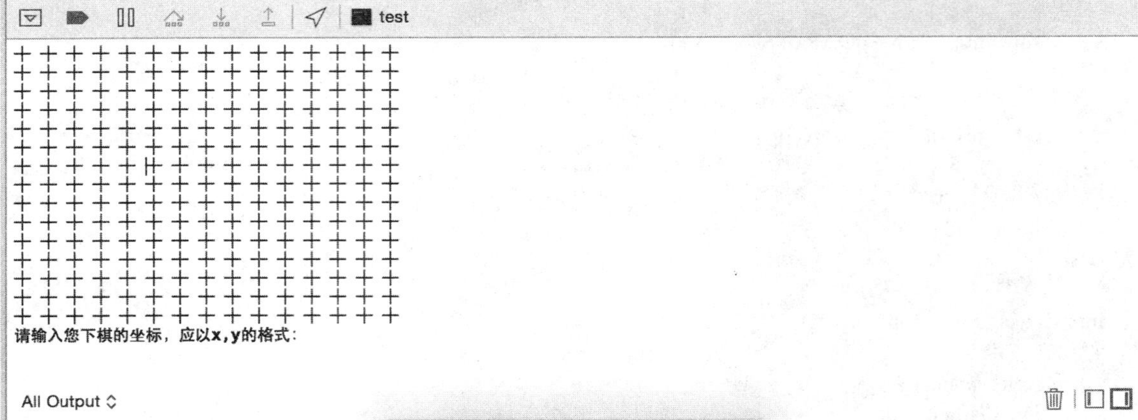

图 4.4　五子棋程序运行效果

4.2　函　　数

C 语言是一种结构化的编程语言，而函数就是 C 程序的最小单位。实际上，C 语言源程序本身就是由一个或多个函数组成的。

C、Objective-C 程序入口都是 main()函数，这个 main()函数是系统所能识别的特殊函数，其他函数在地位上是平等的，可以互相调用。

4.2.1　定义函数

定义函数的语法格式如下：

```
函数返回值类型 函数名(形参列表)
{
    //由零条到多条可执行性语句组成的函数
}
```

函数语法格式的详细说明如下。

☑ 函数返回值类型：返回值类型可以是 Objective-C 允许的任何数据类型，包括基本类型和指针类型等。如果声明了函数返回值类型，则函数体内应该有一个有效的 return 语句，该语句返回一个变量或一个表达式，这个变量或者表达式的类型必须与此处声明的类型匹配。除此之外，如果一个函数没有返回值，则必须使用 void 来声明没有返回值。如果没有声明返回值类型，系统默认该函数的返回值类型为 int。

☑ 函数名：从语法角度看，函数名只要是一个合法的标识符即可。如果从程序可读性角度看，函数名应该由一个或多个有意义的单词连接而成，第一个单词首字母小写，后面每个单词首字母大写，其他字母全部小写，单词与单词之间无须使用任何分隔符。

提示： 随着开发规模增大，A 公司的应用可能与 B 公司的应用整合，此时可能出现 A 公司定义的函数与 B 公司定义的函数重名，Objective-C 建议为函数名增加公司前缀，如 NSLog()，该函数名前面就增加了 NS 前缀。

☑ 形参列表：形参列表用于定义该函数可以接收的参数，形参列表由零组到多组"参数类型 形参名"组合而成，多组参数之间以英文逗号（,）隔开，形参类型和形参名之间以英文空格隔开。在定义函数时一旦指定了形参列表，则调用该函数时必须传入对应的参数值。

函数体中多条可执行性语句之间有严格的执行顺序，排在函数体前面的语句总是先执行，排在函数体后面的语句总是后执行。

【示例 1】下面的代码定义了两个函数，并在 main()函数中调用它们。

```
#import <Foundation/Foundation.h>
//定义一个函数，声明两个形参，返回值为 int 型
int max(int x, int y)
{
//定义一个变量 z，该变量等于 x、y 中较大的值
int z = x > y ? x : y;
//返回变量 z 的值
return z;
}
//定义一个函数，声明一个形参，返回值为 NSString *类型
NSString * sayHi(NSString * name)
{
NSLog(@"===执行 sayHi 函数===");
return [NSString stringWithFormat:@"%@", name];
}
int main(int argc, char * argv[])
{
@autoreleasepool{
        int a = 6;
        int b = 9;
        //调用 max()函数，将函数返回值赋值给 result 变量
        int result = max(a, b); //①
        NSLog(@"%d", result);
        //调用 sayHi()函数，直接输出函数的返回值
        NSLog(@"%@", sayHi(@"Hello world"));   //②
 }
}
```

上面程序中定义了两个函数 max()和 sayHi()，并在程序①号代码、②号代码处分别调用 max()和 sayHi()两个函数。从上面运行的结果可以看出，当调用一个函数时，既可以把调用函数的返回值赋给指定变量，也可以将函数返回值再次传给另一个函数作为其参数。

上面的 sayHi()函数使用了 NSString 的 stringWithFormat:类方法，该方法的作用是将多个变量嵌入到字符串中输出。

执行上面的程序，可以看到如下输出结果：

```
===执行 sayHi()函数===
Hello world
```

【示例 2】传统定义函数的语法与现在不同，在这种语法中，函数声明中并不指定形参的类型，而是另起一行来指定形参类型。请看下面的示例代码：

```
#import <Foundation/Foundation.h>
void printMsg(msg, loopNum)
```

Note

```
//另起一行，专门对形参类型进行说明
int loopNum;
NSString * msg;
//函数体
{
 for (int i = 0; i < loopNum; i++)
 {
        NSLog(@"%@", msg);
 }
}
int main(int argc, char * argv[])
{
 @autoreleasepool{
        printMsg(@"java.org", 5);
 }
}
```

在上面的代码中，声明函数时并未指定 msg、loopNum 两个形参的类型，接下来另起一行专门声明 loopNum 为 int 类型，msg 为 NSString*类型。很明显，这种古老的语法不仅编写繁琐，而且程序的可读性也不如第一种方式。因此，一般都推荐使用第一种方式来定义函数。从上面的介绍不难看出，定义函数时必须为形参指定类型，接着调用函数时必须为形参传入参数值，而且传入的参数值必须与形参类型保持一致。如果传入的参数值与形参类型不匹配，编译时将会提示“类型不匹配”。

如果为函数声明了返回值类型，则应该在函数体中使用 return 语句显式地返回一个值，return 语句返回的值既可以是常量，也可以是有值的变量，还可以是一个表达式。

例如，上面的 max()函数，实际上也可简写为如下形式：

```
int max(int x, int y)
{
      //返回一个表达式
      return x>y ? x:y;
}
```

如果希望明确指定函数没有返回值，那么应该使用 void 声明函数没有返回值。

【拓展】关于函数的返回值，应该注意两点：

第一，如果声明函数时指定的返回值类型与 return 语句实际返回的数据类型不匹配，此时将以声明函数时指定的返回值类型为准，系统将把 return 实际返回的值转换为声明函数时指定的类型。

【示例 3】下面示例演示了系统将把返回值转换为声明类型。

```
#import <Foundation/Foundation.h>
int discount(int price, double discount)
{
 //虽然实际返回的是 double 类型
 //但由于声明函数时指定了返回值类型为 int
 //因此系统会将返回值转型为 int
 return price * discount;
}
int main(int argc, char * argv[])
{
 @autoreleasepool{
```

```
        NSLog(@"%d", discount(78, 0.8));
    }
}
```

在下面的代码中，return 表达式为 price * discount，该表达式的类型为 double，但由于声明该函数时指定了返回值类型为 int 型，因此系统会将返回值转换为 int 型。

第二，如果被调用的函数没有 return 语句，该函数并不是真正没有返回值，只是返回一个不确定的、不一定有用的值。因此，如果希望一个函数没有返回值，一定要明确地用 void 声明没有返回值。

4.2.2　声明函数

用户应该先定义函数，再调用函数，即函数定义位于函数调用的前面。如果被调用的函数位于后面，或函数定义在另一个源文件中，此时可通过声明函数来指定该函数的形参类型和返回值类型。

声明函数有两种形式：

☑　只声明函数的返回值类型、函数名、形参列表的形参类型，不保留形参名。

☑　声明函数的返回值类型、函数名、完整的形参列表，包括形参名。

【示例】下面的代码演示了函数声明的一般方法。

```
#import <Foundation/Foundation.h>
//声明函数，可用以下两种方式之一
// void printMsg(NSString * msg, int loopNum);
void printMsg(NSString *, int);
int main(int argc, char * argv[])
{
 @autoreleasepool{
        printMsg(@"java.org", 5);
 }
 }
 void printMsg(NSString * msg, int loopNum)
 {
 for (int i = 0; i < loopNum; i++)
 {
        NSLog(@"%@", msg);
 }
}
```

在上面的代码中，分别采用了两种方式来声明函数，其中第一种方式声明函数时指定了函数的形参名：

```
void printMsg(NSString * msg, int loopNum);
```

第二种方式声明函数时并未指定函数的形参名，只指定了函数的形参类型：

```
void printMsg(NSString *, int);
```

4.2.3　函数类型

函数可以分为内部函数和外部函数。内部函数是指定义函数时使用 static 修饰，该函数只能被当前源文件中的其他函数所调用，这种函数称为内部函数。外部函数是指定义函数时使用 extern 修饰，

或不使用任何修饰符修饰，可以被任何源文件中的函数调用，前面示例中的函数默认都是外部函数。

内部函数只在该源文件中起作用，从而避免多个源文件中重名函数的冲突问题。当然，外部函数也有其存在的必要，如果需要定义一些函数库，这些函数库总是用于供其他程序调用，此时就应该把它们定义成外部函数。

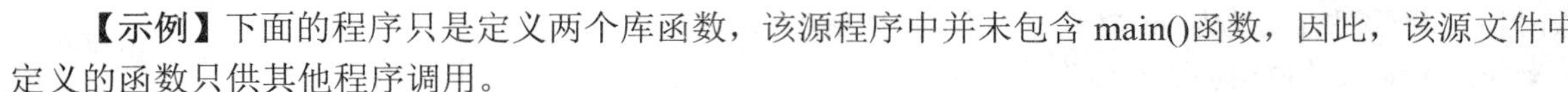

【示例】下面的程序只是定义两个库函数，该源程序中并未包含 main()函数，因此，该源文件中定义的函数只供其他程序调用。

```
#import <Foundation/Foundation.h>
//定义外部函数，省略 extern 也是允许的
extern void printRect(int height, int width)
{
//控制打印 height 行
for (int i = 0; i < height; i ++)
{
        //控制每行打印 width 个星号
        for (int j = 0; j < width; j++)
        {
                printf("*");
        }
        printf("\n");
 }
}
//定义外部函数，省略 extern 也是允许的
extern void printTriangle(int height)
{
//控制打印 height 行
for (int i = 0; i < height; i ++)
{
        //控制打印 height - 1 - i 个空格
        for (int j = 0; j < height - 1 - i; j++)
        {
                printf(" ");
        }
        //控制打印 2*i+1 个星号
        for (int j = 0; j < 2 * i + 1; j++)
        {
                printf("*");
        }
        printf("\n");
 }
}
```

在上面程序（另存为 fun.m）中定义了两个函数，而且定义这两个函数时使用了 extern 修饰，这表明它们都是外部函数，如果不使用 extern 修饰，它们也是外部函数。如果使用 static 修饰，那么被 static 修饰的函数就是内部函数。

接下来定义一个主程序来调用这两个函数。

```
#import <Foundation/Foundation.h>
//声明两个外部函数
```

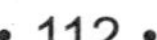

```
void printRect(int, int);
void printTriangle(int);
int main(int argc, char * argv[])
{
 @autoreleasepool{
       //调用两个函数
       printRect(5, 10);
       printTriangle(7);
 }
}
```

运行程序，即可看到在控制台通过星号打印了一个矩形和一个三角形。

如果使用 static 修饰 fun.m 中的函数，此时将会把该文件中的函数转变为内部函数，这样 main.m 程序就不能调用 printRect()函数和 printTriangle()函数。

如果在 main.m 中使用“#import "fun.m"”来导入指定的源文件，则意味着会将 fun.m 文件中的代码放入到 main.m 文件的前面，作为一个整体进行编译，此时有两点需要注意：

☑ 使用 clang 命令进行编译时，只要编译 main.m 文件即可。

☑ fun.m 中定义的函数与 main.m 主函数视为同一作用域，即使使用 static 修饰 fun.m 中的函数，main.m 程序依然可以调用它们。

4.2.4　函数参数

函数的参数包括形参和实参，形参是定义函数时声明的变量，实参是调用函数时传递给形参的实际值。如果声明函数时包含了形参声明，则调用函数时必须给这些形参指定参数值。

Objective-C 函数的参数传递方式有两种：传值和传址。在传值方式下，形参是实参的复制品；在传址方式下，形参与实参间可以实现数据的双向传递。

【示例 1】下面的代码演示了向函数传递参数的过程。

```
#import <Foundation/Foundation.h>
void swap(int a, int b)
{
 //下面 3 行代码实现 a、b 变量的值交换
 //定义一个临时变量来保存 a 变量的值
 int tmp = a;
 //把 b 的值赋给 a
 a = b;
 //把临时变量 tmp 的值赋给 a
 b = tmp;
 NSLog(@"swap()函数里，a 的值是：%d；b 的值是%d", a, b);
}
int main(int argc, char * argv[])
{
 @autoreleasepool{
       int a = 6;
       int b = 9;
       swap(a, b);
       NSLog(@"交换结束后，变量 a 的值是：%d；变量 b 的值是：%d", a, b);
 }
}
```

运行上面的代码，则运行结果如下：

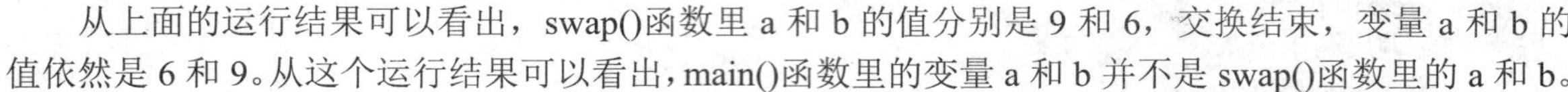

```
swap()函数里，a 的值是：9；b 的值是：6
交换结束后，变量 a 的值是：6；变量 b 的值是：9
```

从上面的运行结果可以看出，swap()函数里 a 和 b 的值分别是 9 和 6，交换结束，变量 a 和 b 的值依然是 6 和 9。从这个运行结果可以看出，main()函数里的变量 a 和 b 并不是 swap()函数里的 a 和 b。

【示例 2】对于指针类型的变量，Objective-C 一般采用传址的方式。下面的代码演示了指针类型的参数传递效果。

```
#import <Foundation/Foundation.h>
//定义一个 DataWrap 类
@interface DataWrap : NSObject
//为 DataWrap 定义 a、b 两个属性
@property int a;
@property int b;
@end
@implementation DataWrap
//合成 a、b 两个属性
@synthesize a, b;
@end
void swap(DataWrap* dw)
{
 //下面 3 行代码实现 dw 的 a、b 两个属性值交换
 //定义一个临时变量来保存 dw 对象的 a 属性的值
 int tmp = dw.a;
 //把 dw 对象的 b 属性值赋给 a 属性
 dw.a = dw.b;
 //把临时变量 tmp 的值赋给 dw 对象的 b 属性
 dw.b = tmp;
 NSLog(@"swap()函数里，属性 a 的值是：%d；属性 b 的值是：%d", dw.a, dw.b);
 //把 dw 直接赋为 null，使其不再指向任何有效地址
 dw = nil;
}
int main(int argc, char * argv[])
{
 @autoreleasepool{
        DataWrap* dw = [[DataWrap alloc] init];
        dw.a = 6;
        dw.b = 9;
        swap(dw);
        NSLog(@"交换结束后，属性 a 的值是：%d；属性 b 的值是：%d", dw.a, dw.b);
 }
}
```

运行上面代码，则运行结果如下：

```
swap()函数里，属性 a 的值是：9；属性 b 的值是：6
交换结束后，属性 a 的值是：9；属性 b 的值是：6
```

从上面的运行结果看，在 swap()函数里，a、b 两个属性值被成功交换。不仅如此，main()函数中

swap()函数执行结束后，a、b 两个属性值也被交换了。

【拓展】在函数中（在方法中也一样）定义的变量称为自动局部变量。因为每次调用该函数时，它们都自动“创建”，并且它们的值对于函数来说是局部的。局部变量的值只能在定义该变量的函数中访问，不能从函数之外访问。

静态局部变量用关键字 static 声明，它们的值在函数调用的过程中保留下来，并且初始值默认为 0。

如果在函数内给变量赋予初始值，那么每次调用该函数时，都会指定相同的初始值。如果使用了自动引用计数（ARC），那么每次调用函数时，局部对象的变量都会默认初始化为空。

4.2.5 函数返回值

return 语句返回的值类型必须和函数声明的返回类型一致。例如，在下面的函数中：

```
float kmh_to_mph (float km_speed)
```

定义函数类型为浮点型，它使用一个名为 km_speed 的 float 参数，返回值类型也应该是浮点型小数。类似地：

```
int gcd (int u, int v)
```

定义一个名为 gcd 的函数，它传递整型参数 u 和 v，并返回一个整型值。

【示例】下面程序是利用函数求最大公约数的算法。该函数的两个参数是要计算最大公约数（gcd）的两个数。

```
#import <Foundation/Foundation.h>
//查找两个数的最大公约数的函数
//非负整数值，并返回结果
int gcd (int u, int v)
{
    int temp;
    while ( v != 0 )
    {
        temp = u % v;
        u = v;
        v = temp;
    }
    return u;
}
main ()
{
    @autoreleasepool {
        int result;
        result = gcd (150, 35);
        NSLog (@"The gcd of 150 and 35 is %i", result);
        result = gcd (1026, 405);
        NSLog (@"The gcd of 1026 and 405 is %i", result);
        NSLog (@"The gcd of 83 and 240 is %i", gcd (83, 240));
    }
    return 0;
}
```

运行程序，输出结果如下：

```
The gcd of 150 and 35 is 5
The gcd of 1026 and 405 is 27
The gcd of 83 and 240 is 1
```

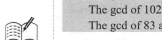

函数 gcd()的说明带有两个整型参数。函数通过形参名称 u 和 v 指明这些参数。将变量 temp 声明为整型，程序将在终端显示参数 u 和 v 的值和相关消息。然后，通过函数计算并返回这两个整数的最大公约数。

表达式"result = gcd (150, 35);"调用函数 gcd()使用参数 150 和 35，将返回值存储到变量 result 中。

倘若省略函数的返回类型声明，如果函数确实返回值，编译器就会假设该值为整数。许多程序员利用这个事实，省略整数的函数返回类型声明。但这是不好的编程习惯，应该避免。

4.2.6 案例实战

本节通过几个案例介绍函数在实际开发中的应用。

1. 递归运算

递归是非常有用的，例如，希望遍历某个路径下的所有文件，但这个路径下文件夹的深度是未知的，那么就可以使用递归来实现这个需求，系统可定义一个函数，该函数接收一个文件路径作为参数，可遍历出当前路径下所有的文件和文件路径。该函数中再次调用该函数本身来处理该路径下所有的文件路径。

总之，只要一个函数的函数体实现时再次调用函数本身，就是递归函数。函数递归包含一种隐式的循环，会重复执行某段代码，但这种重复执行无须循环控制。

【示例 1】有如下数学题：已知有一个数列 f(0)= 1，f(1)=4，f(n+2)=2*f(n+1)+f(n)，其中，n 是大于 0 的整数，求 f(10)的值。这个题可以使用递归来求得。下面的程序将定义一个 fn()函数，用于计算 f(10)的值。

```
#import <Foundation/Foundation.h>
int fn(int n)
{
 if (n == 0)
 {
        return 1;
 }
 else if (n == 1)
 {
        return 4;
 }
 else
 {
        //函数中调用它自身，就是函数递归
        return 2 * fn(n - 1) + fn(n - 2);
 }
}
int main(int argc, char * argv[])
{
 @autoreleasepool{
```

```
        //输出 fn(10)的结果
        NSLog(@"%d", fn(10));
    }
}
```

上面的 fn()函数体中，再次调用了 fn()函数，这就是函数递归。注意，fn()函数中调用 fn()的形式如下：

```
return 2 * fn(n - 1) + fn(n - 2);
```

对于 fn(10)，即等于 2 * fn(9) + fn(8)，其中，fn(9)又等于 2 * fn(8) + fn(7)，依此类推，最终会计算到 fn(2)等于 2 * fn(1)+fn(0)，即 fn(2)是可计算的，这样递归带来的隐式循环就有结束的时候，然后一路反算回去，最终就可以得到 fn(10)的值。

仔细看上面递归的过程，当一个函数不断地调用它本身时，在某个时刻函数的返回值必须是确定的，即不再调用它本身，否则这种递归就变成了无穷递归，类似于死循环，因此定义递归函数时有一条最重要的规定：递归一定要向已知方向递归。

【示例 2】如果把上面的数学题做一下修改：已知有一个数列 f(20) = 1, f(21)=4, f(n + 2) =2 * f(n+1) + f(n)，其中，n 是大于 0 的整数，求 f(10)的值。那么 fn()的函数体就应该改为如下形式：

```
int fn(int n)
{
 if (n == 20)
 {
        return 1;
 }
 else if (n == 21)
 {
        return 4;
 }
 else
 {
        //函数中调用它自身，就是函数递归
        return fn(n + 2) - 2 * fn(n + 1);
 }
}
```

从上面的 fn()函数来看，当要计算 fn(10)的值时，fn(10)等于 fn(12) − 2*fn(11)，而 fn(11)等于 fn(13) − 2 * fn(12)，依此类推，直到 fn(19)等于 fn(21) − 2 * fn(20)，此时就可以得到 fn(19)的值，然后依次反算到 fn(10)的值。这就是递归的重要规则：递归一定要向已知方向递归。

例如，对于求 fn(10)而言，如果 fn(0)和 fn(1)是已知的，则应该采用 fn(n) = 2 * fn(n−1)+fn(n−2)的形式递归，因为小的一端已知。如果 fn(20)和 fn(21)是已知的，则应该采用 fn(n) = fn(n + 2) − 2*fn(n+1)的形式递归，因为大的一端已知。

2. 数组参数

数组元素本身就相当于普通变量，因此，如果只是将数组元素传入函数，这与将普通变量传入函数的用法基本相同，并没有什么区别。

要传递数组，只需在函数调用中列出数组名称，并且不需要任何下标。例如，假设将 grade_scores 定义为包含 100 个元素的数组，那么表达式 minimum (grade_scores)实际上是将数组 grade_scores 中的

100 个元素都传递给名为 minimum 的函数。很显然，函数 minimum()必须使用整个数组作为参数，也必须有适当的形参声明。

Note

【示例 3】下面的代码中定义一个函数，用于寻找包含指定元素个数的数组中的最小整数值。

```
int minimum (int values[], int numElements)
{
    int minValue, i;
    minValue = values[0];
    for ( i = 1; i < numElements; ++i )
        if ( values[i] < minValue )
            minValue = values[i];
    return (minValue);
}
```

上面函数 minimum()定义有两个参数：第一个是要查找最小数的数组，第二个是数组中的元素个数。在函数头中，values 之后的一对方括号用来告知 Objective-C 编译器：values 是整型数组。编译器并不关心这个数组有多大。

形参 numElements 用作 for 语句的上限。这样，for 语句依次查找 values[0]到数组最后一个元素，即 values[numElements-1] 。

如果函数更改了数组元素的值，那么这个变化将影响到传递到该函数的原始数组，而且这个变化在函数执行完之后依然有效。

> **注意**：数组的行为和单个变量或数组元素不同。前面已经介绍过，调用函数时，作为参数传递的值将被复制到相应的形参中。但是，使用数组时，并非将整个数组的内容复制到形参数组中，而是传递一个指针，它表示数组所在的计算机内存地址。所以，对形参数组所做的所有更改实际上都是对原始数组而不是数组的副本执行的。因此，函数返回时，这些变化仍然有效。

【示例 4】下面的程序有两个数组，它们各有 10 个元素，接下来将其中的元素逐个进行比较（即使 a[0]与 b[0]相比，a[1]与 b[1]相比……），如果 a 数组中的元素大于 b 数组中对应元素的次数多，那么认为 a 数组大于 b 数组，否则认为 a 数组小于 b 数组，并分别统计出两个数组中对应元素大于、等于、小于的次数。

```
#import <Foundation/Foundation.h>
//定义一个函数，该函数的形参为两个 int 型变量
int big(int x, int y)
{
 //如果 x>y，则返回 1；如果 x<y，则返回-1，如果 x==y，则返回 0
 return x > y ? 1 : (x < y ? -1 : 0);
}
int main(int argc, char * argv[])
{
 @autoreleasepool{
      int a[10], b[10];
      //采用循环读入 10 个数值作为第一个数组元素的值
      NSLog(@"输入第一个数组的 10 个元素：");
      for(int i = 0; i < 10; i++)
      {
```

```
            scanf("%d", &a[i]);
        }
        //采用循环读入 10 个数值作为第二个数组元素的值
        NSLog(@"输入第二个数组的 10 个元素：");
        for(int i = 0; i < 10; i++)
        {
            scanf("%d", &b[i]);
        }
        int aBigCount = 0;
        int bBigCount = 0;
        int equalsCount = 0;
        //采用循环依次比较 a、b 两个数组的元素
        //并累计它们的比较结果
        for(int i= 0; i < 10; i++)
        {
            NSLog(@"%d, %d", a[i], b[i]);
            if(big(a[i], b[i]) == 1)
            {
                aBigCount ++;
            }
            else if(big(a[i], b[i]) == -1)
            {
                bBigCount ++;
            }
            else
            {
                equalsCount ++;
            }
        }
        NSLog(@"a 数组元素更大的次数为%d, b 数组元素更大的次数为%d, 相等次数为%d", aBigCount,
bBigCount, equalsCount);
        NSString * result = aBigCount > bBigCount ? @"a 数组更大": (aBigCount < bBigCount ? @"b 数组更大" :
@"两个数组相等");
        NSLog(@"%@", result);
    }
}
```

上面程序中调用 big()函数时传入了两个数组元素，当把数组元素作为参数传入函数时，仅将其当作普通变量即可。不仅如此，程序声明 big()函数时声明了两个形参，类型都是 int 类型，这与使用普通变量的函数并没有任何区别。

除了使用数组元素作为参数外，C 语言也允许将数组变量（本质上就是一个指针）传入函数，当使用数组变量本身作为参数时，注意两点问题：

- ☑ 声明函数时必须指定数组类型的形参，此时数组类型的形参既可指定长度，也可不指定长度。如果声明函数时形参是多维数组，则只有最左边的维数可以省略。
- ☑ 当数组作为函数的参数时，声明函数的形参类型与调用函数时传入的实参类型必须保持一致。

【示例 5】下面的程序演示如何从键盘读取 10 个考试成绩，并计算平均成绩。

```
#import <Foundation/Foundation.h>
```

Note

```
//定义一个函数，该函数的形参为数组
double avg(int array[10])
{
int sum = 0;
//采用循环将数组所有元素累加起来
for(int i = 0; i < 10; i++)
{
	sum += array[i];
}
return sum / 10.0;
}
int main(int argc, char * argv[])
{
@autoreleasepool{
	int scores[10];
	//采用循环读入 10 个数值作为 scores 数组元素的值
	NSLog(@"请输入 10 个成绩：");
	for(int i = 0; i < 10; i++)
	{
		scanf("%d", &scores[i]);
	}
	//直接将数组变量作为参数传入函数
	NSLog(@"平均成绩为：%g", avg(scores));
 }
}
```

在上面的代码中，第一行代码声明了一个函数，声明该函数时指定了长度为10的数组，接下来，程序在main()函数中调用了avg()函数，调用该函数时直接传入一个数组变量作为参数。

【示例6】示例5中的程序定义函数时声明指定了数组形参的长度，但大部分是定义数组形参时并不指定长度，这样可以更加灵活。例如，下面开发一个函数，该函数可以把十六进制的字符串按ASCII字符集解码成对应的字符串，如十六进制的数值61（实际上是十进制数97），应该对应字符a。

```
#import <Foundation/Foundation.h>
//定义一个函数，该函数返回 NSString
NSString * hex2String(char hex[], unsigned long len)
{
//定义一个长度为 len/2+1 的字符数组
char tmp[len/2 + 1];
//遍历 hex 字符数组，每两个数值转换一个字符
 for (int i = 0, j = 0; i < len; i+=2, j++)
 {
	//如果十位的数值为 a～f，减去 87 得到对应的数值
	//例如'a'-87=10，也就是 a 在十六进制数中代表的数值
	//如果十位的数值为 A～F，减去 55 得到对应的数值
	//例如'A'-55=10，也就是 A 在十六进制数中代表的数值
	//如果十位的数值为 0～9，减去 48 得到对应的数值
	//例如'8'-48=8，也就是 8 在十六进制数中代表的数值
	int shiBit = hex[i] >= 97 ? hex[i] - 87 :
	(hex[i] >= 65 ? hex[i] - 55 : hex[i] - 48);
	//计算得到个位的数值
```

```
        int geBit = hex[i + 1] >= 97 ? hex[i + 1] - 87 :
        (hex[i + 1] >= 65 ? hex[i + 1] - 55 : hex[i + 1] - 48);
        //计算出十六进制数的数值
        int intTmp = shiBit * 16 + geBit;
        //将十六进制数值转换为 char 后，赋值给字符数组的元素
        tmp[j] = intTmp;
    }
    //将字符数组转换为 NSString 对象
    return [NSString stringWithCString:tmp encoding: NSASCIIStringEncoding];
}
int main(int argc, const char * argv[])
{
    @autoreleasepool {
        char hex[] = "616162636464";
        //调用第一次转换
        NSLog(@"%@", hex2String(hex, strlen(hex)));
        char hex2[] = "6a6b6c6D6E6f70717273";
        //调用第二次转换
        NSLog(@"%@", hex2String(hex2, strlen(hex2)));
    }
}
```

上面的程序中定义函数时定义了数组类型的形参，但并未指定该数组形参的长度，而是通过第二个参数来动态决定该数组的长度，这样就可以传入长度不等的数组。因此，上面两行粗体字代码调用函数进行转换时，两次分别传入了不同长度的字符数组。运行上面的程序，可以看到如下输出：

```
aabcdd
jklmnopgrs
```

与传入普通变量不同的是，传入数组变量作为参数的实质就是传入一个指针，该指针指向数组的首地址，因此函数中对数组元素的改变会对数组本身有影响。例如，如下程序对数组进行冒泡排序。

```
#import <Foundation/Foundation.h>
//定义一个函数，该函数返回 NSString
void bubbleSort(int nums[], unsigned long len)
{
    //控制本轮循环是否发生过交换
    //如果没有发生交换，那么说明该数组已经处于有序状态，可以提前结束排序
    BOOL hasSwap = YES;
    for (int i = 0; i < len && hasSwap; i++)
    {
        //将 hasSwap 设为 NO
        hasSwap = NO;
        for (int j = 0; j < len - 1 - i; j++)
        {
            //如果 nums[j]大于 nums[j + 1]，交换它们
            if(nums[j] > nums[j + 1])
            {
                int tmp = nums[j];
                nums[j] = nums[j + 1];
```

```
                nums[j + 1] = tmp;
                //本轮循环发生过交换，将 hasSwap 设为 YES
                hasSwap = YES;
            }
        }
    }
}
int main(int argc, const char * argv[])
{
    @autoreleasepool {
        //随便给出一个整数数组
        int nums[] = {12, 2, 23, 15, -20, 14};
        //计算数组的长度
        int len = sizeof(nums) / sizeof(nums[0]);
        //调用函数对数组排序
        bubbleSort(nums, len);
        //采用遍历，输出数组元素
        for(int i = 0; i < len; i++)
        {
            printf("%d,", nums[i]);
        }
        //输出换行
        printf("\n");
    }
}
```

在上面的程序中，调用 bubbleSort()函数对数组进行排序时，传入的是数组变量本身，此时就是将数组变量（就是一个指针）传入函数，传入 bubbleSort()函数的参数就是该指针的副本，bubbleSort()函数的指针副本与 main()函数中的原始指针指向同一个数组，bubbleSort()函数对数组元素所做的修改会对 main()函数中定义的数组产生影响。

4.3 块

块是对 C 语言的一种扩展，并未作为标准 ANSI C 所定义的部分，而是由苹果公司添加到语言中的。使用块可以更好地简化 Objective-C 编程，而且 Objective-C 的很多 API 都依赖于块。

4.3.1 定义块

定义块的语法格式如下：

```
^[块返回值类型] (形参类型 1 形参 1, 形参类型 2 形参 2,...)
{
    //块执行体
}
```

块结构看起来更像是一个匿名函数，可以给块传递参数，也具有返回值。与函数不同的是，块定

义在函数或者方法内部，并能够访问在函数或者方法范围内块之外的任何变量。

定义块与定义函数的语法格式存在如下差异：

☑ 定义块必须以“^”开头。

☑ 定义块的返回值类型可以省略，而且经常都会省略声明块的返回值类型。

☑ 定义块无须指定名字。

☑ 如果块没有返回值，则块无须带参数，通常建议使用 void 作为占位符。

如果以后需要多次调用已经定义的块，那么程序应该将该块赋给一个块变量，定义块变量的语法格式如下：

```
块返回值类型 (^块变量名) (形参类型 1 形参 1, 形参类型 2 形参 2,…)
{
    //块执行体
```

定义块变量时，无须声明形参名，只要指定形参类型即可。类似地，如果该块不需要形参，则建议使用 void 作为占位符。

【示例 1】下面的程序演示如何定义和调用有参数和无参数两种块的方法。

```
#import <Foundation/Foundation.h>
int main(int argc, char * argv[])
{
 @autoreleasepool{
        //定义不带参数、无返回值的块
        void (^printStr)(void) = ^(void)
        {
               NSLog(@"Objective-C 块");
        };
        //使用 printStr()调用块
        printStr();
        //定义带参数、有返回值的块
        double (^hypot)(double, double) = ^(double num1, double num2)
        {
               return sqrt(num1 * num1 + num2 * num2);
        };
        //调用块，并输出块的返回值
        NSLog(@"%g", hypot(3, 4));
        //也可以先只定义块变量：定义带参数、无返回值的块
        void (^print)(NSString*);
        //再将块赋给指定的块变量
        print = ^(NSString* info)
        {
               NSLog(@"info 参数为：%@", info);
        };
        //调用块
        print(@"iOS");
 }
}
```

上面的代码分别定义了不带参数、无返回值的块，带参数、有返回值的块，以及带参数、无返回值的块。程序不仅可以在定义块变量的同时对块变量赋值，也可以先定义块变量，再对块变量赋值。

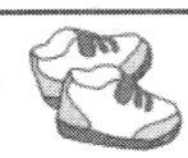

从上面的程序可以看出，块变量与函数指针非常相似，而块则非常像一个匿名函数。当程序调用块时，调用块的语法与调用函数完全相同。从这个角度看，完全可以把块当成一种简化的函数。

运行该程序，输出信息如下：

```
Objective-C 块
5
iOS
```

【示例 2】块能够定义为全局或者局部的。在本示例中，将块定义在 main()外部，使其扩展到全局范围。

```
#import <Foundation/Foundation.h>
//计算第 n 个三角数的块
void (^calculateTriangularNumber) (int) = ^(int n) {
    int i, triangularNumber = 0;
    for ( i = 1; i <= n; ++i )
        triangularNumber += i;
        NSLog (@"三角数 %i 是 %i", n, triangularNumber);
    };
int main (int argc, char * argv[])
{
    @autoreleasepool {
        calculateTriangularNumber (10);
        calculateTriangularNumber (20);
        calculateTriangularNumber (50);
    }
    return 0;
}
```

运行该程序，输出信息如下：

```
三角数 10 是 55
三角数 20 是 210
三角数 50 是 1275
```

4.3.2 块作用域

块可以访问程序中局部变量的值，当块访问局部变量的值时，不允许修改局部变量的值。

【示例 1】下面的程序定义了一个块，该块开始尝试对局部变量赋值，这样代码将会引起错误，接下来块尝试访问、输出局部变量的值，这是完全允许的。

```
#import <Foundation/Foundation.h>
int main(int argc, char * argv[])
{
 @autoreleasepool{
    //定义局部变量
    int my = 20;
    void (^printMy)(void) = ^(void)
    {
        //尝试对局部变量赋值，程序将会报错
        my = 30; //①
```

```
            //访问局部变量的值是允许的
            NSLog(@"%d", my);
        };
        //再次将 my 赋值为 45
        my = 45;
        //调用块
        printMy();
    }
}
```

将上面的程序中①号代码注释掉，再次编译、运行该程序，将可以看到程序输出 20，而不是 45。这是因为当程序使用块访问局部变量时，系统在定义块时就会把局部变量的值保存在块中，而不是等到执行时才去访问、获取局部变量的值。上面的程序虽然将 my 变量赋值为 45，但这条赋值语句位于块定义之后，因此，在块定义中 my 变量的值已经固定为 20，后面的程序中对 my 变量修改后，对块不存在任何影响。

如果不希望在定义块时就把局部变量的值复制到块中，而是等到执行时才去访问、获取局部变量的值，甚至希望块也可以改变局部变量的值，此时可以考虑使用__block 修饰局部变量。

【示例 2】假如将示例 1 的程序改为局部变量增加__block 修饰，并把程序改为如下形式。

```
#import <Foundation/Foundation.h>
int main(int argc, char * argv[])
{
 @autoreleasepool{
        //定义__block 修饰的局部变量
        __block int my = 20;
        void (^printMy)(void) = ^(void)
        {
            //运行时候访问、获取局部变量的值，此处输出 45
            NSLog(@"%d", my);
            //尝试对__block 局部变量赋值是允许的
            my = 30; //①
            //此处输出 30
            NSLog(@"%d", my);
        };
        //再次将 my 赋值为 45
        my = 45;
        //调用块
        printMy();
        //由于块修改了__block 局部变量的值，因此下面代码输出 30
        NSLog(@"块执行完后，my 的值为：%d", my);
    }
}
```

在上面的代码中，使用了__block 修饰局部变量，这意味着无论何时，块都会直接使用该局部变量本身，而不是将局部变量的值复制到块范围内。因此，当程序调用块时，程序直接访问、输出 my 的值，此时程序将会输出 45，接下来程序执行①号代码，这行代码将会把 my 局部变量本身赋值为 30，可看到输出为 30；当块执行结束后，程序直接访问、输出 my 变量的值，将会看到程序输出 30。这表明块已经修改了 my 局部变量的值。

4.3.3 使用块变量类型

使用 typedef 可以定义块变量类型，一旦定义了块变量类型，就可以使用该块变量执行以下操作：

☑ 复用块变量类型，使用块变量类型可以重复定义多个块变量。

☑ 使用块变量类型定义函数参数，这样即可定义带块参数的函数。

使用 typedef 定义块变量类型的语法格式如下：

```
typedef 块返回值类型 (^块变量类型) (形参类型 1,形参类型 2,…);
```

【示例 1】下面的程序演示了如何先定义块变量类型，再使用该类型重复定义多个变量。

```
#import <Foundation/Foundation.h>
int main(int argc, char * argv[])
{
 @autoreleasepool{
        //使用 typedef 定义了块变量类型
        typedef void (^PrintBlock)(NSString*);
        //使用 PrintBlock 定义块变量，并将指定的块赋给该变量
        PrintBlock print = ^(NSString* info)
        {
              NSLog(@"%@", info);
        };
        //使用 PrintBlock 定义块变量，并将指定的块赋给该变量
        PrintBlock loopPrint = ^(NSString* info)
        {
              for (int i = 0; i < 3; i ++)
              {
                    NSLog(@"%@", info);
              }
        };
        //依次调用两个块
        print(@"Objective-C");
        loopPrint(@"iOS");
 }
}
```

在上面的代码中，先定义了一个 PrintBlock 块变量类型，然后就可复用 PrintBlock 类型来定义变量，这样就可简化定义块变量的代码。实际上，程序还可使用该块变量类型定义更多的块变量，只要块变量的形参、返回值类型与此处定义的相同。

【示例 2】本示例利用 typedef 定义块变量类型，为函数声明块变量类型的形参，最后在调用函数时也应该传入块变量。

```
#import <Foundation/Foundation.h>
//定义一个块变量类型
typedef void (^ProcessBlock)(int);
//使用 ProcessBlock 定义最后一个参数类型为块
void processArray(int array[], unsigned int len, ProcessBlock process)
{
 for(int i = 0; i < len; i ++)
 {
```

```
        //将数组元素作为参数调用块
        process(array[i]);
    }
}
int main(int argc, char * argv[])
{
 @autoreleasepool{
        //定义一个数组
        int arr[] = {2, 4, 6};
        //传入块作为参数调用 processArray()函数
        processArray(arr, 3, ^(int num)
        {
            NSLog(@"元素平方为：%d", num * num);
        });
 }
}
```

在上面的代码中，先定义了一个块变量类型，接着使用该块变量类型声明函数形参，这要求程序调用该函数时必须传入块作为参数。在 main()函数中调用了 processArray()函数，调用该函数时，最后一个参数就是块。这就是直接将块作为函数参数、方法参数的用法。

编译、运行该程序，可以看到输出结果：

```
元素平方为：9
元素平方为：16
元素平方为：36
```

当使用块作为函数、方法的参数时，每个函数、方法最多只能指定一个块类型的参数，而且块类型的参数必须作为最后一个参数。

4.4 结　　构

除了数组之外，Objective-C 还提供了另一种组合元素的工具——结构。有时程序需要将多个基本类型的值组合在一起才能表示一个有效的数据。例如，定义屏幕上的一个点，需要定义 x、y 两个数值；定义一个矩形，需要定义 x、y、width、height 4 个数值。程序需要将多个基本类型的变量组合成已有的有机整体，这就需要使用结构体。

4.4.1 定义结构

定义结构的语法格式如下：

```
struct 结构体类型名
{
    //成员列表;
}
```

关键字 struct 必须写，结构体类型名可以任意指定，成员列表内可以定义任意多个成员变量，这些成员变量既可以是前面介绍的基本类型，也可以是结构体类型。

【示例 1】下面的程序定义了一个 point 结构体类型。

Note

```
struct point
{
    int x;
    int y;
}
```

【示例 2】下面的程序定义了一个 rect 结构体类型。

```
struct rect
{
        int x;
        int y;
        int width;
        int height;
}
```

定义结构体类型之后，接下来就可利用该结构体类型定义变量。利用结构体类型定义变量有两种形式。

方法一，先定义结构体类型，再定义结构体变量。

语法格式如下：

```
struct 结构体名 变量名;
```

【示例 3】下面的程序先定义结构体类型，再定义结构体变量。

```
#import <Foundation/Foundation.h>
int main(int argc, char * argv[])
{
 @autoreleasepool{
      //定义 point 结构体类型
      struct point
      {
            int x;
            int y;
      };
      //使用结构体类型定义两个变量
      struct point p1;
      struct point p2;
      //定义 rect 结构体类型
      struct rect
      {
            int x;
            int y;
            int width;
            int height;
      };
      //使用结构体类型定义两个变量
      struct rect rect1;
      struct rect rect2;
 }
}
```

上面定义变量时，每次都需要使用 struct 关键字，比较繁琐，此时有两种方式可以进行简化。

☑ 使用#define 预编译指令为 struct point, struct rect 定义成一个简短的字符串，如下所示：

```
#define POINT struct point
#define RECT struct rect
```

上述代码为 struct point 定义了一个更简短的别名 POINT，为 struct rect 定义了一个更简短的别名 RECT，然后就可以使用 POINT、RECT 代替 struct point、struct rect 来定义结构体类型，也可使用 POINT、RECT 来定义结构体变量。

☑ 使用 typedef 为已有的结构体类型定义新名称。参考 4.4.2 节内容。

方法二，同时定义结构体类型和结构体变量。

语法格式如下：

```
struct 结构体名
{
    //成员列表;
} 结构体变量 1, 结构体变量 2, …;
```

【示例 4】通过下面程序中的方式即可在定义结构体类型的同时定义结构体变量。

```
#import <Foundation/Foundation.h>
int main(int argc, char * argv[])
{
 @autoreleasepool{
        //定义 point 结构体类型的同时，还定义结构体变量
        struct point
        {
                int x;
                int y;
        } p1;
        //使用结构体类型定义一个变量
        struct point p2;
        //定义 rect 结构体类型的同时，还定义结构体变量
        struct rect
        {
                int x;
                int y;
                int width;
                int height;
        } rect1;
        //使用结构体类型定义一个变量
        struct rect rect2;
  }
}
```

在这种方式下，如果程序只需要在定义结构体类型的同时定义变量，以后无须再次使用该结构体类型来定义变量，程序甚至可以在定义结构体类型时省略结构体类型名。例如：

```
 struct
 {
        int x;
```

```
    int y;
} p1;
```

4.4.2 使用 typedef

Note

使用 typedef 语句可以为已有的数据类型另指定一个名称。typedef 语法格式如下：

```
typedef 已有类型名 新名称;
```

例如，使用下面的语句可以给 int 另指定一个名字。

```
typedef int Counter;
```

然后，就可以通过如下语句定义变量：

```
Counter i, j;
```

提示：使用 typedef 语句可以为已有的数据类型重新指定一个可读性更强的名字，但是滥用这种 typedef 语句会造成数据类型更加混乱，当多人维护共同项目时，会带来很多不方便。

【示例】使用 typedef 语句可以简化程序。例如，当定义枚举类型之后，通过 typedef 为枚举类型起一个别名可能会更加简洁。包括此处介绍的结构体类型，如果使用 typedef 为结构体类型指定一个别名也可让程序更加简单。

```
#import <Foundation/Foundation.h>
int main(int argc, char * argv[])
{
 @autoreleasepool{
        //定义 point 结构体类型的同时，还要定义结构体变量
        struct point
        {
            int x;
            int y;
        };
        //为 struct point 类型指定一个新名称 Point
        typedef struct point Point;
        //定义一个 season 枚举类型
        enum season {spring, summer, fall, winter};
        //为 enum season 类型指定一个新名称 Season
        typedef enum season Season;
        //使用 Point 定义 p1、p2 两个结构体变量
        Point p1;
        Point p2;
        //使用 Season 定义 s1 枚举变量
        Season s1;
 }
}
```

在上面的代码中，分别为 struct point 重新定义了一个别名 Point，也为 struct season 重新定义了一个别名 Season，然后就可以直接用 Point 和 Season 来定义变量，这样就比较方便。

4.4.3　初始化结构

结构体变量不允许直接赋值，只能分别对结构体的成员进行赋值或者访问结构体变量的某个成员。具体语法如下：

```
结构体变量.成员名
```

Objective-C 允许在定义结构体变量时对结构体变量执行初始化。使用 typedef 定义的别名来定义结构体变量，此时可以在定义结构体变量时对结构体变量执行初始化。具体语法如下：

```
{成员值 1, 成员值 2, 成员值 3,…};
```

上面语法格式中列出的成员变量值的数量可以少于结构体变量所包含的成员的数量。在这种情况下，该初始化语法将只对结构体变量的前面几个成员执行初始化。

【示例 1】本示例演示了结构体变量的初始化过程。

```
#import <Foundation/Foundation.h>
int main(int argc, char * argv[])
{
 @autoreleasepool{
        //定义 point 结构体类型的同时，还定义结构体变量
        //可以直接对结构体变量执行初始化
        struct rect
        {
            int x;
            int y;
            int width;
            int height;
        } rect1 = {20, 30, 100, 200};
        //下面的代码是错误的
        rect1 = {1, 2, 3, 4};
        //定义结构体类型
        struct point
        {
            int x;
            int y;
        };
        //为 struct point 类型指定一个新名称 Point
        typedef struct point Point;
        //使用 Point 定义结构体变量时，允许直接初始化
        Point p1 = {20, 30};
        Point p2 = {10};
        NSLog(@"p1 的 x 为%d, p1 的 y 为%d", p1.x, p1.y);
        NSLog(@"p2 的 x 为%d, p2 的 y 为%d", p2.x, p2.y);
        //下面的代码是错误的
        p1 = {2, 3};
        Point p3;
        //依次对结构体变量的每个成员赋值，这总是正确的
        p3.x = 10;
        p3.y = 100;
```

```
        NSLog(@"p3 的 x 为%d，p3 的 y 为%d", p3.x, p3.y);
    }
}
```

在上面的代码中，当定义结构变量时对结构体变量整体执行初始化，但如果再次对 rect1 和 pl 结构体变量赋值就会引起错误。如果删除“p1 = {2, 3};”初始化语句，编译、运行该程序，将看到如下输出结果：

```
p1 的 x 为 20，p1 的 y 为 30
p2 的 x 为 10，p2 的 y 为 0
p3 的 x 为 10，p3 的 y 为 100
```

【示例 2】本示例演示如何把日期数据结构化，以方便管理。

```
#import <Foundation/Foundation.h>
int main (int argc, char * argv[])
{
    @autoreleasepool {
        struct date
        {
            int month;
            int day;
            int year;
        };
        struct date today;
        today.month = 10;
        today.day = 25;
        today.year = 2016;
        NSLog (@"今天日期是  %i/%i/%.2i.", today.month,
        today.day, today.year % 100);
    }
    return 0;
}
```

编译、运行该程序，将看到如下输出：

```
今天日期是  10/25/16
```

4.4.4 使用结构体数组

结构体数组与普通类型数组用法基本相同，同样可以在定义数组时对所有的数组元素进行初始化。但是，由于程序不允许在定义结构体变量之后，重新对结构体变量整体赋值，因此也不允许在程序运行中对结构体数组元素整体赋值。

【示例】本示例演示了如何正确使用结构体数组。

```
#import <Foundation/Foundation.h>
int main(int argc, char * argv[])
{
 @autoreleasepool{
      //定义结构体类型
```

```
        struct point
        {
            int x;
            int y;
        };
        //为 struct point 类型指定一个新名称 Point
        typedef struct point Point;
        //定义结构体数组，并初始化数组元素
        Point points[] = {
            {20, 30},
            {12, 20},
            {4, 8}
        };
        //下面的代码是错误的
        points[1] = {20, 8};    //①
        //单独对结构体变量的每个成员赋值是允许的
        points[1].x = 20;
        points[1].y = 8;
        //遍历每个结构体数组元素
        for (int i = 0; i < 3; i++)
        {
            NSLog(@"points[%d]的 x 是：%d，points[%d]的 y 是：%d", i, points[i].x, i, points[i].y);
        }
    }
}
```

在上面的代码中，先定义结构体数组，并对结构体数组进行初始化。但是，①号位置代码直接对结构体数组元素整体赋值，这是不允许的。无论何时，只要对结构体变量、结构体数组元素的单个成员赋值，程序都是允许的，因此上面程序中对 points[1]元素的 x 成员、y 成员赋值是完全正确的。

删除上面代码中可能引起错误的代码，然后编译、运行该程序，将看到如下输出：

```
points[0]的 x 是：20，points[0]的 y 是：30
points[1]的 x 是：20，points[1]的 y 是：8
points[2]的 x 是：4，points[2]的 y 是：8
```

4.4.5 嵌套结构

Objective-C 在定义结构方面提供了极大的灵活性，用户可以定义一个结构，它本身包含其他结构作为自己的一个或多个成员，或者可以定义包含数组的结构。

例如，使用矩形定义屏幕尺寸和窗口的位置。同样使用矩形定义子窗口（称为子视图）的尺寸和位置。将用到 3 种基本数据类型，它们都是由 typedef 定义的。

☑ CGPoint 用于描述（x, y）点。

☑ CGSize 用于描述宽和高。

☑ CGRect 用于描述包含原点（一个 CGPoint）和尺寸（一个 CGSize）的矩形。

Apple 的 CGGeometry.h 头文件是由 typedef 定义的：

```
/* Points */
struct CGPoint {
    CGFloat x;
```

Note

```
        CGFloat y;
    };
    typedef struct CGPoint CGPoint;
    /* Sizes */
    struct CGSize {
        CGFloat width;
        CGFloat height;
    };
    typedef struct CGSize CGSize;
    /* Rectangles */
    struct CGRect {
        CGPoint origin;
        CGSize size;
    };
    typedef struct CGRect CGRect;
```

typedef 提供了更简便的声明变量的方式，不需要使用 struct 关键字。CGFloat 是由 typedef 定义的基本浮点数据类型。因此，如果希望声明一个 CGPoint 变量，并且把成员 x 设置为 100，成员 y 设置为 200，可编写如下代码：

```
CGPoint startPt;
startPt.x = 100;
startPt.y = 200;
```

startPt 是一个结构，而不是一个对象（特征是变量名前缺少星号）。Apple 也提供了简便的函数用于创建 CGRect、CGSize 和 CGRect 结构。例如：

```
CGPoint startPt = CGPointMake (100.0, 200.0);
```

函数 CGSizeMake()和 CGRectMake()的作用正如函数名称一样。如果希望定义一个矩形，按照以下方式指定尺寸：

```
CGSize rectSize;
rectSize.width = 200;
rectSize.height = 100;
```

或者使用 CGSizeMake()函数：

```
CGSize rectSize = CGSizeMake (200.0, 100.0);
```

继续创建一个包含尺寸和原点的矩形：

```
CGRect theFrame;
theFrame.origin = startPt;
theFrame.size = rectSize;
```

如果希望取得矩形的宽度，需要编写如下语句：

```
theFrame.size.width
```

改变宽度为 175：

```
theFrame.size.width = 175;
```

最后设置原点为（0, 0）：

```
theFrame.origin.x = 0.0;
theFrame.origin.y = 0.0;
```

这些只是使用结构的一部分例子，在程序中会经常使用到这些结构。

4.5 指　　针

Objective-C 设计原则之一就是使开发人员尽可能地访问硬件本身提供的工具。因此，在 Objective-C 中内存地址对于开发人员来说是可操作的。Objective-C 中有一种表示内存地址的数据类型，称为“指针”。

在 Objective-C 中，指针应用比较普遍。所有对象或类的引用都是通过指针实现的。严格地讲，id 就是 Objective-C 对象的指针。可以让它指向任何对象，可以传递任何消息给 id。利用指针变量可以表示各种数据结构，可以很方便地使用数组和字符串，并且能像汇编语言一样处理内存地址，从而编出精练而高效的程序。指针极大地丰富了 Objective-C 的功能。能否正确理解和使用指针是是否掌握 Objective-C 的一个标志。

4.5.1 认识指针

在 Objective-C 中，任何引用内存中能存储数据的内存单元的表达式被称为左值。之所以称之为左值，就是因为这些标识符出现在 Objective-C 中赋值语句的左边。简单的变量就是左值，例如：

```
x=2.3
```

但是在 Objective-C 中很多值不是左值，例如，常量就不是，因为常量是不能被改变的。类似地，虽然数学表达式的结果是一个值，但它不是左值，因为它不能给一个表达式的结果赋值。

下面列出了 Objective-C 中左值的一些特性：

☑ 任何一个左值都存储在内存中，所以都有地址。

☑ 一旦声明了一个左值，那么它的地址就不会改变，但是地址中所存储的内容是经常改变的。

根据所声明的数据类型不同，不同的左值占据的内存空间大小可能也不同。

左值的地址就是指针变量，可以存储在内存中，并且可以像数据一样被操作。

严格地说一个指针是一个地址，是一个常量，而一个指针变量却可以被赋予不同的指针值，是变量。但常把指针变量简称为指针。既然指针变量的值是一个地址，那么这个地址不仅可以是变量的地址，也可以是其他数据结构的地址。

在一个指针变量中存放一个数组或一个函数的首地址有何意义呢？

因为数组或函数都是连续存放的。通过访问指针变量取得了数组或函数的首地址，也就找到了该数组或函数。这样一来，凡是出现数组、函数的地方都可以用一个指针变量来表示，只要在该指针变量中赋予数组或函数的首地址即可。这样做，将会使程序的概念十分清楚，程序本身也精练、高效。

4.5.2 定义指针变量

同 Objective-C 中的其他变量一样，在使用指针变量之前必须声明。声明一个指针变量就像正常地声明其他变量一样，唯一不同的是在变量名称前加星号“*”。声明指针变量的语法格式如下：

```
类型说明符 *变量名;
```

Note

其中，“*”表示这是一个指针变量，变量名即为定义的指针变量名，类型说明符表示本指针变量所指向的变量的数据类型。

【示例 1】声明 p 是一个指向 int 类型的指针变量，其代码如下：

```
int *p
```

类似地，定义一个指向 char 类型的指针变量。

```
char *ctr;
```

这两种指针虽然在内部都是地址，但是这两个变量在 Objective-C 中是不同的。为了使用指针地址中的数据，编译器必须知道如何解释这些，因此，要求必须显式地指定指针指向的类型。指针指向的类型被称作指针的基础类型。因此，p 的基础类型是 int。

> 注意：用来声明指针变量的星号在语法上属于变量名，不属于基础类型。所以，当在同一个声明语句中声明两个同类型的指针变量时，每一个变量都应该有一个星号。

【示例 2】声明同类型的指针变量 p1 和 p2，其代码如下：

```
int *p1,*p2;
```

如果上面的声明改写成如下的声明：

```
int *p1,p2;
```

那么现在的声明就发生了改变，p1 是一个指针变量，p2 则是一个整型变量。

4.5.3 指针的基本运算

Objective-C 提供了“&”（取地址）和“*”（取值）两个运算符，用于在指针和相应的数据之间进行运算。“&”以左值为操作数，返回左值所在的内存地址；“*”取任何指针类型，返回指针所指的值。这种运算被称为解引用。“*”运算返回一个左值，这意味着可以为引用指针赋值。

下面通过示例来展示运算符的应用，代码如下：

```
int x,y;
int *p1,*p2
```

这些声明语句一共为 4 个字分配了内存，两个是 int 类型，两个是指针类型。假设这些值存储在如图 4.5 所示的机器地址中。

可以像以往一样为 x 和 y 使用赋值语句，下面是执行的赋值语句：

```
x=-32;
y=143;
```

在内存中结果的状况如图 4.6 所示。

为了初始化指针变量的 p1 和 p2，需要赋值给指针表示整型变量地址的值。在 Objective-C 中可以产生地址的运算符是“&”，利用这个运算符就可以将 x 和 y 分别赋值给 p1 和 p2 指针。

```
p1=&x;
p2=&y;
```

在执行这些赋值语句之后内存的状况如图 4.7 所示。

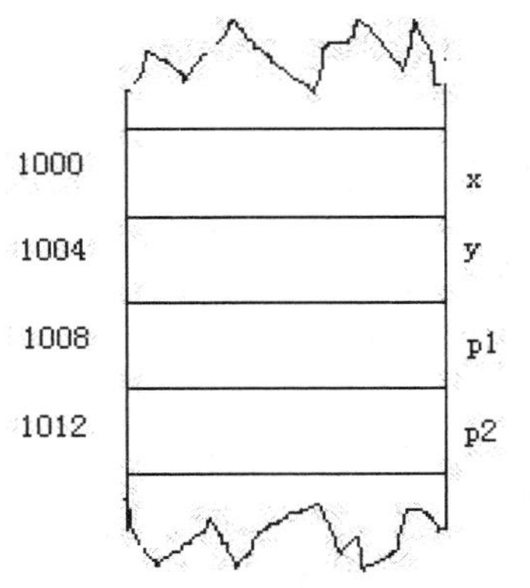

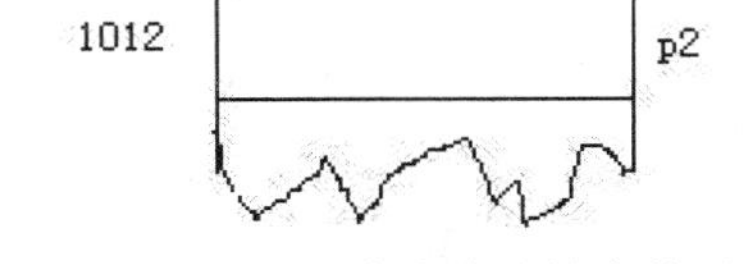

图 4.5　指针变量在内存地址中的展示

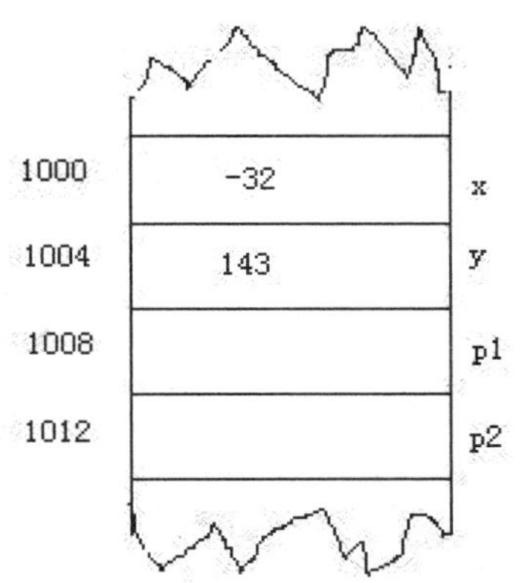

图 4.6　x 和 y 在内存中的状况展示

图 4.7 中的箭头是为了强调，变量 p1 和 p2 的值指向了箭头指向的单元。虽然绘制箭头可以理解指针是如何工作的，但要记住指针只是简单的数值地址，在机器中并没有箭头之类的指向。

为了从指针中得到数据，可以使用“*”运算符，例如：

```
*p1
```

可以得到指针 p1 所指的内存单元中存储的数据，而且，由于 p1 被声明为 int 指针，所以编译器知道，*p1 必然指向一个整数类型。因此，假设内存中格局和图 4.7 中一样，那么*p1 是变量 x 的一个别名。

就像简单变量 x 一样，*p1 也是一个左值，可以为它赋值。例如下面的赋值语句：

```
*p1=10;
```

改变了变量 x 的值，因为指针变量 p1 指向这里。执行这种赋值之后，内存中的配置状态发生变化，如图 4.8 所示。

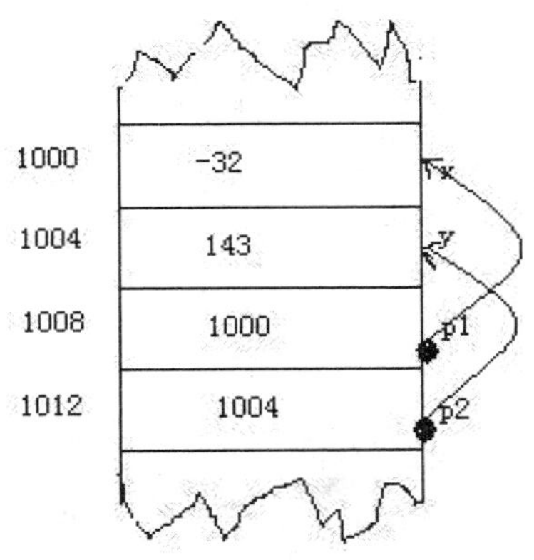

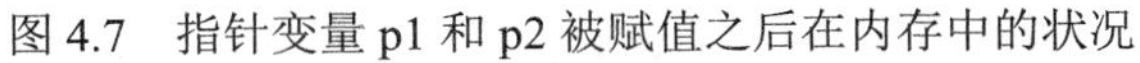

图 4.7　指针变量 p1 和 p2 被赋值之后在内存中的状况

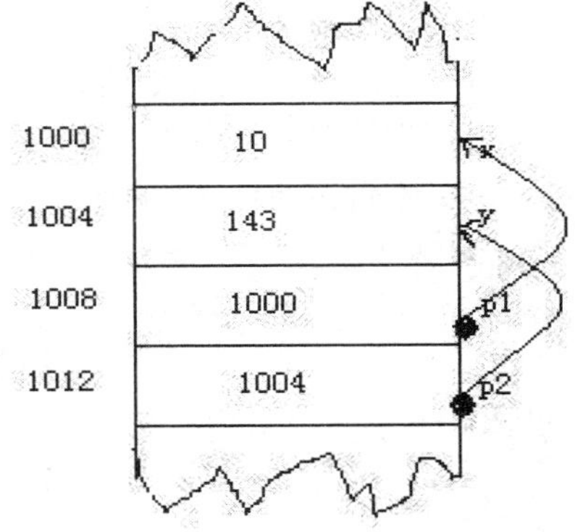

图 4.8　p1 赋值后内存中状态的变化

可以看出，变量 p1 的值本身没有因为赋值语句而改变，p1 始终等于 10000，仍然指向变量 x。还可以为指针变量自身赋新值，例如下面的语句：

```
p1=p2
```

计算机把变量 p2 的值复制给变量 p1，变量 p2 中的值是一个指针值 1004。如果把该值复制到变量 p1 中，那么两个指针变量的值都是 1004，都指向变量 1004，如图 4.9 所示。

Note

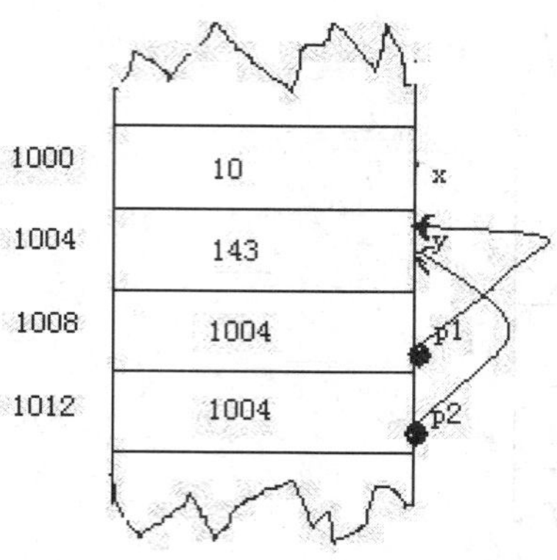

图 4.9 为指针变量 p1 自身赋新值后内存中状况变化

在机器内部，复制一个指针值和复制一个数字是完全一样的。指针值会被简单地复制到目标指针中，并不改变原有的值。从概念上来讲，图 4.9 显示了复制指针变化，目标指针被新值代替了，它的箭头现在和 p2 的箭头指向相同的位置。因此，下列赋值语句改变了从 p1 引出的箭头，以使其也指向 p2 的箭头指向的相同的内存地址。

```
p1=p2;
```

区分指针赋值和数值赋值是很重要的。下面分别是一个指针赋值语句和数值赋值语句：

```
p1=p2;
*p1=*p2;
```

前者使两个指针指向相同的地址，后者将 p2 所指向的地址中的数据复制到 p1 指向的地址中。

【小结】“*”和“&”是与指针相关的两个最基本的运算符。这两个运算符的优先级是相同的，且它们都是从右向左运算。

- ☑ &：取地址运算符。这是一个单目运算符，后面通常紧跟一个变量，该运算符用于读取该变量的保存地址。
- ☑ *：取变量运算符。这也是一个单目运算符，后面通常紧跟一个指针变量，该运算符用于读取该指针变量所指的变量。

【示例】本示例通过具体代码说明指针变量和被指向变量的关系。

```
#import <Foundation/Foundation.h>
int main(int argc, char * argv[])
{
 @autoreleasepool{
        //定义一个 int 型变量
        int a = 200;
        //定义一个指向 int 变量的指针
        int* p;
        //将 a 变量的指针（内存地址）赋值给 p 指针变量
        p = &a;
        //*p 表示取出 p 指针所指变量
        NSLog(@"%d", *p);
        //对 a 变量先取指针，再获取该指针所指变量，又回到变量 a
        //因此下面代码将输出 1（代表真）
```

```
        NSLog(@"%d", a == (*(&a)));
    }
}
```

在上面的代码中，第一行语句“int a = 200;”表明定义一个变量 a，该变量保存的值为 2000，假设保存该变量的内存单元的地址为 0x00020001，接下来定义了执行 int 型变量的指针变量 p，并将变量 a 的存储地址 0x00020001 赋给变量 p，这意味着变量 p 中存放的就是 0x00020001 这个内存地址值。因此，当程序输出*p 的值时，就是要获取 p 变量所指变量的值，也就是变量 a 的值。

上面程序的最后一行示范了(*(&a)))与变量 a 的关系，其中 (&a)用于取出变量 a 的地址，然后用“*”获取该地址所指向的变量，也就是变量 a。因此，(*(&a))与变量 a 是等价的。

通过上面的程序可以发现，指针变量本身也是一种变量，只是这种变量存放的值不同，只能存放其他变量（包括指针变量）的内存地址（即指针）。关于指针变量，同样存在如下两个规则。

☑ 定义指针变量时，必须用“*”来标识定义一个指针变量。

☑ C 语言是强类型的语言，所有的指针变量必须先声明，后使用，而且一旦声明了指针变量的类型，那么这种类型的变量只能指向对应类型的变量。例如，“int *p;”语句声明的变量 p 只能指向 int 型变量，“float * p;”声明的变量只能指向 float 型变量。

4.5.4　指针变量作为函数参数

在 Objective-C 中，函数的参数不仅可以是整型、实型、字符型等，还可以是指针类型，其作用是将一个变量的地址传送到另一个函数中。向函数传递指针，使被调用的函数可以使用调用函数的数据。在 Objective-C 中，将变量从一个函数传递给另一个函数，只是使另一个函数得到一个副本。在函数中为这个参数赋值，只会改变它的本地副本，对调用参数没有任何影响。

【示例 1】实现一个函数，该函数使用下面的代码初始化某个变量为 2。

```
-(void) setToAage:(int) age
{
    age=2;
}
```

该函数没有任何作用。如果调用这个函数：

```
setToAage(x);
```

那么形参 age 保存的是实参 x 的副本，赋值语句“age=2;”只是在函数内部把副本赋值为 2，而在 x 调用程序中没有任何变化。

解决这种问题的一个方法就是传递变量指针而不是传递变量本身。虽然这种方法改变了函数的结构，但是对解决这个问题确实行之有效。下面是修改后的代码：

```
-(void)setToAage(int*)age
{
        *age=2;
}
```

为了使用这个函数，调用程序必须提供一个指向整型变量的指针。例如，为了设置 x 为 2，需要执行如下调用：

```
setToAage:&x;
```

不写“&”是错误的，因为 x 不是要求的类型，setToAage()函数要求的是指向整数的指针类型，而不是整数本身。

Note

把指针当作参数传递，使得在被调用函数中改变调用函数的参数值成为了可能。在 Objective-C 中必须明确这种意图，把形参声明为指针类型，然后传递地址作为实参。这种机制被称为引用调用。

【示例 2】函数的形参不仅可以是普通类型的变量，也可以是指针类型的变量，下面程序使用指针变量作为形参对变量进行交换。

```
#import <Foundation/Foundation.h>
void swap(int* p1, int* p2)
{
 //将 p1 所指变量的值赋给 tmp
 int tmp = *p1;
 //将 p2 所指变量的值赋给 p1 所指的变量
 *p1 = *p2;
 //将 tmp 变量的值赋给 p2 所指的变量
 *p2 = tmp;
 //将 p1、p2 两个指针赋为 nil，也就是不指向任何地址
 p1 = p2 = nil;   //①
}
int main(int argc, char * argv[])
{
 @autoreleasepool{
        int a = 5;
        int b = 9;
        //定义指针变量 pa 保存变量 a 的地址
        int* pa = &a;
        //定义指针变量 pb 保存变量 b 的地址
        int* pb = &b;
        //调用 swap()函数对 a、b 交换 a、b 两个变量的值
        swap(&a, &b);
        NSLog(@"a 的值为%d，b 的值为%d", a, b);
        //再次输出 pa、pb 指针变量的值（内存地址）
        NSLog(@"pa 的值为%p，pb 的值为%p", pa, pb);
 }
}
```

上面程序实现了对变量 a 和变量 b 的交换。编译并运行该程序，看到如下输出结果：

```
a 的值为 9，b 的值为 5
pa 的值为 0x7fff5lbObb2c，pb 的值为 0x7fff5lbObb28
```

从上面的输出结果来看，通过使用指针形参可以改变变量 a 和 b 的值，这看上去很强大。

【示例 3】下面的程序再次演示了如何利用指针作为参数对变量的值进行改变，该程序将会对程序中 3 个变址的值进行排序。

```
#import <Foundation/Foundation.h>
void swap(int* p1, int* p2)
{
 //将 p1 所指变量的值赋给 tmp
 int tmp = *p1;
 //将 p2 所指变量的值赋给 p1 所指的变量
 *p1 = *p2;
```

```
//将 tmp 变量的值赋给 p2 所指的变量
*p2 = tmp;
}
void exchange(int* p1, int* p2, int* p3)
{
//如果 p1 所指变量的值大于 p2 所指变量的值，交换 p1、p2 所指变量的值
if(*p1 > *p2) swap(p1, p2);
//如果 p1 所指变量的值大于 p3 所指变量的值，交换 p1、p3 所指变量的值
if(*p1 > *p3) swap(p1, p3);
//如果 p2 所指变量的值大于 p3 所指变量的值，交换 p2、p3 所指变量的值
if(*p2 > *p3) swap(p2, p3);
}
int main(int argc, char * argv[])
{
@autoreleasepool{
        int a = 25;
        int b = 4;
        int c = 19;
        //对 a、b、c 进行排序
        exchange(&a, &b, &c);
        NSLog(@"a 的值为%d，b 的值为%d，c 的值为%d", a, b, c);
}
}
```

编译、运行该程序，可以看到如下输出：

```
a 的位为 4，b 的值为 19，c 的值为 25
```

4.5.5 对象和指针的关系

在 Objective-C 中，在定义一个类对象的变量时，经常用指针的方式来描述。例如：

```
Person *child;
```

上面的代码实际上就定义了一个名为 child 的指针变量，这个变量定义用来保存 Person 类型的数据。Person 是这个类的名称。在使用 alloc 来创建 Person 对象时，实际上为 Person 对象 child 分配了内存。

```
child=[Person alloc];
```

下面的代码将把对象变量赋值给另一个对象变量：

```
child2=child;
```

上面只是简单地赋值了指针，这两个变量都指向同一块内存。对 child2 所指向的内存数据进行更改，实际上，也就是更改了 child 所指向的内存的数据。

4.6 数组和指针

变量的存储单元都有地址，而每个数组元素也有存储单元，因此，每个数组元素都有内存地址，

用户可以使用指针指向某个数组元素。如果指针变量指向数组的第一个元素，即可把该指针称为指向数组的指针。

4.6.1 指向数组的指针变量

数组中第一个元素的地址被称为数组的首地址，数组的首地址会被当成数组的地址。一个数组包含若干元素，每个数组元素都在内存中占用存储单元，它们都有相应的地址。相对于变量的地址，数组在内存中地址是连续的。

【示例 1】定义如下数组：

```
double myArray[4];
```

数组 myArray 是由连续的一块内存单元组成的，为 4 个 double 类型的值提供了足够的空间。假设一个 double 类型变量占有 8 字节，那么内存分布如图 4.10 所示。

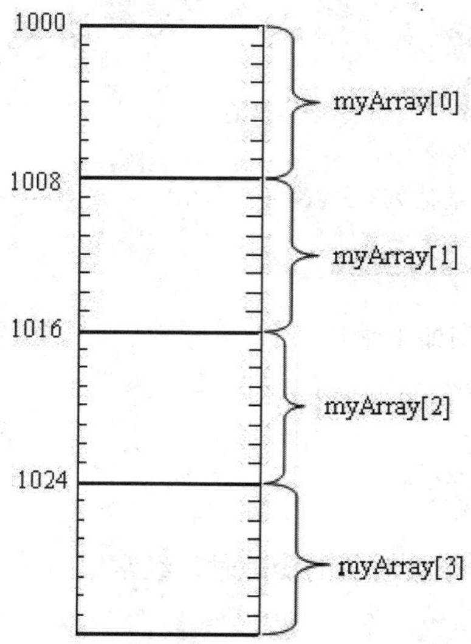

图 4.10 数组 myArray 在内存中的分布

通过使用“&”符号得到每一个元素的地址，例如：

```
&myArray[1];
```

可以得到 myArray[1]的地址是 1008，因为 myArray[1]元素存储在该地址中。而且，索引号可以不是常量，例如下面的表达式：

```
myArray[i];
```

写成如下的表达式也是正确的，可以获取数组 myArray 中第 i+1 个元素的地址。

```
&myArray[i];
```

由于 myArray 数组中的第 i 个元素的地址依赖于变量 i 的取值，因此编译器在编译时不能计算这个值。为了确定地址，编译器生成一些指令，通过这些指令在该数组的基础地址上加上 i 的值与数组中每个元素的字节大小之积。因此，用来寻找 myArray[i]地址的数字计算可以使用下面的公式：

```
1000+i×8;
```

如果 i 为 2，那么地址就为 1016，和图 4.10 上 myArray[2]的地址一样。因为这个计算某个数组元素地址的过程是自动的，所以在编程时根本不用担心计算细节。

【示例 2】数组变量的本质就是一个指针常量，保存了指向第一个数组元素的指针。简而言之，数组变量保存了数组的首地址。

```
#import <Foundation/Foundation.h>
int main(int argc, char * argv[])
{
 @autoreleasepool{
        int arr[] = {4, 20, 10, -3, 34};
        //将 arr 第一个数组元素的地址赋给指针变量 p
        int* p = &arr[0];
        //将 arr 数组变量当成指针输出
        NSLog(@"%p", arr);
        //输出指针变量 p
        NSLog(@"%p", p);
 }
}
```

在上面的代码中，将第一个数组元素的地址赋值给指针变量 p，然后输出数组变量（指针）和指针变量 p 的值。编译并运行该程序，可以看到指针变量 p 和数组变量 arr 的值总是相同的。

提示：通过上面演示可以发现，获取数组首地址（简称数组地址）的方式有两种。

- ☑ int p = &arr[0];：将第一个数组元素的地址赋值给指针变量 p。
- ☑ int * p = arr;：将数组变量保存的地址赋值给指针变量 p。

上面两种赋值方式的本质是一样的，但大部分情况下都会采用第二种方式来获取数组首地址。

4.6.2　指针运算

对于指针，可以进行加或减的运算。这种计算和普通的算术运算有相似之处，但又完全不一样。这种对指针进行加或减的运算称为指针运算。

指针运算的规则十分简单。例如，如果 p 是数组 arr 的起始元素的地址，k 是一个整数，那么下面的情况恒成立。

```
p+k
```

等价于

```
&arr[k];
```

换句话说，如果将一个整数 k 加到一个指针值上，那么结果就是以这个指针为首地址，以 k 为索引数的数组元素的地址。

【示例 1】假设在一个函数中有以下两项声明：

```
double myArray[4];
double *p;
```

该函数为这些变量中的每一个都分配了空间。对于数组变量 myArray，编译器会为该数组中的 4 个 double 型变量分配空间，这些空间都很大，足够存储 double 数据。对于指针变量 p,，编译器也为

其分配一个存储指针的空间，该指针用于存储某些 double 类型的变量值在内存中的地址。如果内存分配从 1000 的位置开始，那么内存的分配如图 4.11 所示。

这些变量没有被赋值，还没有对内容进行初始化。这里假设使用下面的赋值语句对数组中的每一个元素进行赋值：

```
myArray[0]=2.1;
myArray[1]=1.7;
myArray[2]=3.3;
myArray[3]=0.5;
```

并且通过执行下面的赋值语句将指针变量 p 赋值为数组的首地址：

```
p=&myArray[0];
```

在这些赋值语句执行结束后，内存的分配单元如图 4.12 所示。

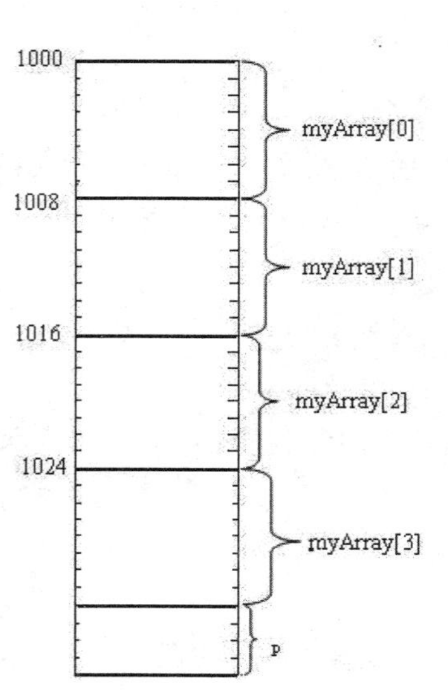

图 4.11　数组 myArray 和指针变量 p 的内存分配

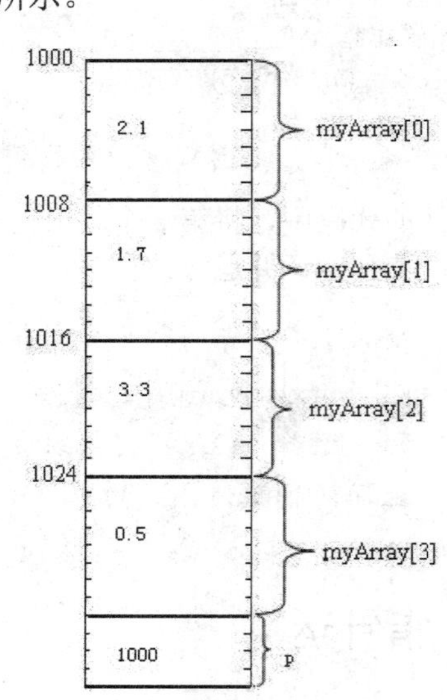

图 4.12　对数组 myArray 和指针变量 p 赋值后内存分配的变化情况

在内存分配中，p 指向数组 myArray 的起始地址，如果 p 的值加上整数 k，那么 p 将指向数组 myArray 索引数（下标）为 k 的元素，例如：

```
p+2;
```

该表达式的结果将是一个指向 myArray[2]的新地址。因此，之前 p 指向数组地址 1000，那么 p+2 将指向 1000 地址后的第二个元素的地址，该地址是 1016。注意，指针的加法并不等同于传统的算术加法，因为编译器还要计算基本类型所占的空间。在这个示例中，每个加到指针的整数相当于每个 double 型的大小，即 8 字节。

【示例 2】编译器同样可以处理指针的减法运算，例如：

```
p-k;
```

其中，p 是一个指针，k 是一个整数。该减法运算计算出来的数组元素的地址是指针指向的当前地址之前的 k 个位置。因此，如果使用下面的语句设置 p 指向的 myArray[1]的地址：

```
p=&myArray[1];
```

那么分别与 p+1 和 p-1 对应的地址是 myArray[0]和 myArray[2]的地址。

算术运算乘（*）、除（\）和取模（%）在指针运算中是没有意义的，所以这些运算在指针运算中是非法的。另外，加法和减法运算在指针运算中也是受限制的。指针可以加、减一个整数，但是不能加另一个指针。减号是唯一可以在指针运算中使用的算术运算符，例如：

```
p1-p2
```

其中，p1 和 p2 都是指针，该表达式返回当前两个指针之间的数组元素的个数。例如，假如 p1 指向数组 myArray[2]，p2 指向数组 myArray[0]，那么表达式：

```
p1-p2
```

其运算结果为 2，因为两指针之间有两个元素。

【小结】指针变量实际是保存的某个内存单元的地址（也就是内存编号），但 C 语言并不允许直接将整数值赋给指针变量，如果允许这样操作，那么指针就可以乱指，这样将十分危险。

对指针变量赋值是最常用的操作。目前，指针变量存在如下 4 种赋值方式。

☑ p=&a;：将一个已有变量的内存地址赋给指针变量 p。

☑ p = &arr[0];：将某个数组元素的内存地址赋给指针变量 p。

☑ p = arr;：将 arr 数组的首地址赋值给指针变量 p。

☑ p =pt;：将指针变量 pt 中保存的地址赋值给指针变量 p。

指针除了可以被赋值之外，还支持如下运算。

指针变量加（或减）一个整数：当指针变量加或减 n 时，代表将该指针的地址加或减 n*变量大小个字节。例如，对于 int* p 类型的变量，假如当前 p 变量中保存的地址为 0x00010004，p+3 代表的地址为 0x0001000C。此处假设 int 型变量所占的内存空间为 4 字节；对于 char*pt 类型的变量，假如当前 pt 变量中保存的地址为 0x00020001，pt+5 代表的地址为 0x00020006，此处假设 char 型变量所占的内存空间为 1 字节。

☑ 当两个指针变量指向同一个数组的元素时，两个指针变量可以相减：两个指针变量相减返回两个指针所指数组之间元素的个数。如果两个指针不指向同一个数组，那么两个指针变量相减没有任何意义。

☑ 当两个指针变量指向同一个数组的元素时，两个指针变量可以比较大小：指向前面的数组元素的指针小于指向后面的数组元素的指针。需要指出的是，如果两个指针不指向同一个数组，那么两个指针变量比较大小没有任何意义。

经过上面的介绍，可以总结出如下两种等价写法：

☑ 假如 arr 是数组，那么 arr+i 代表第 i+1 个元素的地址，因此，arr+i 与&a[i]是等价的。

☑ 假如 arr 是数组，那么*(arr+i)代表*(&arr[i])，即*(arr+i)与 a[i]是等价的。

【示例 3】通过*(取变量)运算符可获取该指针所指的变量，因此可使用*(p+n)代码来访问第 n 个数组元素，其中，p 指针变量指向数组的首地址，n 代表一个整数。下面代码演示如何利用指针变量完成对数组的循环遍历操作。

```
#import <Foundation/Foundation.h>
int main(int argc, char * argv[])
{
 @autoreleasepool{
```

```
        int arr[] = {4, 20, 10, -3, 34};
        for(int i = 0, len = sizeof(arr) / sizeof(arr[0]); i < len; i++)
        {
            //采用指针加法访问数组元素
            NSLog(@"%d", *(arr + i));
        }
    }
}
```

上面的代码通过循环控制 i 的值不断增加，这样就可以让 arr+i 依次指向 arr 数组的每个数组元素。实际上，还可以使用如下更简化的语法来遍历数组。

```
#import <Foundation/Foundation.h>
int main(int argc, char * argv[])
{
 @autoreleasepool{
        int arr[] = {4, 20, 10, -3, 34};
        for(int* p = arr, len = sizeof(arr) / sizeof(arr[0]); p < arr + len; p++)
        {
            //通过指针访问数组元素
            NSLog(@"%d", *p);
        }
    }
}
```

上面的代码对指针变量的大小进行了比较，要求指针变量小于 arr+len。该循环通过 p++控制指针变量 p 不断指向下一个元素，这样即可遍历数组的元素。

【示例 4】虽然数组变量保存的也是地址，但数组变量中保存的地址是不能改变的，因此，数组变量应称为指针常量，试图对 arr 数组变量重新赋值，这都是错误的。例如，下面代码就是常见的错误用法，该程序尝试从控制台读取 5 个整数，然后依次输出这 5 个整数。

```
#import <Foundation/Foundation.h>
int main(int argc, char * argv[])
{
 @autoreleasepool{
        int len = 5;
        int arr[5];
        //将数组 arr 的首地址赋给指针变量 p
        //也就是将 p 指向 arr 数组的第一个元素
        int* p = arr;
        //让指针变量 p 依次指向下一个元素
        for(; p < arr + len; p++)
        {
            //读取一个整数，依次赋值给变量 p
            scanf("%d", p);
        }
        NSLog(@"---输出数组元素---");
        //采用遍历输出数组元素
        for(int i = 0; i < len; i++)
        {
            NSLog(@"%d", *(p + i));
```

Note

```
        }
    }
}
```

在上面的代码中，第一个循环读取 5 个整数，并将这 5 个整数赋值给整型数组，然后程序采用第二个循环输出这 5 个数组元素的值。编译、运行该程序，分别输入 12、23.1、44.56，如下所示：

```
12          23          1          44          56
---输出数组元素---
5     1368386408     32767     1     0
```

从上面的运行结果看，此时程序第二轮循环输出的数组元素根本不是第一轮循环输入的数组元素。

当第一轮循环结束之前，程序读取最后一个整数，并将该整数赋值给 arr 数组的最后一个元素。当跳出循环时，指针变量 p 指向 arr 数组最后一个元素的后面。也就是说，已超出了 arr 数组的范围。

因为在第二轮循环开始时，并未重新初始化指针变量 p，并未让 p 重新指向 arr 数组的第一个元素。程序遍历 arr 数组的元素时，第二轮循环遍历、输出的数据是不稳定的。

为了让第二轮循环能正常输出数组的所有元素，只要在循环开始时，让 p 指向数组的第一个元素即可，即将第二轮循环改为如下形式：

```
//循环开始时，让 p 指向 arr 数组的第一个元素
for(p = arr; p < arr + len; p++)
{
    NSLog(@"%d", *p);
}
```

4.6.3 案例实战

数组变量的本质就是指向第一个数组元素的指针常量，因此将数组变量作为参数的本质就是将指针变量作为参数。

当把数组变量作为参数传入函数时，只是把该数组变量的值（指向数组的指针）传入函数，并不是将数组本身传入函数。因此，传入函数的数组变量依然指向原有的数组。在函数中对数组变量所指的数组所做的修改将会影响原有数组的元素。

【示例 1】本示例可以实现对数组的快速排序。

设计思路：

从待排序的数据序列中任取一个数据（如第一个数据）作为分界值，所有比它小的数据元素一律放到左边，所有比它大的数据元素一律放到右边。经过这样排列，该序列形成左右两个子序列，左边序列中数据元素的值都比分界值小，右边序列中数据元素的值都比分界值大。接下来对左、右两个子序列进行递归，对两个子序列重新选择中心元素并依此规则调整，直到每个子表的元素只剩一个，排序完成。

实现方法：

第 1 步，定义一个 i 变量，i 变量从左边第一个索引开始，找大于分界值的元素的索引，并用 i 记录。

第 2 步，定义一个 j 变量，j 变量从右边第一个索引开始，找小于分界值的元素的索引，并用 j 来记录。

第 3 步，如果 i < j，交换 i、j 两个索引处的元素。

第 4 步，重复执行上面的操作步骤，直到 i > j，可以判断 j 左边的数据元素都小于分界值，j 右边的数据元素都大于分界值，最后将分界值 i 和 j 索引处的元素交换即可。

完整代码如下：

```
#import <Foundation/Foundation.h>
//将指定数组的 i 和 j 索引处的元素交换
void swap(int* data, int i, int j)
{
 int tmp;
 tmp = *(data + i);
 *(data + i) = *(data + j);
 *(data + j) = tmp;
}
//对 data 数组中从 start～end 索引范围的子序列进行处理
//使之满足所有小于分界值的放在左边，所有大于分界值的放在右边
void subSort(int* data, int start, int end)
{
 //需要排序
 if (start < end)
 {
        //以第一个元素作为分界值
        int base = *(data + start);
        //i 从左边搜索大于分界值的元素的索引
        int i = start;
        //j 从右边搜索小于分界值的元素的索引
        int j = end + 1;
        while(true)
        {
               //找到大于分界值的元素的索引，或 i 已经到了 end 处
               while(i < end && data[++i] <= base);
               //找到小于分界值的元素的索引，或 j 已经到了 start 处
               while(j > start && data[--j] >= base);
               if (i < j)
               {
                      swap(data, i, j);
               }else{
                      break;
               }
        }
        swap(data, start, j);
        //递归左边子序列
        subSort(data, start, j - 1);
        //递归右边子序列
        subSort(data, j + 1, end);
 }
}
void quickSort(int* data, int len)
{
```

```
    subSort(data, 0, len - 1);
}
void printArray(int* array, int len)
{
    for(int* p = array; p < array + len; p++)
    {
        printf("%d,", *p);
    }
    printf("\n");
}
int main(int argc, char * argv[])
{
    @autoreleasepool{
        int data[] = {9, -16, 21,123,-60,-49, 22, 30,13};
        int len = sizeof(data) / sizeof(data[0]);
        NSLog(@"排序之前");
        printArray(data, len);
        quickSort(data, len);
        NSLog(@"排序之后");
        printArray(data, len);
    }
}
```

在上面的代码中，分别使用了两种访问数组元素的方式：arr[i]与*(arr+i)，这两种访问方式是完全等价的。

在上面程序中调用“quickSort(data,len);”对 data 数组执行快速排序后，data 数组的元素将会处于有序状态。编译并运行该程序，可以看到如下结果：

```
排序之前
9, -16, 21, 123, -60, -49, 22, 30, 13,
排序之后
-60, -49, -16, 9, 13, 21, 22, 30, 123,
```

【示例 2】多维数组的本质依然是一维数组：N 维数组的本质是其数组元素是 N-1 维数组的一维数组。掌握这个本质后，可以很好地利用一维数组的语法来理解指向多维数组的指针。

例如，float arr[3][4]数组，相当于定义了如下 3 个数组变量：

☑ arr[0]：该数组中再次包含了 arr[0][0]，arr[0][1]，arr[0][2]，arr[0][3]这 4 个数组变量。

☑ arr[1]：该数组中再次包含了 arr[1][0]，arr[1][1]，arr[1][2]，arr[1][3]这 4 个数组变量。

☑ arr[2]：该数组中再次包含了 arr[2][0]，arr[2][1]，arr[2][2]，arr[2][3]这 4 个数组变量。

那么 arr，arr+1，arr+2 都是指针常量，分别指向 arr 数组的第一个、第二个、第三个元素。它们也可写为 arr、*(arr+1)、*(arr+2)的形式，而且依然是数组。

既然 arr 数组相当于包含了 3 个数组：arr[0]、arr[1]和 arr[2]，因此，arr[0]、arr[1]和 arr[2]分别又是 3 个数组的数组名，因此 arr[0]也是一个指针，指向 arr[0]数组的第一个元素，arr[0]+1 指向 arr[0]数组的第二个元素，arr[0]+2 指向 arr[0]的第三个元素。arr[i]与*(arr+i)是等价的，那么 arr[1]+2 与*(arr+1) + 2 就是等价的，它们的值都是&arr[1][2]。

但不要把*(arr+1)+2 写成*arr+1+2，这个写法的实质是*arr+3，也就是 arr[0]+3，它的值为&arr[0][3]。也不要把*(arr+1) + 2 写成*(arr+1+2)，这个写法的实质是*(arr+3)，相当于 arr[3]。

在程序中如何获得 arr[i][j]元素的值呢？

由于 arr[i]与*(arr+i)是等价的，因此，arr[i] [j]可写成(*(arr+i))[j]，然后再将[j]换成地址表示法，即可将 arr[i][j]写成*(*(arr+i)+j)。如果保留其中*(arr+i)的数组写法，也可将上面写法写成*(arr[i] +j)。

基于上面的分析，下面的代码中使用指针遍历二维数组。

```
#import <Foundation/Foundation.h>
int main(int argc, char * argv[])
{
 @autoreleasepool{
        float arr[3][4] = {
                {1.2, 2.4},
                {5.6, 4.5, 3,2},
                {-1.2, 4.9}
        };
        NSLog(@"arr 与 arr[0]代表的地址是相同的：");
        NSLog(@"%p", arr);
        NSLog(@"%p", arr[0]);
        NSLog(@"arr + 2 与*(arr + 2)代表的地址是相同的：");
        NSLog(@"%p", arr + 2);
        NSLog(@"%p", *(arr + 2));
        //采用指针来遍历二维数组
        for(float* p = arr[0]; p < arr[0] + 12; p++)
        {
                //控制每输出 4 个元素，输出一个换行
                if((p - arr[0]) % 4 == 0 && p > arr[0])
                {
                        printf("\n");
                }
                printf("%g, ", *p);
        }
        printf("\n");
 }
}
```

从上面的代码可以看出，当程序采用指针遍历二维数组时，只要控制指针变量 p 依次增加，即可让 p 自动遍历二维数组的所有数组元素。编译、运行上面的程序，可以看到如下输出结果：

```
arr 与 arr[0]代表的地址是相同的：
0x7fff5d9f8af0
0x7fff5d9f8af0
arr+2 与*(arr+2)代表的地址是相同的：
0x7fff5d9f8bl0
0x7fff5d9f8bl0
1.2, 2.4, 0, 0,
5.6, 4.5, 3, 2,
-1.2, 4.9, 0, 0,
```

从上面的运行结果可以看出，对于二维数组的元素 arr[i][j]，由于它代表了二维数组中第 i+1 数组元素的第 j 个元素，因此，它与数组首地址相差 i*m+j 个元素，这样 arr[i][j]可以简化为使用(arr+i*m+j)表示，其中的 m 代表二维数组最左边的维数。

Note

4.7　案例应用

本节通过几个案例从不同层面介绍指针在移动开发中的具体应用。

4.7.1　使用字符串指针

除了使用字符数组来保存字符串的方式，C 语言还允许使用字符指针来保存字符串。这意味着用户可以定义一个字符指针变量，然后将 C 格式的字符串赋给该指针变量。

【示例 1】在下面的程序中定义了一个 char*型指针变量，接下来将“I love iOS”字符串赋给该指针变量。

```
#import <Foundation/Foundation.h>
int main(int argc, char * argv[])
{
 @autoreleasepool{
        char* str = "I love iOS";
        NSLog(@"%s", str);
        //让 str 指向第 7 个元素
        str += 7;
        NSLog(@"%s", str);
 }
}
```

需要指出的是，此处的 char* str 只是定义了一个指针变量，并非定义一个字符串变量（C 语言没有字符串类型），因此，上面的代码实际上相当于如下两行：

```
char* str;
str = "I love iOS";
```

C 语言的字符串在底层依然采用字符数组进行保存，而 str 则是一个 char*指针变量，指向该字符数组的第一个元素，也就是指向该字符数组的首地址。当程序使用%s 输出字符指针时，系统会自动输出紧跟该字符指针所指元素的每个元素，直到遇到\0 为止。实际上，由于指针变量支持加法运算，如果执行“str += 7;”，就会让 str 指针指向后面第 7 个元素。如果此时使用%s 格式输出 str，将会输出 iOS。编译、运行该程序，将可以看到如下输出结果：

```
I love iOS
iOS
```

【示例 2】由于 C 语言用字符指针来指向字符串，实际上是指向底层字符数组的第一个元素，因此当函数需要字符数组作为参数时，可声明使用 char*形参。

```
#import <Foundation/Foundation.h>
//定义函数，使用字符指针作为参数
void copyString(char* to, char* from)
{
 //如果 from 指针指向的字符不为\0
 while(*from)
```

```
    {
        //将 from 变量指向的字符赋给 to 变量指向的元素
        *to++ = *from++;
    }
    *to = '\0';
}
int main(int argc, char * argv[])
{
    @autoreleasepool{
        char* str = "www.mysite.com";
        char dest[100];
        //将 str 赋值到 dest 中
        copyString(dest, str);   //①
        NSLog(@"%s", dest);
        //将字符串复制到 dest 中
        copyString(dest, "Objective-C is Funny!");   //②
        NSLog(@"%s", dest);
    }
}
```

在上面的代码中，copyString()函数定义了两个 char*指针形参，然后将 from 指针变量指向的字符赋值给 to 指针变量所指的字符，直到遇到\\0 字符为止，也就是字符串结束时，这样就可以将 from 指针所指的字符串完整地复制到 to 指针所指的字符数组中。

接着，程序中①号代码将指定的字符指针所指的字符串复制到 dest 中，因此，第一次输出 dest 时看到 www.mysite.com 程序的②号代码直接将“Objective-C is Funny!”作为参数传给 copyString()函数，此时，“Objective-C is Funny!”代表一个字符串数组，此处依然是将该字符数组的首地址传给 copyString()函数。

字符指针变量和字符数组在很多地方可以互相代替，但要注意：

☑ 字符数组底层真正存放了所有的字符，每个字符对应一个数组元素，而字符指针指向字符数组时只存放字符数组的首地址。

☑ 字符数组只能在定义时赋值。例如，“char[] str = "www.mysite.com";”是正确的，但分成两行就是错误的：

```
char[100] str;
str="www.mysite.com";
```

字符指针完全可以重复赋值。例如，“char[] str = "www.mysite.com";”是正确的，也可分成如下两行：

```
char* str;
str="www.mysite.com";
```

☑ 定义字符数组时，程序会为每个数组元素分配内存空间，但定义字符指针变量时，程序只是定义一个指针变量，该指针变量所指向的内存单元是不确定的。

4.7.2 使用函数指针

指针变量除了可指向普通的 int 变量、float 变量和数组之外，还可指向函数。当定义函数之后，

C 语言允许定义一个指针变量来指向该函数，然后就可以通过该指针调用函数。使用函数指针变量增加了函数调用的灵活性，这使得用户可以将函数指针变量作为参数传入另一个函数。

使用函数指针的操作步骤如下。

第 1 步，定义函数指针变量。语法格式如下：

```
函数返回值类型 (* 指针变量名) ();
```

第 2 步，为函数指针变量赋值。

C 语言允许将任何已有的函数赋值给函数指针变量，为函数指针变量赋值时，只要给出函数名即可，无须在函数名后使用括号，也无须传入参数。

注意：是将函数入口赋给函数指针变量，而不是调用函数后将返回的结果赋给函数指针变量。

第 3 步，使用函数指针变量调用函数。语法格式如下：

```
(* 函数指针变量) (参数);
```

在上面的语法中，必须先用“()”把“*”函数指针变量括起来，用于保证获取该指针变量所指的函数，然后执行函数调用。

【示例 1】同一个函数指针变量在不同的时间可指向不同的函数。在下面的代码中定义了一个函数指针变量，该指针变量先后指向两个不同的函数，程序两次通过同一个函数指针变量调用函数时，实际上是调用不同的函数。

```
#import <Foundation/Foundation.h>
int max(int* data, int len)
{
 int max = *data;
 //采用指针遍历 data 数组的元素
 for(int* p = data; p < data + len; p++)
 {
        //保证 max 始终存储较大的值
        if(*p > max)
        {
               max = *p;
        }
 }
 return max;
}
int avg(int* data, int len)
{
 int sum = 0;
 //采用指针遍历 data 数组的元素
 for(int* p = data; p < data + len; p++)
 {
        //累加所有数组元素的值
        sum += *p;
 }
 return sum / len;
}
int main(int argc, char * argv[])
```

Note

```
{
 @autoreleasepool{
        int data[] = {20, 12, 8, 36, 24};
        //定义指向函数的指针变量 fnPt，并将 max()函数的入口赋给 fnPt
        int (*fnPt)() = max;
        NSLog(@"最大值：%d", (*fnPt)(data, 5));
        //将 avg()函数的入口赋给 fnPt
        fnPt = avg;
        NSLog(@"最大值：%d", (*fnPt)(data, 5));
 }
}
```

在上面的代码中，先定义了 max()和 avg()两个函数，这两个函数的返回值都是 int。然后使用 int (*fnPt)定义了一个函数指针变量，并将 max()函数的入口赋给该函数指针变量。接着，通过 fnPt 调用 max()函数，程序将 avg()函数的入口赋值给 fnPt 函数指针变量。最后，通过 fnPt 调用 avg()函数。

提示： 函数指针变量与其他指针变量不同，对两个函数指针变量比较大小没有任何实际意义。对函数指针变量加、减一个整数也没有实际意义，两个函数指针变量执行减法也没有实际意义。函数指针变量不支持传统指针变量所支持的运算。

【示例 2】 使用函数指针变量作为函数参数，这样调用该函数时传入不同的函数作为参数，就可以完成复杂的逻辑运算。

```
#import <Foundation/Foundation.h>
void map(int* data, int len, int (*fn)())
{
 //采用指针遍历 data 数组的元素
 for(int* p = data; p < data + len; p++)
 {
        //调用 fn 函数（fn 函数是动态传入的）
        printf("%d, ", (*fn)(*p));
 }
 printf("\n");
}
int noChange(int val)
{
 return val;
}
//定义一个计算平方的函数
int square(int val)
{
 return val * val;
}
//定义一个计算立方的函数
int cube(int val)
{
 return val * val * val;
}
int main(int argc, char * argv[])
{
```

```
    @autoreleasepool{
        int data[] = {20, 12, 8, 36, 24};
        //下面程序代码 3 次调用 map()函数，每次调用时传入不同的函数
        map(data, 5, noChange);
        NSLog(@"计算数组元素平方");
        map(data, 5, square);
        NSLog(@"计算数组元素立方");
        map(data, 5, cube);
    }
}
```

在上面的代码中，定义了一个 map()函数，该函数的第三个参数是一个函数指针变量，这意味着每次调用函数时可动态传入一个函数，随着实际传入函数的改变，即可动态地改变 map()函数中的部分计算代码。

然后在 main()函数中调用了 3 次 map()函数，3 次调用时依次传入了 noChange、square、cube 函数作为参数，这样每次调用 map()函数时实际执行的代码是有区别的。

编译、运行上面的程序，可以看到如下输出：

```
20, 12, 8, 36, 24
计算数组元素平方
400, 144, 64, 1296, 576
计算数组元素立方
8000, 1728, 512, 46656, 13824
```

【示例 3】 函数既可返回普通的整数值、浮点型数等，也可返回一个指针。

当函数返回指针时，由于指针只保存了一个地址值，如果该指针指向的是被调用函数中定义的局部变量，这将非常危险，因为函数调用结束后，该函数中声明的局部变量所占用的空间已经释放了，那么该指针指向的内存单元中存储的数据是不确定的。

为了保证函数返回的指针是有效的，有两种方式：

☑ 如果函数的指针指向被调用函数中声明的局部变量，该局部变量应该使用 static 修饰。

☑ 让函数返回的指针指向暂时不会被释放的数据，如指向 main()函数中的变量，只有等 main()函数执行完成时，main()函数中的变量才会释放。因此，在 main()函数结束之前，函数返回的指针是安全的。

针对示例 2，对其进行修改，要求 map()函数返回根据传入函数计算得到的新数组，而不是在 map()函数中打印出这些计算结果，此时可通过返回指针的函数来实现。

```
#import <Foundation/Foundation.h>
#define LENGTH 5

int* map(int* data,int (*fn)())
{
    static int result[LENGTH];
    int i = 0;
    //采用指针遍历 data 数组的元素
    for(int* p = data; p < data + LENGTH; p++)
    {
        //调用 fn 函数（fn 函数是动态传入的）
        result[i++] = (*fn)(*p);
```

```
    }
    //返回 result 的首地址
    return result;
}
int noChange(int val)
{
    return val;
}
//定义一个计算平方的函数
int square(int val)
{
    return val * val;
}
//定义一个计算立方的函数
int cube(int val)
{
    return val * val * val;
}
int main(int argc, char * argv[])
{
    @autoreleasepool{
        int data[] = {20, 12, 8, 36, 24};
        //下面的程序代码 3 次调用 map()函数，每次调用时传入不同的函数
        int* arr1 = map(data, noChange);
        for(int i = 0; i < LENGTH; i ++)
        {
            printf("%d, ", *(arr1 + i));
        }
        printf("\n");
        int* arr2 = map(data, square);
        for(int i = 0; i < LENGTH; i ++)
        {
            printf("%d, ", *(arr2 + i));
        }
        printf("\n");
        int* arr3 = map(data, cube);
        for(int i = 0; i < LENGTH; i ++)
        {
            printf("%d, ", *(arr3 + i));
        }
        printf("\n");
    }
}
```

在上面的示例代码中，定义了函数的返回值为 int*，这表明该函数的返回值为 int*类型的指针。由于该函数返回的指针指向 map()函数内声明的 result[LENGTH]数组的首地址，为了保证当该函数调用完成后，函数返回的指针依然指向有效内存，因此使用了 static 修饰 result[LENGTH]数组。

然后，在 main()函数中分 3 次调用了 map()函数，每次调用完成后总使用指针变量来保存函数返回的指针，并遍历该指针变量实际指向的数组元素。编译、运行该程序，可以看到如下输出结果：

```
20, 12, 8, 36, 24
400, 144, 64, 1296, 576
8000, 1728, 512, 46656, 13824
```

4.8 小　　结

本章将要介绍的内容属于 C 语言的特性，这些内容对于初学者来说有些难以掌握，实际上，很多初学者在学习 C 语言时会感到有些困扰，这就是本章介绍函数、指针等相关内容的原因。不过对于打算学习 iOS 应用开发的读者而言，本章知识并不要求读者能非常深入地掌握，只要能大致掌握函数、指针的基本理论，会使用函数、指针即可。

对于 Objective-C 这门面向对象的语言而言，虽然程序也会大量使用函数，但读者在编程过程中主要还是应该培养面向对象的编程思维、面向 Objective-C 的 API 编程，因此并不需要读者深入掌握函数、指针的相关内容。

如果将来需要维护其他人编写的代码，开始研究 Foundation 框架的头文件，用户将会接触到本章所讲的一些结构。很多 Foundation 数据类型，如 NSRange、NSPoint 和 NSRect 都要求对本章所讲的结构有一些基本了解。在这些情况下，可以回到本章，阅读相关部分以了解所需的概念。

第5章

类

（视频讲解：107分钟）

Objective-C 是面向对象的程序设计语言，提供了类、成员变量和方法的基本功能。类用于描述客观世界中某一类对象的共同特征，而对象则是类的具体存在。类是一种自定义的数据类型，使用类可以定义变量，所有使用类定义的变量都是指针类型的变量，将会指向该类的对象。

Objective-C 支持面向对象的三大特征：封装、继承和多态，Objective-C 提供了@private、@package、@protected 和@public 等访问控制符来实现封装。Objective-C 也允许子类继承父类，子类继承父类就可以继承到父类的成员变量和方法，如果访问控制允许，子类实例可以直接调用父类中定义的方法。继承是实现类复用的重要手段。多态也是面向对象的重要特征。

【学习要点】

- 定义类
- 使用类
- 使用变量
- 使用属性
- 使用方法
- 类的继承
- 异常处理
- 了解类的类型和根类

5.1 定义类

面向对象的程序设计过程中有两个重要概念：类（class）和对象（object，也称为实例，instance），它们是面向对象的核心。其中，类是对象的抽象，可以把类理解为抽象的概念，对象理解为具体存在的实体，从这个意义上看，日常所说的“人”其实都是“人的实例”，而不是“人类”。本节将重点讲解类的结构和基本设计方法。

5.1.1 认识类

类是面向对象的核心内容，使用类可以自定义变量，这种类型的变量相当于指针类型的变量。也就是说，所有的类都是指针类型的变量。

Objective-C 提供了创建类和创建对象的语法支持。在 Objective-C 中定义类需要分为两个步骤。

☑ 接口部分：定义该类包含的成员变量和方法。

☑ 实现部分：为该类的方法提供实现。

Objective-C 类的接口和实现通常放在两个不同的文件中，尽管编译器并不需要这样。

一个文件可以声明或实现多个类。不过通常每一个类都有一个单独的接口文件，不然也会有一个独立的实现文件。保证类的接口文件独立分开，可以更好地将它们作为各自独立的实体进行区分。

实现文件的文件名使用.m 作为扩展名来标明它包含了 Objective-C 源代码，接口文件可以分配其他任何扩展名，因为它们被包含在其他的源文件中，接口文件的文件名通常以.h 作为扩展名来标明它是一个头文件。例如，类 Rectangle 会在 Rectangle.h 中进行声明，并在 Rectangle.m 中定义其具体实现。

把一个类的接口和实现分离开，这样能够更好地服从面向对象程序设计。对象是一个独立的实体，一旦决定了一个对象如何同程序中的其他元素相互作用，也就是说一旦声明了对象的接口，那么就可以随意地改变对象的实现而不会影响到程序中的其他部分。

5.1.2 接口

接口（interface）文件中包含一个构成类公共接口的方法声明的列表，还有实例变量、常量、全局字符串，以及其他数据类型的声明。

1. 通用格式

类的接口基本语法格式如下：

```
@interface ClassName: ItsSuperclass
{
        //声明实例变量
        float width;
        float height;
        BOOL filled;
        NSColor *fillColor;
}
//声明方法
+ alloc;
```

```
-(void)display;
@end
```

@interface 导向符用于引出开始基本的接口声明，@end 导向符则用于终止结束接口的声明（所有 Objective-C 的编译指令都是以“@”开始）。

在上面的语法结构中，第一行声明了一个新的类名并链接到其父类。父类定义了新类在继承体系中的位置。如果没有冒号和父类类名，那么新类就声明为一个根类，也就是和 NSObject 同等的类。

在第一部分声明之后，由花括号括起来的部分声明的是实例变量，也就是声明每个类的实例的数据结构。下面是 Rectangle 类的实例变量声明的一部分：

```
float width;
float height;
BOOL filled;
NSColor *fillColor;
```

下面紧接着是方法的声明，在花括号所括着的实例变量和@end 之间。类方法（只有类对象可以使用的方法）的方法名以加号（+）开头：

```
+ alloc;
```

实例方法（类的实例可以使用的方法）的方法名以减号（-）开头：

```
-(void)display;
```

提示： 可以使用相同的名字定义一个类方法和一个实例方法，虽然这不是一个常规用法。一个方法同样可以和一个实例变量名字相同，这种方式会经常用到，特别是当一个方法用于返回一个实例变量的值时。例如，Circle 有一个 radius 方法来匹配 radius 实例变量。

方法返回值的类型声明使用标准 C 的语法：

```
-(float)radius;
```

参数类型也使用同样的方法声明：

```
-(void)setRadius:(float)aRadius;
```

如果返回值或参数的类型没有明确指定，那么它默认为 id 类型。上面示例中的 alloc 方法就返回 id 类型的值。

当有多个参数时，参数在方法名之后接冒号进行定义。多个参数之间由空格隔开，与消息中传递多个参数的定义是一样的。例如：

```
-(void)setWidth:(float)width height:(float)height;
```

如果方法的参数个数是可变的，则使用一个逗号后接省略号来定义，例如：

```
- makeGroup:group, ...;
```

提示： 对于面向对象编程来说，实例变量和方法都是非常重要的概念。

- ☑ 实例变量：用于描述该类的对象的状态数据。例如，定义人为对象，可能需要关心此人的性别、年龄、身高等状态数据，那么就应该将这些状态定义为成员变量。
- ☑ 方法：用于描述该类的行为。例如，需要关心人具有走路、吃饭、工作等行为，那么程序就应该为人这个类声明走路、吃饭、工作等方法。

2. 引用接口

为了完成类接口，必须在接口结构的恰当位置加入必要的声明，如图 5.1 所示。

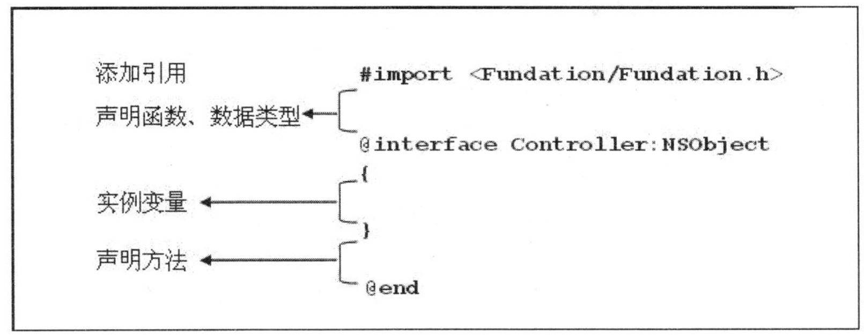

图 5.1 在接口文件中加入引用

使用接口类的模块必须要在代码中引用接口文件，接口文件中包含一些模块用于创建类的实例，声明类中应有的方法，或者声明一个类中应有的实例变量。

#import 预处理命令在合并指定的头文件方面和#include 类似，但是#import 的效率更高，同时能够确保同一个文件不会被重复引用，因此在这个文档的例子中使用#import 代替#include。#import 命令之后的尖括号（...>）中的内容标识头文件所在的框架，斜线之后是头文件自身。#import 语句的语法形式如下：

```
#import <Framework/File.h>
```

如果导入的头文件是工程的一部分，需要使用引号而不是尖括号作为分隔符，例如：

```
#import "ItsSuperclass.h"
```

这里要考虑的一个问题就是一个类是建立在所继承的类之上的，因此一个接口首先需要引用其父类的接口：

```
#import "ItsSuperclass.h"
@interface ClassName: ItsSuperclass
{
    //声明实例变量
}
//声明方法
@end
```

这就意味着每一个接口文件都间接地包括所有继承类的接口文件。如果一个原始模块引用了一个接口，那么它就使所有在这个继承体系上建立起来的类都引用这个接口。

3. 引用其他类

接口文件在声明一个类的同时引入其父类，也就暗含着包含了在所继承的类中所声明的信息（从 NSObject 类向下一直到其父类）。如果接口使用的类不在继承体系中，就必须明确地引入这些类或使用@class 指令声明它们。

```
@class Rectangle, Circle;
```

@class 指令只是简单地通知编译器 Rectangle 和 Circle 是类名，并不会引入它们的接口文件。

接口文件使用类名为实例变量、返回值、静态参数指定类型。例如：

```
-(void)setPrimaryColor:(NSColor *)aColor;
```

这里使用了 NSColor 这个类名。在声明中仅使用类名作为一个类型，并不需要知道这个类接口的细节（例如该类有什么方法和实例变量），因此@class 指令已经可以为编译器提供足够的信息进行预先校验（例如类型校验）。

当一个接口被真正使用（需要实例化这个类、向类对象发送消息）时，接口文件就必须被引入。通常接口文件仅使用@class 命令声明类，而相对应的实现文件才会引入它们的接口（因为需要实例化这些类或向这些类发送消息）。

@class 指令最大限度地减少了编译器和连接器所见的代码，因此这也是预先声明一个类名的最简单的方法，同时避免了当引用文件时，还要引用其他文件。例如，如果一个类 A 声明了一个类 B 类型的实例变量，同时二者的接口文件又互相引用，那么它们都不能正确编译。

4. 接口的作用

使用接口文件的目的是声明一个新类提供给其他源模块（或是其他程序员）。接口文件中包含了如何使用这个新类的所有信息。

接口文件告诉使用者这个类是如何同继承关系联系起来的，同时还告诉使用者这个类继承或引用了什么其他类。

接口文件通知编译器这个类的对象应该包含哪些实例变量，同时告诉程序员这个类的子类能够继承到什么变量。虽然在类的实现中浏览实例变量比在接口中更自然，但是必须在接口文件中声明实例变量。这样声明是必需的，因为编译器必须在某一个对象使用时知道它的结构而不是在定义时。作为一个程序员，通常可以忽略所使用的类的实例变量，除非在定义一个子类时。

最后，通过接口声明方法的列表，接口文件可以通知其他模块该类的类对象和实例能够接收什么消息。每一个可以从外部调用的方法都需要在接口文件中声明，仅供类内部调用的私有方法可以不在接口文件中声明。

5.1.3 实现

类的实现以@implementation 指令开头并以 @end 指令结尾，具体语法格式如下：

```
@implementation ClassName: ItsSuperclass
{
    //实例变量声明
}
//方法定义
@end
```

每一个实现文件必须引用其接口文件，例如，Rectangle.m 要引用 Rectangle.h。因为类的实现不需要重新声明这个类。

引用接口文件使实现更简明，并且将主要精力都集中在方法的定义上：

```
#import "ClassName.h"
@implementation ClassName
    //定义方法
@end
```

方法的定义和 C 语言函数一样，使用一对花括号。括号前面的部分和接口中的声明方法相同，只不过没有分号。例如：

```
+ (id)alloc
{
    //...
}
- (BOOL)isFilled
{
    //...
}
- (void)setFilled:(BOOL)flag
{
    // ...
}
```

定义类的实现部分，应该注意以下几个问题：

☑ 类实现部分的类名必须与类接口部分的类名相同，用于表示这是同一个类的接口部分和实现部分。

☑ 类实现部分也可以在类名后使用“:父类”来表示继承了某个父类，但一般没有必要，因此，通常都不会这么做。

☑ 类实现部分也可声明自己的成员变量，但这些成员变量只能在当前类内访问。因此，在类实现部分声明成员变量相当于定义隐藏的成员变量。

☑ 类实现部分必须为类声明部分的每个方法提供方法定义。方法定义由方法签名（不要在后面用分号）和方法体组成：实现部分除了实现类接口部分定义的方法之外，也可提供附加的方法定义，这些没有在接口部分定义，而是在实现部分定义的方法，将只能在类实现部分使用，方法体中多条可执行性语句之间有严格的执行顺序，排在方法体前面的语句总是先执行，排在方法体后面的语句总是后执行。

5.1.4 案例：定义类

下面程序将定义一个 Person 类的接口部分（Person.h）。

```
#import <Foundation/Foundation.h>
@interface Person: NSObject
{
 //下面定义了两个成员变量
 NSString* _name;
 int _age;
}
//下面定义了一个 setName: andAge:方法
- (void) setName:(NSString*) name andAge: (int) age;
//下面定义了一个 say:方法，  并不提供实现
- (void) say: (NSString *) content;
//下面定义了一个不带形参的 info 方法
- (NSString*) info;
//定义一个类方法
+ (void) foo;
@end
```

在上面的程序中，Person 类的接口部分定义了两个成员变量和 3 个方法。3 个方法都只有方法声

明，没有方法体。除此之外，该 Person 类还定义了一个类方法 foo。

根据习惯，Objective-C 把接口部分和实现部分分别使用两个源文件保存（这并不是必需的，只是约定俗成的做法），其中接口部分的源文件通常命名为*.h 文件，实现部分的源文件通常命名为*.m 文件。

Note

接下来为 Person 定义实现部分，实现部分必须为接口部分的所有方法提供实现。除此之外，实现部分也可以定义隐藏的成员变量和方法。下列代码定义了 Person 的实现部分。

```
#import "Person.h"
@implementation Person
{
 //定义一个只能在实现部分使用的成员变量（被隐藏的成员变量）
 int _testAttr;
}
//下面定义了一个 setName: andAge:方法
- (void) setName:(NSString*) n andAge: (int) a // ①
{
 _name = n;
 _age = a;
}
//下面定义了一个 say:方法
- (void) say: (NSString *) content
{
 NSLog(@"%@", content);
}
//下面定义了一个不带形参的 info 方法
- (NSString*) info
{
 [self test];
 return [NSString stringWithFormat:
        @"我是一个人，名字为：%@，年龄为%d。", _name,_age];
}
//定义一个只能在实现部分使用的方法（被隐藏的方法）
- (void) test
{
 NSLog(@"--只在实现部分定义的 test 方法--");
}
//定义一个类方法
+ (void) foo
{
 NSLog(@"Person 类的类方法，通过类名调用");
}
@end
```

在上面实现部分，额外定义了_testAttr 成员变量和 test 方法，由于这个成员变量和方法是在实现部分定义的，因此，这个成员变量将被隐藏在该类的内部，无法从外面访问它们。

在实现 info 方法时，使用了 NSString 的 stringWithFormat:类方法（直接通过类名调用的类方法），该方法的作用是将多个变量“镶嵌”到字符串中输出。

上面的程序中，①号方法与类接口部分定义的方法签名略有不同——只是方法形参名不同，这是允许的。对于 Objective-C 的方法而言，方法的形参名仅相当于一个占位符，因此，该方法声明中的

形参名与方法实现部分的形参名完全可以不同。

实际上，如果让 setName:andAge 方法的形参名依然保持_name 和_age，反而更加麻烦，因为这个形参名和接口部分定义的成员变量重名，这样局部变量将会隐藏成员变量，编译器将会提示警告。

另外，类实现部分定义了 test 方法，这个 test 方法只能在该类的内部使用，因此，上面程序在 info 方法中调用了该 test 方法。但只要离开了该类的内部，test 方法就不能被使用。

5.2 使 用 类

定义类之后，就可以使用该类了，可从如下 3 个方面来使用类。

☑ 定义变量。

☑ 创建对象。

☑ 调用类方法。

5.2.1 实例化

使用类定义变量的语法如下：

```
类名* 变量名;
```

创建对象的语法如下：

```
[[类名 alloc] 初始化方法];
```

在上面的语法中，alloc 是 Objective-C 的关键字，该关键字负责为该类分配内存空间、创建对象。除此之外，还需要调用初始化方法对该实例执行初始化。由于所有的对象都继承了 NSObject 类，因此所有的类都有一个默认的初始化方法 init。

为了照顾 Java 用户的习惯， Objective-C 也支持使用 new 来创建对象，语法格式如下：

```
[类名 new];
```

上面这种写法基本等同于“[[类名 alloc] init];”，实际上，这种写法比较少用，通常还是使用第一种语法来创建对象。

Objective-C 调用方法的语法格式如下：

```
[调用者 方法名: 参数 形参标签: 参数值...];
```

如果方法声明中声明了多个形参，那么调用该方法时需要为每个形参传入相应的参数值。

Objective-C 规定：实例方法（以“-”声明的方法）必须用实例来调用，而类方法（以“+”声明的方法）则必须使用类调用。

【示例】下面的程序演示了 Person 类的用法。

```
#import <Foundation/Foundation.h>
#import "Person.h"
int main(int argc, char * argv[])
{
 @autoreleasepool{
        //定义 Person*类型的变量
```

```
        Person* person;
        //创建 Person 对象，赋给 person 变量
        person = [[Person alloc] init];
        //调用有参数的方法，必须传入参数
        [person say:@"Hello, I love iOS"];
        [person setName: @"张三" andAge: 20];
        //调用无参数的方法，不需要传入参数
        //方法有返回值，可以定义一个类型匹配的变量来接收返回值
        NSString* info = [person info];
        NSLog(@"person 的 info 信息为：%@", info);
        //下面调用 test 方法将会引起错误
        //因为 test 方法是在实现部分定义的，应该被隐藏
        //[person test];
        //通过类名来调用类方法
        [Person foo];
        //将 person 变量的值赋值给 p2 变量
        Person* p2 = person;
    }
}
```

在上面的代码中，通过 Person 实例调用了 say:方法，调用方法时必须为方法的形参赋值。因此，在这行代码中调用 Person 对象 say:方法时，必须为 say:方法传入一个字符串作为形参的参数值，这个字符串将被赋给 content 参数。

除此之外，上面程序还调用 Person 对象的 setName:AndAge 方法和 info 方法。对于 test 方法，由于程序只是在 Person 类的实现部分定义了该方法，故该 test 方法仅能在 Person 类的内部使用，因此程序通过 Person 对象不能调用 test 方法。

通过 Person 类调用了 foo 方法，这是因为定义 foo 方法时使用了“+”标识符，表明该方法是一个类方法，因此只能通过 Person 类调用。

大部分时候，定义一个类就是为了重复创建该类的实例，同一个类的多个实例具有相同的特征，而类则是定义了多个实例的共同特征。从某个角度看，类定义的是多个实例的特征，因此类不是具体存在的，实例才是具体存在的。

5.2.2 指针

在 5.2.1 节示例代码中，有这样两行代码：

```
Person* person;
person = [[Person alloc] init];
```

这两行代码创建了一个 Person 实例，也被称为 Person 对象，这个 Person 对象被赋给 person 变量。实际上，这两行代码产生了两个内容，一个是 person 变量，一个是 Person 对象。

从 Person 类定义来看，Person 对象应包含 3 个成员变量（两个可以暴露的成员变量和一个被隐藏的成员变量），而成员变量是需要内存来存储的，因此，当创建 Person 对象时，必须要有对应的内存来存储 Person 对象的成员变量，如图 5.2 所示显示了 Person 对象在内存中的存储示意图。

从图 5.2 可以看出，Person 对象由多块内存组成，不同的内存块分别存储了 Person 对象不同的成员变量。

Person*类型的变量本质就是一个指针变量，也就是说，person 变量仅保存了 Person 对象在内存

中的首地址。形象地说，可以认为 Person*类型的变量指向实际的对象。

从本质上说，类也是一种指针类型的变量，因此，程序中定义的 Person*类型只是存放一个地址值，它被保存在该 main()函数的动态存储区，指向实际的 Person 对象，而真正的 Person 对象则存放在堆（heap）内存中。如图 5.3 所示为将 Person 对象赋给指针变量的示意图。

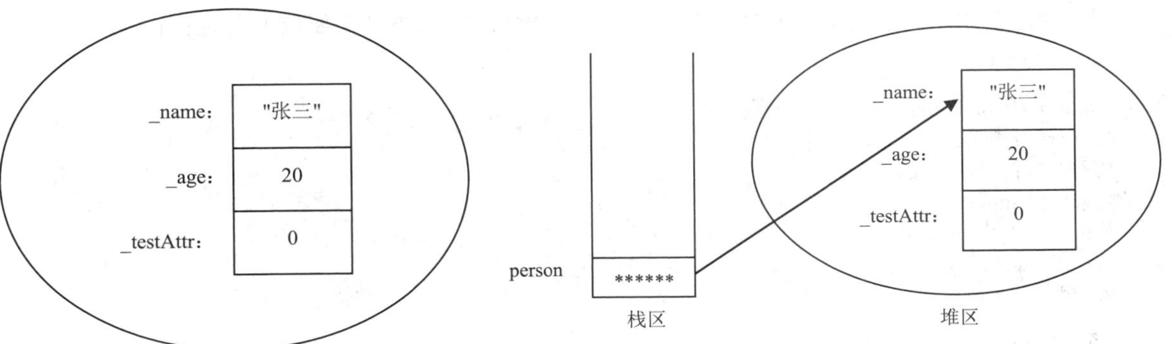

图 5.2　Person 对象在内存中的存储　　图 5.3　将 Person 对象赋给指针变量示意图

main()方法的动态存储区保存的指针变量并未真正存储对象中的成员变量数据，而指针变最仅只是指向该对象。

当一个对象被创建成功以后，这个对象将保存在堆内存中，Objective-C 不允许直接访问堆内存中的对象，只能通过该对象的指针变量来访问该对象。也就是说，所有的对象都只能通过指针变量来访问它们。

在图 5.3 中，person 指针变量本身只存储了一个地址值，并未包含任何实际的数据，但它指向实际的 Person 对象，当调用 person 指针变量的成员变量和方法时，实际上是访问 person 所指向对象的成员变量和方法。

堆内存中的对象可以有多个指针，即多个指针变量指向同一个对象，代码如下：

```
//将 person 变量的值赋给 p2 变量
Person* p2 = person;
```

在上面的代码中，把 person 变量的值赋给 p2 变量，也就是将 person 变量保存的地址值赋给 p2 变量，这样，p2 变量和 person 变量将指向堆内存中的同一个 Person 对象。不管是访问 p2 变量的成员变量和方法，还是访问 person 变量的成员变量和方法，实际上是访问同一个 Person 对象的成员变量和方法，将会返回相同的访问结果。

如果堆内存中的对象没有任何变量指向该对象，那么程序将无法再访问该对象，Objective-C 要求用户释放该对象所占用的内存，否则就会造成内存泄漏。

提示： 当程序需要创建对象时，总会为该对象分配内存单元，并用该内存单元来保存该时象。当程序不再需要使用这些时象时，就应该把这些对象所占用的内存单元收回来，方便以后使用。如果程序不回收这些内存，Objective-C 会以为这些内存依然被占用着，以后将不会分配这些内存，这就会造成内存泄漏，长此以往，程序可用的内存越来越少，程序性能自然也就越来越差。Objective-C 没有提供自动的垃圾回收机制，因此程序员需要手动回收这些内存。Xcode 4.2 引入了自动引用计数（Automatic Reference Counting，ARC），这个新特性可以很好地解决垃圾自动回收的问题。

5.2.3 self

Note

Objective-C 提供了一个 self 关键字，此关键字总是指向调用该方法的对象。self 关键字最大的作用是让类中的一个方法访问该类的另一个方法或成员变量。

【示例 1】本示例定义了一个 Dog 类，这个 Dog 对象的 run 方法需要调用它的 jump 方法。

☑ Dog.h。

```
#import <Foundation/Foundation.h>
@interface Dog: NSObject
//定义一个 jump 方法
- (void) jump;
//定义一个 run 方法，run 方法需要借助 jump 方法
- (void) run;
@end
```

☑ Dog.m。

```
#import "Dog.h"
@implementation Dog
//实现一个 jump 方法
- (void) jump
{
 NSLog(@"正在执行 jump 方法");
}
//实现一个 run 方法，run 方法需要借助 jump 方法
- (void) run
{
 Dog* d = [[Dog alloc] init];
 [d jump];
 NSLog(@"正在执行 run 方法");
}
@end
```

使用这种方式来定义 Dog 类，确实可以实现在 run 方法中调用 jump 方法，但是这样需要创建两个 Dog 对象，通过 self 关键字可以避免这个问题。

self 总是代表当前类的对象，当 self 出现在某个方法体中时，所代表的对象是不确定的，但其类型是确定的，此时 self 所代表的对象只能是当前类的实例。当这个方法被调用时，所代表的对象才被确定下来：谁在调用这个方法，self 就代表谁。

由此可见，self 不能出现在类方法中。因为类方法的调用者是类本身，而不是对象，如果在类方法中使用 self 关键字，这个 self 关键字就不能确定代表谁了。

将上面的 Dog 类的实现部分改写为如下形式会更加合适。

```
#import "Dog.h"
@implementation Dog
//实现一个 jump 方法
- (void) jump
{
 NSLog(@"正在执行 jump 方法");
}
```

```
//实现一个 run 方法，run 方法需要借助 jump 方法
- (void) run
{
 [self jump];
 NSLog(@"正在执行 run 方法");
}
@end
```

采用以上方式定义的 Dog 类更符合实际意义：从 Dog.m 文件中的 Dog 类定义来看，在 Dog 对象的 run 方法内重新创建了一个新的 Dog 对象，并调用它的 jump 方法，这意味着一个 Dog 对象的 run 方法需要依赖于另一个 Dog 对象的 jump 方法，这不符合逻辑。上面的代码更符合实际情形：当一个 Dog 对象调用 run 方法时，run 方法需要依赖它自己的 jump 方法。

【示例 2】当局部变量和成员变量重名的情况下，局部变量会隐藏成员变量。为了在方法中强行引用成员变量，也可以使用 self 关键字进行区分。例如，如下程序定义了 Wolf 类的接口部分（Wolf.h）：

```
#import <Foundation/Foundation.h>
@interface Wolf: NSObject
{
 NSString* _name;
 int _age;
}
//定义一个 setName:ageAge 方法
- (void) setName: (NSString*) _name andAge: (int) _age;
//定义一个 info 方法
- (void) info;
@end
```

上面 Woef 类接口部分定义了一个 setName:andAge:方法，接下来将会在类实现部分为该方法提供实现。在实现部分（Wolf.m），故意让形参与成员变量重名，然后通过 self 强行指定访问成员变量。

```
#import "Wolf.h"
@implementation Wolf
//定义一个 setName:ageAge 方法
- (void) setName: (NSString*) _name andAge: (int) _age
{
 //当局部变量隐藏成员变量时
 //可用 self 代表调用该方法的对象，这样即可为调用该方法的成员变量赋值
 self->_name = _name;
 self->_age = _age;
}
//定义一个 info 方法
- (void) info
{
 NSLog(@"我的名字是%@，年龄是%d 岁", _name, _age);
}
@end
int main(int argc, char * argv[])
{
 @autoreleasepool{
      Wolf* w = [[Wolf alloc] init];
```

```
        [w setName: @"张三" andAge:20];
        [w info];
    }
}
```

Note

在上面程序的 setName:andAge:方法中，由于_name、_age 形参隐藏了其成员变量，因此编译器会提示警告，但由于程序使用了 self->_name、self->_age 来指定为调用该方法的 Wolf 对象的_name、_age 成员变量赋值，这样就可以把调用该方法时传入的参数赋值给_name、_age 两个成员变量。

编译、运行该程序，可以看到如下输出结果：

```
我的名字是张三，年龄是 20
```

简单起见，上面程序直接将 main()函数与 Wolf 的实现部分写在一个源代码中。虽然在实际项目中并不推荐这么做，但这完全符合 Objective-C 的语法，在学习阶段为了简单，也可以这么做。

【示例 3】当 self 作为对象的默认引用使用时，程序可以像访问普通指针变量一样访问这个 self 引用，甚至可以把 self 当成普通方法的返回值。

```
#import <Foundation/Foundation.h>
@interface ReturnSelf: NSObject
{
 @public
 int _age;
}
- (ReturnSelf*) grow;
@end
@implementation ReturnSelf
- (ReturnSelf*) grow
{
 _age++;
 //return self，返回调用该方法的对象
 return self;
}
@end
int main(int argc, char * argv[])
{
 @autoreleasepool{
        ReturnSelf* rt = [[ReturnSelf alloc] init];
        //可以连续调用同一个方法
        [[[rt grow] grow] grow];
        NSLog(@"rt 的_age 成员变量的值是：%d", rt->_age);
 }
}
```

在上面的程序中，将类的接口部分、实现部分、main()函数都定义在一个源文件中，这在语法上也是合法的。不过实际项目中还是推荐将类接口部分定义在*.h 文件中，将实现部分、main()函数分别定义在不同的*.m 文件中。上面程序还使用了@public 关键字，这个关键字用于暴露位于它下面的所有成员变量。

从上面的程序可以看出，如果在某个方法中把 self 作为返回值，则可以多次连续调用同一个方法，从而使代码更加简洁。但是，这种把 self 作为返回值的方法可能造成实际意义上的模糊。例如，上面

的 grow 方法，用于表示对象的生长，即_age 成员变量的值加 1，实际上不应该有返回值。

5.2.4　id 类型

id 类型是一个独特的数据类型，在概念上，类似 Java 或者 C#的 Object 类，可以转换为任何数据类型。换句话说，id 类型变量可以存放任何数据类型的对象。在内部处理上，这种类型被定义为指向对象的指针，实际上是一个指向这种对象的实例变量的指针。需要注意的是 id 是一个指针，所以在使用 id 时不需要加星号，例如：

```
id foo=nil;
```

该语句定义了一个 nil 指针，这个指针指向 NSObject 的任意一个子类。而“id *foo=nil;”则定义了一个指针，这个指针指向另一个指针，被指向的指针指向 NSObject 的一个子类。

【示例 1】当通过 id 类型的变量调用方法时，Objective-C 将会执行动态绑定。所谓动态绑定，是指 Objective-C 将会跟踪对象所属的类，它会在运行时判断该对象所属的类，并在运行时确定需要动态调用的方法，而不是在编译时确定要调用的方法。

本示例在 main()函数中定义一个 id 类型的变量，并使用前面定义的 Person 类创建实例，然后将 Person 实例赋值给该 id 类型的变量。

```
#import <Foundation/Foundation.h>
#import "Person.h"
int main(int argc, char * argv[])
{
 @autoreleasepool{
        //定义 id 类型的变量，并将 Person 对象赋给该变量
        id p = [[Person alloc] init];
        //使用 p 变量来调用 say:方法
        //程序将在运行时执行动态绑定，因此实际执行 Person 对象的 say:方法
        [p say: @"Hi, iOS"];
 }
}
```

上面的程序中定义了一个 id 类型的变量，并将一个 Person 对象赋给该 id 类型的变量，然后就可以通过该 id 类型的变量调用 say:方法，程序将会在运行时动态检测该变量所指的对象的实际类型为 Person，因此，将会动态绑定到执行 Person 对象的 say:方法，编译、运行该程序，看到如下输出结果：

```
Hi, iOS
```

【示例 2】本示例定义两个不同的类，一个是学生类 Student，一个是会员类 Member，这两个类拥有不同的成员变量和方法。

☑　Student.h。

```
#import <Foundation/Foundation.h>
@interface Student: NSObject{
    int sid;
    NSString *name;
}
@property int sid;
@property (nonatomic,retain)NSString *name;
-(void)print;
```

```
-(void)setSid:(int)sid andName:(NSString*)name;
@end
```

☑ Student.m。

Note

```
#import "Student.h"
@implementation Student
@synthesize sid,name;
-(void)print{
      NSLog(@"我的学号是：%i，我的名字是：%@",sid,name);
}
-(void)setSid:(int) sid1 andName:(NSString *)name1{
      self.sid=sid1;
      self.name=name1;
}
@end
```

☑ Member.h。

```
#import <Foundation/Foundation.h>
@interface Member: NSObject{
        NSString *name;
        int age;
}
@property (nonatomic,retain)NSString *name;
@property int age;
-(void)print;
-(void)setName:(NSString*)name1 andAge:(int)age1;
@end
```

☑ Member.m。

```
#import "Member.h"
@implementation Member
@synthesize name,age;
-(void)print{
        NSLog(@"我的名字是：%@，我的年龄是%i",name,age);
}
-(void)setName:(NSString *)name1 andAge:(int)age1{
        self.name=name1;
        self.age=age1;
}
@end
```

☑ main.m。

```
id fo;
NSLog(@"%lu",sizeof(fo));
Member *member1=[[Member alloc]init];
[member1 setName:@"LiDao" andAge:24];
id data;
data=member1;//由于 id 类型的通用性质，可以将创建好的对象赋值给 data
[data print];
```

```
Student *student1=[[Student alloc]init];
[student1 setSid:399110 andName:@"yifei"];
data=student1;
[data print];
```

输出结果：

```
8
我的名字是：LiDao，我的年龄是 24
我的学号是：399110，我的名字是：yifei
```

5.2.5　类名的使用

在代码中，类名用在两种完全不同的语境中。在这两种语境中，类名分别定义为数据类型和类对象。

类名可以用于指定一个对象的类型。例如：

```
Rectangle *anObject;
```

anObject 被静态地指定为 Rectangle 类型。这样编译器就可以提前知道它拥有 Rectangle 实例所具有的数据结构，同时它还拥有 Rectangle 类所定义和继承的实例方法。静态地指定对象类型可以使编译器更好地进行类型校验，并且使代码具有更高的可读性。只有实例对象可以静态地指定类型，类对象不能这样处理，因为类对象不是一个类的成员，而是属于 Class 数据类型。

作为一个消息表达式中的接收者，类名代表一个类对象。这种用法在之前的很多例子中都提到过。类名只有作为消息接收者才能代表一个类对象。在其他情况下，如果想得到一个类对象，必须调用类对象的方法来获得它的 id（发送一个 class 消息）。下面的示例把 Rectangle 类对象作为一个变量传递给 isKindOfClass:消息：

```
if ( [anObject isKindOfClass:[Rectangle class]] )
…
```

直接使用 Rectangle 作为变量是不合法的，类名只能用作接收者。如果在编译时不知道类名而在运行时能够得到类名的字符串，可以使用 NSClassFromString()返回一个类对象：

```
NSString *className;
    ...
if ( [anObject isKindOfClass:NSClassFromString(className)] )
    ...
```

如果传递的字符串不是一个有效的类名，在相同的命名空间中则返回 nil。类名、全局变量名、全局方法名。注意，在同一个命名空间中，类和全局变量不能使用相同的名字。Objective-C 中只有类名是全局可见的。

5.2.6　类的比较

可以通过比较两个类对象的指针来检验两个类对象是否相等。关键是得到正确的类指针。Cocoa 框架提供了一些功能来动态地、透明地为已有的类创建子类以扩展它们的功能。在一个动态创建的子类中，class 方法通常会被重写，这样子类就会伪装成它所取代的类。因此当校验两个类是否相等时，应该比较 class 方法返回的值，而不是比较底层方法的返回值。依据 API，关于动态子类会有如下不等式：

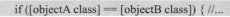

```
[object class] != object_getClass(object) != *((Class*)object)
```

因此，应该像下面这样比较两个类是否相等：

Note

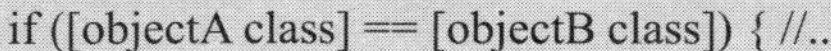

```
if ([objectA class] == [objectB class]) { //...
```

5.3 变　　量

与 Java 相比，Objective-C 中的数据类型更多元化一些。当然，说到变量，一定要先明确一些概念，例如，程序到底是怎么运行的。

当写完程序并完成编译以后，运行程序，系统就会为程序在内存中开辟一块空间。此时，内存大致分为 4 部分，第 1 部分是代码段，即存放程序代码的区域；第 2 部分是数据段，用于存放静态变量和字符串常量；第 3 部分是堆，用于动态申请内存；第 4 部分是栈，用于存放局部变量。按作用域可分为局部变量和全局变量。

5.3.1 局部变量

局部变量也称为内部变量，是在函数内部声明的，其作用域仅限于函数内，离开该函数后再使用这种变量是非法的。关于局部变量的使用可归纳为以下几条：

- ☑ 局部变量值只在方法运行时才存在，并且只能在定义它们的方法中访问。
- ☑ 局部变量没有默认的初始值，所以在使用前要先赋值。
- ☑ 与实例变量不同，局部变量不存在于内存中，也就是说，当方法返回时，这些变量的值都消失了。
- ☑ 每次调用方法时，该方法中的局部变量 （如果有）都使用变量声明初始化一次。
- ☑ 在一个方法中，输入参数也属于局部变量的范畴。

局部变量根据定义形式的不同，又分为如下 3 种。

- ☑ 形参：在定义函数签名时定义的变量，形参的作用域在整个函数内有效。
- ☑ 函数局部变量：在函数体内定义的局部变量，其作用域是从定义该变量的地方生效，到该函数结束时失效。
- ☑ 代码块局部变量：在代码块中定义的局部变量，其作用域从定义该变量的位置起生效，到该代码块结束时失效。

【示例 1】 对局部变量赋初始值之前，它们的值是不确定的（通常是 0），这是因为每次调用该函数时都会为该变量重新分配内存，而重新分配的内存中的值是不确定的。下面的代码是定义代码块局部变量的实例程序。

```
#import <Foundation/Foundation.h>
int main(int argc, char * argv[])
{
 @autoreleasepool{
        {
            //定义一个代码块局部变量 a
            int a;
            //下面代码输出的值不确定，通常是 0
```

```
            NSLog(@"代码块局部变量 a 的值：%d", a);
            //为 a 变量赋值
            a = 5;
            NSLog(@"代码块局部变量 a 的值：%d", a);
        }
        //下面试图访问的 a 变量并不存在
        NSLog(@"%d", a);
    }
}
```

Note

从上面的代码中可以看出，只要离开了代码块局部变量所在的代码块，则这个局部变量将立即被销毁，变为不可见。

【示例 2】对于函数局部变量，其作用域从定义该变量开始，直到该函数结束。下面的代码示范了函数局部变量的作用域。

```
#import <Foundation/Foundation.h>
int main(int argc, char * argv[])
{
 @autoreleasepool{
        //定义一个函数局部变量 a
        int a;
        //下面的代码输出的值不确定，通常是 0
        NSLog(@"函数局部变量 a 的值：%d", a);
        //为 a 变量赋值
        a = 5;
        //下面的代码将输出 5
        NSLog(@"函数局部变量 a 的值：%d", a);
 }
}
```

形参的作用域是在整个函数体内有效，而且形参也无须显式初始化。形参的值由函数的调用者在调用该函数时指定。

5.3.2 全局变量

全局变量也称为外部变量，是在函数体外定义的变量。全局变量不属于哪一个方法，而是属于一个源程序文件，其作用域是整个源程序。

在 Objective-C 中支持的全局变量主要有两种实现方式：第一种和 C/C++中的一样，使用 extern 关键词；第二种就是使用单例实现。

定义全局变量，按照惯例，用小写 g 作为全局变量首字母，说明符为 extern，例如：

```
extern int gMoveNumber
```

全局变量是可被其他任何方法或函数访问和更改的变量。如果同一源文件中的全局变量和局部变量同名，则在局部变量的作用域内，外部变量被“屏蔽”。建议尽量不使用全局变量。

【示例 1】下面程序需要定义一个函数，该函数需要统计指定数组的最大值、最小值、平均值、总和，此时就可通过全局变量来保存该函数的计算结果。

```
#import <Foundation/Foundation.h>
```

Note

```
//定义 4 个全局变量
int sum;
int avg;
int max;
int min;
void statistics(int nums[], unsigned long len)
{
 min = nums[0];
 for (int i = 0; i < len; i++)
 {
        //始终让 max 保存较大的整数
        if(nums[i] > max)
        {
                max = nums[i];
        }
        //始终让 min 保存较小的整数
        if(nums[i] < min)
        {
                min = nums[i];
        }
        //统计总和
        sum += nums[i];
 }
 //计算平均值
 avg = sum / len;
}
int main(int argc, char * argv[])
{
 @autoreleasepool{
        int nums[] = {12, 20, 4, 20,5, 12, 14, 34};
        statistics(nums, sizeof(nums) / sizeof(nums[0]));
        NSLog(@"总和：%d", sum);
        NSLog(@"平均值：%d", avg);
        NSLog(@"最大值：%d", max);
        NSLog(@"最小值：%d", min);
 }
}
```

上面的程序先定义了 4 个全局变量，接下来在 statistics()函数中对这 4 个变量进行计算、赋值，并在 main()函数中访问、输出这 4 个全局变量的值。

从上面的程序不难看出，使用全局变量确实非常方便，但并不推荐大量使用全局变量，而是应该尽量避免使用全局变量，因为全局变量会大大增加函数之间的耦合度，降低函数内部的独立性，使程序难以维护。

【示例 2】如果在源程序开头部分定义全局变量，那么该程序中所有函数都可访问该全局变量。如果在源程序结尾部分定义了全局变量，又希望在前面的各函数中使用这些全局变量，这就需要使用 extern 关键字声明全局变量。

```
#import <Foundation/Foundation.h>
void change()
{
 //声明本函数将要使用的全局变量
```

```
 extern int globalVar;
 globalVar = 20;
}
int main(int argc, char * argv[])
{
 @autoreleasepool{
        //声明本函数将要使用的全局变量
        extern int globalVar;
        NSLog(@"%d", globalVar);
        change();
        NSLog(@"%d", globalVar);
 }
}
//定义全局变量
int globalVar;
```

在上面的程序中，change()函数、main()函数中声明了 globalVar 全局变量。

注意： 全局变量用于定义一个新变量，而全部变量声明则用于告诉系统，该函数将会使用后面定义的全局变量。

5.3.3 实例变量

实例变量（也称为成员变量）在 Objective-C 中，是指对象、结构，以及作为类定义一部分的其他数据类型声明。如果是对象，则类型的声明可以是动态（使用 id）的，也可以是静态的。下面的例子显示了两种声明风格：

```
id delegate;
NSColor *color;
```

一般说来，当对象所属的类不确定或不重要时，就使用动态类型来声明实例变量。

实例变量的命名规则是使用小写字符串，不包含标点符号和特殊字符。如果变量名称包含多个词，就直接把这些词连起来，且第二个词及之后的词的首字大写。例如：

```
NSString *title;
NSColor *backgroundColor;
NSRange currentSelectedRange;
```

实例变量不仅可以保存对象的属性，也可以保存一些私有数据，用于支持对象执行某些任务。

1. 引用

在默认情况下，定义的实例方法可以引用对象中所有的实例变量。实例方法可以通过变量名来引用变量，不需要任何结构体操作符（.或者->）去引用对象的变量。例如，下面示例在方法中引用了类的实例变量 filled：

```
- (void)setFilled:(BOOL)flag
{
        filled = flag;
        ...
}
```

Note

在引用一个固定类型对象的实例变量时需要使用指针操作符（->）。例如，假设有一个类 Sibling 声明了一个固定类型的对象 twin，作为一个实例变量：

```
@interface Sibling: NSObject
{
        Sibling *twin;
        int gender;
        struct features *appearance;
}
```

如果一个固定类型对象的实例变量在一个类的调用范围之内，Sibling 的方法可以直接为其赋值：

```
- makeIdenticalTwin
{
        if ( !twin ) {
            twin = [[Sibling alloc] init];
            twin->gender = gender;
            twin->appearance = appearance;
        }
    return twin;
}
```

2. 调用范围

为了使对象有能力隐藏它的数据，编译器限制了实例变量的访问范围，也就是限制了程序对它们的可见性，不过可以指定可见范围，这些范围共分为 4 个等级，每个等级都有一个编译指令，如表 5.1 所示。

表 5.1　访问范围编译指令

指　　令	含　　义
@private	变量只限于声明它的类访问
@protected	变量可以被声明它的类以及继承该类的类使用。所有没有明确指定访问范围的变量默认为 @protected
@public	变量可以在任何位置访问
@package	类似于 Java 中包的概念，可以把变量的访问范围控制在一个范围内，例如一个 framework 内

3. 未定访问范围

类中声明的变量无论如何定义访问范围都可以被该类内定义的方法使用。例如，job 变量可以被下面这样一个方法使用，如果一个类不能访问自己的实例变量，那么很显然这个变量无论如何也不会被使用。

```
- promoteTo:newPosition
{
    id old = job;
    job = newPosition;
    return old;
}
```

通常，一个类可以访问其父类的实例变量。在继承变量的同时，也继承了被引用的能力。很显然

每个类都有完整的数据结构，特别是当从父类继承了一个非常巧妙的数据结构时更显得非常实用了。所以上面例子中的 promoteTo:方法定义在 Worker 类中或其子类中都可以访问 job。不过，由于下面一些原因，需要限制子类对实例变量的直接访问：

☑ 一旦一个子类访问了父类的实例变量，这个父类也就和子类的实现捆绑到一起了。在后续的处理中这个变量不能被销毁或改变用途，否则稍有疏忽就会破坏子类。

☑ 如果一个子类访问父类的变量并改变了变量的值，就有可能会使父类产生一个 bug，特别是当这个变量涉及类的内部处理时。

所以要限制变量只能在类内访问，必须将其设置为@private。这样，要访问这个变量就只能通过调用一个公共的方法（get/set 方法）。

另外，@public 变量可以在任何地方访问。通常情况下其他对象如果想要获得变量的值，必须要发送一个消息请求，但是一个公共变量就可以在任何位置直接访问了。例如：

```
Worker *ceo = [[Worker alloc] init];
ceo->boss = nil;
```

@public 变量使对象无法隐藏它的数据，这样就违背了面向对象编程的基本原则——将数据封装在对象中，防止被随意浏览和由疏忽引起的错误，因此应该尽量避免使用公共变量，除非有特殊的目的。

【示例】下面的程序定义了一个 Person 类，在这个 Person 类中定义两个实例变量_name 和_age。程序通过 PersonTest 类来创建 Person 实例，并分别通过 Person 实例访问实例变量。

```
#import <Foundation/Foundation.h>
@interface Person: NSObject
{
 @public
 //定义两个实例变量
 NSString* _name;
 int _age;
}
@end
@implementation Person
@end
int main(int argc, char * argv[])
{
 @autoreleasepool{
        //创建 Person 对象
        Person* p = [[Person alloc] init];
        //通过指针变量来访问 Person 对象_name、_age 实例变量
        NSLog(@"p 变量的_name 实例变量的值是：%@，p 对象的_age 成员变量的值是：%d",
                p->_name, p->_age);
        //直接为 p 的 name 实例变量赋值
        p->_name = @"孙悟空";
        //直接为 p 的 age 实例变量赋值
        p->_age = 50;
        //再次通过指针变量来访问 Person 对象_name、_age 实例变量
        NSLog(@"p 变量的_name 实例变量的值是：%@，p 对象的_age 成员变量的值是：%d",
                p->_name, p->_age);
        //创建第一个 Person 对象
        Person* p1 = [[Person alloc] init];
```

```
        //创建第二个 Person 对象
        Person* p2 = [[Person alloc] init];
        //分别为两个 Person 对象的 name 成员变量赋值
        p1->_name = @"张三";
        p2->_name = @"李四";
    }
}
```

从上面的程序看，成员变量无须显式初始化，只要为一个类定义了实例变量，系统会为实例变量执行默认初始化，基本类型的实例变量默认被初始化为 0，指针类型的成员变量默认被初始化为 nil。

5.3.4 静态变量

在 Objective-C 中，在变量声明前加上关键字 static，该变量就称为静态变量，其作用是可以使局部变量保留多次调用一个方法所得的值。例如，下面语句 static 声明一个静态变量：

```
static int hitCount = 0;
```

声明整数 hitCount 是一个 static 静态变量。和其他常见局部变量不同，Objective-C 中的 static 静态变量的初始值为 0，所以前面显示的初始化是多余的。此外，它们只在程序开始执行时初始化一次，并且在多次调用方法时保存这些数值。

【示例 1】如果希望某个局部变量的值在函数调用结束后依然可以保留，此时可用 static 修饰该局部变量。使用 static 修饰的局部变量被称为静态局部变量，静态局部变量将会被保存在静态存储区内。下面的代码测试了静态局部变量与普通局部变量的区别。

```
#import <Foundation/Foundation.h>
void fac(int n)
{
 auto int a = 1;
 //定义静态局部变量，每次函数调用结束后，都会保存该变量的值
 static int b = 1;
 //a（每次调用时 a 总是等于 1）的值加上 n
 a += n;
 //b（b 变量可以保留上一次调用的结果）的值加上 n
 b += n;
 NSLog(@"a 的值为%d, b 的值为%d", a, b);
}
int main(int argc, char * argv[])
{
 @autoreleasepool{
      //采用循环调用了 fac()函数 4 次
      for(int i = 0; i < 4; i++)
      {
           fac(i);
      }
 }
}
```

从上面的程序看，由于每次调用 fac()函数时，变量 a 的值总是从 1 开始，而接下来将 a 的值添加 n。因此，多次调用该函数看到输出 a 的值总是 n+1 的结果；而变量 b 则可以保留上一次函数调用的

结果，接下来再将 b 的值添加 n，因此每次调用函数输出 b 的值应为 1+2+3+…+n。运行该程序，输出如下结果：

```
a 的值为 1, b 的值为 1
a 的值为 2, b 的值为 2
a 的值为 3, b 的值为 4
a 的值为 4, b 的值为 7
```

【示例 2】本示例利用 static 变量的特征计算阶乘运算。

```
#import <Foundation/Foundation.h>
int fac(int n)
{
 //static 变量，第一次运行时该变量的值为 1
 //f 可以保留上一次调用函数的结果
 static int f = 1;
 f = f * n;
 return f;
}
int main(int argc, char * argv[])
{
 @autoreleasepool{
        //采用循环，控制调用该函数 7 次
        for(int i = 1; i < 8; i++)
        {
              NSLog(@"%d 的阶乘为：%d", i, fac(i));
        }
 }
}
```

运行该程序将看到如下输出：

```
1 的阶乘为：1
2 的阶乘为：2
3 的阶乘为：6
4 的阶乘为：24
5 的阶乘为：120
6 的阶乘为：720
7 的阶乘为：5040
```

需要指出的是，虽然静态变量可以在函数调用结束后仍然存在，但只能在本函数调用时再次访问该变量的值，其他函数不能访问该静态局部变量的值。

另外，由于静态变量会一直占据固定的内存，通常应该慎重使用静态局部变量。考虑使用静态局部变量的情况有如下两种。

☑ 需要变量能保留上一次调用结束时的值。

☑ 如果希望变量只被初始化一次，以后只是被引用，而不希望对其重新赋值，可以考虑使用静态变量。

提示：关于局部变量的存储机制，还有一个 register 关键字，该关键字指定将变量的值存入寄存器——无须将变量存入内存，从而可以避免 CPU 频繁地读写内存，因此可以对那些频繁使用的局部变量使用 register 修饰。

Note

5.3.5 变量的存储类别

从变量的存储机制看，C 语言的变量可分为动态存储变量和静态存储变量。

☑ 动态存储：程序在运行期间根据需要动态分配内存的存储方式。

☑ 静态存储：程序在运行开始就分配固定内存的存储方式。

就 C 程序运行的内存来说，大致可分为 3 部分：程序区、静态存储区和动态存储区。C 程序中的变量要么放在静态存储区，要么放在动态存储区。静态存储区的变量会在程序运行开始时分配内存，直到程序运行结束才会释放内存，在程序运行过程中，静态存储区的变量总是占据固定的内存。

静态存储区会存放如下两类变量。

☑ 全局变量。无论是内部全局变量，还是外部全局变量，都被保存在静态存储区内。

☑ static 修饰的局部变量。

动态存储区的变量所在的存储空间是动态分配的，当程序多次调用同一个函数时，该函数内的局部变量（非 static 修饰的变量）每次都会动态分配内存空间，每次函数结束就会自动释放这些内存，这种分配和释放都是动态的。如果一个程序多次调用同一个函数，程序每次分配给该函数的局部变量的存储空间可能是变化的。

动态存储区主要存放如下 3 类数据。

☑ 函数的形参变量。

☑ 非 static 的局部变量。

☑ 函数执行的现场数据以及返回地址等。

为了指定变量的存储类别，可以在定义变量时指定存储类别，C 语言支持如下几种存储类别。

☑ auto：指定该变量采用自动存储机制，局部变量默认采用这种存储机制。

☑ static：指定将局部变量存放到静态存储区。这样该变量所占的空间将会一直保存，直到程序退出。

☑ register：指定将该变量存放到寄存器内。

☑ extern：用于声明外部变量。

在前面例子中，已经使用了一些变量存储类别的说明符，例如 extern 和 static，下面将介绍另外 3 种变量存储类别的说明符。

1. auto

auto 用于声明一个自动局部变量。它是函数或方法内部变量的默认声明方式，一般省略。例如：

```
auto int index;
```

该语句为 index 声明一个自动局部变量，也就是说，在方法调用时自动为其分配存储空间，并在方法退出时自动释放这个变量。因为 auto 在方法中是默认添加的，因此方法 int index 和语句 auto int index 是等效的。

自动变量没有默认的初始值，除非显示地为其赋值，否则它的值将是不确定的。静态变量初始值为 0。

2. const

Objective-C 语言允许使用 const 将这些变量的值设定为常数值，这样这些变量的值从头到尾都不会被改变了。假如试图将数据存储到 const 变量中，或者让 const 变量自加、自减，编译器都会报错。

在程序中为值不变的变量设置 const 特性，不可更改其值，必须将其初始化。例如：

```
const double pi = 3.141592654;
```

3. volatile

将变量指定为 volatile 类型，变量的值会改变（与 const 相反）。可以防止编译器优化掉看似多余的变量赋值，同时避免重复地检查值没有变化的变量。例如：

```
volatile char *outPort;
*outPort = '0';
*outPort = 'N';
```

防止第一个赋值语句从程序中删除。

5.3.6 案例：定义单例类

如果一个类始终只能创建一个实例，则这个类被称为单例类。单例类可通过 static 全局变量来实现。定义一个 static 全部变量，该变量用于保存已创建的单例类对象，每次程序需要获取该实例时，程序先判断该 static 全局变量是否为 nil，如果该全局变量为 nil，则初始化一个实例并赋值给 static 全局变量。

定义单例类接口（Singleton.h）：

```
#import <Foundation/Foundation.h>
@interface Singleton: NSObject
+ (id) instance;
@end
```

Singleton 类的接口部分声明了一个 instance 类方法，允许程序通过该类方法来获取该类的唯一实例。

下面 Singleton 类的实现部分（Singleton.m）定义一个 static 全局变量，并通过该全局变量来缓存已有的实例，然后实现 instance 类方法，在该类方法中控制 Singleton 类最多只会产生一个实例。

```
#import "Singleton.h"
static id instance = nil;
@implementation Singleton
+ (id) instance
{
 //如果 instance 为 nil
 if(!instance)
 {
     //创建一个 Singleton 实例，并将该实例赋给 instance 全局变量
     instance = [[super alloc] init];
 }
 return instance;
}
@end
int main(int argc, char * argv[])
{
 @autoreleasepool{
     //判断两次获取的实例是否相等，程序将会返回 1（代表真）
     NSLog(@"%d", [Singleton instance] == [Singleton instance]);
 }
}
```

通过 instance 方法来获取 Singleton 实例时，程序最多只会产生一个 Singleton 实例，接着在 main()函数中测试这个 Singleton 类，将可以看到两次产生的 Singleton 对象实际上是同一个对象。

5.3.7 案例：定义类变量

Note

static 关键字不能用于修饰成员变量，只能修饰局部变量、全局变量和函数，static 修饰局部变量表示将该局部变量存储到静态存储区。static 修饰全局变量用于限制该全局变量只能在当前源文件中访问。static 修饰函数用于限制该函数只能在当前源文件中调用。

Objective-C 不支持 Java 类变量，虽然类变量不常用，但有时还是需要使用它，下面可以通过内部全局变量来模拟类变量。

实现方法：在类实现部分定义一个 static 修饰的全局变量，并提供一个类方法来暴露该全局变量。

【示例】下面的程序定义了 User 类，并为其定义了一个 nation 类变量。在 User 接口部分声明两个类方法分别用于修改或获取类变量。

接口文件代码（User.h）如下：

```
#import <Foundation/Foundation.h>
@interface User: NSObject
+ (NSString*) nation;
+ (void) setNation: (NSString*) newNation;
@end
```

在 User 实现部分（User.m）定义一个 static 全局变量，并通过 nation 方法来获取该全局变量的值，通过 setNation:方法设置该全局变量的值。

```
#import "User.h"
static NSString* nation = nil;
@implementation User
+ (NSString*) nation
{
 //返回 nation 全局变量
 return nation;
}
+ (void) setNation: (NSString*) newNation
{
 //对 nation 全局变量赋值
 if(![nation isEqualToString: newNation])
 {
        nation = newNation;
 }
}
@end
int main(int argc, char * argv[])
{
 @autoreleasepool{
        //为 User 的类变量赋值
        [User setNation:@"中国"];
        //访问 User 的类变量
        NSLog(@"User 的 nation 类变量为：%@", [User nation]);
 }
}
```

5.4　属　　性

属性提供了比方法更方便的访问方式：通过 property 标识符来替代 getter 和 setter 方法。使用方法就是在类接口文件中用@property 标识符，后面跟着变量的属性，包括 copy、tetain、assign、readonly、readwrite、nonatomic，然后是变量名。同时在实现文件中用@synthesize 标识符来取代 getter 和 setter 方法。

尽管使用访存方法可以带来很多好处，但是编写访存方法却是一件乏味的工作。此外，这样做也掩盖了属性中一些对 API 的使用者来说很重要的方面，例如，访存方法线程是否安全，或者在赋新值时是否会复制。

属性声明通过以下方法来解决上述问题：

☑ 属性的声明提供了一个关于访存方法行为的清晰的、明确的说明。

☑ 编译器可以根据在声明中提供的有关说明来生成访存方法。

☑ 由于属性是使用标识符表示的且有一定的作用域，所以编译器可以侦测到未声明属性的使用。

5.4.1　属性的声明

属性的声明要以关键字@property 开头。@property 可以出现在一个类的@interface 代码部分的方法声明列表中的任何位置。@property 同时还可以出现在协议或分类的声明中。

```
property (attributes) type name;
```

@property 指令用来声明一个属性。一对括号包着的可选特性（attributes）提供了关于存储语义和其他一些属性行为的细节。每个属性都有一个类型说明（type）和一个属性名（name）。下面的代码演示了一个简单的属性声明。

```
@interface MyClass: NSObject
@property float value;
@end
```

可以认为属性声明等同于声明两个访存方法。例如：

```
@property float value;
```

等同于：

```
- (float)value;
- (void)setValue:(float)newValue;
```

但是，一个属性的声明还提供了关于如何实现访存方法的额外信息。当然也可以把属性声明放到类扩展中。例如，可以像下面这样声明前面例子中的 value 属性：

```
@interface MyClass: NSObject
@end

@interface MyClass ()
@property float value;
@end
```

当想要隐藏私有属性的声明时，这样做就很有用了。

1. 属性声明的特性

可以通过@property(attribute [, attribute2, ...])使用特性来修饰一个属性。与方法相同，属性的作用范围仅限于其接口声明以内。在属性声明中可以使用逗号分隔多个属性名，这样特性会应用到所有的属性名上。

如果使用@synthesize 指令通知编译器创建访存方法，生成的代码会与给定的特性关键字相匹配。如果要自己实现访存方法，需要确保它符合这些特性（例如，指定了 copy 特性，就必须确保在存储方法中复制输入值）。

2. 访问方法名

一个属性的访问和存储方法默认的方法名分别为 propertyName 和 setPropertyName:。例如，有一个属性 foo，访存方法为 foo 和 setFoo:。通过下面的特性可以为访存方法指定方法名。它们是可选项且可以和其他特性一起使用（但是 readonly 和 setter 不能同时出现）。

- ☑ getter=getterName 为访问方法指定方法名。访问方法必须返回一个和属性类型相同的值且不能有参数。
- ☑ setter=setterName 为存储方法指定方法名。存储方法必须仅有一个参数且参数类型同属性类型相同，同时返回值为 void。如果指定了一个属性的特性为 readonly，同时又指定了一个存储方法，那么编译时会报错。

通常访存方法名会以键-值的形式命名，例如，使用 isPropertyName 形式的方法名作为返回布尔型的读取方法的名字。

3. 可写性

以下两个特性负责控制一个属性是否有 setter 方法，它们是互斥的。

- ☑ Readwrite 标志一个属性是可读写的，这个特性是默认的，表明在@implementation 中需要同时实现 getter 和 setter 两个方法。如果在实现中使用了@synthesize 指令，那么 getter 和 setter 方法会由编译器自动生成。
- ☑ Readonly 标志一个属性为只读。如果标明 readonly，那么在@implementation 中仅需要实现一个 getter 方法。如果在实现中使用了@synthesize 指令，那么编译器只生成 getter 方法。另外，如果在代码中使用点语法为属性赋值，那么编译器会报错。

4. setter 语义

下面这些特性标明 setter 方法的语义，它们是互斥的。

- ☑ Strong 标明属性同目标对象是强（所属）关系。
- ☑ Weak 标明属性同目标对象是弱（没有所属）关系。如果目标对象被取消了，那么属性值会自动设为 nil（iOS X 10.6 和 iOS 4 不支持弱关系的属性，应该使用 assign 代替。）
- ☑ copy 标明在分配对象时会进行复制，并向原先的对象发送一个 release 消息。复制对象是通过调用 copy 方法实现的。这个特性只有在属性是一个对象时有效，并且这个对象要实现 NSCopying 协议。
- ☑ assign 标明 setter 方法使用简单的内存分配。这个特性为默认特性，一般对数值类型，如 NSInteger 和 CGRect 使用这个特性。
- ☑ etain 标明需要在分配的对象上调用 retain 方法，并向原先的对象发送一个 release 消息。在 iOS X 10.6 及以后版本中，可以使用关键字__attribute__来标明使用一个核心功能的属性可以像使用一个 objc 对象一样进行内存管理：

```
@property(retain) __attribute__((NSObject)) CFDictionaryRef myDictionary;
```

5. 原子性

可以使用 nonatomic 特性来标明一个访存方法为非原子方法（没有关键字用于标明原子方法，默认就是原子的）。

属性在默认情况下具有原子性，所以由编译器生成的访存方法提供了健全的在多线程的环境中访问属性的功能，对 getter 方法的返回值或通过 setter 方法设置的值进行检索与设置可以完全不受其他线程执行的影响。

如果指明 strong、copy 或 retain，并且没有指明 nonatomic，那么在一个引用计数的环境中，生成的 getter 方法会对返回值进行锁定、恢复、自动释放，实现方式类似下面的代码：

```
[_internal lock]; //使用对象级锁进行锁定
id result = [[value retain] autorelease];
[_internal unlock];
return result;
```

如果指明 nonatomic，那么生成的访存方法就直接返回属性值。

6. 标记和弃用

属性支持全部 C 风格的修饰符。属性可以被弃用或支持__attribute__格式的标记：

```
@property CGFloat x
AVAILABLE_MAC_OS_X_VERSION_10_1_AND_LATER_BUT_DEPRECATED_IN_MAC_OS_X_VERSION
_10_4;
@property CGFloat y __attribute__((...));
```

如果想要标明一个属性是一个输出项，可以使用 IBOutlet 标识符：

```
@property (nonatomic, weak) IBOutlet NSButton *myButton;
```

IBOutlet 不是一个特性，但是属于特性列表的一部分。

5.4.2　属性的实现

可以在@implementation 中使用@synthesize 和@dynamic 指令来触发特定的编译器动作。注意这两个指令对于@property 声明都不是必需的。

如果没有为一个属性标明@synthesize 或@dynamic，那么必须要为这个属性实现 getter 和 setter 方法（如果是 readonly，只需要实现 getter 方法），否则编译器会报一个警告。

@synthesize 可以使用@synthesize 指令来通知编译器，当没有在@implementation 中实现 setter 和 getter 方法时，由编译器来生成这两个方法。

同时，声明了实例变量@synthesize 指令也会生成一个适当的实例变量。

```
@interface MyClass: NSObject
@property(copy, readwrite) NSString *value;
@end

@implementation MyClass
@synthesize value;
@end
```

可以使用 property=ivar 格式来说明属性会用到一个实例变量，例如：

```
@synthesize firstName, lastName, age=yearsOld;
```

上面这段代码说明需要分别为 firstName、lastName 和 age 生成访存方法，并且用属性 age 来代表实例变量 yearsOld。生成的方法还会受其他一些可选属性控制。

Note

不管是否指定实例变量的名字，@synthesize 指令能使用的仅是当前类中的实例变量，而不能是超类中的。

在不同的运行示例中，关于访存方法生成会有所不同：

☑ 在以前的运行示例中，实例变量必须是已经在当前类的@interface 中声明的。如果存在一个和属性同名的实例变量，并且其类型也同属性的类型相匹配，那么就使用这个实例变量，否则编译器会报错。

☑ 在现在的运行示例中，实例变量会根据需要生成。如果一个同名的实例变量已经存在，那么就使用这个实例变量。

可以使用@dynamic 关键字通知编译器会履行属性的 API 协议，直接实现一个方法或在运行时使用其他机制（例如动态加载代码或动态方法）来实现方法。这样会屏蔽掉编译器关于未找到方法实现的警告。应该只有在确定方法会在运行时有效的情况下才能使用这个关键字。下面这个例子演示了在一个 NSManagedObject 的子类中使用@dynamic。

```
@interface MyClass: NSManagedObject
@property(nonatomic, retain) NSString *value;
@end

@implementation MyClass
@dynamic value;
@end
```

NSManagedObject 是由核心数据框架提供的。一个托管对象类会有一个相应模式来定义类的特性和关系；在运行时，核心数据结构会生成这些必需的访存方法。因此，通常为特性和关系声明一个属性不需要用户自己实现访存方法，也不应该要求编译器去做这些。然而如果声明了一个属性且没有实现访存方法，编译器会生成一个警告。使用@dynamic 就可以屏蔽掉这个警告。

5.4.3 属性类型和相关函数

属性类型定义了对描述属性的结构体 objc_property 的不透明的句柄：

```
typedef struct objc_property *Property;
```

可以使用函数 class_copyPropertyList 和 protocol_copyPropertyList 来获得类（包括范畴类）或协议类中的属性列表：

```
objc_property_t *class_copyPropertyList(Class cls, unsigned int *outCount)
objc_property_t *protocol_copyPropertyList(Protocol *proto, unsigned int *outCount)
```

例如，有如下的类声明：

```
@interface Lender: NSObject {
        float alone;
}
```

```
@property float alone;
@end
```

可以像下面这样获得其属性：

```
id LenderClass = objc_getClass("Lender");
unsigned int outCount;
objc_property_t *properties = class_copyPropertyList(LenderClass, &outCount);
```

还可以通过 property_getName()函数获得属性的名字：

```
const char *property_getName(objc_property_t property)
```

函数 class_getProperty()和 protocol_getProperty()则在类或协议类中返回具有给定名字的属性的引用：

```
objc_property_t class_getProperty(Class cls, const char *name)
objc_property_t protocol_getProperty(Protocol *proto, const char *name, BOOL isRequiredProperty, BOOL isInstanceProperty)
```

通过 property_getAttributes()函数可以获得属性的名字和@encode 编码：

```
const char *property_getAttributes(objc_property_t property)
```

综合起来，可以通过下面的代码得到一个类的所有属性。

```
id LenderClass = objc_getClass("Lender");
unsigned int outCount, i;
objc_property_t *properties = class_copyPropertyList(LenderClass, &outCount);
for (i = 0; i < outCount; i++) {
        objc_property_t property = properties[i];
        fprintf(stdout, "%s %s\n", property_getName(property), property_getAttributes(property));
}
```

5.4.4 属性类型编码

property_getAttributes()函数将返回属性的名字，@encode 编码，以及其他特征（Attribute）。

☑ property_getAttributes()返回的字符串以字母 T 开始，接着是@encode 编码和逗号。

☑ 如果属性由 readonly 修饰，则字符串中含有 R 和逗号。

☑ 如果属性由 copy 或 retain 修饰，则字符串分别含有 C 或者&，然后是逗号。

☑ 如果属性定义中有定制的 getter 和 setter 方法，则字符串中有 G 或 S 跟着相应的方法名以及逗号，例如，GcustomGetter:和 ScustomSetter:。

☑ 如果属性是只读的，且有定制的 getter 访问方法，则描述到此为止。

5.4.5 属性重声明

可以在子类中对属性进行重定义，但是必须在子类中重新定义属性所具有的特性（除了 readonly 和 readwrite）。这些同样适用于在分类和协议中声明的属性——分类或协议中的属性被重定义时同样也需要重复定义它们的特性。

如果在一个类中声明了一个 readonly 属性，可以在这个类的扩展中重新把这个属性声明为 readwrite，这也同样适用于协议或子类。在这种情况下，实际上属性是在@synthesize 语句生成 setter 方法之前被重新声明的。这种可以把 readonly 属性重新声明为 read/write 的能力为实现提供了两种

模型：

☑ 一个可变类是不可变类*（例如，NSString、NSArray 和 NSDictionary）的子类。

☑ 一个类使用只读的属性作为公共 API，但是在类的内部实现中定义为 readwrite 的私有属性。

Note

【示例】下面的代码演示了使用类的扩展将一个公共的只读属性重新声明为一个私有的可读写属性。

```
//公共头文件
@interface MyObject: NSObject
@property (readonly, copy) NSString *language;
@end
//私自实现文件
@interface MyObject ()
@property (readwrite, copy) NSString *language;
@end
@implementation MyObject
@synthesize language;
@end
```

提示：

☑ 可变类：引用一个类的方法可以改变这个类的内容。

☑ 不可变类：引用一个方法不会改变这个类的内容。

5.4.6 子类中的属性

【示例】下面的代码演示了在子类中将一个 readonly 属性重新定义为可读写。首先定义一个类 MyInteger 并使用一个 readonly 属性 value：

```
@interface MyInteger: NSObject
@property(readonly) NSInteger value;
@end
@implementation MyInteger
@synthesize value;
@end
```

下面可以通过如下代码实现一个子类 MyMutableInteger，并且将属性 value 定义为可读写：

```
@interface MyMutableInteger: MyInteger
@property(readwrite) NSInteger value;
@end
@implementation MyMutableInteger
@dynamic value;
- (void)setValue:(NSInteger)newX {
        value = newX;
}
@end
```

5.4.7 案例：使用封装

封装（Encapsulation）是面向对象的三大特征之一（另外两个是继承和多态），指的是将对象的

状态信息隐藏在对象内部，不允许外部程序直接访问对象内部信息，而是通过该类所提供的方法来实现对内部信息的操作和访问。

掌握了上面介绍的访问控制符的用法之后，下面通过使用合理的访问控制定义了一个 Person 类，这个 Person 类用于实现良好的封装。

接口代码如下（Person.h）：

```
#import <Foundation/Foundation.h>
@interface Person: NSObject
{
 //使用@private 限制成员变量
 @private
 NSString* _name;
 int _age;
}
//提供方法来操作 name Field
- (void) setName: (NSString*) name;
//提供方法来获取_name 成员变量的值
- (NSString*) name;
//提供方法来设置 age 成员变量
- (void) setAge:(int) age;
//提供方法来获取_age 成员变量的值
- (int) age;
@end
```

上面的 Person 类接口部分定义了_name、_age 两个成员变量，这两个成员变量都位于@private 之后，这表明这两个成员变量都只能在当前类中访问。

@private、@package、@protected 和@public 这 4 个访问权限控制符相当于开关，从它们出现的位置开始，到下一个权限控制符或右花括号之间的成员变量，都受该访问权限控制符控制。例如，该程序中定义的_name、_age 两个成员变量都位于@private 与“}”之间，因此它们都只能在当前类中被访问。

然后，为_name、_age 分别提供了 setter、getter 方法来设置成员变量值，获取成员变最值。Person 类的实现部分（Person.m）代码如下：

```
#import "Person.h"
@implementation Person
//提供方法来设置_name 成员变量
- (void) setName: (NSString*) name
{
 //执行合理性校验，要求用户名必须在 2～6 位之间
 if ([name length] > 6 || [name length] < 2)
 {
        NSLog(@"您设置的人名不符合要求");
        return;
 }
 else
 {
        _name = name;
 }
}
```

```
//提供方法来获取_name 成员变量的值
- (NSString*) name
{
 return _name;
}
//提供方法来设置 age 成员变量
- (void) setAge:(int) age
{
 if(_age != age)
 {
        //执行合理性校验，要求用户年龄必须在 0～100 之间
        if (age > 100 || age < 0)
        {
               NSLog(@"您设置的年龄不合法");
               return;
        }
        else
        {
               _age = age;
        }
 }
}
//提供方法来获取_age 成员变量的值
- (int) age
{
 return _age;
}
@end
```

定义了上面的 Person 类之后，该类的_name 和_age 两个成员变量只能在 Person 类内才可以操作和访问，在 Person 类之外只能通过各自对应的 setter 和 getter 方法来操作和访问。

Objective-C 类中成员变量的 setter 和 getter 方法有非常重要的意义。例如，某个类中包含了一个名为_abe 的成员变量，则其对应的 setter 和 getter 方法名应为 setAbc 和 abc（setter 方法名为成员变量名的首字母大写，并在前面分别增加 set 动词，getter 方法名为成员变量名去掉下划线前缀）。如果一个 Objective-C 类的每个成员变量都被使用@private 限制，并为每个成员变量都提供了 setter 和 getter 方法，那么这个类就是一个符合规范的类。

下面的程序（PersonTest.m）在 main()函数中创建一个 Person 对象，并尝试操作和访问该对象的_age 和_name 两个成员。

```
#import "Person.h"
int main(int argc, char * argv[])
{
 @autoreleasepool{
        Person* p = [[Person alloc] init];
        //因为 age 成员变量已被隐藏，所以下面语句将出现编译错误
        //p->_age = 1000;
        //下面语句编译时不会出现错误，但运行时将提示输入的 age 成员变量不合法
        //程序不会修改 p 的 age 成员变量
        [p setAge: 1000];
```

```
        //访问 p 的 age 成员变量也必须通过其对应的 getter 方法
        //因为上面从未成功设置 p 的 age 成员变量，故此处输出 0
        NSLog(@"未能设置 age 成员变量时：%d", [p age]);
        //成功修改 p 的 age 成员变量
        [p setAge:30];
        //因为上面成功设置了 p 的 age 成员变量，故此处输出 30
        NSLog(@"成功设置 age 成员变量后：%d", [p age]);
        //不能直接操作 p 的 name 成员变量，只能通过其对应的 setter 方法
        //因为"李刚"字符串长度满足 2～6，所以可以成功设置
        [p setName:@"李刚"];
        NSLog(@"成功设置 name 成员变量后：%@", [p name]);
    }
}
```

5.4.8　案例：使用访问控制符

Objective-C 提供 4 个访问控制符：@private、@package、@protected 和@public，分别代表了 4 个访问控制级别。

- ☑ @private 访问控制符：将受该访问控制符限制的成员变量限制在当前类内部，与在类实现部分定义的成员变量的作用域类似。
- ☑ @public 访问控制符：彻底暴露受它控制的成员变量。
- ☑ @protected 访问控制符：让那些受它控制的成员变量不仅可以在当前类中访问，也可在其子类中访问。
- ☑ @package 访问控制符：让那些受它控制的成员变量不仅可以在当前类中访问，也可在相同映像的其他程序中访问。

提示： 同一映像，就是编译后生成的同一个框架或同一个执行文件。例如，想开发一个基础框架，如果使用@private 限制某个成员变量，则限制得太严格了。考虑该框架中其他类、其他函数可能也需要直接访问该成员变量，但该框架又不希望其他外部程序访问该成员变量，此时就可以考虑使用@package 来限制该成员变量。当编译器最后把@private 限制的成员变量所在的类、其他类和函数编译成一个框架库之后，那么这些类、函数都在同一个映像中，此时这些类、函数都可以自由访问这个@package 限制的成员变量。但其他程序引用这个框架库时，由于其他程序只是依赖这个框架库，其他程序与该框架库就不在同一个映像中，因此，其他程序无法访问这个@package 限制的成员变量。

【示例】下面的程序定义了一个 Apple 类，该类中定义了一个@package 限制的_weight 成员变量。接口代码如下（Apple.h）：

```
#import <Foundation/Foundation.h>
@interface Apple: NSObject
{
 //使用@package 限制成员变量
 @package
 double _weight;
}
@end
```

在上面的程序中，_weight 成员变量被@package 限制，因此它可以被同一映像函数自由访问。由于该类的接口部分没有定义方法，因此，类实现部分非常简单（Apple.m）。

Note

```
#import "Apple.h"
@implementation Apple
@end
```

然后，定义一个 main()函数，该 main()函数直接访问 Apple 对象的_weight 成员变量，程序代码如下（AppleTest.m）：

```
#import "Apple.h"
int main(int argc, char * argv[])
{
 @autoreleasepool{
        Apple* apple = [[Apple alloc] init];
        //下面的程序直接访问@package 限制的成员变量
        apple->_weight = 30.4;
        NSLog(@"apple 的重量为：%g", apple->_weight);
 }
}
```

使用如下命令编译上面的程序：

```
clang -fobjc-arc-framework Foundation Apple.m AppleTest.m
```

上面的命令将会把 Apple.h、Apple.m、AppleTest.m 文件编译并生成一个可执行文件，由于 Apple 类和 main()函数位于同一个映像中，因此 main()函数可以自由访问 Apple 类的_weight 成员变量。

虽然@protected 属于部分暴露的访问控制符，但@protected 限制的成员变量并不允许同一映像中的其他类、函数访问。因此，上面程序中的_weight 成员变量如果使用@protected 限制，将会出现错误。

5.4.9　案例：合成存取

为每个成员变量都编写 setter、getter 方法是比较麻烦的。从 Objective-C 2.0 版本开始，支持自动合成 setter 方法和 getter 方法。

让系统自动合成 setter 和 getter 方法只要如下两步。

第 1 步，在类接口部分使用@property 指令定义属性。使用@property 定义属性时无须放在类接口部分的花括号中，而是直接放在@interface 和@end 之间定义。@property 指示符放在属性定义的最前面。

第 2 步，在类实现的部分使用@synthesize 指令声明该属性即可。

【示例 1】本示例演示了具体合成存取的基本方法。

☑　接口代码（User.h）：

```
#import <Foundation/Foundation.h>
@interface User: NSObject
//使用@property 定义 3 个 property
@property (nonatomic) NSString* name;
@property NSString* pass;
```

```
@property NSDate* birth;
@end
```

☑ 实现代码（User.m）：

```
#import "User.h"
@implementation User
//为 3 个 property 合成 setter 和 getter 方法
//指定 name property 底层对应的成员变量名为_name
@synthesize name = _name;
@synthesize pass;
@synthesize birth;
//实现自定义的 setName:方法，添加自己的控制逻辑
- (void) setName:(NSString*) name
{
 self->_name = [NSString stringWithFormat:@"+++%@", name];
}
@end
```

上面的代码使用@synthesize 合成 3 组 setter 和 getter 方法，为 name 属性合成 setter、getter 方法时指定了该属性底层的成员变量名为_name。

然后自定义 setName:方法，在该方法中实现了自定义控制：当程序调用 setName:方法进行设置时，系统对 name 成员变量所赋的值会添加“+++”前缀。

最后，使用如下程序来测试该 User 类（UserTest.m）。

```
#import "User.h"
int main(int argc, char * argv[])
{
 @autoreleasepool{
        //创建 User 对象
        User* user = [[User alloc] init];
        //调用 setter 方法修改 user 成员变量的值
        [user setName:@"admin"];
        [user setPass:@"1234"];
        [user setBirth:[NSDate date]];
        //访问 user 成员变量的值
        NSLog(@"管理员账号为：%@，密码为：%@，生日为：%@", [user name], [user pass], [user birth]);
 }
}
```

从上面的代码可以看出，当程序通过@property、@synthesize 合成 setter、getter 方法之后，程序即可通过 setter、getter 方法设置和访问成员变量的值。

【示例 2】当使用@property 定义 property 时，还可在@property 和类型之间用括号添加一些额外的指示符，可使用的特殊指示符如下。

☑ assign：指定对属性只是进行简单赋值，不更改对所赋的值的引用计数。

☑ atomic（nonatomic）：指定合成的存取方法是否为原子操作。如果使用 atomic，那么合成的存、取方法都是线程安全的。

☑ copy：当调用 setter 方法对成员变量赋值时，会将被赋值的对象复制一个副本，再将该副本赋值给成员变量。

Note

☑ getter、setter：为合成的 getter 方法、setter 方法指定自定义方法名。

☑ readonly、readwrite：readonly 指示系统只合成 getter 方法，不再合成 setter 方法。readwrite 是默认值，指示系统需要合成 setter、getter 方法。

☑ retain：当把某个对象赋值给该属性时，该属性原来所引用的对象的引用计数减 1，被赋值对象的引用计数加 1。

☑ strong、weak：strong 指示符指定该属性对被赋值对象持有强引用，而 weak 指示符指定该属性对被赋值对象持有弱引用。强引用指向被赋值的对象，那么该对象就不会自动回收；弱引用指向被赋值的对象，该对象也可能被回收。

☑ unsafe_unretained：与 weak 指示符基本相似，不同的是，当 unsafe_unretained 指针所引用的对象被回收后，unsafe_unretained 指针不会被赋为 nil，因此这可能导致程序崩溃。一般来说，使用 unsafe_unretained 指示符不如使用 weak 指示符。

下面的程序定义了一个 Book 类，该 Book 类中定义了一个 NSString 类型的 name 属性，NSString 类有一个可变子类 NSMutableString。

接口代码（Book.h）：

```
#import <Foundation/Foundation.h>
@interface Book: NSObject
//使用@property 定义一个 property
@property (nonatomic) NSString* name;
@end
```

上面的程序中定义了一个 NSString 类型的 name 属性，然后使用@synthesize 合成 setter 和 getter 方法。下面是 Book 类的实现部分代码（Book.m）：

```
#import "Book.h"
@implementation Book
@synthesize name;
@end
```

name 是 NSString 类型，而 NSString 有一个 NSMutableString 子类，当把一个 NSMutableString 对象赋值给 Book 的 name 属性之后，由于定义 name 时并未使用 copy 指示符，NSMutableString 对象可能被修改，因此，NSMutableString 对象的修改将会影响 Book 的 name 属性值。下面是 Book 类的测试代码（BookTest.m）：

```
#import "Book.h"
int main(int argc, char * argv[])
{
 @autoreleasepool{
        Book* book = [[Book alloc] init];
        NSMutableString* str = [NSMutableString stringWithString:@"iOS"];
        //对 book 的 name 属性赋值
        [book setName:str];
        //输出 book 的 name 属性
        NSLog(@"book 的 name 为%@", [book name]);
        //修改 str 字符串
        [str appendString:@"是不错的开发工具"];
        //在下面的代码将会看到 book 的 name 属性也会被修改
        NSLog(@"book 的 name 为%@", [book name]);
```

```
    }
}
```

上面的程序一共两次输出 book 的 name 属性值，但由于 book 的 name 属性值和 str 指向同一个 NSMutableString 对象，因此当程序修改 str 指向的 NSMutablc 对象时，book 的 name 属性值也会随之改变。

编译、运行该程序，可以看到如下输出：

```
book 的 name 为 iOS
book 的 name 为 iOS 是不错的开发工具
```

如果对上面的程序进行修改，将定义 name 属性的一行增加 copy 指示符，修改为如下形式：

```
@property (nonatomic, copy) NSString* name;
```

这样，当程序执行“[book setName:str];”时，会将 str 指向的 NSMutableString 对象复制一个副本，再将副本作为 setName:的参数值，这样就可以实现当程序通过 str 修改底层 NSMutableString 对象时，Book 的 name 属性值不会随之改变。

5.4.10 案例：点语法存取

Objective-C 允许使用简化的点语法访问属性和对属性赋值。例如，下面的程序定义了 Card 类，该类代表扑克牌，Card 类的接口部分代码如下（Card.m）：

```
#import <Foundation/Foundation.h>
@interface Card: NSObject
//使用@property 定义两个 property
@property (nonatomic, copy) NSString* flower;
@property (nonatomic, copy) NSString* value;
@end
```

实现部分代码（Card.m）：

```
#import "Card.h"
@implementation Card
@synthesize flower;
@synthesize value;
@end
```

该 Card 类包括 flower（花色）和 value（牌面值）两个属性，类实现部分则通过@synthesize 为这两个属性合成 setter、getter 方法。然后，程序即可通过点语法来访问属性，通过点语法访问属性更加简洁。下面是 Card 类的测试代码（CardTest.m）：

```
#import "Card.h"
int main(int argc, char * argv[])
{
 @autoreleasepool{
        Card* card = [[Card alloc] init];
        //通过点语法对属性赋值
        card.flower = @"♠";
        card.value = @"A";
        //通过点语法访问属性值
```

```
        NSLog(@"我的扑克牌为%@%@", card.flower, card.value);
    }
}
```

上面的代码通过点语法对属性赋值，访问属性。很明显，通过点语法更加简单。运行该程序可以看到如下输出结果：

```
我的扑克牌为♠A
```

提示：点语法是一种非常简单的用法，但点语法只是一种简化写法，其本质依然是调用 getter 和 setter 方法。当程序调用点语法获取指定对象的属性值时，本质上就是返回该对象的 getter 方法的返回值。因此，只要该对象有 getter 方法（无论该对象是否存在相应的成员变量），程序就可以通过点语法来获取属性值。当程序调用点语法设置对象的属性值时，本质上就是返回该对象的 setter 方法进行设置。因此，只要该对象有 setter 方法（无论该对象是否存在相应的成员变量），程序就可以通过点语法来设置对象的属性值。

5.5 方　　法

方法是类或对象的行为特征的抽象，也是类或对象最重要的组成部分。从功能上看，方法完全类似于传统结构化程序设计中的函数。值得指出的是，Objective-C 的方法不能独立存在，所有的方法都必须定义在类中。方法在逻辑上要么属于类，要么属于对象。

5.5.1 定义方法

一个方法定义包含了方法类型，返回类型，一个或多个关键词，参数类型和参数名。在 Objective-C 中一个类的方法有两种类型：实例方法和类方法。实例方法前用“-”标明，类方法用“+”标明，通过图 5.4 可以看到，前面有一个“-”，说明这是一个实例方法。

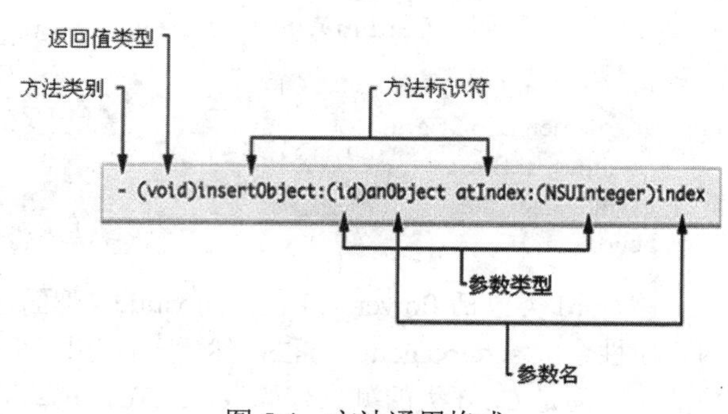

图 5.4　方法通用格式

在 Objective-C 中，调用一个方法相当于传递一个消息，这里的消息指的是方法名和参数。所有消息的分派都是动态的，这体现了 Objective-C 的多态性。消息调用的方式是使用方括号。在下面的例子中，向 myArray 对象发送 insertObject:atIndex:这个消息。

```
[myArray insertObject:anObj atIndex:0];
```

这种消息传递允许嵌套：

```
[[myAppObject getArray] insertObject:
[myAppObject getObjectToInsert] atIndex:0];
```

前面的例子都是把消息传递给实例变量，其实也可以把消息传递给类本身，这时要用类方法来替

代实例方法。可以把类想象成静态 C++类（当然不完全相同）。

类方法的定义与实例方法的定义只有一点不同，那就是用加号（+）代替减号（-）。下面的代码就是使用一个类方法：

```
NSMutableArray* myArray = nil;
myArray = [NSMutableArray arrayWithCapacity:0];
```

类方法与实例方法的区别：类方法是只有类对象可以使用的方法；实例方法是类的实例可以使用的方法。

5.5.2 方法的所属性

不论是从定义方法的语法上看，还是从方法的功能上看，都不难发现方法和函数之间的相似性。实际上，方法确实是由传统的函数发展而来的。就行为来看，函数与方法具有极高的相似性，都可以接受定义形参，调用时都可以传入实参。

Objective-C 调用函数时的传参机制与调用方法的传参机制完全相同，都是值传递，都是传入参数的副本。当然，如果使用指针变量作为参数，由于指针变量保存的是副本，因此虽然传入的是指针变量的副本，但也是地址传递。

方法与传统的函数具有显著不同：在结构化编程语言中，函数是“一等公民”，整个软件由一个一个的函数组成；在面向对象的编程语言中，类才是“一等公民”。因此，在 Objective-C 语言中，方法不能独立存在，必须属于类或对象。

如果需要定义方法，则只能在类中定义，不能独立定义一个方法（独立定义的只能是函数）。一旦将一个方法定义在某个类的类体内，如果这个方法使用了“+”标识，则这个方法属于这个类；如果使用“-”标识，则此方法属于这个类的实例。

因为 Objective-C 中的方法不能独立存在，必须属于一个类或一个对象，因此方法也不能像函数那样独立执行，执行方法时必须使用类或对象作为调用者，即所有方法都必须使用“[类 方法]”或“[对象 方法]”的形式来调用。

永远不要把方法当成独立存在的实体，正如现实世界可看成由类和对象组成，而方法只能作为类和对象的附属，Objective-C 语言中的方法也是一样。

Objective-C 语言中方法的所属性主要体现在如下 4 个方面。

☑ 方法不能独立定义，只能在类体内定义。
☑ 从逻辑意义上看，方法要么属于该类本身，要么属于该类的一个对象。
☑ 永远不能独立执行方法，执行方法时必须使用类或对象作为调用者。
☑ 使用“+”标识的方法属于这个类本身，因此只能用类作为调用者来调用该方法；使用“-”标识的方法属于该类的实例，必须用实例作为调用者来调用。

5.5.3 案例：设计可变形参的方法

在前面示例中多次使用了 NSLog()函数，这个函数可以传入任意多个参数，这就是形参个数可变的方法。如果定义方法时，在最后一个形参名后增加逗号和三点（,...），则表明该形参可以接收多个参数值。

【示例】下面的程序演示了如何定义一个形参个数可变的方法。

VarArgs.h

```
#import <Foundation/Foundation.h>
```

```
@interface VarArgs: NSObject
//定义形参个数可变的方法
- (void)test:(NSString *) name, ...;
@end
```

Note

在上面的代码中，test:方法声明了一个 NSString*的形参，这个形参除了可执行 name 参数之外，还带有“, ...”，这表明该方法还可接收个数可变的 NSString*参数。

为了在程序中获取个数可变的形参，需要使用如下关键字。

- ☑ va_list：这是一个类型，用于定义指向可变参数列表的指针变量。
- ☑ va_start：这是一个函数，该函数指定开始处理可变形参的列表，并让指针变量指向可变形参列表的第一个参数。
- ☑ va_end：结束处理可变形参，释放指针变量。
- ☑ va_arg：该函数返回获取指针当前指向的参数的值，并将指针移动到指向下一个参数。

下面的代码是实现文件（VarArgs.m）：

```
#import "VarArgs.h"
@implementation VarArgs
- (void)test:(NSString *) name, ...
{
 //使用 va_list 定义一个 argList 指针变量，该指针变量指向可变参数列表
 va_list argList;
 //如果第一个 name 参数存在，才需要处理后面的参数
 if (name)
 {
        //由于 name 参数并不在可变参数列表中，因此先处理 name 参数
        NSLog(@"%@", name);
        //让 argList 指向第一个可变参数列表的第一个参数，开始提取可变参数列表的参数
        va_start(argList, name);
        //va_arg 用于提取 argList 指针当前指向的参数，并将指针移动到指向下一个参数
        //arg 变量用于保存当前获取的参数，如果该参数不为 nil，进入循环体
        NSString* arg = va_arg(argList, id);
        while (arg)
        {
               //打印出每一个参数
               NSLog(@"%@",arg);
               //再次提取下一个参数，并将指针移动到指向下一个参数
               arg = va_arg(argList, id);
        }
        //释放 argList 指针，结束提取
        va_end(argList);
 }
}
@end
int main(int argc, char * argv[])
{
 @autoreleasepool{
        VarArgs* va = [[VarArgs alloc] init];
        [va test:@"iOS", @"Android", @"iPhone", nil];
 }
}
```

编译、运行上面的程序，可以看到如下运行结果：

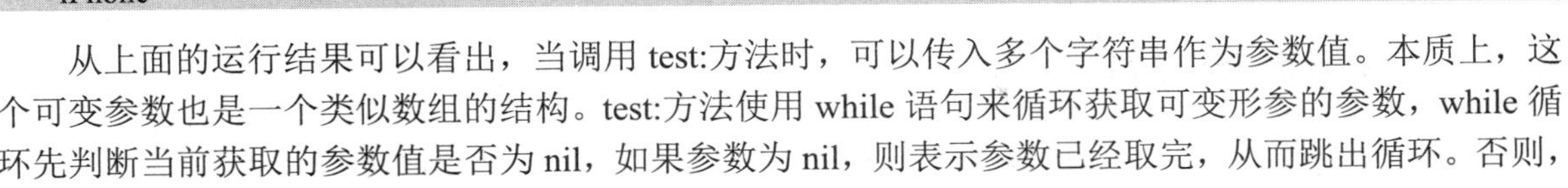

```
iOS
Android
iPhone
```

从上面的运行结果可以看出，当调用 test:方法时，可以传入多个字符串作为参数值。本质上，这个可变参数也是一个类似数组的结构。test:方法使用 while 语句来循环获取可变形参的参数，while 循环先判断当前获取的参数值是否为 nil，如果参数为 nil，则表示参数已经取完，从而跳出循环。否则，在循环体中使用当前获取的值。至于怎样使用，则完全取决于程序的需要。

当程序调用 test:方法时，为了明确告诉程序可变形参的结束点，将最后一个参数设为 nil，这样就可保证 while 循环迭代获取可变形参时能正常跳出循环。

注意： 个数可变的形参只能处于形参列表的最后。也就是说，一个方法中最多只能有一个长度可变的形参。

5.6　继　承

继承将所有类按照树形结构链接在一起，只有一个类为树形结构的根。当基于基础框架编写代码时，根类通常是 NSObject。每一个类（除了根）都有一个父类（在树形结构中比自己离根近一步的类），并且任何一个类都可以是许多子类（在树形结构中比自己离根远一步的类）的父类。图 5.5 说明了一个绘图程序中的多个类的继承关系。

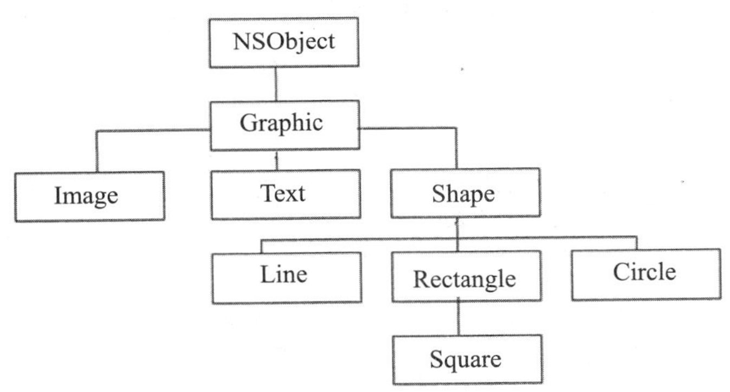

图 5.5　绘图程序的一些类

如图 5.5 所示，Square 类是 Rectangle 类的子类，Rectangle 类是 Shape 类的子类，Shape 类是 Graphic 类的子类，Graphic 类是 NSObject 类的子类。继承是积累的，所以一个 Square 类具有 Rectangle、Shape、Graphic 和 NSObject 中的所有方法和实例变量，和那些专门为 Square 定义的类和实例变量是一样的。也就是说 Square 类型的对象不仅仅是正方形，同时也是矩形、形状、图形和 NSObject 类型的对象。

NSObject 类之外的每个类都可以看作是另一个类的定制或改写。每一代的子类都对继承所积累的总和进行一些修改。Square 类仅定义了从一个矩形到正方形的最小需求。

如果定义了一个类，通过声明父类将其加入一个继承关系中，创建的每一个类都必须是另一个类的子类（除非定义了一个新的根类）。有大量的类可以作为潜在的父类。Cocoa 包含 NSObject 类和数

个框架定义的超过 250 个额外的类。一些类可以在框架外使用且可以直接添加到程序中使用。有一些类需要通过定义子类来适应需求。

一些框架基本定义了所有需要的类，但是也留了一些细节在子类中实现。这样可以通过写很少的代码创建出非常巧妙的对象，并且可以重用框架的代码。

5.6.1 继承实例变量

当类对象创建一个新实例时，新的对象不仅包含为它自己定义的实例变量，还同时包含其父类的实例变量和其父类的父类的实例变量，并按照这种方式一直追溯到根类。因此在 NSObject 类中定义的 isa 实例变量存在于每一个对象中。isa 把每一个对象和它自己的类联系起来。图 5.6 说明了一个 Rectangle 的实例中所包含的实例变量和这些变量都是在哪里定义的。从图 5.6 中可以看到，Rectangle 对象中的变量也包括在 Shape、Graphic 和 NSObject 中定义的。

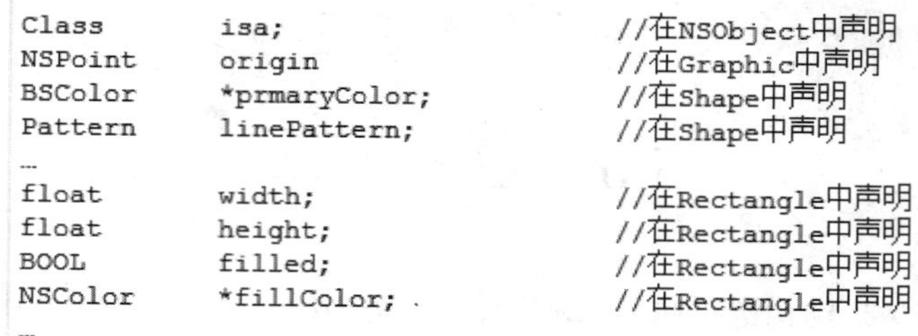

```
Class       isa;                    //在NSObject中声明
NSPoint     origin                  //在Graphic中声明
BSColor     *prmaryColor;           //在Shape中声明
Pattern     linePattern;            //在Shape中声明
…
float       width;                  //在Rectangle中声明
float       height;                 //在Rectangle中声明
BOOL        filled;                 //在Rectangle中声明
NSColor     *fillColor;             //在Rectangle中声明
…
```

图 5.6　Rectangle 实例变量

类不一定要声明自己的实例变量，可以仅定义新方法，然后使用继承的实例变量。例如，Square 就不需要定义自己的实例变量。一个正方形类不需要定义自己的属性，使用父类（矩形类）的就可以了。

5.6.2 方法的继承

和实例变量一样，一个对象能够访问的方法也不仅仅是自身定义的，还包括父类及以上直到根类所定义的方法。例如，一个正方形对象除了使用自己定义的方法，还可以使用矩形、图形、图像和 NSObject 类中的方法。

因此在程序中新建一个类就可以复用所有继承关系中新类以上的类。这种继承方式是面向对象编程中主要的好处之一。当使用 Cocoa 提供的面向对象框架时，程序可以使用框架中所提供的各种类的各种功能。只需要在标准功能基础上为自己的应用定制需要的功能。

类对象（工厂对象）同样继承自上层的类，只不过它们不包含实例变量（只有实例对象才包含实例变量），只继承方法。

5.6.3 方法的重写

在 Objective-C 中，子类可继承父类中的方法，而不需要重新编写相同的方法。但有时子类并不想原封不动地继承父类的方法，而是想做一定的修改，这就需要采用方法的重写（override）。方法重写又称方法覆盖。若子类中的方法与父类中的某一方法具有相同的方法名、返回类型和参数表，则新方法将覆盖原有的方法。如果需要父类中原有的方法，可使用 super 关键字，该关键字表示引用了当前类的父类。

在面向对象中的方法重写有以下 3 点规则：

- ☑ 发生方法重写的两个方法返回值、方法名、参数列表必须完全一致（子类重写父类的方法）。
- ☑ 子类抛出的异常不能超过父类相应方法抛出的异常（子类异常不能大于父类异常）。
- ☑ 子类方法的访问级别不能低于父类相应方法的访问级别（子类访问级别不能低于父类访问级别）。

Note

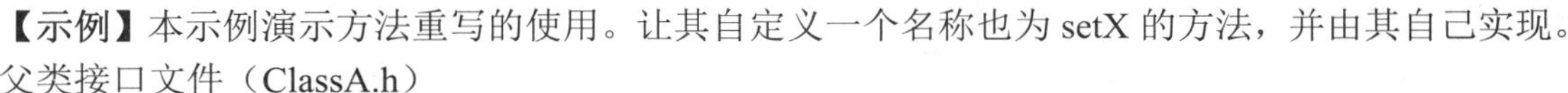

【示例】本示例演示方法重写的使用。让其自定义一个名称也为 setX 的方法，并由其自己实现。

父类接口文件（ClassA.h）

```
#import <Foundation/Foundation.h>
@interface ClassA: NSObject {
    int x;
}
-(void) setX;
@end
```

父类实现文件（ClassA.m）

```
#import "ClassA.h"
@implementation ClassA
-(void)setX{
    x = 10;
}
@end
```

子类接口文件（ClassB.h）

```
#import <Foundation/Foundation.h>
#import "ClassA.h"
@interface ClassB:ClassA
-(void) printX;
-(void) setX;
@end
```

子类实现文件（ClassB.m）

```
#import "ClassB.h"
@implementation ClassB
-(void)printX{
    NSLog(@"%i",x);
}
-(void)setX{
    x = 11;
}
@end
```

在主函数中调用该方法（main.m）：

```
#import "ClassA.h"
#import "ClassB.h"
int main (int argc, const char * argv[]) {
    @autoreleasepool {
        ClassB *classB = [[ClassB alloc]init];
```

```
                [classB setX];
                [classB printX];
        }
        return 0;
}
```

Note

输出结果：

```
11
```

从这个程序可以看出，ClassB 的实例没有调用从 ClassA 中继承来的方法 setX，而是调用了自己定义的方法 setX，这就是方法重写的一个简单的例子。

5.6.4 类别和扩展

类别（Category）和扩展（Extension）这两个概念，即便是 Java 程序员也可能感到陌生。这是 Objective-C 为程序员提供的两个强大的动态机制，简单地说，Category 和 Extension 提供了区别于继承的另外一种对类进行扩展的方法，允许通过向任何已有的类添加成员函数来实现功能上的扩展（category 只允许添加成员函数，不能添加数据成员），添加的函数可以访问类中所有的数据成员，该类的子类也将继承新添加的成员函数。

除此之外，Category 还允许将一个类的实现分布在几个不同的文件中。Extension 同 Category 类似，但是允许在@interface 以外的地方为类声明 API。

1. Category

可以在一个类的接口文件中的 Category 名下为类声明方法，同时在实现文件中相同方法名下实现这些方法。一个 Category 名代表了为一个类声明了一些方法而不是一个新类。但是，Category 不能为一个类声明新的数据成员（实例变量）。Category 添加的方法会成为类类型的一部分。

Category 中的方法同类中定义的方法一样。在运行时，它们没有任何区别。通过 Category 添加的方法同样可以被子类继承。

Category 的声明与一个类接口的声明非常相似，不同的是 Category 名称要写在类名后面的一对括号内，并且没有父类的声明。类的 Category 必须引用类的接口文件，除非它的方法不访问类的任何实例变量，其格式如下：

```
#import "ClassName.h"
@interface ClassName ( CategoryName )
//声明方法
@end
```

可以为一个类声明多个 Category（在数量上没有限制），但是每个 Category 名字必须不同，并且每个 Category 中都可以定义不同的一组方法。

【示例 1】本示例阐述 Category 的用法。在程序中已经定义了一个 fruit 类，其 fruit.h 文件代码如下：

```
//fruit.h
#import <Fundation/Fundation.h>
@interface fruit:NSObject{
    NSString* name;
    int age;
```

```
        NSString* origin;
}
- (NSString*) name;
- (NSString*) origin;
- (int) age;
- (void) setName:(NSString*) inputName;
- (void) setAage:(int) inputAage;
@end
```

fruit.m 文件代码如下：

```
#import <fruit.h>
@implementation fruit
- (NSString*) name{
        return name;
}
- (int) age{
        return age;
}
- (NSString*) origin{
        return origin;
}
- (void) setName:(NSString*) inputName{
        name=inputName;
}
- (void) setAge:(int) inputAage{
        age=inputAge;
}
@end
```

现在由于变化，需要在类 fruit 中添加一个方法 setOrigin，用于设置 origin 的值。按照以前的方法，只有两种方式，在 fruit 类的源代码中增加 setOrigin 方法或者通过继承，但是现在应用了 Category，不采用这两种方式也可以达到向类 fruit 增加方法的目的。

Category 的头文件 fruit+setorigin.h（Category 头文件命名规则：类名＋category 名.h）代码如下：

```
//fruit+setorigin.h
#import "fruit.h"
@interface fruit(setorigin)
-(void) setorigin:(NSString*) inputOrigin;
@end
```

Category 的实现文件 fruit+setorigin.m（实现文件的命名规则与头文件相似：类名+category 名.m）代码如下：

```
//fruit+setorigin.m
#import "fruit+setorigin.h"
@implementation fruit(setorigin)
-(void) setorigin:(NSString*) inputOrigin{
                origin=inputOrigin;
```

```
    }
@end
```

现在，已经成功地在 fruit 类中增加了 setorigin 方法，相比而言，这种方式比上面提到的两种方式更具有弹性。

2. Extension

类的 Extension 就像是匿名的 Category，不同的是扩展中声明的方法必须在相关类的@implementation 中实现。在 Clang/LLVM 2.0 编译器中，还可以在 Extension 中声明属性和实例变量。

【示例 2】本示例通过 Extension 将一个已声明的只读私有属性重新声明为读写：

```
@interface MyClass: NSObject
@property (readonly) float value;
@end
//私有扩展，通常隐藏于主要实现文件中
@interface MyClass ()
@property (readwrite) float value;
@end
```

> 注意：Extension 和 Category 的不同，例如，以上代码中第二段的@interface 后面的括号中不用指定名字。Extension 还经常用于另一种情况：一个类先公开声明一个 API，然后类通过 Extension 再定义一些私有的方法。

【示例 3】类的 Extension 允许在主类的 @interface 以外的地方为类声明一些必要的方法。

```
@interface MyClass: NSObject
- (float)value;
@end
@interface MyClass () {
        float value;
}
- (void)setValue:(float)newValue;
@end
@implementation MyClass
- (float)value {
        return value;
}
- (void)setValue:(float)newValue {
        value = newValue;
}
@end
```

setValue:方法必须在@implementation 中实现（不能在分类中实现），否则编译器会报出一个警告：没有找到 setValue:方法的定义。

5.6.5 案例：类继承

当子类扩展父类时，子类可以继承到父类的如下内容：

☑ 全部成员变量。

☑ 全部方法（包括初始化方法）。

下面的代码定义一个 Fruit 类，演示了子类继承父类的特点。

接口文件（Fruit.h）：

```
#import <Foundation/Foundation.h>
@interface Fruit: NSObject
@property (nonatomic, assign) double weight;
- (void) info;
@end
```

下面是 Fruit 类的实现部分（Fruit.m），此部分负责实现 info 方法，代码如下：

```
#import "Fruit.h"
@implementation Fruit
@synthesize weight;
- (void) info
{
 NSLog(@"我是一个水果！重%gg！", weight);
}
@end
```

再定义该 Fruit 类的子类 Apple（Apple.h），类接口部分如下：

```
#import <Foundation/Foundation.h>
#import "Fruit.h"
@interface Apple: Fruit
@end
```

上面的 Apple 类本来只是一个空类，没有定义任何属性和方法，该 Apple 类的实现部分非常简单（Apple.m）。

```
#import "Apple.h"
@implementation Apple
@end
```

下面使用如下程序来测试这个 Apple 类（AppleTest.m）。

```
#import "Apple.h"
int main(int argc, char * argv[])
{
 @autoreleasepool{
        //创建 Apple 的对象
        Apple* a = [[Apple alloc] init];
        //Apple 对象本身没有 weight 属性
        //因为 Apple 的父类有 weight 属性，也可以访问 Apple 对象的 weight 属性
        a.weight = 56;
        //调用 Apple 对象的 info 方法
        [a info];
 }
}
```

上面程序中的 main()函数创建了 Apple 对象之后，可以访问该 Apple 对象的 weight 属性和 info 方法，这表明 Apple 对象也具有 weight 属性和 info 方法，这就是继承的作用。

Note

提示：Objective-C 摒弃了 C++中难以理解的多继承特征，即每个类最多只有一个直接父类。实际上，定义任何 Objective-C 类时都需要指定一个直接父类，默认情况下，会让自己的 Objective-C 类继承 NSObject 类，因此，NSObject 是所有类的父类，要么是其直接父类，要么是其间接父类。因此，所有的 Objective-C 对象都可调用 NSObject 类所定义的实例方法。从子类角度来看，子类扩展（extends）了父类。但从父类的角度来看，父类派生（derive）出了子类。也就是说，扩展和派生所描述的是同一个动作，只是观察角度不同而已。

5.6.6 案例：重写

大部分时候，子类总是以父类为基础，额外增加新的方法。但有一种情况例外：子类需要重写父类的方法。

例如，鸟类都包含了飞翔的方法，其中鸵鸟是一种特殊的鸟类，因此，鸵鸟应该是鸟的子类，它也将从鸟类获得飞翔方法，但这个飞翔方法明显不适合鸵鸟，为此，鸵鸟需要重写鸟类的方法。

下面的程序先定义了一个 Bird 类，该类的接口部分代码如下（Bird.h）：

```
#import <Foundation/Foundation.h>
@interface Bird: NSObject
- (void) fly;
@end
```

下面的程序为 Bird 类提供实现部分（Bird.m）：

```
#import <Foundation/Foundation.h>
#import "Bird.h"
@implementation Bird
//Bird 类的 fly 方法
- (void) fly
{
 NSLog(@"我在天空里自由自在地飞翔...");
}
@end
```

下面再定义一个 Ostrich 类，这个类扩展了 Bird 类，重写了 Bird 类的 fly 方法。Bird 类的接口部分如下（Ostrich.h）：

```
#import <Foundation/Foundation.h>
#import "Bird.h"
@interface Ostrich: Bird
- (void) callOverridedMethod;
@end
```

从上面的接口部分可以看出，当子类要重写父类方法时，子类接口部分并不需要重新声明要重写的方法，只要在类实现部分直接重写该方法即可。下面是 Ostrich 类的实现部分代码（Ostrich.m）：

```
#import <Foundation/Foundation.h>
#import "Ostrich.h"
@implementation Ostrich
//重写父类的 fly 方法
- (void) fly
```

```
{
 NSLog(@"我只能在地上奔跑...");
}
@end
```

Note

最后，使用如下程序测试 Ostrich 类（OstrichTest.m）：

```
#import "Ostrich.h"
int main(int argc, char * argv[])
{
 @autoreleasepool{
        //创建 Ostrich 对象
        Ostrich* os = [[Ostrich alloc] init];
        //执行 Ostrich 对象的 fly 方法，将输出“我只能在地上奔跑...”
        [os fly];
        [os callOverridedMethod];
 }
}
```

执行上面的程序，将看到执行“[os fly];”时不再执行 Bird 类的 fly 方法，而是执行 Ostrich 类的 fly 方法。

这种子类包含与父类同名方法的现象称为方法重写，也被称为方法覆盖（Override）。

可以说，子类重写了父类的方法，也可以说子类覆盖了父类的方法。

方法的重写必须注意方法、签名、关键字要完全相同，也就是方法名和方法签名中的形参标签都需要完全相同，否则就不能算方法重写。

5.6.7 案例：使用 super 关键字

如果需要在子类方法中调用父类被覆盖的实例方法，可使用 super 关键字调用父类被覆盖的实例方法，为上面的 Ostrich 类添加一个方法，在这个方法中调用 Bird 被覆盖的 fly 方法（Ostrich.m）。

```
#import <Foundation/Foundation.h>
#import "Ostrich.h"
@implementation Ostrich
//重写父类的 fly 方法
- (void) fly
{
 NSLog(@"我只能在地上奔跑...");
}
- (void) callOverridedMethod
{
 //在子类方法中通过 super 显式调用父类被覆盖的实例方法
 [super fly];
}
@end
```

通过 callOverridedMethod 方法的帮助，就可以让 Ostrich 对象既可以调用自己重写的 fly 方法，也可以调用 Bird 类中被覆盖的 fly 方法（调用 callOverridedMethod 方法即可）。

super 是 Objective-C 提供的一个关键字，用于限定该对象调用它从父类继承到的属性或方法。

正如 self 不能出现在类方法中一样，super 也不能出现在类方法中。类方法的调用者只能是类本身，而不是对象，因而 super 关键字也就失去了意义。

当子类继承父类时，子类可以获得父类中定义的成员变量，因此，子类接口部分不允许定义与父类接口部分重名的成员变量。

Note

【示例 1】下面的程序定义两个父、子类的接口部分。

父类接口代码如下（Base.h）：

```
#import <Foundation/Foundation.h>
@interface Base: NSObject
{
 @private
 int _a;
}
@end
```

子类接口代码如下（Subclass.h）：

```
#import <Foundation/Foundation.h>
#import "Base.h"
@interface Subclass: Base
{
 int _a;
}
@end
```

从上面的代码可以看出，虽然在 Base 中定义的成员使用了@private 限制，但在子类接口部分依然不能定义与之重名的成员变量。如果编译上面的程序，将会提示错误。

因此，无论父类接口部分的成员变量使用何种访问控制符限制，子类接口部分定义的成员变量都不允许与父类接口部分定义的成员变量重名。

但是，在类实现部分定义的成员变量将被限制在该类的内部，因此，父类在类实现部分定义的成员变量对子类没有任何影响。无论是接口部分还是实现部分定义的成员变量，子类都完全可以与父类实现部分定义的成员变量同名。

反过来也一样，在子类实现部分定义的成员变量也不受父类接口部分成员变量的影响。也就是说，即使父类接口中定义了名为_a 的成员变量，子类的实现部分依然可以定义名为_a 的成员变量。

【示例 2】当子类实现部分定义了与父类重名的成员变量，子类的成员变量就会隐藏父类的成员变量。因此，子类方法很难直接访问到父类的成员变量，此时可通过调用父类的方法来访问父类中被隐藏的成员变量。

父类接口部分代码如下（Parent.h）：

```
#import <Foundation/Foundation.h>
@interface Parent: NSObject
{
 int _a;
}
@property (nonatomic, assign) int a;
@end
```

Parent 父类定义了一个名为_a 的成员变量，并为该成员变量定义了名为 a 的属性（该属性将对应于一组 setter 和 getter 方法），下面为 Parent 类提供实现部分（Parent.m）。

```
#import <Foundation/Foundation.h>
#import "Parent.h"
@implementation Parent
@synthesize a = _a;
- (id) init
{
 if(self = [super init])
 {
       self->_a = 5;
 }
 return self;
}
@end
```

上面的程序中使用了@property 来定义名为 a 的属性，并指定这个名为 a 的属性实际用于操作_a 成员变量。

接下来为 Parent 定义一个子类，该子类的接口代码如下（Sub.h）：

```
#import <Foundation/Foundation.h>
#import "Parent.h"
@interface Sub: Parent
- (void) accessOwner;
@end
```

下面为 Sub 子类定义实现部分（Sub.m），实现部分会定义一个名为_a 的成员变量，该成员变量将会隐藏父类的成员变量。

```
#import <Foundation/Foundation.h>
#import "Sub.h"
@implementation Sub
{
 //该成员变量将会隐藏父类的成员变量
 int _a;
}
- (id) init
{
 if(self = [super init])
 {
       self->_a = 7;
 }
 return self;
}
- (void) accessOwner
{
 //直接访问的是当前类中的成员变量
 NSLog(@"子类中_a 成员变量：%d", _a);
 //访问父类中被隐藏的成员变量
 NSLog(@"父类中被隐藏的_a 成员变量：%d", super.a);
}
@end
int main(int argc, char * argv[])
```

```
{
 @autoreleasepool{
        Sub* sub = [[Sub alloc] init];
        [sub accessOwner];
 }
}
```

Note

从上面的代码可以看出，程序通过super关键字强制指定调用父类的a属性(实际上就是获取getter方法返回值)，通过这种方式可以访问到父类中被隐藏的成员变量。编译、运行上面的程序，可以看到如下输出结果：

```
子类中_a 成员变量：7
父类中被隐藏的_a 成员变量：5
```

从上面的运行结果可以看到：子类实现部分定义与父类同名的成员变量，只是隐藏的父类的成员变量，虽然程序只是创建了一个 Sub 对象，但该对象内部依然有两块内存来保存_a 的成员变量，一块内存保存父类中被隐藏的一成员变量，可以通过父类中定义的方法来访问；一块是保存子类实现部分定义的_a 成员变量，可以在子类方法中直接访问。

5.7 异常处理

异常处理是管理非典型事件（例如未被识别的消息）的过程，此过程将会中断正常的程序执行。如果没有足够的错误处理，遇到非典型事件时，程序可能立刻抛出（或者引发）异常，然后结束运行。

Objective-C 提供了对异常处理和线程同步的支持。要打开这些功能，必须在 GCC 3.3 或更高版本使用-fobjc-exceptions 开关。

5.7.1 启用异常处理

Objective-C 有一个和 Java 或 C++类似的异常处理语法，结合使用 NSException、NSError 和用户类，可以在代码中自由地使用错误处理。异常处理包括 4 个指示符，分别是@try、@catch、@throw 和@finally。可能抛出异常的代码被放置在@try 块中，异常的处理逻辑在@catch 块中，而不管异常是否真的抛出，@finally 块中的代码总是要执行的。可以使用@throw 指示符抛出一个异常，exception（异常）实际是一个 Objective-C 对象的指针，可以使用 NSException 类，但并不局限于此。

5.7.2 异常处理

程序抛出异常的原因多种多样，可以由硬件导致，也可以由软件引起。异常的例子有很多，包括被零除、下溢和上溢等数学错误，还包括调用未定义的指令（例如，试图调用一个没有定义的方法）以及试图越界访问群体中的元素。

用来支持异常处理的编译指令有 @try、@catch、@finally 和@throw，其功能如下：

☑ @try 指令，将可能抛出异常的代码封起来。

☑ @catch 指令，包含针对@try 抛出的异常的处理逻辑。可以使用多个@catch()块捕获不同类型的异常。

☑ @finally 指令，不管异常抛出与否，该指令包含的代码必须被执行。

☑ @throw 指令，会引发一个异常。本质上，异常是 Objective-C 对象，在通常情况下，需使用 NSException 类的对象作为异常，但这不是强制要求的。

【示例】下面例子展示了一个简单的异常处理。

定义一个 Cup 类，在接口文件（Cup.h）中声明一个方法：

```
#import <Foundation/Foundation.h>
@interface Cup : NSObject
-(void) fill;
@end
```

下面是 Cup 类的实现部分（Cup.m），代码如下：

```
#import "Cup.h"
@implementation Cup
@end
```

在主函数中使用@try 指令测试[cup fill]方法，然后@catch 指令中捕获异常，并使用 NSException 类型的对象输出异常信息。

```
#import <Foundation/Foundation.h>
#import "Cup.h"
int main(int argc, const char * argv[]) {
    @autoreleasepool {
        Cup* cup = [[Cup alloc] init];
        @try {
            [cup fill];
        }
        @catch (NSException *exception) {
            NSLog(@"\n 异常名称：%@ \n 异常原因：%@", [exception name], [exception reason]);
        }
        @finally {
            NSLog(@"最后必须执行");
        }
    }
    return 0;
}
```

编译、运行该程序，可以看到如下输出：

```
异常名称：NSInvalidArgumentException
异常原因：-[Cup fill]: unrecognized selector sent to instance 0x100204ab0
最后必须执行
```

5.7.3　捕捉不同类型的异常

为捕捉@try{}块中的异常，最好的方式是在@try{}块的下面用一个或多个@catch{}块。@catch{}块列出最主要的异常信息处理模式。

【示例】使用@try{}块和@catch{}块的代码如下：

```
@try {
        ...
```

```
}
@catch (CustomException *ce) {     // 1
            ...
}
@catch (NSException *ne) {          // 2
            //在当前级别执行必要处理
            ...
}
@catch (id ue) {
            ...
}
@finally {                          // 3
            //不管是否发生异常，都要进行必要的处理
            ...
}
```

下面列出了注释中有编号的代码行的设置意义：

☑ 捕捉最具体的异常类型。

☑ 捕捉一般的异常类型。

☑ 命令必须始终执行，不管异常是否被抛出。

5.7.4 抛出异常

要抛出异常，必须使用合适的信息实例化一个对象，这些信息包括异常的名字，抛出异常的原因等。

```
NSException *exception = [NSException exceptionWithName:
@"HotTeaException" reason:@"The tea is too hot" userInfo:nil];
@throw exception;
```

抛出异常并不局限于使用 NSException 对象，可以抛出任何 Objective-C 对象类型的异常。只是 NSException 提供了一些帮助处理异常的方法，也可以自己来实现。

在@catch 中，可以使用@throw 指令再次抛出一个异常，而不用指定参数。这样会让代码更易读。可以通过 NSException 的子类来处理特定类型的异常，例如，文件系统的异常或通信模块的异常等。

5.8 类 型

一个类的定义就是对一种对象的说明。实际上类定义了一个数据类型，这个类型不仅定义了类的数据结构（实例变量），同时定义了类的行为。类名可以出现在任何 C 语言所允许的类型符可以出现的地方。例如，可以作为 sizeof 的参数：

```
int i = sizeof(Rectangle);
```

5.8.1 静态指定类型

可以用一个类名来代替 id 去定义一个对象的类型，例如：

```
Rectangle *myRectangle;
```

这种声明对象类型的方法明确把对象的类型告诉了编译器，因此被称为静态指定类型。和 id 是一个指针一样，静态指定类型对象被静态地指定了一个类的指针作为类型。对象的类型通常都是由指针指定的，只不过静态类型是明确指向了某一个类的，而 id 是隐藏的。

静态指定类型允许编译器做一些类型校验。例如，在一个指定类型的对象接收到一个无法响应的消息时（如对象中没有消息所指定的方法），编译器会发出警告。而那些 id 类型的对象就没有这种限制了。同时，静态指定类型可以使阅读代码的用户更清楚编程者的意图。不过这样做并不会破坏动态绑定或改变在运行时对接收者的类进行动态确定。

一个类型的对象可以被静态指定为这个类所继承的类的类型。例如，aRectangle 对象（Rectangle 类型）继承自 Graphic，所以 myRectangle 可以被静态指定为 Graphic 类型：

```
Graphic *myRectangle;
```

像上面这样将对象静态指定为父类类型是可以的，因为 Rectangle 对象同时也是一个 Graphic 对象。另外，虽然对象被指定为 Graphic 类型，但是它同样拥有 Shape 和 Rectangle 中的方法和实例变量。之所以这样做是为了进行类型校验，通过声明来告诉编译器将 myRectangle 看作一个 Graphic 类型的对象。在运行时，不管 myRectangle 对象是否被初始化并分配内存，都会被认为是一个 Rectangle 类型的对象。

5.8.2　类型的自查

实例在运行时可以显示出它们的类型。在 NSObject 类中定义了一个 isMemberOfClass:方法来检验接收者是否是一个特定的类型：

```
if ( [anObject isMemberOfClass:someClass] )
        ...
```

NSObject 中还定义了另一个方法 isKindOfClass:来进行更宽泛的检测，以检测接收者是否继承自某一个特定的类（是否在某个类的继承体系中）：

```
if ( [anObject isKindOfClass:someClass] )
        ...
```

能够使 isKindOfClass:方法返回 YES 的类就是可以把接收者静态指定的类（一系列继承关系中的类）。类型的自查并不受限于指定的类型信息。

5.9　根　　类

Cocoa 提供了两个根类：NSObject 和 NSProxy。Cocoa 将后者定义为抽象类，用于表示其他对象的替身对象。因此 NSProxy 类在分布式对象架构中是很重要的。由于作用比较特别，NSProxy 在 iOS 程序中出现频率很低。iOS 开发者在提到根类时，几乎总是指 NSObject。

本节将讨论 NSObject 类，看看它如何与运行环境进行交互，以及它为所有 iOS 对象定义的基本行为和接口。其中更主要的是此类为对象的内存分配、初始化、内存管理，以及运行环境支持所声明的方法，这些概念是理解 iOS 的基础。

5.9.1　NSObject 简介

Note

NSObject 是大多数 Objective-C 类层次的根类，它没有父类。其他类通过从 NSObject 继承来访问 Objective-C 语言运行时系统的基本接口，它们的实例可以得到对象行为能力。

NSObject 不是一个严格的抽象类，它只是一个虚类。一个 NSObject 实例除了可以作为一个简单的对象外，基本上不能再完成任何有用的工作了。为此在程序中加入特有的属性和逻辑，必须创建一个或多个从 NSObject 或其派生类继承下来的类。

NSObject 采纳了 NSObject 协议。NSObject 协议支持多个根对象。举例来说，NSProxy 是另一个根类，它不是继承自 NSObject，但采纳了 NSObject 协议，以便和其他 Objective-C 对象共用一个公共的接口。

NSObject 和 java.lang.Object 一起，是 Java 版本的 Cocoa 中所有类的根类，包括 Foundation 和 Application Kit。

5.9.2　根类和协议

NSObject 不仅是一个类的名称，还是一个协议的名称。两者对于定义一个 Objective-C 对象都是必要的。NSObject 协议指定了 Objective-C 中所有根类必须有的基本编程接口，因此 NSObject 类不仅采纳了这个同名的协议，其他根类也采纳这个协议，例如 NSProxy。NSObject 类还进一步指定了不作为代理对象的 Objective-C 对象的基本编程接口。

NSObject 及类似的协议用于 Cocoa 对象的总体定义（而不是在类接口中包含那些协议），使多个根类成为可能。每个根类共用一个由它们采纳的协议定义的公共接口。

在另一种意义上，NSObject 不仅仅是一个“根”协议。虽然 NSObject 类没有正式采纳 NSCopying、NSMutableCopying 和 NSCoding 协议，但它声明和实现了与那些协议相关的方法（而且包含 NSObject 类的 NSObject.h 头文件中也包含上面提到的所有 4 个协议的定义）。对象复制、编码和解码是对象行为的基本部分。很多子类（但不是绝大多数）都希望采纳和遵循这些协议。

> 注意：其他 Cocoa 类可以通过范畴将方法添加到 NSObject 中。这些范畴通常是一些非正式的协议，在委托中使用，允许委托对象选择实现范畴中的部分方法。然而，NSObject 的范畴并不被认为是基本对象接口的一部分。

5.9.3　根类方法

NSObject 根类和它采纳的 NSObject 协议及其他“根”协议一起，为所有不作为代理对象的 Cocoa 对象指定了如下接口和行为特征。

1. 分配、初始化和复制

NSObject 类中的一些方法（包括一些来自协议的方法）用于对象的创建、初始化和复制。

- ☑ alloc 和 allocWithZone:方法用于从某内存区域中分配一个对象内存，并使对象指向其运行时的类定义。
- ☑ init 方法是对象初始化原型，负责将对象的实例变量设置为一个已知的初始状态。initialize 和 load 是两个类方法，它们让对象有机会对自身进行初始化。
- ☑ new 是一个将简单的内存分配和初始化结合起来的便利方法。

- ☑ copy 和 copyWithZone:方法用于复制并实现由 NSCopying 协议定义的方法的类的实例。希望支持可变对象复制的类需要实现 mutableCopy 和 mutableCopyWithZone:（由 NSMutableCopying 协议定义）方法。

2. 对象的保持和清理

下面的方法对面向对象程序的内存管理特别重要。

- ☑ retain 方法增加对象的保持次数。
- ☑ release 方法减少对象的保持次数。
- ☑ autorelease 方法也是减少对象的保持次数，但是采用推迟的方式。
- ☑ retainCount 方法返回对当前的保持次数。
- ☑ dealloc 方法由需要释放对象的实例变量以及释放动态分配的内存的类实现。

3. 内省和比较

NSObject 有很多方法可以查询对象运行时的信息。这些内省方法有助于找出对象在类层次中的位置，确定对象是否实现特定的方法，以及测试对象是否遵循某种协议。这些方法中的一部分仅实现为类方法。

- ☑ superclass 和 class 方法（实现为类和实例方法）分别以 Class 对象的形式返回接收者的父类和类。
- ☑ 通过 isKindOfClass:和 isMemberOfClass:方法确定对象属于哪个类。后者用于测试接收者是否为指定类的实例。
- ☑ isSubclassOfClass:类方法则用于测试类的继承性。
- ☑ respondsToSelector:方法用于测试接收者是否实现由选择器参数标识的方法。
- ☑ instancesRespondToSelector:类方法则用于测试给定类的实例是否实现指定的方法。
- ☑ conformsToProtocol:方法用于测试接收者（对象或类）是否遵循给定的协议。
- ☑ isEqual:和 hash 方法用于对象的比较。
- ☑ description 方法允许对象返回一个内容描述字符串。这个方法的输出经常用于调试（print object 命令），以及在格式化字符串中和“%@”指示符一起表示对象。

4. 对象的编码和解码

下面的方法与对象的编码和解码（作为归档过程的一部分）有关：

- ☑ encodeWithCoder:和 initWithCoder:是 NSCoding 协议仅有的方法。前者使对象可以对其实例变量进行编码，后者则使对象可以根据解码过的实例变量对自身进行初始化。
- ☑ NSObject 类中声明了一些与对象编码有关的方法：classForCoder:、replacementObjectForCoder:和 awakeAfterUsingCoder:。

5. 消息的转发

forwardInvocation:和相关的方法允许一个对象将消息转发给另一个对象。

6. 消息的派发

以 performSelector...开头的一组方法使用户可以在指定的延迟后派发消息，以及将消息从辅助线程派发（同步或异步）到主线程。

NSObject 还有几个其他的方法，包括一些处理版本和姿态（后者使一个类在运行时将自己表示为另一个类）的类方法，以及一些访问运行时数据结构的方法，如方法选择器和指向方法实现的函数

指针。

5.9.4 根类接口规范

某些 NSObject 方法只是为了被调用，而另一些方法则是为了被重载。举例来说，大多数子类不应该重载 allocWithZone:方法，但必须实现 init 方法——至少需要实现一个最终调用根类的 init 方法的初始化方法。对于那些期望子类重载的方法，NSObject 的实现或者什么也不做，或者返回一个合理的值，例如 self。这些默认实现使用户有可能向任意的 Cocoa 对象，甚至是没有重载这些方法的对象，发送诸如 init 这样的基本消息，而又不必冒运行时出现异常的风险。在发送消息之前，不必进行检查（通过 respondsToSelector:方法）。更重要的是，NSObject 的这些"占位"方法为 Cocoa 对象定义了一个公共的结构，并建立了一些规则，如果所有的对象都遵循这些规则，对象间的交互将更加可靠。

5.9.5 根类实例方法和类方法

运行环境系统以一种特殊的方式处理根类定义的方法。根类定义的实例方法可以由实例对象和类对象执行，因此所有类对象都可以访问根类定义的实例方法。对于任何类对象，如果其中不包含同名的类方法，就可以执行根类的所有实例方法。

举例来说，一个类对象可以通过发送消息来执行 NSObject 的 respondsToSelector:和 performSelector:withObject:实例方法：

```
SEL method = @selector(riskAll:);
if ([MyClass respondsToSelector:method])
[MyClass performSelector:method withObject:self];
```

只有根类中定义的实例方法才可以在类对象中使用。在上面的例子中，如果 MyClass 重新实现了 respondsToSelector:或 performSelector:withObject:方法，则新的版本将只能用于实例对象。MyClass 的类对象只能执行 NSObject 类定义的版本。当然，如果 MyClass 将 respondsToSelector:或 performSelector:withObject: 实现为类方法，而不是实例方法，则该类对象就可以执行这些新的实现。

5.10 小　　结

类型是数据基础，也是变量执行的标准，在 Objective-C 语言中，通过定义类来实现定义对象。读者应该深入理解类型系统，才能够理解面向对象开发的精髓。本章主要介绍了 Objective-C 语言中类的设计、接口实现，比较分析了变量、属性和方法等概念，还介绍了类型继承的一般方法和应用。另外，介绍了异常处理的一般方法，以及不同类型的异常发生和捕捉方法。最后，还介绍了类类型以及类的比较，帮助读者深入理解类的内涵和外延。

第6章 消息和协议

消息和协议是 Objective-C 两大特色。这两大特色使 Objective-C 语言显示出了更强的灵活性和简洁性，同时保持了更高的扩展性和高内聚、低耦合的特性。本章将详细介绍 Objective-C 的消息和协议。

【学习要点】

- 使用消息
- 使用协议

6.1 消　　息

Note

Objective-C 面向对象的最大特色是消息传递（message passing）模型。在 Objective-C 中，对象不是简单地调用方法，而是互相传递消息，这与如今流行的 C++式面向对象风格差异甚大。

二者差异主要体现在调用方法和传递消息上。在 C++中，类与方法的关系非常紧密，一个方法必定属于一个类，而且在编译期（compile time）方法就已经与类紧密结合在一起，另外，不可能调用一个类中不存在的方法。但在 Objective-C 中，类与消息的关系较为松散，所有方法都被视为对消息的回应，而调用方法则被视为向类发送消息。所有消息处理直到执行期（runtime）才会动态决定，并交由类自行决定如何处理收到的消息。也就是说，一个类不保证一定会回应收到的消息，如果类收到了一个无法处理的消息，程序并不会出错或立即关掉，只会抛出一个异常。

6.1.1 定义消息

要想让一个对象做些什么，只需向它发送一个消息，告诉它去执行一个方法。在 Objective-C 中消息表达式要写在方括号中。

定义消息的语法格式如下：

```
[receiver message]
```

接收者是一个对象，消息会告诉它要去做什么。在源码中消息只不过是发给接收者的一个方法名和一些变量。当发送消息时，运行时系统从接收者的方法列表中选择合适的方法并调用。

【示例 1】下面这个消息告诉 myRectangle 对象执行它的 display 方法显示矩形区域：

```
[myRectangle display];
```

消息以“;”结尾，这和 C 语言的表达式一样。因为方法名在消息中负责选择一个方法执行，所以方法名在消息中通常被称为选择器。方法可以传递参数，有一个参数的消息通常在方法名后面接一个“:”之后再接一个参数，例如：

```
[myRectangle setWidth:20.0];
```

对于有多个参数的方法，通过方法名和参数交替出现来表达所需的参数。

【示例 2】下面代码中的消息告诉 myRectangle 对象设置起始坐标为（30.0, 50.0）：

```
[myRectangle setOriginX: 30.0 y: 50.0];
```

选择器名包括方法名的所有部分，包括分号，所以在上面的例子中选择器名为 setOrigin x:y:。因为此时的方法有两个参数，所以选择器名有两个冒号。选择器不包含其他任何内容，例如，返回值类型或参数类型。

> **注意：**选择器名所包含的各部分不是可选的，它们的顺序也不能变化。在一些语言中，named parameters 和 keyword parameters 暗示着参数在运行时可变，可以有默认值，可以有不同的调用顺序，同时可以命名附加的参数。所有这些参数的特性在 Objective-C 中都不可用。其实一个 Objective-C 方法声明加两个额外的参数就是一个 C 语言函数声明（在 C 语言中

需要声明函数返回值类型和参数类型）。因此 Objective-C 的方法声明结构和 Python 中使用名字或关键字的声明结构是不同的。

【示例 3】下面是一个 Python 的例子：

```
def func(a, b, NeatMode=SuperNeat, Thing=DefaultThing)::pass
```

在这个例子中，在进行方法调用时 Thing 和 NeatMode 可以被省略或赋予不同的值。原则上一个 Rectangle 类可以声明一个 setOrigin::方法，第二个参数不标明标签，如下面这样调用：

```
[myRectangle setOrigin:30.0:50.0];
```

尽管这个语法是合法的，但是 setOrigin:: 没有交插显示方法名和参数。这样实际上没有标明第二个参数，并且代码的阅读者很难判断这个方法的参数类型和用途。

方法的参数个数是可以变化的，尽管它们非常少见。附加的参数由逗号分隔，接在方法名的后面（和分号不同，逗号不是选择器名的一部分）。

【示例 4】在下面的代码中，方法 makeGroup:传递一个必需的参数（group）和 3 个可选的参数：

```
[receiver makeGroup:group, memberOne, memberTwo, memberThree];
```

和标准 C 函数一样，Objective-C 方法可以有返回值。

【示例 5】在下面的代码中，当 myRectangle 是一个实心矩形时，变量 isFilled 为 YES，当 myRectangle 是一个空心矩形时，变量 isFilled 为 NO。注意，方法名和变量名可以相同。

```
BOOL isFilled;
isFilled = [myRectangle isFilled];
```

【示例 6】消息表达式可以自身嵌套。下一个矩形的颜色被设置到另一个矩形：

```
[myRectangle setPrimaryColor:[otherRect primaryColor]];
```

Objective-C 也规定了由点（.）操作符提供一个紧凑方便的语法来调用对象的方法。点操作符一般和属性声明一起使用。

6.1.2　发送消息

在 Objective-C 中，可以向 nil 发送一个消息，只不过在运行时没有任何效果。在 Cocoa 中有几个范例都得益于此。向 nil 发送消息所返回的值也是有效的。

☑　如果方法返回一个对象，那么向 nil 发送消息的返回值仍为 0（nil）。例如：

```
Person *motherInLaw = [[Person spouse] mother];
```

☑　如果 spouse 对象是空，那么就将 mother 发送给 nil 并返回 nil。

☑　如果方法返回指针类型，或是字节数不大于 sizeof(void*)（在 32 位系统中长度为 4 字节）的整型 integer、浮点型 float、双精度浮点型 double、长双精度浮点型 long double，或者长长整型 long long，那么发送到 nil 的消息返回值为 0（数值）。

☑　如果方法返回一个结构体，并且结构体是 Mac OS X ABI Function Call Guide 中定义的在寄存器中返回的，那么发送给 nil 的消息返回值为 0，结构体中的每一个字段都为 0。其他的结构体类型不会自动为 0。

☑ 如果方法返回上述类型以外的类型，发送给 nil 的消息返回值为未定义（undefined）。

【示例】下面这段代码说明了如何向 nil 发送一个消息。

```
id anObjectMaybeNil = nil;
//这是有效的
if ([anObjectMaybeNil methodThatReturnsADouble] == 0.0)
{
    //继续执行...
}
```

向 nil 发送消息的处理在 Mac OSX10.5+中有一点变化。在 Mac OS X 10.4 及以前版本，向 nil 发送消息也是有效的，只要消息返回一个对象，或是指针类型，或无返回值（void），或者小于等于 sizeof(void*)的整型，一个发送给 nil 的消息返回值也是 nil。如果发送到 nil 的消息返回上述以外的类型（例如，返回数据结构型、浮点型、类模板（vector）），那么返回值为未定义（undefined）。因此在 Mac OS X 10.4 及其以前版本中不能依赖返回值为 nil 来判断返回值类型为对象、指针类型、无返回值（void），或者小于等于 sizeof(void*)的整型。

6.1.3 接收实例变量

方法默认可以访问接收对象的实例变量。不需要把实例变量作为参数传递给方法。例如，6.1.1 节示例 6 中的 primaryColor 方法没有参数，然而该方法可以找到 otherRect 的 primaryColor 并将其返回。每个方法可以访问接收者和它的实例变量而不需要将它们声明为参数。

这个协定可以简化 Objective-C 源代码，同时提供了一种关于对象和消息的面向对象思考方式。将消息发送给接收者就好比向家中寄一封信一样。消息的参数从外部携带信息发送给接收者，但是它们不需要把接收者本身传递给自己。方法默认仅可以访问接收者的实例变量。

如果方法需要一个存储在其他对象中的变量内容，它必须发送一个消息给这个对象，要求对象显示那个变量的内容。先前所展示的 primaryColor 和 isFilled 方法就是为了实现这个目的。

6.1.4 获取方法地址

避免动态绑定的唯一办法就是取得方法的地址，并且直接像调用函数一样调用它。当一个方法被连续调用很多次，而且希望节省每次调用方法都要发送消息的开销时，使用方法地址来调用方法就显得很有效。

利用 NSObject 类中的 methodForSelector:方法，可以获得一个指向方法实现的指针，并且可以使用该指针直接调用方法实现。methodForSelector:返回的指针和赋值的变量类型必须完全一致，包括方法的参数类型和返回值类型都在类型识别的考虑范围中。

【示例】下面的代码展示了如何使用指针来调用 setFilled:的方法实现：

```
void (*setter)(id, SEL, BOOL);
int i;

setter = (void (*)(id, SEL, BOOL))[target
```

```
        methodForSelector:@selector(setFilled:)];
    for ( i = 0; i < 1000, i++ )
        setter(targetList[i], @selector(setFilled:), YES);
```

方法指针的第一个参数是接收消息的对象（self），第二个参数是方法选标（_cmd）。这两个参数在方法中是隐藏参数，但在使用函数的形式来调用方法时必须显示地给出。

使用 methodForSelector:来避免动态绑定将减少大部分消息的开销，但是这只有在指定的消息被重复发送很多次时才有意义，例如上面的 for 循环。

注意：methodForSelector:是 Cocoa 运行时系统提供的功能，而不是 Objective-C 语言本身的功能。

6.1.5 objc_msgSend()函数

在 Objective-C 中，消息是直到运行时才和方法实现绑定的。编译器会把一个消息表达式“[receiver message]”转换成一个对消息函数 objc_msgSend()的调用。该函数有两个主要参数：消息接收者和消息对应的方法名字（也就是方法选标）：

```
objc_msgSend(receiver, selector)
```

同时该方法还可以接收消息中任意数目的参数：

```
objc_msgSend(receiver, selector, arg1, arg2, ...)
```

该消息函数做了动态绑定所需要的一切：

首先，找到选标所对应的方法实现。因为不同的类对同一方法可能会有不同的实现，所以找到的方法实现依赖于消息接收者的类型。

然后，将消息接收者对象（指向消息接收者对象的指针）以及在方法中指定的参数传给找到的方法实现。

最后，将方法实现的返回值作为该函数的返回值返回。

注意：编译器将自动插入调用该消息函数的代码。无须在代码中显示调用该消息函数。消息机制的关键在于编译器为类和对象生成的结构。每个类的结构中至少包括两个基本元素：

- ☑ 指向父类的指针。
- ☑ 类的方法表。方法表将方法选标和该类的方法实现的地址关联起来。例如，setOrigin::的方法选标和 setOrigin::的方法实现的地址关联，display 的方法选标和 display 的方法实现的地址关联等。

当新的对象被创建时，其内存同时被分配，实例变量也同时被初始化。对象的第一个实例变量是一个指向该对象的类结构的指针，叫做 isa。通过该指针，对象可以访问它对应的类以及相应的父类。

提示：尽管严格来说这并不是 Objective-C 语言的一部分，但是在 Objective-C 运行时系统中对象需要有 isa 指针。对象和结构体 struct objc_object（在 objc/objc.h 中定义）必须“一致”。然而，很少需要创建自己的根对象，因为从 NSObject 或 NSProxy 继承的对象都自动包括 isa 变量。类和对象的结构如图 6.1 所示。

Note

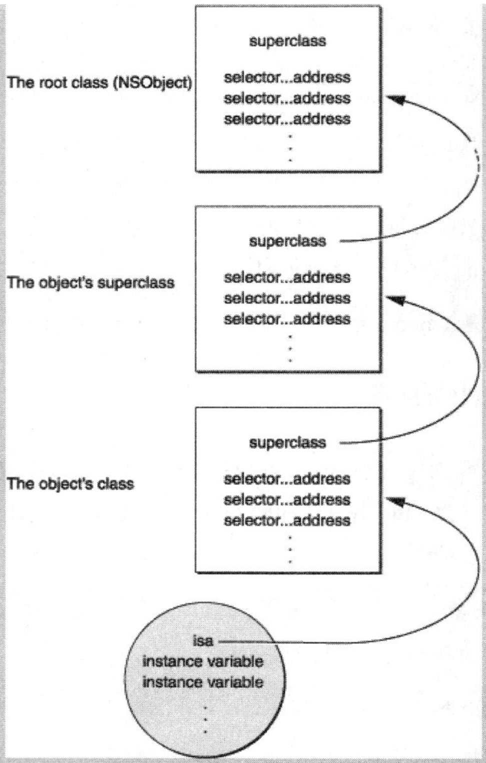

图 6.1　类和对象的结构

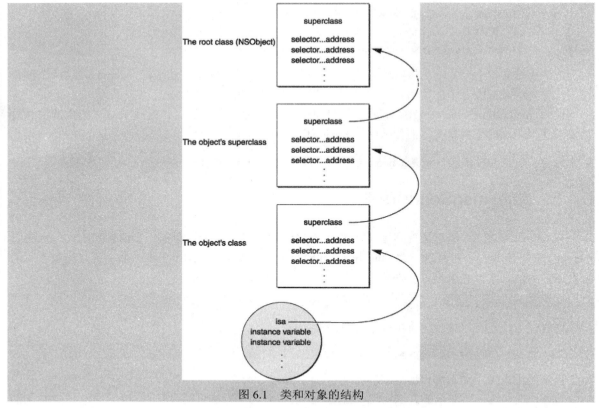

当对象收到消息时，消息函数首先根据该对象的 isa 指针找到该对象所对应的类的方法表，并从表中寻找该消息对应的方法选标。如果找不到，objc_msgSend 将继续从父类中寻找，直到完成在 NSObject 类中的寻找。一旦找到了方法选标，objc_msgSend 则以消息接收者对象为参数调用该选标对应的方法实现。

这就是在运行时系统中选择方法实现的方式，在面向对象编程中，一般称之为方法和消息动态绑定的过程。

为了加快消息的处理过程，运行时系统通常会将使用过的方法选标和方法实现的地址放入缓存中。每个类都有一个独立的缓存，同时还包括继承的方法和在该类中定义的方法。消息函数会首先检查消息接收者对象对应的类的缓存(理论上，如果一个方法被使用过一次，那么它很可能被再次使用)。如果在缓存中已经有了需要的方法选标，则消息仅比函数调用慢一点点。如果程序运行了足够长的时间，那么几乎每个消息都能在缓存中找到方法实现。在程序运行时，缓存也将随新的消息的增加而增加。

6.1.6　使用隐藏的参数

objc_msgSend 在找到方法对应的实现时将直接调用该方法实现，并将消息中所有的参数都传递给方法实现，同时，它还将传递两个隐藏的参数：

☑　接收消息的对象。

☑　方法选标。

这些参数帮助方法实现获得了消息表达式的信息。它们被认为是“隐藏”的，因为它们并没有在定义方法的源代码中声明，而是在代码编译时是插入方法的实现中的。

尽管这些参数没有被显示声明，在源代码中仍然可以引用它们（就像可以引用消息接收者对象的实例变量一样）。在方法中可以通过 self 来引用消息接收者对象，通过选标_cmd 来引用方法本身。

【示例】在下面的代码中，_cmd 指的是 strange 方法，self 指的是收到 strange 消息的对象。

```
- strange
{
        id target = getTheReceiver();
        SEL method = getTheMethod();
        if ( target == self || method == _cmd )
            return nil;
        return [target performSelector:method];
}
```

Note

在这两个参数中，self 更有用一些。实际上，它是在方法实现中访问消息接收者对象的实例变量的途径。

6.1.7　消息转发

如果一个对象收到一条无法处理的消息，那么运行时系统会在抛出错误前向该对象发送一条 forwardInvocation:消息，该消息的唯一参数是一个 NSInvocation 类型的对象，该对象封装了原始的消息和消息的参数。

可以实现 forwardInvocation:方法来对不能处理的消息进行一些默认的处理，也可以通过某种其他方式来避免错误被抛出。如 forwardInvocation:的名字所示，它通常用来将消息转发给其他的对象。

关于消息转发的作用，可以考虑这样的情景：假设需要设计一个能够响应 negotiate 消息的对象，并且能够包括其他类型的对象对消息的响应。通过在 negotiate 方法的实现中将 negotiate 消息转发给其他对象很容易达到这一目的。

更进一步，假设希望对象和另外一个类的对象对 negotiate 的消息的响应完全一致。一种可能的方式就是让类继承其他类的方法实现。然而，有时这种方式不可行，因为类和其他类可能需要在不同的继承体系中响应 negotiate 消息。

【示例 1】虽然类无法继承其他类的 negotiate 方法，仍然可以提供一个方法实现。这个方法实现只是简单地将 negotiate 消息转发给其他类的对象，就好像从其他类“借”来的一样，如下所示：

```
- negotiate
{
      if ( [someOtherObject respondsTo:@selector(negotiate)] )
            return [someOtherObject negotiate];
      return self;
}
```

这种方式有欠灵活，特别是在希望将很多消息都传递给其他对象时，必须为每一种消息提供方法实现。此外，这种方式不能处理未知的消息。当写下代码时，所有需要转发的消息的集合也必须确定。然而，实际上，这个集合会随着运行时事件的发生，以及新方法或新类的定义而变化。

forwardInvocation:消息为这个问题提供了一个更特别的、动态的解决方案：当一个对象由于没有相应的方法实现而无法响应某消息时，运行时系统将通过 forwardInvocation:消息通知该对象。每个对象都从 NSObject 类中继承了 forwardInvocation:方法。然而，NSObject 中的方法实现只是简单地调用了 doesNotRecognizeSelector:。通过实现自己的 forwardInvocation:方法，可以在该方法实现中将消息转发给其他对象。

Note

要转发消息给其他对象，forwardInvocation:方法必须：决定将消息转发给谁，并将消息和原来的参数一起转发出去。

【示例 2】消息可以通过 invokeWithTarget:方法来转发：

```
- (void)forwardInvocation:(NSInvocation *)anInvocation
{
        if ([someOtherObject respondsToSelector:
                [anInvocation selector]])
            [anInvocation invokeWithTarget:someOtherObject];
        else
            [super forwardInvocation:anInvocation];
}
```

转发消息后的返回值将返回给原来的消息发送者。可以返回任何类型的返回值，包括 id、结构体、浮点数等。

forwardInvocation:方法就像一个不能识别的消息的分发中心，将这些消息转发给不同接收对象。它也可以像一个运输站一样将所有的消息都发送给同一个接收对象。可以将一个消息翻译成另外一个消息，或者简单地“吃掉”某些消息，因此没有响应也没有错误。forwardInvocation:方法也可以对不同的消息提供同样的响应，这一切都取决于方法的具体实现。该方法所提供的是将不同的对象链接到消息链的能力。

注意：forwardInvocation:方法只有在消息接收对象中无法正常响应消息时才会被调用。所以，如果希望对象将 negotiate 消息转发给其他对象，那么对象中不能有 negotiate 方法，否则 forwardInvocation:将不可能被调用。

6.1.8　消息转发与多重继承

消息转发很像继承，并且可以用来在 Objective-C 程序中模拟多重继承。如图 6.2 所示，一个对象通过转发来响应消息，看起来就像该对象从别的类那借来了或“继承”了方法实现一样。

在图 6.2 中，Warrior 类的一个对象实例将 negotiate 消息转发给 Diplomat 类的一个实例。看起来，Warrior 类似乎和 Diplomat 类一样，响应 negotiate 消息，并且行为和 Diplomat 一样（尽管实际上是 Diplomat 类响应了该消息）。

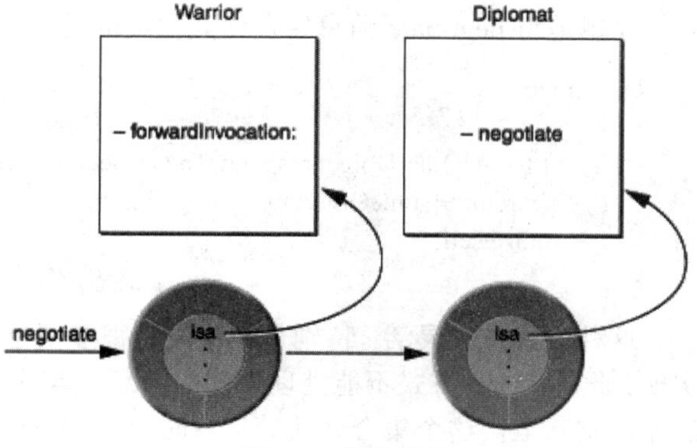

图 6.2　消息转发

转发消息的对象看起来有两个继承体系分支——自己的和响应消息的对象的。在上面的例子中，Warrior 看起来同时继承自 Diplomat 和自己的父类。

消息转发提供了多重继承的很多特性。然而两者有很大的不同：多重继承是将不同的行为封装到单个的对象中，有可能导致庞大的、复杂的对象。而消息转发是将问题分解到更小的对象中，但是又以一种对消息发送对象来说完全透明的方式将这些对象联系起来。

6.1.9　消息代理对象

消息转发不仅和继承很像，也使得以一个轻量级的对象（消息代理对象）代表更多的对象进行消息处理成为可能。

代理类负责将消息转发给远程消息接收对象的管理细节，保证消息参数的传输等。但是消息类没有进一步复制远程对象的功能，只是将远程对象映射到一个本地地址上，从而能够接收其他应用程序的消息。

同时也存在其他类型的消息代理对象。例如，假设有某个对象需要操作大量的数据——可能需要创建一个复杂的图片或从磁盘上读取一个文件的内容，创建这样的对象是很费时的，可能希望推迟它的创建时间，直到它真正需要时，或者系统资源空闲时。同时，又希望至少有一个预留的对象和程序中其他对象交互。

在这种情况下，可以为该对象创建一个轻量的代理对象。该代理对象可以有一些自己的功能，例如，响应数据查询消息，但是其主要功能是代表某个对象，当时间合适时，将消息转发给被代表的对象。当代理对象的 forwardInvocation:方法收到需要转发给被代表的对象的消息时，代理对象会保证所代表的对象已经存在，否则就创建它。所有发到被代表的对象的消息都要经过代理对象，对程序来说，代理对象和被代表的对象是一样的。

6.1.10　消息转发与类继承

尽管消息转发很像继承，但它不是继承。例如，在 NSObject 类中，方法 respondsToSelector:和 isKindOfClass:只会出现在继承链中，而不会出现在消息转发链中。

【示例 1】向一个 Warrior 类的对象询问它能否响应 negotiate 消息，代码如下：

```
if ( [aWarrior respondsToSelector:@selector(negotiate)] )
        ...
```

返回值是 NO，尽管该对象能够接收和响应 negotiate，如图 6.2 所示。

在大部分情况下，NO 是正确的响应，但不是所有情况下都是这样的。

【示例 2】使用消息转发创建一个代理对象来扩展某个类的能力，这时的消息转发必须和继承一样，尽可能对用户透明。如果希望代理对象看起来就像继承自它代表的对象一样，需要重新实现 respondsToSelector:和 isKindOfClass:方法：

```
- (BOOL)respondsToSelector:(SEL)aSelector
{
        if ( [super respondsToSelector:aSelector] )
            return YES;
        else {
            /*在这里，测试是否 aSelector 消息*
            *被转发到另一个对象，以及该对象是否可以响应。如果它可以，返回 YES*/
        }
      return NO;
}
```

除了 respondsToSelector:和 isKindOfClass:外，instancesRespondToSelector:方法也必须重新实现。如果使用的是协议类，需要重新实现的还有 conformsToProtocol:方法。类似地，如果对象需要转发远

程消息，则 methodSignatureForSelector:方法必须能够返回实际响应消息的方法的描述。

【示例 3】对象要将消息转发给它所代表的对象，可能需要如下 methodSignatureForSelector:实现：

Note

```
- (NSMethodSignature*)methodSignatureForSelector:(SEL)selector
{
        NSMethodSignature* signature = [super methodSignatureForSelector:selector];
        if (!signature) {
        signature = [surrogate methodSignatureForSelector:selector];
        }
        return signature;
}
```

也可以将消息转发的部分放在一段私有的代码中，然后从 forwardInvocation:调用它。

注意：消息转发是一个比较高级的技术，仅适用于没有其他更好的解决办法的情况。它并不是用来代替继承的。如果必须使用该技术，务必确定已经完全理解了转发消息的类和接收转发消息的类的行为。

6.1.11 多态性

Objective-C 中的消息和标准 C 语言中的函数调用在语法位置上是相同的。但是由于方法属于一个对象，所以消息和函数调用在工作方式上是不同的，特别是一个对象只能被它定义的方法操作。它不会和其他对象定义的方法混淆（不会被其他对象的方法操作），即使另一个对象有一个同名的方法。因此两个对象可以对同一个消息做出不同的响应。

例如，每个种类的对象接收一个 display 消息都可以按照各自的方式显示自身。如 Circle 和 Rectangle 对一个完全相同的跟踪光标指令所做的响应可以是不同的。

这种特性被称为多态性，在面向对象程序设计中具有重要作用。将多态性和动态绑定在一起所编写的代码适用于许多不同种类的对象，并且在写代码时并不需要确定这些对象的类型。这些对象甚至可以在以后才被开发，或是由其他程序员开发。如果写代码时发送一个 display 消息到一个 id 类型的变量，任何有 display 方法的对象都是一个潜在的接收者。

6.1.12 动态绑定

方法调用和发送消息的关键不同在于，方法和其参数是在编译时结合在一起，但是消息和接收对象直到程序运行并发送消息时才结合。因此调用哪个方法来响应一个消息只有在运行时才能决定而不是在代码编译时。当一个消息被发送时，一个运行时的消息分发例行程序找到消息中的接收者和方法名，然后定位到接收者所实现的与方法名相匹配的方法并调用方法，同时传给方法一个接收者的实例变量指针。

消息和方法的动态绑定和多态的紧密结合使面向对象编程的灵活性更强。因为每个对象都可以有自己的方法，Objective-C 语句可以获得多种不同的结果，而且不需要发送多个消息，只需发给不同的接收对象。接收者可以在程序运行时被确定，选择哪个接收者取决于用户操作等因素。

在运行基于 AppKit 的代码时，用户会决定哪个对象接收诸如剪切、复制、粘贴等菜单指令，信息被发送给当前选中的对象。一个显示文字的对象和一个显示扫描图的对象对 copy 指令的消息会做出不同的响应。一个用于显示一类图形的对象和用于显示矩形的对象对 copy 消息也会有不同的响应。因为消息直到运行时才会调用方法（换句话说，直到运行时方法和消息才会绑定），所以这些方法的

处理也是各自相互独立的。发送消息的代码不需要关心接收者如何处理，甚至不需要考虑接收者能否对请求做出响应，应用程序所包含的各个对象可以按照自己的方法对 copy 消息做出响应。

Objective-C 对动态绑定提供了更好的支持，甚至允许在运行时使用一个变量作为方法名（选择器）来发送消息。

6.1.13　解析动态方法

有时需要动态地提供一个方法的实现。例如，Objective-C 中属性（Property）前的修饰符@dynamic。

```
@dynamic propertyName;
```

表示编译器须动态地生成该属性对应的方法。

可以通过实现 resolveInstanceMethod:和 resolveClassMethod:来动态地实现给定选标的对象方法或类方法。

【示例 1】Objective-C 方法可以认为是至少有两个参数（self 和_cmd）的 C 函数。可以通过 class_addMethod 方法将一个函数加入到类的方法中。例如：

```
void dynamicMethodIMP(id self, SEL _cmd) {
        //实施....
}
```

【示例 2】可以通过 resolveInstanceMethod:将其作为类方法 resolveThisMethodDynamically 的实现：

```
@implementation MyClass
+ (BOOL)resolveInstanceMethod:(SEL)aSEL
{
            if (aSEL == @selector(resolveThisMethodDynamically)) {
                class_addMethod([self class], aSEL, (IMP) dynamicMethodIMP, "v@:");
                return YES;
            }
             return [super resolveInstanceMethod:aSEL];
}
@end
```

通常消息转发和动态方法解析是互不相干的。在进入消息转发机制之前，respondsToSelector:和 instancesRespondToSelector: 会被首先调用。可以在这两个方法中为传进来的选标提供一个 IMP。如果实现了 resolveInstanceMethod:方法但是仍然希望采用正常的消息转发机制进行，只需要返回 NO 就可以了。

6.1.14　动态加载

Objective-C 程序可以在运行时链接和载入新的类和范畴类。新载入的类和在程序启动时载入的类并没有区别。

动态加载可以用在很多地方。例如，系统配置中的模块就是动态加载的。

在 Cocoa 环境中，动态加载一般被用来对应用程序进行定制。程序可以在运行时加载其他程序员编写的模块。这和 Interface Build 载入定制的调色板及系统配置程序载入定制的模块类似。这些模块通过许可的方式扩展了程序，而无须自己来定义或实现。模块提供了框架，而其他的程序员提供了实现。

尽管已经有一个运行时系统的函数来动态加载 Mach-O 文件中的 Objective-C 模块（objc_loadModules，

在 objc/objc-load.h 中定义)，Cocoa 的 NSBundle 类为动态加载提供了一个更方便的接口——一个面向对象的，已和相关服务集成的接口。

6.1.15 “.”语法格式

Objective-C 提供了一个点操作符“.”来替代方括号（[]）进行方法调用。点语法使用和访问 C 语言结构体元素有相同的格式：

```
myInstance.value = 10;
printf("myInstance value: %d", myInstance.value);
```

在使用对象时，点语法会使代码更简单易读，编译器会将其编译为访问方法（即 accessor method，这样翻译的准确性尚不确定，类似于其他语言中的 get/set 方法）。点语法不会直接读取或修改一个实例变量。上面的代码和下面这段代码是完全相同的：

```
[myInstance setValue:10];
printf("myInstance value: %d", [myInstance value]);
```

如果一个对象想要通过访问方法来访问自己的实例变量，就必须明确地使用 self：

```
self.age = 10;
```

等价于：

```
[self setAge:10];
```

如果没有使用 self.，那么就是直接访问的实例变量，如下所示就没有调用 age 的访问方法：

```
age = 10;
```

点语法的一个好处就是，比方括号看上去更简洁易读，特别是当想要访问或修改另一个对象的属性时。此处，编译器可以在代码试图修改一个只读属性时报错。如果使用方括号语法访问变量，编译器在最好情况下只能报出一个引用了不存在的 setter 方法的未声明方法警告，并且代码会运行失败。

1．“.”语法格式一般用法

当使用点语法读取一个值时，系统会调用相关的 getter 访问方法。默认的 getter 方法名为点以后的字符。使用点语法为变量赋值会调用关联的 setter 访问方法。默认的 setter 方法名将为点以后的字符首字母大写并在前面加一个 set。如果不希望使用默认的访问方法名，可以使用声明对象属性来修改它们。

【示例 1】以下是几个使用方法的例子，使用点语法访问属性：

```
Graphic *graphic = [[Graphic alloc] init];
NSColor *color = graphic.color;
CGFloat xLoc = graphic.xLoc;
BOOL hidden = graphic.hidden;
int textCharacterLength = graphic.text.length;
if (graphic.textHidden != YES) {
    graphic.text = @"Hello"; // @"Hello"是一个常用的 NSString 对象
}
graphic.bounds = NSMakeRect(10.0, 10.0, 20.0, 120.0);
```

【示例 2】下面的代码与上面的代码经过编译后完全相同，不同的是，下面的代码使用了方括号语法，代码如下：

```
Graphic *graphic = [[Graphic alloc] init];
NSColor *color = [graphic color];
CGFloat xLoc = [graphic xLoc];
BOOL hidden = [graphic hidden];
int textCharacterLength = [[graphic text] length];
if ([graphic isTextHidden] != YES) {
        [graphic setText:@"Hello"];
}
[graphic setBounds:NSMakeRect(10.0, 10.0, 20.0, 120.0)];
```

对于适当的 C 语言类型的属性，符合赋值符的含义显得更清晰明了。例如，有一个 NSMutableData 类的实例：

```
NSMutableData *data = [NSMutableData dataWithLength:1024];
```

可以使用点语法和复合赋值符来更新实例的 length 属性：

```
data.length += 1024;
data.length *= 2;
data.length /= 4;
```

等价于下面这段使用方括号的代码：

```
[data setLength:[data length] + 1024];
[data setLength:[data length] * 2];
[data setLength:[data length] / 4];
```

2. nil 值

如果在属性遍历过程中遇到一个nil值，那么所得到的结果和向nil发送一个等价的消息是相同的。

【示例 3】下面的两段代码是等价的：

```
//点语法中每个成员都是一个对象
x = person.address.street.name;
x = [[[person address] street] name];

//下面语法中包含一个 C 结构
//如果 window 或 contentView 为 nil，将导致系统崩溃
y = window.contentView.bounds.origin.y;
y = [[window contentView] bounds].origin.y;

//使用 setter 示例
person.address.street.name = @"Oxford Road";
[[[person address] street] setName: @"Oxford Road"];
```

3. 点语法引用访问方法

作为方括号语法的一种替代，使用点语法可引用访问方法。

下面这句代码引用 aProperty 的 getter 方法并将返回值赋给变量 aVariable：

```
aVariable = anObject.aProperty;
```

属性 aProperty 的类型和变量 aVariable 必须是兼容的，否则编译器会抛出一个警告。

下面这句代码引用了对象 anObject 的 setName:方法，并将@"New Name"作为参数传递给方法。

```
anObject.name = @"New Name";
```

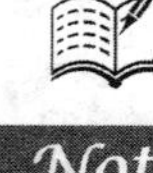

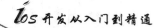

如果 setName:方法不存在，或者属性 name 不存在，或者 setName:方法返回一个 void 以外的类型，编译器都会报一个警告。

下面这句代码引用了对象 aView 的 bounds 方法。bounds 方法返回一个 NSRect 类型的对象，然后将返回值中一个结构体的元素的值 origin.x 赋给变量 xOrigin。

```
xOrigin = aView.bounds.origin.x;
```

下面这句代码把 11 分别赋给两个属性：一个是对象 anObject 的 integerProperty 属性，一个是 anotherObject 的 floatProperty 属性。

```
NSInteger i = 10;
anObject.integerProperty = anotherObject.floatProperty = ++i;
```

具体地说，是从最右边开始进行计算（++i），然后把计算结果传递给 setIntegerProperty:和 set FloatProperty:这两个 setter 方法。计算结果的类型会在每次赋值时按照需要的类型进行强制类型转换。

4. 点语法的错误用法

强烈建议不要使用以下代码，因为这些代码没有遵守点语法引用访问方法的设计初衷。

下面这个代码会产生一个编译警告（警告：返回值没有被使用）：

```
anObject.retain;
```

下面这个代码也会产生一个编译警告（警告：返回值没有被使用）：

```
anObject.retain;
- (BOOL) setFooIfYouCan: (MyClass *)newFoo;
anObject.fooIfYouCan = myInstance;
```

下面这句引用 lockFocusIfCanDraw 方法的代码将返回值赋给 flag。这句代码不会产生警告，除非 flag 的类型和返回值类型不匹配。尽管如此，还是建议不要这样使用。因为 lockFocusIfCanDraw 不是一个访问方法，而点语法只推荐用于调用访问方法（getter 和 setter），也就是用于访问对象的属性或实例变量。

```
flag = aView.lockFocusIfCanDraw;
```

在下面这句代码中，readonlyProperty 属性被声明为只读访问，因此会报一个警告：向只读属性赋值。

```
@property(readonly) NSInteger readonlyProperty;
- (void) setReadonlyProperty: (NSInteger)newValue;
self.readonlyProperty = 5;
```

5. 性能和线程处理

无论使用点语法还是方括号语法引用访问方法，编译器生成的代码是相等的。因此这两种编码技巧所获得的结果与性能是完全相同的。使用点语法仅是引用访问方法的一个途径而已，所以也不会引入额外的线程开销。

6.2 协　议

Objective-C 在 NeXT 时期（1996 年苹果收购 NeXT Software 公司前）曾经试图引入多重继承的

概念，但由于协议的出现而没有实现。协议的功能类似 C++中对抽象基类的多重继承，或是类似 Java 与 C#中的接口。在 Objective-C 中，包括由两种方式定义的协议：为特定目的设定的“非正式协议”和由编译器保证的“正式协议”。

协议负责声明可以被任意类所实现的方法，至少应用于以下 3 种情况：

☑ 声明对象需要实现的方法。

☑ 为一个对象声明接口来隐藏它的类。

☑ 抽出没有继承关系的类之间的相似之处。

6.2.1　预定义声明接口

类和接口声明了由某一个类联系起来的一些方法，即类在大部分情况下需要实现的方法。此外，正式和非正式的协议所声明的方法独立于任何一个特定的类，但是这个方法是任何一个类，或者很多类都有可能实现的。

【示例】协议只不过是一个方法声明的列表，并不附属于某一个类的定义。例如，这些负责收集用户鼠标动作的方法就可以被放在一个协议中：

```
- (void)mouseDown:(NSEvent *)theEvent;
- (void)mouseDragged:(NSEvent *)theEvent;
- (void)mouseUp:(NSEvent *)theEvent;
```

如果某一个类需要相应三维鼠标事件，就可以采用这个协议并实现它的方法。

协议使方法的声明可以不受类继承关系的影响，所以协议可以用在一些类和分类所不能及的地方。协议列出可能在某些地方被实现的方法，但是并不关心具体是哪个类实现的，它所关心的只是是否有一个类遵守了这个协议，即是否实现了这个协议所声明的方法。这样，对象不仅可以按照继承关系来归类，还可以根据它们所遵守的协议来分类。不在同一继承关系中的类也可能属于同一类型，因为它们可能遵守相同的协议。

协议在面向对象设计中可以发挥很大的作用，特别是当一个工程要把许多实现的方法区分开或者这个工程中包含了一些其他工程中开发的对象时。Cocoa 大量使用协议来实现通过 Objective-C 消息进行进程间的通信。

然而，一个 Objective-C 程序也不一定要使用协议。同定义类和消息表达式不同，协议是可选的。一些 Cocoa 框架需要使用协议，一些则不需要，一切都以实际情况为准。

6.2.2　预定义方法

如果知道一个对象所属的类，就可以查看它的接口声明（还包含继承到的接口声明）来知道它所响应的消息。这些声明中说明了对象所能接受的消息，而协议则提供了一个途径说明了它所发送的消息。

对象通过发送和接收消息进行通信。例如，一个对象可能会将一个操作委托给另一个对象去执行，或者仅是向另一个对象请求一些信息。在某些情况下，一个对象可能希望把它的动作通知给其他对象，以使它们进行必要的额外的处理。

如果为同一个工程开发发送类和接受类（或者已经提供了接受类和其接口文件），这种通信是容易协调的。只需要发送类引用接收类的接口文件，这个接口文件声明了发送类发送的消息中所使用的方法选择器。

然而，如果开发一个对象负责发送消息而接收对象还未定义（也就是说是留给以后实现），当然

也就不可能得到接收者的接口文件了。这样就需要有一个途径来声明要在消息中使用的方法，但是并不实现它。协议正好可以满足这个需求，通知编译器类所使用的方法，同时还通知其他实现这些方法的类，协议需要定义这些方法来同所定义的类协同工作。

【示例】开发一个对象，它通过向另一个对象发送 helpOut:和其他消息来请求帮助。提供一个 assistant 实例变量来保存这些消息的输出对象，同时定义一个方法（存取方法）来为实例变量赋值。这些方法可以让其他的对象将它们自己注册为潜在接收者。

```
- setAssistant:anObject
{
        assistant = anObject;
}
```

这样，当将一个消息发送给 assistant 时，可以对接收者进行校验，以判断它是否实现了响应方法：

```
- (BOOL)doWork
{
            ...
            if ( [assistant respondsToSelector:@selector(helpOut:)] ) {
             [assistant helpOut:self];
             return YES;
          }
        return NO;
}
```

因为写代码时并不知道什么类型的对象会将它们自己注册为 assistant，所以不能引用这个类的接口文件，只能为 helpOut:方法声明一个协议。

6.2.3 声明接口

协议可以用于为匿名对象（不知道类型的对象）声明方法。匿名对象可以代表一种服务或是特定的一组功能，特别是当只需要一种类型的对象时（对象在定义一个应用的结构中占有重要地位，并且必须先初始化才能使用的对象不适合作为匿名对象）。

对象对于其开发者来说不是匿名的，但是当它们被提供给其他用户使用时就不同了。例如，考虑下面的情况：

☑ 某人提供了一个框架或一组对象供其他人使用，框架中可能包含一些对象，这些对象并没有标明类型，即是哪个类或哪个接口。由于缺少类名和接口名，用户就不能创建某一个类的实例。换言之，这些类的提供者必须提供一个已经初始化并分配好的实例。典型的方法就是有另外一个类提供一个方法来返回一个可用的实例对象。

```
id formatter = [receiver formattingService];
```

这个方法返回的是一个没有指明类型的对象，至少是一个提供者不想指明的。为了让这个对象可以使用，提供者至少要指明它可以响应的消息有哪些。这些消息就由与它相关的对象使用一个协议通过声明一个方法列表来标明。

可以发送一个消息到一个远程对象（在其他应用中的对象）。

☑ 每个应用都有自己的结构、类和内部逻辑，但是调用者并不需要了解其他应用是怎么工作的或其组件之间是如何通信的。作为一个外部调用者，只需要知道能发送什么样的消息（协议）和发送给谁（接收者）。如果一个应用将它的一个对象声明作为远程消息的潜在接收者，那

么同时必须声明一个协议来声明这个对象用于响应那些消息的方法，并不需要对这个对象的细节进行说明。作为发送者的应用不需要知道这个对象的类型或在自己的设计中使用这个类，需要的仅仅是协议。

协议使匿名对象成为可能。没有协议，就没有办法声明一个对象的接口而不指明它的类。

Note

注意：虽然匿名对象的提供者没有标明其类型，但是对象在运行时会暴露它的类型。类消息会返回匿名对象的类。然而，发掘这些额外的信息是没什么意义的，协议中的信息已经足够了。

6.2.4 非层级相似性

如果几个类实现了一组方法，这些类通常由一个声明了共同方法的抽象类来分组。其中的每一个类都可以按照自己的需要重新实现方法，但是由于继承的关系，抽象类还是决定了这些类之间有着必然的相似之处。

【示例】用抽象类来为共通方法分组是不可行的。有时一些不相关的类却要实现一些相似的方法，而这有限的相似之处又不足以建立一种继承的关系。例如，想通过创建一个 XML 来控制并初始化应用的外观显示：

```
- (NSXMLElement *)XMLRepresentation;
- initFromXMLRepresentation:(NSXMLElement *)xmlString;
```

这些方法可以放到一个协议中，实现它们的类仅仅因它们都遵守这个协议而相似。

对象可以由它们所执行的协议来分类，而不仅仅是它们的类。例如，一个 NSMatrix 实例（矩形）必须同它所显示的单元格对象进行通信。 这个矩阵可以要求这些单元格对象的类型都为 NSCell（一个类），实际上是需要这些对象都继承 NSCell 类以实现响应 NSMatrix 消息的方法。另外，NSMatrix 对象也可以要求这些显示单元对象实现一组特定的方法来响应消息（遵守一个协议）。如果这样，NSMatrix 对象不需要关心单元格对象属于什么类型，仅需要它们都实现需要的方法。

6.2.5 正式协议

Objective-C 提供了一个正式的方法将一组方法（包括声明的属性）声明为一个协议。正式协议由语言本身和运行时支持。例如，编译器可以基于协议进行类型校验，并且对象可以在运行时自查它们是否遵守了一个协议。

1. 声明一个协议

使用@protocol 指令声明一个标准的协议：

```
@protocol ProtocolName
//方法声明
@end
```

【示例 1】可以声明一个 XML 显示协议：

```
@protocol MyXMLSupport
- initFromXMLRepresentation:(NSXMLElement *)XMLElement;
- (NSXMLElement *)XMLRepresentation;
@end
```

与类名不同，协议名没有全局可见这个属性，只能存在于自己的命名空间。

Note

2. 可选的协议方法

协议方法可以用@optional 关键字标记为可选。同@optional 类似，还有一个@required 关键字用来标记方法为必需。这样就可以用@optional 和@required 把协议分成需要的两部分。

【示例 2】如果没有使用这些关键字，那么默认使用@required。

```
@protocol MyProtocol

- (void)requiredMethod;

@optional
- (void)anOptionalMethod;
- (void)anotherOptionalMethod;

@required
- (void)anotherRequiredMethod;

@end
```

> 注意：在 Mac OS X 10.5 中，协议不能声明可选的属性。这个限制在 Mac OS X 10.6 及以后版本中取消了。

【示例 3】前面已经介绍过，协议定义的是多个类共同的公共行为规范，因此，协议中所有的方法都是公开的访问权限。下面定义一个协议，代码如下（Output.h）：

```
#import <Foundation/Foundation.h>
//定义协议
@protocol Output
//定义协议的方法
@optional
- (void) output;
@required
- (void) addData: (NSString*) msg;
@end
```

上面定义了一个 Output 协议，这个协议定义了两个方法，表示添加数据的 addData:和表示输出的 output:方法。这就定义了 Output 协议的规范。只要某个类能添加数据，并可以将数据输出，那么这个类就是一个输出设备，至于这个设备的实现细节，该协议并不关心。

【示例 4】定义一个 Productable 协议，该协议代表了所有的产品都需要遵守的规范（Productable.h）。

```
#import <Foundation/Foundation.h>
//定义协议
@protocol Productable
//定义协议的方法
- (NSDate*) getProduceTime;
@end
```

在上面的代码中，定义了一个 getProduceTime:方法，该方法返回产品的生产时间。这表明无论是何种产品，都应该提供一个 getProduceTime:方法来获取该产品的生产时间。

【示例 5】定义一个打印机协议，该协议同时继承上面的两个协议，代码如下（Printable.h）：

```
#import <Foundation/Foundation.h>
#import "Output.h"
#import "Productable.h"

//定义协议，继承了 Output、Productable 两个协议
@protocol Printable <Output, Productable>
@required
//定义协议的方法
- (NSString*) printColor;
@end
```

协议的继承和类继承不一样，协议完全支持多继承，即一个协议可以有多个直接的父协议。和类继承相似，子协议继承某个父协议，将会获得父协议中定义的所有方法。

一个协议继承多个父协议时，多个父协议排在“<>”中间，多个协议口之间以英文逗号（,）隔开。

6.2.6　非正式协议

作为正式协议的补充，也可以通过把方法分到一个分类中来定义一个非正式协议，例如：

```
@interface NSObject ( MyXMLSupport )
- initFromXMLRepresentation:(NSXMLElement *)XMLElement;
- (NSXMLElement *)XMLRepresentation;
@end
```

非正式协议通常声明为 NSObject，因为这样定义的方法可以被那些继承自 NSObject 的类更广泛地使用。所有的类都继承自根类（NSObject），这样，协议中的方法不会受继承关系中任何一部分的限制。

通常，当声明一个协议时，一个分类接口没有相关的实现。相反，实现协议的类在它们自己的接口文件中会重新声明这些方法，并且在实现文件内同其他的一些方法一起定义。

非正式协议打破了分类的规则来声明一组方法，但是并不把这组方法同任何一个特定的类或实现关联起来。

作为非正式协议，在分类中进行声明并不被大多语言所支持。在编译时不会进行类型校验，并且在运行时也不会去校验对象遵守哪个协议。如果希望使用这些功能，就必须使用正式协议。非正式协议在所有的方法都可选时会比较有用，例如，使用代理，但是通常更推荐使用正式协议。

【示例】通过前面的介绍可知，类别可以实现非正式协议，这种类别以 NSObject 为基础，为 NSObject 创建类别，创建类别时即可指定该类别应该新增的方法。下面程序以 NSObject 为基础，定义一个类别，类别名称为 Eatable，该类别的代码如下（NSObject+Eatable.h）：

```
#import <Foundation/Foundation.h>
//以 NSObject 为基础定义 Eatable 类别
@interface NSObject (Eatable)
- (void) taste;
@end
```

上面为 NSObject 的 Eatable 类别中定义了一个 taste 方法，接下来所有继承 NSObject 类的子类都会自动带有该方法，而且 NSObject 的子类可以根据需要，自行决定是否要实现该方法。当然，既然 Eatable 类别作为一个非正式协议使用，那么相当于定义了一个规范，因此，遵守该协议的子类通常

都会实现这个方法。

接下来为 NSObject（Eatable）派生一个子类（Apple.h）。

Note

```
#import <Foundation/Foundation.h>
#import "NSObject+Eatable.h"
//定义类的接口部分
@interface Apple: NSObject
@end
```

该 Apple 子类只是一个空类，该类中并未定义任何方法，但这丝毫不会影响 Apple 类的功能，因为它继承了 NSObject（Eatable），只要在 Apple 类的实现部分实现 taste 方法即可。

下面是 Apple 类的实现部分代码（Apple.m）：

```
#import "Apple.h"
//为 Apple 提供实现部分
@implementation Apple
- (void) taste
{
 NSLog(@"苹果营养丰富，口味很好！");
}
@end
```

从上面的代码可以看出，Apple 类实现了 taste 方法，这样 Apple 类就相当于遵守了 Eatable 协议，接下来就可以把 Apple 类当成 Eatabl 对象来调用。下面是 Apple 类的测试代码（main.m）：

```
#import <Foundation/Foundation.h>
#import "Apple.h"
int main(int argc, char * argv[])
{
 @autoreleasepool{
     Apple* app = [[Apple alloc] init];
     [app taste];
 }
}
```

上面的程序代码调用了 Apple 对象的 taste:方法，Apple 对象遵守了 Eatable 协议，因此，可以调用 taste:方法。编译、运行该程序，可以看到如下输出结果：

```
苹果营养丰富，口味很好!
```

提示：对于实现非正式协议的类而言，Objective 并不强制实现该协议中的所有方法。也就是说，上面的 Apple 类也可以不实现 taste:方法，但如果 Apple 类不实现 taste:方法，而且非正式协议本身也没有实现该方法，运行该程序就会引起错误。

6.2.7 协议对象

正如在运行时类是由类对象表现一样，正式协议也是由一种特殊的数据类型——协议类的实例所表现的。如果一个代码中使用协议（除非是用于标明类型），必须提交到相对应的协议对象。

在很多方面，协议定义同类定义相似，都声明方法，并且在运行时都由对象表现，类由类的实例表现，协议由协议的实例负责。和类对象一样，协议对象也是由系统在运行时使用代码中定义的方法

和声明的变量来创建的。它们都不在程序的源代码中分配内存和初始化。

源代码可以使用@protocol()指令引用一个协议对象，这个指令同时也是声明协议的指令，不同的是后面有一对括号，括号中为协议名字：

```
Protocol *myXMLSupportProtocol = @protocol(MyXMLSupport);
```

Note

这是通过代码获得一个协议对象的唯一途径。与类名不同，一个协议名并不单指一个对象，除非是在@protocol()中。

编译器为每个协议声明创建一个协议对象，但是这仅当协议被一个类采用，或者在代码中被引用（使用@protocol()）时才会发生。那些被声明却没有被使用的协议（除非是下面提到的类型校验）是不会被协议对象在运行时表现的。

6.2.8　采用协议

采用一个协议与声明一个超类类似，都是为一个类分配方法。超类声明是分配继承它的方法，而协议分配的是协议中声明的方法。在一个类的声明中，如果超类名后面用尖括号包着一个协议名，就说明这个类采用了一个正式协议：

```
@interface ClassName: ItsSuperclass < protocol list >
```

分类使用同样的方法采用协议：

```
@interface ClassName ( CategoryName ) < protocol list >
```

一个类可以采用多个协议，协议名用逗号分开：

```
@interface Formatter: NSObject < Formatting, Prettifying >
```

一个类或分类要采用一个协议，必须实现这个协议所声明的所有方法，否则编译器会报错。上面提到的 Formatter 类就必须定义它所采用的两个协议中定义的所有方法，除了这些，它本身要声明自己的方法。

一个类或分类要采用一个协议，就必须引用声明协议的头文件。在被采用的协议中声明的方法不能在类或类接口中再声明。

【示例】一个类可以仅仅采用一个协议而不声明其他方法。例如，下面的这个类声明采用了 Formatting 和 Prettifying 协议，但是并没有声明它自己的变量或方法。

```
@interface Formatter: NSObject < Formatting, Prettifying >
@end
```

6.2.9　服从协议

如果一个类采用了一个协议或所继承的类采用了一个协议，那么就说这个类服从这个协议。如果一个类服从一组协议，那么它的实例也服从于这些协议。

因为一个类要采用一个协议必须实现所有协议中声明的方法，所以一个类服从一个协议就等同于实现了这个协议声明的所有方法。

可以通过向一个对象发送 conformsToProtocol:消息来检查它是否服从于某个协议。

```
if ( ! [receiver conformsToProtocol:@protocol(MyXMLSupport)]   ) {
        //对象不符合 MyXMLSupport 协议
```

```
        //如果你期望接收机实现在 MyXMLSupport 协议声明的方法
        //这可能是一个错误
}
```

conformsToProtocol:同校验单个方法的 respondsToSelector:相似，不同的是 conformsToProtocol:校验的是对象是否采用了一个协议（也就是说它实现了所有协议中声明的方法），而不是校验某一个特定的方法是否实现，所以 conformsToProtocol:比 respondsToSelector:更有效率。

conformsToProtocol:和 isKindOfClass:也很相似，所不同的是 conformsToProtocol 的校验是基于协议的而不是基于继承关系的。

【示例】下面为 Printable 协议提供一个实现类 Printer，该实现类的接口部分代码如下（Printer.h）：

```
#import <Foundation/Foundation.h>
#import "Printable.h"

//定义类的接口部分，继承 NSObject，遵守 Printable 协议
@interface Printer: NSObject <Printable>
@end
```

接下来为 Printer 类提供实现部分，该实现部分的代码如下（Printer.m）：

```
#import "Printer.h"
#define MAX_CACHE_LINE 10

//为 Printer 提供实现部分
@implementation Printer
{
 //使用数组记录所有需要缓存的打印数据
        NSString* printData[MAX_CACHE_LINE];
 //记录当前需打印的作业数
 int dataNum;
}
- (void) output
{
 //只要还有作业，继续打印
 while(dataNum > 0)
 {
        NSLog(@"打印机使用%@打印：%@", self.printColor, printData[0]);
        //将剩下的作业数减 1
        dataNum--;
        //把作业队列整体前移一位
        for(int i = 0; i < dataNum; i++)
        {
              printData[i] = printData[i + 1];
        }
 }
}
- (void) addData: (NSString*) msg
{
 if (dataNum >= MAX_CACHE_LINE)
 {
       NSLog(@"输出队列已满，添加失败");
```

```
    }
    else
    {
        //把打印数据添加到队列中，已保存数据的数量加 1
        printData[dataNum++] = msg;
    }
}
- (NSDate*) getProduceTime;
{
 return [[NSDate alloc] init];
}
- (NSString*) printColor
{
 return @"红色";
}
@end
```

上面的 Printer 类实现了 Printable 协议，也实现了 Printable 和 Printable 的两个父协议中的所有方法。假如实现类未实现协议中的 printColor 方法，编译器会提示警告。

如果实现类实现了协议中的所有方法，这样程序就可以调用该实现类所实现的方法。测试程序的代码如下（main.m）：

```
#import <Foundation/Foundation.h>
#import "Printer.h"

int main(int argc, char * argv[])
{
 @autoreleasepool{
        //创建 Printer 对象
        Printer* printer = [[Printer alloc] init];
        //调用 Printer 对象的方法
        [printer addData:@"iOS "];
        [printer addData:@"XML"];
        [printer output];
        [printer addData:@"Android"];
        [printer addData:@"Ajax"];
        [printer output];
        //创建一个 Printer 对象，当成 Productable 使用
        NSObject<Productable>* p = [[Printer alloc] init];
        //调用 Productable 协议中定义的方法
        NSLog(@"%@", p.getProduceTime);
        //创建一个 Printer 对象，当成 Output 使用
        id<Output> out = [[Printer alloc] init];
        //调用 Output 协议中定义的方法
        [out addData:@"孙悟空"];
        [out addData:@"猪八戒"];
        [out output];
 }
}
```

上面的程序中创建了一个 Printer 对象，该 Printer 对象遵守上面 3 个协议的方法，因此可以调用

3 个协议中的方法。

程序代码没有使用 Printer 来定义变量，而是使用协议来定义变量，那么这些变量只能调用该协议中声明的方法，否则编译器会提示错误。

Note

6.2.10　类型校验

对于一个对象的类型声明可以被延伸到引用一个正式协议。协议提供了一种由编译器进行的另一种类型校验，因为它不会同某一个特定的实现绑定，所以可以更抽象化。

在一个类型声明中，协议名写在一对尖括号中放在类型名的后面：

```
- (id)formattingService;
id <MyXMLSupport> anObject;
```

与一个静态名可以允许编译器基于类的继承关系进行类型校验一样，对象的类型声明允许编译器基于所服从的协议进行类型校验。

【示例】Formatter 是一个抽象类，对于如下声明：

```
Formatter *anObject;
```

所有继承 Formatter 的对象都被划分为同一类型的一组，并且允许编译器针对类型进行校验。与此相似，对于如下声明：

```
id <Formatting> anObject;
```

所有遵守 Formatting 协议的对象被划分为同一类型的一组，并且无论它们处在类继承关系中的什么位置，编译器可以确保所有服从这个协议的对象都分配为这个类型。

在这两种情况中，都是将相似的对象划分为一个类型——因为它们有相同的继承关系，或者因为它们有共同的一组方法。

这两种声明可以合并到一条声明中：

```
Formatter <Formatting> *anObject;
```

协议不能用于为类对象分配类型。只有实例才可以被静态地指定为协议类型，就和只有实例才能被静态地指定为一个类类型一样。但是在运行时，所有的类和实例都会响应 conformsToProtocol:消息。

6.2.11　嵌套协议

一个协议可以嵌套另一个协议，使用的语法与类采用协议的语法相同：

```
@protocol ProtocolName < protocol list >
```

【示例 1】所有在尖括号中提到的协议会作为 ProtocolName 协议的一部分：

```
@protocol Paging < Formatting >
```

这样，那些遵守 Paging 协议的对象同时也遵守 Formatting 协议。进行如下类型声明：

```
id < Paging > someObject;
```

同时校验如下的 conformsToProtocol:消息：

```
if ( [anotherObject conformsToProtocol:@protocol(Paging)] )
    ...
```

这里需要注意的是，校验 Paging 协议的同时也校验了是否遵守 Formatting 协议。

正如上面注意的，如果一个类采用了一个协议，这个类必须实现协议声明的所有方法，此外，也必须服从已采用的协议所包含的一些协议。如果所包含的协议仍然包含其他协议，那么类必须同时服从这些协议。一个类可以通过以下两种技术服从于一个被包含的协议。

☑　实现协议声明的方法。

☑　继承一个遵守某一协议的类并实现方法。

【示例 2】有一个 Pager 类采用了 Paging 协议，若 Pager 是一个 NSObject 的子类，如下所示：

```
@interface Pager: NSObject < Paging >
```

则 Pager 必须实现 Paging 中所有的方法，包括 Formatting 协议中声明的方法。在采用 Paging 协议的同时也采用了 Formatting 协议。

另一种情况，若 Pager 是 Formatter（采用了 Formatting 协议的类 ）的子类，如下所示：

```
@interface Pager: Formatter < Paging >
```

则 Pager 必须实现 Paging 协议中声明的所有方法， 但是 Formatting 协议中声明的就不用实现了。Pager 会从 Formatter 中继承 Formatting 协议中声明的方法。

注意：一个类可以通过非正式的方法采用一个协议，仅需要实现协议中声明的方法。

6.2.12　引用其他协议

当开发一个复杂的应用时，有时需要编写如下代码：

```
#import "B.h"

@protocol A
- foo:(id <B>) anObject;
@end
```

B 协议声明如下：

```
#import "A.h"

@protocol B
- bar:(id <A>)anObject;
@end
```

在这种情况下，因为循环引用，这两个文件都不会正确地编译。为了打破这种循环引用，在定义协议时必须使用@protocol 指令去引用需要的协议，而不是直接引用接口文件：

```
@protocol B;

@protocol A;

-foo:(id <B>)anObject;

@end
```

注意：这样使用@protocol 指令仅通知编译器：B 是稍后要定义的一个协议。使用@protocol 指令不会引用定义 B 协议的接口文件。

6.3 小　　结

Note

消息和协议是Objective-C语言的两大特色，这两大特色使Objective-C语言更加灵活和简洁，同时保持了更高的扩展性和高内聚低耦合的特性。协议是Objective-C一个非常重要的扩展，类似Java中的接口。两者都是通过一个简单的方法声明列表发布一个接口，任何类都可以选择实现。协议中的方法通过其他类实例发送的消息来进行调用。协议的主要价值和类别一样，在于可以作为子类化的又一个选择，带来了C++多重继承的一些优点，使接口可以得到共享。

协议是一个类在声明接口的同时隐藏自身的一种方式。接口可以暴露一个类提供的所有或部分服务。类层次中的其他类都可以通过实现协议中的方法来访问协议发布的服务，不一定和协议类有继承关系。通过协议，一个类即使对另一个类的类型一无所知，也可以和其进行由协议定义的特定目的的交流。

对象

对象（Object）是类的实例，面向对象程序是围绕着对象建立起来的。对象具有状态，一个对象用数据值来表示其状态；对象可以操作，用于改变对象的状态。这些操作被称为对象的方法，方法所影响的数据就是对象的实例变量。实质上，对象就是将一个数结构（实例变量）和一组程序（方法）捆绑到一个独立的编程单元。一般通过对象的方法来访问对象的状态。本章将重点讲解如何创建对象，介绍对象的特性，以及如何操作对象等内容。

【学习要点】

- 了解对象的概念
- 创建对象
- 熟悉对象通信机制
- 了解对象的使用

7.1 创建对象

创建对象可分为两个阶段：对象分配和初始化，通常缺少任何一步，对象都不可用。初始化总是紧接在对象分配之后，但是在建立对象的过程中，这两个操作的作用是不同的。

Objective-C 创建新对象有两种方式：[classname new]和[[classname alloc] init]。这两种方式等价，iOS 惯例是使用 alloc 和 init。

7.1.1 分配对象

当分配一个对象时，iOS 从应用程序的虚存区中为对象分配足够的内存。在计算需要分配多少内存时，iOS 会考虑对象的实例变量，包括其类型和顺序，这些信息由对象的类来定义。

为了进行对象分配，需要向对象的类发送 alloc 或 allocWithZone:消息。在消息的返回值中可以得到一个“生的”（未初始化的）类实例。alloc 方法使用应用程序默认的虚存区。除了分配内存之外，iOS 还进行其他重要工作：

- ☑ 将对象的保持数设置为 1。
- ☑ 使初始化对象的 isa 实例变量指向对象的类。对象的类是一个根据类定义编译得到的运行时对象。
- ☑ 将其他所有的实例变量初始化为 0（或者与 0 等价的类型，如 nil、NULL 和 0.0）。

7.1.2 初始化对象

初始化过程就是将对象的实例变量设置为合理而有用的初始值，并分配和准备对象需要的其他全局资源。如果一个对象没有实现自己的初始化方法，iOS 就会调用其最近的祖先对象的方法。

1. 对象初始化实现

NSObject 声明了 init 方法作为初始化方法的原型，这是一个实例方法，返回一个类型为 id 的对象。

例如，定义 Account 类，正确初始化一个 Account 对象需要一个唯一的账号，而这个账号必须提供给初始化方法，这样初始化方法可能需要接收一个或多个参数。唯一的要求是初始化方法必须以 init 字母开头（有时用格式规则 init 来表示初始化方法）。

> **提示：** 子类可以不采用带参数的初始化方法，而是实现一个简单的 init 方法，并在初始化后使用 set 存取方法，将对象设置为有用的初始状态（存取方法通过设置和获取实例变量的值，强制进行对象数据的封装）。

【示例 1】iOS 有很多带参数的初始化方法，下面是几个例子（括号中是对应的类）：

```
    - (id)initWithArray:(NSArray *)array;                                                    // (from NSSet)
    - (id)initWithTimeInterval:(NSTimeInterval)secsToBeAdded sinceDate:(NSDate *)anotherDate; // (from NSDate)
    - (id)initWithContentRect:(NSRect)contentRect styleMask:(unsigned int)aStyle backing:(NSBackingStoreType)
bufferingType defer:(BOOL)flag;                                                              // (from NSWindow)
    - (id)initWithFrame:(NSRect)frameRect;                                                   // (from NSControl and NSView)
```

这些初始化方法都是以 init 字母开头的，返回类型为 id 的动态类型对象的实例方法。此外，它们

还遵循 iOS 的多参数方法规则，通常在第一个和最重要的参数之前使用 WithType:或者 FromSource:名称。

为了减少工作麻烦，很多对象有多个 init 开头的方法。以 NSString 类为例：

Note

```
NSString *emptyString = [[NSString alloc] init];
NSString *str = [[NSString alloc] initWithFormat:@"%d or %d",2,33];
NSString *str = [[NSString alloc] initWithContentsOfFile:@"/tmp/1.txt"];
```

Xcode 提供的自动匹配功能非常实用，输入 init 后按 Esc 键会显示所有的可以匹配的函数。所有使用 alloc、copy、new 方法创建的对象，使用完成之后都需要释放。释放代码如下：

```
[str release];
```

或者：

```
NSString *str = [NSString stringWithFormat:@"%.1f",20.0];
```

str 在这里是可以自动释放的，当自动释放池被销毁时，该字符串对象也被清理。

一般在 main()函数中首先创建自动释放池，为将要自动释放的对象在等待自动释放池被销毁时提供容身之所：

```
NSAutoreleasePool *pool;
pool = [[NSAutoreleasePool alloc] init];
```

在程序结束时释放 pool，并向池中的所有对象发送 release 消息：

```
[pool release];
```

2. *初始化方法*

虽然 init 方法的方法签名要求它们返回一个对象，但是返回的并不一定是最近分配的对象，即不一定是 init 消息的接收者对象。

有些时候，init 方法不能执行其他对象请求的初始化。例如，initFromFile:方法希望根据一个文件的内容来初始化对象，文件的路径作为参数传入。如果在指定的地方不存在该文件，该对象就不能被初始化。如果传给 initWithArray:方法的是一个 NSDictionary 对象，而不是 NSArray 对象，也会发生类似的问题。当一个 init 方法不能对对象进行初始化时，应该释放刚刚分配的对象，并返回 nil。

从初始化方法返回 nil 表示不能创建被请求的对象。在创建对象时，通常应该在处理之前检查返回值是否为 nil：

```
id anObject = [[MyClass alloc] init];
if (anObject) {
    [anObject doSomething];
     //更多的信息
} else {
   //处理错误
}
```

由于 init 方法可能返回 nil 或不同于显式分配的对象，因此使用 alloc 或 allocWithZone:方法而不是初始化方法返回的对象是有危险的。考虑下面的代码：

```
id myObject = [MyClass alloc];
[myObject init];
[myObject doSomething];
```

这里推荐将分配和初始化消息嵌套在一起，并在处理之前测试初始化方法返回的对象。

```
id myObject = [[MyClass alloc] init];
if ( myObject ) {
    [myObject doSomething];
} else {
    //错误恢复...
}
```

一旦对象被初始化，就不应该再对其进行初始化。如果试图进行重复初始化，实例化对象的框架类通常会产生一个异常。例如，在下面这个例子中，初始化会导致程序产生 NSInvalidArgumentException 异常。

```
NSString *aStr = [[NSString alloc] initWithString:@"Foo"];
aStr = [aStr initWithString:@"Bar"];
```

3. 实现一个初始化方法

实现一个 init 方法，使之作为类的唯一初始化方法或具有多个初始化方法的类的指定初始化方法时，有如下几个关键步骤。

第 1 步，调用超类（super）的初始化方法。

第 2 步，检查超类返回的对象。如果是 nil，则初始化不能进行，需要向接收者对象返回 nil。

第 3 步，在初始化实例变量时，如果它们是其他对象的引用，则在必要时进行保留和复制。

第 4 步，将实例变量设置为正确的初始值之后，就返回 self，除了下列的情况：

☑ 需要返回一个代替对象，在这种情况下，首先释放新分配的对象。

☑ 某些问题导致不能成功初始化，这时需要返回 nil。

【示例 2】下面代码中的 init 方法说明了这些步骤：

```
- (id)initWithAccountID:(NSString *)identifier {
        if ( self = [super init] )
         {
                Account *ac = [accountDictionary objectForKey:identifier];
                if (ac) {
                    //对象已存在
                   [self release];
                     return [ac retain];
                 }
           if (identifier) {
               accountID = [identifier copy]; //accountID 为实例变量
               [accountDictionary setObject:self forKey:identifier];
               return self;
             }
        else {
               [self release];
               return nil;
             }
        }
else
        return nil;
}
```

首先，调用超类的初始化方法是非常重要的。对象不仅封装了其所属类定义的实例变量，也封装了所有祖先类定义的实例变量。调用 super 的初始化方法可以确保继承链上方的类定义的实例变量都率先得到初始化。对象的直接超类在其初始化方法中会调用其自身超类的初始化方法，而该方法又会调用超类的主 init 方法，依此类推，如图 7.1 所示。按正确的顺序进行初始化是很关键的，因为超类后来进行的初始化可能建立在之前超类定义的实例变量已经被初始化为合理值的基础上。

4. 多个初始化方法和指定初始化方法

一个类可以定义多个初始化方法。有些时候，多个初始化方法让客户类可以以不同形式的输入进行同样的初始化。例如，NSSet 类就为其客户提供几个可以接受不同形式数据的初始化方法，其中一个可以接受 NSArray 对象，另一个可以接受数目确定的元素列表，还有一个可以接受以 nil 结尾的元素列表。

```
- (id)initWithArray:(NSArray *)array;
- (id)initWithObjects:(id *)objects count:(unsigned)count;
- (id)initWithObjects:(id)firstObj, ...;
```

某些子类提供一些便利的初始化方法，为具有完整初始化参数表的初始化方法提供默认值。这种初始化方法通常是指定的初始化方法，也是类中最重要的初始化方法。假定有一个 Task 类用如下的方法签名声明了一个指定初始化方法：

```
- (id)initWithTitle:(NSString *)aTitle date:(NSDate *)aDate;
```

Task 类可能会包含一些辅助或便利的方法，这些方法简单地调用指定的初始化方法，并为辅助初始化方法中没有显式要求的参数传入默认值，示例如下：

```
- (id)initWithTitle:(NSString *)aTitle {
        return [self initWithTitle:title date:[NSDate date]];
}

- (id)init {
        return [self initWithTitle:@"Task"];
}
```

指定初始化方法对类是很重要的，它确保被继承的实例变量可以通过调用 super 的初始化方法来进行初始化。指定初始化方法通常是具有最多参数、执行最多初始化工作的 init 方法，也是辅助初始化方法通过向 self 发送消息进行调用的初始化方法。例如，假定有 3 个类：A、B 和 C，B 继承自 A，C 又继承自 B。每个子类都以实例变量的形式增加一个属性，并实现一个 init 方法（即指定初始化方法）来对这个实例变量进行初始化；同时还在必要时定义一些辅助初始化方法，并确保通过继承得到的初始化方法被重载。图 7.2 说明了这 3 个类的初始化方法以及它们之间的关系。

每个类的指定初始化方法都是覆盖面最大的初始化方法，负责对子类新增的属性进行初始化。指定的初始化方法也是通过向 super 发送消息来调用超类的指定初始化方法的 init 方法。在这个示例中，类 C 的指定初始化方法是 initWithTitle:date:方法，该方法调用了超类的指定初始化方法 initWithTitle:，又调用了类 A 的 init 方法。

继承链上的指定初始化方法就这样通过发给 super 的消息链接起来了，同时，辅助初始化方法也通过发给 self 的消息和其所属类的指定初始化方法相链接。辅助初始化方法（如示例所示）经常是通过继承得到的初始化方法的重载版本。类 C 重载了 initWithTitle:方法，以便调用自己的指定初始化方法，传入默认的日期；而这个指定初始化方法反过来又调用类 B 的指定初始化方法 initWithTitle:，该

Note

方法就是被重载的方法。如果向类B和类C的对象发送 initWithTitle:消息，就会调用不同的方法实现。另一方面，如果类C没有重载 initWithTitle:方法，在向类C的实例发送消息时调用的将是类B的实现，结果类C的实例就没有被完全初始化（因为缺少一个日期值）。在创建子类时，确保所有继承得到的初始化方法都被覆盖是很重要的。

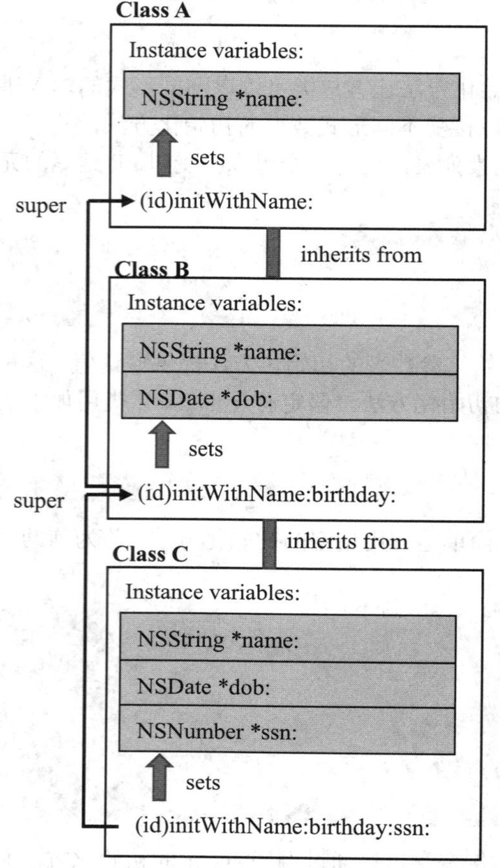

图 7.1　继承链的初始化

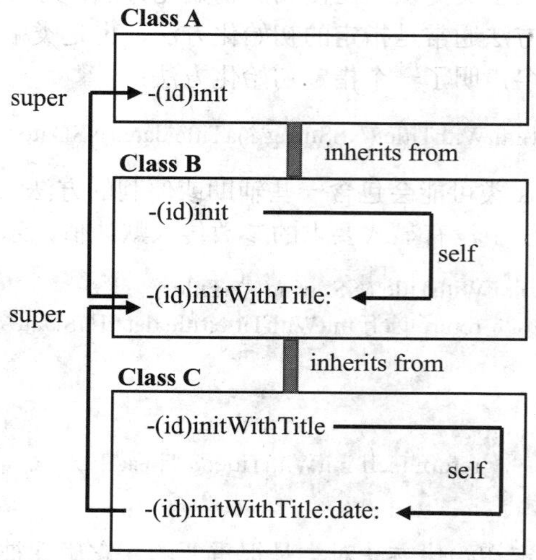

图 7.2　辅助初始化方法和指定初始化方法之间的交互

7.1.3　dealloc 方法

很多时候，一个类的 dealloc 方法都与 init 方法相呼应。初始化方法在对象分配之后马上被调用，而 dealloc 在对象销毁之前被调用；初始化方法确保对象的实例变量被正确初始化，而 dealloc 方法确保该对象的实例变量被释放，并确保动态分配的内存被释放。

同时，初始化方法和 dealloc 方法都必须调用各自的超类实现。在初始化方法中，先调用超类的指定初始化方法；在 dealloc 方法中，则在最后一步调用超类的 dealloc 实现。

【示例】本示例说明应该如何实现 dealloc 方法：

```
- (void)dealloc {
        [accountDictionary release];
        if ( mallocdChunk != NULL )
            free(mallocdChunk);
```

```
        [super dealloc];
}
```

上面的代码在准备释放之前检查实例变量是否不为 NULL。

7.1.4 类工厂方法

类工厂方法就是将分配和初始化合在一起，返回被创建的对象，并进行自动释放处理。这些方法的形式是+(type)className（其中，className 不包括任何前缀）。

iOS 提供很多类工厂的实例，特别是在数值类中。NSDate 包括下面的类工厂方法：

```
+ (id)dateWithTimeIntervalSinceNow:(NSTimeInterval)secs;
+ (id)dateWithTimeIntervalSinceReferenceDate:(NSTimeInterval)secs;
+ (id)dateWithTimeIntervalSince1970:(NSTimeInterval)secs;
```

NSData 提供下面的工厂方法：

```
+ (id)dataWithBytes:(const void *)bytes length:(unsigned)length;
+ (id)dataWithBytesNoCopy:(void *)bytes length:(unsigned)length;
+ (id)dataWithBytesNoCopy:(void *)bytes length:(unsigned)length
        freeWhenDone:(BOOL)b;
+ (id)dataWithContentsOfFile:(NSString *)path;
+ (id)dataWithContentsOfURL:(NSURL *)url;
+ (id)dataWithContentsOfMappedFile:(NSString *)path;
```

工厂方法可以为初始化过程提供对象的分配信息。例如，假定必须根据一个属性列表文件来初始化一个集合对象（NSString 对象、NSData 对象，或者 NSNumber 对象等），属性列表文件包含任意数目的、经过编码的集合元素。在工厂方法确定应该为集合类分配多少内存之前，必须先读取文件并对属性列表进行解析，确定有多少元素，每个元素的类型是什么。

类工厂方法的另一个目的是使类（如 NSWorkspace）提供单件实例。虽然 init 方法可以确认一个类在每次程序运行过程只存在一个实例，但是它需要首先分配一个“生的”实例，然后还必须释放该实例。工厂方法则可以避免为可能没有用的对象盲目分配内存，例如：

```
static AccountManager *DefaultManager = nil;
+ (AccountManager *)defaultManager {
    if (!DefaultManager)
        DefaultManager = [[self allocWithZone:NULL] init];
    return DefaultManager;
}
```

7.2 对象动态类型

Objective-C 对象标识符是一个单独的数据类型——id。这种类型是一种通用的类型，可以是各种类型的对象，可以是一个类的实例，也可以是类对象本身。

```
id anObject;
```

在 Objective-C 面向对象的结构中，通常定义方法的返回值为 id 类型，代替 int 作为默认的返回

值类型。当然，在严格的C语言结构中，方法返回值的默认类型仍然是int。

关键字nil被定义为空对象，即一个值为0的id。id、nil和其他Objective-C基础类型都是在头文件objc/objc.h中定义的。例如，id被定义为一个对象数据结构的指针：

```
typedef struct objc_object {
    Class isa;
} *id;
```

每一个对象都有一个isa变量来表示它是哪个类的实例。由于类这个类型本身被定义为一个指针，因此isa变量经常被称为isa 指针。

```
typedef struct objc_class *Class;
```

id的类型是完全非限定的。对于id本身不产生任何关于对象的信息，除非表明它是一个对象。在一些时候一个程序通常需要知道所包含的对象的具体信息。由于id类型指示器不能提供这些具体信息给编译器，每个对象就必须能够在运行时提供这些信息。

isa实例变量标明了对象的类——对象是什么类型。具有相同行为（方法）和相同类型的数据（实例变量）的对象是属于同一个类的成员。

对象在运行时动态分配类型。在任何需要的时候，运行时系统都能够通过询问对象而精确地知道对象所属的类。

isa变量同时可以使对象进行自省——去查询自己或其他对象的信息。编译器会在数据结构中记录关于类定义的信息提供给运行时使用。系统在运行时使用isa来查找这些信息。在运行期内，可以查找一个对象是否实现了一个特定方法或者查找其父类的名字。

7.3 对象可变性

iOS对象或者是可变的，或者是不可变的。一旦创建之后，不可变对象封装的值就是不可改变的，且在整个对象的生命周期中都保持不变。但是对于可变对象，可以随时修改它封装的值。

7.3.1 可变或不可变对象

对象在默认情况下都是可变的。大多数对象都允许通过setter存储方法改变其封装的数据。例如，可以改变一个NSWindow对象的尺寸、位置、标题、缓冲行为和其他特征。一个设计良好的模型对象，例如，一个表示客户记录的对象必须提供setter方法，以便修改它的实例数据。

Foundation框架通过引入一些具有可变变体和不可变变体的类明确了一些细微的差别。可变的子类通常是其不可变变体的子类，且在类名上嵌入了Mutable字样。这些类包括：

```
NSMutableArray
NSMutableDictionary
NSMutableSet
NSMutableIndexSet
NSMutableCharacterSet
NSMutableData
NSMutableString
NSMutableAttributedString
NSMutableURLRequest
```

> 提示：除了 NSMutableParagraphStyle 在 Application Kit 框架中定义之外，所有显式命名的可变类都在 Foundation 框架中定义，但是所有的 iOS 框架都可能有自己的可变的和不可变的类变体。

考虑在一个所有对象都可以被改变的场景中，应用程序调用某个方法并返回一个代表字符串的对象引用。在用户界面中用这个字符串来标识一片特定的数据。现在，程序中的另一个子系统也得到了同一个字符串的引用，并决定对其进行修改。这样，标签就会被不知不觉地修改了。在某些情况下，事情会变得更可怕。例如，得到一个数组的引用，并用在表视图控件中。用户选择一个与数组中某个对象相对应的行，而该对象已经被程序中其他地方的代码删除了，问题就出现了。对象的不可变性可以保证对象在使用时不会被意外地改变。

虽然不可变的特性在理论上可以保证对象的值是稳定的，但在实践中这个保证并不总是确定的。类的方法可能会将不可变变体的返回类型下的可变对象取出，并在之后决定对其进行改变，这可能侵犯接收者根据之前的值做出的假定和选择。在经历各种变形的过程后，对象自身的可变性也可能发生变化。例如，对一个属性列表进行序列化（通过 NSPropertyListSerialization 类）并不保留对象的可变性信息，而是只保留它们的一般类型，如字典、数组等。因此，当反序列化这个属性列表时，结果对象可能和原始对象不同，例如最初的 NSMutableDictionary 对象现在可能变成一个 NSDictionary 对象。

7.3.2 用可变对象编程

在遇到对象可变性的问题时，最好采纳一些防御性的编程实践。下面是几个一般性的原则：

- ☑ 当在对象创建之后需要频繁或不断地对其内容进行修改时，使用对象的可变变体。
- ☑ 有些时候，用一个不可变对象取代另一个可能更好。如大多数保留字符串的实例变量都应该被赋值为一个不可变的 NSString 对象，而这些对象则用 setter 方法来进行替换。
- ☑ 依靠返回类型来进行可变性提示。
- ☑ 如果不能确定一个对象是可变的，则将其当成不可变的处理。

1. 创建和转换可变对象

可以通过标准的 alloc-init 嵌套消息来创建一个可变对象，例如：

```
NSMutableDictionary *mutDict = [[NSMutableDictionary alloc] init];
```

很多可变对象都提供初始化器和工厂方法，用于指定对象的初始或可能的容量，如 NSMutableArray:类的 arrayWithCapacity:类方法。

```
NSMutableArray *mutArray = [NSMutableArray arrayWithCapacity:
[timeZones count]];
```

也可以通过为现有的一般类型对象制作可变复制的方式来创建一个可变对象。要实现这个目的，只需要调用 Foundation 框架中可变类的不可变超类实现的 mutableCopy 方法即可。

```
NSMutableSet *mutSet = [aSet mutableCopy];
```

反过来，也可以通过向一个可变对象发送 copy 消息来得到该对象的一个不可变复制。

2. 存储和返回可变实例变量

在 iOS 开发中，一个常见问题是：是否应该让一个实例可变或不可变。对于一个值可以改变的实例变量，如字典或字符串，什么时候将其变为可变变体比较合适？还有，什么时候将对象转换为不可

Note

变变体，并在其值发生变化时将其替换为另一个对象比较好？

一般当一个对象的内容需要发生彻底变化时，使用不可变对象更好一些。字符串（NSString）和数据对象（NSData）通常属于这个范畴。如果对象逐步发生变化，则采用可变变体比较合理。诸如数组和字典这样的集合类对象都属于这个范畴。然而，变化的频率和集合的尺寸也是应该考虑的因素。例如，如果是一个很少发生变化的小数组，则采用不可变变体比较好。

在确定由一个实例变量表示的集合的可变性时，还有一些其他因素需要考虑：

☑ 如果有一个可变的集合，经常需要变化，而且经常需要向客户提供代码。

☑ 如果实例变量的值经常改变，却很少通过 getter 方法将其返回给客户代码。

【示例 1】本示例列表返回一个可变实例变量的不可变复制：

```
@interface MyClass: NSObject {
    // ...
    NSMutableSet *widgets;
}
// ...
@end

@implementation MyClass
- (NSSet *)widgets {
    return (NSSet *)[[widgets copy] autorelease];
}
```

处理返回给客户的可变集合的一个复杂方法是维护一个标志，以记录对象当前是可变的还是不可变的。在对象需要发生变化时，将对象转换为可变，并对其进行修改；在将集合提供给其他代码时，则在返回对象之前将其转换为不可变（如果有必要）。

3. 接收可变对象

方法的调用者对返回对象的可变性感兴趣，有如下两个原因：

☑ 希望知道是否可以改变对象的值。

☑ 希望知道它所引用的对象是否会意外地发生变化。

使用返回类型，而不是通过内省获取类型，接收者必须依赖返回值的正式类型来确定是否可以修改接收到的对象。例如，如果接收到一个类型为不可变的数组对象，那就不应该试图改变它。基于对象所属的类来确定对象是否可以修改并不是一个可接受的编程实践。

```
if ( [anArray isKindOfClass:[NSMutableArray class]] ) {
        //从数组中添加、删除对象
}
```

由于实现上的原因，这里的 isKindOfClass:返回的信息可能不是精确的。除此之外，还有其他一些原因，不应该根据所属的类来判定对象是否可以改变，而是应该将产生对象的方法签名上的可变性声明作为唯一的依据。如果不能确定一个对象是否可变，就假定它是不可变的。

【示例 2】如果希望不可变的对象不会在不知情的情况下发生变化，可以在局部对其进行复制，为其制作一个“快照”，然后不时地将对象的存储版本和最新版本进行比较。如果对象被改变了，可以调整依赖于先前版本对象的程序。下面的代码显示了这种技术的一个可能的实现方法。

```
static NSArray *snapshot = nil;
- (void)myFunction {
```

```
        NSArray *thingArray = [otherObj things];
        if (snapshot) {
            if ( ![thingArray isEqualToArray:snapshot] ) {
                [self updateStateWith:thingArray];
            }
        }
        snapshot = [thingArray copy];
}
```

4. 集合中的可变对象

将可变对象存储在集合对象中可能会导致问题。某些集合可能会因为其包含的对象发生变化而被破坏或变成无效，因为那些改变可能影响到对象放置到集合的方式。第一种情况是，对象的属性是诸如 NSDictionary 或 NSSet 对象这样的哈希集合的键，如果此属性被改变了，且被改变的属性影响到对象的 hash 或 isEqual:方法的结果，则会导致集合被破坏（如果集合中对象的 hash 方法不依赖于它们的内部状态，则集合被破坏的可能性就小一些）；第二种情况是，如果顺序集合（如经过排序的集合）中对象的属性发生改变，可能会影响该对象和数组中其他对象比较的方式，并因此使集合的顺序变成无效。

7.4 对象通信

iOS 借助几个设计模式来实现应用程序中对象间的通信机制。这些机制包括委托、通告、目标-动作和绑定技术。

7.4.1 面向对象程序中的通信

通过 iOS 及其使用的面向对象编程语言（Objective-C 和 Java）为程序加入具体行为的一种方式是继承。可以为现有的类创建一个子类，然后为该类的实例增加属性或行为，或者以某种方式对其进行修改。但是，还有一些为程序添加特有逻辑的其他方式，以及一些重用和扩展 iOS 对象能力的其他机制。

在一个程序中，对象之间的关系不止存在于一个维度中。除了继承层次结构关系，程序中的对象还动态地存在于一个网络中。在运行时，网络中的对象必须进行通信，以完成程序的工作。与管弦乐队中的音乐家之间的合作方式类似，程序中的每个对象都有一个角色，即对象为整个程序实现的一个有限行为集合。角色可以表示为一个可以响应鼠标点击的椭圆形表面，或者管理一个对象的集合，或者协调窗口生命周期中的主要事件。角色只做设计时规定的工作，不做别的。但是为了在程序中发挥作用，角色必须能够和其他对象进行通信。例如，能够向其他对象发送消息，或者接收其他对象的消息。

在对象可以向其他对象发送消息之前，必须拥有对其他对象的引用，或者可以依赖于某种分发机制。iOS 提供了很多对象间通信的方式。

7.4.2 IBoutlet 变量

对象的合成是一种动态的模式，要求对象设法得到其委托者的引用，以便向其发送消息。包含对象通常以实例变量的方式保有其他对象。这些变量必须在程序执行的某些点上，用正确的引用进行初

始化。

插座变量就是这样的一种对象实例变量，其特别之处在于，插座变量对象的引用是由 Interface Builder 来配置和归档的。每次包含对象从 nib 文件解档时，其与插座变量之间的连接都需要重新建立。包含对象以实例变量的方式保有插座变量，其类型限定符为 IBOutlet。例如：

```
@interface AppController: NSObject
{
        IBOutlet NSArray *keywords;
}
```

插座变量是一个实例变量，因此也成为对象封装数据的一部分。但是插座变量不仅仅是个简单的实例变量。对象与其插座变量之间的连接会被归档到 nib 文件中，在 nib 文件被装载时，每个连接都会被解档和保持，因此在需要向其他对象发送消息时，插座对象总是可用的。

类型限定符 IBOutlet 是一个标签，用于实例变量的声明。通过这个限定符，Interface Builder 程序在开发过程中可以和 Xcode 同步插座变量的显示和连接。换句话说，可以为某个定制对象添加插座变量并建立连接，然后生成带有这个插座变量的头文件。或者，可以在 Xcode 中声明插座变量（使用 IBOutlet 限定符），Interface Builder 就能识别这些新的声明，使其可以建立连接，并将连接存储到 nib 文件中。

7.4.3 委托和数据源

委托是一种对象，当向外委托任务的对象遇到程序中的事件时，委托可以代表对事件进行处理，或者与事物进行协调。向外委托任务的对象通常是一个响应者对象，即继承自 NSResponder 的对象，负责响应用户事件。委托则是受托进行事件的用户界面控制，或者至少根据应用程序的具体需要对事件进行解释的对象。

为了更好地理解委托的价值，来考虑一个复活的 Cocoa 对象，如一个窗口（NSWindow 的实例）或表视图（NSTableView 的实例）。这些对象的设计目的是以一般的方式实现一个具体的角色。例如，窗口对象负责响应窗口控件的鼠标操作，处理关闭窗口、调整尺寸，以及移动窗口的位置这样的事件。这个受限而又具有一般性的行为必然限制该对象认识一个事件对应用程序其他地方的影响，特别是当被影响的行为只存在于应用程序时。委托为定制对象提供一种方法，使其可以就应用程序特有的行为和复活对象进行通信。

委托的编程机制使对象有机会对自己的外观和状态，以及程序在其他地方发生的变化进行协调，这些变化通常是由用户动作触发的。更重要的是，委托使一个对象有可能在没有进行继承的情况下改变另一个对象的行为。委托几乎总是一个定制对象，通过定义将应用程序的具体逻辑结合到程序中，而这些逻辑是具有一般性的，是向外委托任务的对象自身不可能知道的。

1. 委托

（1）委托的工作机制。

委托工作机制的设计很简单，如图 7.3 所示。希望向外委托任务的类需要有一个插座变量，通常命名为 delegate，并且包含对该插座变量进行设置和访问的方法。还需要声明一个或多个方法，构成一个非正式的协议，但不进行实现。非正式协议通常是希望向外委托任务的类的一个范畴，与正式协议的不同之处在于，非正式协议不需要实现协议中的所有方法。在非正式协议中，委托只实现希望进行协调或对默认行为实施影响的方法。

非正式协议的方法标志着进行任务委托的对象需要处理或预期发生的重大事件。该对象希望就这

些事件和委托进行交流，或者就即将发生的事件向委托请求输入或批准。例如，当用户点击一个窗口的关闭按键时，窗口对象会向委托发送 windowShouldClose:消息，这就使委托有机会否决或推迟窗口的关闭，如图 7.4 所示。

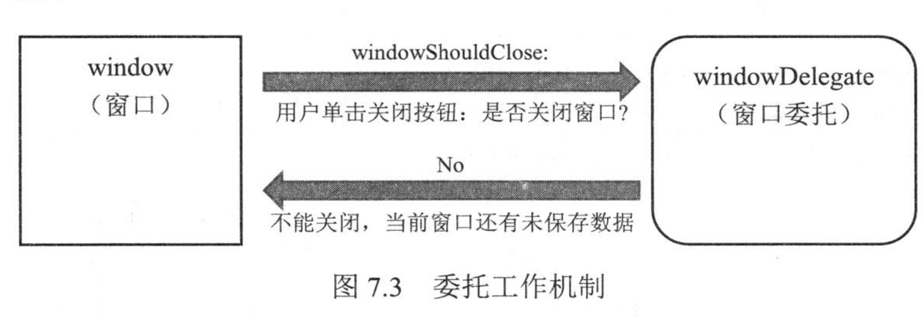

图 7.3　委托工作机制

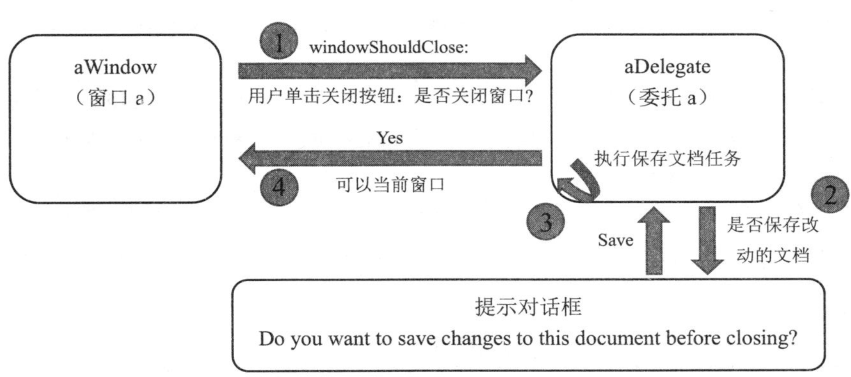

图 7.4　一个更接近现实的、涉及委托的序列

向外委托任务的对象只将消息发送给实现了相应方法的委托。在发送消息之前，会先对委托调用 NSObject 的 respondsToSelector:方法，确认委托是否实现该方法。这种预先检查是非正式协议设计的关键。

（2）委托消息的形式。

委托方法有一个命名约定，即以进行委托的 Application Kit 对象的名字作为开头，如应用程序、窗口、控件等，名字是小写的，且没有 NS 前缀。这个对象名后面通常紧接着一个辅助的动词，指示被报告的事件在时间上的状态，换句话说，这个动词指示事件是即将发生的（Should 或 Will），还是刚刚发生的（Did 或者 Has）。这个时间上的区别可以帮助用户区分期望得到一个返回值和不需要返回值的消息。

【示例 1】本示例列出了期望得到返回值的 Application Kit 委托方法。

```
- (BOOL)application:(NSApplication *)sender openFile:(NSString *)filename;
- (BOOL)textShouldBeginEditing:(NSText *)textObject;
- (NSApplicationTerminateReply)applicationShouldTerminate:
(NSApplication *)sender;
- (NSRect)windowWillUseStandardFrame:(NSWindow *)
window defaultFrame:(NSRect)newFrame;
```

实现这些方法的委托可以阻塞（前面的两个方法可以通过返回 NO 来实现）、延迟（通过在 applicationShouldTerminate:方法中返回 NSTerminateLater）即将发生的事件，或者改变 Cocoa 建议的参数（如最后一个方法中的外形方框）。

另外一类委托方法是由不期望返回值的消息调用的，因此返回类型为 void。这些消息纯粹是信息

性的，且方法的名称包含 Did 或其他指示事件已经发生的词。

【示例 2】下面的代码列出了一些这类委托方法。

```
- (void) tableView:(NSTableView*)tableView
mouseDownInHeaderOfTableColumn:(NSTableColumn *)tableColumn;
- (void)applicationDidUnhide:(NSNotification *)notification;
- (void)applicationWillBecomeActive:(NSNotification *)notification;
- (void)windowDidMove:(NSNotification *)notification;
```

有一些和最后一组消息有关的事项需要注意：辅助动词 Will（如第三个方法）并不一定意味着需要返回值。在这种情况下，事件即将发生且不能被阻塞，而这个消息使委托有机会为事件做好准备。

关于最后 3 个方法，都只有一个参数，即一个 NSNotification 对象，意味着调用这些方法是特定的通告发出的结果。例如，windowDidMove:方法和 NSWindow 的 NSWindowDidMoveNotification 方法是相互关联的。

为了使定制类成为 Application Kit 对象的委托，只要简单地在 Interface Builder 中将实例和 delegate 插座变量相连接即可。也可以在程序中调用向外委托的对象的 setDelegate:方法来进行设置。

（3）委托和 Application Kit。

应用程序中向外委托的对象通常是一个 NSApplication、NSWindow，或者 NSView 对象。委托在典型情况下是个对象，但也不是一定如此。它通常是一个定制对象，负责控制应用程序的一部分。表 7.1 列出了定义委托的 Application Kit 类。

表 7.1　带有委托的 Application Kit 类

NSApplication	NSFontManager	NSSplitView	NSTextField
NSBrowser	NSFontPanel	NSTableView	NSTextView
NSControl	NSMatrix	NSTabView	NSWindow
NSDrawer	NSOutlineView	NSText	

向外委托的对象并不保持自己的委托。但是，其客户对象需要负责保证它们的委托可以接收委托消息，为此，可能需要对委托进行保持。这个警示同样适用于数据源、通告的观察者，以及动作消息的目标。

某些 Application Kit 类有一种更为严格的委托，称为模式委托。这些类的对象（如 NSOpenPanel）会弹出模式对话框，当用户单击对话框中的 OK 按钮时，指定委托中的处理函数就会被调用。模式委托的应用限制在模式对话框操作的范围内。

委托的存在有一些其他的编程用法。例如，通过委托，一个程序中的两个协调控制器可以很容易地找到彼此，并进行通信。

控制整个应用程序的对象可以通过类似下面的代码找到应用程序的查看器窗口（假定它是当前的关键窗口）：

```
id winController = [[NSApp keyWindow] delegate];
```

代码也能通过执行下面的代码找到应用程序控制器对象，它定义为全局应用程序实例的委托：

```
id appController = [NSApp delegate];
```

2. 数据源

数据源很像委托，区别在于委托处理的是用户界面的控制，而数据源处理的是数据的控制。数据

源是由 NSView 对象保有的插座变量，例如，表视图和大纲视图都需要一个提供可视数据的源。视图的数据源和委托通常是同一个对象，但也可以是其他对象。和委托对象一样，数据源必须实现某个非正式协议中的一个或多个方法，以便为视图提供其所需要的数据，在更高级的实现中，还可以处理用户在视图中直接编辑的数据。

和委托一样，数据源对象必须可以接收由请求数据的对象发出的消息。使用数据源对象的应用程序必须确保该对象的持久性，在必要时对其进行保持操作。

数据源负责保证分发给用户界面对象的数据对象的持久性。换句话说，数据源负责对象的内存管理。然而，每当视图对象（如大纲视图或表视图）对数据源的数据进行访问时，会在需要使用该数据时对其进行保持，但是并不使用很长时间，通常只是足以对该数据进行显示即可。

3. 实现定制类的委托

通过下面的步骤可以为定制类实现一个委托。

☑ 在类头文件中声明一个委托存取方法：

```
- (id)delegate;
- (void)setDelegate:(id)newDelegate;
```

☑ 实现该存取方法。在 setter 方法中，应该仅拥有委托的弱引用，避免循环保持：

```
- (id)delegate {
    return delegate;
}
- (void)setDelegate:(id)newDelegate {
    delegate = newDelegate;
}
```

☑ 声明一个包含委托编程接口的非正式协议。非正式协议属于 NSObject 类的范畴。

```
@interface NSObject (MyObjectDelegateMethod)
- (BOOL)operationShouldProceed;
@end
```

☑ 在调用一个委托方法时，向委托发送 respondsToSelector:消息，确认其是否实现该方法。

```
- (void)someMethod {
    if ( [delegate respondsToSelector:@selector(operationShouldProceed)] )
    {
        if ( [delegate operationShouldProceed] )
        {
            //做一些适当的事情
        }
    }
}
```

7.4.4 目标-动作机制

Cocoa 通过目标-动作机制实现控件和对象的通信。这个机制使控件和其单元可以把向恰当对象发送应用程序具体指令所需要的信息封装起来。接收对象通常是一个定制类的实例，被称为目标（target）。动作是控件发送给目标的消息（action）。对用户事件感兴趣的对象，即目标，就是为用户事件给出意义的对象，这个意义通常在动作的名称中反映出来。

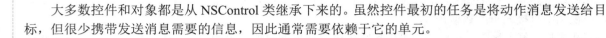

1. 控件、单元和菜单项

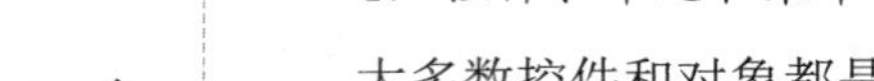

大多数控件和对象都是从 NSControl 类继承下来的。虽然控件最初的任务是将动作消息发送给目标，但很少携带发送消息需要的信息，因此通常需要依赖于它的单元。

一个控件几乎总是有一个或多个与之相关联的单元，也就是从 NSCell 类继承下来的对象。由于控件开销比较大，所以通过单元将其在屏幕上的空间划分成不同的功能区域。单元是轻量级的对象，可以将其考虑为覆盖全部或部分控件的区域。但这不仅是对区域的分割，还是对任务的分割。单元负责一些本来由控件描画的工作，而且保有一些本来由控件保有的数据，其中的两项就是目标和动作的实例变量。如图 7.5 所示介绍了目标-动作机制。

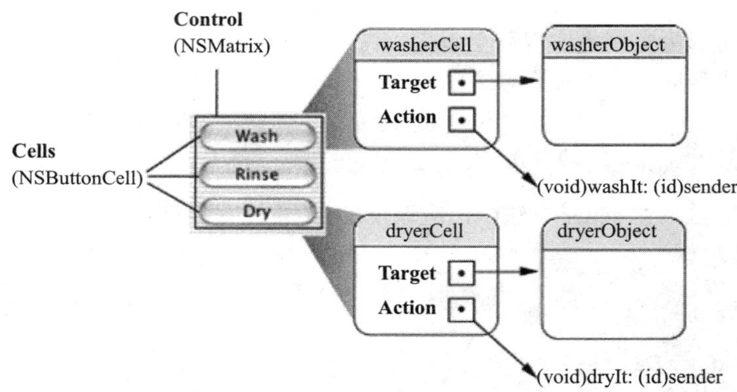

图 7.5　目标-动作工作机制

作为抽象类，NSControl 和 NSCell 都没有完全处理目标和动作实例变量的设定。在默认情况下，如果有关联单元存在，NSControl 只是简单地将信息设置到其关联的单元中（NSControl 只支持其自身和一个单元之间一对一的映射关系，而 NSControl 的某些子类，如 NSMatrix，支持多个单元）。而 NSCell 在其默认实现中只是简单地抛出一个例外。必须沿着继承链进一步往下才能找到真正实现了目标和动作设置的类，即 NSActionCell。

从 NSActionCell 派生出的对象为其控件提供相应的目标和动作值，使控件可以产生一个动作消息，并发送给正确的接收者。NSActionCell 对象通过强调显示相应的区域来处理鼠标（光标）跟踪，并辅助其对应的控件将动作消息发送给指定的目标。在大多数情况下，NSControl 对象的外观和行为都由相应的 NSActionCell 对象来负责。

当用户从菜单中选择一个项时，一个动作就会被发送给相应的目标。然而，菜单（NSMenu 对象）及其菜单项（NSMenuItem 对象）在架构上和控件及单元是完全分开的。NSMenuItem 类为自己的实例实现了目标-动作机制，每个 NSMenuItem 对象都有代表目标和动作的实例变量（及相应的存取方法），并在用户选择时将动作消息发送给目标。

2. 目标

目标是动作消息的接收者。一个控件，或者更为常见的是它的单元，以插座变量的形式保有其动作消息的目标。虽然目标可以是任何实现恰当的动作方法的 Cocoa 对象，但通常是定制类的一个实例。

也可以将一个单元或控件的目标插座变量设置为 nil，使目标对象在运行时才确定。当目标为 nil 时，NSApplication 对象会以预先定义好的顺序检索合适的接收者。

第 1 步，从键盘焦点窗口中的第一个响应者开始，然后通过 nextResponder 方法沿着响应者链检

索，一直到 NSWindow 对象的内容视图。

第 2 步，尝试 NSWindow 对象，然后是窗口对象的委托。

第 3 步，如果主窗口不是键盘焦点窗口，就从主窗口的第一个响应者开始，沿着主窗口的响应者链一直到 NSWindow 对象及其委托。

第 4 步，NSApplication 对象会确认自己是否响应。如果不能响应，就尝试自己的委托。NSApp 及其委托是最后的接收者。

3. 动作

动作是控件发送给目标的消息，或者从目标的角度看，是目标为了响应动作而实现的方法。控件，或者更为常见的是其单元，将动作存储在 SEL 类型的实例变量中。SEL 是一种 Objective-C 的数据类型，用于指定消息的签名。动作消息必须有一个简单而清楚的签名，消息调用的方法没有返回值，且只有一个类型为 id 的参数。该参数约定的名称为 sender。

下面是一个从 NSResponder 类摘出的定义一些动作方法的示例：

```
(void)capitalizeWord:(id)sender;
```

动作方法也可以有如下相似的签名形式：

```
(IBAction) deleteRecord:(id)sender;
```

在这种形式中，IBAction 并不是指定一个返回值的数据类型，这里没有返回值。IBAction 是一个类型限定符，在应用程序开发过程中，Interface Builder 会通过这个限定符来同步以编程方式加入的动作和内部为工程定义的动作方法列表。

sender 参数通常标识发送动作消息的控件（虽然也可以用另一个对象来代替实际的发送者）。这个设计背后的想法类似于明信片上的返回地址。如果需要，目标可以向消息的发送者查询更多信息。如果实际的发送对象用另一个对象来代替 sender，也应该以同样的方式来对待该对象。

【示例】有一个文本输入框，当用户输入文本时，目标中的 nameEntered:方法就会被调用：

```
- (void)nameEntered:(id) sender {
        NSString *name = [sender stringValue];
        if (![name isEqualToString:@""]) {
                NSMutableArray *names = [self nameList];
            [names addObject:name];
            [sender setStringValue:@""];
        }
}
```

响应方法抽出文本输入框的内容，将该字符串加入到数组中，以实例变量的形式进行缓存，然后清空文本输入框。其他可能发给发送者对象的查询包括查询 NSMatrix 对象中选定的行（[sender selectedRow]），查询 NSButton 对象的状态（[sender state]），以及查询与某个控件相关的单元的标签（[[sender cell] tag]），这种标签可能是任意的标识符。

4. Application Kit 定义的动作

Application Kit 不仅包含很多 NSActionCell（通过控件来发送动作消息），还在很多类中定义了动作方法。当创建 Cocoa 应用程序工程时，一些动作就被连接到默认的目标上。例如，应用程序菜单的 Quit 命令会被连接到全局应用程序对象（NSApp）的 terminate:方法上。

NSResponder 类也为公共的文本操作定义了很多默认的动作信息，这也使得 Cocoa 文本系统可以

在应用程序的响应者链中发送这些动作消息。响应者链是一个具有一定层次结构的事件处理对象序列，这些动作消息会被响应者链中第一个实现对应的 NSView、NSWindow 或者 NSApplication 对象处理。

5. 设置目标和动作

可以在程序中设置单元和控件的目标和动作，也可以在 Interface Builder 中进行。对于大多数的开发者和大多数的使用场合，Interface Builder 是更好的方法。当使用 Interface Builder 设置控件和目标时，可以提供视觉上的确认，并且可以支持锁定连接，以及将连接归档到 nib 文件中。

用 Interface Builder 进行设置的流程比较简单：

☑ 在定制类中定义动作方法。

☑ 为定制类生成一个实例（如果这种实例尚未存在）。

☑ 按住 Control 键，同时拖曳出一条从控件或单元对象到代表定制类实例的连接线。

☑ 在查看器窗口（Interface Builder 会自动显示该窗口）的 Connections 面板中选择动作方法，并单击 Connect 按钮。

如果动作是由定制类的超类或复活的 Application Kit 类处理，则可以跳过第一步。当然，如果自行定义了动作方法，就必须确保提供相应的实现。

要以编程的方式设置动作及其目标，可以通过下面的方法来将消息发送给控件或单元对象：

```
- (void)setTarget:(id)anObject;
- (void)setAction:(SEL)aSelector;
```

下面的实例显示了这些方法的可能用法：

```
[aCell setTarget:myController];
[aControl setAction:@selector(deleteRecord:)];
[aMenuItem setAction:@selector(showGuides:)];
```

在程序中设置目标和动作确实有自己的优点，在某些情况下，这是唯一可行的设置方法，例如，当希望根据某些运行时条件（如网络连接是否存在或查看器窗口是否被装载）来改变目标和动作时，或者当动态确定弹出式菜单的菜单项，并希望每个弹出式菜单都有自己的动作时。

7.4.5 绑定

绑定（Bindings）是一种 Cocoa 技术，用于同步应用程序中数据的显示和存储，是 Cocoa 工具箱中激活对象间通信的重要工具。

1. 绑定的工作机制

绑定借用了模型—视图—控制器（MVC）和对象建模两种设计模式定义的概念空间。MVC 程序赋予各个对象一般性的角色，并根据这些角色区分不同的对象。对象可以是视图对象、模型对象，或者控制器对象，简要介绍如下：

☑ 视图对象显示应用程序的数据。

☑ 模型对象负责封装和操作应用程序数据，通常是一些留存对象，用户在应用程序运行时对其进行创建和保存。

☑ 控制器对象负责协调视图和模型对象之间的数据交换，同时还为应用程序执行“命令和控制”服务。

绑定技术使用这个对象模型来建立应用程序中的视图、模型和控制器对象之间的绑定关系。通过

Note

绑定，可以将关系的网络从模型对象的对象图扩展到应用程序中的控制器和视图对象。可以在视图对象的属性和模型对象的性质之间建立绑定（通常是通过控制器对象的仲裁性质）。界面上显示的属性值的任何变化都可以自动地通过绑定传播到存储该值的性质；该性质的值的任何内部变化，也会被传递到显示视图中。

例如，图 7.6 显示了一个简化的绑定集合，该绑定存在于滑块控件的显示值、文本输入框（视图对象的属性）及模型对象（MyObject）的 number 属性之间，通过控制器对象的 content 性质来实现。在这些绑定关系建立之后，如果用户移动滑块，则滑块的值会被应用到 number 属性，然后再传回文本框进行显示。

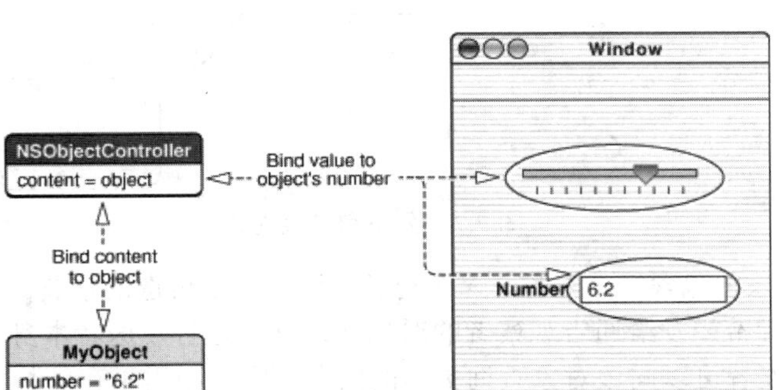

图 7.6 视图、控制器和模型对象之间的绑定

2. 创建绑定

可以在程序中建立绑定，但在大多数情况下，还是使用 Interface Builder 来建立绑定。在 Interface Builder 中，可以首先将 NSController 对象拖曳到 nib 文件中，然后在 Info 窗口的 Bindings 面板中指定应用程序中的视图、控制器、模型对象的性质之间的关系，以及希望绑定的属性。

7.4.6 通告

对于不能使用标准的消息传递的场合，Cocoa 提供了通告广播模型。通过通告广播模型，一个对象可以通知其他对象自己正在干什么。在这个意义上，通告机制类似于委托，但是它们之间的区别是很重要的。委托和通告的关键区别在于前者是一对一的通信路径（在向外委托任务的对象和被委托的对象之间）。而通告是潜在的一对多的通信方式，也就是一种广播。一个对象只能有一个委托，但可以有很多观察者，因为通告的接收者是未知的。对象不必知道那些观察者是什么对象。任何对象都可以间接地通过通告来观察一个事件，并通过调整自己的外观、行为和状态来响应事件。通告是一种在应用程序中进行协调和聚合的强大机制。

通告机制是如何工作的？这在概念上相当直接。在进程中有一个称为通告中心的对象，充当通告的信息交换和广播中心。在应用程序的其他地方，需要知道某个事件的对象在通告中心进行注册，进而知道当该事件发生时，自己希望得到通知。这种场景的一个例子是：当一个弹出式菜单被选择时，控制器对象需要知道这个事件，以便在用户界面上反映这个变化。当事件发生时，处理该事件的对象向通告中心发出一个通告，然后通告中心将其派发给所有相关的观察者，如图 7.7 所示介绍了这种机制。

1. 通告对象

通告是一个对象，是 NSNotification 的一个实例。该对象封装了与事件有关的信息，例如，某个窗口获得了焦点，或者某个网络连接关闭了。当事件发生时，负责处理该事件的对象会向通告中心发

Note

出一个通告，通告中心则立刻将通告广播给所有注册的对象。

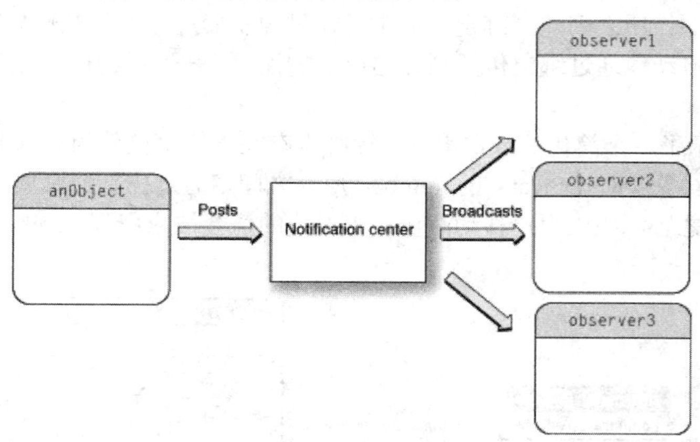

图 7.7　公布和广播通告

NSNotification 对象中包含一个名称、一个对象，还有一个可选的字典。名称是标识通告的标签；对象是指通告的发送者希望发给通告观察者的对象（通常是通告发送者本身），类似于委托消息的发送者对象，通告的接收者可以向该对象查询更多的信息；字典则用于存储与事件有关的信息。

2. 通告中心

通告中心负责发送和接收通告，将通告通知给所有符合条件的观察者。通告信息封装在 NSNotification 对象中。客户对象在通告中心将自己注册为特定通告的观察者。当事件发生时，对象向通告中心发出相应的通告，而通告中心会向所有注册过的观察者派发消息，并将通告作为唯一的参数进行传递。通告的发送对象和观察对象有可能是同一个对象。

Cocoa 框架中包含两种类型的通告中心：

☑ 通告中心（NSNotificationCenter 的实例），管理单任务的通告。
☑ 分布式通告中心（NSDistributedNotificationCenter 的实例），管理单台计算机上多任务之间的通告。

3. 通告队列

NSNotificationQueue 类（或者简单称为通告队列）的作用是充当通告中心（NSNotificationCenter 的实例）的缓冲区。通告队列通常以先进先出（FIFO）的顺序维护通告。当一个通告上升到队列的前面时，队列就将其发送给通告中心，通告中心随后将其派发给所有注册为观察者的对象。

每个线程都有一个默认的通告队列，与任务的默认通告中心相关联。如图 7.8 所示展示了这种关联。可以创建自己的通告队列，使每个线程和通告中心有多个队列。

NSNotificationQueue 类为 Foundation Kit 的通告机制增加了两个重要的特性：通告的聚结和异步发送。聚结是把与刚进入队列的通告类似的其他通告从队列中移除的过程。如果一个新的通告和已经在队列中的通告类似，则新的通告不进入队列，而所有类似的通告（除了队列中的第一个通告以外）都被移除，然而，不应该依赖于这个特殊的聚结行为。

可以为 enqueueNotification:postingStyle:coalesceMask:forModes:方法的第三个参数指定如下的一个或多个常量，指示简化的条件：

```
NSNotificationNoCoalescing
NSNotificationCoalescingOnName
NSNotificationCoalescingOnSender
```

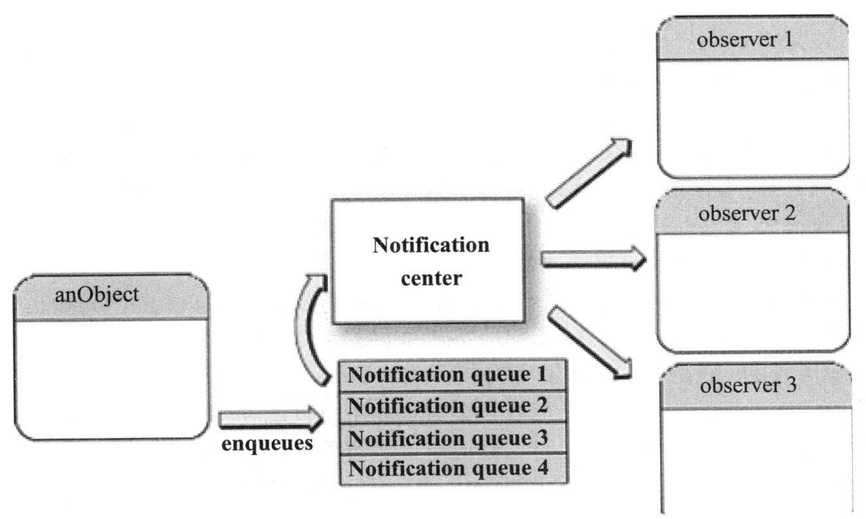

图 7.8 通告队列和通告中心

可以对 NSNotificationCoalescingOnName 和 NSNotificationCoalescingOnSender 常量进行位或操作，指示 Cocoa 同时使用通告名称和通告对象进行聚结。这样，和刚刚进入队列的通告具有相同名称和发送者对象的所有通告都会被聚结。

异步发送通告，通过 NSNotificationCenter 类的 postNotification:方法及其变体，可以将通告立即发送给通告中心。但是，这个方法的调用是同步的，即在通告发送对象可以继续执行其所在线程的工作之前，必须等待通告中心将通告派发给所有的观察者并将控制权返回。但是，也可以通过 NSNotification Queue 的 enqueueNotification:postingStyle:和 enqueueNotification:postingStyle:coalesceMask: forModes:方法将通告放入队列，实现异步发送，在把通告放入队列之后，这些方法会立即将控制权返回给调用对象。

Cocoa 根据在排队方法中指定的发送风格和运行循环模式来清空通告队列和发送通告。模式参数指定在什么运行循环模式下清空队列。例如，如果指定 NSModalPanelRunLoopMode 模式，则通告只有当运行循环处于该模式下时才会被发送。如果当前运行循环不在该模式下，通告就需要等待，直到下次运行循环进入该模式。

4. 通告队列发送模式

向通告队列发送通告可以有以下 3 种风格。

☑ NSPostASAP：尽快发送。

☑ NSPostWhenIdle：空闲时发送。

☑ NSPostNow：立即发送。

7.5 使用对象

在 Objective-C 程序中，对象会被创建和销毁。为了确保应用程序不会使用不必要的内存，应该在不需要对象时将其销毁。当然，在需要对象时保证它们不被销毁也很重要。为了满足这些需求，Cocoa 定义了一种机制——对象所有权，通过该机制可以指定何时需要使用一个对象，又在何时完成对该对象的使用。

7.5.1 对象所有权策略

Note

任何对象都可能拥有一个或多个所有者。只要一个对象至少还拥有一个所有者，就会继续存在。如果一个对象没有所有者，则运行时系统会自动销毁它。为了确保清楚自己何时拥有一个对象，何时不拥有对象，Cocoa 设置了以下策略：

☑ 任何自己创建的对象都归自己所有。

可以使用名字以 alloc 或 new 开头或名字中包含 copy 的方法（如 alloc、newObject 或 mutableCopy）来创建一个对象。

☑ 可以使用 retain 获得一个对象的所有权。

一个对象的所有者可能不止一个。拥有一个对象的所有权就表示需要保持该对象存在。

☑ 当不再使用所拥有的对象时，必须释放对这些对象的所有权。

可以通过向一个对象发送 release 消息或 autorelease 消息来释放对此对象的所有权。

☑ 不能释放非所有的对象的所有权。

这主要是前面策略规则的一个隐含的推论，在这里将其明确地提出。

这条策略对基于 GUI 的 Cocoa 应用程序和命令行的 Foundation 工具都适用。仔细思考下面的代码片段：

```
{
    Thingamajig *myThingamajig = [[Thingamajig alloc] init];
    // ...
    NSArray *sprockets = [myThingamajig sprockets];
    // ...
    [myThingamajig release];
}
```

这个例子完全遵守上述策略。使用 alloc 方法创建了 Thingamajig 对象，因此，随后在不需要该对象时对其发送了一条 release 消息。当通过 Thingamajig 对象获得 sprockets 数组时，并没有创建这个数组，所以也没有对其发送 release 消息。

7.5.2 保留计数

所有权策略是在调用 retain 方法后通过引用计数（或称为保留计数）实现的。每个对象都有一个保留计数。

☑ 当创建一个对象时，该对象的保留计数为 1。

☑ 当向一个对象发送 retain 消息时，该对象的保留计数加 1。

☑ 当向一个对象发送 release 消息时，该对象的保留计数减 1。

☑ 当向一个对象发送 autorelease 消息时，该对象的保留计数会在将来的某个阶段减 1。

如果一个对象的保留计数被减为 0，该对象就会被回收。通常不必显式地查询对象的保留计数是多少（参考 retainCount）。其结果往往容易产生误导，因为可能不知道感兴趣的对象由何种框架对象保留。在调试内存管理的问题上，只需要确保代码遵守所有权规则。

7.5.3 自动释放

NSObject 对象定义的 autorelease 方法为后续的释放标记了接收者。通过向对象发送 autorelease

消息，这个消息用于声明：在发送消息的作用域之外，不想再保留该对象。这个作用域的范围是由当前的自动释放池定义的。可以使用下面的方法实现上面提到的 sprockets 方法：

```
- (NSArray *)sprockets {
        NSArray *array = [[NSArray alloc] initWithObjects:mainSprocket,
                                        auxiliarySprocket, nil];
        return [array autorelease];
}
```

使用 alloc 创建数组，因此将拥有该数组，并负责在使用后释放所有权。而释放所有权就是使用 autorelease 完成的。

当另一个方法得到 Sprocket 对象的数组时，这个方法可以假设：当不再需要该数组时，会将其销毁，但仍可以在其作用域内安全地使用该数组。该方法甚至可以将数组返回给它的调用者，因为应用程序对象为代码定义好了调用堆栈的底部。

autorelease 方法可以轻松地从一个方法返回一个对象，并且仍然遵循所有权策略。为了说明这一点，来看两个 sprockets 方法的错误实现。

（1）这种做法是错误的。根据所有权策略，这将会导致内存泄漏。

```
- (NSArray *)sprockets {
    NSArray *array = [[NSArray alloc] initWithObjects:mainSprocket,
                                auxiliarySprocket, nil];
    return array;
}
```

对象只能在 sprockets 方法的内部引用新的数组对象。在该方法返回后，对象将失去对新对象的引用，导致其无法释放所有权。这本身是没有问题的，但是，按照先前提出的命名约定，调用者并没有得到任何提示，不知道它已经获得了返回的对象。因此调用者将不会释放返回的对象的所有权，最终导致内存泄漏。

（2）这种做法也是错误的。虽然对象正确地释放了新数组的所有权，但是在发送 release 消息之后，新数组将不再具有所有者，所以会被系统立即销毁。因此，该方法返回了一个无效（已释放）的对象：

```
- (NSArray *)sprockets {
                NSArray *array = [[NSArray alloc] initWithObjects:mainSprocket,
                                auxiliarySprocket, nil];
                [array release];
                return array; //数组在这里无效
}
```

可以像这样正确地实现 sprockets 方法：

```
- (NSArray *)sprockets {
            NSArray *array = [NSArray arrayWithObjects:mainSprocket,
                                auxiliarySprocket, nil];
            return array;
}
```

对象并没有拥有 arrayWithObjects:返回的数组，因此不用负责释放所有权。不过，可以通过 sprockets 方法安全地返回该数组。

7.5.4 共享对象的有效性

Cocoa 的所有权策略规定，被接收的对象通常应该在整个调用方法的作用域内保持有效。此外，还可以返回从当前作用域接收到的对象，而不必担心它被释放。对象的 getter 方法返回一个缓存的实例变量或一个计算值，这对应用程序来说无关紧要。重要的是，对象会在需要它的这段期间保持有效。

这一规则偶尔也有一些例外情况，主要可以总结为以下 4 类。

（1）当对象从一个基本的集合类中被删除时：

```
heisenObject = [array objectAtIndex:n];
[array removeObjectAtIndex:n];
//heisenObject 现在可能无效
```

（2）当对象从一个基本的集合类中被删除时，会收到一条 release（不是 autorelease）消息。如果该集合是这个被删除对象的唯一所有者，则被删除的对象（例子中的 heisenObject）将被立即回收。

（3）当一个父对象被回收时：

```
id parent = <#create a parent object#>;
// ...
heisenObject = [parent child];
[parent release]; //或者，例如：self.parent = nil;
//heisenObject 现在可能无效
```

（4）在某些情况下，通过另外一个对象得到某个对象，然后直接或间接地释放父对象。如果释放父对象会使其被回收，而且父对象是子对象的唯一所有者，那么子对象（例子中的 heisenObject）将同时被回收（假设它在父对象的 dealloc 方法中收到一条 release 而非 autorelease 消息）。

为了防止这些情况发生，要在接收 heisenObject 后保留该对象，并在使用完该对象后对其进行释放，例如：

```
heisenObject = [[array objectAtIndex:n] retain];
[array removeObjectAtIndex:n];
//使用 heisenObject
[heisenObject release];
```

7.5.5 存取方法

如果类中有一个实例变量本身是一个对象，那么必须保证任何为该实例变量赋值的对象在使用它的过程中不会被释放。因此，必须在对象赋值时要求获取其所有权，还必须保证在将来会释放任何当前持有的值的所有权。

例如，如果对象允许设置它的 mainSprocket，可以这样实现 setMainSprocket:方法：

```
- (void)setMainSprocket:(Sprocket *)newSprocket {
        [mainSprocket autorelease];
        mainSprocket = [newSprocket retain];
        return;
}
```

现在，setMainSprocket:可能在被调用时带一个 Sprocket 对象的参数，而调用者想要保留该 Sprocket 对象，这意味着对象将与其他对象共享 Sprocket。如果有其他对象修改了 Sprocket，对象的 mainSprocket

也会发生变化。但如果 Thingamajig 需要有属于它自己的 Sprocket，可能会认为该方法应该复制一份私有的副本（应该记得复制也会得到所有权）：

```
- (void)setMainSprocket:(Sprocket *)newSprocket {
        [mainSprocket autorelease];
         mainSprocket = [newSprocket copy]; /*制作一个私有的副本*/
         return;
}
```

以上几种实现方法都会自动释放原来的 mainSprocket。如果 newSprocket 和 mainSprocket 是同一个对象，并且 Thingamajig 对象是其唯一所有者，这样做可以避免一个可能出现的问题：在这种情况下，当 Sprocket 被释放时，它会被立即回收，这样，一旦它被保留或复制，就会导致错误。下面的实现也解决了这个问题：

```
- (void)setMainSprocket:(Sprocket *)newSprocket {
        if (mainSprocket != newSprocket) {
            [mainSprocket release];
            mainSprocket = [newSprocket retain]; /*或复制，如果适当*/
        }
}
```

在所有这些情况中，看起来好像最终为对象设置的 mainSprocket 泄漏了，因为不用释放对它的所有权。

7.5.6 回收对象

当一个对象的保留计数减少至 0 时，其内存将被收回，在 Cocoa 中，这被称为“释放”（freed）或“回收”（deallocated）。当一个对象被回收时，它的 dealloc 方法被自动调用。dealloc 方法的作用是释放对象占用的内存，释放其持有的所有资源，包括所有实例变量对象的所有权。

如果在类中有实例变量对象，必须实现一个 dealloc 方法来释放它们，然后调用超类的 dealloc 实现。例如，如果 Thingamajig 类含有 mainSprocket 和 auxiliarySprocket 实例变量，应该这样实现该类的 dealloc 方法：

```
- (void)dealloc {
    [mainSprocket release];
    [auxiliarySprocket release];
    [super dealloc];
}
```

重要的是，不要直接调用另一个对象的 dealloc 方法。不应该让系统资源的管理依赖于对象的生命周期。

当应用程序终止时，对象有可能没有收到 dealloc 消息。由于进程的内存在退出时被自动清空，因此与调用一切内存管理方法相比，简单地让操作系统清理资源效率更高。

7.5.7 通过引用返回的对象

Cocoa 的一些方法可以指定一个通过引用（即 ClassName ** 或 id *）返回的对象。下面有几个使用 NSError 对象的例子，该对象包含错误出现时的信息，例如：

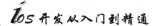

```
initWithContentsOfURL:options:error: (NSData)
initWithContentsOfFile:encoding:error: (NSString)
executeFetchRequest:error: (NSManagedObjectContext)
```

在这些情况下，前面介绍的规则同样适用。当调用这些方法中的任何一种时，由于没有创建 NSError 对象，因此不会拥有该对象，同样也无须释放它。

```
NSString *fileName = <#Get a file name#>;
NSError *error = nil;
NSString *string = [[NSString alloc] initWithContentsOfFile:fileName
                        encoding:NSUTF8StringEncoding error:&error];
if (string == nil) {
    //处理错误...
}
// ...
[string release];
```

7.6 小　　结

在 Objective-C 程序中，一个对象实例内经常要频繁地创建与销毁其他对象。首先，要确保程序不占用过多不必要内存，当一个对象已经不需要再次使用时一定要销毁它（内存回收、内存释放）。很多时候一个对象的创建与使用是在一个代码段内完成的，但还有些情况是方法调用并返回对象。这就使对象所有权与回收它的责任变得很不清楚。

Foundation 框架基础

（视频讲解：133 分钟）

iOS 是由不同类型的框架组合而成，每个框架又包含很多类型，每个类型又提供了不同的功能。在这些框架中，有一个 Foundation 框架（Foundation Framework），它是 Cocoa 编程、iOS 编程的基础框架，包括字符串、集合、日期、时间等基础。无论是开发 Cocoa 应用程序，还是开发 iOS 应用，Foundation 框架都是基础框架。

本章将重点介绍 Foundation 框架最常用的类，包括代表字符串的 NSString 和 NSMutable String，以及代表日期、时间的 NSDate，并会详细介绍 Foundation 对象复制的知识，以及 NSCopying、NSMutableCopying 协议。除此之外，本章的最大重点是集合类，包括 NSArray 与 NSMutableArray、NSSet、MSMutabelSet 和 NSCountedSet、NSOrderedSet 与 NSMutableOrderedSet、NSDictionary 与 NSMutableDictionary 等，掌握这些集合类的功能与用法是进行 iOS 开发或 Cocoa 开发的基础。

【学习要点】

- 熟悉并使用 Foundation 框架
- 能够使用 Foundation 操作数字、字符串和日期类型
- 能够熟练操作数组
- 能够熟练操作字典
- 掌握集合类工具的基本操作

8.1 认识 Foundation 框架

Foundation 框架是由基类组合而成的 Objective-C 类集。根据如图 8.1 所示的 Foundation 类层次结构关系，可以看到 NSObject 是根类，与 NSObject 和 NSCopying 协议一起定义了基本的对象属性和行为。Foundation 框架的其余部分由几组相互关联的类和一些独立的类组成。

☑ 代表基本数据类型的类，如字符串、字节数组和用于存储其他对象的集合类。

☑ 代表系统信息的类，如日期类。

☑ 代表系统实体的类，如端口、线程和进程。

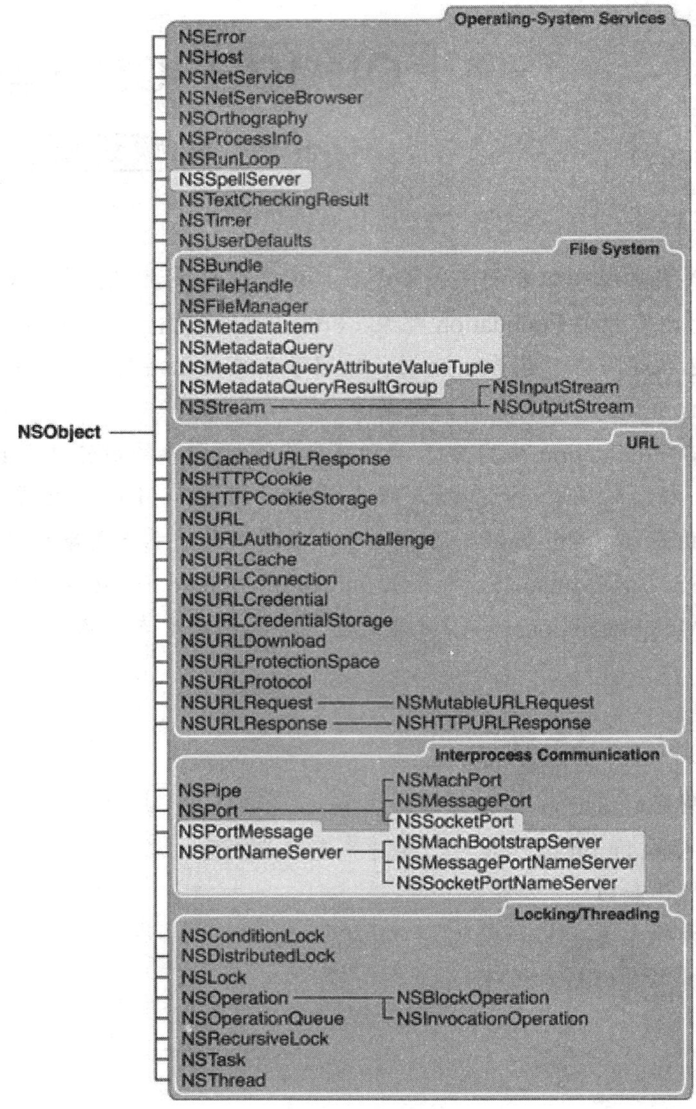

图 8.1 Foundation 框架类的层次结构

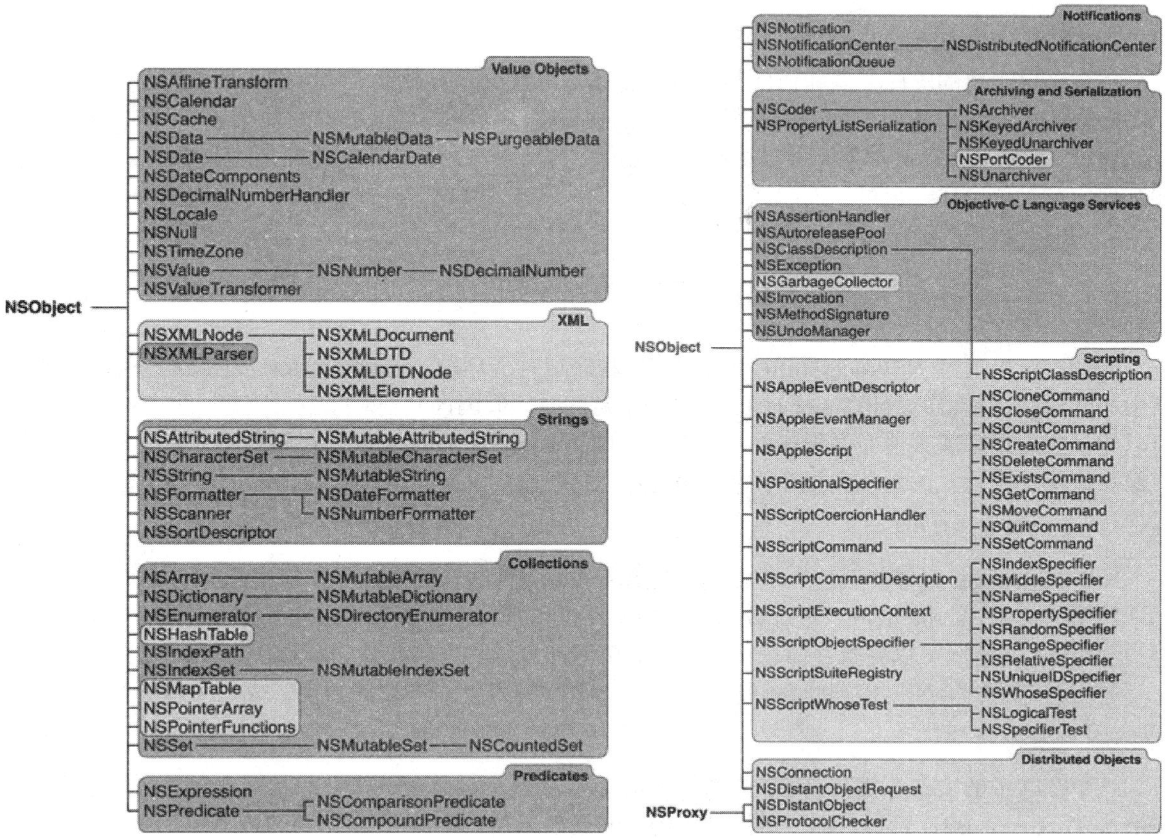

Value Objects
NSObject
NSAffineTransform
NSCalendar
NSCache
NSData — NSMutableData — NSPurgeableData
NSDate — NSCalendarDate
NSDateComponents
NSDecimalNumberHandler
NSLocale
NSNull
NSTimeZone
NSValue — NSNumber — NSDecimalNumber
NSValueTransformer

XML
NSXMLNode — NSXMLDocument, NSXMLDTD, NSXMLDTDNode, NSXMLElement
NSXMLParser

Strings
NSAttributedString — NSMutableAttributedString
NSCharacterSet — NSMutableCharacterSet
NSString — NSMutableString
NSFormatter — NSDateFormatter, NSNumberFormatter
NSScanner
NSSortDescriptor

Collections
NSArray — NSMutableArray
NSDictionary — NSMutableDictionary
NSEnumerator — NSDirectoryEnumerator
NSHashTable
NSIndexPath
NSIndexSet — NSMutableIndexSet
NSMapTable
NSPointerArray
NSPointerFunctions
NSSet — NSMutableSet — NSCountedSet

Predicates
NSExpression
NSPredicate — NSComparisonPredicate, NSCompoundPredicate

Notifications
NSObject
NSNotification
NSNotificationCenter — NSDistributedNotificationCenter
NSNotificationQueue

Archiving and Serialization
NSCoder — NSArchiver, NSKeyedArchiver, NSKeyedUnarchiver, NSPortCoder, NSUnarchiver
NSPropertyListSerialization

Objective-C Language Services
NSAssertionHandler
NSAutoreleasePool
NSClassDescription — NSScriptClassDescription
NSException
NSGarbageCollector
NSInvocation
NSMethodSignature
NSUndoManager

Scripting
NSAppleEventDescriptor
NSAppleEventManager
NSAppleScript
NSPositionalSpecifier
NSScriptCoercionHandler
NSScriptCommand — NSCloneCommand, NSCloseCommand, NSCountCommand, NSCreateCommand, NSDeleteCommand, NSExistsCommand, NSGetCommand, NSMoveCommand, NSQuitCommand, NSSetCommand
NSScriptCommandDescription
NSScriptExecutionContext
NSScriptObjectSpecifier — NSIndexSpecifier, NSMiddleSpecifier, NSNameSpecifier, NSPropertySpecifier, NSRandomSpecifier, NSRangeSpecifier, NSRelativeSpecifier, NSUniqueIDSpecifier, NSWhoseSpecifier
NSScriptSuiteRegistry
NSScriptWhoseTest — NSLogicalTest, NSSpecifierTest

Distributed Objects
NSConnection
NSDistantObjectRequest
NSProxy — NSDistantObject, NSProtocolChecker

图 8.1 Foundation 框架类的层次结构（续）

依据图 8.1 中的框图，按照如下范畴将 Foundation 框架中的类进行逻辑分类。

1. 值对象

值对象封装了各种类型的数据，提供对数据进行访问和操作的途径。因为它们都是对象，所以可以对值对象（和其包含的数值）进行归档和分发。

☑ NSData 类为字节流提供面向对象的存储空间。

☑ NSValue 和 NSNumber 类则为简单的标量值数组提供面向对象的存储空间。

☑ NSDate、NSCalendarDate、NSTimeZone、NSCalendar、NSDateComponents 和 NSLocale 类提供代表时间、日期、日历和地域设置（locales）的对象，所包含的方法可以用于计算日期和时间差、以各种格式显示日期和时间，以及调整世界上各个位置的时间和日期。

2. 字符串

NSString 是另一类值对象，负责为以 null 结尾的、具有特定编码的字节数组提供面向对象的存储空间，支持对 UTF-16、UTF-8、MacRoman 和很多其他编码的字符串之间进行转换。NSString 还提供对字符串进行检索、组合、比较，以及对文件系统路径进行操作的方法。可以用 NSScanner 对象对 NSString 对象中的数字和词进行解析。

NSCharacterSet（显示在图 8.1 中的 Strings 部分）代表可以在各个 NSString 和 NSScanner 方法中使用的一组字符。

3. 集合

集合是以一定的顺序存储和访问其他对象（通常是数值）的对象。NSArray 的索引从 0 开始，NSDictionary 使用键-值对，而 NSSet 负责对象的随机存储（NSCountedSet 类使集合具有唯一标识）。

通过 NSEnumerator 对象，可以访问一个集合中的元素序列。集合对象是属性列表的必要元素，和其他所有对象一样，也可以被归档和分发。

4. 操作系统服务

很多 Foundation 类为访问各种底层的操作系统服务提供便利，同时又把开发者从操作系统的具体特性隔离开来。

例如，可以通过 NSProcessInfo 类查询应用程序运行的环境；通过 NSHost 类得到主机系统在网络中的名称和地址；通过 NSTimer 对象，可以按指定的时间间隔向其他对象发送消息；通过 NSRunLoop 可以管理应用程序或其他类型程序的输入源；通过 NSUserDefaults 可以为存储全局（主机级别）和用户级默认值（预置）的系统数据库提供编程接口。

5. 文件系统和 URL

NSFileManager 为诸如创建、重命名、删除和移动文件这样的文件操作提供统一的接口。

利用 NSFileHandle 则可以进行较为底层的文件操作（如文件内查找操作）。

利用 NSBundle 可以寻找存储在程序包中的资源，可以动态装载某些资源（如 nib 文件和代码）。

利用 NSURL 和 NSURLHandle 类来表示、访问和管理源于 URL 的数据。

6. 进程间通信

这个范畴中的大部分类代表不同的系统端口、套接字和名字服务器，对实现底层的 IPC 很有用。NSPipe 代表一个 BSD 管道，即一种进程间的单向通信通道。

7. 线程和子任务

通过 NSThread 类可以创建多线程的程序，而各种锁（lock）类则为彼此竞争的线程在访问进程资源时提供各种控制机制。通过 NSTask，程序可以分出一个子进程来执行其他工作或进行进度监控。

8. 归档和序列化

这个范畴中的类使对象分发和持久保留成为可能。NSCoder 及其子类和 NSCoding 协议一起，可以以独立于架构的方式来表示对象中包含的数据，可以将类信息和数据一起存储。

9. 表达式和条件判断

条件判断类，即 NSPredicate、NSCompoundPredicate 和 NSComparisonPredicate 类，负责对获取或过滤对象的逻辑约束条件进行封装。NSExpression 对象则代表条件判断中的表达式。

10. Spotlight 查询

NSMetadataItem、NSMetadataQuery 和相关的查询类对文件系统的元数据进行封装，使元数据的查询成为可能。

11. Objective-C 语言服务

NSException 和 NSAssertionHandler 类为代码中的断言和例外处理提供了面向对象的封装。NSInvocation 对象是 Objective-C 消息的静态表示，程序可以将其存储，并在之后用于激活另一个对象的消息。undo 管理器 NSUndoManager 和分布式对象 Distributed Objects 系统都用到了这种对象。

NSMethodSignature 对象负责记录方法的类型信息，可以用于信息的推送。NSClassDescription 则是一个抽象类，用于定义和查询类的关系和属性。

12. 脚本

利用这个范畴中的类可以实现对 AppleScript 脚本和 Apple Event 命令的支持。

13. 分布式对象

可以通过分布式对象类来进行同一台计算机或一个网络中不同计算机上的进程间通信。其中的两个类——NSDistantObject 和 NSProtocolChecker 的根类 NSProxy 和 Cocoa 其他部分的根类不同。

14. 网络

NSNetService 和 NSNetServiceBrowser 类支持称为 Bonjour 的零配置网络架构。Bonjour 是在 IP 网络上发布和浏览服务的强大系统。

> 提示：Foundation 框架和 Core Foundation（CoreFoundation.framework）框架紧密相关，它们提供不同功能的接口，Foundation 框架提供 Objective-C 接口，但 Core Foundation 框架提供 C 语言接口。如果将 Foundation 对象和 Core Foundation 类型掺杂使用，则可利用两个框架之间的 Toll-free bridging。
>
> 所谓的 Toll-free bridging，是指可以在某个框架的方法或函数中同时使用 Core Foundation 和 Foundation 框架中的某些类型。很多数据类型支持这一特性，包括群体和字符串数据类型。每个框架的类和类型描述都会对某个对象是否为 Toll-free bridged，应和什么对象桥接进行说明。

8.2　使用 Foundation 框架

在程序中，如果想要使用 Foundation 框架中的类，只要使用下面语句导入 Foundation 框架的头文件即可，代码如下：

```
# import <Foundation/Foundation.h>
```

如果只导入要使用类的头文件，可以这样写：

```
# import <Foundation/NSNumber.h>
```

如果想查询 Foundation 框架中某个类的使用方法，可以通过 Xcode 提供的帮助很快找到。在 Xcode 的帮助（Help）菜单下，选择搜寻（Search）命令，输入 Developer Documentation，或者直接选择 Documentation and API Reference，将会出现如图 8.2 所示的 Searching Developer Documentation 界面。

在图 8.2 所示的界面中，在搜索栏中输入 Foundation Framework Reference，在提示项中选择匹配列表项目，如图 8.3 所示。

在 The Foundation Framework 界面下选择一个类型或者协议，如图 8.4 所示。

在图 8.4 所示界面中，列出了 Foundation 框架中的所有类，如果想了解某个类的用法，直接单击这个类的名称，将会呈现这个类的用法。例如，想了解 NSObject 类的用法，单击 NSObject 类，将会出现 NSObject 类的用法说明界面，如图 8.5 所示。

Note

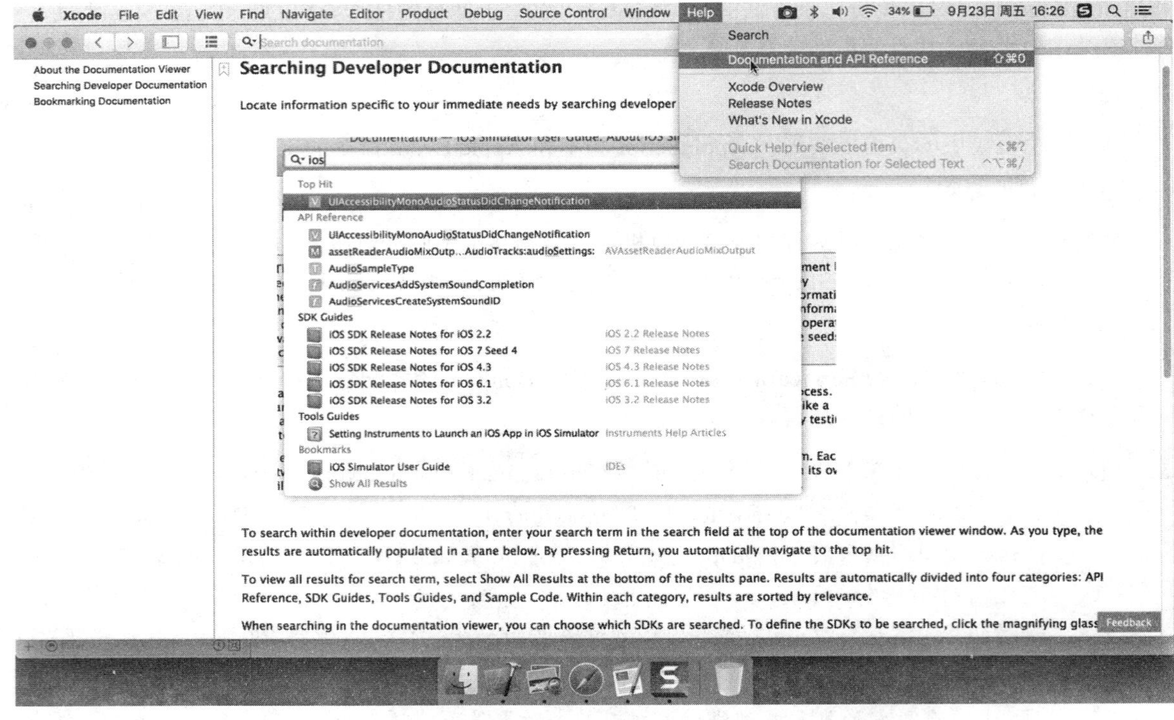

图 8.2　使用 Xcode 的帮助菜单

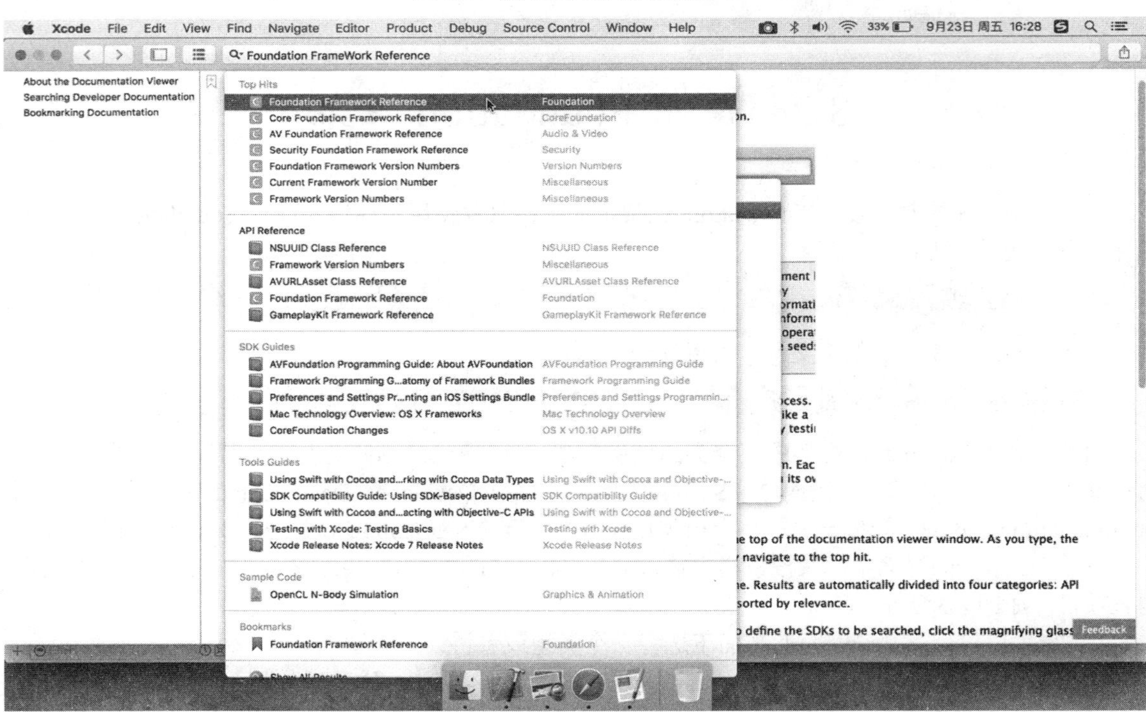

图 8.3　查找 Foundation 框架

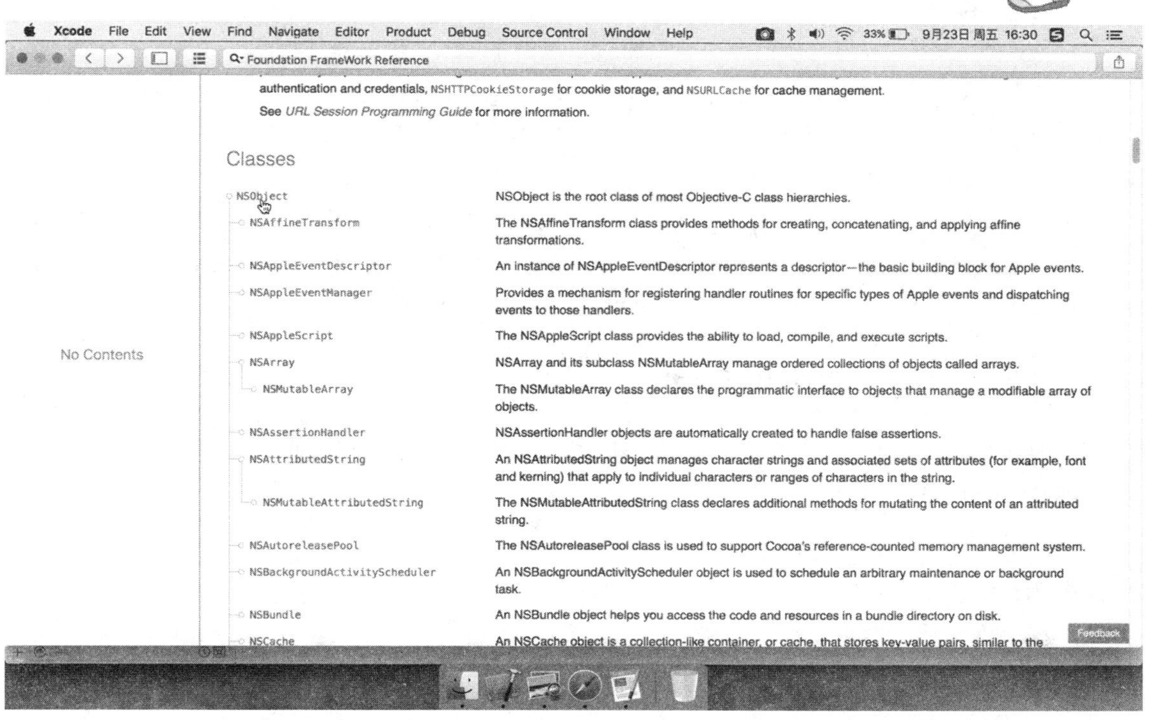

图 8.4　选择类型

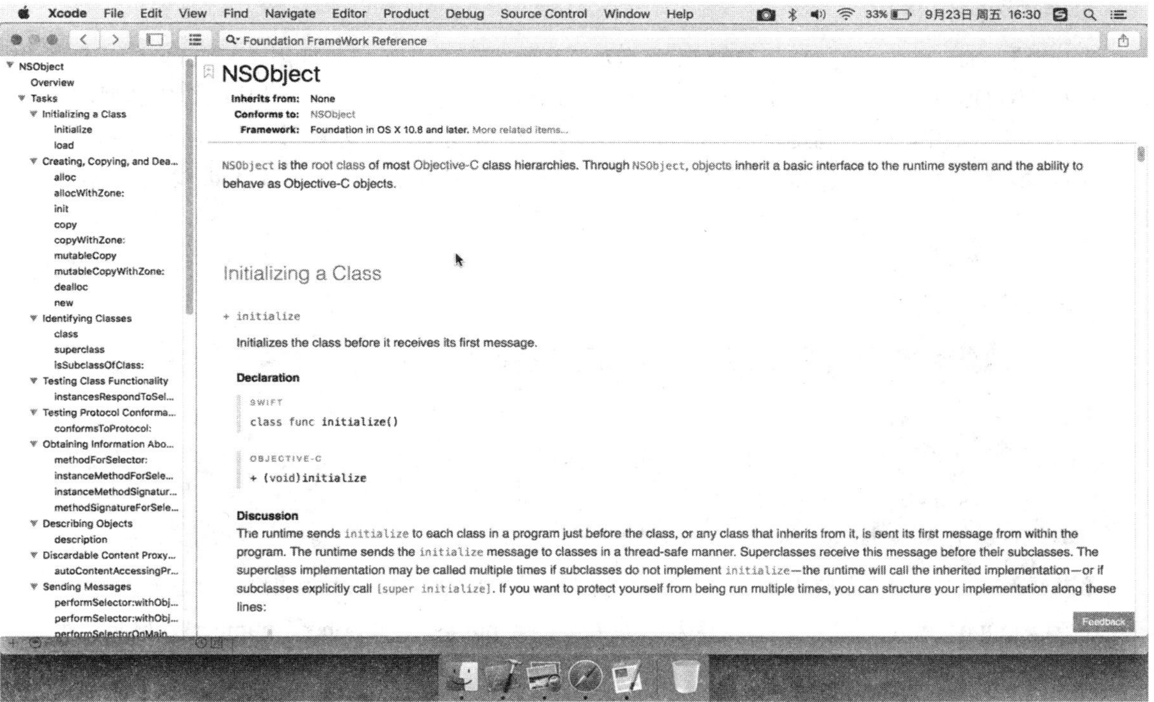

图 8.5　NSObject 类的用法说明

8.3 数字类型

NSNumber 是 NSValue 的一个子类，提供了一个值作为任何 C 标量（数字）类型，定义了一组方法专门作为 signed or unsigned char、short int、int、long int、long long int、float、double 或一个 BOOL 值，还定义了一个比较方法来确定两个 NSNumber 对象的排列顺序。

8.3.1 数字类型类 NSNumber

对于数字对象的应用，一般分为声明、创建、初始化和转换等几个方面。下面将对这些方面的用法简单地做一些介绍。

1. 数字对象的声明

【用法】

```
数字类型 *数字对象名称
```

【示例】

```
NSNumber *vNumber, *floatNumber, *intNumber;
NSInteger vInt;
```

【说明】NSNumber 类型有些类似 id 类型，任何类型的数字对象都能用 NSNumber 来声明，也就是说可以用 NSNumber 来声明数字对象。通过声明，很难判断出声明变量是什么数字类型，数字对象类型多是在初始化时才能确定。而 NSInteger 不是一个对象，而是基本数据类型的 typedef，通过 typedef 被处理成 64 位的 long 型或 32 位的 int 型。存在一个类似的 NSInteger typedef 用于处理程序中未签名的整数。

2. 数字对象的创建

【用法】

```
NSNumber 数字对象=[NSNumber numberWith 数字类型: 数值];
```

【示例】

```
intNumber = [NSNumber numberWithInteger: 100];
vNumber = [NSNumber numberWithLong: 0xabcdef];
floatNumber = [NSNumber numberWithFloat: 100.00];
```

【说明】对于每个基本值，类方法都为其分配了一个 NSNumber 对象，并将其设置为指定的值。这些方法以 numberWith 开始，之后是该方法的类型，如 numberWithLong:、numberWithFloat:等。

3. 数字对象的初始化

此外，可以使用实例方法为以前分配的 NSNumber 对象设置指定的值。这些 NSNumber 对象都是以 initWith 开头的，如 initWithLong:和 initWithFloat:。

【用法】

```
NSNumber 数字对象=[NSNumber alloc] initWith 数字类型: 数值];
```

【示例】

```
intNumber = [ [NSNumber alloc] initWithInteger: 100];
vNumber = [ [NSNumber alloc] initWithLong: 0xabcdef];
floatNumber = [ [NSNumber alloc] initWithFloat: 100.00];
```

表 8.1 列出了为 NSNumber 对象设置值的类和实例方法，以及检索这些值的相应实例方法。

表 8.1 NSNumber 对象设置值的类和实例方法

创建和初始化类的方法	初始化实例方法	检索实例方法
numberWithChar:	initWithChar:	charValue
numberWithUnsignedChar:	initWithUnsignedChar:	unsignedCharValue
numberWithShort:	initWithShort:	shortValue
numberWithUnsignedShort:	initWithUnsignedShort:	unsignedShortValue
numberWithInteger:	initWithInteger:	integerValue
numberWithUnsignedInteger:	initWithUnsignedInteger:	unsignedIntegerValue
numberWithInt:	initWithInt:	intValueunsigned
numberWithUnsignedInt:	initWithUnsignedInt:	unsignedIntValue
numberWithLong:	initWithLong:	longValue
numberWithUnsignedLong:	initWithUnsignedLong:	unsignedLongValue
numberWithLongLong:	initWithLongLong:	longlongValue
numberWithUnsignedLongLong:	initWithUnsignedLongLong:	unsignedLongLongValue
numberWithFloat:	initWithFloat:	floatValue
numberWithDouble:	initWithDouble:	doubleValue
numberWithBool:	initWithBool:	boolValue

8.3.2 比较 int、NSInteger、NSUInteger 和 NSNumber

当需要使用 int 类型的变量时，可以像写 C 程序一样用 int，也可以用 NSInteger，但更推荐使用 NSInteger，因为这样就不用考虑设备是 32 位的还是 64 位的。NSUInteger 是无符号的，即没有负数，而 NSInteger 是有符号的。

既然有了 NSInteger 等基础类型，为什么还要有 NSNumber？它们的功能当然是不同的。NSInteger 是基础类型，但是 NSNumber 是一个类。如果想要存储一个数值，直接用 NSInteger 是不行的，如在一个 Array 里面这样用：

```
NSArray *array= [[NSArray alloc]init];
[array addObject:3];
```

会引发编译错误，因为 NSArray 里面存放的应是一个类，但 3 不是。这时需要用到 NSNumber：

```
NSArray *array= [[NSArray alloc]init];
[array addObject:[NSNumber numberWithInt:3]];
```

Cocoa 提供了 NSNumber 类来包装（即以对象形式实现）基本数据类型。例如，以下创建方法：

```
+ (NSNumber*)numberWithChar: (char)value;
+ (NSNumber*)numberWithInt: (int)value;
+ (NSNumber*)numberWithFloat: (float)value;
+ (NSNumber*)numberWithBool: (BOOL) value;
```

Note

将基本类型数据封装到 NSNumber 中后，就可以通过下面的实例方法重新获取：

```
- (char)charValue;
- (int)intValue;
- (float)floatValue;
- (BOOL)boolValue;
- (NSString*)stringValue;
```

8.4 字符串类型

在 Objective-C 中，字符串类型分为不可变字符串（NSString）和可变字符串（NSMutableString）两种类型。下面将分别介绍这两种类型字符串的不同用法。

8.4.1 不可变字符串类 NSString

对于不可变字符串类 NSString 而言，按使用功能可以划分为字符串的创建、字符串的遍历、字符串的比较、字符串的读写、字符串的大小写、字符串的替换、字符串的增删、字符串的复制和字符串的类型转换等几部分。下面将对这些方面的用法进行简单介绍。

1. 不可变字符串的创建

【用法】

```
+ (id) string
+ (id) stringWithString:nsstring
- (id)initWithString:nsstring
…
```

【示例】

```
//经典的字符串赋值
NSString *str0 = @"my name is yifeil !";
//字符串赋值，参数中只可以写一个字符串，和上一种很像
NSString *str2 = [NSString stringWithString:@"我是字符串"];
//字符串转换为 UTF-8 格式，参数为 char*类型
NSString *str3 = [NSString stringWithUTF8String:"字符串转换 UTF-8 格式"];
```

【说明】NSString 与 char*最大的区别就是 NSString 是一个对象，而 char*是一个字节数组。“@+"字符串 "” 符号为 NSString 字符串常量的标准用法，char*在创建时无须添加“@”。

2. 不可变字符串的遍历

【用法】

```
- (unichar)characterAtIndex:i
- (id) (unsIgned int)length
…
```

【示例】

```
NSString *str = @"YUSONGMOMO";
//字符串的长度
 int count = [str length];
 NSLog(@"字符串的长度是%d", count);
 //遍历字符串中的每一个字符
 for(int i =0; i < count; i++)
 {
     char c = [str characterAtIndex:i];
     NSLog(@"字符串第 %d 位为 %c", i, c);
 }
```

【说明】每一个字符串其实是由若干个 char 字符组成，字符串的遍历实际上就是将字符串中的每一个字符提取出来。

3. 不可变字符串的比较

【用法】

```
- (NSComparator *)caseInsensitiveCompare:nsstring
- (NSComparator *)compare:nsstring
- (BOOL)hasPrefix:nsstring
- (BOOL)hasSuffix:nsstring
- (BOOL)isEqualToString:nsstring
...
```

【示例】

```
NSString *str0 = @"justcoding";
NSString *str1 = @"justcoding";
 //字符串完全相等比较
if([str0 isEqualToString:str1])
{
    NSLog(@"字符串完全相等");
 }
 //NSOrderedAscending 判断两对象值的大小（按字母顺序进行比较，str0 大于 str1 为真）
BOOL result = [str0 compare:str1] = = NSOrderedAscending;
```

【说明】isEqualToString 比较字符串是否完全相等，大小写不同也无法完全匹配。hasPrefixe 匹配字符串头，hasSuffix 匹配字符串的末端。

NSOrderedSame、NSOrderedAscending 和 NSOrderedDescending 枚举比较两个字符串在字符编码表中的位置顺序，如 a compare:b，NSOrderedSame =0 表示完全一样，NSOrderedAscending = −1 表示 a 小于 b，NSOrderedDescending = 1 表示 a 大于 b。

表 8.2 总结出了 NSString 常用方法，并且对这些方法做了一些简单的说明。

表 8.2　NSString 的常用方法

方　　法	说　　明
+ (id) stringWithContentsOfFile:path encoding:enc error:err	创建一个新字符串并将其设置为 path 指定的文件的内容，使用字符编码 enc，如果非零，则返回 err 中的错误

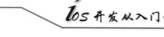

Note

续表

方　法	说　明
+ (id) stringWithContentsOfURL:url encoding:enc error:err	创建一个新的字符串并将其设置为 url 的内容，使用字符编码 enc，如果非零，则返回 err 中的错误
+ (id) string	创建一个新的空字符串
+ (id) stringWithString:nsstring	创建一个新的字符串并将其设置为 nsstring
- (id)initWithString:nsstring	将分配的字符串设置为 nsstring
- (id) initWithContentsOfFile:path encoding:enc error:err	将字符串设置为 path 指定的文件内容
- (id) initWithContentsOfURL:url encoding:enc error:err	将字符串设置为 url(NSURL *)url 的内容，使用字符编码 enc，如果非零，则返回 err 中的错误
- (id) (UNSIgned int)length	返回字符串中的字符数目
- (unichar)characterAtIndex:i	返回索引 i 的 Unicode 字符
- (NSString *)substringFromIndex:i	返回从 i 开始直到结尾的子字符串
- (NSString *)substringWithRange:range	根据指定范围返回子字符串
- (NSString *)substringToIndex:i	返回从该字符串开始到 i 的子字符串
- (NSComparator*)caseInsensitiveCompare:nsstring	比较两个字符串，忽略大小写
- (NSComparator *)compare:nsstring	比较两个字符串
- (BOOL)hasPrefix:nsstring	测试字符串是否以 nsstring 开始
- (BOOL)hasSuffix:nsstring	测试字符串是否以 nsstring 结尾
- (BOOL)isEqualToString:nsstring	测试两个字符串是否相等
- (NSString *) capitalizedString	返回每个单词首字母大写的字符串（每个单词的其余字母转换为小写）
- (NSString *)lowercaseString	返回转换为小写的字符串
- (NSString *)uppercaseString	返回转换为大写的字符串
- (const char*)UTF8String	返回转换为 UTF-8 的字符串
- (double)doubleValue	返回转换为 double 的字符串
- (float)floatValue	返回转换为浮点值的字符串
- (NSInteger)integerValue	返回转换为 NSInteger 整数的字符串
- (int)intValue	返回转换为整数的字符串

8.4.2　可变字符串类 NSMutableString

NSMutableString 类可以用来创建更改字符的字符串对象。这个类型更像一个集合类型，由于 NSMutableString 派生于 NSString，因此，NSString 所具有的方法大部分都能在 NSMutableString 中使用。从功能来说，NSMutableString 也可以划分为字符串的创建、字符串的遍历、字符串的比较、字符串的读写、字符串的大小写、字符串的替换、字符串的增删、字符串的复制和字符串的类型转换等。下面将对这些方面的用法进行简单介绍。

1. 可变字符串的创建

【用法】

```
+ (id)stringWithCapacity:size
```

```
- (id)initWithCapacity:size
- (void)setString:nsstring
```

【示例】

```
NSString *str1 = @"This is string A";
//创建可变字符串对象
NSMutableString *mstr = [NSMutableString stringWithString: str1];
```

【说明】将 mstr 设置为字符串对象，其内容是 str1 中的字符的副本或 This is string A。将 stringWithString:方法发送给 NSMutableString 类时，返回了一个可变的字符串对象。而将 stringWithString:方法发送给 NSString 类时，如上面的代码所示，返回一个不可变的字符串对象。

2. 可变字符串的增删

【用法】

```
- (void)appendString:nsstring
- (void)deleteCharatersInRange:range
- (void)insertString:nsstring atIndex:i
```

【示例】

```
//在指定位置插入字符
[mstr insertString: @"mutable" atIndex: 7];
```

【说明】字符串的大小并不仅限于所提供的容量，这个容量仅仅是一个最优结构，如要创建一个 40MB 的字符串，那么可以预先分配一块内存来存储它，这样后续的操作会快很多。

3. 可变字符串的替换

【用法】

```
- (void)replaceCharatersInRange:range withString:nsstring
- (void)replaceOccurrencesOfString:nsstring withString:nsstring2 options:opts range:range
```

【示例】

```
NSString *search = @"This is";
NSString *replace = @"An example of";
NSMutableString *mstr=[NSMutableString stringWithString: @"This is string A"];
NSRange substr = [mstr rangeOfString: search];
if (substr.location != NSNotFound) {
      [mstr replaceCharactersInRange: substr withString: replace];
}
```

【说明】在字符串 mstr 中（包含@"This is string A"）查找字符串@"This is"。如果在搜索字符串中找到该内容，就用字符串@"An example of"替换匹配的字符串。最终 mstr 中包含的字符串变为@"An example of A"。

然后，程序设置了一个循环来显示如何实现替换并进行全部替换操作。搜索字符串被设置为@"a"，替换字符串被设置为@"x"。

如果替换字符串还包括搜索字符串（例如，考虑使用字符串"aX"替换字符串"a"），那么将会陷入无限循环。

接下来，如果替换字符串为空（也就是不包含字符），那么将有效地删除所有搜索字符串。通过

没有空格隔开的相邻引号可以指定空的常量字符串，如下所示：

```
replace = @"";
```

当然，如果只想删除字符串，则可以使用 deleteCharactersInRange:方法，前面已经学过。最后，NSString 类还包含一个名为 replaceOccurrencesOfString:withString:options:range:的方法，该方法可以用来执行搜索并全部替换。实际上，上面的代码可以替换为如下代码:

```
[mstr replaceOccurrencesOfString: search
withString: replace
options: nil
range: NSMakeRange (0, [mstr length])];
```

这将与前面获得相同的结果，并且避免了潜在的无限循环，因为该方法阻止这样的事情发生。表 8.3 总结了 NSMutableString 常用方法，并且对这些方法做了一些简单的说明。

表 8.3　NSMutableString 常用方法

方　　法	说　　明
+ (id)stringWithCapacity:size	创建一个字符串，容量为 size
- (id)initWithCapacity:size	初始化一个字符串，容量为 size
- (void)setString:nsstring	将字符串设置为 nsstring
- (void)appendString:nsstring	在字符串末尾追加字符串 nsstring
- (void)deleteCharatersInRange:range	删除指定 range 中的字符
- (void)insertString:nsstring atIndex:i	以索引 i 为起始位置插入 nsstring
- (void)replaceCharatersInRange;range withString:nsstring	使用 nsstring 替换 range 指定的字符
- (void)replaceOccurrencesOfString:nsstring withString:nsstring2 options:opts range:range	根据选项 opts，使用指定 range 中的 nsstring2 替换所有的 nsstring

8.4.3　案例实战

NSString 功能非常强大，Objective-C 的字符串处理比 C 语言的字符串简单、易用得多。NSString 主要提供如下功能：

- ☑ 创建字符串。
- ☑ 读取文件或网络 URL 来初始化字符串。
- ☑ 将字符串内容写入文件或 URL。
- ☑ 获取字符串长度，包括字符个数和字节个数。
- ☑ 获取字符串中的字符或字节，既可获取指定位置的字符，也可获取指定范围的字符。
- ☑ 获取字符串对应的 C 风格字符串。
- ☑ 连接字符串。
- ☑ 分隔字符串。
- ☑ 查找字符串内指定的字符和子串。
- ☑ 替换字符串。
- ☑ 比较字符串。
- ☑ 字符串大小比较。
- ☑ 对字符串中的字符进行大小写转换。

实际上，NSString 文档中还介绍了大量功能和方法，下面通过几个示例演示 NSString 最常用的功能。

【示例 1】创建字符串既可使用以 init 开头的实例方法，也可使用以 string 开头的类方法，当然也可以直接用@" "的形式给出字符串直接量。下面的程序汇总了创建 NSString 对象的几种方式。

```
#import <Foundation/Foundation.h>
int main(int argc, char * argv[])
{
 @autoreleasepool{
        unichar data[6] = {97, 98, 99, 100, 101, 102};
        //使用 Unicode 数值数组初始化字符串
        NSString* str = [[NSString alloc]
             initWithCharacters: data length:6];
        NSLog(@"%@", str);
        char* cstr = "Hello, iOS!";
        //将 C 风格的字符串转换为 NSString 对象
        NSString* str2 = [NSString stringWithUTF8String:cstr];
        NSLog(@"%@", str2);
        //将字符串写入指定文件
        [str2 writeToFile:@"myFile.txt"
             atomically:YES
             encoding:NSUTF8StringEncoding
             error:nil];
        //读取文件内容，用文件内容初始化字符串
        NSString* str3 = [NSString stringWithContentsOfFile:@"NSStringTest.m"
             encoding:NSUTF8StringEncoding
             error:nil];
        NSLog(@"%@", str3);
 }
}
```

上面的程序中介绍了 3 种创建 NSString 对象的方式，包括将一个 Unicode 数值数组转换为字符串，把 C 风格的字符串转换为 NSString 对象，读取文件内容初始化 NSString 对象等。

除此之外，上面的程序还调用了 NSString 的方法将字符串内容写入底层文件。编译、运行该程序，可以看到初始化 NSString 的方式。由于程序使用 NSString 读取 NSStringTest.m 程序的内容，因此运行该程序可以看到输出该程序的内容。不仅如此，程序还会将 str2 字符串的内容“Hello, iOS!”写入底层的 myFile.txt 文件。因此，运行该程序将可以看到该文件的运行目录下多了一个 mvFile.txt 文件，该文件的内容为“Hello, iOS!”。

【示例 2】得到 NSString 字符串之后，就可以调用 NSString 大量的功能性方法，这些方法的用法可以参考 NSString 的参考手册，下面的代码简单汇总了 NSString 类的用法。

```
#import <Foundation/Foundation.h>
int main(int argc, char * argv[])
{
 @autoreleasepool{
        NSString* str = @"Hello";
        NSString* book = @"iOS";
        //在 str 后面追加固定的字符串
        //原来字符串对象并不改变，只是将新生成的字符串重新赋给 str 指针变量
```

```
        str = [str stringByAppendingString:@", iOS!"];
        NSLog(@"%@", str);
        //获取字符串对应的 C 风格字符串
        const char* cstr = [str UTF8String];
        NSLog(@"获取的 C 字符串：%s", cstr);
        //在 str 后面追加带变量的字符串
        //原来字符串对象并不改变，只是将新生成的字符串重新赋给 str 指针变量
        str = [str stringByAppendingFormat:@"%@ iOS 是由苹果公司开发的移动操作系统.", book];
        NSLog(@"%@", str);
        NSLog(@"str 的字符个数为：%lu", [str length]);
        NSLog(@"str 按 UTF-8 字符集解码后字节数为：%lu", [str
            lengthOfBytesUsingEncoding:NSUTF8StringEncoding]);
        //获取 str 的前 10 个字符组成的字符串
        NSString* s1 = [str substringToIndex:10];
        NSLog(@"%@", s1);
        //获取 str 的从第 5 个字符开始，与后面字符组成的字符串
        NSString* s2 = [str substringFromIndex:5];
        NSLog(@"%@", s2);
        //获取 str 从第 5 个字符开始，到第 15 个字符组成的字符串
        NSString* s3 = [str substringWithRange:NSMakeRange(5, 15)];
        NSLog(@"%@", s3);
        //获取 iOS 在 str 中出现的位置
        NSRange pos = [str rangeOfString:@"iOS"];
        NSLog(@"iOS 在 str 中出现的开始位置：%ld, 长度为：%ld", pos.location, pos.length);
        //将 str 的所有字符转为大写
        str = [str uppercaseString];
        NSLog(@"%@", str);
    }
}
```

上面的程序中使用了一个 NSRange 类型的变量，NSRange 并不是一个类，只是一个结构体，包括了 location 和 length 两个 unsigned int 整型值，分别代表起始位置和长度。Objective-C 还提供了 NSMakeRange()函数来创建 NSRange 变量。

【示例 3】下面的程序演示了使用 NSMutableString 来改变字符序列。

```
#import <Foundation/Foundation.h>
int main(int argc, char * argv[])
{
 @autoreleasepool{
        NSString* book = @"《iOS 从入门到精通》";
        //创建一个 NSMutableString 对象
        NSMutableString* str = [NSMutableString
            stringWithString:@"Hello"];
        //追加固定字符串
        //字符串所包含的字符序列本身发生了改变，因此无须重新赋值
        [str appendString:@",iOS!"];
        NSLog(@"%@", str);
        //追加带变量的字符串
        //字符串所包含的字符序列本身发生了改变，因此无须重新赋值
        [str appendFormat:@"%@是一本非常不错的图书.", book];
```

```
        NSLog(@"%@", str);
        //在指定位置插入字符串
        //字符串所包含的字符序列本身发生了改变，因此无须重新赋值
        [str insertString:@"\n" atIndex:10];
        NSLog(@"%@", str);
        //删除从位置 6 到位置 11 的所有字符
        [str deleteCharactersInRange:NSMakeRange(6, 5)];
        NSLog(@"%@", str);
        //将从位置 8 到位置 11 的字符串替换成 Objective-C
        [str replaceCharactersInRange:NSMakeRange(7, 3)
              withString:@"Objective-C"];
        NSLog(@"%@", str);
    }
}
```

上面的程序调用了 NSMutableString 对象的方法来修改该字符串所包含的字符序列。

8.5 日期类型

在 Objective-C 中，NSDate 类用于保存时间值，同时提供了一些方法来处理一些基于秒级别时差（Time Interval）运算和日期之间的比较等。

8.5.1 日期类型类 NSDate

NSDate 的方法从功能上可以划分为创建或初始化、日期比较和时间间隔处理 3 部分。下面将对这些用法简单地做一些介绍。

1. 创建日期

【用法】

```
- (id)init
- (id)initWithTimeInterval:(NSTimeInterval) secs sinceDate:(NSDate *)refDate;
```

【示例】

```
//要创建 date 对象并表示当前日期，可以通过 alloc 生成一个 NSDate 对象并调用 init 初始化
NSDate *now = [[NSDate alloc] init];
//创建一定时间间隔的 NSDate 对象
NSTimeInterval secondsPerDay = 24 * 60 * 60;
NSDate *tomorrow = [[NSDate alloc] initWithTimeIntervalSinceNow:secondsPerDay];
NSDate *yesterday = [[NSDate alloc] initWithTimeIntervalSinceNow:-secondsPerDay];
//使用增加时间间隔的方式来生成 NSDate 对象
NSTimeInterval secondsPerDay1 = 24 * 60 * 60;
NSDate *today = [[NSDate alloc] init];
NSDate *tomorrow1, *yesterday1;
tomorrow1 = [today dateByAddingTimeInterval: secondsPerDay1];
yesterday1 = [today dateByAddingTimeInterval: -secondsPerDay1];
```

【说明】如果要创建 date 对象并表示当前日期，可以通过 alloc 生成一个 NSDate 对象并调用 init 初始化，或者使用 NSDate 的 date 类方法创建一个日期对象。如果需要与当前日期不同的日期，可以使用 NSDate 的 initWithTimeInterval...或 dateWithTimeInterval...方法，也可以使用更复杂的 calendar 或 date components 对象。

2. 日期与字符串的转换

【用法】

```
- (NSString *)description
-(NSDate)setDateFormat:(NSString)*formate
```

【示例】

```
//日期转换成字符串
NSDateFormatter *dateFormatter = [[NSDateFormatter alloc] init];
[dateFormatter setDateFormat:@"yyyy-MM-dd HH:mm:ss"];
NSString *strDate = [dateFormatter stringFromDate:[NSDate date]];
//字符串转换成日期
NSDateFormatter *dateFormatter1 = [[NSDateFormatter alloc] init];
[dateFormatter1 setDateFormat:@"yyyy-MM-dd HH:mm:ss"];
NSDate *date = [dateFormatter1 dateFromString:@"2016-09-04 16:01:03"];
```

【说明】日期和字符串的转换，在格式上有些要求需要注意。

3. 获取日期各个部分整数值

【用法】

```
+ (id)date;
```

【示例】

```
NSDate *now = [NSDate date];
//取得日期时间的各项整数型
int nowyear=[[now dateWithCalendarFormat:nil timeZone:nil] yearOfCommonEra];
int nowmonth=[[now dateWithCalendarFormat:nil timeZone:nil] monthOfYear];
int nowday=[[now dateWithCalendarFormat:nil timeZone:nil] dayOfMonth];
int nowhour =[[now dateWithCalendarFormat:nil timeZone:nil] hourOfDay];
int nowmin =[[now dateWithCalendarFormat:nil timeZone:nil] minuteOfHour];
int nowsec =[[now dateWithCalendarFormat:nil timeZone:nil] secondOfMinute];
int nowweek=[[now dateWithCalendarFormat:nil timeZone:nil] dayOfWeek];
```

【说明】这个函数在编程的应用中很重要。

表 8.4 总结出了 NSDate 常用方法，并且对这些方法做了一些简单的说明。

表 8.4　NSDate 常用方法

方　法	说　明
+ (id)date;	返回当前时间
+ (id)dateWithTimeIntervalSinceNow:(NSTimeInterval)secs	返回以当前时间为基准，然后过了 secs 秒的时间
+ (id)dateWithTimeIntervalSinceReferenceDate:(NSTimeInterval)secs	返回以 2001/01/01 GMT 为基准，然后过了 secs 秒的时间

续表

方　　法	说　　明
+ (id)dateWithTimeIntervalSince1970:(NSTimeInterval)secs	返回以 1970/01/01 GMT 为基准，然后过了 secs 秒的时间
+ (id)distantFuture	返回很多年以后的某一天（如需要一个比现在（Now）晚（大）很长时间的时间值，可以调用该方法。测试返回了 4000/12/31 16:00:00）
+ (id)distantPast	返回很多年以前的某一天（如需要一个比现在（Now）早（小）很长时间的时间值，可以调用该方法。测试返回了公元前 0001/12/31 17:00:00）
- (id)addTimeInterval:(NSTimeInterval)secs	返回以目前的实例中保存的时间为基准，然后过了 secs 秒的时间
- (id)init	初始化为当前时间。类似 date 方法
- (id)initWithTimeInterval:(NSTimeInterval) secs sinceDate:(NSDate *)refDate;	初始化为以 refDate 为基准，然后过了 secs 秒的时间
- (id)initWithTimeIntervalSinceNow:(NSTimeInterval) secs	初始化为以当前时间为基准，然后过了 secs 秒的时间
- (BOOL)isEqualToDate:(NSDate *)otherDate	与 otherDate 比较，相同返回 YES
- (NSDate *)earlierDate:(NSDate *)anotherDate	与 anotherDate 比较，返回较早的日期
- (NSDate *)laterDate:(NSDate *)anotherDate	与 anotherDate 比较，返回较晚的日期
- (NSComparisonResult)compare:(NSDate *)other	该方法在排序时调用： （1）当实例保存的日期值与 anotherDate 相同时返回 NSOrderedSame （2）当实例保存的日期值晚于 anotherDate 时返回 NSOrderedDescending （3）当实例保存的日期值早于 anotherDate 时返回 NSOrderedAscending
-(NSTimeInterval)timeIntervalSinceDate:(NSDate *)refDate	以 refDate 为基准时间，返回实例保存的时间与 refDate 的时间间隔
- (NSTimeInterval)timeIntervalSince1970	以 1970/01/01 GMT 为基准时间，返回实例保存的时间与 1970/01/01 GMT 的时间间隔
- (NSTimeInterval) timeIntervalSinceReferenceDate	以 2001/01/01 GMT 为基准时间，返回实例保存的时间与 2001/01/01 GMT 的时间间隔
+ (NSTimeInterval) timeIntervalSinceReferenceDate	以 2001/01/01 GMT 为基准时间，返回当前时间（Now）与 2001/01/01 GMT 的时间间隔
- (NSTimeInterval)timeIntervalSinceNow	以当前时间（Now）为基准时间，返回实例保存的时间与当前时间（Now）的时间间隔
- (NSString *)description	将时间表示成字符串

8.5.2 NSCalendar 和 NSDateComponents

日历对象封装了对系统日期的计算，包括这一年开始、总天数以及划分。可以使用日历对象对绝对日期与 date components（包括年、月、日、时、分、秒）进行转换。

NSCalendar 定义了不同的日历，包括佛教历、格里高利历等（这些都与系统提供的本地化设置相关）。NSCalendar 与 NSDateComponents 对象紧密相关。

（1）可以通过 NSCalendar 对象的 currentCalendar 方法来获得当前系统用户设置的日历。

```
NSCalendar *currentCalendar = [NSCalendar currentCalendar];
NSCalendar *japaneseCalendar = [[NSCalendar alloc] initWithCalendarIdentifier:NSJapaneseCalendar];
NSCalendar *usersCalendar = [[NSLocale currentLocale] objectForKey:NSLocaleCalendar];
```

usersCalendar 和 currentCalendar 对象是相等的，尽管它们是不同的对象。

（2）可以使用 NSDateComponents 对象来表示一个日期对象的组件，例如年、月、日和小时。如果要使一个 NSDateComponents 对象有意义，必须将其与一个日历对象相关联。下面的代码示例展示了如何创建一个 NSDateComponents 对象：

```
NSDateComponents *components = [[NSDateComponents alloc] init];
[components setDay:6];
[components setMonth:5];
[components setYear:2004];
NSInteger weekday = [components weekday]; // Undefined (== NSUndefinedDateComponent);
```

（3）要将一个日期对象解析到相应的 date components，可以使用 NSCalendar 的 components: fromDate:方法。此外，对于日期本身，需要指定 NSDateComponents 对象返回组件。

```
NSDate *today = [NSDate date];
NSCalendar *gregorian = [[NSCalendar alloc] initWithCalendarIdentifier:NSGregorianCalendar];
NSDateComponents *weekdayComponents = [gregorian components:(NSDayCalendarUnit | NSWeekdayCalendar
Unit) fromDate:today];
NSInteger day = [weekdayComponents day];
NSInteger weekday = [weekdayComponents weekday];
```

（4）同样也可以从 NSDateComponents 对象来创建 NSDate 对象：

```
NSDateComponents *components = [[NSDateComponents alloc] init];
[components setWeekday:2]; //星期一
[components setWeekdayOrdinal:1]; //月份中的首个星期一
[components setMonth:5]; //五月
[components setYear:2008];
NSCalendar *gregorian = [[NSCalendar alloc] initWithCalendarIdentifier:NSGregorianCalendar];
NSDate *date = [gregorian dateFromComponents:components];
```

为了保证正确的行为，必须确保使用的组件在日历上是有意义的。例如，在定义日历组件时，设置一个出界的值，如-6 或 2 月 30 日，这些值在公历的日期值中是未定义的行为，应该避免。

（5）也可以创建一个不带年份的 NSDate 对象，这样操作系统会自动生成一个年份，但在后面的代码中不会使用其自动生成的年份。

```
NSDateComponents *components = [[NSDateComponents alloc] init];
[components setMonth:11];
[components setDay:7];
NSCalendar *gregorian = [[NSCalendar alloc] initWithCalendarIdentifier:NSGregorianCalendar];
NSDate *birthday = [gregorian dateFromComponents:components];
```

（6）可以从一个日历置换到另一个日历，示例代码如下：

```
NSDateComponents *comps = [[NSDateComponents alloc] init];
[comps setDay:6];
[comps setMonth:5];
[comps setYear:2004];
NSCalendar *gregorian = [[NSCalendar alloc] initWithCalendarIdentifier:NSGregorianCalendar];
NSDate *date = [gregorian dateFromComponents:comps];
[comps release];
[gregorian release];

NSCalendar *hebrew = [[NSCalendar alloc] initWithCalendarIdentifier:NSHebrewCalendar];
NSUInteger unitFlags = NSDayCalendarUnit | NSMonthCalendarUnit | NSYearCalendarUnit;
NSDateComponents *components = [hebrew components:unitFlags fromDate:date];
NSInteger day = [components day]; // 15
NSInteger month = [components month]; // 9
NSInteger year = [components year]; // 5764
```

（7）进行历法计算，在当前时间加上一个半小时：

```
NSDate *today = [[NSDate alloc] init];
NSCalendar *gregorian = [[NSCalendar alloc] initWithCalendarIdentifier:NSGregorianCalendar];
NSDateComponents *offsetComponents = [[NSDateComponents alloc] init];
[offsetComponents setHour:1];
[offsetComponents setMinute:30];
//根据 Tom Lehrer 计算
NSDate *endOfWorldWar3 = [gregorian dateByAddingComponents:offsetComponents toDate:today options:0];
```

（8）获得当前星期中的星期天（使用格里高利历）：

```
NSDate *today = [[NSDate alloc] init];
NSCalendar *gregorian = [[NSCalendar alloc] initWithCalendarIdentifier:NSGregorianCalendar];
//获取当前日期的周工作日部分
NSDateComponents *weekdayComponents = [gregorian components:
NSWeekdayCalendarUnit fromDate:today];
NSDateComponents *componentsToSubtract = [[NSDateComponents alloc] init];
[componentsToSubtract setDay: 0 - ([weekdayComponents weekday] - 1)];
NSDate *beginningOfWeek = [gregorian dateByAddingComponents:
componentsToSubtract toDate:today options:0];
NSDateComponents *components = [gregorian components:(NSYearCalendarUnit | NSMonthCalendarUnit |
NSDayCalendarUnit) fromDate: beginningOfWeek];
beginningOfWeek = [gregorian dateFromComponents:components];
```

（9）可以计算出一周的第一天（根据系统的日历设置）：

```
NSCalendar *gregorian = [[NSCalendar alloc] initWithCalendarIdentifier:NSGregorianCalendar];
NSDate *today = [[NSDate alloc] init];
NSDate *beginningOfWeek = nil;
BOOL ok = [gregorian rangeOfUnit:NSWeekCalendarUnit startDate:&beginningOfWeek interval:NULL
forDate: today];
```

（10）获得两个日期之间的间隔：

```
NSDate *startDate = ...;
NSDate *endDate = ...;
```

```
NSCalendar *gregorian = [[NSCalendar alloc] initWithCalendarIdentifier:NSGregorianCalendar];
NSUInteger unitFlags = NSMonthCalendarUnit | NSDayCalendarUnit;
NSDateComponents *components = [gregorian components:unitFlags fromDate:startDate toDate:
endDate options:0];
NSInteger months = [components month];
NSInteger days = [components day];
```

Note

8.5.3 案例实战

【示例 1】NSDate 对象代表日期与时间，Objective-C 既提供了类方法来创建 NSDate 对象，也提供了大量以 init 开头的方法来初始化 NSDate 对象。关于 NSDate 类的各个方法，可以参阅 NSDate 的参考文档。下面的程序介绍了 NSDate 类常见方法的用途。

```
#import <Foundation/Foundation.h>
int main(int argc, char * argv[])
{
 @autoreleasepool{
        //获取代表当前日期、时间的 NSDate
        NSDate* date1 = [NSDate date];
        NSLog(@"%@", date1);
        //获取从当前时间开始，一天之后的日期
        NSDate* date2 = [[NSDate alloc]
              initWithTimeIntervalSinceNow:3600*24];
        NSLog(@"%@", date2);
        //获取从当前时间开始，3 天之前的日期
        NSDate* date3 = [[NSDate alloc]
              initWithTimeIntervalSinceNow: -3*3600*24];
        NSLog(@"%@", date3);
        //获取从 1970 年 1 月 1 日开始，20 年之后的日期
        NSDate* date4 = [NSDate dateWithTimeIntervalSince1970:
              3600 * 24 * 366 * 20];
        NSLog(@"%@", date4);
        //获取系统当前的 Locale
        NSLocale* cn = [NSLocale currentLocale];
        //获取 NSDate 在当前 Locale 下对应的字符串
        NSLog(@"%@", [date1 descriptionWithLocale:cn]);
        //获取两个日期之间较早的日期
        NSDate* earlier = [date1 earlierDate:date2];
        //获取两个日期之间较晚的日期
        NSDate* later = [date1 laterDate:date2];
        //比较两个日期，compare:方法返回 NSComparisonResult 枚举值
        //该枚举类型包含 NSOrderedAscending、NSOrderedSame 和
        //NSOrderedDescending 3 个值，分别代表调用 compare:的日期位于被比较日期之前、相同和之后
        switch ([date1 compare:date3])
        {
              case NSOrderedAscending:
                    NSLog(@"date1 位于 date3 之前");
                    break;
```

```
            case NSOrderedSame:
                NSLog(@"date1 与 date3 日期相等");
                break;
            case NSOrderedDescending:
                NSLog(@"date1 位于 date3 之后");
                break;
        }
        //获取两个时间之间的时间差
        NSLog(@"date1 与 date3 之间时间差%g 秒", [date1 timeIntervalSinceDate:date3]);
        //获取指定时间与现在的时间差
        NSLog(@"date2 与现在时间差%g 秒", [date2 timeIntervalSinceNow]);
    }
}
```

从上面的代码可以看出，创建 NSDate 的类方法与实例方法基本相似，只是类方法以 date 开头，而实例方法以 init 开头。一旦得到 NSDate 对象，两个 NSDate 之间可以比较大小，可以计算两个 NSDate 之间的时间差，也可以把 NSDate 转换为符合当前 NSLocale 的格式字符串。

NSDateFormatter 代表一个日期格式器，其功能就是完成 NSDate 与 NSString 之间的转换。使用 NSDateFormatter 完成 NSDate 与 NSString 之间转换的步骤如下：

第 1 步，创建一个 NSDateFormatter 对象。

第 2 步，调用 NSDateFormatter 的 setDateStyle:、setTimeStyle:方法设置格式化日期、时间的风格。其中，日期、时间风格支持如下枚举值。

☑ NSDateFormatterNoStyle：不显示日期、时间的风格。
☑ NSDateFormatterShortStyle：显示短的日期、时间风格。
☑ NSDateFormatterMediumStyle：显示中等的日期、时间风格。
☑ NSDateFormatterLongStyle：显示长日期、时间风格。
☑ NSDateFormatterFullStyle：显示完整的日期、时间风格。

如果打算使用自己的格式模板，调用 NSDateFormatter 的 setDateFormate:方法设置日期、时间的模板即可。

第 3 步，如果需要将 NSDate 转换为 NSString，调用 NSDateFormatter 的 stringFromDate:方法进行格式化即可。如果需要将 NSString 转换为 NSDate，调用 NSDateFormatter 的 dateFromString:方法执行格式化即可。

【示例 2】下面的程序演示了 NSDateFormatter 的功能和用法。

```
#import <Foundation/Foundation.h>
int main(int argc, char * argv[])
{
 @autoreleasepool{
        //需要被格式化的时间
        //获取从 1970 年 1 月 1 日开始，20 年之后的日期
        NSDate* dt = [NSDate dateWithTimeIntervalSince1970:
            3600 * 24 * 366 * 20];
        //创建两个 NSLocale，分别代表中国、美国
        NSLocale* locales[] = {
            [[NSLocale alloc] initWithLocaleIdentifier:@"zh_CN"],
            [[NSLocale alloc] initWithLocaleIdentifier:@"en_US"]};
```

```
NSDateFormatter* df[8];
//为上面两个 NSLocale 创建 8 个 DateFormat 对象
for (int i = 0; i < 2; i++)
{
    df[i * 4] = [[NSDateFormatter alloc] init];
    //设置 NSDateFormatter 的日期、时间风格
    [df[i * 4] setDateStyle:NSDateFormatterShortStyle];
    [df[i * 4] setTimeStyle:NSDateFormatterShortStyle];
    //设置 NSDateFormatter 的 NSLocale
    [df[i * 4] setLocale: locales[i]];
    df[i * 4 + 1] = [[NSDateFormatter alloc] init];
    //设置 NSDateFormatter 的日期、时间风格
    [df[i * 4 + 1] setDateStyle:NSDateFormatterMediumStyle];
    [df[i * 4 + 1] setDateStyle:NSDateFormatterMediumStyle];
    //设置 NSDateFormatter 的 NSLocale
    [df[i * 4 + 1] setLocale: locales[i]];
    df[i * 4 + 2] = [[NSDateFormatter alloc] init];
    //设置 NSDateFormatter 的日期、时间风格
    [df[i * 4 + 2] setDateStyle:NSDateFormatterLongStyle];
    [df[i * 4 + 2] setTimeStyle:NSDateFormatterLongStyle];
    //设置 NSDateFormatter 的 NSLocale
    [df[i * 4 + 2] setLocale: locales[i]];
    df[i * 4 + 3] = [[NSDateFormatter alloc] init];
    //设置 NSDateFormatter 的日期、时间风格
    [df[i * 4 + 3] setDateStyle:NSDateFormatterFullStyle];
    [df[i * 4 + 3] setTimeStyle:NSDateFormatterFullStyle];
    //设置 NSDateFormatter 的 NSLocale
    [df[i * 4 + 3] setLocale: locales[i]];
}
for (int i = 0; i < 2; i++)
{
    switch (i)
    {
        case 0:
            NSLog(@"-------中国日期格式--------");
            break;
        case 1:
            NSLog(@"-------美国日期格式--------");
            break;
    }
    NSLog(@"SHORT 格式的日期格式：%@", [df[i * 4] stringFromDate: dt]);
    NSLog(@"MEDIUM 格式的日期格式：%@", [df[i * 4 + 1] stringFromDate: dt]);
    NSLog(@"LONG 格式的日期格式：%@", [df[i * 4 + 2] stringFromDate: dt]);
    NSLog(@"FULL 格式的日期格式：%@", [df[i * 4 + 3] stringFromDate: dt]);
}
NSDateFormatter* df2 = [[NSDateFormatter alloc] init];
//设置自定义的格式器模板
[df2 setDateFormat:@"公元 yyyy 年 MM 月 DD 日  HH 时 mm 分"];
//执行格式化
NSLog(@"%@", [df2 stringFromDate:dt]);
```

```
        NSString* dateStr = @"2013-03-02";
        NSDateFormatter* df3 = [[NSDateFormatter alloc] init];
        //根据日期字符串的格式设置格式模板
        [df3 setDateFormat:@"yyyy-MM-dd"];
        //将字符串转换为 NSDate 对象
        NSDate* date2 = [df3 dateFromString: dateStr];
        NSLog(@"%@", date2);
    }
}
```

上面的程序演示了如何完成 NSDate 与 NSString 之间的转换，并分别展示了在美式英语环境和简体中文环境下将 NSDate 转换为 NSString 的效果。

【示例 3】下面的程序演示了如何利用 NSCalendar 和 NSDateComponents 分开处理 NSDate 中各时间字段的数值。

```
#import <Foundation/Foundation.h>
int main(int argc, char * argv[])
{
 @autoreleasepool{
        //获取代表公历的 Calendar 对象
        NSCalendar *gregorian = [[NSCalendar alloc]
              initWithCalendarIdentifier:NSGregorianCalendar];
        //获取当前日期
        NSDate* dt = [NSDate date];
        //定义一个时间字段旗标，获取指定年、月、日、时、分、秒的信息
        unsigned unitFlags = NSYearCalendarUnit |
              NSMonthCalendarUnit | NSDayCalendarUnit |
              NSHourCalendarUnit | NSMinuteCalendarUnit |
              NSSecondCalendarUnit | NSWeekdayCalendarUnit;
        //获取不同时间字段的信息
        NSDateComponents* comp = [gregorian components: unitFlags
              fromDate:dt];
        //获取各时间字段的数值
        NSLog(@"现在是%ld 年", comp.year);
        NSLog(@"现在是%ld 月", comp.month);
        NSLog(@"现在是%ld 日", comp.day);
        NSLog(@"现在是%ld 时", comp.hour);
        NSLog(@"现在是%ld 分", comp.minute);
        NSLog(@"现在是%ld 秒", comp.second);
        NSLog(@"现在是星期%ld", comp.weekday);
        //再次创建一个 NSDateComponents 对象
        NSDateComponents* comp2 = [[NSDateComponents alloc] init];
        //设置各时间字段的数值
        comp2.year = 2016;
        comp2.month = 4;
        comp2.day = 5;
        comp2.hour = 18;
        comp2.minute = 34;
        //通过 NSDateComponents 所包含的时间字段的数值来恢复 NSDate 对象
```

```
        NSDate *date = [gregorian dateFromComponents:comp2];
        NSLog(@"获取的日期为：%@", date);
    }
}
```

Note

8.6 数 组 类 型

在 Objective-C 中，数组是有序的集合，在一般情况下，一个数组中的元素都是相同的类型。类似于可变字符串和不可变字符串，数组类型也分不可变数组和可变数组两种类型。下面将分别介绍这两种类型数组的不同用法。

8.6.1 不可变数组类 NSArray

不可变数组在使用上与 C 语言中的数组没有多大的区别，是一种静态数组。从功能上划分，不可变数组也可分创建、遍历、复制和排序等几部分。

1. 不可变数组的创建

【用法】

```
+ (id)arrayWithObjects:obj1,obj2,...nil
```

【示例】

```
NSArray *array = [[NSArray alloc] initWithObjects: @"One",@"Two",@"Three",@"Four",nil];
```

【说明】在本示例中，创建了一个不可变数组的对象，在初始化时，值按照顺序排列，值之间用逗号分开，并把该列表的最后一个值设为 nil。nil 值不存储在数组中，只是标记初始化完毕。

2. 不可变数组的遍历

【用法】

```
- (id)objectAtIndex:i
```

【示例】

```
//一般遍历
id obj;
NSMutableArray *newArray = [[NSMutableArray alloc] init];
NSArray *oldArray = [NSArray arrayWithObjects:
        @"a",@"b",@"c",@"d",@"e",@"f",@"g",@"h",nil];
for(int i = 0; i < [oldArray count]; i++)
{
        obj = [[oldArray objectAtIndex:i] copy];
        [newArray addObject: obj];
}
//快速遍历
for(id obje in oldArray)
```

```
    {
        [newArray addObject: obje];
    }
```

【说明】快速遍历是在实际编程中最常用的一种遍历方式，这也是在 Objective-C 2.0 中新增的功能。

3. 不可变数组的复制

【用法】

```
-(NsMutableArray)arrayWithArray:nsarray
```

【示例】

```
//从一个数组复制数据到另一数组（可变数级）
NSArray *array1 = [[NSArray alloc] init];
NSMutableArray *MutableArray = [[NSMutableArray alloc] init];
MutableArray = [NSMutableArray arrayWithArray:array];
array1 = [NSArray arrayWithArray:array];
//深复制
NSArray *newArray = (NSMutableArray*)CFBridgingRelease(CFPropertyListCreateDeepCopy
 (kCFAllocatorDefault,(CFPropertyListRef)array1, kCFPropertyListMutableContainers));
```

【说明】不可变数组的复制方式有多种方式，这里只简单介绍这两种。

4. 不可变数组的排序

【用法】

```
- (NSArray*)sortedArrayUsingSelector:(SEL)selector
```

【示例】

```
NSArray *array = [NSArray arrayWithObjects:@"abc",@"456",@"123",@"789",@"ef", nil];
NSArray *sortedArray = [array sortedArrayUsingSelector:@selector(compare:)];
NSLog(@"排序后:%@",sortedArray);
```

【说明】排序也是 Objective-C 2.0 新增的功能。

表 8.5 总结出了 NSArray 常用方法，并且对这些方法做了一些简单的说明。

表 8.5　NSArray 常用方法

方　法	说　明
+ (id)arrayWithObjects:obj1,obj2,...nil	创建一个新的数组，obj1,obj2...是其元素对象，以 nil 对象结尾
- (BOOL)containsObject:obj	确定数组中是否包含对象 obj
- (NSUInteger)count	返回数组元素个数
- (NSUInteger)indexOfObject:obj	第一个包含 obj 元素的索引号
- (id)objectAtIndex;i	返回存储在位置 i 的对象
- (void)makeObjectsPerformSelector:(SEL)selector	将 selector 指示的消息发送给数组中的每个元素
- (NSArray*)sortedArrayUsingSelector:(SEL)selector	根据 selector 指示的比较方法对数组进行排序
- (BOOL)writeToFile:path atomically:(BOOL)flag	将数组写入指定的文件中，如果 flag 为 YES，则需要先创建一个临时文件

8.6.2 可变数组类 NSMutableArray

在 Objective-C 中，由于 NSArray 是静态数组，很难适应数据的不断变化管理，因此对数据的动态管理显得尤其重要。Objective-C 的动态数组 NSMutableArray 刚好适应这种应用，为对数据对象的管理提供了很大的便利。由于 NSMutableArray 派生于 NSArray，因此有的 NSArray 方法在 NSMutableArray 中也能使用，在一定程度上可以把 NSMutableArray 看作是 NSArray 的扩展。

1. 可变数组的初始化

【用法】

```
+ (id)arrayWithCapacity:(NSUInteger)capacity
```

【示例】

```
//向数组分配容量
NSArray *array= [NSMutableArray arrayWithCapacity:10];
```

【说明】对于可变数组，可以指定数组的大小，也可以不指定。

2. 可变数组的增删

【用法】

```
- (void) addObject: (id) anObject;
- (void) removeObjectAtIndex: (unsigned) index;
```

【示例】

```
//在数组末尾添加对象
NSMutableArray *array = [NSMutableArray
        arrayWithObjects:@"One",@"Two",@"Three",nil];
[array addObject:@"Four"];
//删除数组中指定索引处对象
NSMutableArray *array = [NSMutableArray
        arrayWithObjects:@"One",@"Two",@"Three",nil];
[array removeObjectAtIndex:1];
```

【说明】数组支持动态的增删功能，为操纵复杂的数据提供了很大的便利。

3. 可变数组的替换

【用法】

```
- (void)replaceCharactersInRange:(NSRange)aRange withString:(NSString *)aString
- (NSUInteger)replaceOccurrencesOfString:(NSString *)target withString:(NSString *)replacement
options:(NSStringCompareOptions)opts range:(NSRange)searchRange
```

【示例】

```
NSArray *array;
array=[NSArray arrayWithObjects:@"0-asd",@"1-fds",@"2-哈罗",
@"3-个人",nil];
NSMutableArray *MutArray=[NSMutableArray array];
//追加对象
```

```
[MutArray addObject:@"A"];
[MutArray addObject:@"B"];
[MutArray addObjectsFromArray:array];
//替换对象
[MutArray replaceObjectAtIndex:2 withObject:@"替换"];
```

【说明】替换对于数组的管理，在实际应用中经常用到。

表 8.6 总结出了 NSMutableArray 的常用方法，并且对这些方法做了一些简单的说明。

表 8.6 NSMutableArray 常用方法

方法	说明
+ (id)stringWithCapacity:(NSUInteger)capacity	为数组分配容量
- (void)appendFormat:(NSString *)format	增添一个结构化的字符串
- (void)appendString:(NSString *)aString	增添字符串
- (void)deleteCharactersInRange:(NSRange)aRange	删除指定区域的字符
- (id)initWithCapacity:(NSUInteger)capacity	返回初始化空间规定中含有的字符串，返回的字符串已经初始化过
- (void)insertString:(NSString *)aStringatIndex:(NSUInteger)anIndex	在指定的位置插入字符串
- (void)replaceCharactersInRange:(NSRange)aRange withString:(NSString *)aString	从指定的位置替换字符串
- (NSUInteger)replaceOccurrencesOfString:(NSString *)target withString:(NSString *)replacement options:(NSStringCompareOptions)opts range:(NSRange)searchRange	字符串中的源子字符串替换成目标子字符串
- (void)setString:(NSString *)aString	设置字符串

8.6.3 多维数组

多维数组，可以看成是数组的数组，也就是说数组的元素也是数组。对于利用 NSArray 和 NSMutableArray 定义多维数组方法，其他书籍中很少介绍。但有时候，在开发的过程中需要用到由 NSArray 和 NSMutableArray 构成的多维数组，所以在这里做一些介绍，以方便在编程中应用。

在 NSArray 类中有一个 arrayWithObjects 用于创建数组，可以通过它来创建多维数组。创建二维数组格式如下：

```
NSArray *数组名称 = [[NSArray alloc] arrayWithObjects:
        [NSArray arrayWithObjects:对象值 11, …,对象值 1n, nil],
        …
        [NSArray arrayWithObjects:对象值 n1, …,对象值 nn, nil],
        nil]
```

也可以通过 arrayWithObjects 来创建二维数组，代码如下：

```
NSArray* muArray = [[NSArray alloc]arrayWithObjects:
        [NSArray arrayWithObjects:@"(0, 0)"], @"(0, 1)",@"(0,2)" nil],
        [NSArray arrayWithObjects:@"(1, 0)"], @"(1, 1)",@"(1,2)" nil],
```

```
        [NSArray arrayWithObjects:@"(2, 0)"], @"(2, 1)",@"(2,2)" nil],
    nil],
```

上面的代码创建的就是一个二维数组，在这个数组中，数组的元素又是数组，这就构成一个二维数组。那么如何调用二维数组呢？

Note

【示例 1】下面的代码完整地显示了二维数组如何创建以及如何调用。

```
#import <Foundation/Foundation.h>
int main (int argc, const char * argv[]) {
    @autoreleasepool {
    NSArray* muArray = [[NSArray alloc] initWithObjects:
        [NSArray arrayWithObjects:@"(0, 0)"], @"(0, 1)",@"(0,2)" ,nil],
        [NSArray arrayWithObjects:@"(1, 0)"], @"(1, 1)",@"(1,2)" ,nil],
        [NSArray arrayWithObjects:@"(2, 0)"], @"(2, 1)",@"(2,2)" ,nil],
        nil];
    for(int i=0;i<3;i++)
    {
      for(int j=0;j<3;j++)
      {
        NSLog(@"%@",[muArray objectAtIndex:i] objectAtIndex:j]);
      }

    }
     return 0;
 }
```

输出结果：

```
(0,0)
(0,1)
(0,2)
(1,0)
(1,1)
(1,2)
(2,0)
(2,1)
(2,2)
```

【示例 2】对于二维数组的调用，也可以先用一个一维数组去接受二维数组的某一行，然后对一维数组进行操作。

```
#import <Foundation/Foundation.h>
int main (int argc, const char * argv[]) {
    @autoreleasepool {
    NSArray* muArray =[ [NSArray alloc] initWithObjects:
        [NSArray arrayWithObjects:@"(0, 0)"], @"(0, 1)",@"(0,2)", nil],
        [NSArray arrayWithObjects:@"(1, 0)"], @"(1, 1)",@"(1,2)", nil],
        [NSArray arrayWithObjects:@"(2, 0)"], @"(2, 1)",@"(2,2)", nil],
        nil];
      for(int i=0; i<3; i++)
      {
        NSArray *getArray=[[NSArray alloc]initWithArray:[muArray objectAtIndex:i]];
```

```
            for(int j=0;j<3;j++)
            {
              NSLog(@"%@",[getArray objectAtIndex:1]);
            }
        }
        return 0;
    }
```

Note

输出结果：

```
(0,0)
(0,1)
(0,2)
(1,0)
(1,1)
(1,2)
(2,0)
(2,1)
(2,2)
```

那么创建三维数组，又该如何编码呢？如下所示即为创建一个三维数组的一般格式：

```
NSArray *数组名称 =[ [NSArray alloc] arrayWithObjects:
[[NSArray alloc] arrayWithObjects:
[NSArray arrayWithObjects:对象值 11, …,对象值 1n, nil],
    …
   [NSArray arrayWithObjects:对象值 n1, …,对象值 nn, nil],
  nil]],
  …
 [[NSArray alloc] arrayWithObjects:
 [NSArray arrayWithObjects:对象值 11, …,对象值 1m, nil],
    …
   [NSArray arrayWithObjects:对象值 m1, …,对象值 mm, nil],
  nil]],
 nil];
```

【示例 3】下面是一个三维数组应用的示例。

```
NSArray* muArray = [NSArray arrayWithObjects:
            [NSArray arrayWithObjects:
                  [NSArray arrayWithObjects:@"(0, 0)",@"(0,1)",@"(0,2)",nil],
                  [NSArray arrayWithObjects:@"(1, 0)",@"(1,1)",@"(1,2)",nil],
                  nil],
            [NSArray arrayWithObjects:
                  [NSArray arrayWithObjects:@"(2, 0)",@"(2,1)",@"(2,2)",nil],
                  [NSArray arrayWithObjects:@"(3, 0)",@"(3,1)",@"(3,2)",nil],
                  nil],
    nil];
```

如何实现对上面三维数组的调用？实际上，调用三维数组或其他多维数组，与二维数组的调用方式没有什么区别。

【示例 4】下面就是一个三维数组的创建及调用的完整示例。

Note

```
NSArray* array = [NSArray arrayWithObjects:
        [NSArray arrayWithObjects:
         [NSArray arrayWithObjects:@"(0, 0)",@"(0,1)",@"(0,2)",nil],
         [NSArray arrayWithObjects:@"(1, 0)",@"(1,1)",@"(1,2)",nil],
         nil],
        [NSArray arrayWithObjects:
         [NSArray arrayWithObjects:@"(2, 0)",@"(2,1)",@"(2,2)",nil],
         [NSArray arrayWithObjects:@"(3, 0)",@"(3,1)",@"(3,2)",nil],
         nil],
        nil];
for(int i=0;i<2;i++)
{
 for(int j=0;j<2;j++)
 {
        for(int m=0;m<3;m++)
                NSLog(@"%@",[[[array    objectAtIndex:i] objectAtIndex:j] objectAtIndex:m] );
 }

}
```

输出结果：

```
(0,0)
(0,1)
(0,2)
(1,0)
(1,1)
(1,2)
(2,0)
(2,1)
(2,2)
(3,0)
(3,1)
(3,2)
```

对于三维数组、四维数组等，参考上面的方式，采取数组嵌套数组的方式就可以实现，这里不再做介绍。

对于使用 NSMutableArray 创建多维数组更简单，可以把插入数组的对象看成数组的元素，对对象的扩展相对容易得多。

【示例 5】下面通过示例来介绍使用 NSMutableArray 多维数组的方法。

```
NSMutableArray *muArrayList=[[NSMutableArray alloc] init];
NSMutableArray    *student1=[[NSMutableArray alloc] init];
[student1 addObject:@"刘东海"];
[student1 addObject:@"26 岁"];
NSMutableArray    *student2=[[NSMutableArray alloc] init];
[student2 addObject:@"沐浴神"];
[student2 addObject:@"24 岁"];
[muArrayList addObject: student1];
[muArrayList addObject: student2];
NSLog(@"%@",muArrayList);
```

8.6.4 案例：操作数组

NSArray 分别提供了类方法和实例方法来创建 NSArray，两种创建方式需要传入的参数基本相似，只是类方法以 array 开始，而实例方法则以 init 开始。

参考 NSArray 类的文档，可以看到 NSArray 集合的方法大致包含如下几类：

☑ 查询集合元素在 NSArray 中的索引。

☑ 根据索引值取出 NSArray 集合中的元素。

☑ 对集合元素整体调用方法。

☑ 对 NSArray 集合进行排序。

☑ 取出 NSArray 集合中部分集合组成新集合。

【示例】所有 NSArray 的实现类都可以调用这些方法来操作集合元素，下列程序演示了 NSArray 集合的常规用法。

```
#import <Foundation/Foundation.h>
int main(int argc, char * argv[])
{
 @autoreleasepool{
        NSArray* array = [NSArray arrayWithObjects:
              @"iOS", @"Android", @"Ajax", @"XML", @"Struts", nil];
        NSLog(@"第一个元素：%@", [array objectAtIndex:0]);
        NSLog(@"索引为 1 的元素：%@", [array objectAtIndex:1]);
        NSLog(@"最后一个元素：%@", [array lastObject]);
        //获取索引从 2～5 的元素组成的新集合
        NSArray* arr1 = [array objectsAtIndexes: [NSIndexSet
              indexSetWithIndexesInRange:NSMakeRange(2, 3)]];
        NSLog(@"%@", arr1);
        //获取元素在集合中的位置
        NSLog(@"Android 的位置为：%ld",
              [array indexOfObject:@"Android"]);
        //获取元素在集合的指定范围中的位置
        NSLog(@"在 2～5 范围内 Android 的位置为：%ld",
              [array indexOfObject:@"Android"
              inRange:NSMakeRange(2, 3)]);    // ①
        //向数组的最后追加一个元素
        //原 NSArray 本身并没有改变，只是将新返回的 NSArray 赋给 array
        array = [array arrayByAddingObject:@"孙悟空"];
        //向 array 数组的最后追加另一个数组的所有元素
        //原 NSArray 本身并没有改变，只是将新返回的 NSArray 赋给 array
        array = [array arrayByAddingObjectsFromArray:
              [NSArray arrayWithObjects:@"宝玉", @"黛玉", nil]];
        for (int i = 0; i < array.count; i++)
        {
              //NSLog(@"%@", [array objectAtIndex:i]);
              //上面的代码也可简写为如下代码
              NSLog(@"%@", array[i]);

        }
```

```
        //获取 array 数组中索引为 5～8 处的所有元素
        NSArray* arr2 = [array subarrayWithRange: NSMakeRange(5, 3)];
        //将 NSArray 集合的元素写入文件
        [arr2 writeToFile:@"myFile.txt" atomically:YES];
    }
}
```

Note

上面的程序创建了一个 NSArray 对象。创建 NSArray 对象时可直接传入多个元素，其中最后一个 nil 表示 NSArray 元素结束，其实这个 nil 元素并不会存入 NSArray 集合中。

8.6.5 案例：操作元素

NSArray 允许对集合中所有的元素或部分元素整体调用方法，如果只是简单地调用集合元素的方法，可通过 NSArray 的如下两种方法实现。

☑ makeObjectsPerformSelector:：依次调用 NSArray 集合中每个元素的指定方法，该方法需要传入一个 SEL 参数，用于指定调用哪种方法。

☑ makeObjectsPerformSelector:withObject:：依次调用 NSArray 集合中每个元素的指定方法，该方法第一个 SEL 参数用于指定调用哪个方法，第二个参数用于调用集合元素的方法时传入参数，第三个参数用于控制是否中止迭代，如果在处理某个元素后，将第三个元素赋为 YES，该方法就会中止迭代调用。

如果希望对集合中的所有元素进行隐式遍历，并使用集合元素来执行某一段代码，则可通过 NSArray 的如下方法来完成。

☑ enumerateObjectsUsingBlock:：遍历集合中的所有元素，并依次使用元素来执行指定的代码块。

☑ enumerateObjectsWithOptions:usingBlock:：遍历集合中的所有元素，并依次使用元素来执行指定的代码块。该方法可以额外传入一个参数，用于控制遍历的选项，如反向遍历。

☑ enumerateObjectsAtIndexes:options:usingBlock:：遍历集合中指定范围内的元素，并依次使用元素来执行指定的代码块。该方法可传入一个选项参数，用于控制遍历的选项，如反向遍历。

上面 3 个方法都需要传入一个代码块参数，该代码块必须带 3 个参数，前一个参数代表正在遍历的集合元素，第二个参数代表正在遍历的集合元素的索引。

【示例】下面的程序演示了如何对集合元素整体调用方法，代码如下。

☑ 头部文件（User.h）。

```
#import <Foundation/Foundation.h>

@interface User: NSObject
@property (nonatomic, copy) NSString* name;
@property (nonatomic, copy) NSString* pass;
- (id) initWithName:(NSString*) aName
 pass:(NSString*) aPass;
- (void) say:(NSString*) content;
@end
```

☑ 实现部分（User.m）。

```
#import <Foundation/Foundation.h>
#import "User.h"
```

```
int main(int argc, char * argv[])
{
 @autoreleasepool{
        //初始化 NSArray 对象
        NSArray* array = [NSArray arrayWithObjects:
               [[User alloc] initWithName:@"sun" pass:@"123"],
               [[User alloc] initWithName:@"bai" pass:@"345"],
               [[User alloc] initWithName:@"zhu" pass:@"654"],
               [[User alloc] initWithName:@"tang" pass:@"178"],
               [[User alloc] initWithName:@"niu" pass:@"155"],
               nil];
        //对集合元素整体调用方法
        [array makeObjectsPerformSelector:@selector(say:)
               withObject:@"下午好，NSArray 真强大!"];
        NSString* content = @"iOS";
        //迭代集合内指定范围内的元素，并使用该元素执行代码块
        [array enumerateObjectsAtIndexes:
               [NSIndexSet indexSetWithIndexesInRange:NSMakeRange(2,2)]
               options:NSEnumerationReverse
               //代码块的第一个参数代表正在遍历的集合元素
               //代码块的第二个参数代表正在遍历的集合元素的索引
               usingBlock: ^(id obj, NSUInteger idx, BOOL *stop)
               {
                      NSLog(@"正在处理第%ld 个元素：%@", idx, obj);
                      [obj say:content];
               }];
 }
}
```

上面的程序中第一行代码直接调用 NSArray 的 makeObjectsPerformSelector:方法调用所有集合元素的 say:方法，并通过 withObject 为 say:方法传入参数。

第二段代码略微复杂一些，调用了 NSArray 的 enumerateObjectsAtIndexes:options:usingBlock:方法，这个方法用于遍历 NSArray 集合中指定索引范围的元素，并用这些元素来执行指定的代码块，传入的代码块参数就代表程序对每个集合元素迭代执行的代码体。

8.6.6 案例：数组排序

NSArray 提供了大量的方法对集合元素进行排序，这些排序方法都以 sort 开头，最常用的排序方法如下。

- ☑ sortedArrayUsingFunction:context:：该方法使用排序函数对集合元素进行排序，该排序函数必须返回 NSOrderedDescending、NSOrderedAscending、NSOrderedSame 这些枚举值，用于代表集合元素的大小。该方法返回一个排好序的新 NSArray 对象。
- ☑ sortedArrayUsingSelector:：该方法使用集合元素自身的方法对集合元素进行排序，必须返回 NSOrderedDescending、NSOrderedAscending、NSOrderedSame 这些枚举值，用于代表集合元素的大小。该方法返回一个排好序的新 NSArray 对象。
- ☑ sortedArrayUsingComparator:：该方法使用代码块对集合元素进行排序，该代码块必须返回 NSOrderedDescending、NSOrderedAscending、NSOrderedSame 这些枚举值，用于代表集合元

素的大小。该方法返回一个排好序的新 NSArray 对象。

【示例】下面的程序演示对 NSArray 集合元素进行排序。

```
#import <Foundation/Foundation.h>
//定义比较函数，根据两个对象的 intValue 进行比较
NSInteger intSort(id num1, id num2, void *context)
{
 int v1 = [num1 intValue];
 int v2 = [num2 intValue];
 if (v1 < v2)
        return NSOrderedAscending;
 else if (v1 > v2)
        return NSOrderedDescending;
 else
        return NSOrderedSame;
}
int main(int argc, char * argv[])
{
 @autoreleasepool{
        //初始化一个元素为 NSString 的 NSArray 对象
        NSArray* array1 = [NSArray arrayWithObjects:
              @"Objective-C", @"C", @"C++", @"Ruby", @"Perl", @"Python", nil];
        //使用集合元素的 compare:方法执行排序
        array1 = [array1 sortedArrayUsingSelector:
              @selector(compare:)];
        NSLog(@"%@", array1);
        //初始化一个元素为 NSNumber 的 NSArray 对象
        NSArray* array2 = [NSArray arrayWithObjects:
              [NSNumber numberWithInt:20],
              [NSNumber numberWithInt:12],
              [NSNumber numberWithInt:-8],
              [NSNumber numberWithInt:50],
              [NSNumber numberWithInt:19], nil];
        //使用 intSort 函数执行排序
        array2 = [array2 sortedArrayUsingFunction:intSort
              context:nil];
        NSLog(@"%@", array2);
        //使用代码块对集合元素进行排序
        NSArray* array3 = [array2 sortedArrayUsingComparator:
              ^(id obj1, id obj2)
        {
              //该代码块就是根据集合元素的 intValue 进行比较
              if ([obj1 intValue] > [obj2 intValue])
              {
                     return NSOrderedDescending;
              }
              if ([obj1 intValue] < [obj2 intValue])
              {
                     return NSOrderedAscending;
              }
              return NSOrderedSame;
```

```
        }];
        NSLog(@"%@", array3);
    }
}
```

Note

上面的程序中分别演示了对 NSArray 进行排序的 3 种方法，其中第一种方式使用 NSString 自身的 compare:方法进行排序。这是因为 NSString 自身已经实现了 compare:方法，这意味着 NSString 对象本身就可以比较大小，NSString 比较大小的方法是根据字符对应的编码来进行的。

后两种方式通过调用函数或代码块来比较大小，代码块相当于一个匿名函数，因此后面两种方式的本质是一样的，都可通过自定义的比较规则来比较集合元素的大小——不管集合元素本身是否可比较大小，只要程序通过比较函数或代码块定义自己的比较规则即可。

8.6.7　案例：遍历数组

对于 NSArray 对象，除了可根据集合元素的索引来遍历集合元素之外，还可以调用 NSArray 对象的如下两个方法来返回枚举器。

☑　objectEnumerator：返回 NSArray 集合的顺序枚举器。

☑　reverseObjectEnumerator：返回 NSArray 集合的逆序枚举器。

上面两个方法都返回一个 NSEnumerator 枚举器，该枚举器只包含如下两个方法。

☑　allObjects：获取被枚举集合中的所有元素。

☑　nextObject：获取被枚举集合中的下一个元素。

【示例】借助 nextObject 方法即可对集合元素进行枚举，程序可采用循环不断获取 nextObject 方法的返回值，直到该方法的返回值为 nil 时结束循环。使用 NSEnumcrator 遍历集合元素的案例程序如下。

```
#import <Foundation/Foundation.h>
int main(int argc, char * argv[])
{
 @autoreleasepool{
        //初始化 NSMutableArray 集合
        NSMutableArray* array = [NSMutableArray arrayWithObjects: @"Objective-C" , @"C" , @"C++",
@"Ruby" , @"Perl" , @"Python" , nil];
        //获取 NSArray 的顺序枚举器
        NSEnumerator* en = [array objectEnumerator];
        id object;
        while(object = [en nextObject])
        {
            NSLog(@"%@", object);
        }
        NSLog(@"------下面逆序遍历------");
        //获取 NSArray 的逆序枚举器
        en = [array reverseObjectEnumerator];
        while(object = [en nextObject])
        {
            NSLog(@"%@", object);
        }
  }
}
```

8.6.8 案例：快速枚举

Objective-C 提供了一种快速枚举的方法来遍历集合（包括 NSArray、NSSet、NSDictionary 等集合），使用快速枚举遍历集合元素时，无须获得集合的长度，也无须根据索引来访问集合元素，即可快速枚举自动遍历集合的每个元素。快速枚举的语法格式如下：

```
for(type variableName in collection)
{
    //variableName 自动迭代访问每个元素
}
```

在上面的语法格式中，type 是集合元素的类型，variableName 是一个形参名，快速枚举会自动将集合元素依次赋给该变量。

【示例】本示例演示了如何使用快速枚举来遍历 NSArray 集合的元素。

```
#import <Foundation/Foundation.h>
int main(int argc, char * argv[])
{
 @autoreleasepool{
        //初始化 NSMutableArray 集合
        NSMutableArray* array = [NSMutableArray arrayWithObjects: @"Objective-C" , @"C" , @"C++",
@"Ruby" , @"Perl" , @"Python" , nil];
        for(id object in array)
        {
              NSLog(@"%@", object);
        }
 }
}
```

快速枚举本质是一个 foreach 循环，foreach 循环和普通循环不同的是无须循环条件，也无须循环迭代语句，这些部分都由系统来完成，foreach 循环自动迭代数组的每个元素，当每个元素都被迭代一次后，foreach 循环自动结束。

8.6.9 案例：可变数组

NSArray 代表集合元素不可变的集合，一旦 NSArray 创建成功，程序不能向集合中添加新的元素，不能删除集合中已有的元素，也不能替换集合元素。

NSArray 有一个子类 NSMutableArray，因此可作为 NSArray 使用。与此同时，它代表的是一个集合元素可变的集合，因此，程序可以向集合中添加新的元素和删除集合中已有的元素，也可以替换集合元素。

NSMutableArray 主要新增如下方法。

- ☑ 添加集合元素的方法：这类方法以 add 开头。
- ☑ 删除集合元素的方法：这类方法以 remove 开头。
- ☑ 替换集合元素的方法：这类方法以 replace 开头。
- ☑ 对集合本身排序的方法：这类方法以 sort 开头。

【示例】本示例演示了如何改变 NSMutableArray 集合中的元素。

```
#import <Foundation/Foundation.h>
//定义一个函数，该函数用于把 NSArray 集合转换为字符串
NSString* NSCollectionToString(NSArray* array)
{
 NSMutableString* result = [NSMutableString stringWithString:@"["];
 for(id obj in array)
 {
        [result appendString:[obj description]];
        [result appendString:@", "];
 }
 //获取字符串长度
 NSUInteger len = [result length];
 //去掉字符串最后的两个字符
 [result deleteCharactersInRange:NSMakeRange(len - 2, 2)];
 [result appendString:@"]"];
 return result;
}
int main(int argc, char * argv[])
{
 @autoreleasepool{
        //初始化 NSMutableArray 集合
        NSMutableArray* array = [NSMutableArray arrayWithObjects: @"Objective-C" , @"C" , @"C++",
@"Ruby" , @"Perl" , @"Python" , nil];
        //向集合最后添加一个元素
        [array addObject:@"iOS"];
        NSLog(@"最后追加一个元素后：%@", NSCollectionToString(array));
        //使用 NSArray 向集合尾部添加多个元素
        [array addObjectsFromArray: [NSArray arrayWithObjects:@"JavaScript", @"jQuery",nil]];
        NSLog(@"最后追加两个元素后：%@", NSCollectionToString(array));
        //向集合的指定位置插入一个元素
        [array insertObject:@"Ajax" atIndex:2];
        NSLog(@"在索引为 2 处插入一个元素后：%@", NSCollectionToString(array));
        //使用 NSArray 向集合指定位置插入多个元素
        [array insertObjects: [NSArray
               arrayWithObjects:@"NET", @"C#",nil]
               atIndexes:[NSIndexSet indexSetWithIndexesInRange
              :NSMakeRange(3,2)]];
        NSLog(@"插入多个元素后：%@", NSCollectionToString(array));
        //删除集合最后一个元素
        [array removeLastObject];
        NSLog(@"删除最后一个元素后：%@", NSCollectionToString(array));
        //删除集合中指定索引处的元素
        [array removeObjectAtIndex:5];
        NSLog(@"删除索引为 5 处的元素后：%@", NSCollectionToString(array));
        //删除 2～5 处元素
        [array removeObjectsInRange:NSMakeRange(2, 3)];
        NSLog(@"删除索引为 2～5 处的元素后：%@", NSCollectionToString(array));
```

```
        //替换索引为 2 处的元素
        [array replaceObjectAtIndex:2 withObject:@"Android"];
        NSLog(@"替换索引为 2 处的元素后：%@", NSCollectionToString(array));
    }
}
```

Note

上面的程序先定义了一个 NSCollectionToString()函数，该函数可以把 NSArray 集合转换为字符串，这样方便调试时看到 NSArray 集合中的元素，然后分别调用了 NSMutableArray 的 addXxx、removeXxx、replaceXxx 方法向集合中添加元素、删除元素、替换元素。

8.7 字典类型

在 Objective-C 中，字典的功能与 Java 中的字典功能类似，提供了"键-值"对集合。字典（Dictionary）类型分不可变字典和可变字典两个类型。下面将分别介绍这两种类型数组的不同用法。

8.7.1 不可变字典类 NSDictionary

NSDictionary 和 NSArray 一样是不可变的对象。NSDictionary 用来实现字典集合，在给定关键字（通常是一个 NSString 字符串）下存储一个数值（可以是任何类型的对象）。

1. 不可变字典的创建

【用法】

```
+ (id)dictionaryWithObjectsAndKeys:obj1,key1,obj2,key2,...nil
- (id)initWithObjectsAndKeys::obj1,key1,obj2,key2,...nil
```

【示例】

```
NSDictionary *dictionary = [[NSDictionary alloc]
initWithObjectsAndKeys:@"One",@"1",@"Two",@"2",@"Three",@"3",nil];
```

【说明】注意结尾一定是 nil，这表示初始化的结束。

2. 不可变字典的查询

【用法】

```
- (id)objectForKey:key
```

【示例】

```
NSDictionary *dict = [NSDictionary dictionaryWithObjectsAndKeys:
@"just",@"firstname", @"code",@"lastname",
@"xcode@apple.com",@"email", nil];
NSString* firstName = [dict objectForKey:@"firstname"];
```

【说明】字典里面的键的编号是唯一的。

表 8.7 总结出了 NSDictionary 的常用方法，并且对这些方法做了一些简单的说明。

表 8.7 NSDictionary 常用方法

方　　法	说　　明
+ (id)dictionaryWithObjectsAndKeys:obj1,key1,obj2,key2,...nil	顺序添加对象和键值来创建一个字典，注意结尾是 nil
- (id)initWithObjectsAndKeys::obj1,key1,obj2,key2,...nil	初始化一个新分配的字典，顺序添加对象和值，结尾是 nil
- (unsigned int)count	返回字典中的记录数
- (NSEnumerator*)keyNSEnumerator	返回字典中的所有键到一个 NSEnumerator 对象
- (NSArray*)keysSortedByValueUsingSelector:(SEL)selector	将字典中所有键按照 selector 指定的方法进行排序，并将结果返回
- (NSEnumerator*)objectEnumerator	返回字典中所有的值到一个 NSEnumetator 类型对象
- (id)objectForKey:key	返回指定 key 值的对象

8.7.2 可变字典类 NSMutableDictionary

NSMutableDictionary 是可变对象，可以进行添加和删除操作。可以使用 dictionaryWithCapacity:（这里的容量也只是个参考值，表示对大小的限制）或 dictionary 来创建可变字典。

1. 可变字典的创建

【用法】

```
+ (id)dictionaryWithCapacity:size
- (id)initWithCapacity:size
```

【示例】

```
NSMutableDictionary *dictionary = [NSMutableDictionary dictionary];
```

【说明】说明实例的方法相当于：

```
NSMutableDictionary *dict = [[NSMutableDictionary alloc] init];
```

2. 可变字典的添加

【用法】

```
- (void)setObject:obj forKey:key
```

【示例】

```
NSMutableDictionary *dict = [[NSMutableDictionary alloc] init];
[dictionary setObject:@"One" forKey:@"1"];
[dictionary setObject:@"Two" forKey:@"2"];
[dictionary setObject:@"Three" forKey:@"3"];
```

【说明】在添加时一定要注意键是不可重复的。

3. 可变字典的删除

【用法】

```
- (void)removeAllObjects
```

```
- (void)removeObjectForKey:key
```

【示例】

```
//删除指定的字典
[dictionary removeObjectForKey:@"3"];
```

Note

【说明】根据键值去删除字典。

表 8.8 总结出了 NSMutableDictionary 常用方法，并且对这些方法做了一些简单的说明。

表 8.8　NSMutableDictionary 常用方法

方　　法	说　　明
+ (id)dictionaryWithObjectsAndKeys:obj1,key1,obj2,key2,...nil	顺序添加对象和键值来创建一个字典，注意结尾是 nil
- (id)initWithObjectsAndKeys::obj1,key1,obj2,key2,...nil	初始化一个新分配的字典，顺序添加对象和值，结尾是 nil
- (unsigned int)count	返回字典中的记录数
- (NSEnumerator*)keyNSEnumerator	返回字典中的所有键到一个 NSEnumerator 对象
- (NSArray*)keysSortedByValueUsingSelector:(SEL)selector	将字典中所有键按照 selector 指定的方法进行排序，并将结果返回
- (NSEnumerator*)objectEnumerator	返回字典中所有的值到一个 NSEnumerator 类型对象
- (id)objectForKey:key	返回指定 key 值的对象

8.7.3　案例：使用字典

NSDictionary 集合由多组 key-value 对组成，因此创建 NSDictionary 时需要同时指定多组 key、value 对。NSDictionary 分别提供了类方法和实例方法来创建 NSDictionary，两种创建方式需要传入的参数基本相似，只是类方法以 dictionary 开始，而实例方法则以 init 开头。

【示例 1】下面的程序为了能直接显示 NSDictionary 中包含的 key-value 对的详情，先为 NSDictionary 扩展了一个 print 类别，在该类别中为 NSDictionary 扩展了一个 print 方法，用于打印 NSDictionary 中 key-value 对的详情。

该类别的接口部分代码如下（NSDictionary+print.h）：

```
#import <Foundation/Foundation.h>
@interface NSDictionary (print)
- (void) print;
@end
```

该类别的实现部分为 print 方法提供实现，NSDictionary 的 print 类别的实现部分代码如下（NSDictionary+print.m）。

```
#import "NSDictionary+print.h"
@implementation NSDictionary (print)
- (void) print
{
 NSMutableString* result = [NSMutableString
 stringWithString:@"{"];
```

```
    //使用快速枚举语法来遍历 NSDictionary
    //循环计数器将依次等于该 NSDictionary 的每个 key
    for(id key in self)
    {
        [result appendString:[key description]];
        [result appendString:@"="];
        //使用下标访问法根据 key 来获取对应的 value
        [result appendString: [self[key]description]];
        [result appendString:@", "];
    }
    //获取字符串长度
    NSUInteger len = [result length];
    //去掉字符串最后的两个字符
    [result deleteCharactersInRange:NSMakeRange(len - 2, 2)];
    [result appendString:@"}"];
    NSLog(@"%@", result);
}
@end
```

上面的程序演示了 NSDictionary 的两个基本用法，程序可使用快速枚举来遍历 NSDictionary 的所有 key。除此之外，程序也可根据 key 来获取 NSDictionary 中对应的 value。

通过 key 来获取 value 的两种语法。

☑ 调用 NSDictionary 的 objectForKey:方法即可根据 key 来获取对应的 value。

```
[dictionary objectForKey:key];
```

☑ 直接使用下标法根据 key 来获取对应的 value。

```
dictionary[key];
```

很明显，后一种表示方法更加简单、易用，但该用法只能在 iOS 5.0 以上的系统使用。

【示例 2】下面的程序演示了 NSDictionary 的功能与用法。

```
#import <Foundation/Foundation.h>
#import "NSDictionary+print.h"
#import "User.h"
int main(int argc, char * argv[])
{
 @autoreleasepool{
     //直接使用多个 value,key 的形式创建 NSDictionary 对象
     NSDictionary* dict = [NSDictionary
         dictionaryWithObjectsAndKeys:
         [[User alloc] initWithName:@"sun"
             pass:@"123"], @"one",
         [[User alloc] initWithName:@"bai"
             pass:@"345"], @"two",
         [[User alloc] initWithName:@"sun"
             pass:@"123"], @"three",
         [[User alloc] initWithName:@"tang"
             pass:@"178"], @"four",
         [[User alloc] initWithName:@"niu"
             pass:@"155"], @"five", nil];
```

Note

```
        [dict print];
        NSLog(@"dict 包含%ld 个 key-value 对", [dict count]);
        NSLog(@"dict 的所有 key 为：%@", [dict allKeys]);
        NSLog(@"<User[name=sun,pass=123]>对应的所有 key 为：%@", [dict allKeysForObject:
                [[User alloc] initWithName:@"sun"
                 pass:@"123"]]);
        //获取遍历 dict 所有 value 的枚举器
        NSEnumerator* en = [dict objectEnumerator];
        NSObject* value;
        //使用枚举器遍历 dict 中所有 value
        while(value = [en nextObject])
        {
            NSLog(@"%@", value);
        }
        //使用指定代码块来迭代执行该集合中所有 key-value 对
        [dict enumerateKeysAndObjectsUsingBlock:
            //该集合包含多少个 key-value 对，下面代码块就执行多少次
            ^(id key, id value, BOOL *stop)
            {
                NSLog(@"key 的值为：%@", key);
                [value say:@"iOS"];
            }];
    }
}
```

上面的代码就是依次调用 NSDictionary 的方法访问 key-value 对的关键代码，包括获取 NSDictionary 的 key-value 对的数量，以及所有 key 和遍历它的所有 value 的枚举器等。最后，使用 enumerateKeysAndObjectsUsingBlock:方法对 NSDictionary 的所有 key-value 对迭代执行指定的代码块。

其中，User.h 头部文件代码如下：

```
#import <Foundation/Foundation.h>
@interface User: NSObject
@property (nonatomic, copy) NSString* name;
@property (nonatomic, copy) NSString* pass;
- (id) initWithName:(NSString*) aName pass:(NSString*) aPass;
- (void) say:(NSString*) content;
@end
```

8.7.4 案例：字典排序

NSDictionary 提供了方法对 NSDictionary 的所有 key 执行排序，这些方法执行完成后将返回排序完成后的所有 key 组成的 NSArray。NSDictionary 提供的排序方法如下。

☑ keysSortedByValueUsingSelector:：根据 NSDictionary 的所有 value 的指定方法的返回值对 key 排序，调用 value 的该方法必须返回 NSOrderedAscending、NSOrderedDescending 和 NSOrderedSame 这 3 个值之一。

☑ keysSortedByValueUsingComparator:：该方法使用指定的代码块来遍历 key-value 对，并根据执行结果对 NSDictionary 的所有 key 进行排序。

☑ keysSortedByValueWithOptions:usingComparator:：与前一个方法的功能相似，只是该方法可以传入一个额外的 NSEnumerationOptions 参数。

【示例】下面的程序演示分别使用两种方法对 NSDictionary 的 key 进行排序。

```
#import <Foundation/Foundation.h>
#import "NSDictionary+print.h"
int main(int argc, char * argv[])
{
 @autoreleasepool{
      //直接使用多个 value,key 的形式创建 NSDictionary 对象
      NSDictionary* dict = [NSDictionary
           dictionaryWithObjectsAndKeys:
           @"Objective-C", @"one",
           @"Ruby", @"two",
           @"Python", @"three",
           @"Perl", @"four", nil];
      //打印 dict 集合的所有元素
      [dict print];
      //获取所有直接调用 value 的 compare:方法对所有 key 进行排序
      //返回排好序的所有 key 组成的 NSArray
      NSArray* keyArr1 = [dict keysSortedByValueUsingSelector:@selector(compare:)];
      NSLog(@"%@", keyArr1);
      NSArray* keyArr2 = [dict keysSortedByValueUsingComparator:
           //对 NSDictionary 的 value 进行比较，字符串越长，该 value 越大
           ^(id value1, id value2)
           {
                //下面定义比较大小的标准：字符串越长，即可认为 value 越大
                if([value1 length] > [value2 length])
                {
                     return NSOrderedDescending;
                }
                if([value1 length] < [value2 length])
                {
                     return NSOrderedAscending;
                }
                return NSOrderedSame;
           }];
      NSLog(@"%@", keyArr2);
      //将 NSDictionary 的内容输出到指定文件中
      [dict writeToFile:@"mydict.txt" atomically:YES];
 }
}
```

上面的程序代码中分别使用两种方式对 NSDictionary 的所有 key 进行排序，其中，第一种方式直接调用所有 value 的 compare:方法进行排序：字符串比较大小直接根据字符对应的编码进行。对于程序中的 4 个 value，其大小依次是 Objective-C、Perl、Python 和 Ruby。

第二段代码则调用代码块对 NSDictionary 的所有 value 比较大小，代码块中的比较规则是：value 对应的字符串越长，系统就认为该 value 越大。按照这种规则，上面 4 个 value 的大小依次是 Ruby、Perl、Python 和 Objective-C。

程序的最后一行将 NSDictionary 的内容写入 myDict.txt 文件，该文件将会保存该 NSDictionary 中包含的所有 key-value 对，代码如下：

```
<?xml version="1.0" encoding="UTF-8"?>
<plist version="1.0">
<dict>
 <key>four</key>
 <string>Perl</string>
 <key>one</key>
 <string>Objective-C</string>
 <key>three</key>
 <string>Python</string>
 <key>two</key>
 <string>Ruby</string>
</dict>
</plist>
```

8.7.5 案例：字典过滤

NSDictionary 提供了方法对 NSDictionary 的所有 key 进行过滤，这些方法执行完成后返回满足过滤条件的 key 组成的 NSSet。NSDictionary 提供了如下过滤方法。

- ☑ keysOfEntriesPassingTest:：使用代码块迭代处理 NSDictionary 的每个 key-value 对。对 NSDictionary 的 key-value 进行过滤，该代码块必须返回 BOOL 类型的值，只有当该代码块返回 YES 时，该 key 才会被保留下来。该代码块可以接受 3 个参数，第一个参数代表正在迭代处理的 key，第二个参数代表正在迭代处理的 value，第三个参数代表是否还需要继续迭代，如果将第三个参数设为 NO，该方法就会立即停止迭代。
- ☑ keysOfEntriesWithOptions:passingTest:：该方法的功能与前一个方法的功能基本相同。只是该方法可以额外传入一个附加的 NSEnumerationOptions 选项参数。

【示例】以下程序示范了如何对 NSDictionary 进行过滤。

```
#import <Foundation/Foundation.h>
#import "NSDictionary+print.h"
int main(int argc, char * argv[])
{
 @autoreleasepool{
        //直接使用多个 value,key 的形式创建 NSDictionary 对象
        NSDictionary* dict = [NSDictionary
                dictionaryWithObjectsAndKeys:
                [NSNumber numberWithInt:89], @"Objective-C",
                [NSNumber numberWithInt:69], @"Ruby",
                [NSNumber numberWithInt:75], @"Python",
                [NSNumber numberWithInt:109], @"Perl", nil];
        //打印 dict 集合的所有元素
        [dict print];
        //对 NSDictionary 的所有 key 进行过滤
        NSSet* keySet = [dict keysOfEntriesPassingTest:
                //对 NSDictionary 的 value 进行比较，字符串越长，该 value 越大
                ^(id key, id value, BOOL* stop)
```

```
        {
            //当 value 的值大于 80 时返回 YES
            //这意味着只有 value 的值大于 80 的 key 才会被保存下来
            return (BOOL)([value intValue] > 80);
        }];
    NSLog(@"%@", keySet);
  }
}
```

上面的程序使用代码块对 NSDictionary 的 key-value 对进行迭代处理，代码块的判断标准是，只有当 value 的值大于 80 时才会返回 YES，这表明只有当 value 的值大于 80 时才会保留对应的 key。

8.7.6　案例：使用可变字典

NSMutableDictionary 继承了 NSDictionary，代表一个 key-value 可变的 NSDictionary 集合。由于 NSMutableDictionary 可以动态添加 key-value 对，因此创建 NSMutableDictionary 集合时可指定初始容量。类似于 NSMutableArray 与 NSArray 的关系，NSMutableDictionary 主要在 NSDictionary 基础上增加了添加 key-value 对、删除 key-value 对的方法。

【示例】下面的程序演示了如何使用方法来动态改变 NSMutableDictionary 中的 key-value 对，程序代码如下。

```
#import <Foundation/Foundation.h>
#import "NSDictionary+print.h"
int main(int argc, char * argv[])
{
 @autoreleasepool{
    //直接使用多个 value,key 的形式创建 NSDictionary 对象
    NSMutableDictionary* dict = [NSMutableDictionary
        dictionaryWithObjectsAndKeys:
        [NSNumber numberWithInt:89], @"Android", nil];
    //使用下标法设置 key-value 对
    //由于 NSDictionary 中已存在该 key，因此此处设置的 value 会覆盖前面的 value
    dict[@"Android"] = [NSNumber numberWithInt:99];
    [dict print];
    NSLog(@"--再次添加 key-value 对--");
    dict[@"XML"] = [NSNumber numberWithInt:69];
    [dict print];
    NSDictionary* dict2 = [NSDictionary
        dictionaryWithObjectsAndKeys:
        [NSNumber numberWithInt:79], @"Ajax",
        [NSNumber numberWithInt:89], @"Struts 2.x 权威指南", nil];
    //将另外一个 NSDictionary 中的 key-value 对添加到当前 NSDictionary 中
    [dict addEntriesFromDictionary:dict2];
    [dict print];
    //根据 key 删除 key-value 对
    [dict removeObjectForKey:@"Struts 2.x 权威指南"];
    [dict print];
 }
}
```

上面程序中的代码就是使用不同的方式为NSMutableDictionary动态增加、删除key-value的代码。

8.8 案例实战：集合类型

Objective-C 集合类是一种特别有用的工具类，可用于存储数量不等的多个对象，并可以实现常用的数据结构，如栈、队列等。除此之外，Objective-C 集合还可用于保存具有映射关系的关联数组。

Objective-C 的集合大致上可分为 NSArray、NSSet 和 NSDictionary 3 种体系，NSArray 代表有序、可重复的集合，NSSet 代表无序、不可重复的集合，NSDictionary 则代表具有映射关系的集合。

集合类主要负责保存其他数据，因此，集合类也被称为容器类。集合类和数组不一样，数组元素既可以是基本类型的值，也可以是对象；而集合里只能保存对象。

8.8.1 使用 NSSet

NSSet 是一个广泛使用的集合，具有很好的存取和查找性能。与 NSArray 相比，最大的区别是NSSet元素没有索引，因此不能根据索引来操作元素，NSArray所有有关索引的方法都不适用于NSSet。

但是，NSArray 与 NSSet 依然有大量的相似之处，NSSet 与 NSArray 在如下方面的调用机制都非常相似。

- ☑ 都可通过 count 方法获取集合元素的数量。
- ☑ 都可通过快速枚举来遍历集合元素。
- ☑ 通过 objectEnumerator 方法获取 NSEnumerator 枚举器对集合元素进行遍历。
- ☑ 都提供了 makeObjectsPerformSelector:、makeObjectsPerformSelector:withObject:方法对集合元素整体调用某个方法，以及 enumerateObjectsUsingBeock:、enumerateObjectsWithOptions: usingBlock 对集合整体或部分元素迭代执行代码块。
- ☑ 都提供了 valueForKey:和 setValue:forKey:方法对集合元素整体进行 KVC 编程。
- ☑ 都提供了集合的所有元素和部分元素进行 KVO 编程的方法。

NSSet 提供了类方法和实例方法来初始化 NSSet 集合，其中以 set 开头的方法是类方法，以 init 开头的方法是实例方法。

获取 NSSet 对象之后，就可以调用 NSSet 的方法访问集合元素、遍历集合元素和筛选集合元素，除了前面介绍的与 NSArray 相似的方法之外，NSSet 包含如下常用的方法。

- ☑ setByAddingObject:：向集合中添加一个新元素，返回添加元素后的新集合。
- ☑ setByAddingObjectsFromSet:：使用 NSSet 集合向集合中添加多个新元素，返回添加元素后的新集合。
- ☑ setByAddingObjectsFromArray:：使用 NSArray 集合向集合中添加多个新元素，返回添加元素后的新集合。
- ☑ allObjects：返回该集合中所有元素组成的 NSArray。
- ☑ anyObject：返回该集合中的某个元素。该方法返回的元素是不确定的，但该方法并不保证随机返回集合元素。
- ☑ containsObject:：判断集合是否包含指定元素。
- ☑ member:：判断该集合是否包含与该参数相等的元素，如果包含，返回相等的元素，否则返回 nil。

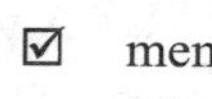

- ☑ objectsPassingTest:：需要传入一个代码块对集合元素进行过滤，满足该代码块条件的集合元素被保留下来并组成一个新的 NSSet 集合作为返回值。
- ☑ objectsWithOptions:passingTest:：与前一个方法的功能基本相似，只是可以额外地传入一个 NSEnumerationOptions 迭代选项参数。
- ☑ isSubsetOfSet:：判断当前 NSSet 集合是否为另一个集合的子集合。调用该方法需要传入另一个集合。
- ☑ intersectsSet:：判断两个集合的元素中是否有相同的元素，也就是计算两个集合是否有交集。
- ☑ isEqualToSet:：判断两个集合的元素是否相等。

【示例】下面的程序演示了 NSSet 集合的基本用法。

```
#import <Foundation/Foundation.h>
//定义一个函数，该函数可把 NSArray 或 NSSet 集合转换为字符串
NSString* NSCollectionToString(id collection)
{
 NSMutableString* result = [NSMutableString
        stringWithString:@"["];
 //使用快速枚举遍历 NSSet 集合
 for(id obj in collection)
 {
        [result appendString:[obj description]];
        [result appendString:@", "];
 }
 //获取字符串长度
 NSUInteger len = [result length];
 //去掉字符串最后的两个字符
 [result deleteCharactersInRange:NSMakeRange(len - 2, 2)];
 [result appendString:@"]"];
 return result;
}
int main(int argc, char * argv[])
{
 @autoreleasepool{
        //用 4 个元素初始化 NSSet 集合，故意传入两个相等的元素，NSSet 集合只会保留一个元素
        NSSet* set1 = [NSSet setWithObjects:
               @"iOS", @"Android",
               @"Ajax",@"iOS", nil];
        //程序输出 set1 集合中元素个数为 3
        NSLog(@"set1 集合中元素个数为%ld", [set1 count]);
        NSLog(@"s1 集合：%@", NSCollectionToString(set1));
        NSSet* set2 = [NSSet setWithObjects:
               @"HTML", @"CSS",
               @"JavaScript", nil];
        NSLog(@"s2 集合：%@", NSCollectionToString(set2));
        //向 set1 集合中添加单个元素，将添加元素后生成的新集合赋给 set1
        set1 = [set1 setByAddingObject:@"Struts 2.1 "];
        NSLog(@"添加一个元素后：%@", NSCollectionToString(set1));
        //使用 NSSet 集合向 set1 集合中添加多个元素，相当于计算两个集合的并集
        NSSet* s = [set1 setByAddingObjectsFromSet:set2];
        NSLog(@"set1 与 set2 的并集：%@", NSCollectionToString(s));
```

Note

```
        //计算两个 NSSet 集合是否有交集
        BOOL b = [set1 intersectsSet:set2];
        NSLog(@"set1 与 set2 是否有交集：%d", b);//将输出代表 YES 的 1
        //判断 set2 是否是 set1 的子集
        BOOL bo = [set2 isSubsetOfSet:set1];
        NSLog(@"set2 是否为 set1 的子集：%d", bo);//将输出代表 NO 的 0
        //判断 NSSet 集合是否包含指定元素
        BOOL bb = [set1 containsObject:@"Ajax"];
        NSLog(@"set1 是否包含\"Ajax\"：%d", bb);//将输出代表 YES 的 1
        //下面两行代码将取出相同的元素，但取出哪个元素是不确定的
        NSLog(@"set1 取出一个元素：%@", [set1 anyObject]);
        NSLog(@"set1 取出一个元素：%@", [set1 anyObject]);
        //使用代码块对集合元素进行过滤
        NSSet* filteredSet = [set1 objectsPassingTest:
            ^(id obj, BOOL *stop)
            {
                return (BOOL)([obj length] > 8);
            }];
        NSLog(@"set1 中元素的长度大于 8 的集合元素有：%@", NSCollectionToString(filteredSet));
    }
}
```

8.8.2 检测 NSSet 重复值

当向 NSSet 集合中存入一个元素时，NSSet 会调用该对象的 Hash 方法来得到该对象的 hashCode 值，然后根据该 hashCode 值决定该对象在底层 Hash 表中的存储位置，如果根据 hashCode 计算出该元素在底层 Hash 表中的存储位置不相同，那么系统自然将其存储在不同的位置。

如果两个元素的 hashCode 相同，就要通过 isEqual:方法判断两个元素是否相等，如果有两个元素通过 isEqual:方法比较返回 NO，NSSet 会把它们都存储在底层 Hash 表的同一个位置，只是将在这个位置形成链；如果通过 isEqual:比较返回 YES，那么 NSSet 认为两个元素相等，后面的元素添加失败。

【示例】下面的程序演示了 NSSet 如何判断两个元素相等，该程序将会向 NSSet 中添加 User 对象。因此，这里将前面的 User.h 和 User.m 程序复制到本节示例程序目录下。重写 User 的 isEqual:方法，判断标准是，只要两个 User 对象的 name、pass 相等，即可认为这两个 User 对象通过 isEqual:比较返回 YES。

User.h 头部代码如下：

```
#import <Foundation/Foundation.h>
@interface User: NSObject
@property (nonatomic, copy) NSString* name;
@property (nonatomic, copy) NSString* pass;
- (id) initWithName:(NSString*) aName pass:(NSString*) aPass;
- (void) say:(NSString*) content;
@end
```

User.m 实现代码如下：

```
#import "User.h"
@implementation User
```

```
@synthesize name;
@synthesize pass;
- (id) initWithName:(NSString*) aName
 pass:(NSString*) aPass
{
 if(self = [super init])
 {
        name = aName;
        pass = aPass;
 }
 return self;
}
- (void) say:(NSString*) content
{
 NSLog(@"%@说：%@",self.name, content);
}
//会重写 isEqual:方法，重写该方法的比较标准是，如果两个 User 的 name、pass 相等，即可认为两个 User
相等
- (BOOL) isEqual:(id)other
{
 if(self == other)
 {
        return YES;
 }
 if([other class] == User.class)
 {
        User* target = (User*)other;
        return [self.name isEqualToString:target.name]
               && [self.pass isEqualToString:target.pass];
 }
 return NO;
}
//重写 hash 方法，重写该方法的比较标准是，如果两个 User 的 name、pass 相等，两个 User 的 hash 方法返
回值相等
- (NSUInteger) hash
{
 NSLog(@"===hash===");
 NSUInteger nameHash = name == nil ? 0: [name hash];
 NSUInteger passHash = pass == nil ? 0: [pass hash];
 return nameHash * 31 + passHash;
}
//重写 description 方法，可以直接看到 User 对象的状态
- (NSString*) description
{
 return [NSString stringWithFormat:
        @"<User[name=%@, pass=%@]>", self.name, self.pass];
}
@end
```

然后，使用如下程序测试 NSSet 集合。

Note

```
#import <Foundation/Foundation.h>
#import "User.h"

//定义一个函数，该函数可把 NSArray 或 NSSet 集合转换为字符串
NSString* NSCollectionToString(id array)
{
 NSMutableString* result = [NSMutableString
        stringWithString:@"["];
 for(id obj in array)
 {
        [result appendString:[obj description]];
        [result appendString:@", "];
 }
 //获取字符串长度
 NSUInteger len = [result length];
 //去掉字符串最后的两个字符
 [result deleteCharactersInRange:NSMakeRange(len - 2, 2)];
 [result appendString:@"]"];
 return result;
}
int main(int argc, char * argv[])
{
 @autoreleasepool{
        NSSet* set = [NSSet setWithObjects:
                [[User alloc] initWithName:@"sun" pass:@"123"],
                [[User alloc] initWithName:@"bai" pass:@"345"],
                [[User alloc] initWithName:@"sun" pass:@"123"],
                [[User alloc] initWithName:@"tang" pass:@"178"],
                [[User alloc] initWithName:@"niu" pass:@"155"],
                nil];
        NSLog(@"set 集合元素的个数：%ld", [set count]);
        NSLog(@"%@", NSCollectionToString(set));
 }
}
```

8.8.3 可变集合

NSMutableSet 继承了 NSSet，代表一个集合元素可变的 NSSet 集合。由于 NSMutableSet 可以动态添加集合元素，因此，创建 NSSet 集合时可指定底层 Hash 表的初始容量。类似于 NSMutableArray 与 NSArray 的关系，NSMutableSet 主要在 NSSet 基础上增加了添加元素、删除元素的方法，并增加了对集合计算交集、并集、差集的方法。

- ☑ addObject:：向集合中添加单个元素。
- ☑ removeObject:：从集合中删除单个元素。
- ☑ removeAllObjects：删除集合中的所有元素。
- ☑ addObjectsFromArray:：使用 NSArray 数组作为参数，向 NSSet 集合中添加参数数组中的所有元素。
- ☑ unionSet:：计算两个 NSSet 集合的并集。

- ☑ minusSet:：计算两个 NSSet 集合的差集。
- ☑ intersectSet:：计算两个 NSSet 集合的交集。
- ☑ setSet:：用后一个集合的元素替换已有集合中所有的元素。

【示例】下面的程序演示了 NSMutableSet 集合的用法。

```
#import <Foundation/Foundation.h>
//定义一个函数，该函数可把 NSArray 或 NSSet 集合转换为字符串
NSString* NSCollectionToString(id collection)
{
 NSMutableString* result = [NSMutableString
        stringWithString:@"["];
 //使用快速枚举遍历 NSSet 集合
 for(id obj in collection)
 {
        [result appendString:[obj description]];
        [result appendString:@", "];
 }
 //获取字符串长度
 NSUInteger len = [result length];
 //去掉字符串最后两个字符
 [result deleteCharactersInRange:NSMakeRange(len - 2, 2)];
 [result appendString:@"]"];
 return result;
}
int main(int argc, char * argv[])
{
 @autoreleasepool{
        //创建一个初始容量为 10 的 Set 集合
        NSMutableSet* set = [NSMutableSet setWithCapacity:10];
        [set addObject:@"iOS"];
        NSLog(@"添加 1 个元素后：%@", NSCollectionToString(set));
        [set addObjectsFromArray: [NSArray
               arrayWithObjects:@"Android", @"Ajax", @"XML",nil]];
        NSLog(@"使用 NSArray 添加 3 个元素后：%@", NSCollectionToString(set));
        [set removeObject:@"XML"];
        NSLog(@"删除 1 个元素后：%@", NSCollectionToString(set));
        //再次创建一个 Set 集合
        NSSet* set2 = [NSSet setWithObjects:@"iPhone", @"iOS", nil];
        //计算两个集合的并集，直接改变 set 集合的元素
        [set unionSet: set2];
        //计算两个集合的差集，直接改变 set 集合的元素
//             [set minusSet: set2];
        //计算两个集合的交集，直接改变 set 集合的元素
//             [set intersectSet: set2];
        //用 set2 的集合元素替换 set 的集合元素，直接改变 set 集合的元素
//             [set setSet: set2];
        NSLog(@"%@", NSCollectionToString(set));
 }
}
```

上面的程序演示了 NSMutableSet 集合新增的方法，包括添加元素、删除元素，以及计算两个集合的交集、并集、差集等。

Note

8.8.4 计数集合

NSCountedSet 是 NSMutableSet 的子类，与普通 NSMutableSet 集合不同的是，NSCountedSet 为每个元素额外维护一个添加次数的状态。当程序向 NSCountedSet 中添加一个元素时，如果 NSCountedSet 集合中不包含该元素，NSCountedSet 真正接纳该元素，并将该元素的添加次数标注为 1。当程序向 NSCountedSet 中添加一个元素时，如果 NSCountedSet 集合中已经包含该元素，NSCountedSet 不会接纳该元素，但会将该元素的添加次数加 1。

当程序从 NSCountedSet 集合中删除元素时，NSCountedSet 只是将该元素的添加次数减 1，只有当该元素的添加次数变为 0 时，该元素才会真正从 NSCountedSet 集合中删除。

NSCountedSet 提供了 countForObject:方法来返回某个元素的添加次数。

【示例】下面的程序演示了 NSCountedSet 的功能和用法。

```
#import <Foundation/Foundation.h>
//定义一个函数，该函数可把 NSArray 或 NSSet 集合转换为字符串
NSString* NSCollectionToString(id collection)
{
 NSMutableString* result = [NSMutableString stringWithString:@"["];
 //使用快速枚举遍历 NSSet 集合
 for(id obj in collection)
 {
        [result appendString:[obj description]];
        [result appendString:@", "];
 }
 //获取字符串长度
 NSUInteger len = [result length];
 //去掉字符串最后的两个字符
 [result deleteCharactersInRange:NSMakeRange(len - 2, 2)];
 [result appendString:@"]"];
 return result;
}
int main(int argc, char * argv[])
{
 @autoreleasepool{
        NSCountedSet* set = [NSCountedSet setWithObjects:
               @"iOS", @"Android",
               @"Ajax", nil];
        [set addObject:@"iOS"];
        [set addObject:@"iOS"];
        //输出集合元素
        NSLog(@"%@", NSCollectionToString(set));
        //获取指定元素的添加顺序
        NSLog(@"\"iOS\"的添加次数为：%ld", [set countForObject:@"iOS"]);
        //删除元素
        [set removeObject:@"iOS"];
        NSLog(@"删除\"iOS\"1 次后的结果：%@", NSCollectionToString(set));
```

```
        NSLog(@"删除\"iOS\"1 次后的添加次数为：%ld", [set countForObject:@"iOS"]);
        //重复删除元素
        [set removeObject:@"iOS"];
        [set removeObject:@"iOS"];
        NSLog(@"删除\"iOS\"3 次后的结果：%@", NSCollectionToString(set));
    }
}
```

在上面的程序开始初始化 NSCountedSet 集合时，该集合中已放置了一个 iOS 字符串，然后程序向该集合中添加 iOS 两次，此时 NSCountedSet 中虽然只包含一个 iOS，但该元素的添加次数为 3。

接着程序把 iOS 删除了 1 次，删除该元素时只是将该元素的添加次数减 1，因此删除一次后看到 iOS 的添加次数为 2。只有程序把 iOS 删除 3 次后，该元素的添加次数变为 0 时，NSCountedSet 才真正将该元素从集合中删除。

8.8.5　有序集合

NSOrderedSet 与 NSMutableOrderedSet 是一对有序集合，既具有 NSSet 集合的特征，也具有 NSArray 类似的功能。

☑　NSOrderedSet 不允许元素重复，这与 NSSet 集合相同。

☑　NSOrderedSet 可以保持元素的添加顺序，而且每个元素都有索引，可以根据索引来操作元素。这与 NSArray 的功能类似。

【示例】下面的程序演示了 NSSortedSet 的功能和用法。

```
#import <Foundation/Foundation.h>
//定义一个函数，该函数可把 NSArray 或 NSSet 集合转换为字符串
NSString* NSCollectionToString(id collection)
{
 NSMutableString* result = [NSMutableString stringWithString:@"["];
 //使用快速枚举遍历 NSSet 集合
 for(id obj in collection)
 {
        [result appendString:[obj description]];
        [result appendString:@", "];
 }
 //获取字符串长度
 NSUInteger len = [result length];
 //去掉字符串最后的两个字符
 [result deleteCharactersInRange:NSMakeRange(len - 2, 2)];
 [result appendString:@"]"];
 return result;
}
int main(int argc, char * argv[])
{
 @autoreleasepool{
        //创建 NSOrderedSet 集合，故意使用重复的元素
        //程序只会保留一个元素
        NSOrderedSet* set = [NSOrderedSet orderedSetWithObjects:
               [NSNumber numberWithInt:40],
```

Note

```
                [NSNumber numberWithInt:12],
                [NSNumber numberWithInt:-9],
                [NSNumber numberWithInt:28],
                [NSNumber numberWithInt:12],
                [NSNumber numberWithInt:17],
                nil];
        NSLog(@"%@", NSCollectionToString(set));
        //下面的方法都是根据索引来操作集合元素
        //获取第一个元素
        NSLog(@"set 集合的第一个元素：%@", [set firstObject]);
        //获取最后一个元素
        NSLog(@"set 集合的最后一个元素：%@", [set lastObject]);
        //获取指定索引处的元素
        NSLog(@"set 集合中索引为 2 的元素：%@", [set objectAtIndex:2]);
        NSLog(@"28 在 set 集合中的索引为：%ld", [set indexOfObject:
                [NSNumber numberWithInt:28]]);
        //对集合进行过滤，获取元素值大于 20 的集合元素的索引
        NSIndexSet* indexSet = [set indexesOfObjectsPassingTest:
                ^(id obj, NSUInteger idx, BOOL *stop)
                {
                        return (BOOL)([obj intValue] > 20);
                }];
        NSLog(@"set 集合中元素值大于 20 的元素的索引为：%@", indexSet);
    }
}
```

上面的程序先创建了一个 NSOrderedSet 集合，创建该集合时故意指定两个重复的元素，但 NSSortedSet 集合只会保留其中一个，这一点与 NSSet 的特征完全一样。

接着，程序多次根据集合元素的索引来操作集合元素，包括获取第一个元素、最后一个元素、指定索引处的元素，以及指定元素的索引和所有符合条件的元素的索引，这些功能与 NSArray 类似。

NSOrderedSet 集合还有一个 NSMutableOrderedSet 子类，它们都是 NSSet 扩展的功能，就像 NSMutableSet 为 NSSet 扩展的功能一样，就是增加了添加元素、删除元素、替换元素、集合排序，以及计算集合的交集、并集、差集等功能，故此处不再重复介绍 NSMutableOrderedSet 集合的功能。

8.9 小　　结

本章详细讲解了 Foundation 框架（Foundation framework），它为 iOS 应用程序提供群体数据类型（数组、集合等）、程序包、字符串管理、日期和时间管理、原始数据块管理、偏好管理、URL、数据流操作、线程和 RunLoop 等基本数据管理和服务功能。读者应该熟练掌握 Foundation 框架中一些常用类的用法，能够理解框架结构、调用方法，了解该框架与 Core Foundation 框架的不同用法和特性。

第9章 iOS 应用开发核心

iOS 应用都是基于 UIKit 框架构建而成的，UIKit 负责提供运行应用程序、协调用户输入及屏幕显示所需要的关键对象。应用程序之间不同的地方在于如何配置默认对象，以及如何通过定制对象来添加用户界面和行为。

虽然应用程序的界面和基本行为的定制发生在定制代码的内部，但是还有很多定制需要在应用程序的最高级别上进行。这些高级的定制会影响应用程序和系统及设备上的其他程序之间的交互方式，因此，理解何时需要定制、何时默认行为就很重要。本章将概要介绍核心应用程序架构和高级别的定制点，以确定什么时候应该定制及在什么时候应该使用默认的行为。

【学习要点】

- 了解 iOS 应用程序框架
- 了解 iOS 应用的运行环境
- 了解行为定制和键盘管理
- 了解国际化和优化处理

9.1 iOS 应用架构

Note

从应用程序启动到退出的过程中，UIKit 框架负责管理大部分关键的基础设施。iOS 应用程序不断地从系统接收事件，而且必须响应那些事件。接收事件是 UIApplication 对象的工作，但是响应事件则需要定制代码来处理。为了理解事件响应需要在哪里进行，用户需要对 iOS 应用程序的整个生命周期和事件周期有一定了解。

9.1.1 生命周期

应用程序的生命周期是由发生在程序启动到终止期间的一序列事件构成的。在 iOS 中，用户可以通过轻点 Home 屏幕上的图标来启动应用程序。在轻点图标之后不久，系统就会显示一个过渡图形，然后调用相应的 main()函数来启动应用程序。从这个轻点之后，大量的初始化工作就会交给 UIKit，由它装载应用程序的用户界面和准备事件循环。在事件循环过程中，UIKit 会将事件分发给定制对象并响应应用程序发出的命令。当用户执行退出应用程序的操作时，UIKit 会通知应用程序，并开始应用程序的终止过程。

图 9.1 显示了一个简化了的 iOS 应用程序生命周期。这个框图展示了发生在应用程序启动到退出过程中的事件序列。在应用程序初始化和终止时，UIKit 会向应用程序委托对象发送特定的消息，使其知道正在发生的事件。在事件循环中，UIKit 将事件派发给应用程序的定制事件处理器。

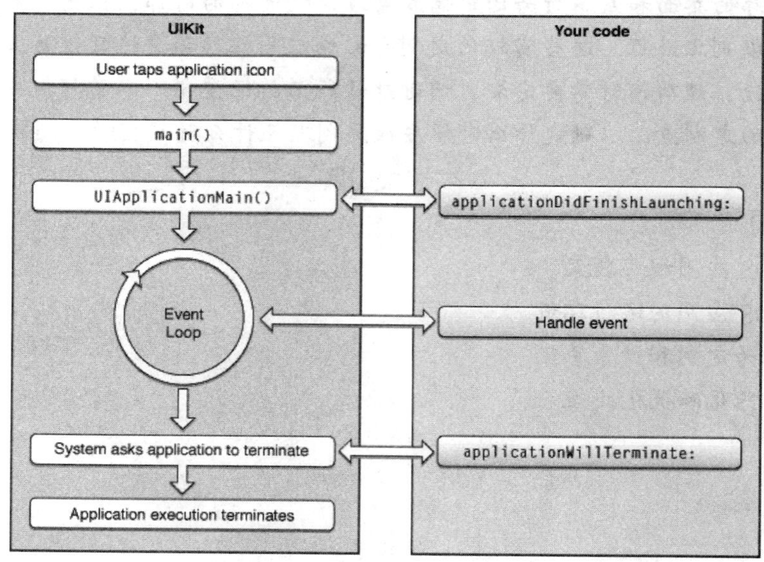

图 9.1　应用程序的生命周期

9.1.2 主函数

在 iOS 应用中，main()函数仅在最小程度上被使用，应用程序运行所需的大多数实际工作由 UIApplicationMain()函数来处理。因此，当在 Xcode 中开始一个新的应用程序工程时，每个工程模板都会提供一个 main()函数的标准实现。

main 例程只做 3 件事：创建一个自动释放池，调用 UIApplicationMain()函数，以及使用自动释放池。除了少数情况，均不应该改变这个函数的实现。iOS 应用程序的 main()函数代码如下：

```
#import <UIKit/UIKit.h>
int main(int argc, char *argv[])
{
    int retVal = UIApplicationMain(argc, argv, nil, nil);
    return retVal;
}
```

main()函数的核心代码是 UIApplicationMain()函数，该函数接收 4 个参数，并将其用于初始化应用程序。传递给该函数的默认值并不需要修改，但是这些默认值对应用程序启动的作用还是值得解释一下。除了传给 main()函数的 argc 和 argv 之外，UIApplicationMain()函数还需要两个字符串参数，用于标识应用程序的首要类（即应用程序对象所属的类）和应用程序委托类。如果首要类字符串的值为 nil，UIKit 就默认使用 UIApplication 类；如果应用程序委托类为 nil，UIKit 就会将应用程序主 nib 文件（针对通过 Xcode 模板创建的应用程序）中的某个对象假定为应用程序的委托对象。如果将这些参数设置为非 nil 值，则在应用程序启动时，UIApplicationMain()函数会创建一个与传入值相对应的类实例，并将其用于既定的目的。因此，如果应用程序使用了 UIApplication 类的定制子类（这种做法是不推荐的，但却是可能实现的），就需要通过第三个参数指定该定制类的类名。

9.1.3 应用委托

监控应用程序的高级行为是应用程序委托对象的责任，而应用程序委托对象是提供的定制类实例。委托是一种避免对复杂的 UIKit 对象（如默认的 UIApplication 对象）进行子类化的机制。在这种机制下，可以不进行子类化和方法重载，而是将自己的定制代码放到委托对象中，从而避免对复杂对象进行修改。当感兴趣的事件发生时，复杂对象会将消息发送给定制的委托对象。可以通过这种“挂钩”执行自己的定制代码，实现需要的行为。

提示： 委托模式的目的是在创建应用程序时省时省力，因此这种模式是非常重要的设计模式。应用程序的委托对象负责处理几个关键的系统消息。每个 iOS 应用程序都必须有应用程序委托对象，这个对象可以是希望的任何类的实例，但需要遵循 UIApplicationDelegate 协议，该协议的方法定义了应用程序生命周期中的某些挂钩，可以通过这些方法来实现定制的行为。

9.1.4 nib 文件

nib 文件是一种数据文件，用于存储可在应用程序需要时使用的一些“冻结”的对象。在大多数情况下，应用程序使用 nib 文件来存储构成用户界面的窗口和视图。当将 nib 文件载入应用程序时，nib 装载代码会将文件中的内容转换为应用程序可以操作的真正对象。通过这个机制，nib 文件省去了用代码创建这些对象的工作。

Interface Builder 是一个可视化的设计环境，可以用它来创建 nib 文件。可以将标准对象（如 UIKit 框架中提供的窗口和视图）和 Xcode 工程中的定制对象放到 nib 文件中。在 Interface Builder 中创建视图层次相当简单，只需要对视图对象进行简单拖曳即可。也可以通过属性检查器窗口配置每个对象的属性，以及通过创建对象间的连接来定义它们在运行时的关系。所做的改变最终都会作为 nib 文件

的一部分存储到磁盘上。

在运行时，当需要 nib 文件中包含的对象时，就将 nib 文件装载到程序中。在典型情况下，装载 nib 文件的时机是当用户界面发生变化和需要在屏幕上显示某些新视图时。如果应用程序使用视图控制器，则视图控制器会自动处理 nib 文件的装载过程，当然，也可以通过 NSBundle 类的方法自行装载。

Note

9.1.5 事件处理周期

在应用程序初始化之后，UIApplicationMain()函数就会启动管理应用程序事件和描画周期的基础组件，如图 9.2 所示。在用户和设备进行交互时，iOS 会检测触摸事件，并将事件放入应用程序的事件队列。然后，UIApplication 对象的事件处理设施会从队列的上部逐个取出事件，将其分发到最适合对其进行处理的对象。

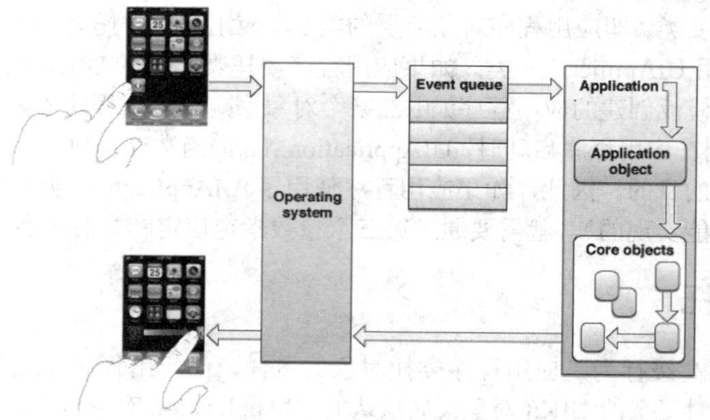

图 9.2 事件和描画周期

例如，在一个按键上发生的触摸事件会被分发到对应的按键对象。事件也可以被分发给控制器对象和应用程序中不直接负责处理触摸事件的其他对象。

在 iOS 的多点触摸事件模型中，触摸数据被封装在事件对象（UIEvent）中。为了跟踪触摸动作，事件对象中包含一些触摸对象（UITouch），每个触摸对象都对应于一个正在触摸屏幕的手指。当用户把手指放在屏幕上，然后四处移动，并最终离开屏幕时，系统通过对应的触摸对象报告每个手指的变化。

在启动一个应用程序时，系统会为该程序创建一个进程和一个单一的线程。这个初始线程成为应用程序的主线程，UIApplication 对象正是在这个线程中建立主运行循环及配置应用程序的事件处理代码。图 9.3 显示了事件处理代码和主运行循环的关系。系统发送的触摸事件会在队列中等待，直到被应用程序的主运行循环处理。

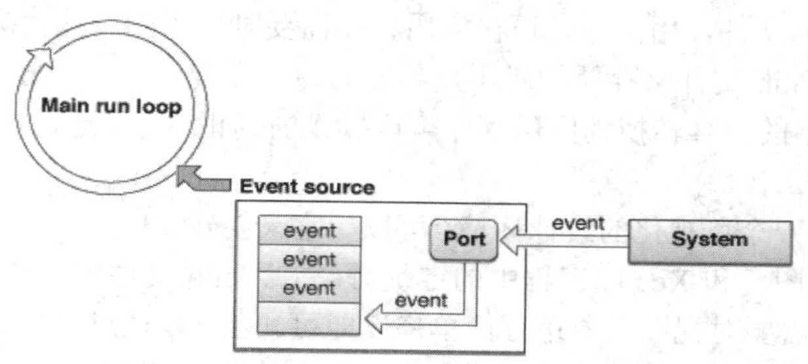

图 9.3 在主运行循环中处理事件

运行循环负责监视指定线程的输入源。当输入源有数据需要处理时，运行循环就唤醒相应的线程，并将控制权交给输入源的处理器代码。处理器在完成任务后将控制权交回运行循环，然后，运行循环就处理下一个事件。如果没有其他事件，运行循环会使线程进入休眠状态。可以通过 Foundation 框架的 NSRunLoop 类安装自己的输入源，包括端口和定时器。更多有关 NSRunLoop 和运行循环的一般性讨论，可参见线程编程指南。

UIApplication 对象用一个处理触摸事件的输入源来配置主运行循环，使触摸事件可以被派发到恰当的响应者对象。响应者对象是继承自 UIResponder 类的对象，实现了一个或多个事件方法，以处理触摸事件不同阶段发生的事件。应用程序的响应者对象包括 UIApplication、UIWindow、UIView 及所有 UIView 子类的实例。应用程序通常将事件派发给代表应用程序主窗口的 UIWindow 对象，然后由窗口对象将事件传送给它的第一响应者，通常是发生触摸事件的视图对象（UIView）。

除了定义事件处理方法之外，UIResponder 类还定义了响应者链的编程结构。响应者链是为实现 Cocoa 协作事件处理而设计的机制，由应用程序中一组链接在一起的响应者对象组成，通常以第一响应者作为链的开始。当发生某个事件时，如果第一响应者对象不能处理，就将其传递给响应者链中的下一个对象。消息继续在链中传递，从底层的响应者对象到诸如窗口、应用程序和应用程序委托这样的高级响应者对象，直到事件被处理。如果事件最终没有被处理，就会被丢弃。

进行事件处理的响应者对象可能发起一系列程序动作，结果导致应用程序重画全部或部分用户界面（也可能导致其他结果，如播放一个声音）。例如，一个控件对象（也就是一个 UIControl 的子类对象）在处理事件时向另一个对象（通常是控制器对象，负责管理当前活动的视图集合）发送动作消息。在处理这个动作消息时，控制器可能以某种方式改变用户界面或视图的位置，而这又要求某些视图对自身进行重画。如果这种情况发生，则视图和图形基础组件会接管控制权，尽可能以最有效的方式处理必要的重画事件。

9.1.6　基本设置模式

UIKit 框架的设计结合了很多在 Mac OS X Cocoa 应用程序中使用的设计模式。理解这些设计模式对于创建 iOS 应用程序是很关键的，下面简要概述这些设计模式，如表 9.1 所示。

表 9.1　iOS 应用程序使用的设计模式

设 计 模 式	描　　述
模型-视图-控制器	模型-视图-控制器（MVC）模式将代码分割为几个独立的部分。模型部分定义应用程序的数据引擎，负责维护数据的完整性；视图部分定义应用程序的用户界面，对显示在用户界面上的数据出处则没有清楚的认识；控制器部分充当模型和控制器的桥梁，帮助实现数据和显示的更新
委托	委托模式可以对复杂对象进行修改而不需要子类化。与子类化不同的是，可以照常使用复杂对象，而将对其行为进行修改的定制代码放在另一个对象中，这个对象就称为委托对象。复杂对象需要在预先定义好的时点上调用委托对象的方法，使其有机会运行定制代码
目标-动作	控件通过目标-动作模式将用户的交互通知给应用程序。当用户以预先定义好的方式（如轻点一个按键）进行交互时，控件就会将消息（动作）发送给指定的对象（目标）。接收到动作消息后，目标对象就会以恰当的方式进行响应（如在按动按键时更新应用程序的状态）
委托内存模型	Objective-C 使用引用计数模式来确定什么时候应该释放内存中的对象。当一个对象刚刚被创建时，它的引用计数是 1。然后，其他对象可以通过该对象的 retain、release 或 autorelease 方法来增加或减少引用计数。当对象的引用计数变为 0 时，Objective-C 运行环境会调用对象的清理例程，然后解除分配该对象

9.2 运行环境处理机制

Note

iOS 的运行环境被设计为快速而安全的程序执行环境。下面介绍这个运行环境的关键部分，以及如何在这个环境中进行操作。

9.2.1 快速启动

iOS 设备的优势是其便捷性。用户通常从口袋里掏出设备，用上几秒钟或几分钟，就又将其放回口袋中了。在这个过程中，用户可能会打电话、查找联系人、改变正在播放的歌曲，或者阅读一条信息。

在 iOS 中，每次只能有一个前台应用程序。这意味着每次用户在 Home 屏幕上轻点应用程序图标时，程序必须快速启动和初始化，以尽可能减少延迟。如果应用程序需要花很长时间来启动，可能会为用户带来不好的体验。

除了快速启动，应用程序还必须做好快速退出的准备。每次用户离开应用程序时，无论是按下 Home 键还是通过软件提供的功能打开了另一个应用程序，iOS 都会通知当前应用程序退出。这时，需要尽快将未保存的修改保存到磁盘上。如果应用程序退出的时间超过 5 秒，系统可能会立刻终止程序的运行。

当用户切换到另一个应用程序时，虽然程序不是运行在后台，但是使它看起来好像是在后台运行。当程序退出时，除了对未保存的数据进行保存之外，还应该保存当前的状态信息，而再次启动程序时，则应该寻找这些状态信息，并将程序恢复到最后一次使用时的状态。这样可以使用户回到最后一次使用时的状态，使用户体验更加一致。以这种方式保存用户的当前位置还可以避免每次启动都需要经过多个屏幕才能找到需要的信息，从而节省使用的时间。

9.2.2 安全处理

出于安全方面的考虑，iOS 将每个应用程序（包括其偏好设置信息和数据）限制在文件系统的特定位置上。这个限制是安全特性的一部分，称为应用程序的“沙箱”。

沙箱是一组细粒度的控制，用于限制应用程序对文件、偏好设置、网络资源和硬件等的访问。在 iOS 中，应用程序和它的数据驻留在一个安全的地方，其他应用程序都不能进行访问。在应用程序安装之后，系统就通过计算得到一个不透明的标识，然后基于应用程序的根目录和这个标识构建一个指向应用程序根目录的路径。因此，应用程序的根目录具有如下结构：

```
/ApplicationRoot/ApplicationID/
```

在安装过程中，系统会创建应用程序的根目录和几个关键的子目录，配置应用程序沙箱，以及将应用程序的程序包复制到家目录上。将应用程序及其数据放在一个特定的地方可以简化备份和恢复操作，还可以简化应用程序的更新及卸载操作。

提示： 沙箱可以限制攻击者对其他程序和系统造成的破坏，但是不能防止攻击的发生，也就是说沙箱不能使程序避免恶意的直接攻击。例如，如果在输入处理代码中有一个可利用的缓冲区溢出，而又没有对用户输入进行正当性检查，则攻击者可能仍然会使应用程序崩溃，或者通过这种漏洞来执行攻击者的代码。

9.2.3　内存处理

iOS 使用与 Mac OS X 同样的虚拟内存系统。在 iOS 中，每个程序都仍然有自己的虚拟地址空间，但其可用的虚拟内存受限于现有的物理内存的数量（这和 Mac OS X 不同）。这是因为当内存被占满时，iOS 并不将非永久内存页面（volatile pages）写入到磁盘。相反，虚拟内存系统会根据需要释放永久内存（nonvolatile memory），确保为正在运行的应用程序提供所需的空间。内存的释放是通过删除当前没有正在使用或包含只读内容（如代码页面）的内存页面来实现的，这样的页面可以在稍后需要使用时重新装载到内存中。

如果内存还是不够，系统也可能向正在运行的应用程序发出通告，要求它们释放额外的内存。所有的应用程序都应该响应这种通告，并尽可能减轻系统的内存压力。

9.2.4　节电处理

iOS 系统省电的一个方法是使用自动休眠定时器。如果在一定的时间内没有检测到触摸事件，系统最初会使屏幕变暗，并最终完全关闭屏幕。大多数开发者都应该让这个定时器打开，但是，游戏和不使用触摸输入的应用程序开发者可以禁用这个定时器，使屏幕在应用程序运行时不会变暗。将共享的 UIApplication 对象的 idleTimerDisabled 属性设置为 YES，就可以禁用自动休眠定时器。

由于禁用休眠定时器会导致更大的电能消耗，因此开发者应该尽一切可能避免这样做。只有地图程序、游戏，以及不依赖于触摸输入而又需要在设备屏幕上显示内容的应用程序才应该考虑禁用休眠定时器。音频应用程序不需要禁用这个定时器，因为在屏幕变暗之后，音频内容可以继续播放。如果禁用了定时器，务必尽快将其重新激活，使系统可以更省电。

9.3　程序包

当编译 iOS 程序时，Xcode 会将其组织为程序包。程序包是文件系统中的一个目录，用于将执行代码和相关资源集合在一处。iOS 应用程序包中包含应用程序的执行文件和应用程序需要用到的所有资源（如应用程序图标、其他图像和本地化内容）。表 9.2 列出了一个典型的 iOS 应用程序包中的内容（为了便于说明，这里称之为 MyApp）。

表 9.2　一个典型的应用程序包

文　　件	描　　述
MyApp	包含应用程序代码的执行文件，文件名是略去.app 后缀的应用程序名。这个文件是必需的
Settings.bundle	设置程序包是一个文件包，用于将应用程序的偏好设置加入到 Settings 程序中。这种程序包中包含一些属性列表和其他资源文件，用于配置和显示偏好设置
Icon.png	这是一个 57×57 像素的图标，显示在设备的 Home 屏幕上，代表应用程序。这个图标不应该包含任何光亮效果。系统会自动加入这些效果。这个文件是必需的
Icon-Settings.png	这是一个 29×29 像素的图标，用于在 Settings 程序中表示应用程序。如果应用程序包含设置程序包，则在 Settings 程序中，这个图标会显示在应用程序名的边上。如果没有指定这个图标文件，系统会将 Icon.png 文件按比例缩小作为代替文件

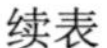

Note

续表

文　件	描　述
MainWindow.nib	这是应用程序的主 nib 文件，包含应用程序启动时装载的默认用户界面对象。在典型情况下，这个 nib 文件包含应用程序的主窗口对象和一个应用程序委托对象实例。其他界面对象或者从其他 nib 文件装载，或者在应用程序中以编程的方式创建（主 nib 文件的名称可以通过 Info.plist 文件中的 NSMainNibFile 键来指定）
Default.png	这是一个 480×320 像素的图像，在应用程序启动时显示。系统使用这个文件作为临时的背景，直到应用程序完成窗口和用户界面的装载
iTunesArtwork	这是一个 512×512 像素的图标，用于通过 ad-hoc 方式发布应用程序。这个图标通常由 App Store 提供，但是通过 ad-hoc 方式分发的应用程序并不经由 App Store，所以程序包必须包含这个文件。iTunes 用这个图标来代表程序（如果应用程序在 App Store 上发布，则在这个属性上指定的文件应该和提交到 App Store 的文件保持一致（通常是 JPEG 或 PNG 文件），文件名必须和左边显示的一样，而且不带文件扩展名）
Info.plist	这个文件也叫信息属性列表，是一个定义应用程序键值的属性列表，如程序包 ID、版本号和显示名称
sun.png（或其他资源文件）	非本地化资源放在程序包目录的最上层（sun.png 表示一个非本地化的图像）。应用程序在使用非本地化资源时，不需要考虑用户选择的语言设置
en.lproj fr.lproj es.lproj 其他具体语言的工程目录	本地化资源放在一些子目录下，子目录的名称是由 ISO 639-1 定义的语言缩写加上.lproj 后缀组成的（如 en.lproj、fr.lproj 和 es.lproj 目录分别包含英语、法语和西班牙语的本地化资源）

iOS 应用程序应该是国际化的。程序支持的每一种语言都有一个对应的语言.lproj 文件夹。除了为应用程序提供定制资源的本地化版本之外，还可以本地化应用程序图标（Icon.png）、默认图像（Default.png）和 Settings 图标（Icon-Settings.png），只要将同名文件放到具体语言的工程目录中就可以了。然而，即使提供了本地化的版本，还是应该在应用程序包的最上层包含这些文件的默认版本。当某些本地化版本不存在时，系统会使用默认版本。

可以通过 NSBundle 类的方法或与 CFBundleRef 类型相关联的函数来获取应用程序包中本地化和非本地化图形及声音资源的路径。例如，如果希望得到图像文件 sun.png 的路径并通过它创建一个图像文件，则需要下面两行 Objective-C 代码：

```
NSString* imagePath = [[NSBundle mainBundle]
pathForResource:@"sun" ofType:@"png"];
UIImage* sunImage = [[UIImage alloc]
initWithContentsOfFile:imagePath];
```

代码中的 mainBundle 类方法用于返回一个代表应用程序包的对象。

9.3.1 信息属性

信息属性列表是一个名为 Info.plist 的文件，通过 Xcode 创建的每个 iOS 应用程序都包含一个这样的文件。属性列表中的键值对用于指定重要的应用程序运行时的配置信息。信息属性列表中的元素被组织在一个层次结构中，每个节点都是一个实体，如数组、字典、字符串或者其他数值类型。

在 Xcode 工程中选择 Info.plist 文件时，Xcode 会显示如图 9.4 所示的属性列表编辑窗口，可以通

过这个窗口编辑属性值和添加键值对。

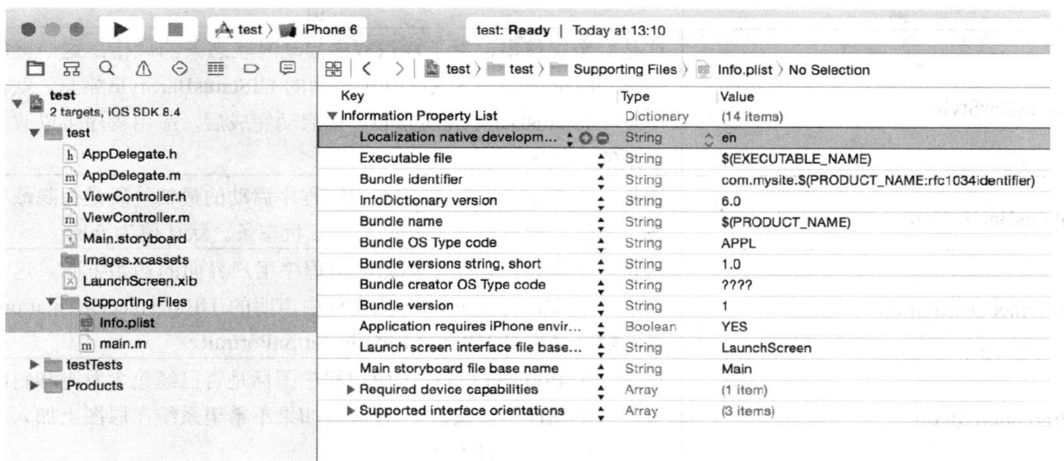

图 9.4 信息属性列表编辑器

Xcode 会自动设置某些属性的值，其他属性则需要显式设置。表 9.3 列出了一些重要的键，供 Info.plist 文件中使用。在默认情况下，Xcode 不会直接显示实际的键名，因此，表 9.3 在括号中列出了这些键在 Xcode 中显示的字符串。可以查看所有键的实际键名，具体方法是按住 Control 键的同时单击编辑器中的信息属性列表项目，然后选择菜单中的 Show Raw Keys/Values 命令。

表 9.3 Info.plist 文件中重要的键

键	值
CFBundleDisplayName（程序包显示名）	显示在应用程序图标下方的名称。这个值应该本地化为所有支持的语言
CFBundleIdentifier（程序包标识）	这是由系统提供的标识字符串，用于在系统中标识应用程序。这个字符串必须是一个统一的类型标识符（UTI），仅包含字母/数字（A～Z、a～z、0～9）、连字符（-）和句号（.），且应该使用反向 DNS 格式。例如，如果公司的域名为 Ajax.com，且创建的应用程序名为 Hello，则可以将字符串 com.Ajax.Hello 作为应用程序包的标识。程序包的标识用于验证应用程序的签名
CFBundleURLTypes（URL 类型）	这是应用程序能够处理的 URL 类型数组。每个 URL 类型都是一个字典，定义一种应用程序能够处理的模式（如 http 或 mailto）。应用程序可以通过这个属性来注册定制的 URL 模式
CFBundleVersion（程序包版本号）	这是一个字符串，指定程序包的连编版本号。它的值是单调递增的，由一个或多个句号分隔的整数组成。这个值不能被本地化
LSRequiresIPhoneOS	这是一个 Boolean 值，用于指示程序包是否只能运行在 iOS 系统上。Xcode 自动加入这个键，并将其值设置为 true。不应该改变这个键的值
NSMainNibFile（主 nib 文件的名称）	这是一个字符串，指定应用程序主 nib 文件的名称。如果希望使用其他的 nib 文件（而不是 Xcode 为工程创建的默认文件）作为主 nib 文件，可以将该 nib 文件名关联到这个键上。nib 文件名不应该包含.nib 扩展名

Note

续表

键	值
UIStatusBarStyle	这是一个字符串，用于标识程序启动时状态条的风格。这个键的值基于 UIApplication.h 头文件中声明的 UIStatusBarStyle 常量。默认风格是 UIStatusBarStyleDefault。在启动完成后，应用程序可以改变状态条的初始风格
UIStatusBarHidden	这是一个 Boolean 值，指定在应用程序启动的最初阶段是否隐藏状态条。将这个键值设置为 true 将隐藏状态条。默认值为 false
UIInterfaceOrientation	这是一个字符串，用于标识应用程序用户界面的初始方向。这个键的值基于 UIApplication.h 头文件中声明的 UIInterfaceOrientation 常量。默认风格是 UIInterfaceOrientationPortrait
UIPrerenderedIcon	这是一个 Boolean 值，指示应用程序图标是否已经包含发光和斜面效果。这个属性的默认值为 false。如果不希望系统在原图上加入这些效果，则将其设置为 true
UIRequiredDeviceCapabilities	这是一个信息键，作用是使 iTunes 和 App Store 知道应用程序运行需要依赖于哪些与设备相关的特性。iTunes 和移动 App Store 程序使用这个列表来避免将应用程序安装到不支持所需特性的设备上。这个键的值可以是一个数组或字典，如果使用的是数组，则数组中存在某个键就表示该键对应的特性是必需的；如果使用的是字典，则必须为每个键指定一个 Boolean 值，表示该键是否需要。无论哪种情况，不包含某个键表示该键对应的特性不是必需的
UIRequiresPersistentWiFi	这是一个 Boolean 值，用于通知系统应用程序是否使用 Wi-Fi 网络进行通信。如果应用程序需要在一段时间内使用 Wi-Fi，则应该将这个键值设置为 true；否则，为了省电，设备会在 30 分钟内关闭 Wi-Fi 连接。设置这个标志还可以让系统在 Wi-Fi 网络可用但未被使用时显示网络选择对话框。这个键的默认值是 false 注意，当设备处于闲置状态（也就是屏幕被锁定的状态）时，这个属性的值为 true 是没有作用的。在这种情况下，应用程序会被认为是不活动的，虽然它可能在某些级别上还可以工作，但是没有 Wi-Fi 连接
UISupportedExternalAccessoryProtocols	这是一个字符串数组，用于标识应用程序支持的配件协议。配件协议是应用程序和连接在 iPhone 或 iPod touch 上的第三方硬件进行通信的协议。系统使用这个键列出的协议来识别当配件连接到设备上时可以打开的应用程序
UIViewGroupOpacity	这是一个 Boolean 值，用于指示 Core Animation 子层是否继承其超层的不透明特性。这个特性使开发者可以在仿真器上进行更为复杂的渲染，但是对性能会有显著的影响。如果属性列表上没有这个键，则其默认值为 NO
UIViewEdgeAntialiasing	这是一个 Boolean 值，用于指示在描画不和像素边界对齐的层时，Core Animation 层是否进行抗锯齿处理。这个特性使开发者可以在仿真器上进行更为复杂的渲染，但是对性能会有显著的影响。如果属性列表上没有这个键，则其默认值为 NO

如果信息属性文件中的属性值是显示在用户界面上的字符串，则应该进行本地化，特别是当 Info.plist 中的字符串值是与本地化语言子目录下 InfoPlist.strings 文件中的字符串相关联的键时。

表 9.4 列出了和 UIRequiredDeviceCapabilities 键相关联的数组或字典中可以包含的键。应该仅包含应用程序确实需要的键。如果应用程序可以通过不执行某些代码路径来适应设备特性不存在的情况，则不需要使用对应的键。

表 9.4 UIRequiredDeviceCapabilities 键的字典键

键	描 述
telephony	如果应用程序需要 Phone 程序，则包含这个键。如果应用程序需要打开 tel 模式的 URL，则可能需要这个键
sms	如果应用程序需要 Messages 程序，则包含这个键。如果应用程序需要打开 sms 模式的 URL，则可能需要这个键
still-camera	如果应用程序使用 UIImagePickerController 接口来捕捉设备照相机的图像，则需要包含这个键
auto-focus-camera	如果应用程序需要设备上照相机的自动对焦能力，则需要包含这个键。虽然大多数开发者应该不需要，但是如果应用程序支持微距摄影，或者需要更高锐度的图像以进行某种处理，则可能需要包含这个键
video-camera	如果应用程序使用 UIImagePickerController 接口来捕捉设备上摄像机中的视频时，需要包含这个键
wifi	当应用程序需要设备的网络特性时，包含这个键
accelerometer	如果应用程序使用 UIAccelerometer 接口来接收加速计事件，则需要包含这个键。如果程序仅需要检测设备的方向变化，则不需要
location-services	如果应用程序使用 Core Location 框架来访问设备的当前位置，则需要包含这个键（这个键指的是一般的位置服务特性。如果需要 GPS 级别的精度，则还应该包含 gps 键）
gps	如果应用程序需要 GPS（或者 AGPS）硬件，以获得更高精度的位置信息，则包含这个键。如果包含了这个键，就应该同时包含 location-services 键。如果程序需要更高精度的位置数据，而不是由蜂窝网络或 Wi-Fi 信号提供的数据，则应该要求只接收 GPS 数据
magnetometer	当应用程序使用 Core Location 框架接收与方向有关的事件时，需要包含这个键
microphone	如果应用程序需要使用内置的麦克风或支持提供麦克风的外设，则包含这个键
opengles-1	如果应用程序需要使用 OpenGL ES 1.1 接口，则包含这个键
opengles-2	如果应用程序需要使用 OpenGL ES 2.0 接口，则包含这个键

9.3.2 程序图标和启动图像

显示在用户 Home 屏幕上的图标文件的默认文件名为 Icon.png（通过 Info.plist 文件中的 CFBundleIconFile 属性可以进行重命名）。这个文件应该是一个位于程序包最上层目录的 PNG 文件。应用程序图标应该是一个 57×57 像素的图像，不带任何刨光和圆角斜面效果。在典型情况下，系统在显示之前会将这些效果应用到图标上。然而，在应用程序的 Info.plist 文件中加入 UIPrerenderedIcon 键可以重载这个行为。

注意： 如果以 ad-hoc 的方式（而不是通过 App Store）将应用程序发布给本地用户，则程序包中还应该包含一个 512×512 像素版本的应用程序图标，命名为 iTunesArtwork。在分发应用程序时，iTunes 需要显示这个文件提供的图标。

应用程序的启动图像文件的文件名为 Default.png。这个图像应该和应用程序的初始界面比较相似，系统在应用程序准备好显示用户界面之前显示启动文件，使用户觉得启动速度很快。启动图像也应该是 PNG 图像文件，位于应用程序包的顶层目录下。如果应用程序是通过 URL 启动的，则系统会寻找名为 Default-scheme.png 的启动文件，其中 scheme 是 URL 的模式。如果该文件不存在，才选择 Default.png 文件。

Note

将一个图像文件加入到 Xcode 工程的具体做法是从 Project 菜单中选择 Add to Project 命令，在浏览器中定位目标文件，然后单击 Add 键。

9.4 定制行为

有几种方法可以对基本的应用程序行为进行定制，以提供所希望的用户体验。下面将描述一些必须在应用程序级别进行的定制。

9.4.1 景观模式启动

为了配合 Home 屏幕的方向，iOS 的应用程序通常以肖像模式启动。如果应用程序既可以以景观模式运行，也可以以肖像模式运行，那么，一开始应该总是以纵向模式启动，然后由视图控制器根据设备的方向旋转用户界面。但是，如果应用程序只能以景观模式启动，则必须执行下面的步骤，使其一开始就以景观模式启动。

- ☑ 在应用程序的 Info.plist 文件中加入 UIInterfaceOrientation 键，并将其值设置为景观模式。可以将这个键值设置为 UIInterfaceOrientationLandscapeLeft 或 UIInterfaceOrientationLandscapeRight。
- ☑ 以景观模式布局视图，并确保正确设置视图的自动尺寸调整选项。
- ☑ 重载视图控制器的 shouldAutorotateToInterfaceOrientation:方法，使其仅在期望的景观方向时返回 YES，而在肖像方向时返回 NO。

提示： 上面描述的步骤假定应用程序使用视图控制器来管理视图层次。视图控制器为处理方向改变和复杂的视图相关事件提供了大量的基础设施。如果应用程序不使用视图控制器（游戏和其他基于 OpenGL ES 的应用程序可能是这样的），就必须根据需要旋转绘图表面（或者调整绘图命令），以便将内容以景观模式展示出来。

UIInterfaceOrientation 属性提示 iOS 在启动时应该配置应用程序状态条（如果有）的方向，就像配置视图控制器管理下的视图方向一样。在 iOS 2.1 及更高版本的系统中，视图控制器会尊重这个属性，将视图的初始方向设置为指定的方向。使用这个属性相当于在 applicationDidFinishLaunching:方法的一开始执行 UIApplication 的 setStatusBarOrientation:animated:方法。

9.4.2 与其他程序通信

如果一个应用程序支持一些已知类型的 URL，就可以通过对应的 URL 模式和该程序进行通信。然而，在大多数情况下，URL 只用于简单地启动一个应用程序并显示一些和调用方有关的信息。例如，对于一个用于管理地址信息的应用程序，可以在发送给它的 URL 中包含一个 Maps 程序可以处理的地址，以便显示相应的位置。这个级别的通信为用户创造一个集成度高的环境，减少应用程序重新实现设备上其他程序已经实现的功能的必要性。

苹果内置支持 http、mailto、tel 和 sms 这些 URL 模式，还支持基于 http 的，指向 Maps、YouTube 和 iPod 程序的 URL。应用程序也可以自己注册定制的 URL 模式。应用程序与其他应用程序通信的具体方法是：用正确格式的内容创建一个 NSURL 对象，然后将其传给共享 UIApplication 对象的 openURL: 方法。openURL:方法会启动注册接收该 URL 类型的应用程序，并将 URL 传给它。当用户最终退出该应用程序时，系统通常会重新启动应用程序，但并不总是这样。系统会考虑用户在 URL 处理程序中的动作及在用户看来返回应用程序是否合理，然后做出决定。

【示例】下面的代码展示了一个程序如何请求另一个程序提供的服务（假定本示例中的 todolist 是由应用程序注册的定制模式）：

```
NSURL *myURL = [NSURL URLWithString:
@"todolist://www.acme.com?Quarterly%20Report#200806231300";
[[UIApplication sharedApplication] openURL:myURL];
```

提示：如果 URL 类型包含的模式和苹果定义的一样，则启动的是苹果提供的程序，而不是第三方程序。如果有多个第三方的应用程序注册处理同样的 URL 模式，则该类型的 URL 由哪个程序处理是没有定义的。如果应用程序定义了自己的 URL 模式，则应该实现对该模式进行处理的方法。

9.4.3　URL 模式

在为应用程序注册 URL 类型时，必须指定 CFBundleURLTypes 属性的子属性，这已经在“信息属性”部分中介绍过这个属性了。CFBundleURLTypes 属性是应用程序的 Info.plist 文件中的一个字典数组，每个字典负责定义一个应用程序支持的 URL 类型。表 9.5 描述了 CFBundleURLTypes 属性的键和值。

表 9.5　CFBundleURLTypes 属性的键和值

键	值
CFBundleURLName	这是一个字符串，表示 URL 类型的抽象名。为了确保其唯一性，建议使用反向 DNS 风格的标识，如 com.acme.myscheme
CFBundleURLSchemes	这里提供的 URL 类型名是一个指向本地化字符串的键，该字符串位于本地化语言包子目录的 InfoPlist.strings 文件中。本地化字符串是人类可识别的 URL 类型名称，用相应的语言来表示

图 9.5 显示了一个正在用内置的 Xcode 编辑器编辑的 Info.plist 文件。其中，左列的 URL 类型入口相当于直接加入到 Info.plist 文件的 CFBundleURLTypes 键。类似地，URL identifier 和 URL Schemes 入口相当于 CFBundleURLName 和 CFBundleURLSchemes 键。

在对 CFBundleURLTypes 属性进行定义，进而注册带有定制模式的 URL 类型之后，可以通过下面的方式进行测试：

第 1 步，连编、安装和运行应用程序。

第 2 步，回到 Home 屏幕，启动 Safari（在 iPhone 仿真器的菜单中选择 Hardware→Home 命令就可以回到 Home 屏幕）。

第 3 步，在 Safari 的地址栏中输入使用定制模式的 URL。

第 4 步，确认应用程序是否启动，以及应用程序委托是否收到 application:handleOpenURL:消息。

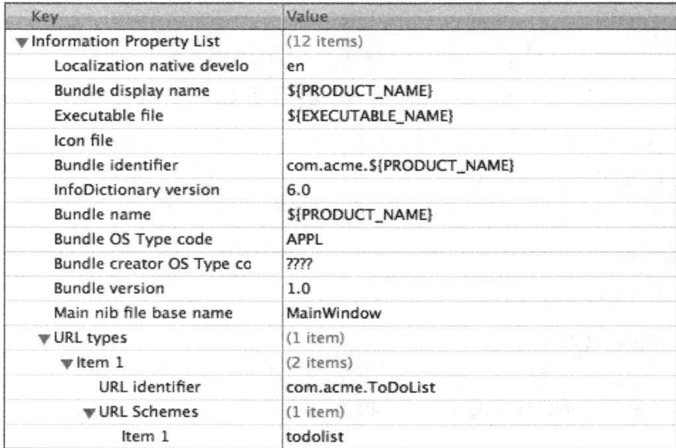

Key	Value
▼Information Property List	(12 items)
Localization native develo	en
Bundle display name	${PRODUCT_NAME}
Executable file	${EXECUTABLE_NAME}
Icon file	
Bundle identifier	com.acme.${PRODUCT_NAME}
InfoDictionary version	6.0
Bundle name	${PRODUCT_NAME}
Bundle OS Type code	APPL
Bundle creator OS Type co	????
Bundle version	1.0
Main nib file base name	MainWindow
▼URL types	(1 item)
▼Item 1	(2 items)
URL identifier	com.acme.ToDoList
▼URL Schemes	(1 item)
Item 1	todolist

图 9.5　在 Info.plist 文件中定义一个定制的 URL 模式

9.4.4　处理 URL 请求

应用程序委托在 application:handleOpenURL:方法中处理传递给应用程序的 URL 请求。如果已经为自己的应用程序注册了定制的 URL 模式，则务必在委托中实现这个方法。

基于定制模式的 URL 采用的协议是请求服务的应用程序能够理解的。URL 中包含一些注册模式的应用程序期望得到的信息，这些信息是该程序在处理或响应 URL 请求时需要的。传递给 application:handleOpenURL:方法的 NSURL 对象表示的是 Cocoa Touch 框架中的 URL。NSURL 遵循 RFC 1808 规范，该类中包含一些方法，用于返回 RFC 1808 定义的各个 URL 要素，包括用户名、密码、请求、片断和参数字符串。与注册的定制模式相对应的“协议”可以使用这些 URL 要素来传递各种信息。

【示例】在下面的 application:handleOpenURL:方法实现中，传入的 URL 对象在其请求和判断部分带有具体应用程序的信息。应用程序委托抽出这些信息（在这个例子中，是指一个 to-do 任务的名称和到期日）并根据这些信息创建应用程序的模型对象。

```
-(BOOL)application:(UIApplication *)
application handleOpenURL:(NSURL *)url {
            if ([[url scheme] isEqualToString:@"todolist"]) {
                ToDoItem *item = [[ToDoItem alloc] init];
                NSString *taskName = [url query];
            if (!taskName || ![self isValidTaskString:taskName]) {
                //包含任务名
                [item release];
                return NO;
            }
            taskName = [taskName
            stringByReplacingPercentEscapesUsingEncoding:
            NSUTF8StringEncoding];
          item.toDoTask = taskName;
          NSString *dateString = [url fragment];
          if (!dateString || [dateString isEqualToString:@"today"]) {
              item.dateDue = [NSDate date];
```

```
            } else {
                if (![self isValidDateString:dateString]) {
                    [item release];
                    return NO;
                }
                //格式：yyyymmddhhmm (24 小时制)
                NSString *curStr =
                [dateString substringWithRange:NSMakeRange(0, 4)];
                NSInteger yeardigit = [curStr integerValue];
                curStr = [dateString substringWithRange:NSMakeRange(4, 2)];
                NSInteger monthdigit = [curStr integerValue];
                curStr = [dateString substringWithRange:NSMakeRange(6, 2)];
                NSInteger daydigit = [curStr integerValue];
                curStr = [dateString substringWithRange:NSMakeRange(8, 2)];
                NSInteger hourdigit = [curStr integerValue];
                curStr = [dateString substringWithRange:NSMakeRange(10, 2)];
                NSInteger minutedigit = [curStr integerValue];
                NSDateComponents *dateComps = [[NSDateComponents alloc] init];
                [dateComps setYear:yeardigit];
                [dateComps setMonth:monthdigit];
                [dateComps setDay:daydigit];
                [dateComps setHour:hourdigit];
                [dateComps setMinute:minutedigit];
                NSCalendar *calendar = [NSCalendar currentCalendar];
                NSDate *itemDate =
                [calendar dateFromComponents:dateComps];
                if (!itemDate) {
                    [dateComps release];
                    [item release];
                    return NO;
                }
                item.dateDue = itemDate;
                [dateComps release];
            }
            [(NSMutableArray *)self.list addObject:item];
            [item release];
            return YES;
        }
        return NO;
    }
```

9.4.5　偏好设置

如果应用程序通过偏好设置来控制其行为的不同方面，那么，以何种方式向用户提供偏好设置就取决于它们是否是程序的必需部分。

如果偏好设置是程序使用的必需部分（且直接实现起来足够简单），那么应该直接通过应用程序的定制界面来呈现。

如果偏好设置不是必需的，且要求相对复杂的界面，则应该通过系统的 Settings 程序来呈现。

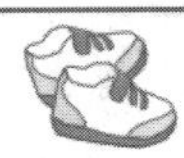

在确定一组偏好设置是否为程序的必需部分时，要考虑为程序设计的使用模式。如果希望用户相对频繁地修改偏好设置，或者这些偏好设置对程序的行为具有相对重要的影响，则可能就是必需部分。例如，游戏中的设置通常都是必需部分，或者是用户希望快速改变的项目。然而，由于 Settings 程序是一个独立的程序，所以只能用于处理用户不频繁访问的偏好设置。

如果选择在应用程序内进行偏好设置管理，则可以自行定义用户界面及编写代码来实现。但是，如果选择使用 Settings 程序，则必须提供一个设置包（Settings Bundle）来进行管理。

设置包是位于应用程序的程序包目录最顶层的定制资源，是一个封装了的目录，名字为 Settings.bundle。设置包中包含一些具有特别格式的数据文件及其支持资源，其作用是告诉 Settings 程序如何显示偏好设置。这些文件还告诉 Settings 程序应该把结果值存储在偏好设置数据库的什么位置上，以便应用程序随后可以通过 NSUserDefaults 或 CFPreferences API 进行访问。

如果通过设置包来实现偏好设置管理，还应该提供一个定制的图标。Settings 程序会在应用程序包的最顶层寻找名为 Icon-Settings.png 的图像文件，并将该图像显示在应用程序名称的边上。该文件应该是一个 29×29 像素的 PNG 图像文件。如果没有在应用程序包的最顶层提供这个文件，则 Settings 程序会默认使用缩放后的应用程序图标（Icon.png）。

9.4.6 关闭锁定

如果一个基于 iOS 的设备在某个特定时间段内没有接收到触摸事件，就会关闭屏幕并禁用触摸传感器。以这种方式锁定屏幕是省电的重要方法。因此，除非确实需要在应用程序中避免无意的行为，否则应该总是打开屏幕锁定功能。例如，如果应用程序不接收屏幕事件，而是使用其他特性（如加速计）来进行输入，则可能需要禁用屏幕锁定功能。

将共享的 UIApplication 对象的 idleTimerDisabled 属性设置为 YES，就可以禁止屏幕锁定。务必在程序不需要禁止屏幕锁定功能时将该属性重置为 NO。例如，可能在用户玩游戏时禁止了屏幕锁定，但是，当用户处于配置界面或没有处于游戏活跃状态时，应该重新打开这个功能。

9.5 键盘管理

虽然很多 UIKit 对象在响应用户交互时会自动显示键盘，但程序仍然需要配置和管理键盘。下面将描述应用程序在键盘管理方面应该承担的责任。

9.5.1 接收键盘通告

当键盘被显示或隐藏时，iOS 会向所有经过注册的观察者对象发出如下通告：

```
UIKeyboardWillShowNotification
UIKeyboardDidShowNotification
UIKeyboardWillHideNotification
UIKeyboardDidHideNotification
```

当键盘首次出现或者消失，以及键盘的所有者或应用程序的方向发生变化时，系统都会发出键盘通告。在上述各种情况下，系统只发送与具体场景相关的消息集合。

例如，如果键盘的所有者发生变化，系统只向当前的拥有者发送 UIKeyboardWillHideNotification 消息，但不发送 UIKeyboardDidHideNotification 消息，因为这个变化不会导致键盘最终被隐藏。

UIKeyboardWillHideNotification 消息只是简单地通知键盘当前的所有者即将失去键盘焦点。而改变键盘的方向则会使系统发出上述两种消息，因为每个方向的键盘是不同的，在显示新的键盘之前，必须先隐藏原来的键盘。

每个键盘通告都包含键盘在屏幕上的位置和尺寸。应该使用通告中的信息来确定键盘的尺寸和位置，而不是假定键盘具有某个特定的尺寸或处于某个特定的位置。键盘在使用不同输入法时并不一定总是一样的，在不同版本的 iOS 上也可能会发生变化。另外，即使对于特定的某种语言和某个系统版本，键盘的尺寸也会因为应用程序方向的不同而不同。

注意：info 字典中的 UIKeyboardBoundsUserInfoKey 键包含的矩形只能用于取得尺寸信息，不要将该矩形的原点（其值总是{0.0, 0.0}）用于矩形计算。由于键盘是以动画的形式出现在它的位置上的，其实际的边界尺寸会随时间的不同而不同，因此，info 字典中有 UIKeyboardCenterBeginUserInfoKey 和 UIKeyboardCenterEndUserInfoKey 两个键，用于保存键盘的起始位置和终止位置，可以根据这些位置计算出键盘的原点。

9.5.2 显示键盘

当用户单击一个视图时，系统就会自动将该视图作为第一响应者。而当这种场景发生在包含可编辑文本的视图时，该视图就会启动一个文本编辑会话。如果当前键盘不可见，该视图会在编辑会话刚开始时请求系统显示键盘。如果键盘已经显示在屏幕上，第一响应者的改变会导致来自键盘的文本输入被重定向到用户刚刚单击的视图上。

键盘是在视图变为第一响应者时自动被显示的，因此，通常不需要为了显示它而做什么工作。但是，可以通过调用视图对象的 becomeFirstResponder 方法来为可编辑的文本视图显示键盘。调用这个方法可以使目标视图成为第一响应者，并开始编辑过程，其效果和用户单击该视图是一样的。

如果应用程序在一个屏幕上管理几个基于文本的视图，则需要跟踪当前哪个视图是第一响应者，以便在需要时取消键盘的显示。

9.5.3 取消键盘

虽然键盘通常是自动显示的，但并不能自动取消。相反，应用程序需要在恰当的时机取消键盘。通常情况下，在响应用户动作时进行这样的操作，例如，当用户按键盘上的 Return 或 Done 键，或者单击应用程序界面上的其他按钮时，根据键盘配置的不同，可能需要在用户界面上加入额外的控件来取消键盘。

可以调用作为当前第一响应者的文本视图的 resignFirstResponder 方法来取消键盘。当文本视图失去第一响应者的状态时，就会结束其当前的编辑会话，将这个变化通知它的委托对象并取消键盘。换句话说，如果有一个名为 myTextField 的变量，指向一个 UITextField 对象，假定该对象是当前的第一响应者，则可以简单地通过下面的代码来取消键盘：

```
[myTextField resignFirstResponder];
```

之后的所有操作都由文本对象自动处理。

9.5.4 移动键盘

当系统收到显示键盘的请求时，就从屏幕的底部滑出键盘，并将其放在应用程序内容的上方。由于键盘位于内容的上面，所以有可能遮掩住用户希望编辑的文本对象。如果这种情况发生，就必须对内容进行调整，使目标对象保持可见。

需要做的调整通常包括暂时调整一个或多个视图的尺寸和位置，从而使文本对象可见。管理带有键盘的文本对象的最简单方法是将其嵌入到一个 UIScrollView（或其子类，如 UITableView）对象中。当键盘被显示出来时，需要做的只是调整滚动视图的尺寸，并将目标文本对象滚动到合适的位置。为此，在 UIKeyboardDidShowNotification 通告的处理代码中需要进行如下操作：

☑ 取得键盘的尺寸。

☑ 将滚动视图的高度减去键盘的高度。

☑ 将目标文本框滚动到视图中。

图 9.6 演示了一个简单的应用程序如何处理上述几个步骤。该程序将几个文本输入框嵌入到 UIScrollView 对象中，当键盘出现时，通告处理代码首先调整滚动视图的尺寸，然后用 UIScrollView 类的 scrollRectToVisible:animated:方法将被单击的文本框滚动到视图中。

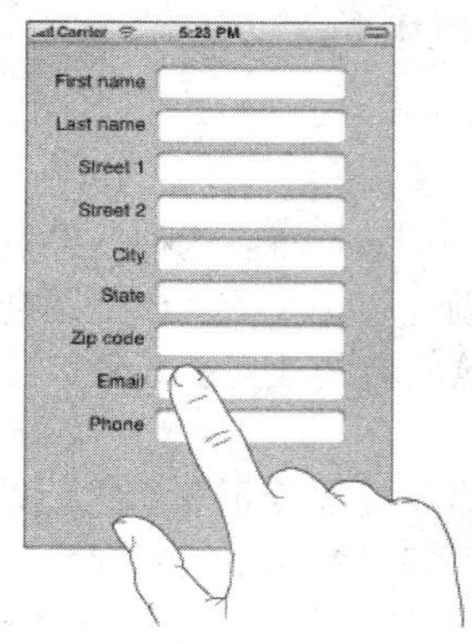

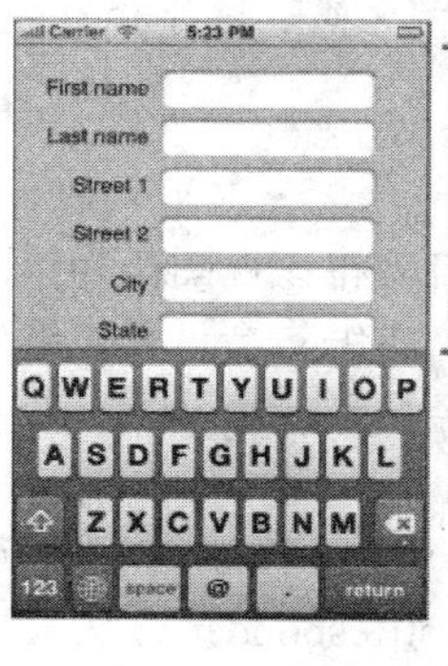

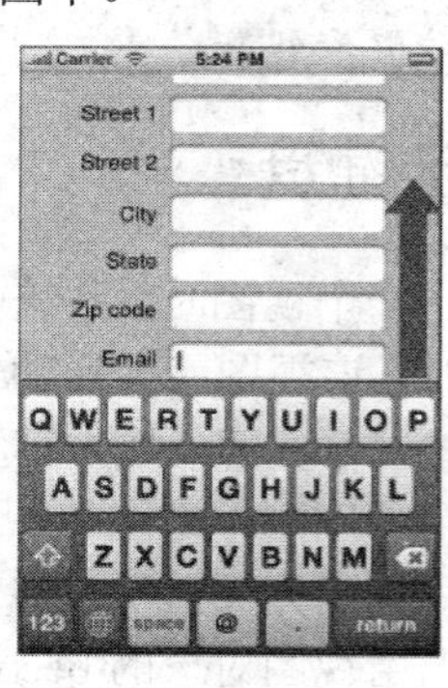

1. User taps email field　　2. Scroll view resized to new height　　3. Email field scrolled into view

图 9.6　调整内容的位置使其适应键盘

提示：在配置滚动视图时，务必为所有的内容视图配置恰当的自动尺寸调整规则。文本框实际上是一个 UIView 对象的子视图，该 UIView 对象又是 UIScrollView 对象的子视图。如果该 UIView 对象的 UIViewAutoresizingFlexibleWidth 和 UIViewAutoresizingFlexibleHeight 选项被设置了，则改变滚动视图的边框尺寸会同时改变它的边框，因而可能导致不可预料的结果。禁用这些选项可以确保该视图保持尺寸不变，并正确滚动。

【示例 1】本示例显示了注册接收键盘通告和实现相应处理器的方法。这段代码是由负责滚动视图管理的视图控制器实现的，其中，scrollView 变量是一个指向滚动视图对象的插座变量。每个处理器方法都从通告的 info 对象取得键盘的尺寸，并根据这个尺寸调整滚动视图的高度。此外，keyboardWasShown:方法的任务是将当前活动的文本框矩形滚入视图，该文本框对象存储在一个定制变量中（在本示例中名为 activeField），该变量是视图控制器的一个成员变量，在 textFieldDidBegin Editing:委托方法中进行赋值，委托方法本身的代码显示在下面的示例中（在这个示例中，视图控制器同时也充当所有文本输入框的委托）。

```
//在视图控制器设置代码的任意地方调用此方法
- (void)registerForKeyboardNotifications
{
    [[NSNotificationCenter defaultCenter] addObserver:self
```

```
                selector:@selector(keyboardWasShown:)
                name:UIKeyboardDidShowNotification object:nil];
    [[NSNotificationCenter defaultCenter] addObserver:self
                selector:@selector(keyboardWasHidden:)
                name:UIKeyboardDidHideNotification object:nil];
}
//当 UIKeyboardDidShowNotification 被发送时调用
- (void)keyboardWasShown:(NSNotification*)aNotification
{
    if (keyboardShown)
        return;
    NSDictionary* info = [aNotification userInfo];
    //获取键盘的大小
    NSValue* aValue = [info objectForKey:
    UIKeyboardBoundsUserInfoKey];
    CGSize keyboardSize = [aValue CGRectValue].size;
    //调整滚动视图（这是窗口的根视图）
    CGRect viewFrame = [scrollView frame];
    viewFrame.size.height -= keyboardSize.height;
    scrollView.frame = viewFrame;
    //将活动文本字段滚动到视图中
    CGRect textFieldRect = [activeField frame];
    [scrollView scrollRectToVisible:textFieldRect animated:YES];
     keyboardShown = YES;
}
//当 UIKeyboardDidHideNotification 被发送时调用
- (void)keyboardWasHidden:(NSNotification*)aNotification
{
    NSDictionary* info = [aNotification userInfo];
    //获取键盘的大小
    NSValue* aValue = [info objectForKey:
    UIKeyboardBoundsUserInfoKey];
    CGSize keyboardSize = [aValue CGRectValue].size;
    //将滚动视图的高度重置为其原始值
    CGRect viewFrame = [scrollView frame];
    viewFrame.size.height += keyboardSize.height;
    scrollView.frame = viewFrame;
    keyboardShown = NO;
}
```

上面代码中的 keyboardShown 变量是一个布尔值，用于跟踪键盘是否可见。如果用户界面有多个文本输入框，则用户可能单击其中的任意一个进行编辑。当发生这种情况时，虽然键盘并不消失，但是每次开始编辑新的文本框时，系统都会产生 UIKeyboardDidShowNotification 通告。可以通过跟踪键盘是否确实被隐藏来避免多次减少滚动视图的尺寸。

【示例 2】本示例显示了一些额外的代码，视图控制器用这些代码来设置和清理之前例子中的 activeField 变量。在初始化时，界面中的每个文本框都将视图控制器设置为自己的委托。因此，当文本编辑框被激活时，这些方法就会被调用。

```
- (void)textFieldDidBeginEditing:(UITextField *)textField
{
    activeField = textField;
```

```
}
- (void)textFieldDidEndEditing:(UITextField *)textField
{
    activeField = nil;
}
```

Note

9.6 国 际 化

在理想情况下，iOS 应用程序显示给用户的文本、图像和其他内容都应该本地化为多种语言。例如，警告对话框中显示的文本就应该以用户偏好的语言显示。为工程准备特定语言的本地化内容的过程称为国际化。工程中需要本地化的候选组件包括以下方面。

☑ 代码生成的文本，包括与具体区域设置有关的日期、时间和数字格式。
☑ 静态文本，如装载到 Web 视图用于显示应用程序帮助的 HTML 文件。
☑ 图标（包括应用程序图标）及其他包含文本或具体文化意义的图像。
☑ 包含发声语言的声音文件。
☑ nib 文件。

通过 Settings 程序，用户可以从 Language 偏好设置视图中选择希望在用户界面上看到的语言。可以访问 General 设置，然后在 International 组中找到该视图。

用户选择的语言与程序包中的一个子目录相关联，该子目录名由两部分组成，分别是 ISO 639-1 定义的语言码和.lproj 后缀。还可以对语言码进行修改，使之包含具体的地区，方法是在后面（在下划线之后）加入 ISO 3166-1 定义的区域指示符。例如，如果要指定美国英语的本地化资源，应该将程序包中的子目录命名为 en_US.lproj。约定本地化语言子目录称为 lproj 文件夹。

> 注意：一个 lproj 文件夹中包含所有指定语言（还可能包含指定地区）的本地化内容，可以用 NSBundle 类或 CFBundleRef 封装类型提供的工具（在应用程序的 lproj 文件夹）定位当前选定语言的本地化资源。

【示例 1】本示例给出一个包含英语（en）本地化内容的目录。

```
en.lproj/
        InfoPlist.strings
        Localizable.strings
sign.png
```

这个示例中的目录有下面 3 个项目。

☑ InfoPlist.strings 文件，包含与 Info.plist 文件中特定键（如 CFBundleDisplayName）相关联的本地化字符串值。如一个英文名称为 Battleship 的应用程序，其 CFBundleDisplayName 键在 fr.lproj 子目录的 InfoPlist.strings 文件中有如下入口：

```
CFBundleDisplayName = "Cuirassé";
```

☑ Localizable.strings 文件，包含应用程序代码生成的字符串的本地化版本。
☑ sign.png 文件，是一个包含本地化图像的文件。

为了实现本地化，需要用到国际化代码中的字符串，具体做法是用 NSLocalizedString 宏来代替字符串。这个宏的定义如下：

```
NSString *NSLocalizedString(NSString *key, NSString *comment);
```

第一个参数是一个唯一的键，指向给定 lproj 文件夹下 Localizable.strings 文件中的一个本地化字符串；第二个参数是一个注释，说明字符串如何使用，因此可以为翻译人员提供额外的上下文。

【示例 2】假定正在设置用户界面中一个标签（UILabel 对象）的内容，则下面的代码可以国际化该标签的文本：

```
label.text = NSLocalizedString(@"City", @"Label for City text field");
```

然后，就可以为给定语言创建一个 Localizable.strings 文件，并将其加入到相应的 lproj 文件夹中。对于上面代码中的键，该文件中应该有如下入口：

```
"City" = "Ville";
```

注意：本地化的另一种方法是在代码中恰当的位置插入 NSLocalizedString 调用，然后运行 genstrings 命令行工具。该工具会生成一个 Localizable.strings 文件的模板，包含每个需要翻译的键和注释。

9.7 优化处理

在应用程序开发过程的每一步，都应该考虑自己所做的设计对应用程序总体性能的影响。由于 iPhone 和 iPod touch 设备的移动本质，iOS 应用程序的操作环境受到更多的限制。下面将描述在开发过程中应该考虑哪些因素。

9.7.1 不要阻塞主线程

应该认真考虑在应用程序主线程上执行的任务。主线程用于应用程序处理触摸事件和其他用户的输入。为了确保应用程序总是可以响应用户，不应该在主线程中执行运行时间很长或可能无限等待的任务，如访问网络的任务。相反，应该将这些任务放在后台线程。一个推荐的方法是将每个任务都封装在一个操作对象中，然后加入操作队列。当然，也可以自己创建显式的线程。

将任务转移到后台，可以使主线程继续处理用户输入，这对应用程序的启动和退出尤其重要。在这些时候，系统期望应用程序及时响应事件。如果应用程序的主线程在启动过程中被阻塞住了，系统甚至可能在启动完成之前将其结束；如果主线程在退出时被阻塞了，则应用程序可能来不及保存关键用户数据就被结束运行了。

9.7.2 有效使用内存

由于 iOS 的虚存模型并不包含磁盘交换区空间，因此应用程序在更大程度上受限于可供使用的内存。对内存的大量使用会严重降低系统的性能，可能导致应用程序被终止。因此，在设计阶段，应该把减少应用程序的内存开销放在较高优先级上。

应用程序的可用内存和相对性能之间有直接的联系。可用内存越少，系统在处理未来的内存请求时就越可能出问题。如果发生这种情况，系统总是先把代码页和其他非易失性资源从内存中移除。但是，这可能只是暂时的修复，特别是当系统在短时间之后又再次需要那些资源时。相反，需要尽可能使内存开销最小化，并及时清除自己使用的内存。

9.7.3 减少内存印迹

Note

表 9.6 列出了一些如何减少应用程序总体内存印迹的技巧。在开始时将内存印迹降低了，随后就可以有更多的空间用于需要操作的数据。

表 9.6 减少应用程序内存印迹的技巧

技　　巧	采取的措施
消除内存泄露	由于内存是 iOS 的关键资源，因此应用程序不应该有任何的内存泄露。存在内存泄露意味着应用程序在之后可能没有足够的内存。可以用 Instruments 程序来跟踪代码中的泄露，该程序既可以用于仿真器，也可以用于实际的设备
使资源文件尽可能小	文件驻留在磁盘中，但在使用时需要载入内存。属性列表文件和图像文件是通过简单的处理就可以节省空间的两种资源类型。可以通过 NSPropertyList Serialization 类将属性列表文件存储为二进制格式，从而减少它们的使用空间；对于图像，可以将所有图像文件压缩得尽可能小（PNG 图像是 iOS 应用程序的推荐图像格式，可以用 Pngcrush 工具来进行压缩）
使用 Core Data 或 SQLite 来处理大的数据集合	如果应用程序需要操作大量的结构化数据，应将其存储在 Core Data 的持久存储或 SQLite 数据库，而不是使用扁平文件。Core Data 和 SQLite 都提供了管理大量数据的有效方法，不需要将整个数据一次性载入内存
延缓装载资源	Core Data 的支持是在 iOS 3.0 系统上引入的
将程序连编为 Thumb 格式	在真正需要资源文件之前，永远不应该进行装载。预先载入资源文件从表面看好像可以节省时间，但实际上会使应用程序很快变慢。此外，如果最终没有用到那些资源，预先载入只是浪费内存

9.7.4 恰当分配内存

iOS 应用程序使用委托内存模式，因此，必须显式保持和释放内存。表 9.7 列出了一些在程序中分配内存的技巧。

表 9.7 分配内存的技巧

技　　巧	采取的措施
减少自动释放对象的使用	通过 autorelease 方法释放的对象会留在内存中，直到显式清理自动释放池或程序再次回到事件循环。在任何可能的情况下，都要避免使用 autorelease 方法，要通过 release 方法立即收回对象占用的空间。如果必须创建一定数量的自动释放对象，则要创建局部的自动释放池，以便在返回事件循环之前定期对其进行清理，回收那些对象的内存
为资源设置尺寸限制	避免装载大的资源文件，如果有更小的文件可用，要用适合于 iOS 设备的恰当尺寸图像来代替高清晰度的图像。如果必须使用大的资源文件，需要考虑仅装载当前需要的部分。例如，可以通过 mmap()和 munmap()函数将文件的一部分载入内存或从内存中卸载，而不是操作整个文件
避免无边界的问题集	无边界的问题集可能需要计算大量的数据。如果该集合需要的内存比当前系统能提供的还要多，则应用程序可能无法进行计算。应用程序应该尽可能避免处理这样的集合，而将其转换为内存使用极限已知的问题

9.7.5 浮点运算

iOS 设备上的处理器有能力在硬件上处理浮点数运算。如果目前的程序使用基于软件的定点数数学库进行运算，则应该考虑对代码进行修改，转向使用浮点数数学库。在典型情况下，基于硬件的浮点数计算比对应的基于软件的定点数计算快得多。

> 提示：如果代码广泛使用浮点数计算，不要使用-mthumb 选项编译代码。Thumb 选项可以减少代码模块的尺寸，但是也会降低浮点计算代码的性能。

9.7.6 减少电力消耗

移动设备的电力消耗一直是一个问题。iOS 的电能管理系统保持电能的方法是关闭当前未被使用的硬件功能。此外，要避免 CPU 密集型和高图形帧率的操作，可以通过优化如下组件来提高电池的寿命：

☑ CPU。
☑ Wi-Fi 和基带（EDGE，3G）无线信号。
☑ Core Location 框架。
☑ 加速计。
☑ 磁盘。

优化目标应该是以尽可能有效的方式完成大多数的工作，应该总是采用 Instruments 和 Shark 工具对应用程序的算法进行优化。但很重要的一点是，即使最优化的算法也可能对设备的电池寿命造成负面的影响。因此，在写代码时应该考虑如下原则：

☑ 避免需要轮询的工作，因为轮询会阻止 CPU 进入休眠状态。可以通过 NSRunLoop 或 NSTimer 类来规划需要做的工作，而不是使用轮询。
☑ 尽一切可能使共享的 UIApplication 对象的 idleTimerDisabled 属性值保持为 NO。当设备处于不活动状态一段时间后，空闲定时器会关闭设备的屏幕。如果应用程序不需要设备屏幕保持打开状态，就让系统将其关闭。如果关闭屏幕给应用程序的体验带来负面影响，则需要通过修改代码来消除这些影响，而不是不必要地关闭空闲定时器。
☑ 尽可能将任务合并在一起，以便使空闲时间最大化。每隔一段时间就间歇性地执行部分任务将比一次性完成相同数量的所有任务消耗更多的电能。间歇性地执行任务会阻止系统在更长时间内无法关闭硬件。
☑ 避免过度访问磁盘。例如，如果需要将状态信息保存在磁盘上，则仅当该状态信息发生变化时才进行保存，或者尽可能将状态变化合并保存，以避免短时间频繁进行磁盘写入操作。
☑ 不要使屏幕描画速度比实际需求更快。从电能消耗的角度看，描画的开销很大。不要依赖硬件来压制应用程序的帧率，而应该根据程序实际需要的帧率来进行帧的描画。
☑ 如果通过 UIAccelerometer 类接收常规的加速计事件，则当不再需要这些事件时，要禁止这些事件。类似地，将事件传送的频率设置为满足应用程序需要的最小值。

向网络传递的数据越多，就需要越多的电能来进行无线发射。事实上，访问网络是所能进行的最耗电的操作，应该遵循下面的原则，使网络访问最小化：

☑ 仅在需要时连接外部网络，不要对服务器进行轮询。
☑ 当需要连接网络时，仅传递完成工作所需要的最少数据。要使用紧凑的数据格式，不要包含

可被忽略的额外数据。

- ☑ 尽可能快地以群发（in burst）方式传递数据包，而不是拉长数据传输的时间。当系统检测到设备没有活动时，就会关闭 Wi-Fi 和蜂窝无线信号。应用程序以较长时间传输数据比以较短时间传输同样数量的数据要消耗更多的电能。
- ☑ 尽可能通过 Wi-Fi 无线信号连接网络。Wi-Fi 耗电比基带无线少，是推荐的方式。
- ☑ 如果通过 Core Location 框架收集位置数据，则可尽可能快地禁止位置更新，以及将位置过滤器和精度水平设置为恰当的值。Core Location 通过可用的 GPS、蜂窝和 Wi-Fi 网络来确定用户的位置。虽然 Core Location 已经努力使无线信号的使用最小化了，但是，设置恰当的精度和过滤器的值可以使 Core Location 在不需要位置服务时完全关闭硬件。

Note

9.7.7 代码优化

与 iOS 一起推出的还有几个应用程序的优化工具，它们中的大部分都运行在 Mac OS X 上，适合于调整运行在仿真器上的代码的某些方面。例如，可以通过仿真器来消除内存泄露，确保总的内存开销尽可能小。借助这些工具，还可以排除代码中可能由低效算法或已知瓶颈引起的计算热点。

在仿真器上进行代码优化之后，还应该在设备上用 Instruments 程序进行进一步优化。在实际设备上运行代码是对其进行完全优化的唯一方式。因为仿真器运行在 Mac OS X 上，而运行 Mac OS X 的系统具有更快的 CPU 和更多的可用内存，所以其性能通常比实际设备的性能好很多。在实际设备上用 Instruments 跟踪代码可能会发现额外的性能瓶颈，需要进行优化。

9.8 小　　结

所有的 iOS 应用程序都是基于 UIKit 框架构建而成的，UIKit 负责提供运行应用程序、协调用户输入及屏幕显示所需要的关键对象。应用程序之间的不同之处在于如何配置默认对象，以及如何通过定制对象添加用户界面和行为。本章介绍了 iOS 应用程序的核心，包括程序核心架构、运行环境的处理机制、程序包、应用程序的定制、应用程序的管理、应用程序的优化。另外，还简单介绍了核心应用程序架构和高级别的定制点，确定什么时候应该定制，什么时候应该使用默认行为。

第10章

iOS 开发入门

（视频讲解：63 分钟）

iOS 应用程序以 main()函数作为入口，从 main()函数开始执行，iOS 应用程序在 main()函数中调用 UIApplicationMain()函数创建 UIApplication 对象，并为该对象设置应用程序委托，实现 UIApplicationDelegate。应用程序委托将作为整个 iOS 应用的核心对象，负责创建应用程序窗口、加载应用程序主界面等工作。

本章将介绍如何在程序中获取 UI 界面上的 UI 控件，调用这些 UI 控件的属性、方法来动态修改、更新 UI 控件的外观，以及如何为 UI 控件绑定事件处理方法，通过事件处理方法，可以让 UI 控件响应用户操作，这样即可使 iOS 应用程序能与用户交互。

【学习要点】

- 熟悉 iOS 项目结构
- 能够创建 xib 界面
- 能够创建故事板（Storyboard）界面
- 熟悉 iOS 的 MVC 开发思路
- 能够在视图中添加控件和设置控件属性
- 能够使用应用程序委托
- 能够使用视图控制器
- 能够定义事件

10.1 熟悉 iOS 项目

Note

Objective-C 语法和 Foundation 类的用法都只有一个或几个源文件，但 iOS 应用程序会涉及很多源文件，还会包含一些资源文件，因此开发 iOS 应用会更复杂。

10.1.1 文件结构

模仿第 1 章介绍的步骤，使用 Xcode 创建 iOS 项目，类型为 Single View Application，运行设备为 iPhone，如图 10.1 所示。

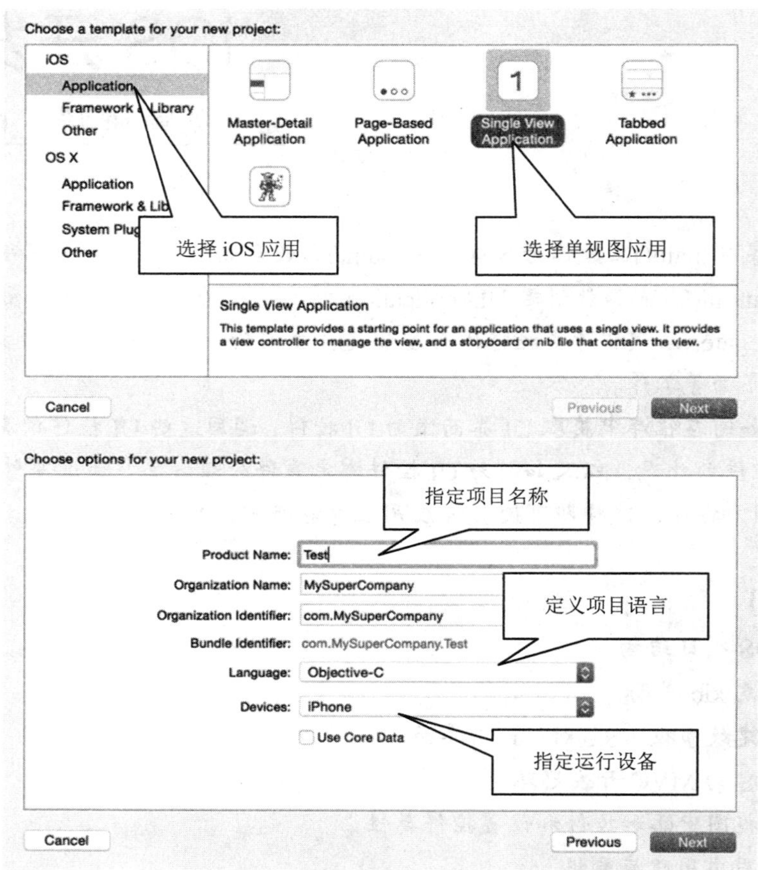

图 10.1 创建 iOS 项目

创建 iOS 项目之后，单击 Xcode 工作区左侧的导航面板最左边的一个图标（或按 Command+1 快捷键），打开 Xcode 的项目导航面板。

提示： Command+1～Command+7 分别用于打开 7 个不同的导航面板，通过这些快捷键能够实现快速切换。

打开项目导航面板后，展开项目文件，即可看到如图 10.2 所示的文件结构。

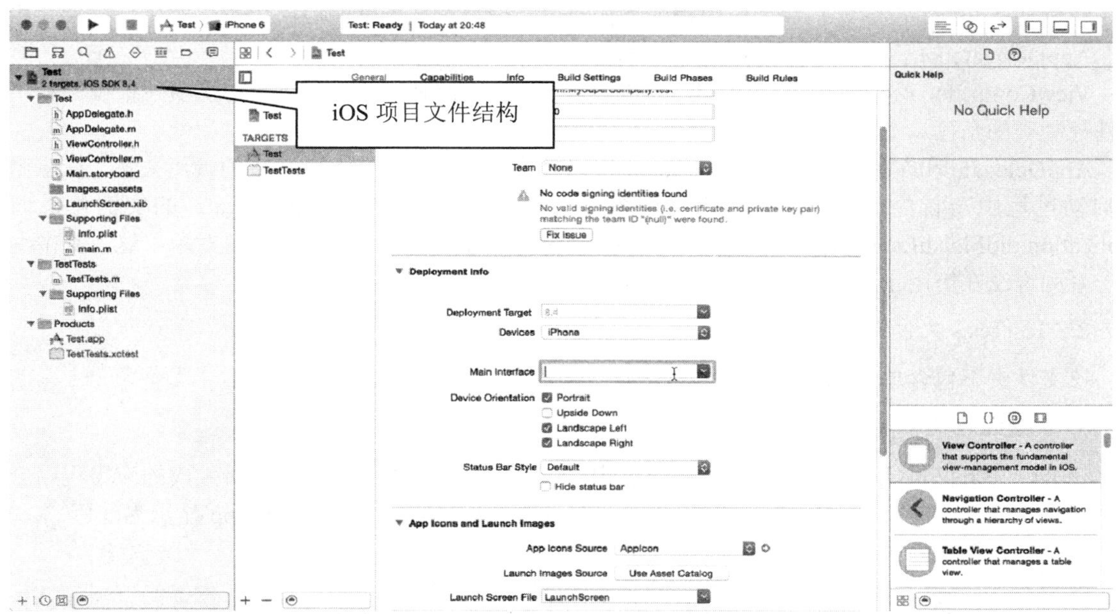

图 10.2　展开项目文件结构

从图 10.2 可以看到 iOS 项目包含如下内容。

1. Test 文件夹

该文件夹名称总是与项目名相同，用于管理 iOS 项目包含的源文件、界面设计文件、资源文件等。用户也可以根据需要在该文件夹下自定义创建子文件夹来组织代码。在默认情况下，该文件夹包含如下内容。

☑ 项目需要的所有 Objective-C 自定义类，包括*.h 文件和*.m 文件。

☑ 界面设计文件。如果启用了 Storyboard，将会包含一个*.storyboard 文件；使用 nib 界面设计文件将会包含一个或多个*.xib 文件。

☑ Supporting Files 子文件夹，用于保存非 Objective-C 类的源代码和资源文件。该目录下通常会包含如下 4 个文件。

  ➢ Info.plist：该文件是一个属性列表文件，主要保存 iOS 应用的各种相关信息。

  ➢ InfoPlist.strings：这是一个保存各种字符串的文本文件，该文件主要用于为程序国际化提供支持。

  ➢ main.m：包含 main()函数的源程序，应用程序入口。

  ➢ Prefix.pch：包括项目中用到的来自外部框架的一些头文件（*.pch 文件代表预编译头文件）。通过该文件引用的头文件不属于项目内容，开发者很少需要修改该文件的内容。Xcode 将会预编译这些头文件，并在后面的项目构建中持续这种预编译的版本，从而减少选择 Build 或 Run 菜单项编译项目时所需的时间。

提示：在本组中共有两个类：AppDelegate 和 ViewController，以及一个组 Supporting Files。用户的主要编码工作就是在 AppDelegate 和 ViewController 这两个类中进行的。

AppDelegate 是应用程序委托对象，继承了 UIResponder 类，并实现了 UIApplicationDelegate 委

托协议。UIResponder 类可以使子类 AppDelegate 具有处理相应事件的能力，而 UIApplicationDelegate 委托协议使 AppDelegate 能够成为应用程序委托对象，这种对象能够响应应用程序的生命周期。相应地，AppDelegate 的子类也可以实现这两个功能。

Note

ViewController 类继承自 UIViewController 类，是视图控制器类，在应用中扮演着根视图和用户事件控制类的角色。

AppDelegate 和 ViewController 类与 main 代码模块的主函数存在一种直接的调用关系。在应用程序启动过程中，首先调用 main.m 代码模块的 main()主函数进行 AppDelegate 的实例化，调用 application:didFinishLaunchingWithOptions:方法。AppDelegate 类是应用程序委托对象，这个类中继承的一系列方法在应用生命周期的不同阶段会被回调。

2. TestTests 文件夹

该文件夹下包含单元测试的相关类和资源，读者可以忽略该文件夹的内容。

3. Products 文件夹

该文件夹下仅包括项目生成的应用程序，其中，Test.app 文件就是该项目所生成的应用程序。该文件也是进行 iOS 应用开发的最终目的。由于目前还没有编译项目，所以 Test.app 显示为红色，Xcode 用红色来标识该文件实际上并不存在。

> **提示：** 在 iOS 的项目导航面板上看到的“文件夹”并不一定与磁盘文件系统中的文件夹对应，Xcode 对 iOS 项目资源使用“逻辑文件夹”分组，这种分组仅是方便开发者能更快地找到对应的资源。实际上，项目导航面板上所看到的文件夹，其实只是一种分组。

在 Xcode 左侧的项目导航面板中，开发人员可通过 New Group 创建自定义分组，这种分组与磁盘文件系统中的文件夹没有任何对应关系，只是代表一种简单的逻辑分组，但这种逻辑分组在 Xcode 左侧的项目导航面板中看上去很像文件夹。

10.1.2 新建 xib 界面文件

在 Xcode 5 版本以后默认不再使用*.xib 文件作为界面设计文件，但为了更好地理解 iOS 项目的开发方式，下面介绍以*.xib 文件作为界面设计文件的开发方式。

【操作步骤】

第 1 步，在 Xcode 的项目导航面板中选中 Main.strоryboard 文件。

第 2 步，按 Delete 键，系统弹出对话框提醒用户是否删除该文件，单击对话框底部的 Move To Trash（将该文件彻底删除到垃圾桶）按钮，删除该文件。

第 3 步，删除文件的对话框底部还有一个 Remove Reference（删除引用）按钮，单击该按钮只是从本项目中取消对该文件的引用（也就是编译项目时不再编译该文件），但文件本身依然保留在项目中。

第 4 步，除了删除该文件之外，还需要取消系统对 Main.storyboard 的设计，在 Xcode 的项目导航面板中选中 Test 项目节点（项目导航面板中的根节点），然后选中右边 TARGETS 分类下的 Test 节点。

第 5 步，在中间区域选中 General 标签页，选择 Deployment Info 区域，将 Main Interface 文本框中的 Main 删除，改为如图 10.3 所示的形式。

为了在项目中使用*.xib 界面设计文件，还需要为项目添加一个*.xib 界面设计文件。添加*.xib 文件的步骤如下。

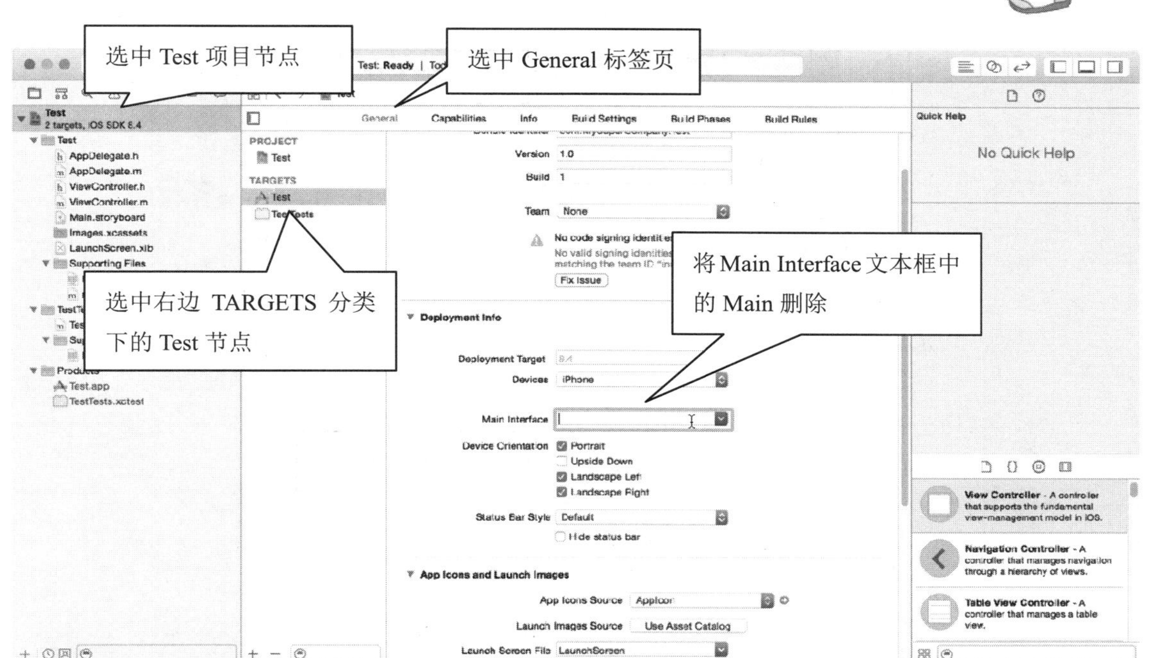

图 10.3　取消使用 Main.storyboard 界面设计文件

【操作步骤】

第 1 步，在 Xcode 主界面中选择 File→New→File 命令，打开新建文件的对话框，如图 10.4 所示。

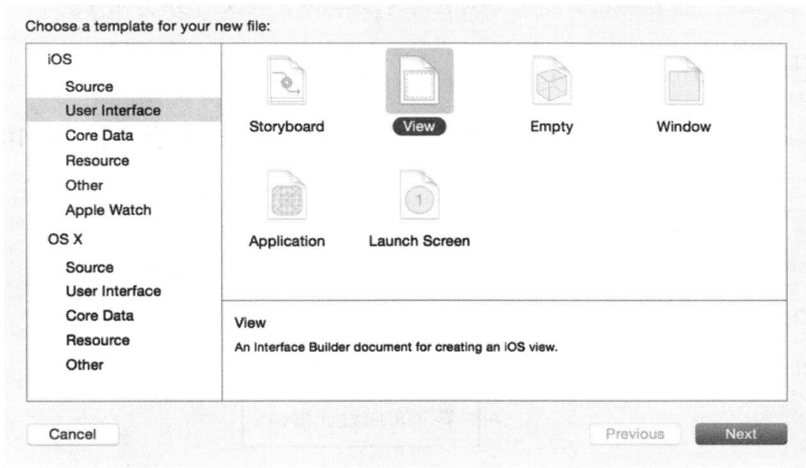

图 10.4　新建文件

第 2 步，选择图 10.4 所示对话框中左边的 iOS 下 User Interface 分类。

第 3 步，选择右边的 View 图标，单击 Next 按钮，在打开的对话框的 Device Family 列表中选择 iPhone 列表项，为 iPhone 创建界面设计文件。

第 4 步，单击对话框中的 Next 按钮，打开“保存文件”对话框，如图 10.5 所示。

第 5 步，单击图 10.5 所示对话框中的 Create 按钮，Xcode 为该项目新建和添加了一份 View.xib 文件。

Note

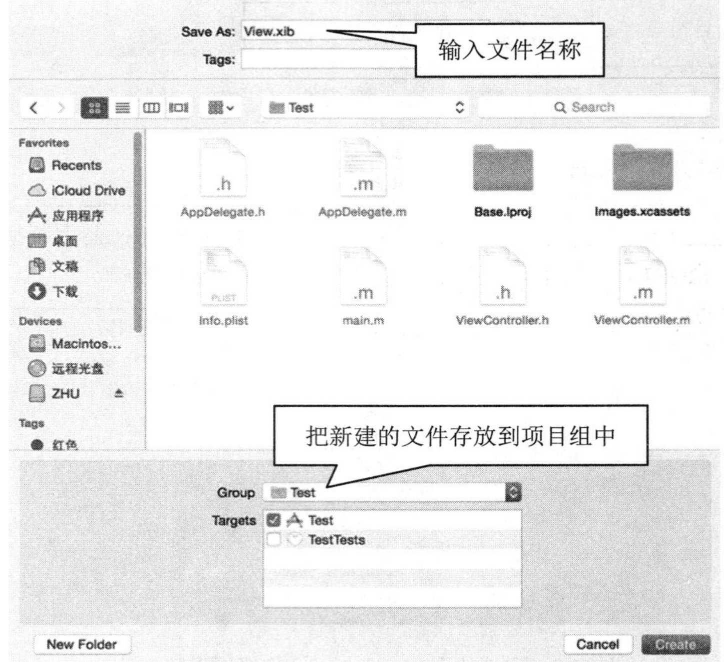

图 10.5　保存文件

提示：上面的操作步骤是 Xcode 为 iOS 项目添加新文件的通用步骤，以后添加其他文件也可按该步骤进行，只需要在新建文件对话框中选择不同的文件分类即可。

10.1.3　认识 xib 界面

在 Xcode 的项目导航面板中单击 View.xib 文件节点，此时 Xcode 将会显示如图 10.6 所示的界面。

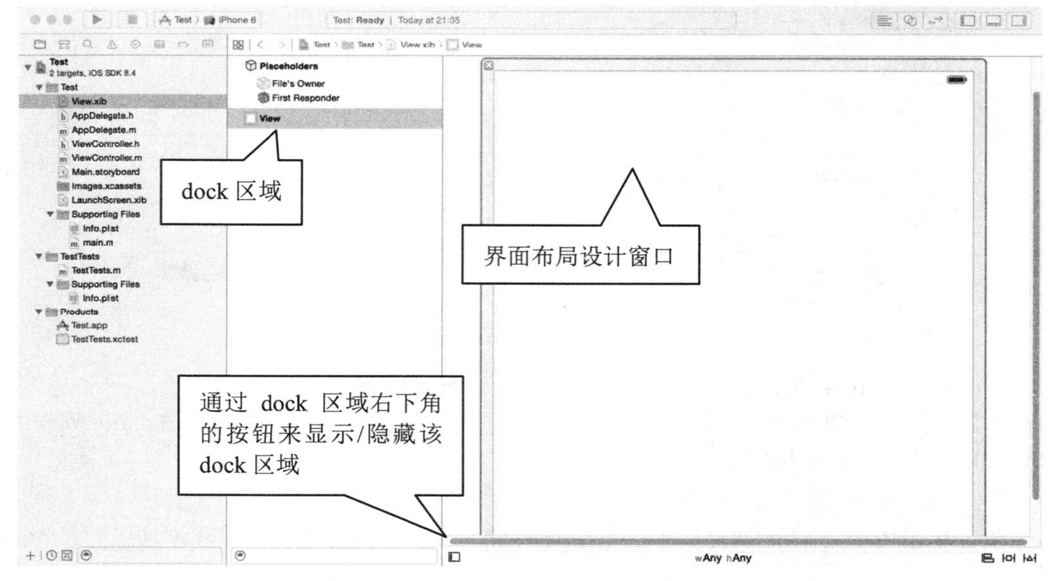

图 10.6　xib 界面

从图 10.6 可以看出，该界面中间区域是一个空白区域，它代表此时正在设计的界面布局。由于该界面布局只是一片空白，还没有放置任何 UI 控件。

在界面布局设计界面的左边，有一个长方形的 dock 区域，开发者可通过 dock 区域右下角的按钮来显示/隐藏该区域。dock 区域分成如下两个区域。

☑ Placeholders 列表区。

该列表区包括 File's Owner 和 First Responder 两个文件，这是每个.nib 文件都拥有的特殊项。

File's Owner 代表加载该界面设计文件的对象，也代表拥有该界面布局文件的对象。通常来说，该界面文件对应的控制器将作为 File's Owner 对象，谁负责加载该界面设计文件，谁就作为 File's Owner。

First Responder 代表当前正在与用户交互的对象。在应用程序生命周期内，随着用户与屏幕交互的变化，First Responder 代表的控件会发生改变。例如，有一个表单，当用户触摸表单中的某个文本域时，该文本域将成为活动文木框，担当 First Responder 角色。

☑ Objects 列表区。

该列表区内保存 nib 界面布局文件中用到的所有 UI 控件实例。当开发人员在 nib 文件中设计 iOS 应用界面时，会不断地把各种 UI 控件拖入 nib 文件中。当应用程序运行并加载该 nib 布局文件时，系统将会为该界面中的每个 UI 控件都创建相应的对象，该 Objects 列表区显示的对象列表就是 nib 布局文件中用到的所有 UI 控件。

例如，在上面 iOS 应用的界面中只包含一个 View 对象，如果用户单击该 View 对象，即可在布局设计界面中看到整个灰色区域周围出现了一个蓝色的方框，表明用户选中了该对象，这意味着该 View 对象代表这个 iPhone 屏幕大小的空白控件。

该 View 对象其实就是 UI View 类的实例（系统需要通过 alloc.init 方法创建该 UIView 实例），UI 对象代表一个用户可以看到，并能与之交互的空白区域。

【拓展】从广义角度说，iOS 的一切 UI 控件都是 UIView 或其子类。用户看到的所有 UI 控件，包括按钮、文本框、标签等都继承了 UIView。不仅如此，如果开发者需要派生自己的 UI 控件，也可通过继承 UIView 来实现。

Interface Builder 支持两种文件类型：使用*.nib 后缀的传统格式和使用*.xib 后缀的新格式。iOS 应用项目模板默认都使用*.xib 作为界面设计文件，但由于 Interface Builder 一直使用*.nib 文件作为界面设计文件，因此大部分开发人员习惯将用 Interface Builder 设计的界面文件称为*.nib 文件，即使 iOS 项目中界面设计文件已经使用了*.xib 后缀。不仅如此，Apple 公司也仍然在其文档中大量使用 nib 和“nib 文件”两种术语。

实际上，*.xib 文件与*.nib 文件有一定的区别。Interface Builder 负责把窗口、菜单栏以及窗口上的各种 UI 控件的对象都“冻结”在*.nib 文件中。也就是说，如果使用*.nib 界面设计文件，界面上用到的 UI 控件已经被创建出来了，程序运行时只要“唤醒”这些 UI 控件对应的 nib 文件即可。

从格式上看，*.xib 文件是 XML 文件，而*.nib 文件是一种二进制格式。Xcode 在编译项目时，会把*.xib 文件都转换为*.nib 文件，因此运行时总是使用*.nib 文件，对运行阶段的最终用户而言，使用的总是*nib 格式的文件，因此性能上不存在任何区别。

对于开发阶段的开发者而言，使用*.xib 文件更方便。*.xib 文件是文本文件，可以很方便地进行文件比较，而且在版本控制方面也更有优势。

基于以上原因，Xcode 目前已经不再使用*.nib 文件作为界面设计文件，而是使用*.xib 文件中的界面设计文件。虽然 Xcode 依然可以支持.nib 格式的界面设计文件，但对开发者而言，通常建议采用*.xib 文件作为界面设计文件。

Note

10.1.4 添加控件

在视图界面中添加控件的步骤如下。

【操作步骤】

第 1 步，打开 View.xib 文件，Xcode 打开用户设计界面。

第 2 步，按 Control+Option+Command+3 组合键，打开 Xcode 的对象库面板。

提示：Control+Option+Command+1～Control+Option+Command+4 分别用于打开 4 个不同的库面板。实际开发时，通常都是通过这些快捷键打开不同的库面板。

第 3 步，打开对象库面板之后，在该面板中拖动滚动条，找到希望添加的 UI 控件。

提示：由于对象库面板中的 UI 控件比较多，为了能快速找到所需的 UI 控件，Xcode 允许在库面板的下方输入部分关键字进行搜索。例如，在下方输入 lab，对象库面板将会显示对象名称中包含 lab 字符串的对象，如图 10.7 所示。

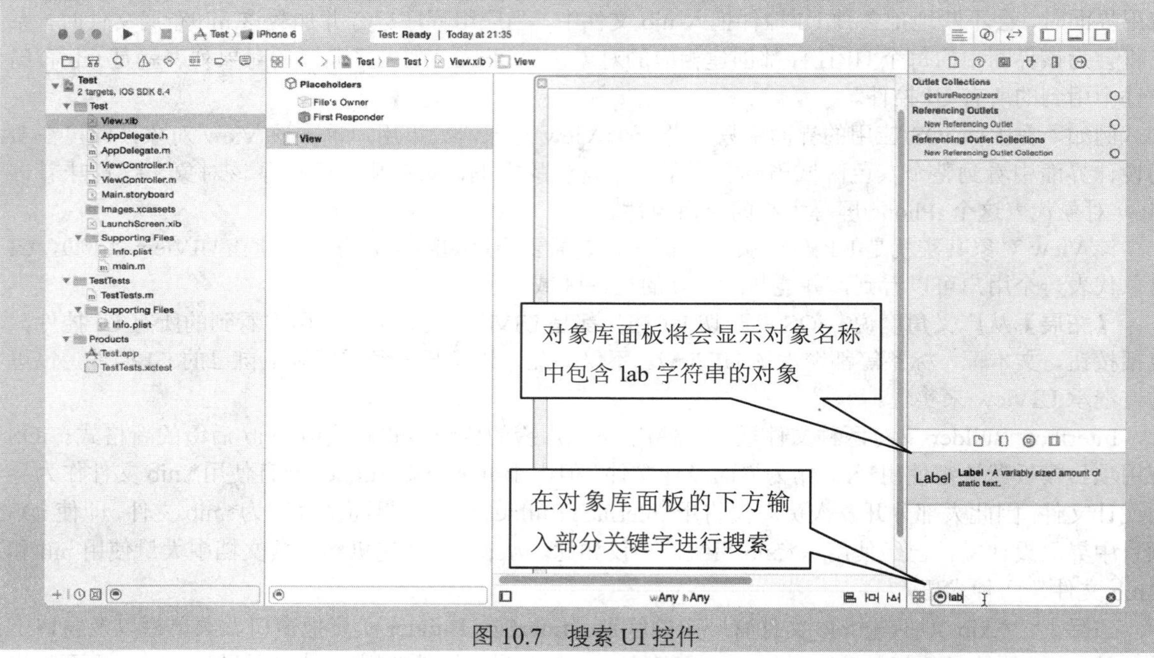

图 10.7　搜索 UI 控件

第 4 步，选中希望添加的 UI 控件，例如，此处希望把 Label 控件添加到界面中。

提示：标签（Label）是 UILabel 类的实例化对象，主要用于呈现短的只读文本视图，按照其应用的功能化可分为文本属性的访问、文本大小的设置、高亮显示（Highlight）的管理、阴影的绘制、绘制和定位的覆盖、属性的设置和获取等。

第 5 步，将该控件拖到 View 对象中。如果在当前编辑窗口中看不到 View 控件，单击 dock 区域中 Objects 列表区的 View 图标即可。

第 6 步，当把 Label 控件拖到 View 控件中间时，Xcode 会显示两条引导线：一条水平线，一条垂直线，如图 10.8 所示。

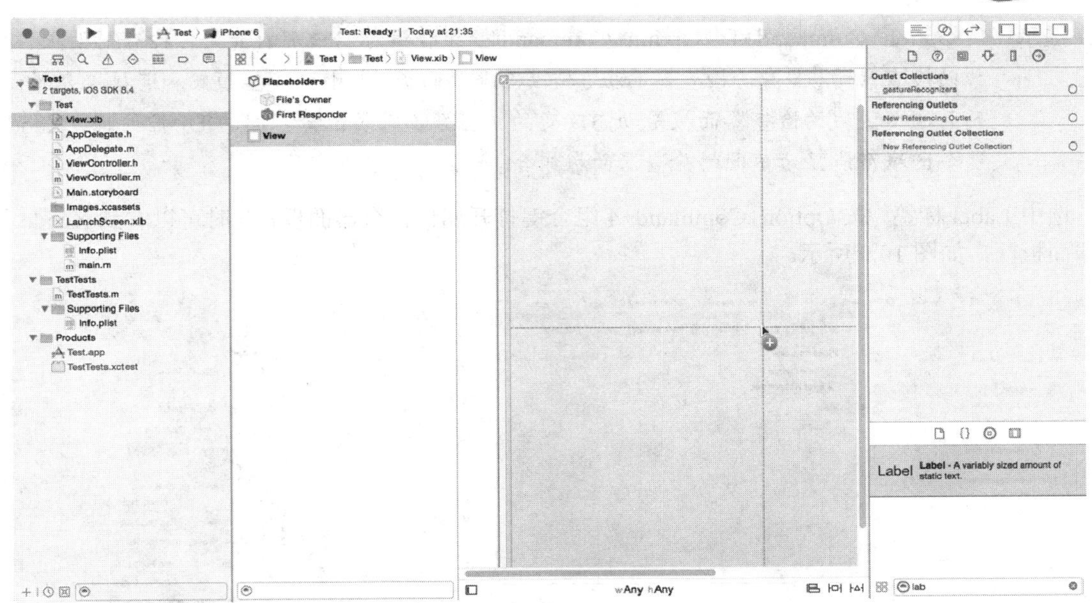

图 10.8　将 UI 控件拖入 View 控件中

提示： 这些引导线告诉用户正在添加的控件是否居中。当把 UI 控件拖到界面的上方时，上方也会出现一条引导线，表示 UI 控件的顶端最好不要超过这条线。同理，当把 UI 控件拖到界面的下方时，下方也会出现一条引导线，表示 UI 控件的底端最好不要超过这条线。当把 UI 控件拖到界面的左边或右边时，在相应位置也会出现一条引导线，分别表示 UI 控件的左边或右边最好不要超过这条线。

第 7 步，当把 Label 拖入 View 主控件之后，意味着将一个 UILabel 实例添加到应用程序主视图（UIView 的实例）中成为程序主视图的子视图。

一般情况下，iOS 应用的界面设计文件的“根控件”就是 UIView，有时也可以使用其他控件作为界面设计文件的“根控件”。

【拓展】 有些控件本身的背景色与父控件（如 UIView）的背景色相同，而且该控件上没有任何文字、图片，这样不容易发现该控件。为了能看到每个 UI 控件的轮廓，可选择 Editor→Canvas→Show Layout Rectangles 命令来显示各 UI 控件的轮廓。

10.1.5　编辑控件属性

在 Xcode 中修改控件属性的基本方法：先选中要修改的 UI 控件，然后在属性监视器面板中修改该控件的属性。

在 Xcode 中选中 10.1.4 节拖入界面设计中的 Label 控件后，在 Xcode 的“文件检查器”“快速帮助检查器”面板中新增了如下 4 个额外的检查器面板。

☑　身份检查器：用于管理界面控件的实现类、恢复 ID 等标识性属性。

☑　属性检查器：用于管理界面控件的拉伸方式、背景色等外观属性。

☑　大小检查器：用于管理界面控件的宽、高、X 坐标、Y 坐标等大小、位置的相关属性。

☑　连接检查器：用于管理界面控件与程序代码之间的关联性。

Note

> 提示：按 Option+Command+1～Option+Command+6 组合键可以分别打开文件检查器面板、快速帮助检查器面板、身份检查器面板、属性检查器面板、大小检查器面板和连接检查器面板，而且这个区域的检查器面板是动态改变的，当开发人员选择不同的 UI 控件时，Xcode 在这个区域可能显示不同的检查器面板组合。

选中 Label 标签，按 Option+Command+4 组合键打开属性检查器面板，此时可以看到 Xcode 的检查器面板区，如图 10.9 所示。

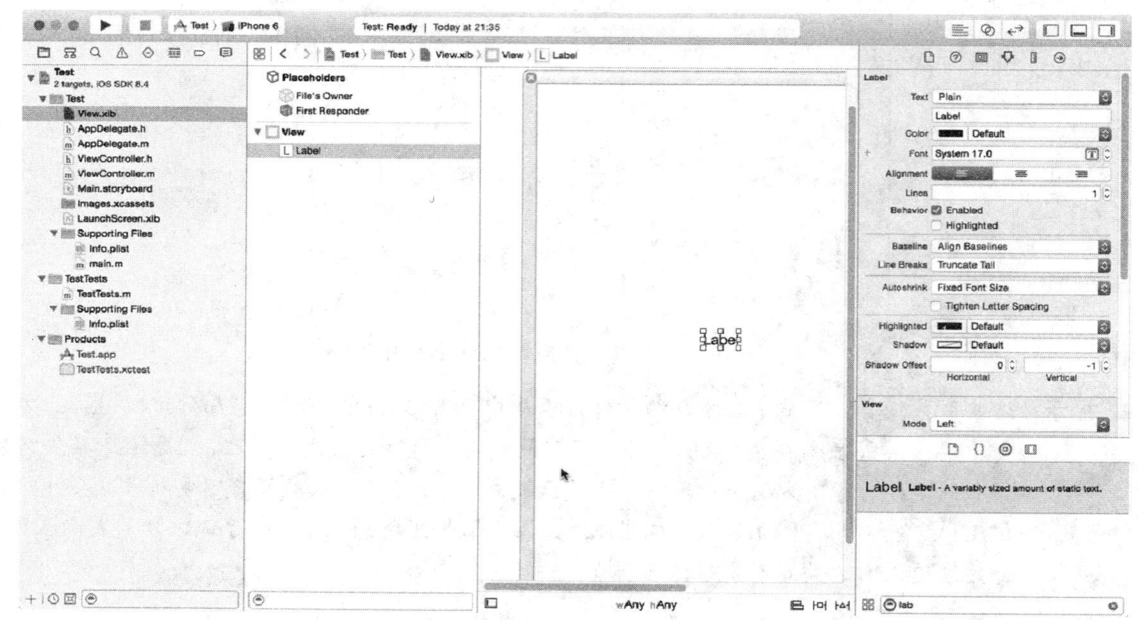

图 10.9　打开属性检查器面板

从图 10.9 所示的属性检查器面板中可以看到，该面板分为两个区域：UILabel 支持的属性和 UIView 支持的属性。

所有 UI 控件都继承了 UIView 类，因此所有的 UI 控件都支持 UIView 所提供的各种通用属性，这些通用属性放在属性检查器面板最下端的 View 区进行设置。UILabel 自身支持的各种属性则放在 Label 区进行设置。

> 提示：在复杂的嵌套结构中，如果一个控件包含多个父类，则会分多个区域。例如，有一个类型为 Abc 的 UI 控件，该类型为 Abc 的 UI 控件继承了类型为 Xyz 的 UI 控件，类型为 Xyz 的 UI 控件继承了 UIView 控件，那么类型为 Abc 的 UI 控件对应的属性检查器面板就会划分为 3 个区域：Abc 支持的属性、Xyz 支持的属性和 UIView 支持的属性。

按此规律类推，如果某个 UI 控件从 UIView 开始，一共有 N 个父类，那么该控件对应的属性检查器面板将会包含 N+1 个区。

对于所有的 UI 控件而言，通过属性检查器面板设置的属性将会作为该控件的初始属性。当 iOS 应用第一次加载该界面时，这些 UI 控件的外观就是在属性检查器面板中设置的效果。

随着程序的运行，程序经常需要动态地改变各控件的外观和行为，可通过在程序中调用方法来设置这些 UI 控件的属性实现。

10.1.6　UIView 属性

UIView 可指定如下通用属性。

1. Mode

Mode 属性用于控制该 UI 控件内图片的对齐方式，以及是否缩放该图片来适应该控件。一般常用 Center（使图片居中）。

如果选择 Scale To Fit（缩放图片，保证图片可以适应该控件）、Aspect Fit（保持纵横比缩放图片，保证图片可以适应该控件）、Aspect Fill（保持纵横比缩放图片，保证图片可以填充该控件）这些属性值，都需要对原始图片进行缩放，这些缩放选项都会带来额外的处理开销，因此，最好避免使用这些选项。如果希望程序能以不同的尺寸显示同一个图片，最好为该图片创建不同于此处的版本，依赖 iOS 系统对该图片进行缩放。

2. Tag

该属性用来指定该 UI 控件的唯一标识，不能在程序中动态地修改，当程序需要动态控制某个 UI 控件的外观或行为时，就需要在程序中获取该 UI 控件的引用，可通过该 UI 控件的 Tag 属性值来获取该 UI 控件。

3. Interaction

Interaction 部分支持如下两个复选框。

☑ User Interface Enable：如果选中该复选框，表明该控件可以支持与用户交互。通俗地说，就是当用户用手指去“点”这个控件时，该控件可以支持一定的反应。对于大部分控件而言。通常都应该选中该复选框，否则这个控件将无法响应用户的操作。但对于 UILabel、UIImageView 等控件而言，只是用于显示文本或图像，因此，通常无须选中该复选框。

☑ Multiple Touch：如果选中该复选框，表明该控件需要支持多点触摸事件。多点触摸事件可以支持更复杂的手势，例如，iOS 应用中常见的使用两个手指捏合手势进行缩放。

4. Alpha

该属性用于控制该控件的透明度，其属性值支持 0.0～1.0 的任意浮点数值，其中，0.0 代表完全透明，1.0 代表完全不透明。如果设置小于 1.0 的任意浮点数值，那么该控件将具有半透明效果。

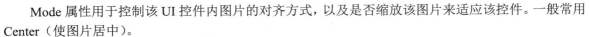

注意： 如果将控件设为半透明效果，那么 iOS 系统将需要更多额外的计算开销来计算透明度。因此，应该尽量避免将 UI 控件设为半透明效果。

5. Background

该属性用于控制该控件的背景色，可以为该控件选择任意的背景色。当然，为某个控件设置背景色时，一定要注意用户界面的整体一致性。

6. Drawing

Drawing 区同样包含如下 5 个复选框。

☑ Opaque：该复选框用于设置控件是否为“不透明”。如果选中该复选框，表明该控件是“不透明”的控件。如果将某个控件设置为“不透明”的控件，则将通知 iOS 系统，该控件后面的任何内容都无须绘制，这样，iOS 系统的绘图方法可以执行一些优化来加速绘图。当程序

Note

将空间的 Alpha 设为小于 1.0 的值时，就会将该控件设为半透明，如果没有选中 Opaque 复选框，那么 iOS 系统除了需要绘制该半透明控件之外，还需要绘制该控件后面的内容，这样系统就需要更多的计算开销。如果程序需要保持较好的性能，则可以选中该控件的 Opaque 复选框，将该控件设为不透明行为，这就是告诉系统，即使该控件的 Alpha 值小于 1.0，系统也无须绘制该控件后面的内容，这样系统的绘图方法就可执行一些优化来加速绘图。

☑ Hidden：该复选框用于控制是否隐藏控件，如果选中该复选框，控件将处于隐藏状态，用户将看不到该控件。

☑ Clears Graphics Context：该复选框用于控制清除控件所覆盖的区域。选中该复选框之后，iOS 系统将会先清除该控件所覆盖的区域，然后才开始实际绘制该控件，但系统将需要执行额外的清除操作，程序性能将更低，因此一般无须选中该复选框。

☑ Clip Subviews：该复选框控制是否“裁剪”子控件。当控件包含多个子控件且这些子控件并未完全包含在当前控件内时，如果选中该复选框，那么只有位于当前控件以内的子控件才会被绘制出来。如果不选中 Clip Subviews 复选框，不管子控件是否位于该父控件之内，都会被绘制出来。

☑ Autoresize Subviews：该复选框控制是否“自动调整”子控件大小，当调整控件大小时，如果选中该复选框，那么该控件所包含的子控件都会随之自动调整大小；如果不选中该复选框，那么该控件所包含的子控件不会随着调整大小。

7. Streching

该区域的属性值用于控制 UIView 的拉伸区域。只有当系统需要在屏幕上调整该控件的大小，并且需要重绘该控件时才需要定义拉伸区域。因此，通常来说，无须设置该区域的属性值。

该属性区可制定 X、Y、Width、Height 这 4 个属性值，用于精确控制该控件重绘时的拉伸区域，其中，X、Y 属性值指定重绘区域的起始位置，Width、Height 制定重绘区域的宽度和高度，这 4 个属性值都是 0.0～1.0 之间的浮点值。

10.1.7 UILabel 属性

对于 UILabel 而言，由于继承了 UIView，因此除了可以设置 UIView 所支持的属性外，还可以设置一些额外的属性。

1. Text

该属性的第一个列表框可用于选择不同的文本方式，支持 Plain 和 Atttributed 两种设置方式，一般使用 Plain 方式设置即可。

接下来的文本框内的字符串就是该 Label 所显示的字符串，该文本框中可输入任何字符串。

2. Color

该属性用于控制此 UILabel 控件内文本的颜色。开发者可根据界面设计的整体要求，为该 UILabel 内的文本选择任意颜色。

3. Font

该属性用于控制此 UILabel 中文本的字体、文字大小和字体风格，如果单击该属性对应的输入框最右边的向上和向下箭头，Xcode 即可改变该 UILabel 中文字的大小。

如果单击该属性对应输入框右边的 T 字图标，Xcode 打开如图 10.10 所示的字体设置对话框。只有在 Font 列表框中选择 Custom 列表项，才可通过 Family 设置字体名，通过 Style 设置字体的粗体、斜体、粗斜等风格，通过 Size 设置字体大小。除此之外，Font 属性还有如下选项。

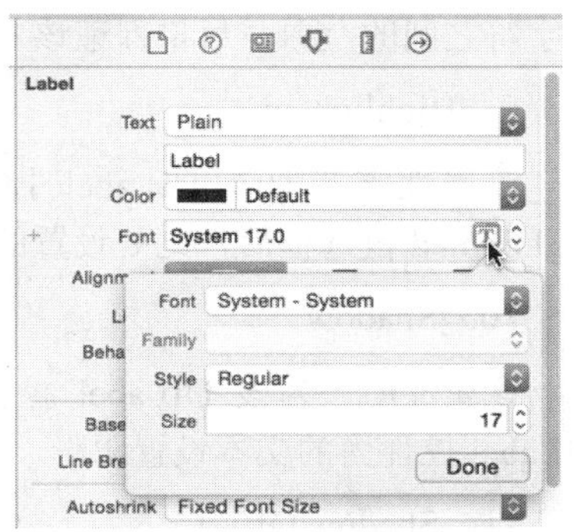

图 10.10　字体设置对话框

☑ System：设置该 UILabel 使用系统默认的字体。如果选择该列表项，将不能修改字体设置对话框中的 Family、Style、Size 等属性。

☑ System Bold：设置该 UILabel 使用系统默认的粗体字体。如果选择该列表项，将不能修改字体设置对话框中的 Family、Style、Size 等属性。

☑ System Italic：设置该 UILabel 使用系统默认的斜体字体。如果选择该列表项，将不能修改字体设置对话框中的 Family、Style、Size 等属性。

4. Alignment

该属性设置此 UILabel 中文本的对齐方式，支持“左对齐”“居中对齐”“右对齐”3 种对齐方式。

5. Lines

该属性控制此 UILabel 中文本的行数，其属性值默认为 1，用于设置该 UILabel 只能显示一行文本。

6. Behavior

该属性区内包含如下两个复选框。

☑ Enabled：该复选框控制此 UILabel 是否可用，默认都会选中该复选框，保证此 UILabel 处于可用状态。如果没有选中该复选框，那么该 UILabel 将处于不可用状态，显示淡灰色。

☑ Highlighted：该复选框控制此 UILabel 是否处于高亮状态。如果选中该复选框，则此 UILabel 控件的文本将以高亮颜色显示，还有属性用于设置高亮颜色。

7. Line Break

该属性控制对 UILabel 控件内文本的截断。当 UILabel 控件的字符串内容比较多，而 UILabel 不足以容纳这些字符串内容时，该属性用于控制系统对 UILabel 内文本的截断，可支持如下 3 个列表项之一。

☑ Truncate Head：对字符串多余部分的开始部分进行截断。用…代表被截断的文本部分。

☑ Truncate Middle：对字符串多余部分的中间部分进行截断。用…代表被截断的文本部分。

☑ Truncate Tail：对字符串多余部分的结尾部分进行截断。用…代表被截断的文本部分。

8. Autoshrink

该属性控制 UILabel 内文本的自动收缩。当 UILabel 控件的字符串内容比较多，而 UILabel 不足以容纳这些字符串内容时，该属性用于控制系统对 UILabel 内文本进行自动收缩，从而使该 UILabel 控件可以容纳这些字符串内容。该属性值可支持如下 3 个列表项之一。

☑ Fixed Font Size：设置不缩放。让 UILabel 控件内字体保持固定大小。

☑ Minimum Font Scale：设置字体进行缩放，如果选择该列表项，在该列表项下还可以输入一个范围在 0.0～1.0 之间的浮点值，该浮点值控制字体缩放的最小比例。

☑ Minimum Font Size：设置字体进行缩放，如果选择该列表项，在该列表项下还可以输入一个

整型值，该整型值控制字体缩放的最小字号。

AutoShrink 属性区还有一个 Tighten Letter Spacing 复选框，如果选中该复选框，系统将会自动压缩字符之间的空白，尽量保证该 UILabel 能容纳这些文本内容。

Note

9. Highlighted

该属性支持为该 UILabel 控件内的文本设置高亮颜色。当选中了前面的 Behavior 属性区的 Highlighted 复选框后，此处设置的高亮颜色才会起作用。

10. Shadow

该属性用于为该 UILabel 控件内的文本设置阴影颜色，默认值是不使用阴影。如果程序需要为 UILabel 控件内的文本设置阴影，可以通过该属性挑选阴影颜色。

11. Shadow Offset

该属性控制 UILabel 控件内的阴影文本与正常文本之间的偏移，该属性区需要指定 Horizontal 和 Vertical 两个属性值，分别指定阴影文本与正常文本在水平和垂直方向的偏移距离。对于 Horizontal 属性值，如果该属性值大于 0，阴影文本相对于正常文本向右偏移；如果该属性值小于 0，阴影文本相对于正常文本向左偏移。对于 Vertical 属性值，如果该属性值大于 0，阴影文本相对于正常文本向下偏移；如果该属性值小于 0，阴影文本相对于正常文本向上偏移。

【拓展】表 10.1 列出了 UILabel 类的常用方法及属性，使用这些方法和属性可以在代码中动态控制标签显示。

表 10.1　UILabel 类的属性和方法

属性或方法	说　明
@property(nonatomic, copy) NSString *text	设置显示文字
@property(nonatomic, retain) UIFont *font	设置字体
textColor property	设置文字颜色
@property(nonatomic) UITextAlignment textAlignment	设置文字对齐位置
@property(nonatomic, getter=isEnabled) BOOL enabled	设置 label 中的文字是否可变，默认值是 YES
@property(nonatomic) BOOL adjustsFontSizeToFitWidth	设置字体大小是否适应 label 宽度
@property(nonatomic) CGFloat minimumFontSize	显示标签文本字体大小的最小值
@property(nonatomic) NSInteger numberOfLines	设置 label 的行数，可以根据 UITextView 自适应高度确定
@property(nonatomic)UIBaselineAdjustment baselineAdjustment	控制如何调整文本基线，适应当标签的文本需要时进行收缩
@property(nonatomic, retain) UIColor *highlightedTextColor	高亮时的颜色
@property(nonatomic, getter=isHighlighted) BOOL highlighted	设置文本是否高亮
shadowColor property	设置阴影的颜色
@property(nonatomic) CGSize shadowOffset	阴影的偏移位置
-(CGRect)textRectForBounds:(CGRect)bounds limitedToNumberOfLines:(NSInteger)numberOfLines	返回显示标签文本的显示区域（矩形）
-(void)drawTextInRect:(CGRect)rect	在指定的矩形区域显示文本（或阴影）
@property(nonatomic, getter=isUserInteractionEnabled) BOOL userInteractionEnabled	设置是否能与用户进行交互

【示例】下面的代码是 UILabel 类的部分应用示例。

```
//标签的初始化
UILabel *label = [ [UILabel alloc ] initWithFrame:
CGRectMake((self.bounds.size.width / 2),
 0.0, 150.0, 43.0) ];
//设置显示文字
label.text = @"我是来自北方的狼";
//设置字体：粗体，正常的是 SystemFontOfSize，调用系统的字体配置
label.font = [UIFont boldSystemFontOfSize:20];
//设置文字颜色，有多种颜色可以选择
label.textColor = [UIColor orangeColor];
label.textColor = [UIColor purpleColor];
//设置文字对齐位置：居左，居中，居右
label.textAlignment = UITextAlignmentLeft;
label.textAlignment = UITextAlignmentCenter;
label.textAlignment = UITextAlignmentRight;
//设置字体大小是否适应 label 宽度
label.adjustsFontSizeToFitWidth = YES;
//设置 label 的行数
label.numberOfLines = 2;
//设置文本是否高亮和高亮时的颜色
label.highlighted = YES;
label.highlightedTextColor = [UIColor orangeColor];
//设置阴影的颜色和阴影的偏移位置
label.shadowColor = [UIColor redColor];
label.shadowOffset = CGSizeMake(1.0,1.0);
//设置是否能与用户进行交互
label.userInteractionEnabled = YES;
//设置 label 中的文字是否可变，默认值是 YES
label.enabled = NO;
//设置文字过长时的显示格式：截取中间
label.lineBreakMode = UILineBreakModeMiddleTruncation;
```

10.2　iOS 运行机制

本节将详细介绍 iOS 应用中 Objective-C 类的运行机制。

10.2.1　了解 MVC

MVC（Model View Controller）是所有面向对象程序设计语言都应该遵守的规范，MVC 思想将一个应用分成 3 个基本部分：Model（模型）、View（视图）和 Controller（控制器）。

☑　Model 表示应用程序核心，如数据库记录列表。

☑　View 显示数据（数据库记录）。

☑　Controller 处理输入（写入数据库记录）。

MVC 开始时是存在于桌面程序中的，Model 是指业务模型，View 是指用户界面，Controller 则是

Note

控制器。使用 MVC 的目的是将 Model 和 View 的实现代码分离，从而使同一个程序可以使用不同的表现形式。例如，一批统计数据可以分别用折线图、柱状图、饼图等来表示。Controller 存在的目的则是确保 Model 和 View 的同步，一旦 Model 改变，View 应该同步更新，其整体结构示意如图 10.11 所示。

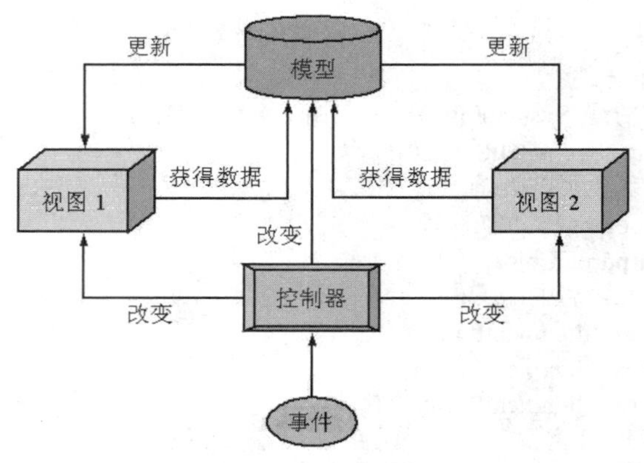

图 10.11　MVC 模式结构

> 提示：模型—视图—控制器（MVC）是 Xerox PARC 在 20 世纪 80 年代为编程语言 Smalltalk-80 发明的一种软件设计模式，已被广泛使用，后来被推荐作为 Oracle 旗下 Sun 公司 Java EE 平台的设计模式，并且受到越来越多的使用 ColdFusion 和 PHP 的开发者的欢迎。

iOS 严格遵守 MVC 设计思想。当使用 Cocoa Touch 编写 iOS 应用时，对 MVC 的各组件有相当严格的限制。

☑ Model 组件：在进行 iOS 应用开发时，Model 组件通常是一些普通的 Objective-C 类，这些 Objective-C 类可用于保存少量的应用程序状态数据。当应用程序的状态数据较多时，可以考虑使用 Core Data 来构建数据模型。对于本章的案例程序，无状态数据需要保存，因此不需要设计 Model 组件。

☑ 视图组件：在进行 iOS 应用开发时，主要使用 Interface Builder 来创建视图组件。在某些特殊的情况下，程序也可能需要在代码中创建、修改界面，更可能扩展已有的视图控件。

☑ 控制器组件：控制器组件通常由开发者开发的 Objective-C 类来充当。该控制器组件可以是完全自定义的类（继承 NSObject 的子类）。但大部分时候，控制器组件都会继承 UIKit 框架中的 UIViewController 基类，通过继承该基类，可以让控制器类免费获取大量的功能，并且不再需要重新设计类结构。

前面介绍使用 Interface Builder 创建的界面设计文件（*.xib 文件）就是典型的 View 组件，该 View 组件由与之对应的控制器组件 ViewController 来负责加载、管理。

10.2.2　入口函数

Objective-C 程序总是从 main()函数开始执行，iOS 应用也不例外。在 iOS 项目文件的 Supporting Files 目录下，可以找到 main.m 文件，该文件的代码如下：

```
#import <UIKit/UIKit.h>
#import "AppDelegate.h"
```

```
int main(int argc, char * argv[]) {
    @autoreleasepool {
        return UIApplicationMain(argc, argv, nil, NSStringFromClass([AppDelegate class]));
    }
}
```

在上面的程序中，main()函数中调用了 UIApplicationMain()函数，该函数语法格式如下：

```
int UIApplicationMain(int argc, char *argv[], NSString *principalClassName, NSString *delegateClassName);
```

该函数通常被 main()入口函数调用，程序调用该函数隐式创建 UIApplication 对象（应用程序对象），并为该 UIApplication 对象设置应用程序委托，该委托负责处理应用程序的事件循环。

> **提示**：委托对象通常需要实现某个协议，定义该协议的对象将会把一些相关处理交给实现该协议的对象去处理，那么实现该协议的对象就是委托。

上面的代码就是在入口函数（main()函数）中调用 UIApplicationMain()函数，该函数负责产生一个 UIApplication 对象，而 UIApplication 的 delegate 属性就是指定的 AppDelegate 对象。

此处使用 UIApplicationMain()函数指定该应用程序的委托类是 AppDelegate 类，这就需要该 iOS 应用必须提供 AppDelegate 类，而且该类必须实现相应的协议。对于此处的 iOS 应用，应用程序委托对象需要实现 UIApplicationDelegate 协议。

10.2.3 应用程序委托

UIApplication 对象代表整个 iOS 应用程序本身，是一个全局对象，每个 iOS 应用只有一个 UIApplication 对象，但实际编程中并不需要与 UIApplication 打交道，通常只涉及该对象的 delegate 对象（应用程序委托对象），因此应用程序委托对象也是全局可用的。

由于 UIApplication 的委托对象是全局可用的，因此，如果有一些需要全局访问的对象、数据，都可将其设置为 UIApplication 的委托对象的属性，这样方便程序随时访问它们。在程序中可通过如下代码来获取应用程序委托：

```
AppDelegate* appDelegate = [UIApplication shareApplication].delegate
```

获取应用程序委托对象之后，既可通过该对象读取全局有效的信息，也可将任何需要全局访问的对象、数据设置为应用程序委托的属性。从这个角度看，应用程序委托对象是整个 iOS 应用的通信中心，其他应用程序组件都可以通过该对象进行数据交换。

不仅如此，应用程序委托还将负责处理应用程序执行过程中的事件循环，负责处理 iOS 应用的各种生命周期事件。

对一个 iOS 应用来说，除了 main()数之外，应用程序委托对象是整个 iOS 应用第一个被加载、执行的对象，该对象除了作为应用程序委托之外，也可能需要作为 iOS 应用的“响应者”，因此应用程序委托类需要满足两个规则：继承 UIResponder 基类和实现 UIApplicationDelegate 协议。

> **提示**：UIResponder 是 iOS 应用提供的一个基类，所有需要向用户提供响应的对象都需要继承 UIResponder 基类。

下面是该应用的应用程序委托类的接口部分（AppDelegate.h）。

```
#import <UIKit/UIKit.h>
@class ViewController;
```

```
@interface AppDelegate: UIResponder <UIApplicationDelegate>
@property (strong, nonatomic) UIWindow *window;
@property (strong, nonatomic) ViewController *viewController;
@end
```

Note

上面的程序定义了一个 AppDelegate 类，该类继承了 UIResponder 基类，表明该类可作为应用的"响应者"使用。除此之外，AppDelegate 类还实现了 UIApplicationDelegate 协议，表明该对象可作为应用程序委托使用。

该应用程序委托类中定义了如下两个属性。

☑ 类型为 UIWindow 的 window 属性。

☑ 类型为 ViewController 的 viewController 属性。

这两个属性也是 iOS 应用程序委托类通常会提供的两个属性，其中类型为 UIWindow 的 window 属性代表整个 iOS 应用程序的窗口。对于一个 iOS 应用而言，应用程序窗口将总是同一个对象，只需要创建一次。在 iOS 应用的整个生命周期中，应用程序窗口通常无须改变。

ViewController 代表一个视图控制器，iOS 采用了严格的 MVC 设计，当系统创建视图控制器时，通常总会加载一个对应的 nib 文件（界面设计文件）。视图控制器通常关联着一个用户界面。

该应用程序委托类此处定义的 ViewController 则代表该 iOS 应用运行时的初始界面。AppDelegate 类实现了 UIApplicationDelegate 协议，就需要实现该协议定义的方法，这些方法负责处理 iOS 应用的各种生命周期事件。

下面是 AppDelegate 类的部分实现代码（AppDelegate.m）。

```
#import "AppDelegate.h"
@interface AppDelegate()
@end
@implementation AppDelegate
- (BOOL)application:(UIApplication *)application didFinishLaunchingWithOptions:(NSDictionary *)launchOptions {
        //当应用程序启动后将会调用该方法
        //创建 UIWindow 对象，并初始化该窗口的大小与主屏幕大小相同
        //程序将创建的 UIWindow 对象赋值给该程序委托对象的 window 属性
        self.window = [[UIWindow alloc] initWithFrame:[[UIScreen mainScreen] bounds]];
        //创建 ViewController 对象，并使用 ViewController 界面布局文件初始化该视图控制器关联的用户界面
        self.viewController = [[ViewController alloc] initWithNibName:@"View" bundle:nil];
        //让该程序的窗口加载并显示 viewController 视图控制器关联的用户界面
        self.window.rootViewController = self.viewController;
        //将该 UIWindow 对象设为主窗口并显示出来
    [self.window makeKeyAndVisible];
    return YES;
}
- (void)applicationWillResignActive:(UIApplication *)application {
    //当应用程序从活动状态转入不活动状态时，系统将会调用该方法
    //通常来说，当应用程序突然被中断（如有电话、短信时），系统将会回调该方法
    //另外，当用户离开该程序，程序开始转入后台状态时也会回调该方法
}
- (void)applicationDidEnterBackground:(UIApplication *)application {
    //通常可通过重写该方法来释放共享资源，保存用户数据，取消定时器
    //开发者还可通过该方法来保存足够的状态数据，这样保证用户重新启动该应用时能正确恢复到当前
状态
    //如果该应用程序支持后台执行，当用户退出时，系统调用该方法，而不是调用
```

```
        //applicationWillTerminate:方法
    }
    - (void)applicationWillEnterForeground:(UIApplication *)application {
        //当应用程序将要进入前台时将会调用该方法
    }
    - (void)applicationDidBecomeActive:(UIApplication *)application {
        //当应用程序进入前台并转入活动状态时将会调用该方法
    }
    - (void)applicationWillTerminate:(UIApplication *)application {
        //当应用程序被终止时，系统将会调用该方法
    }
    @end
```

代码中的 AppDelegate 类仅仅只是重写了 application:(UIApplication*)application didFinish Launching WithOptions:(NSDictionary *)launchOptions 方法，当应用程序加载时，将会调用该方法，这样该方法就获得了执行的机会。

提示：应用程序委托对象所提供的方法正是为了处理 iOS 应用的各种生命周期事件，随着应用程序状态的改变，系统将会自动调用应用程序委托的不同方法来处理这些事件，从而可以保证应用程序针对程序状态做出相应的处理。

由于本程序只是编写的第一个 iOS 应用，因此并未处理应用程序的状态改变，只是重写了必须重写的 application:didFinishLaunchingWithOptions:方法，该方法其实只做了如下事情。

- ☑ 创建并初始化 UIWindow 对象，该 UIWindow 对象作为该应用程序的窗口。
- ☑ 创建并初始化 ViewController 对象。初始化 ViewController 对象时加载名为 View.xib 的界面设计文件。

提示：程序指定加载界面设计文件时，只需要通过 initWithNibName:参数指定布局文件的主文件名即可，无须详细指定界面设计文件的后缀名.xib。

- ☑ 让程序窗口显示 ViewController 对象关联的程序界面。
- ☑ 将程序窗口设为主窗口，并将该窗口显示出来。

通过 application:didFinishLaunchingWithOptions:方法的逻辑可以看出，正是使用该方法来控制创建程序窗口并显示程序界面，接下来介绍 iOS 应用的视图控制器组件。

10.2.4 视图控制器

大部分视图控制器类都会继承 UIKit 的 UIViewController 基类，该基类中包含了大量方法，应用控制器类可通过重写这些方法来处理视图加载、视图显示等各种事件。

UIViewController 包含如下常见的需要重写的方法。

- ☑ viewDidLoad：当该控制器管理的视图被装载完成后，系统自动调用该方法。如果开发者需要在视图装载完成后执行某些代码，即可通过重写该方法来完成。重写该方法时不要忘记通过“[super viewDidLoad];”代码调用 UIViewController 基类的 viewDidLoad 方法。
- ☑ didReceiveMemoryWarning:：该方法并不是由程序员调用。当系统检测到可用内存紧张时，将会调用该方法。如果开发者需要在系统内存紧张时释放部分内存，则可通过重写该方法来释放暂时不会使用的对象所占用的内存。重写该方法时不要忘记通过“[super didReceive MemoryWarning];”代码调用 UIViewController 基类的 didReceiveMemoryWarning 方法。

Note

- ☑ viewWillAppear：当该控制器管理的视图将要显示出来时，系统自动调用该方法。如果开发者需要在视图将要显示出来时执行某些代码，即可通过重写该方法来完成。重写该方法时不要忘记通过"[super viewWillAppear:YES];"代码调用 UIViewController 基类的 viewWillAppear:方法。
- ☑ viewDidAppear:：当该控制器管理的视图显示出来后，系统自动调用该方法。如果开发者需要在视图显示出来后执行某些代码，即可通过重写该方法来完成。重写该方法时不要忘记通过"[super viewDidAppear:YES];"代码调用 UIViewController 基类的 viewDidAppear:方法。
- ☑ viewWillDisappear:：当该控制器管理的视图将要被隐藏或将要被移出窗口时，系统自动调用该方法。如果开发者在视图将要被隐藏或将要被移出窗口时执行某些代码，即可通过重写该方法来完成。重写该方法时不要忘记通过"[super viewWillDisappear:YES];"代码调用 UIViewController 基类的 viewWillDisappear:方法。
- ☑ viewDidDisappear:：当该控制器管理的视图被隐藏或被移出窗口之后，系统自动调用该方法。如果开发者需要在视图被隐藏或被移出窗口之后执行某些代码，即可通过重写该方法来完成。重写该方法时不要忘记通过"[super viewDidDisappear:YES];"代码调用 UIViewController 基类的 viewDidDisappear:方法。
- ☑ viewWillLayoutSubviews：当该控制器管理的视图将要排列它包含的所有子视图时，系统自动调用该方法。如果开发者需要在视图将要排列它包含的所有子视图时执行某些代码，即可通过重写该方法来完成。重写该方法时不要忘记通过"[super viewWillLayoutSubviews];"代码调用 UIViewController 基类的 viewWillLayoutSubviews 方法。
- ☑ viewDidLayoutSubviews：当该控制器管理的视图把它包含的所有子视图排列完成后，系统自动调用该方法。如果开发者需要在视图把它包含的所有子视图排列完成后执行某些代码，即可通过重写该方法来完成。重写该方法时不要忘记通过"[super viewDidLayoutSubviews];"代码调用 UIViewController 基类的 viewDidLayoutSubviews 方法。

由于本应用十分简单，因此其控制器类只要简单地继承 UIViewController 基类，甚至不需要实现任何特定的方法。下面是 ViewController 控制器类的接口部分（ViewController.h）。

```
#import <UIKit/UIKit.h>
@interface ViewController: UIViewController
@end
```

由于该控制器类是 Xcode 采用代码模板生成的，因此 ViewController 还是实现了两个方法，只是它实现的这两个方法并没有增加任何额外的处理。下面是 ViewController 控制器类的实现部分（ViewController.m）。

```
#import "ViewController.h"
//定义 ViewController 的扩展，对该项目没什么实际意义，可删除
@interface ViewController ()
@end
//定义 ViewController 的实现部分
@implementation ViewController
//重写该方法，当该控制器关联的视图加载完成后系统会调用该方法
- (void)viewDidLoad {
    [super viewDidLoad];
    //如果程序需要在 nib 视图文件加载完成后执行某些额外的处理，可在此处编写代码
}
//重写该方法，当系统内存紧张时，系统会调用该方法
```

```
- (void)didReceiveMemoryWarning {
    [super didReceiveMemoryWarning];
    //此处可考虑释放那些以后可以重建的资源
}
@end
```

上面的视图控制器只是重写了 UIViewController 的 viewDidLoad 方法和 didReceiveMemoryWarning 方法。当该控制器加载视图完成后，就会调用 viewDidLoad 方法，当系统内存紧张时，就会调用 didReceiveMemoryWarning 方法。

虽然这两个方法并没有增加任何实现代码，但在前面的应用程序委托对象的(BOOL)application:didFinish Launching WithOptions:方法中已经创建该视图控制器对象，并让该控制器加载了对应的视图文件，因此该程序已经可以运行了。

单击 Xcode 左上角的运行按钮，编译、运行该 iOS 应用，系统将会启动 iPhone 模拟器，即可看到如图 10.12 所示的运行效果。

图 10.12　iOS 应用运行效果

提示： 当执行上面的程序时，如果看不到图 10.12 所示的运行结果（模拟器显示为黑屏或空白），则可以在 Xcode 中手动绑定视图控制器与视图文件，操作步骤如图 10.13 所示。

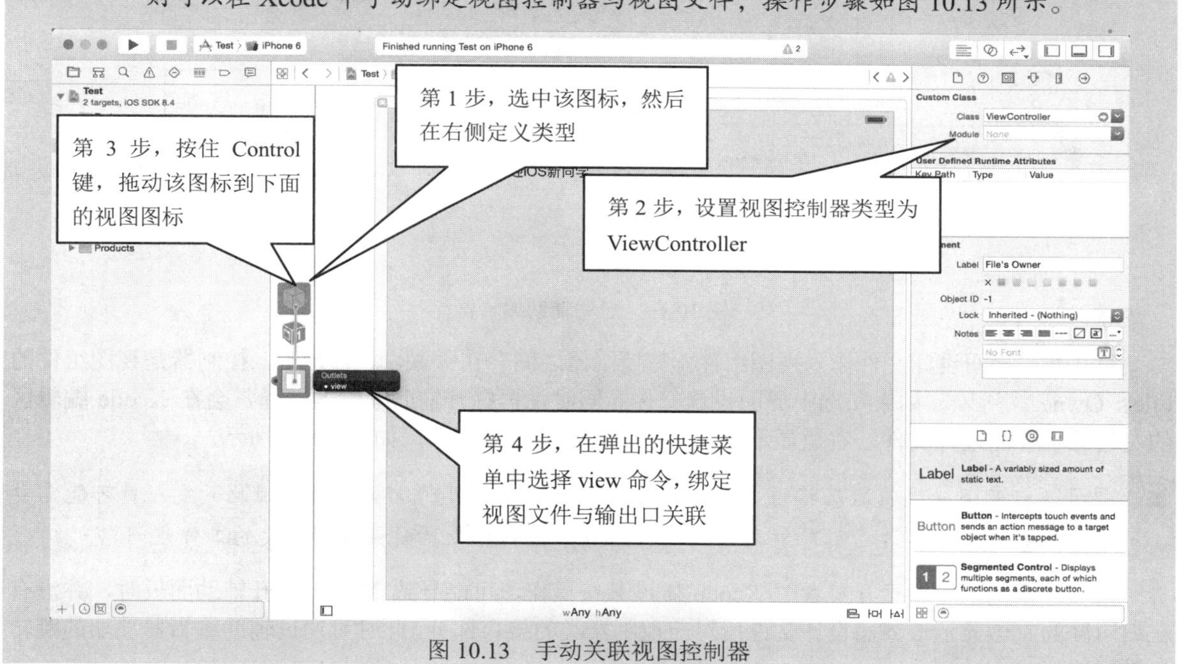

图 10.13　手动关联视图控制器

10.3　事件处理机制

为了实现应用能响应用户动作，与用户交互，本节将介绍如何使用 iOS 的事件处理机制。

10.3.1 获取控件

Note

iOS 应用提供两种方式来获取程序控件。

☑ 通过 IBOutlet 属性获取控件。

☑ 通过为控件指定 Tag 属性获取该控件。

1. 通过 IBOutlet 属性获取控件

IBOutlet 是一个特殊的属性，该属性可建立与界面设计文件（*.xib 文件或*.storyboard 文件）中控件的关联。例如，在 Interface Builder 中创建了一个 UILabel 对象，并且希望在程序中访问该 UILabel 对象，那么程序就可在该界面设计文件对应的控制器中定义一个 IBOutlet 属性，并建立此 IBOutlet 属性与该 UILabel 的关联，这样即可在控制器对象中通过该 IBOutlet 属性来访问这个 UILabel 对象。

在 Xcode 4 以前，用户需要在控制器的接口部分先定义一个 IBOutlet 属性，然后才能建立界面设计文件中控件与 IBOutlet 属性的关联，但后来的版本在辅助视图中提供了一种更快捷、直观的方式，可以在创建 IBOutlet 属性的同时进行关联。下面介绍如何通过 IBOutlet 连接来获取控件。

【操作步骤】

第 1 步，确保在 Xcode 的项目导航面板中选中界面设计文件，然后单击 Xcode 右上角的辅助视图按钮，Xcode 将在编辑区打开辅助编辑器，如图 10.14 所示。

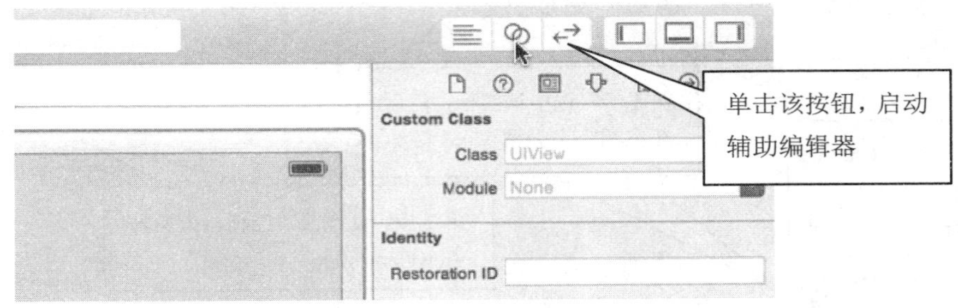

图 10.14 启动辅助编辑器

第 2 步，界面设计文件作为视图组件，与控制器之间存在关联。具体地说，控制器是视图组件的 File's Owner，所以，如果在选中界面设计文件的同时，再打开辅助编辑器，通常会在 Xcode 编辑区的左边显示界面设计文件，右边显示对应的控制器类的接口部分，如图 10.15 所示。

> 提示：打开辅助编辑器后将会在编辑区同时显示两个文件的编辑界面。因此开发人员可能需要关闭 Xcode 左边的导航器面板或 Xcode 右边的检查器面板得到更大的工作空间。

在某些情况下，由于开发者对 Xcode 做过某些操作，可能导致 Xcode 打开辅助面板时，并没有在编辑区的左边显示该界面设计文件所对应控制器类的接口部分，此时可通过辅助编辑器顶端的跳转栏进行选择。

打开辅助设计器顶端的跳转栏，可以看到如图 10.16 所示的列表，通过该列表可以在辅助编辑器内打开该项目中的任意文件。

第 3 步，在打开辅助编辑器的情况下，保证编辑区的左边显示界面设计文件，右边显示该界面设计文件对应的控制器的接口部分。单击界面设计文件中需要建立关联的控件，并按下 Control 键，按住鼠标左键不放，将该控件拖向辅助编辑器中的源代码上，此时将可以看到一条线条，该线条从界面设计文件中的按钮开始，一直连接到光标结束的位置，如图 10.17 所示。

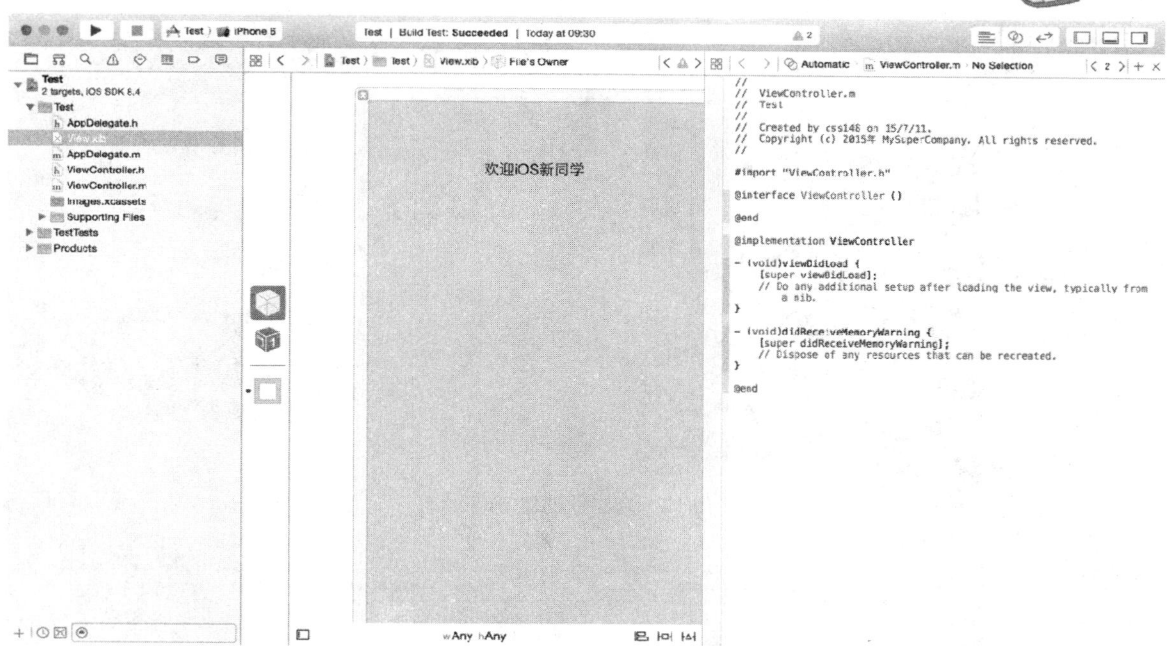

图 10.15　打开辅助编辑面板

图 10.16　在辅助编辑器中选择文件

第 4 步，通过这条线条，可以建立界面设计文件中的控件与控制器代码之间的关联。如果将光标拖到控制器接口部分的@interface 与@end 之间的空白处，Xcode 将会显示一个灰色弹出框，如图 10.18 所示。该灰色弹出框用于为该控件创建 IBOutlet 属性或 IBOutlet 集合，大部分时候都是为 UI 控件建立普通的 IBOutlet 属性，而不是建立 IBOutlet 集合。创建 IBOutlet 集合允许开发者将多个相同类型的对象与一个 NSArray 属性建立关联，而不是为每个 UI 控件创建单独的 IBOutlet 属性。

提示： 可以将该线条拖到任何需要建立关联的位置，例如，辅助设计器中打开的控制器类的接口部分、File's Owner 图标、编辑器窗口左侧的其他图标等。

Note

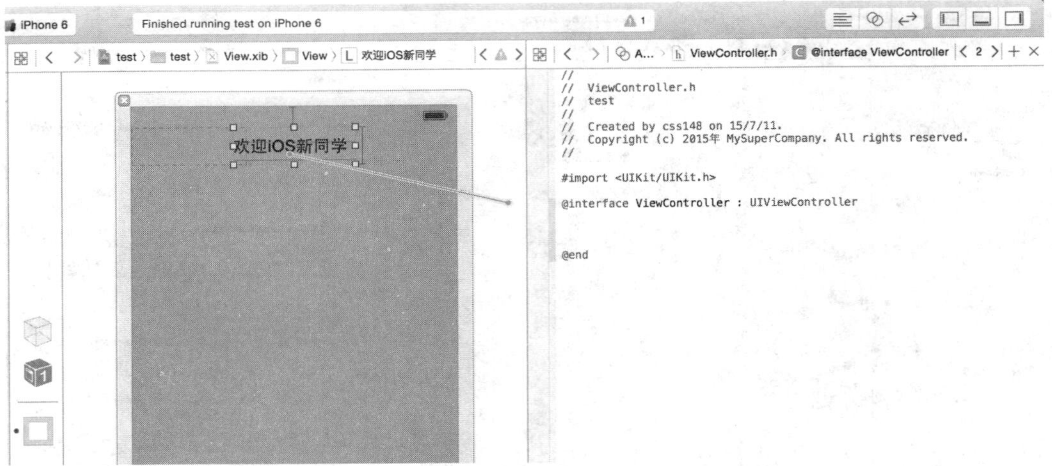

图 10.17　为控件创建 IBOutlet

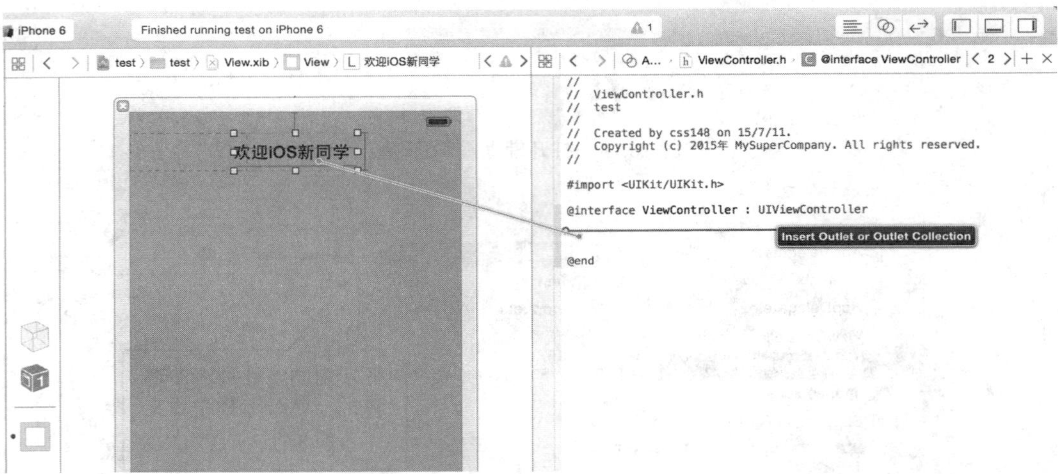

图 10.18　建立 IBOutlet

第 5 步，松开鼠标，Xcode 将会显示如图 10.19 所示的对话框。在图 10.19 所示的对话框中可以选择或填写如下字段。

图 10.19　输入 IBOutlet 属性名

【说明】

☑　Connection：通过 Connection 列表框可以选择是为该 UI 控件创建 IBOutlet 属性还是 IBOutlet 集合。系统默认会为该控件创建 IBOutlet 属性。

☑ Name：通过该文本框为该 IBOutlet 属性输入任意一个属性名（确保友好的语义性）。

☑ Type：通过该下拉列表框设置该属性的类型，Xcode 默认设置该属性的类型是 UILabel，因为 Xcode 可以智能地检测正在为 UILabel 控件建立 IBOutlet 关联，因此它自动为该 IBOutlet 属性选择了 UILabel 类型。

☑ Storage：通过该列表框设置该属性的存储机制为 Strong 或 Weak。

第 6 步，在图 10.19 所示的 Name 文本框内为 IBOutlet 属性输入一个属性名，然后单击 Connect 按钮，系统将在该控制器类的接口部分创建一个 IBOutlet 属性。

第 7 步，IBOutlet 属性建立完成后，将可以在辅助编辑器打开的头文件（即控制器类的接口部分）中看到如图 10.20 所示的效果。

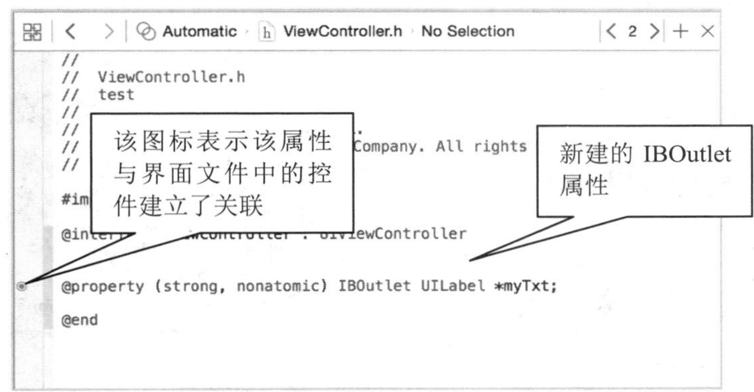

图 10.20　定义的 IBOutlet 属性

从图 10.20 可以看出，IBOutlet 属性就是 Objective-C 语法中的@property 属性，只不过 IBOutlet 属性需要额外增加一个 IBOutlet 修饰。在 IBOutlet 属性左边有一个带圆圈的黑点，用于标识该 IBOutlet 属性已经与界面设计文件中的 UI 控件建立了关联。

经过以上操作，控制器类中增加了一个 IBOutlet 属性，而且该属性关联到界面设计文件中待定的 UI 控件，接下来程序即可通过该 IBOutlet 属性访问界面设计文件中特定的 UI 控件。

提示： 用户也可以先在控制器中定义一个 IBOutlet 属性，然后将 UI 控件关联到已有的 IBOutlet 属性上。将 UI 控件关联到已有的 IBOutlet 属性，与将 UI 控件关联到新创建的 IBOutlet 属性的步骤基本相同。操作区别如下：

☑ 如果希望将 UI 控件关联到新创建的 IBOutlet 属性，在按住 Control 键时，将带线条的光标拖到@interface 与@end 之间的空白处。

☑ 如果希望将 UI 控件关联到已有的 IBOutlet 属性，在按住 Control 键时，将带线条的光标拖到@interface 与@end 之间的 IBOutlet 属性上。

由于建立 IBOutlet 关联是 iOS 开发最常见的操作，务必熟练掌握。

为 UI 控件创建 IBOutlet 属性，其实就是在控制器的接口部分使用@property 定义一个属性，而且不需要在控制器类的实现部分使用@synthesize 为该属性合成 setter 和 getter 方法，这是 Xcode 所提供的一个功能，可以减少代码编写量。如果程序需要改变该属性对应的实例变量，则依然可借助@synthesize 进行定义。

【拓展】为 UI 控件建立 IBOutlet 关联之后，可以通过 Xcode 的连接检查器面板查看该控件与 IBOutlet 属性之间的关联。

Note

【操作步骤】

第 1 步，选中需要查看的 UI 控件。

第 2 步，通过 Xcode 右上角的图标打开连接检查器面板，通过直接按下 Command+Option+6 组合键，打开 Xcode 的连接检查器面板，如图 10.21 所示。

从图 10.21 可以看到，当前选中的 UI 控件被关联到 File's Owner 的 myTxt 属性。对于有些复杂的控件（尤其是那些 UIXxxController，如 UIViewController 和 UISearchDisplayController 等），这些控件可能已经包含了 IBOutlet 属性，而且这些属性已经关联到界面中的某个 UI 控件。

例如，选中 dock 区域的 File's Owner，即 ViewController 控制器对象，再次打开连接检查器面板，即可看到如图 10.22 所示的面板。

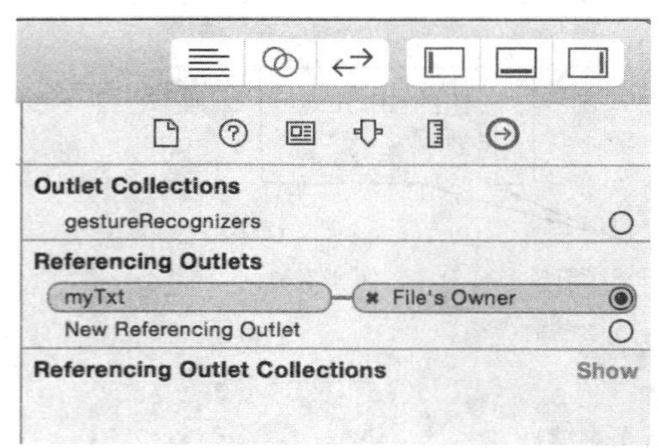

图 10.21　连接检查器

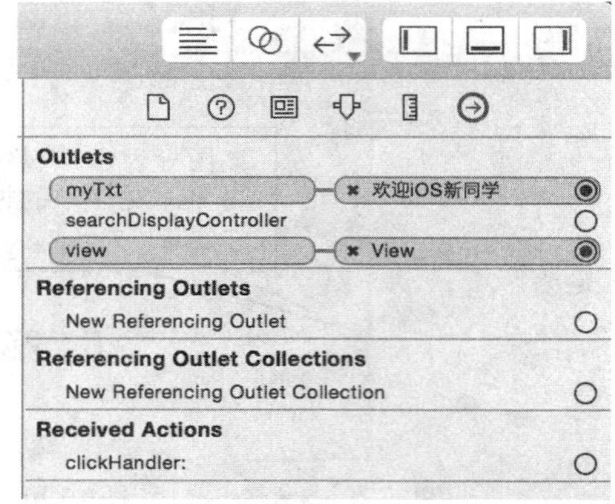

图 10.22　控制器对象对应的连接检查器

该控制器包含两个 IBOutlet 属性，其中，myTxt 是之前添加的 IBOutlet 属性，而 view 属性是前面操作中已经绑定到界面设计文件中的 UIView 控件，也就是界面设计中最大的空白控件。

从图 10.22 可以看出，连接选择器面板可能包含如下 3 部分。

☑ Outlets：包含大量的 IBOutlet 属性，代表被选择对象所包含的 IBOutlet 属性，每个 IBOutlet 属性可以关联界面上的一个 UI 控件。

☑ Referencing Outlets：包含的 IBOutlet 属性代表被选择对象本身被关联到其他对象的 IBOutlet 属性。

☑ Referencing Outlet Collections：这部分的作用与 Referencing Outlets 基本相似，只是它代表该控件本身被关联到其他对象的 IBOutlet 集合属性。

> 提示：Outlets 区域的列表项代表该控件包含了其他多个 UI 控件，而 Referencing Outlets 则代表该控件本身被其他对象包含。

2. 通过 Tag 属性获取控件

通过 Tag 属性获取界面设计文件中的 UI 控件的方法如下。

【操作步骤】

第 1 步，首先向界面设计文件中添加一个 UILabel，如图 10.23 所示。

第 2 步，选中新添加的 UILabel 控件，按下 Command+Option+4 组合键，打开 Xcode 的属性检查器面板，在该属性检查器面板中可随意设置该 UILabel 的外观。

第 3 步，在属性检查器面板的 View 区域为 Tag 属性设置一个整数值，如 12，如图 10.24 所示。

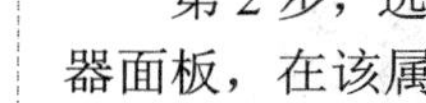

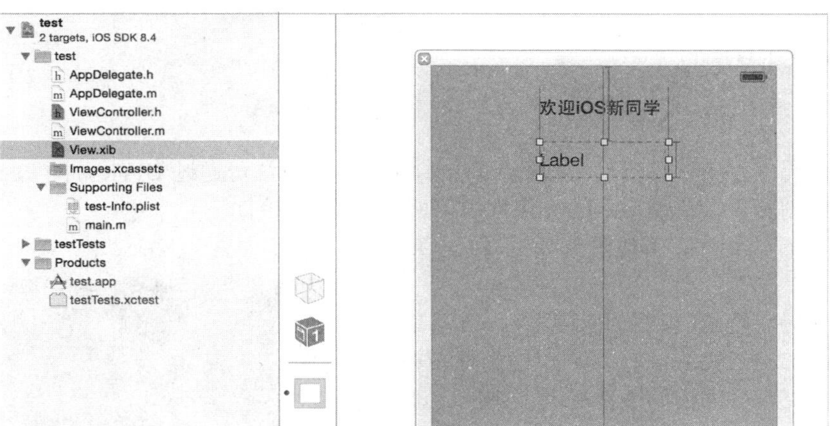

图 10.23　向界面设计文件添加 UILabel

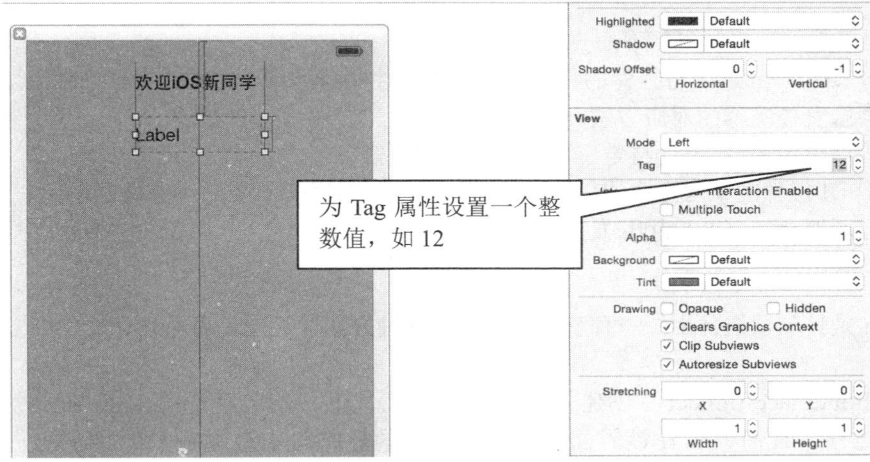

图 10.24　为 Tag 属性设置整数值

提示：View 区域的 Tag 属性值将可作为该 UI 控件的标识，接下来程序即可通过该标识来获取该 UI 控件。

第 4 步，打开控制器类的实现部分（ViewController.m 文件），并在该文件中分别以两种方式访问并修改界面设计文件中的两个 UILabel 控件的文本。此处只需要修改后的 ViewController.m 实现部分的 viewDidLoad 方法即可。

修改后的 viewDidLoad 方法如下：

```
@implementation ViewController
//重写该方法，当该控制器关联的视图加载完成后系统会调用该方法
- (void)viewDidLoad
{
    [super viewDidLoad];
    //如果程序需要在 nib 视图文件加载完成后执行某些额外的处理，可在此处编写代码
    //借助于 viewWithTag:方法即可通过 UI 控件的 Tag 属性获取该控件
    UILabel* myLb = (UILabel*)[self.view viewWithTag:12];
    //设置 myLb 的文本内容
    [myLb setText:@"iOS 开发！ "];
```

```
        //直接通过 IBOutlet 属性访问第一个 UILable 控件
        [self.myTxt setText:@"欢迎学习"];
    }
    @end
```

在上面的代码中，第一行借助 UIView 的 viewWithTag:方法可通过 UIView 的 Tag 属性获取该控件，第二行代码则可直接借助 IBOutlet 属性访问所关联的 UI 控件。

第 5 步，运行该程序，可以看到如图 10.25 所示的效果。

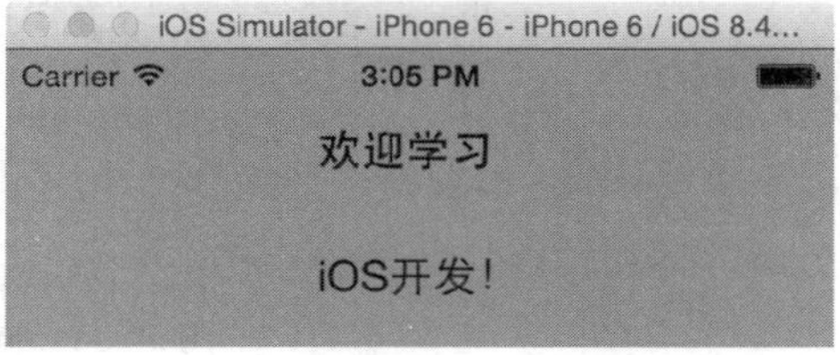

当控制器代码获得 UI 控件的引用之后，就可以通过程序动态修改 UI 控件的外观和行为。但如果希望程序能与用户交互，则必须借助事件机制来实现。

图 10.25　通过 Tag 属性获取控件

10.3.2　事件处理

iOS 应用事件处理机制包括下面 3 种方式。

- ☑ 通过 IBAction 绑定将控件的特定事件绑定到控制器的指定方式，当该控件上发生此事件时，将会触发控制器的对应方法。
- ☑ 在程序中为 UI 控件的特定事件绑定事件监听器。
- ☑ 对于 UI 控件的某些生命周期事件，可直接委托给对应的委托对象处理。

下面通过示例介绍 iOS 应用开发的 3 种事件处理方式。

1. 通过 IBAction 绑定事件

IBAction 是控制器组件中的一种特殊的方法，这种方法可被作为界面设计文件中 UI 控件的事件处理方法。

例如，在 Interface Builder 中创建了一个 UIButton 对象，设计当用户触碰该按钮时，能触发控制器中的某个方法，此时即可在该界面设计文件对应的控制器中定义一个 IBAction 方法，并将该 IBAction 方法绑定到该 UIButton 的对应事件，这样，当界面中 UIButton 被触碰时，就会激发该 IBAction 方法。

这种方式是比较简单、常用的事件处理方式，可在 Xcode 中将 UI 控件的特定事件绑定到控制器的 IBAction 方法，当该 UI 控件上发生此事件时，控制器对应的 IBAction 方法就会被自动激发。

【操作步骤】

第 1 步，继续以 10.3.1 节的示例为基础进行操作演示。先向界面设计文件中添加一个普通按钮：在 Xcode 的库面板中找到 Round Rect Button 控件，再将该控件拖入界面设计文件中。借助引导线将该按钮放在界面中间。

第 2 步，添加按钮之后，可对该按钮进行设计，此处仅修改该按钮上的文本。双击该按钮，即可在按钮上输入按钮文本，此处输入“确定”，如图 10.26 所示。

第 3 步，确保在 Xcode 的项目导航面板中选中了界面设计文件，然后单击 Xcode 右上角的辅助视图，Xcode 将在编辑区打开辅助编辑器。

第 4 步，在打开辅助编辑器的情况下，保证编辑区的左边显示界面设计文件，右边显示该界面布局文件对应的控制器的接口部分。

第 5 步，单击界面布局文件中需要建立事件处理的控件，并按下 Control 键，按住鼠标左键不放，将该控件拖向辅助编辑器中的源代码上，此时将可以看到一条线条，该线条从界面布局文件中的按钮

开始，一直连接到光标结束。

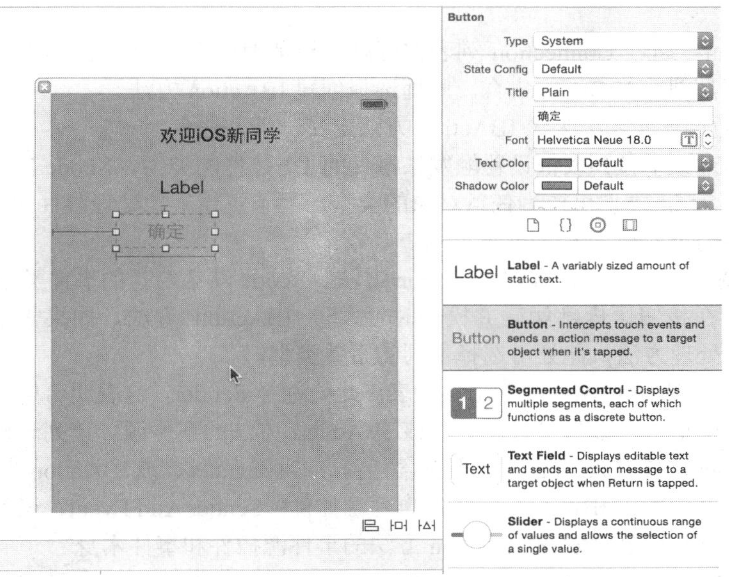

图 10.26　添加按钮控件

第 6 步，通过这条线条，可以建立 UI 控件的事件与控制器的 IBAction 方法之间的关联。如果将光标拖到控制器接口部分的@interface 与@end 之间的空白处，Xcode 将会显示一个灰色弹出框，如图 10.27 所示，该灰色弹出框用于该控件创建 IBOutlet 属性、Action 或 IBOutlet 集合，通过该灰色弹出框可以发现，通过这种方式既可为 UI 控件创建 IBOutlet 属性，也可为 UI 控件的事件创建 IBAction 方法。

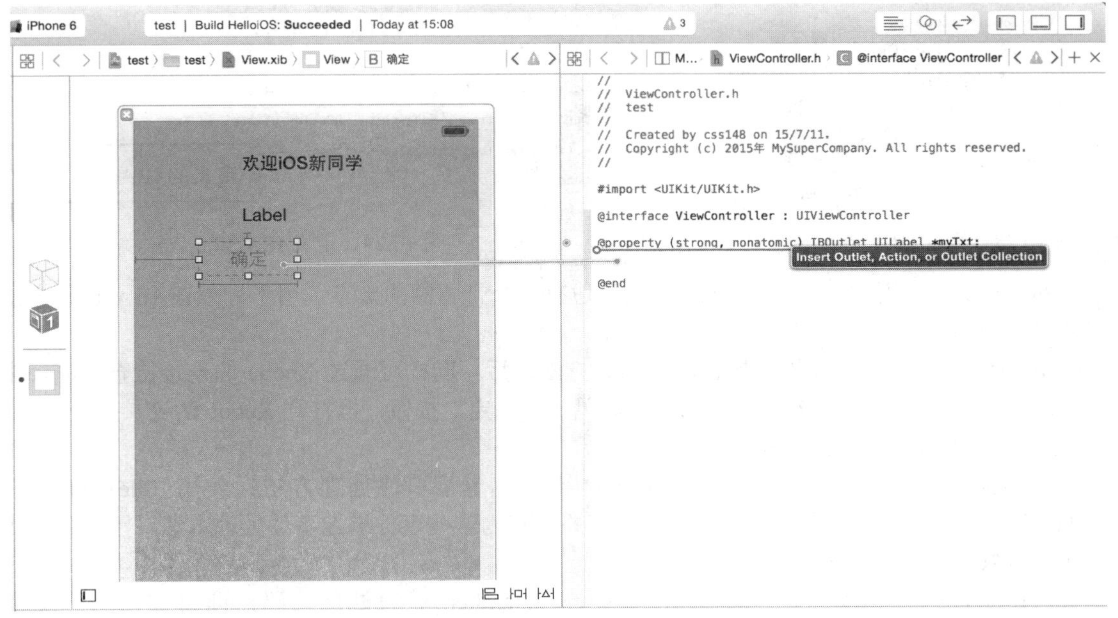

图 10.27　创建 IBAction 方法

Note

第 7 步，松开鼠标，Xcode 将会显示如图 10.28 所示的对话框，在该对话框中设置 IBAction 信息。

【说明】

☑ Connection：通过 Connection 列表框可以选择是为该 UI 控件创建 IBOutlet 属性、IBAction 方法，还是创建 IBOutlet 集合。此处选择创建 IBAction 方法。

☑ Name：通过该文本框为该 IBAction 方法定义一个方法名。

☑ Type：通过该下拉列表框设置触发该事件的 UI 控件的类型，Xcode 默认设置该属性的类型是 id。因为 id 类型可作为任意对象的类型。为了更精确地处理事件源控件，可以直接将事件源控件的类型设为 UIButton。

☑ Event：选择为哪种事件绑定 IBAction 方法。Xcode 默认选择的事件类型是 Touch Up Inside，即当用户在按钮区内部触碰并松开时触发该 IBAction 方法。如果需要为不同的事件绑定 IBAction 处理方法，此处可选择不同的事件类型。

☑ Arguments：选择 IBAction 的形参列表。此处选择 Sender，这表明希望创建的 IBAction 方法中包含一个形参，该形参代表触发该 IBAction 方法的事件源。该列表框中一共有如下 3 种选择：None，该 IBAction 方法不包含任何形参；Sender，该 IBAction 方法仅包含一个形参，该形参代表触发该 IBAction 方法的事件源控件；Sender And Event，该 IBAction 方法包含两个形参，分别代表触发该 IBAction 方法的事件源控件和事件本身。

第 8 步，在图 10.28 所示的 Name 文本框中为 IBAction 方法输入一个方法名，然后单击该 Connect 按钮，系统将在该控制器类的接口部分创建一个 IBAction 方法。

第 9 步，IBAction 方法创建完成后，将可以在辅助编辑器打开的头文件（即控制器类的接口部分）中看到如图 10.29 所示的效果。

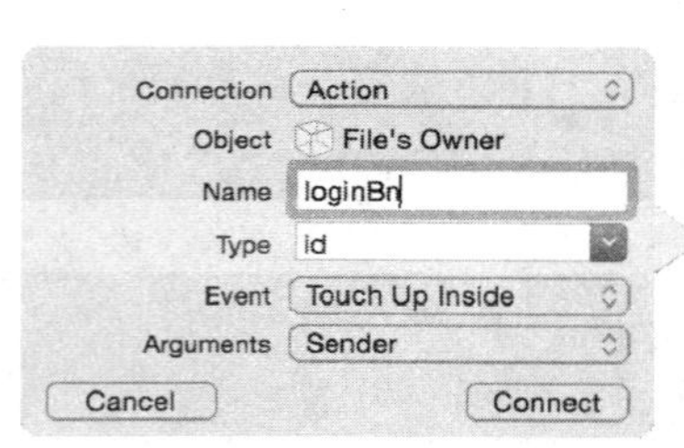

图 10.28 设置 IBAction 信息

图 10.29 定义 IBAction 方法

从图 10.29 可以看出，在 IBAction 方法左边有一个带圆圈的黑点，用于标识该 IBAction 方法被绑定到界面布局文件中的 UI 控件的特定事件。

第 10 步，为 UI 控件的事件绑定 IBAction 方法之后，同样可通过 Xcode 的连接检查器面板来查看该控件的事件与 IBAction 方法之间的关联。单击“确定”按钮，再打开 Xcode 的连接检查器面板，即可看到如图 10.30 所示的连接。

上面的操作为该按钮的 Touch Up Inside 事件绑定了事件处理方法：使用 File's Owner 的 clickHandler 作为事件处理方法。由于此时程序并没有为这些事件绑定事件处理方法，因此这些类型的事件右边只是一个空心圆圈图标。

第 11 步，打开控制器的实现部分，为 clickHandler 编写处理代码，即可实现用户交互。ViewController 类实现部分中 clickHandler 方法的方法体如下。

```
@implementation ViewController
//重写该方法，当该控制器关联的视图加载完成后系统会调用该方法
- (void)viewDidLoad
{
    //直接通过 IBOutlet 属性访问第一个 UILable 控件
    [self.myTxt setText:@"欢迎学习"];
}
@end
```

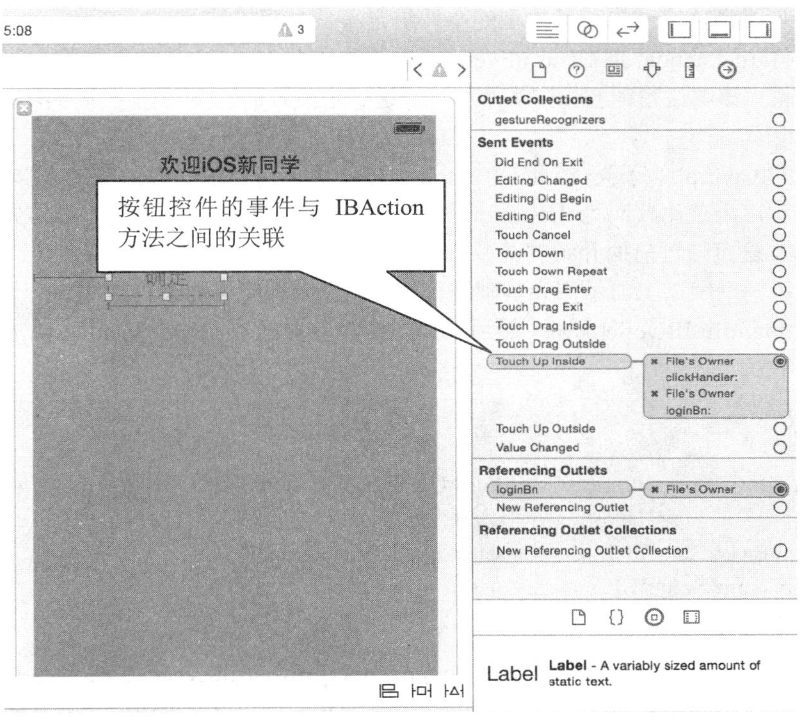

图 10.30　查看 IBAction 方法和事件关联

第 12 步，运行应用程序，并在模拟器中单击“确定”按钮，即可看到如图 10.31 所示的效果。

单击前

单击后

图 10.31　IBAction 事件处理效果

2. 通过代码设置事件

iOS 应用中能与用户交互的控件大都继承了 UIControl 基类，该类提供了如下方法来注册、删除

事件处理方法。

☑ -addTarget: action: forControlEvents:：为当前 UIControl 控件的指定事件注册事件处理方法。该方法需要指定如下 3 个参数。

Note

- addTarget:：该参数指定任意对象，表明将以该对象的方法作为事件处理方法。
- action:：该参数接受一个 SEL 参数，代表一个 IBAction 方法，表明将以该 IBAction 方法作为事件处理方法。
- forControlEvents:：该参数接受一个 UIControlEvents 类型的枚举值，该枚举值用于指定事件类型，表明为此种类型的事件绑定事件处理方法。

☑ -removeTarget:action: forControlEvents:：删除为当前 UIControl 控件的指定事件所注册的事件处理方法。该方法也需要指定 3 个参数，这 3 个参数的意义与前一个方法中的 3 个参数的意义基本相同。

UIButton 是 UIControl 的子类，因此 UIButton 也可使用上面介绍的这种方式来绑定事件处理方法。当然，如果要在程序中使用代码为 UIButton 的特定事件绑定事件处理方法，必须先在程序中获取该 UIButton 的引用，这可通过前面介绍的两种方式之一实现。

【示例】本示例继续以上面示例为基础进行演示。先向程序界面上再次添加一个按钮，将该按钮绑定到控制器的 loginBn IBOutlet 属性，然后就可以在控制器的-(void)viewDidLoad 方法的最后一行增加如下代码：

```
- (void)viewDidLoad
{
    //为 loginBn 控件的 UIControlEventTouchUpInside 事件绑定事件处理方法
    //以当前对象的 loginHandler:方法作为事件处理方法
    [self.loginBn addTarget:self action:@selector(loginHandler:)
        forControlEvents:UIControlEventTouchUpInside];
}
```

上面这段代码非常关键，是调用 addTarget:action:forControlEvent:方法为 self.loginBn 控件的 UIControlEventTouchUpInside 事件绑定事件处理函数，其中的 self.loginBn 代表界面布局文件中的另一个按钮，而且已经将该按钮绑定到了 loginBn IBOutlet 属性上。

上面的代码指定使用当前控制器的 loginHandler:方法作为事件处理方法，因此，还需要在该控制器中定义一个 loginHandler:方法，新增的 loginHandler:方法的代码如下：

```
- (void) loginHandler:(UIButton *)sender {
    [self.myTxt setText:@"代码绑定事件"];
}
```

将 UI 控件的特定事件处理绑定到控制器的 IBAction 方法，与使用 addTarget:action:forControlEvent:方法为 UI 控件的特定事件绑定事件处理方法比较，其本质是一样的。区别在于，通过界面设计文件将 UI 控件的事件处理绑定到 IBAction 方法更简单，而使用 addTarget:action:forControlEvent:方法为 UI 控件绑定事件处理方法则更加灵活。

3. 通过委托对象设置事件

对于某些特定的 UI 控件，如 UITable 控件，有一些自身的特殊事件，并非前面所见到的 Touch Up Inside、editingChanged 等通用事件，这些特殊的事件既不能直接在界面设计文件中将事件处理绑定到

指定的 IBAction 方法，也不能使用 addTarget:action:forControlEvent:方法绑定事件处理方法，此时系统专门为 UITable 提供了一个事件委托接口，而实现该事件委托接口的对象将负责处理该 UITable 控件的特殊事件。

10.4　故　事　板

从 iOS 5.0 开始，Xcode 允许使用比 xib 更进一步的方式来设计 UI 界面。从 Xcode 5 开始，Xcode 新建 iOS 项目时默认使用 Storyboard 界面设计文件，而不是 xib 文件。

提示： Storyboard 并不是一个非常高深的内容，只是对传统的 xib 界面设计文件进行了改进。使用 Xcode 5+新建 iOS 项目后，可以在项目导航面板中看到项目中包含一个 Main.storyboard 文件，该文件是 Storyboard 的界面设计文件，取代了传统的 xib 界面设计文件。除此之外，该项目依然包含一个应用程序委托类和一个视图控制器类。

Storyboard 的界面设计文件不再与视图控制器类的名字保持一致，而是使用了独立的 Main.storyboard 文件名。这是因为一个 Storyboard 界面设计文件包含整个项目的所有应用界面，即使项目包含多个视图控制器，所有的视图控制器对应的 UIView 都将包含在一个 Storyboard 中。

打开 Main.storyboard 文件，即可看到 Interface Builder 界面，如图 10.32 所示。

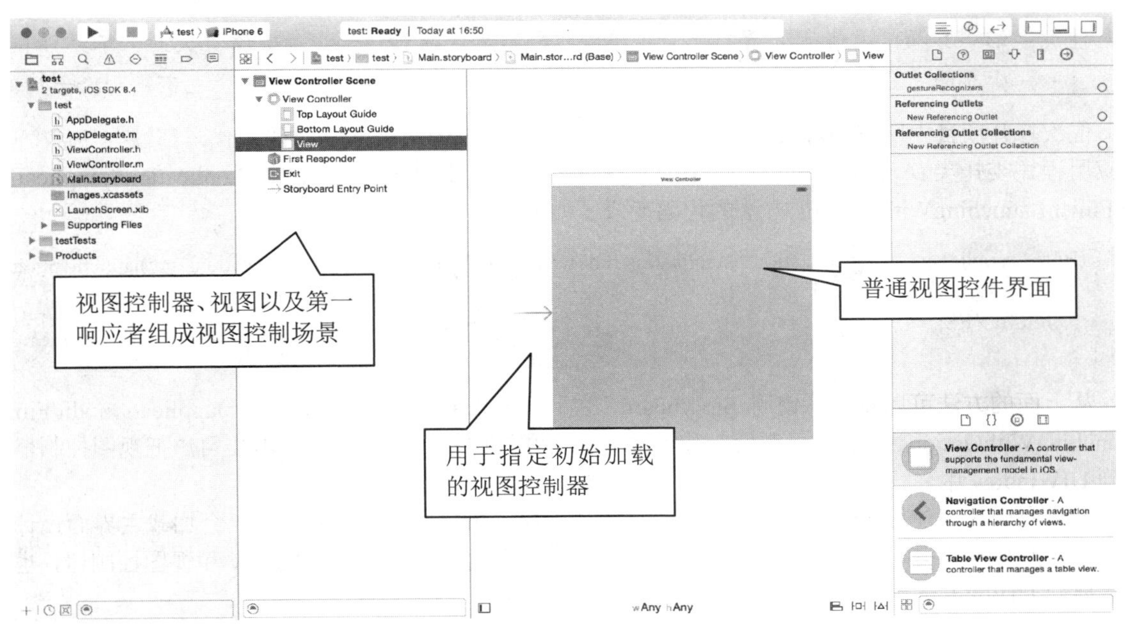

图 10.32　故事板 UI 界面

Storyboard 的图形界面设计与 xib 的图形界面设计略有区别，主要有如下 3 点。

☑ dock 区域多了一个场景 Scene 的概念，Storyboard 把整个视图、视图控制器、第一响应者组合成一个整体，这个整体被称为场景，此处的场景其实就对应一个窗口界面。只要在一个窗口中看到的 UIView 和各种 UI 控件都被组合在场景下的 UIViewController 下，就可以看到更好的组织层次关系。

Note

☑ 视图控制器左侧多了一个箭头，这个箭头表示该视图控制器之间的切换关系。图 10.32 中所示只是指向某个视图控制器的箭头，用于表明初始加载的视图控制器。由于当前应用中只有一个视图控制器，因此，无论把这个箭头移动到哪里，只要松开手，该箭头就会再次回到该视图控制器的左侧。

在多视图应用时可以看到更多这样的箭头，通过这种箭头可以直观地看到应用中多视图的协作关系，并且可以直接在 Interface Builder 中配置这种视图之间的切换和流转关系。

☑ 提供视图缩放功能。右击视图空白区域，可以弹出一个快捷菜单，从中可以选择视图缩放比例，如图 10.33 所示。

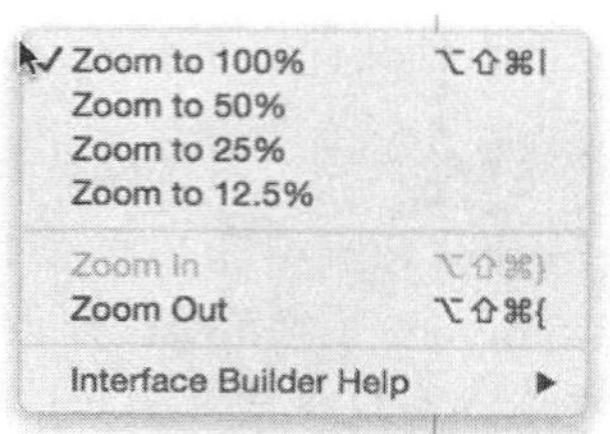

图 10.33　视图缩放命令

图 10.33 所示的命令可以分别用于恢复原始大小、缩小、放大图形设计界面。其中的缩小图标非常有用，当应用中包含多个视图控制器且在一个窗口内无法查看所有的视图控制器的情况下，可以选择缩小界面，以便看到并配置整个应用中所有的视图控制器，以及视图控制器之间的切换和流转关系。

注意： 缩小界面只是用于查看、配置各视图控制器之间的切换和流转关系。因此，不允许在缩小界面下直接编辑视图本身，如不能选中子控件，不能添加子控件，也不能删除子控件。

依次打开项目中所有的源代码，可以发现，main.m、ViewController 类的源代码都没有任何变化，但应用程序委托类 AppDelegate 的实现部分发生了显著变化：application:(UIApplication*)application didFinishLaunchingWithOptions:方法的代码变成了如下形式：

```
- (BOOL)application:(UIApplication *)application didFinishLaunchingWithOptions:(NSDictionary *)launchOptions {
    //在应用程序启动后定制的覆盖点
    return YES;
}
```

从上面的方法可以看出，使用 Storyboard 之后，application:(UIApplication*)application didFinish LaunchingWithOptions:方法不再需要创建 UIWindow 和视图控制器，也不再需要用户把视图控制器添加到 UIWindow 中。

如果应用程序使用 Storyboard 界面设计文件，UIApplicationMain()函数不仅会加载主界面设计文件，还会把对应的用户界面显示在窗口中。这就是此处不再需要创建 UIWindow 和视图控制器，也不再需要向 UIWindow 中添加视图控制器的原因。

提示： 为了让 iOS 应用能加载并使用指定的界面设计文件，需要为项目配置主 Storyboard 文件。在项目导航面板中选中 test 项目（根据项目名称而定），接下来选中项目导航面板右边 TARGETS 列表下的 test 图标，在项目配置区选中 General 标签页，在如图 10.34 所示的列表框中配置主 Storyboard 文件。

按图 10.34 所示为应用配置主 Storyboard，UIApplicationMain()函数将会自动加载该界面文

件，并将界面文件显示出来。编译、运行该程序，即可看到模拟器中显示了一个空白应用。

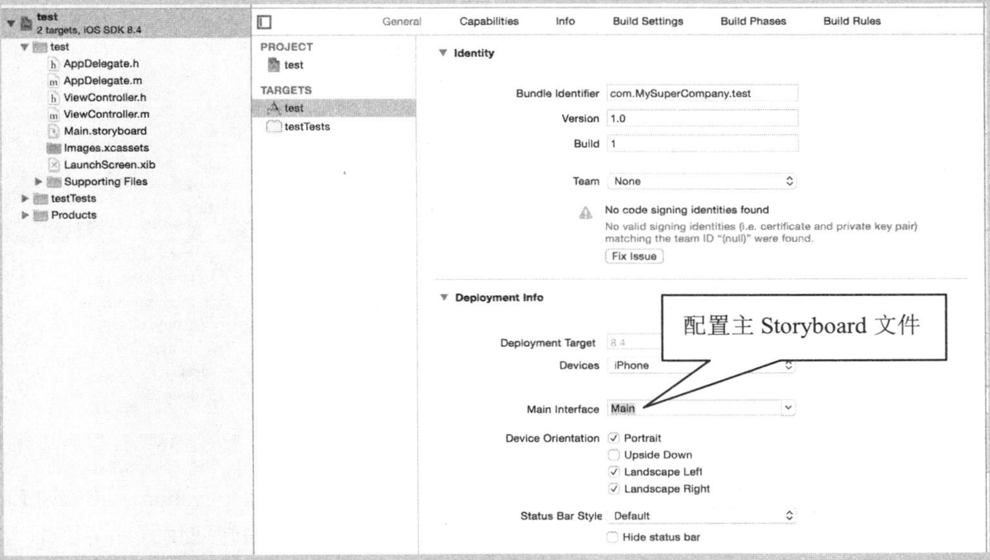

图 10.34　配置主 Storyboard 文件

10.5　案例实战

前面几节通过一个简单而完整的案例介绍了 iOS 开发的基本方法和步骤，介绍使用 xib 或 Storyboard 文件设计 iOS 应用界面的方法，这也是 iOS 开发的最主要方式，读者只要掌握了这些基本的方法和步骤，就可以对 iOS 应用进行更多的控制。本节将通过一个综合案例进一步练习 iOS 项目开发，为读者进一步深入学习打下扎实的基础。

10.5.1　动态更新文本

本节通过代码形式设计一个 Label 标签，允许用户通过按钮动态修改标签文本。

提示： 如果使用代码开发 UI 界面，则不需要设计任何界面布局文件，没有界面布局文件，就不再使用自定义的视图控制器。这样程序可以直接在应用程序委托对象的 application:didFinishLaunchingWithOptions:方法中创建 UIWindow 和应用程序界面，所有这些对象的创建都使用 Objective-C 代码实现。

不管是通过纯代码创建 UI 控件，再用这些 UI 控件搭建成程序界面，还是使用界面设计文件来搭建程序界面，其本质是相同的。

【操作步骤】

第 1 步，使用 Xcode 创建 iOS 项目，类型为 Single View Application，运行设备为 iPhone，如图 10.35 所示。

第 2 步，此处使用纯代码开发 UI 界面，因此应用并不需要任何界面设计文件，也不需要任何控制器。打开项目导航面板，展开 test 项目文件夹，逐一选中视图文本、视图控制器文件，然后按 Delete

Note

键删除，仅保留委托文件，如图 10.36 所示。

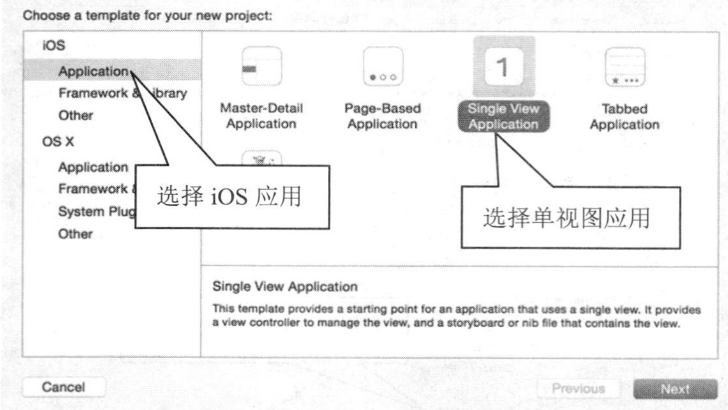

图 10.35　创建 iOS 项目

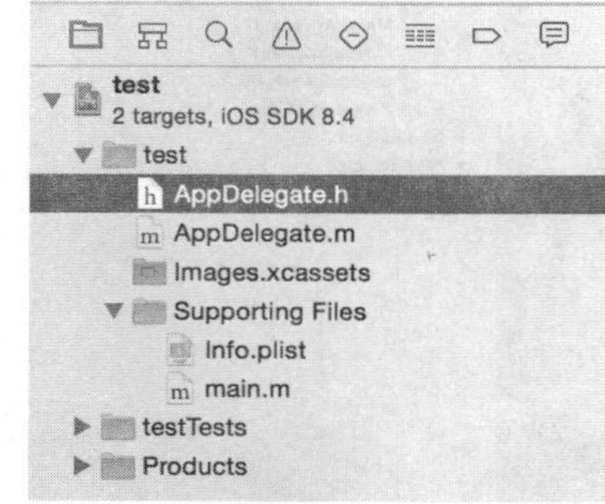

图 10.36　仅保留委托文件

第 3 步，打开委托实现文件（AppDelegate.m），修改应用程序委托的 application: didFinishLaunching WithOptions:方法，并在该方法中创建 UI 控件，然后利用这些 UI 控件搭建应用程序界面即可。

```
//应用程序加载完成后，将会自动回调该方法
- (BOOL)application:(UIApplication *)application didFinishLaunchingWithOptions:(NSDictionary *)launchOptions
{
    //创建 UIWindow 对象，并将该 UIWindow 初始化为与屏幕相同大小
    self.window = [[UIWindow alloc] initWithFrame:[[UIScreen mainScreen] bounds]];
    //设置 UIWindow 的背景色
    self.window.backgroundColor = [UIColor whiteColor];
    //创建一个 UIViewController 对象
    UIViewController* controller = [[UIViewController alloc] init];
    //让该程序的窗口加载并显示 viewController 视图控制器关联的用户界面
    self.window.rootViewController = controller;
    //创建一个 UIView 对象
    UIView* rootView = [[UIView alloc] initWithFrame
                        :[[UIScreen mainScreen] bounds]];
    //设置 controller 显示 rootView 控件
    controller.view = rootView;
    //创建一个圆角按钮
    UIButton* button = [UIButton buttonWithType: UIButtonTypeRoundedRect];
    //设置按钮的大小
    button.frame = CGRectMake(20, 140, 30, 40);
    //为按钮设置文本
    [button setTitle:@"修改" forState:UIControlStateNormal];
    //将按钮添加到 rootView 控件中
    [rootView addSubview:button];
    //创建一个 UILabel 对象
    self.show = [[UILabel alloc] initWithFrame
                :CGRectMake(20, 100, 180, 40)];
    //将 UILabel 添加到 rootView 控件中
    [rootView addSubview:self.show];
    //设置 UILabel 默认显示的文本
```

```
        self.show.text = @"默认显示文本";
        self.show.backgroundColor = [UIColor grayColor];
        //为圆角按钮的触碰事件绑定事件处理方法
        [button addTarget:self action:@selector(clickHandler:)
          forControlEvents:UIControlEventTouchUpInside];
        //将该 UIWindow 对象设为主窗口并显示出来
        [self.window makeKeyAndVisible];
        return YES;
    }
```

在上面的代码中，先创建了一个 UIWindow 作为应用程序的窗口，然后创建了一个 UIView 作为 UIWindow 显示的根视图（需要借助一个 UIViewController 对象）。有了 UIView 容器，就可以在该容器中绘制各种控件了。主要操作包括：

☑ 创建 UI 控件，如 UILabel、UIButton 等。

☑ 调用 addSubView:方法将 UI 控件添加到 View 容器中。

☑ 重复调用 UI 控件的 setter 方法设置 UI 控件的外观、行为。

第 4 步，上面的代码中为按钮的触碰事件绑定了 clickHandler:事件处理方法，因此程序还需要在应用程序委托类中定义该方法。

```
- (void) clickHandler:(id)sender
{
    self.show.text = @"修改后的显示文本！";
}
```

上面的代码只是简单地修改 show 控件的文本内容，这样即可实现当用户触碰按钮时动态改变 show 控件的文本内容。

第 5 步，运行程序，单击程序中的按钮，即可看到如图 10.37 所示的效果。

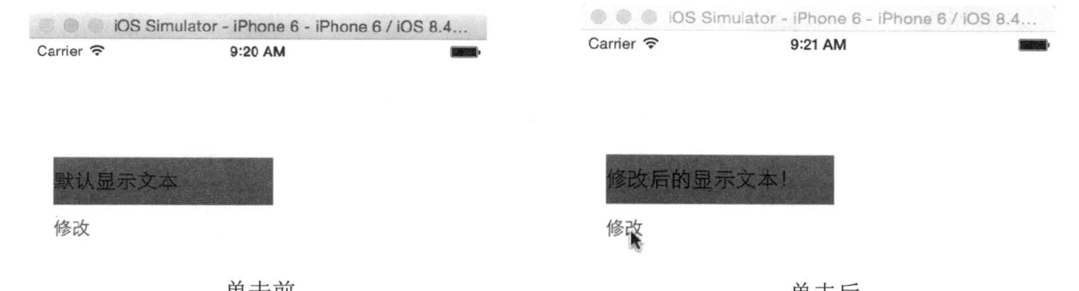

图 10.37　程序运行效果

> **注意：** 使用纯代码方式开发 iOS 应用并不是最好的方式，因为不仅开发步骤繁琐，而且所有创建程序界面的代码都由应用程序委托对象的方法负责完成，这不符合 MVC 设计原则，因此不利于程序组件的解耦。通过学习这种开发方式，可以更好地理解 iOS 应用中应用程序委托的作用，同时也能更好地理解 iOS 程序界面的底层实现原理。

10.5.2　添加和删除控件

本节设计程序运行时，显示一个初始界面（只包含一个 UIView），在程序运行中，可根据用户交互动态添加、删除 UI 控件。

实现方法：通过 Interface Builder 设计程序的初始界面，在程序运行过程中通过代码创建 UI 控件，再将 UI 控件添加到相应的父控件中。

【操作步骤】

第 1 步，创建一个 iOS 的 Single View Application 应用，创建完成后，该应用将自带一个 Main.storyboard 界面设计文件。

此处不修改该界面设计文件，而是直接在代码中创建整个 UI 界面，程序只使用该界面文件中的 UIView 作为容器。

第 2 步，修改控制器类，在控制器类的实现部分创建整个程序界面，绑定事件处理方法。下面是控制类的实现部分代码（ViewController.m）。

```
#import "ViewController.h"

//定义 ViewController 的扩展
@interface ViewController ()
//定义一个属性来记录所有动态添加的 UILabel 控件
@property (nonatomic, strong) NSMutableArray* labels;
@end

@implementation ViewController
//定义一个变量来记录下一个将要添加的 UILabel 的位置
int nextY = 80;
- (void)viewDidLoad
{
    [super viewDidLoad];
    //设置该 view 的背景色
    self.view.backgroundColor = [UIColor whiteColor];
    //初始化 labels 数组
    self.labels = [NSMutableArray array];
    //创建 UIButtonTypeRoundedRect 类型的 UIButton 对象
    UIButton* addBn = [UIButton buttonWithType:UIButtonTypeRoundedRect];
    //设置 addBn 的大小和位置
    addBn.frame = CGRectMake(80, 30, 60, 40);
    //为 UIButton 设置按钮文本
    [addBn setTitle:@"添加控件"
           forState:UIControlStateNormal];
    //为 addBn 的 Touch Up Inside 事件绑定事件处理方法
    [addBn addTarget:self action:@selector(add:)
    forControlEvents:UIControlEventTouchUpInside];
    //创建 UIButtonTypeRoundedRect 类型的 UIButton 对象
    UIButton* removeBn = [UIButton buttonWithType:UIButtonTypeRoundedRect];
    //设置 removeBn 的大小和位置
    removeBn.frame = CGRectMake(240, 30, 60, 40);
    //为 UIButton 设置按钮文本
    [removeBn setTitle:@"删除控件"
              forState:UIControlStateNormal];
    //为 removeBn 的 Touch Up Inside 事件绑定事件处理方法
    [removeBn addTarget:self action:@selector(remove:)
       forControlEvents:UIControlEventTouchUpInside];
    [self.view addSubview:addBn];
```

```
        [self.view addSubview:removeBn];
    }
    - (void)add:(id)sender {
        //创建一个 UILabel 控件
        UILabel* label = [[UILabel alloc] initWithFrame:
                                CGRectMake(20, nextY, 160, 30)];
        //设置该 UILabel 显示的文本
        label.text = @"新添加的 Label 控件";
        //将该 UILabel 添加到 labels 数组中
        [self.labels addObject: label];
        //将 UILabel 控件添加到 view 父控件内
        [self.view addSubview:label];
        //控制 nextY 的值加 50
        nextY += 50;
    }
    - (void)remove:(id)sender {
        //如果 labels 数组中元素个数大于 0，表明有 UILabel 可删除
        if([self.labels count] > 0)
        {
            //将最后一个 UILabel 从界面上删除
            [[self.labels lastObject] removeFromSuperview];
            //从 labels 数组中删除最后一个元素
            [self.labels removeLastObject];
            //控制 nextY 的值减 50
            nextY -= 50;
        }
    }
    @end
```

在上面的代码中，先创建了应用的初始界面，该初始界面只包含两个按钮，且为这两个按钮绑定了事件处理方法。此处，多次使用 CGRectMake()函数，该函数专门用于创建一个 CGRect 对象。当使用代码创建控件时，需要控制 UI 控件的大小和位置，一般会用 CGRect 结构体，它代表一个矩形区的大小和位置。CGRect 结构体包括 origin、size 两个成员，其中，origin 又是 CGPoint 类型的一个结构体，包括 x、y 两个成员，代表该矩形区左上角的位置；size 又是 CGSize 类型的一个结构体，包括 width、height 两个成员，代表该矩形区的宽度和高度。正如 CGRectMake()函数可返回一个 CGRect 结构体一样，CGPointMake(x,y)可返回一个 CGPoint 结构体，CGSizeMake(width,height)可返回一个 CGSize 结构体。

该应用的关键就是实现 add:和 remove:两个方法，其中，add:方法负责创建一个 UILabel 控件（每次创建的 UILabel 的 Y 坐标并不相同），并将这个 UILabel 控件添加到该控制器关联的 UIView 内，这样即可实现每次用户触碰该按钮，程序界面就会添加一个 UILabel 控件。而 remove:方法负责把 labels 数组的最后一个元素（UILabel 控件）从父控件中删除，并从该数组中删除该元素。

第 3 步，编译、运行该程序，并多次单击添加、删除整体的按钮后，可能看到如图 10.38 所示的动态界面。

提示：借助 Interface Builder 界面设计虽然简单，但由于拖拉方式对 UI 控件的控制不够灵活，而且 UI 控件与控制器类之间的 IBOutlet.IBAction 绑定是由系统完成的，这对开发人员而言是透明的，因此后期的维护成本相对较大，从而导致一些开发人员更倾向于使用纯代码

方式来开发 iOS 应用。其实这两种方式的本质是相同的，只是各自的考虑角度不同，建议初学者以 Interface Builder 界面设计为主，可以逐步辅助一定量的纯代码开发界面。

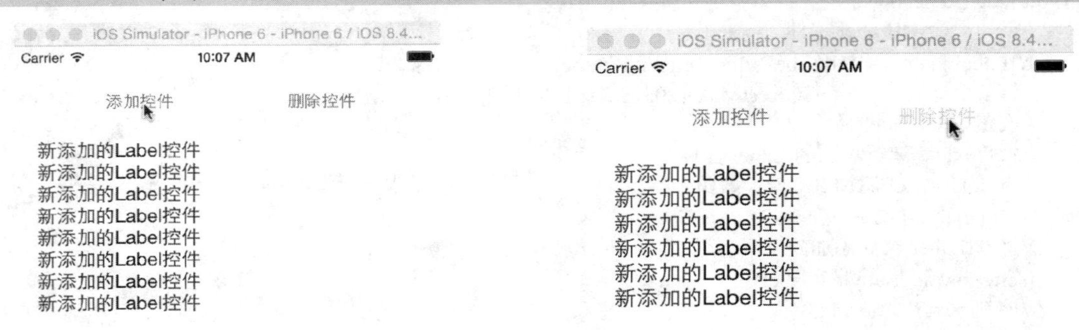

图 10.38　程序运行效果

10.5.3　设计跟随手指的小球

UIView 控件只是一个矩形的空白区域，并没有任何内容。iOS 应用的其他 UI 控件都继承了 UIView，这些 UI 控件都是在 UIView 提供的空白区域上绘制外观。

基于 UI 控件的实现原理，当 iOS 系统提供的 UI 控件不足以满足项目需要时，通过继承 UIView 来派生自定义控件。当用户自定义 UI 控件时，先定义一个继承 View 基类的子类，然后重写 View 类的一个或多个方法，通常可以被用户重写的方法如下。

☑ initWithFrame:：程序创建 UI 控件时常常会调用该方法执行初始化，因此，如果需要对 UI 控件执行一些额外的初始化，即可通过重写该方法实现。

☑ initWithCoder:：程序在 nib 文件中加载完控件后会自动调用该方法。因此，如果程序需要在 nib 文件中加载控件后执行自定义初始化，则可通过重写该方法实现。

☑ drawRect:：如果程序需要自行绘制控件的内容，则可通过重写该方法实现。

☑ layoutSubviews：如果程序需要对控件所包含的子控件布局进行更精确的控制，可通过重写该方法实现。

☑ didAddSubview:：当该控件添加子控件完成时，将会激发该方法。

☑ willRemoveSubview:：当该控件将要删除子控件时，将会激发该方法。

☑ willMoveToSuperview:：当该控件将要添加到其父控件中时，将会激发该方法。

☑ didMoveToSuperview：当把该控件添加到父控件并完成时，将会激发该方法。

☑ willMoveToWindow:：当该控件将要添加到窗口中时，将会激发该方法。

☑ didMoveToWindow：当把该控件添加到窗口并完成时，将会激发该方法。

☑ touchesBegan:withEvent:：当用户手指开始触碰该控件时，将会激发该方法。

☑ touchesMoved:withEvent:：当用户手指在控件上移动时，将会激发该方法。

☑ touchesEnded:withEvent:：当用户手指结束触碰该控件时，将会激发该方法。

☑ touchesCancelled: withEvent:：当用户取消触碰控件时，将会激发该方法。

当需要开发自定义 View 时，开发者并不需要重写上面列出的所有方法，而是根据业务需要重写上面的部分方法，在本示例中只重写 drawRect:方法。

设计思路如下：

开发自定义 UI 控件，这个 UI 控件将会在指定位置绘制一个小球，这个位置可以动态改变。当用

户通过手指在屏幕上拖动时，程序监听到这个手指动作，并把手指动作的位置传入自定义 UI 控件，然后通知该控件重绘小球。

【操作步骤】

第 1 步，创建一个 Single View Application 项目。

第 2 步，在项目导航面板中打开 Main.storyboard 文件，在 dock 区选中视图控制器场景内的 View Controller 节点，展开该节点，选中界面布局文件中的根 UI 控件（UIView）。

第 3 步，按 Command+Option+3 组合键，打开 Xcode 的身份检查器，通过身份检查器可以看到该界面布局文件的根 UI 控件的实现类是 UIView，如图 10.39 所示。

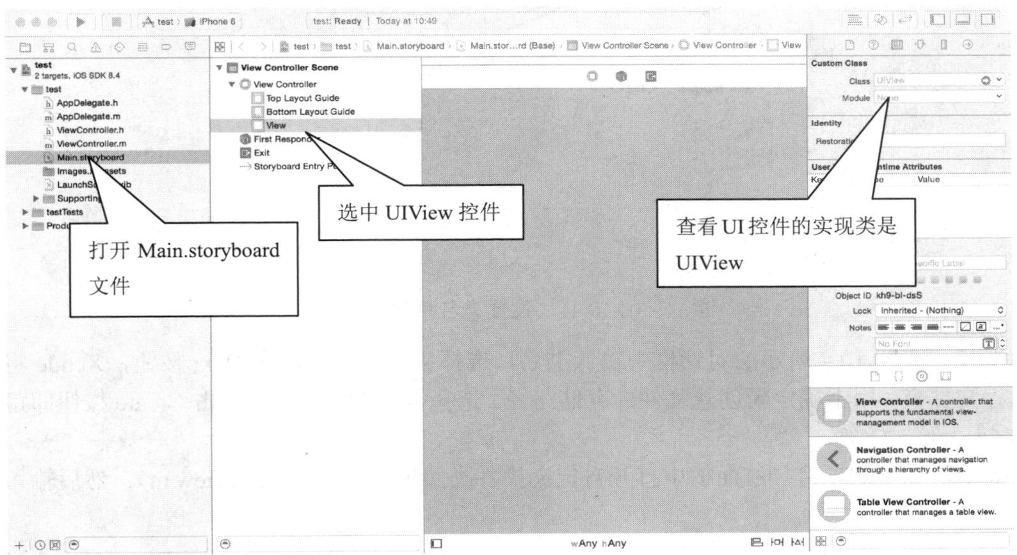

图 10.39　查看 UI 控件身份信息

第 4 步，本示例不使用默认的 UIView 作为根控件，将图 10.39 所示的 Class 文本框中的实现类改为 CustomView，定义程序使用 CustomView 作为界面设计的根控件。

第 5 步，开发自定义 CustomView 类。右击项目文件夹 test，在弹出的快捷菜单中选择 New File 命令，打开如图 10.40 所示的对话框。

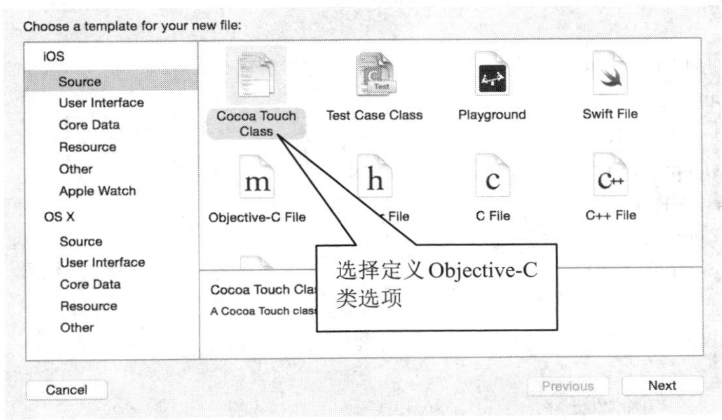

图 10.40　创建 Objective-C 类

Note

第 6 步，在图 10.40 所示对话框的左边选中 iOS 分类下的 Source，然后在对话框右边选中 Cocoa Touch class 列表项，单击 Next 按钮，打开如图 10.41 所示的对话框。

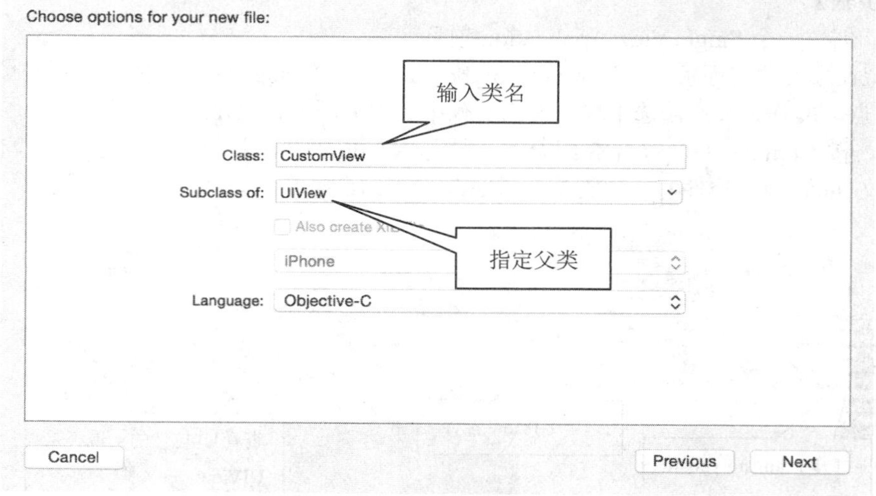

图 10.41　设置类名和父类

第 7 步，在图 10.4 所示的对话框中输入类名，选择父类之后，单击 Next 按钮，Xcode 将会显示一个保存文件夹，用于确定新创建文件的存储路径。选择合适的路径后，单击 Create 按钮即可创建一个新的 Objective-C 类。

第 8 步，在左侧项目导航面板中打开自定义控件类实现部分（CustomView.m），然后输入下面的代码：

```
#import "CustomView.h"

@implementation CustomView
//定义两个变量记录当前触碰点的坐标
int curX;
int curY;
- (void) touchesMoved:(NSSet *)touches withEvent:(UIEvent *)event
{
        //获取触碰事件的 UITouch 事件
        UITouch *touch = [touches anyObject];
        //得到触碰事件在当前组件上的触碰点
        CGPoint lastTouch = [touch locationInView:self];
        //获取触碰点的坐标
        curX = lastTouch.x;
        curY = lastTouch.y;
        //通知该组件重绘
        [self setNeedsDisplay];
}
//重写该方法来绘制该 UI 控件
 - (void)drawRect:(CGRect)rect
 {
```

```
        //获取绘图上下文
        CGContextRef ctx = UIGraphicsGetCurrentContext();
        //设置填充颜色
        CGContextSetFillColorWithColor(ctx, [[UIColor redColor] CGColor]);
        //以触碰点为圆心绘制一个圆形
        CGContextFillEllipseInRect(ctx, CGRectMake(curX - 10, curY - 10, 20, 20));
    }
@end
```

在上面的代码中，自定义了 UIView 的子类 CustomView，该子类重写了 drawRect:方法。该方法的设计逻辑为以触碰点为圆心，绘制一个圆形。除此之外，该自定义 UIView 子类还重写了 touchesMoved 方法，每当用户触碰该组件时，程序将触碰点的坐标赋给 curX、curY 两个变量，并通知该控件调用 drawRect:方法重绘自身，这样即可保证每当用户触碰该控件时，该控件总会在触碰点绘制一个红色圆形。

第 9 步，编译、运行该程序，即可看到如图 10.42 所示的效果。

图 10.42　跟随手指移动的小球

10.5.4　设计应用项目图标

定制 iOS 应用项目图标比较简单，具体步骤如下。

【操作步骤】

第 1 步，准备 3 张作为应用程序图标的 PNG 格式的图片，这 3 张图片的大小分别为 57×57 像素、114×114 像素、120×120 像素，如图 10.43 所示。

57×57　　114×114　　120×120

图 10.43　设计不同尺寸的图标

> 提示：由于 iPhone 4 引入了 Retina 显示屏幕，这种显示屏幕的分辨率是早期 iPhone 的两倍，因此需要分别制作两张图片，其中，57×57 像素的图标将适用于普通屏幕，114×114 像素的图标将适用于 Retina 屏幕。而 iPhone 5S 使用 iOS 7，所用图标的大小为 60×60 像素，而且由于 iPhone 5S 采用的是 Retina 屏幕，因此 iOS 7 需要的图标为 120×120 像素。
>
> iOS 也支持使用其他格式的图片，但由于 Xcode 在构建应用时会自动优化 PNG 图片，这使得 PNG 图片是 iOS 应用中最快、最有效的图像格式。因此，推荐采用 PNG 格式图片。

第 2 步，打开已经创建的应用项目，或者新建项目。

第 3 步，按下 Command+1 快捷键，打开 Xcode 的项目导航面板，在该面板中展开要定制图标的应用，然后选择该节点下的 Images.xcassets 子节点。

第 4 步，选择项目导航面板右边 dock 区中的 AppIcon 节点，可看到如图 10.44 所示的编辑界面。

第 5 步，从 Finder 中把图片分别拖入图 10.45 所示的图标处，Xcode 会自动将文件复制到该应用中，并将该图片设为此应用的图标。

Note

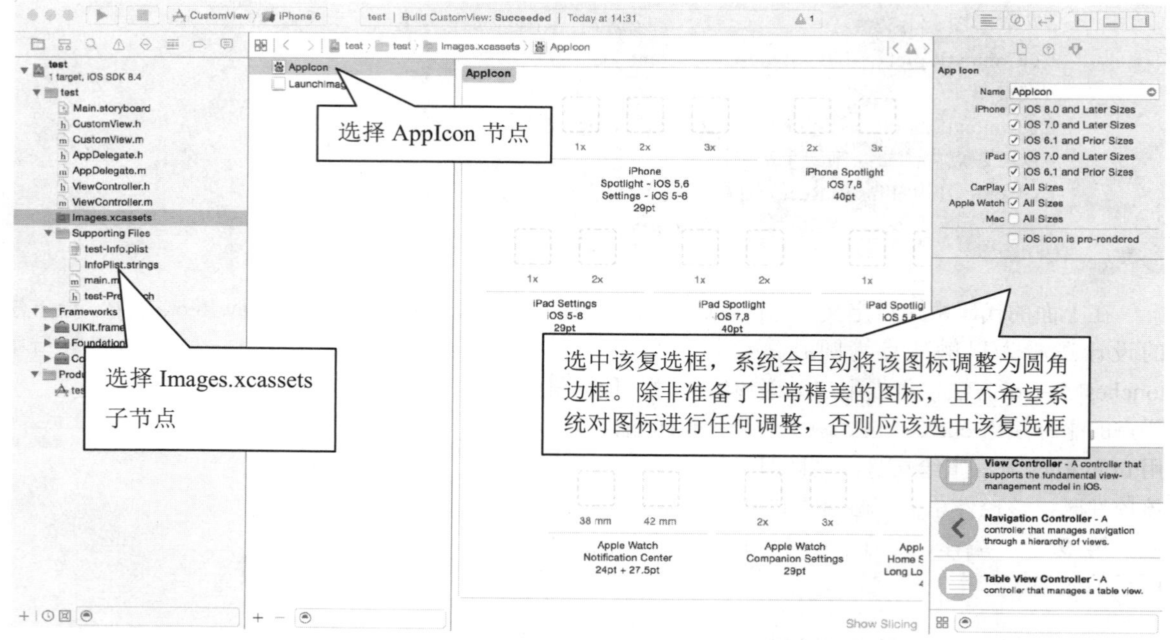

图 10.44　选择 AppIcon 节点

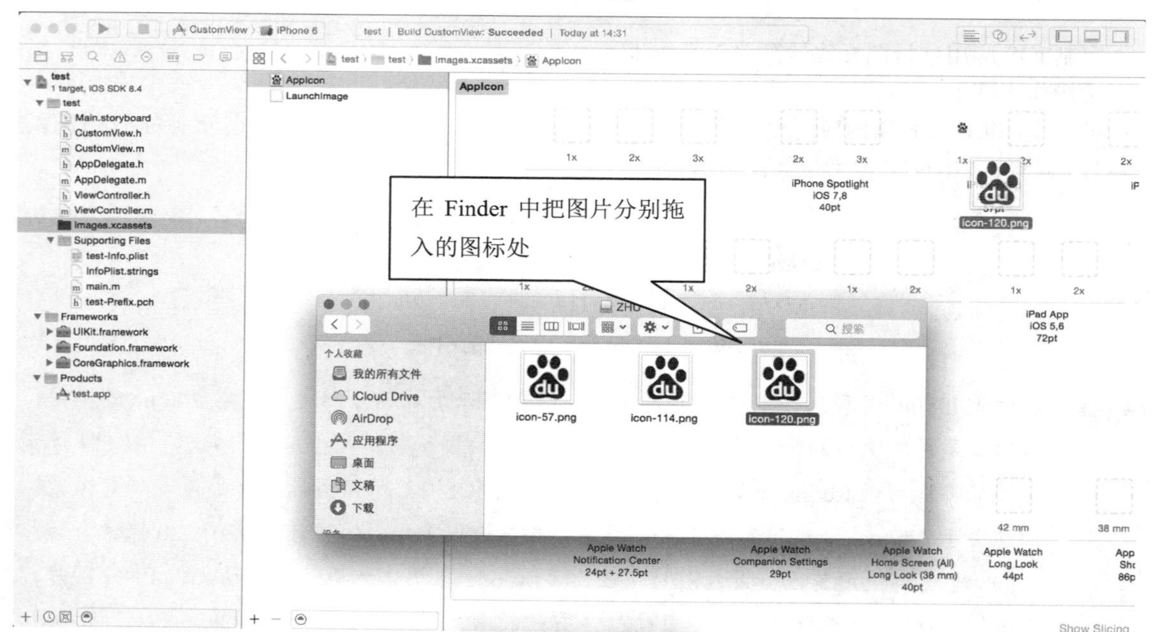

图 10.45　把图片拖动到图标位置

第 6 步，重新运行该应用（可能需要先删除模拟器原有的应用），再次单击模拟器的 Home 按钮（如果模拟器没有 Home 按钮，可按下 Command+Shift+H 组合键），返回程序列表界面，可看到如图 10.46 所示的程序图标。

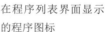

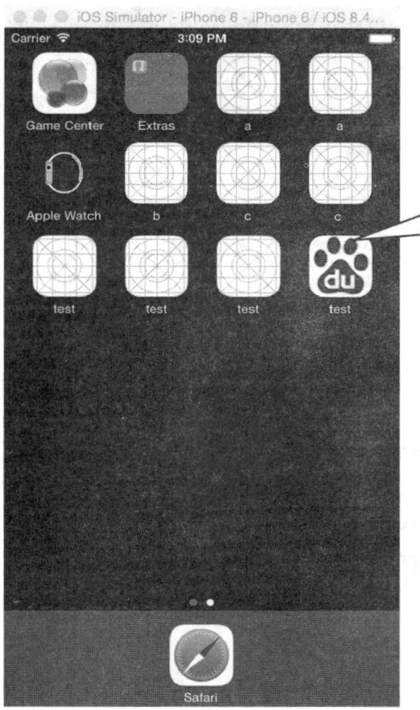

图 10.46　显示的程序图标

10.5.5　设计欢迎界面

应用项目启动时一般都会显示一幅欢迎界面，其定制方法比较简单，操作方法如下。

【操作步骤】

第 1 步，准备 3 张作为应用程序图标的 PNG 格式的图片，大小分别为 320×480 像素、640×960 像素、640×1136 像素。

> **提示**：320 × 480 像素的图片适用于普通屏幕，而 640×960 像素的图片适用于 Retina 屏幕。由于 iPhone 5 引入了更长的屏幕，其分辨率已达到 640×1136 像素，因此，640×1136 像素的图片将适用于 iPhone 屏幕。

第 2 步，按 Command+1 快捷键打开 Xcode 的项目导航面板，在该面板中选择该节点下的 Images.xcassets 子节点。

第 3 步，在项目导航面板右边的 dock 区中选择 LaunchImage 节点。如果没有显示该节点，则右击 dock 区域，从弹出的快捷菜单中选择 New Launch Image 命令，新建一个 LaunchImage 节点，如图 10.47 所示。

第 4 步，在 Finder 中把 3 张图片分别拖入图 10.37 所示的 5 个图标处：640×960 像素的图片拖入 2x 图标框内；640×960 像素的图片拖入 2x 图标框内；640×1136 像素的图片拖入 Retina 图标框内。Xcode 会自动将这 3 个文件复制到该应用中，并将这 3 张图片设为该应用的启动图片，如图 10.48 所示。

第 5 步，在导航面板打开 AppDelegate.m 文件，在 didFinishLaunchingWithOptions:方法中输入以下代码，定义启动界面延迟 3 秒再消失（单位为秒）。

```
@implementation AppDelegate
```

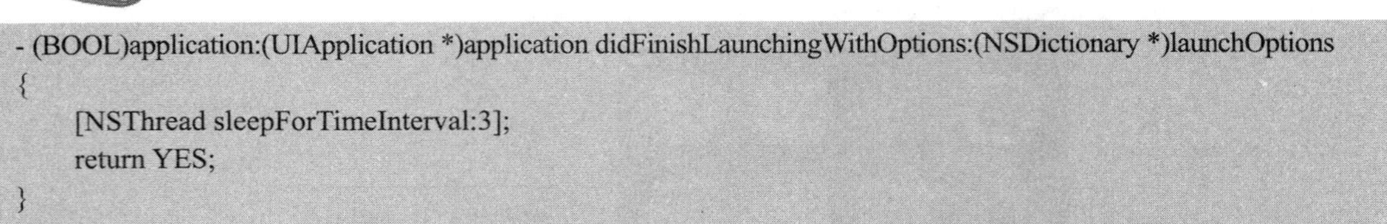

```
- (BOOL)application:(UIApplication *)application didFinishLaunchingWithOptions:(NSDictionary *)launchOptions
{
    [NSThread sleepForTimeInterval:3];
    return YES;
}
@end
```

Note

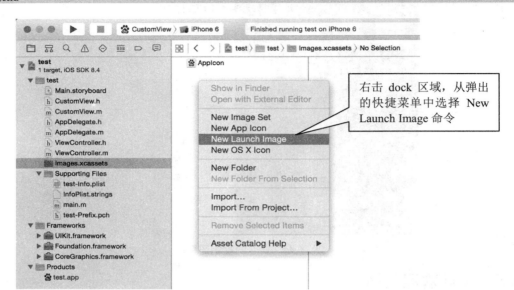

右击 dock 区域，从弹出的快捷菜单中选择 New Launch Image 命令

图 10.47　显示或新建 LaunchImage 节点

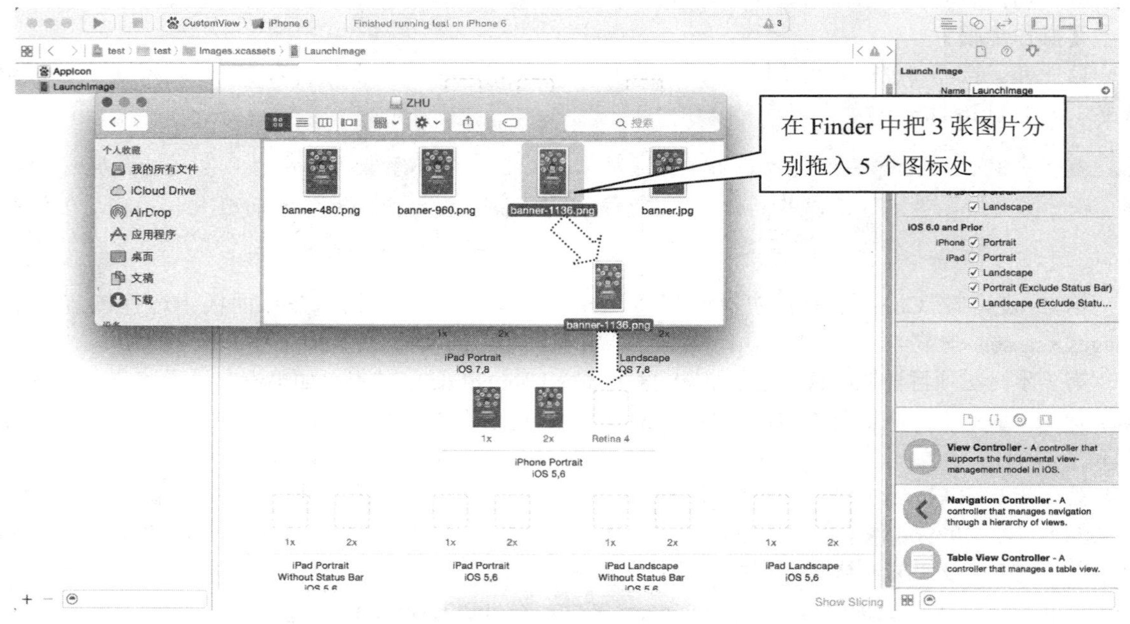

图 10.48　设置应用程序启动画面

第 6 步，重新运行该应用（可能需要先删除模拟器原有的应用），在应用启动但还未真正开始运行的加载过程中，将可以看到该应用显示如图 10.49 所示的启动界面。

图 10.49　显示启动界面

10.6　小　　结

本章主要介绍 iOS 应用开发的基础知识。开发 iOS 应用需要掌握 iOS 项目结构，学会通过 Interface Builder 设计程序界面。通过本章学习，读者需要重点理解 UIApplicationMain()函数，并掌握 UIApplication 与 UIApplicationDelegate 之间的关系，理解 iOS 的 MVC 设计。此外，本章还介绍了如何在程序中获取 UI 界面上的 UI 控件，如何为 UI 控件绑定事件处理方法，如何定制 iOS 应用图标和设置 iOS 应用的启动画面。

第11章 窗口和视图

窗口和视图是iOS应用界面的基础，其中，窗口为内容显示提供平台，而视图负责绝大部分的内容描绘，并负责响应用户交互。典型的iOS应用包含一个Window和几个UIViewController，每个UIViewController管理多个View（可能是UITableView、UIWebView、UIImageView等），如图11.1所示。

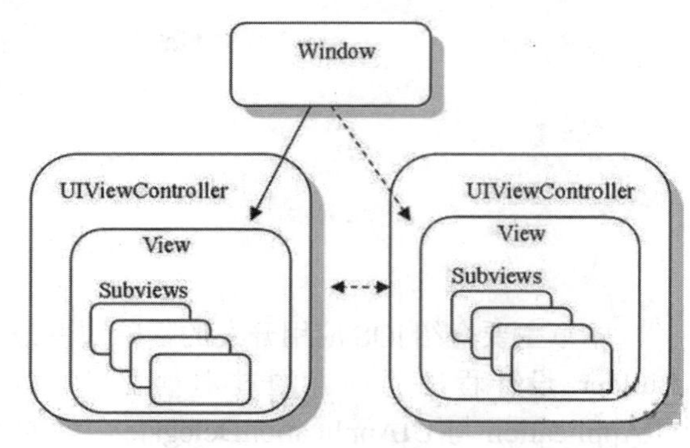

图11.1　窗口、视图和控制器的关系

UIView的显示、隐藏、旋转、移动等都由UIViewController负责，而UIViewController之间的切换，一般通过UINavigationController、UITabBarController或UISplitViewController实现。本章将以系统理论方式介绍窗口和视图的基本属性，各个属性之间的关系，以及在应用程序中如何创建和操作这些属性，帮助读者形成完整的知识体系。

【学习要点】

- 了解窗口和视图
- 了解视图的架构特征
- 了解视图管理的层次和逻辑
- 动态控制视图
- 创建定制视图

11.1　认识窗口和视图

Note

与 Mac OS X 一样，iOS 通过窗口和视图在屏幕上展现内容。虽然窗口和视图对象在两个平台上有很多相似性，但是具体到每个平台上，它们的作用又有细微的差别。

11.1.1　窗口

与 Mac OS X 应用程序有所不同，iOS 应用程序通常只有一个窗口，表示为一个 UIWindow 类的实例。应用程序在启动时创建这个窗口（或者从 nib 文件进行装载），并向窗口中加入一个或多个视图，然后将其显示出来。窗口显示出来之后，很少再次引用它。

在 iOS 中，窗口对象没有视觉装饰，用户不能直接对其进行关闭或进行其他操作。所有对窗口的操作都需要通过其编程接口来实现。应用程序可以借助窗口对象进行事件传递。窗口对象会持续跟踪当前的第一响应者对象，并在 UIApplication 对象提出请求时将事件传递给它。

在 Mac OS X 中，NSWindow 的父类是 NSResponder，而在 iOS 中，UIWindow 的父类是 UIView。因此，窗口在 iOS 中也是一个视图对象。不管其起源如何，通常可以将 iOS 上的窗口和 Mac OS X 的窗口同样对待。也就是说，通常不必直接操作 UIWindow 对象中与视图有关的属性变量。

在创建应用程序窗口时，应将其初始的边框尺寸设置为整个屏幕的大小。如果窗口是从 nib 文件装载得到，那么 Interface Builder 并不允许创建比屏幕尺寸小的窗口。

如果窗口是通过编程方式创建的，则必须在创建时传入边框矩形。屏幕矩形可以通过 UIScreen 对象来取得，代码如下：

```
UIWindow* aWindow = [[[UIWindow alloc] initWithFrame:[[UIScreen mainScreen] bounds]] autorelease];
```

iOS 支持将一个窗口叠放在其他窗口的上方，但是应用程序不应创建多个窗口。系统自身使用额外的窗口来显示系统状态条、重要的警告，以及位于应用程序窗口上方的其他消息。如果希望在自己的内容上方显示警告，可以使用 UIKit 提供的警告视图，而不应创建额外的窗口。

11.1.2　视图

视图是 UIView 类的实例，负责在屏幕上定义一个矩形区域。在 iOS 应用中，视图在展示用户界面及响应用户界面交互方面发挥关键作用。每个视图对象都要负责渲染视图矩形区域中的内容，并响应该区域中发生的触摸事件。

除了显示内容和处理事件之外，视图还可以用于管理一个或多个子视图。子视图是指嵌入到另一视图对象边框内部的视图对象，而被嵌入的视图则被称为父视图或超视图。视图的这种布局方式被称为视图层次，一个视图可以包含任意数量的子视图，通过为子视图添加子视图的方式，视图可以实现任意深度的嵌套。

视图在视图层次中的组织方式决定了在屏幕上显示的内容，原因是子视图总是被显示在其父视图的上方。这个组织方法还决定了视图如何响应事件和变化。每个父视图都负责管理其直接的子视图，即根据需要调整它们的位置和尺寸，以及响应它们没有处理的事件。

由于视图对象是应用程序和用户交互的主要途径，因此需要在很多方面发挥作用，下面简单介绍主要作用。

1. 描画和动画

☑ 视图负责对其所属的矩形区域进行描画。

☑ 某些视图属性变量可以以动画的形式过渡到新的值。

2. 布局和子视图管理

☑ 视图管理着一个子视图列表。

☑ 视图定义了自身相对于其父视图的尺寸调整行为。

☑ 视图可以通过代码调整其子视图的尺寸和位置。

☑ 视图可以将其坐标系统下的点转换为其他视图或窗口坐标系统下的点。

3. 事件处理

☑ 视图可以接收触摸事件。

☑ 视图是响应者链的参与者。

11.1.3 视图控制器

视图控制器是 UIViewController 类的实例，负责创建其管理的视图。视图控制器还为某些标准的系统行为提供自动响应。例如，在响应设备方向变化时，如果应用程序支持该方向，视图控制器可以对其管理的视图进行尺寸调整，使其适应新的方向。也可以通过视图控制器将新的视图以模式框的方式显示在当前视图的上方。

在 iOS 运行时，每个屏幕的背后都是一组视图对象，负责显示该屏幕的数据。一个屏幕的视图后面是一个视图控制器，其作用就是管理视图上显示的数据，并协调它们和应用程序其他部分的关系。

除了基础的 UIViewController 类之外，UIKit 还包含很多高级子类，用于处理平台共有的某些高级接口。特别需要注意的是，导航控制器用于显示多屏具有一定层次结构的内容；而页签条控制器则支持用户在一组不同的屏幕之间切换，每个屏幕都代表应用程序的一种不同的操作模式。

11.2 视 图 架 构

由于视图是 iOS 应用程序的焦点对象，因此对视图与系统其他部分的交互机制有所了解是很重要的。UIKit 中的标准视图类为应用程序提供相当数量的行为，还提供了一些定义良好的集成点，可以通过这些集成点对标准行为进行定制，完成应用程序需要做的工作。

11.2.1 视图交互模型

任何时候，当用户和程序界面进行交互，或者代码以编程的方式进行某些修改时，UIKit 内部都会发生一个复杂的事件序列。

在事件序列的一些特定的点上，UIKit 会调用视图类，使其有机会代表应用程序进行事件响应。理解这些调用点是很重要的，有助于理解视图对象和系统在哪里进行结合。图 11.2 显示了从用户触摸屏幕到图形系统更新屏幕内容这一过程的基本事件序列。以编程方式触发事件的基本步骤与此相同，只是没有最初的用户交互。

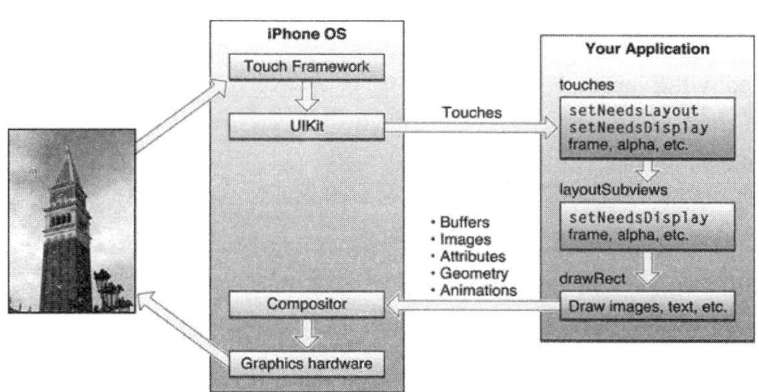

图 11.2　UIKit 和视图对象之间的交互

下面的步骤进一步剖析了图 11.2 中的事件序列，解释了序列的每个阶段都发生了什么，以及应用程序可能如何进行响应。

第 1 步，用户触击屏幕。

第 2 步，硬件将触击事件报告给 UIKit 框架。

第 3 步，UIKit 框架将触击信息封装为一个 UIEvent 对象，并派发给恰当的视图。

第 4 步，视图的事件处理方法可以通过下面的方式响应事件：

☑　调整视图或其子视图的属性变量（边框、边界、透明度等）。

☑　将视图（或其子视图）标识为需要修改布局。

☑　将视图（或其子视图）标识为布局需要重画。

☑　将数据发生的变化通报给控制器。

当然，处理哪些事件以及调用什么方法来完成是由视图决定的。

第 5 步，如果视图被标识为需要重新布局，UIKit 就调用视图的 layoutSubviews 方法。

可以在自己的定制视图中重载这个方法，以便调整子视图的尺寸和位置。例如，如果一个视图具有很大的滚动区域，就需要使用几个子视图来“平铺”，而不是创建一个内存可能装不下的大视图。

在这个方法的实现中，视图可以隐藏所有不需显示在屏幕上的子视图，或者在重新定位之后将其用于显示新的内容。作为这个过程的一部分，视图也可以将用于“平铺”的子视图标识为需要重画。

第 6 步，如果视图的任何部分被标识为需要重画，UIKit 就调用该视图的 drawRect:方法。

UIKit 只对需要重画的视图调用这个方法。在这个方法的实现中，所有视图都应该尽可能快地重画指定的区域，且都应该只重画自己的内容，不应该描画子视图的内容。在这个调用点上，视图不应该尝试进一步改变其属性或布局。

第 7 步，所有更新过的视图都和其他可视内容进行合成，然后发送给图形硬件进行显示。

第 8 步，图形硬件将渲染完成的内容转移到屏幕。

注意：上述更新模型主要适用于采纳内置视图和描画技术的应用程序。如果应用程序使用 OpenGL ES 来描画内容，则通常要配置一个全屏的视图，然后直接在 OpenGL 的图形上下文中进行描画。视图仍然需要处理触碰事件，但不需要对子视图进行布局或实现 drawRect:方法。

由上述步骤可以看出，UIKit 为自己定制的视图提供如下主要的结合点：

（1）事件处理方法。

☑　touchesBegan:withEvent:。

Note

☑ touchesMoved:withEvent:。
☑ touchesEnded:withEvent:。
☑ touchesCancelled:withEvent:。

（2）layoutSubviews 方法。

（3）drawRect:方法。

大多数定制视图通过实现这些方法得到自己期望的行为。可能不需要重载所有方法，例如，如果实现的视图是固定尺寸的，则可能不需要重载 layoutSubviews 方法。类似地，如果实现的视图只是显示简单的内容，如文本或图像，则通常可以通过简单地嵌入 UIImageView 和 UILabel 对象作为子视图来避免描画。

11.2.2 视图渲染架构

虽然视图可用来表示屏幕上的内容，但是 UIView 类自身的很多基础行为却严重依赖另一个对象。UIKit 中每个视图对象的背后都有一个 Core Animation 层对象，它是一个 CALayer 类的实例，该类为视图内容的布局和渲染，以及合成和动画提供基础性的支持。

与 Mac OS X（在这个平台上 Core Animation 支持是可选的）不同的是，iOS 将 Core Animation 集成到视图渲染实现的核心。虽然 Core Animation 发挥核心作用，但是 UIKit 在 Core Animation 上提供一个透明的接口层，使编程体验更为流畅。这个透明的接口使开发者在大多数情况下不必直接访问 Core Animation 的层，而是通过 UIView 的方法和属性声明取得类似的行为。

当 UIView 类没有提供需要的接口时，Core Animation 就变得重要了，在这种情况下，可以深入到 Core Animation 层，在应用程序中实现一些复杂的渲染。

11.2.3 Core Animation

Core Animation 利用了硬件加速和架构上的优化来实现快速渲染和实时动画。当视图的 drawRect: 方法首次被调用时，层会将描画的结果捕捉到一个位图中，并在随后的重画中尽可能使用这个缓存的位图，以避免调用开销很大的 drawRect:方法。这个过程使 Core Animation 得以优化合成操作，取得期望的性能。

Core Animation 将和视图对象相关联的层存储在一个被称为层树的层次结构中。和视图一样，层树中的每个层都只有一个父亲，但可以嵌入任意数量的子层。在默认情况下，层树中对象的组织方式和视图在视图层次中的组织方式完全一样。但是，可以在层树中添加层，而不同时添加相应的视图。当希望实现某种特殊的视觉效果而不需要在视图上保持这种效果时，就可能需要这种技术。

实际上，层对象是 iOS 渲染和布局系统的推动力，大多数视图属性实际上是其层对象属性的一个很薄的封装。当直接使用 CALayer 对象修改层树上层对象的属性时，所做的改变会立即反映在层对象上。但是，如果该变化触发了相应的动画，则可能不会立即反映在屏幕上，而是必须随着时间的变化以动画的形式表现在屏幕上。为了管理这种类型的动画，Core Animation 额外维护两组层对象，称之为表示树和渲染树。

表示树反映的是层在展示给用户时的当前状态。假定对层值的变化实行动画，则在动画开始时，表示层反映的是旧的值；随着动画的进行，Core Animation 会根据动画的当前帧来更新表示树层的值；然后，渲染树就和表示树一起，将变化渲染在屏幕上。由于渲染树运行在单独的进程或线程上，因此并不影响应用程序的主运行循环。虽然层树和表示树都是公开的，但是渲染树的接口是私有的。

在视图后面设置层对象对描画代码的性能有很多重要的影响。使用层的好处在于视图的大多数几

何变化都不需要重画。例如，改变视图的位置和尺寸并需要重画视图的内容，只需简单地重用层缓存的位图就可以了。对缓存的内容实行动画比每次都重画内容要有效得多。

使用层的缺点在于层是额外的缓存数据，会增加应用程序的内存压力。如果应用程序创建太多的视图，或者创建多个很大的视图，则可能很快就会出现内存不够用的情形。不用担心在应用程序中使用视图，但是，如果有现成的视图可以重用，就不要创建新的视图对象。换句话说，应该设法使内存中同时存在的视图对象数量最小。

11.2.4　视图的层

在 iOS 系统中，由于视图必须有一个与之关联的层对象，所以 UIView 类在初始化时会自动创建相应的层。可以通过视图的 layer 属性访问这个层，但是不能在视图创建完成后改变层对象。

如果希望视图使用不同类型的层，必须重载其 layerClass 类方法，并在该方法中返回希望使用的层对象。使用不同层类的最常见理由是为了实现一个基于 OpenGL 的应用程序。为了使用 OpenGL 描画命令，视图下面的层必须是 CAEAGLLayer 类的实例，这种类型的层可以和 OpenGL 渲染调用进行交互，最终在屏幕上显示期望的内容。

提示： 任何情况下都不应修改视图层的 delegate 属性，该属性用于存储一个指向视图的指针，应该被认为是私有的。类似地，由于一个视图只能作为一个层的委托，因此必须避免将其作为其他层对象的委托，否则会导致应用程序崩溃。

11.2.5　动画支持

iOS 的每个视图后面都有一个层对象，这样做的好处之一是使视图内容更加易于实现动画。记住，使用动画并不一定是为了在视觉上吸引用户注意力，还可以将应用程序界面变化的上下文呈现给用户。例如，当在屏幕转移过程中使用过渡时，过渡本身就向用户指示屏幕之间的联系。系统自动支持了很多经常使用的动画，但也可以为界面上的其他部分创建动画。

UIView 类的很多属性都被设计为可动画的（animatable）。可动画的属性是指当属性从一个值变为另一个值时，可以半自动地支持动画。仍然必须告诉 UIKit 希望执行什么类型的动画，但是动画一旦开始，Core Animation 就会全权负责。UIView 对象中支持动画的属性有 5 个：frame、bounds、center、transform 和 alpha。

虽然其他的视图属性不直接支持动画，但是可以为其中的一部分显式创建动画。显式动画要求做很多管理动画和渲染内容的工作，通过使用 Core Animation 提供的基础设施，这些工作仍然可以实现良好的性能。

11.2.6　视图坐标系统

UIKit 中的坐标基于这样的坐标系统：以左上角为坐标的原点，原点向下和向右为坐标轴正向。坐标值由浮点数来表示，内容的布局和定位因此具有更高的精度，还可以支持与分辨率无关的特性。图 11.3 显示了一个相对于屏幕的坐标系统，这个坐标系统同时也用于 UIWindow 和 UIView 类。视图坐标系统的方向

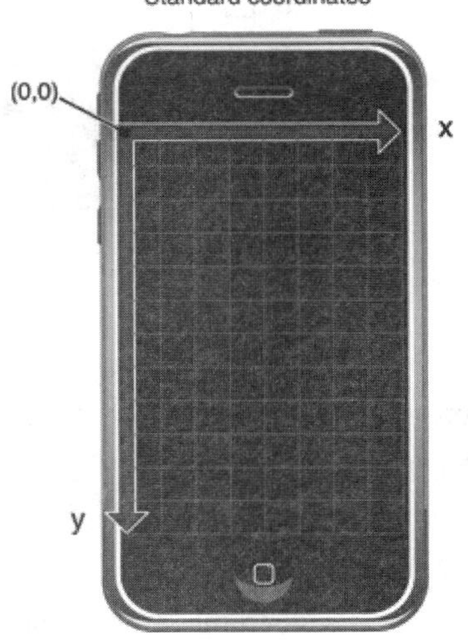

图 11.3　视图坐标系统

和 Quartz 及 Mac OS X 使用的默认方向不同，选择这个特殊的方向是为了使布局用户界面上的控件及内容更加容易。

Note

在编写界面代码时，需要知道当前起作用的坐标系统。每个窗口和视图对象都维护一个本地的坐标系统。视图中发生的所有描画都是相对于视图本地的坐标系统的。但是，每个视图的边框矩形都是通过其父视图的坐标系统来指定的，而事件对象携带的坐标信息则是相对于应用程序窗口的坐标系统的。为了方便，UIWindow 和 UIView 类都提供了一些方法，用于在不同对象之间进行坐标系统的转换。

虽然 Quartz 使用的坐标系统不以左上角为原点，但是对于很多 Quartz 调用来说，这并不是问题。在调用视图的 drawRect:方法之前，UIKit 会自动对描画环境进行配置，使左上角成为坐标系统的原点，在这个环境中发生的 Quartz 调用都可以正确地在视图中描画。

11.2.7 边框、边界和中心

视图对象通过 frame、bounds 和 center 属性声明来跟踪自己的大小和位置。frame 属性包含一个矩形，即边框矩形，用于指定视图相对于其父视图坐标系统的位置和大小。bounds 属性也包含一个矩形，即边界矩形，负责定义视图相对于本地坐标系统的位置和大小。虽然边界矩形的原点通常被设置为（0, 0），但这并不是必需的。center 属性包含边框矩形的中心点。

在代码中，可以将 frame、bounds 和 center 属性用于不同的目的。边界矩形代表视图本地的坐标系统，因此，在描画和事件处理代码中，经常借助它来取得视图中发生事件或需要更新的位置。中心点代表视图的中心，改变中心点一直是移动视图位置的最好方法。边框矩形是一个通过 bounds 和 center 属性计算得到的便利值，只有当视图的变换属性被设置恒等变换时，边框矩形才是有效的。

图 11.4 显示了边框矩形和边界矩形之间的关系。右边的整个图像是从视图的（0.0, 0.0）位置开始描画的，但是由于边界的大小和整个图像的尺寸不相匹配，因此位于边界矩形之外的图像部分被自动裁剪。在将视图和其父视图进行合成时，视图在其父视图中的位置是由视图边框矩形的原点决定的。在这个例子中，原点是（5.0, 5.0）。结果，视图的内容就相对于父视图的原点向下向右移动相应的尺寸。

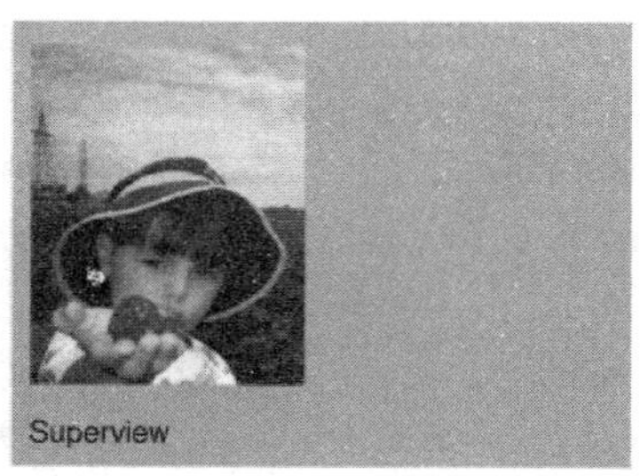

Frame rectangle at (5.0, 5.0), size (73.0, 98.0)

Bounds rectangle at (0.0, 0.0), size (73.0, 98.0)

图 11.4 视图的边框和边界之间的关系

如果没有经过变换，视图的位置和大小就由上述 3 个互相关联的属性决定。当在代码中通过 initWithFrame:方法创建一个视图对象时，其 frame 属性就会被设置。该方法同时也将 bounds 矩形的原点初始化为（0.0, 0.0），大小则和视图的边框相同。然后 center 属性会被设置为边框的中心点。

虽然可以分别设置这些属性的值，但是设置其中的一个属性会引起其他属性的改变，具体关系如下：

☑ 当设置 frame 属性时，bounds 属性的大小会被设置为与 frame 属性的大小相匹配的值，center 属性也会被调整为与新的边框中心点相匹配的值。

☑　当设置 center 属性时，frame 的原点也会随之改变。

☑　当设置 bounds 矩形的大小时，frame 矩形的大小也会随之改变。

可以改变 bounds 的原点而不影响其他两个属性。当这样做时，视图会显示标识的图形部分。在图 11.4 中，边界的原点被设置为（0.0, 0.0）。在图 11.5 中，该原点被移动到（8.0, 24.0）。结果显示的是视图图像的不同部分。但是，由于边框矩形并没有改变，新的内容在父视图中的位置和之前是一样的。

Frame rectangle at (5.0, 5.0), size (73.0, 88.0)

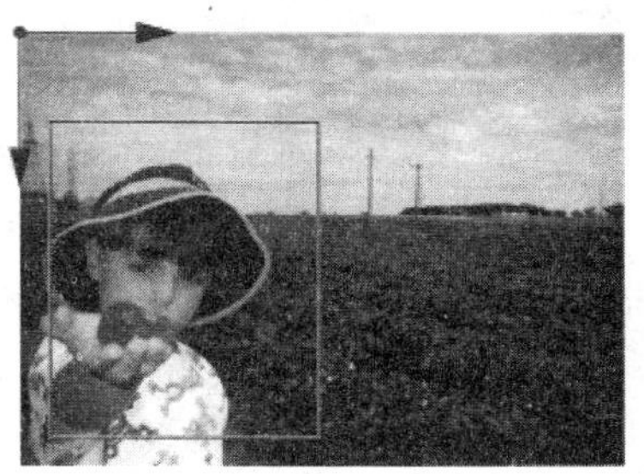

Bounds rectangle at (8.0, 24.0), size (73.0, 88.0)

图 11.5　改变视图的边界

提示：在默认情况下，视图的边框并不会被父视图的边框裁剪。如果希望让一个视图裁剪其子视图，需要将其 clipsToBounds 属性设置为 YES。

11.2.8　坐标系统变换

在视图的 drawRect:方法中常常借助坐标系统变换进行描画。而在 iOS 系统中，还可以用它来实现视图的某些视觉效果。例如，UIView 类中包含一个 transform 属性声明，可以通过该属性声明对整个视图实行各种类型的平移、比例缩放和变焦缩放效果。

在默认情况下，这个属性的值是一个恒等变换，不会改变视图的外观。在加入变换之前，首先要得到在该属性中存储的 CGAffineTransform 结构，用相应的 Core Graphics 函数实行变换，然后再将修改后的变换结构重新赋值给视图的 transform 属性。

注意：当将变换应用到视图时，所有执行的变换都是相对于视图的中心点。

平移一个视图会使其所有的子视图和视图本身的内容一起移动。由于子视图的坐标系统是继承并建立在这些变化的基础上的，因此比例缩放也会影响子视图的描画。有关如何控制视图内容缩放的更多介绍，参见 11.2.9 节。

提示：如果 transform 属性的值不是恒等变换，则 frame 属性的值就是未定义的，必须被忽略。在设置变换属性之后，使用 bounds 和 center 属性来获取视图的位置和大小。

11.2.9　内容模式与比例缩放

当改变视图的边界，或者将一个比例因子应用到视图的 transform 属性声明时，边框矩形会发生等量的变化。根据内容模式的不同，视图的内容也可能被缩放或重新定位，以反映上述变化。

视图的 contentMode 属性决定了边界变化和缩放操作作用到视图上产生的效果。在默认情况下，这个属性的值被设置为 UIViewContentModeScaleToFill，意味着视图内容总是被缩放，以适应新的边框尺寸。例如，图 11.6 显示了将视图的水平缩放因子放大一倍时产生的效果。

Note

图 11.6 使用 scale-to-fill 内容模式缩放视图

视图内容的缩放仅在首次显示视图时发生，渲染后的内容会被缓存在视图下面的层上。当边界或缩放因子发生变化时，UIKit 并不强制视图进行重画，而是根据其内容模式决定如何显示缓存的内容。图 11.7 比较了在不同的内容模式下，改变视图边界或应用不同的比例缩放因子时产生的结果。

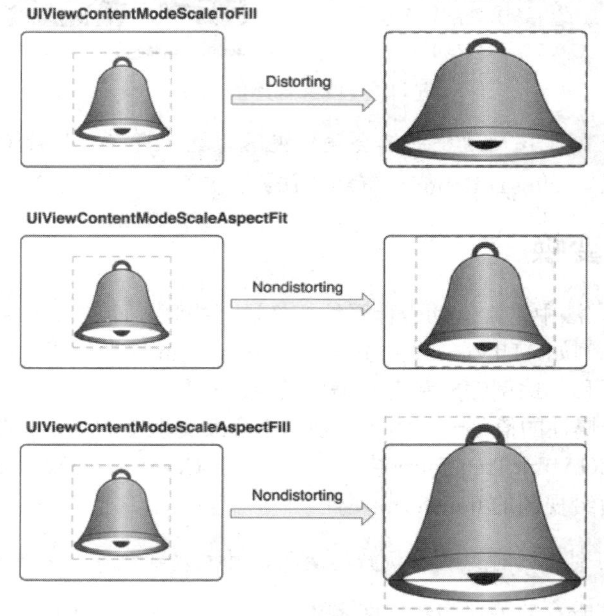

图 11.7 内容模式比较

对视图应用一个比例缩放因子总是会使其内容发生缩放，而边界的改变在某些内容模式下则不会发生同样的结果。不同的 UIViewContentMode 常量（如 UIViewContentModeTop 和 UIViewContentMode BottomRight）可以使当前的内容在视图的不同角落或沿着视图的不同边界显示，还有一种模式可以将内容显示在视图的中心。在这些模式的作用下，改变边界矩形只会简单地将现有的视图内容移动到新的边界矩形中对应的位置上。

当希望在应用程序中实现尺寸可调整的控件时，应考虑使用内容模式。这样就可以避免控件的外观发生变形，以及避免编写定制的描画代码。按键和分段控件（segmented control）特别适合基于内容模式的描画，通常使用几个图像来创建控件外观。除了有两个固定尺寸的覆盖图像之外，按键可以通过一个可伸展的、宽度只有一个像素的中心图像来实现水平方向的尺寸调整。中心图像将每个图像显示在自己的图像视图中，而将可伸展的中间图像的内容模式设置为 UIViewContentModeScaleToFill，使得在尺寸调整时两端的外观不会变形。更为重要的是，每个图像视图的关联图像都可以由 Core

Animation 来缓存，因此不需要编写描画代码就可以支持动画，从而大大提高了性能。

内容模式通常有助于避免视图内容的描画，但是当希望对缩放和尺寸调整过程中的视图外观进行特别的控制时，也可以使用 UIViewContentModeRedraw 模式。将视图的内容模式设置为这个值可以强制 Core Animation 使视图的内容失效，并调用视图的 drawRect:方法，而不是自动进行缩放或尺寸调整。

Note

11.2.10 自动尺寸调整

当改变视图的边框矩形时，其内嵌子视图的位置和尺寸往往也需要改变，以适应原始视图的新尺寸。如果视图的 autoresizesSubviews 属性声明被设置为 YES，则其子视图会根据 autoresizingMask 属性的值自动进行尺寸调整。简单配置一下视图的自动尺寸调整掩码常常就能使应用程序得到合适的行为，否则，应用程序就必须通过重载 layoutSubviews 方法来提供自己的实现。

设置视图的自动尺寸调整行为的方法是通过位操作符 OR 将期望的自动尺寸调整常量连接起来，并将结果赋值给视图的 autoresizingMask 属性。表 11.1 列举了自动尺寸调整常量，并描述这些常量如何影响给定视图的尺寸和位置。

表 11.1 自动尺寸调整常量

自动尺寸调整常量	描 述
UIViewAutoresizingNone	这个常量如果被设置，视图将不进行自动尺寸调整
UIViewAutoresizingFlexibleHeight	这个常量如果被设置，视图的高度将和父视图的高度一起成比例变化。否则，视图的高度将保持不变
UIViewAutoresizingFlexibleWidth	这个常量如果被设置，视图的宽度将和父视图的宽度一起成比例变化，否则，视图的宽度将保持不变
UIViewAutoresizingFlexibleLeftMargin	这个常量如果被设置，视图的左边界将随着父视图宽度的变化而按比例进行调整，否则，视图和其父视图的左边界的相对位置将保持不变
UIViewAutoresizingFlexibleRightMargin	这个常量如果被设置，视图的右边界将随着父视图宽度的变化而按比例进行调整，否则，视图和其父视图的右边界的相对位置将保持不变
UIViewAutoresizingFlexibleBottomMargin	这个常量如果被设置，视图的底边界将随着父视图高度的变化而按比例进行调整，否则，视图和其父视图的底边界的相对位置将保持不变
UIViewAutoresizingFlexibleTopMargin	这个常量如果被设置，视图的上边界将随着父视图高度的变化而按比例进行调整，否则，视图和其父视图上边界的相对位置将保持不变

例如，如果要使一个视图和其父视图左下角的相对位置保持不变，可以加入 UIViewAutoresizing FlexibleRightMargin 和 UIViewAutoresizingFlexibleTopMargin 常量，并将结果赋值给 autoresizingMask 属性。当同一个轴向有多个部分被设置为可变时，尺寸调整的常量会被平均分配到各个部分上。

图 11.8 为这些常量值的位置提供了一个图形表示。如果这些常量之一被省略，则视图在相应方向上的布局就被固定；如果某个常量被包含在掩码中，在该方向的视图布局就是灵活的。

如果通过 Interface Builder 来配置视图，则可以用 Size 查看器的 Autosizing 控制来设置每个视图的自动尺寸调整行为。图 11.8 中的灵活宽度及高度常量和 Interface Builder 中位于同样位置的弹簧具有同样的行为，但是空白常量的行为则正好相反。换句话说，如果要将灵活控制的自动尺寸调整行为应用到 Interface Builder 的某个视图，必须使相应方向空间的 Autosizing 控制为空，而不是放置一个支柱。幸运的是，Interface Builder 通过动画显示了修改对视图自动尺寸调整行为的影响。

如果视图的 autoresizesSubviews 属性被设置为 NO，则该视图的直接子视图的所有自动尺寸调整

行为将被忽略。类似地，如果一个子视图的自动尺寸调整掩码被设置为UIViewAutoresizingNone，则该子视图的尺寸将不会被调整，因而其直接子视图的尺寸也不会被调整。

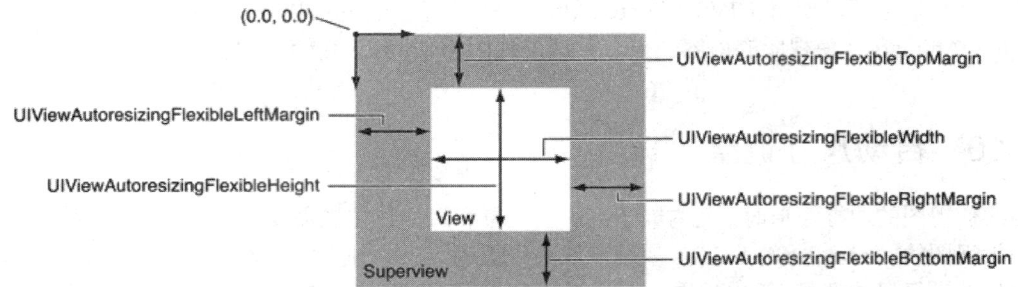

图 11.8　视图的自动尺寸调整常量

注意：为了使自动尺寸调整的行为正确，视图的 transform 属性必须设置为恒等变换，其他变换下的尺寸自动调整行为是未定义的。

自动尺寸调整行为可以适合一些布局的要求，但是如果希望更多地控制视图的布局，可以在适当的视图类中重载 layoutSubviews 方法。

11.3　创建和管理视图层次

本节将介绍如何装配视图层次，以及如何在建立视图层次之后寻找其中的视图，如何在不同的视图坐标系统之间进行转换。

11.3.1　视图层次

管理用户界面的视图层次是开发应用程序用户界面的关键部分。视图的组织方式不仅定义了应用程序的视觉外观，还定义了应用程序如何响应变化。

视图层次中的父-子关系可以帮助用户定义应用程序中负责处理触摸事件的对象链。当用户旋转设备时，父-子关系也有助于定义每个视图的尺寸和位置是如何随着界面方向的变化而变化的。

图 11.9 显示了一个简单的例子，说明如何通过视图的分层来创建期望的视觉效果。在 Clock 程序中，页签条和导航条视图，以及定制视图混合在一起，实现了整个界面。

如果探究 Clock 程序中视图之间的关系，就会发现它们很像“改变视图的层”部分中显示的关系，窗口对象是应用程序的页签条、导航条和定制视图的根视图。

在 iOS 应用程序的开发过程中，有几种建立视图层次的方法，包括基于 Interface Builder 的可视化方法和通过代码编程的方法。

11.3.2　创建视图对象

创建视图对象的最简单方法是使用 Interface Builder 进行制作，然后将视图对象从完成的 nib 文件载入内存。在 Interface Builder 的图形环境中，可以将新的视图从库中拖出，然后放到窗口或另一个视图中，以快速建立需要的视图层次。Interface Builder 使用的是活的视图对象，因此当用这个图形环境构建用户界面时，所看到的就是运行时装载的外观，而且不需要为视图层次中的每个视图编写单调

乏味的内存分配和初始化代码，如图 11.10 所示。

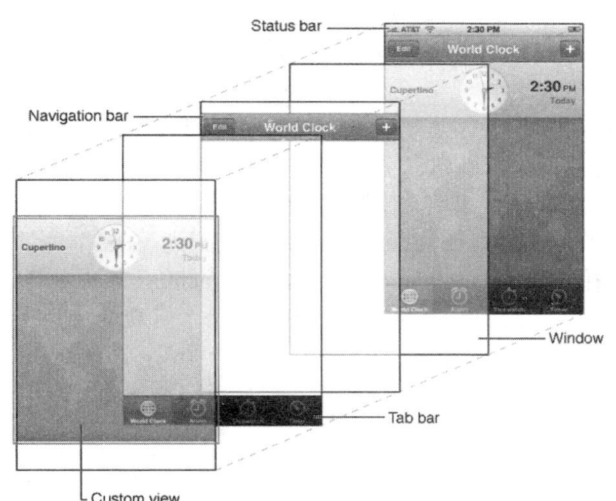

图 11.9　Clock 程序的视图层

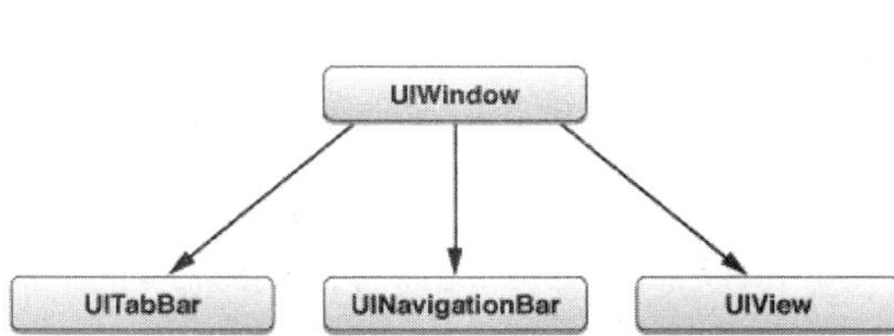

图 11.10　Clock 程序的视图层次

如果不喜欢 Interface Builder 和 nib 文件，也可以通过代码来创建视图。在创建一个新的视图对象时，需要为其分配内存，并向该对象发送一个 initWithFrame:消息，以对其进行初始化。例如，如果要创建一个新的 UIView 类的实例作为其他视图的容器，则可以使用下面的代码：

```
CGRect viewRect = CGRectMake(0, 0, 100, 100);
UIView* myView = [[UIView alloc] initWithFrame:viewRect];
```

注意： 虽然所有系统提供的视图对象都支持 initWithFrame:消息，但是其中的一部分可能有自己偏好的初始化方法，应该使用那些方法。

在视图初始化时指定的边框矩形代表该视图相对于未来父视图的位置和大小。在将视图显示于屏幕上之前，需要将其加入到窗口或其他视图中。这时，UIKit 会根据指定的边框矩形将视图放置到其父视图的相应位置中。

11.3.3　添加和移除子视图

Interface Builder 是建立视图层次的最便利工具，因为通过它可以看到视图在运行时的外观。在界面制作完成后，Interface Builder 将视图对象及其层次关系保存在 nib 文件中。在运行时，系统会按照 nib 文件的内容为应用程序重新创建那些对象和关系。当一个 nib 文件被装载时，系统会自动调用重建视图层次所需要的 UIView 方法。

如果不喜欢通过 Interface Builder 和 nib 文件来创建视图层次，则可以通过代码来创建。如果一个视图必须具有某些子视图才能工作，则应该在其 initWithFrame:方法中对其进行创建，以确保子视图可以和视图一起被显示和初始化。如果子视图是应用程序设计的一部分（而不是视图工作必需的），则应该在视图的初始化代码之外进行创建。在 iOS 程序中，有两个方法最常用于创建视图和子视图，分别是应用程序委托对象的 applicationDidFinishLaunching:方法和视图控制器的 loadView 方法。

可以通过下面的方法来操作视图层次中的视图对象：

☑　调用父视图的 addSubview:方法添加视图，该方法将一个视图添加到子视图列表的最后。

☑ 调用父视图的 insertSubview 方法可以在父视图的子视图列表中间插入视图。

☑ 调用父视图的 bringSubviewToFront:、sendSubviewToBack:或 exchangeSubviewAtIndex:withSubviewIndex:方法可以对父视图的子视图进行重新排序。使用这些方法比从父视图中移除子视图并再次插入要快一些。

☑ 调用子视图（而不是父视图）的 removeFromSuperview 方法可以将子视图从父视图中移除。

Note

在添加子视图时，UIKit 会根据子视图的当前边框矩形确定其在父视图中的初始位置。可以随时通过修改子视图的 frame 属性声明来改变其位置。在默认情况下，边框位于父视图可视边界外部的子视图不会被裁剪。如果希望激活裁剪功能，必须将父视图的 clipsToBounds 属性设置为 YES。

【示例】下面的代码显示了一个应用程序委托对象的 applicationDidFinishLaunching:方法示例。在本示例中，应用程序委托在启动时通过代码创建全部的用户界面。界面中包含两个普通的 UIView 对象，用于显示基本颜色。每个视图都被嵌入到窗口中，窗口也是 UIView 的一个子类，因此可以作为父视图。父视图会保持它们的子视图，因此这个方法释放了新创建的视图对象，以避免重复保持。

```
//应用程序加载完成后，将会自动回调该方法
- (BOOL)application:(UIApplication *)application didFinishLaunchingWithOptions:(NSDictionary *)launchOptions
{
    //创建窗口对象，并将其分配给
    //应用程序委托的窗口实例变量
    self.window = [[UIWindow alloc] initWithFrame: [[UIScreen mainScreen] bounds]];
    self.window.backgroundColor = [UIColor whiteColor];
    //创建一个简单的红色矩形
    CGRect redFrame = CGRectMake(10, 10, 100, 100);
    UIView *redView = [[UIView alloc] initWithFrame:redFrame];
    redView.backgroundColor = [UIColor redColor];
    //创建一个简单的蓝色矩形
    CGRect blueFrame = CGRectMake(10, 150, 100, 100);
    UIView *blueView = [[UIView alloc] initWithFrame:blueFrame];
    blueView.backgroundColor = [UIColor blueColor];
    //创建一个 UIViewController 对象
    UIViewController* controller = [[UIViewController alloc] init];
    //让该程序的窗口加载并显示 viewController 视图控制器关联的用户界面
    self.window.rootViewController = controller;
    //向窗口添加方形视图
    [self.window   addSubview:redView];
    [self.window   addSubview:blueView];
    //显示窗口
    [self.window makeKeyAndVisible];
    return YES;
}
```

提示：在内存管理方面，可以将子视图考虑为其他的集合对象，特别是当通过 addSubview:方法将一个视图作为子视图插入时，父视图会对其进行保持操作。反过来，当通过 removeFromSuperview 方法将子视图从父视图中移走时，子视图会被自动释放。在将视图加入视图层次之后，释放该对象可以避免多余的保持操作，从而避免内存泄露。

当为某个视图添加子视图时，UIKit 会向相应的父视图发送几个消息，通知它们当前发生的状态变化。可以在自己的定制视图中对诸如 willMoveToSuperview:、willMoveToWindow:、willRemoveSubview:、didAddSubview:、didMoveToSuperview 和 didMoveToWindow 这样的方法进行重载，以便在事件发生的前后进行必要的处理，并根据发生的变化更新视图的状态信息。

在视图层次建立之后，可以通过视图的 superview 属性取得其父视图，或者通过 subviews 属性取得视图的子视图。也可以通过 isDescendantOfView:方法来判定一个视图是否在其父视图的视图层中。一个视图层次的根视图没有父视图，因此其 superview 属性被设置为 nil。对于当前被显示在屏幕上的视图，窗口对象通常是整个视图层次的根视图。

可以通过视图的 window 属性取得指向其父窗口的指针（如果存在），如果视图还没有被链接到窗口上，则该属性会被设置为 nil。

11.3.4 坐标转换

很多时候，特别是在处理事件时，应用程序可能需要将一个相对于某边框的坐标值转换为相对于另一个边框的值。

例如，触摸事件通常使用基于窗口坐标系统的坐标值来报告事件发生的位置，但是视图对象需要的是相对于视图本地坐标的位置信息，两者可能是不一样的。UIView 类定义了下面这些方法，用于在不同的视图本地坐标系统之间进行坐标转换。

- ☑ convertPoint:fromView:。
- ☑ convertRect:fromView:。
- ☑ convertPoint:toView:。
- ☑ convertRect:toView:。

convert...:fromView: 方法将指定视图的坐标值转换为视图本地坐标系统的坐标值；convert...:toView:方法则将视图本地坐标系统的坐标值转换为指定视图坐标系统的坐标值。如果传入 nil 作为视图引用参数的值，则上面这些方法会将视图所在窗口的坐标系统作为转换的源或目标坐标系统。

除了 UIView 的转换方法之外，UIWindow 类也定义了下面几个转换方法。这些方法和 UIView 的版本类似，只是 UIView 定义的方法将视图本地坐标系统作为转换的源或目标坐标系统，而 UIWindow 的版本则使用窗口坐标系统。

- ☑ convertPoint:fromWindow:。
- ☑ convertRect:fromWindow:。
- ☑ convertPoint:toWindow:。
- ☑ convertRect:toWindow:。

当参与转换的视图没有被旋转，或者被转换的对象仅是点时，坐标转换相当直接。如果是在旋转之后的视图之间转换矩形或尺寸数据，则其几何结构必须经过合理的改变，才能得到正确的结果坐标。在对矩形结构进行转换时，UIView 类假定希望保证原来的屏幕区域被覆盖，因此转换后的矩形会被放大，其结果是使放大后的矩形（如果放在对应的视图中）可以完全覆盖原来的矩形区域。图 11.11 显示了将 rotatedView 对象的坐标系统中的矩形转换到其超类（outerView）坐标系统的结果。

对于尺寸信息，UIView 简单地将其处理为分别相对于源视图和目标视图（0.0, 0.0）点的偏移量。虽然偏移量保持不变，但是相对于坐标轴的差额会随着视图的旋转而移动。在转换尺寸数据时，UIKit 总是返回正的数值。

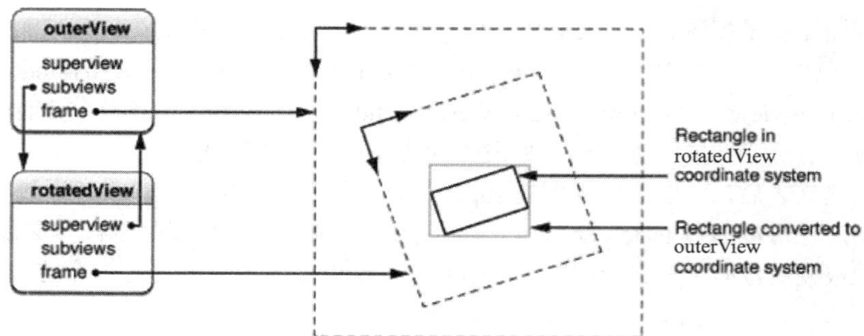

图 11.11　对旋转后视图中的值进行转换

11.3.5　标识视图

UIView 类中包含一个 tag 属性。借助这个属性，可以通过一个整数值来标识一个视图对象。可以通过这个属性来唯一标识视图层次中的视图，以及在运行时进行视图的检索（基于 tag 标识的检索比自行遍历视图层次要快）。tag 属性的默认值为 0。

可以通过 UIView 的 viewWithTag:方法检索标识过的视图。该方法从消息的接收者自身开始，通过深度优先的方法检索接收者的子视图。

11.4　动态控制视图

应用程序在接收用户输入时，需要通过调整自己的用户界面来进行响应。应用程序可能重新排列界面上的视图、刷新屏幕上模型数据已被改变的视图，或者装载一组全新的视图。在决定使用哪种技术时，要考虑用户界面，以及希望实现什么。

11.4.1　实现视图动画

在 iOS 应用中，动画被广泛用于视图的位置调整、尺寸变化，甚至是 alpha 值的变化（用于实现淡入淡出的效果）。动画支持对于制作易于使用的应用程序是至关重要的，因此，UIKit 直接将其集成到 UIView 类中，以简化动画的创建过程。

类定义了几个内在支持动画的属性声明，当这些属性值发生变化时，视图为其变化过程提供内建的动画支持。虽然执行动画所需要的工作由 UIView 类自动完成，但仍然必须在希望执行动画时通知视图。为此，需要将改变给定属性的代码包装在一个动画块中。在 UIView 类中，支持动画的属性如表 11.2 所示。

表 11.2　UIView 类中支持动画的属性

属　　性	描　　述
frame	视图的边框矩形，位于父视图的坐标系中
bounds	视图的边界矩形，位于视图的坐标系中
center	边框的中心，位于父视图的坐标系中
transform	视图上的转换矩阵，相对于视图边界的中心
alpha	视图的 alpha 值，用于确定视图的透明度

动画块从调用 UIView 的 beginAnimations:context:类方法开始，以调用 commitAnimations 类方法结束。在这两个调用之间，可以配置动画的参数和改变希望实行动画的属性值。一旦调用 commitAnimations 方法，UIKit 就会开始执行动画，即把给定属性从当前值到新值的变化过程用动画表现出来。动画块可以被嵌套，但是在最外层的动画块提交之前，被嵌套的动画不会被执行。

11.4.2　配置动画的参数

除了在动画块中改变属性值之外，还可以对其他参数进行配置，以确定希望得到的动画行为。为此，可以调用下面这些 UIView 的类方法：

- ☑ 用 setAnimationStartDate:方法设置动画在 commitAnimations 方法返回之后的发生日期。默认行为是使动画立即在动画线程中执行。
- ☑ 用 setAnimationDelay:方法设置实际发生动画和 commitAnimations 方法返回的时间点之间的间隔。
- ☑ 用 setAnimationDuration:方法设置动画持续的秒数。
- ☑ 用 setAnimationCurve:方法设置动画过程的相对速度，例如，动画可能在开始阶段逐渐加速，而在结束阶段逐渐减速，或者整个过程都保持相同的速度。
- ☑ 用 setAnimationRepeatCount:方法设置动画的重复次数。
- ☑ 用 setAnimationRepeatAutoreverses:方法指定动画在到达目标值时是否自动反向播放。可以结合使用这个方法和 setAnimationRepeatCount:方法，使各个属性在初始值和目标值之间平滑切换一段时间。

commitAnimations 类方法在调用之后和动画开始之前立刻返回。UIKit 在一个独立的、和应用程序的主事件循环分离的线程中执行动画。commitAnimations 方法将动画发送到该线程，然后动画就进入线程中的队列，直到被执行。

在默认情况下，只有在当前正在运行的动画块执行完成后，Core Animation 才会启动队列中的动画。但是，可以通过向动画块中的 setAnimationBeginsFromCurrentState:类方法传入 YES 来重载这个行为，使动画立即启动。这样做会停止当前正在执行的动画，而使新动画在当前状态下开始执行。

在默认情况下，所有支持动画的属性在动画块中发生的变化都会形成动画。如果希望动画块中发生的某些变化不产生动画效果，可以通过 setAnimationsEnabled:方法暂时禁止动画，在完成修改后重新激活动画。在调用 setAnimationsEnabled:方法并传入 NO 值之后，所有的改变都不会产生动画效果，直到用 YES 值再次调用这个方法或者提交整个动画块时，动画才会恢复。可以用 areAnimationsEnabled 方法确定当前是否激活动画。

11.4.3　配置动画的委托

可以为动画块分配一个委托，并通过该委托接收动画开始和结束的消息。当需要在动画开始前和结束后立即执行其他任务时，可能需要这样做。可以通过 UIView 的 setAnimationDelegate:类方法设置委托，并通过 setAnimationWillStartSelector:和 setAnimationDidStopSelector:方法指定接收消息的选择器方法。消息处理方法的形式如下：

```
- (void)animationWillStart:(NSString *)animationID
context:(void *)context;
- (void)animationDidStop:(NSString *)animationID
 finished:(NSNumber *)finished context:(void *)context;
```

Note

上面两个方法的 animationID 和 context 参数与动画块开始时传给 beginAnimations:context:方法的参数相同。

☑ animationID，应用程序提供的字符串，用于标识一个动画块中的动画。

☑ context 也是应用程序提供的对象，用于向委托对象传递额外的信息。

setAnimationDidStopSelector:选择器方法还有一个参数，即一个布尔值。如果动画顺利完成，没有被其他动画取消或停止，则该值为 YES。

11.4.4 响应布局的变化

任何时候，当视图的布局发生改变时，UIKit 会激活每个视图的自动尺寸调整行为，然后调用各自的 layoutSubviews 方法，以便一步调整子视图的几何尺寸。下面列举的情形都会引起视图布局的变化。

☑ 视图边界矩形的尺寸发生变化。

☑ 滚动视图的内容偏移量，也就是可视内容区域的原点发生变化。

☑ 和视图关联的转换矩阵发生变化。

☑ 和视图层相关联的 Core Animation 子层组发生变化。

☑ 应用程序调用视图的 setNeedsLayout 或 layoutIfNeeded 方法来强制进行布局。

☑ 应用程序调用视图背后的层对象的 setNeedsLayout 方法来强制进行布局。

子视图的初始布局由视图的自动尺寸调整行为负责。应用这些行为可以保证视图接近其设计的尺寸。

有些时候，可能希望通过 layoutSubviews 方法手动调整子视图的布局，而不是完全依赖自动尺寸调整行为。例如，如果要实现一个由几个子视图元素组成的定制控件，则可以通过手工调整子视图来精确控制控件在一定尺寸范围内的外观。还有，如果一个视图表示的滚动内容区域很大，可以选择将内容显示为一组平铺的子视图，在滚动过程中，可以回收离开屏幕边界的视图，并在填充新内容后将其重新定位，使其成为下一个滚入屏幕的视图。

提示： 也可以用 layoutSubviews 方法来调整作为子层链接到视图层的定制 CALayer 对象。可以通过对隐藏在视图后面的层次进行管理，实现直接基于 Core Animation 的高级动画。

在编写布局代码时，应在应用程序支持的每个方向上都进行测试。对于同时支持景观方向和肖像方向的应用程序，必须确认其是否能正确处理两个方向上的布局。类似地，应用程序应该做好处理其他系统变化的准备，例如，状态条高度的变化，如果用户在使用应用程序的同时接听电话，然后再挂断，就会发生这种变化。在挂断时，负责管理视图的视图控制器可能会调整视图的尺寸，以适应缩小的状态条。之后，这样的变化会向下渗透到应用程序的其他视图。

11.4.5 重画视图的内容

有些时候，应用程序数据模型的变化会影响到相应的用户界面。为了反映这些变化，可以将相应的视图标识为需要刷新（通过调用 setNeedsDisplay 或 setNeedsDisplayInRect:方法）。和简单创建一个图形上下文并进行描画相比，将视图标识为需要刷新的方法可使系统有机会更有效地执行描画操作。

例如，如果在某个运行周期中将一个视图的几个区域标识为需要刷新，系统就会将这些需要刷新的区域进行合并，并最终形成一个 drawRect:方法的调用，结果只需要创建一个图形上下文就可以描画所有这些受影响的区域。这个做法比连续快速创建几个图形上下文要有效得多。

实现 drawRect:方法的视图总是需要检查传入的矩形参数，并用它来限制描画操作的范围。因为

描画是开销相对昂贵的操作，以这种方式限制描画是提高性能的好方法。

在默认情况下，视图在几何上的变化并不自动导致重画。相反，大多数几何变化都由 Core Animation 自动处理。具体来说，当改变视图的 frame、bounds、center 或 transform 属性时，Core Animation 会将相应的几何变化应用到与视图层相关联的缓存位图上。在很多情况下，这种方法是完全可以接受的，但是如果发现结果不是期望得到的，则可以强制 UIKit 对视图进行重画。为了避免 Core Animation 自动处理几何变化，可以将视图的 contentMode 属性声明设置为 UIViewContentModeRedraw。

Note

11.4.6 隐藏视图

可以通过改变视图的 hidden 属性声明来隐藏或显示视图。将这个属性设置为 YES 会隐藏视图，而设置为 NO 可以显示视图。对一个视图进行隐藏会同时隐藏其内嵌的所有子视图，就好像这些子视图的 hidden 属性也被设置了一样。

当隐藏一个视图时，该视图仍然会保留在视图层次中，但其内容不会被描画，也不会接收任何触摸事件。由于隐藏的视图仍然存在于视图层次中，因此会继续参与自动尺寸调整和其他布局操作。如果被隐藏的视图是当前的第一响应者，则该视图会自动放弃其自动响应者的状态，但目标为第一响应者的事件仍然会传递给隐藏视图。

11.5 创建定制视图

UIView 类为在屏幕上显示内容及处理触摸事件提供了潜在的支持，但是除了在视图区域内描画带有 alpha 值的背景色之外，UIView 类的实例不进行其他描画操作，包括其子视图的描画。如果应用程序需要显示定制的内容，或以特定的方式处理触摸事件，必须创建 UIView 的定制子类。

11.5.1 初始化定制视图

定义的每个新的视图对象都应该包含 initWithFrame:初始化方法。该方法负责在创建对象时对类进行初始化，使之处于已知的状态。在通过代码创建视图实例时，需要使用这个方法。

【示例】本示例显示了标准的 initWithFrame:方法的一个框架实现。该实现首先调用继承自超类的实现，然后初始化类的实例变量和状态信息，最后返回初始化完成的对象。通常需要首先执行超类的实现，以便在出现问题时可以简单地终止自己的初始化代码，返回 nil。

```
- (id)initWithFrame:(CGRect)aRect {
    self = [super initWithFrame:aRect];
    if (self) {
        //置视图的初始属性
        ...
    }
    return self;
}
```

如果从 nib 文件中装载定制视图类的实例，则需要知道，在 iOS 中，装载 nib 的代码并不通过 initWithFrame:方法实例化新的视图对象，而是通过 NSCoding 协议定义的 initWithCoder:方法来进行。

即使视图采用了 NSCoding 协议，Interface Builder 也不知道其定制属性，因此不知道如何将属性编码到 nib 文件中。所以，当从 nib 文件装载定制视图时，initWithCoder:方法不具有进行正确初始化所需要的信息。为了解决这个问题，可以在自己的类中实现 awakeFromNib 方法，专门用于从 nib 文件装载的定制类。

Note

11.5.2 描画视图内容

当改变视图内容时，可以通过 setNeedsDisplay 或 setNeedsDisplayInRect:方法将需要重画的部分通知给系统。在应用程序返回运行循环之后，会对所有的描画请求进行合并，计算界面中需要被更新的部分；之后就开始遍历视图层次，向需要更新的视图发送 drawRect:消息。遍历的起点是视图层次的根视图，然后从后往前遍历其子视图。在可视边界内显示定制内容的视图必须实现其 drawRect:方法，以便对该内容进行渲染。

在调用视图的 drawRect:方法之前，UIKit 会为其配置描画的环境，即创建一个图形上下文，并调整其坐标系统和裁剪区，使之和视图的坐标系统及边界相匹配。因此，在 drawRect:方法被调用时，可以使用 UIKit 的类和函数、Quartz 的函数，或者使用两者相结合的方法直接进行描画。如果需要，可以通过 UIGraphicsGetCurrentContext 函数来取得当前图形上下文的指针，实现对它的访问。

> **提示：** 只有在定制视图的 drawRect:方法被调用的期间，当前图形上下文才是有效的。UIKit 可能为该方法的每个调用创建不同的图形上下文，因此，不应该对该对象进行缓存并在之后使用。

【示例】 本示例显示了 drawRect:方法的一个简单实现，即在视图边界描画一个 10 像素宽的红色边界。由于 UIKit 描画操作的实现也是基于 Quartz 的，因此可以像下面这样混合使用不同的描画调用来得到期望的结果。

```
- (void)drawRect:(CGRect)rect {
    CGContextRef context = UIGraphicsGetCurrentContext();
    CGRect myFrame = self.bounds;
    CGContextSetLineWidth(context, 10);
    [[UIColor redColor] set];
    UIRectFrame(myFrame);
}
```

如果能确定自己的描画代码总是以不透明的内容覆盖整个视图的表面，则可以将视图的 opaque 属性声明设置为 YES，以提高描画代码的总体效率。当将视图标识为不透明时，UIKit 会避免对该视图正下方的内容进行描画。这不仅减少了描画开销的时间，而且减少内容合成需要的工作。然而，只有在能够确定视图提供的内容为不透明时，才能将这个属性设置为 YES；如果不能保证视图内容总是不透明的，则应该将其设置为 NO。

提高描画性能（特别是在滚动过程）的另一个方法是将视图的 clearsContextBeforeDrawing 属性设置为 NO。当这个属性被设置为 YES 时，UIKit 会在调用 drawRect:方法之前，把即将被该方法更新的区域填充为透明的黑色。将这个属性设置为 NO 可以取消相应的填充操作，而由应用程序负责完全重画传给 drawRect:方法的更新矩形中的部分。这样的优化在滚动过程中通常是一个好的折衷。

11.5.3 响应事件

UIView 类是 UIResponder 的一个子类，因此能够接收用户和视图内容交互时产生的触摸事件。

触摸事件从发生触摸的视图开始，沿着响应者链进行传递，直到最后被处理。视图本身就是响应者，是响应者链的参与者，因此可以收到所有关联子视图派发的触摸事件。

处理触摸事件的视图通常需要实现下面的所有方法：

☑ touchesBegan:withEvent:。

☑ touchesMoved:withEvent:。

☑ touchesEnded:withEvent:。

☑ touchesCancelled:withEvent:。

在默认情况下，视图每次只响应一个触摸动作。如果用户将第二个手指放在屏幕上，系统会忽略该触摸事件，而不会将其报告给视图对象。如果希望在视图的事件处理器方法中跟踪多点触摸手势，则需要重新激活多点触摸事件，具体方法是将视图的 multipleTouchEnabled 属性声明设置为 YES。

某些视图，如标签和图像视图，在初始状态下完全禁止事件处理。可以通过改变视图的 userInteractionEnabled 属性值控制视图是否可以对事件进行处理。当某个耗时很长的操作被挂起时，可以暂时将这个属性设置为 NO，使用户无法对视图的内容进行操作。为了阻止事件到达视图，还可以使用 UIApplication 对象的 beginIgnoringInteractionEvents 和 endIgnoringInteractionEvents 方法。这些方法影响的是整个应用程序的事件分发，而不仅仅是某个视图。

在处理触摸事件时，UIKit 会通过 UIView 的 hitTest:withEvent:和 pointInside:withEvent:方法确定触摸事件是否发生在指定的视图上。虽然很少需要重载这些方法，但是可以通过重载来使子视图无法处理触摸事件。

11.5.4　清理视图对象

如果视图类分配了任何内存，存储了任何对象的引用，或者持有在释放视图时也需要被释放的资源，则必须实现其 dealloc 方法。当视图对象的保持数为零且视图本身即将被解除分配时，系统会调用其 dealloc 方法。在这个方法的实现中应该释放视图持有的对象和资源，然后调用超类的实现。

【示例】下面的代码演示了 dealloc 方法的用法。

```
- (void)dealloc {
    //释放一个保留的 UIColor 对象
    [color release];
    //调用继承的实现
     [super dealloc];
}
```

11.6　小　　结

窗口和视图是 UI 设计的重要组成部分，iOS 应用程序建立在窗口和视图基础之上，通过窗口可以设计应用程序平台，而视图负责绝大部分的内容框架，并负责响应用户的交互。本章介绍了窗口和视图的基本概念，以及窗口与视图的关系，分析了视图的架构和相关几何属性，掌握视图的几何属性，就可以设计各种应用程序窗口，并进行灵活控制。最后，本章详细讲解了视图的设计、定制和创建的过程和方法，为读者提供了各种开发技巧。

第12章

视图控制器

（视频讲解：43分钟）

移动设备只能在有限的屏幕上显示内容，因此开发iOS应用程序时必须考虑如何把众多信息创造性地呈现给用户。在开始运行时可以仅显示部分信息，隐藏大部分详细内容，通过用户与应用程序之间的交互，实现信息的逐步展开。

视图控制器对象能够管理和协调显示或隐藏的内容，通过获取不同视图控制器类来控制分离部分用户界面，将其分解成更小、更易于管理的单元，实现内容多屏显示。在运行时，每个屏幕的背后都是一组视图对象，负责显示该屏幕的数据。一个屏幕的视图后面是一个视图控制器，其作用就是管理视图上显示的数据，并协调视图和应用程序其他部分的关系。本章将重点介绍各种常用视图控制器的基本知识，以及各种视图控制器的用法。

【学习要点】

- 了解视图控制器
- 正确使用标准视图控制器
- 了解不同类型的视图控制器

12.1 视图控制器基础

视图控制器主要用于对显示数据的视图进行管理，同时当数据发生变化时，大多数视图控制器还起到与其他的视图控制器进行沟通和协调的作用。

12.1.1 视图控制器的功能

在 iOS 中，UIViewController 类负责创建视图，并确保在低内存时将其从内容中移出。视图控制器还为某些标准的系统行为提供自动响应。例如，在响应设备方向变化时，如果应用程序支持该方向，视图控制器可以对其管理的视图进行尺寸调整，使其适应新的方向。

除了 UIViewController 类之外，UIKit 还包含很多高级子类，用于处理平台公共高级接口。例如，导航控制器用于显示具有一定层次结构的多屏内容；页视图控制器支持用户在一组不同的屏幕之间切换，每个屏幕都代表应用程序的一种不同的操作模式。图 12.1 显示了部分高级控制接口。

图 12.1 不同功能的视图控制器的应用

12.1.2 屏幕、窗口和视图元素

如图 12.2 所示显示了一个简单的界面，其中，右图显示为一个完整的界面效果，左图简单拆分了这个界面的构成控件。这里包含 3 个主要对象：一个屏幕、一个窗口和一系列视图。

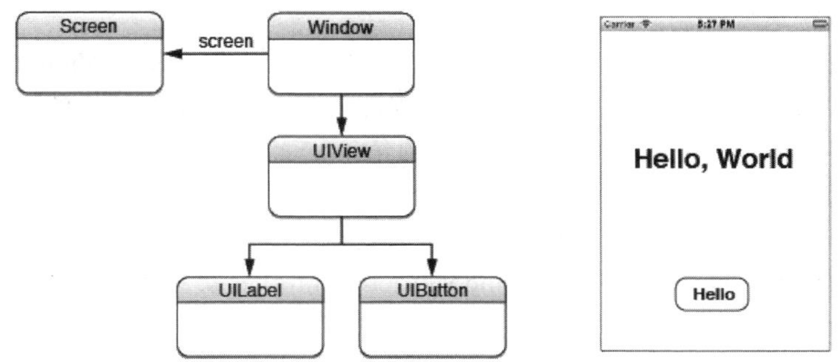

图 12.2 一个配有目标屏幕和内容视图的窗口

12.1.3 视图管理机制

Note

每一个视图控制器组织并控制一个视图，这样视图通常被看作是一个视图层次的根视图。在 MVC 模式中，视图控制器是控制器对象，但一个视图控制器也有特定任务由 iOS 来实现，这些任务继承于 UIViewController 类。所有视图控制器执行视图和资源的任务管理，其他的责任取决于如何使用视图控制器。图 12.3 显示了在此界面中如何使用视图控制器。

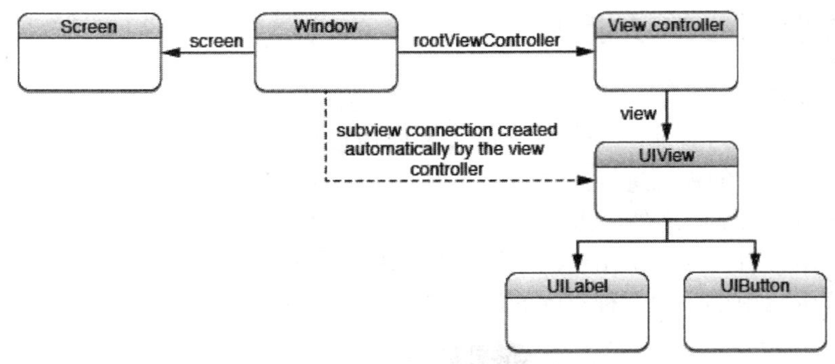

图 12.3 一个视图控制器连接一个窗口并自动把添加的视图作为窗口的子视图

一个视图控制器仅当必要时才加载视图。在特定的条件下，还能释放视图。出于这个原因，在应用程序的资源管理中，视图控制器扮演着重要的角色。

一个视图控制器能够协调所连接的视图的行为。例如，当按钮被按下时，将消息发送给视图控制器。尽管视图本身可能并不了解它执行的任务，该视图控制器将明白按钮按下意味着它该应当如何回应。控制器还能用于更新数据对象、动画或者改变存储于视图中的属性值，甚至把另外一个视图控制器的内容显示到屏幕上。

12.1.4 视图控制器分类

如图 12.4 所示为在 UIKit 框架中一些重要的视图控制类。例如，UITabBarController 对象管理一个 UITabBar 对象，用于显示与标签相关的标签栏界面。

对于视图控制器，无论是 iOS 提供的还是自定义的，按照视图控制器在应用程序中作用进行分类，可分为内容类视图控制器和容器类视图控制器两大类。

1. 内容类视图控制器

内容类视图控制器主要用于显示内容。其中，表格视图控制器（Table View Controllers）就属于内容类视图控制器。内容类视图控制器通过用一个视图或者一组有层级结构的视图在屏幕上显示内容，通常在应用程序数据处理和显示中扮演着重要的角色。下面列出了常用的内容视图控制器。

☑ 向用户显示数据。

☑ 从用户收集数据。

☑ 执行特定的任务。例如，MFMailComposeViewController 类提供了一个接口，允许用户组合和发送一个邮件消息。

☑ 一套可用的命令或选项，如游戏画面之间的导航。

由于内容类视图控制器在应用程序中主要为用户提供了数据和任务的具体细节，因此，内容类视

图控制器的主要作用在于协调程序中的对象。每个创建的视图控制器对象负责对单个视图层次结构上的所有视图进行管理，它们是一对一的对应关系。

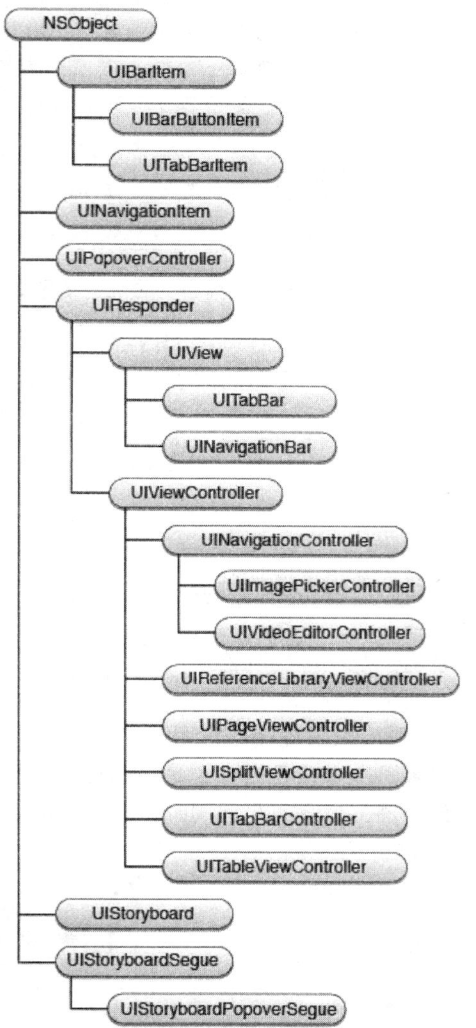

图 12.4　UIKit 中的视图控制器类

在设计视图控制器时，不应使用多个内容类视图控制器来管理同一层次上多个不同的视图。同样，不应该使用单个内容类视图控制器对象来管理多个屏幕上的内容。

例如，图 12.5 显示了在 BubbleLevel 项目中使用自定义内容视图控制器的一个实例。在应用程序中，定义的 LevelViewController 类直接派生于 UIViewController 类，负责监督设备上音调的变化，然后使用这些数据更新相关的视图对象。

2. 容器类视图控制器

容器类视图控制器主要用于对其他视图控制器的内容安排处理。其中，导航视图控制器（Navigation Controllers）、选项卡视图控制器（Tab Bar Controllers）、分割视图控制器（Split View Controllers）和 Popover 视图控制器都属于容器类视图控制器。

Note

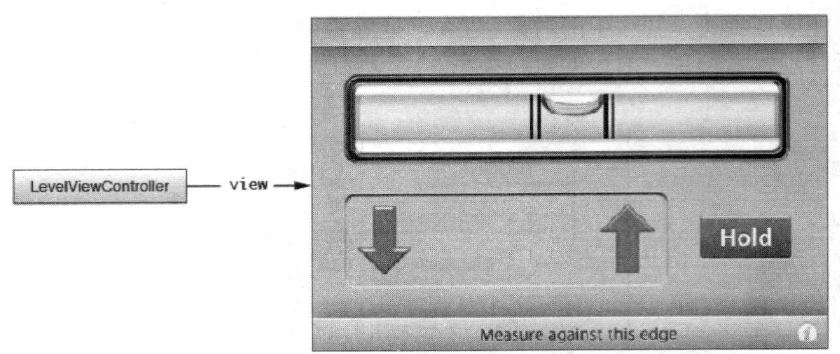

图 12.5　BubbleLevel 应用程序中的自定义视图控制器

一个容器类视图控制器包含其他多个视图控制器的内容。但是，对于一个容器类视图控制器来说，可能既是其他视图控制器的父类，也是其他容器的的子类。最终，这种控制器的组合建立了一个视图控制器层次结构。

12.1.5　内容展示方式

视图控制器呈现内容有多种方式：

☑　使视图控制器作为一个窗口的根视图控制器。

☑　使视图控制器成为一个容器的子容器。

☑　在一个弹出控制器中显示一个视图控制器。

☑　从另一个视图控制器中展示。

例如，图 12.6 显示了一个联系人应用程序。当用户点击加号按钮添加新的联系人时，将显示新的联系人视图控制器，直至用户取消操作或者提供了足够的可以保存到联系人数据库的联系人信息，否则新的联系人界面一直保留在屏幕上显示。与此同时，联系人的信息被传递到联系人视图控制器，然后才解除新视图控制器继续显示。

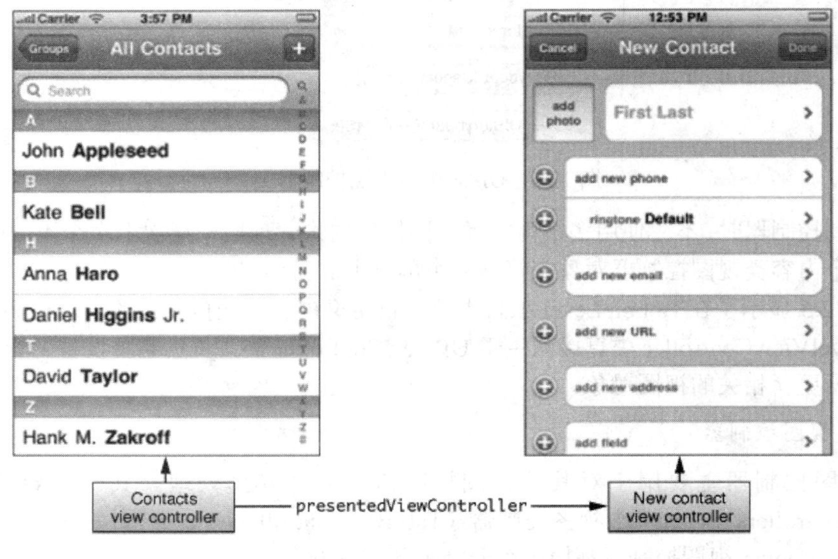

图 12.6　一个视图控制器的显示

显示的视图控制器不是一个特定类型的控制器，它可能是一个内容或者带有附加内容的容器视图控制器。在实际应用中，内容视图控制器经常被用来专门设计其他视图控制器，因此可以把它看作是内容视图控制器的一个变种。

容器视图控制器用来管理视图控制之间的关联，通过上面的演示展示出了被显示视图控制器和用来显示的视图控制之间的关系。

Note

12.1.6 视图控制器混合应用

视图控制器用来管理视图以及其相关联的对象，但它们与其他的视图控制器一起工作，提供了一个无缝的用户界面。因此，对于构建一个复杂的应用程序，这种关系就显得很重要。

一个视图控制器层次结构起始于一个单身父视图控制类，并且将其作为窗口的根视图控制器。如果视图控制器是一个容器，它可能有子类，该子视图用来提供内容。这些控制器可能是容器，或者也拥有子类。

例如，图 12.7 显示了呈现层次结构的视图控制器。在这个实例中，视图控制器是一个选项卡视图控制器并且拥有 4 个选项卡，第一个选项卡是一个拥有自己导航的控制器，而其他选项卡则用来管理内容，且它们没有子类。

容器类视图控制器是子类共享的类型，如图 12.8 所示。例如，在选项卡视图控制器中，选项卡代表着不同内容的内容屏幕；标签栏控制器用来确定子类之间的关系，但应用程序可以确定它们之间的关系。对于导航控制，在一个堆栈中视图按照姐妹方式进行排列，在姐妹关系中，一个控制器通常与相邻的控制器共享连接。

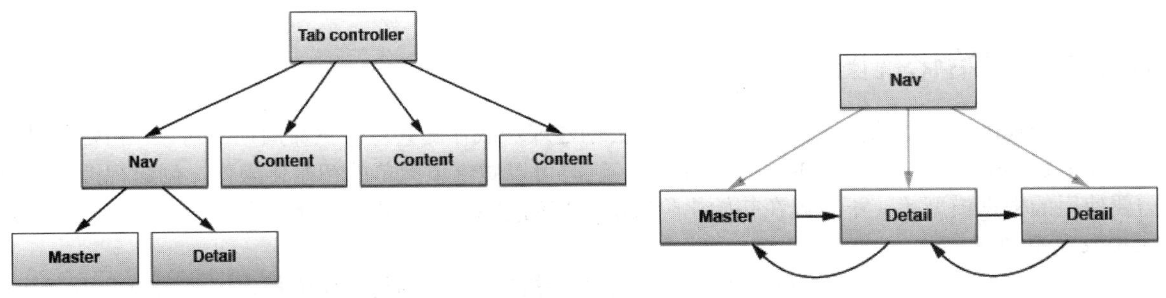

图 12.7 父子关系的视图控制器

图 12.8 姐妹关系的视图控制器

当视图控制器需要执行一个任务时，用另外的视图控制器来显示，显示的视图控制器要对这个行为（behavior）负责。视图控制器对从已显示的视图控制器中接收到的信息进行配置处理，直至最终被驳回。

在图 12.9 中，一个内容视图控制器连接到选项卡视图，用来展示一个视图控制器在执行一个任务。内容视图控制器是一个显示视图控制器，模型视图控制器是一个被显示的视图控制器。

在多个视图控制器的应用程序中，视图控制器的创建和销毁通常贯穿整个应用程序的生命周期，在此期间，视图控制器彼此进行通信，以提供一个无缝的用户体验。这些关系反映出了应用程序的控制流程。

一般一个视图控制被实例化是由于受另一个视图控制行为的影响。第一种视图控制器多作为源视图控制器，用来指示第二个被用作目的视图控制器的视图控制器。目的视图控制器向用户显示的数据，通常由源视图控制器提供。这种关系显示了两个视图控制器之间的连接。如图 12.10 所示显示了这些关系。

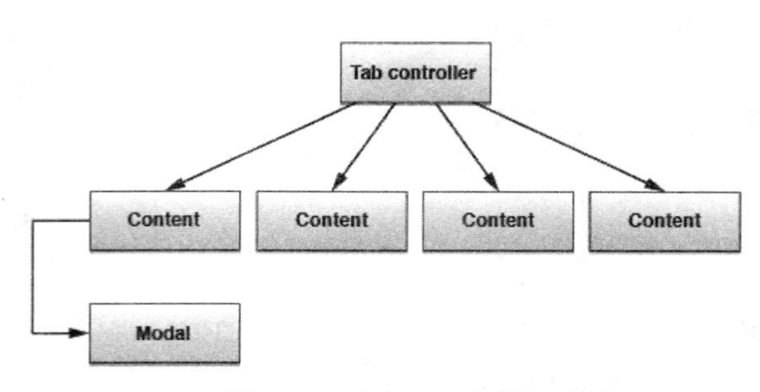

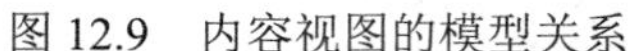

图 12.9　内容视图的模型关系

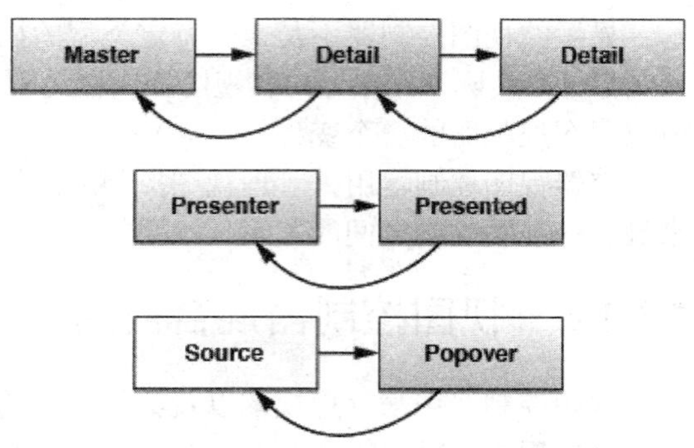

图 12.10　视图控制器源和目标之间的通信

12.2　视图控制器生命周期

视图控制器有助于管理应用程序的资源。例如，当多个视图控制器被推到导航控制器的堆栈，只有最顶层视图控制器的内容用户才可以看见，而堆栈上其他视图控制器的内容是不可见的。出于这个原因，只有当视图必要时，视图控制器才去加载，不必要时就从内存中删除，减少了应用程序的总开销，从而保证了不会出现内存不足的问题，确保了应用程序的高效运行。

因此，视图控制器的视图最好在需要显示时再去加载，并且在系统发出内存警告时释放不必要的视图及相关的可再生的数据对象。

12.2.1　初始化视图

当一个视图控制器第一次实例化时，通常会创建或加载伴随其整个生命周期的对象。初始化时会根据需要调用 init、initWithCoder 等相关函数，这时可以做一下简单的初始化操作，创建视图控制器需要使用的数据模型等，不建议在初始化阶段就直接创建 View 及其他与显示有关的对象（应该放到 loadView 中创建）。

视图控制器可以通过代码和 xib 两种方式创建，这两种方式的初始化流程也不尽相同。

1. 使用 xib 创建视图控制器

xib 其实是把设置保存为一个数据集（XML 文件），当需要初始化构建视图控制器时，系统读取记录的数据集，然后动态创建视图控制，因此在初始化时会先查看是否实现 initWithCoder 方法，如果该类实现了该方法，就直接调用 initWithCoder 方法创建对象，如果没有实现，则调用 init 方法。调用完初始化方法后紧接着会调用 awakeFromNib 方法，在这个方法中可以做进一步的初始化操作。

2. 使用编程方式创建视图控制器

使用代码创建视图控制器时，根据需要手动创建控制器中的数据，如果自定义视图控制器，还需要在 init 中调用[super init]。

12.2.2　加载和卸载视图

对于一个视图控制器对象，相应的视图管理将发生在两个不同的周期：加载和卸载。在加载和卸载周期期间，视图的加载和卸载工作主要由 UIViewController 类的底层完成。

Note

1. 视图控制器加载周期

如图 12.11 所示为视图控制器加载周期的可视化变化，包括几个方法的调用。应用程序既可以覆盖 loadView 方法，又可以调用 viewDidLoad 方法，以方便控制视图控制器的行为。当需要显示或者访问 view 属性时，或 View 没有被创建时，视图控制器就会调用 loadView 方法，创建一个视图并将其赋给视图控制器的 view 属性。

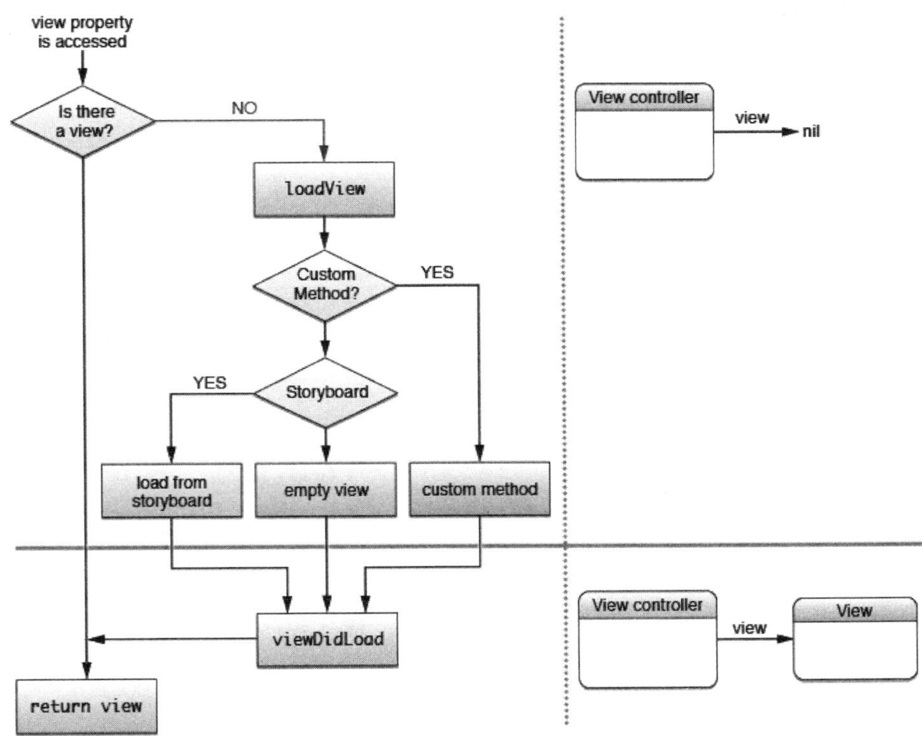

图 12.11 视图控制器加载周期流程

然后调用视图控制器的 viewDidLoad 方法，这时视图控制器的 view 保证是有值的，可以做进一步的初始化操作，如添加一些 Subview。注意，定制视图控制器时，如果覆盖 loadView 方法，不需要调用[super loadView]方法。

2. 视图控制器卸载周期

如果应用程序接收一个低内存警告，视图控制器可能随后试图卸载视图。在卸载周期，视图控制器试图释放其视图对象，并返回到最初的无视图状态。如果能够释放视图，视图控制器将一直保持没有视图对象的状态，截止到视图再次被要求加载时，此时加载循环再次开始。

在卸载周期，图 12.12 显示了一个视图控制器卸载周期的可视化变化。当应用程序收到内存警告时，会调用每一个视图控制器的 didRecieveMemoryWarning 方法，这时需要做出响应，释放程序中暂时不需要的资源。通常都会重写该方法，重写时需要调用 super 的该方法。如果检测到当前视图控制器的 view 可以被安全释放，就会调用 viewWillUnload 方法，对此应重视，因为当视图控制器的 view 消失时，该 view 的 Subview 可能会被一起释放，需要根据具体情况做一些记录，以保证下次能够正确创建，同时不出现内存泄漏。调用 viewWillUnload 以后，会将视图控制器的 view 属性设置成 nil，

Note

然后调用 viewDidUnload 方法，这时就可以释放强引用的对象。

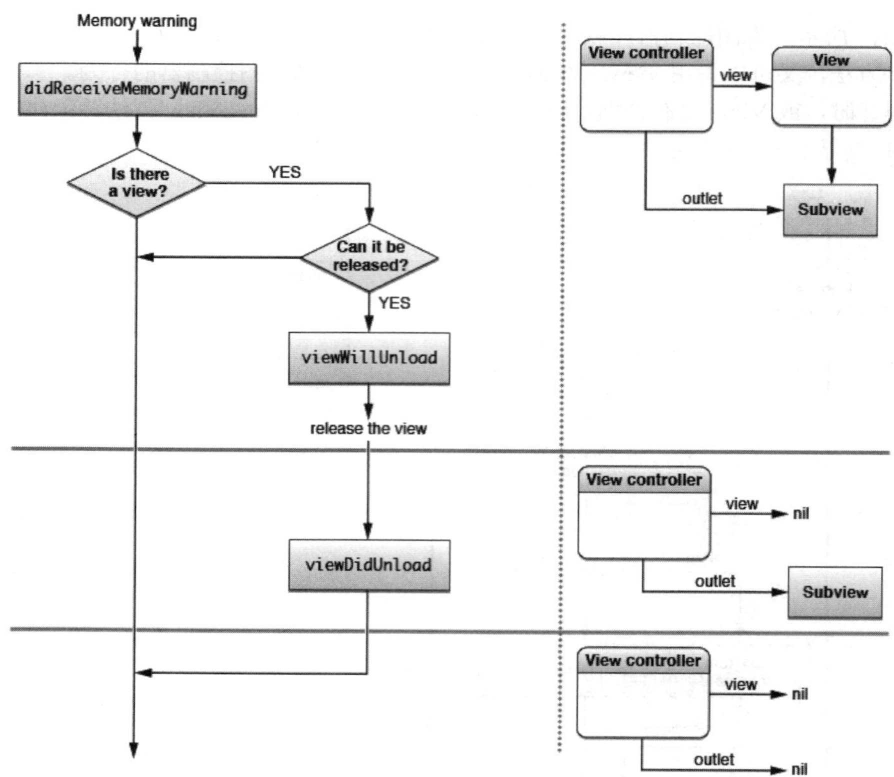

图 12.12　视图控制卸载视图的流程

12.3　标准视图控制器

标准视图控制器（ViewController）是 iOS 中最基本的视图控制器，主要由 UIViewController 类来完成。其中，导航视图控制器（NavigationViewController）、表格视图控制器（TableViewController）、选项卡视图控制器（TabBarViewController）和地址簿视图控制器等都是基于标准视图控制器发展起来的。

12.3.1　标准视图控制器概述

UIViewController 类为所有的 iOS 应用提供了一个基本的视图-管理（view-management）模型，很少直接实例化 UIViewController 对象，相反，每个派生于 UIViewController 的子类都有特定的任务处理功能，例如，UIViewController 的子 UINavigationController 具有完成导航的任务功能。一个视图控制器管理着一组用于组成应用程序的用户界面的视图。作为应用程序控制器层的一部分，视图控制器担负着和模型对象、其他控制器对象（包括其他视图控制器）的协调职能，以至于应用程序能提供一个连贯的用户界面。

表 12.1 列出了 UIViewController 类的一些常用属性，这些属性对于自定义视图控制器有很大帮助。

表 12.1 UIViewController 类的常用属性

名称及表达式	说　　明
@property(nonatomic, readonly) NSArray *child ViewControllers	一个视图控制器数组，该数组中存放的是视图控制器层级结构中接收者的子类。这个属性并不包含在任何已呈现的视图控制器中，只应用于自定义视图控制器中实现部分的读取
@property(nonatomic, readwrite) CGSize content SizeForViewInPopover	在一个 Popover 中显示时视图控制器的视图大小
@property(nonatomic, assign) BOOL defines PresentationContext	一个布尔值，在视图控制器或者其中的一个子类在呈现一个视图控制器时，用于指定视图控制器的视图是否被覆盖
@property(nonatomic, getter=isEditing) BOOL editing	一个布尔值，用于指定当前视图控制器是否允许用户对视图内容进行编辑
@property(nonatomic) BOOL hidesBottomBar WhenPushed	一个布尔值，用于指定在视图控制器被推给一个导航控制器时，是否允许屏幕底部的工具栏隐藏
@property(nonatomic, retain) UIView *view	视图控制器管理的视图。保存在这个属性中的视图表示是视图控制器层次结构中的根视图。这个属性的默认值是 nil。如果访问该属性且该属性值当前为 nil，视图控制器会自动调用 adView 方法，然后返回产生的视图

表 12.2 列出了 UIViewController 类的一些常用方法，理解这些方法，对于用这些方法定义视图控制器或者灵活使用标准系统视图控制器都有很大的帮助。

表 12.2 UIViewController 类的常用方法

名称及表达式	说　　明
-(id) [UIViewController alloc] init]	创建视图控制器
-（id）[[UIViewController alloc] initWithNibName: NSString nibName(*xib 文件名*)];	创建视图控制器，并且加载视图
-(void)addChildViewController: (UIViewController *)childController	把添加给定的视图控制器作为一个子类
-(void)didMoveToParentViewController: (UIViewController *)parent	在一个容器类视图控制器中添加或者删除一个视图控制器后，调用该方法
- (void)didReceiveMemoryWarning	当应用程序接到一个内存警告时，将发送到视图控制器，触发该方法
- (BOOL)isMovingToParentViewController	返回一个布尔值，表明一个视图控制器将要添加到父进程
- (BOOL)isViewLoaded	返回一个布尔值，指出视图目前是否加载到内存中
- (void)loadView	创建控制器管理的视图，将触发该方法，当手动创建一个视图控制器时一定要注意重载 loadView，否则视图将不会显示增加的任何子视图。如果是使用 Interface Builder 创建和初始化的视图控制器，就不必重载此方法
- (void)removeFromParentViewController	从视图控制器层次结构的父对象中删除接收者
- (void)viewDidAppear:(BOOL)animated	在其视图被添加到视图层次后，通知视图控制器
- (void)viewDidLoad	在视图控制器的视图从内存被释放时，将调用该方法

Note

续表

名称及表达式	说　明
- (void)viewDidUnload	当这个方法是被调用相对于 viewDidLoad 方法的，在内存警告的情况下，当试图控制器需要释放它的视图和这个视图中相关联的任何对象来释放内存时，调用此方法。还有一点需要注意，当出现内存警告时，是调用正在显示的视图控制器的父视图控制器的 viewDidUnload 方法，而不是正在显示的视图控制器的 viewDidUnload 方法。因为如果调用了正在显示的视图控制器的 viewDidUnload 方法，那么用户正在看的界面就会消失，虽然释放了内存，但是用户显然没法接受，自然要释放该视图下看不到的视图控制器中的视图。被释放的视图在下次加载时再调用 viewDidLoad 的方法，所以 viewDidUnload 方法是和 viewDidLoad 方法相互对应的
- (void)viewWillAppear:(BOOL)animated	每次加载视图，都将触发该方法，当视图控制器的视图将要添加到视图层次结构中时，将会通知视图控制器，与 viewDidLoad 相比，viewDidLoad 正在控制器第一次加载时，将触发该方法
- (void)viewWillUnload	在一个视图控制器的视图从内存中释放前，触发该方法
-(void)willMoveToParentViewController:(UIViewController *)parent	在一个容器类视图控制器中添加或者删除一个视图控制器前，将触发该方法

12.3.2　使用标准视图控制器

本节将通过一个实例介绍 UIViewController 的使用。

【操作步骤】

第 1 步，创建 iOS 应用项目，选择应用程序类型为 Single View Application，然后通过编程的方式创建视图控制器。

第 2 步，创建 CustomViewController 类。定义该类派生于 UIViewController，CustomViewController.h 文件的代码如下：

```
@interface CustomViewController: UIViewController {
}
@end
```

第 3 步，在 CustomViewController.m 文件的方法 viewDidLoad 中设置自定义视图控制器的视图的背景色为红色，具体代码如下：

```
- (void)viewDidLoad {
        [super viewDidLoad];
        //把视图控制器的视图的背景颜色设置为红色
        self.view.backgroundColor = [UIColor redColor];
}
```

第 4 步，与应用程序建立关联。在 ViewController.m 文件中，声明 CustomViewController 实例变量，并且在 ViewController.h 中添加引用 CustomViewController.h 文件，具体代码如下：

```
CustomViewController *vViewController;
```

第 5 步，在 ViewController.m 文件 viewDidLoad 方法中对实例变量 vView Controller 进行初始化，用 addSubview 将实例变量 vViewController 中的 view 添加到窗体视图中。代码如下：

```
-(void)applicationDidFinishLaunching:(UIApplication *)application {
        //对自定义视图控制器实例变量进行初始化
        vViewController = [[CustomViewController alloc]init];
        [self.view addSubview: vViewController.view];
}
```

第 6 步，对应用程序进行编译，可以通过模拟器看到如图 12.13 所示的效果。

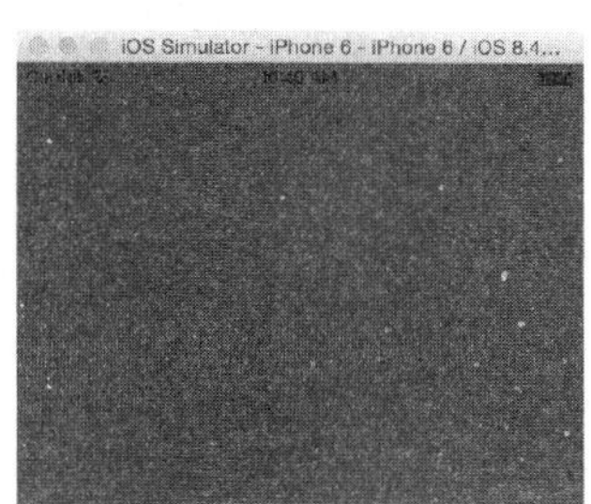

图 12.13　自定义视图控制器

12.4　分割视图控制器

分割视图控制器（SplitViewController）是 UISplitViewController 类的一个实例，将屏幕分成多个部分，每一部分都可以单独更新。由于方向不同，分割视图控制器的外观可能会有所不同。分割视图界面的内容多来源于它的两个子视图控制器。如图 12.14 所示就是分割视图控制器的一个应用的界面。

分割视图控制器是苹果公司为 iPad 上的应用设计的，因此，创建基于 iPad 的应用程序时，在控件对象库中可以看到 UISplitViewController 控件，而在创建基于 iPhone 的应用程序时，在控件对象库中看不到 UISplitViewController 控件。

图 12.14　分割视图界面

12.4.1　分割视图控制器概述

在分割视图的应用程序中，必须始终把分割视图控制器作为创建的任何界面的根，即始终把 UISplitViewController 对象作为应用程序窗口的根视图，该对象的常用属性如表 12.3 所示。分割视图界面窗格可能包含导航控制器、标签栏控制器或任何其他类型的视图控制器，但分割视图控制器不能以模态化方式呈现。

表 12.3　UI SplitViewController 的常用属性

名称及表达式	说　明
@property(nonatomic, assign) id <UISplitViewControllerDelegate> delegate	接收拆分控制器消息的委托
@property(nonatomic, copy) NSArray *viewControllers	接收者管理的视图控制器数组

分割视图控制器集成到应用程序最简单的方法是一个新的项目一开始就应用它。在应用分割视图控制器创建界面方面，Xcode 中提供了一个分割视图应用模板作为创建的起点，提供了创建分割视图界面所需要的一切。用户所需要做的是修改组视图控制器来展现显示的内容。修改这些视图控制器的过程与在 iPhone 应用程序中显示的过程几乎完全相同，二者的唯一区别在于前者有更多的屏幕空间来显示内容相关细节。同时，分割视图控制器还能集成到离线的界面设计中。

Note

创建分割视图控制器有编程和使用 Interface Builder 两种方式。对于以编程方式创建分割视图控制器来说，首先创建一个 UISplitViewController 类的实例，然后对视图控制器的两个属性进行赋值。在创建一个分割视图控制器时，不必指定一个 nib 文件，因为可以使用 init 方法来初始化。

【示例】下面的代码展示了在程序运行时如何创建和配置分割视图控制器。

```
//以编程的方式创建一个分割视图控制器
-(BOOL)application:(UIApplication *)application
didFinishLaunchingWithOptions:(NSDictionary *)launchOptions
 {
        MyFirstViewController* firstVC = [[MyFirstViewController alloc] init];
        MySecondViewController* secondVC = [[MySecondViewController alloc] init];
        UISplitViewController* splitVC = [[UISplitViewController alloc] init];
        splitVC.viewControllers = [NSArray arrayWithObjects:firstVC, secondVC, nil];

        window = [[UIWindow alloc] initWithFrame:[[UIScreen mainScreen] bounds]];
        window.rootViewController = splitVC;
        [window makeKeyAndVisible];
        return YES;
}
```

12.4.2 使用分割视图控制器

本节将通过一个简单的示例讲解分割视图控制器的使用方法。

【操作步骤】

第 1 步，打开 Mac 应用程序栏中的 Xcode 软件。

第 2 步，单击 Greate a new Xcode project 图标，Xcode 便打开 New Project 窗口，选择 Single View Application 模板进行构建应用程序，保存项目名称为 ExampleSplit。因为创建程序主要运行于 iPad 上，所在创建时设置运行设备基于 iPad。

第 3 步，删除由模板生成的 ViewController.h 和 ViewController.m 文件，然后创建 DetailViewController、BlueViewController 和 YellowViewController 视图控制器，它们的父类是 UIViewController，再创建 MasterViewController 视图控制器，其父类是 UITableViewController。

第 4 步，打开 MainStoryboard.storyboard 文件，删除由模板生成的 View Controller Scene，从对象库中拖曳 Split View Controller 到设计界面，此时生成了 4 个视图控制器。默认情况下，DetailView 内部采用导航控制器（Navigation Controller）作为它的根视图控制器，MasterView 采用普通视图控制器作为它的根视图控制器。

第 5 步，选中 Split View Controller，打开其属性检查器，将 Orientation 属性选择为 Landspace（横屏），这样就可以横屏设计界面。

第 6 步，本例中的 MasterView 没有采用导航控制器，因此删除生成的导航控制器，重新将 Split View Controller 拖曳到 Table View Controller，此时从弹出界面中选择 master view controller 项，重新

连接视图控制器。

第 7 步，从对象库中拖曳两个 View Controller 到设计界面，在每个视图中放置一个按钮。在设计界面中选择 Blue View Controller，打开其标识检查器，修改 Class 为 BlueViewController，修改 Storyboard ID 为 blueViewController；再打开其属性检查器，修改 Size 为 Detail；再选择 View，将其背景改为蓝色。

第 8 步，按照上面的方法设定 Yellow View Controller，修改 Class 为 YellowViewController，Storyboard ID 为 yellowViewController；然后，再设定 Detail View Controller，修改 Class 为 DetailViewController，Storyboard ID 为 detailViewController。

第 9 步，在 MasterViewController.h 文件中输入以下代码：

```
@interface MasterViewController : UITableViewController
@property (nonatomic,strong) NSArray *listData;
@property (strong, nonatomic) DetailViewController *detailViewController;
@end
```

其中 listData 属性用于存放 MasterView 中的导航列表标题，detailViewController 属性用于存放 DetailViewController 指针。

第 10 步，MasterViewController.m 中视图加载方法的代码如下：

```
- (void)viewDidLoad
{
    [super viewDidLoad];
    self.listData = [[NSArray alloc] initWithObjects:@"Blue View", @"Yellow View",nil];
    self.detailViewController = (DetailViewController *)
     [self.splitViewController.viewControllers lastObject];
}
```

在视图加载方法中，我们需要初始化 detailViewController 属性，这里的 self.splitView-Controller 用于获得它们所在的分栏视图控制器。splitViewController 属性由 UIViewController 类提供，在 iPad 的 UISplitViewController 作为根视图控制器时使用。UISplitViewController 的 viewControllers 属性是 NSArray 指针类型，只能存放两个视图控制器。viewControllers 集合的第一个元素是 MasterView 的根视图控制器，第二个元素是 DetailView 的根视图控制器。viewControllers 集合的 lastObject 方法用于获得最后一个元素（第二个元素），表示 DetailViewController 的指针类型。

第 11 步，MasterView 的视图控制器是表视图控制器，它实现的数据源和委托协议方法，详细代码请参考光盘示例。

这里实现表视图委托方法 tableView:didSelectRowAtIndexPath:的目的是根据选择的行号更新 DetailView，其中 updateView:方法是我们在 DetailViewController 中定义的方法，用于更新视图。

第 12 步，DetailViewController.h 的代码如下：

```
@interface DetailViewController : UIViewController
@property (nonatomic, strong) YellowViewController *yellowViewController;
@property (nonatomic, strong) BlueViewController *blueViewController;
//根据行号更新视图
-(void)updateView:(int)row;
@end
```

在上述代码中，属性 yellowViewController 和 blueViewController 是 Detail View 中要展示视图的控制器。

第 13 步，DetailViewController.m 代码中的视图加载方法如下：

Note

```
- (void)viewDidLoad
{
    [super viewDidLoad];
    self.blueViewController = [self.storyboard
    instantiateViewControllerWithIdentifier:@"blueViewController"];
    self.yellowViewController = [self.storyboard
    instantiateViewControllerWithIdentifier:@"yellowViewController"];
    [self.view addSubview: self.blueViewController.view ];
}
```

在该方法中，通过 Storyboard ID 分别创建蓝色视图控制器和黄色视图控制器，然后通过addSubview:方法把蓝色视图放入到 MasterView 中作为初始视图。在 DetailViewController.m 代码中，视图方法 updateView:的代码可参考光盘示例。

第 14 步，关于 BlueViewController 和 YellowViewController 的代码，这里就不再介绍了。

12.5　导航控制器

导航控制器（NavigationController）主要用于构建分层的应用程序，如图 12.15 所示。导航控制器的视图以层结构的方式包含在导航控制器中，这些视图主要由导航控制器直接管理的视图和内容类视图管理器管理的视图组成，每个内容类视图控制器管理着截然不同的层次结构的视图，导航控制器协调着这些层次结构的视图之间的导航。

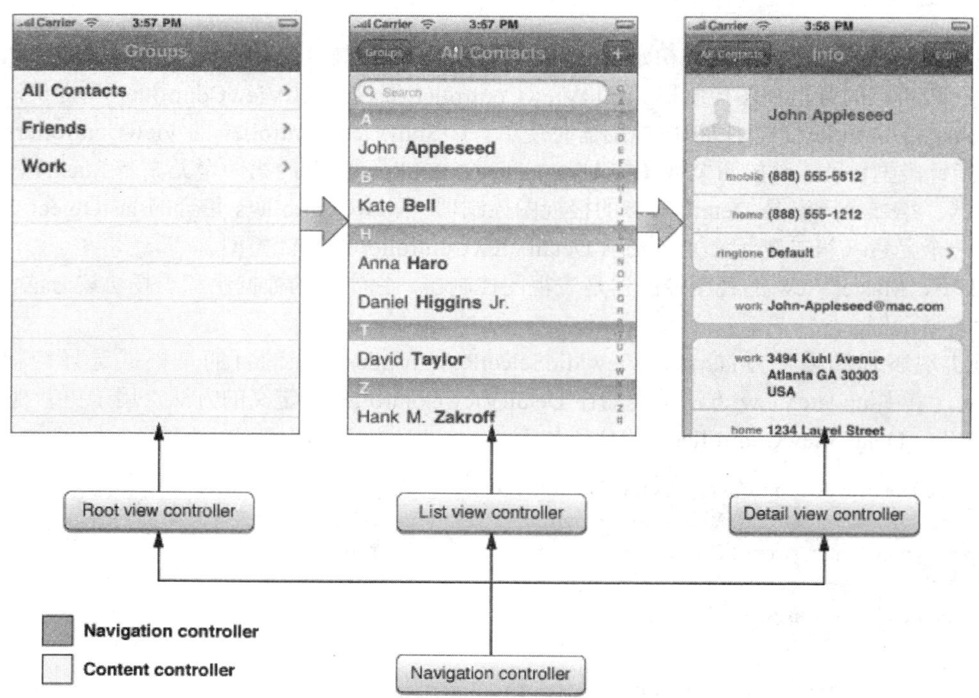

图 12.15　层次结构数据的导航

12.5.1　导航控制器概述

导航控制器通过对几个对象的管理实现界面的导航功能。在应用时，只需要提供用来呈现内容的视图控制器，其余的创建工作由导航控制器自己完成。导航控制通过创建一些用于导航界面的视图，例如导航栏和导航工具栏，来负责管理一些视图。图 12.16 显示了导航控制器和这些重点对象之间的关系。

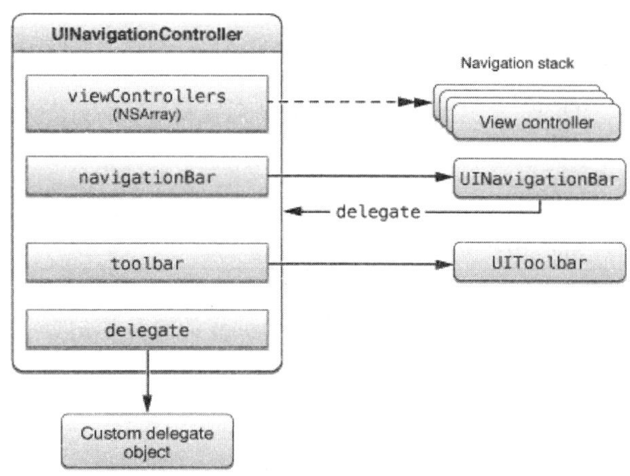

图 12.16　导航控制器管理的对象

创建导航控制器有编程和使用 Interface Builder 两种方式。以编程的方式创建导航控制器，在代码的合适位置做一些处理即可。例如，如果导航控制器为应用程序主窗口提供了根视图，就能在程序的委托方方法 applicationDidFinishLaunching 中创建导航控制器。

【示例】下面的代码展示了如何在方法 applicationDidFinishLaunching 中简单地创建一个导航控制器，并将其设置为程序主窗口的根视图控制器。在代码中，导航控制器变量和窗口变量是程序委派的成员变量，MyRootViewController 类是自定义的视图导航控制器类。在本示例中，当窗口显示时，导航界面将呈现根视图控制器的视图导航的界面。

```
//以编程方式创建导航控制器
- (void)applicationDidFinishLaunching:(UIApplication *)application
{
        UIViewController *myViewController = [[MyViewController alloc] init];
        navigationController = [[UINavigationController alloc] initWithRootViewController:myView Controller];
        window = [[UIWindow alloc] initWithFrame:[[UIScreen mainScreen] bounds]];
        window.rootViewController = navigationController;
        [window makeKeyAndVisible];
}
```

UINavigationController 的常用属性如表 12.4 所示，常用方法如表 12.5 所示。

表 12.4　UINavigationController 的常用属性

名称及表达式	说　明
@property(nonatomic, assign) id <UINavigationControllerDelegate> delegate	如果没有委派，将返回一个 nil，否则将返回一个委派

Note

续表

名称及表达式	说　明
@property(nonatomic, readonly) UINavigationBar *navigationBar	导航控制器对导航栏的管理，该属性只可读
@property(nonatomic, getter=isNavigationBarHidden) BOOL navigationBarHidden	一个布尔值，指定导航栏是否是隐藏的
@property(nonatomic,readonly) UIToolbar *toolbar	自定义与导航控制器相关的工具栏，该属性只可读
@property(nonatomic,getter=isToolbarHidden) BOOL toolbarHidden	一个布尔值，指定导航控制器的内置工具栏是否可见
@property(nonatomic, readonly, retain) UIViewController *topViewController	读取导航堆栈顶部的视图控制器，该属性只可读
@property(nonatomic, copy) NSArray viewControllers	读取或者写导航堆栈上当前的视图控制器
@property(nonatomic, readonly, retain) UIViewController *visibleViewController	与导航界面中可视的视图相关联的视图控制器，该属性只可读

表 12.5　UINavigationController 的常用方法

名称及表达式	说　明
-(id)initWithRootViewController:(UIViewController*) rootViewController	初始化并返回新创建的导航控制器
-(void)pushViewController:(UIViewController*) view Controller animated:(BOOL)animated	入栈操作，即加载指定的视图控制器并予以显现，是否动画显示
-(NSArray *)popToRootViewControllerAnimated :(BOOL)animated	出栈操作，弹出到根视图控制器，是否动画显示
-(NSArray *)popToViewController: (UIViewController *)viewController animated:(BOOL) animated	出栈操作，弹出到指定视图控制器，回到指定视图控制器，也就是不只弹出一个
-(UIViewController *)popViewControllerAnimated: (BOOL)animated	出栈操作，弹出当前视图控制器，弹出并向左显示前一个视图，是否动画显示
-(void)setNavigationBarHidden:(BOOL)hidden animated: (BOOL)animated	设置导航栏是否隐藏，是否动画显示
-(void)setToolbarHidden:(BOOL)hidden animated: (BOOL) animated	设置工具栏是否显示，是否动画显示
-(void)setViewControllers:(NSArray *)viewControllers animated:(BOOL)animated	设置视图控制器，取代目前指定项目的导航控制器管理的视图控制器，是否动画显示
+ (UINavigationBar *) createNavigationBarWithBackgroundImage:(UIImage*) backgroundImage title:(NSString *)title	给 UINavigationBar 设置背景图片

12.5.2　使用导航控制器

本节通过一个简单的实例讲解导航控制器的使用方法。

【操作步骤】

第 1 步，打开 Mac 应用程序栏中的 Xcode 软件。

第 2 步，单击 Greate a new Xcode project 图标，Xcode 便打开 New Project 窗口，选择 Single View Application 模板进行构建应用程序，保存项目名称为 test。

第 3 步，打开主故事板文件，从对象库中拖曳一个 Table View 到 View 上面，并为其定义输出口连线。

第 4 步，选择 View Controller Scene 中的 Table View，打开其属性检查器，将 Prototype Cells 属性设置为 1，将 Style 属性设置为 Plain。

第 5 步，选择 View Controller Scene 中的 Table View Cell，打开其属性检查器，将 Identifier 属性设置为 Cell，将 Accessory 设置为 Disclosure Indicator。

第 6 步，添加导航控制器并将其作为根视图控制器。选中 View Controller，然后选择 Editor→Embed In→Navigation Controller 命令。

第 7 步，新建一个二级视图控制器 CitiesViewController，具体操作方法：选择 File→New→File…命令，在打开的 Choose a template for your new file 对话框的 User Interface 中选择 Objective-C class 文件模板，选择父类 UITableViewController，不需要选中 With XIB for user interface 复选框，因为表视图控制器一般不需要 xib 文件。

第 8 步，创建完成二级视图控制器 CitiesViewController，然后回到设计界面，从对象库中拖曳一个 Table View Controller 对象到 Interface Builder 设计界面，作为二级视图控制器。然后按住 control 键从上一个 Table View Controller 拖动鼠标到当前添加的 Table View Controller，从弹出界面中选择 push，然后就会出现两个控制器的连线。

第 9 步，选中连线中间的 Segue，打开其属性检查器，然后在 Identifier 属性中输入 ShowSelectedProvince，这个 Identifier 属性将在代码中用于查询 Segue 对象。

第 10 步，选择 Table View Controller，打开其标识检查器，在 Custom Class 的 Class 下拉列表中选择 CitiesViewController。

第 11 步，选择 Cities View Controller Scene 中的 Table View，打开其属性检查器，将 Prototype Cells 属性设置为 1，将 Style 设置为 Plain。选中 Table View Cell，打开其属性检查器，将 Identifier 属性设置为 Cell，选择 Accessory 为 Detail Disclosure。

第 12 步，新建三级视图控制器 DetailViewController，具体操作方法：选择 File→New→File…命令，在打开的 Choose a template for your new file 对话框的 User Interface 中选择 Objective-C class 文件模板，选择父类 UIViewController，不需要选中 With XIB for user interface。

第 13 步，回到设计界面，从对象库中拖曳一个 View Controller 对象到 Interface Builder 设计界面，作为三级视图控制器。然后按住 control 键将鼠标从上一个 Table View Controller 拖动到当前添加的 View Controller，此时从弹出界面中选择 push，此时就会出现两个控制器的连线。

第 14 步，选中连线中间的 Segue，打开其属性检查器，在 Identifier 属性中输入 ShowSelectedCity。选择 View Controller，打开其标识检查器，单击 Custom Class→Class，将其设置为 DetailViewController。

第 15 步，最后，拖曳一个 WebView 控件到 View 上面，并为 WebView 连接输出口。到此，繁琐的设计工作就完成了。

第 16 步，下面就来编写代码部分。根视图控制器 ViewController.h 的相关代码如下：

```
@interface ViewController : UIViewController <UITableViewDataSource,UITableViewDelegate>
@property (weak, nonatomic) IBOutlet UITableView *tableView;
@property (strong, nonatomic) NSDictionary *dictData;
@property (strong, nonatomic) NSArray *listData;
@end
```

更详细的代码请参考光盘示例。

12.6 选项卡控制器

Note

选项卡控制器（TabBarController）是一个容器类视图控制器，主要应用于两个或者两个以上不同操作模式的应用程序中。选项卡控制器有多个选项卡，每个选项卡对应一个视图控制器，选择一个选项卡将会触发与选项卡控制器相关的视图控制器的视图并显示在屏幕上。

与导航控制器相比，虽然有些类似，但也有很大的区别。导航控制器是对层次结构的导航处理，而选项卡控制器是对并行结构的导航处理，帮助用户选择调到哪个视图控制器，在选项卡控制器中，无须存在具体的导航层次，每个并行视图都是独立操作的，构建位于每个选项卡上的视图控制器或导航控制器。

12.6.1 选项卡控制器概述

一个标准的选项卡界面通常由一个 UITabBarController 对象、每个选项卡对应的内容视图控制对象和一个可选的委托对象等组成。图 12.17 展示了选项卡控制器和其相关的视图控制器之间的关系，选项卡控制器的 viewcontroller 属性中的每个视图控制器在选项卡栏中都有一个视图控制器与此对应。

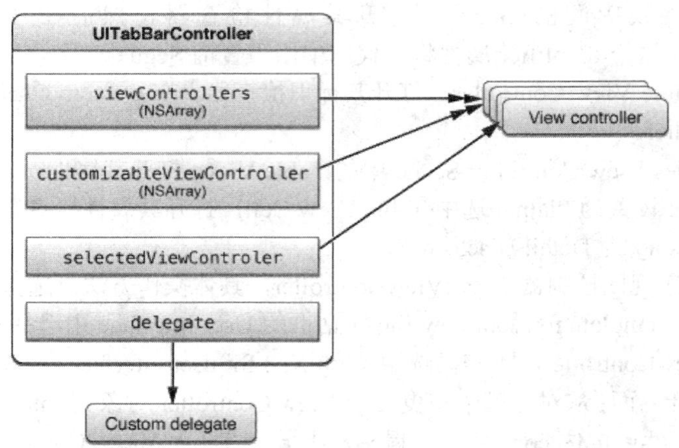

图 12.17　选项卡和其相关的视图控制器关系展示

如果在 viewControllers 属性中添加了超过 5 项内容，那么选项卡控制器会自动插入一个特殊的视图控制器（称为 moreNavigationController）来负责处理其他项的显示。moreNavigationController 提供了一个定制的界面，在表中列出了一些额外的视图控制器，表可以扩大，以容纳任意数量的视图控制器。moreNavigationController 不能进行自定制或者被选择，同时也不能在选项卡控制器管理的任何一个视图控制列表中显示。在需要时会自动显示，与自定义的内容没有任何关系。

【示例】下面的代码展示了在应用程序的主窗口中如何创建和插装选项卡控制器接口，在本示例中仅创建两个选项卡，但根据需要，是可以创建多个选项卡的，然后把创建的选项卡添加到控制器的组中。

```
//创建选项卡控制器
- (void)applicationDidFinishLaunching:(UIApplication *)application {
```

```
        tabBarController = [[UITabBarController alloc] init];
        MyViewController* vc1 = [[MyViewController alloc] init];
        MyOtherViewController* vc2 = [[MyOtherViewController alloc] init];
        NSArray* controllers = [NSArray arrayWithObjects:vc1, vc2, nil];
        tabBarController.viewControllers = controllers;
        window.rootViewController = tabBarController;
}
```

其中，UITabBarController 常用属性说明如表 12.6 所示，常用方法如表 12.7 所示。

表 12.6　UITabBarController 的常用属性

名称及表达式	说　明
@property(nonatomic, copy) NSArray * customizableViewControllers	自定义的选项卡控制器管理视图控制器的子集
@property(nonatomic, assign) id <UITabBarControllerDelegate> delegate	选项卡控制器的委派对象
@property(nonatomic, readonly) UINavigationController*moreNavigationController	管理多个导航界面的视图控制器，该属性只可读
@property(nonatomic) NSUInteger selectedIndex	与当前选择选项卡条目相关的视图控制器的索引
@property(nonatomic, assign) UIViewController *selectedViewController	与当前选择的选项卡条目相关的视图控制器
@property(nonatomic,readonly) UITabBar *tabBar	与这个控制器相关的选择卡栏视图
@property(nonatomic, copy) NSArray *viewControllers	选项卡栏界面显示的根视图控制器的数组

表 12.7　UITabBarController 的常用方法

名称及表达式	说　明
(void)setViewControllers:(NSArray *) viewControllers animated:(BOOL)animated	设置选项卡栏控制器的根视图控制器

12.6.2　使用选项卡控制器

本节将通过一个简单的实例讲解选项卡控制器的使用方法。

【操作步骤】

第 1 步，打开 Mac 应用程序栏中的 Xcode 软件。

第 2 步，单击 Greate a new Xcode project 图标，Xcode 便打开 New Project 窗口，选择 Tabbed Application 模板创建一个名为 test 的工程。创建完成之后，打开主故事板文件，可以看到 3 个场景（Scene），由一些线连接起来，这些线就是 Segue。故事板开始的一端是 Tab Bar Controller Scene，它是根视图控制器。图中有两个 Segue，用来描述 Tab Bar Controller Scene 与 First View Controller Scene 和 Second View Controller Scene 之间的关系。

第 3 步，根据需要先修改两个现有的场景，然后再添加一个场景。修改两个现有的场景很简单，直接修改视图控制器名就可以了，然后场景就会跟着变化。添加一个场景到设计界面中，然后从对象库中拖曳一个 View Controller 到设计界面中。

Note

第 4 步，连线添加的场景和 Tab Bar Controller Scene，具体操作方法：按住 control 键从 Tab Bar Controller Scene 拖曳鼠标到 View Controller Scene，释放鼠标，从弹出菜单中选择 view controllers 选项，此时连线就做好了。

第 5 步，再添加一个视图控制器类 LiaoViewController。在菜单栏中选择 File→New→File…，在文件模板中选择 iOS→Objective-C，此时将弹出“新建文件”对话框，在 Class 项目中输入 LiaoViewController，从 Subclassof 下拉列表中选择 UIViewController。

第 6 步，回到 Interface Builder 中，选中 View Controller Scene，打开其标识检查器，将 Custom Class 中的 Class 设为 LiaoViewController。

第 7 步，添加图标到工程中，修改标签栏项目中的图标和文本，具体操作方法：选择 LiaoViewController Scene→LiaoViewController→Tab Bar Item，打开其属性检查器，将 Bar Item 下的 Title 设为“辽宁”，从 Image 下拉列表中选择 liao.png。按照同样的办法修改其他两个视图控制器。

第 8 步，3 个视图的内容可以参考光盘实例实现，拖曳一些 Label 控件，摆放好位置，修改城市名字，然后再修改视图背景颜色。此时就实现标签导航模式，整个过程中没有编写一行代码。

12.7 页视图控制器

页视图控制器（PageViewController）可以实现逐页呈现内容管理着自有容器中的视图层次结构，这个层次的父视图由页视图控制器管理，子视图由内容类视图控制器管理。

12.7.1 页视图控制器概述

页视图控制器只有一个单一的视图承载着内容。在用户翻页时，页视图控制器运用了灵活的卷页效果，提供了一个翻页的视觉外观。页视图控制器所提供的导航是一个页面的线性系列，非常适合在一个线状样式中展示内容。

图 12.18 展示了应用程序实现的一个页视图界面。最外层的视图与父视图控制器相关联，而不是页视图控制器本身。翻转视图控制器自己不拥有 UI，但是对于它的子类，在用户翻页时添加了一个页脚翻页效果。视图控制器提供的自定义内容是页视图控制器的子类。

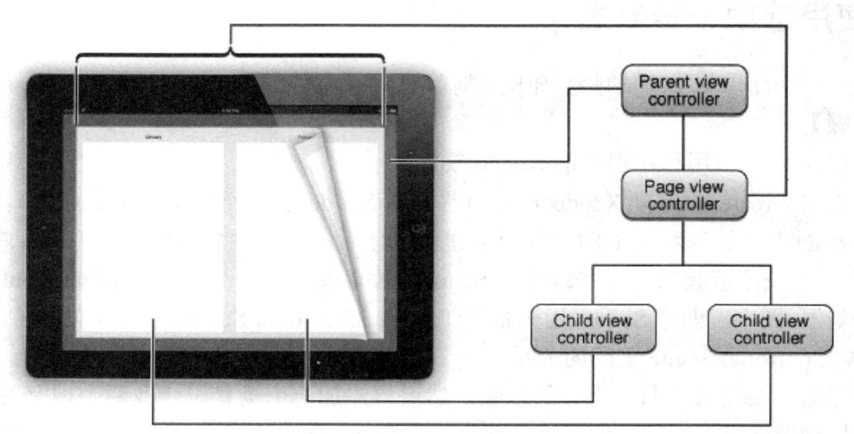

图 12.18　翻页的界面展示

一个页视图界面通常由一个可选的委托、一个可选的数据源、一个视图控制器数组和一个手势识别的数组组成。图 12.19 展示了一个页视图控制器和其相关联的对象。

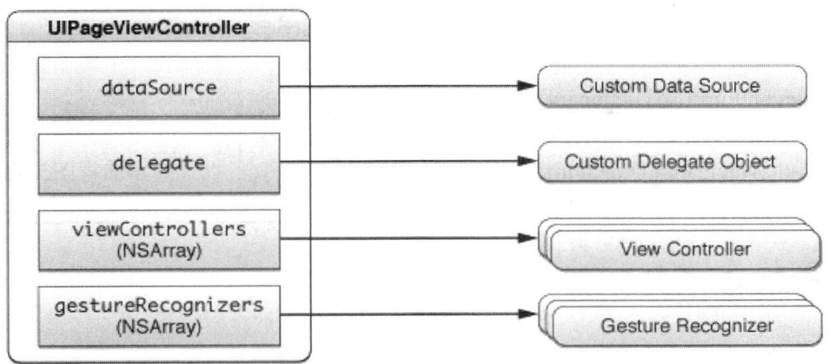

图 12.19　页视图控制器和其相关联的对象

【示例】下面的代码展示了如何创建一个页视图控制器，在代码中，用横向的导航和中心的 spine 初始化页视图控制器。

```
//创建页视图控制器
NSDictionary * options = [NSDictionary dictionaryWithObject:
[NSNumber numberWithInt:UIPageViewControllerSpineLocationMid]
forKey:UIPageViewControllerOptionSpineLocationKey];
UIPageViewController *pageViewController = [[UIPageViewController alloc]
        initWithTransitionStyle:UIPageViewControllerTransitionStylePageCurl
        navigationOrientation:UIPageViewControllerNavigationOrientationHorizontal
        options:options];
```

其中，UI PageController 常用属性说明如表 12.8 所示，常用方法说明如表 12.9 所示。

表 12.8　UI PageController 的常用属性

名称及表达式	说　明
@property(nonatomic, assign) id<UIPageViewControllerDataSource> dataSource	提供了视图控制器的对象
@property(nonatomic, assign) id<UIPageViewControllerDelegate> delegate	一个委派对象
@property(nonatomic, getter=isDoubleSided) BOOL doubleSided	一个布尔值，用于指定是否在翻页的背面显示内容
@property(nonatomic, readonly) NSArray *gestureRecognizers	用于配置处理用户交互的 UIGestureRecognizer 对象数组，该属性只可读
@property(nonatomic, readonly) UIPageViewControllerSpineLocation spineLocation	spine 的位置，该属性只可读
@property(nonatomic, readonly) UIPageViewControllerTransitionStyle transitionStyle	视图控制器间使用的转换样式，该属性只可读
@property(nonatomic, readonly) NSArray *viewControllers	页视图控制器显示的视图控制器，该属性只可读

Note

表 12.9 UI PageController 的常用方法

名称及表达式	说　明
-(id)initWithTransitionStyle:(UIPageViewControllerTransitionStyle)style navigationOrientation:(UIPageViewControllerNavigationOrientation) navigationOrientation options:(NSDictionary *)options	初始化一个新创建的页视图控制器
-(void)setViewControllers:(NSArray *)viewControllers direction: (UIPageViewControllerNavigationDirection)direction animated: (BOOL)animated completion:(void (^)(BOOL finished))completion	设置显示的视图控制器

12.7.2 使用页视图控制器

本节将通过一个简单的实例讲解翻页视图控制器的使用方法。

【操作步骤】

第 1 步，打开 Mac 应用程序栏中的 Xcode 软件。

第 2 步，单击 Greate a new Xcode project 图标，Xcode 便打开 New Project 窗口，选择 Single View Application 模板进行构建应用程序，保存项目名称为 test。在这个实例中，主要以代码的编程方式来完成。

第 3 步，创建页视图控制器并设置。

通常创建页视图控制器的代码放在 ViewController.m 的方法 viewDidLoad 中，因为页视图控制器通常是为应用窗口提供根视图，所以需要在程序启动后，窗口显示前创建页视图控制器。

在 ViewController 类的头文件中声明 UIPageViewController 对象，代码如下：

```
@interface ViewController ()<UIPageViewControllerDataSource,UIPageViewControllerDelegate>
{
    //翻页视图控制器对象
    UIPageViewController * _pageViewControl;
    //数据源数组
    NSMutableArray * _dataArray;
}
@end
```

在方法 viewDidLoad 中的代码如下：

```
- (void)viewDidLoad {
    [super viewDidLoad];
    //进行初始化
    _pageViewControl = [[UIPageViewController alloc]initWithTransitionStyle:UIPageViewControllerTransition
StyleScroll navigationOrientation:UIPageViewControllerNavigationOrientationHorizontal options:@{UIPageViewController
OptionSpineLocationKey:@0,UIPageViewControllerOptionInterPageSpacingKey:@10}];
}
```

第 4 步，设置页视图控制器的属性。

```
self.view.backgroundColor = [UIColor greenColor];
//设置翻页视图的尺寸
pageViewControl.view.bounds=self.view.bounds;
//设置数据源与代理
```

```
    pageViewControl.dataSource=self;
    pageViewControl.delegate=self;
    //创建初始界面
    ModelViewController * model = [ModelViewController creatWithIndex:1];
    //设置初始界面
    [_pageViewControl setViewControllers:@[model] direction:UIPageViewControllerNavigationDirectionReverse animated:YES completion:nil];
    //设置是否双面展示
    pageViewControl.doubleSided = NO;
```

第 5 步，添加页视图控制器。

```
    dataArray = [[NSMutableArray alloc]init];
    [_dataArray addObject:model];
    [self.view addSubview:_pageViewControl.view];
```

第 6 步，设置页视图控制器的翻页动作。

```
    //翻页控制器进行向前翻页动作，这个数据源方法返回的视图控制器为要显示视图的视图控制器
    - (nullable UIViewController*)pageViewController:(UIPageViewController *)pageViewController viewControllerBeforeViewController:(UIViewController *)viewController{
        int index = (int)[_dataArray indexOfObject:viewController];
        if (index==0) {
            return nil;
        }else{
            return _dataArray[index-1];
        }
    }
    //翻页控制器进行向后翻页动作，这个数据源方法返回的视图控制器为要显示视图的视图控制器
    - (nullable UIViewController *)pageViewController:(UIPageViewController *)pageViewController viewControllerAfterViewController:(UIViewController *)viewController{
        int index = (int)[_dataArray indexOfObject:viewController];
        if (index==9) {
            return nil;
        }else{
            if (_dataArray.count-1>=(index+1)) {
                return _dataArray[index+1];
            }else{
                ModelViewController * model = [ModelViewController creatWithIndex:index+2];
                [_dataArray addObject:model];
                return model;
            }
        }
    }
```

第 7 步，设置页数和起始点。

```
    //设置分页控制器的分页数
    - (NSInteger)presentationCountForPageViewController:(UIPageViewController *)pageViewController {

        return 10;
    }
    //设置初始的分页点
```

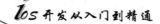

```
- (NSInteger)presentationIndexForPageViewController:(UIPageViewController *)pageViewController{
    return 0;
}
```

Note

12.8 小　　结

视图控制器在 iOS 编程中有非常重要的作用，使用它可以创建和管理视图、管理视图上显示的数据、调整视图大小以适应屏幕、负责视图和模型之间的数据及指令的传递。iOS 编程规则是一个窗口、多个视图，窗口是视觉底层，是固定不变的，UIView 是用户构建界面的基础，所有的控件都是在这个界面上画出来的，通过 UIView 增加控件，并利用控件和用户进行交互和传递数据。

视图控制器 UIViewController 是对要用到的视图 UIView 进行管理和控制，可以在这个 UIViewController 中控制要显示哪个 UIView。另外，视图控制器还增添了额外的功能，如内建的旋转屏幕，转场动画以及对触摸事件等的支持。

第13章

事件

iOS 支持两种类型的事件：触摸事件和运动事件。每个事件都有一个与之关联的事件类型和子类型，可以通过 UIEvent 的 type 和 subtype 属性进行访问，类型既包括触摸事件，也包括运动事件。本章将讲解 iOS 系统中的事件类型，并解释如何处理这些事件，同时介绍如何在应用程序内部或不同应用程序间通过 UIPasteboard 类提供的设施进行数据的复制和粘贴。

【学习要点】

- 了解事件类型
- 正确处理触摸事件
- 了解运动事件类型
- 能够设计文本复制、剪切和粘贴操作

13.1 触 摸 事 件

Note

iOS 触摸事件是基于多点触摸模型。用户不需要通过鼠标和键盘，而是通过触摸设备的屏幕来操作对象、输入数据，以及表达自己的意图。

13.1.1 触摸模型

iOS 将一个或多个与屏幕接触的手指识别为多点触摸序列的一部分，该序列从第一个手指碰到屏幕开始，直到最后一个手指离开屏幕结束。iOS 通过一个多点触摸序列来跟踪与屏幕接触的手指，记录每个手指的触摸特征，包括手指在屏幕上的位置和发生触摸的时间。

应用程序将特定组合的触摸识别为手势，并以用户直觉的方式进行响应。例如，对收缩双指距离的手势，程序的响应是缩小显示的内容；对轻拂屏幕的手势，则响应为滚动显示内容。

注意：手指在屏幕上能达到的精度和鼠标指针有很大的不同。当用户触摸屏幕时，接触区域大致是椭圆形的，比用户想象的位置更靠下一点。根据触摸屏幕的手指、手指的尺寸、手指接触屏幕的力量、手指的方向以及其他因素的不同，其接触部位的尺寸和形状也有所不同。底层的多点触摸系统会分析这些信息，并计算出单一的触点。

很多 UIKit 类对多点触摸事件的处理方式不同于它的对象实例，特别是 UIButton 和 UISlider 的 UIControl 的子类。这些子类的对象只接收特定类型的手势，例如，点击或向特定方向拖曳。

控件对象在正确配置之后，会在某种手势发生后将动作消息发送给目标对象。其他的 UIKit 类则在其他的上下文中处理手势，例如，UIScrollView 可以为表格视图和具有很大内容区域的文本视图提供滚动行为。

某些应用程序可能不需要直接处理事件，它们可以依赖 UIKit 类实现的行为。但是，如果创建了 UIView 的定制子类，且希望该视图响应特定的触摸事件，就需要实现处理该事件所需要的代码。如果希望一个 UIKit 对象以不同的方式响应事件，就必须创建框架类的子类，并重载相应的事件处理方法。

13.1.2 触摸与事件

在 iOS 中，触摸动作是指手指碰到屏幕或在屏幕上移动，是一个多点触摸序列的一部分。例如，一个 pinch-close 手势就包含两个触摸动作——屏幕上的两个手指从相反方向靠近对方。

一些单指手势则比较简单，如触击、双击或轻拂（用户快速碰擦屏幕）。应用程序也可以识别更复杂的手势，例如，如果一个应用程序使用具有转盘形状的定制控件，用户就需要用多个手指来“转动”转盘，以便进行某种精调。

事件是当用户手指触击屏幕及在屏幕上移动时，系统不断发送给应用程序的对象。事件对象为一个多点触摸序列中所有触摸动作提供一个快照，其中最重要的是特定视图中新发生或有变化的触摸动作。

一个多点触摸序列从第一个手指碰到屏幕开始，其他手指随后也可能触碰屏幕，所有手指都可能在屏幕上移动。当最后一个手指离开屏幕时，序列就结束了。在触摸的每个阶段，应用程序都会收到事件对象。

触摸信息有时间和空间两个方面，时间方面的信息称为阶段（phrase），表示触摸是否刚刚开始、

是否正在移动或处于静止状态，以及何时结束，也就是手指何时从屏幕抬起，如图 13.1 所示。

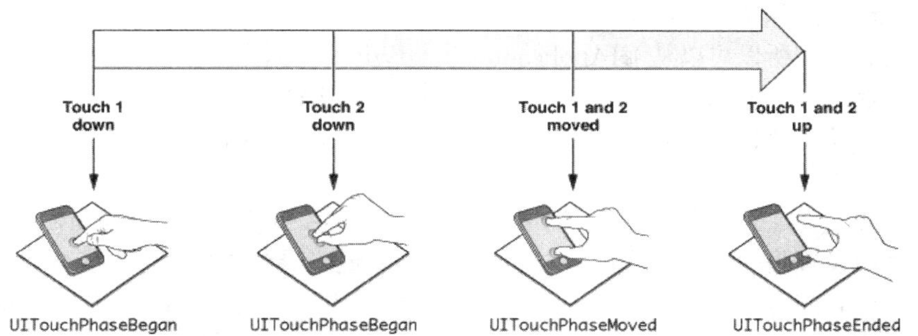

图 13.1 多点触摸序列和触摸阶段

触摸信息还包括当前在视图或窗口中的位置信息以及之前的位置信息（如果存在）。当一个手指接触屏幕时，触摸就和某个窗口或视图关联在一起，这个关联在事件的整个生命周期都会得到维护。如果有多个触摸同时发生，则只有和同一个视图相关联的触摸会被一起处理。类似地，如果两个触摸事件发生的间隔时间很短，也只有当它们和同一个视图相关联时，才会被处理为多触击事件。

在 iOS 中，一个 UITouch 对象表示一个触摸，一个 UIEvent 对象表示一个事件。事件对象中包含与当前多点触摸序列相对应的所有触摸对象，还可以提供与特定视图或窗口相关联的触摸对象，如图 13.2 所示。

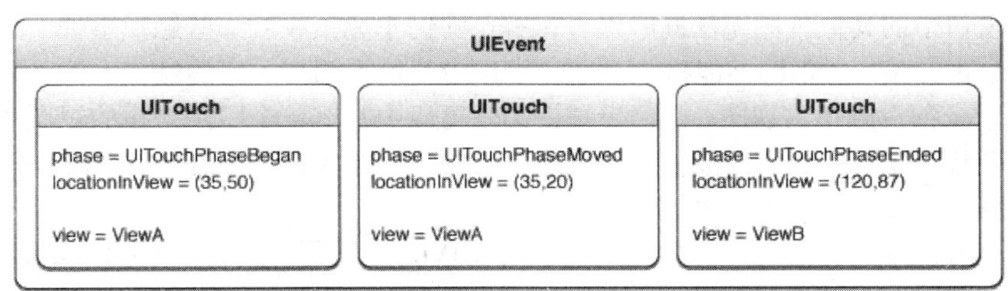

图 13.2 UIEvent 对象及其 UITouch 对象间的关系

在一个触摸序列发生的过程中，对应于特定手指的触摸对象是持久的，在跟踪手指运动的过程中，UIKit 会对其进行修改。发生改变的触摸属性变量有触摸阶段、触摸在视图中的位置、发生变化之前的位置以及时间戳。事件处理代码通过检查这些属性的值来确定如何响应事件。

系统可能随时取消多点触摸序列，进行事件处理的应用程序必须做好正确响应的准备。事件的取消可能是由于重载系统事件引起的，如电话呼入。

13.1.3 事件传递

系统将事件按照特定的路径传递给可以对其进行处理的对象。例如，当用户触摸设备屏幕时，iOS 会将其识别为一组触摸对象，并将它们封装在一个 UIEvent 对象中，放入当前应用程序的事件队列。

事件对象将特定时刻的多点触摸序列封装为一些触摸对象。负责管理应用程序的 UIApplication 应用对象将事件从队列的顶部取出，然后派发给其他对象进行处理。典型情况下，它会将事件发送给应用程序的焦点窗口，然后代表该窗口的 UIWindow 对象再将其发送给第一响应者进行处理。

应用程序通过触碰测试（hit-testing）寻找事件的第一响应者，即通过递归调用视图层次中视图对象的 hitTest:withEvent:方法确认发生触摸的子视图。触摸对象的整个生命周期都和该视图互相关联，

即使触摸动作最终移动到该视图区域之外也是如此。

UIApplication 对象和每个 UIWindow 对象都在 sendEvent:方法中派发事件。由于这些方法是事件进入应用程序的通道，所以可以从 UIApplication 或 UIWindow 派生出子类，重载其 sendEvent:方法，实现对事件的监控或执行特殊的事件处理，但大多数应用程序都不需要这样做。

Note

【拓展】为了调整事件的传递，UIKit 为应用程序提供了一些简化事件处理，甚至完全关闭事件流的编程接口。下面对这些方法进行总结。

☑ 关闭事件的传递。默认情况下，视图会接收触摸事件。但是，可以将其 userInteractionEnabled 属性声明设置为 NO，关闭事件传递的功能。隐藏或透明的视图也不能接收事件。

☑ 在一定的时间内关闭事件的传递。应用程序可以调用 UIApplication 的 beginIgnoringInteraction Events 方法，并在随后调用 endIgnoringInteractionEvents 方法来实现这个目的。前一个方法使应用程序完全停止接收触摸事件消息，第二个方法则重启消息的接收。某些时候，当代码正在执行动画时，可能希望关闭事件的传递。

☑ 打开多点触摸的传递。在默认情况下，视图只接收多点触摸序列的第一个触摸事件，而忽略所有其他事件。如果希望视图处理多点触摸，就必须使其启用这个功能。在代码或 Interface Builder 的查看器窗口中将视图的 multipleTouchEnabled 属性设置为 YES，就可以实现这个目标。

☑ 将事件传递限制在某个单独的视图上。在默认情况下，视图的 exclusiveTouch 属性被设置为 NO。将这个属性设置为 YES 会使相应的视图具有这样的特性：当该视图正在跟踪触摸动作时，窗口中的其他视图无法同时进行跟踪，它们不能接收到那些触摸事件。然而，一个标识为“独占触摸”的视图不能接收与同一窗口中其他视图相关联的触摸事件。如果一个手指接触到一个独占触摸的视图，则仅当该视图是窗口中唯一一个跟踪手指的视图时，触摸事件才会被传递。如果一个手指接触到一个非独占触摸的视图，则仅当窗口中没有其他独占触摸视图跟踪手指时，该触摸事件才会被传递。

☑ 将事件传递限制在子视图上。一个定制的 UIView 类可以通过重载 hitTest:withEvent:方法来将多点触摸事件的传递限制在其子视图上。

13.1.4 事件响应过程

响应者对象是可以响应事件并对其进行处理的对象。UIResponder 是所有响应者对象的基类，不仅用于事件处理，而且可为常见的响应者行为定义编程接口。UIApplication、UIView 和所有从 UIView 派生出来的 UIKit 类（包括 UIWindow）都直接或间接地继承自 UIResponder 类。

第一响应者是应用程序中当前负责接收触摸事件的响应者对象（通常是一个 UIView 对象）。UIWindow 对象以消息的形式将事件发送给第一响应者，使其有机会首先处理事件。如果第一响应者没有进行处理，系统就将事件（通过消息）传递给响应者链中的下一个响应者，看看它是否可以进行处理。

响应者链是一系列链接在一起的响应者对象，允许响应者对象将处理事件的责任传递给其他更高级别的对象。随着应用程序寻找能够处理事件的对象，事件就在响应者链中向上传递。响应者链由一系列“下一个响应者”组成，其顺序如下：

第 1 步，第一响应者将事件传递给其视图控制器（如果存在），然后是它的父视图。

第 2 步，依此类推，视图层次中的每个后续视图都首先传递给它的视图控制器（如果存在），然后是它的父视图。

第 3 步，最上层的容器视图将事件传递给 UIWindow 对象。

第 4 步，UIWindow 对象将事件传递给 UIApplication 对象。

如果应用程序找不到能够处理事件的响应者对象，则丢弃该事件。响应者链中的所有响应者对象都可以实现 UIResponder 的某个事件处理方法，因此也都可以接收事件消息。但是，它们可能不愿处理或只是部分处理某些事件。如果是那样，它们可以将事件消息转送给下一个响应者，方法如下：

```
- (void)touchesBegan:(NSSet *)touches withEvent:(UIEvent *)event {
    UITouch* touch = [touches anyObject];
    NSUInteger numTaps = [touch tapCount];
    if (numTaps < 2) {
        [self.nextResponder touchesBegan:touches withEvent:event];
    } else {
        [self handleDoubleTap:touch];
    }
}
```

提示：如果一个响应者对象将一个多点触摸序列的初始阶段的事件处理消息转发给下一个响应者（在 touchesBegan:withEvent:方法中），就应该同样转发该序列的其他事件处理消息。动作消息的处理也使用响应者链。当用户对诸如按键或分页控件这样的 UIControl 对象进行操作时，控件对象（如果正确配置）会向目标对象发送动作消息。但是，如果目标对象被指定为 nil，应用程序就会像处理事件消息那样，把该动作消息传递给第一响应者。如果第一响应者没有进行处理，再发送给其下一个响应者，依此类推，将消息沿着响应者链向上传递。

13.1.5 事件处理方法

在一个多点触摸序列发生的过程中，应用程序会发出一系列事件消息。为了接收和处理这些消息，响应者对象的类必须至少实现下面这些由 UIResponder 类声明的方法之一：

```
- (void)touchesBegan:(NSSet *)touches withEvent:(UIEvent *)event;
- (void)touchesMoved:(NSSet *)touches withEvent:(UIEvent *)event;
- (void)touchesEnded:(NSSet *)touches withEvent:(UIEvent *)event;
- (void)touchesCancelled:(NSSet *)touches withEvent:(UIEvent *)event
```

在给定的触摸阶段中，如果发生新的触摸动作或已有的触摸动作发生变化，应用程序就会发送这些消息：

- ☑ 当一个或多个手指触碰屏幕时，发送 touchesBegan:withEvent:消息。
- ☑ 当一个或多个手指在屏幕上移动时，发送 touchesMoved:withEvent:消息。
- ☑ 当一个或多个手指离开屏幕时，发送 touchesEnded:withEvent:消息。
- ☑ 当触摸序列被诸如电话呼入这样的系统事件取消时，发送 touchesCancelled:withEvent:消息。

上面这些方法都和特定的触摸阶段（如 UITouchPhaseBegan）相关联，该信息存在于 UITouch 对象的 phase 属性声明中。

每个与事件处理方法相关联的消息都有两个参数。第一个参数是一个 UITouch 对象的集合，表示给定阶段中新的或者发生变化的触摸动作；第二个参数是一个 UIEvent 对象，表示这个特定的事件。可以通过这个事件对象得到与之相关联的所有触摸对象（allTouches），或者发生在特定的视图或窗口

上的触摸对象子集。其中的某些触摸对象表示自上次事件消息以来没有发生变化，或虽然发生变化但处于不同阶段的触摸动作。

为了处理给定阶段的事件，响应者对象常常从传入的集合参数中取得一或多个 UITouch 对象，然后考察这些对象的属性或取得对象的位置（如果需要处理所有触摸对象，可以向该 NSSet 对象发送 anyObject 消息）。

UITouch 类中有一个名为 locationInView:的重要方法，如果传入 self 参数值，会给出触摸动作在响应者坐标系统中的位置（假定该响应者是一个 UIView 对象，且传入的视图参数不为 nil）。另外，还有一个与之平行的方法，可以给出触摸动作之前位置（previousLocationInView:）。UITouch 实例的属性还可以给出发生多少次触碰（tapCount）、触摸对象的创建或最后一次变化发生在什么时间（timestamp）以及触摸处于什么阶段（phase）。

响应者类并不是必须实现上面列出的所有事件方法。例如，如果只对手指离开屏幕感兴趣，则只需要实现 touchesEnded:withEvent:方法即可。

在一个多点触摸序列中，如果响应者在处理事件时创建了某些持久对象，则应该实现 touchesCancelled:withEvent:方法，以便当系统取消该序列时对其进行清理。多点触摸序列的取消常常发生在应用程序的事件处理遭到外部事件（如电话呼入）破坏时。

注意： 响应者对象同样应该在收到多点触摸序列的 touchesEnded:withEvent:消息时清理之前创建的对象。

【拓展】 下面是一些事件处理技巧，可以在代码中应用。

☑ 跟踪 UITouch 对象的变化。

在事件处理代码中，可以将触摸状态的相关位置保存下来，以便在必要时和变化之后的 UITouch 实例进行比较。

例如，假定希望将每个触摸对象的最后位置和其初始位置进行比较，则在 touchesBegan:withEvent:方法中，可以通过 locationInView:方法得到每个触摸对象的初始位置，并以 UITouch 对象的地址作为键，将其存储在 CFDictionaryRef 封装类型中；然后，在 touchesEnded:withEvent:方法中，可以通过传入 UITouch 对象的地址取得该对象的初始位置，并将其和当前位置进行比较（应该使用 CFDictionaryRef 类型，而不是 NSDictionary 对象，因为后者需要对其存储的项目进行复制，而 UITouch 类并不采纳 NSCopying 协议，该协议在对象复制过程中是必需的）。

☑ 对子视图或层上的触摸动作进行触碰测试。

定制视图可以用 UIView 的 hitTest:withEvent:方法或 CALayer 的 hitTest:方法寻找接收触摸事件的子视图或层，进而正确地处理事件。

【示例 1】 下面的代码用于检测定制视图的层中的 Info 图像是否被触碰。

```
-(void)touchesEnded:(NSSet*)touches withEvent:
(UIEvent*)event {
CGPoint location = [[touches anyObject]
locationInView:self];
CALayer *hitLayer = [[self layer]
hitTest:[self convertPoint:location fromView:nil]];
    if (hitLayer == infoImage) {
        [self displayInfo];
    }
}
```

如果有一个携带子视图的定制视图，就需要明确自己是希望在子视图的级别上处理触摸事件，还是在父视图的级别上进行处理。如果子视图没有实现 touchesBegan:withEvent:、touchesEnded:withEvent:或者 touchesMoved:withEvent:方法，则这些消息就会沿着响应者链被传播到父视图。然而，由于多次触碰和多点触摸事件与发生这些动作所在的子视图是互相关联的，所以父视图不会接收到这些事件。为了保证能接收到所有的触摸事件，父视图必须重载 hitTest:withEvent:方法，并在其中返回其本身，而不是它的子视图。

☑　确定多点触摸序列中最后一个手指何时离开。

当希望知道一个多点触摸序列中的最后一个手指何时从视图离开时，可以将传入的集合参数中包含的 UITouch 对象数量和 UIEvent 参数对象中与该视图关联的触摸对象数量进行比较。

【示例 2】看下面的代码：

```
-(void)touchesEnded:
(NSSet*)touches withEvent:(UIEvent*)event {
    if ([touches count] == [[event touchesForView:self] count]) {
        //抬起最后一根手指
    }
}
```

13.1.6　案例：处理多点触摸事件

iOS 应用程序中一个很常见的手势是触击，即用户用手指触碰一个对象。响应者对象可以以一种方式响应单击，而以另外一种方式响应双击，甚至可能以第三种方式响应 3 次触击。可以通过考察 UITouch 对象的 tapCount 属性声明值来确定用户在一个响应者对象上的触击次数，最好在 touchesBegan:withEvent:和 touchesEnded:withEvent:方法中取得这个值。在很多情况下，更倾向于后者，因为它与用户手指离开屏幕的阶段相对应。在触摸结束阶段（UITouchPhaseEnded）考察触击的次数可以确定手指是真的触击，而不是其他动作，例如，手指接触屏幕后拖动的动作。

【示例】下面的代码展示了如何检测某个视图上是否发生双击。

```
-(void) touchesEnded:(NSSet*)touches withEvent:(UIEvent*)event
{
    UITouch *touch = [touches anyObject];
    if ([touch tapCount] == 2) {
        CGPoint tapPoint = [theTouch locationInView:self];
        //处理一个双触摸的手势
    }
}
```

当一个响应者对象希望以不同的方式响应单击和双击事件时，就会出现复杂的情况。例如，单击的结果可能是选定一个对象，而双击则可能是显示一个编辑视图，用于编辑被双击的对象。

那么，响应者对象如何知道一个单击不是另一个双击的起始部分呢？响应者对象如何借助上文刚刚描述的事件处理方法来处理这种情况呢？方法如下。

☑　在 touchesEnded:withEvent:方法中，当触击次数为 1 时，响应者对象就向自身发送一个 performSelector:withObject:afterDelay:消息，其中的选择器标识由响应者对象实现的、用于处理单击手势的方法；第二个参数是一个 NSValue 或 NSDictionary 对象，用于保存相关的 UITouch 对象；时延参数则表示单击和双击手势之间的合理时间间隔。

Note

注意： 使用一个 NSValue 对象或字典来保存触摸对象是因为它们会保持传入的对象。然而，在进行事件处理时，不应该对 UITouch 对象进行保持。

☑ 在 touchesBegan:withEvent:方法中，如果触击次数为两次，响应者对象会向自身发送一个 cancelPreviousPerformRequestsWithTarget:消息，取消当前被挂起和延期执行的调用。如果触碰次数不为两次，则在指定的延时之后，先前步骤中由选择器标识的方法就会被调用，以处理单击手势。

☑ 在 touchesEnded:withEvent:方法中，如果触碰次数为两次，响应者会执行处理双击手势的代码。

13.1.7 案例：检测碰擦手势

水平和垂直的碰擦（Swipe）是简单的手势类型，可以简单地在代码中进行跟踪，并通过它们执行某些动作。为了检测碰擦手势，需要跟踪用户手指在期望的坐标轴方向上的运动。碰擦手势如何形成是由自己来决定的，也就是说，需要确定用户手指移动的距离是否足够长，移动的轨迹是否足够直，还有移动的速度是否足够快。可以保存初始的触碰位置，并将其和后续的 touch-moved 事件报告的位置进行比较，进而做出这些判断。

【示例】本示例展示了一些基本的跟踪方法，可以用于检测某个视图上发生的水平碰擦。本示例视图将触摸的初始位置存储在名为 startTouchPosition 的成员变量中。随着用户手指的移动，清单中的代码将当前的触摸位置和起始位置进行比较，确定是否为碰擦手势。如果触摸在垂直方向上移动得太远，就会被认为不是碰擦手势，并以不同的方式进行处理。但是，如果手指继续在水平方向上移动，代码就继续将其作为碰擦手势来处理。一旦碰擦手势在水平方向移动得足够远，以至于可以认为是完整的手势时，处理例程就会触发相应的动作。检测垂直方向上的碰擦手势可以用类似的代码，只是需要把 x 和 y 方向的计算互换一下。

```
#define HORIZ_SWIPE_DRAG_MIN    12
#define VERT_SWIPE_DRAG_MAX     4
- (void)touchesBegan:(NSSet *)touches withEvent:(UIEvent *)event
{
    UITouch *touch = [touches anyObject];
    startTouchPosition = [touch locationInView:self];
}

-(void)touchesMoved:(NSSet *)touches withEvent:(UIEvent *)event
{
    UITouch *touch = [touches anyObject];
    CGPoint currentTouchPosition = [touch locationInView:self];
    //如果 swipe 轨迹正确
    if (fabsf(startTouchPosition.x - currentTouchPosition.x)
>= HORIZ_SWIPE_DRAG_MIN &&fabsf(startTouchPosition.y
 - currentTouchPosition.y) <= VERT_SWIPE_DRAG_MAX)
    {
        //显示它是一个 swipe
        if (startTouchPosition.x < currentTouchPosition.x)
            [self myProcessRightSwipe:touches withEvent:event];
        else
            [self myProcessLeftSwipe:touches withEvent:event];
    }
```

```
        else
        {
            //处理一个非 swipe 事件
        }
}
```

Note

13.1.8　案例：处理复杂多点触摸序列

触击和碰擦是简单的手势。如何处理更为复杂的多点触摸序列（实际上是解析应用程序特有的手势）取决于应用程序希望完成的具体目标。可以跟踪所有阶段的所有触摸动作，记录触摸对象中发生变化的属性变量，并正确地改变内部的状态。

【示例】本示例展示一个定制的 UIView 对象如何通过在屏幕上移动 Welcome 标语牌来响应用户手指的移动，以及如何通过改变欢迎标语的语言来响应用户的双击手势。

```
-(void)touchesBegan:(NSSet *)touches withEvent:(UIEvent *)event
{
        UITouch *touch = [[event allTouches] anyObject];
        //如果触摸帖中的观点，只有移帖查看
        if ([touch view] != placardView) {
            //在帖外双击，则更新显示帖的字符串
         if ([touch tapCount] == 2) {
            [placardView setupNextDisplayString];
         }
         return;
      }
      //缩放然后向下则“脉冲”放大视图
      //使用 UIView 的内置动画
      [UIView beginAnimations:nil context:NULL];
      [UIView setAnimationDuration:0.5];
       CGAffineTransform transform = CGAffineTransformMakeScale(1.2, 1.2);
      placardView.transform = transform;
      [UIView commitAnimations];
      [UIView beginAnimations:nil context:NULL];
      [UIView setAnimationDuration:0.5];
      transform = CGAffineTransformMakeScale(1.1, 1.1);
      placardView.transform = transform;
      [UIView commitAnimations];
      //将 PlacardView 视图移到触摸层下面
      [UIView beginAnimations:nil context:NULL];
      [UIView setAnimationDuration:0.25];
      placardView.center = [self convertPoint:[touch locationInView:self] fromView:placardView];
      [UIView commitAnimations];
}
- (void)touchesMoved:(NSSet *)touches withEvent:(UIEvent *)event
{
          UITouch *touch = [[event allTouches] anyObject];
          //如果在 PlacardView 视图中接触，则把 PlacardView 视图移动到对应位置
         if ([touch view] == placardView) {
          CGPoint location = [touch locationInView:self];
```

Note

```
                location = [self convertPoint:location
fromView:placardView];
                placardView.center = location;
                return;
            }
}
- (void)touchesEnded:(NSSet *)touches withEvent:(UIEvent *)event
{
            UITouch *touch = [[event allTouches] anyObject];
            //如果在 PlacardView 视图中接触，则反弹回到中心
            if ([touch view] == placardView) {
             //禁用用户交互操作，随后的接触不干扰动画
            self.userInteractionEnabled = NO;
            [self animatePlacardViewToCenter];
            return;
        }
}
```

注意：对于通过描画自身的外观来响应事件的定制视图，在事件处理方法中通常应该只是设置描画状态，而在 drawRect:方法中执行所有的描画操作。

13.2 运动事件

当用户以特定方式移动设备，如摇摆设备时，iOS 会产生运动事件。运动事件源自设备加速计。系统会对加速计的数据进行计算，如果符合某种模式，就将其解释为手势，然后创建一个代表该手势的 UIEvent 对象，并发送给当前活动的应用程序进行处理。

运动事件比触摸事件简单得多。系统只是告诉应用程序动作何时开始，以及何时结束，而不包括在这个过程中发生的每个动作的时长。

触摸事件中包含一个触摸对象的集合及其相关的状态，而运动事件中除了事件类型、子类型和时间戳之外，没有其他状态。系统以这种方式来解析运动手势，避免和方向变化事件造成冲突。

为了处理运动事件，UIResponder 的子类必须实现 motionBegan:withEvent:或 motionEnded:withEvent:方法之一，或者同时实现这两个方法。

例如，如果用户希望赋以水平摆动和垂直摆动不同的意义，就可以在 motionBegan:withEvent:方法中将当前加速计轴的值缓存起来，并将其和 motionEnded:withEvent:消息传入的值相比较，然后根据不同的结果进行动作。响应者还应该实现 motionCancelled:withEvent:方法，以便响应系统发出的运动取消的事件。有些时候，这些事件会反馈整个动作根本不是一个正当的手势。

应用程序及其键盘焦点窗口会将运动事件传递给窗口的第一响应者。如果第一响应者不能处理，事件就沿着响应者链进行传递，直到最终被处理或忽略，这和触摸事件的处理相类似（详细信息请参见“事件的传递”部分）。

但是，摆动事件和触摸事件有一个很大的不同，当用户开始摆动设备时，系统就会通过 motionBegan:withEvent:消息的方式向第一响应者发送一个运动事件：

☑ 如果第一响应者不能处理，该事件就在响应者链中传递。

☑ 如果摆动持续的时间小于 1 秒左右，系统就会向第一响应者发送 motionEnded:withEvent:消息。

- ☑ 如果摆动时间持续更长，或者系统确定当前的动作不是摆动，则第一响应者会收到一个 motionCancelled:withEvent:消息。
- ☑ 如果摆动事件沿着响应者链传递到窗口而没有被处理，且 UIApplication 的 applicationSupportsShakeToEdit 属性被设置为 YES，则 iOS 会显示一个带有撤销（Undo）和重做（Redo）的命令。在默认情况下，这个属性的值为 NO。

Note

13.3 复制、剪切和粘贴

用户可以在 iOS 应用中复制文本、图像或其他数据，然后粘贴到当前或其他应用程序的不同位置上。UIKit 框架提供了几个类和一个非正式协议，用于为应用程序中的复制、剪切和粘贴操作提供方法和机制。

- ☑ UIPasteboard 类：提供了粘贴板的接口。粘贴板是用于在一个应用程序内或不同应用程序间进行数据共享的受保护区域。该类提供了读写剪贴板上数据项目的方法。
- ☑ UIMenuController 类：可以在选定的复制、剪切和粘贴对象的上下方显示一个编辑菜单。编辑菜单上的命令可以有复制、剪切、粘贴、选定和全部选定。
- ☑ UIResponder 类：声明了 canPerformAction:withSender:方法。响应者类可以实现这个方法，以根据当前的上下文显示或移除编辑菜单上的命令。
- ☑ UIResponderStandardEditActions 非正式协议：声明了处理复制、剪切、粘贴、选定和全部选定命令的接口。当用户触碰编辑菜单上的某个命令时，相应的 UIResponderStandardEditActions 方法就会被调用。

UIKit 框架在 UITextView、UITextField 和 UIWebView 类中实现了复制、剪切、粘贴支持。

13.3.1 认识粘贴板

粘贴板是同一应用程序内或不同应用程序间交换数据的标准化机制。粘贴板最常见的的用途是处理复制、剪贴和粘贴操作。

- ☑ 当用户在一个应用程序中选定数据并选择复制（或剪切）菜单命令时，被选择的数据就会被放置在粘贴板上。
- ☑ 当用户选择粘贴命令时（可以在相同或不同应用程序中），粘贴板上的数据就会被复制到当前应用程序上。

在 iOS 中，粘贴板也用于支持查找（Find）操作。此外，还可以用于在不同应用程序间通过定制的 URL 类型传输数据（而不是通过复制、剪切和粘贴命令）。无论是哪种操作，通过粘贴板执行的基本任务是读写粘贴板数据。虽然这些任务在概念上很简单，但是屏蔽了很多重要的细节。

粘贴板可能是公共的，也可能是私有的。公共粘贴板被称为系统粘贴板；私有粘贴板则由应用程序自行创建，因此被称为应用程序粘贴板。粘贴板必须有唯一的名字。UIPasteboard 定义了两个系统粘贴板，每个都有自己的名字和用途。

- ☑ UIPasteboardNameGeneral：用于剪切、复制和粘贴操作，涉及广泛的数据类型。可以通过该类的 generalPasteboard 类方法来取得代表通用（General）粘贴板的单件对象。
- ☑ UIPasteboardNameFind：用于检索操作。当前用户在检索条（UISearchBar）输入的字符串会被写入到这个粘贴板中，因此可以在不同的应用程序中共享。可以通过调用 pasteboardWithName:create:类方法，并在名字参数中传入 UIPasteboardNameFind 值来取得代表检索粘贴板

的对象。

在典型情况下，只需使用系统定义的粘贴板就够了。但在必要时，也可以通过 pasteboardWithName:create:方法创建自己的应用程序粘贴板。如果调用 pasteboardWithUniqueName 方法，UIPasteboard 会提供一个具有唯一名称的应用程序粘贴板。可以通过其 name 属性声明来取得这个名称。

Note

提示：可以将粘贴板标识为持久保留，使其内容在当前使用的应用程序终止后继续存在。不持久保留的粘贴板在其创建应用程序退出后就会被移除。系统粘贴板是持久保留的，而应用程序粘贴板在默认情况下是不持久保留的。将其应用程序粘贴板的 persistent 属性设置为 YES 可以使其持久保留。当持久粘贴板的拥有者程序被用户卸载时，其自身也会被移除。将数据放到粘贴板的对象被称为该粘贴板的拥有者。放到粘贴板上的每一片数据都称为一个粘贴板数据项。粘贴板可以保有一个或多个数据项。应用程序可以放入或取得期望数量的数据项。例如，假定用户在视图中选择的内容包含一些文本和一个图像，粘贴板允许将文本和图像作为不同的数据项进行复制。从粘贴板读取多个数据项的应用程序可以选择只读取被支持的数据项（如只是文本，而不支持图像）。

注意：当一个应用程序将数据写入粘贴板时，即使只是单一的数据项，该数据也会取代粘贴板的当前内容。虽然可能使用 UIPasteboard 的 addItems:方法来添加项目，但是该写入方法并不会将那些项目加入到粘贴板当前内容之后。

13.3.2 数据表示

粘贴板操作经常在不同的应用程序间执行。系统并不要求应用程序了解对方的信息，包括对方可以处理的数据种类。为了最大程度地发挥潜在的数据分享能力，粘贴板可以保留同一个数据项的多种表示。例如，一个富文本编辑器可以提供被复制数据的 HTML、PDF 和纯文本表示。粘贴板上的一个数据项包括应用程序可为该数据提供的所有表示。

粘贴板数据项的每种表示通常都有一个唯一类型标识符（Unique Type Identifier，UTI）。UTI 简单定义为一个唯一标识特定数据类型的字符串，提供了一个标识数据类型的常用手段。如果希望支持一个定制的数据类型，就必须为其创建一个唯一的标识符。为此，可以用反向 DNS 表示法来定义类型标识字符串，以确保其唯一性，可以用 com.myCompany.myApp.myType 来表示一个定制的类型标识。

例如，假定一个应用程序支持富文本和图像的选择，可能希望将富文本和 Unicode 版本的选定文本，以及选定图像的不同表示放到粘贴板上。在这样的场景下，每个数据项的每种表示都和它自己的数据一起保存，如图 13.3 所示。

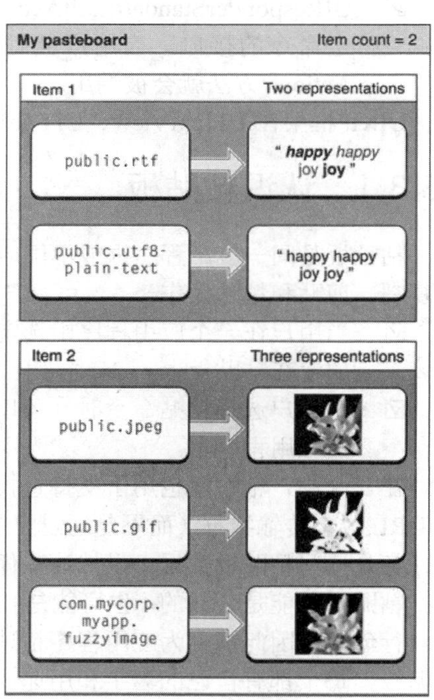

图 13.3　粘贴板及其表示

在一般情况下，为了最大化潜在的共享可能性，粘贴板数据项应该包括尽可能多的表示。

粘贴板的读取程序必须找到最适合自身能力（如果有的话）的数据类型。通常情况下，这意味着选择内涵最丰富的可用类型。例如，一个文本编辑器可能为被复制的数据提供 HTML（富文本）和纯

文本表示，支持富文本的应用程序应该选择 HTML 表示，而只支持纯文本的应用程序则应该选择纯文本的表示。

提示：变化记数是每个粘贴板都有的变量，随着每次粘贴板内容的变化而递增，特别是发生增加、修改或移除数据项时。应用程序可以通过考察变化记数（通过 changeCount 属性）来确定粘贴板的当前数据是否和最后一次取得的数据相同。每次变化记数递增时，粘贴板都会向对此感兴趣的观察者发送通告。

13.3.3 选择菜单

在复制或剪切视图中的某些内容之前，必须首先选择这些内容，可能是一些文本、一个图像、一个 URL、一种颜色，或者其他类型的数据，包括定制对象。为了在定制视图中实现复制和粘贴行为，必须自行管理该视图中对象的选择。

如果用户通过特定的触摸手势（如双击）来选择视图中的对象，就必须处理该事件，即在程序内部记录该选择（同时取消之前的选择），可能还要在视图中指示新的选择。如果用户可以在视图中选择多个对象，然后进行复制、剪切、粘贴操作，就必须实现多选的行为。

当应用程序确定用户请求了编辑菜单时——可能仅是一个选择的动作——应该执行下面的步骤来显示菜单。

- ☑ 调用 UIMenuController 的 sharedMenuController 类方法来取得全局对象，即菜单控制器实例。
- ☑ 计算选定内容的边界，并用得到的边界矩形调用 setTargetRect:inView:方法。系统会根据选定内容与屏幕顶部和底部的距离，将编辑菜单显示在该矩形的上方或下方。
- ☑ 调用 setMenuVisible:animated:方法（两个参数都传入 YES），在选定内容的上方或下方以动画方式显示编辑菜单。

【示例 1】下面的代码演示了如何在 touchesEnded:withEvent:方法的实现中显示编辑菜单（省略了处理选择的代码）。在这个代码片段中，定制视图还向自己发送一个 becomeFirstResponder 消息，确保自己在随后的复制、剪切和粘贴操作中是第一响应者。

```
-(void)touchesEnded:(NSSet *)touches withEvent:
(UIEvent *)event {
                UITouch *theTouch = [touches anyObject];
if ([theTouch tapCount] == 2   &&
[self becomeFirstResponder]) {
                //选择管理代码到这里…
                //调出编辑菜单
               UIMenuController *theMenu =
[UIMenuController sharedMenuController];
               CGRect selectionRect = CGRectMake(currentSelection.x,
 currentSelection.y, SIDE, SIDE);
              [theMenu setTargetRect:selectionRect inView:self];
              [theMenu setMenuVisible:YES animated:YES];
        }
}
```

初始的菜单包含所有的命令，因此第一响应者提供了相应的 UIResponderStandardEditActions 方法的实现（copy:、paste:等），但是在菜单被显示之前，系统会向第一响应者发送一个 canPerformAction:withSender:消息。在很多情况下，第一响应者就是定制视图的本身。在该方法的实

现中，响应者考察给定的命令（由第一个参数传入的选择器表示）是否适合当前的上下文。

例如，如果该选择器是 paste:，而粘贴板上没有该视图可以处理的数据，则响应者应该返回 NO，以便禁止粘贴命令。如果第一响应者没有实现 canPerformAction:withSender:方法，或者没有处理给定的命令，该消息就会进入响应者链。

【**示例 2**】本示例展示了 canPerformAction:withSender:方法的一个实现。该实现首先寻找与 cut:、copy:及 paste:选择器相匹配的消息，并根据当前选择的上下文激活或禁用复制、剪切和粘贴命令。对于粘贴命令，还考虑了粘贴板的内容。

```
-(BOOL)canPerformAction:(SEL)action withSender:(id)sender {
                    BOOL retValue = NO;
ColorTile *theTile = [self colorTileForOrigin:
currentSelection];

                  if (action == @selector(paste:) )
                      retValue = (theTile == nil) &&
                    [[UIPasteboard generalPasteboard]
 containsPasteboardTypes:
                      [NSArray arrayWithObject:ColorTileUTI]];
else if ( action == @selector(cut:) ||
action == @selector(copy:) )
                     retValue = (theTile != nil);
                  else
                      retValue = [super canPerformAction:action
withSender:sender];
                  return retValue;
}
```

注意：这个方法的最后一个 else 子句调用了超类的实现，使超类有机会处理子类忽略的命令。操作一个菜单命令可能会改变其他菜单命令的上下文。

例如，当用户选择视图中的所有对象时，复制和剪切命令就应该被包含在菜单中。在这种情况下，虽然菜单仍然可见，但是响应者可以调用菜单控制器的 update 方法，使第一响应者的 canPerformAction:withSender:再次被调用。

13.3.4 复制和剪切

当用户触碰编辑菜单上的复制或剪切命令时，系统会分别调用响应者对象的 copy:或 cut:方法。通常情况下，第一响应者（也就是定制视图）会实现这些方法，但如果没有实现，该消息会按正常的方式进入响应者链。请注意，UIResponderStandardEditActions 非正式协议声明了这些方法。

提示：由于 UIResponderStandardEditActions 是非正式协议，应用程序中的任何类都可以实现它的方法。但是，为了使命令可以按默认的方式在响应者链上传递，实现这些方法的类应该继承自 UIResponder 类，且应该被安装到响应者链中。

在 copy:或 cut:消息的响应代码中，需要把和选定内容相对应的对象或数据以尽可能多的表示形式写入到粘贴板上。这个操作步骤如下（假定只有一个粘贴板数据项）：

第 1 步，标识或取得和选定内容相对应的对象或二进制数据。

二进制数据必须封装在 NSData 对象中。其他可以写入到粘贴板的对象必须是属性列表对象，也就是说，必须是下面这些类的对象：NSString、NSArray、NSDictionary、NSDate、NSNumber 或者 NSURL（有关属性列表对象的更多信息，请参见属性列表编程指南）。

第 2 步，如果可能，要为对象或数据生成一或多个其他的表示。

例如，在之前提到的为选定图像创建 UIImage 对象的步骤中，可以通过 UIImageJPEGRepresentation 或 UIImagePNGRepresentation 函数将图像转换为不同的表示。

第 3 步，取得粘贴板对象。

在很多情况下，使用通用粘贴板即可。可以通过 generalPasteboard 类方法取得该对象。

第 4 步，为写入到粘贴板数据项的每个数据表示分配一个合适的 UTI。

第 5 步，将每种表示类型的数据写入到第一个粘贴板数据项中：

☑ 向粘贴板对象发送 setData:forPasteboardType:消息可以写入数据对象。

☑ 向粘贴板对象发送 setValue:forPasteboardType:消息可以写入属性列表对象。

第 6 步，对于剪切（cut:方法）命令，需要从应用程序的数据模型中移除选定内容所代表的对象，并更新视图。

【示例】本示例展示了 copy:和 cut:方法的一个实现。cut:方法调用了 copy:方法，然后从视图和数据模型中移除选定的对象。copy:方法对定制对象进行归档，目的是得到一个 NSData 对象，以便作为参数传递给粘贴板的 setData:forPasteboardType:方法。

```
- (void)copy:(id)sender {
        UIPasteboard *gpBoard = [UIPasteboard generalPasteboard];
        ColorTile *theTile = [self colorTileForOrigin:currentSelection];
        if (theTile) {
          NSData *tileData = [NSKeyedArchiver archivedDataWithRootObject:theTile];
          if (tileData)
            [gpBoard setData:
tileData forPasteboardType:ColorTileUTI];
        }
}
- (void)cut:(id)sender {
        [self copy:sender];
          ColorTile *theTile = [self colorTileForOrigin:currentSelection];
          if (theTile) {
            CGPoint tilePoint = theTile.tileOrigin;
            [tiles removeObject:theTile];
            CGRect tileRect = [self rectFromOrigin:tilePoint inset:TILE_INSET];
            [self setNeedsDisplayInRect:tileRect];
        }
}
```

13.3.5 粘贴

当用户触碰编辑菜单上的粘贴命令时，系统会调用响应者对象的 paste:方法。通常情况下，第一响应者（也就是定制视图）会实现这些方法，但如果没有实现，该消息会按正常的方式进入响应者链。paste:方法在 UIResponderStandardEditActions 非正式协议中声明。

在 paste:消息的响应代码中，可以从粘贴板中读取应用程序支持的表示，然后将被粘贴对象加入到应用程序的数据模型中，并将新对象显示在用户指定的视图位置上。这个操作步骤如下（假定只有单一的粘贴板数据项）：

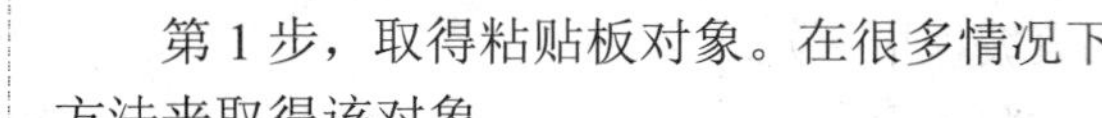

第 1 步，取得粘贴板对象。在很多情况下，使用通用粘贴板即可，可以通过 generalPasteboard 类方法来取得该对象。

第 2 步，确认第一个粘贴板数据项是否包含应用程序可以处理的表示，这可以通过调用 containsPasteboardTypes:方法，或者调用 pasteboardTypes 方法并考察其返回的类型数组来实现。

注意：*在 canPerformAction:withSender:方法的实现中应该已经执行过这个步骤。*

第 3 步，如果粘贴板的第一个数据项包含应用程序可以处理的数据，则可以调用下面的方法来读取：

☑ dataForPasteboardType:，如果要读取的数据被封装为 NSData 对象，就可以使用这个方法。

☑ valueForPasteboardType:，如果要读取的数据被封装为属性列表对象，请使用这个方法。

第 4 步，将对象加入到应用程序的数据模型中。

第 5 步，将对象的表示显示在用户界面中用户指定的位置上。

【示例】本示例是 paste:方法的一个用法演示，该方法执行与 cut:及 copy:方法相反的操作。示例中的视图首先确认粘贴板是否包含自身支持的定制表示数据，如果包含，就读取该数据并将其加入到应用程序的数据模型中，然后将视图的一部分——当前选定区域——标识为需要重画。

```
- (void)paste:(id)sender {
        UIPasteboard *gpBoard = [UIPasteboard generalPasteboard];
        NSArray *pbType = [NSArray arrayWithObject:ColorTileUTI];
        ColorTile *theTile = [self colorTileForOrigin:currentSelection];
        if (theTile == nil && [gpBoard containsPasteboardTypes:pbType]) {
            NSData *tileData = [gpBoard dataForPasteboardType:ColorTileUTI];
            ColorTile *theTile = (ColorTile *) NSKeyedUnarchiver unarchiveObjectWithData:tileData];
            if (theTile) {
             theTile.tileOrigin = self.currentSelection;
             [tiles addObject:theTile];
             CGRect tileRect = [self rectFromOrigin:currentSelection inset:TILE_INSET];
             [self setNeedsDisplayInRect:tileRect];
            }
        }
}
```

13.3.6 消除菜单

在实现的 cut:、copy:或 paste:命令返回后，编辑菜单会被自动隐藏。通过下面的代码使其保持可见：

```
[UIMenuController setMenuController].menuVisible = YES;
```

系统可能在任何时候隐藏编辑菜单，如当显示警告信息或用户触碰屏幕其他区域时，编辑菜单就会被隐藏。如果有某些状态或屏幕显示需要依赖于编辑菜单是否显示，就应该侦听 UIMenuController WillHideMenuNotification 通告，并执行恰当的动作。

Note

13.4　小　　结

iOS 事件处理是从硬件开始，由驱动传递给系统层面，再传递给应用程序本身（UIApplication），然后会根据响应链找到 firstResponsder，如果不进行处理，然后就传递给响应链下一级响应者，直到回到 UIApplication（如果响应链上没有响应），由 UIApplication 进行默认处理。在代码可控区域内，iOS 的屏幕点击事件是从上到下（firstResponsder 沿着响应链到 Window 再到 App 本身）的，所以如果点击点不在某个 View 的区域内，这个 View 就不会收到这个事件，即这个事件对这个 View 透明。本章重点介绍了触摸事件的过程和调用方法，同时介绍运动事件，以及复制、剪切和粘贴操作。

第14章 使用控件（上）

（视频讲解：117 分钟）

iOS 应用开发的一项重要内容就是用户界面的开发。不管应用程序实际包含的逻辑有多复杂和优秀，如果这个应用没有提供友好的图形用户界面，将很难吸引最终用户。相反，如果为应用程序提供友好的图形用户界面，最终用户通过手指滑动、点击等动作就可以操作整个应用。

iOS 提供了大量功能丰富的 UI 控件，用户只要按一定规律把这些 UI 控件组合起来，就可以开发出优秀的图形用户界面。前面章节介绍了 UIView 类相关知识，了解到 UIView 类虽然定义了视图的基本行为，但并不定义视图的视觉表示。而 UIKit 定义了具体的视觉外观和行为，提供了大量标准界面元素，为应用程序与用户进行交互提供强大的支持。本章和第 15 章将重点介绍 UIKit 中一些常用的类，介绍它们的属性、方法及应用。如何灵活掌握这些 UIKit 的常用类，对于初学者来说显得特别重要。

【学习要点】

- 了解 UIKit 分类
- 灵活使用 UIControl 控件
- 熟练使用显示视图控件

14.1 UIKit 概述

视图和控件是应用的基本元素。在学习 iOS 之初，要掌握一些常用的视图和控件的特点及其使用方式。

14.1.1 视图分类

UIKit 框架中的视图可分为以下几个类别。

☑ 控件：继承自 UIControl 类，能够响应应用户高级事件。

☑ 窗口：UIWindow 对象。一个 iOS 应用只有一个 UIWindow 对象，它是所有子视图的根容器。

☑ 容器视图：包括 UIScrollView、UIToolbar 以及它们的子类。UIScrollView 的子类有 UITextView、UITableView 和 UICollectionView，在内容超出屏幕时，可以提供水平或垂直滚动条。UIToolbar 是非常特殊的容器，能够包含其他控件，一般置于屏幕底部，特殊情况下也可以置于屏幕顶部。

☑ 显示视图：用于显示信息，包括 UIImageView、UILabel、UIProgressView 和 UIActivityIndicatorView 等。

☑ 文本和 Web 视图：提供了能够显示多行文本的视图，包括 UITextView 和 UIWebView，其中，UITextView 也属于容器视图，UIWebView 是能够加载和显示 HTML 代码的视图。

☑ 导航视图：为用户提供从一个屏幕到另外一个屏幕的导航（或跳转）视图，包括 UITabBar 和 UINavigationBar。

☑ 警告框和操作表：用于给用户提供一种反馈或者与用户进行交互。UIAlertView 视图是一个警告框，会以动画形式弹出来；而 UIActionSheet 视图给用户提供可选的操作，会从屏幕底部滑出。

提示：很多视图，如 UILabel、文本视图和进度条等，并未继承 UIControl 类，但习惯称之为控件，这是开发中约定俗成的一种常用归类方式，与严格意义上的概念性分类有差别。

14.1.2 应用界面构成

iOS 应用界面由若干个视图构成，这些视图对象采用树形构建。一般情况下，应用中只包含一个 UIWindow。从视图构建层次上讲，UIWindow 包含了一个根视图 UIView。根视图一般也只有一个，放于 UIWindow 中。根视图的类型决定了应用程序的类型。

应用界面的构建层次是一种树形结构，UIWindow 是“树根”，根视图是“树干”，其他对象为“树冠”。在层次结构中，上下两个视图是父子关系。除了 UIWindow，每个视图的父视图有且只有一个，子视图可以有多个。

它们之间的关系涉及 3 个属性：superview、subviews 和 window，这些属性简单说明如下。

☑ superview：获得父视图对象。

☑ subviews：获得子视图对象集合。

☑ window：获得视图所在的 UIWindow 对象。

14.1.3 UIView视图

Note

在 Objective-C 中，NSObject 是所有类的根类。同样，在 UIKit 框架中，UIView 是所有视图的根类。iOS 所有的 UI 控件都继承了 UIView，而 UIView 又继承了 UIResponder 基类，UIResponder 代表用户操作的响应者。

UIView 大体分为控件和视图两类，二者均继承于 UIView。UIView 类的继承层次如图 14.1 所示。

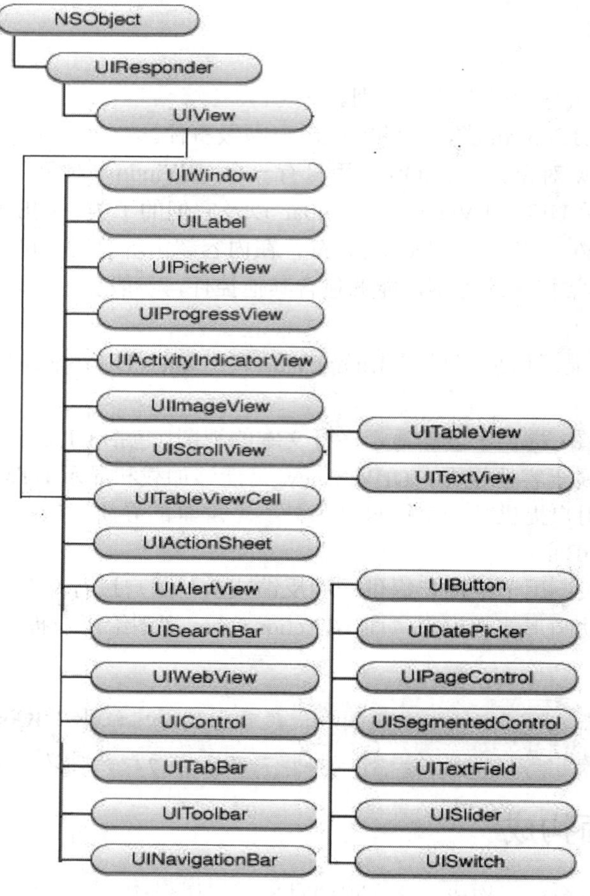

图 14.1 UIKit 的类层次

UIKit 中的常用类，从功能上可以分为显示视图、控件、导航视图、警告视图和动作表单、文本和 Web 视图及容器等几个类型。图 14.1 展示了 UIKit 视图类的层次关系。除了 UIView 和 UIControl 类例外，图中的大多数视图都设计为可直接使用，或者和委托对象结合使用。

14.1.4 UIControl控件

UIControl 类是控件类，其子类有 UIButton、UITextField 和 UISilder 等。之所以称其为控件类，是因为它们都有能力响应一些高级事件。

控件用于创建大多数应用程序的用户界面，是一种特殊类型的视图，继承自 UIControl 超类，通常用于显示一个具体的值，并处理修改这个值所需要的所有用户交互。控件通常使用标准的系统范式

（如目标控件-动作模式和委托模式）来通知应用程序发生了用户交互。控件包括按钮、文本框、滑块和切换开关等。

为了查看这些事件，用户可以在 Interface Builder 中拖曳一个 UIButton 到设计界面，然后选中这个 Button，单击右上角的按钮，打开连接检查器，如图 14.2 所示。

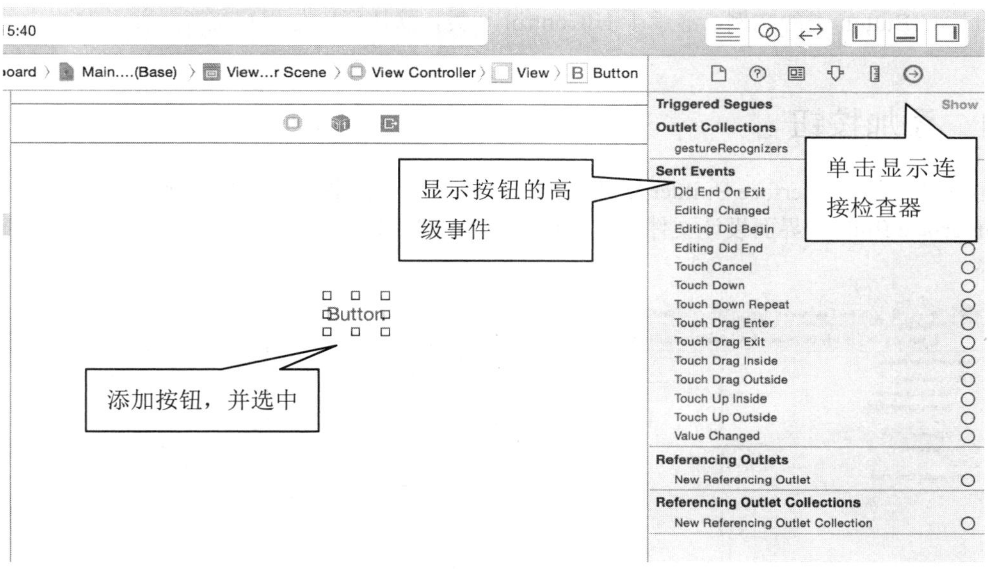

图 14.2　UIButton 的事件

其中，Send Events 栏中的内容就是 UIButton 相对应的高级事件。UIControl 类以外的视图没有这些高级事件，例如，选中 UILabel 控件，打开连接检查器，可以发现 UILabel 的连接检查器中没有 Send Events 栏，即没有高级事件，不可以响应高级事件。

事实上，视图也可以响应事件，但这些事件比较低级，需要用户自己进行处理。很多手势的开发都以这些低级事件为基础。

每个 UI 控件都有 4 种不同的状态，并且在任意时刻总处于且只能处于以下状态之一。

- ☑ 普通：普通状态是所有控件的默认状态。
- ☑ 高亮：当 UI 控件需要突出显示时，处于高亮状态。对按钮来说，当用户手指放在按钮上时，才处于高亮状态。
- ☑ 禁用：当 UI 控件被关闭时，处于禁用状态。禁用状态的 UI 控件是不可操作的，如果要禁用某个控件，可以在 Interface Builder 中取消选中 Enabled 复选框，或将控件的 enabled 属性设为 NO。
- ☑ 选中：选中状态通常用于标识该控件已启用或被选中。很多时候，选中状态与高亮状态比较相似，但 UI 控件可以在用户不再继续使用它时继续保持选中状态。

为了判断 UI 控件的状态，UIControl 提供了系列属性来检测该控件的状态，包括是否可用、是否高亮等。这些状态可通过如下常用属性来判断。

- ☑ enabled：判断该 UIControl 控件是否可用。
- ☑ selected：判断该 UIControl 控件是否被选中。
- ☑ highlighted：判断该 UIControl 控件是否高亮。

14.2 按　　钮

Note

按钮是 UIButton 类的实例，继承于 UIControl 基类，默认可以与用户交互，并激发相应的事件处理方法。

14.2.1 添加按钮

添加按钮可通过 Interface Builder 将按钮拖入界面设计文件中，也可通过代码创建 UIButton 对象。

在 Interface Builder 界面设计文件中选中按钮对象，然后打开 Xcode 的属性检查器面板，如图 14.3 所示。

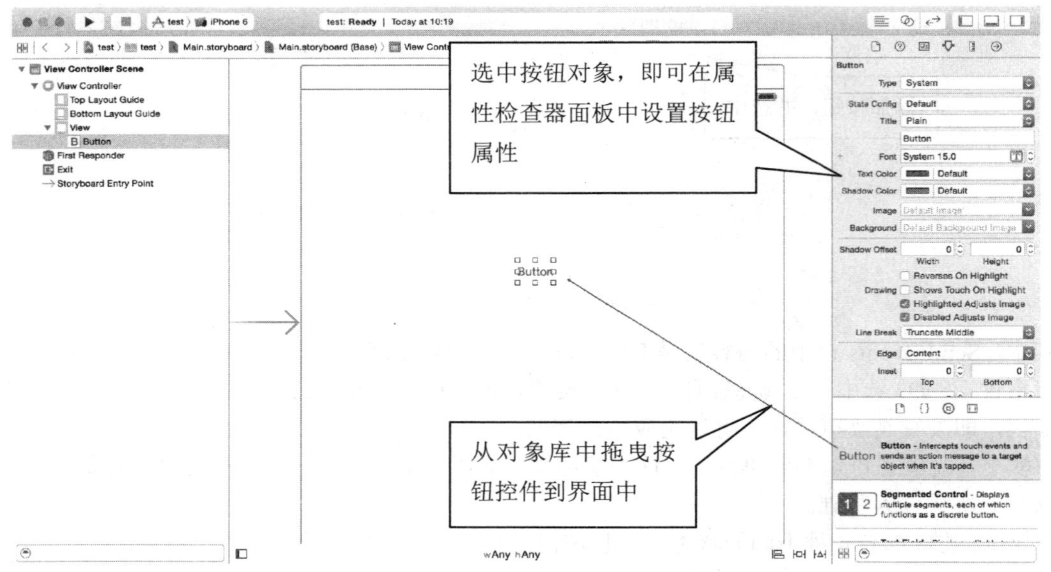

图 14.3　添加按钮对象

由于 UIButton 继承于 UIControl:UIView，因此除了可以设置 UIView 和 UIControl 所支持的属性之外，还可设置如下属性。

1. Type

设置按钮类型，该列表框支持如下列表项。

☑ Custom：自定义按钮的外观和行为。

☑ System：iOS 默认的按钮风格。

☑ Detail Disclosure：原本显示“>”图标，iOS 7 版本后显示 i 图标的图形按钮，常用于显示当前列表项的详情。

☑ Info Light：显示亮色感叹号，即显示 i 图标的图形按钮，常用于显示简短的说明信息。

☑ Info Dark：显示暗色感叹号，即显示 i 图标的图形按钮，常用于显示简短的说明信息。

☑ Add Contact：显示黑色“+”图标的图形按钮，常用于添加联系人。

如果需要开发自定义的按钮，可选择 Custom 列表项。如果选择其他列表项，按钮将具有默认的

行为。

2. State Config

设置按钮状态，UIButton 具有以下 4 种状态。

☑ Default：默认状态，按钮默认的状态就是该状态。

☑ Highlighted：高亮状态，当用户触碰该按钮时，该按钮显示高亮状态。

☑ Selected：选中状态，按钮被选中时的状态。

☑ Disabled：禁用状态，按钮被禁用后的状态。

所有按钮都可能有上面 4 种状态，4 种不同状态下的文本、图片、文本格式都有可能不同。Interface Builder 允许通过该列表框来选择一种状态，接下来为该按钮配置的文本、图片、文本格式都用于设置该按钮处于该状态下的外观。

提示：UIButton 提供了如下方法来配置 UIButton 的外观。

☑ setTitle:forState:：为不同状态的按钮设置文本标题。

☑ setTitleColor: forState:：为不同状态的按钮设置文本标题的颜色。

☑ setTitleShadowColor:forState:：为不同状态的按钮中文本的阴影设置颜色。

☑ setBackgroundImage:forState:：为不同状态的按钮设置背景图片。

☑ setImage:forState:：为不同状态的按钮设置图片。

上述方法都需要指定一个 forState 参数，该参数是一个 UIControlState 整数值，该整数值可接受 UIControlStateNormal、UIControlStateHighlighted、UIControlStateDisabled、UIControlStateSelected 等代表状态的整数值。

3. Title

第一个列表框可用于选择不同的文本方式，支持 Plain 和 Attributed 两种设置方式，一般使用 Plain 方式设置即可。第二个文本框内的字符串就是该按钮所显示的字符串，该文本框可输入任何字符串。

4. Font

控制该 UILabel 中文本的字体、文字大小和字体风格，如果单击该属性对应的输入框最右边的向上、向下箭头，Xcode 即可改变该 UILabel 中文字的大小。

5. Text Color

控制按钮标题的颜色。可根据界面设计的整体要求，为该按钮的文本标题选择任意的颜色。

6. Shadow Color

控制按钮标题的阴影颜色。可根据界面设计的整体要求来决定是否需要为按钮文本增加阴影，并为阴影选择合适的颜色。

7. Image

为该按钮设置一张图片，如果设置了该属性，该按钮将会表现为一个图片按钮，前面为该按钮设置的 Title 属性将不会起作用。

8. Background

为该按钮设置背景图片，如果希望按钮既有背景图片，又有文本标题，可通过该文本框来设置背景图片，而不是通过 Image 文本框设置图片。

9. Shadow Offset

控制 UILabel 控件内的阴影文本与正常文本之间的偏移，该属性区需要指定 Horizontal 和 Verticat 两个属性值，分别指定阴影文本与正常文本在水平和垂直方向的偏移距离。

对 Horizontal 属性值而言，如果该属性值大于 0，阴影文本相对于正常文本向右偏移；如果该属性值小于 0，阴影文本相对于正常文本向左偏移。对 Vertical 属性值而言，如果该属性值大于 0，阴影文本相对于正常文本向下偏移；如果该属性值小于 0，阴影文本相对于正常文本向上偏移。

10. Line Break

控制对 UILabel 控件内文本的截断。

11. Edge

控制按钮的边界，其属性值是一个列表框，该列表框支持如下属性值。

☑ Content：以该按钮的内容作为按钮边界。

☑ Title：以该按钮的标题文本作为按钮边界。

☑ Image：以该按钮的图片作为按钮边界。

12. Inset

控制按钮的边界间距，相当于在按钮四周留白，这些区域既不会显示图片，也不会显示按钮文本。该属性支持 Top（上）、Bottom（下）、左（Left）和 Right（右）4 个值，这 4 个值分别代表按钮上、下、左、右的间距。

表 14.1 列出了 UIButton 类的常用方法及属性。

表 14.1　UIButton 类的常用方法及属性

属性或方法	说　　明
@property(nonatomic) BOOL adjustsImageWhenDisabled	确定按钮禁用时按钮图像是否改变
@property(nonatomic) BOOL adjustsImageWhenHighlighted	确定按钮高亮显示时图像是否改变
@property(nonatomic, readonly) UIButtonType buttonType	获取按钮的类型，只可读
@property(nonatomic) UIEdgeInsets contentEdgeInsets	按钮内容的内凹或外凸边缘的绘制矩形
@property(nonatomic, readonly, retain) UIImage *currentBackground Image	当前按钮中显示的背景图像，只可读
@property(nonatomic, readonly, retain) UIImage *currentImage	当前按钮中显示的图像，只可读
@property(nonatomic, readonly, retain) NSString *currentTitle	当前按钮的标题，只可读
@property(nonatomic, readonly, retain) UIColor *currentTitleColor	当前按钮标题颜色，只可读
@property(nonatomic, readonly, retain) UIColor *currentTitleShadow Color	当前按钮标题阴影的颜色，只可读
@property(nonatomic) UIEdgeInsets imageEdgeInsets	按钮图像内凹或外凸边缘绘制矩形
@property(nonatomic, readonly, retain) UIImageView *imageView	图像的视图，只可读
@property(nonatomic) BOOL reversesTitleShadowWhenHighlighted	按钮高亮时确定按钮的标题阴影是否变化
@property(nonatomic) BOOL showsTouchWhenHighlighted	按钮被触摸时，确定按钮是否发光
@property(nonatomic, retain) UIColor *tintColor	按钮的色彩颜色
@property(nonatomic) UIEdgeInsets titleEdgeInsets	按钮标题内凹边缘或外凸边缘绘制矩形
@property(nonatomic, readonly, retain) UILabel *titleLabel	设置按钮标题，是通过 UILabel 的标题属性来实现的，注意该属性只可读

续表

属性或方法	说　明
+ (id)buttonWithType:(UIButtonType)buttonType	创建并返回指定类型的一个新按钮
- (UIImage*)backgroundImageForState:(UIControlState)state	返回按钮用于某个状态的背景图像
- (CGRect)backgroundRectForBounds:(CGRect)bounds	返回用于绘制按钮背景的矩形
- (CGRect)contentRectForBounds:(CGRect)bounds	返回用于显示按钮内容的矩形
- (UIImage*)imageForState:(UIControlState)state	返回按钮用于某个状态的图像
- (CGRect)imageRectForContentRect:(CGRect)contentRect	返回按钮用于显示内容的矩形
- (void)setBackgroundImage:(UIImage *)image forState:(UIControlState) state	定义按钮背景图片
- (void)setImage:(UIImage *)image forState:(UIControlState)state	设置按钮在某个状态下的颜色
- (void)setTitle:(NSString *)title forState:(UIControlState)state	设置按钮在某个状态下的标题
- (void)setTitleColor:(UIColor *)colorforState:(UIControlState)state	设置按钮某个状态下的标题颜色
- (void)setTitleShadowColor:(UIColor *)color forState: (UIControlState)state	设置按钮某个状态下的标题阴影颜色
- (UIColor *)titleColorForState:(UIControlState)state	返回按钮某个状态下的标题颜色
- (NSString *)titleForState:(UIControlState)state	返回按钮某个状态下的标题
- (CGRect)titleRectForContentRect:(CGRect)contentRect	返回按钮用于绘制标题的矩形
- (UIColor *)titleShadowColorForState:(UIControlState)state	返回按钮某个状态下的标题阴影颜色

【示例】下面的代码使用 UIButton 类设计按钮对象，并设置其属性。

```
//创建圆角矩形类型的按钮
UIButton *button = [UIButton buttonWithType:
UIButtonTypeRoundedRect];
//设置按钮标题的大小
button.titleLabel.font= [UIFont systemFontOfSize: 12];
//设置按钮标题的阴影位置
button.titleLabel.shadowOffset = CGSizeMake (1.0, 0.0);
//设置按钮背景颜色
 button.backgroundColor = [UIColor clearColor];
//在默认情况下，当按钮高亮显示时，图像的颜色会被画得深一点，如果将下面的属性设置为 NO
//那么就去掉这个功能
button.adjustsImageWhenHighlighted = NO;
//在默认情况下，当按钮被禁用时，图像会被画得深一点，设置为 NO 将取消这个功能
button.adjustsImageWhenDisabled = NO;
//在设置为 YES 的状态下，按钮被按下后会发光
button1.showsTouchWhenHighlighted = YES;
//当按下按钮且手指离开屏幕时将触发这个事件。触发事件以后，执行 buttonPress:方法
//addTarget:self 的意思是，这个方法在本类中也可以传入其他类的指针
[button addTarget:self action:@selector(buttonPress:)
 forControlEvents:UIControlEventTouchUpInside];
```

14.2.2　案例：定义按钮

下面通过一个案例介绍 UIButton 的用法，演示如何在界面中添加各种样式的按钮。

Note

【操作步骤】

第 1 步，创建一个 Single View Application 应用，保存项目为 test。

第 2 步，使用 Interface Builder 打开界面设计文件，然后向该界面文件中拖入 7 个按钮，如图 14.4 所示。

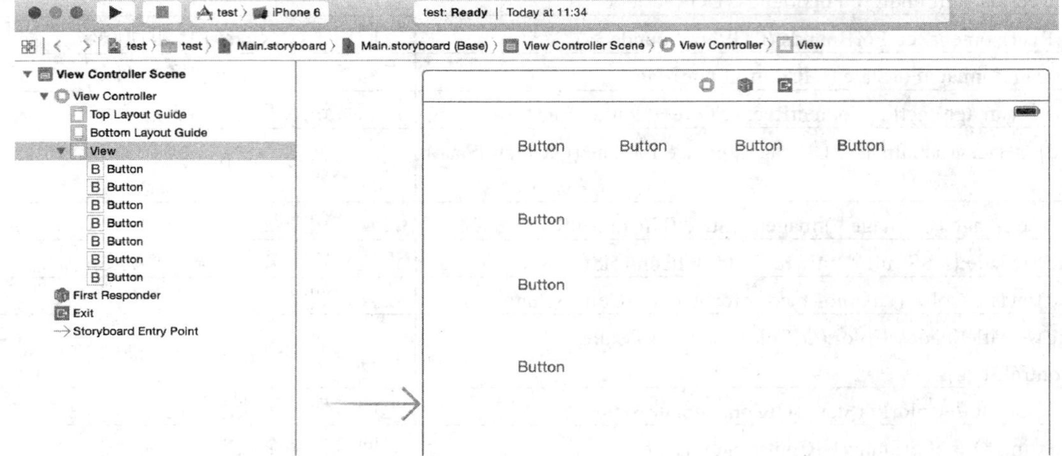

图 14.4　添加 7 个按钮对象

第 3 步，选中第 1 个按钮，将 Type 列表框设为 Detail Disclosure，定义为 Detail Disclosure 按钮。

第 4 步，选中第 2 个按钮，将 Type 列表框设为 Add Contact，将该按钮设置为 Add Contact 按钮。

第 5 步，选中第 3 个按钮，将 Type 列表框设为 Info Light，将该按钮设置为 Info Light 按钮。

第 6 步，选中第 4 个按钮，将 Type 列表框设为 Info Dark，将该按钮设置为 Info Dark 按钮。

第 7 步，选中第 5 个按钮，将 Type 列表框设为 System，将该按钮设置为圆角矩形按钮。修改 Title 文本框的值，设置按钮文本为禁用。

第 8 步，选中第 6 个按钮，将 Type 列表框设为 Custom 类型，在 State Config 列表框中选择 Default 列表项，再为该按钮设置如下属性。

☑　Text Color：设置默认状态下按钮文本的颜色为蓝色。

☑　Shadow Color：设置默认状态下按钮文本的阴影颜色为灰色。

☑　Shadow Offset：设置默认状态下按钮中文本阴影的偏移都为 1。

第 9 步，继续选中第 6 个按钮，将其 State Config 列表框设为 Highlighted，再将下面的 Text Color 属性设置为红色，该设置用于控制该按钮被触碰时文本显示红色。

第 10 步，再将 State Config 列表框设为 Disabled，设置下面的 Text Color 属性为灰色，该设置用于控制该按钮被禁用时文本显示灰色。

第 11 步，选中第 7 个按钮，将 Type 列表框设为 Custom 类型，在 State Config 列表框中选择 Default 列表项，将该按钮的 Image 属性设为 blue.png。

第 12 步，将 State Config 列表框设为 Highlighted 列表项，将该按钮的 Image 属性设为 red.png。

第 13 步，将 State Config 列表框设为 Disabled 列表项，将该按钮的 Image 属性设为 gray.png。这样就创建了一个图片按钮，该图片按钮将会根据不同的状态显示不同的图片。

提示：本案例中的第 7 个按钮用到 blue.png、red.png 和 gray.png 这 3 张图片，因此还需要将这 3 张图片复制到 iOS 应用的目录下，通常会放在 Supporting Files 目录下。

第 14 步，为了控制按钮，还需要在 Interface Builder 中完成如下绑定：将控制器的 disableClicked IBAction 方法绑定到第 5 个按钮的 Touch Up Inside 事件上，如图 14.5 所示。

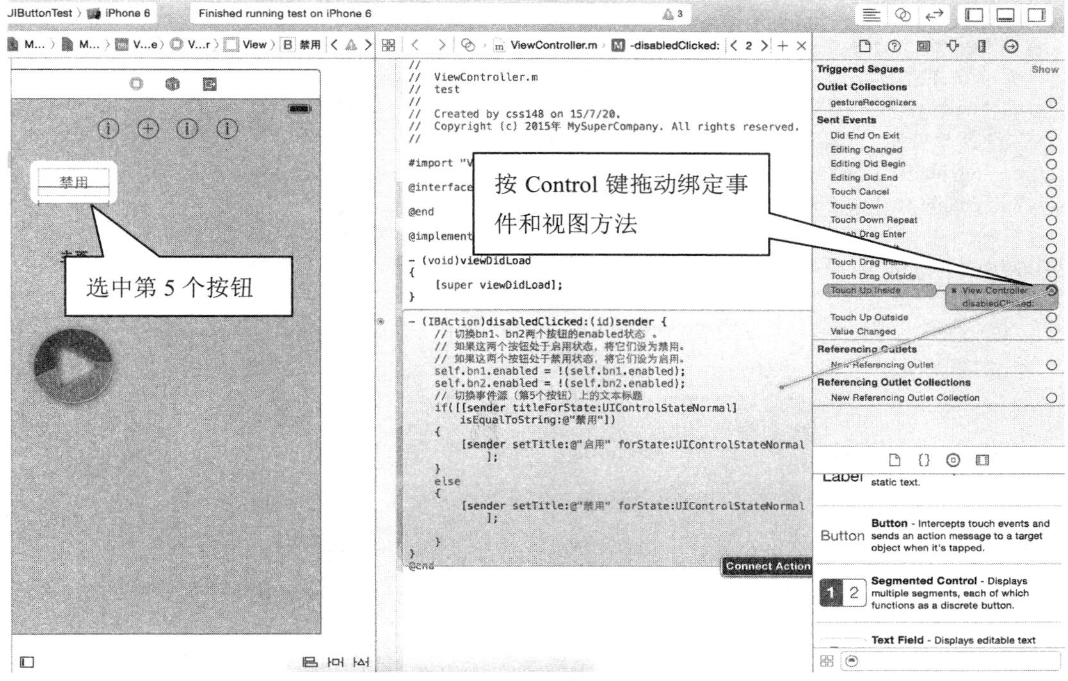

图 14.5　为第 5 个按钮绑定事件

第 15 步，将第 6 个和第 7 个按钮分别绑定到控制器中名为 bnl 和 bn2 的 IBOutlet 属性上，如图 14.6 所示。

图 14.6　为第 6 个按钮绑定属性

第 16 步，修改控制器类的实现部分（ViewController.m），修改后的实现部分代码如下：

```
@implementation ViewController
- (void)viewDidLoad
```

```
{
    [super viewDidLoad];
}

- (IBAction)disabledClicked:(id)sender {
//切换 bn1、bn2 两个按钮的 enabled 状态
//如果这两个按钮处于启用状态，将其设为禁用
//如果这两个按钮处于禁用状态，将其设为启用
self.bn1.enabled = !(self.bn1.enabled);
self.bn2.enabled = !(self.bn2.enabled);
//切换事件源（第 5 个按钮）上的文本标题
if([[sender titleForState:UIControlStateNormal] isEqualToString:@"禁用"])
{
    [sender setTitle:@"启用" forState:UIControlStateNormal];
}
else
{
    [sender setTitle:@"禁用" forState:UIControlStateNormal];
}
}
@end
```

上面的程序实现了 disabledClicked 方法。当单击第 5 个按钮时，将会激发该方法，该方法将会切换第 6 个和第 7 个按钮的禁用/可用状态。

第 17 步，运行该程序，可以看到第 6 个和第 7 个按钮处于启用状态，当单击第 6 个按钮时，该按钮的文本将会显示红色，表示高亮效果；当单击第 7 个按钮时，会自动切换显示红色图片，表示高亮效果；单击禁用按钮，该按钮将会把第 6 个和第 7 个按钮切换到禁用状态，如图 14.7 所示。

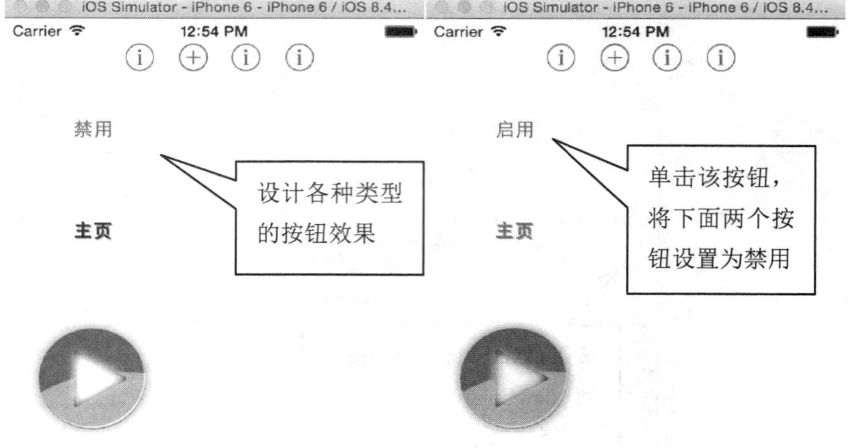

图 14.7　定义的按钮效果

14.2.3　案例：配合使用标签和按钮

标签和按钮控件是两个常用的控件，下面通过一个交互功能的按钮介绍两个控件的联合使用。本案例包含一个标签和一个按钮，当单击按钮时，标签文本会从初始的 Label1 替换为 Hello World。

【操作步骤】

第 1 步，创建一个 Single View Application 应用，保存项目为 test。

第 2 步，打开 Main.storyboard 文件，从对象库中拖曳一个 Label 控件，双击该控件，将其文本设置为 Label1。

通过双击或者设置属性实现 Label 控件的文本输入，这里的属性指的就是 Label 下的 Text 属性。当然，也可以用代码来实现文本的编辑。

> **提示：** 标签的属性检查器包括 Label 和 View 两组。Label 组主要是文本相关的属性，而 View 组主要是从视图的角度对控件进行设置。

第 3 步，从对象库中拖曳一个 Button 控件并将其摆放到标签的正下方。双击 Button 控件，输入文本 OK。

第 4 步，为了美观，还要通过属性检查器优化按钮。打开其属性检查器，单击 Type 下拉列表框，选择 System 项目。系统默认属性，表示该按钮没有边框，在 iOS 7 之前按钮默认为圆角矩形。

- ☑ Custom：自定义类型。如果不喜欢圆角按钮，可以使用该类型。
- ☑ Detail Disclosure：细节展示按钮，主要用于表视图中的细节展示。
- ☑ Info Light 和 Info Dark：这两个是信息按钮（样式与细节展示按钮一样），表示有一些信息需要展示，或者可以设置内容。
- ☑ Add Contact：添加联系人按钮。

> **提示：** State Config 下拉列表中有 4 种状态，分别是 Default（默认）状态、Highlighted（高亮）状态、Selected（选择）状态和 Disabled（不可用）状态。选择不同的 State Config 选项，可以设置不同状态下的属性。如果希望单击按钮时按钮中央会高亮显示，可以选中 Drawing 中的 Shows Touch On Highlight 复选框。

第 5 步，为了突出单击后的效果，把按钮背景设置为深颜色，该背景颜色可以在属性检查器的 Background 中设置。设置高亮效果后，单击按钮时，按钮中央会出现一个光圈。

> **提示：** UIKit 至少有两种按钮：一种是 UIButton 类的普通按钮，该按钮可以有文字，也可以有图片；另一种是放置于工具栏或导航栏中的 UIBarButtonItem，虽然可以当按钮用，但是从类的继承关系上看，不是 UIView 的子类。

第 6 步，为了使按钮能够控制标签，需要给标签定义并连接输出口（声明属性），给按钮实现动作（定义事件方法）。单击左上角第一组按钮中的“打开辅助编辑器”按钮，打开如图 14.8 所示的界面。

第 7 步，选中标签，同时按住 Control 键，将标签 Label 拖曳到接口内的任意位置，如图 14.8 所示。

第 8 步，释放鼠标，弹出一个对话框。在 Connection 栏中选择 Outlet，将输出口命名为 Label1，如图 14.9 所示。

第 9 步，单击 Connect 按钮，右边的编辑界面将自动添加如下一行代码：

```
@property (weak, nonatomic) IBOutlet UILabel *Label1;
```

第 10 步，对 OK 按钮进行同样的操作。在图 14.9 所示的对话框中选择 Action 并将其命名为 onClick，其他选项用默认值即可，如图 14.10 所示。单击 Connect 按钮，会生成如下代码：

```
- (IBAction)onClick:(id)sender;
```

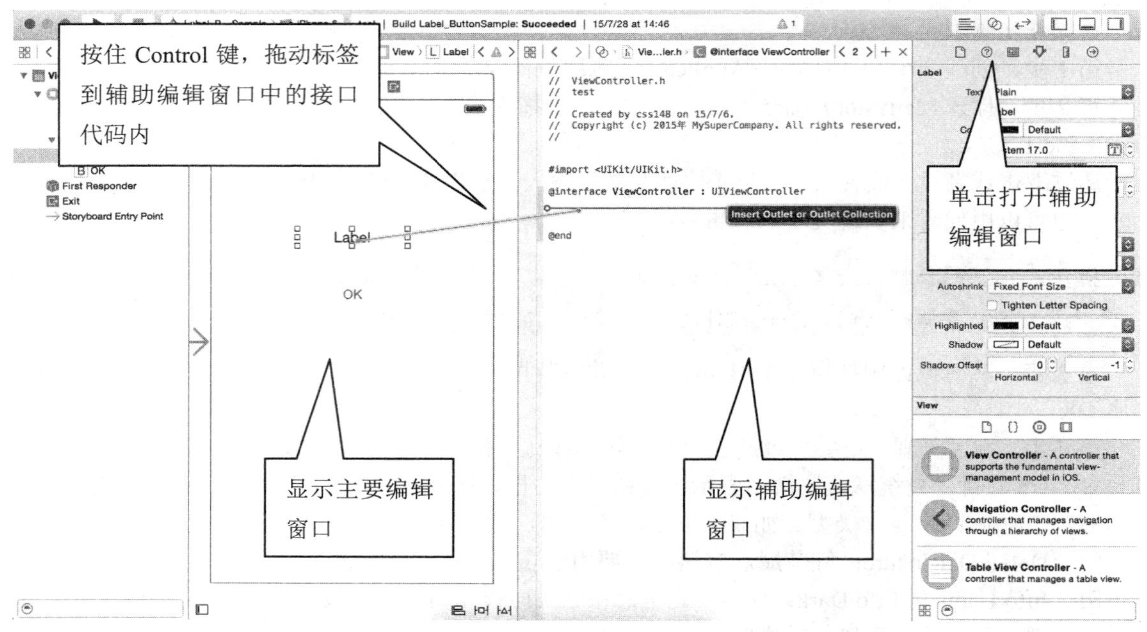

图 14.8　定义输出接口属性

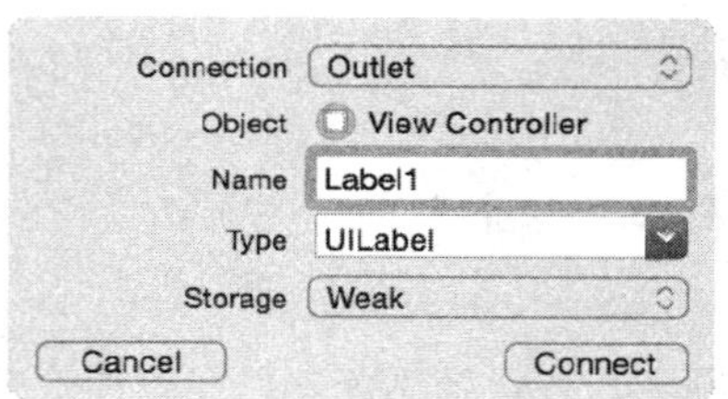

图 14.9　设置输出接口属性

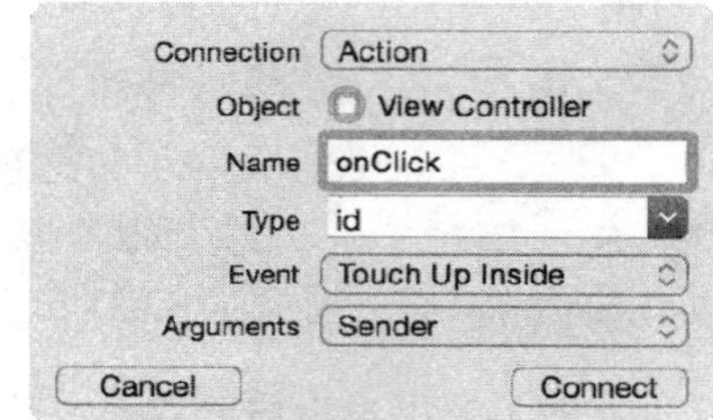

图 14.10　设置交互事件属性

第 11 步，打开 ViewController.m 文件，编写 onClick:方法，具体代码如下：

```
- (IBAction)onClick:(id)sender {
    self.Label1.text = @"Hello World";
}
```

第 12 步，运行该程序，此时单击 OK 按钮，标签的文本内容从原来的 Label 成功切换为 Hello World，如图 14.11 所示。

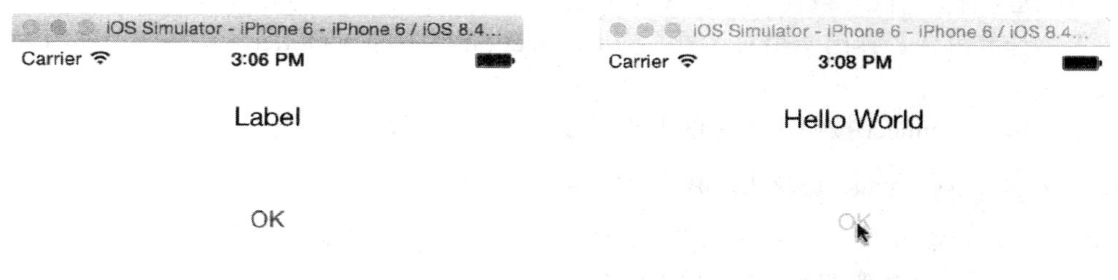

图 14.11　按钮和标签交互演示效果

14.3　文　本　框

文本框是 UITextField 类的实例，继承于 UIControl 控件，作为活动控件，可以允许用户输入文本，且只能接收较少的文本。

14.3.1　添加文本框

添加文本框有两种方法：通过 Interface Builder 将 UITextField 控件拖入界面设计文件；通过代码创建 UITextField 对象。

添加文本框之后，在 Interface Builder 界面设计文件中选中 UITextField 控件，打开 Xcode 属性检查器面板，即可设置文本框的相关显示属性，如图 14.12 所示。

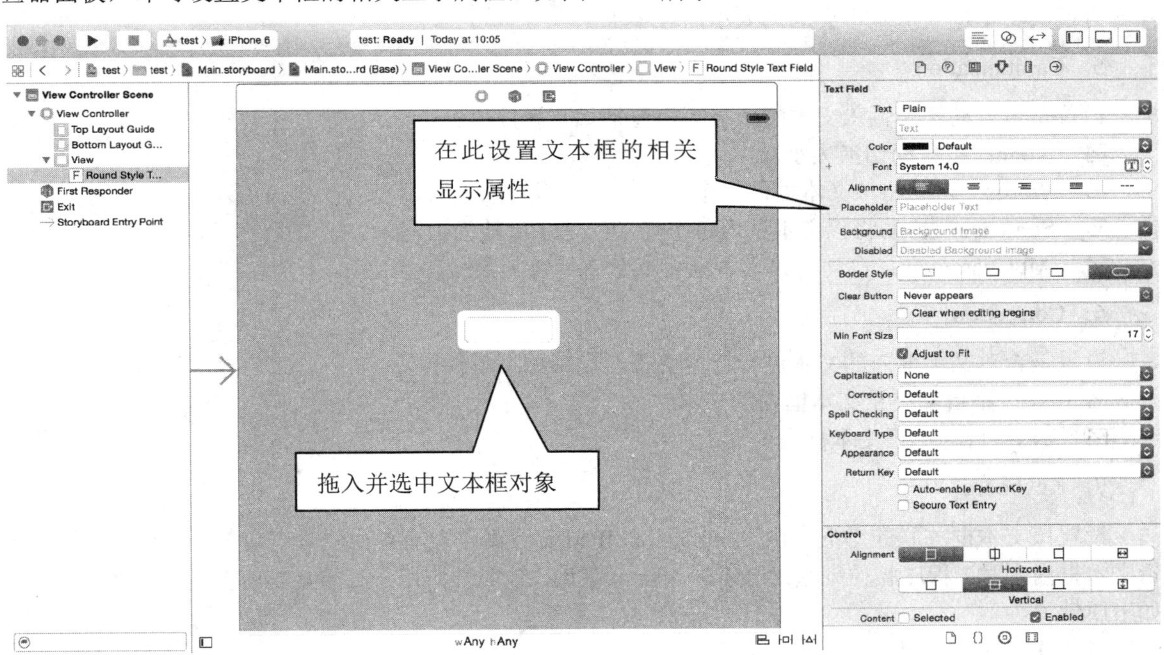

图 14.12　添加和设置文本框

文本框的有些属性已经介绍过，下面详细介绍与 UITextField 控件相关的特殊属性。

1. Placeholder

设置 tip 文本，作为文本框的输入提示信息，可以指定任意字符串。当用户没有在该文本框内输入内容时，文本框内会以灰色显示本属性设置的文本。

2. Border Style

设置文本框边框风格。iOS 支持 4 种风格，一般都采用最右边的圆角矩形风格。

3. Clear Button

设置文本框是否显示清除按钮。在 iPhone 应用中，经常会看到有些文本框的右边显示一个“×”

Note

图标（清除按钮），如果单击该图标，可清除文本框内输入的所有内容。

Clear Button 属性则用于控制何时显示清除按钮，包括如下列表项。

- ☑ Never Appears：从不显示清除按钮。
- ☑ Appears while editing：当编辑内容时显示清除按钮。
- ☑ Appears unless editing：除了编辑之外，都会显示清除按钮。
- ☑ Is always visible：清除按钮一直可见。

在 Clear Button 区域，还有一个 Clear when editing begins 复选框，如果选中该复选框，表明每次用户重新开始编辑该文本框内容时，都会自动清除该文本框内原有的内容。

4. Min Font Size 与 Adjust to Fit

Adjust to Fit 复选框可以指定文本的字体大小是否随着文本框的减小而自动缩小。选中该复选框可以确保整个文本在文本框内总是可见的，即使文本长度超出了文本框的大小。

在文本框内文本字体自动变小的过程中，Min Font Size 属性值指定该文本框内文本的最小值，这样就可保证文本框内文本不会因为太小而看不见。

5. Capitalization

设置是否自动转换输入文本的大小写，包括如下属性值。

- ☑ None：不自动切换大小写。
- ☑ Words：自动将该文本框内每个单词的首字母转为大写。
- ☑ Sentence：自动将该文本框内每个句子的首字母转为大写。
- ☑ All Characters：自动将该文本框内每个字母转为大写。

6. Correction

设置是否对文本框内的文本进行自动更正，包括如下属性值。

- ☑ No：不自动更正文本框内的文本。
- ☑ Yes：自动更正文本框内的文本。

7. Keyboard

设置该文本框关联的键盘。由于 iPhone 和 iPad 等设备都没有提供物理键盘，因此当用户开始编辑文本框内容时，程序将控制系统显示一个虚拟键盘，该属性则用于设置虚拟键盘的显示方式，包括如下属性值。

- ☑ Default：显示默认的虚拟键盘。
- ☑ ASCII Capable：显示英文字母键盘。
- ☑ Numbers and Punctuation：显示数字和标点符号键盘。
- ☑ Number Pad：显示数字键盘。
- ☑ Phone Pad：显示电话拨号键盘。
- ☑ E-mail Address：显示输入 E-mail 地址的虚拟键盘。
- ☑ Decimal Pad：显示可输入数字和小数点的虚拟键盘。

8. Return Key

设置当用户在文本框内按下 Return 键（位于虚拟键盘右下角的按键）后的行为。例如，当在 Safari 搜索框内输入文本时，按下 Return 键后将会直接打开搜索。一般情况下，按下 Return 键表示输入完成，因此可在该列表框中选择 Done。

Return Key 列表框下面还包含两个复选框。

☑ Auto-enable Return Key：如果选中该复选框，那么虚拟键盘上的 Return 键默认是禁用的，只有当用户在该文本框内输入内容后，Return 键才会变为可用。通过这种方式可强制用户必须在该文本框内输入内容。

☑ Secure：如果选中该复选框，当用户在该文本框内输入内容时，文本框将以黑点来代替输入字符。选中该复选框通常用于设置密码输入框。

【拓展】除了直接可视化控制文本框外，也可以通过 UITextFile 类的方法和属性对其进行控制，如表 14.2 所示。

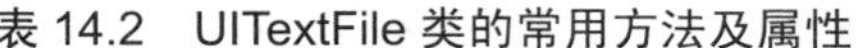

表 14.2　UITextFile 类的常用方法及属性

属性或方法	说　明
@property(nonatomic) BOOL adjustsFontSizeToFitWidth	设置文本字体是否要减小来适应 label 的区域
@property(nonatomic, retain) UIImage *background	文本框背景图像
@property(nonatomic) UITextBorderStyle borderStyle	文本框边框类型
@property(nonatomic) UITextFieldViewMode clearButtonMode	文本框清除按钮
@property(nonatomic) BOOL clearsOnBeginEditing	在编辑开始时，是否清除原有的文本
@property(nonatomic, assign) id<UITextFieldDelegate> delegate	文本的委派
@property(nonatomic, retain) UIImage *disabledBackground	禁用时的文本框背景图像
@property(nonatomic, readonly, getter=isEditing) BOOL editing	判断文本框当前是否为编辑状态
@property(nonatomic, retain) UIFont *font	文本的字体
@property (readwrite, retain) UIView *inputAccessoryView	当文本字段成为第一个响应者时显示自定义附件视图
@property (readwrite, retain) UIView *inputView	当文本字段成为第一个响应者时显示自定义输入视图
@property(nonatomic, retain) UIView *leftView	当文本字段成为第一个响应者时显示自定义视图
@property(nonatomic) UITextFieldViewMode leftViewMode	文本字段左边显示的视图
@property(nonatomic) CGFloat minimumFontSize	允许绘制文本框中文本的最小字体大小
@property(nonatomic, copy) NSString *placeholder	文本框中没有其他文本时显示的字符串
@property(nonatomic, retain) UIView *rightView	文本字段右边显示的覆盖视图
@property(nonatomic) UITextFieldViewMode rightViewMode	文本框右边的覆盖视图显示时的控件
@property(nonatomic, copy) NSString *text	设置或者获取文本
@property(nonatomic) UITextAlignment textAlignment	文本布局（靠左、靠右和居中）
@property(nonatomic, retain) UIColor *textColor	设置文本的颜色
-(CGRect)borderRectForBounds:(CGRect)bounds	返回边框的矩形
-(CGRect)clearButtonRectForBounds:(CGRect)bounds	指定显示清除按钮的边界
-(void)drawPlaceholderInRect:(CGRect)rect	在指定矩形局域绘制占位文本
-(void)drawTextInRect:(CGRect)rect	在指定矩形局域绘制文本
-(CGRect)editingRectForBounds:(CGRect)bounds	指定编辑状态下文本的边界
-(CGRect)leftViewRectForBounds:(CGRect)bounds	指定显示左附着视图的边界
-(CGRect)placeholderRectForBounds:(CGRect)bounds	指定占位文本的边界
-(CGRect)rightViewRectForBounds:(CGRect)bounds	指定显示右附着视图的边界
-(CGRect)textRectForBounds:(CGRect)bounds	指定显示文本的边界

Note

【示例】下面的代码演示了如何创建 UITextField 类应用实例。

```
//创建 textField 对象
UITextField* edit = [[UITextField alloc]
 initWithFrame:CGRectMake(10, 50, 300, 30)];
//文本框的边框风格
edit.borderStyle = UIeditBorderStyleRoundedRect;
//设置是否启动自动提醒更正功能
edit.autocorrectionType = UIeditAutocorrectionTypeYes;
//设置默认显示的文本
edit.placeholder = @"我是苹果粉丝";
//设置为 YES，当用点触文本字段时，字段内容会被清除
edit.clearsOnBeginEditing = YES;
//默认为左对齐，这个是 UITextField 的扩展属性
edit.textAlignment = UITextAlignmentLeft;
//默认没有边框，如果使用了自定义的背景图片，边框会被忽略
edit.borderStyle = UITextBorderStyleBezel;
//设置为 YES 时文本会自动缩小以适应文本窗口大小。默认是保持原来大小，而让长文本滚动
edit.adjustsFontSizeToFitWidth = YES;
//右边显示的清除按钮
edit.clearButtonMode = UIeditFieldViewModeWhileEditing;
//设置为 YES，当点击文本字段时，字段内容会被清除
edit.clearsOnBeginEditing = YES;
edit.adjustsFontSizeToFitWidth = YES;
//设置背景颜色
[edit setBackgroundColor:[UIColor whiteColor]];
//设置委托
edit.delegate = self;
//增加到视图上
[self.view addSubview:edit];
```

14.3.2 案例：设计登录表单

本案例将设计一个用户登录界面，演示 UITextField 控件的功能与行为。

【操作步骤】

第 1 步，创建一个 Single View Application 应用，保存项目为 test。

第 2 步，在界面设计文件中拖入两个 UILabel 控件、两个 UITextField 控件和一个 UIButton 控件，并根据需要酌情调整显示位置，如图 14.13 所示。

第 3 步，选中第一个 UITextField 控件，打开 Xcode 属性检查器面板，对该控件进行如下修改。

- ☑ 在 Placeholder 文本框内输入“填写用户名”的提示信息。
- ☑ 在 Clear Button 列表框中选择 Appears while editing 列表项。
- ☑ 在 Return 列表框中选择 Done 列表项，让虚拟键盘上的 Return 键显示为 Done。
- ☑ 选中 Auto-enable Return Key 复选框，设置该文本框关联的虚拟键盘默认禁用 Return 键，只有当用户输入字符后才能启用 Return 键。

第 4 步，选中第二个 UITextField 控件，对该控件进行如下修改。

- ☑ 在 Placeholder 文本框内输入“填写密码”的提示信息。
- ☑ 在 Clear Button 列表框中选择 Appears while editing 列表项。

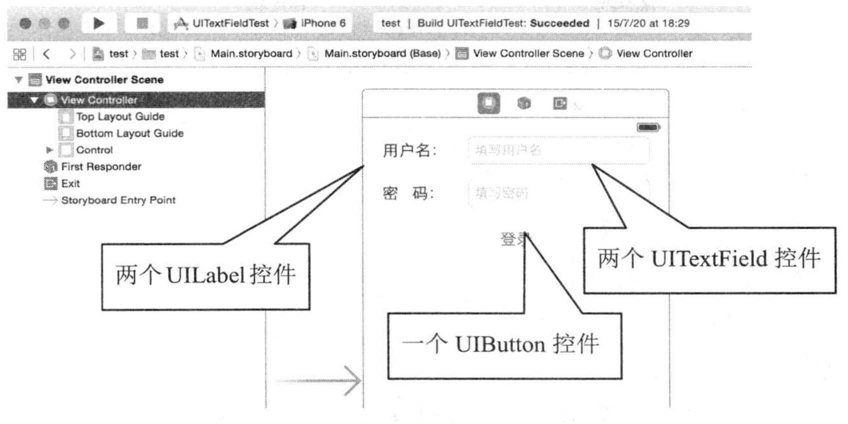

图 14.13　添加控件

☑　在 Keyboard 列表框中选择 Number Pad 列表项，设置该文本框启动数字虚拟键盘。

☑　选中 Secure 复选框，设置该文本框为密码框。

第 5 步，运行该程序，可以在模拟器中看到如图 14.14 所示的登录界面。

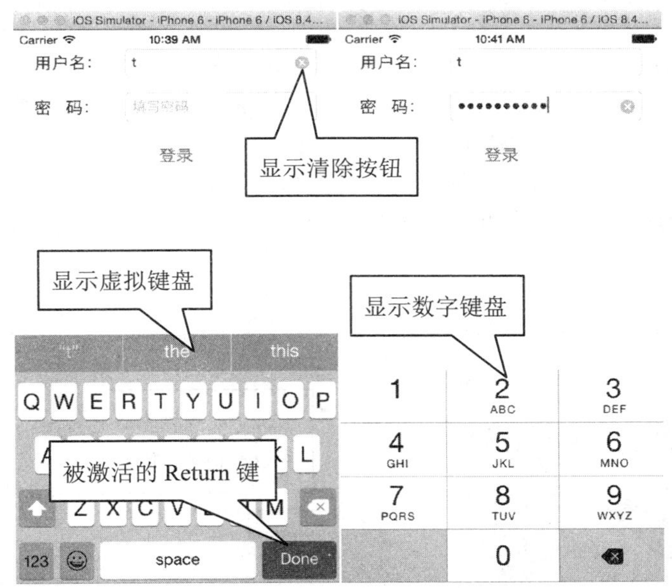

图 14.14　登录界面运行效果

单击“用户名”文本框，系统会显示虚拟键盘。如果在文本框中输入任意一个字符，此时文本框的右边将会显示一个圆形的⊗按钮，如果单击该按钮，将清除该文本框内输入的所有内容。当在该文本框内输入字符后，与文本框关联的虚拟键盘上的 Return 键才会变为可用状态（Done）。单击“密码”文本框，系统会显示数字虚拟键盘，在该键盘中输入的所有字符都会以圆点样式显示。

14.3.3　案例：关闭虚拟键盘

本案例将在 14.3.2 节示例基础上介绍如何关闭虚拟键盘。当在“用户名”文本框中输入用户名后，可以单击 Done 虚拟键（Return 键），表示输入完成。但 iOS 系统不会主动关闭虚拟键盘，如果希望按下 Done 键，应用会自动关闭虚拟键盘，需要借助事件处理机制来实现：当在该文本框内输入完成后，该文本框放弃作为应用的响应者，该文本框关联的虚拟键盘也会自动关闭。

Note

【设计原理】 当 UITextField 处于编辑状态时，控件变成了“第一响应者”。要关闭键盘，就要放弃“第一响应者”的身份。在 iOS 中，事件沿着响应者链从一个响应者传到下一个响应者，如果其中一个响应者没有对事件做出响应，那么该事件会重新向下传递。

顾名思义，“第一响应者”是响应者链中的第一个，不同的控件成为“第一响应者”之后的“表现”不太一致。UITextField 等输入类型的控件会出现键盘，而只有让这些控件放弃它们的“第一响应者”身份，键盘才会关闭。要想放弃“第一响应者”身份，需要调用 UIResponder 类中的 resignFirstResponder 方法，此方法一般在单击键盘的 Return 键或者背景视图时触发。

【操作步骤】

第 1 步，打开本应用界面对应的控制器类实现部分（ViewController.m），修改其中的 finishEdit:方法，修改后的 finishEdit:方法代码如下：

```
- (IBAction)finishEdit:(id)sender {
    // sender 放弃作为第一响应者
    [sender resignFirstResponder];
}
```

上面的代码使得 sender 放弃作为第一响应者。sender 就是该方法的事件源，即用户名文本框。当该文本框放弃作为应用的第一响应者之后，该文本框关联的虚拟键盘自然会关闭。

第 2 步，在 Interface Builder 中选中第一个文本框。

第 3 步，在连接检查器面板中，找到 Did End On Exit（退出编辑）事件，为其绑定事件处理方法。按住 Control 键，拖动该事件后面的加号按钮到 finishEdit:方法上，绑定后的该控件对应的连接检查器面板如图 14.15 所示。

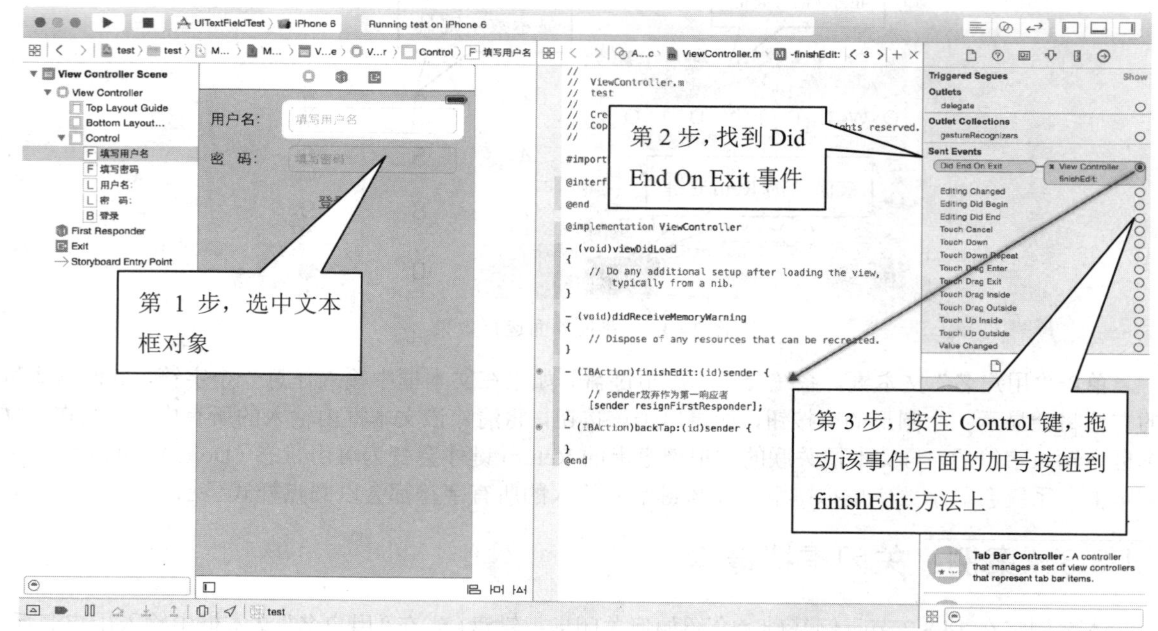

图 14.15　登录界面运行效果

提示：为 Did End On Exit 事件绑定事件处理方法，表示当用户在该文本框内完成编辑并按下 Done 键后，将会触发该事件处理方法。

【拓展】密码输入框关联的数字虚拟键盘没有显示 Return 键，系统无法通过按下 Return 键来关闭虚拟键盘，因此设计用户只要在程序背景的任何地方触碰一下，即可关闭虚拟键盘。

【操作步骤】

第 1 步，在 Interface Builder 中选中应用界面的背景控件。

第 2 步，按 Command+Option+3 组合键，打开 Xcode 身份检查器面板，在该面板中将该控件的实现类修改为 UIControl，如图 14.16 所示。

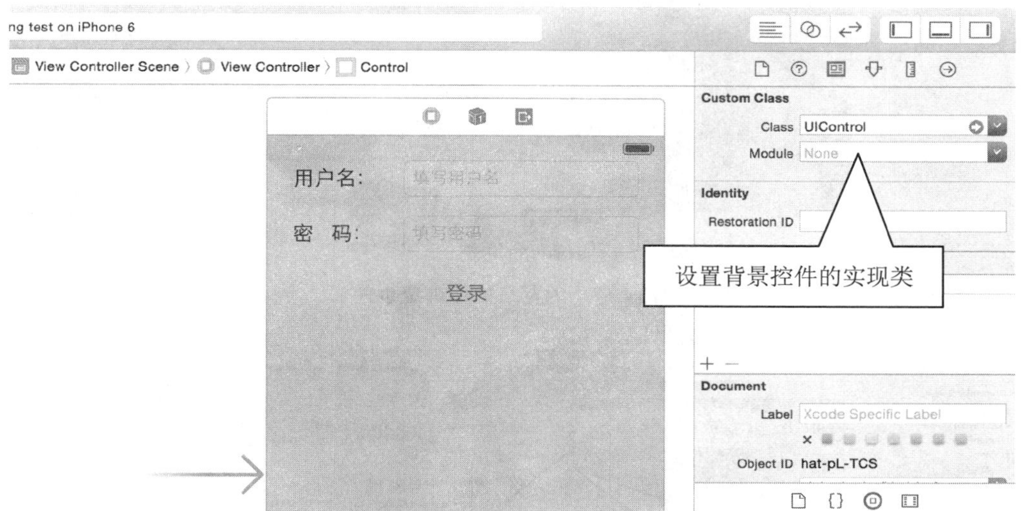

图 14.16　设置背景控件的实现类

第 3 步，编辑界面对应控制器类的实现部分（ViewController.m），修改其中的 backTap:方法，修改后的 backTap:方法代码如下：

```
- (IBAction)backTap:(id)sender {
  //让 passField 控件放弃作为第一响应者
  [self.passField resignFirstResponder];
  //让 nameField 控件放弃作为第一响应者
  [self.nameField resignFirstResponder];
}
```

上面的代码使 passField 控件（第二个文本框）放弃作为第一响应者，nameField 控件（第一个文本框）放弃作为第一响应者，当两个文本框放弃作为应用的第一响应者之后，该文本框关联的虚拟键盘自然会关闭。

第 4 步，在 Interface Builder 中为背景控件的 Touch Down 事件绑定事件处理方法，绑定后，该背景控件对应的链接检查器面板如图 14.17 所示。

第 5 步，由于程序还需要访问界面上用户名文本框和密码文本框，因此在 Interface Builder 中将这两个文本框绑定到 IBOutlet 属性：nameField 和 passField，如图 14.18 所示。

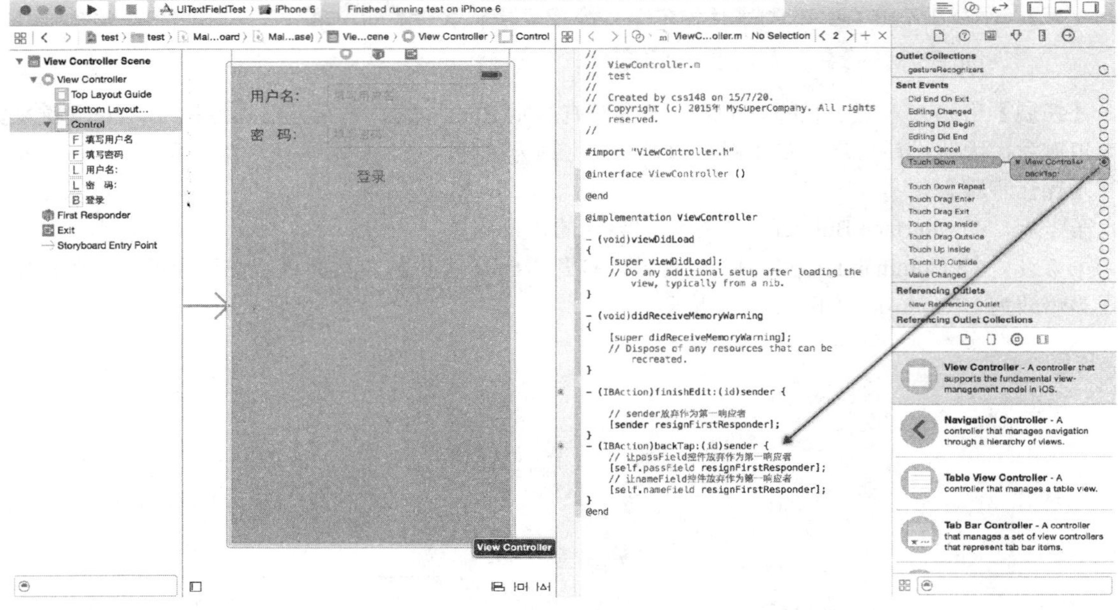

图 14.17 为背景控件绑定事件

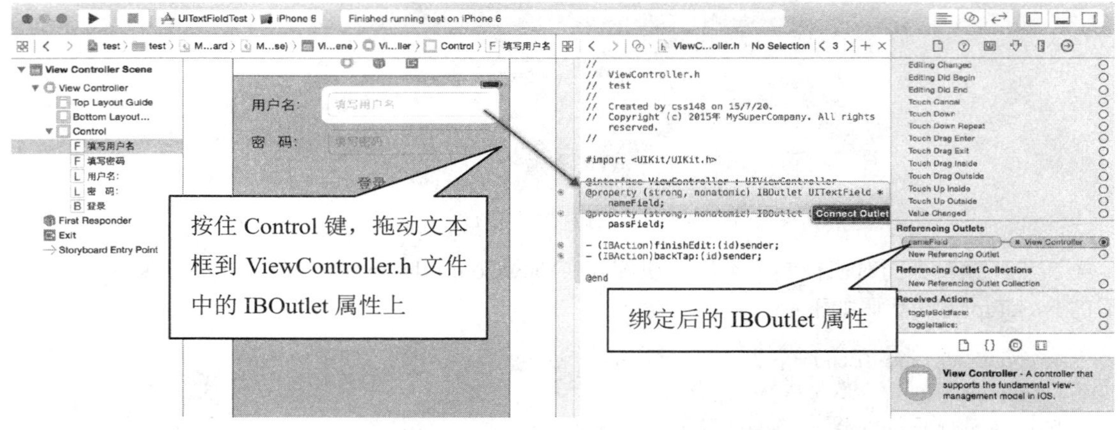

图 14.18 绑定的 IBOutlet 属性

> **提示：** 如果调用 resignFirstResponder 方法控件本身就不是第一响应者，那么该控件调用该方法也不会导致错误，只是不会有任何作用。这样就允许程序在 backTap:方法中先后调用 passField 和 nameField 的 resignFirstResponder 方法。也就是说，如果 passField 和 nameField 当前是第一响应者，调用该方法放弃作为第一响应者；如果这两个控件当前不是第一响应者，也不会有任何错误。

14.4 多 行 文 本

与 UILabel 控件一样，UITextField 和 UITextView 控件都是文本类控件，都可以编辑文本内容。

在编辑方面，三者都可以利用代码、双击控件和属性检查器中的 Text 属性来实现，但是 UITextField 和 UITextView 比 UILabel 多了一个键盘的使用。另外，UITextField 和 UITextView 控件还各有一个委托协议。

UITextView 与 UITextField 的区别如下：

☑ UITextView 是一个多行文本框，而 UITextField 只是单行文本框。

☑ UITextView 没有继承 UIControl 控件，因此不能在 Interface Builder 中为该控件的事件绑定 IBAction 事件处理方法，也不能调用 UIControl 提供的 addTarget:action:forControlEvents:方法来绑定事件处理方法。

☑ UITextView 继承了 UIScrollView，因此具有 UIScrollView 的功能和行为。

14.4.1　添加多行文本框

用户可通过 Interface Builder 将 UITextView 拖入界面设计文件中来添加多行文本控件，也可通过代码创建 UITextView 对象来添加多行文本控件。

在 Interface Builder 的界面设计文件中选中多行文本框对象，然后打开 Xcode 的属性检查器面板，可以看到如图 14.19 所示的面板。

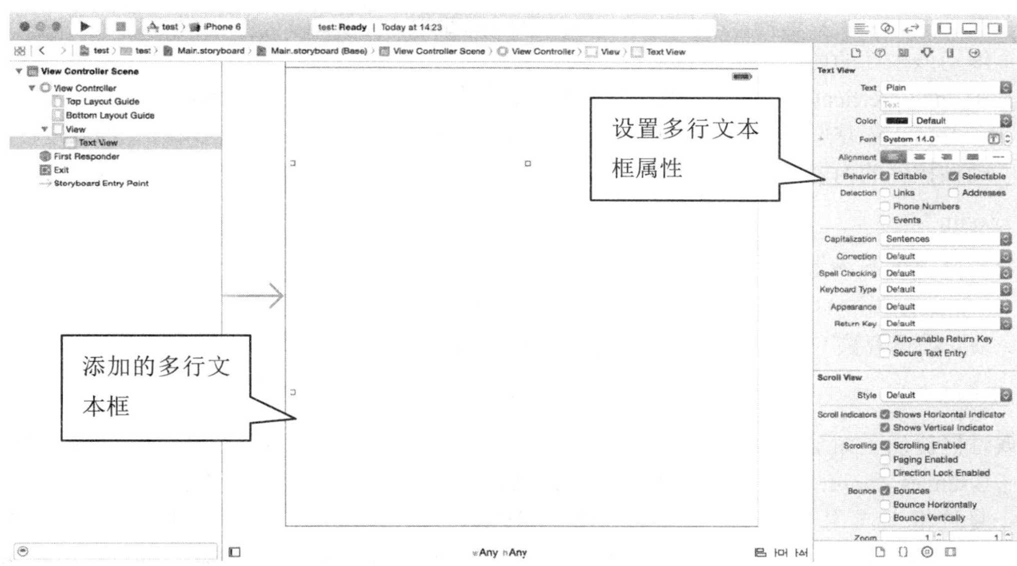

图 14.19　添加并设置多行文本框

由于 UITextView 继承了 UIScrollView:UI View，因此在属性检查器面板中可以看到第一个区域是 UITextView 所支持的属性，第二个区域是 UIScrollView 所支持的属性。

UITextView 与 UITextField 都是文本编辑、显示控件，因此它们的功能和行为在很多方面都是相似的，支持的属性大部分都是相同的。

UIScrollView 代表一个可滚动的控件，该控件允许用户拖动手指来滚动该控件中的内容。通过滚动控件的支持，UIScrollView 可以显示多于一个屏幕的内容。下面重点介绍 ScrollView 相关设置项。

1. Scroll Indicators

该属性区提供了 5 个复选框，其含义如下。

☑ Shows Horizontal Indicator：选中该复选框，当用户水平滚动该 UIScrollView 控件时，该控件将会显示水平滚动条。

☑ Shows Vertical Indicator：如果选中该复选框，当用户垂直滚动该 UIScrollView 控件时，该控件将会显示垂直滚动条。

☑ Scrolling Enabled：只有选中该复选框，该 UIScrollView 控件才能滚动它包含的内容。

☑ Paging Enabled：如果选中该复选框，该 UIScrollView 将会对其所包含的内容进行分页。

☑ Direction Lock Enabled：如果没有选中该复选框，用户可以同时在水平和垂直方向上滚动该 UIScrollView。如果选中该复选框，当用户第一次在水平或垂直方向滚动该 UIScroll View 之后，系统将不再允许在其他方向上滚动该 UIScrollView 控件。

2. Bounce

该属性区提供了 3 个复选框，其含义如下。

☑ Bounces：如果选中该复选框，则该 UITextView 控件是有“弹性”的，当用户拖动该控件的内容遇到边界时，该控件会显示“弹回”效果。如果没有选中该复选框，当用户拖动该控件的内容遇到边界时会立即停止。

☑ Bounce Horizontally：如果选中该复选框，该控件在水平方向上总是具有弹性的；如果还选中了 Bounces 复选框，那么即使在水平方向已经到了内容边界，用户也可像拉伸橡皮筋一样滚动该控件的内容，但控件的内容会自动弹回去。

☑ Bounce Vertically：如果选中该复选框，该控件在垂直方向上总是具有弹性的；如果还选中了 Bounces 复选框，那么即使在垂直方向已经到了内容边界，用户也可像拉伸橡皮筋一样滚动该控件的内容，但控件的内容会自动弹回去。

3. Zoom

该属性区提供两个文本框供用户填写。

☑ Min：设置该 UIScrollView 最小的可缩放比例。

☑ Max：设置该 UIScrollView 最大的可缩放比例。

4. Touch

该属性区提供了如下 3 个复选框。

☑ Bounces Zoom：该复选框控制该 UIScrollView 对内容进行缩放时是否具有弹性。如果选中该复选框，当用户通过手势对该 UIScrollView 进行缩放时，如果缩小比例超过该控件的 minmumZoomScale 属性，或者放大比例超过 maximumZoomScale 属性，该控件将会短暂地超过该缩放限制，然后迅速弹回最小缩放比例或最大缩放比例。

☑ Delays Content Touches：如果选中该复选框，该 UIScrollView 将延迟到能真正确定滚动意图才去处理触碰手势。如果没有选中该复选框，只要用户触碰该控件，该 UIScrollView 立即调用 touchesShouldBegin:withEvent:inContentView 方法处理滚动。

☑ Cancellable Content Touches：如果选中该复选框，在该 UIScrollView 中的内容已经跟踪用户手指触碰动作，且用户拖动手指足以启动一个滚动事件的情况下，该 UIScrollView 控件将会调用 touchesCancelled:withEvent:方法，并将该手指拖动事件当作滚动该 UIScrollView 控件处理。如果没有选中该复选框，只要该 UIScrollView 控件的内容已经跟踪用户手指触碰动作，将不会理会手指在该控件上的其他移动。通常建议选中该复选框。

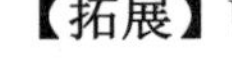

【拓展】UITextView 没有继承 UIControl 基类，因此并不支持为通用 Touch Down、Touch Up

Inside 等事件绑定 IBAction 事件处理方法。

UITextView 控件的事件交给委托对象处理，UITextView 的委托对象必须实现 UITextViewDelegate 协议，该协议定义了如下方法。

- ☑ - textViewShouldBeginEditing:：将要开始编辑该 UITextView 的内容时会激发该方法。
- ☑ - textViewDidBeginEditing:：开始编辑该 UITextView 的内容时会激发该方法。
- ☑ - textViewShouldEndEditing:：将要结束编辑该 UITextView 的内容时会激发该方法。
- ☑ - textViewDidEndEditing:：结束编辑该 UITextView 的内容时会激发该方法。
- ☑ - testView: shouldChangeTextInRange: replacementText:：该 UITextView 指定范围内的文本内容将要被替换时激发该方法。
- ☑ - textVewDidChange：该 UITextView 中包含的文本内容发生改变时会激发该方法。
- ☑ - textViewDidChangeSelection:：当用户选中该 UITextView 控件内某些文本时会激发该方法。

如果程序需要对 UITextView 的事件做出响应，则需要为该 UITextView 创建委托对象，并根据需要实现指定的事件处理方法。

表 14.3 列出了 UITextView 类的常用方法及属性。

表 14.3　UITextView 类的常用方法及属性

属性或方法	说　明
@property(nonatomic) UIDataDetectorTypes dataDetectorTypes	将文本视图中数据类型转换为可点击的 URL
@property(nonatomic, assign) id<UITextViewDelegate> delegate	设置委托方法
@property(nonatomic, getter=isEditable) BOOL editable	是否能编辑
@property(nonatomic, retain) UIFont *font	设置字体名字和字体大小
@property (readwrite, retain) UIView *inputAccessoryView	当文本视图成为第一响应时显示自定义附件视图
@property(nonatomic) NSRange selectedRange	当前的选择范围
@property(nonatomic, copy) NSString *text	设置显示内容
@property(nonatomic) UITextAlignment textAlignment	字体的布局，居右
@property(nonatomic, retain) UIColor *textColor	设置 textview 中的字体颜色
- (BOOL)hasText	判断是否有文本

【示例】下面是 UITextView 类的部分应用示例：

```
//初始化大小并自动释放
UITextView mytextView = [[[UITextView alloc]
initWithFrame:view.frame] autorelease];
//设置 textview 里面的字体颜色
mytextView.textColor = [UIColor blackColor];
//设置字体名字和字体大小
mytextView.font = [UIFont fontWithName:@"Arial" size:18.0];
//设置委托方法
mytextView.delegate = self;
//设置背景颜色
mytextView.backgroundColor = [UIColor whiteColor];
//设置显示的内容
mytextView.text = @"Now is the time for all good developers to country.";
//设置返回键的类型
```

```
mytextView.returnKeyType = UIReturnKeyDefault;
//设置键盘类型
mytextView.keyboardType = UIKeyboardTypeDefault;
//设置是否可以拖动
mytextView.scrollEnabled = YES;
//自适应高度
mytextView.autoresizingMask =
UIViewAutoresizingFlexibleHeight;
```

14.4.2 案例：设计内容简介表单

本案例将结合 TextField 和 TextView 控件，其中包括两个标签、一个 TextField 和一个 TextView。展示书籍简介，其中 TextField 展示书名，TextView 展示简介的内容。在 TextField 和 TextView 进入编辑状态时，键盘会从屏幕下方滑出来，单击 Return 键关闭键盘。

【操作步骤】

第 1 步，创建一个 Single View Application 应用，保存项目为 test。

第 2 步，打开 Main.storyboard 设计界面，从对象库中拖曳两个标签控件到界面，分别将其命名为 Name:和 Abstract:。

第 3 步，在 Name:标签下面添加一个 TextField。打开 TextField 属性检查器，在 Placeholder 属性中输入 enter your book name 作为提示，运行时该文本是浅灰色，当有输入动作时文本消失。

第 4 步，为 TextField 添加清除按钮。打开 TextField 的属性检查器，进入 Clear Button 属性的下拉列表，从中选择 Is always visible。利用 TextField 后面的清除按钮（Clear Button）清除 TextField 的内容，如图 14.20 所示。

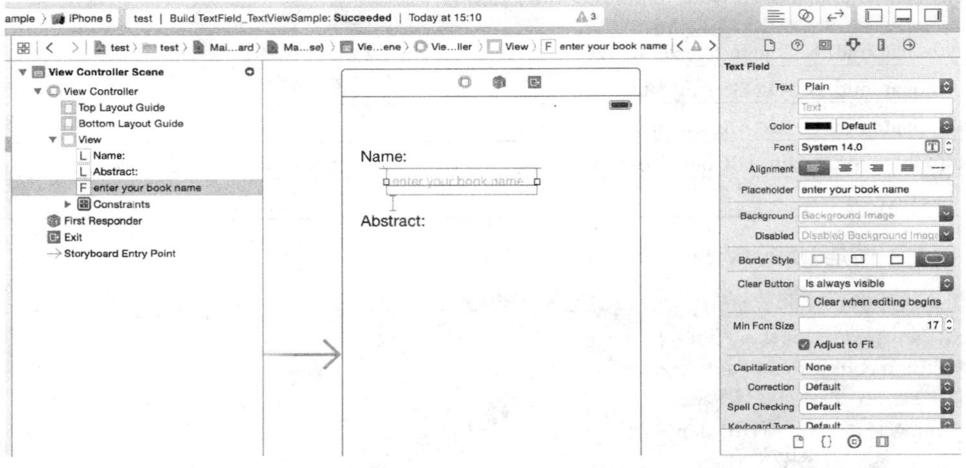

图 14.20 添加并设置文本框

第 5 步，回到 Interface Builder 设计界面，在第二个标签 Abstract:下面放置一个 TextView 控件。

第 6 步，打开视图控制器 ViewController.h 文件，代码如下：

```
#import <UIKit/UIKit.h>
@interface ViewController: UIViewController<UITextFieldDelegate, UITextViewDelegate>
@end
```

提示：在 ViewController.h 文件中，UIViewController 实现了两个委托 UITextFieldDelegate 和 UITextViewDelegate。

现在需要将委托对象 ViewController 分配给 TextView 和 TextField 控件的委托属性 delegate，这可以通过代码或者 Interface Builder 设计器来实现。这里使用 Interface Builder 设计器进行分配。

第 7 步，在 Interface Builder 中打开故事板文件。右击 TextField 控件，弹出如图 14.21 所示的快捷菜单，用鼠标拖曳 Outlets → delegate 后面的小圆点到左边的 View Controller 上。

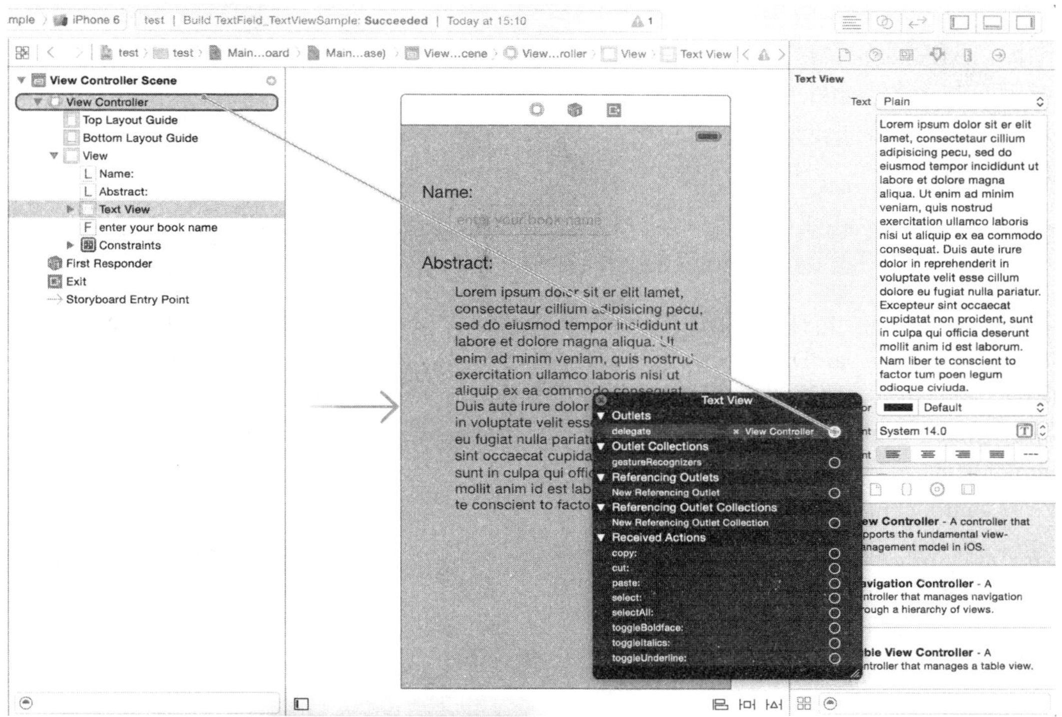

图 14.21　在 Interface Builder 中分配委托

第 8 步，以同样的方式将 TextView 控件 Outlets →delegate 后面的小圆点拖曳到左边的 View Controller 上。

第 9 步，此处采用单击 Return 键关闭键盘，因此可以利用 UITextField 和 UITextView 的委托协议实现。相关的实现代码在 ViewController.m 文件中完成：

```
@implementation ViewController
//通过委托来放弃“第一响应者”
#pragma mark - UITextField Delegate Method
- (BOOL)textFieldShouldReturn:(UITextField *)textField
{
    [textField resignFirstResponder];
    return YES;
}
//通过委托来放弃“第一响应者”
#pragma mark - UITextView Delegate Method
- (BOOL)textView:(UITextView *)textView shouldChangeTextInRange:
```

Note

```
(NSRange)range replacementText:(NSString *)text
{
    if([text isEqualToString:@"\n"]) {
        [textView resignFirstResponder];
        return NO;
    }
    return YES;
}
@end
```

其中，textFieldShouldReturn:方法是 UITextFieldDelegate 委托协议中定义的方法，在用户点击键盘时调用，其中的[textField resignFirstResponder]这条语句用于关闭键盘。与此类似，textView: shouldChangeTextInRange:replacementText:是由 UITextViewDelegate 委托协议提供的方法，也是在用户点击键盘时被调用。

提示：如果界面中有很多控件，或者控件的位置比较靠近屏幕下方，控件就很可能会被弹出的键盘挡住，此时可以添加 UIScrollView 控件来解决。

第 10 步，在关闭和打开键盘时，iOS 系统分别会发出如下广播通知：UIKeyboardDidHide Notification 和 UIKeyboardDidShowNotification。

使用广播通知时需要注意在合适的时机注册和解除通知。注册通知在 viewWillAppear:方法中进行，解除通知在 viewWillDisappear:方法中进行。keyboardDidShow:消息是在键盘打开时发出的，keyboardDidHide:消息是在键盘关闭时发出的。

ViewController.m 中的有关代码如下：

```
- (void) viewWillAppear:(BOOL)animated {
    //注册键盘出现通知
    [[NSNotificationCenter defaultCenter] addObserver:self selector:@selector (keyboardDidShow:)
                        name: UIKeyboardDidShowNotification object:nil];
    //注册键盘隐藏通知
 [[NSNotificationCenter defaultCenter] addObserver:self selector:@selector (keyboardDidHide:)
                        name: UIKeyboardDidHideNotification object:nil];
    [super viewWillAppear:animated];
}
- (void) viewWillDisappear:(BOOL)animated {
    //解除键盘出现通知
    [[NSNotificationCenter defaultCenter] removeObserver:self
                        name: UIKeyboardDidShowNotification object:nil];
    //解除键盘隐藏通知
    [[NSNotificationCenter defaultCenter] removeObserver:self
                        name: UIKeyboardDidHideNotification object:nil];
    [super viewWillDisappear:animated];
}
- (void) keyboardDidShow: (NSNotification *)notif {
    NSLog(@"键盘打开");
}
- (void) keyboardDidHide: (NSNotification *)notif {
    NSLog(@"键盘关闭");
}
```

14.4.3 案例：设计导航按钮控制虚拟键盘

Note

本案例介绍如何通过导航按钮来关闭虚拟键盘。对于可编辑的 UITextView 控件，也会打开一个关联的虚拟键盘，编辑完成后也需要关闭虚拟键盘。但与 UITextField 不同，该控件通常会占满整个屏幕，而且该控件通常允许通过 Enter 键代表换行，所以使用 UITextField 关闭虚拟键盘的方式不太适合 UITextView。要关闭 UITextView 关联的虚拟键盘，有如下两种常用方式：

☑ 通过导航按钮关闭虚拟键盘。

☑ 通过自定义虚拟键盘附件关闭虚拟键盘。

【操作步骤】

第 1 步，创建一个 Single View Application 应用，保存项目为 test。

第 2 步，在 Interface Builder 中打开界面设计文件，拖入一个 UITextView 到界面中，并使该 UITextView 的大小与该背景控件的大小完全相同，即设置该 UITextView 占满整个屏幕。

第 3 步，选中 UITextView 控件，打开属性检查器面板，对该控件进行如下修改：

☑ 清空 Text 文本框内的字符串，设置该文本框内的初始文本为空。

☑ 选中 Bounce Horizontally 复选框，设置该控件在水平方向上是具有弹性的，即总是允许用户在水平方向拖动该控件的内容。

☑ 选中 Bounce Vertically 复选框，设置该控件在垂直方向上是具有弹性的，即总是允许用户在垂直方向拖动该控件的内容。

第 4 步，为了在程序中能访问程序界面上的 UITextView 控件，将 UITextView 控件绑定到该界面对应的控制器类的 textView IBOutlet 属性，这样该控制器类即可通过该属性访问整个 UITextView 控件。

第 5 步，为 UITextView 设置委托对象，本程序直接使用控制器对象本身作为 UITextView 的委托对象，因此程序需要让控制器类实现 UITextViewDelegate 协议，处理 UITextView 的事件。

第 6 步，修改控制器类的实现部分，将实现部分修改为如下形式（ViewController.m）：

```
#import "ViewController.h"
@interface ViewController ()
@property (nonatomic, strong) UINavigationItem* navItem;
@end
@implementation ViewController
UIBarButtonItem* done;
- (void)viewDidLoad
{
 [super viewDidLoad];
 //将该控制器本身设置为 textView 控件的委托对象
 self.textView.delegate = self;
 //创建并添加导航条
 UINavigationBar* navBar = [[UINavigationBar alloc] initWithFrame:
       CGRectMake(0, 20, 320, 44)];
 [self.view addSubview:navBar];
 //创建导航项并设置导航项的标题
 self.navItem = [[UINavigationItem alloc]
       initWithTitle:@"导航条"];
 //将导航栏添加到导航项中
 navBar.items = [NSArray arrayWithObject:self.navItem];
 //创建一个 UIBarButtonItem 对象，并赋给 done 属性
```

Note

```
    done = [[UIBarButtonItem alloc] initWithBarButtonSystemItem:UIBarButtonSystemItemDone
          target:self action:@selector(finishEdit)];
}
- (void)didReceiveMemoryWarning
{
 [super didReceiveMemoryWarning];
}
- (void)textViewDidBeginEditing:(UITextView *)textView {
 //为导航条设置右边的按钮
 self.navItem.rightBarButtonItem = done;
}
- (void)textViewDidEndEditing:(UITextView *)textView {
 //取消导航条设置右边的按钮
 self.navItem.rightBarButtonItem = nil;
}
- (void) finishEdit {
 //让 textView 控件放弃作为第一响应者
 [self.textView resignFirstResponder];
}
@end
```

为应用增加导航条，上面代码在- (void)viewDidLoad 中创建了 UINavigationBar 导航条，并使用导航条组合了一个导航项（UINavigationItem）。

然后创建了一个 UIBarButtonItem 控件，该控件可作为导航条上的按钮。接下来程序实现了 UITextViewDelegate 协议中 textViewDidBeginEditing:方法和 textViewDidEndEditing:方法，即当用户开始编辑 UITextView 控件的文本内容时激发第一个方法，该方法用于为导航条右边设置一个按钮，当用户单击该按钮时激发 finishEdit 方法，该方法会让 textView 放弃作为第一个响应者（即可关闭该控件关联的虚拟键盘）。

当用户结束编辑 UITextView 控件的文本内容时激发第二个方法，该方法用于取消导航条上的右边按钮。

第 7 步，运行该程序，如果单击该文本框内容，即可开始编辑该文本框内容。当输入完成后，用户可以拖动该 UITextView 控件的内容，如图 14.22 所示。

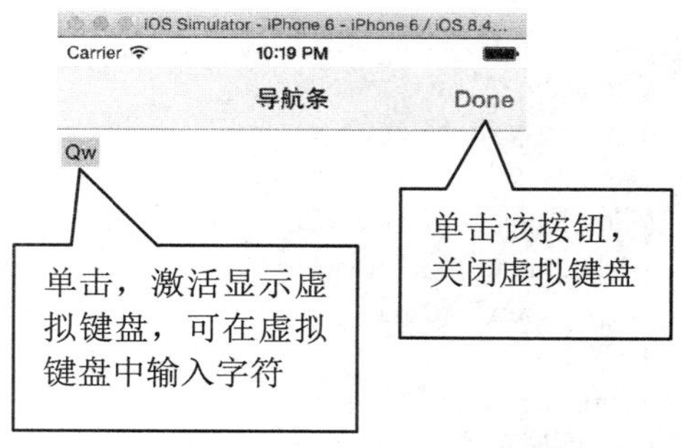

图 14.22　使用导航条关闭虚拟键盘

14.4.4　案例：自定义虚拟键盘键

有些简单的应用没有导航条，为了能够关闭 UITextView 的虚拟键盘，需要考虑在虚拟键盘上增加一个附加按键来关闭虚拟键盘。

【操作步骤】

第 1 步，创建一个 Single View Application 应用，保存项目为 test。

第 2 步，在 Interface Builder 中打开界面设计文件，拖入一个 UITextView 到界面中，并使该 UITextView 的大小与该背景控件的大小完全相同，即设置该 UITextView 占满整个屏幕。

第 3 步，选中 UITextView 控件，打开属性检查器面板，对该控件进行如下修改：

☑ 清空 Text 文本框内的字符串，设置该文本框内的初始文本为空。

☑ 选中 Bounce Horizontally 复选框，设置该控件在水平方向上是具有弹性的，即总是允许用户在水平方向拖动该控件的内容。

☑ 选中 Bounce Vertically 复选框，设置该控件在垂直方向上是具有弹性的，即总是允许用户在垂直方向拖动该控件的内容。

第 4 步，为了在程序中能访问程序界面上的 UITextView 控件，将 UITextView 控件绑定到该界面对应的控制器类的 textView IBOutlet 属性，这样该控制器类即可通过该属性来访问整个 UITextView 控件。

第 5 步，修改该程序界面对应的控制器类的实现部分（ViewController.m），修改后实现部分代码如下：

```
@implementation ViewController
- (void)viewDidLoad
{
 [super viewDidLoad];
 //创建一个 UIToolBar 工具条
 UIToolbar * topView = [[UIToolbar alloc]
       initWithFrame:CGRectMake(0, 0, 320, 30)];
 //设置工具条风格
 [topView setBarStyle:UIBarStyleDefault];
 //为工具条创建第 1 个“按钮”
 UIBarButtonItem* myBn = [[UIBarButtonItem alloc]
       initWithTitle:@"无动作"
       style:UIBarButtonItemStyleBordered
       target:self action:nil];
 //为工具条创建第 2 个“按钮”，该按钮只是一片可伸缩的空白区
 UIBarButtonItem* spaceBn = [[UIBarButtonItem alloc]
       initWithBarButtonSystemItem:UIBarButtonSystemItemFlexibleSpace
       target:self action:nil];
 //为工具条创建第 3 个“按钮”，单击该按钮会激发 editFinish 方法
 UIBarButtonItem* doneBn = [[UIBarButtonItem alloc]
       initWithTitle:@"完成"
       style:UIBarButtonItemStyleDone
       target:self action:@selector(editFinish)];
 //以 3 个按钮创建 NSArray 集合
 NSArray * buttonsArray = [NSArray arrayWithObjects
       :myBn,spaceBn,doneBn,nil];
 //为 UIToolBar 设置按钮
 [topView setItems:buttonsArray];
 //为 textView 关联的虚拟键盘设置附件
 [self.textView setInputAccessoryView:topView];
}
- (void) didReceiveMemoryWarning
{
 [super didReceiveMemoryWarning];
     //处置任何可以重现的资源
}
```

```
-(void) editFinish
{
 [self.textView resignFirstResponder];
}
@end
```

该实例的重点在于控制器类的 viewDidLoad 方法：创建了一个工具条（UIToolBar），该工具条包含 3 个按钮，第一个按钮没有任何动作，第二个按钮实际上并不是按钮，只是一块可伸缩的分隔区，用于隔开两个按钮，第三个按钮则可用于激发 editFinish 方法。

editFinish 方法让 textView 控件放弃作为第一个响应者，即关闭虚拟键盘。最后将 UIToolBar 控件设为 textView 的输入键盘的附件控件，这样即可保证该工具条随着 textView 控件的虚拟键盘显示出来。

第 6 步，运行程序，如果单击文本框内容，即可开始编辑该文本框内容，编辑界面如图 14.23 所示。

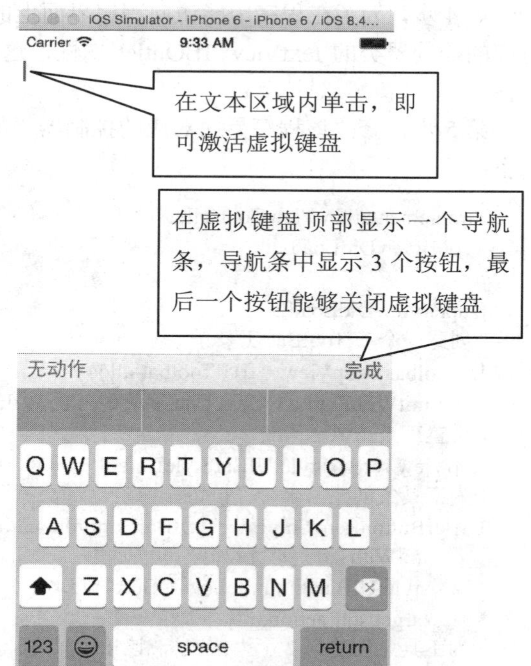

图 14.23　自定义键盘键控制虚拟键盘

14.4.5　案例：自定义快捷编辑菜单

在 UITextView 中选择文本时，系统默认会显示一个快捷编辑菜单，以方便用户编辑文本。当然，用户也可以添加自己的菜单项。下面演示如何在快捷菜单中添加菜单项目。

【操作步骤】

第 1 步，创建一个 Single View Application 应用，保存项目为 test。

第 2 步，在 Interface Builder 中打开界面设计文件，拖入一个 UITextView 到界面中。

第 3 步，选中 UITextView 控件，打开属性检查器面板，对该控件进行如下修改：

☑　在 Text 文本框内输入初始字符串，设置该文本框默认显示的文本信息。

☑　取消选中 Editable 复选框，设置该文本框为不可编辑。

☑　选中 Bounce Horizontally 复选框，设置该控件在水平方向上是具有弹性的，即总是允许用户在水平方向拖动该控件的内容。

☑　选中 Bounce Vertically 复选框，设置该控件在垂直方向上是具有弹性的，即总是允许用户在垂直方向拖动该控件的内容。

第 4 步，修改该程序界面对应的控制器类的实现部分（ViewController.m），修改实现部分后的代码如下：

```
@implementation ViewController
- (void)viewDidLoad
{
 [super viewDidLoad];
 //创建两个菜单项
 UIMenuItem *mailShare = [[UIMenuItem alloc]initWithTitle:@"转到邮件"
```

```
        action:@selector(mailShare:)];
    UIMenuItem *weiboShare = [[UIMenuItem alloc]initWithTitle:@"分享到微博"
        action:@selector(weiboShare:)];
    //创建 UIMenuController 控制器
    UIMenuController *menu = [UIMenuController sharedMenuController];
    //为 UIMenuController 控制器添加两个菜单项
    [menu setMenuItems:[NSArray arrayWithObjects:
        mailShare, weiboShare, nil]];
}
- (void)didReceiveMemoryWarning
{
    [super didReceiveMemoryWarning];
}
//重写 UIResponder 的 canPerformAction: withSender:方法
//当该方法返回 YES 时，该界面将会显示该 Action 对应的控件
-(BOOL)canPerformAction:(SEL)action withSender:(id)sender
{
    //如果 Action 是 mailShare:或 weiboShare:方法
    if(action == @selector(mailShare:)
        || action == @selector(weiboShare:))
    {
        //如果 textView 选中的内容长度大于 0，返回 YES
        //当该方法返回 YES 时，该 Action 对应的控件将会显示出来
        if(self.textView.selectedRange.length > 0)
            return YES;
    }
    return NO;
}
- (void) mailShare:(id)sender
{
    NSLog(@"模拟通过邮件分享！");
}
- (void) weiboShare:(id)sender
{
    NSLog(@"模拟通过微博分享！");
}
@end
```

上面的代码在控制器类的 viewDidLoad 方法中创建一个 UIMenuController 对象，并为该对象添加两个菜单项。

重写 UIResponder 的 canPerformAction:withSender:方法，只有当该方法返回 YES 时，程序界面才会显示该 Action 对应的控件。该方法判断如果激发的 Action 是 mailShare:或 weiboShare:，并且用户在 UITextView 中选中的文本长度大于 0，那么该方法就会返回 YES，应用程序就会显示这两个菜单项。

第 5 步，运行该程序，如果在 UITextView 控件中选中一段文本，可看到如图 14.24 所示的菜单效果。

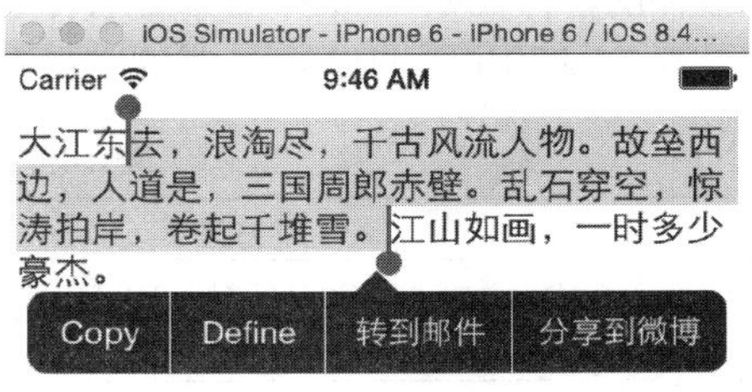

图 14.24　自定义快捷编辑菜单

Note

14.5 开关按钮

UISwitch 控件表示一个开关按钮，主要提供了一个简单的二进制控件。UISwitch 控件的可配置选项很少，只用于处理布尔值。

应用程序可通过监控该控件的 Value Changed 事件来检测开关按钮的状态切换，也可通过属性 on 或实例方法 isOn 来获取当前值。

14.5.1 添加开关按钮

创建一个 Single View Application 应用，打开 Main.storyboard 设计界面，从对象库中拖曳一个开关按钮到界面中。

在 Interface Builder 的界面设计文件中选中开关按钮，然后打开 Xcode 的属性检查器面板，可看到如图 14.25 所示的面板。

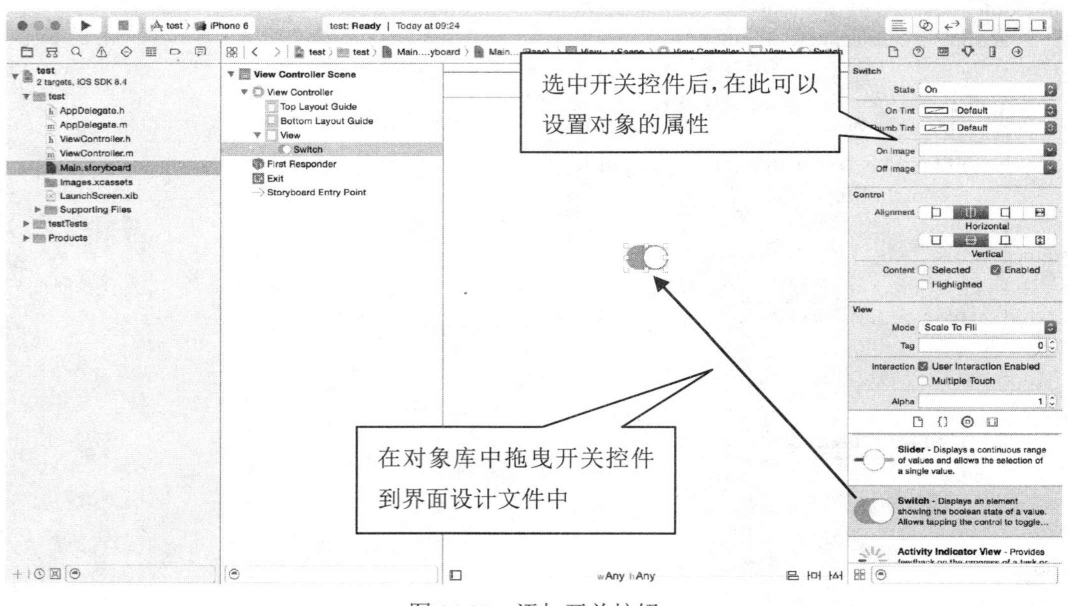

图 14.25 添加开关按钮

UISwitch 继承了 UIControl 基类，因此可以当成活动控件使用，可以直接在 Interface Builder 中为该控件的事件（如 Value Changed 事件）绑定事件处理方法。

表 14.4 列出了 UISwitch 类的常用方法及属性。

表 14.4 UISwitch 类的常用方法及属性

属性或方法	说明
@property(nonatomic, getter=isOn) BOOL on	确定切换开关是关还是开，默认情况是开
@property(nonatomic, retain) UIColor *onTintColor	切换开关在打开时，其外观使用到的色彩
-(id)initWithFrame:(CGRect)frame	初始化切换开关
-(void)setOn:(BOOL)on animated:(BOOL)animated	设置切换开关是否打开，是否动画显示

【示例】下面是 UISwitch 类的代码应用示例，通过代码直接创建开关按钮对象，然后使用属性设置对象显示。

```
//UISwitch 的初始化
UISwitch *switch = [[UISwitch alloc] initWithFrame:
CGRectMake(4.0f, 16.0f, 100.0f, 28.0f)];
//设置 UISwitch 的初始化状态，设置初始为 ON 的一边
switch.on = YES;
//UISwitch 事件的响应
[switch addTarget:self action:@selector(switchAction:)
 forControlEvents:UIControlEventValueChanged];
```

14.5.2 案例：使用开关按钮控制界面背景

本案例设计在程序界面上添加一个 UISwitch 控件，当用户开关 UISwitch 控件时，应用程序背景在黑色和白色之间切换。

【操作步骤】

第 1 步，创建一个 Single View Application 应用，保存项目为 test。

第 2 步，打开 Main.storyboard 设计界面，从对象库中拖曳一个 UISwitch 控件到界面中。

第 3 步，选中该控件，在属性检查器面板中对该 UISwitch 进行如下修改。

☑ 在 State 列表框中选中 Off 状态，设置该 UISwitch 默认处于关闭状态。

☑ 在 On Tint 颜色选择器中为该开关按钮的开启状态设置颜色。如果不设置，所有的开关按钮开启状态的背景色都是淡蓝色。

第 4 步，选中 UIView 对象，将该应用界面的根控件的背景初始颜色设为黑色。

第 5 步，为了能让开关按钮控制界面背景，需要在 Interface Builder 中为 UISwitch 的 Value Changed 事件绑定事件处理方法。绑定后的该 UISwitch 对应的连接检查器面板如图 14.26 所示。

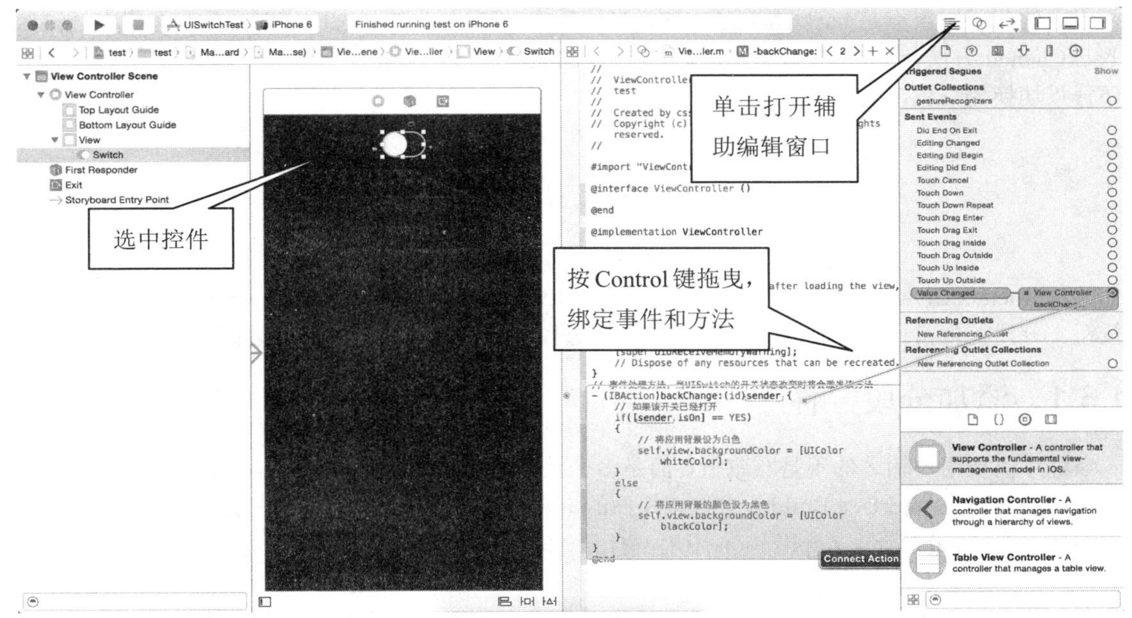

图 14.26 绑定事件处理方法

Note

第 6 步，修改程序界面对应的控制器类的实现部分（ViewController.m），修改实现部分后的代码如下：

```
@implementation ViewController
- (void)viewDidLoad
{
    [super viewDidLoad];
 // Do any additional setup after loading the view, typically from a nib.
}
- (void)didReceiveMemoryWarning
{
    [super didReceiveMemoryWarning];
    // Dispose of any resources that can be recreated.
}
//事件处理方法，当 UISwitch 的开关状态改变时将会激发该方法
- (IBAction)backChange:(id)sender {
 //如果该开关已经打开
 if([sender isOn] == YES)
 {
      //将应用背景设为白色
      self.view.backgroundColor = [UIColor whiteColor];
 }
 else
 {
      //将应用背景设为黑色
      self.view.backgroundColor = [UIColor blackColor];
 }
}
@end
```

上面的代码中重点是 backChange:方法，当程序中 UISwitch 的状态改变时，系统会激发该控制器的 backChange:方法，该方法会根据 UISwitch 控件的状态来决定背景颜色，当 UISwitch 为打开状态时，程序背景切换为白色，否则程序背景为黑色。

14.6 分段控件

UISegmentedControl 表示分段控件，继承了 UIControl，提供一栏按钮，但每次只能激活其中一个按钮。分段控件常用于在不同类别的信息之间选择，或在不同的应用屏幕之间进行切换。

14.6.1 添加分段控件

当程序需要用户输入的不是布尔值，而是多个枚举值时，可以使用分段控件。分段控件可以作为活动控件，直接在 Interface Builder 中为该控件的事件绑定 IBAction 事件处理方法。

创建一个 Single View Application 应用，打开 Main.storyboard 设计界面，从对象库中拖曳一个分段控件到界面中。

在 Interface Builder 的界面设计文件中选中分段按钮，然后打开 Xcode 的属性检查器面板，可看

到如图 14.27 所示的面板。

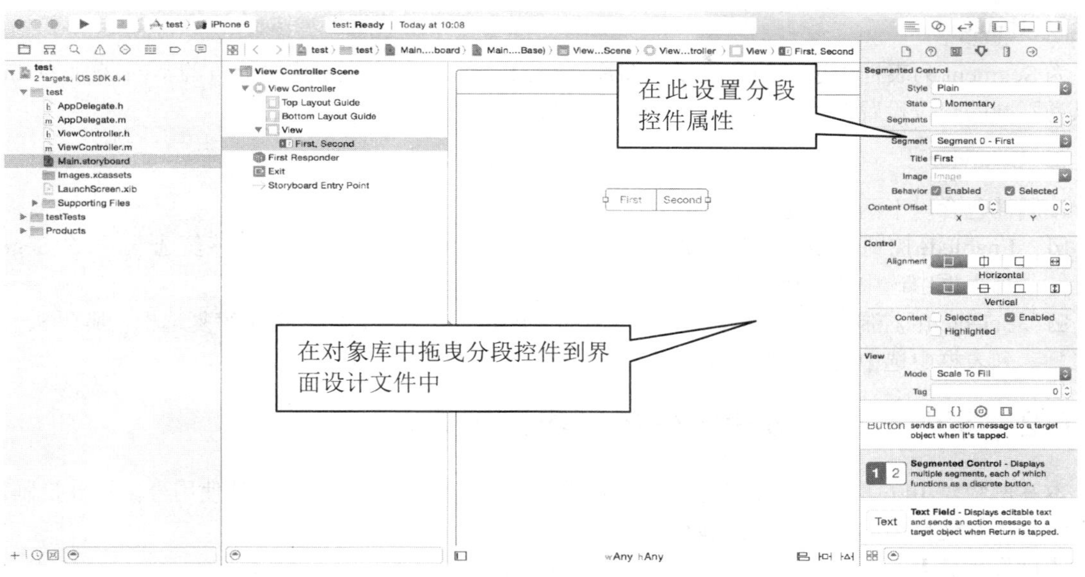

图 14.27　添加分段控件

UISegmentedControl 支持如下属性。

1. Style

该属性支持如下 3 个列表项。

☑ Plain：如果选择该列表项，该分段控件将使用最普通的风格。
☑ Bordered：如果选择该列表项，该分段控件将在最普通的风格周围添加一圈边框。
☑ Bar：如果选择该列表项，该分段控件将会使用工具条风格。

2. State

该属性区提供了一个 Momentary 复选框，如果选中该复选框，那么该分段控件将不会保存控件的状态。当用户点击分段控件的某个分段时，该控件只在用户点击时高亮显示，用户点击结束时，该分段控件不会继续高亮显示用户点击的那个分段。

3. Tint

设置分段控件被选中分段的高亮颜色。

4. Segments

该属性的值是一个整数，用于控制该分段控件总共被分为几段。

5. Segment

该属性值是一个列表框，用于选择指定的分段。该列表框所包含的列表项会动态改变，如果用户将 Segments 属性设为 4，那么该列表框将包含 4 个列表项，供用户选择指定的列表项进行配置。

该列表框中 Segment 0 代表第 1 个分段，Segment 1 代表第 2 个分段，依此类推。

6. Title

为 Segment 列表框中选中的分段设置标题。随着 Segment 列表框所选中分段的不同，此处的 Title

可以为不同的分段设置标题。

7. Image

为 Segment 列表框中选中的分段设置图片。随着 Segment 列表框所选中分段的不同，此处的 Image 可以为不同的分段设置图片。

Note

8. Behavior

该属性包含以下两个复选框。

☑ Enabled：控制 Segment 列表框中选中的分段是否可用。如果取消选中该复选框，那么 Segment 列表框中选中的分段将变为不可用。

☑ Selected：控制 Segment 列表框中选中的分段是否被选中。如果选中该复选框，那么 Segment 列表框中选中的分段将变成高亮被选中状态。

14.6.2 案例：使用分段控件控制界面背景

本案例将对 14.6.1 节案例使用开关按钮控制界面背景进行重新设计，设计使用分段控件控制界面背景色，以实现更多的背景色选择项目。

【操作步骤】

第 1 步，创建一个 Single View Application 应用，保存项目为 test。

第 2 步，打开 Main.storyboard 设计界面，从对象库中拖曳一个 UISegmentedControl 控件到界面中。

第 3 步，选中该控件，在属性检查器面板中对该 UISegmentedControl 进行如下修改。

☑ 在 Style 列表框中选中 Bar 列表项，定义该分段控件显示为工具条风格。

☑ 在 Segments 文本框中输入 4，定义该分段控件包含 4 个分段。

☑ 在 Segment 列表框中依次选择 4 个分段，依次将 4 个分段的 Title 设为红、绿、蓝、紫。

☑ 在 Segment 列表框选中第 1 个分段时，选中下面的 Selected 复选框，默认选中第一个分段。

第 4 步，打开界面布局文件对应的控制器类的实现部分（ViewController.m），设计 segmentChanged: 事件处理方法，修改后的类实现部分代码如下：

```
@implementation ViewController
- (void)viewDidLoad
{
    [super viewDidLoad];
}
- (void)didReceiveMemoryWarning
{
    [super didReceiveMemoryWarning];
}
- (IBAction)segmentChanged:(id)sender {
 //根据 UISegmentedControl 被选中的索引
 switch ([sender selectedSegmentIndex]) {
        case 0:
            //将应用背景设为红色
            self.view.backgroundColor = [UIColor redColor];
            break;
        case 1:
            //将应用背景设为绿色
```

```
            self.view.backgroundColor = [UIColor greenColor];
            break;
        case 2:
            //将应用背景设为蓝色
            self.view.backgroundColor = [UIColor blueColor];
            break;
        case 3:
            //将应用背景设为紫色
            self.view.backgroundColor = [UIColor purpleColor];
            break;
    }
}
@end
```

在上面的代码中，当程序中 UISegmentedControl 的状态改变时，系统会激发该控制器的 segmentChanged:方法，该方法会根据 UISegmentedControl 控件的状态来决定背景颜色。

第 5 步，为了让程序能响应分段控件的事件，在 Interface Builder 中为分段控件的 ValueChanged 事件绑定 IBAction 事件处理方法。绑定后，该 UISegmentedControl 控件对应的连接检查器面板如图 14.28 所示。

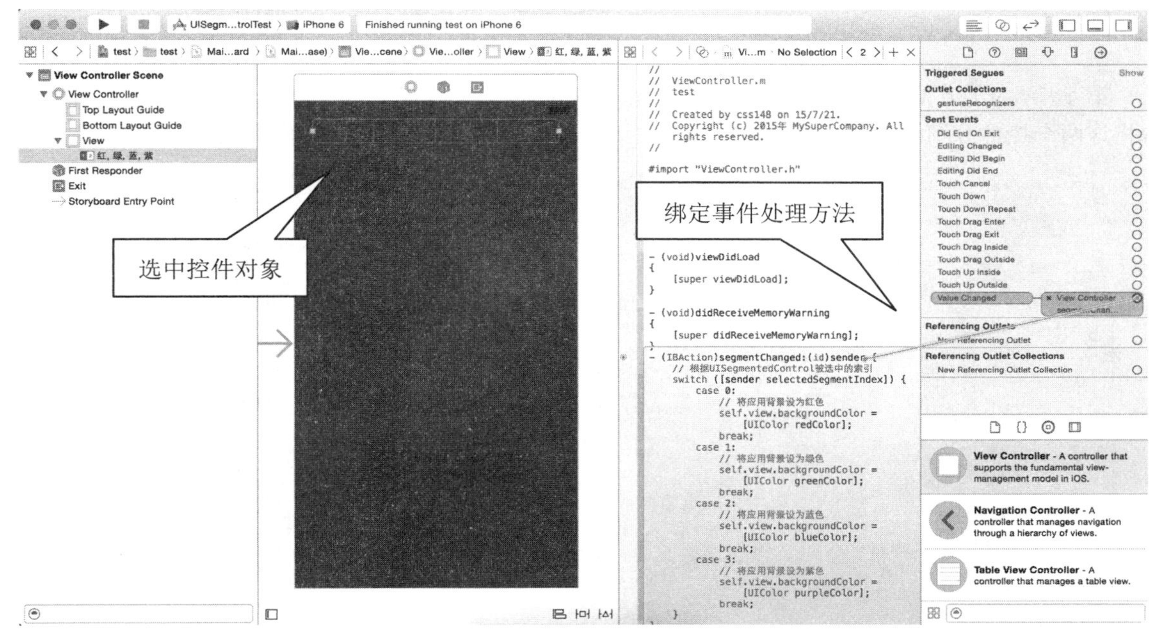

图 14.28　绑定事件处理方法

第 6 步，运行该程序，可以看到随着用户选中不同的分段，应用主界面的背景颜色会随之改变，如图 14.29 所示。

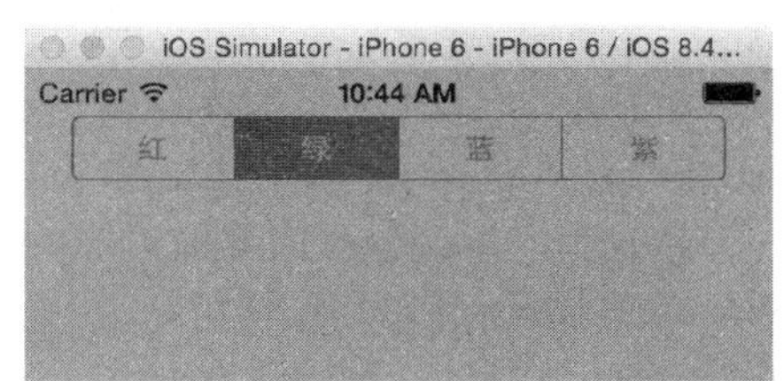

图 14.29　分段控件控制背景色演示效果

14.6.3　案例：动态控制分段控件

上面的案例是在 Interface Builder 中为 UISegmented Control 设置分段的，用户也可以通过代码在运行时动态地

Note

添加、删除分段。

【操作步骤】

第 1 步，创建一个 Single View Application 应用，保存项目为 test。

第 2 步，打开 Main.storyboard 设计界面，从对象库中拖曳一个 UISegmentedControl 控件到界面中。

第 3 步，从对象库中拖曳一个 UITextField 和两个按钮到应用界面中，将这些控件进行初步设置，并摆放整齐，效果如图 14.30 所示。

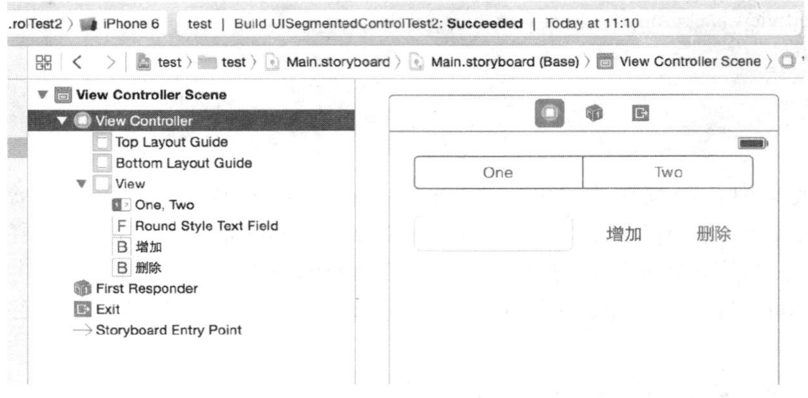

图 14.30　设计界面效果

第 4 步，为了方便访问界面中的 UISegmentedControl 控件和 UITextField 控件，在 Interface Builder 中将这两个控件分别绑定到控制器的 segment 和 tv 两个 IBOutlet 属性，如图 14.31 所示。

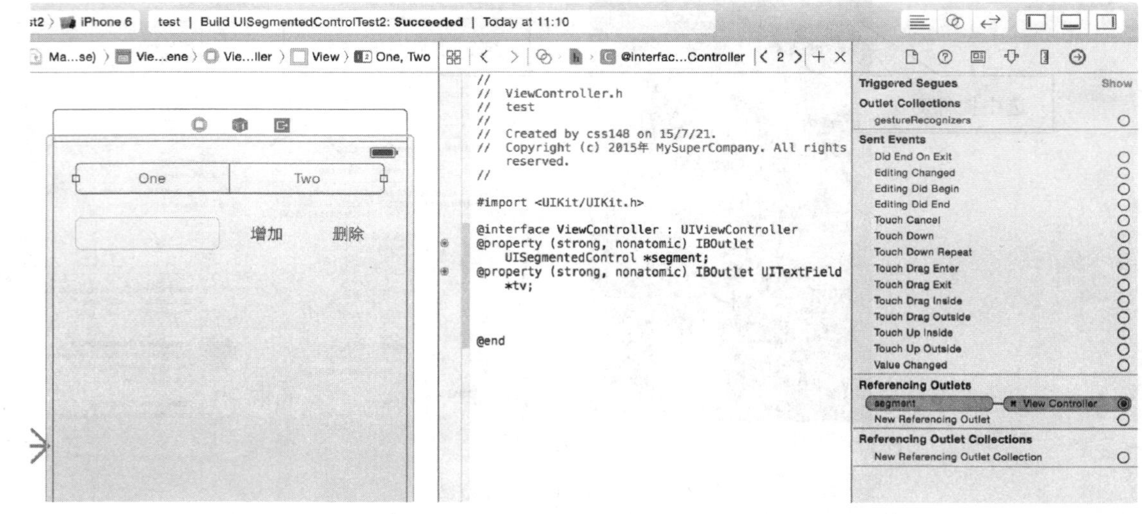

图 14.31　为分段控件和文本框定义属性

第 5 步，为了让程序能响应两个按钮的点击事件，在 Interface Builder 中将这两个按钮的 Touch Up Inside 事件处理方法绑定为 add:和 remove:方法，如图 14.32 所示。

第 6 步，修改该程序界面对应的控制器类的实现部分（ViewController.m），主要是实现 add:和 remove:方法，代码如下：

```
@implementation ViewController
- (void)viewDidLoad
```

```
{
 [super viewDidLoad];
}
- (void)didReceiveMemoryWarning
{
 [super didReceiveMemoryWarning];
}
- (IBAction)add:(id)sender {
 NSUInteger count = self.segment.numberOfSegments;
 //获取该文本框内输入的字符串
 NSString* title = self.tv.text;
 //如果用户输入的字符串长度大于 0
 if([title length] > 0)
 {
        //以用户输入的内容插入一个分段
        [self.segment insertSegmentWithTitle:title
              atIndex:count animated:YES];
        //清空文本框内容
        self.tv.text = @"";
 }
}
- (IBAction)remove:(id)sender {
 NSUInteger count = self.segment.numberOfSegments;
 //删除 UISegmentedControl 控件最后一个分段
 [self.segment removeSegmentAtIndex: count-1
        animated:YES];
}
@end
```

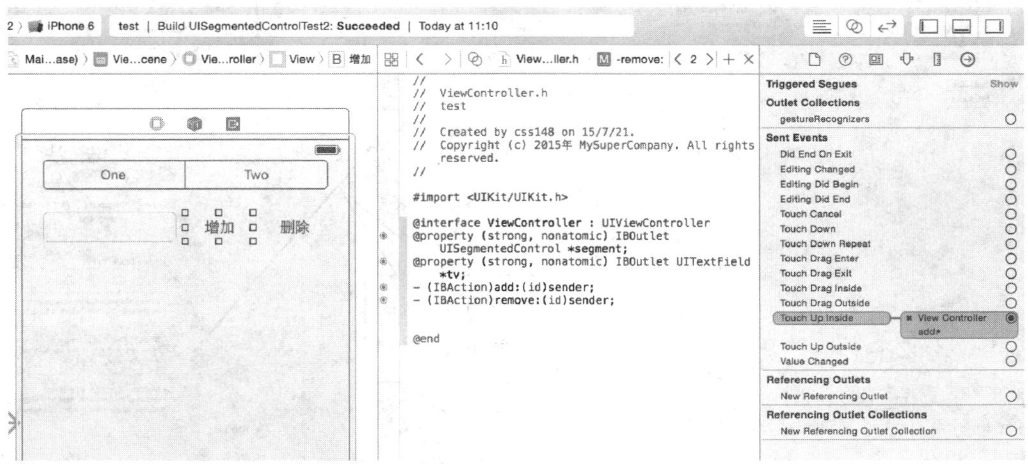

图 14.32　为两个按钮定义事件处理方法

在上面的代码中，如果调用 UISegmentedControl 的 insertSegmentWithTitle:atIndex:animated:方法为分段控件插入分段，而调用 UISegmentedControl 的 removeSegmentAtIndex:animated:方法删除分段。

第 7 步，运行该程序，用户可以在界面为分段控件动态添加分段后，增加或者删除分段，效果如图 14.33 所示。

Note

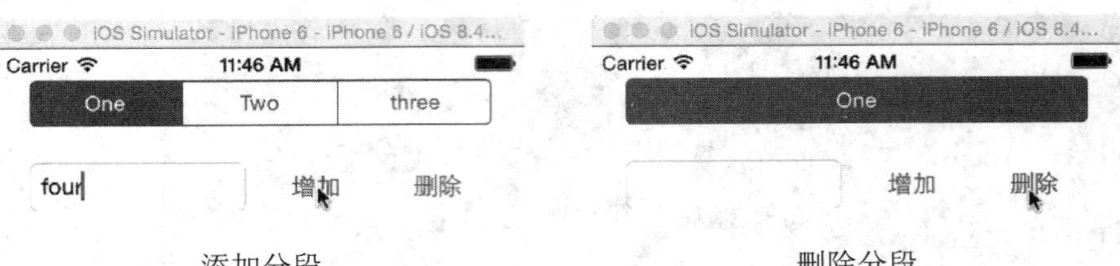

添加分段　　删除分段

图 14.33　添加和删除分段演示效果

14.7　滑 块 控 件

UISlider 表示滑块控件，允许用户拖动滑块来改变值，因此滑块控件通常用于对系统的某种数值进行调节，如调节音量、控制播放进度等。

14.7.1　添加滑块控件

创建一个 Single View Application 应用，打开 Main.storyboard 设计界面，从对象库中拖曳一个滑块控件到界面中。

在 Interface Builder 的界面设计文件中选中滑块控件，然后打开 Xcode 的属性检查器面板，可看到如图 14.34 所示的面板。

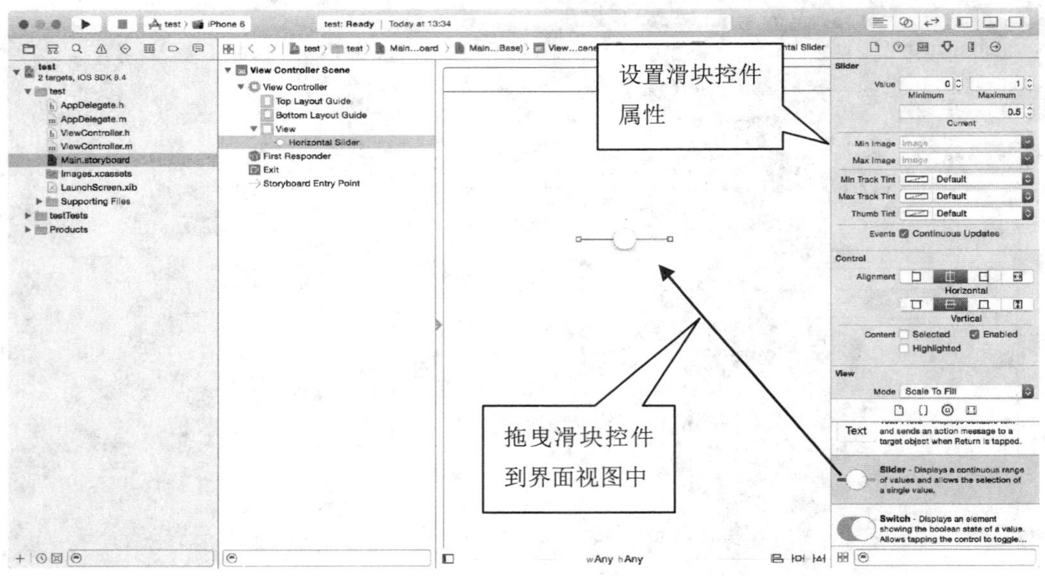

图 14.34　添加滑块控件

UISlider 支持的很多属性与 UIProgressBar 相似，只是 UISlider 多一个滑块，可以为滑块指定颜色。与 UIProgressView 类似，UISlider 也支持高度定制，包括定制滑块控件的轨道、已完成进度的外观。UISlider 提供了如下 3 个方法。

☑　setMinimumTrackImage:forStatc::设置滑块控件已完成进度的轨道图片。

☑　setMaximurTrackImage:forState::设置滑块控件未完成进度的轨道图片。

☑ setThumbImage:forState:：设置滑块控件上滑块的图片。

因为继承了 UIControl，所以 UISlider 可以作为活动控件与用户交互，既可在 Interface Builder 中为 UISlider 的 Value Changed 事件绑定 IBAction 事件处理方法，也可在代码中为该控件绑定事件处理方法。

表 14.5 列出了 UISlider 类的常用方法及属性。

表 14.5 UISlider 类的常用方法及属性

属性或方法	说　　明
@property(nonatomic, getter=isContinuous) BOOL continuous	是否连续返回值
@property(nonatomic, readonly) UIImage *currentMaximumTrackImage	最大值图标
@property(nonatomic, readonly) UIImage *currentMinimumTrackImage	最小值图标
@property(nonatomic, readonly) UIImage *currentThumbImage	当前值图标
@property(nonatomic, retain) UIColor *maximumTrackTintColor	最大值颜色
@property(nonatomic) float maximumValue	最大值
@property(nonatomic, retain) UIImage *maximumValueImage	最大值图像
@property(nonatomic, retain) UIColor *minimumTrackTintColor	最小值颜色
@property(nonatomic) float minimumValue	最小值
@property(nonatomic, retain) UIImage *minimumValueImage	最小值图像
@property(nonatomic, retain) UIColor *thumbTintColor	滑块按钮颜色
@property(nonatomic) float value	滑块值

【示例】本示例演示了如何使用代码创建 UISlider 类的对象实例。

```
//创建 UISlider 对象
UISlider *slider = [[UISlider alloc] initWithFrame:
CGRectMake(0, 0, 200, 20)];
//滑块的范围下限
slider.minimumValue = 0;
//滑块的范围上限
slider.maximumValue = 100;
//默认值
slider.value = 50;
//两端添加图片下限图像
[slider setMininumTrackImage: [ UIImage
applicationImageNamed:@"min.png" ] forState:
UIControlStateNormal ];
//两端添加图片上限图像
[slider setMaxinumTrackImage: [ UIImage
applicationImageNamed:@"max.png" ] forState:
UIControlStateNormal ];
//滑块值发生变化时收到通知，可以用 UIControl 类的 addTarget 方法为
//UIControlEventValueChanged 事件添加一个动作
[slider addTarget:self action:@selector(updateValue:)
forControlEvents:UIControlEventValueChanged];
//如果要在拖动中也触发，需要设置滑块的 continuos  属性
slider.continuous = YES;
[self.view addSubview:slider];
```

14.7.2 案例：设计控件

本案例包括两个开关按钮、一个分段控件、两个标签控件和一个滑块控件。两个开关按钮的值保持一致，单击其中一个开关按钮，当其值为ON，另一个也会随之改变；分段控件有两段，左侧和右侧的段分别命名为Left和Right，单击Right时两个开关按钮消失，单击Left时两个开关按钮显示；后面的滑块控件可以改变标签SliderValue的内容，把滑块变化的数值显示在后面。

【操作步骤】

第1步，创建一个Single View Application应用，保存项目为test。

第2步，打开Main.storyboard设计界面，从对象库中拖曳两个开关按钮到界面。

第3步，分别为两个开关按钮指定输出口，分别命名为LeftSwitch和RightSwitch。

第4步，在ViewController.h文件中声明一个valueChanged:方法，该方法的作用是同时设置两个开关的值，使其值保持一致，其实现代码如下：

```
//使两个开关的值保持一致
- (IBAction)switchValueChanged:(id)sender {
    UISwitch *witchSwitch = (UISwitch *)sender;
    BOOL setting = witchSwitch.isOn;
    [self.leftSwitch setOn:setting animated:YES];
    [self.rightSwitch setOn:setting animated:YES];
}
```

开关按钮的功能类似于Windows中的复选框，只有两种状态：TRUE（或YES）和FALSE（或NO），两种状态的切换方法是setOn:animated:。上面代码中的self.leftSwitch setOn:setting animated:YES就是状态切换方法。

第5步，拖曳一个滑块控件到上视图中，然后将其水平放置。打开它的属性检查器，将其最小值、最大值、初始值依次设定为0.0、1.0、0.5。

> 提示：在iOS开发中，滑块的值是0.0f～1.0f之间的浮点数，值的设定方法如下：
>
> ```
> - (void)setValue:(float)value animated:(BOOL)animated
> ```

第6步，在滑块上方拖曳两个标签，将左侧标签的文本改为SliderValue:，将右侧标签的文本清除，并为其实现输出口，命名为SliderValue。

第7步，右侧的标签用于显示滑块的值，也就是滑块控制着标签的值，这里为滑块实现一个动作，命名为sliderValueChange:。在ViewController.h头文件中的定义代码如下：

```
@property (weak, nonatomic) IBOutlet UILabel *SliderValue;
- (IBAction)sliderValueChange:(id)sender;
```

第8步，在ViewController.m文件中实现sliderValueChange:的代码如下：

```
//用标签显示滑块的值
- (IBAction)sliderValueChange:(id)sender {
    UISlider *slider = (UISlider *)sender;
    int progressAsInt = (int)(slider.value + 0.5f);
    NSString *newText = [[NSString alloc]initWithFormat:@"%d",progressAsInt];
    self.SliderValue.text = newText;
}
```

第9步，在开关按钮下方拖曳一个分段控件，双击使其处于编辑状态，依次输入文本Left和Right。

第 10 步，回到代码中，在 ViewController.h 头文件中定义如下方法：

```
//点击分段控件控制开关按钮的隐藏或显示
- (IBAction)touchDown:(id)sender {
    if (self.leftSwitch.hidden == YES) {
        self.rightSwitch.hidden = NO;
        self.leftSwitch.hidden = NO;
    }else{
        self.leftSwitch.hidden = YES;
        self.rightSwitch.hidden = YES;
    }
}
```

第 11 步，运行该程序，用户可以在界面控制开关按钮，切换分段控件，拖动滑块，可以读取滑块的值，效果如图 14.35 所示。

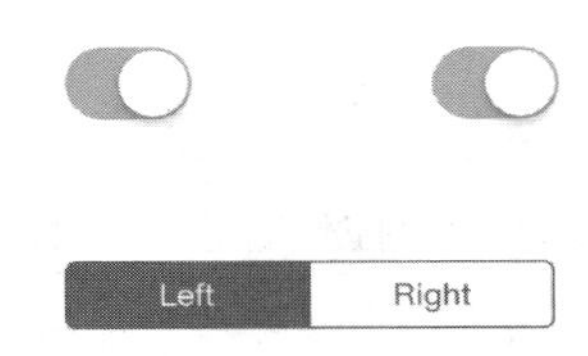

图 14.35　设计控件效果

14.7.3　案例：使用滑块控制透明度

本案例设计使用滑块控件动态调控界面中图片的不透明度效果。

【操作步骤】

第 1 步，创建一个 Single View Application 应用，保存项目为 test。

第 2 步，打开 Main.storyboard 设计界面，从对象库中拖曳一个 UIImageView 和一个 UISlider 控件。

第 3 步，为 UIImageView 设置一个初始图片。

第 4 步，将 UISlider 的当前值设为 0，并为 UISlider 的最小值、最大值分别设置不同的图片。

第 5 步，将这两个控件摆放整齐，在 Interface Builder 中设计的程序界面如图 14.36 所示。

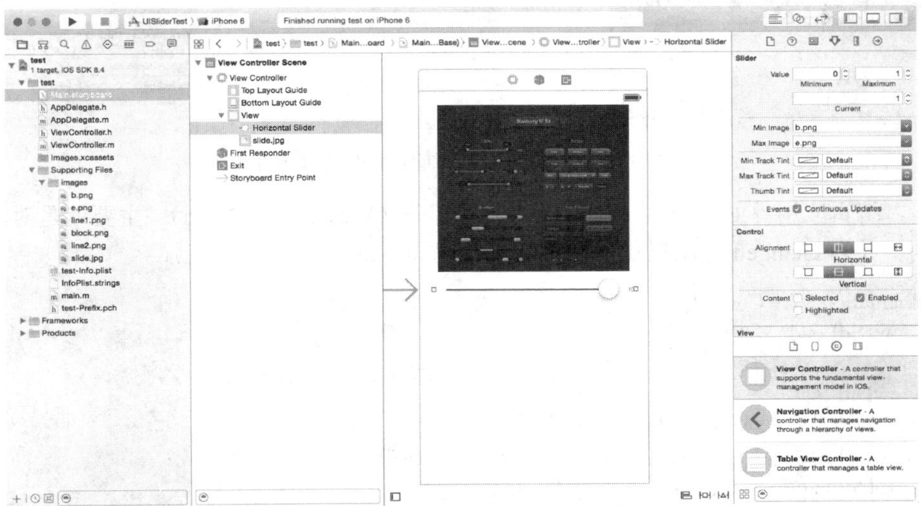

图 14.36　设计界面效果

Note

第 6 步，将 UIImageView 和 UISlider 分别绑定到控制器类的 iv、slider 两个 IBOutlet 属性，这样即可在程序中访问这两个控件，如图 14.37 所示。

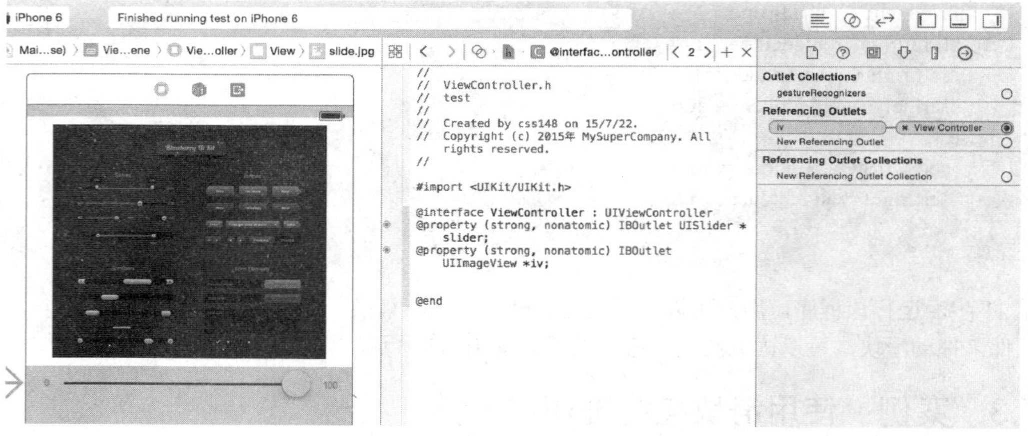

图 14.37　为图像控件和滑块控件定义输出属性

第 7 步，为 UISlider 控件的 Value Changed 事件绑定 changed:事件处理方法，这样即可保证当用户拖动滑块控件时会不断触发 changed:方法，如图 14.38 所示。

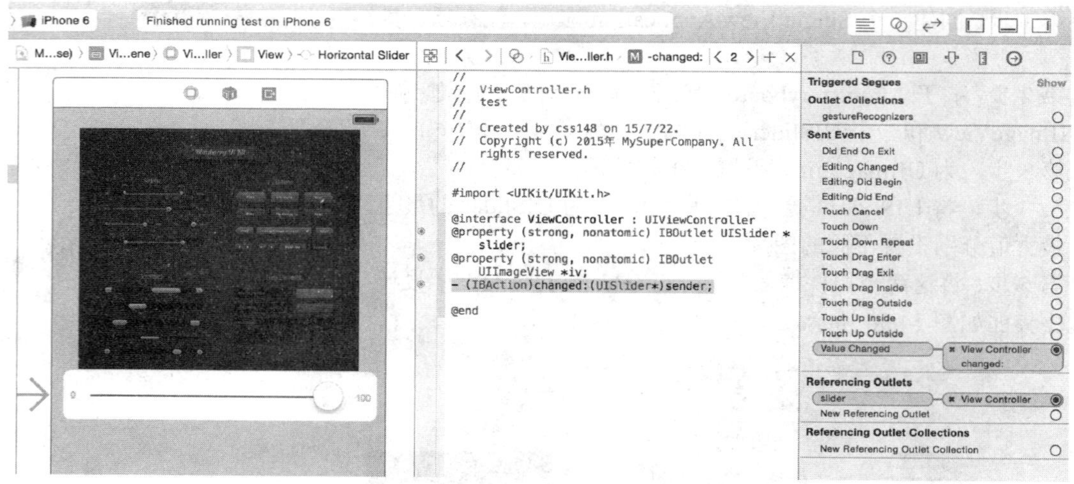

图 14.38　为滑块控件绑定事件处理方法

第 8 步，编辑应用界面对应的控制器类的实现部分（ViewController.m），主要就是对滑块控件外观进行定制，并为 changed:方法提供实现。实现代码如下：

```
@implementation ViewController
- (void)viewDidLoad
{
 [super viewDidLoad];
 //创建可拉伸图片，指定对 line1.png 图片整体进行平铺
 UIImage* minImage = [[UIImage imageNamed:@"line1.png"]
        resizableImageWithCapInsets:UIEdgeInsetsZero
        resizingMode:UIImageResizingModeTile];
```

```
//创建可拉伸图片，指定对 line2.png 图片整体进行平铺
UIImage* maxImage = [[UIImage imageNamed:@"line2.png"]
        resizableImageWithCapInsets:UIEdgeInsetsZero
        resizingMode:UIImageResizingModeTile];
//设置拖动条已完成部分的轨道的图片
[self.slider setMinimumTrackImage:minImage
        forState: UIControlStateNormal];
//设置拖动条未完成部分的轨道的图片
[self.slider setMaximumTrackImage:maxImage
        forState: UIControlStateNormal];
//设置拖动条上滑块的图片
[self.slider setThumbImage:[UIImage imageNamed:@"block.png"]
        forState:UIControlStateNormal];
}
- (void)didReceiveMemoryWarning
{
[super didReceiveMemoryWarning];
}
- (IBAction)changed:(UISlider*)sender {
//根据拖动条的值改变 iv 控件的透明度
[self.iv setAlpha:sender.value];
}
@end
```

上面的代码主要负责定制 UISlider 控件的外观，包括改变该控件已完成部分的轨道图片、未完成部分的轨道图片和滑块的图片。

changed:方法则调用滑块控件的 value 属性来获取滑块控件的当前值，再根据滑块控件的值来控制 iv 控件的透明度，让该图片的透明度随用户的拖动而改变。

第 9 步，运行该程序，并拖动滑块来改变图片透明度，即可看到如图 14.39 所示的效果。

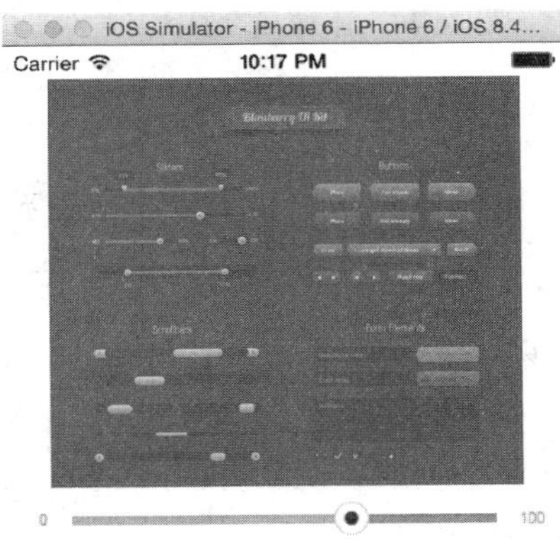

图 14.39　拖动滑块控件改变图片透明度

14.8　图像控件

UIImageView 表示图像控件，继承 UIView 基类，不是继承 UIControl。图像控件主要用于显示图

片，不接收输入，也不参与交互。

14.8.1 添加图像控件

创建一个 Single View Application 应用，打开 Main.storyboard 设计界面，从对象库中拖曳一个 UIImageView 控件到界面中。

在 Interface Builder 的界面设计文件中选中 UIImageView 控件，然后打开 Xcode 的属性检查器面板，可看到如图 14.40 所示的面板。

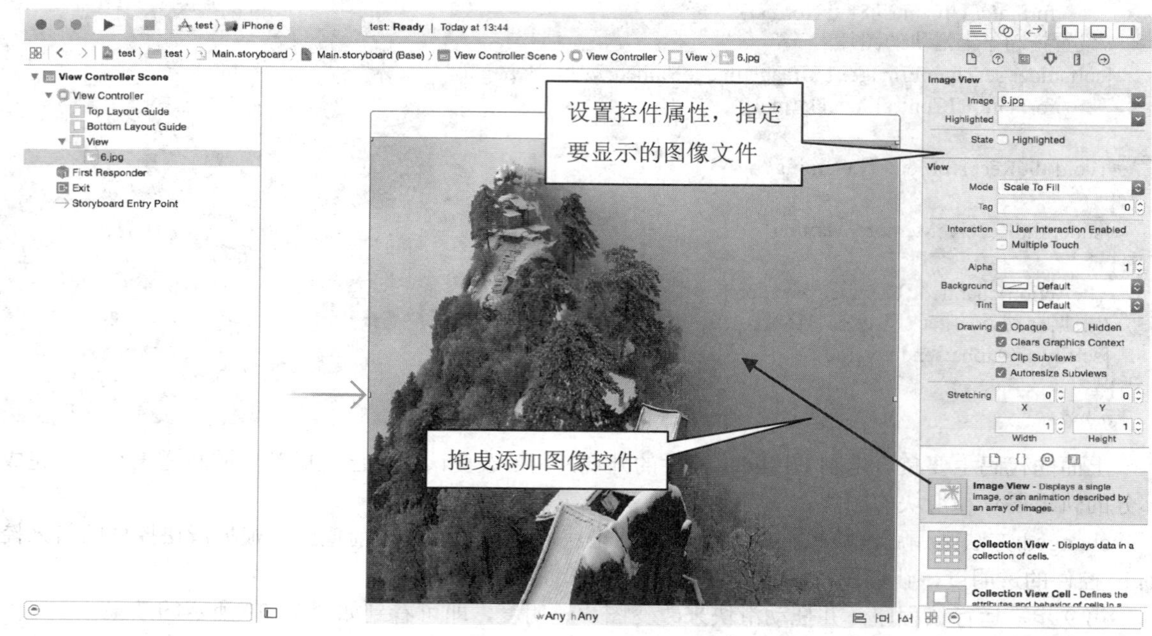

图 14.40　添加并设置图片控件

UIImageView 通过如下两个属性设置要显示的图片。

☑　image：访问或设置该控件显示的图片。

☑　highlightedImage：访问或设置该控件处于高亮状态时显示的图片。

UIImageView 还可以使用动画显示一组图片，使用 UIImageView 动画显示一组图片的属性和方法如下。

☑　animationImages：访问或者设置该 UIImageView 需要动画显示的多张图片。该属性的值是一个 NSArray 对象。

☑　highlightedAnimationImages：访问或者设置该 UIImageView 高亮状态下需要动画显示的多张图片。该属性的值是一个 NSArray 对象。

☑　animationDuration：访问或设置该 UIImageView 的动画持续时间。

☑　animationRepeatCount：访问或设置该 UIImageView 的动画重复次数。

☑　startAnimating：开始播放动画。

☑　stopAnimating：停止播放动画。

☑　isAnimating：该方法判断该 UIImageView 是否正在播放动画。

UIView 控件支持的 Mode 属性可控制 UIImageView 所显示图片的缩放模式，Mode 属性是一个列

表框，该列表框支持如下列表项。

☑ Scale To Fill：不保持纵横比缩放图片，使图片完全适应该 UIImageView 控件。
☑ Aspect Fit：保持纵横比缩放图片，使图片的长边能完全显示出来，也就是说，可以完整地将图片显示出来。
☑ Aspect Fill：保持纵横比缩放图片，只保证图片的短边能完全显示出来，也就是说，图片通常只在水平或垂直方向是完整的，另一个方向将会发生截取。
☑ Center：不缩放图片，只显示图片的中间区域。
☑ Top：不缩放图片，只显示图片的顶部区域。
☑ Bottom：不缩放图片，只显示图片的底部区域。
☑ Left：不缩放图片，只显示图片的左边区域。
☑ Right：不缩放图片，只显示图片的右边区域。
☑ Top Left：不缩放图片，只显示图片的左上边区域。
☑ Top Right：不缩放图片，只显示图片的右上边区域。
☑ Bottom Left：不缩放图片，只显示图片的左下边区域。
☑ Bottom Right：不缩放图片，只显示图片的右下边区域。

表 14.6 列出了 UIImageView 类的常用方法及属性。

表 14.6　UIImageView 类的常用方法及属性

属性或方法	说　　明
- (id)initWithImage:(UIImage *)image	用指定的图像对 ImageView 初始化
- (id)initWithImage:(UIImage *)image highlightedImage:(UIImage *)highlightedImage	用指定的规格和高亮显示的图像对 ImageView 初始化
@property(nonatomic, retain) UIImage *image	ImageView 中显示的图片
- (NSImage) initWithContentsOfURL:(NSURL *)	以 URL 方式初始化
- (NSImage)initWithContentsOfFile:(NSString *)	以路径方式初始化
@property(nonatomic, getter=isUserInteractionEnabled) BOOL userInteractionEnabled	一个布尔值，确定事件队列中的用户事件是否忽略和删除

【示例】下面的代码使用 UIImageView 类创建图像控件对象的演示示例。

```
//初始化，加载图片
UIImageView *imageView = [[UIImageView alloc] initWithFrame:
CGRectMake(0.0,45.0,300,300)];
imageView.image = [UIImage imageNamed:@"a.png"];
//初始化，以 URL 方式加载图片
UIImage *image = [[UIImage alloc] initWithData:[NSData dataWithContentsOfURL:[NSURL URLWithString:
@"http://farm4.static.flickr.com/3092/2915896504_a88b69c9de.jpg"]]];
UIImageView *imageView = [[UIImageView alloc] initWithImage:image];
```

14.8.2　案例：预览图片

本案例利用 UIImageView 控件预览图片，并允许放大查看点击位置图片细节，同时利用 UIView 的 alpha 属性控制图片显示透明度效果。

【操作步骤】

第 1 步，创建一个 Single View Application 应用，保存项目为 test。

第 2 步，打开 Main.storyboard 设计界面，从对象库中拖曳 3 个按钮、2 个 UIImageView，然后调整显示位置，在 Interface Builder 中界面布局效果如图 14.41 所示。

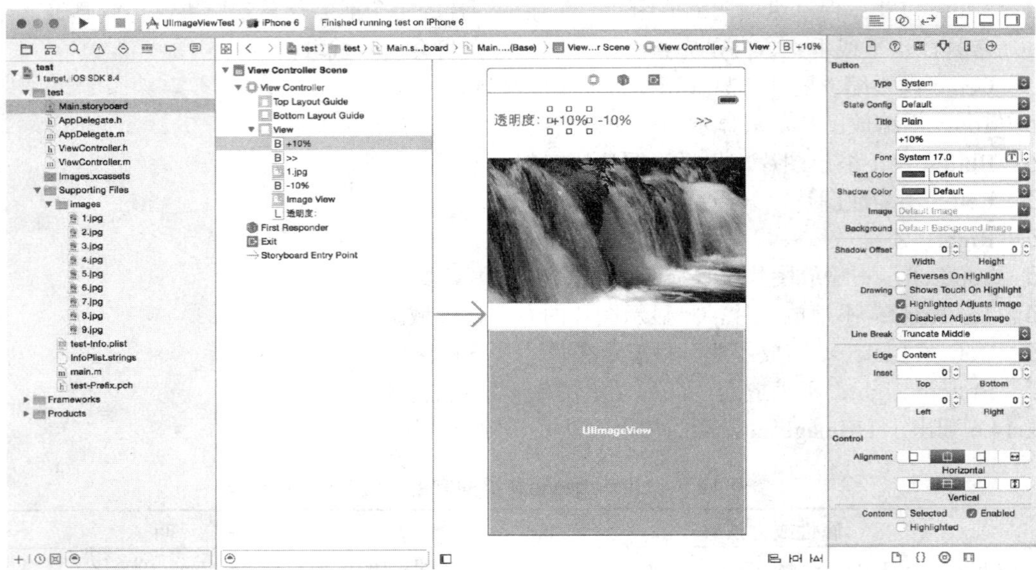

图 14.41　界面布局效果

第 3 步，在 Interface Builder 中将两个 UIImageView 绑定到控制器类的 IBOutlet 属性：ivl 和 iv2，这样控制器类即可通过这两个属性来访问这两个 UIImageView 控件。

第 4 步，在 Interface Builder 中为 3 个按钮的 Touch Up Inside 事件绑定 IBAction 事件处理方法，这些按钮分别绑定到 IBAction 事件的处理方法为 plus:、minus:和 next:，这样，程序就能响应应用界面上的 3 个按钮的单击事件，如图 14.42 所示。

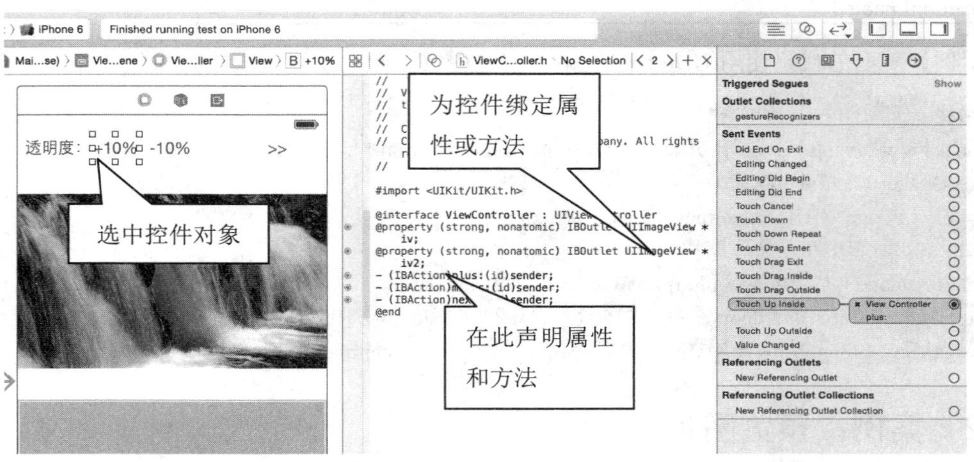

图 14.42　为控件绑定属性和方法

第 5 步，完成界面设计之后，编写该应用界面对应的控制器类的实现部分，主要就是为 plus:、minus:和 next:方法提供实现（ViewController. m）。

第 6 步，为 UIImageView 的单击事件提供响应。由于 UIImageView 并未继承 UIControl 基类，因此，既不能在 Interface Builder 中为 UIImageView 的 Touch Up Inside 事件绑定 IBAction 事件处理方法，也不能通过代码为该控件的 Touch Up Inside 事件绑定事件处理方法。为了让 UIImageView 能响应单击事件，可以通过 UIImageView 添加手势检测器来处理单击事件，具体代码如下（ViewController. m）：

```
@implementation ViewController
NSArray* images;
int curImage;
CGFloat alpha;
- (void)viewDidLoad
{
 [super viewDidLoad];
 curImage = 0;
 alpha = 1.0;
 images = [NSArray arrayWithObjects:@"1.jpg",@"2.jpg", @"3.jpg",
                @"4.jpg", @"5.jpg", @"6.jpg", @"7.jpg", @"8.jpg", @"9.jpg", nil];
 //创建一个轻击的手势检测器
 UITapGestureRecognizer *singleTap = [[UITapGestureRecognizer alloc]
        initWithTarget:self action:@selector(clicked:)];
 //启用 iv 控件的用户交互，从而允许该控件能响应用户手势
 self.iv.userInteractionEnabled = YES;
 //为 UIImageView 添加手势检测器
 [self.iv addGestureRecognizer:singleTap];
}
- (void)didReceiveMemoryWarning
{
 [super didReceiveMemoryWarning];
}
- (IBAction)plus:(id)sender {
 alpha += 0.1;
 //如果透明度已经大于或等于 1.0，将透明度设置为 1.0
 if(alpha >= 1.0)
 {
        alpha = 1.0;
 }
 //设置 iv 控件的透明度
 self.iv.alpha = alpha;
}
- (IBAction)minus:(id)sender {
 alpha -= 0.1;
 //如果透明度已经小于或等于 0.0，将透明度设置为 0.0
 if(alpha <= 0.0)
 {
        alpha = 0.0;
 }
 //设置 iv 控件的透明度
 self.iv.alpha = alpha;
}
- (IBAction)next:(id)sender {
 //控制 iv 的 image 显示 images 数组中的下一张图片
```

Note

```
    self.iv.image = [UIImage imageNamed:
        [images objectAtIndex:(++curImage % images.count)]];
}
- (void) clicked:(UIGestureRecognizer *)gestureRecognizer
{
    //获取正在显示的原始位图
    UIImage* srcImage = self.iv.image;
    //获取用户手指在 iv 控件上的触碰点
    CGPoint pt = [gestureRecognizer locationInView: self.iv];
    //获取正在显示的原图对应的 CGImageRef
    CGImageRef sourceImageRef = [srcImage CGImage];
    //获取图片实际大小与第一个 UIImageView 的缩放比例
    CGFloat scale = srcImage.size.width / 320;
    //将 iv 控件上触碰点的左边换算成原始图片上的位置
    CGFloat x = pt.x * scale;
    CGFloat y = pt.y * scale;
    if(x + 120 > srcImage.size.width)
    {
        x = srcImage.size.width - 140;
    }
    if(y + 120 > srcImage.size.height)
    {
        y = srcImage.size.height - 140;
    }
    //调用 CGImageCreateWithImageInRect 函数获取 sourceImageRef 中
    //指定区域的图片
    CGImageRef newImageRef = CGImageCreateWithImageInRect(sourceImageRef
        , CGRectMake(x, y, 140, 140));
    //让 iv2 控件显示 newImageRef 对应的图片
    self.iv2.image = [UIImage imageWithCGImage:newImageRef];
}
@end
```

在 ViewDidLoad 方法中初始化了该程序需要显示的所有图片，将这些图片的文件名组成一个 NSArray 数组。另外，创建一个手势检测器，并为 iv（第一个 UIImageView 控件）添加该手势检测器，该手势检测器就会负责处理该 UIImageView 控件上的点击事件。

在 plus:、minus:方法中通过修改 alpha 属性来控制该控件的透明度，在 next:方法中通过 image 属性来控制该 UIImageView 显示图片。

第 7 步，运行程序，可以看到如图 14.43 所示的效果。

14.8.3 案例：设计幻灯片

UIImageView 可以以动画方式轮换显示多张图片，这种显示方式类似于幻灯片播放方式。实现方法：为 UIImageView 的 animationImages 属性设置一个 NSArray 集合，该集合元素中都是 UIImage 对象，然后设置与动画相关的一些属性，最后再调用 UIImageView 的 startAnimating 方法开始播放动画。

【操作步骤】

第 1 步，创建一个 Single View Application 应用，保存项目为 test。

第 2 步，打开 Main.storyboard 设计界面，从对象库中拖曳一个 UI ImageView。

图 14.43　程序运行效果

第 3 步，在 Interface Builder 中将该 UIImageView 绑定到该控制器类的 IBOutlet 属性 ivo，以方便在代码中访问图像控件。

第 4 步，编写应用界面对应的控制器类的实现部分代码（ViewController. m）：

```
@implementation ViewController
NSArray* images;
- (void)viewDidLoad
{
 [super viewDidLoad];
 //创建一个 NSArray 集合，其中，集合元素都是 UIImage 对象
 images = [NSArray arrayWithObjects:
        [UIImage imageNamed:@"1.jpg"],
        [UIImage imageNamed:@"2.jpg"],
        [UIImage imageNamed:@"3.jpg"],
        [UIImage imageNamed:@"4.jpg"],
        [UIImage imageNamed:@"5.jpg"],
        [UIImage imageNamed:@"6.jpg"],
        [UIImage imageNamed:@"7.jpg"],
        [UIImage imageNamed:@"8.jpg"],
        [UIImage imageNamed:@"9.jpg"], nil];
 //设置 iv 控件需要动画显示的图片为 images 集合元素
 self.iv.animationImages = images;
 //设置动画持续时间
 self.iv.animationDuration = 12;
 //设置动画重复次数
 self.iv.animationRepeatCount = 999999;
 //让 iv 控件开始播放动画
 [self.iv startAnimating];
```

```
}
- (void)didReceiveMemoryWarning
{
 [super didReceiveMemoryWarning];
}
@end
```

Note

上面的代码设置 UIImageView 动画播放图片，并设置该控件的动画持续时间和动画重复次数，最后调用了 UIImageView 的 startAnimating 方法开始播放动画，让 UIImageView 开始正常播放动画。

14.9 进 度 条

UIProgressView 表示进度条控件，用于显示某个操作完成的百分比，也可以动态显示进度，提高用户界面的友好性。

14.9.1 添加进度条

UIProgressView 继承 UIView，提供一个从左向右逐渐填满的进度条，指示任务的进展情况，只作为静态提示，不参与交互。

创建一个 Single View Application 应用，打开 Main.storyboard 设计界面，从对象库中拖曳一个进度条控件到界面中。

在 Interface Builder 的界面设计文件中选中进度条控件，打开 Xcode 的属性检查器面板，可以设置其属性。UIProgressView 控件支持如下属性。

1. Style

定义进度条风格，包括两个选项。

☑ Default：设置使用默认风格的进度条。

☑ Bar：设置工具条风格的进度条。

2. Progress

设置进度条中任务的完成比例，其属性值是 0.0～1.0 之间的一个浮点值，其中，1.0 代表任务完成了 100%。

3. Progress Tint

设置进度条上已经完成进度的颜色。

4. Track Tint

设置进度条的轨道颜色。

UIProgressView 还支持两个定制属性。

☑ progressImage：设置进度条完成部分的图片。

☑ trackImage：访问或设置进度条的轨道图片。

上面两个属性的类型都是 UIImage 对象。

表 14.7 列出了 UIProgressView 类的常用方法及属性。

表 14.7　UIProgressView 类的常用方法及属性

属性或方法	说　明
@property(nonatomic) float progress	当前进度条值
@property(nonatomic, retain) UIImage *progressImage	进度图像
@property(nonatomic, retain) UIColor *progressTintColor	进度色彩颜色
@property(nonatomic) UIProgressViewStyle progressViewStyle	进度条风格
@property(nonatomic, retain) UIImage *trackImage	轨道图
@property(nonatomic, retain) UIColor *trackTintColor	设置轨道色彩颜色
-(id)initWithProgressViewStyle:(UIProgressViewStyle)style	创建进度条
-(void)setProgress:(float)progress animated:(BOOL)animated	设置进度值，是否动画显示

【示例】下面的代码演示了使用 UIProgressView 类创建实例对象的方法：

```
//创建进度条
UIProgressView progressView = [[UIProgressView alloc]
initWithFrame:CGRectMake(100, 100, 150, 20)];
//设置进度条类型
[progressView setProgressViewStyle:
UIProgressViewStyleDefault];
//设置进度值
[progressView setProgress:progress*0.1]
```

14.9.2　案例：设计进度条

本案例利用 UIProgressView 控件设计一个进度条演示界面，通过按钮控制进度条的动态演示。

【操作步骤】

第 1 步，创建一个 Single View Application 应用，保存项目为 test。

第 2 步，打开 Main.storyboard 设计界面，从对象库中拖曳两个进度条、一个标签和一个按钮，将进度条的进度都设为 0，并将第二个进度条改为使用工具条风格，如图 14.44 所示。

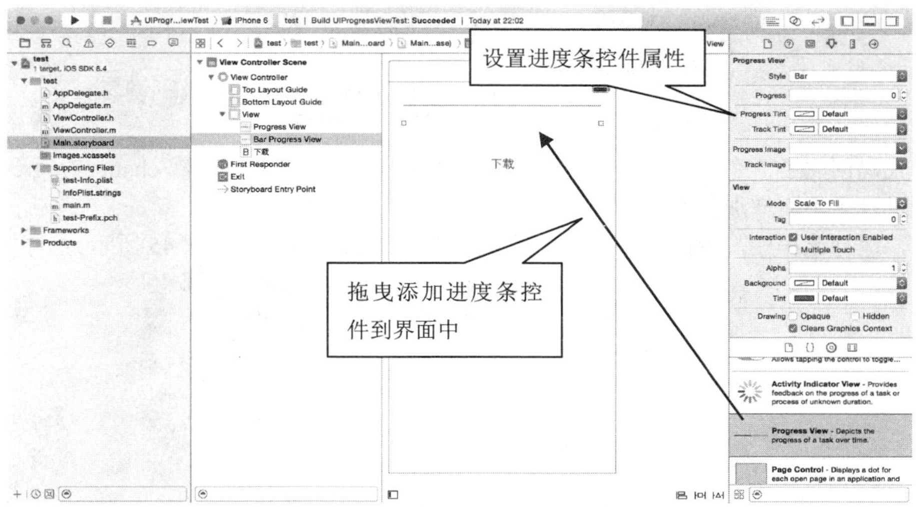

图 14.44　设计程序界面

第 3 步，在 Interface Builder 中为两个进度条分别绑定 Outlet 属性 progl 和 prog2，以便在程序中能访问进度条。

第 4 步，为按钮的 Touch On Inside 事件绑定 clicked:事件处理方法。

第 5 步，修改应用界面对应的控制器类的实现代码，主要实现 clicked:方法，具体代码如下（ViewController.m）：

```
@implementation ViewController
//定义一个定时器
NSTimer *timer;
//定义一个变量，记录当前的进度值
CGFloat proqVal;
- (IBAction)clicked:(id)sender {
 progVal = 0;
 //启动计时器，控制每隔 0.2 秒调用一次 changeProgress 方法
 timer = [NSTimer scheduledTimerWithTimeInterval:0.2
        target:self selector:@selector(changeProgress)
        userInfo:nil repeats:YES];
}
-(void)changeProgress
{
 //进度值增加 0.01
 progVal += 0.01;
 if(progVal >= 1.0)
 {
        //停用计时器
        [timer invalidate];
 }
 else
 {
        //同时改变 3 个进度条的进度值
        [self.prog1 setProgress:progVal animated:YES];
        [self.prog2 setProgress:progVal animated:YES];
 }
}
@end
```

上面的代码创建了一个定时器，该定时器控制程序每隔 0.2 秒执行一次 changeProgress 方法，这样即可看到进度条不断增加的效果。

第 6 步，运行该程序，单击程序中的“下载”按钮，显示效果如图 14.45 所示。

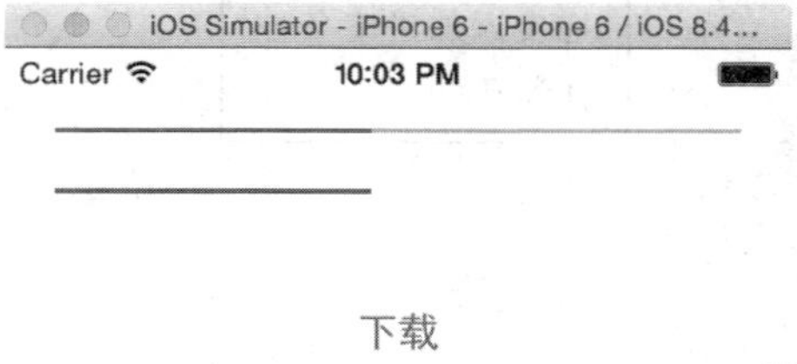

图 14.45　预览效果

14.10　活动指示器

UIActivityIndicatorView 表示活动指示器控件，提示任务正在进行中，该控件显示一个旋转的进度环，旋转的进度环只是表示任务正在进行中，不会精确显示进度完成的百分比。

14.10.1　添加活动指示器

创建一个 Single View Application 应用，打开 Main.storyboard 设计界面，从对象库中拖曳一个活动指示器控件到界面中。

在 Interface Builder 的界面设计文件中选中活动指示器控件，打开 Xcode 的属性检查器面板，可以设置其属性。UIActivityIndicatorView 支持的属性不多，因此该控件允许定制的内容也不多。

1. Style

设置控件的风格，包括如下 3 个列表项。

☑ Large White：设置大的、白色的风格。

☑ White：设置白色风格。

☑ Gray：设置灰色风格。

白色背景最适合灰色风格。选择白色或灰色时要格外注意，黑色背景适合选择白色风格，而 Large White 风格只能用于深色背景，提供大的、白色的进度环。

2. Color

设置该进度环的颜色，该属性会覆盖前面风格中选择的颜色。Color 属性设置的颜色只是改变进度环的颜色。

3. Behavior

该属性支持如下两个复选框。

☑ Animating：选中该复选框，表示控件显示后立即开始转动。

☑ Hides When Stopped：选中该复选框，表示控件停止转动时自动隐藏。

UIActivityIndicatorView 控件不允许改变大小，总是以标准风格显示，大小为 20×20 像素；以大的风格显示，大小为 37×37 像素。一般不设置该控件的大小，这样才能获得最清楚的显示效果。

UIActivityIndicatorView 提供了如下两个方法来启动进度环的转动和停止转动。

☑ -startAnimating：控制指示器开始转动。

☑ -stopAnimating：控制指示器停止转动。

表 14.8 列出了 UIActivityIndicatorView 类的常用方法及属性。

表 14.8　UIActivityIndicatorView 类的常用方法及属性

属性或方法	说　明
- (id)initWithActivityIndicatorStyle:(UIActivityIndicatorViewStyle)style	初始化 ActivityIndicatorView
- (BOOL)isAnimating	是否进行动画
- (void)startAnimating	启动进度指示器的动画
- (void)stopAnimating	停止进度指示器的动画

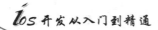

【示例】下面是 UIActivityIndicatorView 类的部分应用示例：

```
//创建
UUIActivityIndicatorView activityIndicator =
[[UIActivityIndicatorView alloc] initWithFrame:
CGRectMake(0.0f, 0.0f, 32.0f, 32.0f)];
//设置视图布局
[activityIndicator setCenter:view.center];
//设置风格
[activityIndicator setActivityIndicatorViewStyle:
UIActivityIndicatorViewStyleWhite];
//动画开始
[activityIndicator startAnimating];
//动画停止
[activityIndicator stopAnimating];
```

14.10.2 案例：设计活动指示器和进度条

在请求完成之前，经常会用到活动指示器 ActivityIndicatorView 和进度条 ProgressView，其中，活动指示器可以消除用户的心理等待时间，而进度条可以指示请求的进度。下面通过一个案例演示这两个控件混合使用。有两个按钮，Upload 和 Download，分别对应于活动指示器和进度条。单击 Upload 按钮时，活动指示器开始旋转，再次单击该按钮时停止旋转。单击 Download 按钮，进度条开始前进，完成时弹出一个对话框。

【操作步骤】

第 1 步，创建一个 Single View Application 应用，保存项目为 test。

第 2 步，打开 Main.storyboard 设计界面，从对象库中拖曳一个 ActivityIndicatorView 控件和一个按钮，将按钮命名为 Upload。

第 3 步，为了与白色的活动指示器区分，将视图背景设置为黑色。

第 4 步，打开 Interface Builder，实现按钮的动作和活动指示器的输出口。在 ViewController.h 文件中输入如下代码：

```
#import <UIKit/UIKit.h>
@interface ViewController: UIViewController
@property (weak, nonatomic) IBOutlet UIActivityIndicatorView *myActivityIndicatorView;
- (IBAction)startToMove:(id)sender;
@end
```

第 5 步，在 ViewController.m 文件中，单击 Upload 按钮的实现代码如下：

```
- (IBAction)startToMove:(id)sender
{
if ([self.myActivityIndicatorView isAnimating]) {
[self.myActivityIndicatorView stopAnimating];
}else{
[self.myActivityIndicatorView startAnimating];
}
}
```

在上面的代码中，isAnimating 方法用于判断 ActivityIndicatorView 是否处于运动状态，stopAnimating

方法用于停止旋转，startAnimating 方法用于开始旋转。

第 6 步，从对象库中拖曳一个 UIProgressView 控件和一个按钮，将按钮命名为 Download。

第 7 步，为了模拟真实的任务进度的变化，此处引入了定时器（NSTimer）。定时器继承于 NSObject 类，可以在特定的时间间隔后向某对象发出消息。

打开 Interface Builder，实现按钮的动作和进度条的输出口，ViewController.h 文件中的相关代码如下：

```
@interface ViewController: UIViewController
{
NSTimer *myTimer;
}
@property(nonatomic,strong) NSTimer *myTimer;
@property (weak, nonatomic) IBOutlet UIProgressView *myProgressView;
- (IBAction)downloadProgress:(id)sender;
@end
```

第 8 步，Download 按钮的实现代码如下（ViewController.m）：

```
- (IBAction)downloadProgress:(id)sender
{
    myTimer = [NSTimer scheduledTimerWithTimeInterval:1.0
                                               target:self
                                             selector:@selector(download)
                                             userInfo:nil
                                              repeats:YES];
}
-(void)download{
    self.myProgressView.progress=self.myProgressView.progress+0.1;
    if (self.myProgressView.progress==1.0) {
        [myTimer invalidate];
        UIAlertView*alert=[[UIAlertView    alloc]initWithTitle:@"download completed！"
                                                      message:@""
                                                     delegate:nil
                                            cancelButtonTitle:@"OK"
                                            otherButtonTitles: nil];
        [alert show];
    }

}
```

NSTimer 的类方法是+ (NSTimer *)scheduledTimerWithTimeInterval:(NSTimeInterval)seconds target:(id)target selector:(SEL)aSelector userInfo:(id)userInfo repeats:(BOOL)repeats，其中，seconds 参数用于设定间隔时间，target 用于指定发送消息给哪个对象，aSelector 指定要调用的方法名，相当于一个函数指针，userInfo 可以给消息发送参数，repeats 表示是否重复。

download 方法是定时器调用的方法，在定时器完成任务后一定要停止它，这可以通过语句[myTimerinvalidate]来实现。

第 9 步，运行该程序，分别单击程序中两个按钮，显示效果如图 14.46 所示。

Note

图 14.46　预览效果

14.11　警　告　框

UIAlertView 表示警告框，该控件用于给用户以警告或提示，最多有两个按钮，超过两个按钮就应该使用操作表。

在 iOS 中，警告框是模态对话框（不关闭警告框就不能做别的事情），不能随意使用。一般情况下，警告框的使用场景如下：

☑ 应用不能继续运行。例如，无法获得网络数据或者功能不能完成时，给用户一个警告，这种警告框只需一个按钮。

☑ 询问另外的解决方案。好多应用在不能继续运行时，会给出另外的解决方案，让用户选择。例如，Wi-Fi 网络无法连接时，是否可以使用 3G 网络。

☑ 询问对操作的授权。当应用访问用户的一些隐私信息时，需要用户授权，例如，访问用户当前的位置、通讯录或日程表等。

14.11.1　创建警告框

创建 UIAlertView 对象时，可指定该警告框的标题、消息内容，以及该警告框包含多少个按钮等信息。如果程序需要监听用户单击了警告框的哪个按钮，还需要在创建该 UIAlertView 时设置 UIAlertViewDelegate 委托对象，并为委托对象实现 UIAlertViewDelegate 协议中的方法。

【操作步骤】

第 1 步，创建一个 Single View Application 应用，保存项目为 test。

第 2 步，打开 Main.storyboard 设计界面，从对象库中拖曳一个按钮到应用界面中。

第 3 步，设计单击按钮时能打开一个警告框，为该按钮的 Touch Up Inside 事件绑定 clicked:事件处理方法。

第 4 步，修改应用的控制器类，使用控制器对象作为 UIAlertView 的委托对象，让该控制器类实现 UIAlertViewDelegate 协议，修改该控制器类的接口部分即可，代码如下（ViewController.h）：

```
#import <UIKit/UIKit.h>
@interface ViewController: UIViewController <UIAlertViewDelegate>
- (IBAction)clicked:(id)sender;
@end
```

第 5 步，修改控制类的实现部分，实现 clicked:方法和 UIAlertViewDelegate 协议中的 alertView: clickedButtonAtIndex:方法，当单击 UIAlertView 的某个按钮时，将会激发该方法。具体代码如下（ViewController.m）：

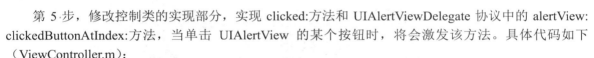

```
@implementation ViewController
- (void)viewDidLoad
{
 [super viewDidLoad];
}
- (void)didReceiveMemoryWarning
{
 [super didReceiveMemoryWarning];
}
- (IBAction)clicked:(id)sender {
 //创建 UIAlertView 控件
 UIAlertView *alert = [[UIAlertView alloc]
        initWithTitle:@"警告框标题" //指定标题
        message:@"警告框说明！"   //指定消息
        delegate:self //指定委托对象
        cancelButtonTitle:@"Cancel" //为底部的取消按钮设置标题
        //另外设置 3 个按钮
        otherButtonTitles:@"按钮 1",@"按钮 2",@"按钮 3",nil];
 [alert show];
}
- (void)alertView:(UIAlertView *)alertView
 clickedButtonAtIndex:(NSInteger)buttonIndex
{
 NSString* msg = [NSString stringWithFormat:@"点击了第%ld 个按钮"
                        , (long)buttonIndex];
 //创建 UIAlertView 控件
 UIAlertView *alert = [[UIAlertView alloc]
        initWithTitle:@"反馈" //指定标题
        message:msg  //指定消息
        delegate:nil
        cancelButtonTitle:@"确定" //为底部的取消按钮设置标题
        //不设置其他按钮
        otherButtonTitles:nil];
 [alert show];
}
@end
```

在上面的代码中先创建一个 UIAlertView 对象，然后调用该对象的 show 方法显示警告框。在 clicked:方法中创建 UIAlertView 时指定了 delegate 对象，以该控制器自身作为委托，这样即可保证当单击该控件对应警告框中的按钮时，将会激发该控制器中的 alertView:cl ickedButtonAtIndex:方法，该

方法的第二个参数代表单击了哪个按钮。

第 6 步，运行程序，单击程序界面中的按钮，可看到如图 14.47 所示的效果。用户单击图 14.47 所示对话框中的某个按钮，再次弹出一个警告框，显示用户单击了哪个按钮。

Note

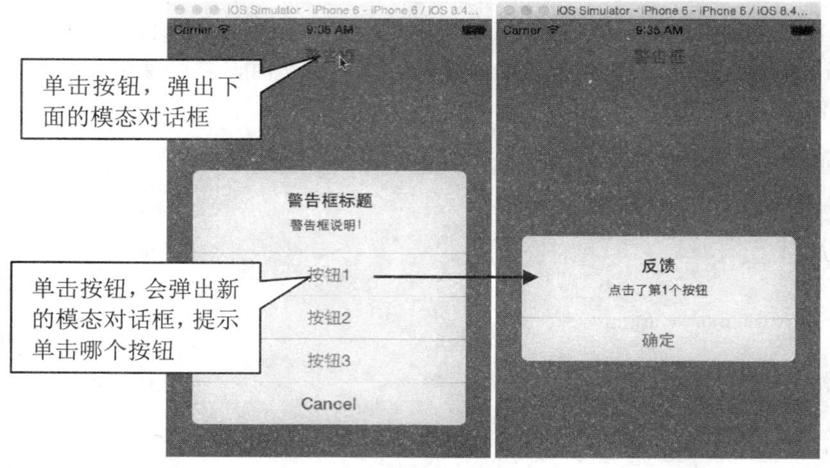

图 14.47　预览效果

UIAlertView 控件的事件机制由其委托对象负责处理，UIAlertViewDelegate 协议中定义了如下常用方法。

☑ - (void) alertView:(UIAlertView *)alertView clickedButtonAtIndex:(NSInteger)buttonIndex：当单击该警告框中某个按钮时激发该方法，其中，buttonIndex 参数代表单击的按钮的索引，该索引从 0 开始。

☑ - ((void)willPresentAlertVew:(UIAlertView*)alertView：当该警告框将要显示出来时会激发该方法。

☑ - ((void)didPresentAlertVew:(UIAlertView*)alertView：当该警告框完全显示出来后会激发该方法。

☑ - (BOOL)alertViewShouldUIdEnableFirstOtherButton:(UIAlertView*) alertView：当该警告框中第一个非 Cancel 按钮被启用时调用该方法。

☑ - (void)alertView:(UIAltertView *)alertViewwillDismissWithButtonIndex:(NSInteger)buttonindex：当单击某个按钮将要隐藏该警告框时激发该方法。

☑ - (void)alertView:(UIAlertView*)alertViewdidDismissWithButtonIndex: (NSInteger)buttonIndex：当单击某个按钮完全隐藏该警告框时激发该方法。

☑ -(void) alertViewCancel:(UIAlertView *)alertView：当该对话框被取消时（如用户单击了 Home 键）激发该方法。

表 14.9 列出了 UIAlertView 类的常用方法及属性。

表 14.9　UIAlertView 类的常用方法及属性

属性或方法	说　明
@property(nonatomic, assign) UIAlertViewStyle alertViewStyle	Alert 显示风格
@property(nonatomic) NSInteger cancelButtonIndex	取消按钮的索引

续表

属性或方法	说　明
@property(nonatomic, assign) id delegate	Alert 的委托
@property(nonatomic, copy) NSString *message	比标题更详细的描述文本
@property(nonatomic, readonly) NSInteger numberOfButtons	警告视图按钮的数量
@property(nonatomic, copy) NSString *title	标题
@property(nonatomic, readonly, getter=isVisible) BOOL visible	确定警告视图是否显示
- (NSInteger)addButtonWithTitle:(NSString *)title	用给定的标题增加一个按钮
- (NSString*)buttonTitleAtIndex:(NSInteger)buttonIndex	返回指定索引按钮的标题
- (void)dismissWithClickedButtonIndex:(NSInteger)buttonIndex animated: (BOOL) animated	AlertView 已经消失时
- (UITextField *)textFieldAtIndex:(NSInteger)textFieldIndex	返回指定索引值的 TextField
- (id)initWithTitle:(NSString *)title message:(NSString *)message delegate:(id) delegate cancelButtonTitle: (NSString *)cancelButtonTitle otherButtonTitles:(NSString *) otherButtonTitles, ...	初始化一个警报视图

【示例】下面是 UIAlertView 类的部分应用示例：

```
//初始化 AlertView
    UIAlertView *alert = [[UIAlertView alloc]
    initWithTitle:@"AlertViewTest"
      message:@"message" delegate:self
      cancelButtonTitle:@"Cancel"
      otherButtonTitles:@"OtherBtn",nil];
    //设置标题与信息，通常在使用 frame 初始化 AlertView 时使用
    alert.title = @"姓名";
    alert.message = @"李大鹏";
    //这个属性继承自 UIView，当一个视图中有多个 AlertView 时，可以用这个属性来区分
    alert.tag = 0;
     //只读属性，表示 AlertView 是否可见
     NSLog(@"%d",alert.visible);
     //通过给定标题添加按钮
     [alert addButtonWithTitle:@"addButton"];
     //按钮总数
     NSLog(@"numberOfButtons:%d",alert.numberOfButtons);
     //获取指定索引的按钮的标题
     NSLog(@"buttonTitleAtIndex:%@",[alert buttonTitleAtIndex:2]);
     //获得取消按钮的索引
     NSLog(@"cancelButtonIndex:%d",alert.cancelButtonIndex);
     //获得第一个其他按钮的索引
     NSLog(@"firstOtherButtonIndex:%d",
    alert.firstOtherButtonIndex);
     //显示 AlertView
     [alert show];
```

14.11.2 案例：设计警告框

Note

使用 UIAlertView 的 actionSheetStyle 属性，可以设置 UIAlertView 风格，该属性包括如下枚举值。

☑ UIAlertViewStyleDefault：默认警告框风格。

☑ UIAlertViewStyleSecureTextInput：警告框中包含一个密码输入框。

☑ UIAlertViewStylePlainTextInput：警告框中包含一个普通的输入框。

☑ UIAlertViewStyleLoginAndPasswordInput：该警告框中包含用户名、密码两个输入框。

通过设置 UIAlertView 的 actionSheetStyle 属性，可控制警告框使用不同的风格。如果 UIAlertView 控件带有输入框，可通过如下方法访问该警告框中的输入框。

-(UITextField *)textFieldAtIndex:(NSInteger)textFieldIndex：获取 textFieldIndex 索引对应的文本框。第一个文本框的索引为 0。

通过上面的方式获取 UIAlertView 中包含的 UITextView 控件之后，接下来就可以对该 UITextView 进行任何操作，包括定制其外观，也可获取用户在 UITextView 中输入的字符。

【操作步骤】

第 1 步，创建一个 Single View Application 应用，保存项目为 test。

第 2 步，打开 Main.storyboard 设计界面，并把一个按钮拖入应用界面中。

第 3 步，设计单击该按钮时能打开一个警告框，因此需要程序能响应该按钮的点击事件，需要为该按钮的 Touch Up Inside 事件绑定 clicked:事件处理方法。

第 4 步，使用该控制器对象作为 UIAlertView 的委托对象，让该控制器类实现 UIAlertViewDelegate 协议，因此修改该控制器类的接口部分，代码如下（ViewController.h）：

```
#import <UIKit/UIKit.h>
@interface ViewController: UIViewController <UIAlertViewDelegate>
- (IBAction)clicked:(id)sender;
@end
```

第 5 步，修改控制器类的实现部分，实现 clicked:方法和 UIAlertViewDelegate 协议中的方法，其代码如下（ViewController.m）：

```
@implementation ViewController
- (void)viewDidLoad
{
 [super viewDidLoad];
}
- (void)didReceiveMemoryWarning
{
 [super didReceiveMemoryWarning];
}
- (IBAction)clicked:(id)sender {
 UIAlertView *alert = [[UIAlertView alloc]
        initWithTitle:@"登录"
        message:@"请输入用户名和密码"
        delegate:self
        cancelButtonTitle:@"取消"
        otherButtonTitles:@"确定", nil];
//设置该警告框显示输入用户名和密码的文本框
```

```
    alert.alertViewStyle = UIAlertViewStyleLoginAndPasswordInput;
    //设置第二个文本框关联的键盘只是数字键盘
    [alert textFieldAtIndex:1].keyboardType = UIKeyboardTypeNumberPad;
    //显示 UIAlertView
    [alert show];
}
- (void) alertView:(UIAlertView *)alertView
    clickedButtonAtIndex:(NSInteger)buttonIndex
{
    //如果用户单击了第一个按钮
    if (buttonIndex == 1) {
        //获取 UIAlertView 中第一个输入框
        UITextField* nameField = [alertView textFieldAtIndex:0];
        //获取 UIAlertView 中第二个输入框
        UITextField* passField = [alertView textFieldAtIndex:1];
        //显示用户输入的用户名和密码
        NSString* msg = [NSString stringWithFormat:
            @"输入的用户名为:%@,密码为:%@"
            , nameField.text, passField.text];
        UIAlertView *alert = [[UIAlertView alloc]
            initWithTitle:@"提示"
            message:msg
            delegate:nil
            cancelButtonTitle:@"确定"
            otherButtonTitles: nil];
        //显示 UIAlertView
        [alert show];
    }
}
//当警告框将要显示出来时激发该方法
-(void) willPresentAlertView:(UIAlertView *)alertView
{
    //遍历 UIAlertView 包含的全部子控件
    for( UIView * view in alertView.subviews )
    {
        //如果该子控件是 UILabel 控件
        if( [view isKindOfClass:[UILabel class]] )
        {
            UILabel* label = (UILabel*) view;
            //将 UILabel 的文字对齐方式设为左对齐
            label.textAlignment = NSTextAlignmentLeft;
        }
    }
}
@end
```

在上面的代码中，先设置 UIAlertView 使用 UIAlertViewStyleLoginAndPasswordInput 风格，定义警告框中带有用户名和密码两个输入框。然后，实现 UIAlertViewDelegate 协议中的 alertView:clickedButtonAtIndex:方法，定义单击索引为 1 的按钮（第 2 个按钮）时，程序使用一个 UIAlertView 显示用户输入的用户名和密码。

另外，实现 UIAlertViewDelegate 协议中的 willPresentAlertView:方法，当 UIAlertView 将要显示出来时，激发该方法。在该方法中，将 UIAlertView 控件所包含的 UILabel 控件内的文本居左显示（默认居中显示）。

Note

提示：如果要定制 UIAlertView 的外观和行为，可以通过 UIAlertViewDelegate 协议中的 willPresentAlertView:或 didPresentAlertView:方法实现。

第 6 步，运行该程序，单击界面中的按钮，可以看到如图 14.48 所示的界面。分别输入用户名、密码，然后单击“确定”按钮，就会激发 alertView:clickedButtonAtIndex:方法，程序再次使用一个 UIAlertView 显示用户的输入。

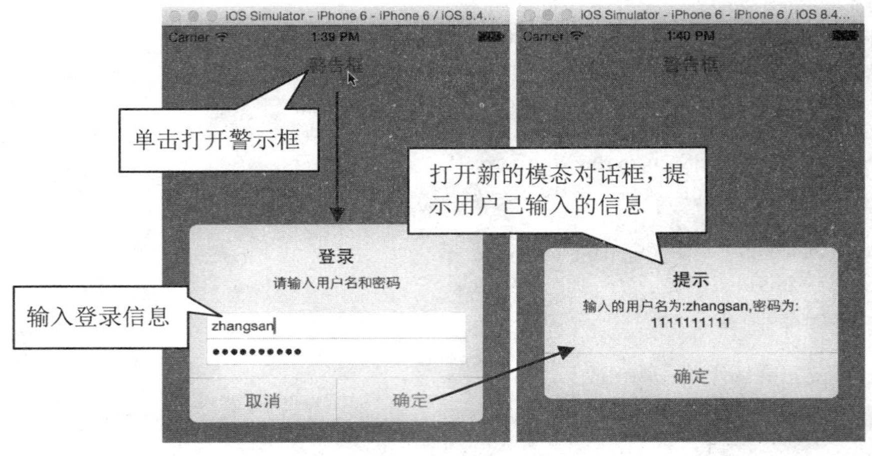

图 14.48　预览效果

14.12　操　作　表

UIActionSheet 表示操作表控件，与 UIAlertView 一样都直接继承自 UIView，当它们显示时，用户无法与应用界面中的其他控件交互。

两者区别表现在：UIAlertView 在屏幕中央显示弹出式警告框，UIActionSheet 则在底部显示按钮列表。

当有大量的选项供用户选择时，建议使用操作表控件；当最多只展现两三个选项时使用警告框控件。两种显示方式都是模态的，要求用户在继续操作之前做出选择，因此最好在对话框中提供取消选项。

UIActionSheet 表现为显示在底部的按钮列表。默认情况下，UIActionSheet 显示一个标题和多个按钮，UIActionSheet 包含以下两个固定的按钮。

☑　灰色背景的取消按钮：取消显示 UIActionSheet。

☑　红色背景的销毁按钮：当试图删除某个文件或某条记录时，可通过该按钮来确认删除。

创建 UIActionSheet 的步骤与 UIAlertView 完全相同，下面通过示例介绍 UIActionSheet 的功能和用法。

【操作步骤】

第 1 步，创建一个 Single View Application 应用，保存项目为 test。

第 2 步，打开 Main.storyboard 设计界面，从对象库中拖曳一个按钮到应用界面中。

第 3 步，设计单击按钮时能打开一个操作表，为该按钮的 Touch Up Inside 事件绑定 clicked:事件处理方法。

第 4 步，修改应用的控制器类，使用控制器对象作为 UIActionSheet 的委托对象，让控制器类实现 UIActionSheetDelegate 协议。该控制器类的接口代码如下（ViewController.h）：

```
#import <UIKit/UIKit.h>
@interface ViewController: UIViewController <UIActionSheetDelegate>
- (IBAction)clicked:(id)sender;
@end
```

第 5 步，修改控制类的实现部分，主实现 clicked:方法和 UIActionSheetDelegate 协议中的方法，代码如下（ViewController.m）：

```
@implementation ViewController
- (void)viewDidLoad
{
 [super viewDidLoad];
}
- (void)didReceiveMemoryWarning
{
 [super didReceiveMemoryWarning];
}
- (IBAction)clicked:(id)sender {
 //创建一个 UIActionSheet
 UIActionSheet* sheet = [[UIActionSheet alloc]
        initWithTitle:@"标题" //指定标题
        delegate:self //指定该 UIActionSheet 的委托对象就是该控制器自身
        cancelButtonTitle:@"Cancel" //指定取消按钮的标题
        destructiveButtonTitle:@"Ok" //指定销毁按钮的标题
        otherButtonTitles:@"按钮 1", @"按钮 2", nil]; //为其他按钮指定标题
 //设置 UIActionSheet 的风格
 sheet.actionSheetStyle = UIActionSheetStyleAutomatic;
 [sheet showInView:self.view];
}
- (void)actionSheet:(UIActionSheet *)actionSheet
 clickedButtonAtIndex:(NSInteger)buttonIndex
{
 //使用 UIAlertView 显示用户单击了第几个按钮
 UIAlertView* alert = [[UIAlertView alloc] initWithTitle:@"提示"
        message:[NSString stringWithFormat:@"单击了第%ld 个按钮", (long)buttonIndex]
        delegate:nil
        cancelButtonTitle:@"Cancel"
        otherButtonTitles: nil];
 [alert show];
}
@end
```

第 6 步，运行该程序，单击界面上的按钮，显示效果如图 14.49 所示。与 UIAlertView 类似，如果单击 UIActionSheet 中的某个按钮，同样会激发 UIActionSheetDelegate 委托对象中的方法。

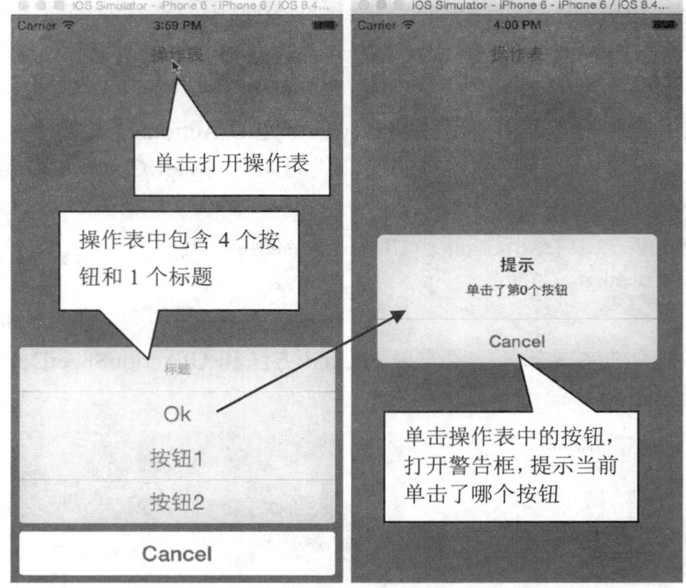

图 14.49　预览效果

UIActionSheetDelegate 委托对象的方法可以监听到用户单击了哪个按钮，该例子只是用一个 UIAlertView 显示用户单击了哪个按钮，实际应用中可通过判断用户单击了哪个按钮，从而做出相应的操作。

> 注意：UIActionSheetDelegate 与 UIAlertVewDelegate 类似，可以监听 UIActionSheet 显示、隐藏的整个过程。

【拓展】在显示方式上，操作表分 3 种方式：视图内部显示（showInView）、与工具栏对齐显示（showFromToolBar）和与标签栏对齐显示（showFromTabBar）。代码如下：

```
//在一个视图内部显示
[actionSheet showInView:self];
//与工具栏对齐显示
[actionSheet showFromToolBar:toolbar];
//与标签栏对齐显示
[actionSheet showFromTabBar:tabbar];
```

在显示风格上，同样可通过 actionSheetStyle 属性控制该控件的风格，包括默认风格、透明风格和纯黑背景风格 3 种方式。在这 3 种风格上，文字都以白色的方式显示。下面是 3 种风格类型：

☑ UIActionSheetStyleDefault，默认风格，背景是灰色。

☑ UIActionSheetStyleBlackTranslucent，透明风格，背景是黑色。

☑ UIActionSheetStyleBlackOpaque，纯黑风格，背景是纯黑色。

在委托处理上，操作表在委托方法中处理按下按钮后的动作，注意在所委托的类上加 UIActionSheetDelegate。下面是常用的动作表单方法：

```
- (void)actionSheetCancel:(UIActionSheet *)actionSheet{
}
```

```
- (void) actionSheet:(UIActionSheet *)actionSheet
clickedButtonAtIndex:(NSInteger)buttonIndex{
}
- (void)actionSheet:(UIActionSheet *)actionSheet
didDismissWithButtonIndex:(NSInteger)buttonIndex{
}
- (void)actionSheet:(UIActionSheet *)actionSheet
willDismissWithButtonIndex:(NSInteger)buttonIndex{
}
```

【示例】下面是 UIActionSheet 类的部分应用示例：

```
//创建动作表单
UIActionSheet *actionSheet = [[UIActionSheet alloc]
        initWithTitle:@"Are you sure?"delegate:self
        cancelButtonTitle:@"Cancel"
        destructiveButtonTitle:@"Yes,I'm sure."
        otherButtonTitles:nil];
//设置销毁按钮
actionSheet.destructiveButtonIndex=1;
//设置动作表单的显示风格
actionSheet.actionSheetStyle = UIActionSheetStyleBlackOpaque;
//设置动作表单显示的方式
[actionSheet showInView:self.view];
//用 dismiss 方法可令表单消失，在用户按下按钮之后，actionSheet 就会消失
[actionSheet dismissWithClickButtonIndex:1 animated:YES];
[actionSheet release];
```

表 14.10 列出了 UIActionSheet 类的常用方法及属性。

表 14.10　UIActionSheet 类的常用方法及属性

属性或方法	说　明
@property(nonatomic) UIActionSheetStyle actionSheetStyle	设置动作表单显示风格
@property(nonatomic) NSInteger cancelButtonIndex	取消按钮的索引值
@property(nonatomic, assign) id<UIActionSheetDelegate> delegate	动作表单的委托
@property(nonatomic) NSInteger destructiveButtonIndex	销毁（destructive）按钮的索引值
@property(nonatomic, readonly) NSInteger numberOfButtons	动作表单上的按钮数量，只可读
@property(nonatomic, copy) NSString *title	设置或获取动作表单的标题
@property(nonatomic, readonly, getter=isVisible) BOOL visible	动作表单是否可见，只可读
- (NSInteger)addButtonWithTitle:(NSString *)title	在当作表单上增加按钮，同时返回增加按钮的索引值
- (NSString *)buttonTitleAtIndex:(NSInteger)buttonIndex	返回指定索引值按钮的标题
- (void)dismissWithClickedButtonIndex:(NSInteger)buttonIndex animated:(BOOL) animated	动作表一旦消失立即停止使用可选的动画
- (id)initWithTitle:(NSString *)title delegate:(id < UIActionSheetDelegate >) delegate cancelButtonTitle:(NSString *)cancelButtonTitle destructiveButtonTitle: (NSString *) destructiveButtonTitle otherButtonTitles:(NSString*) otherButtonTitles, ...	动作表单的初始化

Note

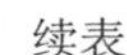

续表

属性或方法	说　明
- (void)showFromBarButtonItem:(UIBarButtonItem *)item animated:(BOOL)animated	显示一个源于指定栏按钮项的动作表（item）
- (void)showFromRect:(CGRect)rect inView:(UIView *)view animated:(BOOL)animated	显示一个源于指定视图的动作表（sheet）
(void)showFromTabBar:(UITabBar *)view	显示一个源于指定标签栏上的动作表（sheet）
- (void)showFromToolbar:(UIToolbar *)view	显示一个源于指定工具栏上的动作表（sheet）
- (void)showInView:(UIView *)view	显示一个源于指定视图的动作表（sheet）

14.13　日期选择器

UIDatePicker 表示日期选择器控件，用来选择日期和时间。UIDatePicker 继承了 UIControl，因此可以作为交互控件使用。如果为 UIDatePicker 的 Value Changed 事件绑定 IBAction 事件处理方法，可在代码中为该控件绑定事件处理方法。

14.13.1　添加日期选择器

创建一个 Single View Application 应用，打开 Main.storyboard 设计界面，从对象库中拖曳一个 UIDatePicker 控件到界面中。

在 Interface Builder 的界面设计文件中选中 UIDatePicker 控件，然后打开 Xcode 的属性检查器面板。UIDatePicker 支持如下属性。

1. Mode

设置模式，包括如下列表项。

☑ Date：仅显示日期，不显示时间。

☑ Time：仅显示时间，不显示日期。

☑ Date and Time：同时显示日期和时间。

☑ Count Down Timer：仅显示为倒计时器。

2. Locale

设置 UIDatePicker 国际化。如果设置 Locale 为简体中文环境，那么它将以简体中文习惯显示日期。该 UIDatePicker 控件默认使用 iOS 系统的国际化 Locale。

3. Interval

设置 UIDatePicker 控件上两个时间之间的间隔。当 UIDatePicker 控件采用 Time、Date and Time 和 Count Down Timer 这 3 种模式时有效。

4. Constraints

设置最小时间和最大时间。如果设置了该属性值，用户无法通过该 UIDatePicker 控件选择超出该范围的日期和时间。

Note

5. Timer

设置作为倒计时控件时剩下的秒数。仅当 UIDatePicker 控件采用 Count Down Timer 模式时有效。下面通过一个简单的例子介绍 UIDatePicker 的功能和用法。

【操作步骤】

第 1 步，创建一个 Single View Application 应用，保存项目为 test。

第 2 步，打开 Main.storyboard 设计界面，将 UIDatePicker 和 UIButton 拖入界面中。

第 3 步，对 UIDatePicker 进行如下修改。

☑ 选择 Date and Time 模式，定义选择器同时显示日期和时间。

☑ 设置 Locale 为 Chinese（Simplified），定义 UIDatePicker 显示简体中文。

☑ 选中 Minimum Date 和 Maximum Date 复选框，设置最小时间和最大时间。

第 4 步，调整 UIDatePicker 和 UIButton 控件，界面布局效果如图 14.50 所示。

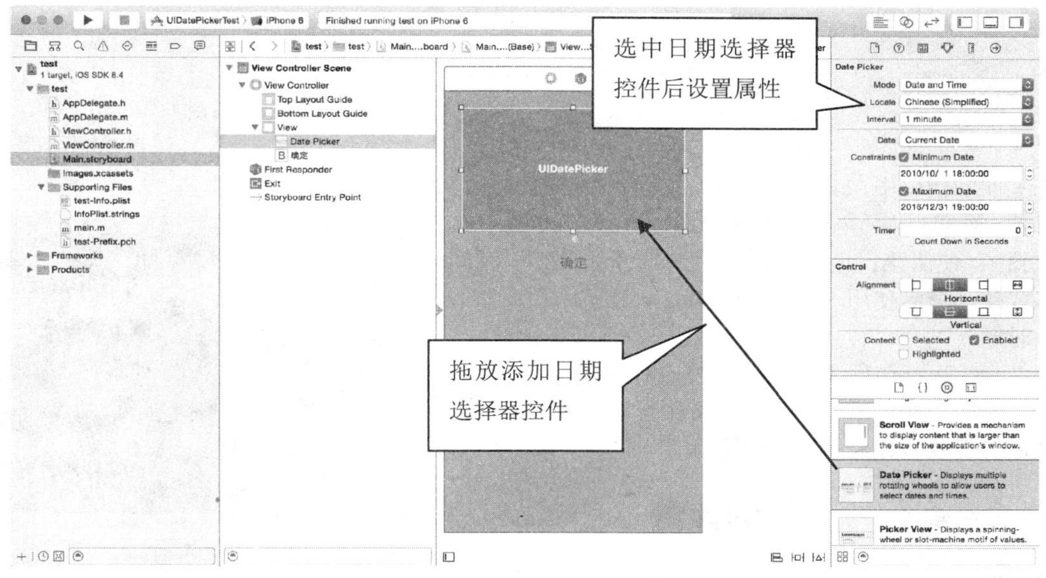

图 14.50　设计应用界面

第 5 步，在 Interface Builder 中，将 UIDatePicker 控件绑定到 datePickerIBOutlet 属性。为按钮的 Touch Up Inside 事件绑定 clicked: IBAction 事件处理方法。

第 6 步，修改控制器类的实现部分代码，实现 clicked:事件处理方法，代码如下（ViewController. m）：

```
@implementation ViewController
- (void)viewDidLoad
{
 [super viewDidLoad];
}
- (void)didReceiveMemoryWarning
{
 [super didReceiveMemoryWarning];
}
- (IBAction)clicked:(id)sender {
 //获取用户通过 UIDatePicker 设置的日期和时间
 NSDate *selected = [self.datePicker date];
```

```
    //创建一个日期格式器
    NSDateFormatter *dateFormatter = [[NSDateFormatter alloc] init];
    //为日期格式器设置格式字符串
    [dateFormatter setDateFormat:@"yyyy 年 MM 月 dd 日 HH:mm +0800"];
    //使用日期格式器格式化日期、时间
    NSString *destDateString = [dateFormatter stringFromDate:selected];
    NSString *message = [NSString stringWithFormat:
        @"选择的日期和时间是：%@", destDateString];
    //创建一个 UIAlertView 对象（警告框），并通过该警告框显示用户选择的日期、时间
    UIAlertView *alert = [[UIAlertView alloc]
        initWithTitle:@"日期和时间"
        message:message
        delegate:nil
        cancelButtonTitle:@"确定"
        otherButtonTitles:nil];
    //显示 UIAlertView
    [alert show];
}
@end
```

在上面的代码中，clicked:方法先获取 UIDatePicker 控件的日期、时间，然后创建一个 NSDateFormatter 对象（日期格式器），使用该日期格式器对用户选择的日期、时间进行格式化。最后使用一个 UIAlertView 显示用户选择的日期、时间。

第 7 步，运行该程序，通过 UIDatePicker 控件选择一个日期、时间，然后单击“确定”按钮，可以弹出警告框提示当前选择的日期和时间，效果如图 14.51 所示。

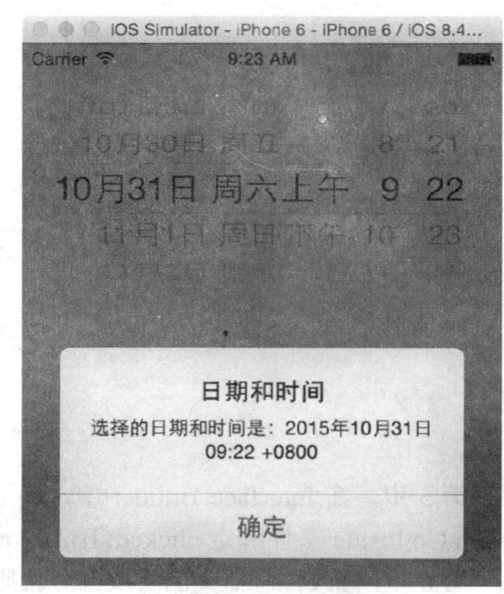

图 14.51　预览效果

14.13.2　案例：设计倒计时

将 UIDatePicker 模式设置为 Count Down Timer，可设计倒计时器，然后启动一个定时器定期更新 UIDatePicker 剩余时间。UIDatePicker 控件的 countDownDuration 属性表示倒计时器的剩余时间，通过 countDownDuration 属性获取该控件的剩余时间，也可通过修改该属性来改变该控件显示的剩余时间。

【操作步骤】

第 1 步，创建一个 Single View Application 应用，保存项目为 test。

第 2 步，打开 Main.storyboard 设计界面，将 UIDatePicker 和 UIButton 拖入应用界面中。

第 3 步，将 UIDatePicker 设置为 Count Down Timer 模式，设计选择器为定时器，然后根据情况调整 UIDatePicker 和 UIButton 控件位置。

第 4 步，在 Interface Builder 中将 UIDatePicker 控件绑定到 countDown IBOutlet 属性，将按钮控件绑定到 startBn IBOutlet 属性，并为按钮的 Touch Up Inside 事件绑定 clicked:IBAction 事件处理方法。

第 5 步，修改控制器类的实现部分代码，实现 clicked:事件处理方法，代码如下（ViewController. m）：

```
@implementation ViewController
NSTimer* timer;
NSInteger leftSeconds;
- (void)viewDidLoad
{
 [super viewDidLoad];
 //设置使用 Count Down Timer 模式
 self.countDown.datePickerMode = UIDatePickerModeCountDownTimer;
}
- (void)didReceiveMemoryWarning
{
 [super didReceiveMemoryWarning];
}
- (IBAction)clicked:(id)sender {
 //获取该倒计时器的剩余时间
 leftSeconds = self.countDown.countDownDuration;
 //禁用 UIDatePicker 控件和按钮
 self.countDown.enabled = NO;
 [sender setEnabled:NO];
 //初始化一个字符串
 NSString *message =   [NSString stringWithFormat:
        @"开始倒计时？您还剩下【%ld】秒", (long)leftSeconds];
 //创建一个 UIAlertView（警告框）
 UIAlertView *alert = [[UIAlertView alloc]
                         initWithTitle:@"开始倒计时？"
                         message:message
                         delegate:nil
                         cancelButtonTitle:@"确定"
                         otherButtonTitles:nil];
 //显示 UIAlertView 组件
 [alert show];
 //启用计时器，控制每隔 60 秒执行一次 tickDown 方法
 timer = [NSTimer scheduledTimerWithTimeInterval:60
        target:self selector:@selector(tickDown)
        userInfo:nil repeats:YES];
}
- (void) tickDown
{
 //将剩余时间减少 60 秒
 leftSeconds -= 60;
 //修改 UIDatePicker 的剩余时间
 self.countDown.countDownDuration = leftSeconds;
 //如果剩余时间小于等于 0
 if(leftSeconds <= 0)
 {
        //取消定时器
        [timer invalidate];
        //启用 UIDatePicker 控件和按钮
        self.countDown.enabled = YES;
        self.startBn.enabled = YES;
```

```
    }
  }
@end
```

Note

上面的代码定义了一个 leftSeconds 变量，用于保存倒计时器的剩余时间，当单击程序界面时，将会激发 clicked:方法，该方法将启动一个定时器控制每隔 60 秒执行一次 tickDown 方法，而 tickDown 方法每执行一次，程序就将倒计时器的剩余时间减少 60，并动态修改倒计时器的剩余时间，这样就可让 UIDatePicker 显示的剩余时间减少。

第 6 步，运行程序，通过 UIDatePicker 设置倒计时器的剩余时间后，单击“开始”按钮，即可看到该倒计时器每隔 60 秒跳动一次，跳动一次后，剩余时间减少 1 分钟，如图 14.52 所示。

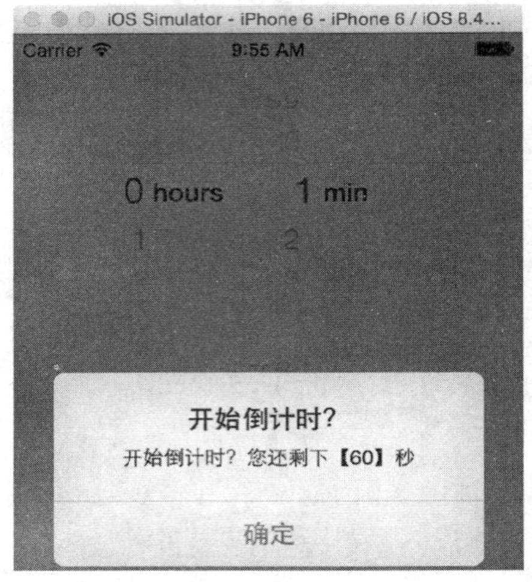

图 14.52　预览效果

14.14　通用选择器

有时用户可能还需要输入除了日期之外的其他内容，如籍贯。选择籍贯时要选择省，省下面还要有市等信息，普通选择器 UIPickerView 就能够满足用户的这些需要。UIPickerView 是 UIDatePicker 的父类，它非常灵活，拨盘的个数可以设定，每一个拨盘的内容也可以设定。与 UIDatePicker 不同的是，UIPickerView 需要两个非常重要的协议：UIPickerViewDataSource 和 UIPickerViewDelegate。

14.14.1　添加通用选择器

UIPickerView 继承于 UIView，没有继承 UIControl，因此不能绑定事件处理方法，UIPickerView 的事件处理由其委托对象完成。UIPickerView 控件常用属性和方法如下。

- ☑ numberOfComponents：只读属性，获取 UIPickerView 指定列中包含的列表项的数量。
- ☑ showsSelectionIndicator：设置是否显示 UIPickerView 中的选中标记，以高亮背景作为选中标记。
- ☑ - numberOfRowsInComponent:：获取 UIPickerView 包含的列数量。
- ☑ - rowSizeForComponent:：获取 UIPickerView 包含的指定列中列表项的大小，返回 CGSize

对象。

☑ - selectRow:inComponent:animated:：设置选中该 UIPickerView 中指定列的特定列表项，最后一个参数控制是否使用动画。

☑ - selectedRowInComponent:：返回 UIPickerView 指定列中被选中的列表项。

☑ - viewForRow:forComponent:：返回 UIPickerView 指定列的列表项所使用的 UIView 控件。

UIPickerView 控件包含多少列，各列包含多少个列表项，由 UIPickerViewDataSource 对象负责，并实现如下两个方法。

☑ - numberOfComponentsInPickerView:：判断选择器包含多少列。

☑ - pickerView:numberOfRowsInComponent:：判断指定列应包含多少个列表项。

> 提示：与 UITextField 控件不同，UIPickerView 和 UITableView 等复杂控件除了委托协议外，还有数据源协议。UIPickerView 的委托协议是 UIPickerViewDelegate，数据源是 UIPickerViewDataSource。数据源与委托一样，都是委托设计模式的具体实现，只不过它们的角色不同：委托对象负责控制控件外观，如选择器的宽度、选择器的行高等信息，此外，还负责对控件的事件和状态变化作出反应。数据源对象是控件与应用数据（模型）的桥梁，如选择器的行数、拨轮数等信息。委托中的方法在实现时是可选的，而数据源中的方法一般是必须实现的。

如果控制 UIPickerView 中各列的宽度，以及各列中列表项的大小和外观，或为 UIPickerView 的选中事件提供响应，需要为 UIPickerView 设置 UIPickerViewDelegate 委托对象，并根据需要实现该委托对象中的如下方法。

☑ - pickerView:rowHeightForComponent:：返回 CGFloat 值，作为 UIPickerView 控件中指定列中列表项的高度。

☑ - pickerView:widthForComponent:：返回 CGFtoat 值，作为 UIPickerView 控件中指定列的宽度。

☑ - pickerView:titleForRow:forComponent:：返回 NSString 值，作为该 UIPickerView 控件中指定列的列表项的文本标题。

☑ - pickerView:viewForRow:forComponent:resuingView:：返回 UIView 控件，直接作为 UIPicker View 控件中指定列的指定列表项。

☑ - pickerView:didSelectRow:inComponent:：当单击选中该 UIPickerView 控件的指定列的指定列表项时将会激发该方法。

Interface Builder 只支持为 UIPickerView 设置一个属性——Shows Selection Indicator，该属性用于控制是否显示 UIPickerView 中的选中标记，以高亮背景作为选中标记。

下面通过一个案例学习通用选择器的用法。界面设计有一个选择器、一个标签和一个按钮，第一个拨轮是所在的省，第二个拨轮是这个省下面可以选择的市。单击其中的按钮，可以将选择器中选中的两个拨轮内容显示在标签上。

【操作步骤】

第 1 步，创建一个 Single View Application 应用，保存项目为 test。

第 2 步，打开 Main.storyboard 设计界面，从对象库中拖曳控件到设计界面，如图 14.53 所示。

第 3 步，本案例中省份和市的数据是联动的，当选择了省份后，与其对应的市也会跟着一起变化，省市的信息放在 provinces_cities.plist 文件中，这个文件采用字典结构，如图 14.54 所示。

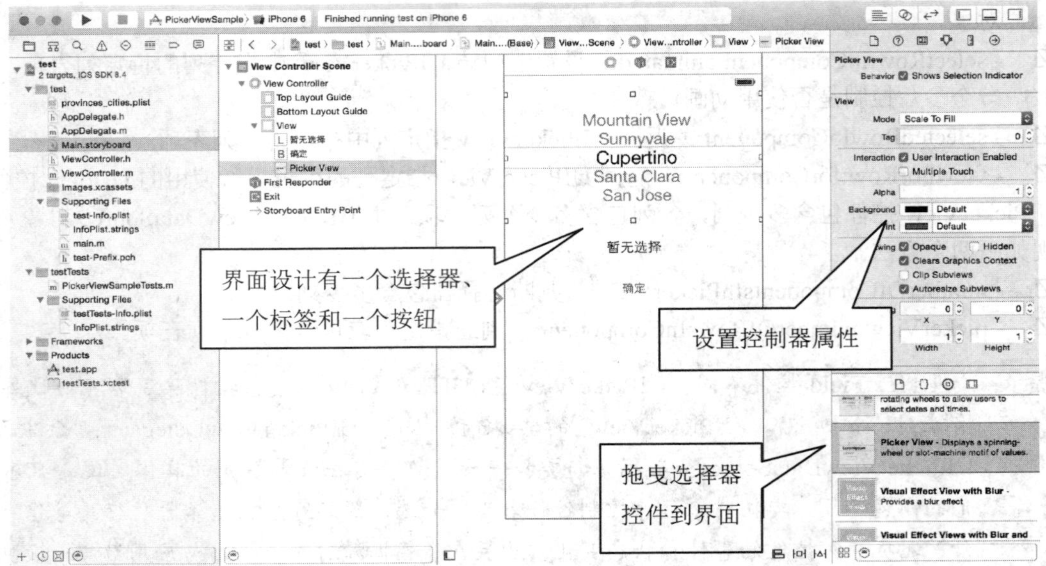

图 14.53 设计界面效果

Key	Type	Value
Root	Dictionary	(2 items)
北京	Array	(4 items)
Item 0	String	朝阳
Item 1	String	东城
Item 2	String	海淀
Item 3	String	西城
广东省	Array	(3 items)
Item 0	String	广州
Item 1	String	深圳
Item 2	String	佛山

图 14.54 设计 provinces_cities.plist 文件

第 4 步，修改该控制器类的接口部分，代码如下（ViewController.h）：

```
#import <UIKit/UIKit.h>
@interface ViewController: UIViewController
<UIPickerViewDelegate, UIPickerViewDataSource>
@property (weak, nonatomic) IBOutlet UIPickerView *pickerView;
@property (weak, nonatomic) IBOutlet UILabel *label;
@property (nonatomic, strong) NSDictionary *pickerData; //保存全部数据
@property (nonatomic, strong) NSArray *pickerProvincesData;//当前的省数据
@property (nonatomic, strong) NSArray *pickerCitiesData; //当前省下面的市数据
- (IBAction)onclick:(id)sender;
@end
```

上面的代码定义了输出口属性 UIPickerView 和 UILabel，以及一个动作事件 onclick:，用于响应按钮点击事件。装载数据的属性 pickerData 是字典类型，用来保存从 provinces_cities.plist 文件中读取的全部内容。

pickerProvincesData 是数组类型，保存了全部的省份信息。pickerCitiesData 也是数组类型，保存了全部的城市信息。

第 5 步，设计数据加载部分的代码（ViewController.m 中）如下：

```
@implementation ViewController
- (void)viewDidLoad
{
        [super viewDidLoad];
    NSBundle *bundle = [NSBundle mainBundle];
    NSString *plistPath = [bundle pathForResource:@"provinces_cities" ofType:@"plist"];
    //获取属性列表文件中的全部数据
    NSDictionary *dict = [[NSDictionary alloc] initWithContentsOfFile:plistPath];
    self.pickerData = dict;
    //省份名数据
    self.pickerProvincesData = [self.pickerData allKeys];
    //默认取出第一个省的所有市的数据
    NSString *seletedProvince = [self.pickerProvincesData objectAtIndex:0];
    self.pickerCitiesData = [self.pickerData objectForKey:seletedProvince];
}
@end
```

第 6 步，viewDidLoad 方法实现了加载数据到成员变量中。当用户单击按钮时的代码如下：

```
- (IBAction)onclick:(id)sender {
    NSInteger row1 = [self.pickerView selectedRowInComponent:0];
    NSInteger row2 = [self.pickerView selectedRowInComponent:1];
    NSString *selected1 = [self.pickerProvincesData objectAtIndex:row1];
    NSString *selected2 = [self.pickerCitiesData objectAtIndex:row2];
    NSString *title = [[NSString alloc] initWithFormat:@"%@，%@市",
    selected1,selected2];
    self.label.text = title;
}
```

UIPickerView 的 Component 就是指拨盘，selectedRowInComponent 方法返回拨盘中被选定的行的索引，索引是从 0 开始的。

第 7 步，运行程序，在第一个拨轮中选择省份，第二个拨轮是这个省下面可以选择的市。单击其中的按钮，可以将选择器中选中的两个拨轮内容显示在标签上，如图 14.55 所示。

iOS Simulator - iPhone 6 - iPhone 6 / iOS 8.4...
Carrier 11:29 AM
广东省 朝阳
北京 东城
海淀
西城
北京，海淀市
确定

图 14.55 预览效果

14.14.2 案例：设计单列选择器

对于单列选择器，只要控制 UIPickerView 的 dataSource 对象的 numberOfComponentsInPickerView:方法返回 1 即可。

【操作步骤】

第 1 步，创建一个 Single View Application 应用，保存项目为 test。

第 2 步，打开 Main.storyboard 设计界面，将一个 UIPickerView 拖入界面设计文件。

第 3 步，为了访问该控件，选中该控件，将其绑定到 picker IBOutlet 属性。

第 4 步，修改控制器类，设计使用控制器类作为 UIPickerView 的 dataSource 和 delegate，因此，实现 UIPickerViewDataSource、UIPickerViewDelegate 两个协议的必要方法，代码如下（ViewController.m）：

Note

```
@implementation ViewController
NSArray* books;
- (void)viewDidLoad
{
 [super viewDidLoad];
 //创建并初始化 NSArray 对象
 books = [NSArray arrayWithObjects:@"重庆",@"上海", @"北京", @"天津", nil];
 //为 UIPickerView 控件设置 dataSource 和 delegate
 self.picker.dataSource = self;
 self.picker.delegate = self;
}
//UIPickerViewDataSource 中定义的方法，该方法返回值决定该控件包含多少列
- (NSInteger)numberOfComponentsInPickerView:(UIPickerView*)pickerView
{
 //返回 1 表明该控件只包含 1 列
 return 1;
}
//UIPickerViewDataSource 中定义的方法，该方法返回值决定该控件指定列包含多少个列表项
- (NSInteger)pickerView:(UIPickerView *)pickerView
 numberOfRowsInComponent:(NSInteger)component
{
 //由于该控件只包含一列，因此无须理会列序号参数 component
 //该方法返回 books.count，表明 books 包含多少个元素，该控件就包含多少行
 return books.count;
}
//UIPickerViewDelegate 中定义的方法，该方法返回的 NSString 将作为 UIPickerView
//中指定列、指定列表项的标题文本
- (NSString *)pickerView:(UIPickerView *)pickerView
 titleForRow:(NSInteger)row forComponent:(NSInteger)component
{
 //由于该控件只包含一列，因此无须理会列序号参数 component
 //该方法根据 row 参数返回 books 中的元素，row 参数代表列表项的编号，因此该方法表示第几个列表项，
就使用 books 中的第几个元素
 return [books objectAtIndex:row];
}
//当用户选中 UIPickerViewDataSource 中指定列、指定列表项时激活该方法
- (void)pickerView:(UIPickerView *)pickerView didSelectRow:
 (NSInteger)row inComponent:(NSInteger)component
{
 //使用一个 UIAlertView 显示用户选中的列表项
 UIAlertView* alert = [[UIAlertView alloc]
        initWithTitle:@"提示"
        message:[NSString stringWithFormat:@"选中的项目：%@"
               , [books objectAtIndex:row]]
```

```
            delegate:nil
            cancelButtonTitle:@"确定"
            otherButtonTitles:nil];
    [alert show];
}
@end
```

上面的代码首先初始化了一个 NSArray，然后实现了 4 个方法，其中有两个方法来自 UIPickerViewDataSource 协议，分别用于控制该 UIPickerView 控件包含多少列、各列包含多少个列表项。另两个方法来自 UIPickerViewDelegate，最后一个方法负责为 UIPickerView 控件的选中事件提供响应，当用户选中该 UIPickerView 的某个列表项时，系统将会自动激活该方法，该方法的实现逻辑就是使用 UIAlertView 显示用户选择的项目。

第 5 步，运行该程序，如果选择某个列表项，应用将弹出如图 14.56 所示的警告框。

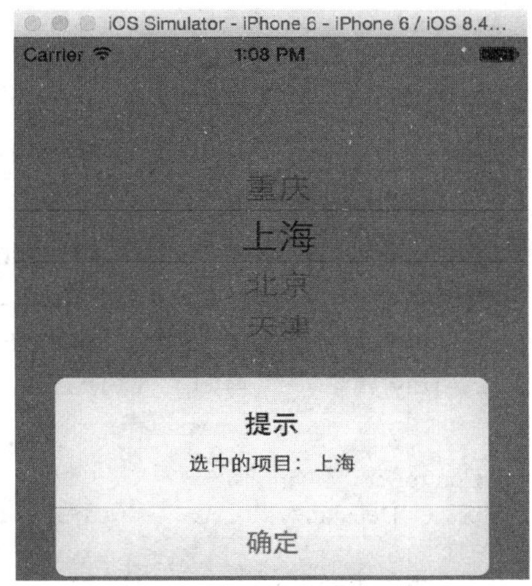

图 14.56 预览效果

提示： *如果要设计多列选择器，只要控制 UIPickerView 的 dataSource 对象的 numberOfComponentsInPickerVew:方法返回大于 1 的整数即可。*

14.14.3 案例：自定义选择器视图

UIPickerView 允许用户对列表项进行任意定制，设计方法：实现 UIPickerViewDelegate 协议中的 -pickerView:viewForRow:forComponent:reusingView: 方法即可，该方法返回的 UIView 将作为 UIPickerView 指定列和列表项的视图控件。

【操作步骤】

第 1 步，创建一个 Single View Application 应用，保存项目为 test。

第 2 步，打开 Main.storyboard 设计界面，将一个 UIPickerView 拖入界面设计文件中，再将一个 UIImageView 和一个 UIButton 拖入应用界面中，设计好 3 个控件位置，如图 14.57 所示。

第 3 步，为了访问这 3 个控件，分别将其绑定到 picker、image、startBn 这 3 个 IBAction 属性。

第 4 步，为了响应按钮的点击事件，为该按钮控件的 Touch Up Inside 事件绑定 clicked:事件处理方法。

Note

图 14.57　设计界面效果

第 5 步，本案例的列表项都是图标，故需准备一些图标。可用本案例提供的图标，也可自选图标，图标尺寸小于 60×60 像素为宜，将这些图标拖入应用中。

第 6 步，本案例中选择器不允许手动选择列表项，通过 UIPickerView 用户交互来实现。修改控制器类，使用控制器类作为 UIPickerView 的 dataSource 和 delegate，让控制器类实现 UIPickerViewDataSource、UIPickerViewDelegate 两个协议。另外，分别为 UIPickerView 的 5 列准备数据，在控制器类的接口部分定义了 5 个 NSArray 属性，代码如下（ViewController.h）：

```
#import <UIKit/UIKit.h>
@interface ViewController: UIViewController
 <UIPickerViewDataSource, UIPickerViewDelegate>
//分别绑定到应用界面的 3 个 UI 控件
@property (strong, nonatomic) IBOutlet UIPickerView *picker;
@property (strong, nonatomic) IBOutlet UIImageView *image;
@property (strong, nonatomic) IBOutlet UIButton *startBn;
- (IBAction)clicked:(id)sender;
@end
```

第 7 步，修改控制器类的实现部分，实现 UIPickerVewDataSource、UIPickerViewDelegate 两个协议中的必要方法，代码如下（ViewController. m）：

```
@implementation ViewController
UIImage* loseImage;
UIImage* winImage;
//保存系统中所有图片的集合
NSArray* images;
- (void)viewDidLoad
{
 [super viewDidLoad];
 loseImage = [UIImage imageNamed:@"lose.jpg"];
 winImage = [UIImage imageNamed:@"win.gif"];
 //依次加载 6 张图片，生成对应的 UIImage 对象
 UIImage* dog = [UIImage imageNamed:@"dog.png"];
```

```
 UIImage* duck = [UIImage imageNamed:@"duck.png"];
 UIImage* elephant = [UIImage imageNamed:@"elephant.png"];
 UIImage* frog = [UIImage imageNamed:@"frog.png"];
 UIImage* mouse = [UIImage imageNamed:@"mouse.png"];
 UIImage* rabbit = [UIImage imageNamed:@"rabbit.png"];
 //初始化 images 集合，将前面的 6 张图片封装成 images 集合
 images = [NSArray arrayWithObjects: dog, duck, elephant, frog, mouse, rabbit,nil];
 self.picker.dataSource = self;
 self.picker.delegate = self;
}
// UIPickerViewDataSource 中定义的方法，该方法返回值决定该控件包含多少列
- (NSInteger)numberOfComponentsInPickerView:(UIPickerView*)pickerView
{
 //返回 5 表明该控件只包含 5 列
 return 5;
}
// UIPickerViewDataSource 中定义的方法，该方法返回值决定该控件指定列包含多少个列表项
- (NSInteger)pickerView:(UIPickerView *)pickerView
 numberOfRowsInComponent:(NSInteger)component
{
 // images 集合包含多少个元素，该控件的各列就包含多少个列表项
 return images.count;
}
#define kImageTag 1
// UIPickerViewDelegate 中定义的方法，该方法返回的 UIView 将作为
// UIPickerView 中指定列、指定列表项的 UI 控件
- (UIView *)pickerView:(UIPickerView *)pickerView viewForRow:
 (NSInteger)row forComponent:(NSInteger)component
 reusingView:(UIView *)view
{
 //如果可重用的 view 的 tag 不等于 kImageTag，表明该 view 已经不存在，需要重新创建
 if(view.tag != kImageTag)
 {
        view = [[UIImageView alloc] initWithImage:[images objectAtIndex:row]];
        //为该 UIView 设置 tag 属性
        view.tag = kImageTag;
        //设置不允许用户交互
        view.userInteractionEnabled = NO;
 }
 return view;
}
// UIPickerViewDelegate 中定义的方法，该方法的返回值决定列表项的高度
- (CGFloat)pickerView:(UIPickerView *)pickerView
 rowHeightForComponent:(NSInteger)component
{
 return 40;
}
// UIPickerViewDelegate 中定义的方法，该方法的返回值决定列表项的宽度
- (CGFloat)pickerView:(UIPickerView *)pickerView
```

```
widthForComponent:(NSInteger)component
{
return 40;
}
- (IBAction)clicked:(id)sender {
//禁用该按钮
self.startBn.enabled = NO;
//清空界面上 image 控件中的图片
self.image.image = nil;
//定义一个 NSMutableDictionary 来记录每个随机数的出现次数
NSMutableDictionary* result = [[NSMutableDictionary alloc]initWithCapacity:6];
NSURL *winSoundUrl = [[NSBundle mainBundle]URLForResource:@"crunch" withExtension:@"wav"];
SystemSoundID soundId;
//装载声音文件
AudioServicesCreateSystemSoundID((__bridge CFURLRef)
      (winSoundUrl), &soundId);
//播放声音
AudioServicesPlaySystemSound(soundId);
for(int i = 0; i < 5; i++)
{
      //生成一个 0～images.count 之间的随机数
      NSUInteger selectedVal = arc4random() % images.count;
      [self.picker selectRow:selectedVal inComponent:i animated:YES];
      //result 中已经为该随机数记录了出现次数
      if([result objectForKey:[NSNumber numberWithInt:selectedVal]])
      {
            //获取 result 中该随机数的出现次数
            NSUInteger newCount = [[result objectForKey:
                  [NSNumber numberWithInt:selectedVal]] integerValue];
            //将 result 中该随机数的出现次数+1
            [result setObject:[NSNumber numberWithInt:(newCount + 1)]
                  forKey:[NSNumber numberWithInt:selectedVal]];
      }
      else
      {
            //使用 result 记录该随机数的出现次数为 1
            [result setObject:[NSNumber numberWithInt:1]
                  forKey:[NSNumber numberWithInt:selectedVal]];
      }
      //使用该变量记录随机数的最大出现次数
      NSUInteger maxOccurs = 1;
      for (NSNumber* num in [result allKeys])
      {
            //只要任何随机数的出现次数大于 maxOccurs
            if ([[result objectForKey:num] integerValue] > maxOccurs)
            {
                  //使用 maxOccurs 保存该随机数的出现次数
                  maxOccurs = [[result objectForKey:num] integerValue];
            }
```

```
        }
        //如果某个随机数的出现次数大于等于 3（即使界面出现了 3 个相同的图案）
        if(maxOccurs >= 3)
        {
            //如果赢了，延迟 0.5 秒执行 showWin 方法，显示结果
            [self performSelector:@selector(showWin)
                withObject:nil afterDelay:0.5];
        }
        else
        {
            //如果输了，延迟 0.5 秒执行 showLose 方法，显示结果
            [self performSelector:@selector(showLose)
                withObject:nil afterDelay:0.5];
        }
    }
}
- (void) showWin
{
 NSURL *winSoundUrl = [[NSBundle mainBundle]
        URLForResource:@"win" withExtension:@"wav"];
 SystemSoundID soundId;
 //装载声音文件
 AudioServicesCreateSystemSoundID((__bridge CFURLRef)
        (winSoundUrl), &soundId);
 //播放声音
 AudioServicesPlaySystemSound(soundId);
 self.image.image = winImage;
 self.startBn.enabled = YES;
}
- (void) showLose
{
 self.image.image = loseImage;
 self.startBn.enabled = YES;
}
@end
```

上面的代码为 UIPickerView 实现自定义列表项，通过返回一个 UIImageView 作为各列的列表项控件，因此 UIPickerView 所包含的各列的列表项都是 UIImageView 控件。

然后，生成一个随机数，并根据随机数选中 UIPickerView 的指定列表项，设计 UIPickerView 的 5 列随机选中指定的列表项。

接着，判断 5 个随机数中是否有相同的数出现过 3 次以上，这样就意味着 UIPickerView 的 5 列中出现了 3 个以上相同的图标。如果符合该条件，就延迟 0.5 秒执行 showWin 方法，该方法播放胜利音乐并显示胜利图标；否则就延迟 0.5 秒执行 showLose 方法，该方法显示失败图标。

第 8 步，运行该程序，单击“开始”按钮，应用将随机选择 5 列列表项，并判断项目中是否相等，然后显示列表项是否有大于或等于 3 个的相同项，效果如图 14.58 所示。

【拓展】本案例使用 AudioToolbox 播放音乐，因此还需要将 win.wav 和 crunch.wav 两个音乐文件拖入项目中。由于 iOS 项目默认不带 AudioToolbox 库，需要手动添加 AudioToolbox 库，为 iOS 项目添加指定库的步骤如下：

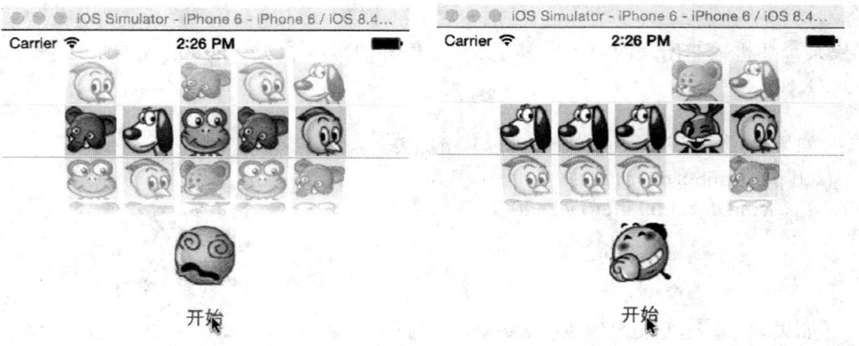

图 14.58　预览效果

第 1 步，在项目导航面板中单击指定项目对应的图标。

第 2 步，选中中间编辑区域左侧的 TARGETS 下面的应用，如图 14.59 所示。

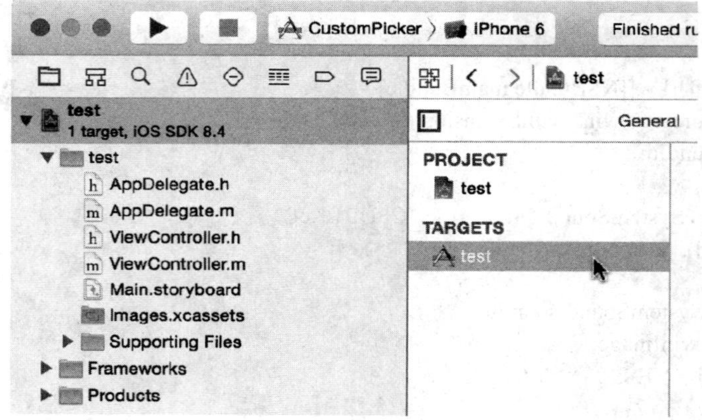

图 14.59　选中目标项目

第 3 步，选择编辑窗口上方的 Build Phases 标签，单击 Link Binary With Libraries 旁边的三角符号，即可展开该项目当前包含的所有库，如图 14.60 所示。

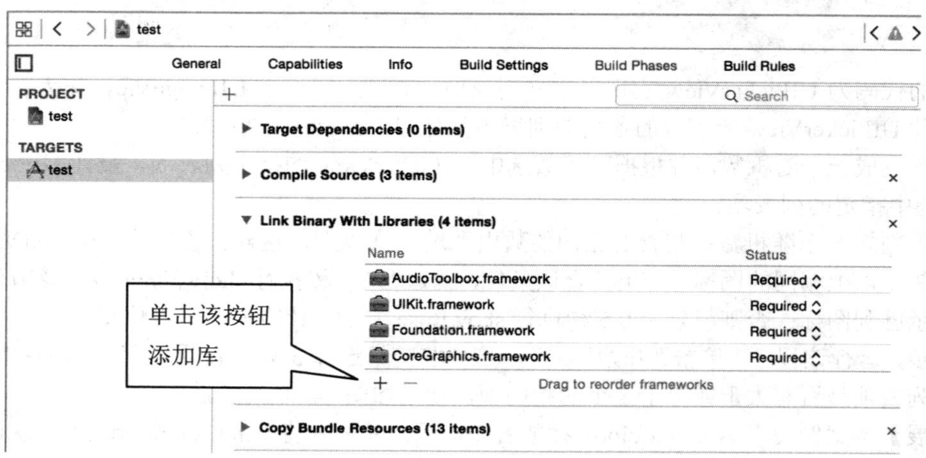

图 14.60　展开该项目当前包含的所有库

第 4 步，单击图 14.60 所示窗口中的“+”按钮添加库，系统将会显示如图 14.61 所示的库列表。

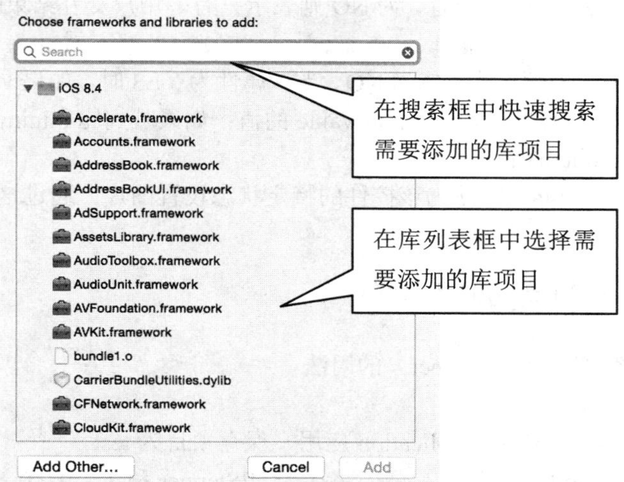

图 14.61　选择库

第 5 步，在图 14.61 所示对话框中选中需要添加的库，或者通过对话框顶部的搜索框进行搜索，找到需要添加的库后，单击 Add 按钮添加。

14.15　微　调　器

UIStepper 表示微调器控件，包含“+”和“-”两个按钮，用于控制指定值的增、减，继承了 UIControl 基类，可以与用户交互，并激发相应的事件处理方法。

14.15.1　添加微调器

通过 Interface Builder 将 UIStepper 拖入界面设计文件，或者通过代码创建 UIStepper 对象。在界面文件中选中 UIStepper，然后打开 Xcode 的属性检查器面板，该控件可支持设置如下属性。

1. Value

Value 区域包括 4 个属性。

- ☑ Minimum：设置 UIStepper 控件的最小值。对应 maximumValue 属性，默认值为 0。
- ☑ Maximum：设置 UIStepper 控件的最大值。对应 maximumValue 属性，默认值为 100。
- ☑ Current：设置 UIStepper 控件的当前值。对应于 value 属性，上限是 maximumValue，下限是 minimumValue，当数值改变时，会发送事件激发对应的事件处理方法。
- ☑ Step：设置 UIStepper 中数值变化的步长。对应于 stepValue 属性，该属性默认为 1。

2. Behavior

Behavior 包含 3 个复选框。

- ☑ Autorepeat：对应 autorepeat 属性，默认值为 YES。当该属性为 YES 时，表示用户按住加号或减号不松手，数字会持续变化。

- ☑ Continuous：对应 continuous 属性，默认值为 YES。当该属性为 YES 时，表示当用户交互时会立刻发送 Value Changed 事件，为 NO 则表示只有等用户交互结束时才发送 Value Changed 事件。
- ☑ Wrap：对应 wraps 属性，默认值为 NO。当该属性为 YES 时，如果 value 加到超过 maximum Value，则 value 将自动变成 minimumValue 的值；如果减到比 minimumValue 还小，则 value 将自动变成 maximumValue 的值。

可调用 setXxxImage:forState:方法为该控件的特定状态设置图片，通过这种方式即可任意定制该控件的外观。

14.15.2 案例：设计微调器

下面通过案例介绍微调器（UIStepper）的用法。

【操作步骤】

第 1 步，创建一个 Single View Application 应用，保存项目为 test。

第 2 步，打开 Main.storyboard 设计界面，将 3 个 UIStepper 和 3 个 UITextField 拖入应用界面中。

第 3 步，设置第 1 个 UIStepper 的最大值为 10。

第 4 步，设置第 2 个 UStepper 的当前值为 20，并将步长设为 4。

第 5 步，为了访问 3 个 UITextField 控件，分别将其绑定到 tf1、tf2、tf3 这 3 个 IBAction 属性。

第 6 步，将第 3 个 UIStepper 绑定到 stepper IBAction 属性。

第 7 步，为了响应 3 个 UIStepper 的 Value Changed 事件，为 3 个 UIStepper 的 Value Changed 事件绑定 valueChanged:事件处理方法。

第 8 步，修改控制器类的实现部分，定制第 3 个 UIStepper 控件的外观，并实现 valueChanged:方法，代码如下（ViewController.m）：

```
@implementation ViewController
- (void)viewDidLoad
{
 [super viewDidLoad];
 //自定义该 UIStepper 的减号按钮的图片
 [self.stepper setDecrementImage:[UIImage imageNamed:@"minus.gif"]
        forState:UIControlStateNormal];
 //自定义该 UIStepper 的加号按钮的图片
 [self.stepper setIncrementImage:[UIImage imageNamed:@"plus.gif"]
        forState:UIControlStateNormal];
}
- (void)didReceiveMemoryWarning
{
    [super didReceiveMemoryWarning];
}
- (IBAction)valueChanged:(UIStepper*)sender {
 //分别使用 3 个 UITextField 显示对应 UIStepper 的值
 switch (sender.tag) {
        case 1:
                self.tf1.text = [NSString stringWithFormat:@"%g", sender.value];
                break;
        case 2:
```

```
            self.tf2.text = [NSString stringWithFormat:@"%g", sender.value];
            break;
        case 3:
            self.tf3.text = [NSString stringWithFormat:@"%g", sender.value];
            break;
    }
}
@end
```

在上面的代码中，自定义 UIStepper 控件的减号图标和加号图标的图片，通过这种方式定制 UIStepper 控件的外观。当改变 3 个 UIStepper 控件中任意一个值时，将会触发程序的 valueChanged:方法，该方法将会使用 3 个 UITextField 显示对应的 UIStepper 值。

第 9 步，运行程序，改变 UIStepper 的值，可看到如图 14.62 所示的效果。第 2 个 UIStepper 的值从 20（初始值）开始，每次变化要么增加 4，要么减少 4，这是因为该控件的 step Value 步长被设为 4。

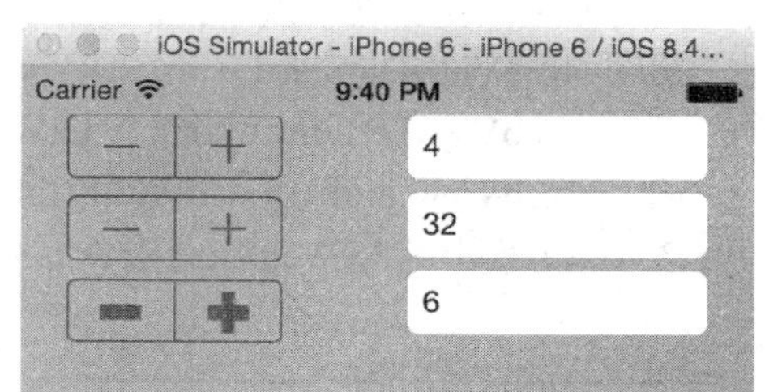

图 14.62　微调器演示效果

14.16　网　页　控　件

UIWebView 表示网页控件，可以在界面中内置网页浏览器，显示 HTML 内容。UIWebView 继承于 UIView 类，不可以与用户交互。

14.16.1　添加网页控件

通过 Interface Builder 将 UIWebView 拖入界面设计文件中，然后选中某个 UIWebView，打开 Xcode 属性检查器面板，可以配置属性。常用属性如下所示。

☑　scalesPageToFit：对应属性面板中的 Scales Page To Fit，控制是否缩放网页以适应该控件。

☑　dataDetectorTypes：对应属性面板中的 Detection 属性，包括如下枚举值。

- ➢　UIDataDetectorTypePhoneNumbe：自动检测网页上的电话号码，单击该号码就会拨号。
- ➢　UIDataDetectorTypeLink：自动检测网页上的超链接，单击该超链接就会导航到对应的页面。
- ➢　UIDataDetectorTypeAddress：自动检测网页上的地址。
- ➢　UIDataDetectorTypeCalendarEvent：自动检测网页上的日历事件。
- ➢　UIDataDetectorTypeNone：不检测网页上的任何内容。
- ➢　UIDataDetectorTypeAll：自动检测网页上的所有特殊内容。

通过如下方法可以控制 UIWebView 加载内容。

☑　- loadHTMLString:baseURL:：加载并显示 HTML 字符串。

☑　- loadRequest:：加载并显示指定 URL 对应网页。

☑　- stringByEvaluatingJavaScriptFromString:：执行指定的 JavaScript 字符串，并返回执行结果。

通过如下方法可以控制 UIWebView 指定导航。

- ☑ - goBack：后退。
- ☑ - goForward：前进。
- ☑ - reload：重新加载网页。
- ☑ - stopLoading：停止加载网页。

Note

当 UIWebView 加载网页时，可为 UIWebView 设置一个 delegate 委托，该委托对象必须实现 UIWebViewDelegate 协议，该协议中包含如下方法。

- ☑ - webView:shouldStartLoadWithRequest:navigationType:：UIWebView 将要开始装载指定 URL 对应的网页时激发该方法。
- ☑ - webViewDidStartLoad:：UIWebView 开始装载时激发该方法。
- ☑ - webViewDidFinishLoad:：UIWebView 装载完成时激发该方法。
- ☑ - webView:didFailLoadWithError:：UIWebView 装载响应出现错误时激发该方法。

表 14.11 列出了 UIWebView 类的常用方法及属性。

表 14.11 UIWebView 类的常用方法及属性

属性或方法	说　明
- (void)loadHTMLString:(NSString *)string baseURL:(NSURL *)baseURL	设置主页内容和 URL
- (void)loadData:(NSData *)data MIMEType:(NSString *)MIMEType textEncodingName:(NSString *)encodingName baseURL: (NSURL *) baseURL	设置主页的内容、MIME 类型、内容编码和 URL
- (void)loadRequest:(NSURLRequest *)request	正在初始化的异步客户端发出获取一个给定的 URL 请求
- (void)reload	重新加载当前页
- (void)stopLoading	停止正在进行的加载

【示例】下面是 UIWebView 类的部分应用示例：

```
NSString *urlAddress = @"http://www.sina.com.cn";
//创建 URL 对象
NSURL *url = [NSURL URLWithString:urlAddress];
//URL 请求对象
NSURLRequest *requestObj = [NSURLRequest requestWithURL:url];
//加载请求
[webView loadRequest:requestObj];
```

14.16.2 案例：设计网页控件

下面通过案例介绍如何使用 UIWebView 显示 HTML 字符串。

【操作步骤】

第 1 步，创建一个 Single View Application 应用，保存项目为 test。

第 2 步，打开 Main.storyboard 设计界面，将 UIWebView 拖入应用界面中，然后让该 UIWebView 占满整个手机屏幕。

第 3 步，为了访问该 UIWebView 控件，需要将其绑定到控制器类的 webView IBOutlet 属性。

第 4 步，修改控制器类的实现部分，使用 UIWebView 来装载、显示指定的 HTML 字符串，代码如下（ViewController.m）：

```
@implementation ViewController
- (void)viewDidLoad
{
 [super viewDidLoad];
 NSMutableString* sb = [[NSMutableString alloc] init];
 //拼接一段 HTML 代码
 [sb appendString:@"<html>"];
 [sb appendString:@"<head>"];
 [sb appendString:@"<title>网页控件</title>"];
 [sb appendString:@"</head>"];
 [sb appendString:@"<body>"];
 [sb appendString:@"<h2> 欢迎访问<a href=\"http://www.baidu.com/\">"];
 [sb appendString:@"百度一下</a></h2>"];
 //HTML 代码中支持 JavaScript 脚本
 [sb appendString:@"<script language='javascript'>"];
 [sb appendString:@"alert('欢迎使用 UIWebView');</script>"];
 [sb appendString:@"</body>"];
 [sb appendString:@"</html>"];
 //加载并显示 HTML 代码
 [self.webView loadHTMLString:sb
       baseURL:[NSURL URLWithString:@"http://www.baidu.com/"]];
}
@end
```

上面的代码先拼接了一段 HTML 字符串，然后调用 UIWebView 的方法来装载并显示该 HTML 字符串。该 HTML 字符串中嵌入了 JavaScript 脚本，UIWebView 完全支持。

第 5 步，运行该程序，显示效果如图 14.63 所示。图中显示的警告框就是 JavaScript 执行的效果，单击警告框中的 OK 按钮，应用将会显示图 14.63 中右图所示的效果。

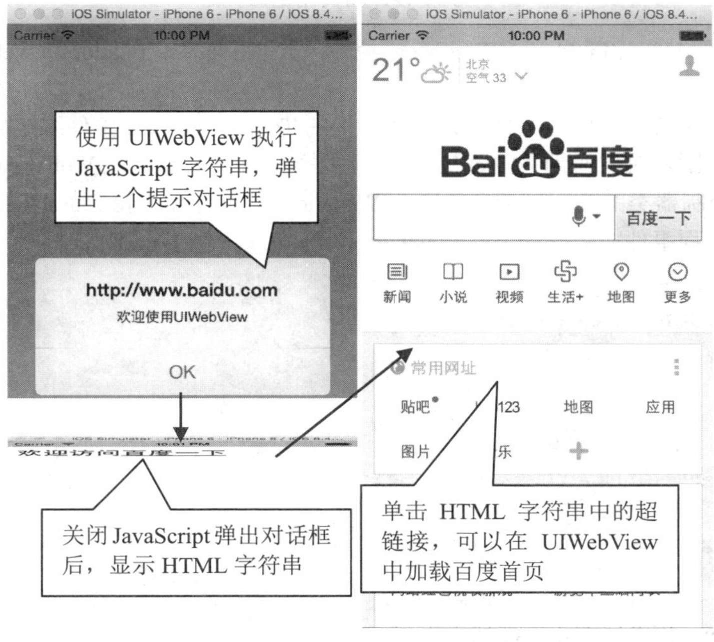

图 14.63　网页控件演示效果

【拓展】借助 UIWebView 的 loadRequest:方法，可加载并显示指定 URL 对应的网页。通过这个功能，可设计个性浏览器。

【操作步骤】

第 1 步，创建一个 Single View Application 应用，保存项目为 test。

第 2 步，打开 Main.storyboard 设计界面，将 UITextField、UIButton 和 UIWebView 拖入应用界面中，模仿浏览器结构进行布局，如图 14.64 所示。

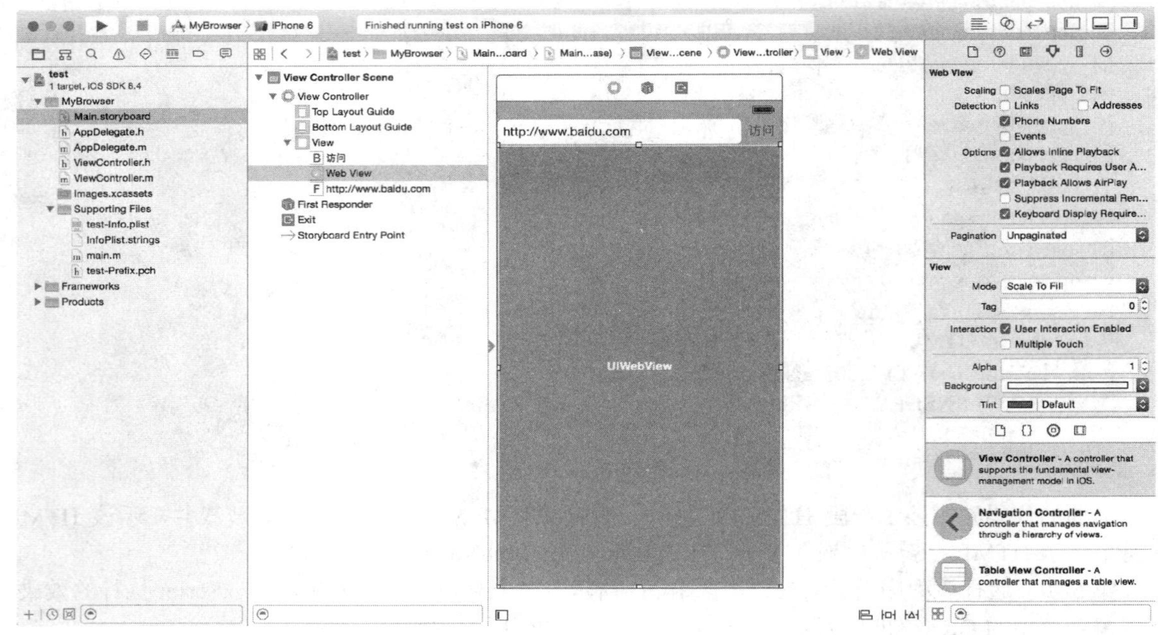

图 14.64　设计网页浏览器界面

第 3 步，为了访问 UITextField 和 UIWebView 控件，分别将其绑定到 addr 和 webView 两个 IBOutlet 属性。

第 4 步，为了响应按钮的单击事件，为按钮控件的 Touch UpInside 事件绑定事件处理方法。

第 5 步，使用控制器对象作为 UIWebView 控件的委托对象，实现 UIWebViewDelegate 协议。

第 6 步，修改控制器类的实现部分，使用 UIWebView 装载并显示指定的 URL 对应的网页，然后使用委托监控装载过程事件，代码如下（ViewController.m）：

```
@implementation ViewController
UIActivityIndicatorView* activityIndicator;
- (void)viewDidLoad
{
 [super viewDidLoad];
 //设置自动缩放网页以适应该控件
 self.webView.scalesPageToFit = YES;
 //为 UIWebView 控件设置委托
 self.webView.delegate = self;
 //创建一个 UIActivityIndicatorView 控件
 activityIndicator = [[UIActivityIndicatorView alloc]
        initWithFrame: CGRectMake(0.0f, 0.0f, 32.0f, 32.0f)];
 //控制 UIActivityIndicatorView 显示在当前 View 的中央
```

```
[activityIndicator setCenter: self.view.center];
activityIndicator.activityIndicatorViewStyle
    = UIActivityIndicatorViewStyleWhiteLarge;
[self.view addSubview: activityIndicator];
//隐藏 activityIndicator 控件
activityIndicator.hidden = YES;
[self goClicked:nil];
}
//当 UIWebView 开始加载时激活该方法
- (void)webViewDidStartLoad:(UIWebView *)webView
{
//显示 activityIndicator 控件
activityIndicator.hidden = NO;
//启动 activityIndicator 控件的转动
[activityIndicator startAnimating];
}
//当 UIWebView 加载完成时激发该方法
- (void)webViewDidFinishLoad:(UIWebView *)webView
{
//停止 activityIndicator 控件的转动
[activityIndicator stopAnimating];
//隐藏 activityIndicator 控件
activityIndicator.hidden = YES;
}
//当 UIWebView 加载失败时激发该方法
- (void)webView:(UIWebView *)webView didFailLoadWithError:(NSError *)error
{
//使用 UIAlertView 显示错误信息
UIAlertView *alert = [[UIAlertView alloc] initWithTitle:@""
    message:[error localizedDescription]
    delegate:nil
    cancelButtonTitle:nil
    otherButtonTitles:@"确定", nil];
[alert show];
}
- (IBAction)goClicked:(id)sender {
[self.addr resignFirstResponder];
//获取用户输入的字符串
NSString* reqAddr = self.addr.text;
//如果 reqAddr 不以 http://开头，则为该用户输入的网址添加 http://前缀
if (![reqAddr hasPrefix:@"http://"]) {
    reqAddr = [NSString stringWithFormat:@"http://%@", reqAddr];
    self.addr.text = reqAddr;
}
NSURLRequest* request = [NSURLRequest requestWithURL:
    [NSURL URLWithString:reqAddr]];
//加载指定 URL 对应的网址
[self.webView loadRequest:request];
}
@end
```

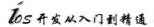

上面的代码调用了 UIWebView 的方法来加载并显示指定 URL 对应的网页。为 UIWebView 控件指定 self 作为委托，监听并处理 UIWebView 的装载过程如下：

☑ 当 UIWebView 开始加载 URL 对应的网页时，在中央显示一个转动的进度环。

☑ 当 UIWebView 加载完成时，隐藏中央转动的进度环。

☑ 当 UIWebView 加载失败时，使用 UIAlertView 显示错误信息。

第 7 步，运行该程序，可看到如图 14.65 所示的效果。

图 14.65　模拟的网页浏览器效果

14.17　小　　结

UIKit 框架提供一系列 Class 来建立和管理 iOS 应用程序的用户界面接口、应用程序对象、事件控制、绘图模型、窗口、视图和用于控制触摸屏等的接口。引入此头文件后，便可以在程序中使用任何在 UIKit 中声明的类。

本章先介绍了 UIKit 分类，然后详细解析显示视图、各种控件、导航视图、警告视图、动作表单、文本和 Web 视图以及其他控件类型。在今后的应用程序构建中，本书还会陆续使用各式各样的控件，因此 UIKit 框架的引入是必不可少的。

第15章 使用控件（下）

（视频讲解：117 分钟）

容器视图用于增强其他视图的功能，或者为视图内容提供额外的视觉分隔。例如，UIScrollView 类可以用于显示因内容太大而无法显示在一个屏幕上的视图。UITableView 类是 UIScrollView 类的子类，用于管理数据列表。表格的行可以支持选择，所以通常也用于层次数据的导航，例如，用于挖掘一组有层次结构的对象。

UIToolbar 对象则是一个特殊类型的容器，用于为一个或多个类似于按键的项提供视觉分组。工具条通常出现在屏幕的底部。Safari、Mail 和 Photos 程序都使用工具条来显示一些按键，这些按键代表经常使用的命令。工具条可以一直显示，也可以根据应用程序的需要进行显示。

【学习要点】

- 使用工具条
- 使用搜索条
- 使用导航条
- 使用表格
- 使用标签页
- 使用页控件

15.1 工 具 条

Note

UIToolBar 表示工具条控件。在 iPhone 中，工具条位于屏幕底部，其按钮数不能超过 5 个，如果超过 5 个，则第 5 个按钮（最后一个）显示为“更多”按钮；在 iPad 中，工具条位于屏幕顶部，按钮的数量没有限制。

15.1.1 添加工具条

UIToolBar 继承 UIView，常作为多个 UIBarButtonItem 的容器，每个 UIBarButtonItem 代表工具条上的一个控件。

在 UIBarButtonItem 中，除了按钮外，还有“固定空格”和“可变空格”项目，其作用是在各个按钮之间插入一定的空间，这样工具条给用户的视觉效果会更好。在工具条中，除了可以放置 UIBarButtonItem 外，还可以放置其他自定义视图，但这种操作只在特殊情况下才使用。

UIToolBar 控件可配置的属性并不太多，通常可以指定如下两个属性。

☑ barStyle：设置工具条的风格，包括 UIBarStyleDefault（默认风格）、UIBarStyleBlack（黑色背景、白字风格）、UIBarStyleBlackOpaque（黑色不透明背景、白字风格）和 UIBarStyleBlackTranslucent（黑色透明背景、白字风格）。

☑ items：NSArray 对象，包含多个 BarButtonItem 对象，每个 BarButtonItem 对象代表工具条上的一个控件。

使用 UIToolBar 最简单的做法是在 Interface Builder 中将一个 UIToolBar 拖入应用界面中，根据需要拖入多个 BarButtonItem 控件即可。

【操作步骤】

第 1 步，创建一个 Single View Application 类型项目。

第 2 步，使用 Interface Builder 打开应用界面设计文件，将 UIToolBar 拖入应用界面的顶端，该 UIToolBar 的宽度将自动等于屏幕宽度。

第 3 步，依次将如下 5 个控件拖入 UIToolBar 中。拖入 5 个工具条控件之后，应用界面如图 15.1 所示。

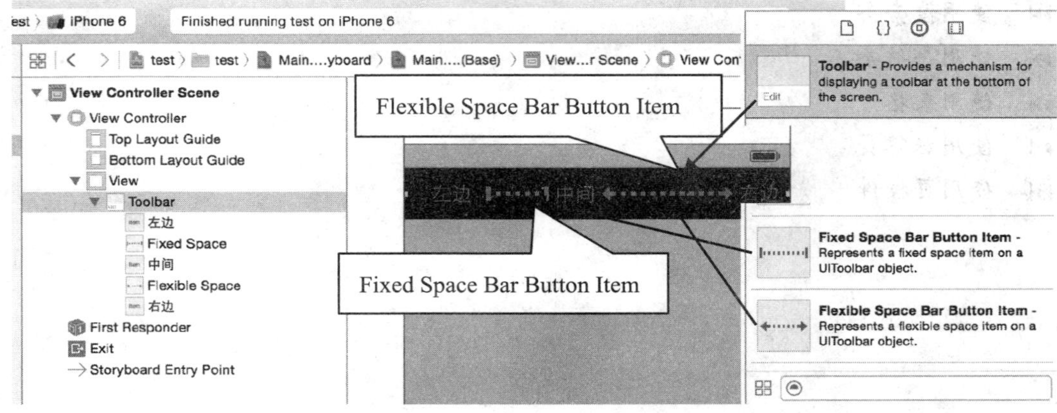

图 15.1 设计工具条按钮

☑　Bar Button Item（工具条上的按钮）。
☑　Fixed Space Bar Button Item（工具条上固定宽度的空白间隔）。
☑　Bar Button Item。
☑　Flexible Space Bar Button Item（工具条上可伸缩宽度的空白间隔）。
☑　Bar Button Item（工具条上的按钮）。

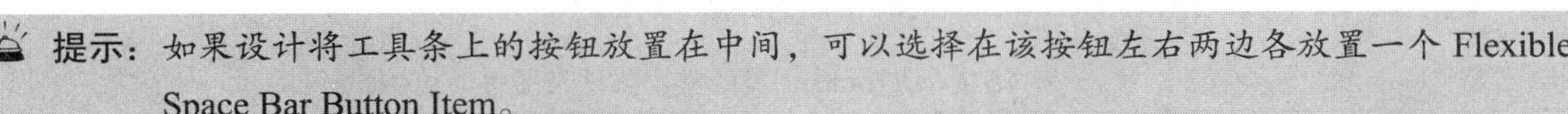

提示：如果设计将工具条上的按钮放置在中间，可以选择在该按钮左右两边各放置一个 Flexible Space Bar Button Item。

第 4 步，为了响应 3 个工具按钮的点击事件，为该按钮控件的 Touch Up Inside 事件绑定事件处理方法。

第 5 步，修改控制器类的实现部分，为 3 个工具按钮的 Touch Up Inside 事件实现事件处理方法，代码如下（ViewController.m）：

```
@implementation ViewController
- (void)viewDidLoad
{
 [super viewDidLoad];
}
- (IBAction)clicked:(id)sender {
 //使用 UIAlertView 显示点击了哪个按钮
 NSString* msg = [NSString stringWithFormat:@"点击了【%@】按钮", [sender title]];
 UIAlertView* alert = [[UIAlertView alloc] initWithTitle:@"提示"
        message:msg
        delegate:nil
        cancelButtonTitle:@"确定"
        otherButtonTitles: nil];
 [alert show];
}
@end
```

上面的代码只是为 3 个工具按钮的 Touch Up Inside 事件实现了事件处理方法，该事件处理方法就是使用 UIAlertView 显示用户单击了哪个按钮。

第 6 步，运行该程序，单击工具条中按钮，会显示如图 15.2 所示的效果。

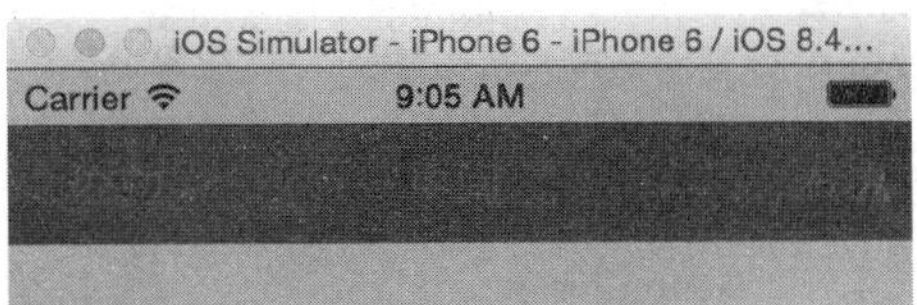

图 15.2　设计工具条按钮

提示：UIToolBar 可以放置任何控件，只要把该控件包装成 UIBarButtonItem 即可。UIBarButtonItem 的初始化方法如下。

☑　-initWithTitle:style:target:action:：初始化包装一个普通按钮的 UIBarButtonItem。
☑　-initWithImage:style:target: action:：初始化包装 UIImageView 的 UIBarButtonItem。
☑　-initWithBarButtonSystemItem:target:action:：初始化包装系统按钮的 UIBarButtonItem。这个系统按钮的图标、风格都是固定的。该方法需要一个 UIBarButtonSystemItem 类

型的枚举值。Fixed Space Bar Button Item 和 Flexible Space Bar Button Item 都是这种类型的 UIBarButtonItem。

☑ -initWithCustomView:：初始化包装任意 UI 控件。该初始化方法需要传入一个 UIView 参数，UIBarButtonItem 就是用于包装该 UI 参数代表的控件。

Note

【拓展】表 15.1 列出了 UIToolBar 类的常用方法及属性。

表 15.1 UIToolBar 类的常用方法及属性

属性或方法	说　　明
@property(nonatomic) UIBarStyle barStyle	工具条显示的风格
@property(nonatomic, copy) NSArray *items	在工具条上显示的项目
@property(nonatomic, retain) UIColor *tintColor	工具条的颜色
@property(nonatomic, assign, getter=isTranslucent) BOOL translucent	指明工具条是半透明还是不透明，默认是半透明的
- (UIImage *)backgroundImageForToolbarPosition: (UIToolbarPosition) topOrBottom barMetrics:(UIBarMetrics)barMetrics	返回指定的位置和指定的 metrics 处的背景图像
- (void)setBackgroundImage:(UIImage *)backgroundImage forToolbarPosition:(UIToolbarPosition)topOrBottom barMetrics:(UIBarMetrics)barMetrics	设置指定的位置和指定的 metrics 处的背景图像
- (void)setItems:(NSArray *)items animated:(BOOL)animated	设置工具条上的项目是否动画显示

【示例】下面是 UIToolBar 类的部分应用示例。

```
//创建 UIToolbar 对象
UIToolbar *toolBar = [[UIToolbar alloc] initWithFrame:
GRectMake(0,20 320, 44)];
NSMutableArray *toolBarItems = [[NSMutableArray alloc]init];
//创建 UIBarButtonItem 对象
UIBarButtonItem barButton1=[[UIBarButtonItem alloc]
        initWithTitle:@"同学录" style:UIBarButtonItemStylePlain
        target:self action:nil];
//创建 UIBarButtonItem 对象
UIBarButtonItem barButton2=[[UIBarButtonItem alloc]
        initWithTitle:@"同事录" style:UIBarButtonItemStylePlain
       target:self action:nil];
//创建 UIBarButtonItem 对象
UIBarButtonItem barButton3=[[UIBarButtonItem alloc]
  initWithTitle:@"朋友录" style:UIBarButtonItemStylePlain
  target:self action:nil];
//向 toolBarItems 添加 UIBarButtonItem 对象
[toolBarItems addObjcet: barButton1];
[toolBarItems addObjcet: barButton2];
[toolBarItems addObjcet: barButton3];
[toolBar setItems:toolBarItems animated:YES];
//建立关联
toolBar.items= toolBarItems;
```

15.1.2　案例：设计工具条

本案例设计一个工具条，其中包含两个按钮 Save 和 Open，界面中央放置一个标签，单击 Save 和 Open 按钮可以改变标签的内容。

【操作步骤】

第 1 步，创建一个 Single View Application 应用，保存项目为 test。

第 2 步，打开 Main.storyboard 文件，从对象库中拖放一个 Label 到界面中央，同时拖放一个 Toolbar 到设计界面底部位置。

第 3 步，拖曳两个工具条按钮到工具条，然后拖曳一个可变空格到两个按钮之间。

第 4 步，双击选中按钮，修改按钮上的标题。可以打开属性检查器，直接编辑 Bar Item 下的 Title 属性。如果想添加图片按钮，直接在属性检查器中修改 Image 属性即可。设计好的界面效果如图 15.3 所示。

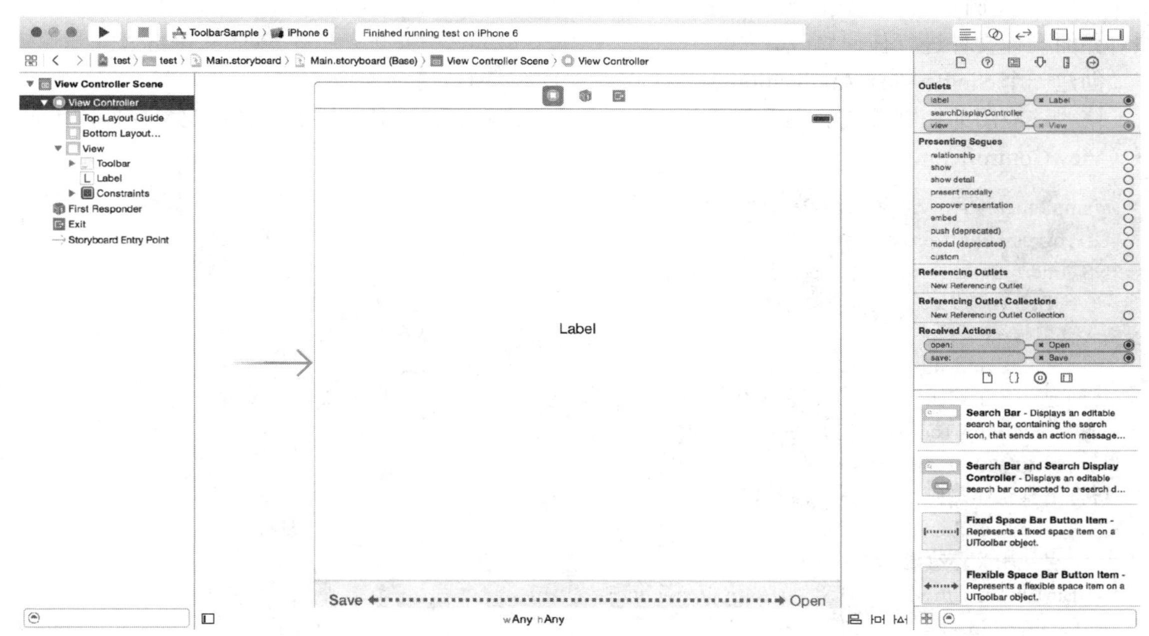

图 15.3　设计底部工具条布局效果

第 5 步，ViewController.h 文件中的相关代码如下：

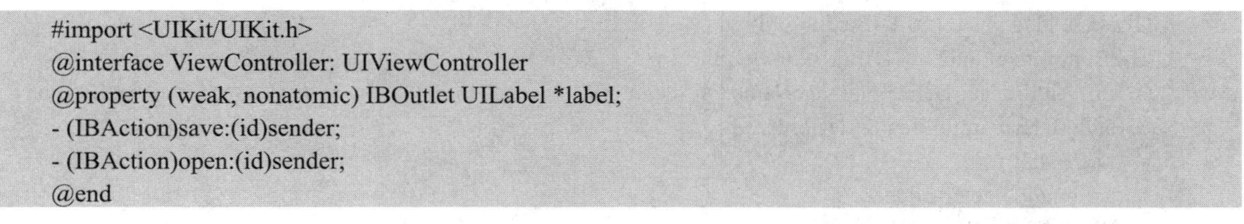

```
#import <UIKit/UIKit.h>
@interface ViewController: UIViewController
@property (weak, nonatomic) IBOutlet UILabel *label;
- (IBAction)save:(id)sender;
- (IBAction)open:(id)sender;
@end
```

在上面代码中，定义了一个输出口类型的 UILabel 属性 label、一个用于响应 Save 按钮点击事件的方法 save:，以及用于响应 Open 按钮点击事件的方法 open:。

第 6 步，编写完 ViewController.h 代码后，还需要 Interface Builder 为输出口和动作事件连线。具体代码如下：

Note

```
@implementation ViewController
- (IBAction)save:(id)sender {
    self.label.text = @"点击 Save";
}
- (IBAction)open:(id)sender {
    self.label.text = @"点击 Open";
}
@end
```

这两个方法对应于 ViewController.h 文件所定义的 save:和 open:方法，它们所做的事情是改变标签的内容。

第 7 步，运行该程序，单击工具条中的按钮，会显示如图 15.4 所示的效果。

图 15.4　单击底部工具条中的按钮

【拓展】下面的案例介绍如何定制 UIToolBar 上各种 UI 控件。本案例完全使用代码来创建应用界面，因此无须对界面设计文件进行任何修改。

创建一个 Single View Application 应用，保存项目为 test。

修改该应用的控制器类的实现部分，主要就是为 UIToolBar 工具条添加各种自定义控件，代码如下（ViewController.m）：

```
@implementation ViewController
UIProgressView* prog;
NSTimer* timer;
- (void)viewDidLoad
{
    [super viewDidLoad];
 //创建一个工具条，并设置其大小和位置
 UIToolbar *myToolbar = [[UIToolbar alloc]
      initWithFrame:CGRectMake(0, 20, 320, 44)];
 //将工具条添加到当前应用的界面中
 [self.view addSubview:myToolbar];
 //创建使用文本标题的 UIBarButtonItem
 UIBarButtonItem* bn1 = [[UIBarButtonItem alloc]
      initWithTitle:@"OK"
      style:UIBarButtonItemStylePlain
      target:self
      action:@selector(clicked:)];
 //创建使用自定义图片的 UIBarButtonItem
 UIBarButtonItem* bn2 = [[UIBarButtonItem alloc]
      initWithImage:[UIImage imageNamed:@"heart.gif"]
      style:UIBarButtonItemStyleBordered
      target:self
      action:@selector(clicked:)];
 //创建使用系统图标的 UIBarButtonItem
 UIBarButtonItem* bn3 = [[UIBarButtonItem alloc]
      initWithBarButtonSystemItem:UIBarButtonSystemItemAdd
      target:self
      action:@selector(clicked:)];
```

```
    //创建一个可伸缩的 UIBarButtonItem
    UIBarButtonItem *flexItem = [[UIBarButtonItem alloc]
        initWithBarButtonSystemItem:UIBarButtonSystemItemFlexibleSpace
        target:nil
        action:nil];
    prog = [[UIProgressView alloc]
        initWithProgressViewStyle:UIProgressViewStyleBar];
    //设置 UIProgressView 的大小
    prog.frame = CGRectMake(0, 0, 80, 20);
    //设置该进度条的初始进度为 0
    prog.progress = 0;
    //创建使用 UIView 的 UIBarButtonItem
    UIBarButtonItem *bn4 = [[UIBarButtonItem alloc]
        initWithCustomView:prog];
    //为工具条设置工具按钮
    myToolbar.items = [NSArray arrayWithObjects:
        bn1, bn2, bn3,flexItem, bn4, nil];
    timer = [NSTimer scheduledTimerWithTimeInterval:0.2
        target:self selector:@selector(changeProgress)
        userInfo:nil repeats:YES];
}
- (void) clicked:(id)sender
{
    NSLog(@"%@", sender);
}
- (void) changeProgress
{
    //如果进度满了，停止计时器
    if(prog.progress >= 1.0)
    {
        //停用计时器
        [timer invalidate];
    }
    else
    {
        //改变进度条的进度值
        [prog setProgress:prog.progress + 0.02 animated:YES];
    }
}
@end
```

上面的代码创建了 5 个不同类型的 UIBarButtonItem 对象，分别使用 UIBarButtonItem 包装图片、系统按钮、进度条，并在最后一个控件前面插入一个可伸缩宽度的空白间隔，这样即可保证最后一个控件位于工具条的最右边。

运行该程序，工具条显示效果如图 15.5 所示。

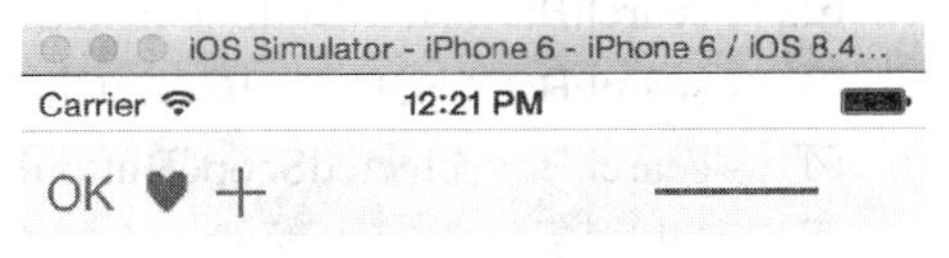

图 15.5　自定义工具条效果

Note

15.2 搜 索 条

UISearchBar 表示搜索条控件，用于添加一个基于文本的视图。一般与 UITableView 配合使用，也可以配合 UITextView 或 UIWebView 使用。

> 注意：iOS 5 或以后版本才支持搜索条。

15.2.1 添加搜索条

在结构上，搜索条可分为输入文本框、选择条、搜索按钮和搜索键盘按钮等几部分。在输入文本框中，可以输入要搜索的内容。在输入一定的内容时，搜索条会自动显示选择栏，和搜索最相关的信息显示出来，供用户选择。搜索按钮左边的按钮，在默认情况下标题显示为 Cancel。另一种就是键盘按钮，在输入时如果需要，会自动调出键盘按钮。

在对象库中拖曳 UISearchBar 控件到界面设计文件中，然后选中 UISearchBar，打开 Xcode 的属性检查器面板进行设置。大部分属性在前面已经详细介绍过，此外还可进行以下特殊设置。

1. Options

☑ Shows Search Results Button：选中该复选框后，将会在搜索文本框的右端显示一个如“三”形状的图标按钮，通过单击该按钮激发特定的事件。

☑ Shows Bookmarks Button：选中该复选框后，将会在搜索文本框的右端显示一个类似图书的书签按钮，通过单击该按钮激发特定的事件。

☑ Shows Cancel Button：选中该复选框后，将会在搜索文本框的右边显示一个 Cancel 取消按钮。通过单击该按钮激发特定的事件。

2. Shows scope Bar 与 Scope Titles

如果选中 Shows scope Bar 复选框，系统将会在搜索框下方显示一个分段条，然后 Scope Titles 将用于设置各分段的标题。

当用户单击分段条上指定的分段按钮时，系统将会激活一个方法，允许通过该方法控制只对指定范围的数据执行搜索。

UISearchBarDelegate 协议定义了实现 UISearchBar 控制功能的一些可选方法，这些方法是在实际开发应用中经常被用到的。通过这些协议提供的使用方法，就能在应用程序中灵活地使用搜索条。该协议中包含如下常用事件处理方法。

☑ - searchBar:textDidChange:：当搜索文本框内的文本发生改变时激活该方法。

☑ - searchBarBookmarkButtonClicked:：当单击搜索条的书签按钮时激活该方法。

☑ - searchBarCancelButtonClicked:：当单击搜索条的取消按钮时激活该方法。

☑ - searchBarSearchButtonClicked:：当单击搜索文本框关联键盘上的 Search 按键时激活该方法。

☑ - searchBarResultsListButtonClicked:：当单击搜索条上的查询结果按钮时激活该方法。

☑ - searchBar:selectedScopeButtonIndexDidChange:：当单击分段条上的分段按钮时激活该方法。

用户可根据需要重写上面的一个或多个事件处理方法，再指定该委托对象负责处理特定搜索条上对应的事件。

【拓展】表 15.2 列出了 UISearchBar 类的常用方法及属性。

表 15.2 UISearchBar 类的常用方法及属性

属性或方法	说　明
@property(nonatomic) UITextAutocapitalizationType autocapitalizationType	设置在什么情况下自动大写
@property(nonatomic) UITextAutocorrectionType autocorrectionType	对文字对象自动校正样式
@property(nonatomic, retain) UIImage *backgroundImage	背景图像
@property(nonatomic) UIBarStyle barStyle	搜索条样式
@property(nonatomic, assign) id<UISearchBarDelegate> delegate	搜索条委托对象
@property(nonatomic) UIKeyboardType keyboardType	键盘的样式
@property(nonatomic, copy) NSString *placeholder	半透明的提示文字，输入的搜索内容消失
@property(nonatomic, copy) NSString *prompt	显示在顶部的单行文字，通常作为一个提示行
@property(nonatomic, retain) UIImage *scopeBarBackgroundImage	搜索条下部的选择栏的背景图像
@property(nonatomic, copy) NSArray *scopeButtonTitles	搜索条下部的选择栏，数组中的内容是按钮的标题
@property(nonatomic) UIOffset searchTextPositionAdjustment	设置搜索文字的调整位置
@property(nonatomic) NSInteger selectedScopeButtonIndex	搜索条下部的选择栏按钮的个数
@property(nonatomic) BOOL showsBookmarkButton	是否在控件的右端显示一个书签按钮（没有文字时）
@property(nonatomic) BOOL showsCancelButton	是否显示 Cancel 按钮
@property(nonatomic) BOOL showsScopeBar	搜索条下部的选择栏是否显示出来
@property(nonatomic) BOOL showsSearchResultsButton	搜索结果按钮是否被选中
@property(nonatomic, copy) NSString *text	要搜索的文字
@property(nonatomic, retain) UIColor *tintColor	搜索条的色彩颜色（具有渐变效果）
@property(nonatomic, assign, getter=isTranslucent) BOOL translucent	指定搜索条是否有透视效果

表 15.3 列出了 SearchBarDelegate 协议的常用方法。

表 15.3 SearchBarDelegate 协议的常用方法

方　法	说　明
- (void)searchBar:(UISearchBar *)searchBar selectedScopeButtonIndexDidChange: (NSInteger)selectedScope	通知委托，一旦选择栏的按钮发生了变化将会触发该方法
- (BOOL)searchBar:(UISearchBar *)searchBar shouldChangeTextInRange:(NSRange)range replacementText:(NSString *)text	咨询委托是否用给定的文字把指定范围的文字替换掉
- (void)searchBar:(UISearchBar *)searchBar textDidChange:(NSString *)searchText	通知委托，一旦用户在输入栏输入的搜索文字发生了改变，将会触发该方法
- (void)searchBarBookmarkButtonClicked:(UISearchBar *)searchBar	通知委托，一旦标签按钮被单击了，将会触发该方法
- (void)searchBarCancelButtonClicked:(UISearchBar *)searchBar	通知委托，一旦取消按钮被单击了，将会触发该方法

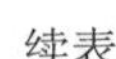

续表

方　　法	说　　明
- (void)searchBarResultsListButtonClicked:(UISearchBar*) searchBar	通知委托，一旦搜索结果列表按钮被单击了，将会触发该方法
- (void)searchBarSearchButtonClicked:(UISearchBar *)searchBar	通知委托，一旦搜索按钮被单击了，将会触发该方法
- (BOOL)searchBarShouldBeginEditing:(UISearchBar *)searchBar	咨询委托，对指定的搜索条是否开始进行编辑
- (BOOL)searchBarShouldEndEditing:(UISearchBar *)searchBar	咨询委托，对指定的搜索条是否应停止编辑
- (void)searchBarTextDidEndEditing:(UISearchBar *)searchBar	通知委托，用户完成了编辑处理

【示例】下面是 UISearchBar 类的部分应用示例，首先展示的是如何把搜索条直接添加到视图上，之后将展示如何把搜索条与表格视图（tableview）混合应用。

（1）添加到视图上。

```
//创建 UISearchBar 对象
UISearchBar *searchBar = [[UISearchBar alloc]
initWithFrame:CGRectMake(0.0, 0.0, self.view.bounds.size.width, 45)];
 //设置委托对象为自己
 searchBar.delegate = self;
 //不显示左边的取消按钮
 searchBar.showsCancelButton = NO;
 //设置搜索条的样式
 searchBar.barStyle=UIBarStyleDefault;
 //设置搜索条输入框提示文字
 searchBar.placeholder=@"请输入要搜索姓名";
 //设置键盘样式
searchBar.keyboardType=UIKeyboardTypeNamePhonePad;
//加载到视图
[self.view addSubview:searchBar];
```

（2）搜索条与表格视图（tableview）混合应用。

创建一个 Window-based Applicatoin 类型应用程序，然后创建一个配有 xib 的视图控制器，将其命名为 SearchViewController，然后在该控制器的视图窗口中拖入 UISearchBar 和 UITableView 两个控件。

SearchViewController.h 文件的部分代码如下：

```
@interface SearchViewController: UIViewController
 <UISearchBarDelegate, UITableViewDataSource> {
            //存放表格数据
            NSMutableArray *tableData;
            UIView *disableView;
            IBOutlet UITableView *tableView;
            IBOutlet UISearchBar *searchBar;
}
@property(retain) NSMutableArray *tableData;
@property(retain) UIView *disableView;
@property (nonatomic, retain) UITableView *tableView;
```

```
@property (nonatomic, retain) UISearchBar *searchBar;
- (void)searchBar:(UISearchBar *)searchBar activate:(BOOL) active;
@end
```

SearchViewController.m 文件部分代码如下：

```
 -(void)viewDidLoad {
 [super viewDidLoad];
              //初始化 tableData
              tableData =[[NSMutableArray alloc]init];
//初始化 disableViewOver
             disableViewOver = [[UIView alloc]
               initWithFrame:CGRectMake(0.0f,44.0f,320.0f,416.0f)];
             //设置 disableViewOver 背景颜色
             disableViewOver.backgroundColor=[UIColor blackColor];
             //设置 disableViewOver 的 alpha 为 0
             disableViewOver.alpha = 0;
}
//视图窗口每次加载第一个显示搜索条
- (void)viewDidAppear:(BOOL)animated {
              [searchBar becomeFirstResponder];
              [super viewDidAppear:animated];
}
//搜索条文字发生改变，将触发该方法
- (void)searchBar:(UISearchBar *)searchBar
             textDidChange:(NSString *)searchText {
}
//搜索条文字进行编辑，将触发该方法
- (void)searchBarTextDidBeginEditing:(UISearchBar *)searchBar {
             [searchBar:searchBar activate:YES];
}
//搜索条文字停止编辑，将触发该方法
- (void)searchBarTextDidEndEditing:(UISearchBar *)searchBar {
}
//搜索条取消按钮被单击会触发该方法
- (void)searchBarCancelButtonClicked:(UISearchBar *)searchBar {
              searchBar.text=@"";
              [searchBar:searchBar activate:NO];
}
//搜索按钮被单击会触发该方法
- (void)searchBarSearchButtonClicked:(UISearchBar *)searchBar {
              NSArray *results = [SomeService doSearch:searchBar.text];
              [searchBar:searchBar activate:NO];
              [tableData removeAllObjects];
              [tableData addObjectsFromArray:results];
              [tableView reloadData];
}
//搜索处理
- (void)searchBar:(UISearchBar *)searchBar activate:(BOOL) active{
              tableView.allowsSelection = !active;
              tableView.scrollEnabled = !active;
```

Note

```
            if (!active) {
                [disableViewOver removeFromSuperview];
                [searchBar resignFirstResponder];
            } else {
                disableViewOver.alpha = 0;
                [view addSubview:self.disableViewOver];
                [UIView beginAnimations:@"FadeIn" context:nil];
                [UIView setAnimationDuration:0.5];
                disableViewOver.alpha = 0.6;
                [UIView commitAnimations];
                NSIndexPath *selected = [self.tableView
                    indexPathForSelectedRow];
                if (selected) {
                    [tableView deselectRowAtIndexPath:selected
                        animated:NO];
                }
            }
            [searchBar setShowsCancelButton:active animated:YES];
}
- (NSInteger)tableView:(UITableView *)tableView
  numberOfRowsInSection:(NSInteger)section {
            return [tableData count];
}
//表格视图数据显示处理
- (UITableViewCell *)tableView:(UITableView *)tableView
           cellForRowAtIndexPath:(NSIndexPath *)indexPath {
           static NSString *MyIdentifier = @"搜索结果";
           UITableViewCell *cell = [tableView
                dequeueReusableCellWithIdentifier:MyIdentifier];
           if (cell == nil) {
                cell = [[[UITableViewCell alloc]
                initWithStyle:UITableViewCellStyleDefault
                 reuseIdentifier:MyIdentifier] autorelease];
           }
           id *data = [self.tableData objectAtIndex:indexPath.row];
           cell.textLabel.text = data.name;
           return cell;
}
```

15.2.2 案例：设计搜索条

当 UITableView 包含的数据很多时，可用搜索条对 UITableView 中的数据进行检索、过滤，只显示符合检索条件的数据。

【操作步骤】

第 1 步，创建一个 Single View Application 类型项目。

第 2 步，使用 Interface Builder 打开应用界面设计文件，将 UITableView 拖入应用界面中，然后使该控件与整个屏幕大小相同。

第 3 步，将一个 UISearchBar 控件拖入 UITableView 的页眉部分。设计 UISearchBar 属于

UITableView 控件，并不是简单地将 UISearchBar 放在 UITableView 的上方，如图 15.6 所示。

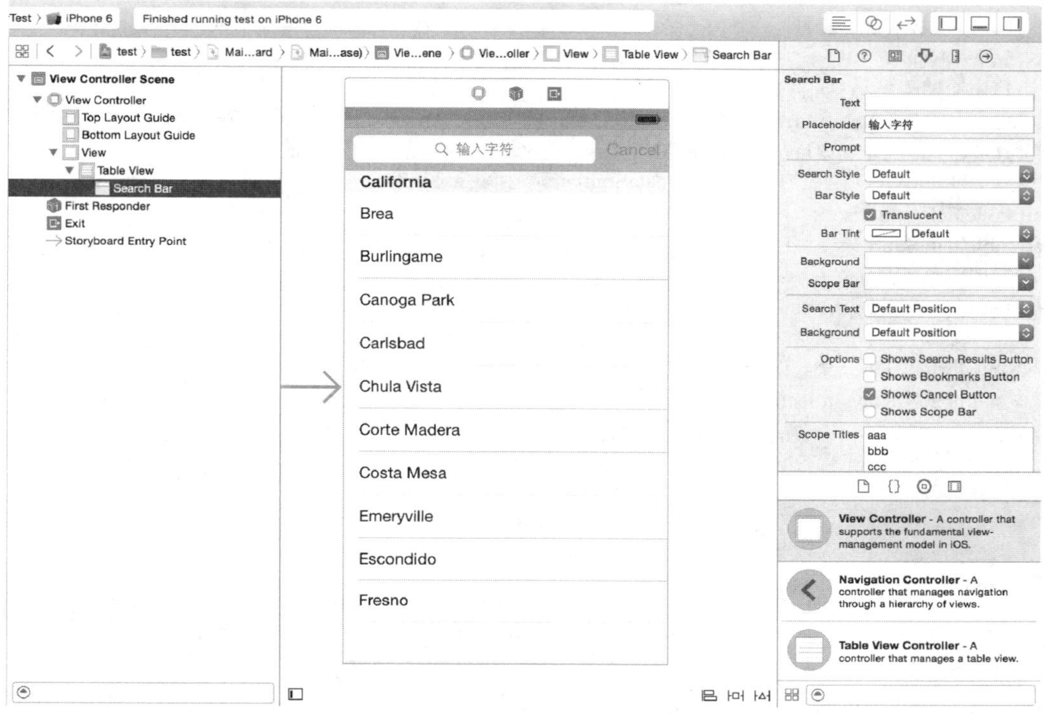

图 15.6　设计的 UITableView 视图界面

第 4 步，为了访问 UITableView 控件，将其绑定到 table IBOutlet 属性。

第 5 步，为了访问 UISearchBar 控件，将其绑定到 searchBar IBOutlet 属性。

第 6 步，使用控制器对象作为 UITableView 控件的 dataSource 和 delegate 对象，因此该控制器类需要实现 UITableViewDataSource、UITableViewDelegate 协议。另外，控制器还需要作为搜索条的委托对象，因此控制器类还需要实现 UISearchBarDelegate 协议。具体代码如下（ViewController.h）：

```
#import <UIKit/UIKit.h>
@interface ViewController: UIViewController<UITableViewDataSource, UITableViewDelegate, UISearchBar Delegate>
@property (strong, nonatomic) IBOutlet UITableView *table;
@property (strong, nonatomic) IBOutlet UISearchBar *searchBar;
@end
```

第 7 步，修改控制器类的实现部分，该实现部分除了需要实现 UITableViewDataSource 必要的方法，还要实现 UITableViewDelegate 协议中的方法。当在搜索文本框中输入内容后单击搜索按钮，将激活控制器类中对应的方法，这些方法将会对原有数据进行筛选、过滤，并控制表格控件加载和显示筛选后的数据。具体代码如下（ViewController.m）：

```
@implementation ViewController
//保存原始表格数据的 NSArray 对象
NSArray * tableData;
//保存搜索结果数据的 NSArray 对象
NSArray* searchData;
bool isSearch;
```

Note

```
- (void)viewDidLoad
{
    [super viewDidLoad];
 isSearch = NO;
 //初始化原始表格数据
 tableData = [NSArray arrayWithObjects:@"Java",@"C",@"Android",@"Ajax",@"HTML5",@"iOS",@"XML",
@"CSS3", @"C#",@"C+",@"JavaScript",@"Objective-C", @"Ruby",@"SQL", nil];
 //设置 UITableView 控件的 delegate、dataSource 都是该控制器本身
 self.table.delegate = self;
 self.table.dataSource = self;
 //设置搜索条的 delegate 是该控制器本身
 self.searchBar.delegate= self;
}
- (NSInteger)tableView:(UITableView *)tableView
        numberOfRowsInSection:(NSInteger)section
{
 //如果处于搜索状态
 if(isSearch)
 {
        //使用 searchData 作为表格显示的数据
        return searchData.count;
 }
 else
 {
        //否则使用原始的 tableData 作为表格显示的数据
        return tableData.count;
 }
}
- (UITableViewCell*) tableView:(UITableView *)tableView cellForRowAtIndexPath:(NSIndexPath *)indexPath
{
 static NSString* cellId = @"cellId";
 //从可重用的表格行队列中获取表格行
 UITableViewCell* cell = [tableView dequeueReusableCellWithIdentifier:cellId];
 //如果表格行为 nil
 if(!cell)
 {
        //创建表格行
        cell = [[UITableViewCell alloc] initWithStyle:
                UITableViewCellStyleDefault
                reuseIdentifier:cellId];
 }
 //获取当前正在处理的表格行的行号
 NSInteger rowNo = indexPath.row;
 //如果处于搜索状态
 if(isSearch)
 {
        //使用 searchData 作为表格显示的数据
        cell.textLabel.text = [searchData objectAtIndex:rowNo];
 }
 else{
```

```
        //否则使用原始的 tableData 作为表格显示的数据
        cell.textLabel.text = [tableData objectAtIndex:rowNo];
    }
    return cell;
}
//UISearchBarDelegate 定义的方法，用户单击取消按钮时激活该方法
- (void)searchBarCancelButtonClicked:(UISearchBar *)searchBar
{
    //取消搜索状态
    isSearch = NO;
    [self.table reloadData];
}
//UISearchBarDelegate 定义的方法，当搜索文本框内文本改变时激活该方法
- (void)searchBar:(UISearchBar *)searchBar
    textDidChange:(NSString *)searchText
{
    //调用 filterBySubstring:方法执行搜索
    [self filterBySubstring:searchText];
}
//UISearchBarDelegate 定义的方法，用户单击虚拟键盘上的 Search 按钮时激活该方法
- (void)searchBarSearchButtonClicked:(UISearchBar *)searchBar
{
    //调用 filterBySubstring:方法执行搜索
    [self filterBySubstring:searchBar.text];
    //放弃作为第一个响应者，关闭键盘
    [searchBar resignFirstResponder];
}
- (void) filterBySubstring:(NSString*) subStr
{
    //设置为搜索状态
    isSearch = YES;
    //定义搜索谓词
    NSPredicate* pred = [NSPredicate predicateWithFormat:
        @"SELF CONTAINS[c] %@", subStr];
    //使用谓词过滤 NSArray
    searchData = [tableData filteredArrayUsingPredicate:pred];
    //让表格控件重新加载数据
    [self.table reloadData];
}
@end
```

searchBar:textDidChange:方法用于监听文本框内文本的改变，当文本框内的文本发生改变时，将会激发该方法，该方法调用 filterBySubstring:方法进行过滤，filterBySubstring:方法使用谓词对原表格数据进行筛选、过滤，并让表格加载、显示过滤后的数据。

searchBarSearchButtonClicked:方法用于监听虚拟键盘上 Search 按键的单击事件，当单击 Search 按钮时，调用 filterBySubstring:方法执行过滤。

当单击搜索条上的取消按钮时，将会激活 searchBarCancelButtonClicked:方法，该方法取消过滤，并让表格重新加载原始数据。

Note

第 8 步，运行该程序，在搜索条中输入字符搜索的效果如图 15.7 所示。

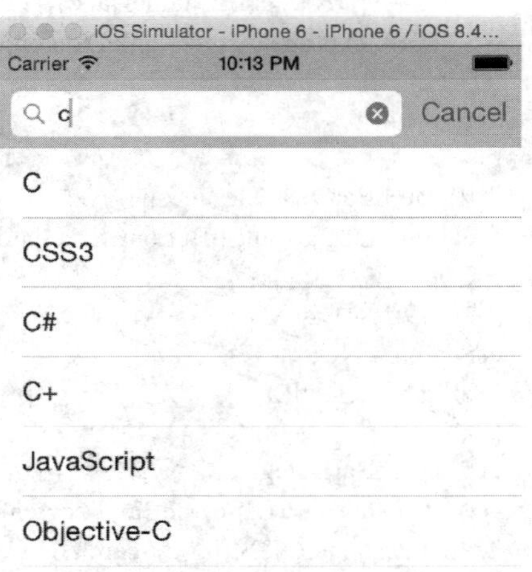

图 15.7　表格数据过滤效果

15.2.3　案例：设计显示列表

本案例设计直接在搜索条下方显示搜索列表。为了实现该功能，可以为 UISearchBar 下方动态显示一个 UITableView，并让该控件加载、显示查询结果。不过，iOS 提供了 UISearchDisplayController 控件，该控件整合 UISearchBar、UITableView，而且封装得比较好，使用非常方便。

【操作步骤】

第 1 步，创建一个 Single View Application 类型项目。

第 2 步，使用 Interface Builder 打开应用界面设计文件，将 Xcode 库面板中的 Search Bar and Search Display Controller 控件拖入应用界面中。在 Interface Builder 的 dock 面板上看到 Search Display Controller 控件，如图 15.8 所示。

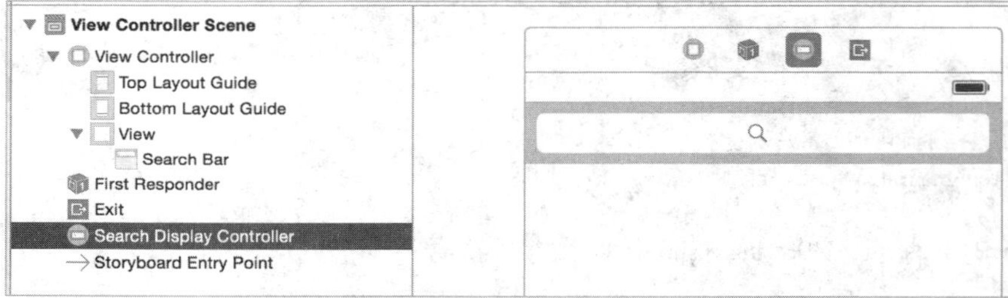

图 15.8　显示 Search Display Controller 控件

提示：UISearchDisplayController 控件默认是看不到的，在 dock 面板中选中 UISearchDisplayController 控件，打开连接检查器面板，如图 15.9 所示。

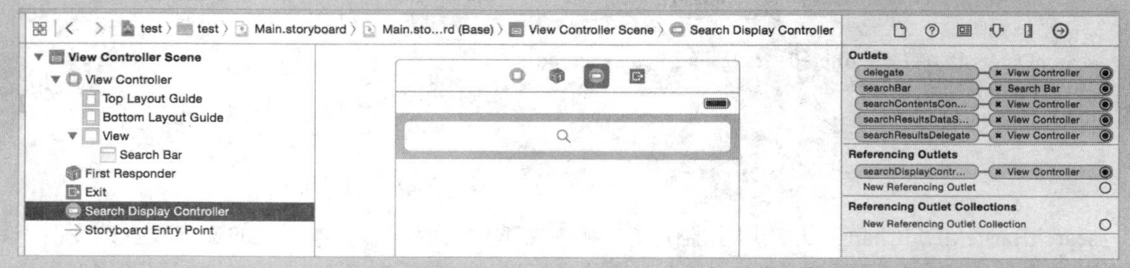

图 15.9　UISearchDisplayController 控件连接器

在默认情况下，UISearchDisplayController 的如下 Outlet 属性已经执行了绑定。

☑　delegate：该属性值必须是实现了 UISearchDisplayDelegate 协议的对象，该对象作为 UISearchDisplayController 控件的委托，可用于响应该控件的特定事件。该属性默认已经绑定到了该控制器，如果程序需要响应该控件的特定事件，只要让控制器类实现 UISearchDisplayDelegate 协议，并实现其中的特定方法即可。

- ☑ searchBar：该属性绑定到界面的 UISearchBar 控件。
- ☑ searchContentsController：该属性用于绑定该控件的控制器控件。
- ☑ searchResultDataSource：该属性代表显示查询结果的 UITableView 的 dataSource 属性，该属性绑定到控制器，意味着该控制器必须实现 UITableViewDataSource 协议，并实现该协议中特定的方法。
- ☑ searchResultDelegate：该属性代表显示查询结果的 UITableView 的 delegate 属性，该属性绑定到控制器，意味着该控制器必须实现 UITableViewDelegate 协议，并实现该协议中特定的方法。

不仅如此，该控件自动绑定到该控制器的 searchDisplayController 属性，意味着程序控制器可通过该属性访问界面上的 UISearchDisplayController 控件。

第 3 步，在 Xcode 的 dock 面板上选中 UISearchBar 控件，再次打开 Xcode 的连接检查器面板，如图 15.10 所示。

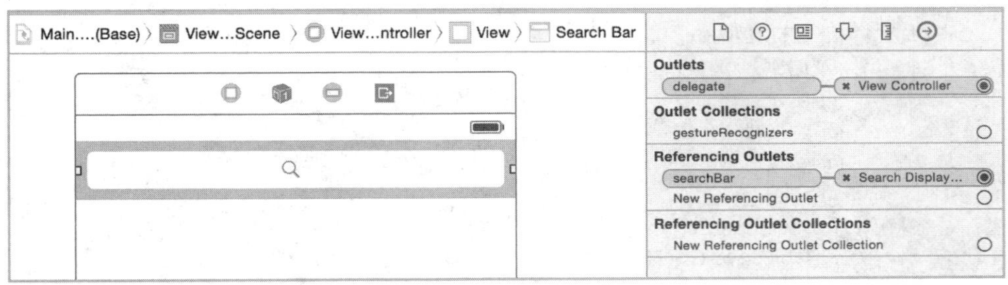

图 15.10　UISearchBar 控件连接器

提示： UISearchBar 的 delegate 属性被绑定了该控制器本身，这意味着只要该控制器实现 UISearchBarDelegate 协议，并实现该协议中特定的方法，即可作为该 UISearchBar 控件的委托对象。除此之外，该 UISearchBar 控件也自动绑定到该控制器的 searchBar 属性，意味着程序控制器可通过该属性来访问界面上的 UISearchBar 控件。总之，该控制器需要充当如下角色。

- ☑ 作为 UISearchDisplayController 的委托对象。
- ☑ 作为显示搜索结果的 UITableView 的 dataSource 对象。
- ☑ 作为显示搜索结果的 UITableView 的 delegate 对象。
- ☑ 作为 UISearchBar 对象的 delegate 对象。

第 4 步，为了让控制器可以正常充当这些角色，使控制器类实现上面 4 个协议，下面是该控制器类的接口部分代码（ViewController.h）：

```
#import <UIKit/UIKit.h>
@interface ViewController: UIViewController<UITableViewDataSource,
 UITableViewDelegate, UISearchBarDelegate, UISearchDisplayDelegate>
@end
```

第 5 步，修改该控制器类的实现部分，该实现部分除了需要实现 UITableViewDataSource 必要的方法之外，关键实现 UISearchBarDelegate 协议中的方法：当用户在搜索文本框中输入内容并单击“搜索”按钮时，将激活控制器类中对应的方法，这些方法将会对原有数据进行筛选、过滤，并控制表格

控件加载、显示筛选后的数据。下面是控制器类的实现部分代码（ViewController.m）：

```
@implementation ViewController
//定义一个 NSArray 保存表格显示的原始数据
NSArray* tableData;
//定义一个 NSArray 保存查询结果数据
NSArray* searchData;
bool isSearch;
- (void)viewDidLoad
{
    [super viewDidLoad];
 isSearch = NO;
 //初始化表格原始显示的数据
    tableData = [NSArray arrayWithObjects:@"Java",
                    @"C",
                    @"Android",
                    @"Ajax",
                    @"HTML5",
                    @"iOS",
                    @"XML",
                    @"CSS3",
                    @"C#",
                    @"C+",
                    @"JavaScript",
                    @"Objective-C",
                    @"Ruby",
                    @"SQL", nil];
}
- (NSInteger)tableView:(UITableView *)tableView
 numberOfRowsInSection:(NSInteger)section
{
 //如果处于搜索状态
 if(isSearch)
 {
     //使用 searchData 作为表格显示的数据
     return searchData.count;
 }
 else
 {
     //否则使用原始的 tableData 作为表格显示的数据
     return tableData.count;
 }
}
- (UITableViewCell*) tableView:(UITableView *)tableView cellForRowAtIndexPath:(NSIndexPath *)indexPath
{
 static NSString* cellId = @"cellId";
 //从可重用的表格行队列中获取表格行
 UITableViewCell* cell = [tableView
     dequeueReusableCellWithIdentifier:cellId];
 //如果表格行为 nil
 if(!cell)
```

```
{
    //创建表格行
    cell = [[UITableViewCell alloc] initWithStyle:
            UITableViewCellStyleDefault
                        reuseIdentifier:cellId];
}
//将单元格的边框设置为圆角
cell.layer.cornerRadius = 12;
cell.layer.masksToBounds = YES;
//获取当前正在处理的表格行的行号
NSInteger rowNo = indexPath.row;
//如果处于搜索状态
if(isSearch)
{
    //使用 searchData 作为表格显示的数据
    cell.textLabel.text = [searchData objectAtIndex:rowNo];
}
else{
    //否则使用原始的 tableData 作为表格显示的数据
    cell.textLabel.text = [tableData objectAtIndex:rowNo];
}
return cell;
}
//UISearchBarDelegate 定义的方法，用户单击取消按钮时激活该方法
- (void)searchBarCancelButtonClicked:(UISearchBar *)searchBar
{
 //取消搜索状态
 isSearch = NO;
}
//UISearchBarDelegate 定义的方法，当搜索文本框内文本改变时激活该方法
- (void)searchBar:(UISearchBar *)searchBar textDidChange:(NSString *)searchText
{
 //调用 filterBySubstring:方法进行搜索
 [self filterBySubstring:searchText];
}
//UISearchBarDelegate 定义的方法，用户单击虚拟键盘上的 Search 按钮时激活该方法
- (void)searchBarSearchButtonClicked:(UISearchBar *)searchBar
{
 //调用 filterBySubstring:方法进行搜索
 [self filterBySubstring:searchBar.text];
 //放弃作为第一个响应者，关闭键盘
 [searchBar resignFirstResponder];
}
- (void) filterBySubstring:(NSString*) subStr
{
 //设置为开始搜索
 isSearch = YES;
 //定义搜索谓词
 NSPredicate* pred = [NSPredicate predicateWithFormat:
     @"SELF CONTAINS[c] %@", subStr];
```

```
    //使用谓词过滤 NSArray
    searchData = [tableData filteredArrayUsingPredicate:pred];
  }
@end
```

Note

在上面的代码中，与前一个例子中控制器类的实现部分代码大致相同，只是该类的实现代码无须显式控制表格重新加载数据。当然，本案例更加简单，而且可以在用户输入搜索文本时立即把查询结果显示出来，这都得益于 UISearchDisplayController 的封装。

第 6 步，运行程序，可以看到如图 15.11 所示的效果。

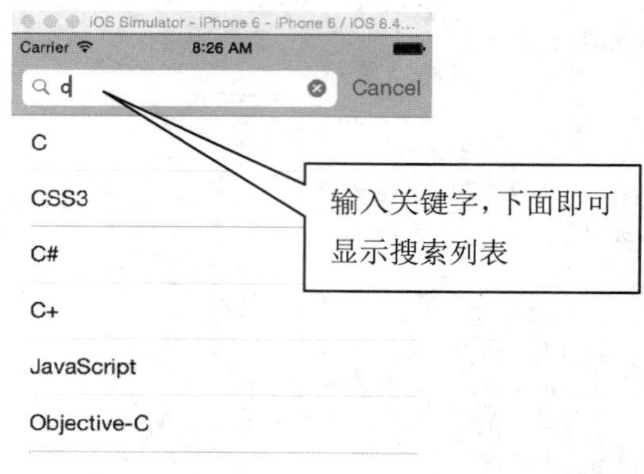

图 15.11　搜索显示列表效果

15.3　导　航　条

导航条主要用于导航，属于应用层面的控件，而工具条主要应用于当前界面，考虑的是局部界面。与导航条相关的类和概念如下。

- ☑ UINavigationController：导航控制器，可以构建树形导航模式应用的根控制器。
- ☑ UINavigationBar：导航条，与导航控制器是一对一的关系，管理一个视图，用来显示树形结构中的视图。
- ☑ UINavigationItem：导航条项目，在每个界面中都会看到，分为左、中、右 3 个区域，左侧区域一般放置一个返回按钮（设定属性是 backBarButtonItem）或左按钮（设定属性是 leftBarButtonItem），右侧区域一般放置一个右按钮（设定属性是 rightBarButtonItem），中间区域是标题（属性是 title）或者提示信息（属性是 prompt）。导航条与导航条项目是一对多的关系。导航条的栈中存放的就是导航条项目，处于栈顶的导航条项目就是当前看到的导航条项目。
- ☑ UIBarButtonItem：与工具条中的按钮一样，是导航条中的左右按钮。

15.3.1　使用导航条

导航条（UINavigationBar）一般位于屏幕顶端，继承 UIView 控件，作为多个 UINavigationItem 的容器，以 Stack 的形式管理多个 UINavigationItem 控件，因此在导航条上用户只能看到一个 UINavigationItem 对象。

在 UINavigationBar 中只能看到最上面的 UINavigationItem，UINavigationBar 最底层的控件被称

为 root UINavigationItem。iOS 提供如下方法和属性管理 UINavigationBar 中的 UINavigationItem。

- ☑ -pushNavigationItem:animated: ：将一个 UINavigationItem 压入 UINavigationBar 的栈中。
- ☑ -popNavigationItemAnimated: ：将 UINavigationBar 栈顶的 UINavigationItem 弹出栈。
- ☑ -setItems:animated:：同时为 UINavigationBar 设置多个 UINavigationItem 控件。
- ☑ items：设置或返回 UINavigationBar 所包含的多个 UINavigationItem 控件。
- ☑ topItem：只读属性，返回 UINavigationItem 控件最顶层的 UINavigationItem 控件。
- ☑ backItem：只读属性，返回 UINavigationItem 控件最顶层下面的 UINavigationItem 控件。

UINavigationItem 也是一个容器，由标题、左边 N 个按钮、右边 N 个按钮组成，每个按钮都是一个 UIBarButtonItem 控件，提供如下属性和方法配置 UINavigationItem。

- ☑ title：设置 UINavigationItem 的标题文本。
- ☑ hidesBackButton：设置是否显示后退按钮。如果将该属性设置为 YES，将会隐藏后退按钮。
- ☑ titleView：设置或返回 UINavigationItem 的标题控件。如果设置了该属性，UINavigationItem 将会使用自定义的标题控件。
- ☑ leftBarButtonItems：设置或返回 UINavigationItem 左边的多个按钮组成的数组。
- ☑ leftBarButtonItem：设置或返回 UINavigationItem 左边的单个按钮。
- ☑ rightBarButtonItems：设置或返回 UINavigationItem 右边的多个按钮组成的数组。
- ☑ rightBarButtonItem：设置或返回 UINavigationItem 右边的单个按钮。
- ☑ -setHidesBackButton:animated:：设置是否显示后退按钮。
- ☑ -setLeftBarButtonItems:animated:：同时设置 UINavigationItem 左边的多个按钮。
- ☑ -setLeftBarButtonItem:animated:：同时设置 UINavigationItem 左边的单个按钮。
- ☑ -setRightBarButtonItems:animated:：同时设置 UINavigationItem 右边的多个按钮。
- ☑ -setRightBarButtonItem:animated:：同时设置 UINavigationItem 右边的单个按钮。

【示例 1】在该导航条中，共有两个按钮——Save 和+，界面中央有一个标签。单击 Save 和+按钮将改变标签的内容。需要说明的是，这里的 Save 和+按钮是 iOS 系统提供的标准按钮。标准按钮有标准的用途和样式，这些按钮的用途可以在苹果 HIG 文档中找到。

【操作步骤】

第 1 步，创建一个 Single View Application 类型项目。

第 2 步，使用 Interface Builder 打开应用界面设计文件，从对象库中拖曳一个 Navigation Bar 到设计界面顶部（与视图顶部距离为 20 点，这样不会遮挡状态条），并将其摆放到合适的位置，如图 15.12 所示。

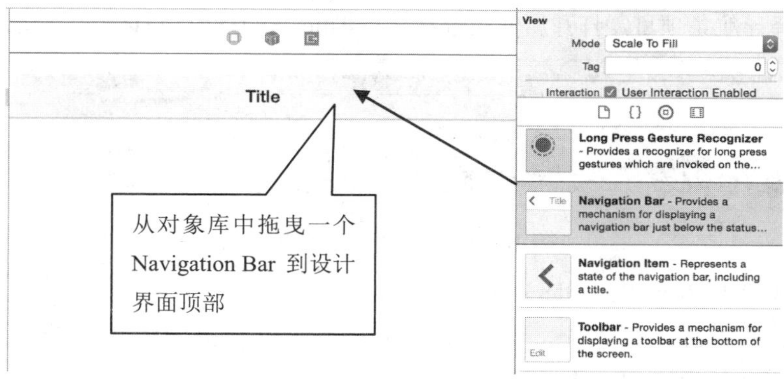

图 15.12　添加 Navigation Bar 组件

Note

第 3 步，在导航条项目中的左右两个区域分别拖曳一个 Bar Button Item，为导航条项目添加左右按钮，如图 15.13 所示。

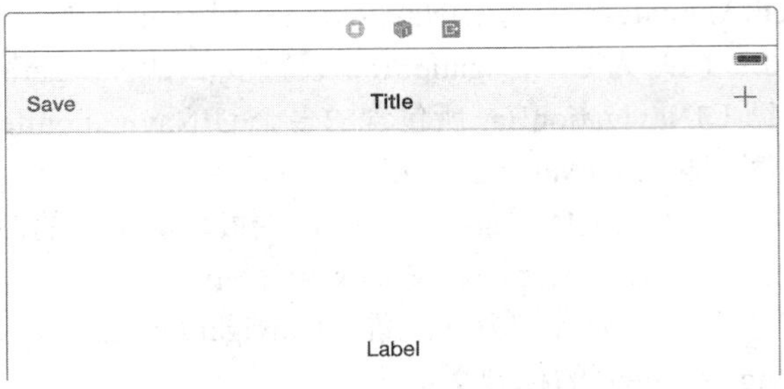

图 15.13　添加导航按钮项目

第 4 步，选择左按钮，打开其属性检查器，在 Bar Button Item 选项组中，从 Identifier 中选择按钮类型，如图 15.14 所示。

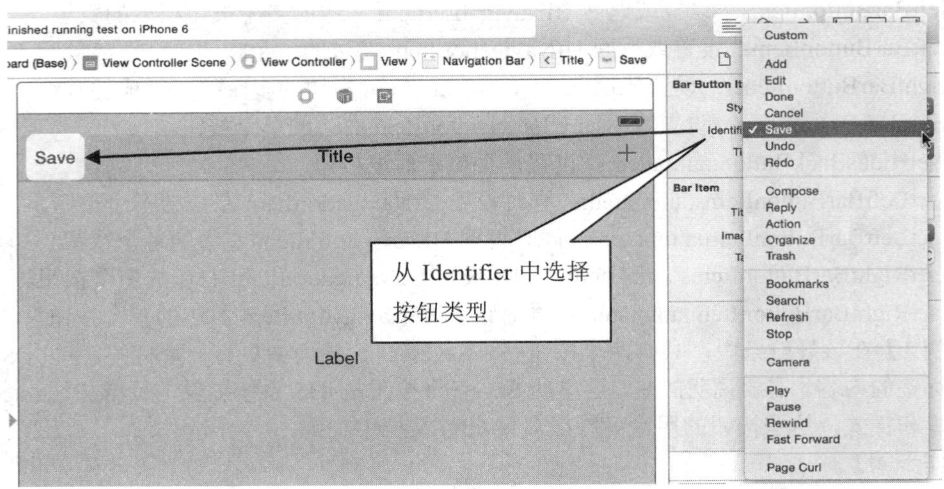

图 15.14　设置按钮类型

> 提示：导航条和工具条中按钮的类型都可以通过属性检查器进行选择，不需要自己设定名字。从苹果 UI 设计规范的角度来看，这些按钮与要完成的功能一致，不能随意使用。

第 5 步，选择导航条项目，打开属性检查器，将 Title 属性修改为 Home，如图 15.15 所示。

图 15.15　设置导航条项目标题

第 6 步，实现代码 ViewController.h 文件的内容如下：

```
#import <UIKit/UIKit.h>
@interface ViewController: UIViewController
@property (weak, nonatomic) IBOutlet UILabel *label;
```

```
- (IBAction)save:(id)sender;
- (IBAction)add:(id)sender;
@end
```

在上面的代码中，定义了一个输出口类型的 UILabel 属性 label，用于响应 Save 按钮的点击事件 save:，响应“+”按钮的点击事件 add:。编写完代码后，还需要 Interface Builder 为输出口和动作事件连线。

第 7 步，ViewController.m 文件的内容如下：

```
@implementation ViewController
- (IBAction)save:(id)sender {
    self.label.text = @"点击 Save";
}
- (IBAction)add:(id)sender {
    self.label.text = @"点击 Add";
}
@end
```

上面两个方法对应于 ViewController.h 文件中定义的 save:和 add:方法，主要用于改变标签的内容。一般情况下，如果涉及导航条，都是多界面的应用，这是因为导航条的用途就是导航，而单界面不需要导航。但是在本案例中，只有一个界面，主要关注导航条和导航条项目的用法。

第 8 步，运行程序，可以看到如图 15.16 所示的效果。

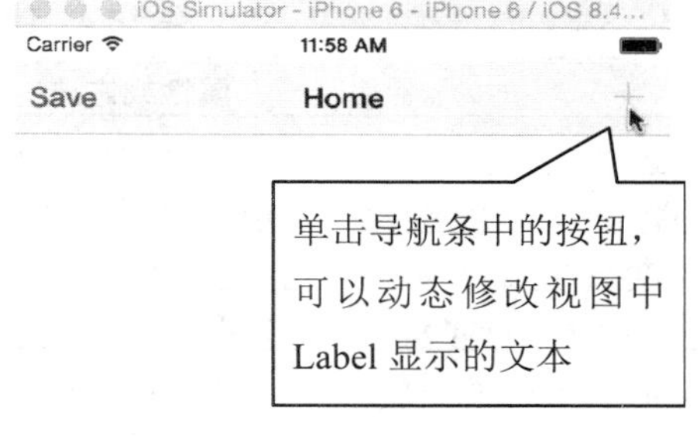

图 15.16　导航按钮控制 Label 文本效果

【拓展】导航条与视图控制器结合使用，为用户提供从一个屏幕到另一个屏幕的导航工具。在使用时，通常不必直接创建 UITabBar 和 UINavigationBar 的项目，而是通过恰当的控制器接口或 Interface Builder 对其进行配置。

导航条通常显示在屏幕上方，同时包含向上和向下两个按钮。其主要性能包括：一个左（后退）按钮、中间标题和一个右（前进）按钮，在 Controller 中可以分别通过 navigationItem.leftBarButtonItem、navigationItem.titleView 和 navigationItem.rightBarButtonItem 方式来引用。

导航条在外观风格上，分为 UIBarStyleDefault、UIBarStyleBlack、UIBarStyleBlackOpaque 和 UIBarStyleBlackTranslucent 这 4 种。

导航条项目（NavigationItem）在外观风格上，也有几种风格来供用户选择，分别是 UIBarButtonItemStylePlain、UIBarButtonItemStyleBordered 和 UIBarButtonItemStyleDone 这 3 种。

对于左右按钮，可以使用 UIBarButtonItem 构造。在默认情况下，系统提供了以下按钮类型：

☑ UIBarButtonSystemItemDone
☑ UIBarButtonSystemItemCancel
☑ UIBarButtonSystemItemEdit
☑ UIBarButtonSystemItemSave
☑ UIBarButtonSystemItemAdd
☑ UIBarButtonSystemItemFlexibleSpace
☑ UIBarButtonSystemItemFixedSpace

☑ UIBarButtonSystemItemCompose
☑ UIBarButtonSystemItemReply
☑ UIBarButtonSystemItemAction
☑ UIBarButtonSystemItemOrganize
☑ UIBarButtonSystemItemBookmarks
☑ UIBarButtonSystemItemSearch
☑ UIBarButtonSystemItemRefresh
☑ UIBarButtonSystemItemStop
☑ UIBarButtonSystemItemCamera
☑ UIBarButtonSystemItemTrash
☑ UIBarButtonSystemItemPlay
☑ UIBarButtonSystemItemPause
☑ UIBarButtonSystemItemRewind
☑ UIBarButtonSystemItemFastForward
☑ UIBarButtonSystemItemUndo（该类型按钮只在 iPhone 3.0 中有效）
☑ UIBarButtonSystemItemRedo（该类型按钮只在 iPhone 3.0 中有效）

表 15.4 列出了 UINavigationBar 类的常用方法及属性。

表 15.4　UINavigationBar 类的常用方法及属性

属性或方法	说　明
@property(nonatomic, readonly, retain) UINavigationItem *backItem	导航条项集，只可读
@property(nonatomic, assign) UIBarStyle barStyle	导航条风格
@property(nonatomic, assign) id delegate	导航条的委托对象
@property(nonatomic, copy) NSArray *items	导航项数组
@property(nonatomic, retain) UIColor *tintColor	导航条的色彩颜色
@property(nonatomic, copy) NSDictionary *titleTextAttributes	导航条标题文本的属性
@property(nonatomic, readonly, retain) UINavigationItem *topItem	导航条栈顶端的导航项，只可读
@property(nonatomic, assign, getter=isTranslucent) BOOL translucent	确定导航条是否部分不透明
- (UIImage *)backgroundImageForBarMetrics:(UIBarMetrics)barMetrics	返回用于指定的栏 Metrics 的背景图像
- (UINavigationItem *)popNavigationItemAnimated:(BOOL)animated	弹出并向左显示前一个视图，是否动画显示
- (UINavigationItem *)popToViewController:viewController animated:BOOL	回到指定视图控制器，也就是不只弹出一个
- (UINavigationItem *)popToRootViewControllerAnimated:BOOL	弹出到根视图控制器，例如有一个 Home 键，也许就会实施这个方法了
- (void)pushNavigationItem:(UINavigationItem *)item animated:(BOOL) animated	添加指定的视图控制器并予以显示，是否动画显示
- (void)setBackgroundImage:(UIImage *)backgroundImage forBarMetrics:(UIBarMetrics)barMetrics	设置指定的栏 Metrics 的背景图像
- (void)setItems:(NSArray *)items animated:(BOOL)animated	用指定的项替换掉导航条管理的当前导航项

续表

属性或方法	说　明
- (void)setTitleVerticalPositionAdjustment:(CGFloat)adjustment forBarMetrics:(UIBarMetrics)barMetrics	设置标题垂直位置来调整给定栏 Metrics
- (CGFloat)titleVerticalPositionAdjustmentForBarMetrics:(UIBarMetrics)barMetrics	返回用于调整指定的栏 Metrics 的标题垂直位置

【示例 2】下面是 UINavigationBar 类的部分应用示例。

```
//创建导航条
UINavigationBar *navigationBar = [[UINavigationBar alloc]
 initWithFrame:CGRectMake(0, 0, 320, 44)];
//设置导航条的风格
navigationBar.barStyle = UIBarStyleBlackTranslucent;
//创建导航条项集
UINavigationItem *navigationItem = [[UINavigationItem alloc]
 initWithTitle:nil];
//创建一个左按钮，同时按钮事件与方法 clickLeftButton 进行关联
UIBarButtonItem *leftButton = [[UIBarButtonItem alloc]
 initWithTitle "左按钮" style:
UIBarButtonItemStyleBordered target:self
        actionselector(clickLeftButton)];
//创建一个右按钮，同时按钮事件与方法 clickRightButton 进行关联
UIBarButtonItem *rightButton = [[UIBarButtonItem alloc]
 initWithTitle"右按钮" style:
UIBarButtonItemStyleDone target:self
        actionselector(clickRightButton)];
//设置导航条标题
[navigationItem setTitle"NavigationBar 应用"];
//把导航条项集添加至导航条中，设置动画关闭
  [navigationBar pushNavigationItem:navigationItem
animated:NO];
 //把左右两个按钮添加至导航条集合中
 [navigationItem setLeftBarButtonItem:leftButton];
 [navigationItem setRightBarButtonItem:rightButton];
//把导航条添加到视图中
[self.view addSubview:navigationBar];
//左按钮的点击响应事件
- (void)clickLeftButton
{
    popViewControllerAnimated:BOOL
    //弹出并向左显示前一个视图
  [navigationBar popViewControllerAnimated:YES];
}
- (void)clickRightButton
{
    //添加指定的视图控制器并予以显示
  [navigationBar pushViewController:myviewController animated: YES];
}
```

15.3.2 案例：使用 UINavigationController

UINavigationController 比 UINavigationBar 强大，不仅封装了 UINavigationBar，而且会自动为每个接受它管理的 UIViewController 自动添加 UINavigationBar，接受 UIViewController 管理的 UIViewController 对应的 UI 控件实际上位于 UIViewController 的 Navigation View 容器中。除此之外，UIViewController 底部还可以设置一个工具条（UIToolBar 对象）。

UINavigationController 提供如下属性和方法管理多个 UIViewController。

☑ topViewController：只读属性，返回栈顶的 UIViewController。
☑ visibleViewController：只读属性，返回 UINavigationController 中当前可见的界面对应的 UIViewController。
☑ viewControllers：设置或返回 UINavigationController 管理的栈中所有的 UINewController。
☑ - setViewControllers:animated:：同时为 UINavigationController 设置所有的 UIViewController。
☑ - pushViewController:animated:：将指定的 UIViewController 压入 UINavigationController 管理的栈中。
☑ - popViewControllerAnimated:：弹出 UINavigationController 管理的栈顶的 UINavigationController。
☑ - popToRootViewControllerAnimated:：弹出除 root UIViewController 之外的所有 UIViewController。
☑ - popToViewController. animated:：弹出指定的 UIViewController。

UINavigationController 提供了如下属性和方法来配置导航条。

☑ navigationBar：只读属性，返回 UINavigationController 管理的导航条。
☑ navigationBarHidden：设置或者返回是否隐藏导航条。
☑ - setNavigationBarHidden:animated:：设置是否隐藏导航条。

UINavigationController 提供了如下属性和方法来配置工具条。

☑ toolbar：只读属性，返回 UINavigationController 管理的工具条。
☑ setToolbarHidden:animated:：设置是否隐藏工具条。
☑ toolbarHidden：设置或者返回是否隐藏工具条。

【示例】本案例设计初始界面用一个 UITableView 显示系列图书，当用户单击图书列表右边的按钮时，将会进入详细信息界面，当用户在查看、编辑界面中处理完成后，再次返回图书列表界面。

【操作步骤】

第 1 步，创建一个 Empty Application，保存项目为 test。

第 2 步，该应用将只包含一个应用程序委托类，让应用程序委托加载一个 UINavigationController 作为根视图控制器。由于创建 UINavigationController 时也需要一个视图控制器，因此在应用程序委托中定义两个视图控制器。下面是应用程序委托的接口代码（AppDelegate.h）：

```
#import <UIKit/UIKit.h>
@class BookViewController;
@interface AppDelegate: UIResponder <UIApplicationDelegate>
@property (strong, nonatomic) UIWindow *window;
@property (strong, nonatomic) BookViewController *viewController;
@property (strong, nonatomic) UINavigationController *naviController;
@end
```

上面的代码中定义了两个属性，分别代表该应用所使用的导航控制器和该导航控制器初始加载的视图控制器。

第 3 步，下面设计应用程序委托类的实现部分代码（AppDelegate.m）。

```
@implementation AppDelegate
- (BOOL)application:(UIApplication *)application didFinishLaunchingWithOptions:(NSDictionary *)launchOptions
{
    self.window = [[UIWindow alloc] initWithFrame:
      [[UIScreen mainScreen] bounds]];
      self.viewController = [[BookViewController alloc]
      initWithStyle:UITableViewStyleGrouped];
 //创建 UINavigationController 对象
 //该 UINavigationController 以 self.viewController 为视图栈最底层控件
      self.naviController = [[UINavigationController alloc]
      initWithRootViewController:self.viewController];
 //设置窗口以 self.naviController 为根视图控制器
      self.window.rootViewController = self.naviController;
      [self.window makeKeyAndVisible];
      return YES;
}
@end
```

从上面的代码可以看出，该程序窗口的 root 视图控制器是导航控制器，而导航控制器初始加载 BookViewController 控制器，BookViewController 控制器是 UITableViewController 的子类，因此该控制器类将会加载并显示一个表格。

第 4 步，下面设计 BookViewController 类的接口部分代码（BookViewController.h）。

```
#import <UIKit/UIKit.h>
@interface BookViewController: UITableViewController
//定义两个 NSMutableArray 对象，分别保存图书名和图书详情
@property (nonatomic, strong) NSMutableArray* books;
@property (nonatomic, strong) NSMutableArray* details;
@end
```

上面的接口部分定义了两个 NSMutableArray 对象，分别用于保存图书名和图书详情，由于用户可能需要修改图书名和图书详情，因此上面代码使用 NSMutableArray 来保存图书名和图书详情。

第 5 步，BookViewController 的实现部分主要是实现 UITableViewDataSource 和 UI TableViewDelegate 协议中的方法。下面是 Book ViewController 实现部分的代码（BookViewController.m）：

```
@implementation BookViewController
@synthesize books;
@synthesize details;
- (void)viewDidLoad
{
 [super viewDidLoad];
 //创建并初始化 NSArray 对象
 books = [NSMutableArray arrayWithObjects:@"C 编程基础",
      @"Java 编程基础", @"iOS 编程基础", @"JavaScript 编程基础", nil];
 //创建并初始化 NSArray 对象
 details = [NSMutableArray arrayWithObjects:
      @"C 编程基础详细信息",
      @"Java 编程基础详细信息",
      @"iOS 编程基础详细信息",
```

Note

```
        @"JavaScript 编程基础详细信息", nil];
    //设置当前视图关联的导航项的标题
    self.navigationItem.title = @"图书列表";
}
- (void)viewWillAppear:(BOOL)animated
{
    [super viewWillAppear:animated];
    [self.tableView reloadData];
}
//该方法返回值决定各表格行的控件
- (UITableViewCell *)tableView:(UITableView *)tableView
    cellForRowAtIndexPath:(NSIndexPath *)indexPath
{
    //为表格行定义一个静态字符串作为标识符
    static NSString* cellId = @"cellId";   //①
    //从可重用表格行的队列中取出一个表格行
    UITableViewCell* cell = [tableView
        dequeueReusableCellWithIdentifier:cellId];
    //如果取出的表格行为 nil
    if(!cell)
    {
        //创建一个 UITableViewCell 对象，使用 UITableViewCellStyleSubtitle 风格
        cell = [[UITableViewCell alloc]
            initWithStyle:UITableViewCellStyleSubtitle
            reuseIdentifier:cellId];
    }
    //从 IndexPath 参数中获取当前行的行号
    NSUInteger rowNo = indexPath.row;
    //取出 books 中索引为 rowNo 的元素作为 UITableViewCell 的文本标题
    cell.textLabel.text = [books objectAtIndex:rowNo];
    cell.accessoryType = UITableViewCellAccessoryDetailDisclosureButton;
//      cell.accessoryType = UITableViewCellAccessoryCheckmark;
//      cell.accessoryType = UITableViewCellAccessoryDisclosureIndicator;
    //取出 details 中索引为 rowNo 的元素作为 UITableViewCell 的详细内容
    cell.detailTextLabel.text = [details objectAtIndex:rowNo];
    return cell;
}
//该方法的返回值决定指定分区内包含多少个表格行
- (NSInteger)tableView:(UITableView*)tableView
    numberOfRowsInSection:(NSInteger)section
{
    //由于该表格只有一个分区，直接返回 books 中集合元素个数代表表格的行数
    return books.count;
}
//UITableViewDelegate 定义的方法，当表格行右边的附件按钮被单击时激活该方法
- (void)tableView:(UITableView *)tableView
    accessoryButtonTappedForRowWithIndexPath:(NSIndexPath *)indexPath
{
    //获取表格行号
    NSInteger rowNo = indexPath.row;
```

```
    EditViewController* editController = [[EditViewController alloc]init];
    //将被单击表格行的数据传给 editController 控制器对象
    editController.name = [books objectAtIndex:rowNo];
    editController.detail = [details objectAtIndex:rowNo];
    editController.rowNo = rowNo;
    //将 editController 压入 UINavigationController 管理的控制器栈中
    [self.navigationController pushViewController:editController animated:YES];
}
@end
```

在上面的代码中，先为 UITableViewCell 设置附件类型，该控件支持如下 3 种附件。

☑ UITableViewCellAccessoryDetailDisclosureButton：附件是一个圆形的大于符号图标（>）的按钮。

☑ UITableViewCellAccessoryCheckmark：附件是一个复选框。

☑ UITableViewCellAccessoryDisclosureIndicator：附件是一个大于符号图标（>）的按钮。

除此之外，上面的实现类还实现了 UITableViewDelegate 协议中的(void)tableView:accessoryButtonTappedForRowWithIndexPath:方法，当用户单击指定表格行右边的附件按钮时将会激发该方法。

第 6 步，设计 EditViewController 控制器。通过 Xcode 创建一个 Objective-C 类（继承 UI View Controller），并提供关联的 xib 界面设计文件。

第 7 步，在 Interface Builder 中打开 EditViewController.xib 文件，将两个 UILabel 拖入用户界面文件中，再将一个 UITextField 和一个 UIText View 拖入用户界面文件中，并将这些控件摆放整齐，如图 15.17 所示。

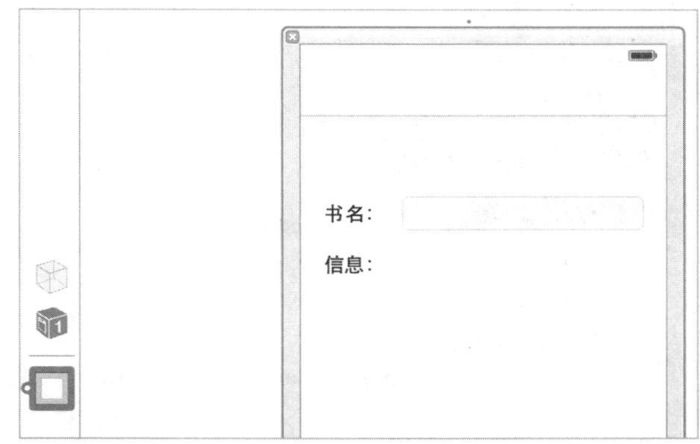

图 15.17　设计编辑界面

第 8 步，将界面上的 UITextField、UITextView 分别绑定到控制器的 nameField 和 detailField 两个 IBOutlet 属性。

第 9 步，为了保证第一个文本框能正常关闭虚拟键盘，为该文本框的 Did EndOn Exit 方法绑定 IBAction 事件处理方法。

第 10 步，由于该控制器还需要接收从上一个控制器传入的数据，因此，需要为该控制器定义 name（保存书名）、detail（保存详情）和 rowNo（保存正在编辑的行号）3 个属性。下面是 EditViewController 类的接口部分代码（EditViewController.h）：

```
@interface EditViewController: UIViewController
@property (strong, nonatomic) IBOutlet UITextField *nameField;
@property (strong, nonatomic) IBOutlet UITextView *detailField;
- (IBAction)finish:(id)sender;
//保存从上一个控制器传入数据的属性
@property (nonatomic, copy) NSString* name;
@property (nonatomic, copy) NSString* detail;
@property (nonatomic, assign) NSInteger rowNo;
@en
```

第 11 步，对于该控制器类的实现部分，初始化时负责加载、显示上一个控制器传过来的图书信

Note

息，当用户编辑完成后，将会把用户输入的图书信息插入前一个控制器的 book 和 details 两个集合中。下面是该控制器类的实现部分代码（EditViewController.m）：

```
@implementation EditViewController
- (void)viewWillAppear:(BOOL)animated
{
 self.nameField.text = self.name;
 self.detailField.text = self.detail;
 //设置默认不允许编辑
 self.nameField.enabled = NO;
 self.detailField.editable = NO;
 //设置边框
 self.detailField.layer.borderWidth = 1.5;
 self.detailField.layer.borderColor = [[UIColor grayColor] CGColor];
 //设置圆角
 self.detailField.layer.cornerRadius = 4.0f;
 self.detailField.layer.masksToBounds = YES;
 //创建一个 UIBarButtonItem 对象，作为界面的导航项右边的按钮
 UIBarButtonItem* rightBn = [[UIBarButtonItem alloc]
       initWithTitle:@"编辑"
       style:UIBarButtonItemStyleBordered
       target:self action:@selector(beginEdit:)];
 self.navigationItem.rightBarButtonItem = rightBn;
}
- (void) beginEdit:(id)   sender
{
 //如果该按钮的文本为“编辑”
 if([[sender title] isEqualToString:@"编辑"])
 {
       //设置 nameField、detailField 允许编辑
       self.nameField.enabled = YES;
       self.detailField.editable = YES;
       //设置按钮文本为“完成”
       self.navigationItem.rightBarButtonItem.title = @"完成";
 }
 else
 {
       //放弃作为第一响应者
       [self.nameField resignFirstResponder];
       [self.detailField resignFirstResponder];
       //获取应用程序委托对象
       AppDelegate* appDelegate = [UIApplication sharedApplication].delegate;
       //使用用户在第一个文本框中输入的内容替换 viewController
       //的 books 集合中指定位置的元素
       [appDelegate.viewController.books replaceObjectAtIndex: self.rowNo withObject:self.nameField.text];
       //使用用户在第一个文本框中输入的内容替换 viewController
       //的 details 集合中指定位置的元素
       [appDelegate.viewController.details replaceObjectAtIndex: self.rowNo withObject:self.detailField.text];
       //设置 nameField、detailField 不允许编辑
       self.nameField.enabled = NO;
```

```
        self.detailField.editable = NO;
        //设置按钮文本为"编辑"
        self.navigationItem.rightBarButtonItem.title = @"编辑";
    }
  }
- (IBAction)finish:(id)sender {
  //放弃作为第一响应者
  [sender resignFirstResponder];
}
@end
```

在上面的代码中，分别用用户输入的文本替换 viewController（前一个控制器）中 books 和 details 集合中的元素，这样就实现了对图书信息的修改。

第 12 步，运行程序，单击右侧的按钮，进入项目详细信息页面，如图 15.18 所示。

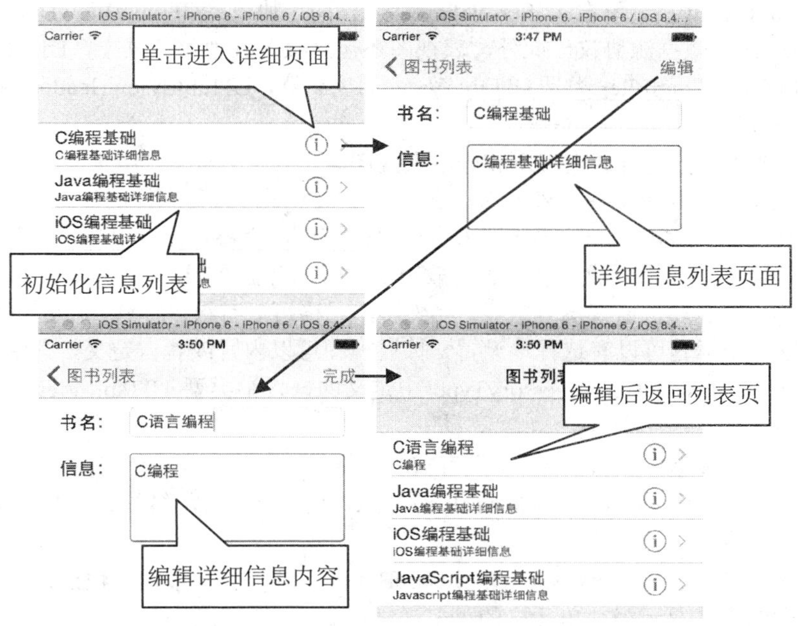

图 15.18　项目详细信息页面演示效果

如果用户单击表格行右边的附件图标，再单击导航右边的"编辑"按钮，将可以看到编辑界面。编辑完成后，单击导航条右边的"完成"按钮保存修改。单击导航条左边的"图书列表"按钮，即可返回上一个视图控制器，程序界面将会显示修改后的图书列表。

15.4　表格控制器

表视图是 iOS 开发中使用最频繁的视图。一般情况下，都会选择以表的形式来展现数据，如通讯录和频道列表等。在表视图中，分节、分组和索引等功能使所展示的数据看起来更规整、更有条理。表视图还可以利用细节展示等功能多层次地展示数据，但与其他控件相比，表视图的使用相对比较复杂。

15.4.1 表视图概述

在 iOS 中，表视图是最重要的视图，有很多概念。

- ☑ 表头视图（table header view）：表视图最上边的视图，用于展示表视图的信息，如表视图刷新信息。
- ☑ 表脚视图（table footer view）：表视图最下边的视图，用于展示表视图的信息，如表视图分页时显示“更多”等信息。
- ☑ 单元格（cell）：组成表视图每一行的单位视图。
- ☑ 节（section）：由多个单元格组成，有节头（section header）和节脚（section footer）。
- ☑ 节头：节的头，描述节的信息，文字左对齐。
- ☑ 节脚：节的脚，描述节的信息和声明，文字居中对齐。

表视图（UITableView）继承自 UIScrollView，包含两个协议：UITableViewDelegate 委托协议和 UITableViewDataSource 数据源协议。此外，表视图还包含很多其他类，其中，UITableViewCell 类是单元格类，UITableViewController 类是 UITableView 的控制器，UITableViewHeaderFooterView 类用于为节头和节脚提供视图。

iOS 中的表视图主要分为普通表视图和分组表视图。

- ☑ 普通表视图：主要用于动态表，而动态表一般在单元格数目未知的情况下使用。
- ☑ 分组表视图：一般用于静态表，用来进行界面布局，会将表分成很多“孤岛”，这个“孤岛”由一些类似的单元格组成。静态表一般用于控件的界面布局。

单元格由图标、标题和扩展视图等组成。当然，单元格可以有很多样式，用户可以根据需要进行选择。图标、标题和副标题可以有选择地设置，扩展视图可以内置或者自定义，其中，内置的扩展视图是在枚举类型 UITableViewCellAccessoryType 中定义的。枚举类型 UITableViewCellAccessoryType 中定义的常量如下所示。

- ☑ UITableViewCellAccessoryNone：没有扩展图标。
- ☑ UITableViewCellAccessoryDisclosureIndicator：扩展指示器，触摸该图标将切换到下一级表视图，图标为“>”。
- ☑ UITableViewCellAccessoryDetailDisclosureButton：细节展示按钮，触摸该单元格时，表视图会以视图的方式显示当前单元格的更多详细信息，图标为 i。
- ☑ UITableViewCellAccessoryCheckmark：选中标志，表示该行被选中，图标为对号。

在开发中，应首先考虑苹果公司提供的一些固有的单元格样式。iOS API 提供的单元格样式是在枚举类型 UITableViewCellStyle 中定义的，而 UITableViewCellStyle 枚举类型中定义的常量如下所示。

- ☑ UITableViewCellStyleDefault：默认样式，只有图标和主标题。
- ☑ UITableViewCellStyleSubtitle：带有副标题的样式，有图标、主标题和副标题。
- ☑ UITableViewCellStyleValue1：无图标带副标题样式 1，有主标题和子标题。
- ☑ UITableViewCellStyleValue2：无图标带副标题样式 2，有主标题和子标题。

如果以上单元格样式都不能满足业务需求，可以考虑自定义单元格。

与 UIPickerView 等复杂控件类似，表视图在开发过程中也会使用委托协议和数据源协议，而表视图 UITableView 的数据源协议是 UITableViewDataSource，委托协议是 UITableViewDelegate。UITableViewDataSource 协议中的主要方法如下所示，其中必须要实现的方法有 tableView:numberOfRowsInSection:和 tableView:cellForRowAtIndexPath:。

☑ tableView:cellForRowAtIndexPath:：为表视图单元格提供数据，该方法是必须实现的方法。
☑ tableView:numberOfRowsInSection:：返回某个节中的行数。
☑ tableView:titleForHeaderInSection:：返回节头的标题。
☑ tableView:titleForFooterInSection:：返回节脚的标题。
☑ numberOfSectionsInTableView:：返回节的个数。
☑ sectionIndexTitlesForTableView:：提供表视图节索引标题。
☑ tableView:commitEditingStyle:forRowAtIndexPath:：为删除或修改提供数据。

UITableViewDelegate 协议主要用来设定表视图中节头和节脚的标题，并响应一些动作事件，主要方法如下所示。

☑ tableView:viewForHeaderInSection:：为节头准备自定义视图。
☑ tableView:viewForFooterInSection:：为节脚准备自定义视图。
☑ tableView:didEndDisplayingHeaderView:forSection:：该方法在节头从屏幕中消失时触发。
☑ tableView:didEndDisplayingFooterView:forSection:：当节脚从屏幕中消失时触发。
☑ tableView:didEndDisplayingCell:forRowAtIndexPath:：当单元格从屏幕中消失时触发。
☑ tableView:didSelectRowAtIndexPath:：响应选择表视图单元格时调用的方法。

15.4.2　添加表格

用户可以通过 Interface Builder 将 UITableView 拖入界面设计文件中来添加该控件，也可通过代码创建 UITableView 对象来添加，这两种方式的本质是相同的。

【操作步骤】

第 1 步，新建 Single View Application 应用，保存项目为 test。

第 2 步，打开 Interface Builder 设计界面，由于模板生成的视图控制器不是表视图控制器，因此需要在 View Controller Scene 中删除 View Controller，方法是选中 View Controller 后，按 Delete 键删除。

第 3 步，从控件对象库中拖曳一个 Table View Controller 到设计界面，如图 15.19 所示。

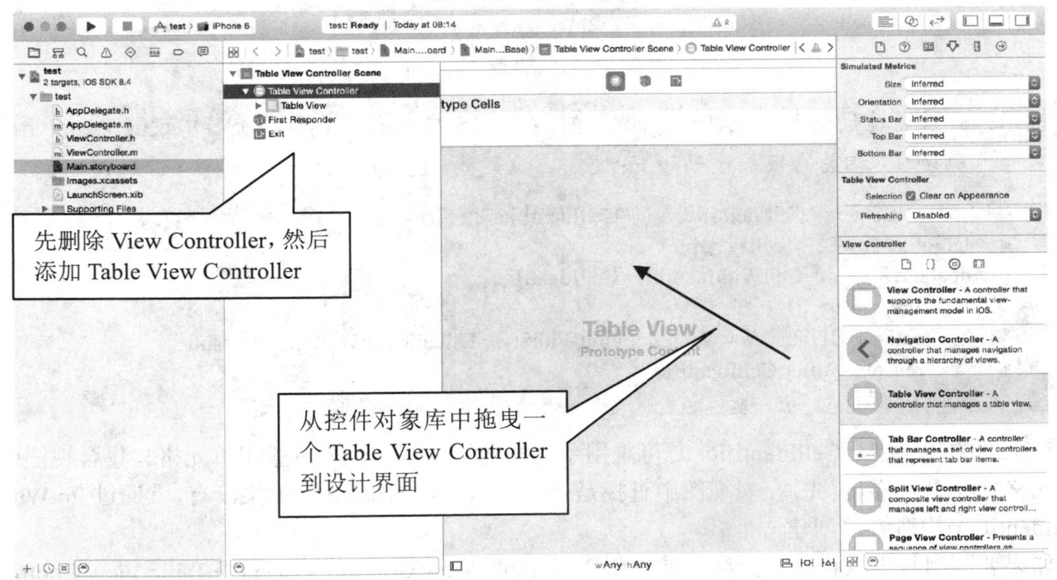

图 15.19　添加 Table View Controller

第 4 步，将.h 文件中 ViewController 的父类从原来的 UIViewController 修改为 UITableViewController。

第 5 步，在 Interface Builder 设计界面左侧的 Scene 列表中选择 Table View Controller Scene →Table View Controller，打开表视图控制器的标识检查器，如图 15.20 所示，在 Class 下拉列表框中选择 ViewController，这是之前编写的视图控制器。

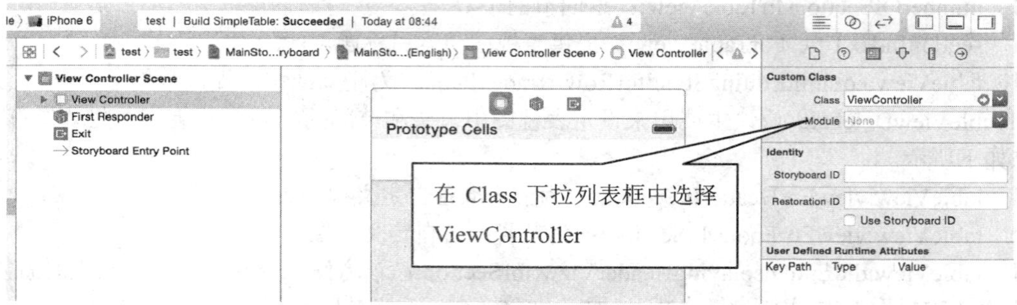

图 15.20　设置 Class

第 6 步，在 Scene 列表中选择 Table View Controller Scene →Table View Controller →Table View，打开表视图的属性检查器，如图 15.21 所示。Content 包括两个选项：Dynamic Prototypes 和 Static Cells，这两个选项只有在故事板中才有。Dynamic Prototypes 用于构建动态表，而 Static Cells 用于构建静态表，这里选择 Dynamic Prototypes。

图 15.21　设置 Content

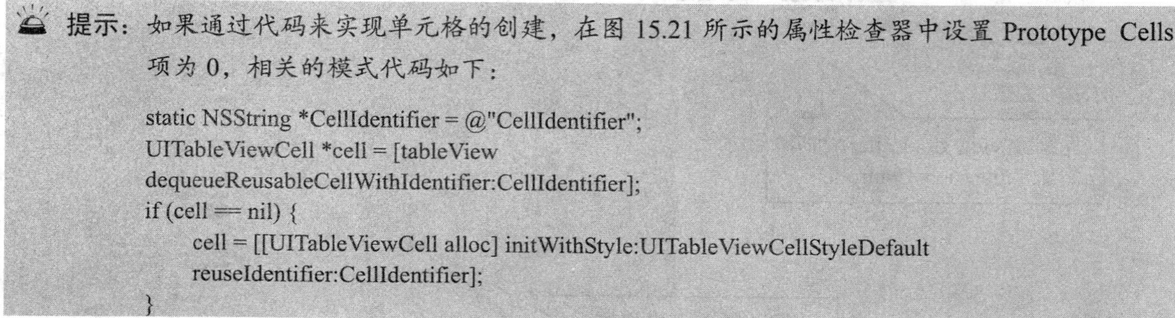

提示：如果通过代码来实现单元格的创建，在图 15.21 所示的属性检查器中设置 Prototype Cells 项为 0，相关的模式代码如下：

```
static NSString *CellIdentifier = @"CellIdentifier";
UITableViewCell *cell = [tableView
dequeueReusableCellWithIdentifier:CellIdentifier];
if (cell == nil) {
    cell = [[UITableViewCell alloc] initWithStyle:UITableViewCellStyleDefault
    reuseIdentifier:CellIdentifier];
}
```

在上面的代码中，CellIdentifier 是可重用单元格的标识符，这个可重用单元格与集合视图中可重用单元格的概念一样。首先，在表视图中查找是否有可以重用的单元格，如果没有，就通过 initWithStyle: reuseIdentifier:构造方法创建一个。

如果要利用故事板设计单元格，首先要选择 Table View Controller Scene→Table View Controller→Table View→Table View Cell，打开单元格的属性检查器，如图 15.22 所示。可以看到，Style 下有很多

Note

选项，这些选项与 15.4.1 节中描述的表视图单元格的样式一致，而 Identifier 是指可重用单元格的标识符。

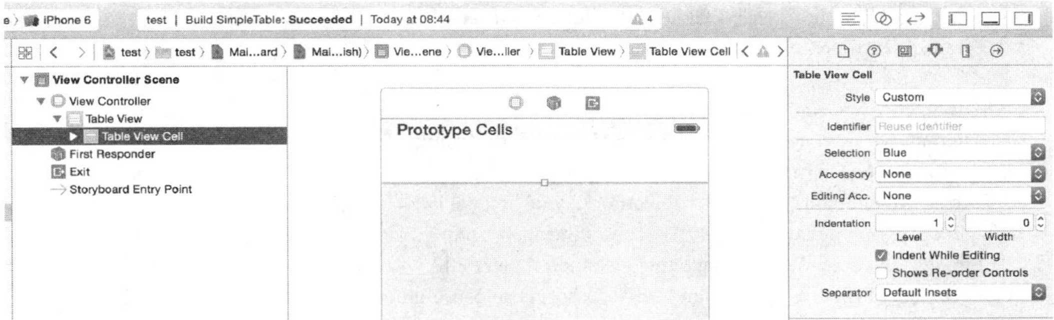

图 15.22　设置 Table View Cell 属性

第 7 步，根据上面提示操作以后，就不需要在代码中实例化单元格了。这里直接通过图 15.22 设定的 Identifier 取得单元格的实例，以此达到重用单元格的目的。获得单元格对象的代码可以修改如下：

```
static NSString *CellIdentifier = @"CellIdentifier";
UITableViewCell *cell = [tableView dequeueReusableCellWithIdentifier:CellIdentifier];
```

第 8 步，将 team.plist 和“球队图片”添加到工程中，ViewController.h 文件的相关代码如下：

```
#import <UIKit/UIKit.h>
@interface ViewController: UITableViewController
@property (nonatomic, strong) NSArray *listTeams;
@end
```

这里将 ViewController 的父类修改为 UITableViewController。定义 NSArray*类型的属性 listTeams，这个属性用来装载从文件中读取的数据。

第 9 步，读取属性列表文件 team.plist 的操作是在 viewDidLoad 方法中实现的，相关代码如下，team.plist 文件属性列表如图 15.23 所示。

```
- (void)viewDidLoad
{
[super viewDidLoad];
NSBundle *bundle = [NSBundle mainBundle];
NSString *plistPath = [bundle pathForResource:@"team"
ofType:@"plist"];
//获取属性列表文件中的全部数据
self.listTeams = [[NSArray alloc] initWithContentsOfFile:plistPath];
}
```

第 10 步，在 ViewController.m 中实现 UITableViewDataSource 协议的方法，相关代码如下：

```
- (NSInteger)tableView:(UITableView *)tableView numberOfRowsInSection:(NSInteger)section
{
    return [self.listTeams count];
}
- (UITableViewCell *)tableView:(UITableView *)tableView cellForRowAtIndexPath:(NSIndexPath
*)indexPath
{
```

```
    static NSString *CellIdentifier = @"CellIdentifier";
    UITableViewCell *cell = [tableView dequeueReusableCellWithIdentifier:CellIdentifier];
    if (cell == nil) {
        cell = [[UITableViewCell alloc] initWithStyle:UITableViewCellStyleDefault
        reuseIdentifier:CellIdentifier];
    }
    NSUInteger row = [indexPath row];
    NSDictionary *rowDict = [self.listTeams objectAtIndex:row];
    cell.textLabel.text = [rowDict objectForKey:@"name"];
    NSString *imagePath = [rowDict objectForKey:@"image"];
    imagePath = [imagePath stringByAppendingString:@".png"];
    cell.imageView.image = [UIImage imageNamed:imagePath];
    cell.accessoryType = UITableViewCellAccessoryDisclosureIndicator;
    return cell;
}
```

由于当前的这个表实际只有一个节，因此不需要对节进行区分，在 tableView:numberOfRowsInSection:方法中直接返回 listTeams 属性的长度即可。

tableView:cellForRowAtIndexPath:方法中 NSIndexPath 参数的 row 方法可以获得当前的单元格行索引。cell.accessoryType 属性用于设置扩展视图类型。

第 11 步，运行程序之后的效果如图 15.24 所示，注意，运行模拟器基于视网膜显示屏 3.5 英寸效果最好。这里可以将单元格的样式 UITableViewCellStyleDefault 替换为其他 3 种，体验一下其他 3 种单元格样式的效果。

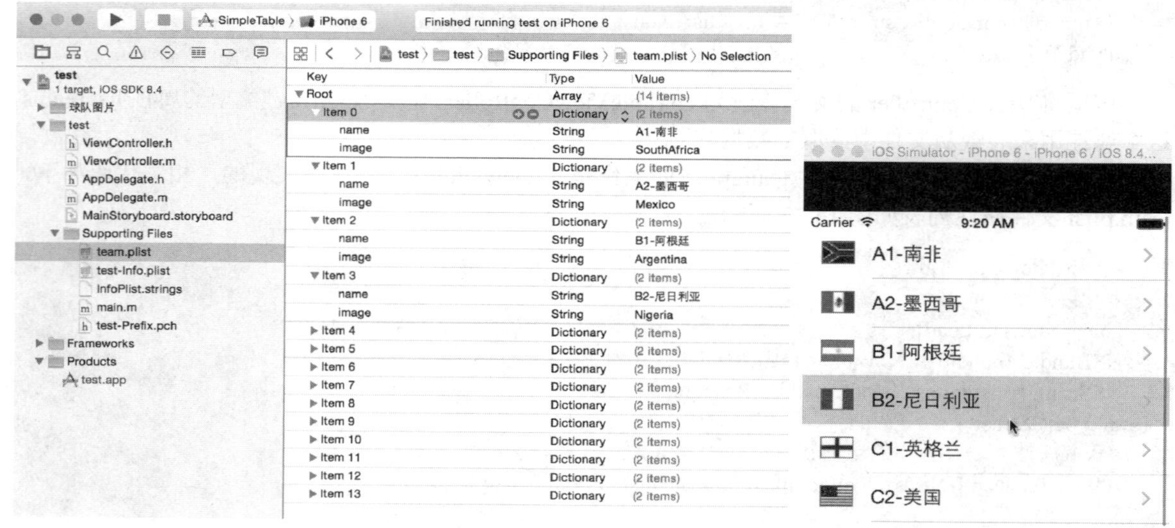

图 15.23　team.plist 文件属性列表

图 15.24　简单表格运行结果

提示：如果在 iOS 7 下运行，就会发现表视图顶部与状态栏重叠了，这是因为 iOS 7 之后的状态栏是透明的。事实上这个问题不需要担心，在使用表视图时，顶部往往是一个导航栏，有了导航栏之后就不会出现这个问题了。

【拓展】表 15.5 列出了 UITableView 类的常用方法及属性。

表 15.5 UITableView 类的常用方法及属性

属性或方法	说 明
@property(nonatomic) BOOL allowsMultipleSelection	在非编辑模式下，确定是否可选多行
@property(nonatomic) BOOL allowsMultipleSelectionDuringEditing	在编辑模式下，是否可选择多格（cell）
@property(nonatomic) BOOL allowsSelection	确实是否允许一行（row）
@property(nonatomic) BOOL allowsSelectionDuringEditing	在编辑模式下，是否允许选择单元格（cell）
@property(nonatomic, readwrite, retain) UIView *backgroundView	设置和管理表格视图背景视图
@property(nonatomic, assign) id<UITableViewDataSource> dataSource	表格视图数据源
@property(nonatomic, assign) id<UITableViewDelegate> delegate	表格视图的委托
@property(nonatomic, getter=isEditing) BOOL editing	确定表格视图是否处于编辑模式状态
@property(nonatomic) CGFloat rowHeight	表格视图每行的高
@property(nonatomic) CGFloat sectionFooterHeight	分段页脚的高度
@property(nonatomic, retain) UIColor *separatorColor	行分隔线的色彩颜色
@property(nonatomic) NSInteger sectionIndexMinimumDisplayRowCount	表格右侧边缘显示的索引表的行数
@property(nonatomic) UITableViewCellSeparatorStyle separatorStyle	行分隔线的风格设置和管理
@property(nonatomic, readonly) UITableViewStyle style	表格视图的风格，只可读
@property(nonatomic, retain) UIView *tableFooterView	返回一个显示在表格底部的附件（accessory）视图
@property(nonatomic, retain) UIView *tableHeaderView	返回一个显示在表格头部的附件（accessory）视图
- (void)beginUpdates	开始一系列方法的调用，例如，行的插入、删除和选择
- (UITableViewCell *)cellForRowAtIndexPath:(NSIndexPath *)indexPath	返回指定索引的表格的视图格
- (void)deleteRowsAtIndexPaths:(NSArray *)indexPaths withRow Animation:(UITableViewRowAnimation)animation	用动画的一个删除选项删除索引数组
- (void)deleteSections:(NSIndexSet *)sections withRowAnimation:(UITableViewRowAnimation)animation	用动画的一个删除选项来删除一个或者多个分区
- (void)deselectRowAtIndexPath:(NSIndexPath *)indexPath animated:(BOOL)animated	用一个动画的取消选定选择项来对索引出的一行进行取消选定
- (void)endUpdates	结束一系列方法的调用，例如，插入、删除、选择、行和分段的重现加载
- (NSIndexPath *)indexPathForRowAtPoint:(CGPoint)point	返回代表给定表格的视图格（cell）的行和分区的索引路径
- (NSIndexPath *)indexPathForSelectedRow	返回标识为给定点的行和分段的索引路径
- (NSArray *)indexPathsForRowsInRect:(CGRect)rect	返回标识为给定行的行和分段的索引路径
- (NSArray *)indexPathsForVisibleRows	返回代表每个封闭在一个给定矩形中的行的索引路径数组

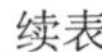

续表

属性或方法	说　明
- (id)initWithFrame:(CGRect)frame style:(UITableViewStyle)style	初始化并返回一个给定 frame 和风格的表格视图对象
- (void)insertRowsAtIndexPaths:(NSArray *)indexPaths withRowAnimation:(UITableViewRowAnimation)animation	利用一个动画插入选择项，依据一个索引路径数组的标识，在各行的位置插入行
- (void)moveRowAtIndexPath:(NSIndexPath *)indexPath toIndexPath:(NSIndexPath *)newIndexPath	用一个动画的插入选择项，在接收区域插入一个或多个分段（section）
- (void)moveSection:(NSInteger)section toSection:(NSInteger)newSection	把指定位置的行移动到目标位置
- (NSInteger)numberOfRowsInSection:(NSInteger)section	返回一个指定分区（section）的行数
- (NSInteger)numberOfSections	返回分段（sections）的行数
- (CGRect)rectForFooterInSection:(NSInteger)section	返回指定分段页脚的绘制区域
- (CGRect)rectForHeaderInSection:(NSInteger)section	返回标识索引路径行的绘制区域
- (NSArray *)visibleCells	返回可见单元格

【示例】下面是 UITableView 类的部分应用示例。

```
//创建 UITableView 对象
    UITableView tableview = [[UITableView alloc]
    initWithFrame:CGRectMake(0, 0, 210, 320)];
      [tableview setDelegate:self];
      [tableview setDataSource:self];
      [self.view addSubview: tableview];
//设置分段（Section）的数量
- (NSArray*)sectionIndexTitlesForTableView:(UITableView*)
tableView{
          return TitleData;
}
//设置每个分段（Section）显示的 Title
- (NSString *)tableView:(UITableView *)tableView
titleForHeaderInSection:(NSInteger)section{
        return @"苹果粉丝";
}
//指定有多少个分段（Section），默认为 1
- (NSInteger)numberOfSectionsInTableView:(UITableView *)
tableView {
            return 4;
}
//指定每个分段（Section）中有多少行，默认为 1
- (NSInteger)tableView:(UITableView *)tableView
numberOfRowsInSection:(NSInteger)section{
  return 2;
}
//设置每行调用的 cell
- (UITableViewCell *)tableView:(UITableView *)tableView
cellForRowAtIndexPath:(NSIndexPath *)indexPath {
```

```
static NSString *SimpleTableIdentifier =
@"SimpleTableIdentifier";
      UITableViewCell *cell = [tableView
dequeueReusableCellWithIdentifier:
SimpleTableIdentifier];
            if (cell == nil) {
             cell = [[[UITableViewCell alloc]
initWithStyle:UITableViewCellStyleDefault
                    reuseIdentifier: SimpleTableIdentifier] autorelease];
             }
             //未选 cell 时的图片
             cell.imageView.image=image;
             //选中 cell 后的图片
     cell.imageView.highlightedImage=highlightImage;
     cell.text=@"iphone4s";
     return cell;
}
//设置让 UITableView 行缩进
- (NSInteger)tableView:(UITableView *)tableView
indentationLevelForRowAtIndexPath:
(NSIndexPath *)indexPath{
  NSUInteger row = [indexPath row];
  return row;
}
//设置 cell 每行间隔的高度
- (CGFloat)tableView:(UITableView *)tableView
heightForRowAtIndexPath:(NSIndexPath *)indexPath{
             return 40;
}
//返回当前所选 cell
NSIndexPath *ip = [NSIndexPath indexPathForRow:row
inSection:section];
[TopicsTable selectRowAtIndexPath:ip animated:YES
scrollPosition:UITableViewScrollPositionNone];
//设置 UITableView 的 Style
[tableView setSeparatorStyle:
UITableViewCellSelectionStyleNone];
//设置选中 cell 的响应事件
- (void)tableView:(UITableView *)tableView
didSelectRowAtIndexPath:(NSIndexPath *)indexPath
{
//选中后的反显颜色即刻消失
            [tableView deselectRowAtIndexPath:
indexPath animated:YES];
}
//设置选中的行所执行的动作
- (NSIndexPath *)tableView:(UITableView *)tableView
willSelectRowAtIndexPath:(NSIndexPath *)indexPath
{
```

```
        NSUInteger row = [indexPath row];
        return indexPath;
}
//设置滑动 cell 是否出现 del 按钮 -(BOOL)tableView:(UITableView *)tableView
canEditRowAtIndexPath:(NSIndexPath *)indexPath {
}
//设置删除时编辑状态
- (void)tableView:(UITableView *)tableView
commitEditingStyle:(UITableViewCellEditingStyle)
editingStyle forRowAtIndexPath:(NSIndexPath *)
indexPath{
}
//右侧添加一个索引表
- (NSArray *)sectionIndexTitlesForTableView:
(UITableView *)tableView{
}
//设置行线颜色
tableView.separatorColor = [UIColor blueColor];
```

15.4.3 自定义单元格

如果 iOS 提供的单元格样式不能满足需求，用户可以自定义单元格。在 iOS 5 之前，自定义单元格有两种实现方式：通过代码实现和使用 xib 技术实现。用 xib 技术实现相对比较简单：创建一个.xib 文件，然后自定义一个继承 UITableViewCell 的单元格类即可。在 iOS 5 之后，用户可以用故事板实现，这种方式比 xib 方式更简单一些。

【操作步骤】

第 1 步，创建一个 Single View Application 应用，设置项目名为 test。将 Table View 属性的 Prototype Cells 项设为 1，如图 15.25 所示。除此之外，其他的操作过程与 15.4.2 节中的案例一样。

第 2 步，在设计界面中上部，一般会有一个单元格设计界面，可以在这个位置进行单元格布局的设计。从对象库中拖曳一个 Label 和 Image View 控件到单元格设计界面，调整好位置，如图 15.26 所示。

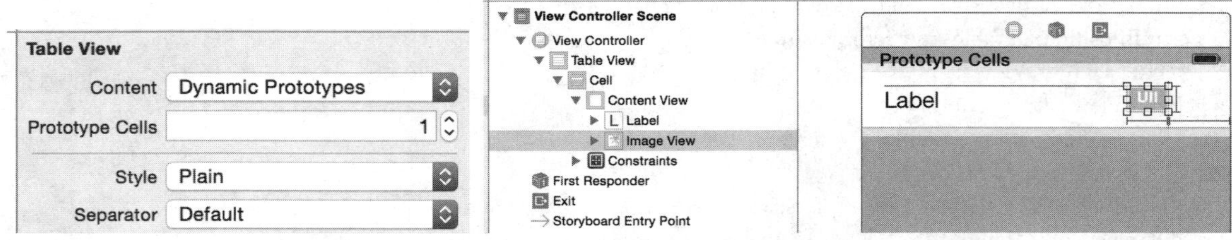

图 15.25 设置表格视图属性　　　　图 15.26 添加 Label 和 Image View 控件

第 3 步，创建自定义单元格类 CustomCell，操作方法为右击工程名，在弹出的快捷菜单中选择 Add File to test 命令，此时界面中会弹出如图 15.27 所示的对话框，在 Class 中选择 UITableViewCell 为其父类。

第 4 步，返回 Interface Builder 设计界面，在左边选择 View Controller Scene→View Controller→Table View→Cell，打开单元格的标识检查器，在 Class 下拉列表框中选择 CustomCell 类，如图 15.28 所示。

第 5 步，为 Label 和 ImageView 控件连接输出口，如图 15.29 所示。

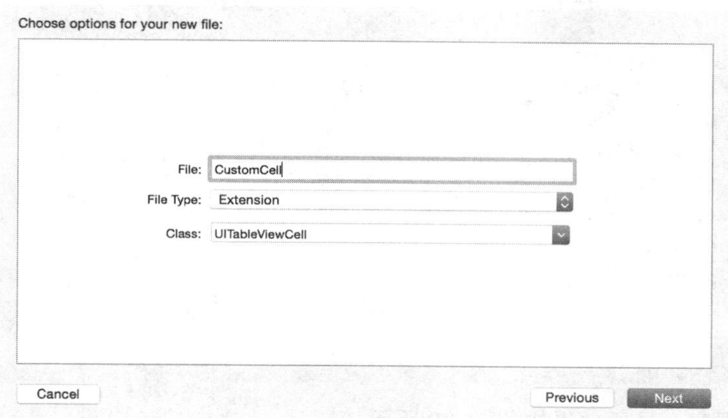

图 15.27　新建自定义类

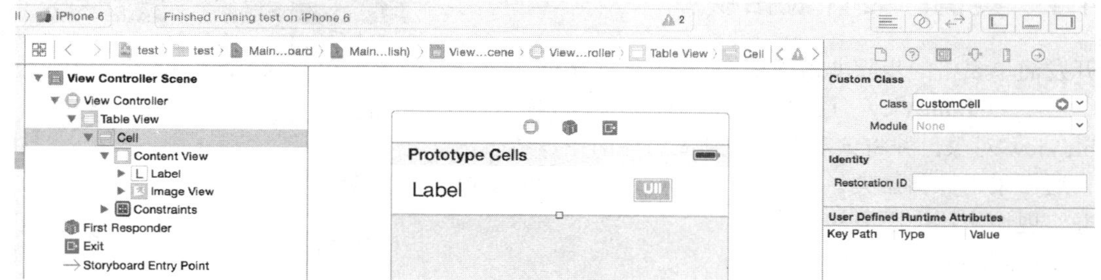

图 15.28　定义 Class

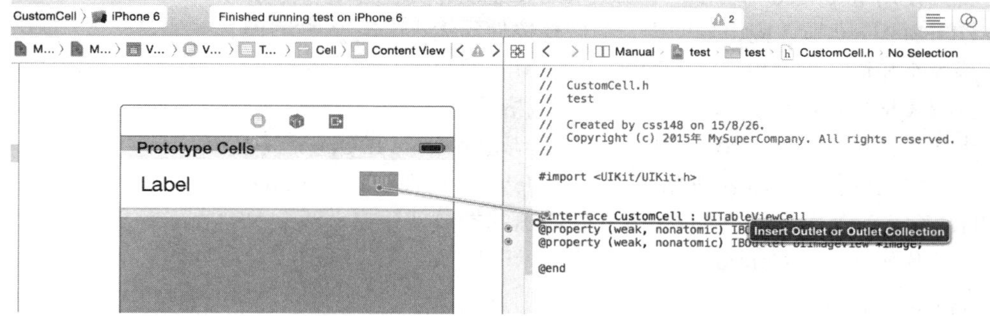

图 15.29　连接输出口

CustomCell.h 的代码如下：

```
#import <UIKit/UIKit.h>
@interface CustomCell: UITableViewCell
@property (weak, nonatomic) IBOutlet UILabel *name;
@property (weak, nonatomic) IBOutlet UIImageView *image;
@end
```

第 6 步，修改视图控制器 ViewController.m 中的 tableView:cellForRowAtIndexPath:方法，相关代码如下：

```
- (UITableViewCell *)tableView:(UITableView *)tableView
cellForRowAtIndexPath:(NSIndexPath *)indexPath
```

```
{
    static NSString *CellIdentifier = @"Cell";
    CustomCell *cell = [tableView dequeueReusableCellWithIdentifier:CellIdentifier];
    NSUInteger row = [indexPath row];
    NSDictionary *rowDict = [self.listTeams objectAtIndex:row];
    cell.name.text = [rowDict objectForKey:@"name"];
    NSString *imagePath = [rowDict objectForKey:@"image"];
    imagePath = [imagePath stringByAppendingString:@".png"];
    cell.image.image = [UIImage imageNamed:imagePath];
    cell.accessoryType = UITableViewCellAccessoryDisclosureIndicator;
    return cell;
}
```

第 7 步，运行程序，显示效果如图 15.30 所示。

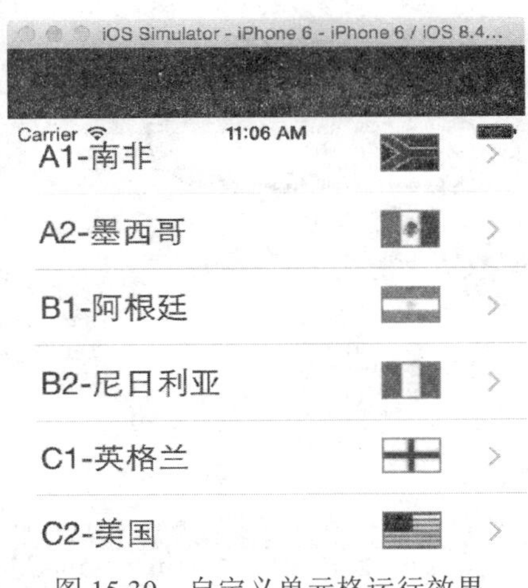

图 15.30　自定义单元格运行效果

15.4.4　案例：设计表格

开发简单表格的步骤非常简单，只要在界面布局文件中添加一个 UITableView 控件，或通过代码创建一个 UITableView 对象，并将该对象添加到应用界面中，然后指定类（通常采用控制器类）实现 UITableViewDataSource 协议，并实现该协议中必需的方法。

【操作步骤】

第 1 步，创建一个 Single View Application。

第 2 步，使用 Interface Builder 打开应用的界面设计文件，并将 UITableView 拖入应用界面中，然后使控件的大小与整个屏幕大小相同。如果想试验不同选项的作用，用户可以不断修改该表格的风格、分隔条颜色、选择风格等属性。

第 3 步，为了访问 UITableView 控件，将其绑定到 table IBOutlet 属性。

第 4 步，本案例使用控制器对象作为 UITableView 控件的 dataSource 对象，因此，该控制器类需要实现 UITableViewDataSource 协议，并在控制器的接口部分定义两个 NSArray 对象。下面是控制器类的接口部分代码（ViewController.h）：

```
#import <UIKit/UIKit.h>
@interface ViewController: UIViewController<UITableViewDataSource>
//绑定到界面上 UITableView 控件的 IBOutlet 属性
@property (strong, nonatomic) IBOutlet UITableView *table;
//作为 UITableView 显示数据的两个 NSArray
@property (strong, nonatomic) NSArray* books;
@property (strong, nonatomic) NSArray* details;
@end
```

第 5 步，修改控制器类的实现部分，主要就是初始化两个 NSArray 对象，并根据这两个对象的数据来实现 UITableViewDataSource 协议中两个必需的方法（ViewController.m）。

```
@implementation ViewController
@synthesize books;
@synthesize details;
```

```
- (void)viewDidLoad
{
 [super viewDidLoad];
 //创建并初始化 NSArray 对象
 books = [NSArray arrayWithObjects:@"Android 基础教程",
       @"iOS 基础教程", @"C 基础教程", @"Java 基础教程", nil];
 //创建并初始化 NSArray 对象
 details = [NSArray arrayWithObjects:
       @"Android 基础教程详细信息",
       @"iOS 基础教程详细信息",
       @"C 基础教程详细信息",
       @"Java 基础教程详细信息", nil];
 //为 UITableView 控件设置 dataSource
 self.table.dataSource = self;
 //为 UITableView 控件设置页眉控件
 self.table.tableHeaderView = [[UIImageView alloc] initWithImage:
       [UIImage imageNamed:@"tableheader.png"]];
 //为 UITableView 控件设置页脚控件
 self.table.tableFooterView = [[UIImageView alloc] initWithImage:
       [UIImage imageNamed:@"tableheader.png"]];
}
//该方法返回值决定各表格行的控件
- (UITableViewCell *)tableView:(UITableView *)tableView
 cellForRowAtIndexPath:(NSIndexPath *)indexPath
{
 //为表格行定义一个静态字符串作为标识符
 static NSString* cellId = @"cellId";  //①
 //从可重用表格行的队列中取出一个表格行
 UITableViewCell* cell = [tableView
       dequeueReusableCellWithIdentifier:cellId];
 //如果取出的表格行为 nil
 if(cell == nil)
 {
       switch(indexPath.row % 4)
       {
             case 0:
                   //创建一个 UITableViewCell 对象，使用 UITableViewCellStyleSubtitle 风格
                   cell = [[UITableViewCell alloc]
                         initWithStyle:UITableViewCellStyleSubtitle
                         reuseIdentifier:cellId];
                   break;
             case 1:
                   //创建一个 UITableViewCell 对象，使用默认风格
                   cell = [[UITableViewCell alloc]
                         initWithStyle:UITableViewCellStyleDefault
                         reuseIdentifier:cellId];
                   break;
             case 2:
                   //创建一个 UITableViewCell 对象，使用 UITableViewCellStyleValue1 风格
                   cell = [[UITableViewCell alloc]
```

Note

```
                initWithStyle:UITableViewCellStyleValue1
                reuseIdentifier:cellId];
            break;
        case 3:
            //创建一个 UITableViewCell 对象，使用 UITableViewCellStyleValue2 风格
            cell = [[UITableViewCell alloc]
                initWithStyle:UITableViewCellStyleValue2
                reuseIdentifier:cellId];
            break;
    }
}
//从 IndexPath 参数中获取当前行的行号
NSUInteger rowNo = indexPath.row;
//取出 books 中索引为 rowNo 的元素作为 UITableViewCell 的文本标题
cell.textLabel.text = [books objectAtIndex:rowNo];
//将单元格的边框设置为圆角
cell.layer.cornerRadius = 12;
cell.layer.masksToBounds = YES;
//为 UITableViewCell 的左端设置图片
cell.imageView.image = [UIImage imageNamed:@"out.png"];
//为 UITableViewCell 的左端设置高亮状态时的图片
cell.imageView.highlightedImage = [UIImage imageNamed:@"on.png"];
//取出 details 中索引为 rowNo 的元素作为 UITableViewCell 的详细内容
cell.detailTextLabel.text = [details objectAtIndex:rowNo];
return cell;
}
//该方法的返回值决定指定分区内包含多少个表格行
- (NSInteger)tableView:(UITableView*)tableView
numberOfRowsInSection:(NSInteger)section
{
//由于该表格只有一个分区，直接返回 books 中集合元素个数代表表格的行数
return books.count;
}
@end
```

在上面的代码中，对 UITableView 进行简单的配置，包括配置 UITableView 的 dataSource 属性，以及页眉控件和页脚控件。

然后该控制器类实现了 UITableViewDataSource 协议中的两个方法，其中，tableView:numberOfRowsInSection:方法的返回值决定该控件的指定分区包含多少个表格行，该方法只是返回 books.count，表明该表格的所有分区（整个表格只有一个分区）都包含 books.count 表格行。

提示： 如果用户没有实现 UIDataSource 协议中的 numberOfSectionsInTableView:方法，那么系统默认为该方法返回 1，即该表格只包含一个分区。

上面程序的关键是 tableView:cellForRowAtIndexPath:方法，该方法返回的 UITableViewCell 将作为指定 IndexPath 对应表格行的 UI 控件，每个表格行都是一个 UITableViewCell。当程序实现 tableView:cellForRowAtIndexPath:方法时，使用了 UITableView 的 dequeueReusableCellWithIdentifier:方法，该方法用于从 UITableView 管理的“可重用表格行队列”中取出一个 UITableViewCell 对象。

接着尝试从 UITableView 的“可重用表格行队列”中取出一个可重用的 UITableViewCell 对象，如果该对象为 nil，程序就创建一个 UITableViewCell 对象，创建时使用不同的风格创建 UITableViewCell。

最后，程序从 books、details 两个 NSArray 对象中取出集合元素，分别为 textLabel 和 detailTextLabel 的 text 属性赋值，这样即可让该表格显示 books、details 两个 NSArray 中的数据。

第 6 步，运行程序，显示效果如图 15.31 所示。

图 15.31　设计的表格效果

从图 15.31 可以看出，该表格中 4 个表格行的风格并不相同，这就是因为前面创建 UITableViewCell 时使用了不同的风格。说明如下。

- ☑ UITableViewCellStyleSubtitle：detailTextLabel 字体略小，显示在 textLabel 的下方。
- ☑ UITableViewCellStyleDefault：不显示 detailTextLabel，只显示 textLabel。
- ☑ UITableVewCellStyleValue1：detailTextLabel 以淡蓝色显示，显示在表格的右边。
- ☑ UITableViewCellStyleValue2：textLabel 以淡蓝色、略小字体显示；detailTextLabel 以大字体显示在表格的右边，不显示 image 控件。

获取 UITableView 控件之后，可通过如下方法访问表格控件的表格行和分区。

- ☑ - cellForRowAtIndexPath:：返回该表格中指定 NSIndexPath 对应的表格行。
- ☑ - indexPathForCell:：获取该表格中指定表格行对应的 NSIndexPath。
- ☑ - indexPathForRowAtPoint:：返回该表格中指定点所在的 NSIndexPath。
- ☑ - indexPathsForRowsInRect:：返回该表格中指定区域内所有 NSIndexPath 组成的数组。
- ☑ - visibleCells：返回该表格中所有可见区域内的表格行组成的数组。
- ☑ - indexPathsForVisibleRows：返回该表格中所有可见区域内的表格行对应的 NSIndexPath 组成的数组。

也可以通过如下方法获取表格的滚动。

- ☑ - scrollToRowAtIndexPath:atScrollPosition:animated:：控制该表格滚动到指定 NSIndexPath 对应的表格行的顶端、中间或下方。
- ☑ - scrollToNearestSelectedRowAtScrollPosition:animated:：控制该表格滚动到选中表格行的顶端、中间或下方。

15.4.5　案例：编辑单元格

UITableView 提供了如下属性来配置表格的选中状态。

- ☑ allowsSelection：控制该表格是否允许被选中。
- ☑ allowsMultipleSelection：控制该表格是否允许多选。
- ☑ allowsSelectionDuringEditing：控制该表格处于编辑状态时是否允许被选中。
- ☑ allowsMultipleSelectionDuringEditing：控制该表格处于编辑状态时是否允许多选。

也可通过 UITableView 提供的如下方法来操作表格中被选中的行。

- ☑ - indexPathForSelectedRow：获取选中表格行对应的 NSIndexPath。
- ☑ - indexPathsForSelectedRows：获取所有被选中的表格行对应的 NSIndexPath 组成的数组。

☑ - selectRowAtIndexPath:animated:scrollPosition:：控制该表格选中指定 NSIndexPath 对应的表格行，最后一个参数控制是否滚动到被选中行的顶端、中间和底部。

☑ - deselectRowAtIndexPath:animated:：控制取消选中该表格中指定 NSIndexPath 对应的表格行。

如果程序需要响应表格行的选中事件，就需要借助 UITableView 的委托对象，委托对象必须实现 UITableViewDelegate，当 UITableView 的表格行发生选中相关事件时，都会激发该委托对象的响应方法。UITableViewDelegate 中定义了如下方法。

☑ - tableView:willSelectRowAtIndexPath:：当用户将要选中表格中的某行时激活该方法。

☑ - tableView:didSelectRowAtIndexPath:：当用户完成选中表格中的某行时激活该方法。

☑ - tableView:willDeselectRowAtIndexPath:：当用户将要取消选中表格中的某行时激活该方法。

☑ - tableView:didDeselectRowAtIndexPath:：当用户选中表格中的某行时激活该方法。

下面通过选中某个表格行进入编辑状态，用户可以在编辑界面对指定表格行数据进行编辑，编辑完成后即可再次返回表格界面。

【操作步骤】

第 1 步，创建一个 Single View Application 应用，保存项目为 test。

第 2 步，打开 Main.storyboard 文件，从对象库中将 UITableView 拖入应用界面中，然后使该控件与整个屏幕大小相同。

第 3 步，为了访问 UITableView 控件，将其绑定到 table IBOutlet 属性。

第 4 步，为了便于显示修改的数据，此处为应用程序委托类定义两个 NSMutableArray 对象，这两个 NSMutableArray 相当于模拟了内存中的数据库。下面是应用程序委托类的接口部分代码（AppDelegate.h）：

```
#import <UIKit/UIKit.h>
@interface AppDelegate: UIResponder <UIApplicationDelegate>
@property (strong, nonatomic) UIWindow *window;
//作为 UITableView 显示数据的两个 NSArray
@property (strong, nonatomic) NSMutableArray* books;
@property (strong, nonatomic) NSMutableArray* details;
@end
```

第 5 步，该应用程序委托类的实现部分代码如下（AppDelegate.m）：

```
@implementation AppDelegate
- (BOOL)application:(UIApplication *)application
 didFinishLaunchingWithOptions:(NSDictionary *)launchOptions
 {
 //创建并初始化 NSMutableArray 对象
      self.books = [NSMutableArray arrayWithObjects:@"Android 基础教程",
                          @"iOS 基础教程", @"C 基础教程", @"Java 基础教程", nil];
 //创建并初始化 NSMutableArray 对象
 self.details = [NSMutableArray arrayWithObjects:
                          @"Android 基础教程详细信息",
                          @"iOS 基础教程详细信息",
                          @"C 基础教程详细信息",
                          @"Java 基础教程详细信息", nil];
 return YES;
 }
@end
```

第 6 步，使用控制器对象作为 UITableView 控件的 dataSource 和 delegate 对象，因此该控制器类需要实现 UITableViewDataSource.UITableViewDelegate 协议，下面是控制器类的接口部分代码（ViewController. h）：

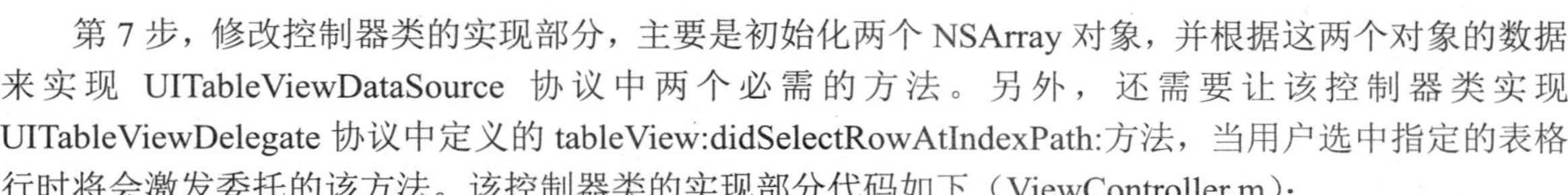

```
#import <UIKit/UIKit.h>
@interface ViewController: UIViewController<UITableViewDataSource, UITableViewDelegate>
//绑定到界面上 UITableView 控件的 IBOutlet 属性
@property (strong, nonatomic) IBOutlet UITableView *table;
@end
```

第 7 步，修改控制器类的实现部分，主要是初始化两个 NSArray 对象，并根据这两个对象的数据来实现 UITableViewDataSource 协议中两个必需的方法。另外，还需要让该控制器类实现 UITableViewDelegate 协议中定义的 tableView:didSelectRowAtIndexPath:方法，当用户选中指定的表格行时将会激发委托的该方法。该控制器类的实现部分代码如下（ViewController.m）：

```
@implementation ViewController
//定义应用程序委托对象
AppDelegate* appDelegate;
- (void)viewDidLoad
{
 [super viewDidLoad];
 //为 UITableView 控件设置 dataSource 和 delegate
 self.table.dataSource = self;
 self.table.delegate = self;
 appDelegate = [UIApplication sharedApplication].delegate;
}
- (void)viewWillAppear:(BOOL)animated
{
 [super viewWillAppear:animated];
 [self.table reloadData];
}
//该方法返回值决定各表格行的控件
- (UITableViewCell *)tableView:(UITableView *)tableView
 cellForRowAtIndexPath:(NSIndexPath *)indexPath
{
 //为表格行定义一个静态字符串作为标识符
 static NSString* cellId = @"cellId";
 //从可重用表格行的队列中取出一个表格行
 UITableViewCell* cell = [tableView dequeueReusableCellWithIdentifier:cellId];
 //如果取出的表格行为 nil
 if(cell == nil)
 {
       //创建一个 UITableViewCell 对象，使用默认风格
       cell = [[UITableViewCell alloc]
              initWithStyle:UITableViewCellStyleSubtitle
              reuseIdentifier:cellId];
 }
 //从 IndexPath 参数中获取当前行的行号
 NSUInteger rowNo = indexPath.row;
 //取出 books 中索引为 rowNo 的元素作为 UITableViewCell 的文本标题
```

Note

```
    cell.textLabel.text = [appDelegate.books objectAtIndex:rowNo];
    //将单元格的边框设置为圆角
    cell.layer.cornerRadius = 12;
    cell.layer.masksToBounds = YES;
    //为 UITableViewCell 的左端设置图片
    cell.imageView.image = [UIImage imageNamed:@"out.png"];
    //为 UITableViewCell 的左端设置高亮状态时的图片
    cell.imageView.highlightedImage = [UIImage imageNamed: @"on.png"];
    //取出 details 中索引为 rowNo 的元素作为 UITableViewCell 的详细内容
    cell.detailTextLabel.text = [appDelegate.details objectAtIndex:rowNo];
    return cell;
}
//该方法的返回值决定指定分区内包含多少个表格行
- (NSInteger)tableView:(UITableView*)tableView
 numberOfRowsInSection:(NSInteger)section
{
    //由于该表格只有一个分区，直接返回 books 中集合元素个数代表表格的行数
    return appDelegate.books.count;
}
- (void)tableView:(UITableView *)tableView didSelectRowAtIndexPath:
 (NSIndexPath *)indexPath
{
    //获取该应用的应用程序委托对象
    AppDelegate* appDelegate = [UIApplication sharedApplication].delegate;
    //获取 Storyboard 文件中 ID 为 detail 的视图控制器
    DetailViewController* detailController = [self.storyboard
        instantiateViewControllerWithIdentifier:@"detail"];
    //保存用户正在编辑的表格行对应的 NSIndexPath
    detailController.editingIndexPath = indexPath;
    //让应用程序的窗口显示 detailViewController
    appDelegate.window.rootViewController = detailController;
}
@end
```

当用户选中某个表格行时，将会激发上面代码中的方法，使用 editingIndexPath 保存用户正在编辑的表格行信息，然后控制窗口显示 detailViewController，实现界面切换。

第 8 步，当用户单击指定的表格行时，应用窗口会装载、显示 Storyboard 文件中 ID 为 detail 的控制器，因此需要在 Storyboard 中添加一个场景，从 Xcode 右下角的库面板中将一个 UIViewController 拖入 Main.storyboard 文件中，此时 Main.storyboard 将包含两个视图控制器。

第 9 步，将两个 UILabel、两个 UITextField 以及一个包含工具按钮的工具条拖入第二个视图控制器中，如图 15.32 所示。

第 10 步，在选中该视图控制器的前提下，按 Command+Option+3 组合键打开身份检查器面板，在该面板的 Storyboard ID 文本框中输入 detail，如图 15.33 所示。该字符串将作为该视图控制器的 ID。从前面的程序中已经看到，UIStoryboard 对象可根据该 ID 字符串来加载该视图控制器。

第 11 步，建立控制器类用于编辑表格行数据，可以选择 Xcode 的 File→New→File 命令新建文件，然后新建 Objective-C class，单击 Next 按钮，设置类继承 UIViewController，创建一个控制器，如图 15.34 所示。

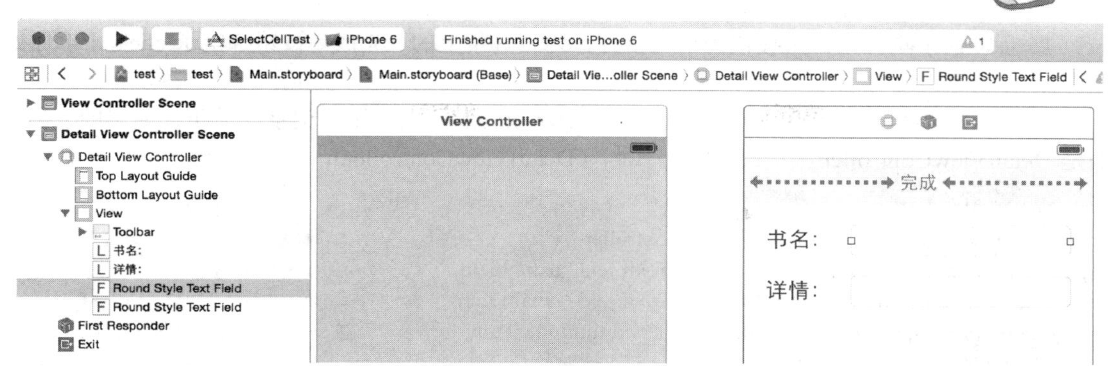

图 15.32　设计界面表单

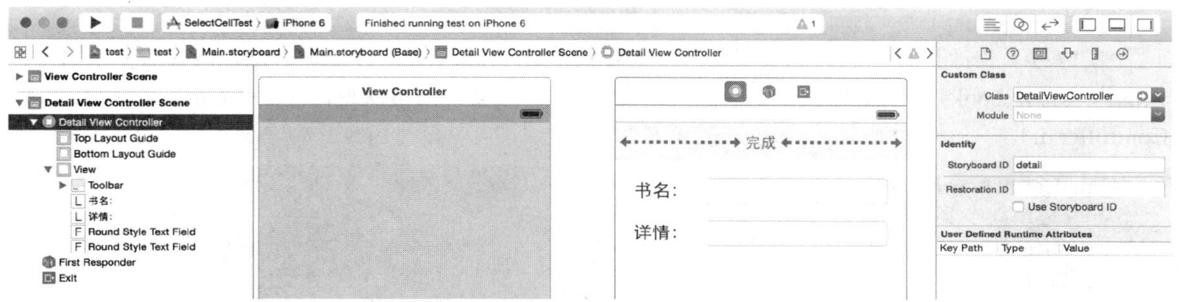

图 15.33　定义视图控制器的 ID

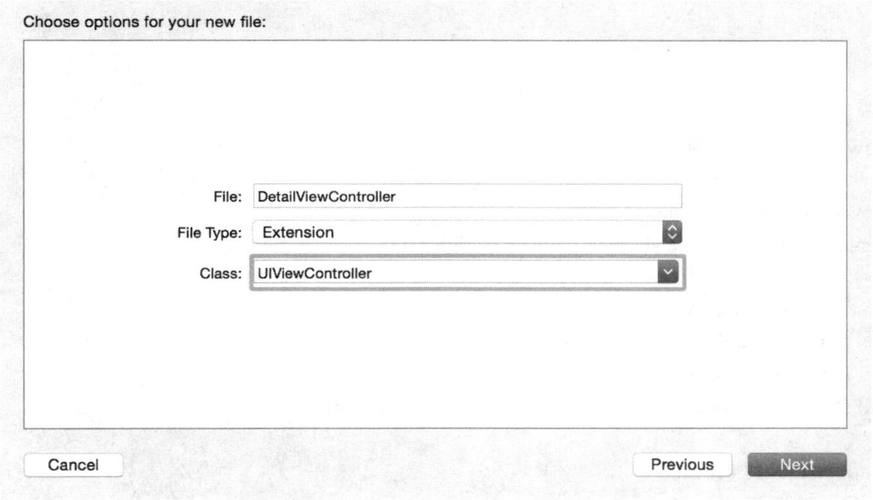

Choose options for your new file:

File: DetailViewController

File Type: Extension

Class: UIViewController

Cancel　　Previous　　Next

图 15.34　创建控制器

第 12 步，单击 Next 按钮，Xcode 显示选择保存路径的对话框，为 DetailViewController 类选择保存路径，单击 Create 按钮即可完成创建。

第 13 步，为了访问该界面中的两个文本框，将图 15.34 所示界面中的两个文本框分别绑定到 DetailViewController 控制器类的 nameField 和 detailField 两个 IBOutlet 属性。

第 14 步，为了让两个文本框编辑完成时可关闭键盘，还需要为两个文本框的 Did End On Exit 事件绑定 IBAction 事件处理方法。

第 15 步，为了响应工具条按钮的单击事件，为工具条上的“完成”按钮绑定了 clicked:事件处理方法。

第 16 步，在该视图控制器中定义一个 editingIndexPath 属性，用于记录当前正在编辑的表格行。下面是 DetailViewController 类的接口部分代码（DetailViewController.h）：

```
#import <UIKit/UIKit.h>
@interface DetailViewController: UIViewController
@property (strong, nonatomic) IBOutlet UITextField *nameField;
@property (strong, nonatomic) IBOutlet UITextField *detailField;
@property (strong, nonatomic) NSIndexPath*  editingIndexPath;
- (IBAction)clicked:(id)sender;
- (IBAction)finished:(id)sender;
@end
```

第 17 步，修改该控制器类的实现部分，主要就是实现 clicked:事件处理方法，该方法使用用户输入的内容替换 books 和 details 集合中指定索引处的元素，接着界面再次返回 ViewController（Detailview Controller.m）。

```
@implementation DetailViewController
//定义应用程序委托对象
AppDelegate* appDelegate;
//定义正在编辑的表格行的行号
NSUInteger rowNo;
- (void)viewDidLoad
{
 [super viewDidLoad];
}
//当该视图将要显示出来时调用该方法
- (void)viewWillAppear:(BOOL)animated
{
 [super viewWillAppear:animated];
 appDelegate = [UIApplication sharedApplication].delegate;
 //获取正在编辑的表格行的行号
 rowNo = self.editingIndexPath.row;
 //对 nameField 和 detailField 的 text 赋值
 self.nameField.text = [appDelegate.books objectAtIndex:rowNo];
 self.detailField.text = [appDelegate.details objectAtIndex:rowNo];
}
- (IBAction)clicked:(id)sender
{
 //替换 appDelegate 的 books 集合中指定索引处的元素
 [appDelegate.books replaceObjectAtIndex:rowNo withObject:self.nameField.text];
 //替换 appDelegate 的 details 集合中指定索引处的元素
 [appDelegate.details replaceObjectAtIndex:rowNo withObject:self.detailField.text];
 //获取 Storyboard 文件中 ID 为 list 的视图控制器
 ViewController* listController = [self.storyboard
        instantiateViewControllerWithIdentifier:@"list"];
 //控制程序窗口显示 listController 控制器
 appDelegate.window.rootViewController = listController;
```

```
}
- (IBAction)finished:(id)sender
{
 //让 sender 放弃作为第一个响应者
 [sender resignFirstResponder];
}
@end
```

在上面的代码中，先获取用户选中的表格行的数据，并将这些数据显示在该界面的 nameField 和 detailField 中，然后使用用户输入的文本替换 books 和 details 集合指定索引处的元素，并控制程序窗口显示 listController，即再次返回表格视图。上面的程序指定返回 Storyboard 文件中 ID 为 list 的视图控制器，因此，还需要在 Interface Builder 中将 FKViewController 对应的视图控制器的 ID 设为 list。

第 18 步，运行程序，单击表格中指定的表格行，显示如图 15.35 所示的界面。在界面中对表格行数据进行编辑，编辑完成后单击“完成”按钮，程序就会用用户输入的内容替换 books 和 details 集合指定索引处的元素，可看到修改后的表格数据。

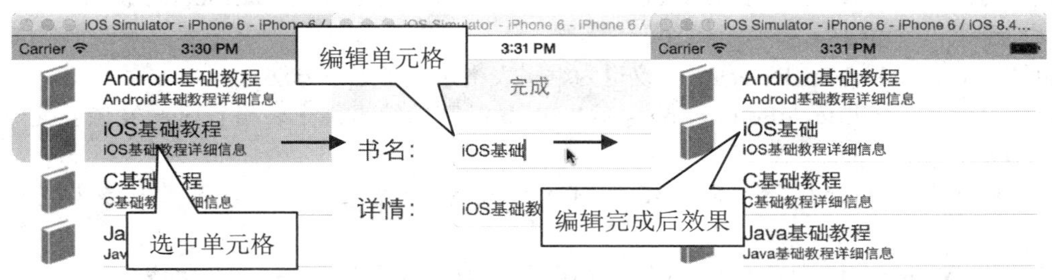

图 15.35　选中单元格演示效果

15.4.6　案例：编辑表格

UITableView 生成的表格控件功能非常灵活，不仅可作为数据显示控件，还支持对表格行执行移动、删除和插入等操作。

UITableView 提供了 editing 属性来判断该表格控件是否处于编辑状态，如果该表格处于编辑状态，该属性返回 YES，否则返回 NO。为了切换表格控件的编辑状态，UITableView 提供了 setEditing:animated:方法，如果传入的第一个参数为 YES，就是将该表格切换到编辑状态。

除此之外，UITableView 提供了如下方法插入、删除和移动表格行。

☑ - beginUpdates：对表格控件执行多个连续的插入、删除和移动操作前，先调用该方法开始更新。

☑ - endUpdates：当对表格控件执行多个连续的插入、删除和移动操作之后，调用该方法结束并提交更新。

☑ - insertRowsAtIndexPaths:withRowAnimation:：在一个或者多个 NSIndexPath 处插入表格行。

☑ - deleteRowsAtIndexPaths:withRowAnimation:：删除一个或者多个 NSIndexPath 处的表格行。

☑ - moveRowAtIndexPath:toIndexPath:：将指定 NSIndexPath 处的表格行移动到另一个 NSIndexPath 处。

☑ - insertSections:withRowAnimation:：在指定 NSIndexSet 所包含的一个或多个分区号对应的位置插入分区。

☑ - deleteSections: withRowAnimation:：删除指定 NSIndexSet 所包含的一个或多个分区号对应的分区。

☑ - moveSection:toSection:：将指定分区移动到另一个位置。

Note

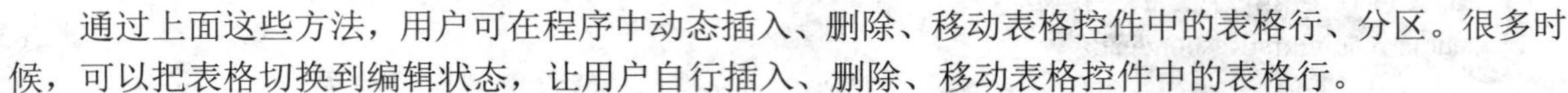

通过上面这些方法，用户可在程序中动态插入、删除、移动表格控件中的表格行、分区。很多时候，可以把表格切换到编辑状态，让用户自行插入、删除、移动表格控件中的表格行。

为了动态编辑表格，必须实现 UITableView 对应的 dataSource 对象中的如下方法。这些方法都是由 UITableViewDataSource 协议定义。

☑ - tableView:canEditRowAtIndexPath:：该方法的返回值决定指定 NSIndexPath 对应的表格行是否可编辑。

☑ - tableView:commitEditingStyle: forRowAtIndexPath:：当用户对指定表格行编辑（包括删除或插入）完成时激活该方法。

☑ - tableView:canMoveRowAtIndexPath:：该方法的返回值决定指定 NSIndexPath 对应的表格行是否可移动。

☑ - tableView:moveRowAtIndexPath:toIndexPath:：该方法告诉该 DataSource 将指定的表格行移动到另一个位置。

除此之外，UITableViewDelegate 协议也为编辑表格定义了如下方法。

☑ - tableView:willBeginEditingRowAtIndexPath:：开始编辑某个表格行时激发该委托对象的该方法。

☑ - tableView:didEndEditingRowAtIndexPath:：当编辑完某个表格行时激发该委托对象的该方法。

☑ - tableView:editingStyleForRowAtIndexPath:：该方法的返回值决定了该表格行的编辑状态。该方法可能返回 UITableViewCellEditingStyleNone、UITableViewCellEditingStyleDelete、UITableViewCellEditingStyleInsert 这 3 个枚举值之一，其中后面两个分别代表删除和插入两种编辑状态。

☑ tableView:titleForDeleteConfirmationButtonForRowAtIndexPath:：该方法返回的 NSString 将会作为删除指定表格时确定按钮的文本。

☑ - tableView:shouldIndentWhileEditingRowAtIndexPath:：该方法返回的 BOOL 值决定指定表格行处于编辑状态时，该表格行是否应该缩进。如果开发者没有重写该方法，默认所有的表格行处于编辑状态时都会缩进。

用户可根据需要重写 UITableViewDelegate 协议中的一个或多个方法。下面通过一个示例介绍如何插入、删除和移动表格行。

【操作步骤】

第 1 步，创建一个 Single View Application 应用，保存项目为 test。

第 2 步，打开 Main.storyboard 文件，在界面顶端放置一个工具条，并在工具条上添加两个按钮。再将 UITableView 拖入应用界面中，并将 UITableView 控件顶端与工具条底部对齐，其宽度与整个屏幕大小相同，效果如图 15.36 所示。

第 3 步，为了访问 UITableView 控件，将其绑定到 tableIBOutlet 属性，并将工具条上的两个按钮分别绑定到 addBn.deleteBn 两个 IBOutlet 属性，然后为 addBn、deleteBn 两个按钮绑定 toggleEdit:事件处理方法。

第 4 步，使用控制器对象作为 UITableView 控件的 dataSource 类 delegate 对象，因此该控制器需要实现 UITableViewDataSource 和 UITableViewDelegate 协议。

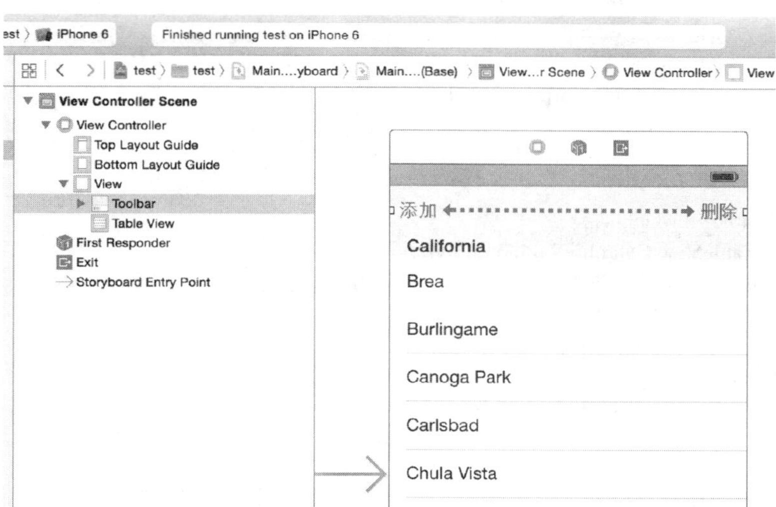

图 15.36 设计界面效果

第 5 步，修改该控制器类的实现部分，该部分代码定义更多的方法，这些方法用于控制表格行的移动、插入和删除。下面是该控制器类的实现部分代码（VewController.m）：

```
@implementation ViewController
NSMutableArray* list;
//记录当前正在执行的操作，0 代表删除，1 代表插入
NSUInteger action;
- (void)viewDidLoad
{
    [super viewDidLoad];
 //初始化 NSMutableArray 集合
 list = [[NSMutableArray alloc] initWithObjects:@"C",
             @"C#",
             @"C+",
             @"Java",
             @"iOS",
             @"Android", nil];
 action = 0;
 self.table.delegate = self;
 self.table.dataSource = self;
}
//该方法返回该表格的各部分包含多少行
- (NSInteger) tableView:(UITableView *)tableView numberOfRowsInSection:
 (NSInteger)section
{
 return [list count];
}
//该方法的返回值将作为指定表格行的 UI 控件
- (UITableViewCell*) tableView:(UITableView *)tableView
 cellForRowAtIndexPath:(NSIndexPath *)indexPath
{
 static NSString *myId = @"moveCell";
```

```
    //获取可重用的单元格
    UITableViewCell *cell = [tableView
        dequeueReusableCellWithIdentifier:myId];
    //如果单元格为 nil
    if(cell == nil)
    {
        //创建 UITableViewCell 对象
        cell = [[UITableViewCell alloc] initWithStyle:
            UITableViewCellStyleDefault reuseIdentifier:myId];
    }
    NSInteger rowNo = [indexPath row];
    //设置 textLabel 显示的文本
    cell.textLabel.text = [list objectAtIndex:rowNo];
    return cell;
}
// UITableViewDelegate 协议中定义的方法。该方法的返回值决定单元格的编辑状态
- (UITableViewCellEditingStyle) tableView:(UITableView *)tableView
 editingStyleForRowAtIndexPath:(NSIndexPath *)indexPath
{
 //如果 action 的值为 0，代表将要删除
 return action == 0 ? UITableViewCellEditingStyleDelete:
        UITableViewCellEditingStyleInsert;
}
//UITableViewDelegate 协议中定义的方法
//该方法的返回值作为删除指定表格行时确定按钮的文本
- (NSString *)tableView:(UITableView *)tableView titleForDeleteConfirmationButtonForRowAtIndexPath:
 (NSIndexPath *)indexPath
{
 return @"确认删除";
}
//UITableViewDataSource 协议中定义的方法。该方法的返回值决定某行是否可编辑
- (BOOL) tableView:(UITableView *)tableView canEditRowAtIndexPath:
 (NSIndexPath *)indexPath
{
 //如果该表格行的数据为 C，返回 NO，代表这行数据不能编辑
 if ([[list objectAtIndex:[indexPath row]] isEqualToString:@"C"])
 {
        return NO;
 }
 //除了第二个表格行的数据不能编辑
 if (indexPath.row == 1) {
        return NO;
 }
 return YES;
}
//UITableViewDataSource 协议中定义的方法。移动完成时激活该方法
- (void) tableView:(UITableView *)tableView moveRowAtIndexPath:
 (NSIndexPath *)sourceIndexPath toIndexPath:(NSIndexPath *)
 destinationIndexPath
{
```

```
    NSInteger sourceRowNo = [sourceIndexPath row];
    NSInteger destRowNo = [destinationIndexPath row];
    //获取将要移动的数据
    id targetObj = [list objectAtIndex:sourceRowNo];
    //从底层数组中删除指定数据项
    [list removeObjectAtIndex: sourceRowNo];
    //将移动的数据项插入到指定位置
    [list insertObject:targetObj atIndex:destRowNo];
}
//UITableViewDataSource 协议中定义的方法
//编辑（包括删除或插入）完成时激发该方法
- (void) tableView:(UITableView *)tableView commitEditingStyle:
 (UITableViewCellEditingStyle)editingStyle
        forRowAtIndexPath:(NSIndexPath *)indexPath
{
    //如果正在提交删除操作
    if (editingStyle == UITableViewCellEditingStyleDelete) {
        NSInteger rowNo = [indexPath row];
        //从底层 NSArray 集合中删除指定数据项
        [list removeObjectAtIndex: rowNo];
        //从 UITable 程序界面上删除指定表格行
        [tableView deleteRowsAtIndexPaths:[NSArray
            arrayWithObject:indexPath]
            withRowAnimation:UITableViewRowAnimationAutomatic];
    }
    //如果正在提交插入操作
    if(editingStyle == UITableViewCellEditingStyleInsert)
    {
        //将当前行的数据插入到底层 NSArray 集合中
        [list insertObject:[list objectAtIndex:indexPath.row]
            atIndex:indexPath.row + 1];
        //为 UITableView 控件的界面上插入一行数据
        [tableView insertRowsAtIndexPaths:[NSArray
            arrayWithObject:indexPath]
            withRowAnimation:UITableViewRowAnimationFade];
    }
}
- (IBAction) toggleEdit:(id)sender
{
    //如果用户单击了“删除”按钮，action 设为 0（代表删除），否则 action 设为 1（代表添加）
    if([[sender title] isEqualToString:@"删除"])
    {
        action = 0;
    }
    else
    {
        action = 1;
    }
    //使用动画切换表格的编辑状态
    [self.table setEditing: !self.table.editing animated:YES];
```

Note

```
    //如果当前处于编辑状态
    if (self.table.editing)
    {
        //修改工具条上两个按钮的文本
        self.addBn.title = @"完成";
        self.deleteBn.title = @"完成";
    }
    //如果当前没有处于编辑状态
    else
    {
        //修改工具条上两个按钮的文本
        self.addBn.title = @"添加";
        self.deleteBn.title = @"删除";
    }
}
@end
```

第 6 步，运行该程序，效果如图 15.37 所示。如果用户单击工具条上的“删除”按钮，UITableView 进入删除风格的编辑状态，此时该表格的所有行都可以移动，也可以删除，此时按住表格行右边的移动按钮，拖动表格行即可移动该行。

图 15.37　编辑表格演示效果

如果单击表格行左边的删除图标，将会显示确认删除的界面。单击界面中的“确认删除”按钮，程序就会删除指定的表格行。删除完成后，单击工具条上方的“完成”按钮，该表格控件再次返回“非编辑”状态，接下来单击“添加”按钮，UITableView 进入“添加风格”的编辑状态，此时该表格的所有行都可以移动，也可以插入新的表格行。单击表格行左边的“插入”按钮，即可看到表格中新增一行，新增行的数据与被点击行的数据完全相同。

15.4.7　案例：表格分区

UITableViewDataSource 协议为建立多分区表格和分区索引定义了如下方法。

☑　- numberOfSectionsInTableView:：该方法的返回值决定该表格包含多少个分区。

☑　- sectionIndexTitlesForTableView:：该方法的返回值用于在表格右边建立一列浮动的索引。

☑　- tableView:titleForHeaderInSection:：该方法的返回值决定指定分区的页眉。

☑　- tableView:titleForFooterInSection:：该方法的返回值决定指定分区的页脚。

下面通过案例来介绍多分区表格的功能和用法。

【操作步骤】

第 1 步，创建一个 Single View Application 应用，保存项目为 test。

第 2 步，使用 Interface Builder 打开应用的界面设计文件，并将 UITableView 拖入应用界面中，设计该控件与整个屏幕大小相同。

第 3 步，为了访问 UITableView 控件，将其绑定到 table IBOutlet 属性。

第 4 步，此处使用控制器对象作为 UITableView 控件的 dataSource 和 delegate 对象，因此，该控制器类需要实现 UITableViewDataSource 和 UITableViewDelegate 协议。

ViewController.m 修改该控制器类的实现部分，为了实现分区表效果，控制器类的实现部分关键就是 UITableViewDataSource 中的上面 4 个方法。下面是控制器类的实现部分代码（ViewController.m）：

```
@implementation ViewController
NSDictionary* tableData;
NSArray* stories;
- (void)viewDidLoad
{
    [super viewDidLoad];
 tableData = [NSDictionary dictionaryWithObjectsAndKeys:
        [NSArray arrayWithObjects:@"a1", @"a2", @"a3", @"a4", @"a5", @"a6", nil], @"A 组",
        [NSArray arrayWithObjects:@"b1", @"b2", @"b3", @"b4", @"b5", @"b6", nil], @"B 组",
        [NSArray arrayWithObjects:@"c1", @"c2", @"c3", @"c4", @"c5", @"c6", nil], @"C 组",
        [NSArray arrayWithObjects:@"d1", @"d2", @"d3", @"d4", @"d5", @"d6", nil], @"D 组", nil];
 //获取 tableData 的所有 key 排序后组成的数组
        stories = [[tableData allKeys]
        sortedArrayUsingSelector:@selector(compare:)];
        self.table.dataSource = self;
        self.table.delegate = self;
}
//UITableViewDataSource 协议中的方法，该方法的返回值决定表格包含多少个分区
- (NSInteger) numberOfSectionsInTableView:(UITableView *)tableView
{
 //stories 集合包含多少个元素，就包含多少个分区
 return stories.count;
```

Note

```
}
//UITableViewDataSource 协议中的方法，该方法的返回值决定指定分区包含多少个元素
- (NSInteger)tableView:(UITableView *)tableView
        numberOfRowsInSection:(NSInteger)section
{
 //获取指定分区对应 stories 集合中的元素
 NSString* story = [stories objectAtIndex:section];
 //该 stories 集合元素包含多少个人物，该分区就包含多少表格行
 return [[tableData objectForKey:story] count];
}
- (UITableViewCell *)tableView:(UITableView *)tableView
 cellForRowAtIndexPath:(NSIndexPath *)indexPath
{
 //获取分区号
 NSUInteger sectionNo = indexPath.section;
 //获取表格行的行号
 NSUInteger rowNo = indexPath.row;
 NSString* story = [stories objectAtIndex:sectionNo];
 static NSString* cellId = @"cellId";
 UITableViewCell* cell = [tableView dequeueReusableCellWithIdentifier:cellId];
 if(cell == nil)
 {
        cell = [[UITableViewCell alloc] initWithStyle:
                UITableViewCellStyleDefault reuseIdentifier:cellId];
 }
 //将单元格的边框设置为圆角
 cell.layer.cornerRadius = 12;
 cell.layer.masksToBounds = YES;
 //为表格行的 textLabel 设置文本
 cell.textLabel.text = [[tableData objectForKey:story] objectAtIndex:rowNo];
 return cell;
}
//UITableViewDataSource 协议中的方法，该方法的返回值用于在表格右边建立一列浮动的索引
- (NSArray *)sectionIndexTitlesForTableView:(UITableView *)tableView
{
 return stories;
}
//UITableViewDataSource 协议中的方法，该方法的返回值决定指定分区的页眉
- (NSString*)tableView:(UITableView *)tableView titleForHeaderInSection:(NSInteger)section
{
 return [stories objectAtIndex:section];
}
//UITableViewDataSource 协议中的方法，该方法的返回值决定指定分区的页脚
- (NSString*) tableView:(UITableView *)tableView titleForFooterInSection:(NSInteger)section
{
 NSString* story = [stories objectAtIndex:section];
 return [NSString stringWithFormat:@"一共有%lu 个元素",
        (unsigned long)[[tableData objectForKey:story] count]];
}
@end
```

第 5 步，运行该程序，演示效果如图 15.38 中左图所示。如果在 Interface Builder 的界面设计区选中 UITableView 控件，将 Style 属性改为 Grouped，则界面效果如图 15.38 中右图所示。

Plain 风格　　　　Grouped 风格

图 15.38　表格分区演示效果

> **提示：** 对 iOS 表格控件而言，如果采用分组风格的表格控件，一般不需要显示右边浮动的分组索引列。如果取消分组风格表格控件右边浮动的分组索引列，只要注释表格控件的 dataSource 对象的-sectionIndexTitlesForTableView:方法即可。

15.5　标　签　页

当应用程序需要分成几个相对独立的部分时，可以考虑使用 UITabBarController 组合多个视图控制器，而 UITabBarController 将会在底部提供一个 UITabBar，随着用户单击不同的标签项，整个应用可以呈现完全不同的部分。

15.5.1　使用 UITabBar

使用 UITabBarController 管理多个控制器比较方便，且 UITabBarController 默认自带 UITabBar 作为标签条，因此使用起来非常方便。

UITabBar 也可以单独使用，单独使用 UITabBar 就像使用普通 UI 控件一样，既可在 InterfaceBuilder 中将 UITabBar 拖入界面设计文件中，也可以通过代码创建 UITabBar 对象。

如果在 Interface Builder 中选中 UITabBar:控件，也只能设置如下两个属性。

Note

- ☑ Tint：对应 UITabBar 的 tintColor 属性，用于设置 UITabBar 控件的背景颜色。
- ☑ Image Tint：对应 UITabBar 的 selectedImageTintColor 属性，用于设置 UITabBar 控件选中项上图标的高亮颜色。

UITabBar 代表一个标签条，是 UITabBarItem 的容器，可用于组合多个 UITabBarItem 对象，每个 UITabBarItem 对象代表一个标签项。UITarBar:提供了如下属性和方法来访问其所包含的标签项。

- ☑ items：返回或设置该 UITabBar 所包含的多个 UITabBarItem 对象。
- ☑ selectedItem：返回该 UITabBar 当前被选中的标签项。
- ☑ setItems:animated:：设置该 UITabBar 所包含的多个 UITabBarItem 对象。

UITabBarItem 代表一个标签项，通常由一个图标和一个标签标题组成，因此程序可通过如下方法创建 UITabBarItem。

- ☑ - initWithTabBarSystemItem:tag:：使用指定的系统图标和指定标签创建 UITabBarItem。
- ☑ - initWithTitle:image:tag:：使用自定义标题、自定义图标和指定标签创建 UITabBarItem。除此之外，UITabBarItem 还可通过 badgeValue 属性设置一个徽标，该徽标将会以红色圆圈形式显示在标签项的右上角。

如果要监听用户单击了哪个标签项，要为 UITabBar 设置一个 delegate 属性，该属性值必须是一个实现 UITabBarDelegate 协议的对象。当用户选中某个标签项时，将会激发 UITabBarDelegate 协议中的 tabBar:didSelectItem:required method 方法。

使用 UITabBar 的方法为，首先创建一个 UITabBar 对象；创建多个 UITabBarItem 对象，并将这些 UITabBarItem 设置给 UITabBar 对象；最后为 UITabBar 对象设置一个 UITabBarDelegate 对象，用于监测用户的选中事件。

【操作步骤】

第 1 步，创建一个 Single View Application 应用，保存项目为 test。该应用默认包含一个应用程序委托类和一个 ViewController 控制器类，此处直接使用代码来创建界面，因此无须修改界面设计文件。

第 2 步，为了让 ViewController 充当 UITabBar 的 delegate 对象，让该类实现 UITabBarDelegate 协议，修改该控制器类的实现部分代码，并在该实现部分创建 UITabBar，然后使用 UITabBar 来组合多个 UITabBarItem。下面是该控制器类的实现部分代码（ViewController.m）：

```
@implementation ViewController
- (void)viewDidLoad
{
 [super viewDidLoad];
 //创建 UITabBar 对象
 UITabBar* tabBar = [[UITabBar alloc] initWithFrame:CGRectMake(0,0,320,44)];
 tabBar.delegate = self;
 //将 tabBar 添加到标签条中
 [self.view addSubview:tabBar];
 //使用系统图标创建标签项
 UITabBarItem* tabItem1 = [[UITabBarItem alloc]
        initWithTabBarSystemItem:UITabBarSystemItemHistory tag:0];
 //使用用户图标创建标签项
 UITabBarItem* tabItem2 = [[UITabBarItem alloc]
        initWithTitle:@"iOS"
        image: [UIImage imageNamed:@"it.png"] tag:1];
        tabItem2.badgeValue = @"热";
```

```
//使用用户图标创建标签项
    UITabBarItem* tabItem3 = [[UITabBarItem alloc]
    initWithTitle:@"Android"
    image: [UIImage imageNamed:@"user.gif"] tag:2];
//为 UITabBar 设置多个标签项
    tabBar.items = [NSArray arrayWithObjects:tabItem1, tabItem2, tabItem3, nil];
}
//由 UITabBarDelegate 定义的方法，当用户选中某个标签项时激活该方法
- (void)tabBar:(UITabBar *)tabBar didSelectItem:(UITabBarItem *)item
{
NSString* msg = [NSString stringWithFormat:@"选中第%ld 项", (long)item.tag];
//创建并显示一个 UIAlertView 控件
UIAlertView* alert = [[UIAlertView alloc]
    initWithTitle:@"提示"
    message:msg
    delegate:nil
    cancelButtonTitle:@"OK"
    otherButtonTitles: nil];
[alert show];
}
@end
```

上面的代码中，先创建了 UITabBar 控件，并为其指定 delegate 属性；接着创建多个 UITabBarItem，并将其一起设为 UITabBar 的标签项。此处使用控制器类作为 UITabBar 的 delegate，因此当用户选中某个标签项时，将会激活该控制器类的 tabBar:didSelectItem:方法。

第 3 步，运行该程序，然后选中某个标签项，将可以看到如图 15.39 所示的效果。

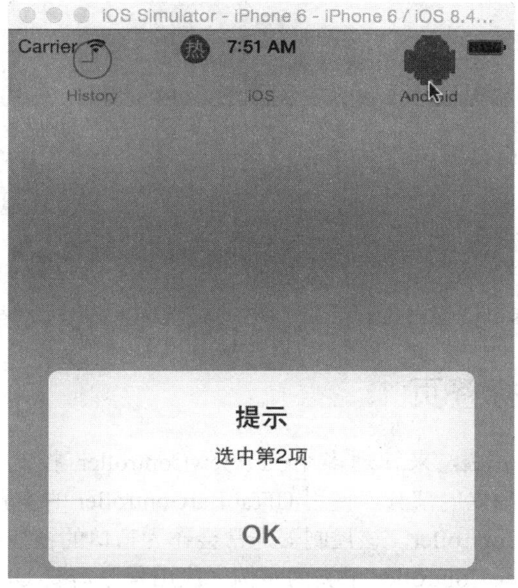

图 15.39　简单的 Tab 界面效果

【拓展】表 15.6 列出了 UITabBar 类的常用方法及属性。

表 15.6　UITabBar 类的常用方法及属性

属性或方法	说　明
@property(nonatomic, retain) UIImage *backgroundImage	标签栏背景图像
@property(nonatomic, assign) id<UITabBarDelegate> delegate	标签栏委托对象
@property(nonatomic, copy) NSArray *items	标签栏上显示的项集
@property(nonatomic, retain) UIColor *selectedImageTintColor	在创建挑选图像时，用于梯度（gradient）图像的颜色
@property(nonatomic, assign) UITabBarItem *selectedItem	在标签栏上选择的当前项
@property(nonatomic, retain) UIImage *selectionIndicatorImage	应用于选择指标（indicator）的图像
@property(nonatomic, retain) UIColor *tintColor	应用于标签栏的背景的颜色
- (BOOL)endCustomizingAnimated:(BOOL)animated	确定是否停止对标签栏上的模式视图进行修改
- (BOOL)isCustomizing	确定用户在标签栏上是否正进行自定义
- (void)setItems:(NSArray *)items animated:(BOOL)animated	设置标签栏上的项集，是否动画显示

【示例】下面是 UITabBar 类的部分应用示例。

```
//创建标签栏
UITabBar *tabbar = [[UITabBar alloc]initWithFrame:
CGRectMake(0.0,self.bounds.size.width, self.bounds.size.width, 49.0)];
CGRect tbSize = [ UIScreen mainScreen ].applicationFrame;
self.center = CGPointMake(tbSize.size.width/2,
tbSize.size.height-24.5f);
//设置委托对象为自己
tabbar.delegate = self;
//允许标签栏可用
tabbar.userInteractionEnabled = YES;
//创建可变数组
NSMutableArray *tbitems = [NSMutableArray array];
[tbitems addObject:SYSTABBARITEM(@"地址", @"23-bird.png", 0)];
//添加按钮事件
[[tbitems objectAtIndex:0] setAction:
@selector(toolsAction:)];
//添加标签项集
tabbar.items = tbitems;
//设置默认选中项
tabbar.selectedItem = [tbitems objectAtIndex:0];
```

15.5.2　案例：设计标签页 1

通常使用 UITabBarController 来管理多个 UIViewController 控制器，这样即可使用 UIViewController 切换显示多个相互独立的部分。使用 UITabBarController 的步骤如下：

第 1 步，创建 UITabBarController，该控制器通常会作为窗口的根控制器。

第 2 步，创建多个 UIViewController 子类的实例。应用程序需要 UITabBarController 显示几个独立的部分，此时就创建几个 UIViewController 子类的实例。

第 3 步，将多个 UIViewController 子类的实例组合成 NSArray 对象，并将这个 NSArray 对象设置成 UITabBarController 的 viewControllers 属性，相当于用 UITabBarController 组合多个 UIViewController

子类的实例。

第 4 步，重写 UIViewController 子类的 init 或 initWithXxx 方法，在该方法中设置该视图控制器的 tabItem 属性，将该属性设为 UITabBarItem 对象，这就是该标签页对应的标签项，相当于各子控制器负责设置自己的 UITabBarItem。

下面是一个简单的案例，介绍如何具体使用 UITabBarController 管理多个 UIViewController 控制器。

【操作步骤】

第 1 步，创建一个 Single View Application 应用，保存项目为 test。该应用默认包含一个应用程序委托类和一个 ViewController 控制器类。

第 2 步，为了让应用程序能使用 UITabBarController 显示多个独立的部分，创建一个 UITableViewController 的子控制器类 ListController，该控制器显示一个简单的表格。

第 3 步，为了让 ViewController 能显示界面，可以对 ViewController. xib 界面文件进行任意修改。

第 4 步，为了让 UITabBarController 管理的各控制器能显示标签项，重写各控制器的 initXxx 方法。对于 ListController 而言，由于程序主要调用其 initWithStyle:方法执行初始化，因此重写 ListController 的 initWithStyle:方法。该控制器的实现部分代码如下（ListController. m）：

```
#import "ListController.h"
@implementation ListController
NSArray* books;
- (id)initWithStyle:(UITableViewStyle)style
{
 if ([super initWithStyle:style] != nil) {
        UITabBarItem* item = [[UITabBarItem alloc]
            initWithTabBarSystemItem:UITabBarSystemItemBookmarks tag:1];
        //为标签项设置徽标
        item.badgeValue = @"New";
        //为该控制器设置标签项
        self.tabBarItem = item;
 }
 return self;
}
- (void)viewDidLoad
{
      [super viewDidLoad];
 books = [NSArray arrayWithObjects:@"iOS",
        @"Android",
        @"C/C+",
        @"C#",
        @"Java", nil];
}
#pragma mark - Table view data source
- (NSInteger)tableView:(UITableView *)tableView
        numberOfRowsInSection:(NSInteger)section
{
 return [books count];
}
- (UITableViewCell *)tableView:(UITableView *)tableView cellForRowAtIndexPath:(NSIndexPath *)indexPath
{
      static NSString *CellId = @"Cell";
```

Note

```
    UITableViewCell *cell = [tableView
     dequeueReusableCellWithIdentifier:CellId];
    if(cell == nil)
    {
        cell = [[UITableViewCell alloc]
            initWithStyle:UITableViewCellStyleDefault
            reuseIdentifier:CellId];
    }
    cell.textLabel.text = [books objectAtIndex:indexPath.row];
    cell.accessoryType = UITableViewCellAccessoryDisclosureIndicator;
    return cell;
}
@end
```

在上面的代码中，为该控制器设置标签项。该控制器省略 UITableViewDataSource 协议中定义的两个方法，这两个方法是生成表格必需的方法。

第 5 步，对于 ViewController 而言，由于程序主要调用它的 initWithNibName:bundle:方法执行初始化，因此程序考虑重写 ListController 的 initWithNibName: bundle:方法。该控制器的实现部分代码如下（ViewController.m）：

```
#import "ViewController.h"
@implementation ViewController
- (id)initWithNibName:(NSString *)nibNameOrNil
 bundle:(NSBundle *)nibBundleOrNil
{
 if ([super initWithNibName:nibNameOrNil bundle:nibBundleOrNil] != nil)
 {
        //为该控制器设置标签项
        self.tabBarItem = [[UITabBarItem alloc]
            initWithTitle:@"关于"
            image:[UIImage imageNamed:@"user.gif"] tag:2];
 }
 return self;
}
- (void)viewDidLoad
{
 [super viewDidLoad];
}
@end
```

第 6 步，修改该应用程序的委托类，该委托类将会负责创建 UITabBarController 控制器，并使用该 UITabBarController 管理多个相互独立的子控制器，最后将 UITabBarController 设置应用窗口的根控制器。应用程序委托类的实现部分代码如下（AppDelegate.m）：

```
#import "AppDelegate.h"
#import "ViewController.h"
#import "ListController.h"
@implementation AppDelegate
- (BOOL)application:(UIApplication *)application
 didFinishLaunchingWithOptions:(NSDictionary *)launchOptions
```

```
{
//创建程序窗口
self.window = [[UIWindow alloc] initWithFrame:
      [[UIScreen mainScreen] bounds]];
//创建 UITabBarController
self.tabBarController = [[UITabBarController alloc] init];
//创建 ViewController 对象
ViewController* viewController = [[ViewController alloc]
      initWithNibName:@"ViewController" bundle:nil];
//创建 ListController 对象
ListController* listController = [[ListController alloc]
      initWithStyle:UITableViewStyleGrouped];
//为 UITabBarController 设置多个视图控制器
//希望 UITabBarController 显示几个 Tab 页，就为 UITabBarController 添加几个视图控制器
self.tabBarController.viewControllers = [NSArray
      arrayWithObjects:listController
      , viewController, nil];
//将 UITabBarController 设置为窗口的根控制器
self.window.rootViewController = self.tabBarController;
[self.window makeKeyAndVisible];
return YES;
}
@end
```

在上面的代码中，使用 UITabBarController 创建了两个 UIViewController 子类的实例，并将这两个实例组合成数组后赋值给 UITabBarController 的 viewControllers 属性，这就相当于用 UITabBarController 来管理两个 UIViewController。

第 7 步，运行程序，将可以看到如图 15.40 所示的效果。

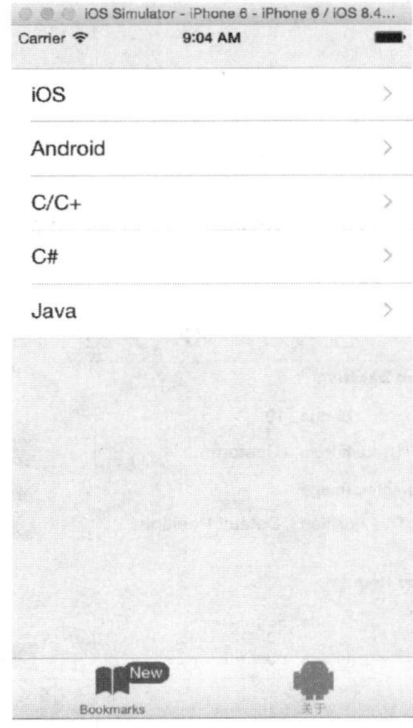

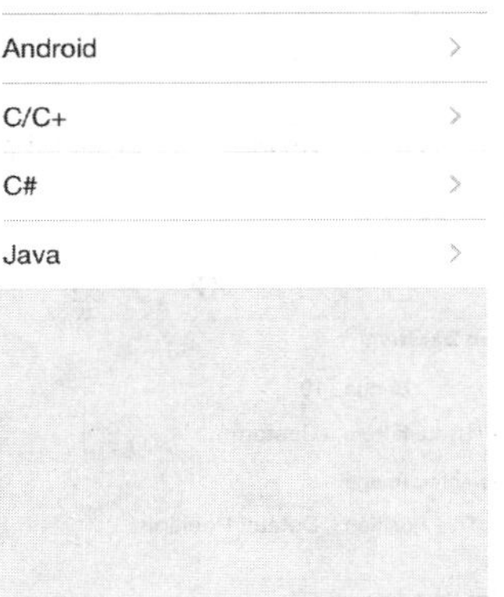

Tab 选项 1 页面

Tab 选项 2 页面

图 15.40　使用 UITabBarController 演示效果

15.5.3 案例：设计标签页 2

15.5.2 节案例介绍了如何使用代码创建 UITabBarController 对象，再通过 UITabBarController 来组合多个普通视图控制器。本节案例介绍如何使用 Storyboard 作为界面设计文件，简化标签页设计过程。

【操作步骤】

第 1 步，创建一个 Single View Application 应用，保存项目为 test。该项目包含一个应用程序委托类、一个视图控制器类和 Main.storyboard 界面设计文件。

第 2 步，使用 Interface Builder 打开 Main.storyboard 文件，删除其中原有的视图控制器，再从 Xcode 的库面板中将一个 UITabBarController 拖入 Main.storyboard 文件中，此时可立即看到界面设计文件中包含 3 个场景，如图 15.41 所示。

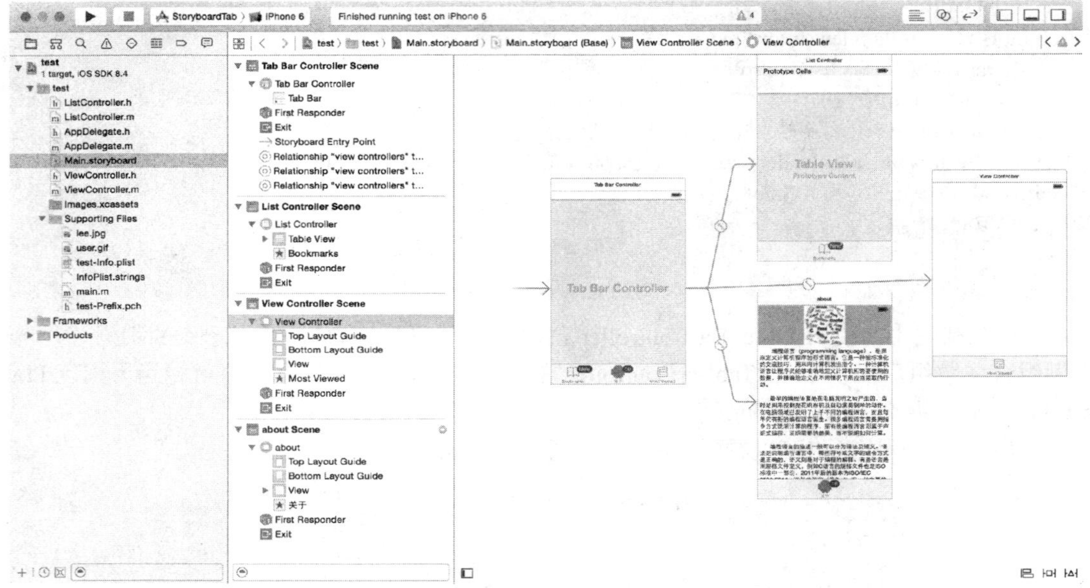

图 15.41　使用故事板设计多场景效果

第 3 步，选中视图控制器中的 Tab 图标，然后打开 Xcode 的属性检查器面板，可看到如图 15.42 所示的设置界面。在该设置界面可设置指定标签项的外观。

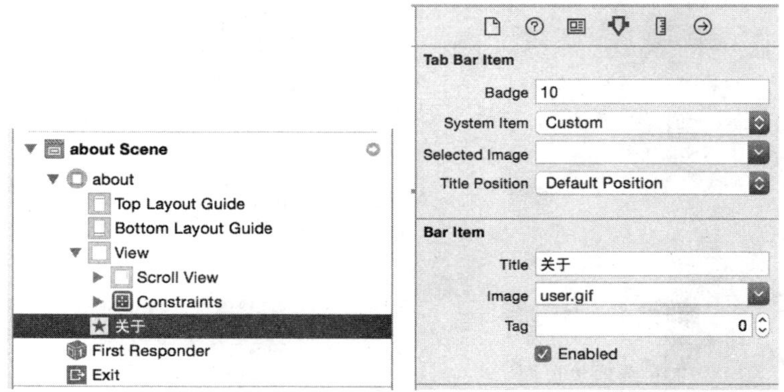

图 15.42　设置标签项的外观

> 提示：如果程序需要添加更多的标签页，只要简单的两步：向 Storyboard 界面设计文件中添加一个新的视图控制器；在 UITabBarController 与新的视图控制器之间建立 segue，此时建立的 segue 应该是 view controllers 的 segue。

通过上面的方式使用 UITabBarController 组合多个视图控制器，有关为不同的视图控制器设计界面、编写代码的方法，则与前面开发单独的视图控制器完全相同。此处直接使用 15.5.2 节案例中的 ViewController 和 ListController。

15.6　页　控　件

页控件（UIPageControl）是一个比较简单的控件，该控件由 N 个小圆点组成，每个圆点代表一个页面，当前页面以高亮的圆点显示。而页控制器（UIPageViewController）则可用于方便地实现“翻页”效果。

15.6.1　分页控件

分页控件（PageControl）是 UIPageControl 类的实例化对象，当用户界面需要按页面进行显示时，使用 iOS 提供的 UIPageControl 控件将要显示的用户界面内容分页显示，会使编程工作变得非常快捷。

表 15.7 列出了 UIPageControl 类的常用方法及属性。

表 15.7　UIPageControl 类的常用方法及属性

属性或方法	说　明
@property(nonatomic) NSInteger currentPage	设置页并将其当作当前页显示
@property(nonatomic) BOOL defersCurrentPageDisplay	确定当前页是否已经显示
@property(nonatomic) BOOL hidesForSinglePage	确定在仅有一页时是否隐藏页标识
@property(nonatomic) NSInteger numberOfPages	页数
- (CGSize)sizeForNumberOfPages:(NSInteger)pageCount	返回适应给定数量的页面的范围大小
- (void)updateCurrentPageDisplay	更新当前页的页标识

【示例】下面是 UIPageControl 类的部分应用示例。

```
//创建
UIPageControl *pageControl = [[UIPageControl alloc]
initWithFrame:CGRectMake(0.0, 400.0, 320.0, 0.0)];
//页面数目
pageControl.numberOfPages =4;
//当前页数，第三页，默认第一页会被选中
pageControl.currentPage =2;
//在第一页时隐藏指示器，在默认情况下，即使只有一个页面，指示器也会显示出来
pageControl.hidesForSinglePage=YES;
//更新当前指示器的当前指示页
pageControl.defersCurrentPageDisplay = YES;
[pageControl updateCurrentPageDisplay];
//添加到视图显示
[self.view addSubview:pageControl];
```

Note

```
//定义触发该方法
- (void)pageChanged:(id)sender{
        UIPageControl* control = (UIPageControl*)sender;
        NSInteger page = control.currentPage;
        //添加处理的代码
}
//绑定用户点击分页时触发的方法
[pageControl addTarget:self action:@selector(pageChanged:) forControlEvents:UIControlEventValueChanged];
```

15.6.2 案例：使用 UIPageControl

UIPageControl 继承了 UIControl 基类，默认属于活动控件，可以与用户交互，并激发 Value Changed 事件处理方法。

添加控件时，可通过 Interface Builder 将 UIPageControl 拖入界面设计文件来实现，也可通过代码创建 UIPageControl 对象来实现。

在实际项目中，经常会把 UIPageControl 与 UIScollView 结合使用，当把 UIScrollView 的 pagingEnabled 设为 YES 之后，UIScrollView 每次至少滚动一页，此时通常会结合 UIPageControl 使用，UIPageControl 控件会实现如下两个功能。

☑ 使用 UIPageControl 显示当前 UIScrollView 正在显示第几页。

☑ 当用户单击 UIPageControl 控件，导致该控件发生 Value Changed 事件时，程序控制 UIScrollView 滚动到指定页。

【操作步骤】

第 1 步，新建一个 Single View Application，该应用默认包含一个应用程序委托类、一个 View Controlle:控制器类和 Main.storyboard 界面设计文件，此处使用代码来创建程序界面，因此无须修改界面设计文件。

该程序界面上将会包含一个 UIScrollView 和一个 UIPageControl。当用户把 UIScrollView 滚动到指定页面时，UIPageControl 作为显示控件，显示当前处于第几页，当用户单击 UIPageControl 跳转到某页时，UIScrollView 自动滚动到相应的页面。

第 2 步，该控制器类的实现部分代码如下（ViewController.m）：

```
#import "ViewController.h"
#import "PageController.h"
@implementation ViewController
UIScrollView* scrollView;
NSMutableArray *viewControllers;
UIPageControl* pageControl;
NSArray* contentList;
NSArray* coverList;
- (void)viewDidLoad
{
 [super viewDidLoad];
 contentList = [NSArray arrayWithObjects:@"春",
      @"夏",
      @"秋",
      @"冬", nil];
```

```
    coverList = [NSArray arrayWithObjects:@"1.jpg",
        @"2.jpg",
        @"3.jpg",
        @"4.jpg", nil];
    NSUInteger numberPages = contentList.count;
    //程序将会采用延迟加载的方式创建 PageController 控制器
    //因此此处只向数组中添加一些 null 作为占位符
    //等到程序需要时才真正创建 PageController
    viewControllers = [[NSMutableArray alloc] init];
    for (NSUInteger i = 0; i < numberPages; i++)
    {
        [viewControllers addObject:[NSNull null]];
    }
    //创建 UIScrollPane 对象
    scrollView = [[UIScrollView alloc]
        initWithFrame:[[UIScreen mainScreen] bounds]];
    //设置背景色
    scrollView.backgroundColor = [UIColor grayColor];
    scrollView.pagingEnabled = YES;
    //设置 UIScrollPane 的 contentSize，即可滚动区域的大小
    scrollView.contentSize = CGSizeMake(CGRectGetWidth(scrollView.frame)
        * numberPages, CGRectGetHeight(scrollView.frame));
    scrollView.showsHorizontalScrollIndicator = NO;
    scrollView.showsVerticalScrollIndicator = NO;
    scrollView.scrollsToTop = NO;
    //设置该控件作为 UIScrollView 的委托对象
    scrollView.delegate = self;
    [self.view addSubview:scrollView];
    //创建 UIPageControl 控件
    pageControl = [[UIPageControl alloc] init];
    //设置 UIPageControl 的大小和位置
    pageControl.frame = CGRectMake(0, CGRectGetHeight(scrollView.frame) - 80, CGRectGetWidth (scrollView.
frame), 80);
    //设置 UIPageControl 的圆点的颜色
    pageControl.pageIndicatorTintColor = [UIColor whiteColor];
    //设置 UIPageControl 的高亮圆点的颜色
    pageControl.currentPageIndicatorTintColor = [UIColor blueColor];
    //设置 UIPageControl 控件当前显示第几页
    pageControl.currentPage = 0;
    //设置 UIPageControl 控件总共包含多少页
    pageControl.numberOfPages = numberPages;
    pageControl.hidesForSinglePage = YES;
    //为 pageControl 的 Value Changed 事件绑定事件处理方法
    [pageControl addTarget:self action:@selector(changePage:)
        forControlEvents:UIControlEventValueChanged];
    [self.view addSubview:pageControl];
    //初始化时默认只需加载、显示第一页的 View
    [self loadScrollViewWithPage:0];
```

Note

```
//为了避免“翻页”时才加载下一页导致删除，同时把下一页的 View 也加载出来
[self loadScrollViewWithPage:1];
}
//自定义方法，用于加载 UIScrollPage 的指定页对应的控制器
- (void) loadScrollViewWithPage:(NSUInteger)page
{
 //如果超出总页数，方法直接返回
 if (page >= contentList.count)
        return;
 //获取 page 索引处的控制器
 PageController *controller = [viewControllers objectAtIndex:page];
 //如果 page 索引处的控制器还没有初始化
 if ((NSNull *)controller == [NSNull null])
 {
        //创建 PageController 对象
        controller = [[PageController alloc] initWithPageNumber:page];
        //用 PageController 对象替换 page 索引处原来的对象
        [viewControllers replaceObjectAtIndex:page withObject:controller];
 }
 //将 controller 控制器对应 View 添加到 UIScrollView 中
 if (controller.view.superview == nil)
 {
        CGRect frame = scrollView.frame;
        frame.origin.x = CGRectGetWidth(frame) * page;
        frame.origin.y = 0;
        //设置该控制器对应的 View 的大小和位置
        controller.view.frame = frame;
        //设置 controller 控制器的 bookLabel 控件的文本
        controller.bookLabel.text = [contentList objectAtIndex:page];
        controller.bookImage.image = [UIImage imageNamed:[coverList objectAtIndex:page]];
        //将 controller 控制器添加为当前控制器的子控制器
        [self addChildViewController:controller];
        //将 controller 控制器对应的 View 添加到 UIScrollView 中
        [scrollView addSubview:controller.view];
 }
}
//来自 UIScrollViewDelegate 的方法，当用户滚动 UIScrollView 后激活该方法
- (void)scrollViewDidEndDecelerating:(UIScrollView *)scrollView
{
 //获取 UIScrollView 控件的宽度，也就是页面的宽度
 CGFloat pageWidth = CGRectGetWidth(scrollView.frame);
 //用 UIScrollView 水平滚动距离减去页面宽度的一半，除以页面宽度结果后再加 1
 //即可得到当前处于第几页
 NSUInteger page = floor((scrollView.contentOffset.x
        - pageWidth / 2) / pageWidth) + 1;
 //控制 UIPageControl 显示当前处于第 page 页
 pageControl.currentPage = page;
 //为了避免翻页时才加载上一页、下一页导致闪烁
```

```
 //因此加载当前页的 View 时，把上一页、下一页的 View 也加载出来
 [self loadScrollViewWithPage:page - 1];
 [self loadScrollViewWithPage:page];
 [self loadScrollViewWithPage:page + 1];
}
//事件监听方法，当用户更改 UIPageControl 的选中页时激活该方法
- (void) changePage:(id)sender
{
 NSInteger page = [sender currentPage];
 //创建一个 CGRect 对象，该 CGRect 区域代表了该 UIScrollView 将要显示的页
 CGRect bounds = scrollView.bounds;
 bounds.origin.x = CGRectGetWidth(bounds) * page;
 bounds.origin.y = 0;
 //控制 UIScrollView 滚动到指定区域
 [scrollView scrollRectToVisible:bounds animated:YES];
 //为了避免"翻页"时才加载上一页、下一页导致闪烁
 //因此加载当前页的 View 时，把上一页、下一页的 View 也加载出来
 [self loadScrollViewWithPage:page - 1];
 [self loadScrollViewWithPage:page];
 [self loadScrollViewWithPage:page + 1];
}
@end
```

从上面的代码可以看出，该程序中 scrollViewDidEndDecelerating:方法用于处理 UIScrollView 的滚动事件，当该 UIScrollView 滚动到指定页面后，控制 UIPageControl 显示当前处于第几页，程序中的 changePage:方法用于处理 UIPageControl 的 Value Changed 事件，当用户单击 UIPageControl 导致该控件的当前页面发生改变时，该方法控制 UIScrollView 滚动到该页面对应的区域。通过这种方式，即可实现 UIPageControl 与 UIScrollView 的交互式影响。

第 3 步，PageController 是一个简单的控制器类，该控制器类同样使用代码来创建界面。下面是 PageController 类的接口部分（PageController.h）：

```
#import <UIKit/UIKit.h>
@interface PageController: UIViewController
@property (strong, nonatomic) UILabel* label;
@property (strong, nonatomic) UILabel* bookLabel;
@property (strong, nonatomic) UIImageView* bookImage;
- (id)initWithPageNumber:(NSInteger)pageNumber;
@end
```

第 4 步，下面是 PageController 类的实现部分代码（PageController.m）。

```
#import "PageController.h"
@implementation PageController
- (id)initWithPageNumber:(NSInteger)pageNumber
{
 self = [super initWithNibName:nil bundle:nil];
 if (self)
 {
     self.label = [[UILabel alloc] initWithFrame:CGRectMake(250, 20, 60, 30)];
```

```
        self.label.backgroundColor = [UIColor clearColor];
        self.label.textColor = [UIColor blueColor];
        self.label.text = [NSString stringWithFormat:@"第 %ld 页", pageNumber + 1];
        [self.view addSubview:self.label];
        self.bookLabel = [[UILabel alloc] initWithFrame:
            CGRectMake(0, 30, CGRectGetWidth(self.view.frame), 60)];
        self.bookLabel.textAlignment = NSTextAlignmentCenter;
        self.bookLabel.numberOfLines = 2;
        self.bookLabel.font = [UIFont systemFontOfSize:24];
        self.bookLabel.backgroundColor = [UIColor clearColor];
        self.bookLabel.textColor = [UIColor blueColor];
        [self.view addSubview:self.bookLabel];
        self.bookImage = [[UIImageView alloc] initWithFrame:
            CGRectMake(0, 90, CGRectGetWidth(self.view.frame), 320)];
        self.bookImage.contentMode = UIViewContentModeScaleAspectFit;
        [self.view addSubview:self.bookImage];
    }
    return self;
}
@end
```

上面代码的控制器创建了两个 UILabel 和一个 UIImageView，并将这 3 个控件摆放整齐作为程序界面。

第 5 步，运行该程序，即可看到如图 15.43 所示的效果。

图 15.43　使用 UIPageController 演示效果

15.6.3　案例：使用 UIPageViewController

UIPageViewController 的功能更加强大，使用 UIPageViewController 可以非常方便地开发出类似于图书分页的效果。UIPageViewController 允许配置的选项并不是特别多，只要为该控制器指定翻页

方向、翻页方式、是否支持双面等属性即可。

要使用 UIPageViewController 控件，关键在于配置 dataSource 属性，该属性必须指定为一个实现了 UIPageViewControllerDataSource 协议的对象，该对象必须实现如下两个方法。

☑ -pageViewControllerviewControllerBeforeViewController:：当用户通过 UIPageViewController 向前翻页时，将会调用该方法返回 UIViewController 作为前一个页面的视图控制器。

☑ -pageViewController:viewControllerAfterViewController:：当用户通过 UIPageViewController 向后翻页时，将会调用该方法返回 UIViewController 作为后一个页面的视图控制器。

使用 UIPageViewController 的步骤如下：

第 1 步，创建 UIPageViewController 对象，创建时可指定页面过渡方式、翻页方向、书脊位置等属性。

第 2 步，通过 doubleSided 属性设置 UIPageViewController 是否支持双面。

第 3 步，调用 setViewControllers:direction:animated:completion:方法为 UIPageViewController 设置该控制器的初始页，该页面就像一本书默认打开的页面。接下来用户即可以该初始页为基础，既可向前翻页，也可向后翻页。

【操作步骤】

第 1 步，新建一个 Empty Application，该应用默认只包含一个应用程序委托类，此处将使用应用程序委托作为 UIPageViewController 的 dataSource，因此让该应用程序委托类实现 UIPageViewControllerDataSource 协议。

第 2 步，修改应用程序委托类的实现部分，在实现部分中创建并设置 UIPageViewController，然后实现 UIPageViewControllerDataSource 协议中的两个必要方法。下面是应用程序委托类的实现部分代码（AppDelegate.m）：

```
#import "AppDelegate.h"
#import "PageController.h"
@implementation AppDelegate
- (BOOL)application:(UIApplication *)application
 didFinishLaunchingWithOptions:(NSDictionary *)launchOptions
{
 //创建程序窗口
 self.window = [[UIWindow alloc] initWithFrame:[[UIScreen mainScreen] bounds]];
 //创建 PageController 控制器
 PageController *pageZero = [[PageController alloc] initWithPageNumber:0];
 //创建一个 NSDictionary 对象，作为创建 UIPageViewController 的选项
 //该选项只支持两个 key
 //UIPageViewControllerOptionSpineLocationKey：指定翻页效果中“书脊”的位置
 //UIPageViewControllerOptionInterPageSpacingKey：指定两个页面之间的间距
 NSDictionary* options = [NSDictionary dictionaryWithObjectsAndKeys:
 [NSNumber numberWithInt:UIPageViewControllerSpineLocationMin],
 UIPageViewControllerOptionSpineLocationKey,
 [NSNumber numberWithFloat:0],
 UIPageViewControllerOptionInterPageSpacingKey, nil];
 //创建 UIPageViewController
 UIPageViewController *pageViewController =[[UIPageViewController alloc]
      //设置页面过渡效果，此处使用书页卷动的翻页效果
```

```
        initWithTransitionStyle:UIPageViewControllerTransitionStylePageCurl
        //设置页面的翻页方向，此处使用水平翻页
        navigationOrientation:
        UIPageViewControllerNavigationOrientationHorizontal
        options:options];
    //设置支持双面
    pageViewController.doubleSided = YES;
    //为 UIPageViewController 设置 delegate
    pageViewController.dataSource = self;
    //设置 UIPageViewController 管理的视图控制器
    [pageViewController setViewControllers:@[pageZero]
        //指定向前翻页
        direction:UIPageViewControllerNavigationDirectionForward
        animated:YES
        completion:nil];
    //设置程序窗口的根控制器为 pageViewController
    self.window.rootViewController = pageViewController;
    [self.window makeKeyAndVisible];
    return YES;
}
//当用户控制 UIPageViewController 向前翻页时调用该方法
- (PageController *)pageViewController:(UIPageViewController *)pvc
    viewControllerBeforeViewController:(PageController *)pvc
{
    //如果当前 pageIndex 大于 0，将 pageIndex-1 作为参数创建 PageController
    if (vc.pageIndex > 0)
    {
        NSUInteger index = vc.pageIndex;
        return [[PageController alloc]
            initWithPageNumber:index - 1];
    }
    else
    {
        NSUInteger index = vc.pageIndex;
        return [[PageController alloc]
            initWithPageNumber:index];
    }
}
//当用户控制 UIPageViewController 向后翻页时调用该方法
- (PageController *)pageViewController:(UIPageViewController *)pvc
    viewControllerAfterViewController:(PageController *)vc
{
    //将 pageIndex-1 作为参数创建 PageController
    NSUInteger index = vc.pageIndex;
    return [[PageController alloc]
        initWithPageNumber:index + 1];
```

```
    }
    @end
```

在上面的程序中，先创建 UIPageViewController 对象，并为其设置了相关配置的属性，而且程序指定使用该应用程序委托对象作为 UIPageViewController 的 dataSource，接着程序实现了 UIPageViewControllerDataSource 协议的两个方法，当用户通过 UIPageViewController 向前、向后翻页时，这两个方法就负责为 UIPageViewController 提供前一页、后一页显示的 UIViewController。

初始页面中将 pageIndex 设置为 0 来初始化的 PageController 对象，当程序向前翻页时，系统使用 pageIndex-1 创建的 PageController 作为前一页的控制器；当程序向后翻页时，使用 pageIndex+1 创建的 PageController 作为后一页的控制器。

第 3 步，该程序的 PageController 同样只是一个非常简单的视图控制器，该控制器定义了一个 NSUInteger 类型的 pageIndex 参数，该参数用于记录当前正在显示的页码。该控制器类的实现部分代码如下（PageController.m）：

```
#import "PageController.h"
@implementation PageController
NSArray * contentList;
NSArray * coverList;
- (id)initWithPageNumber:(NSInteger)pageNumber
{
    contentList = [NSArray arrayWithObjects:@"春",
                        @"夏",
                        @"秋",
                        @"冬", nil];
    coverList = [NSArray arrayWithObjects:@"1.jpg",
                    @"2.jpg",
                    @"3.jpg",
                    @"4.jpg", nil];
     self.pageIndex = pageNumber;
     self = [super initWithNibName:nil bundle:nil];
     if (self)
     {
     //设置背景
     self.view.backgroundColor = [UIColor grayColor];
     //创建 UILabel 控件
     UILabel* label = [[UILabel alloc] initWithFrame:CGRectMake(250, 20, 60, 35)];
     label.backgroundColor = [UIColor clearColor];
     label.textColor = [UIColor blueColor];
     //设置 UILabel 控件显示的文本
     label.text = [NSString stringWithFormat:@"第 %ld 页", pageNumber + 1];
     //将 UILabel 添加到程序界面中
     [self.view addSubview:label];
     //创建 UILabel 控件
     UILabel* bookLabel = [[UILabel alloc] initWithFrame:
          CGRectMake(0, 30,
          CGRectGetWidth(self.view.frame), 60)];
     bookLabel.textAlignment = NSTextAlignmentCenter;
```

Note

```
        bookLabel.numberOfLines = 2;
        bookLabel.font = [UIFont systemFontOfSize:24];
        bookLabel.backgroundColor = [UIColor clearColor];
        bookLabel.textColor = [UIColor blueColor];
        //设置 UILabel 控件显示的文本
        bookLabel.text = [contentList objectAtIndex:pageNumber % 4];
        //将 UILabel 添加到程序界面中
        [self.view addSubview:bookLabel];
        //创建 UIImageView 控件
        UIImageView* bookImage = [[UIImageView alloc] initWithFrame:
            CGRectMake(0, 90, CGRectGetWidth(self.view.frame), 320)];
        //设置该控件的图片缩放模式
        bookImage.contentMode = UIViewContentModeScaleAspectFit;
        //设置该 UIImageView 所显示的图片
        bookImage.image = [UIImage imageNamed:[
            coverList objectAtIndex:pageNumber % 4]];
        //将 UIImageView 添加到程序界面中
        [self.view addSubview:bookImage];
    }
    return self;
}
@end
```

该程序界面只是创建两个 UITextField 和一个 UIImageView，由于该程序仅包含了 4 张图片，因此此处将会循环显示这 4 张图片。

第 4 步，运行该程序，可以看到如图 15.44 所示的翻页效果。

前翻

回翻

图 15.44　使用 UIPageViewController 演示效果

提示：如果将程序中的“pageViewController.doubleSided = YES;”中的 YES 改为 NO，表明翻页效果不再支持双面。

使用 Xcode 创建应用时，Xcode 提供了一个 Page Based Application，通过这种项目模板开发的应用实际上就是基于 UIPageViewController 开发的应用，与此处介绍的示例完全类似。

Note

15.7 小　　结

对于一个手机应用来说，最终用户第一眼看到的就是软件界面，因此，为 iOS 应用提供一个友好的用户界面十分重要。本章需要重点掌握 UIView 及其各种子类、UIViewController 及其各种子类的功能和用法，并能充分理解 iOS 应用开发的 MVC 思想，还需要掌握 iOS 的 UI 控件与其委托对象之间的关系。

通过本章学习，相信读者对 UIKit 的一些常用类用法已经有所了解，掌握这些类的用法，只是进行 iOS 可视化程序设计的第一步，对于如何能掌握且能将其改造成自己程序设计中所需要的类，还有很长的路要走。在 iOS 程序的实际开发应用中，实际做的最多的就是基于这些类进行改造和完善，实现符合设计要求的应用程序。

第16章

移动绘图

（视频讲解：35分钟）

图形是应用界面的重要组成部分，提供高品质的图形不仅会使应用程序具有好的外观，还会使其看起来如同系统的自然扩展。iOS 为创建高质量的图形提供两种路径：通过 OpenGL 进行渲染，或通过 Quartz 2D、Core Animation 和 UIKit 进行渲染。

本章将重点介绍 Quartz 2D 框架，以及常见的 iOS 图像处理操作，主要包括旋转、缩放、裁剪以及像素和 UIImage 之间的转换。Quartz 2D 是 CoreGraphics 框架中的一个重要组成部分，可以完成几乎所有 2D 图像绘制、处理功能，类似 Windows 编程中 GDI 的功能，而且很多概念都相同。

【学习要点】

- 了解移动绘图基础知识
- 了解 Quartz 2D 绘图原理
- 能够绘制基本的图形、线条
- 能够为图形填色、添加阴影等效果
- 能够绘制路径和曲线
- 能够设计复杂的图形效果

16.1　基 本 概 念

在 iOS 中，所有的绘制（无论是否采用 OpenGL、Quartz、UIKit 或者 Core Animation）都发生在 UIView 对象的区域内，视图定义绘制发生的屏幕区域。

如果使用系统提供的视图，绘制工作会自动得到处理；如果自定义视图，则必须自行提供绘制代码。对于使用 OpenGL 进行绘制的应用程序，一旦建立了渲染表面，就必须使用 OpenGL 指定的绘制模型。

16.1.1　绘制周期

UIView 对象的基本绘制模型涉及如何按需更新视图的内容。通过收集发出的更新请求并在最适合的时机将其发送给绘制代码，UIView 类使内容更新过程变得更为简单和高效。

当视图的一部分需要重画时，UIView 对象内置的绘制代码就会调用其 drawRect:方法，并向其传入一个包含需要重画的视图区域的矩形。需要在定制视图子类中重载这个方法，并在这个方法中绘制视图的内容。

在首次绘制视图时，UIView 传递给 drawRect:方法的矩形包含视图的全部可见区域。但在随后的调用中，该矩形只代表实际需要被绘制的部分。触发视图更新的动作有如下几种：

☑　对遮挡视图的其他视图进行移动或删除操作。

☑　将视图的 hidden 属性声明设置为 NO，使其从隐藏状态变为可见。

☑　将视图滚动出屏幕，然后再重新回到屏幕上。

☑　显式调用视图的 setNeedsDisplay 或者 setNeedsDisplayInRect:方法。

在调用 drawRect:方法之后，视图会将自己标志为已更新，然后等待新的更新动作触发下一个更新周期。如果视图显示的是静态内容，则只需要在视图的可见性发生变化时进行响应，这种变化可能是由滚动或其他视图是否被显示引起的。

如果需要周期性地更新视图内容，就必须确定什么时候调用 setNeedsDisplay 或 setNeedsDisplayInRect:方法来触发更新。例如，如果需要每秒数次地更新内容，则可能要使用一个定时器。在响应用户交互或生成新的视图内容时，也可能需要更新视图。

16.1.2　坐标系统

窗口或视图的坐标原点位于左上角，坐标的值向下、向右递增。当编写绘制代码时，需要通过这个坐标系统来指定绘制内容中点的位置。

如果需要改变默认的坐标系统，可以通过修改当前的转换矩阵来实现。当前转换矩阵（CTM）是一个数学矩阵，用于将视图坐标系统上的点映射到设备的屏幕上。在视图的 drawRect:方法首次被调用时，就需要建立 CTM，使坐标系统的原点和视图的原点互相匹配，且将坐标轴的正向分别处理为向下和向右。然而，可以通过加入缩放、旋转和转换因子来改变 CTM，从而改变默认坐标系统相对于潜在视图或窗口的尺寸、方向和位置。

修改 CTM 是绘制视图内容的标准技术，因为使用这种方法需要的工作比其他方法少得多。如果希望在当前绘制系统中坐标为（20, 20）的位置上画出一个 10×10 的正方形，可以首先创建一个路径，

将其起始点移动到坐标为（20, 20）的位置上，然后再画出组成正方形的几条线。

如果在之后希望将正方形移动到坐标为（10, 10）的位置上，就必须用新的起始点重新创建路径。事实上，每次改变原点，都必须重新创建路径。创建路径是开销相对较大的操作，相比之下，创建一个起始点为（0, 0）的正方形，然后通过修改 CTM 来匹配目标绘制原点的开销就少一些。

Note

16.1.3 图形上下文

在调用提供的 drawRect:方法之前，视图对象会自动配置其绘制环境，使代码可以立即进行绘制。作为这些配置的一部分，UIView 对象会为当前绘制环境创建一个图形上下文（对应于 CGContextRef 封装类型）。该图形上下文包含绘制系统执行后续绘制命令所需要的信息，定义了各种基本的绘制属性，如绘制使用的颜色、裁剪区域、线的宽度及风格信息、字体信息、合成选项以及其他信息。

当希望在视图之外进行绘制时，可以创建定制的图形上下文对象。在 Quartz 中，当希望捕捉一系列绘制命令并将其用于创建图像或 PDF 文件时，就需要这样做。可以用 CGBitmapContextCreate()或 CGPDFContextCreate()函数创建上下文。有了上下文对象之后，可以将其传递给创建内容时需要调用的绘制函数。

创建的定制图形上下文的坐标系统和 iOS 使用的本地坐标系统是不同的。与后者的坐标原点位于左上角不同的是，前者的坐标原点位于左下角，其坐标值向上、向右递增。在绘制命令中指定的坐标必须对此加以考虑，否则，结果图像或 PDF 文件在渲染时就可能会发生错误。

16.1.4 点和像素

Quartz 绘制系统使用基于向量的绘制模型，这不同于基于栅格的绘制模型。在栅格绘制模型中，绘制命令操作的是每个独立的像素，而 Quartz 的绘制命令则是通过固定比例的绘制空间来指定，这个绘制空间就是所谓的用户坐标空间。

由 iOS 将该绘制空间的坐标映射为设备的实际像素。这个模型的优势在于，使用向量命令绘制的图形在通过仿射变换放大或缩小之后仍然显示良好。

为了维持基于向量的绘制系统固有的精度，Quratz 绘制系统使用浮点数（而不是定点数）作为坐标值。使用浮点类型的坐标值可以非常精确地指定绘制内容的位置。在大多数情况下，不必担心这些值最终如何映射到设备的屏幕。

用户坐标空间是发出所有绘制命令的工作环境。该空间的单位由点来表示。设备坐标空间指的是设备内在的坐标空间，由像素表示。在默认情况下，用户坐标空间上的一个点等于设备坐标空间的一个像素，这意味着一个点等于 1/160 英寸。然而，不应该假定这个比例总是 1:1。

16.1.5 颜色空间

iOS 支持 Quartz 中具有的所有颜色空间，但大多数应用程序应该只需要 RGB 颜色空间，因为 iOS 是为嵌入式硬件设计的，而且只在一个屏幕上显示，在这种场合下，RGB 颜色空间是最合适的。

UIColor 对象提供了一些便利方法，用于通过 RGB、HSB 和灰度值指定颜色值。以这种方式创建颜色不需要指定颜色空间，UIColor 对象会自动指定。

也可以使用 Core Graphics 框架中的 CGContextSetRGBStrokeColor()和 CGContextSetRGBFillColor()函数来创建和设置颜色。虽然 Core Graphics 框架支持用其他的颜色空间创建颜色，还支持创建定制的颜色空间，但是不推荐在绘制代码中使用那些颜色。绘制代码中应该总是使用 RGB 颜色。

16.1.6 图像格式

表 16.1 列出了 iOS 直接支持的图像格式。在这些格式中，优先推荐 PNG 格式。

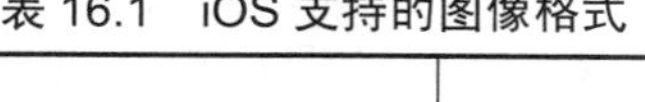

表 16.1 iOS 支持的图像格式

格　　式	文件扩展名
可移植网络图像格式（PNG）	.png
标记图像文件格式（TIFF）	.tiff、.tif
联合影像专家组格式（JPEG）	.jpeg、.jpg
图形交换格式（GIF）	.gif
视窗位图格式（DIB）	.bmp、.bmpf
视窗图标格式	.ico
视窗光标	.cur
XWindow 位图	.xbm

16.1.7 定制绘制

根据创建的应用程序类型，不使用或使用很少的定制代码进行绘制是可能的。虽然沉浸式的应用程序通常广泛使用定制的绘制代码，但是工具型和效率型的应用程序则可以使用标准的视图和控件来显示内容。

定制绘制代码的使用应该限制在当显示在屏幕上的内容需要动态改变的场合。例如，用于跟踪用户绘制命令的应用程序需要使用定制绘制代码。游戏程序也需要经常更新屏幕，以反映游戏环境的改变。在那些情况下，需要选择合适的绘制技术，以及创建定制的视图类来正确处理事件和更新屏幕。

另外，如果应用程序中大量的用户界面是固定的，则可以事先将界面渲染到一个或多个图像文件中，然后在运行时通过 UIImageView 对象显示出来。可以根据自己的需要，将图像视图和其他内容组合在一起。例如，可以用 UILabel 对象显示需要配置的文本，用按键或其他控件进行交互。

16.1.8 绘制性能

在任何平台上，绘制的开销都比较昂贵，对绘制代码进行优化一直都是开发过程的重要步骤。表 16.2 列举了几个贴士，用于确保绘制代码得到尽可能的优化。除了这些贴士，还应该用现有的性能工具对代码进行测试，消除绘制热点和多余的绘制操作。

表 16.2 提高绘制性能的贴士

提　　示	操　　作
使绘制工作最小化	在每个更新周期中，应该只更新视图中真正发生变化的部分。如果使用 UIView 的 drawRect:方法进行绘制，则要通过传给该方法的更新矩形来限制绘制的范围。对于基于 OpenGL 的绘制，必须自行跟踪更新区域
尽可能将视图标识为不透明	合成不透明的视图所需要的开销比合成部分透明的视图要少得多。一个不透明的视图必须不包含任何透明的内容，且视图的 opaque 属性必须设置为 YES
删除不透明的 PNG 文件中的 Alpha 通道	如果一个 PNG 图像的每个像素都是不透明的，则将其 Alpha 通道删除可以避免对包含该图像的图层进行融合操作，从而很大程度上简化了该图像的合成，提高绘制的性能

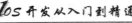

续表

Note

提　　示	操　　作
在滚动过程中重用表格单元和视图	应该避免在滚动过程中创建新的视图。创建新视图的开销会减少用于更新屏幕的时间，因而导致滚动不平滑
避免在滚动过程中清除原先的内容	默认情况下，在调用 drawRect:方法对视图的某个区域进行更新之前，UIKit 会清除该区域对应的上下文缓冲区。如果对视图的滚动事件进行响应，则在滚动过程中反复清除缓冲区的开销是很大的。为了禁止这种行为，可以将 clearsContextBeforeDrawing 属性设置为 NO
在绘制过程中尽可能不改变图形状态	改变图形状态需要窗口服务器的参与。如果要绘制的内容使用类似的图形状态，则尽可能将这些内容一起绘制，以减少需要改变的状态

16.1.9 图像质量

为用户界面提供高品质的图像应该是设计工作中的重点之一。图像是一种合理而有效的显示复杂图形的方法，任何合适的地方都可以使用。在为应用程序创建图像时，请记住下面的原则：

- ☑ 使用 PNG 格式的图像。PNG 格式可以提供高品质的图像内容，是 iOS 系统上推荐的图像格式。另外，iOS 中 PNG 图像的绘制路径是经过优化的，通常比其他格式具有更高的效率。
- ☑ 创建大小合适的图像，避免在显示时调整尺寸。如果计划使用特定尺寸的图像，则在创建图像资源时，务必使用相同的尺寸。不要创建一个大的图像，然后再缩小，因为缩放需要额外的 CPU 开销，而且需要进行插值。如果需要以不同的尺寸显示图像，则请包含多个版本的图像，并选择与目标尺寸相对接近的图像来进行缩放。

16.2 Quartz 2D

Quartz 2D 是一个高级的二维绘图引擎，为基于 iOS 和 Max OS X 的应用开发提供了强大的支持功能。在显示或者打印设备上，Quartz 2D 提供了低级别、轻重量的无可比拟保真度的 2D 渲染图像。

在编程中调用 Quartz 2D 的 API 进行绘制时，由于 Quartz 2D 的图像分辨率不依赖于设备，所以不需要考虑终端问题。Quartz 2D API 是易于使用，并提供强大的功能，如以透明度、图层、路径为基础的绘图，离屏渲染，先进的色彩管理，抗锯齿渲染和 PDF 文档的创建，显示和解析的访问等。

16.2.1 页面

Quartz 2D 在图像中使用了绘画模型（Painter's Model）。在绘画模型中，每个连续的绘制操作都是将一个绘制层放置于一个画布（canvas），通常称这个画布为页（page）。page 上的绘图可以通过额外的绘制操作来叠加更多的绘图。page 上的图形对象只能通过叠加更多的绘图来改变。这个模型允许使用小的图元来构建复杂的图形。

图 16.1 展示了绘画模型工作机制。从图中可以看出不同的绘制顺序所产生的效果不一样。

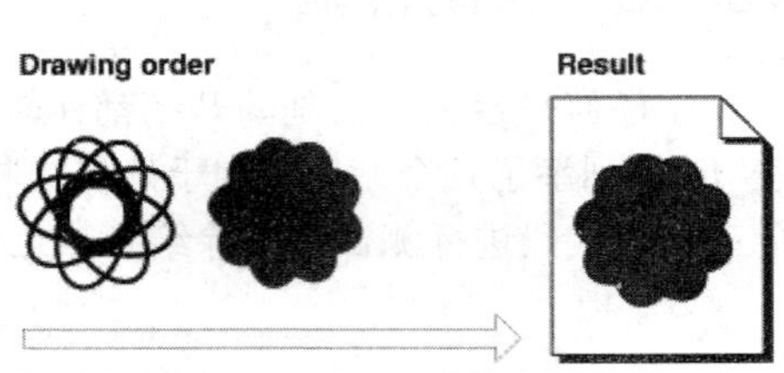

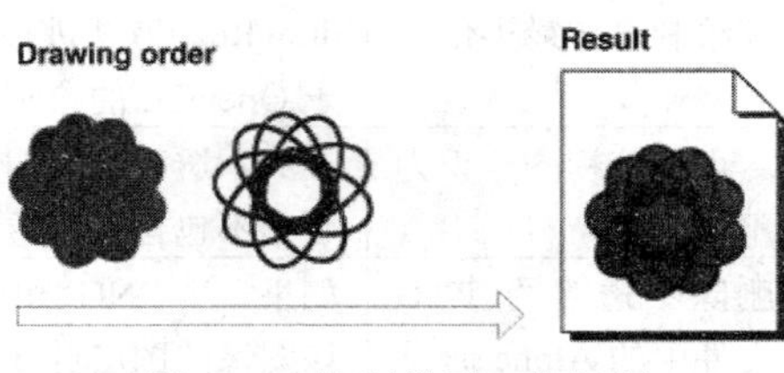

图 16.1　绘制模型工作机制

16.2.2 图形上下文

图形上下文（Graphics Context）是一个数据类型（CGContextRef），用于封装 Quartz 绘制图像到输出设备的信息。设备可以是 PDF 文件、Bitmap 文件或者显示器的窗口。图形上下文中的信息包括 Page 中图像的绘制参数和设备相关的表现形式。Quartz 中所有对象都是绘制到一个图形上下文中。

可以将图形上下文想象成绘制目的地，如图 16.2 所示。当用 Quartz 绘图时，所有与设备相关的特性都包含在所使用的图像上下文中。换句话说，简单地给 Quartz 绘图序列指定不同的 Graphics Context，即可将相同的图像绘制到不同的设备上。不需要任何设备相关的计算，这些都由 Quartz 完成。

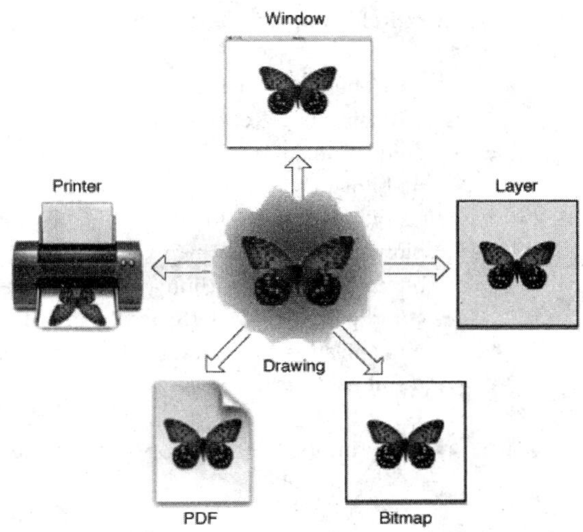

图 16.2 Quartz 在不同目的地的绘制

Quartz 提供了以下几种类型的图形上下文，后面将作详细的介绍。

- ☑ Bitmap Graphics Context。
- ☑ PDF Graphics Context。
- ☑ Window Graphics Context。
- ☑ Layer Context。
- ☑ Post Graphics Context。

在不同的绘制目的地创建 Graphics Context。在代码中，用 CGContextRef 表示一个图形上下文。当获得一个图形上下文后，可以使用 Quartz 2D 函数在上下文中进行绘制、完成操作（如平移）、修改图形状态参数（如线宽和填充颜色）等。

在 iOS 应用程序中，如果要在屏幕上进行绘制，需要创建一个 UIView 对象，并实现其 drawRect:方法。视图的 drawRect:方法在视图显示在屏幕上及其内容需要更新时被调用。在调用自定义的 drawRect:后，视图对象自动配置绘图环境以便代码能立即执行绘图操作。作为配置的一部分，视图对象将为当前的绘图环境创建一个图形上下文。可以通过调用 UIGraphicsGetCurrentContext()函数来获取这个图形上下文。

UIKit 默认的坐标系统与 Quartz 不同。在 UIKit 中，原点位于左上角，Y 轴正方向为向下。UIView 通过将修改 Quartz 的 Graphics Context 的 CTM 原点平移到左下角，同时将 Y 轴反转（Y 值乘以-1），以使其与 UIView 匹配。

一个 Bitmap 图形上下文接收一个指向内存缓存（包含位图存储空间）的指针，当绘制一个位图图形上下文时，该缓存被更新。在释放上下文后，将得到一个指定像素格式的全新的位图。

使用 CGBitmapContextCreate 创建 Bitmap 图形上下文，该函数的参数说明如下。

- ☑ data：一个指向内存目标的指针，该内存用于存储需要渲染的图形数据。内存块的大小至少需要字节。
- ☑ width：指定位图的宽度，单位是像素。
- ☑ height：指定位图的高度，单位是像素。
- ☑ bitsPerComponent：指定内存中一个像素的每个组件使用的位数。例如，一个 32 位的像素格式和一个 RGB 颜色空间，可以指定每个组件为 8 位。
- ☑ bytesPerRow：指定位图每行的字节数。

- ☑ colorspace：颜色空间用于位图上下文。在创建位图 Graphics Context 时，可以使用灰度（GRAY）、RGB、CMYK、NULL 颜色空间。
- ☑ bitmapInfo：位图的信息，这些信息用于指定位图是否需要包含 Alpha 组件，像素中 Alpha 组件的相对位置（如果存在），Alpha 组件是否是预乘的，以及颜色组件是整型值还是浮点值。

Note

【示例 1】下面的代码显示了如何创建 Bitmap 图形上下文。当向 Bitmap 图形上下文绘图时，Quartz 将绘图记录到内存中指定的块中，绘制结果如图 16.3 所示。

```
CGContextRef MyCreateBitmapContext (int pixelsWide,int pixelsHigh)
{
        CGContextRef context = NULL;
        CGColorSpaceRef colorSpace;
        void * bitmapData;
        int bitmapByteCount;
        int bitmapBytesPerRow;
        bitmapBytesPerRow = (pixelsWide * 4);
        bitmapByteCount = (bitmapBytesPerRow * pixelsHigh);
        colorSpace = CGColorSpaceCreateWithName(kCGColorSpaceGenericRGB);
        bitmapData = calloc( bitmapByteCount );
        if (bitmapData == NULL)
        {
            fprintf (stderr, "Memory not allocated!");
             return NULL;
        }
         context = CGBitmapContextCreate (bitmapData,pixelsWide,pixelsHigh,
             8, bitmapBytesPerRow,colorSpace,kCGImageAlphaPremultipliedLast);
        if (context== NULL)
         {
             free (bitmapData);
             fprintf (stderr, "Context not created!");
             return NULL;
        }
         CGColorSpaceRelease( colorSpace );
         return context;
}
```

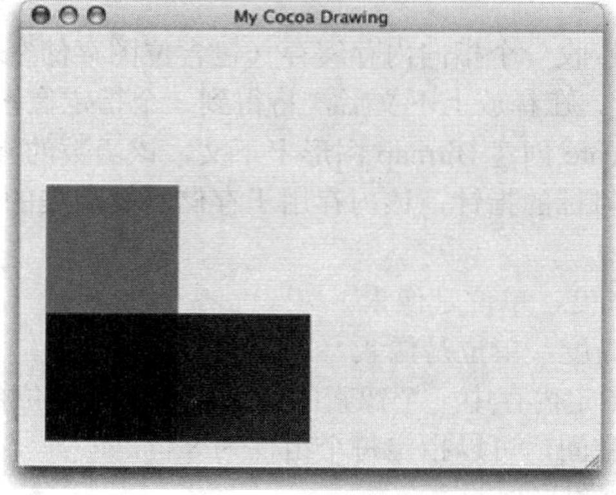

图 16.3　Bitmap 图形上下文绘制效果图

Note

【示例 2】下面的代码显示了调用 MyCreateBitmapContext 创建一个位图 Graphics Context，使用位图 Graphics Context 来创建 CGImage 对象，然后将图片绘制到窗口 Graphics Context 中。

```
GRect myBoundingBox;
    myBoundingBox = CGRectMake (0, 0, myWidth, myHeight);
    myBitmapContext = MyCreateBitmapContext (400, 300);
    /* **********下面是具体的绘图代码********** */
    CGContextSetRGBFillColor (myBitmapContext, 1, 0, 0, 1);
    CGContextFillRect (myBitmapContext, CGRectMake (0, 0, 200, 100 ));
    CGContextSetRGBFillColor (myBitmapContext, 0, 0, 1, .5);
    CGContextFillRect (myBitmapContext, CGRectMake (0, 0, 100, 200 ));
    myImage = CGBitmapContextCreateImage (myBitmapContext);
    CGContextDrawImage(myContext, myBoundingBox, myImage);
    char *bitmapData = CGBitmapContextGetData(myBitmapContext);
    CGContextRelease (myBitmapContext);
    if (bitmapData) free(bitmapData);
    CGImageRelease(myImage);
```

16.2.3 路径

路径（Path）用于描述由一序列线和 Bézier 曲线构成的 2D 几何形状。UIKit 中的 UIRectFrame()和 UIRectFill()函数（以及其他函数）的功能是在视图中绘制像矩形这样的简单路径。Core Graphics 中也有一些用于创建简单路径（如矩形和椭圆形）的便利函数。对于更为复杂的路径，必须用 Core Graphics 框架提供的函数自行创建。

一个路径有一个或者多个 shapes 或 subpath 定义。一个 subpath 可以包含直线段、曲线或者同时包含二者，可以是开放的或者封闭的，可以是一个简单的形状，如 line、circle、rectangle、star，或者其他更复杂的形状，直线可以是虚线，也可以是实线。图 16.4 展示了部分使用路径可以创建的形状。

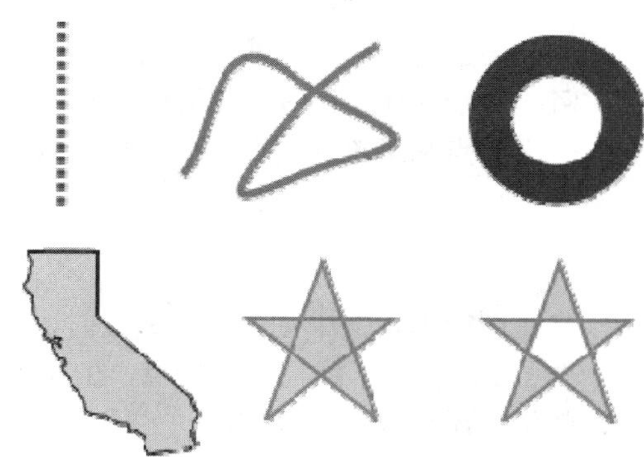

图 16.4　Quartz 支持基于路径的绘画

1. 路径的创建

路径的创建和路径的绘制是独立的任务。首先创建一个路径，当想要去显示时，要请求 Quartz 进行绘制。如图 16.5 所示，可以选择路径的笔画进行路径填充，也可以使用路径去限制其他对象绘制的范围，称为剪裁区域。如图 16.6 所示的圆形区域就是一个剪裁区域。

2. 构建块（Building Block）

子路径（subpath）是由线（lines）、弧（arc）和曲线（curve）组建成的，Quartz 也提供了一些方便的函数用于添加矩形和椭圆。

☑ 对于点（point），可以调用函数 CGContextMoveToPoint 去指定一个新的子路径的开始位置。Quratz 会保存当前点的记录。例如，如果调用函数 CGContextMoveToPoint()去设置位置（10, 10），则当前点就为（10,10）。如果接着在水平方向绘制 50 像素，则 line 的结束点为（60,10），此点也变成了当前点。绘制线、弧和曲线都是从当前点开始的。

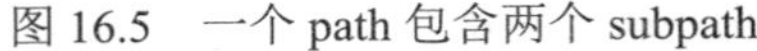

图 16.5　一个 path 包含两个 subpath

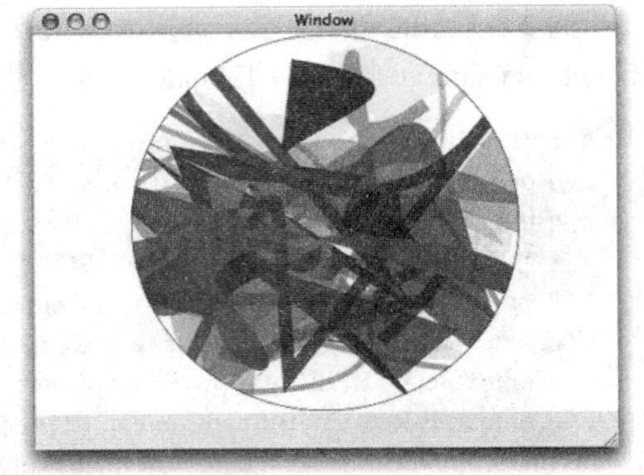

图 16.6　一个剪裁区域约束绘画

- ☑ 对于线，一个线定义了它的结束点，线的开始点为当前点，所以当创建一条线时，必须指定其结束点。用函数 CGContextAddLineToPoint()在子路径上添加一条线。可以通过调用函数 CGContextAddLines()添加一系列线。传递一个 point 数组给此函数，第一个点为开始点。
- ☑ 对于弧，Quratz 提供了两个函数来创建弧。函数 CGContextAddArc()用来从一个圆中创建一个曲线段。函数 CGContextAddArcToPoint()是一个理想的方法，用来设置圆角矩形。Quratz 使用提供的结束点去创建两个切线。
- ☑ 对于曲线，使用 Quadratic 和 Bézier 曲线可以绘制出很多形状的曲线。应用多项式去计算曲线上的点，需要用到起点、终点，以及一个或者多个控制点。使用函数 CGContextAddCurveToPoint()画一个三次 Bézier 曲线，要指定控制点和结束点。两个控制点定义了曲线的几何形状。如果两个控制点都在起点和终点的下面，则曲线向上凸。如果第二个控制点相比第一个控制点更接近起点，则曲线会构成一个循环。
- ☑ 对于关闭子路径，应用程序应该调用 CGContextClosePath 去关闭当前子路径。此函数会在当前点和子路径的开始点之间添加一条直线段。线、弧和曲线通常不会关闭子路径。当关闭一个子路径之后，如果应用程序又添加一个额外的线，Quartz 会开始一个新的子路径。

3. 路径的创建及绘制

当在图形上下文中创建一个路径时，应该先调用 Quartz 的函数 CGContextBeginPath()，接着设置第一个 shape 或者子路径的开始点，在 path 中调用函数 CGContextMoveToPoint()。当初始点设置好以后，就可以添加线、弧和曲线。

当绘制一个路径之后，图形上下文会被刷新，但是有时不想失去此路径，特别是在一些复杂的场景下想多次用到。出于此原因，Quartz 提供了两个数据类型用于创建可重复用的路径（CGPathRef 和 CGMutablePathRef）。可以调用函数 CGPathCreateMutable()创建一个可变的 CGPath 对象，然后添加线、弧和曲线等。

16.2.4　颜色空间

不同的设备（显示器、打印机、扫描仪、摄像头）处理颜色的方式是不同的。每种设备都有其所能支持的颜色值范围。一种设备能支持的颜色可能在其他设备中无法支持。

Quartz 中的颜色是用一组值来表示，而颜色空间用于解析这些颜色信息。例如，表 16.3 列出了在全亮度下蓝色值在不同颜色空间下的值。如果不知道颜色空间及颜色空间所能接受的值，则没有办法知道一组值所表示的颜色。

表 16.3 不同颜色空间不同的颜色值

值	颜色空间	分 量
40 degrees，100%，100%	HSB	Hue，Saturation，Brightness
0，0，1	RGB	Red，Green，Blue
1，1，0，0	CMYK	Cyan，Magenta，Yellow，Black
1，0，0	BGR	Blue，Green，Red

颜色空间可以有不同数量的组件。表 16.1 中的颜色空间中有 3 个只有 3 个组件，而 CMYK 有 4 个组件。值的范围与颜色空间有关。对大部分颜色空间来说，颜色值范围为[0.0,1.0]，1.0 表示全亮度。例如，全亮度蓝色值在 Quartz 的 RGB 颜色空间中的值是（0, 0, 1.0）。在 Quartz 中，颜色值同样有一个 Alpha 值来表示透明度。在表 16.3 中没有列出该值。

16.2.5 变换

Quartz 2D 绘制模型定义了两种独立的坐标空间：用户空间（用于表现文档页）和设备空间（用于表现设备的本地分辨率）。用户坐标空间用浮点数表示坐标，与设备空间的像素分辨率没有关系。当需要一个点或者显示文档时，Quartz 会将用户空间坐标系统映射到设备空间坐标系统。因此，不需要重写应用程序或添加额外的代码来调整应用程序的输出以适应不同的设备。可以通过操作当前变换矩阵（Current Transformation Matrix）来修改默认的用户空间。在创建图形上下文后，CTM 是单位矩阵，可以使用 Quartz 的变换函数来修改 CTM，从而修改用户空间中的绘制操作。

在绘制图像前操作变换矩阵来旋转、缩放或平移，从而变换将要绘制的对象。变换 CTM 之前，需要保存图形状态，以便绘制后能恢复。用户同样能用仿射矩阵来联接当前变换矩阵。本节将介绍与变换矩阵函数相关的 4 种操作：平移、旋转、缩放和联接。

【示例】本示例提供了一个可用的图形上下文、一个指向可绘制图像的矩形的指针和一个可用的 CGImage 对象，则下面一行代码绘制了一个图像。该行代码可以绘制如图 16.7 所示的图片。

图 16.7 没有变换的图像

```
CGContextDrawImage (myContext, rect, myImage);
```

1. 平移变换

平移变换根据指定的 X、Y 轴的值移动坐标系的原点。通过调用 CGContextTranslateCTM()函数来修改每个点的 x、y 坐标值。如图 16.8 所示为一幅图片沿 X 轴移动了 100 个单位，沿 Y 轴移动了 50 个单位。具体代码如下：

```
CGContextTranslateCTM (myContext, 100, 50);
```

Note

2. 旋转变换

旋转变换根据指定的角度来移动坐标空间。调用 CGContextRotateCTM()函数指定旋转角度（以弧度为单位）。图 16.9 显示了图片以原点（左下角）为中心旋转 45° 后的效果，代码如下：

```
CGContextRotateCTM (myContext, radians(–45.));
```

图 16.8　图像平移变换

图 16.9　图像旋转变换

由于旋转操作使图片的部分区域置于上下文之外，所以区域外的部分被裁剪。用弧度来指定旋转角度。如果需要进行旋转操作，下面的代码将会很有用。

```
#include <math.h>
static inline double radians (double degrees) {return degrees * M_PI/180;}
```

3. 缩放变换

缩放操作根据指定的 x, y 因子来改变坐标空间的大小，从而放大或缩小图像。x、y 因子的大小决定了新的坐标空间是否比原始坐标空间大或者小。另外，通过指定 x 因子为负数，可以倒转 X 轴，同样可以指定 y 因子为负数来倒转 Y 轴。通过调用 CGContextScaleCTM()函数来指定 x、y 缩放因子。图 16.10 显示了指定 x 因子为 0.5，y 因子为 0.75 后的缩放效果。代码如下：

```
ontextScaleCTM (myContext, .5, .75);
```

4. 联合变换

联合变换将两个矩阵相乘来联接现价变换操作。可以联接多个矩阵得到一个包含所有矩阵累积效果矩阵。通过调用 CGContextConcatCTM()函数来联接 CTM 和仿射矩阵。另外一种得到累积效果矩阵的方式是执行两个或多个变换操作而不恢复图形状态。图 16.11 显示了先平移后旋转一幅图片的效果，代码如下：

```
CGContextTranslateCTM (myContext, w,h);
CGContextRotateCTM (myContext, radians(-180.));
```

图 16.12 显示了一张经过平移、缩放和旋转处理的图片，代码如下：

```
CGContextTranslateCTM (myContext, w/4, 0);
CGContextScaleCTM (myContext, .25, .5);
CGContextRotateCTM (myContext, radians ( 22.));
```

图 16.10　图像缩放变换

图 16.11　图像的联合变换

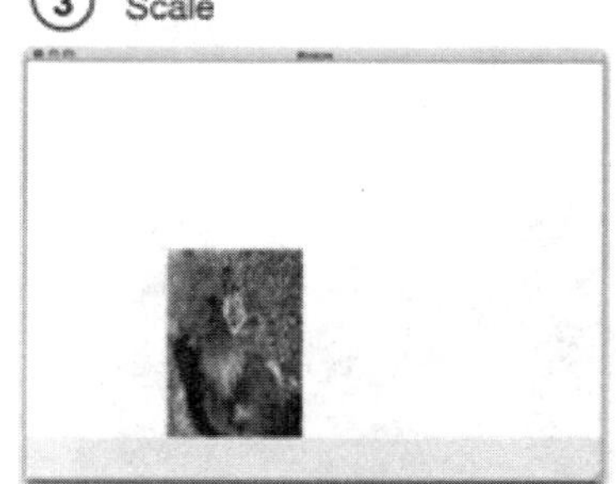

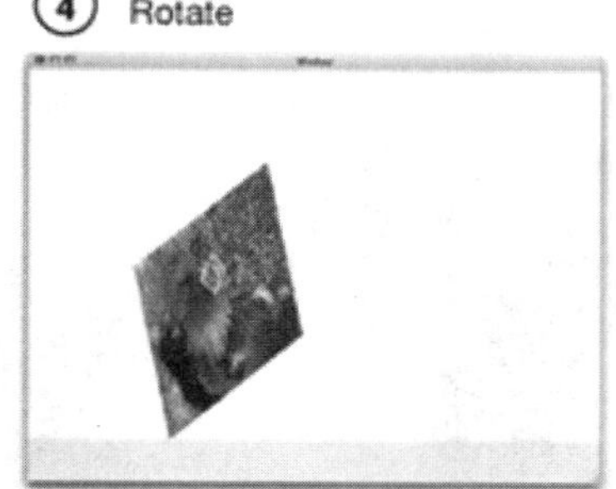

图 16.12　经过平移、缩放和旋转处理过的图像

变换操作的顺序会影响到最终的效果。如果调换顺序，将得到不同的结果。调换上面代码的顺序将得到如图 16.13 所示的效果，代码如下：

```
CGContextRotateCTM (myContext, radians ( 22.));
CGContextScaleCTM (myContext, .25, .5);
CGContextTranslateCTM (myContext, w/4, 0);
```

Note

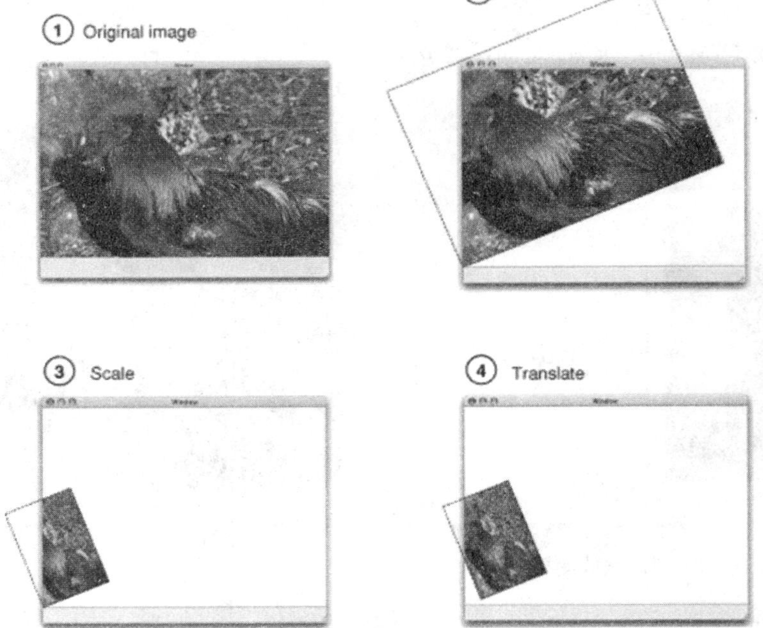

图 16.13　变换次序调整后的图像

16.2.6　阴影

阴影（Shadow）是绘制在一个图形对象下且有一定偏移的图片，用于模拟光源照射到图形对象上所形成的阴影效果，如图 16.14 所示。文本也可以有阴影。阴影可以让一幅图像看上去是立体的或者是浮动的。

阴影有 3 个属性：

☑ x 偏移值，用于指定阴影相对于图片在水平方向上的偏移值。

☑ y 偏移值，用于指定阴影相对于图片在竖直方向上的偏移值。

☑ 模糊（blur）值，用于指定图像是有一个硬边（hard edge，如图 16.15 左边图片所示），还是一个漫射边（diffuse edge，如图 16.15 右边图片所示）。

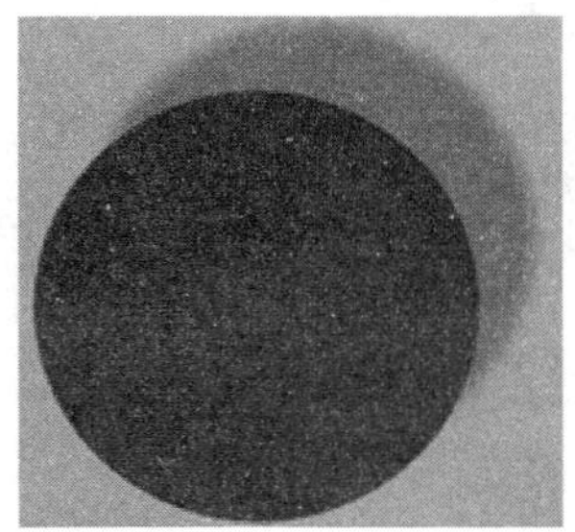

图 16.14　图像阴影

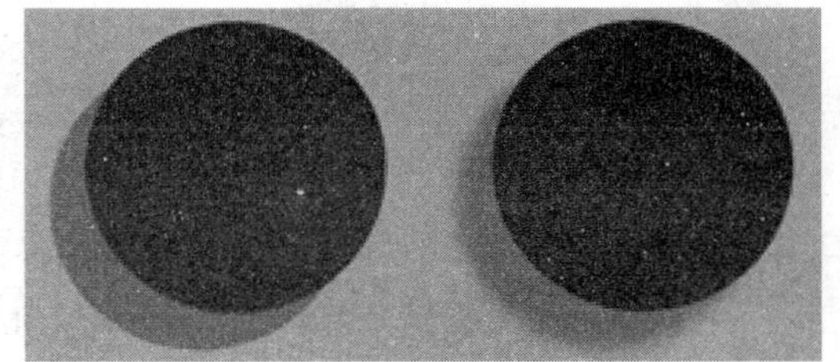

图 16.15　硬边阴影和漫射边阴影

1. 阴影形成原理

Quartz 中的阴影是图形状态的一部分。可以调用函数 CGContextSetShadow()来创建，并传入一个图形上下文、偏移值及模糊值。阴影被设置后，绘制的任何对象都有一个阴影，且该阴影在设备 RGB

颜色空间中呈现黑色且 alpha 值为 1/3。换句话说，阴影是用 RGBA 值{0, 0, 0, 1.0/3.0}设置的。

可以调用函数 CGContextSetShadowWithColor()来设置彩色阴影，并传递一个图形上下文、偏移值、模糊值。颜色值依赖于颜色空间。如果在调用 CGContextSetShadow()或 CGContextSetShadowWithColor()之前保存了图形状态，可以通过恢复图形状态来关闭阴影，也可以通过设置阴影颜色为 NULL 来关闭阴影。

2. 绘制阴影

按照如下步骤绘制阴影：

第 1 步，保存图形状态。

第 2 步，调用函数 CGContextSetShadow()，传递相应的值。

第 3 步，使用阴影绘制所有的对象。

第 4 步，恢复图形状态。

按照如下步骤绘制彩色阴影：

第 1 步，保存图形状态。

第 2 步，创建一个 CGColorSpace 对象，确保 Quartz 能正确地解析阴影颜色。

第 3 步，创建一个 CGColor 对象来指定阴影的颜色。

第 4 步，调用 CGContextSetShadowWithColor()，并传递相应的值。

第 5 步，使用阴影绘制所有的对象。

第 6 步，恢复图形状态。

图 16.16 显示了两个带有阴影的矩形，其中一个是彩色阴影。

图 16.16　不同阴影的图形效果对比图

【示例】下面的代码显示了如何创建图 16.16 中的图像。

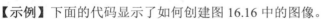

```
void MyDrawWithShadows (CGContextRef myContext, float wd, float ht);
{
    CGSize myShadowOffset = CGSizeMake (-15, 20);
    float myColorValues[] = {1, 0, 0, .6};
    CGColorRef myColor;
    CGColorSpaceRef myColorSpace;
    CGContextSaveGState(myContext);
    CGContextSetShadow (myContext, myShadowOffset, 5);
    //把绘图代码放在这里
    CGContextSetRGBFillColor (myContext, 0, 1, 0, 1);
    CGContextFillRect (myContext, CGRectMake (wd/3 + 75, ht/2, wd/4, ht/4));
    myColorSpace = CGColorSpaceCreateDeviceRGB ();
    myColor = CGColorCreate (myColorSpace, myColorValues);
    CGContextSetShadowWithColor (myContext, myShadowOffset, 5, myColor);
    //把绘图代码放在这里
    CGContextSetRGBFillColor (myContext, 0, 0, 1, 1);
    CGContextFillRect (myContext, CGRectMake (wd/3-75,ht/2-100,wd/4,ht/4));
    CGColorRelease (myColor);
    CGColorSpaceRelease (myColorSpace);
    CGContextRestoreGState(myContext);
}
```

16.2.7 梯度

Quartz 提供了两个不透明数据类型来创建渐变：CGShadingRef 和 CGGradientRef。使用任何一个类型都可以创建轴向（axial）或径向（radial）渐变。一个渐变是从一个颜色到另外一种颜色的填充。

☑ 一个轴向渐变（也称为线性渐变）沿着由两个端点连接的轴线渐变。所有位于垂直于轴线的某条线上的点都具有相同的颜色值。

☑ 一个径向渐变也是沿着两个端点连接的轴线渐变，不过路径通常由两个圆来定义。

1. 轴向和径向渐变的图像展示

Quartz 函数提供了一个丰富的功能来创建渐变效果。在图 16.17 的渐变效果中，轴向渐变由橙色向黄色渐变，渐变轴相对于原点倾斜了 45° 角。

Quartz 允许指定一系列的颜色和位置值，以沿着轴来创建更复杂的轴向渐变，如图 16.18 所示。起始点的颜色值是红色，结束点的颜色是紫罗兰色。同时，在轴上有 5 个位置，它们的颜色值分别被设置为橙、黄、绿、蓝和靛蓝，可以把它看成沿着同一轴线的 6 段连续的线性渐变，轴线的角度由两个端点（起点和终点）定义。

图 16.17 沿轴向梯度 45° 渐变

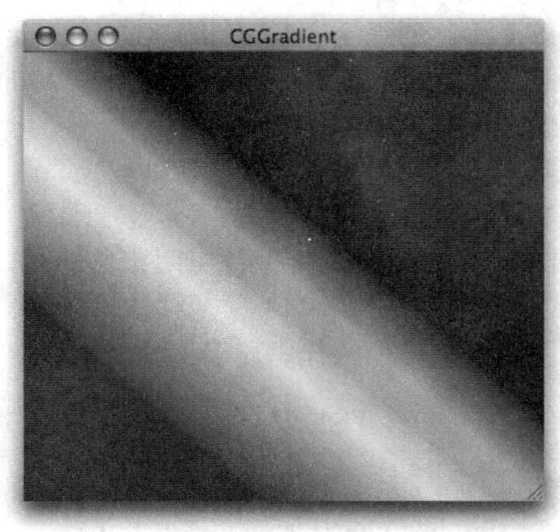

图 16.18 7 个地点和颜色创建一个轴向梯度

2. CGGradient 对象的使用

一个 CGGradient 对象是一个渐变的抽象定义，它简单地指定了颜色值和位置，但没有指定几何形状。可以在轴向和径向几何形状中使用这个对象。作为一个抽象定义，CGGradient 对象可能比 CGShading 对象更容易重用。没有将几何形状存储在 CGGradient 对象中，这样允许使用相同的颜色方案来绘制不同的几何图形，而不需要为多个图形创建多个 CGGradient 对象。

使用一个 CGGradient 对象创建和绘制一个渐变只需要以下几步：

第 1 步，创建一个 CGGradient 对象，提供一个颜色空间，一个包含两个或更多颜色组件的数组，一个包含两个或多个位置的数组，以及两个数组中元素的个数。

第 2 步，调用 CGContextDrawLinearGradient()或 CGContextDrawRadialGradient()函数并提供一个上下文、一个 CGGradient 对象、绘制选项和开始结束几何图形来绘制渐变。

第 3 步，当不再需要时释放 CGGradient 对象。

【示例 1】 下面的代码展示了如何创建一个 CGGradient 对象。声明所需的变量后，设置位置和

颜色组件所需数量（例如，2×4= 8)。此处创建了一个通用的 RGB 色彩空间。然后，传递必要的参数到 CGGradientCreateWithColorComponents() 函数。如果程序设置了 CGColor 对象，可以使用 CGGradientCreateWithColors，这是一种便捷的方法。

```
//创建一个 CGGradient 对象
GGradientRef myGradient;
CGColorSpaceRef myColorspace;
size_t num_locations = 2;
CGFloat locations[2] = { 0.0, 1.0 };
CGFloat components[8] = { 1.0, 0.5, 0.4, 1.0,
                          0.8, 0.8, 0.3, 1.0 };
myColorspace = CGColorSpaceCreateWithName(kCGColorSpaceGenericRGB);
myGradient = CGGradientCreateWithColorComponents (myColorspace, components,
                          locations, num_locations);
```

【示例 2】在创建了 CGGradient 对象后，可以用该对象绘制一个轴向或线性渐变。下面的代码声明并设置了线性渐变的起始点，然后绘制渐变。代码没有演示如何获取 CGContext 对象。

```
//使用 CGGradient 对象画一个轴向渐变
CGPoint myStartPoint, myEndPoint;
myStartPoint.x = 0.0;
myStartPoint.y = 0.0;
myEndPoint.x = 1.0;
myEndPoint.y = 1.0;
CGContextDrawLinearGradient (myContext, myGradient, myStartPoint, myEndPoint, 0);
```

【示例 3】下面的代码展示了如何使用示例 1 中创建的 CGGradient 对象来绘制如图 16.19 所示的径向渐变效果。这个例子同时也演示了使用纯色来填充渐变的扩展区域。

```
//使用 CGGradient 对象绘制一径向渐变
CGPoint myStartPoint, myEndPoint;
CGFloat myStartRadius, myEndRadius;
myStartPoint.x = 0.15;
myStartPoint.y = 0.15;
myEndPoint.x = 0.5;
myEndPoint.y = 0.5;
myStartRadius = 0.1;
myEndRadius = 0.25;
CGContextDrawRadialGradient (myContext, myGradient, myStartPoint,
                          myStartRadius, myEndPoint, myEndRadius,
                          kCGGradientDrawsAfterEndLocation);
```

3. CGShading 对象的使用

通过调用函数 CGShadingCreateAxial()或 CGShadingCreateRadial()创建一个 CGShading 对象来设置一个渐变，调用这些函数需要提供以下参数。

☑ CGColorSpace 对象：颜色空间。

☑ 起始点和终点。对于轴向渐变，有轴线的起始点和终点的坐标。对于径向渐变，有起始圆和终点圆中心的坐标。

☑ 用于定义渐变区域的圆的起始半径与终止半径。

☑ 一个 CGFunction 对象可以通过 CGFunctionCreate 函数来获取。这个回调例程必须返回绘制到特定点的颜色值。

☑ 一个布尔值，用于指定是否使用纯色来绘制起始点与终点的扩展区域。

Note

下面展示了如何使用一个 CGShading 对象生成如图 16.20 所示的效果。

图 16.19　一个径向渐变使用 CGGradient 对象

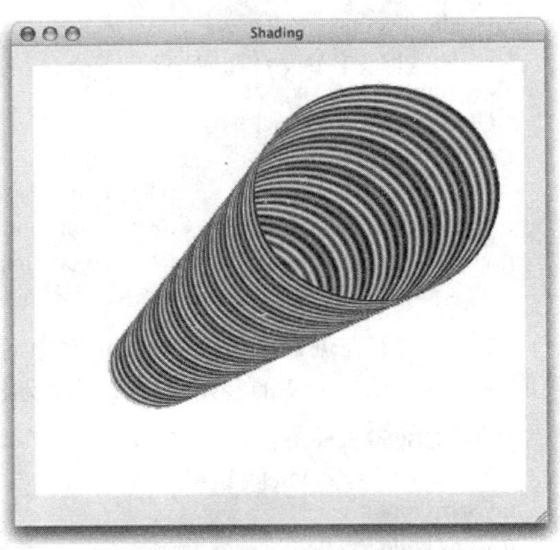

图 16.20　使用 CGShading 一个径向渐变

【操作步骤】

第 1 步，设置一个 CGFunction 对象计算颜色值。

```
//计算颜色分量值
static void myCalculateShadingValues (void *info,
                                      const float *in,
                                      float *out)
{
        size_t k, components;
        double frequency[4] = { 55, 220, 110, 0 };
        components = (size_t)info;
        for (k = 0; k < components - 1; k++)
            *out++ = (1 + sin(*in * frequency[k]))/2;
            *out++ = 1;
}
```

第 2 步，创建一个 CGShading 对象径向渐变。调用 CGShadingCreateRadial()函数，传递一个颜色空间、开始点和结束点，开始半径和结束半径，一个 CGFunction 对象，以及一个用于指定是否填充渐变的开始点和结束点扩展的布尔值。

```
//为了绘制径向渐变，创建一个 CGShading 对象
    CGPoint startPoint, endPoint;
    float startRadius, endRadius;
    startPoint = CGPointMake(0.25,0.3);
    startRadius = .1;
    endPoint = CGPointMake(.7,0.7);
    endRadius = .25;
```

```
colorspace = CGColorSpaceCreateDeviceRGB();
myShadingFunction = myGetFunction (colorspace);
CGShadingCreateRadial (colorspace,startPoint,startRadius,endPoint,endRadius,
        myShadingFunction,false,false);
```

第 3 步，使用 CGShading 对象来绘制径向渐变。调用函数 CGContextDrawShading()使用 CGShading 对象为指定的颜色渐变来填充当前上下文。

```
//使用 CGShading 对象绘制径向渐变
CGContextDrawShading (myContext, shading);
```

第 4 步，当不再需要 CGShading 对象时，可以调用函数 CGShadingRelease()来释放它。需要同时释放 CGColorSpace 对象和 CGFunction 对象。

```
//发布对象的代码
CGShadingRelease (myShading);
CGColorSpaceRelease (colorspace);
CGFunctionRelease (myFunctionObject);
```

16.2.8　透明层

透明层（TransparencyLayers）通过组合两个或多个对象来生成一个组合图形。组合图形被看成是单一对象。当需要在一组对象上使用特效时，透明层非常有用，如图 16.21 所示为在透明层中对 3 个圆使用阴影的效果。

如果没有使用透明层来渲染图 16.21 中的 3 个圆，对其使用阴影的效果如图 16.22 所示。

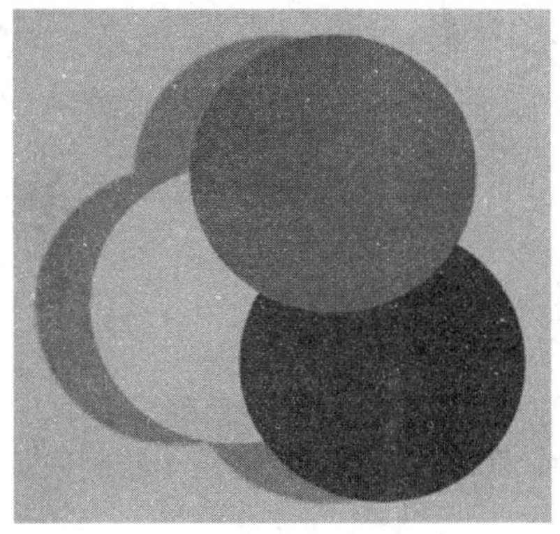

图 16.21　在透明层使用阴影

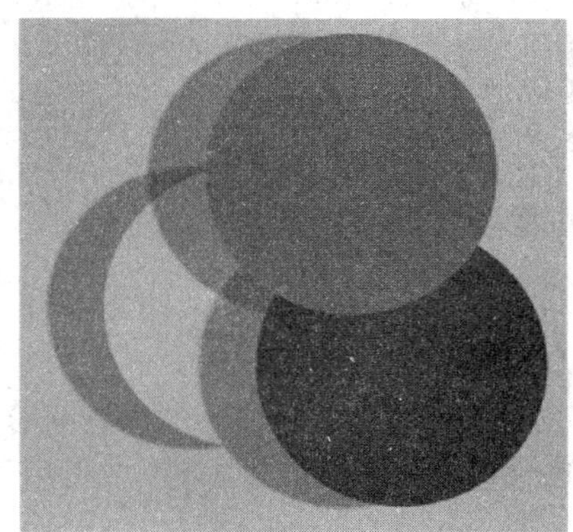

图 16.22　三圈作为单独的实体

1. 透明层的工作机制

Quartz 的透明层类似于许多流行的图形应用中的层，层是独立的实体。Quartz 为每个上下文维护一个透明层栈，并且透明层是可以嵌套的。但由于层通常是栈的一部分，所以不能单独操作层。

通过调用函数 CGContextBeginTransparencyLayer()来开始一个透明层，该函数需要两个参数：图形上下文与 CFDictionary 对象。字典中包含所提供的指定层额外信息的选项，但由于 Quartz 2D API 中没有使用字典，所以传递一个 NULL。在调用这个函数后，图形状态参数保持不变，除了 Alpha 值（默认设置为 1）、阴影（默认关闭）、混合模式（默认设置为 normal）及其他影响最终组合的参数。

在开始透明层操作后，可以绘制任何想显示在层上的对象。指定上下文中的绘制操作将被当成一个组合对象绘制到一个透明背景上。这个背景被当作一个独立于图形上下文的目标缓存。

当绘制完成后，调用函数 CGContextEndTransparencyLayer()。Quartz 将结合对象放入上下文，并使用上下文的全局 Alpha 值、阴影状态及裁减区域作用于组合对象。

2. 在透明层中进行绘制

在透明层中绘制需要 3 步：

第 1 步，调用函数 CGContextBeginTransparencyLayer()。

第 2 步，在透明层中绘制需要组合的对象。

第 3 步，调用函数 CGContextEndTransparencyLayer()。

图 16.23 显示了在透明层中绘制 3 个矩形，并将这 3 个矩形当成一个整体来渲染阴影。

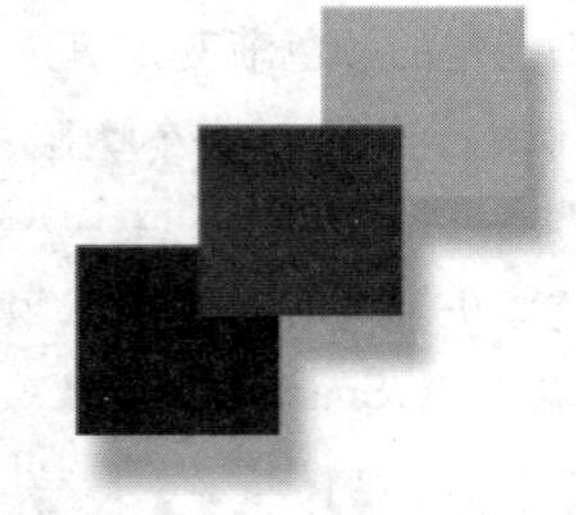

图 16.23　在透明层绘制 3 个矩形

【示例】下面的代码演示了如何使用一个透明层产生如图 16.23 所示的矩形。

```
///画到一个透明层
void MyDrawTransparencyLayer (CGContext myContext, float wd,float ht)
{
    CGSize myShadowOffset = CGSizeMake (10, -20);/
    CGContextSetShadow (myContext, myShadowOffset, 10);
    CGContextBeginTransparencyLayer (myContext, NULL);
     //你的绘图代码放在这里
     CGContextSetRGBFillColor (myContext, 0, 1, 0, 1);
     CGContextFillRect (myContext, CGRectMake (wd/3+ 50,ht/2,wd/4,ht/4));
     CGContextSetRGBFillColor (myContext, 0, 0, 1, 1);
     CGContextFillRect (myContext, CGRectMake (wd/3-50,ht/2-100,wd/4,ht/4));
     CGContextSetRGBFillColor (myContext, 1, 0, 0, 1);
     CGContextFillRect (myContext, CGRectMake (wd/3,ht/2-50,wd/4,ht/4));
     CGContextEndTransparencyLayer (myContext);
}
```

16.2.9　使用 PDF 文档

PDF 文档存储依赖于分辨率的向量图形、文本和位图，并用于程序的一系列指令中。一个 PDF 文档可以包含多页的图形和文本。PDF 可用于创建跨平台、只读的文档，也可用于绘制依赖于分辨率的图形。

Quartz 为所有应用程序创建高保真的 PDF 文档，这些文档保留应用的绘制操作，如图 16.24 所示。PDF 文档的结果将通过系统的其他部分或第三方的产品有针对性地进行优化。Quartz 创建的 PDF 文档在 Preview 和 Acrobat 中都能正确地显示。

Quartz 不仅使用 PDF 作为其数字页，同样包含一些 API 来显示和生成 PDF 文件，以及完成一些其他 PDF 相关的工作。

1. 打开和查看 PDF

Quartz 提供了 CGPDFDocumentRef 数据类型来表示 PDF 文档。可以使用 CGPDFDocumentCreateWithProvider 或 CGPDFDocumentCreateWithURL 来创建 CGPDFDocument 对象。在创建 CGPDFDocument 对象后，可以将其绘制到图形上下文中。图 16.25 显示了在一个窗体中绘制 PDF 文档的效果。

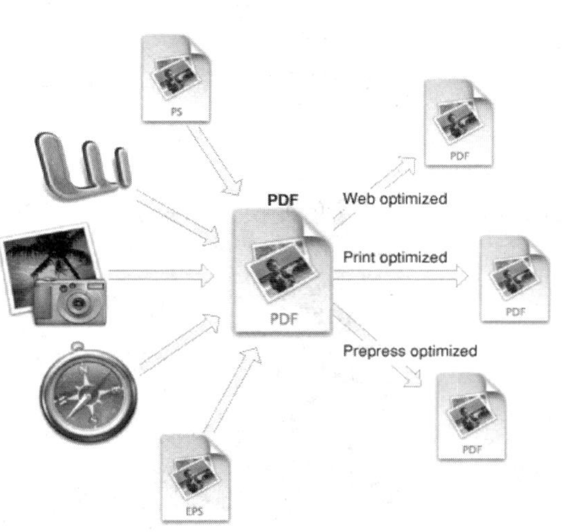

图 16.24　Quartz 创建高质量的 PDF 文档

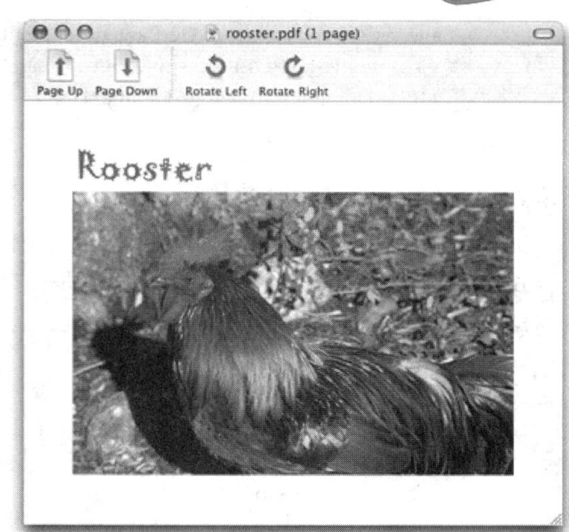

图 16.25　在窗体中绘制 PDF 文档

【示例 1】下面的代码显示了如何创建一个 CGPDFDocument 对象及获取文档的页数。

```
//从一个 PDF 文件创建 CGPDFDocument 对象
CGPDFDocumentRef MyGetPDFDocumentRef (const char *filename)
{
        CFStringRef path;
        CFURLRef url;
        CGPDFDocumentRef document;
        size_t count;
        path = CFStringCreateWithCString (NULL, filename,
                                kCFStringEncodingUTF8);
        url = CFURLCreateWithFileSystemPath (NULL, path, // 1
                                kCFURLPOSIXPathStyle, 0);
        CFRelease (path);
        document = CGPDFDocumentCreateWithURL (url);// 2
        CFRelease(url);
         count = CGPDFDocumentGetNumberOfPages (document);// 3
         if (count == 0) {
            printf("'%s' needs at least one page!", filename);
            return NULL;
        }
        return document;
}
```

【示例 2】下面的代码显示了如何将一个 PDF 页绘制到图形上下文中。

```
//绘制一个 PDF 页面
void MyDisplayPDFPage (CGContextRef myContext,size_t pageNumber,
                    const char *filename)
{
        CGPDFDocumentRef document;
        CGPDFPageRef page;
        document = MyGetPDFDocumentRef (filename);// 1
```

```
        page = CGPDFDocumentGetPage (document, pageNumber);// 2
        CGContextDrawPDFPage (myContext, page);// 3
        CGPDFDocumentRelease (document);// 4
}
```

Note

2. 为 PDF 页创建一个转换

Quartz 提供了函数 CGPDFPageGetDrawingTransform()来创建一个仿射变换，该变换基于将 PDF 页的 BOX 映射到指定的矩形中。函数原型是：

```
CGAffineTransform CGPDFPageGetDrawingTransform (
            CGPPageRef page,
            CGPDFBox box,
            CGRect rect,
            int rotate,
            bool preserveAspectRatio
);
```

该函数通过如下算法来返回一个仿射变换：

- ☑ 将在 box 参数中指定的 PDF Box 的类型相关的矩形（media、crop、bleed、trim、art）与指定的 PDF 页的 MediaBox 入口求交集。相交的部分即为一个有效的矩形（effective rectangle）。
- ☑ 设置 effective rectangle 旋转参数，以及指定 Rotate 入口角度。
- ☑ 将得到的矩形放到 rect 参数指定的位置。
- ☑ 如果 rotate 参数非零且是 90 的倍数，函数将 effective rectangel 旋转该值指定的角度，正值向右旋转，负值向左旋转。需要注意的是传入的是角度，而不是弧度。PDF 页的 Rotate 入口也包含一个旋转，此处提供的 rotate 参数是与 Rotate 入口接合在一起的。
- ☑ 如果需要，可以缩放矩形，从而与提供的矩形保持一致。
- ☑ 如果通过传递 true 值给 preserveAspect Radio 参数以指定保持长宽比，则最后的矩形将与 rect 参数的矩形的边一致。

例如，可以使用这个函数创建一个与图 16.26 类似的 PDF 浏览程序。如果提供一个 Rotate Left/Rotate Right 属性，则可以调用 CGPDFPageGet DrawingTransform()来根据当前的窗体大小和旋转设置计算出适当的转换。

图 16.26　PDF 页向右旋转 90°

【示例 3】下面的代码显示了为一个 PDF 页创建及应用仿射变换，然后绘制 PDF，代码如下：

```
//为 PDF 页面创建一个仿射变换
void MyDrawPDFPageInRect (CGContextRef context,
                          CGPDFPageRef page,
                          CGPDFBox box,
                          CGRect rect,
                          int rotation,
```

```
                          bool preserveAspectRatio)
{
        CGAffineTransform m;
        m = CGPDFPageGetDrawingTransform (page, box, rect, rotation,
                preserveAspectRato);
    CGContextSaveGState (context);
    CGContextConcatCTM (context, m);
    CGContextClipToRect (context,CGPDFPageGetBoxRect (page, box));
    CGContextDrawPDFPage (context, page);
     CGContextRestoreGState (context);
}
```

3. 创建 PDF 文件

使用 Quartz 创建 PDF 与绘制其他图形上下文一样简单。指定一个 PDF 文件地址，设置一个 PDF 图形上下文，并使用与其他图形上下文一样的绘制程序。下面的代码中所示的 MyCreatePDFFile()函数，显示了创建一个 PDF 的所有工作。

【示例 4】 在 CGPDFContextBeginPage 和 CGPDFContextEndPage 中绘制 PDF。可以传递一个 CFDictionary 对象来指定页属性，包括 media、crop、bleed、trim 和 art boxes。

```
//创建一个 PDF 文件
void MyCreatePDFFile (CGRect pageRect, const char *filename)
{
        CGContextRef pdfContext;
        CFStringRef path;
        CFURLRef url;
        CFData boxData = NULL;
        CFMutableDictionaryRef myDictionary = NULL;
        CFMutableDictionaryRef pageDictionary = NULL;
        path = CFStringCreateWithCString (NULL, filename,
                                    kCFStringEncodingUTF8);
        url = CFURLCreateWithFileSystemPath (NULL, path,
                    kCFURLPOSIXPathStyle, 0);
        CFRelease (path);
         myDictionary = CFDictionaryCreateMutable(NULL, 0,
                        &kCFTypeDictionaryKeyCallBacks,
                        &kCFTypeDictionaryValueCallBacks);
        CFDictionarySetValue(myDictionary, kCGPDFContextTitle, CFSTR("My PDF File"));
        CFDictionarySetValue(myDictionary, kCGPDFContextCreator, CFSTR("My Name"));
        pdfContext = CGPDFContextCreateWithURL (url, &pageRect, myDictionary);
         CFRelease(myDictionary);
        CFRelease(url);
        pageDictionary = CFDictionaryCreateMutable(NULL, 0,
                        &kCFTypeDictionaryKeyCallBacks,
                        &kCFTypeDictionaryValueCallBacks);
         boxData = CFDataCreate(NULL,(const UInt8 *)&pageRect, sizeof (CGRect));
         CFDictionarySetValue(pageDictionary, kCGPDFContextMediaBox, boxData);
         CGPDFContextBeginPage (pdfContext, &pageRect);
         myDrawContent (pdfContext);
         CGPDFContextEndPage (pdfContext);
```

```
        CGContextRelease (pdfContext);
        CFRelease(pageDictionary);
        CFRelease(boxData);
}
```

Note

4. 添加链接

可以在 PDF 上下文中添加链接和锚点。Quartz 提供了 3 个函数，每个函数都以 PDF 图形上下文作为参数，还有链接的信息。

☑ CGPDFContextSetURLForRect 指定在单击当前 PDF 页中的矩形时打开一个 URL。

☑ CGPDFContextSetDestinationForRect 指定在单击当前 PDF 页中的矩形区域时设置目标以进行跳转。我们需要提供一个目标名。

☑ CGPDFContextAddDestinationAtPoint 指定在单击当前 PDF 页中的一个点时设置目标以进行跳转。用户需要提供一个目标名。

5. 保护 PDF 内容

为了保护 PDF 内容，可以在辅助字典中指定一些安全选项并传递给 CGPDFContextCreate。可以通过包含如下关键字来设置所有者密码、用户密码、PDF 是否可以被打印或复制。

☑ kCGPDFContextOwnerPassword：定义 PDF 文档的所有者密码。如果指定该值，则文档使用所有者密码来加密；否则文档不加密。该关键字的值必须是 ASCII 编码的 CFString 对象。只有前 32 位是用于密码的。该值没有默认值。如果该值不能表示成 ASCII，则无法创建文档并返回 NULL。Quartz 使用 40-bit 加密。

☑ kCGPDFContextUserPassword：定义 PDF 文档的用户密码。如果文档加密了，则该值是文档的用户密码。如果没有指定，则用户密码为空。该关键字的值必须是 ASCII 编码的 CFString 对象。只有前 32 位是用于密码的。如果该值不能表示成 ASCII，则无法创建文档并返回 NULL。

☑ kCGPDFContextAllowsPrinting：指定当使用用户密码锁定时文档是否可以打印。该值必须是 CFBoolean 对象。默认值是 kCGBooleanTrue。

☑ kCGPDFContextAllowsCopying：指定当使用用户密码锁定时文档是否可以复制。该值必须是 CFBoolean 对象。默认值是 kCGBooleanTrue。

【示例 5】下面的代码显示了如何确认 PDF 文档是否被锁定，以及用密码打开文档。

```
//从一个 URL 中打开 PDF 文件
CGPDFDocumentRef myDocument;
myDocument = CGPDFDocumentCreateWithURL(url);// 1
if (myDocument == NULL) {
    error ("can't open '%s'.", filename);
    CFRelease (url);
    return EXIT_FAILURE;
}
CFRelease (url);
if (CGPDFDocumentIsEncrypted (myDocument)) {
    if (!CGPDFDocumentUnlockWithPassword (myDocument, "")) {
        printf ("Enter password: ");
        fflush (stdout);
        password = fgets(buffer, sizeof(buffer), stdin);
```

```
            if (password != NULL) {
                buffer[strlen(buffer) - 1] = '\0';
                if (!CGPDFDocumentUnlockWithPassword (myDocument, password))
                    error("invalid password.");
            }
        }
    }
    if (!CGPDFDocumentIsUnlocked (myDocument)) {// 4
            error("can't unlock '%s'.", filename);
            CGPDFDocumentRelease(myDocument);
            return EXIT_FAILURE;
    }
     if (CGPDFDocumentGetNumberOfPages(document) == 0) {// 5
        CGPDFDocumentRelease(document);
        return EXIT_FAILURE;
    }
```

16.3　案例实战

本节将通过多个案例详细演示 Quartz 2D 在项目中的具体应用。

16.3.1　案例：绘制图形

Quartz 2D 提供了多个方法绘制基本矩形和椭圆，如果需要绘制更复杂的图形，则需要借助路径。下面的程序先使用这些方法绘制基本图形。

【操作步骤】

第 1 步，新建 Single View Application 类型项目，保存为 test。

第 2 步，此处不用修改应用程序委托和视图控制器类，只需将 Storyboard 界面文件中最大的 UIView 控件类改为使用 GeometryView 自定义类。GeometryView 是 UIView 派生出来的一个子类（GeometryView.h）。

```
#import <UIKit/UIKit.h>
@interface GeometryView: UIView
@end
```

第 3 步，重写 drawRect:方法进行绘图，该控件类的实现部分如下（GeometryView.m）：

```
#import "GeometryView.h"
@implementation GeometryView
//重写该方法进行绘图
- (void)drawRect:(CGRect)rect
{
 //获取绘图上下文
 CGContextRef ctx = UIGraphicsGetCurrentContext();
 //设置线宽
 CGContextSetLineWidth(ctx, 16);
```

Note

```
    CGContextSetRGBStrokeColor(ctx, 0, 1, 0, 1);
    /*+++填充矩形 +++*/
    //设置线条颜色
    CGContextSetStrokeColorWithColor(ctx, [UIColor blueColor].CGColor);
    //设置线条宽度
    CGContextSetLineWidth(ctx, 14);
    //设置填充颜色
    CGContextSetFillColorWithColor(ctx, [UIColor redColor].CGColor);
    //填充一个矩形
    CGContextFillRect(ctx, CGRectMake(30, 120, 120, 60));
    //设置填充颜色
    CGContextSetFillColorWithColor(ctx, [UIColor yellowColor].CGColor);
    //填充一个矩形
    CGContextFillRect(ctx, CGRectMake(80, 160, 120, 60));
    /*+++绘制矩形边框 +++*/
    //取消设置点线模式
    CGContextSetLineDash(ctx, 0, 0, 0);
    //绘制一个矩形边框
    CGContextStrokeRect(ctx, CGRectMake(30, 230, 120, 60));
    //设置线条颜色
    CGContextSetStrokeColorWithColor(ctx, [UIColor purpleColor].CGColor);
    //设置线条连接点的形状
    CGContextSetLineJoin(ctx, kCGLineJoinRound);
    //绘制一个矩形边框
    CGContextStrokeRect(ctx, CGRectMake(80, 260, 120, 60));
    //设置线条颜色
    CGContextSetRGBStrokeColor(ctx, 1.0, 0, 1.0, 1.0);
    //设置线条连接点的形状
    CGContextSetLineJoin(ctx, kCGLineJoinBevel);
    //绘制一个矩形边框
    CGContextStrokeRect(ctx, CGRectMake(130, 290, 120, 60));
    //设置线条颜色
    CGContextSetRGBStrokeColor(ctx, 0, 1, 1, 1);
    /*+++绘制和填充一个椭圆 +++*/
    //绘制一个椭圆
    CGContextStrokeEllipseInRect(ctx, CGRectMake(30, 380, 120, 60));
    //设置填充颜色
    CGContextSetRGBFillColor(ctx, 1, 0, 1, 1);
    //填充一个椭圆
    CGContextFillEllipseInRect(ctx, CGRectMake(180, 380, 120, 60));
}
@end
```

上面的代码先使用不同的颜色分别填充了两个矩形，再用代码绘制了 3 个矩形边框，第一个矩形边框使用了默认的连接点风格（mete）；第二个矩形边框使用了 round 连接点风格；第三个矩形边框使用了 bevel 连接点风格。最后绘制了一个椭圆边框并填充了一个椭圆区域。

第 4 步，运行程序，显示效果如图 16.27 所示。

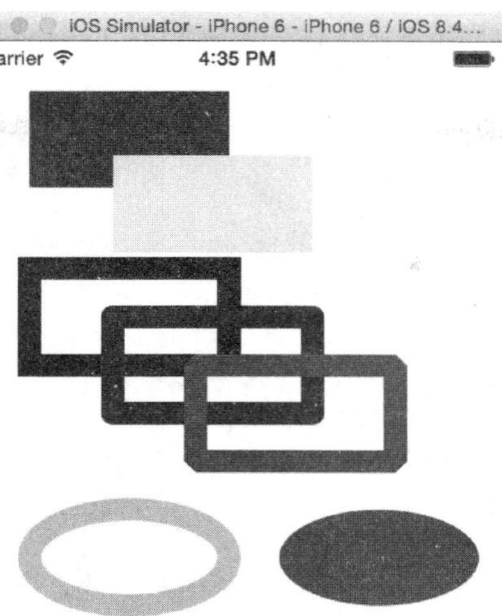

图 16.27　绘制简单的基本图形

16.3.2　案例：绘制线条

使用 Quartz 2D 绘制线段或边框时，默认总是使用实线，如果使用点线进行绘制，可调用 CGContextRef 的 CGContextSetLineDash(CGContextRef c, CGFloat phase, const CGFloatlengths[], size_t count)函数进行设置。

CGContextSetLineDash()函数的第 3 个参数是点线模式的关键，该参数是一个 CGFloat 型数组，第 4 个参数通常用于指定该数组的长度，每个 CGFloat 值依次控制点线的实线长度、间距。通过第 2 个参数依次指定点线模式的实线长度、间距的重复模式，这样可以定义出任意形状的点线。该方法的第 2 个参数用于指定点线的相位，该参数将会与第 3 个参数协同起作用。

下面通过一个示例演示 Quartz 2D 的点线模式绘制方法。

【操作步骤】

第 1 步，新建 Single View Application 类型项目，保存为 test。该应用包含一个应用程序委托类、一个视图控制器类以及配套的 Storyboard 界面设计文件。

第 2 步，在界面上拖入一个 UISlider 来控制 phase 参数，拖入一个 UIPicker View 控制 lengths 参数，拖入一个按钮用于恢复 phase 参数值，界面设计效果如图 16.28 所示。

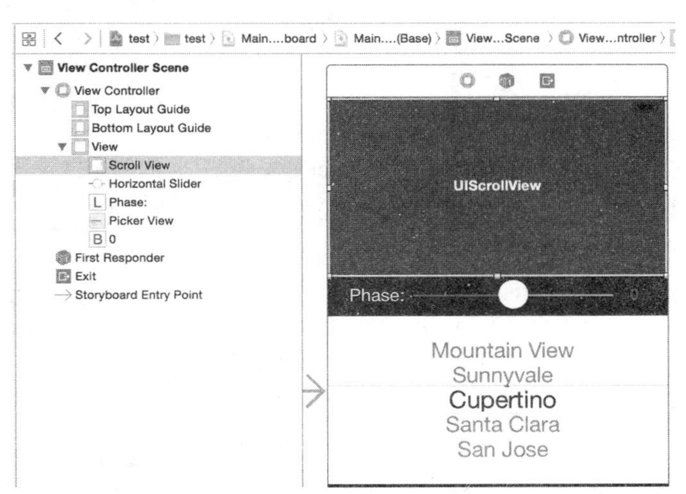

图 16.28　界面设计效果

第 3 步，为了访问这些 UI 控件，将 UIScrollView 绑定到控制器的 scrollView IBOutlet 属性，将 UIPickerView 绑定到控制器的 picker IBOutlet 属性，将 UISlider 绑定到 phase IBOutlet 属性。

第 4 步，为按钮的 Touch Up Inside 事件绑定 reset IBAction 事件处理方法。

第 5 步，修改该控制器类的实现部分代码，代码如下（ViewController.m）：

```
#import "ViewController.h"
#import "DashLineView.h"
@implementation ViewController
typedef struct {
 CGFloat pattern[5];
 size_t count;
} Pattern;
//初始化多个点线模式
static Pattern patterns[] = {
 {{10.0, 10.0}, 2},
 {{10.0, 20.0, 10.0}, 3},
 {{10.0, 20.0, 30.0}, 3},
 {{10.0, 20.0, 10.0, 30.0}, 4},
 {{10.0, 10.0, 20.0, 20.0}, 4},
 {{10.0, 10.0, 20.0, 30.0, 50.0}, 5},
};
static NSInteger patternCount = sizeof(patterns)
 / sizeof(patterns[0]);
DashLineView* dashView;
-(void)viewDidLoad
{
 [super viewDidLoad];
 //创建 DashLineView 自定义控件
 dashView = [[DashLineView alloc] initWithFrame:
                    self.scrollView.bounds];
 //将 DashLineView 控件添加到 scrollView 中
 [self.scrollView addSubview: dashView];
 [dashView setDashPattern:patterns[0].pattern
       count:patterns[0].count];
 //为 UIPickerView 设置 dataSource、delegate 属性
 self.picker.dataSource = self;
 self.picker.delegate = self;
 //选中 UIPickerView 的第一行
 [self.picker selectRow:0 inComponent:0 animated:NO];
 //为 UIPickerView 的 Value Changed 事件绑定事件监听器
 [self.phase addTarget:self action:@selector(dashPhase)
        forControlEvents:UIControlEventValueChanged];
}
-(void)dashPhase
{
 //将 dashView 的 dashPhase 设置为与 UIPickerView 的值相同
 dashView.dashPhase = self.phase.value;
}
-(IBAction)reset
{
 //将 dashView 的 dashPhase 设为 0
 dashView.dashPhase = 0.0;
 //将界面上 UIPickerView 控件的值也设为 0
```

```
 self.phase.value = 0.0;
}
//该方法的返回值控制 UIPickerView 只包含一列
-(NSInteger)numberOfComponentsInPickerView:(UIPickerView *)pickerView
{
 return 1;
}
//该方法的返回值控制 UIPickerView 包含多少个列表项
-(NSInteger)pickerView:(UIPickerView *)pickerView
 numberOfRowsInComponent:(NSInteger)component
{
 return patternCount;
}
//该方法的返回值决定每个列表项所显示的文本
-(NSString *)pickerView:(UIPickerView *)pickerView titleForRow:
 (NSInteger)row forComponent:(NSInteger)component;
{
 //获取 patterns 数组的第 row 个元素
 Pattern p = patterns[row];
 //将第 row 个 patterns 数组元素的 pattern 成员所包含的 count 个值拼接起来
 //作为第 row 个列表项所显示的文本
 NSMutableString *title = [NSMutableString
        stringWithFormat:@"%.0f", p.pattern[0]];
 for(size_t i = 1; i < p.count; ++i)
 {
        [title appendFormat:@"-%.0f", p.pattern[i]];
 }
 return title;
}
//当用户选择 UIPickView 的指定列表项时，程序设置 dashView 的点线模式
-(void)pickerView:(UIPickerView *)pickerView didSelectRow:
 (NSInteger)row inComponent:(NSInteger)component
{
 [dashView setDashPattern:patterns[row].pattern
        count:patterns[row].count];
}
@end
```

上面的代码用到了一个自定义控件类 DashLineView，当通过 UISlider 调整 phase 或通过按钮重设 phase 时，程序都会修改 DashLineView 的 dashPhase 属性，从而改变该自定义控件的绘制外观。当通过 UIPickerView 选择不同的列表项时，程序会调用 DashLineView 的 setDashPattern:count:方法。

第 6 步，下面是 DashLineView 自定义类的接口代码（DashLineView.h）：

```
#import <UIKit/UIKit.h>
@interface DashLineView: UIView
{
 CGFloat dashPattern[10];
 size_t dashCount;
}
@property(nonatomic, assign) CGFloat dashPhase;
```

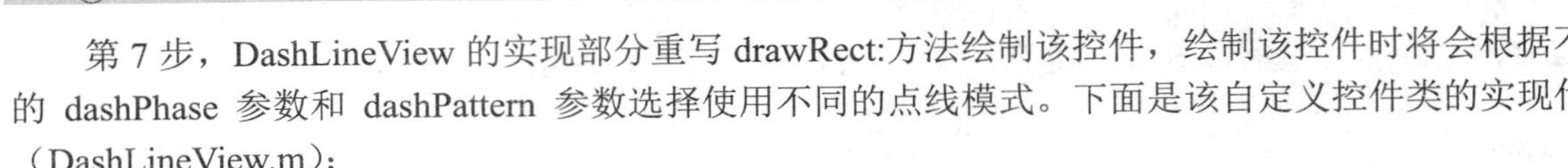

```
-(void)setDashPattern:(CGFloat*)pattern count:(size_t)count;
@end
```

第 7 步，DashLineView 的实现部分重写 drawRect:方法绘制该控件，绘制该控件时将会根据不同的 dashPhase 参数和 dashPattern 参数选择使用不同的点线模式。下面是该自定义控件类的实现代码（DashLineView.m）：

```
#import "DashLineView.h"
@implementation DashLineView
@synthesize dashPhase;
-(id)initWithFrame:(CGRect)frame
{
 self = [super initWithFrame:frame];
 if(self != nil)
 {
        self.opaque = YES;
        self.backgroundColor = [UIColor blackColor];
        //设置每次清空上一次绘制的内容
        self.clearsContextBeforeDrawing = YES;
        dashCount = 0;
        dashPhase = 0.0;
 }
 return self;
}
-(void)setDashPhase:(CGFloat)phase
{
 if(phase != dashPhase)
 {
        //对 dashPhase 赋值
        dashPhase = phase;
        //通知该控件重绘自己
        [self setNeedsDisplay];
 }
}
-(void)setDashPattern:(CGFloat *)pattern count:(size_t)count
{
 //如果 count 与 dashCount 不相等，或者 dashPattern 数组与 pattern 数组不相等
 if((count != dashCount) || (memcmp(dashPattern, pattern, sizeof(CGFloat) * count) != 0))
 {
        //将 pattern 数组的值复制到 dashPattern 数组中
        memcpy(dashPattern, pattern, sizeof(CGFloat) * count);
        //对 dashCount 赋值
        dashCount = count;
        //通知该控件重绘自己
        [self setNeedsDisplay];
 }
}
//重写该方法，绘制该控件
-(void)drawRect:(CGRect)rect
{
 //获取绘图上下文
```

```
    CGContextRef ctx = UIGraphicsGetCurrentContext();
    //设置线条颜色
    CGContextSetRGBStrokeColor(ctx, 1.0, 0.0, 1.0, 1.0);
    //设置线宽
    CGContextSetLineWidth(ctx, 2.0);
    //设置点线模式
    CGContextSetLineDash(ctx, dashPhase, dashPattern, dashCount);
    CGPoint line1[] = {CGPointMake(10.0, 20.0), CGPointMake(310.0, 20.0)};
    //绘制一条线段
    CGContextStrokeLineSegments(ctx, line1, 2);
    CGPoint line2[] = {CGPointMake(160.0, 130.0), CGPointMake(160.0, 130.0)};
    //绘制一条线段
    CGContextStrokeLineSegments(ctx, line2, 2);
    //绘制一个矩形
    CGContextStrokeRect(ctx, CGRectMake(10.0, 30.0, 100.0, 100.0));
    //绘制一个椭圆
    CGContextStrokeEllipseInRect(ctx, CGRectMake(210.0, 30.0, 100.0, 100.0));
}
@end
```

上面的代码设置了绘制图形所用的点线模式，该点线模式的 dashPhase.dashPattern 来自该控件的属性。这些属性会随着操作界面上的 UISlider、UIPickerView 改变，这样就可以使用不同的点线模式来绘制该 UI 控件上的线条。

第 8 步，运行程序，显示效果如图 16.29 所示。当选择 UIPickerView 不同列表项目时，可以看到界面上点线模式的实线长度、间距会随选择而动态改变。如果拖动界面上的 UIPickerView，将不断改变点线模式的 phase 参数，形成类似动画的效果。这是因为程序采用不同的 phase 绘制点线时，就会形成线条在流动的效果。

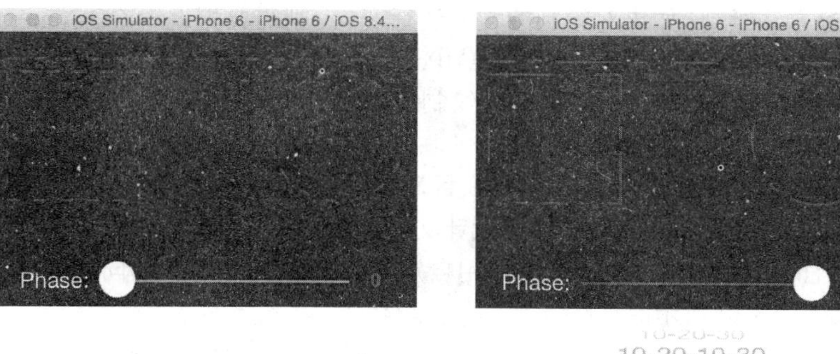

图 16.29　动态绘制线条或边框效果

16.3.3　案例：绘制文本

使用 CGContextRef 可以绘制文本，提供如下调用函数。

☑　CGAffineTransform CGContextGetTextMatrix(CGContextRef c)：获取当前对文本执行变换的

变换矩阵。

☑ CGPoint CGContextGetTextPosition(CGContextRef c)：获取该 CGContextRef 中当前绘制文本的位置。

☑ CGContextSelectFont(CGContextRef c, const char *name, CGFloat size, CGTextEncoding textEncoding)：设置当前绘制文本的字体及字体大小。

☑ void CGContextSetCharacterSpacing(CGContcxtRcf c, CGFloat spacing)：设置绘制文本的字符间距。

☑ void CGContextSetFont(CGContextRef c, CGFontRef font)：设置绘制文本的字体。

☑ void CGContextSetFontSize(CGContextRef c, CGFloat size)：设置绘制文本的字体大小。

☑ CGContextSetTextDrawingMode(CGContextRef c, CGTextDrawingMode mode)：设置绘制文本的绘制模式。

☑ void CGContextSetTextMatrix(CGContextRef c, CGAffineTransform t)：设置对将要绘制的文本执行指定的变换。

☑ CGContextSetTextPosition(CGContextRef c, CGFloat x, CGFloat y)：设置 CGContextRef 的一个文本的绘制位置。

☑ void CGContextShowText(CGContextRef c, const char *string, size -t length)：控制 CGContext Ref 在当前绘制点绘制指定文本。

☑ void CGContextShowTextAtPoint (CGContextRef c, CGFloat x, CGFloat y, const char *string, size -t length)：控制 CGContextRef 在指定绘制点绘制指定文本。

使用 CGContextRef 绘制文本的步骤如下：

第 1 步，获取绘图的 CGContextRef。

第 2 步，设置绘制文本的相关属性，如绘制方式、字体大小、字体名称等。

第 3 步，如果绘制不需要变换的文本，调用 NSString 的 drawAtPoint:withAttributes:、drawIn Attributes:withFont:等方法绘制；如果对绘制的文本进行变换，则需要先调用 CGContextSetTextMatrix()函数设置变换矩阵，再调用 CGContextShowTextAtPoint()绘制文本。

下面通过一个示例演示如何利用 Quartz 2D 绘制文本。

【操作步骤】

第 1 步，新建 Single View Application 类型项目，保存为 test。该应用包含一个应用程序委托类、一个视图控制器类以及配套的 Storyboard 界面设计文件。

第 2 步，将该界面设计文件中 View 改为使用自定义的 TextView 类，并向该界面设计文件添加两个 UISlider 控件，如图 16.30 所示。

第 3 步，为了方便 UISlider 控件控制文本的缩放和旋转角度，将控制缩放的 UISlider 的最小值、最大值分别设置为 0.1、5；将控制旋转的 UISlider 的最小值、最大值分别设为-90、90。

第 4 步，为两个 UISlider 的 Value Changed 事件分别绑定 scaleChanged:和 rotateChanged: IBActino 方法（ViewController.h）。

```
#import <UIKit/UIKit.h>
@interface ViewController: UIViewController
- (IBAction)scaleChanged:(id)sender;
- (IBAction)rotateChanged:(id)sender;
@end
```

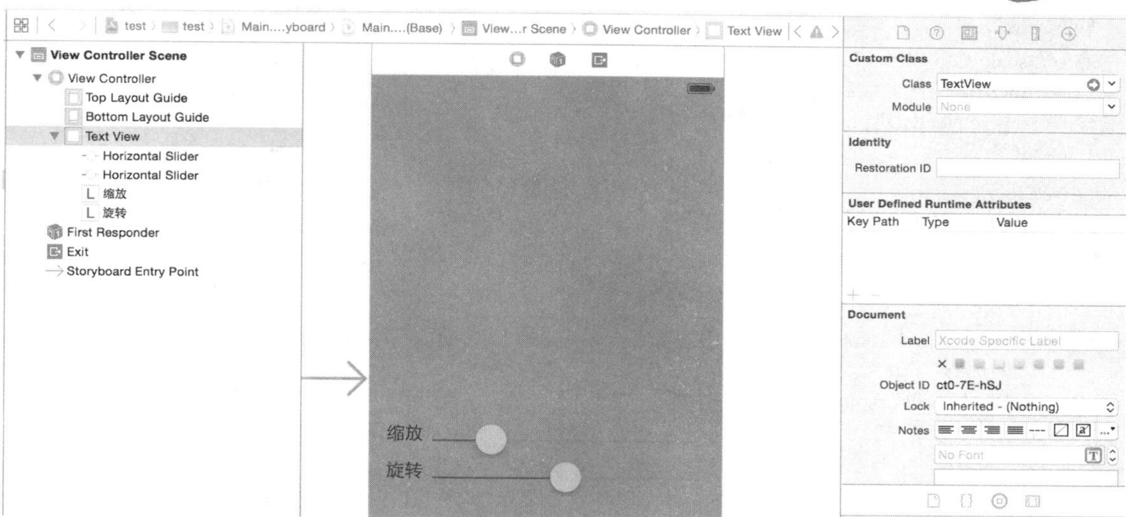

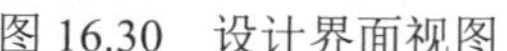
图 16.30　设计界面视图

第 5 步，下面是该应用的视图控制器类的实现代码（ViewController.m）。

```
#import "ViewController.h"
#import "TextView.h"
@implementation ViewController
- (void)viewDidLoad
{
    [super viewDidLoad];
 self.view.backgroundColor = [UIColor whiteColor];
}
- (IBAction)scaleChanged:(id)sender
{
 //修改 TextView 的 scaleRate 属性
 ((TextView*)self.view).scaleRate = ((UISlider*)sender).value;
}
- (IBAction)rotateChanged:(id)sender
{
 //修改 TextView 的 rotateAngle 属性
 ((TextView*)self.view).rotateAngle = ((UISlider*)sender).value;
}
@end
```

上面的控制器代码设计当用户拖动界面的 UISlider 时，视图控制器中的监听器方法就会改变 TextView 控件的 scaleRate、rotateAngle 属性。当这些属性被修改时，TextView 就会使用特定的缩放比、旋转角重绘文本。

第 6 步，下面是 TextView 类的实现代码（TextView.m）。

```
#import "TextView.h"
@implementation TextView
- (void)setScaleRate:(CGFloat)scaleRate
{
 if(_scaleRate != scaleRate)
```

```
 {
        _scaleRate = scaleRate;
        //通知该控件重绘自己
        [self setNeedsDisplay];
 }
}
- (void)setRotateAngle:(CGFloat)rotateAngle
{
 if(_rotateAngle != rotateAngle)
 {
        _rotateAngle = rotateAngle;
        //通知该控件重绘自己
        [self setNeedsDisplay];
 }
}
//重写该方法绘制该控件
- (void)drawRect:(CGRect)rect
{
 //获取该控件的绘图 CGContextRef
 CGContextRef ctx = UIGraphicsGetCurrentContext();
 //设置字符间距
 CGContextSetCharacterSpacing (ctx, 4);
 //设置填充颜色
 CGContextSetRGBFillColor (ctx, 1, 0, 1, 1);
 //设置线条颜色
 CGContextSetRGBStrokeColor (ctx, 0, 0, 1, 1);
 //设置使用填充模式绘制文字
 CGContextSetTextDrawingMode (ctx, kCGTextFill);
 //绘制文字
 [@"iOS" drawAtPoint:CGPointMake(10,20)
        withAttributes:[NSDictionary dictionaryWithObjectsAndKeys:
        [UIFont fontWithName:@"Arial Rounded MT Bold" size: 45],
        NSFontAttributeName,
        [UIColor magentaColor], NSForegroundColorAttributeName, nil]];
 //设置使用描边模式绘制文字
 CGContextSetTextDrawingMode (ctx, kCGTextStroke);
 //绘制文字
 [@"iOS" drawAtPoint:CGPointMake(10,80)
        withAttributes:[NSDictionary dictionaryWithObjectsAndKeys:
        [UIFont fontWithName:@"Heiti SC" size: 40],NSFontAttributeName,
        [UIColor blueColor], NSForegroundColorAttributeName, nil]];
 //设置使用填充、描边模式绘制文字
 CGContextSetTextDrawingMode (ctx, kCGTextFillStroke);
 //绘制文字
 [@"iOS" drawAtPoint:CGPointMake(10,130)
        withAttributes:[NSDictionary dictionaryWithObjectsAndKeys:
        [UIFont fontWithName:@"Heiti SC" size: 50], NSFontAttributeName,
        [UIColor magentaColor], NSForegroundColorAttributeName, nil]];
 //定义一个垂直镜像的变换矩阵
 CGAffineTransform yRevert = CGAffineTransformMake(1, 0, 0, -1, 0, 0);
```

```
    //设置绘制文本的字体和字体大小
    CGContextSelectFont (ctx, "Courier New", 40, kCGEncodingMacRoman);
    //为 yRevert 变换矩阵根据 scaleRate 添加缩放变换矩阵
    CGAffineTransform scale = CGAffineTransformScale(yRevert, self.scaleRate, self.scaleRate);
    //为 scale 变换矩阵根据 rotateAngle 添加旋转变换矩阵
    CGAffineTransform rotate = CGAffineTransformRotate(scale, M_PI * self.rotateAngle / 180);
    //对 CGContextRef 绘制文字时应用变换
    CGContextSetTextMatrix(ctx, rotate);
    //绘制文本
    CGContextShowTextAtPoint(ctx, 50, 300, "iOS", 3);
}
@end
```

上面的代码调用 NSString 的 drawAtPoint:withAttributes:方法进行绘制，接着对绘制的文本执行坐标变换，先用 CGAffineTransformMake()函数定义了一个变换矩阵（1,0,0,-1,0,0），该变换矩阵将会对绘制的文本做垂直镜像，之后调用 CGContextShowTextAtPoint()函数绘制了文本，该文本将会带有缩放和旋转的效果。

第 7 步，运行该程序，通过拖动界面上的 UISlider 控件改变文本的缩放、旋转，效果如图 16.31 所示。

图 16.31　动态绘制文本效果

16.3.4　案例：绘制路径

【示例 1】本例使用 CGContextAddArc()函数绘制扇形，借助循环绘制了 10 个扇形，而且这 10 个扇形的透明度逐渐降低。

【操作步骤】

第 1 步，新建 Single View Application 类型项目，保存为 test。该应用包含一个应用程序委托类、一个视图控制器类以及配套的 Storyboard 界面设计文件。

第 2 步，将该界面设计文件中 View 改为使用自定义的 ArcView 类。

第 3 步，此处没有修改视图控制器类，只重写 ArcView 的 drawRect:方法，在该方法中使用路径绘制扇形。ArcView 类的实现代码如下（ArcView.m）：

```
#import "ArcView.h"
@implementation ArcView
- (void)drawRect:(CGRect)rect
{
 CGContextRef ctx = UIGraphicsGetCurrentContext();
 for(int i = 0; i < 10; i++)
 {
      //开始定义路径
      CGContextBeginPath(ctx);
      //添加一段圆弧，最后一个参数为 1 代表逆时针，为 0 代表顺时针
      CGContextAddArc(ctx, i * 25, i * 25, (i + 1) * 8, M_PI * 1.5, M_PI, 0);
      //关闭路径
```

```
        CGContextClosePath(ctx);
        //设置填充颜色
        CGContextSetRGBFillColor(ctx, 1, 0, 1, (10 - i) * 0.1);
        //填充当前路径
        CGContextFillPath(ctx);
    }
}
@end
```

Note

上面的代码绘制了从 M_PI*1.5 角度（12 点方向）开始，到 M_PI 角度（9 点方向）结束的扇形。

第 4 步，运行该程序，显示效果如图 16.32 所示。

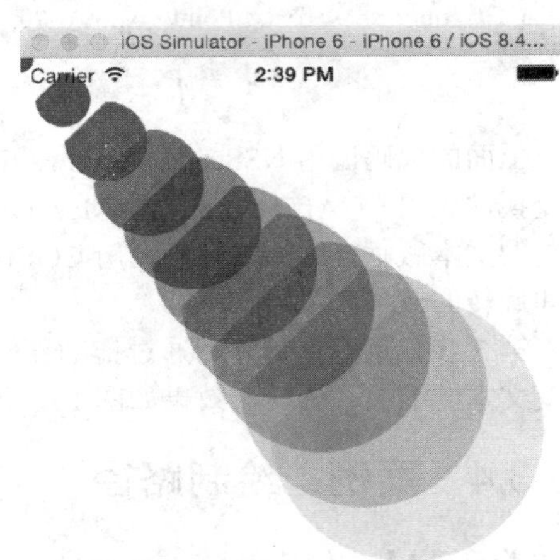

图 16.32　绘制扇形填充效果

【示例 2】本示例演示如何绘制圆角矩形和多角星形。

【操作步骤】

第 1 步，新建 Single View Application 类型项目，保存为 test。该应用包含一个应用程序委托类、一个视图控制器类以及配套的 Storyboard 界面设计文件。

第 2 步，将该界面设计文件中 View 改为使用自定义的 PathView 类。

第 3 步，此处没有修改视图控制器类，只重写 PathView 的 drawRect:方法，在该方法中调用 Context.h 中的方法来添加圆角矩形、多角星路径，然后根据需要采用不同的方式绘制这些路径。下面是 PathView 类的实现代码（PathView.m）：

```
#import "PathView.h"
#import "Context.h"
@implementation PathView
- (void)drawRect:(CGRect)rect
{
 //获取绘图 CGContextRef
    CGContextRef ctx = UIGraphicsGetCurrentContext();
 //开始添加路径
 CGContextBeginPath(ctx);
 //添加一个五角星的路径
 CGContextAddStar(ctx, 5, 80, 150, 40);
 //添加一个圆角矩形的路径
 CGContextAddRoundRect(ctx, 10, 30, 150, 70, 14);
 //关闭路径
 CGContextClosePath(ctx);
 //设置线条颜色
 CGContextSetRGBStrokeColor(ctx, 1, 1, 0, 1);
 //设置线宽
 CGContextSetLineWidth(ctx, 4);
 //绘制路径
 CGContextStrokePath(ctx);
```

```
    //开始添加路径
    CGContextBeginPath(ctx);
    //添加一个五角星形的路径
    CGContextAddStar(ctx, 5, 240, 150, 40);
    //添加一个圆角矩形的路径
    CGContextAddRoundRect(ctx, 170, 30, 130, 70, 14);
    //关闭路径
    CGContextClosePath(ctx);
    //设置填充颜色
    CGContextSetRGBFillColor(ctx, 1, 0, 1, 1);
    //采用填充并绘制路径的方式来绘制路径
    CGContextDrawPath(ctx, kCGPathFillStroke);
    //开始添加路径
    CGContextBeginPath(ctx);
    //添加一个三角星形的路径
    CGContextAddStar(ctx, 3, 60, 220, 40);
    //关闭路径
    CGContextClosePath(ctx);
    //设置填充颜色
    CGContextSetRGBFillColor(ctx, 1, 0, 0, 1);
    //填充路径
    CGContextFillPath(ctx);
    //开始添加路径
    CGContextBeginPath(ctx);
    //添加一个七角星形的路径
    CGContextAddStar(ctx, 7, 160, 220, 40);
    //关闭路径
    CGContextClosePath(ctx);
    //设置填充颜色
    CGContextSetRGBFillColor(ctx, 0, 1, 0, 1);
    //填充路径
    CGContextFillPath(ctx);
    //开始添加路径
    CGContextBeginPath(ctx);
    //添加一个九角星形的路径
    CGContextAddStar(ctx, 9, 260, 220, 40);
    //关闭路径
    CGContextClosePath(ctx);
    //设置填充颜色
    CGContextSetRGBFillColor(ctx, 0, 0, 1, 1);
    //填充路径
    CGContextFillPath(ctx);
}
@end
```

上面的代码导入了 Context.h 文件，然后多次调用 CGContextAddRoundRect()函数和 CGContextAddStar()函数添加圆角矩形和多角星。

Note

第 4 步，下面是 Context.h 文件的代码，主要开发两个自定义函数，一个用于添加圆角矩形，一个用于添加多角星。代码如下：

```
#ifndef PathTest_Context_h
#define PathTest_Context_h
/*
 该方法负责绘制圆角矩形
 x1、y2：是圆角矩形左上角的坐标
 width、height：控制圆角矩形的宽、高
 radius：控制圆角矩形的 4 个圆角的半径
 */
void CGContextAddRoundRect(CGContextRef c, CGFloat x1, CGFloat y1, CGFloat width, CGFloat height,
CGFloat radius)
{
 //移动到左上角
 CGContextMoveToPoint (c, x1 + radius, y1);
 //添加一条连接到右上角的线段
 CGContextAddLineToPoint(c, x1 + width - radius, y1);
 //添加一段圆弧
 CGContextAddArcToPoint(c, x1 + width, y1, x1 + width, y1 + radius, radius);
 //添加一条连接到右下角的线段
 CGContextAddLineToPoint(c, x1 + width, y1 + height - radius);
 //添加一段圆弧
 CGContextAddArcToPoint(c, x1 + width, y1 + height, x1 + width - radius, y1 + height, radius);
 //添加一条连接到左下角的线段
 CGContextAddLineToPoint(c, x1 + radius, y1 + height);
 //添加一段圆弧
 CGContextAddArcToPoint(c, x1, y1 + height, x1, y1 + height - radius, radius);
 //添加一条连接到左上角的线段
 CGContextAddLineToPoint(c, x1, y1 + radius);
 //添加一段圆弧
 CGContextAddArcToPoint(c, x1, y1, x1 + radius, y1, radius);
}
/*
 该方法负责绘制多角星
 n：该参数通常应设为奇数，控制绘制 N 角星
 dx、dy：控制 N 角星的中心
 size：控制 N 角星的大小
 */
void CGContextAddStar(CGContextRef c, NSInteger n, CGFloat dx, CGFloat dy, NSInteger size)
{
 CGFloat dig = 4 * M_PI / n;
 //移动到指定点
 CGContextMoveToPoint(c, dx, dy + size);
 for(int i = 1; i <= n; i++)
 {
      CGFloat x = sin(i * dig);
```

```
        CGFloat y = cos(i * dig);
        //绘制从当前点连接到指定点的线条
        CGContextAddLineToPoint(c, x * size + dx,y * size + dy);
    }
}
#endif
```

第 5 步，运行该程序，显示效果如图 16.33 所示。

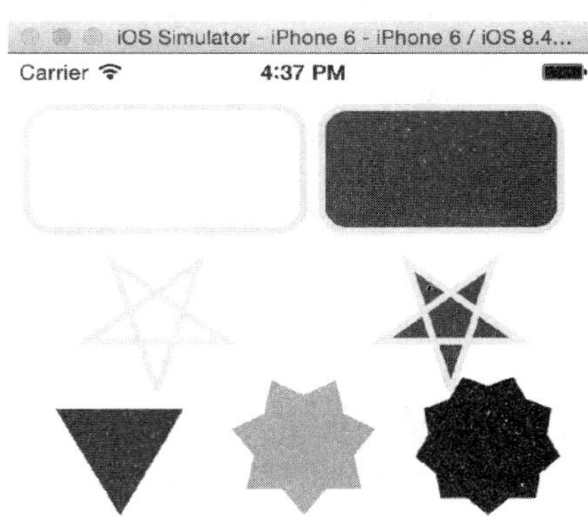

图 16.33　绘制多边形效果

16.3.5　案例：绘制曲线

Quartz 2D 定义了 CGContextAddCurveToPoint() 和 CGContextAddQuadCurveToPoint()函数绘制曲线，前者用于添加 Bézier 曲线，后者用于添加二次曲线。

CGContextAddCurveToPoint(CGContextRef c, float cpxl, float cpyl, float cpx2, float cpy2, float x, float y)绘制从路径的当前点（作为开始点）到结束点（x, y）的 Bézier 曲线。其中，cpxl 和 cpyl 定义第一个控制点的坐标；cpx2 和 cpy2 定义第二个控制点的坐标。

确定一条二次曲线需要 3 个点：开始点、控制点和结束点。CGContextAddQuadCurveToPoint(CGContextRef c, float cpx, float cpy, float x, float y)负责绘制从路径的当前点（作为开始点）到结束点（x, y）的二次曲线，其中，cpx 和 cpy 定义控制点的坐标。

本案例使用 CGContextAddQuadCurveToPoint()函数绘制多条相连的曲线，设计一个花朵形状的路径。

【操作步骤】

第 1 步，新建 Single View Application 类型项目，保存为 test。该应用包含一个应用程序委托类、一个视图控制器类以及配套的 Storyboard 界面设计文件。

第 2 步，将该界面设计文件中 View 改为使用自定义的 CurveView 类。

第 3 步，此处没有修改视图控制器类，只重写 CurveView 的 drawRect:方法，在该方法中调用 Context.h 中的方法添加花瓣路径，然后采用不同的颜色填充该路径。下面是 CurveView 类的实现代码（CurveView.m）：

```
#import "CurveView.h"
#import "Context.h"
@implementation CurveView
- (void)drawRect:(CGRect)rect
{
 //获取绘图的 CGContextRef
 CGContextRef ctx = UIGraphicsGetCurrentContext();
 //开始添加路径
 CGContextBeginPath(ctx);
 //添加 5 瓣花朵的路径
 CGContextAddFlower(ctx, 5, 50, 100, 30, 80);
 //设置填充颜色
 CGContextSetRGBFillColor(ctx, 1, 0, 0, 1);
```

Note

```
    CGContextFillPath(ctx);
    //添加 6 瓣花朵的路径
    CGContextAddFlower(ctx, 6, 160, 100, 30, 80);
    //设置填充颜色
    CGContextSetRGBFillColor(ctx, 1, 1, 0, 1);
    CGContextFillPath(ctx);
    //添加 7 瓣花朵的路径
    CGContextAddFlower(ctx, 7, 270, 100, 30, 80);
    //设置填充颜色
    CGContextSetRGBFillColor(ctx, 1, 0, 1, 1);
    CGContextFillPath(ctx);
    //关闭路径
    CGContextClosePath(ctx);
}
@end
```

上面的代码分别添加 5 瓣花朵路径、6 瓣花朵路径和 7 瓣花朵路径，然后使用不同的颜色填充这些路径。注意，在每次填充路径时并不会再次填充前一次已经填充过的路径，这是因为程序绘制 CGContextRef 当前所包含的路径，系统会自动清除已经绘制的路径。

第 4 步，下面是 Context.h 文件的代码，主要使用了 CGContextAddQuadCurveToPoint()函数绘制多条相连的曲线，这样就可添加花朵形状的路径。将下面的函数添加到 Context.h 函数库中，方便以后复用。添加花朵路径的函数代码如下（Context.h）：

```
/*
 该方法负责绘制花朵
 n：控制花朵的花瓣数
 dx、dy：控制花朵的位置
 size：控制花朵的大小
 length：控制花瓣的长度
 */
void CGContextAddFlower(CGContextRef c, NSInteger n,
 CGFloat dx, CGFloat dy, CGFloat size, CGFloat length)
{
 //移动到指定点
 CGContextMoveToPoint(c, dx, dy + size);
 CGFloat dig = 2 * M_PI / n;
 //采用循环添加 n 段二次曲线路径
 for(int i = 1; i < n + 1; i++)
 {
        //结算控制点坐标
        CGFloat ctrlX = sin((i - 0.5) * dig) * length + dx;
        CGFloat ctrlY= cos((i - 0.5 ) * dig) * length + dy;
        //结算结束点的坐标
        CGFloat x = sin(i * dig) * size + dx;
        CGFloat y =cos(i * dig) * size + dy;
        //添加二次曲线路径
        CGContextAddQuadCurveToPoint(c, ctrlX, ctrlY, x, y);
 }
}
```

第 5 步，运行该程序，显示效果如图 16.34 所示。

16.3.6　案例：设计画板

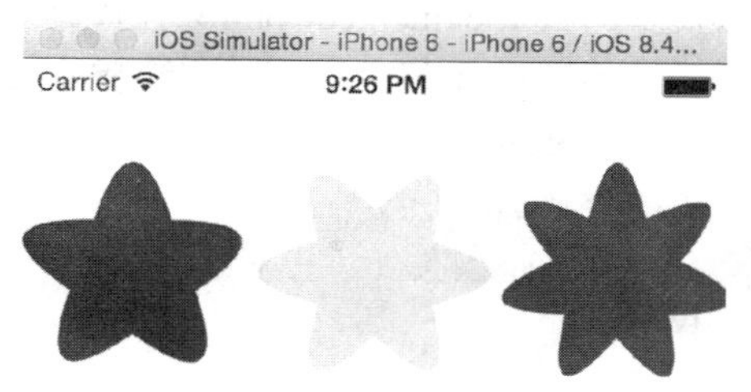

图 16.34　绘制花瓣路径效果

本案例将设计一个绘图板，用户可以随意在手机上涂画，然后保存为图片。当开始绘图时，通过重写 drawRect:方法进行实时绘制，当绘制的图形确定后，将该图形绘制到内存中的图片上。例如，当在屏幕上绘制直线时，先把用户开始触碰屏幕的第一个点作为绘图的起始点，当手指不离开屏幕而是在屏幕上拖动时，不断获取拖动点的坐标，并调用 UIView 的 drawRect:方法，该方法会从起始点绘制到当前拖动点。由于 drawRect:每次重绘都只绘制起始点到当前拖动点的直线，用户可以实时看到拖动绘制的直线。当松开手指时，表明确定最终绘制点，最后在内存中的图片上绘制从起始点到手指松开点的直线。

【操作步骤】

第 1 步，新建 Single View Application 类型项目，保存为 test。该应用包含一个应用程序委托类、一个视图控制器类以及配套的 Storyboard 界面设计文件。

第 2 步，在 Interface Builder 中打开界面设计文件，将该界面设计文件中 UIView 改为自定义的 DrawView 类。

第 3 步，在界面上方拖入一个 UISegmentedControl 控件，该控件用于控制绘图颜色。

第 4 步，在界面下方拖入一个工具条，并向其中添加一个 UISegmentedControl 控件，用于控制绘图形状，界面设计效果如图 16.35 所示。

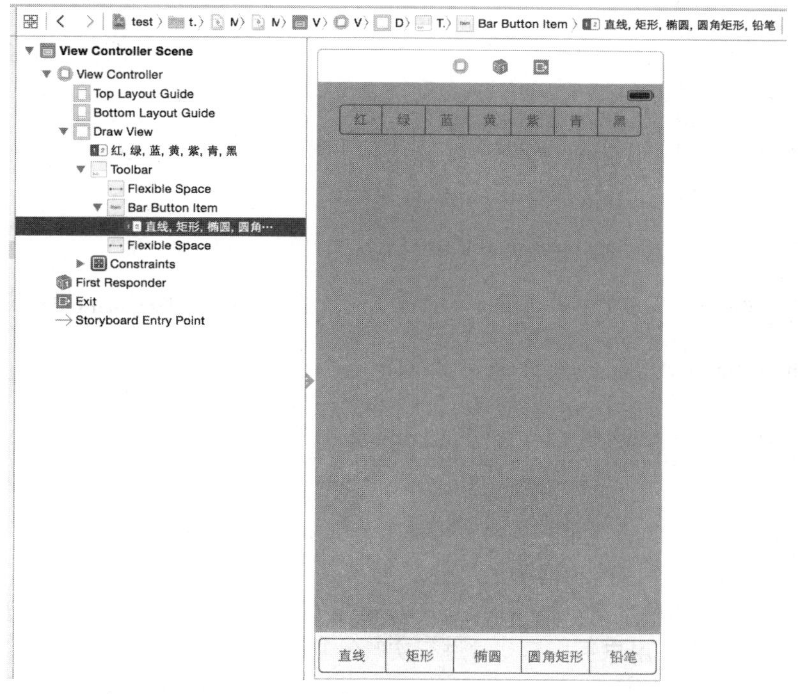

图 16.35　界面设计效果

第 5 步，为了使 UISegmentedControl 控件能够控制用户绘制的颜色和形状，在 Interface Builder 中为这两个 UISegmentedControl 控件分别绑定 changeColor:和 changeShape:这两个 IBAction 方法。

第 6 步，为了记录当前需要绘制的图形，先创建一个头文件，该文件中仅定义一个枚举类型，代码如下（Constant.h）：

```
#ifndef HandDraw_Constant_h
#define HandDraw_Constant_h
typedef enum
{
 kLineShape = 0,
 kRectShape,
 kEllipseShape,
 kRoundRectShape,
 kPenShape
} ShapeType;
#endif
```

第 7 步，设计视图控制器，主要就是实现 changeColor:和 changeShape:两个 IBAction 方法。下面是该视图控制器类的实现代码（ViewController.m）：

```
#import "ViewController.h"
#import "DrawView.h"
@implementation ViewController
NSArray* colors;
- (void)viewDidLoad
{
      [super viewDidLoad];
 self.view.backgroundColor = [UIColor whiteColor];
 colors = [NSArray arrayWithObjects:
        [UIColor redColor],[UIColor greenColor],
        [UIColor blueColor],[UIColor yellowColor],
        [UIColor purpleColor],[UIColor cyanColor],
        [UIColor blackColor], nil];
}
- (IBAction)changeColor:(UISegmentedControl*)sender {
 //根据用户的选择来修改 DrawView 的当前颜色
 ((DrawView*)self.view).currentColor = [colors objectAtIndex:sender.selectedSegmentIndex];
}
- (IBAction)changeShape:(UISegmentedControl*)sender
{
 //修改 DrawView 控件的 shape 属性
 ((DrawView*)self.view).shape = sender.selectedSegmentIndex;
}
@end
```

在上面的代码中，该视图控制器类的 View 并不是 UIView，而是自定义的 DrawView，这个 DrawView 就是实现本应用的关键，DrawView 不仅要重写 drawRect:方法，该方法还完成两件事情：将内存中的图片绘制出来；用户手指拖动时进行实时绘制。

第 8 步，DrawView 类的接口代码比较简单，只是定义 currentColor、shape 两个属性，这两个属性用于接收控制器传入的绘制颜色和绘制形状（DrawView.h）。

```
#import <UIKit/UIKit.h>
#import "Constant.h"
@interface DrawView: UIView
@property (nonatomic, strong) UIColor* currentColor;
@property (nonatomic, assign) ShapeType shape;
@end
```

第 9 步，DrawView 类的实现代码如下（DrawView.m）：

```
#import "DrawView.h"
#import "Context.h"
@implementation DrawView
CGPoint firstTouch, prevTouch, lastTouch;
//定义向内存中图片执行绘图的 CGContextRef
CGContextRef buffCtx;
UIImage* image;
- (id)initWithCoder:(NSCoder*)aCoder
{
 self = [super initWithCoder:aCoder];
 if (self) {
        //初始化时将当前颜色设为红色
        self.currentColor = [UIColor redColor];
        //创建内存中的图片
        UIGraphicsBeginImageContext(self.bounds.size);
        //获取向内存中图片执行绘图的 CGContextRef
        buffCtx = UIGraphicsGetCurrentContext();
 }
 return self;
}
//当用户手指开始触碰时激活该方法
- (void) touchesBegan:(NSSet *)touches withEvent:(UIEvent *)event
{
 UITouch *touch = [touches anyObject];
 //获取触碰点坐标
 firstTouch = [touch locationInView:self];
 //如果当前正在进行自由绘制，prevTouch 代表第一个触碰点
 if (self.shape == kPenShape)
 {
        prevTouch = firstTouch;
 }
}
//当用户手指在控件上拖动时不断地调用该方法
- (void) touchesMoved:(NSSet *)touches withEvent:(UIEvent *)event
{
 UITouch *touch = [touches anyObject];
 //获取触碰点坐标
 lastTouch = [touch locationInView:self];
 //如果当前正在进行自由绘制
 if (self.shape == kPenShape)
```

```
{
    //向内存中的图片进行绘制
    [self draw:buffCtx];
    //取出内存中的图片，保存到 image 中
    image = UIGraphicsGetImageFromCurrentImageContext();
}
//通知该控件重绘，此时会实时地绘制起始点与用户手指拖动点之间的形状
[self setNeedsDisplay];
}
//当用户手指离开控件时调用该方法
- (void) touchesEnded:(NSSet *)touches withEvent:(UIEvent *)event
{
 UITouch *touch = [touches anyObject];
 //获取结束触碰的点的坐标
 lastTouch = [touch locationInView:self];
 //向内存中的图片执行绘制，即把最终确定的图形绘制到内存中的图片上
 [self draw:buffCtx];
 image = UIGraphicsGetImageFromCurrentImageContext();
 //通知重绘
 [self setNeedsDisplay];
}
- (void)drawRect:(CGRect)rect
{
 //获取绘图上下文
 CGContextRef ctx = UIGraphicsGetCurrentContext();
 //将内存中的图片绘制出来
 [image drawAtPoint:CGPointZero];
 //调用 draw:方法进行绘制
 [self draw:ctx];
}
//定义一个函数，用于根据 firstTouch、lastTouch 来确定矩形区域
- (CGRect) curRect
{
 return CGRectMake(firstTouch.x, firstTouch.y,
        lastTouch.x - firstTouch.x,
        lastTouch.y - firstTouch.y);
}
- (void)draw:(CGContextRef)ctx
{
 //设置线条颜色
 CGContextSetStrokeColorWithColor(ctx, self.currentColor.CGColor);
 //设置填充颜色
 CGContextSetFillColorWithColor(ctx, self.currentColor.CGColor);
 //设置线宽
 CGContextSetLineWidth(ctx, 2.0);
 CGContextSetShouldAntialias(ctx, YES);
 switch (self.shape) {
        CGFloat leftTopX, leftTopY;
        case kLineShape:
```

```
            //添加从 firstTouch 到 lastTouch 的路径
            CGContextMoveToPoint(ctx, firstTouch.x, firstTouch.y);
            CGContextAddLineToPoint(ctx, lastTouch.x, lastTouch.y);
            //绘制路径
            CGContextStrokePath(ctx);
            break;
        case kRectShape:
            //填充矩形
            CGContextFillRect(ctx,[self curRect]);
            break;
        case kEllipseShape:
            //填充椭圆
            CGContextFillEllipseInRect(ctx,[self curRect]);
            break;
        case kRoundRectShape:
            //计算左上角的坐标
            leftTopX = firstTouch.x < lastTouch.x ? firstTouch.x:
                lastTouch.x;
            leftTopY = firstTouch.y < lastTouch.y ? firstTouch.y:
                lastTouch.y;
            //添加圆角矩形的路径
            CGContextAddRoundRect(ctx,leftTopX,leftTopY,
                fabs(lastTouch.x - firstTouch.x),
                fabs(lastTouch.y - firstTouch.y), 16);
            //填充路径
            CGContextFillPath(ctx);
            break;
        case kPenShape:
            //添加从 prevTouch 到 lastTouch 的路径
            CGContextMoveToPoint(ctx, prevTouch.x, prevTouch.y);
            CGContextAddLineToPoint(ctx, lastTouch.x, lastTouch.y);
            //绘制路径
            CGContextStrokePath(ctx);
            //使用 prevTouch 保存当前点
            prevTouch = lastTouch;
            break;
    }
}
@end
```

上面代码的关键是 draw:方法，该方法会根据想要绘制的图形类型绘制不同的形状。该方法在两个地方被调用过：当用户拖动手指时，调用 touchesMoved:withEvcnt:方法，该方法中会通知该控件重绘自己，该控件会调用 drawRcct:方法进行重绘，drawRect:方法中调用 draw:方法执行实时绘制。除此之外，当用户手指结束触碰时，调用 touchesEnded:withEvent:方法，该方法中调用了"[self draw:buffttx];"代码，这行代码将会把起始点到结束触碰点的形状绘制在内存中的图片上。

第 10 步，运行该程序，在屏幕上可以选择绘图颜色和绘图形状，然后绘制任意的形状，绘制效果如图 16.36 所示。

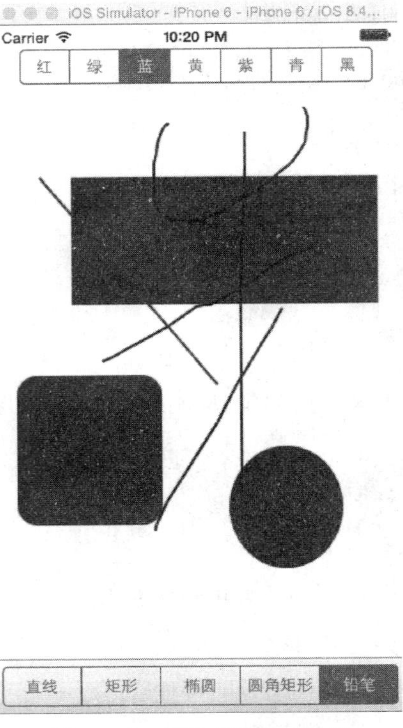

图 16.36　画板应用界面效果

16.4　小　　结

Quartz 是 iOS 的 Darwin 核心之上的绘图层，有时也认为是 CoreGraphics。共有两部分组成 Quartz：Quartz Compositor，即合成视窗系统，管理和合成幕后视窗影像来建立用户接口；Quartz 2D，是 iOS 系统的二维绘图引擎。本章详细介绍了 Quartz 基于路径的绘图、透明度绘图、遮盖、阴影、透明层、颜色管理、防锯齿渲染、生成 PDF 以及 PDF 元数据的相关处理。

第17章 动画设计

（视频讲解：14分钟）

OpenGL 是一个跨平台的、基于 C 语言的接口，用于在桌面系统中创建 2D 和 3D 内容。可以用 OpenGL 函数指定图元结构，如点、线、多边形和纹理，以及增强这些结构外观的特殊效果。调用的函数会将图形命令发送给底层的硬件，然后由硬件进行渲染。由于大多数渲染工作是由硬件完成，因此 OpenGL 的描画速度通常很快。

Core Animation 是一个用于图形渲染、投影和动画的 Objective-C 类集合，提供了采用先进的合成效果的流体动画，同时还保留着开发人员熟悉的 Application Kit 和 Cocoa Touch 框架的分层级抽象（Hierarchical Layer Abstraction）。创建动态的动画用户界面是很难的，但是使用 Core Animation 所提供的功能创建却会非常容易。

【学习要点】

- 了解 OpenGL ES
- 能够简单使用 OpenGL ES
- 了解 Core Animation
- 使用 Core Animation 设计动画

Note

17.1 OpenGL ES

OpenGL ES（OpenGL 的嵌入式系统版本）是 OpenGL 的精简版本，是专门为移动设备设计的，可以充分利用现代图形硬件的优势。OpenGL ES 主要适用于游戏或要求高帧率的应用程序开发，其模型结构如图 17.1 所示。

如果希望为基于 iOS 的设备（如 iPhone 或 iPod Touch）创建 OpenGL 内容，就要使用 OpenGL ES。iOS 系统提供的 OpenGL ES 框架（OpenGLES.framework）同时支持 OpenGL ES v1.1 到 OpenGL ES v2.0 规范。

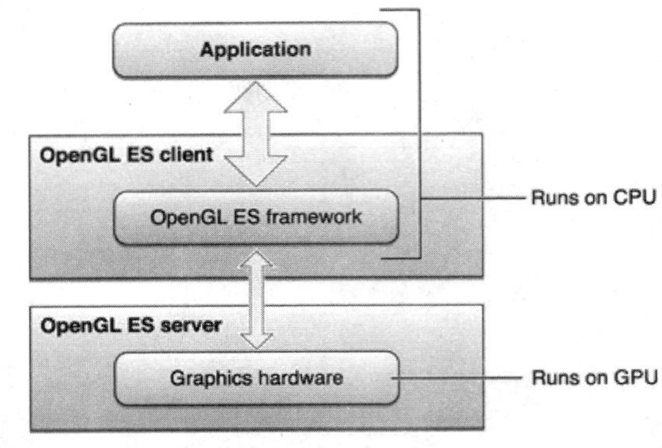

图 17.1　OpenGL ES 模型结构

17.1.1　OpenGL ES 概述

经过多年发展，OpenGL ES 框架（OpenGLES.framework）同时支持 OpenGL ES v1.1 和 OpenGL ES v2.0 规范实现两个版本，OpenGL ES 1.x 是针对固定管线硬件的，OpenGL ES 2.x 针对可编程管线硬件。OpenGL ES 1.0 是以 OpenGL 1.3 规范为基础的，OpenGL ES 1.1 是以 OpenGL 1.5 规范为基础的，分别又支持 common 和 common lite 两种 profile。common lite 只支持定点实数，而 common 既支持定点数又支持浮点数。OpenGL ES 2.0 则是参照 OpenGL 2.0 规范定义的，common profile 发布于 2005 年 8 月，引入了对可编程管线的支持。

OpenGL ES 无论是在商业应用还是开发应用中，都得到广泛的推广和应用，不论是苹果移动产品、Google 移动产品还是微软移动产品，在图形处理上基本都是基于 OpenGL ES 的框架。OpenGL ES 之所以受到推广，主要是因为具有以下几个特点：

（1）行业标准和免版税。

任何人都可以下载 OpenGL ES 规范并在 OpenGL ES 基础上执行并运行产品。凭借巨大的行业支持，OpenGL ES 是唯一真正开放、厂商中立、多平台的嵌入式图像标准。其标准化更高水平的抽象意味着开发人员可以把更多的精力放在内容方面，而不是少数代码和平台的细节问题上。

（2）占用空间小和低耗能。

嵌入式空间涵盖范围非常广，从配有 64MB 内存的 400MHz 的掌上电脑到配有 1MB 内存的 50MHz 的移动电话。OpenGL ES 是为适应这些差别而设计的，通过最小化数据存储要求、最小化指令/数据通信、适应整体和浮点，以实现最低空间占用。对于使用者而言，这意味着更小的二进制下载，可以减少在设备上的存储空间占用。

（3）从软件到硬件渲染的无缝连接。

尽管 OpenGL ES 规范定义的是一个特殊图像处理管线，个别的要求可以在专用硬件上履行，在系统 CPU 上作为一个软件程序运行，或者作为专用硬件和软件程序的联合体运行。这意味着如今的软件开发者可以使用符合标准的软件 3D 引擎，实现应用程序和工具的无缝连接，将 OpenGL ES 用于更高耗能设备的硬件加速。

（4）可扩展和演变。

新的硬件创新可以通过 OpenGL 扩展机制的 API 进入 OpenGL ES，同时 API 的更新十分简便，

因为扩展性逐渐被广泛接受，也正在考虑被融入到核心 OpenGL ES 标准中。此处理使 OpenGL ES 可以演变为一种可控同时可创新的方式。

（5）使用简单。

基于 OpenGL，OpenGL ES 拥有直观设计与逻辑指令的良好结构。

（6）文件管理有序。

因为 OpenGL ES 是以 OpenGL 为基础的，大量的相关示范代码使关于 OpenGL ES 的相关信息价格低廉，同时方便查找。通过 OpenGL ES 的介绍，开发人员现在可以为从手机到超级计算机编写基本一样的代码。

17.1.2 配置上下文

在 OpenGL ES 的每一个实现中，提供了一种方式来创建渲染上下文（context），从而管理 OpenGL ES 规范需要的状况。把这些状况信息封装到一个上下文中，就能很容易使多个应用程序共享图形硬件，而不会干扰彼此的状况。

在应用程序中调用 OpenGL ES 的函数前，必须先初始化 EAGLContext 对象，并为它设置当前的上下文。EAGLContext 类还为应用程序提供一些 OpenGL ES 上下文和 Core Animation 结合使用的方法。没有这些方法，应用程序在 offscreen 图像上工作将会受到很大的限制。

1. 上下文在线程中的配置

iOS 应用中的每一个线程维护一个当前上下文。当应用程序调用 OpenGL ES 的函数时，该线程的上下文将被调用修改。为了设置当前的上下文，必须要调用 EAGLContext 的 setCurrentContext 方法，实例代码如下：

```
[EAGLContext setCurrentContext: myContext];
```

依靠调用 EAGLContext 类的 currentContext 方法，应用程序可以检索一个线程的当前上下文。在应用程序中设置一个新的上下文时，EAGL 将释放以前的上下文（如果存在），并保留新的上下文。

2. 上下文和 OpenGL ES 版本

在 OpenGL ES 1.0 版本中，支持固定管线，而 OpenGL ES 2.0 版本不再支持固定管线，只支持可编程管线。什么是管线？什么是固定管线和可编程管线？管线（pipeline）也称渲染管线，因为 OpenGL ES 在渲染处理过程中会顺序执行一系列操作，这一系列相关的处理阶段就被称为 OpenGL ES 渲染管线。pipeline 来源于福特汽车生产车间的流水线作业，在 OpenGL ES 渲染过程中也是一样，一个操作接着一个操作进行，就如流水线作业一样，这极大地提高了渲染的效率。

在创建和初始化 EAGLContext 对象时，应用程序必须考虑决定支持哪个版本的 OpenGL ES。下面的实例是在 OpenGL ES 2.0 下，初始化 EAGLContext 对象：

```
EAGLContext* myContext = [[EAGLContext alloc]
initWithAPI:kEAGLRenderingAPIOpenGLES2];
```

如果应用程序不是使用 OpenGL ES 1.1，初始化时则使用不同的变量：

```
EAGLContext* myContext = [[EAGLContext alloc]
initWithAPI:kEAGLRenderingAPIOpenGLES1];
```

如果设备不支持所请求版本的 OpenGL ES，initWithAPI 方法将返回 nil。应用程序应该始终调用该方法进行测试，以确保在使用它之前成功地初始化上下文。

为了支持一个 OpenGL ES 2.0 和 OpenGL ES 1.1 的渲染选择，应用程序应首先尝试初始化 OpenGL ES 2.0 的渲染上下文。如果返回的对象是 0，则应该用 OpenGL ES 1.1 上下文进行初始化。

【示例】下面的代码演示了如何做到这一点。

```
//在同一应用程序中支持 OpenGL ES 1.1 和 OpenGL ES 2.0
EAGLContext* CreateBestEAGLContext()
{
    EAGLContext *context;
    context = [[EAGLContext alloc] initWithAPI:kEAGLRenderingAPIOpenGLES2];
    if (context == nil)
    {
    context = [[EAGLContext alloc] initWithAPI:kEAGLRenderingAPIOpenGLES1];
    }
    return context;
}
```

上下文的 API 属性决定支持哪个版本的 OpenGL ES。应用程序应测试上下文的 API 属性，并用该属性来选择正确的渲染路径。

17.1.3 OpenGL ES 绘制

下面将深入探讨创建帧缓存和渲染成影像的过程，描述了不同的技术，创造帧缓存的对象、介绍了如何贯彻执行动画渲染循环和 Core Animation 的工作，涵盖了高级主题，如视网膜显示器上呈现高清晰度的图像，采用多重采样提高图像质量，并使用 OpenGL ES 渲染外部显示器上的图像。

1. 帧缓存的对象存储渲染结果

OpenGL ES 的规范要求每个实施提供一种应用程序，该程序可以创建一个帧缓存来保存渲染图像的机制。帧缓存的对象允许应用程序能够精确地控制创建的颜色、深度和模板的目标。还可在一个单一的上下文中创建多个帧缓存对象，尽可能实现帧缓存区之间的资源共享。

正确创建一个缓存帧（framebuffer）的步骤如下：

第 1 步，创建一个帧缓存对象。

第 2 步，创建一个或多个目标（缓存帧或纹理），为其分配存储。

第 3 步，测试缓存帧的完整性。

根据将要执行的任务，应用程序会配置不同的对象并附加到帧缓存对象。

☑ 如果帧缓存用于执行屏幕外的图像处理，附加一个 renderbuffer。

☑ 如果帧缓存的图像输入到一个更高的渲染步骤，附上质感。

☑ 如果帧缓存的目的是向用户显示，使用一个特殊的核心动画感知帧缓存。

2. 创建离屏帧缓存对象

一个帧缓存用于把屏幕所有附件的渲染分配作为一个 OpenGL ES 渲染缓存，下面的代码分配一个具有颜色和深度附件的帧缓存对象。

【操作步骤】

第 1 步，创建帧缓存并对其进行绑定。

```
GLuint framebuffer;
glGenFramebuffers(1, &framebuffer);
glBindFramebuffer(GL_FRAMEBUFFER, framebuffer);
```

第 2 步，创建一个颜色渲染缓存，为其分配存储空间，并将其附加到帧缓存的颜色固定点。

```
GLuint colorRenderbuffer;
glGenRenderbuffers(1, &colorRenderbuffer);
glBindRenderbuffer(GL_RENDERBUFFER, colorRenderbuffer);
glRenderbufferStorage(GL_RENDERBUFFER, GL_RGBA8, width, height);
glFramebufferRenderbuffer(GL_FRAMEBUFFER,
GL_COLOR_ATTACHMENT0,
GL_RENDERBUFFER, colorRenderbuffer);
```

第 3 步，创建一个深度或模具渲染缓存，并为它分配存储。

```
GLuint depthRenderbuffer;
glGenRenderbuffers(1, &depthRenderbuffer);
glBindRenderbuffer(GL_RENDERBUFFER, depthRenderbuffer);
glRenderbufferStorage(GL_RENDERBUFFER, GL_DEPTH_COMPONENT16, width,height);
glFramebufferRenderbuffer(GL_FRAMEBUFFER, GL_DEPTH_ATTACHMENT,
GL_RENDERBUFFER, depthRenderbuffer);
```

第 4 步，测试帧缓存区的完整性。这个测试只需要在配置更改帧缓存时执行。

```
GLenum status = glCheckFramebufferStatus(GL_FRAMEBUFFER);
if(status != GL_FRAMEBUFFER_COMPLETE)
{
    NSLog(@"没有做完整的帧缓存对象%x", status);
}
```

第 5 步，使用帧缓存区对象渲染到纹理。

☑ 创建帧缓存的对象。

☑ 创建目标纹理，将其附加到帧缓存的颜色附着点。

```
//创建纹理
GLuint texture;
glGenTextures(1, &texture);
glBindTexture(GL_TEXTURE_2D, texture);
glTexImage2D(GL_TEXTURE_2D, 0, GL_RGBA8, width, height, 0, GL_RGBA,
GL_UNSIGNED_BYTE, NULL);
glFramebufferTexture2D(GL_FRAMEBUFFER, GL_COLOR_ATTACHMENT0, GL_TEXTURE_2D,texture, 0);
```

☑ 分配和附加的深度缓存区。

☑ 测试 framebuffer 的完整性。

虽然这个例子假定正在呈现一种颜色质地，但是也可以执行其他的选择。例如，使用 OES_depth_texture 扩展，可以附加纹理深度的附着点，从场景到纹理存储深度信息。可以使用此深度信息来计算在最终渲染场景中的阴影。

下面的操作步骤用于创建一个 OpenGL ES 感知，由 Xcode 提供 OpenGL ES 模板，实现步骤如下：

第 1 步，使用 Subclass UIView 创建 iOS 应用程序的 OpenGL ES 视图。

第 2 步，覆盖 layerClass 的方法使视图创建作为底层 CAEAGLLayer 对象，要做到这一点，layerClass 的方法应返回 CAEAGLLayer 类。

```
+ (Class) layerClass
{
```

```
    return [CAEAGLLayer class];
}
```

第 3 步，在视图初始化例程中，读取视图层属性。使用这个可以创建 framebuffer 对象。

```
myEAGLLayer = (CAEAGLLayer*)self.layer;
```

第 4 步，配置层的属性。

为了获得最佳性能，把层的 opaque 设置为 YES，作为 CALayer 类的 opaque 的属性。另外，为 CAEAGLLayer 对象的 drawableProperties 属性值分配一个新的 dictionary，配置渲染表面的属性。

第 5 步，分配一个当前背景下的上下文。

第 6 步，创建帧缓存对象。

第 7 步，创建颜色 renderbuffer。通过调用上下文的 renderbufferStorage 的 fromDrawable:方法，分配其存储，并把层对象作为参数进行传递。

3. 绘制到一个帧缓存对象

现在有了一个帧缓存对象，就需要去填充此对象。下面将讨论渲染一个新帧并将其呈现给用户所需的步骤。这与渲染一个纹理或 offscreen 帧缓存类似，唯一的区别在于应用程序如何使用最后一帧。

一般来说，应用程序在以下两种情况下，才渲染新帧。

☑ 在需求上，在它识别数据用来渲染帧变化时，才会渲染一个新帧。

☑ 在一个动画循环中，假定数据用于渲染每个变化的帧。

（1）渲染需求。

在数据用于渲染一个变化不太频繁的帧，或者用户的动作有变化时，渲染需求才会出现。基于 iOS 的 OpenGL ES 非常适合这个模型。当一个帧呈现时，Core Animation 将会捕捉到帧并使用这个帧，直到下一个新的帧出现为止。仅在需要时才渲染新帧，以便于设备节省电能，为设备留出更多的时间用于其他的操作。

（2）使用动画循环进行渲染。

当数据极有可能改变每帧时，使用一个动画渲染是适当的。例如，游戏和模拟很少呈现静态图像。流畅的动画效果比实施按需模型更重要。

在 iOS 中，设置动画循环的最佳方式是使用 CADisplayLink 对象。链接是绘制到屏幕的刷新率同步的 Core Animation 对象，这使得屏幕内容可以顺利更新，并且无缝衔接。

【示例 1】下面的代码显示了视图是如何在屏幕上检索显示的，使用该屏幕创建一个新的显示链接的对象，并添加显示链接对象的运行循环。

```
//创建和启动显示链接
displayLink = [myView.window.screen displayLinkWithTarget:self selector:@selector(drawFrame)];
[displayLink addToRunLoop:[NSRunLoop currentRunLoop] forMode:NSDefaultRunLoopMode];
```

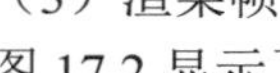

在绘制帧方法实现中，应用程序应读取显示链接的时间戳属性，以便于得到下一帧进行渲染的时间戳记。这样可以使用这个值来计算下一帧对象的位置。

通常情况下，链接对象用于激发每一次屏幕刷新，该值通常是 60Hz，但在不同的设备上可能会有所不同。

（3）渲染帧。

图 17.2 显示了基于 iOS 的一个 OpenGL ES 应用程序渲染和呈现一个帧所需的步骤。这些步骤包括许多提示，以提高应用程序的性能。

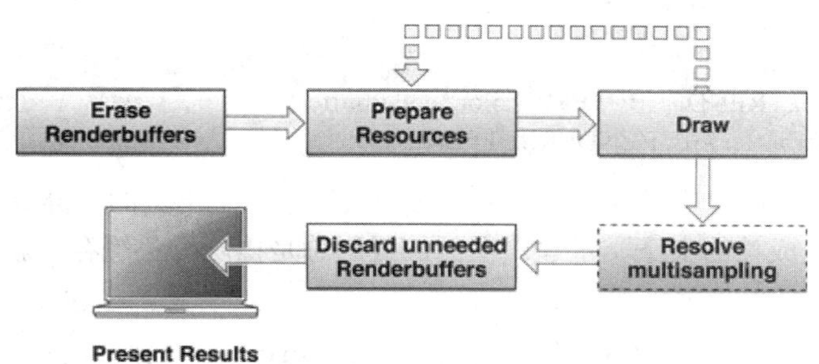

图 17.2　iOS OpenGL 渲染步骤

（4）抹去渲染缓存。

在每一个帧开始时，应抹去上下文不需要的前一帧的渲染缓存以便于下一帧的绘制。调用 glClear() 函数，用清空的所有缓存区传递一个位掩码，如下面的代码所示：

```
//擦去渲染缓存
glBindFramebuffer(GL_FRAMEBUFFER, framebuffer);
glClear(GL_DEPTH_BUFFER_BIT | GL_COLOR_BUFFER_BIT);
```

使用 glClear 不仅比手动清除缓存区更有效，而且能够提示 OpenGL ES 的现有内容可以被丢弃。在一些图形硬件上，这样就可以避免将昂贵的内存操作加载到内存中以前的上下文。

（5）准备 OpenGL ES 对象。

这一步和下一步主要是针对应用程序决定向用户显示什么。在这一步，准备所有的 OpenGL ES 对象、-vertex 缓存区对象、纹理（textures）等。

（6）执行绘制指令。

这一步需要用到上一步准备的对象，并提交绘图命令使用这些对象。例如，在开始渲染一个新帧时，仅对 OpenGL ES Objects 对象进行修改，从而使应用程序运行得更快。虽然应用程序可以在修改对象和提交绘制指令之间交替，但每一步只执行一个运行速度会更快。

（7）解决 Multisampling。

应用程序在呈现给用户之前必须解决图像像素问题，可以使用多重样本提高图片质量，用 OpenGL ES 在外部显示器渲染图片。

（8）抛弃不必要的渲染缓存。

根据 OpenGL ES 对应用程序的上下文的提示，不要一个渲染缓存，缓存里的数据能被丢弃掉，这样可避免昂贵的任务，以保持缓存区内容的更新。

【示例 2】在渲染循环阶段，应用程序已向帧提交其所有的绘图指令。当应用程序需要的颜色渲染缓存显示在屏幕上，可能并不需要深度缓存的上下文。下面的代码显示了如何丢弃深度缓存区的上下文：

```
//丢弃深度缓存
const GLenum discards[] = {GL_DEPTH_ATTACHMENT};
glBindFramebuffer(GL_FRAMEBUFFER, framebuffer);
glDiscardFramebufferEXT(GL_FRAMEBUFFER,1,discards);
```

（9）将结果传递给 Core Animation 进行呈现。

在这一步，颜色渲染缓存保存完成的帧，因此，所需要做的仅是呈现给用户。

【示例 3】下面的代码显示了如何将渲染帧绑定到上下文并呈现，这将导致必须把完成的帧交给 Core Animation。

```
//呈现最终渲染帧
glBindRenderbuffer(GL_RENDERBUFFER, colorRenderbuffer);
[context presentRenderbuffer:GL_RENDERBUFFER];
```

Note

在默认情况下，在应用程序呈现渲染帧后，必须做渲染帧上下文的丢弃处理。这就意味着，在渲染一个新帧时，必须完成帧的上下文重建。上面的代码总是擦除颜色缓存，就是出于这个原因。

17.2 OpenGL ES 应用

尽管 Xcode 有与 OpenGL ES 匹配的项目模板，但要想弄懂 OpenGL ES 是工作机制，从头开始编写代码就显得很必要。在本节介绍的 OpenGL ES 的应用中，将从最底层应用开始，相信通过这个应用，会加深读者对于 OpenGL ES 的理解。

17.2.1 项目的创建及设置

【操作步骤】

第 1 步，启动的 Xcode，选择 File→New→New Project 命令，再选择 iOS→Application→Single View Application，新建项目，命名项目为 HelloOpenGL。

第 2 步，创建项目之后，编译和运行应用程序，应该看到一个空白的屏幕。

第 3 步，在项目中添加一个新 View，以便用于包含 OpenGL 内容。

第 4 步，选择 File→New→File 命令，新建文件，选择 iOS→Source→Cocoa Touch Class，单击 Next 按钮，命名新类为 OpenGLView，然后保存。

第 5 步，添加所有的框架。第一步是添加两个框架，需要使用 OpenGLES.frameworks 和 QuartzCore.framework。

单击 HelloOpenGL 组的项目和文件树，并选择 HelloOpenGL 目标。展开 Link Binary，单击“+”按钮，然后选择 OpenGLES.framework，如图 17.3 所示。用同样的方法将 QuartzCore.framework 添加到 Xcode 中。

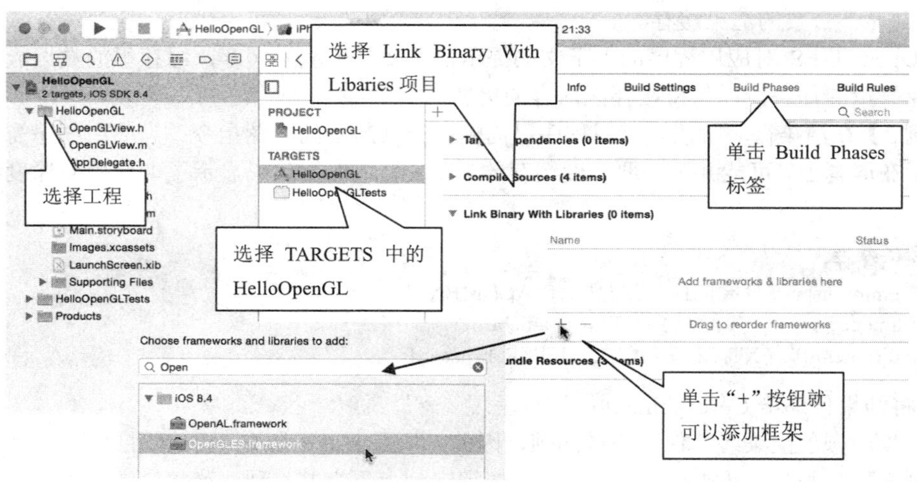

图 17.3　添加 OpenGLES.frameworks 和 QuartzCore.framework

第 6 步，修改 OpenGLView.h 文件。修改 OpenGLView.h 类代码如下：

```
#import <UIKit/UIKit.h>
#import <QuartzCore/QuartzCore.h>
#include <OpenGLES/ES2/gl.h>
#include <OpenGLES/ES2/glext.h>
@interface OpenGLView: UIView {
        CAEAGLLayer* _eaglLayer;
        EAGLContext* _context;
        GLuint _colorRenderBuffer;
}
@end
```

第 7 步，导入所需要的头文件（UIKit/UIKit.h、QuartzCore/QuartzCore.h、OpenGLES/ES2/gl.h 和 OpenGLES/ES2/glext.h），并创建方法需要的实例变量。

第 8 步，设置层为不透明，代码如下：

```
- (void)setupLayer {
     _eaglLayer = (CAEAGLLayer*) self.layer;
     _eaglLayer.opaque = YES;
}
```

在默认情况下，CALayers 设置为透明的，但这样不利于性能的展示（尤其是使用 OpenGL），所以在可能的情况下最好设置为不透明的。

17.2.2　上下文的创建

使用 OpenGL 做任何事情，首先要做的是创建一个 EAGLContext，作为当前的上下文，并设置新创建的上下文。一个 EAGLContext 管理着 OpenGL 用于绘制 iOS 所需要的所有信息。这类似于 Core Graphics 做任何事情必须创建一个 Core Graphics 上下文一样。

当创建一个上下文时，需要指定使用什么版本的 API。此处可以指定想要使用 OpenGL ES 2.0。如果不可用，该应用程序会终止。

```
- (void)setupContext {
            EAGLRenderingAPI api = kEAGLRenderingAPIOpenGLES2;
             _context = [[EAGLContext alloc] initWithAPI:api];
            if (!_context) {
                NSLog(@"Failed to initialize OpenGLES 2.0 context");
                  exit(1);
            }
           if (![EAGLContext setCurrentContext:_context]) {
               NSLog(@"Failed to set current OpenGL context");
               exit(1);
           }
}
```

17.2.3　渲染缓存的创建

下面创建一个 OpenGL 渲染缓存（renderbuffer），这是一个用于在屏幕上呈现的存储渲染图像的

OpenGL 对象。有时渲染缓存也称为颜色缓存，因为从本质上来说，是用渲染缓存中的对象存储的颜色来显示。创建一个渲染缓存区有 3 个步骤：

第 1 步，调用 glGenRenderbuffers()以创建一个新的渲染缓存区对象。这将返回一个唯一的整数渲染缓存（这里存储在_colorRenderBuffer）。有时会看到这种独特的整数，简称为“OpenGL 的名字”。

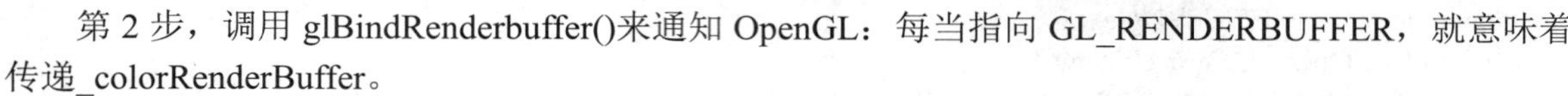

第 2 步，调用 glBindRenderbuffer()来通知 OpenGL：每当指向 GL_RENDERBUFFER，就意味着传递_colorRenderBuffer。

第 3 步，为渲染缓存分配一些存储空间。在前面创建的 EAGLContext 中有一个方法，可以使用 renderbufferStorage。下面是创建缓存的代码：

```
- (void)setupRenderBuffer {
        glGenRenderbuffers(1, &_colorRenderBuffer);
        glBindRenderbuffer(GL_RENDERBUFFER, _colorRenderBuffer);
        [_context renderbufferStorage:GL_RENDERBUFFER fromDrawable:_eaglLayer];
}
```

17.2.4 帧缓存的创建

一个帧缓存（framebuffer）就是一个包含一个渲染缓存和其他一些缓存（如一个深度缓存、模板缓存和积累缓存）的 OpenGL 的对象。创建帧缓存的代码如下：

```
- (void)setupFrameBuffer {
    GLuint framebuffer;
    glGenFramebuffers(1, &framebuffer);
    glBindFramebuffer(GL_FRAMEBUFFER, framebuffer);
    glFramebufferRenderbuffer(GL_FRAMEBUFFER, GL_COLOR_ATTACHMENT0,
        GL_RENDERBUFFER, _colorRenderBuffer);
}
```

17.2.5 屏幕的清理

清理屏幕一般需要下面 3 个步骤：

第 1 步，调用 glClearColor 指定 RGB 和 Alpha 值（透明度）。

第 2 步，调用 glClear 实际执行结算。

第 3 步，调用一个 OpenGL 上下文的方法。

下面的代码用于实现屏幕清理的处理：

```
- (void)render {
    glClearColor(0, 104.0/255.0, 55.0/255.0, 1.0);
    glClear(GL_COLOR_BUFFER_BIT);
    [_context presentRenderbuffer:GL_RENDERBUFFER];
}
```

17.2.6 OpenGLView 和应用程序委托关联

下面是 OpenGLView.m 文件的完整代码，这只是一些辅助代码来调用前面介绍的方法。

```
//使用下面设置替换初始化帧
- (id)initWithFrame:(CGRect)frame
{
        self = [super initWithFrame:frame];
          if (self) {
              [self setupLayer];
              [self setupContext];
              [self setupRenderBuffer];
              [self setupFrameBuffer];
              [self render];
        }
        return self;
}
//重写 dealloc 方法
- (void)dealloc
{
        [_context release];
        _context = nil;
        [super dealloc];
}
```

HelloOpenGLAppDelegate.h 有以下变化：

```
//在文件顶部
#import "OpenGLView.h"
//在接口中
OpenGLView* _glView;
//在接口后面
@property (nonatomic, retain) IBOutlet OpenGLView *glView;
```

HelloOpenGLAppDelegate.m 有以下变化：

```
//在文件顶部
@synthesize glView=_glView;
//在上面的应用：didfinishlaunchingwithoptions
CGRect screenBounds = [[UIScreen mainScreen] bounds];
self.glView = [[[OpenGLView alloc] initWithFrame:screenBounds] autorelease];
[self.window addSubview:_glView];
//在 dealloc 方法中
[_glView release];
```

这只是简单地启动一个 OpenGLView 实例，并将其呈现在窗口。编译并运行项目，应该看到一个用 OpenGL ES 2.0 绘制的绿色屏幕。

17.3 Core Animation

Core Animation 把与视图对象相关联的层存储在一个被称为层树的层次结构中。层树中的每个层都只有一个父层，但可以嵌入任意数量的子层。默认情况下，层树中对象的组织方式和视图在视图层次中的组织方式完全一样。但是，可以在层树中添加层，而不同时添加相应的视图。当希望实现某种特殊的视觉效果，而又不需要在视图上保持这种效果时，就可能需要这种技术。

实际上，层对象是 iOS 渲染和布局系统的推动力，大多数视图属性实际上是其层对象属性的一个很薄的封装。当直接使用 CALayer 对象修改层树上层对象的属性时，所做的改变会立即反映在层对象上。但是，如果该变化触发了相应的动画，则可能不会立即反映在屏幕上，而是必须随着时间的变化以动画的形式表现在屏幕上。为了管理这种类型的动画，Core Animation 额外维护两组层对象，称之为表示树和渲染树。

基本的 Core Animation 类集包含于 Quartz Core 框架，但是附加层类可以在其他框架中进行定义，类结构关系如图 17.4 所示。

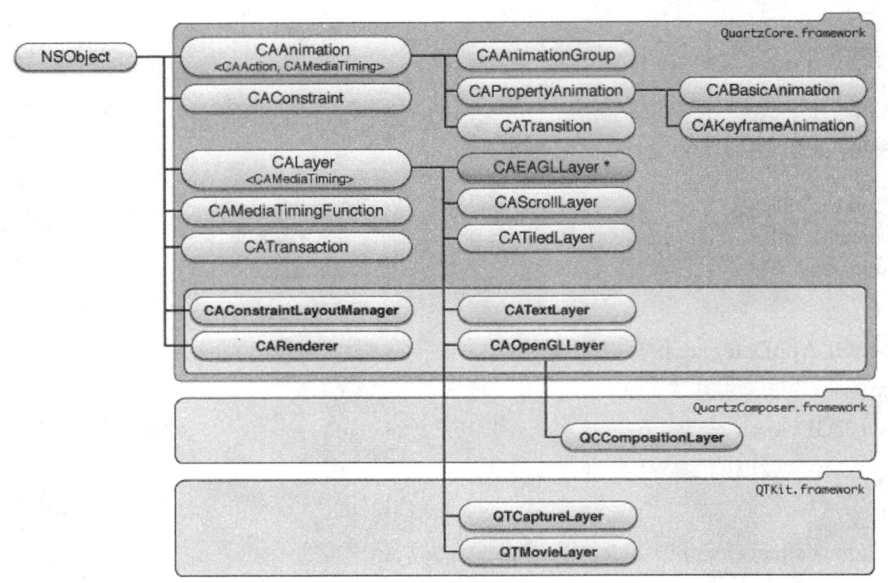

图 17.4　Core Animation 类层次结构

虽然 Core Animation 层和 Cocoa 视图之间有明显的相似性，但最大的区别是层不能在场景中进行直接的渲染。在模型—视图—控制器设计模式中，NSView 和 UIView 很明显是视图对象，Core Animation 层是模型对象。它们封装了几何、时间和视觉的特性，但是实际显示内容并不是层的责任。在图 17.5 中可以看到，每个可见层树由两个相应的树来支持：表现树和渲染树。

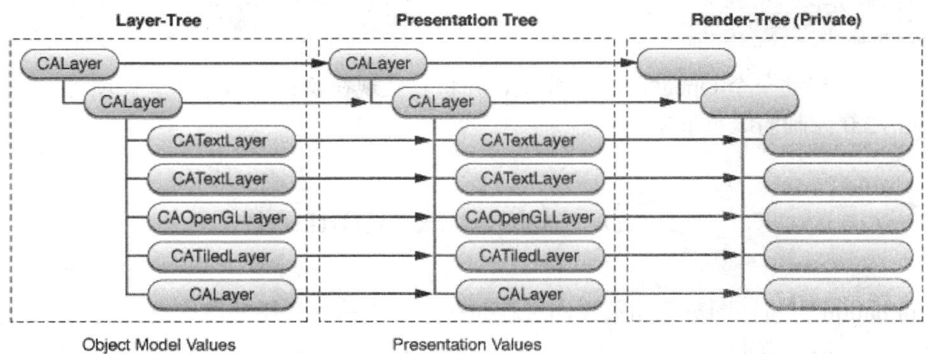

图 17.5　Core Animation 渲染框架

17.3.1　层和变换

在很多方面，层（Layer）和层树（Layer-Tree）类似于视图和视图层次结构。一个层集合所有的属性，包括层的变换矩阵，都能用来隐式和显式地进行动画设计。图 17.6 显示了在上下文中一个层集合用到的主要属性。

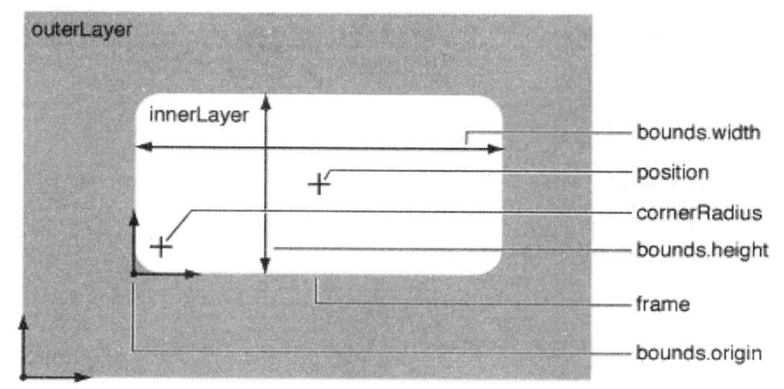

图 17.6　层集合的主要属性

position 属性是一个 CGPoint，相对于 superlayer 的位置来指定的层的位置。Bounds 属性是一个 CGRect 值，用来提供层的大小（bounds.size）和原点（bounds.origin）。在覆盖一个层的绘制方法时，边界的原点作为图形上下文的原点。

层有一个隐式的帧，该帧用于设置和管理位置、界限、anchorPoint 和属性等功能。在把边界的大小设置为帧的大小时，一个新帧中矩形的特别之处在于边界（bounds）起源不受影响。相对于另一个 anchor 点，把层的位置设置成 location 属性。在取得帧的属性值时，首先要计算其相对位置、边界和 anchorPoint 属性。

anchorPoint 属性是一个 CGPoint 值，用来指定层对应位置的坐标。anchor 点用来指定相对位置。图 17.7 显示了 3 个 anchorPoint 值。相对中心层的边界，anchorPoint 的默认值是（0.5,0.5），如图 17.7 中 A 点所示。B 点显示 anchor 点的位置为（0.0,0.5），C 点（1.0,0.0）使指定层的位置位于帧的右下角。如图 17.8 所示是特定于 Mac OS X 的 iOS 层，层使用不同的默认坐标系，（0.0,0.0）和（1.0,1.0）在左上角和右下角。

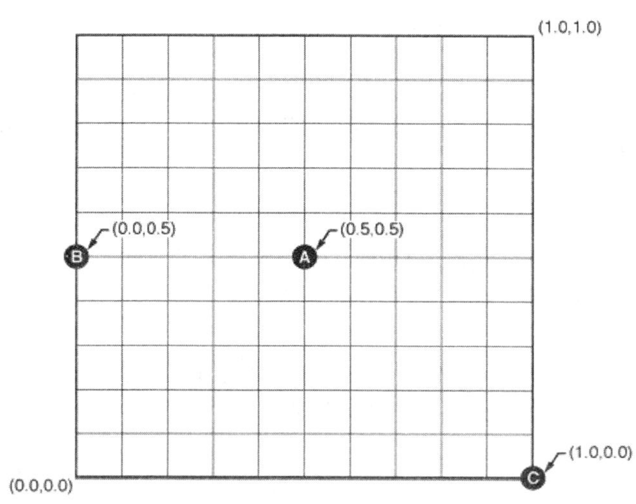

图 17.7　3 个 anchorPoint 值

此处，anchorPoint 被设置为默认值（0.5,0.5），对应层的中心。层的位置设置为（100.0,100.0），边界设置为矩形（0.0, 0.0, 120.0, 80.0）。这导致了帧的属性可以计算为（40.0,60.0,120.0,80.0）。

Note

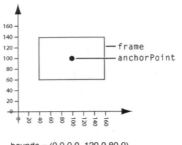

bounds = (0.0,0.0, 120.0,80.0)
frame = (40.0,60.0, 120.0,80.0)
anchorPoint = (0.5,0.5)
position = (100.0, 100.0)

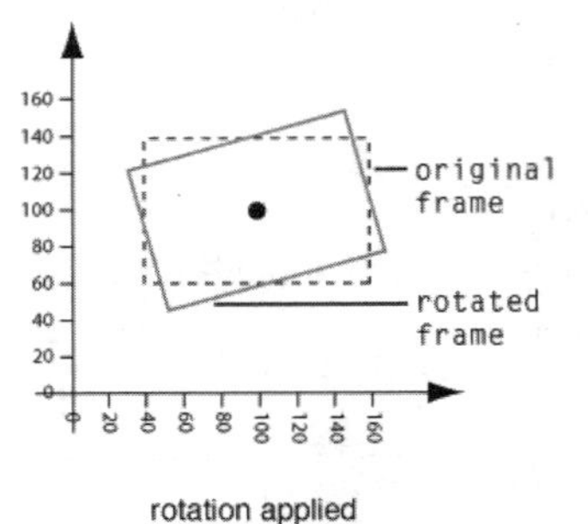

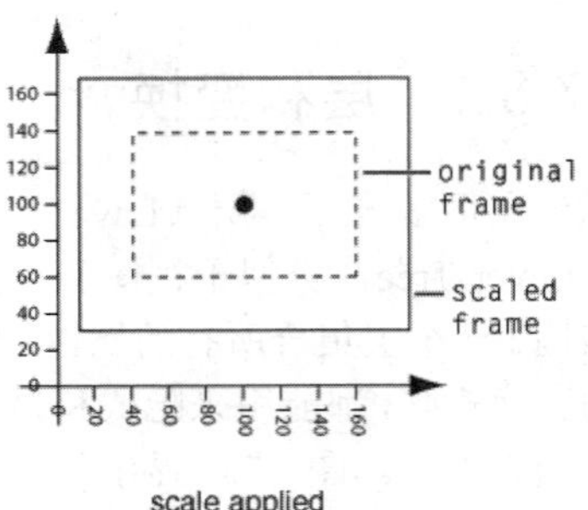

图 17.8 （0.5,0.5）层原点

如果创建一个新层并设置层的帧属性为（40.0,60.0,120.0,80.0），位置属性将会自动设置为（100.0,100.0），边界属性设置为（0.0,0.0,120.0,80.0）。

图 17.9 显示了一个与图 17.8 中的层具有相同帧矩形的层，然而在这种情况下，该层的 anchorPoint 设置为（0.0,0.0），分别对应左下角的层。

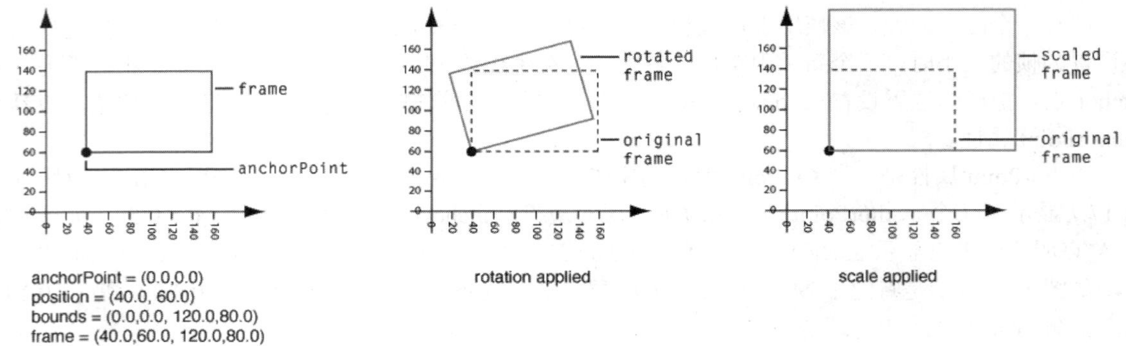

图 17.9 （0.0,0.0）层原点

一旦建立，可以使用矩阵转换改变一个层的几何形状。CATransform3D 的数据结构定义了一个同质的三维转换（CGFloat 值为 4×4 矩阵），用于图层的旋转、缩放、偏移、歪斜、透视转换和应用层。

17.3.2 树层结构

除了直接负责提供视觉内容和管理动画外，层还充当其他层的容器，用于创建层次结构。Core Animation 并不为在窗体中显示层提供解决方法，这些层必须被一个视图托管。在配合视图时，视图必须为底层提供事件处理，而层提供了展示的内容。

视图系统在 iOS 中直接建在 Core Animation 层的顶端，每个 UIView 的实例变量会自动创建一个 CALayer 类实例，并将其设置成这个视图层的属性值，以便在视图层中添加需要的子层。

```
//在视图中插入一层
//这个视图是窗口中的一个已经存在的视图
//RootLayer 是层结构树中的根层
[theView setLayer: theRootLayer];
[theView setWantsLayer:YES];
```

17.3.3　层上下文和层行为

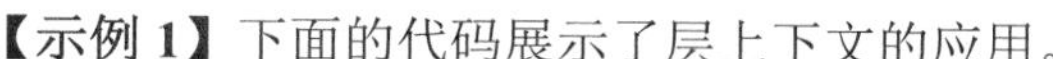

使用 Cocoa 视图时，必须继承 NSView 或 UIView，实现 drawRect 方法，用来显示数据。然而 CALayer 实例常常可以直接被调用，不需要子类化，因为 CALayer 是一个键值编码兼容的容器类，即在任何情况下可以存储任意值，通常可以完全避免使用子类化。

【示例 1】下面的代码展示了层上下文的应用。

```
//设置层的上下文属性
CALayer *theLayer;
//创建图层并设置边界和位置
theLayer=[CALayer layer];
theLayer.position=CGPointMake(50.0f,50.0f);
theLayer.bounds=CGRectMake(0.0f,0.0f,100.0f,100.0f);
//为 CGImageRef 对象设置内容属性
//指定的图像（装在别处）
theLayer.contents=theImage;
//实现上下文中 drawLayer 方法的委托
- (void)drawLayer:(CALayer *)theLayer
          inContext:(CGContextRef)theContext
{
    CGMutablePathRef thePath = CGPathCreateMutable();
    CGPathMoveToPoint(thePath,NULL,15.0f,15.f);
    CGPathAddCurveToPoint(thePath,
                          NULL,
                          15.f,250.0f,
                          295.0f,250.0f,
                          295.0f,15.0f);
    CGContextBeginPath(theContext);
    CGContextAddPath(theContext, thePath );
    CGContextSetLineWidth(theContext,
 [[theLayer valueForKey:@"lineWidth"]floatValue]);
    CGContextStrokePath(theContext);
    //释放路径
    CFRelease(thePath);
}
//覆盖 CALayer 的 drawInContext 方法
- (void)drawInContext:(CGContextRef)theContext
{
    CGMutablePathRef thePath = CGPathCreateMutable();
    CGPathMoveToPoint(thePath,NULL,15.0f,15.f);
    CGPathAddCurveToPoint(thePath,
                          NULL,
                          15.f,250.0f,
                          295.0f,250.0f,
                          295.0f,15.0f);
    CGContextBeginPath(theContext);
    CGContextAddPath(theContext, thePath );
    CGContextSetLineWidth(theContext,self.lineWidth);
    CGContextSetStrokeColorWithColor(theContext,self.lineColor);
```

```
    CGContextStrokePath(theContext);
    CFRelease(thePath);
}
```

Note

在层树中插入和删除层，或者图属性值被修改，或者明确应用程序的请求，这些行为都将会触发层的动作，通常情况下，所显示的动画就是触发的结果。

【示例 2】下面是几个层行为的应用实例。

```
//实现对一个 animation 的初始化
- (void)runActionForKey:(NSString *)key
        object:(id)anObject
        arguments:(NSDictionary *)dict
{
                [(CALayer *)anObject addAnimation:self forKey:key];
}
//实现一个 animation 的上下文属性
- (id<CAAction>)actionForLayer:(CALayer *)theLayer
                forKey:(NSString *)theKey
{
CATransition *theAnimation=nil;
if ([theKey isEqualToString:@"contents"])
{
                        theAnimation = [[CATransition alloc] init];
                        theAnimation.duration = 1.0;
                        theAnimation.timingFunction =[CAMediaTimingFunction
functionWithName:kCAMediaTimingFunctionEaseIn];
                        theAnimation.type = kCATransitionPush;
                        theAnimation.subtype = kCATransitionFromRight;
                }
                return theAnimation;
}
```

17.3.4 动画

动画（Animation）是现今用户界面中的一个关键因素。在使用 Core Animation 时，动画是完全自动的。假如没有动画的循环或计时器。应用程序对每帧的绘制不会有任何反应，也跟踪不到动画的当前状态。动画在一个单独的线程中自动发生，没有与应用程序进行更深一步的交互。

Core Animation 的隐式动画模型假定所有的动画图层属性的变化应该是渐进的和异步的。没有明确的动画层可以实现动态的动画场景。改变动画层属性值，将促使层隐式动画从旧值转为新值的变化。虽然动画是在运行中，设置一个新目标值将会促发动画从其当前状态过渡到新的目标价值。

下面的实例显示如何促发一个隐式动画从当前位置转换到一个新的位置。

```
//隐式动画层的位置属性
//假定层目前位于(100.0,100.0)
theLayer.position=CGPointMake(500.0,500.0);
```

可以隐式地激活一个层的一个或多个属性，也可以同时激活多个层。下面的实例将促使 4 个隐式动画同时发生。

```
//对多层多属性的隐式动画
//当移动时，设置动画层的不透明度为 0
//进一步远离层
theLayer.opacity=0.0;
theLayer.zPosition=-100;
//当移动它到此层时，设置动画 anotherlayer 的不透明度为 1
anotherLayer.opacity=1.0;
anotherLayer.zPosition=100.0;
```

Core Animation 还支持一个显式动画模型。在需要创建动画对象之时，必须设置显示动画模型的开始和结束值。一个显式动画在申请到一个动画层之前将不会启动开始。

【示例 1】下面的代码片段创建了一个透明度变换的显式动画，在没有超过 3 秒的时间内，从完全不透明到完全透明。动画直到被添加到层才开始。

```
//显式动画
CABasicAnimation *theAnimation;
theAnimation=[CABasicAnimation animationWithKeyPath:@"opacity"];
theAnimation.duration=3.0;
theAnimation.repeatCount=2;
theAnimation.autoreverses=YES;
theAnimation.fromValue=[NSNumber numberWithFloat:1.0];
theAnimation.toValue=[NSNumber numberWithFloat:0.0];
[theLayer addAnimation:theAnimation forKey:@"animateOpacity"];
```

在创建连续运行的动画时，显式动画特别有用。

【示例 2】下面的代码显示了如何创建一个显式动画，应用 CoreImage Bloom 对层动画强度进行过滤，这将对选择层产生脉动效果。

```
//选择层将连续脉冲
//这是通过在层上设置一个过滤器
//创建过滤器并设置其默认值
CIFilter *filter = [CIFilter filterWithName:@"CIBloom"];
[filter setDefaults];
[filter setValue:[NSNumber numberWithFloat:5.0] forKey:@"inputRadius"];
//命名过滤器，这样可以自由使用过滤器属性
[filter setName:@"pulseFilter"];
//将过滤器设置为选择层的过滤器
[selectionLayer setFilters:[NSArray arrayWithObject:filter]];
//创建将处理脉冲的动画
CABasicAnimation* pulseAnimation = [CABasicAnimation animation];
//我们想要做的是 pulseFilter 的 inputIntensity 属性
pulseAnimation.keyPath = @"filters.pulseFilter.inputIntensity";
//我们希望动画从 0 到 1
pulseAnimation.fromValue = [NSNumber numberWithFloat: 0.0];
pulseAnimation.toValue = [NSNumber numberWithFloat: 1.5];
//超过 1 秒的持续时间，并运行无限次数
pulseAnimation.duration = 1.0;
pulseAnimation.repeatCount = HUGE_VALF;
//我们希望它渐显渐隐，所以需要自动 autoreverse，这将导致 intensity 输入值从 0 到 1，再到 0
pulseAnimation.autoreverses = YES;
//使用一个缓入缓出的时间曲线
```

```
pulseAnimation.timingFunction = [CAMediaTimingFunction functionWithName: kCAMediaTimingFunction
EaseInEaseOut];
//将动画添加到选择层，使它开始动画。使用 pulseAnimation 作为动画的关键帧名字
[selectionLayer addAnimation:pulseAnimation forKey:@"pulseAnimation"];
```

17.3.5 事务

每一次层的修改都会涉及一个事务（transaction）的一部分。CATransaction 是 Core Animation 中负责对多个 layer-tree 进行批处理修改成原子（atomic）更新来渲染树的类。本节介绍的 Core Animation 支持两种类型事务：隐式事务和显式交易。

在没有活动事务的线程中对层树进行修改时，隐式事务会自动被创建，在进行到一个迭代时，线程会自动提交。下面的代码展示了如何使用动画隐式事务。

```
theLayer.opacity=0.0;
theLayer.zPosition=-200;
thelayer.position=CGPointMake(0.0,0.0);
```

在发送 CATransaction 类之前修改层树的消息并提交信息，可以创建一个显式事务。在同一时间（如同时布置了多层）时，对许多层的属性进行设置，例如，暂时禁用层的行为时，显式事务显得特别有用。

【示例】下面的代码是显式事务的几个应用。

```
//暂时禁用层的行为
[CATransaction begin];
[CATransaction setValue:(id)kCFBooleanTrue
    forKey:kCATransactionDisableActions];
[aLayer removeFromSuperlayer];
[CATransaction commit];
//在动画期间进行覆盖处理
[CATransaction begin];
[CATransaction setValue:[NSNumber numberWithFloat:10.0f]
    forKey:kCATransactionAnimationDuration];
theLayer.zPosition=200.0;
theLayer.opacity=0.0;
[CATransaction commit];
```

17.3.6 动画层布局

在调整大小时，NSView 提供经典的 struts 和 springs 模型进行重新定位（相对于它们的父层）。虽然层支持这种模式，基于 Mac OS X 的 Core Animation 的布局管理器提供一个更为通用的机制，该机制允许开发人员编写自己的布局管理器。自定义布局管理器（实现 CALayoutManager 协议），可以指定一个层，然后承担责任层的子层提供布局。

【示例】下面的代码创建一个层，然后使用约束定位的子层。图 17.10 显示了生成的布局。

```
//为图层创建和设置一个约束布局管理器
theLayer.layoutManager=[CAConstraintLayoutManager layoutManager];
CALayer *layerA = [CALayer layer];
layerA.name = @"layerA";
layerA.bounds = CGRectMake(0.0,0.0,100.0,25.0);
```

```
layerA.borderWidth = 2.0;
[layerA addConstraint:[CAConstraint constraintWithAttribute:kCAConstraintMidY
                                                 relativeTo:@"superlayer"
                                                  attribute:kCAConstraintMidY]];
[layerA addConstraint:[CAConstraint constraintWithAttribute:kCAConstraintMidX
                                                 relativeTo:@"superlayer"
                                                  attribute:kCAConstraintMidX]];
[theLayer addSublayer:layerA];
CALayer *layerB = [CALayer layer];
layerB.name = @"layerB";
layerB.borderWidth = 2.0;
[layerB addConstraint:[CAConstraint constraintWithAttribute:kCAConstraintWidth
                                                 relativeTo:@"layerA"
                                                 attribute:kCAConstraintWidth]];
[layerB addConstraint:[CAConstraint constraintWithAttribute:kCAConstraintMidX
                                                 relativeTo:@"layerA"
                                                 attribute:kCAConstraintMidX]];
[layerB addConstraint:[CAConstraint constraintWithAttribute:kCAConstraintMaxY
                                                 relativeTo:@"layerA"
                                                 attribute:kCAConstraintMinY
                                                    offset:-10.0]];
[layerB addConstraint:[CAConstraint constraintWithAttribute:kCAConstraintMinY
                                                 relativeTo:@"superlayer"
                                                 attribute:kCAConstraintMinY
                                                    offset:+10.0]];
[theLayer addSublayer:layerB];
```

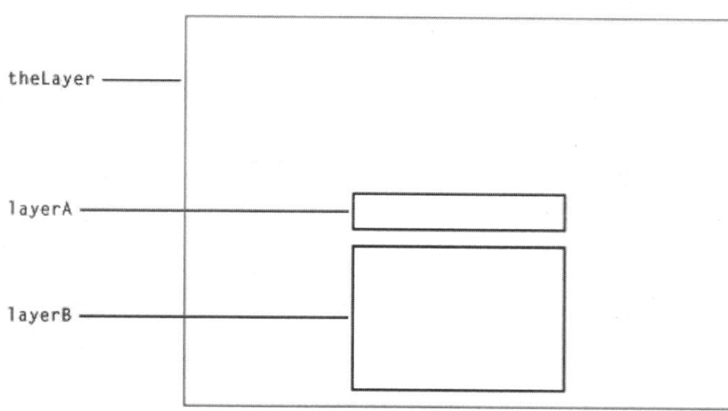

图 17.10 基于约束布局

17.4 案例实战

本节将通过多个案例详细演示如何在项目中设计动画效果。

17.4.1 案例：设计过渡动画

CATransition 常用于通过 CALayer 控制 UIView 内子控件的过渡动画，例如，删除子控件、添加

Note

子控件、切换两个子控件等。使用 CATransition 控制 UIView 内子控件过渡动画的步骤如下：

第 1 步，创建 CATransition 对象。

第 2 步，为 CATransition 设置 type 和 subtype 属性，其中，type 指定动画类型，subtype 指定动画移动方向。

第 3 步，如果不需要动画执行整个过程，即只要动画执行到中间部分就停止，可以指定 startProgress（动画的开始进度）和 endProgress（动画的结束进度）属性。

第 4 步，调用 UIView 的 layer 属性的 addAnimation:forKey:方法控制该 UIView 内子控件的过渡动画。addAnimation:forKey:方法的第一个参数为 CAAnimation 对象，第二个参数用于为该动画对象执行一个唯一标识。

下面通过一个示例演示这种动画的实现方式。

【操作步骤】

第 1 步，创建一个 Single View Application，保存为 test。在默认状态下，该项目包含一个应用程序委托类、一个视图控制器类和配套的 Storyboard 界面设计文件。

第 2 步，此处不用修改应用程序委托类、界面设计文件，直接修改视图控制器类即可。将视图控制器类的实现代码改为如下形式（ViewController.m）：

```
@implementation ViewController
- (void)viewDidLoad
{
 [super viewDidLoad];
 UIView *magentaView = [[UIView alloc] initWithFrame:self.view.bounds];
 magentaView.backgroundColor = [UIColor magentaColor];
 [self.view addSubview:magentaView];
 UIView* grayView = [[UIView alloc] initWithFrame:self.view.bounds];
 grayView.backgroundColor = [UIColor lightGrayColor];
 [self.view addSubview:grayView];
 NSArray* bnTitleArray = [NSArray arrayWithObjects:
       @"添加", @"翻页", @"移入", @"揭开",
       @"立方体", @"收缩", @"翻转", @"水波", nil];
 NSMutableArray* bnArray = [[NSMutableArray alloc] init];
 //获取屏幕的内部高度
 CGFloat totalHeight = [UIScreen mainScreen].bounds.size.height;
 //创建 8 个按钮，并将按钮添加到 NSMutableArray 集合中
 for (int i = 0; i < 8; i++)
 {
       UIButton* bn = [UIButton buttonWithType:UIButtonTypeRoundedRect];
       [bn setTitle:[bnTitleArray objectAtIndex:i]
             forState:UIControlStateNormal];
       NSInteger row = i / 4;
       NSInteger col = i % 4;
       bn.frame = CGRectMake(5 + col * 80, totalHeight - (2 - row) * 45 - 20, 70, 35);
       [self.view addSubview:bn];
       [bnArray addObject:bn];
 }
 //为 8 个按钮分别绑定不同的事件处理方法
 [[bnArray objectAtIndex:0] addTarget:self action:@selector(add:)
       forControlEvents:UIControlEventTouchUpInside];
```

```
[[bnArray objectAtIndex:1] addTarget:self action:@selector(curl:)
                            forControlEvents:UIControlEventTouchUpInside];
[[bnArray objectAtIndex:2] addTarget:self action:@selector(move:)
                            forControlEvents:UIControlEventTouchUpInside];
[[bnArray objectAtIndex:3] addTarget:self action:@selector(reveal:)
                            forControlEvents:UIControlEventTouchUpInside];
[[bnArray objectAtIndex:4] addTarget:self action:@selector(cube:)
                            forControlEvents:UIControlEventTouchUpInside];
[[bnArray objectAtIndex:5] addTarget:self action:@selector(suck:)
                            forControlEvents:UIControlEventTouchUpInside];
[[bnArray objectAtIndex:6] addTarget:self action:@selector(oglFlip:)
                            forControlEvents:UIControlEventTouchUpInside];
[[bnArray objectAtIndex:7] addTarget:self action:@selector(ripple:)
                            forControlEvents:UIControlEventTouchUpInside];
NSLog(@"~~~~~~~%@", [[self.view.subviews objectAtIndex:2] backgroundColor]);
NSLog(@"~~~~~~~%@", [[self.view.subviews objectAtIndex:3] backgroundColor]);
}
-(void) add:(id)sender
{
//开始执行动画
[UIView beginAnimations:@"animation" context:nil];
[UIView setAnimationDuration:1.0f];
//控制 UIView 内过渡动画的类型
[UIView setAnimationTransition:UIViewAnimationTransitionCurlDown
                            forView:self.view cache:YES];
//设置动画的变化曲线
[UIView setAnimationCurve:UIViewAnimationCurveEaseInOut];
//提交动画
[UIView commitAnimations];
}
-(void) curl:(id)sender
{
//开始执行动画
[UIView beginAnimations:@"animation" context:nil];
[UIView setAnimationDuration:1.0f];
//控制 UIView 内过渡动画的类型
[UIView setAnimationTransition:UIViewAnimationTransitionCurlUp
                            forView:self.view cache:YES];
//设置动画的变化曲线
[UIView setAnimationCurve:UIViewAnimationCurveEaseInOut];
//交换视图控制器所显示的 UIView 中两个子控件的位置
[self.view exchangeSubviewAtIndex:3 withSubviewAtIndex:2];
[UIView commitAnimations];
}
-(void) move:(id)sender
{
CATransition *transition = [CATransition animation];
transition.duration = 2.0f;
//使用 kCATransitionMoveIn 动画
transition.type = kCATransitionMoveIn;
```

Note

```
 //指定动画方向，从左向右
 transition.subtype = kCATransitionFromLeft;
 [self.view.layer addAnimation:transition forKey:@"animation"];
 [self.view exchangeSubviewAtIndex:2 withSubviewAtIndex:3];
}
-(void) reveal:(id)sender
{
 CATransition *transition = [CATransition animation];
 transition.duration = 2.0f;
 //使用 kCATransitionReveal 动画
 transition.type = kCATransitionReveal;
 //指定动画方向，从上到下
 transition.subtype = kCATransitionFromTop;
 [self.view.layer addAnimation:transition forKey:@"animation"];
 //交换视图控制器所显示的 UIView 中两个子控件的位置
 [self.view exchangeSubviewAtIndex:2 withSubviewAtIndex:3];
}
-(void) cube:(id)sender
{
 CATransition *transition = [CATransition animation];
 transition.duration = 2.0f;
 //使用@"cube"动画
 transition.type = @"cube";
 //指定动画方向，从左到右
 transition.subtype = kCATransitionFromLeft;
 [self.view.layer addAnimation:transition forKey:@"animation"];
 //交换视图控制器所显示的 UIView 中两个子控件的位置
 [self.view exchangeSubviewAtIndex:2 withSubviewAtIndex:3];
}
-(void) suck:(id)sender
{
 CATransition *transition = [CATransition animation];
 transition.duration = 2.0f;
 //使用@"suck"动画，该动画与动画方向无关
 transition.type = @"suckEffect";
 [self.view.layer addAnimation:transition forKey:@"animation"];
 //交换视图控制器所显示的 UIView 中两个子控件的位置
 [self.view exchangeSubviewAtIndex:2 withSubviewAtIndex:3];
}
-(void) oglFlip:(id)sender
{
 CATransition *transition = [CATransition animation];
 transition.duration = 2.0f;
 //使用@"oglFlip"动画
 transition.type = @"oglFlip";
 //指定动画方向为上下翻转
 transition.subtype = kCATransitionFromBottom;
 [self.view.layer addAnimation:transition forKey:@"animation"];
```

```
 //交换视图控制器所显示的 UIView 中两个子控件的位置
 [self.view exchangeSubviewAtIndex:2 withSubviewAtIndex:3];
}
-(void) ripple:(id)sender
{
 CATransition *transition = [CATransition animation];
 transition.duration = 2.0f;
 //使用@"rippleEffect"动画，该动画与方向无关
 transition.type = @"rippleEffect";
 [self.view.layer addAnimation:transition forKey:@"animation"];
 //交换视图控制器所显示的 UIView 中两个子控件的位置
 [self.view exchangeSubviewAtIndex:2 withSubviewAtIndex:3];
}
@end
```

在上面的代码中，使用了 UIView 的 beginAnimations:context:与 commitAnimations 方法来控制过渡动画，然后使用 CATransition 控制过渡动画。视图底部的几个按钮都采用了 CATransition 控制 UIView 的过渡动画，只是动画方式不同而已。

第 3 步，运行该程序，如果单击页面底部不同的按钮，则可以看到如图 17.11 所示的不同演示效果。

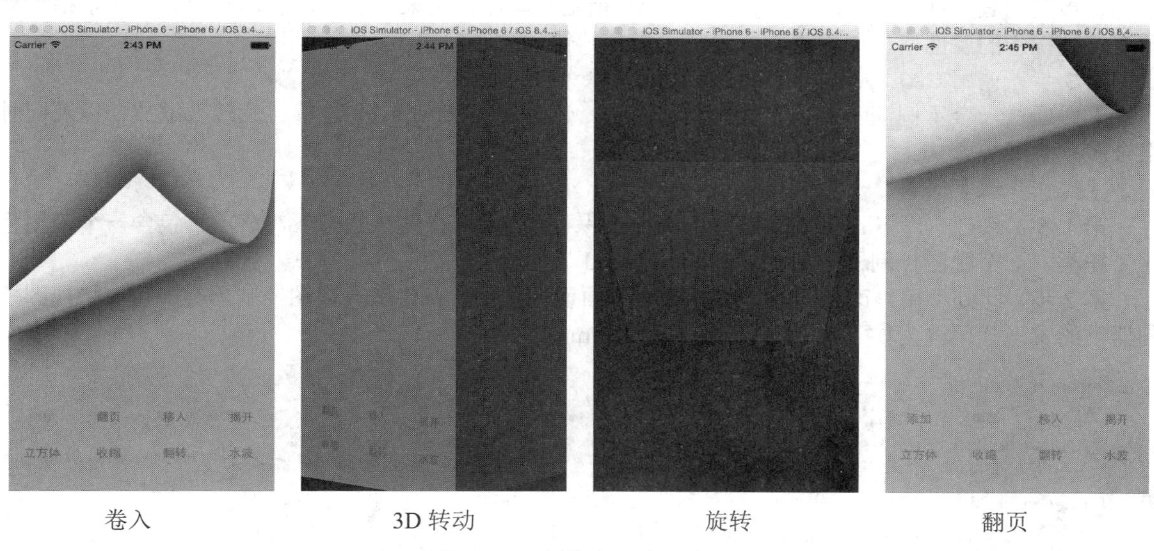

图 17.11　多种动画过渡效果

17.4.2　案例：设计属性动画

属性动画由 CAPropertyAnimation 负责，该对象控制 CALayer 的动画属性持续改变，当 CALayer 的动画属性持续改变时，CALayer 的外观就会持续改变，即可看到动画效果。

提示：所有支持数值型属性值的属性都可作为动画属性。

CAPropertyAnimation 提供了如下类方法来创建属性动画。

+(id)animationWithKeyPath:(NSString *)keyPath：该方法仅需要一个参数，该参数只是一个字符串

类型的值，指定 CALayer 的动画属性名，设置该属性动画控制 CALayer 的哪个动画属性持续改变。

除此之外，CAPropertyAnimation 还支持如下属性。

☑ keyPath：返回创建 CAPropertyAnimation 时指定的参数。

☑ additive：指定该属性动画是否以当前动画效果为基础。

☑ cumulative：指定动画是否为累加效果。

☑ valueFunction：该属性值是一个 CAValueFunction 对象，该对象负责对属性改变的插值进行计算。系统已经提供了默认的插值计算方式，因此一般无须指定该属性。

如果要控制 CALayer 的位移动画，直接使用属性动画控制 CALayer 的 position 持续改变即可。如果要控制该 CALayer 的缩放、旋转、斜切等效果，则需要控制如下属性。

☑ affineTransform：指定一个 CGAffineTransform 对象（变换矩阵），该对象代表对 CALayer 执行 X、Y 两个维度（2D）上的旋转、缩放、位移、斜切、镜像等变换矩阵。

☑ transform：指定一个 CATransform3D 对象，该对象代表对 CALayer 执行 X、Y、Z 这 3 个维度（3D）中的旋转、缩放、位移、斜切、镜像等变换矩阵。

使用属性动画控制 CALayer 的执行动画的步骤如下：

第 1 步，利用 animationWithKeyPath 类方法创建属性动画。

第 2 步，如果使用 CABasicAnimation 属性动画，则可指定 fromValue、toValue 两个属性值，其中，fromValue 指定动画属性开始时的属性值，toValue 指定动画属性结束时的属性值。如果使用 CAKeyframeAnimation 属性动画，则指定 values 属性值，该属性值是一个 NSArray 属性，其中，第一个元素指定动画属性开始时的属性值，toValue 指定动画属性结束时的属性值，其他数组元素指定动画变化过程中的属性值，如有需要，还可以指定其他动画属性值。

第 3 步，调用 CALayer 的 addAnimation:forKey:添加动画即可。

下面通过一个示例演示这种属性动画的用法，包括控制 CALayer 位移、旋转、缩放，以及同时组合多种动画等方式。

【操作步骤】

第 1 步，创建一个 Single View Application，保存为 test。在默认状态下，该项目包含一个应用程序委托类、一个视图控制器类和配套的 Storyboard 界面设计文件。

第 2 步，此处不用修改应用程序委托类、界面设计文件，直接修改视图控制器类即可。将视图控制器类的实现代码改为如下形式（ViewController.m）：

```
@implementation ViewController
CALayer *imageLayer;
- (void)viewDidLoad
{
 [super viewDidLoad];
 //创建一个 CALayer 对象
 imageLayer = [CALayer layer];
 //设置该 CALayer 的边框、大小、位置等属性
 imageLayer.cornerRadius = 20;
 imageLayer.borderWidth = 1;
 imageLayer.borderColor = [UIColor blackColor].CGColor;
 imageLayer.masksToBounds = YES;
 imageLayer.frame = CGRectMake(10, 10, 200, 200);
 //设置该 imageLayer 显示的图片
 imageLayer.contents = (id)[[UIImage imageNamed:@"bear"] CGImage];
 [self.view.layer addSublayer:imageLayer];
 NSArray* bnTitleArray = [NSArray arrayWithObjects:@"位移", @"旋转", @"缩放", @"动画序列", nil];
```

```
    //获取屏幕的内部高度
    CGFloat totalHeight = [UIScreen mainScreen].bounds.size.height;
    NSMutableArray* bnArray = [[NSMutableArray alloc] init];
    //采用循环创建 4 个按钮
    for(int i = 0; i < 4; i++)
    {
        UIButton* bn = [UIButton buttonWithType:UIButtonTypeRoundedRect];
        bn.frame = CGRectMake(5 + i * 80, totalHeight - 45 - 20, 70, 35);
        [bn setTitle:[bnTitleArray objectAtIndex:i]
            forState:UIControlStateNormal];
        [bnArray addObject:bn];
        [self.view addSubview:bn];
    }
    //为 4 个按钮绑定不同的事件处理方法
    [[bnArray objectAtIndex:0] addTarget:self action:@selector(move:)
                    forControlEvents:UIControlEventTouchUpInside];
    [[bnArray objectAtIndex:1] addTarget:self action:@selector(rotate:)
                    forControlEvents:UIControlEventTouchUpInside];
    [[bnArray objectAtIndex:2] addTarget:self action:@selector(scale:)
                    forControlEvents:UIControlEventTouchUpInside];
    [[bnArray objectAtIndex:3] addTarget:self action:@selector(group:)
                    forControlEvents:UIControlEventTouchUpInside];
}
-(void) move:(id)sender
{
    CGPoint fromPoint = imageLayer.position;
    CGPoint toPoint = CGPointMake(fromPoint.x + 80, fromPoint.y);
    //创建不断改变 CALayer 的 position 属性的属性动画
    CABasicAnimation* anim = [CABasicAnimation
        animationWithKeyPath:@"position"];
    //设置动画开始的属性值
    anim.fromValue = [NSValue valueWithCGPoint:fromPoint];
    //设置动画结束的属性值
    anim.toValue = [NSValue valueWithCGPoint:toPoint];
    anim.duration = 0.5;
    imageLayer.position = toPoint;
    anim.removedOnCompletion = YES;
    //为 imageLayer 添加动画
    [imageLayer addAnimation:anim forKey:nil];
}
-(void) rotate:(id)sender
{
    //创建不断改变 CALayer 的 transform 属性的属性动画
    CABasicAnimation* anim = [CABasicAnimation animationWithKeyPath:@"transform"];
    CATransform3D fromValue = imageLayer.transform;
    //设置动画开始的属性值
    anim.fromValue = [NSValue valueWithCATransform3D:fromValue];
    //绕 X 轴旋转 180°
```

Note

```
CATransform3D toValue = CATransform3DRotate(fromValue, M_PI, 1, 0, 0);
//绕 Y 轴旋转 180°
CATransform3D toValue = CATransform3DRotate(fromValue, M_PI, 0, 1, 0);
//绕 Z 轴旋转 180°
CATransform3D toValue = CATransform3DRotate(fromValue, M_PI, 0, 0, 1);
//设置动画结束的属性值
anim.toValue = [NSValue valueWithCATransform3D:toValue];
anim.duration = 0.5;
imageLayer.transform = toValue;
anim.removedOnCompletion = YES;
//为 imageLayer 添加动画
[imageLayer addAnimation:anim forKey:nil];
}
-(void) scale:(id)sender
{
//创建不断改变 CALayer 的 transform 属性的属性动画
CAKeyframeAnimation* anim = [CAKeyframeAnimation
    animationWithKeyPath:@"transform"];
//设置 CAKeyframeAnimation 控制 transform 属性依次经过的属性值
anim.values = [NSArray arrayWithObjects:
    [NSValue valueWithCATransform3D:imageLayer.transform],
    [NSValue valueWithCATransform3D:CATransform3DScale
        (imageLayer.transform, 0.2, 0.2, 1)],
    [NSValue valueWithCATransform3D:CATransform3DScale
        (imageLayer.transform, 2, 2, 1)],
    [NSValue valueWithCATransform3D:imageLayer.transform], nil];
anim.duration = 5;
anim.removedOnCompletion = YES;
//为 imageLayer 添加动画
[imageLayer addAnimation:anim forKey:nil];
}
-(void) group:(id)sender
{
CGPoint fromPoint = imageLayer.position;
CGPoint toPoint = CGPointMake(280, fromPoint.y + 300);
//创建不断改变 CALayer 的 position 属性的属性动画
CABasicAnimation* moveAnim = [CABasicAnimation
    animationWithKeyPath:@"position"];
//设置动画开始的属性值
moveAnim.fromValue = [NSValue valueWithCGPoint:fromPoint];
//设置动画结束的属性值
moveAnim.toValue = [NSValue valueWithCGPoint:toPoint];
moveAnim.removedOnCompletion = YES;
//创建不断改变 CALayer 的 transform 属性的属性动画
CABasicAnimation* transformAnim = [CABasicAnimation
    animationWithKeyPath:@"transform"];
CATransform3D fromValue = imageLayer.transform;
//设置动画开始的属性值
```

```
    transformAnim.fromValue = [NSValue valueWithCATransform3D: fromValue];
    //创建 X、Y 两个方向上缩放为 0.5 的变换矩阵
    CATransform3D scaleValue = CATransform3DScale(fromValue, 0.5, 0.5, 1);
    //绕 Z 轴旋转 180° 的变换矩阵
    CATransform3D rotateValue = CATransform3DRotate(fromValue, M_PI, 0, 0, 1);
    //计算两个变换矩阵的和
    CATransform3D toValue = CATransform3DConcat(scaleValue, rotateValue);
    //设置动画技术的属性值
    transformAnim.toValue = [NSValue valueWithCATransform3D:toValue];
    //动画效果累加
    transformAnim.cumulative = YES;
    //动画重复执行两次，旋转 360°
    transformAnim.repeatCount = 2;
    transformAnim.duration = 3;
    //位移、缩放、旋转组合起来执行
    CAAnimationGroup *animGroup = [CAAnimationGroup animation];
    animGroup.animations = [NSArray arrayWithObjects:moveAnim, transformAnim, nil];
    animGroup.duration = 6;
    //为 imageLayer 添加动画
    [imageLayer addAnimation:animGroup forKey:nil];
}
@end
```

上面的代码就是使用属性动画控制 CALayer 执行动画，这些代码主要就是使用 CAPropertyAnimation 控制 CALayer 的动画属性不断改变，即可控制 CALayer 执行动画效果，CABasicAnimation 只能指定动画开始、结束的属性值，而 CAKeyframeAnimation 则可指定动画过程中的多个属性值。

第 3 步，运行该程序，单击“动画序列”按钮，可看到如图 17.12 所示的效果。

位移

动画序列

图 17.12　属性动画效果

17.4.3 案例：设计路径动画

Note

CAKeyframeAnimation 除了可通过 values 属性指定动画过程中的多个值之外，还可通过 path 属性指定 CALayer 的移动路径，通过这种方式即可控制 CALayer 按指定的轨迹移动，从而设计更精致的动画。

本案例设计绕圈游动的小鱼动画，使用 CALayer 来显示小鱼。为了控制小鱼的游动效果，先准备了 10 张图片，作为小鱼游动的 10 个动画帧。为了在程序中动态显示小鱼的游动动作，启动一个计时器来不断刷新该 CALayer 显示的图片。

除此之外，本示例使用两个 CAKeyframeAnimation 来控制小鱼的游动，其中，第一个 CAKeyframeAnimation 控制小鱼的游动轨迹，这里定义小鱼的游动轨迹为圆圈；第二个 CAKeyframeAnimation 控制小鱼 CALayer 的旋转，保证小鱼的鱼头始终向前。

【操作步骤】

第 1 步，创建一个 Single View Application，保存为 test。在默认状态下，该项目包含一个应用程序委托类、一个视图控制器类和配套的 Storyboard 界面设计文件。

第 2 步，此处不用修改应用程序委托类、界面设计文件，直接修改视图控制器类即可。将视图控制器类的实现代码改为如下形式（ViewController.m）：

```
@implementation ViewController
CALayer* fishLayer;
NSInteger fishFrame;
NSTimer* timer;
//定义 NSMutableArray 装载鱼的 10 个动画帧
NSMutableArray* fishFrameArray;
- (void)viewDidLoad
{
 [super viewDidLoad];
 //创建 CALayer 作为背景
 CALayer* bg = [CALayer layer];
 //设置背景图片
 bg.contents = (id)[UIImage imageNamed:@"1.jpg"].CGImage;
 bg.contentsGravity = kCAGravityCenter;
 bg.frame = CGRectMake(0, 0, 320, 480);
 [self.view.layer addSublayer:bg];
 fishFrameArray = [[NSMutableArray alloc] init];
 //初始化鱼的 10 个动画帧，并添加到 fishFrameArray 集合中
 for(int i = 0; i < 10; i++)
 {
        [fishFrameArray addObject:[UIImage imageNamed:
               [NSString stringWithFormat:@"fish%d.png", i]]];
 }
 //创建定时器控制小鱼的动画帧的改变
 timer = [NSTimer scheduledTimerWithTimeInterval:0.2 target:self
        selector:@selector(change) userInfo:nil repeats:YES];
 //创建 CALayer
 fishLayer = [CALayer layer];
 //设置 CALayer 显示内容的对齐、缩放模式（不缩放，直接显示在中间）
 fishLayer.contentsGravity = kCAGravityCenter;
```

```
    //设置 fishLayer 的大小
    fishLayer.frame = CGRectMake(128, 156, 90, 40);
    [self.view.layer addSublayer:fishLayer];
    //创建一个按钮，通过该按钮触发小鱼的游动
    UIButton* bn = [UIButton buttonWithType:UIButtonTypeRoundedRect];
    bn.frame = CGRectMake(128, 250, 60, 35);
    [bn setTitle:@"游动" forState:UIControlStateNormal];
    [self.view addSubview:bn];
    //用户单击按钮时，激活 start:方法
    [bn addTarget:self action:@selector(start:)
                forControlEvents:UIControlEventTouchUpInside];
}
-(void) start:(id)sender
{
    //创建对 CALayer 的 position 属性进行控制的属性动画
    CAKeyframeAnimation* anim = [CAKeyframeAnimation
          animationWithKeyPath:@"position"];
    //创建路径
    CGMutablePathRef movePath = CGPathCreateMutable();
    //添加一条圆形的路径
    CGPathAddArc(movePath, nil, 170, 175, 150, -M_PI / 2, M_PI * 3 / 2, YES);
    //设置 anim 动画的移动路径
    anim.path = movePath;
    //创建对 CALayer 的 transform 属性执行控制的属性动画
    CAKeyframeAnimation* anim2 = [CAKeyframeAnimation
          animationWithKeyPath:@"transform"];
    //指定关键帧动画的 3 个关键值，分别是不旋转、旋转 180°和旋转 360°
    anim2.values = [NSArray arrayWithObjects:
          [NSValue valueWithCATransform3D:CATransform3DIdentity],
          [NSValue valueWithCATransform3D:
                CATransform3DMakeRotation( M_PI, 0, 0, 1)],
          [NSValue valueWithCATransform3D:
                CATransform3DMakeRotation( 2 * M_PI, 0, 0, 1)] ,
          nil];
    //使用动画组来组合两个动画
    CAAnimationGroup *animGroup = [CAAnimationGroup animation];
    animGroup.animations = [NSArray arrayWithObjects:anim, anim2, nil];
    //指定动画重复 10 次
    animGroup.repeatCount = 10;
    animGroup.duration = 24;
    //为 fishLayer 添加动画
    [fishLayer addAnimation:animGroup forKey:@"move"];
}
//该方法由定时器触发，不断更改 fishLayer 显示的动画帧
- (void) change
{
    fishLayer.contents = (id)[[fishFrameArray
          objectAtIndex:fishFrame++ % 10] CGImage];
}
@end
```

在上面的代码中创建了一个定时器来控制 CALayer 显示小鱼的动画帧的切换，这样可保证小鱼的游动动画，然后在 start:方法中定义了两个 CAKeyframeAnimation 动画，分别控制小鱼 CALayer 的移动轨迹和旋转角度，这样就可以控制小鱼的绕圈游动效果。

Note

第 3 步，运行该程序，可以看到如图 17.13 所示的效果。此处仅用了一个 CALayer 显示游动的小鱼，读者可以按这种方式添加更多游动的小鱼。

图 17.13　路径动画效果

17.5　小　　结

本章介绍了 OpenGL ES 和 Core Animation 相关的技术和知识。Core Animation 是 iOS 图形子系统的基础，OpenGL ES 是 Core Animation 的客户端，要使用 OpenGL ES，需要创建一个 UIView，UIView 由一个特殊的 Core Animation Layer 支持，这个特殊的 Layer 是一个 CAEAGLLayer 对象。CAEAGLLayer 是 OpenGL ES 和 Core Animation 联系的桥梁。当应用程序渲染完一帧后，CAEAGLLayer 的内容被呈现并且和其他 View 的数据组合。

第18章 多媒体开发

（视频讲解：26 分钟）

无论多媒体功能在应用程序中是处于中心地位，还是偶尔被使用，iPhone 用户都期望有很高的品质。视频应该充分利用设备携带的高分辨率屏幕和高帧率，而引人注目的音频也会对应用程序的总体用户体验有不可估量的增强作用。可以利用 iOS 的多媒体框架来为应用程序加入下面这些功能：

- 高品质的音频录制和回放
- 生动的游戏声音
- 实时的声音聊天
- 用户 iPod 音乐库内容的回放
- 在支持的设备上进行视频的回放和录制

本章将介绍在 iOS 上为应用程序添加音视频功能的多媒体技术

【学习要点】

- 了解 iOS 支持的视频和音频格式
- 了解 iOS 音频操作的基本原理
- 正确使用音频
- 正确使用视频
- 能够使用 iPhone 录制音频和视频

18.1 使用声音

Note

iOS 为应用程序提供一组丰富的声音处理工具。根据功能的不同，这些工具被安排到如下的框架中：

- ☑ 如果希望用简单的 Objective-C 接口进行音频的播放和录制，可以使用 AV Foundation 框架。
- ☑ 如果要播放和录制带有同步能力的音频、解析音频流，或者进行音频格式转换，可以使用 Audio Toolbox 框架。
- ☑ 如果要连接和使用音频处理插件，可以使用 Audio Unit 框架。
- ☑ 如果希望在游戏和其他应用程序中回放位置音频，需要使用 OpenAL 框架。iOS 对 OpenAL 1.1 的支持是建立在 Core Audio 基础上的。
- ☑ 如果希望播放 iPod 库中的歌曲、音频书或音频播客，需要使用 Media Player 框架中的 iPod 媒体库访问接口。

Core Audio 框架（和其他音频框架对等）中提供所有 Core Audio 服务需要使用的数据类型。本部分将就如何着手实现各种音频功能提供一些指导，如下所示：

- ☑ 播放用户 iPod 库中的歌曲、音频播客以及音频书。
- ☑ 播放警告及用户界面声音效果，或者使具有震动功能的设备发生震动，可以使用系统声音服务。
- ☑ 如果要用最少量的代码播放和录制音频，可以使用 AV Foundation 框架。
- ☑ 如果需要提供全功能的音频回放，包括立体声定位、音量控制和同期声（simultaneous sounds），可以使用 OpenAL。
- ☑ 如果要提供最低延迟的音频，特别是需要同时进行音频输入、输出（例如，VoIP 应用程序）时，请使用 I/O 音频单元。
- ☑ 如果播放的声音需要精确地控制（包括同步），可以使用音频队列服务，具体参见 18.1.8 节，音频队列服务还支持音频录制。
- ☑ 如果需要解析来自网络连接的音频流，请使用音频文件流服务。

当准备好进一步学习时，请访问 iPhone Dev Center。这个开发者中心包含各种指南文档、实例代码以及更多其他信息。

18.1.1 音频编解码

iOS 的应用程序可以使用广泛的音频数据格式。从 iOS 3.0 开始，这些格式中的大多数都可以支持基于软件的编解码。可以同时播放多路各种格式的声音，虽然出于性能的考虑，应该针对给定的场景选择最佳的格式。在通常情况下，硬件解码带来的性能影响比软件解码要小。

下面这些 iOS 音频格式可以利用硬件解码进行回放：

- ☑ AAC。
- ☑ ALAC（Apple Lossless）。
- ☑ MP3。

通过硬件，设备每次只能播放这些格式中的一种。例如，如果正在播放的是 MP3 立体声，则第二个同时播放的 MP3 声音就只能使用软件解码。类似地，不能通过硬件同时播放一个 AAC 声音和一

个 ALAC 声音。如果 iPod 应用程序正在后台播放 AAC 声音，则应用程序只能使用软件解码来播放 AAC、ALAC 和 MP3 音频。

为了以最佳性能播放多种声音，或者为了在 iPod 程序播放音乐的同时能更有效地播放声音，可以使用线性 PCM（无压缩）或者 IMA4（有压缩）格式的音频。

18.1.2　音频回放和录制格式

下面是一些 iOS 支持的音频回放格式：

☑ AAC。
☑ HE-AAC。
☑ AMR（Adaptive Multi-Rate，是一种语音格式）。
☑ ALAC（Apple Lossless）。
☑ iLBC（互联网 Low Bitrate Codec，另一种语音格式）。
☑ IMA4（IMA/ADPCM）。
☑ 线性 PCM（无压缩）。
☑ μ-law 和 a-law。
☑ MP3（MPEG-1 音频第 3 层）。

下面是一些 iOS 支持的音频录制格式：

☑ ALAC（Apple Lossless）。
☑ iLBC（互联网 Low Bitrate Codec，用于语音）。
☑ IMA/ADPCM（IMA4）。
☑ 线性 PCM。
☑ μ-law 和 a-law。

下面总结了 iOS 如何支持单路或多路音频格式：

☑ 线性 PCM 和 IMA4 在 iOS 上，可以同时播放多路线性 PCM 或 IMA4 声音，而不会导致 CPU 资源的问题。这一点同样适用于 AMR 和 iLBC 语音品质格式，以及 μ-law 和 a-law 压缩格式。在使用压缩格式时，请检查声音的品质，确保满足需要。
☑ AAC、MP3 和 ALAC 的回放可以使用 iOS 设备上高效的硬件解码，但是这些编解码器共用一个硬件路径，通过硬件，设备每次只能播放上述格式的一种。
☑ AAC、MP3 和 ALAC 的回放共用同一硬件路径的事实会对“合作播放”风格的应用程序（例如虚拟钢琴）产生影响。如果用户在 iPod 程序上播放上述 3 种格式之一的音频，则应用程序——如果要和该音频一起播放声音——需要使用软件解码。

18.1.3　音频会话

Core Audio 的音频会话接口使应用程序可以为自己定义一般的音频行为，并在更大的音频上下文中良好工作，说明如表 18.1 所示。Core Audio 的音频会话接口能够影响的行为有：

☑ 音频在 Ring/Silent 切换过程中是否变为无声。
☑ 在屏幕锁定状态时音频是否停止。
☑ 当音频开始播放时，iPod 音频是继续播放，还是变为无声。

更大的音频上下文包括用户所做的改变，例如，用户插入耳机，处理 Clock 和 Calendar 这样的警告事件，或者处理呼入的电话。通过音频会话，可以对这样的事件做出恰当的响应。

Note

表 18.1 音频会话接口提供的特性

音频会话特性	描述
范畴	范畴是标识一组应用程序音频行为的键。可以通过范畴的设置来指示自己希望得到的音频行为，例如，希望在屏幕锁定状态时继续播放音频
中断和路由变化	当音频发生中断或中断结束，以及当硬件音频路由发生变化时，音频会话会发出通告，使程序可以优雅地响应发生在更大音频环境中的变化，例如，由于电话呼入而导致的中断
硬件特征	可以通过查询音频会话来了解应用程序所在设备的特征，例如，硬件采样率、硬件通道数量，以及是否有音频输入

AVAudioSession 类参考和 AVAudioSessionDelegate 协议参考描述了一个管理音频会话的精简接口。如果要使音频会话支持中断，则可以直接使用基于 C 语言的音频会话服务接口。在应用程序中，这两个接口的代码可以混用并互相匹配。

使用默认行为的音频应用程序并不适合发行，需要通过配置和使用音频会话来表达自己使用音频的意图，响应 OS 级别的音频变化。

18.1.4 播放音频

在使用默认的音频会话时，如果出现 Auto-Lock 超时或屏幕锁定，应用程序的音频就会停止。如果希望在屏幕被锁定时继续播放音频，则必须将下面的代码包含到应用程序的初始化代码中：

```
[[AVAudioSession sharedInstance] setCategory: AVAudioSessionCategoryPlayback error: nil];
[[AVAudioSession sharedInstance] setActive: YES error: nil];
```

AVAudioSessionCategoryPlayback 范畴确保音频的回放可以在屏幕锁定时继续。激活音频会话会使指定的范畴也被激活。

如何处理呼入电话或时钟警告引起的中断取决于使用的音频技术，如表 18.2 所示。

表 18.2 处理音频中断方式

音频技术	中断如何工作
系统声音服务	当中断开始时，系统声音和警告声音会变为无声。如果中断结束（当用户取消警告或选择忽略呼入电话时，会发生这种情况），就又自动变为可用。使用这种技术的应用程序无法影响声音中断的行为
音频队列服务、OpenAL、I/O 音频单元	这些技术为中断的处理提供最大的灵活性。需要编写一个中断监听回调函数
AVAudioPlayer 类	AVAudioPlayer 类为中断的开始和结束提供了委托方法。根据实际的需要，可以在 audioPlayerBeginInterruption:方法中更新用户界面，音频播放器对象会负责暂停回放。也可以利用 audioPlayerEndInterruption:方法来重启音频的回放，并在必要时更新用户界面。音频播放器会负责重新激活音频会话

每个 iOS 应用程序（除特殊情况）都应该采纳音频会话服务。

18.1.5 通过 iPod 媒体库访问接口播放媒体项

从 iOS 3.0 开始，iPod 媒体库访问接口使应用程序可以播放歌曲、音频书和音频播客。这个 API 的设计使基本回放变得非常简单，同时又支持高级的检索和回放控制。

如图 18.1 所示，应用程序有两种方式可以取得媒体项，一种是通过媒体项选择器，这是一个易于使用、预先封装好的视图控制器，其行为和内置 iPod 程序的音乐选择接口类似。对于很多应用程序，这种方式就够用了。如果媒体选择器没有提供需要的某种访问控制，则可以使用媒体查询接口，该接口支持以基于断言（predicate）的方式指定 iPod 媒体库中的项目。

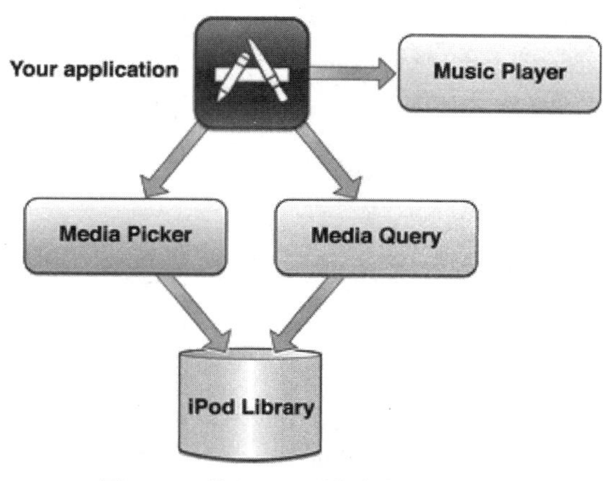

图 18.1　使用 iPod 媒体库访问接口

在图 18.1 中，位于右边的应用程序在取得媒体项之后，可以通过这个 API 提供的音乐播放器进行播放。

18.1.6　使用系统声音服务播放短声音及触发震动

当需要播放用户界面声音效果（例如，触击按键）或警告声音，或者使支持震动的设备产生震动时，可以使用系统声音服务。

> **注意：**通过系统声音服务播放的声音不受音频会话配置的控制。因此，无法使系统声音服务的音频行为和应用程序的其他音频行为保持一致，这也是需要避免使用系统声音服务播放音频的最重要原因。

使用 AudioServicesPlaySystemSound()函数可以非常简单地播放短声音文件，但使用上的简便也带来一些限制。声音文件必须符合以下要求：

☑　长度小于 30 秒。

☑　采用 PCM 或者 IMA4（IMA/ADPCM）格式。

☑　包装为.caf、.aif 或者.wav 文件。

此外，当使用 AudioServicesPlaySystemSound()函数时，声音会以当前系统音量播放，且无法控制音量，并且声音立即被播放，不支持环绕和立体效果。

AudioServicesPlayAlertSound()是一个类似的函数，用于播放一个短声音警告。如果用户在声音设置中将设备配置为震动，则这个函数在播放声音文件之外还会产生震动。

> **注意：**系统和用户界面的声音效果并不提供给应用程序。例如，将 kSystemSoundID_UserPreferredAlert 常量作为参数传递给 AudioServicesPlayAlertSound()函数将不会播放任何声音。

在使用 AudioServicesPlaySystemSound()或 AudioServicesPlayAlertSound()函数时，需要首先创建一个声音 ID 对象，如下所示：

Note

```
//获取应用程序的主包
CFBundleRef mainBundle = CFBundleGetMainBundle();
//获取要播放的声音文件的网址，在这种情况下文件是 tap.aiff
soundFileURLRef = CFBundleCopyResourceURL (
                                    mainBundle,
                                    CFSTR ("tap"),
                                    CFSTR ("aif"),
                                    NULL
                                );
    //创建一个系统声音对象来表示声音文件
    AudioServicesCreateSystemSoundID (
        soundFileURLRef,
        &soundFileObject
);
```

然后播放声音，如下所示：

```
- (IBAction) playSystemSound {
        AudioServicesPlaySystemSound (self.soundFileObject);
}
```

这段代码经常用于偶尔或者反复播放声音。如果希望反复播放，就需要保持声音 ID 对象，直到应用程序退出。如果确定声音只用一次，例如，程序启动的声音，则可以在播放完成后立即销毁声音 ID，释放其占用的内存。

如果 iOS 设备支持震动，则运行在该设备上的应用程序可以通过系统声音服务触发震动，震动的选项通过 kSystemSoundID_Vibrate 标识符来指定。AudioServicesPlaySystemSound()函数可以用于触发震动，具体如下所示：

```
#import <AudioToolbox/AudioToolbox.h>
#import <UIKit/UIKit.h>
- (void) vibratePhone {
    AudioServicesPlaySystemSound (kSystemSoundID_Vibrate);
}
```

如果应用程序运行在 iPod touch 上，则上面的代码不执行任何操作。

18.1.7 通过 AVAudioPlayer 类轻松播放声音

AVAudioPlayer 类提供了一个简单的 Objective-C 接口，用于播放声音。如果应用程序不需要立体声或精确同步，且不播放来自网络数据流的音频，则推荐使用这个类来回放声音。通过音频播放器可以实现如下任务：

☑ 播放任意长度的声音。
☑ 播放文件或内存缓冲区中的声音。
☑ 循环播放声音。
☑ 同时播放多路声音（虽然不能精确同步）。
☑ 控制每个正在播放声音的相对音量。
☑ 跳到声音文件的特定点上，这可以为需要快进和反绕的应用程序提供支持。
☑ 取得音频强度数据，用于测量音量。

AVAudioPlayer 类可以播放 iOS 上所有的音频格式，具体描述参见 18.1.2 节。

【示例 1】为了使音频播放器播放音频，需要为其分配一个声音文件，使其做好播放的准备，并为其指定一个委托对象。本示例中的代码通常放在应用程序控制器类的初始化方法中。

```
//在相应的头文件中
// @property (nonatomic, retain) AVAudioPlayer *player;
@synthesize player; //播放对象
NSString *soundFilePath =
                    [[NSBundle mainBundle] pathForResource: @"sound"
                                                    ofType: @"wav"];
NSURL *fileURL = [[NSURL alloc] initFileURLWithPath:
 soundFilePath];
AVAudioPlayer *newPlayer =
                    [[AVAudioPlayer alloc] initWithContentsOfURL: fileURL
                                                           error: nil];
[fileURL release];
self.player = newPlayer;
[newPlayer release];
[player prepareToPlay];
[player setDelegate: self];
```

可以通过委托对象（可能是控制器对象）来处理中断，以及在声音播放完成后更新用户界面。

【示例 2】本示例显示了一个委托方法的简单实现，其中的代码在声音播放完成时更新了播放/暂停切换按键的标题。

```
- (void) audioPlayerDidFinishPlaying: (AVAudioPlayer *) player
                        successfully: (BOOL) flag {
    if (flag == YES) {
        [self.button setTitle: @"Play" forState:
 UIControlStateNormal];
        }
}
```

调用回放控制方法可以使 AVAudioPlayer 对象执行播放、暂停或者停止操作。可以通过 playing 属性检测当前是否正在播放。

【示例 3】本示例显示了播放/暂停切换方法的基本实现，其功能是控制回放和更新 UIButton 对象的标题。

```
- (IBAction) playOrPause: (id) sender {
        //如果已经播放，则暂停
        if (self.player.playing) {
          [self.button setTitle: @"Play" forState:
              UIControlStateHighlighted];
          [self.button setTitle: @"Play" forState:
              UIControlStateNormal];
          [self.player pause];
         //如果已经停止或暂停，则开始播放
      } else {
          [self.button setTitle: @"Pause" forState:
              UIControlStateHighlighted];
```

```
        [self.button setTitle: @"Pause" forState:
            UIControlStateNormal];
        [self.player play];
    }
}
```

Note

【示例 4】AVAudioPlayer 类使用 Objective-C 的属性声明来管理声音信息，例如，取得声音时间线上的回放点和访问回放选项（如音量和是否重复播放的设置）。可以通过如下代码设置一个音频播放器的回放音量。

```
//可用范围从 0 到 1
[self.player setVolume: 1.0];
```

18.1.8 用音频队列服务播放和控制声音

音频队列服务（Audio Queue Services）加入了一些 AVAudioPlayer 类不具有的回放能力。通过音频队列服务进行回放可以：精确计划声音的播放，支持声音的同步；精确控制音量（基于一个个的缓冲区）；通过音频文件流服务（Audio File Stream Services）播放从流中捕捉的音频。

18.1.9 创建一个音频队列对象

创建一个音频队列对象需要完成下面 3 个步骤。

第 1 步，创建管理音频队列所需的数据结构，例如，希望播放的音频格式。

第 2 步，定义管理音频队列缓冲区的回调函数。在回调函数中，可以使用音频文件服务来读取希望播放的文件（在 iPhone OS 2.1 及更高版本中，还可以用扩展音频文件服务来读取文件）。

第 3 步，通过 AudioQueueNewOutput()函数实例化回放音频队列。

【示例】本示例是上述步骤的 ANSI C 代码。SpeakHere 示例工程中也有同样的步骤，只是它们位于 Objective-C 程序的上下文中。

```
static const int kNumberBuffers = 3;
//创建一个数据结构来管理音频队列所需的信息
struct myAQStruct {
    AudioFileID mAudioFile;
    CAStreamBasicDescription mDataFormat;
    AudioQueueRef mQueue;
    AudioQueueBufferRef mBuffers[kNumberBuffers];
    SInt64 mCurrentPacket;
    UInt32 mNumPacketsToRead;
    AudioStreamPacketDescription *mPacketDescs;
    bool mDone;
};
//定义一个播放音频队列的回调函数
static void AQTestBufferCallback(
    void *inUserData,
    AudioQueueRef inAQ,
    AudioQueueBufferRef inCompleteAQBuffer
) {
    myAQStruct *myInfo = (myAQStruct *)inUserData;
```

```
        if (myInfo->mDone) return;
        UInt32 numBytes;
        UInt32 nPackets = myInfo->mNumPacketsToRead;
        AudioFileReadPackets (
            myInfo->mAudioFile,
            false,
            &numBytes,
            myInfo->mPacketDescs,
            myInfo->mCurrentPacket,
            &nPackets,
            inCompleteAQBuffer->mAudioData
        );
        if (nPackets > 0) {
            inCompleteAQBuffer->mAudioDataByteSize = numBytes;
            AudioQueueEnqueueBuffer (
                inAQ,
                inCompleteAQBuffer,
                (myInfo->mPacketDescs ? nPackets: 0),
                myInfo->mPacketDescs
            );
            myInfo->mCurrentPacket += nPackets;
        } else {
            AudioQueueStop (
                myInfo->mQueue,
                false
            );
            myInfo->mDone = true;
        }
    }
    //实例化一个音频队列对象
    AudioQueueNewOutput (
        &myInfo.mDataFormat,
        AQTestBufferCallback,
        &myInfo,
        CFRunLoopGetCurrent(),
        kCFRunLoopCommonModes,
        0,
        &myInfo.mQueue
    );
```

Note

18.1.10 控制回放音量

音频队列对象提供两种控制回放音量的方法。可以通过调用 AudioQueueSetParameter()函数并传入 kAudioQueueParam_Volume 参数直接设置回放的音量。

【示例】 如下面的代码所示，音量的变化会立即生效。

```
    //线性尺度，范围从 0 到 1
    Float32 volume = 1;
    AudioQueueSetParameter (
        myAQstruct.audioQueueObject,
```

```
        kAudioQueueParam_Volume,
        volume
    );
```

还可以通过 AudioQueueEnqueueBufferWithParameters()函数来设置音频队列缓冲区的回放音量。这个函数可以指定音频队列缓冲区进入队列时携带的音频队列设置。通过这个函数做出的改变在音频队列缓冲区开始播放时生效。

在上述两种情况下，对音频队列的音量所做的修改会一直保持下来，直到再次被改变。

18.1.11 指示回放音量

可以通过下面的方式得到音频队列对象的当前回放音量。

（1）启用音频队列对象的音量计，具体方法是将其 kAudioQueueProperty_EnableLevelMetering 属性设置为 true。

（2）查询音频队列对象的 kAudioQueueProperty_CurrentLevelMeter 属性。

这个属性的值是一个 AudioQueueLevelMeterState 结构的数组，每个声道都有一个相对应的结构。下面的代码显示了这个结构的内容。

```
typedef struct AudioQueueLevelMeterState {
        Float32 mAveragePower;
        Float32 mPeakPower;
};    AudioQueueLevelMeterState;
```

18.1.12 同时播放多路声音

为了同时播放多路声音，需要为每路声音创建一个回放音频队列对象，并对每个音频队列调用 AudioQueueEnqueueBufferWithParameters()函数，将第一个音频缓冲区排入队列，使之开始播放。

在基于 iOS 的设备中同时播放声音时，音频格式是很关键的。如果要同时播放，需要使用线性 PCM（无压缩）音频格式或特定的有压缩音频格式，具体描述参见 18.1.2 节。

18.1.13 使用 OpenAL 播放和定位声音

开源的 OpenAL 音频 API 位于 iOS 系统的 OpenAL 框架中，提供了一个优化接口，用于定位正在回放的立体声场中的声音。使用 OpenAL 进行声音的播放、定位和移动是很简单的，其工作方式和其他平台一样。此外，OpenAL 还可以进行混音。OpenAL 使用 Core Audio 的 I/O 单元进行回放，从而使延迟最低。

由于这些原因，OpenAL 是在 iOS 设备中控制游戏程序音频的最好选择。当然，OpenAL 也是一般的 iOS 应用程序进行音频播放的良好选择。iOS 对 OpenAL 1.1 的支持是构建在 Core Audio 之上的。

18.1.14 录制音频

在 iOS 系统上，可以通过 AVAudioRecorder 类和音频队列服务来进行音频录制，而 Core Audio 则为其提供底层的支持。这些接口所做的工作包括连接音频硬件、管理内存以及在需要时使用编解码器。可以录制 18.1.2 节列出的所有格式的音频。本节将介绍如何通过 AVAudioRecorder 类和音频队列服务在 iOS 系统上录制音频。

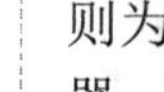

1. 通过 AVAudioRecorder 类进行录制

iOS 上最简单的录音方法是使用 AVAudioRecorder 类，类的具体描述请参见 AVAudioRecorder 类参考。该类提供了一个高度精简的 Objective-C 接口。通过这个接口，可以轻松实现诸如暂停、重启录音这样的功能，以及处理音频中断。同时，还可以对录制格式保持完全的控制。

【示例】 在进行录制时，需要提供一个声音文件的 URL、建立音频会话以及配置录音对象。进行这些准备工作的一个良好时机就是应用程序启动时，如下面的代码所示。如 soundFileURL 和 recording 这样的变量都在类接口文件中进行声明。

```
- (void) viewDidLoad {
        [super viewDidLoad];
        NSString *tempDir = NSTemporaryDirectory ();
        NSString *soundFilePath = [tempDir stringByAppendingString: @"sound.caf"];
        NSURL *newURL = [[NSURL alloc] initFileURLWithPath: soundFilePath];
        self.soundFileURL = newURL;
        [newURL release];
        AVAudioSession *audioSession = [AVAudioSession sharedInstance];
        audioSession.delegate = self;
        [audioSession setActive: YES error: nil];
        recording = NO;
        playing = NO;
}
```

需要在接口声明中加入 AVAudioSessionDelegate、AVAudioRecorderDelegate、AVAudioPlayer Delegate（如果同时支持声音回放）协议。然后，就可以实现如下代码（一个基于 AVAudioRecorder 类的录制/停止方法）所示的录制方法。

```
-(IBAction) recordOrStop: (id) sender {
      if (recording) {
           [soundRecorder stop];
           recording = NO;
           self.soundRecorder = nil;
           [recordOrStopButton setTitle: @"Record" forState:
 UIControlStateNormal];
           [recordOrStopButton setTitle: @"Record" forState:
 UIControlStateHighlighted];
            [[AVAudioSession sharedInstance] setActive: NO error: nil];
         } else {
            [[AVAudioSession sharedInstance] setCategory:
 AVAudioSessionCategoryRecord error: nil];
           NSDictionary *recordSettings =
                [[NSDictionary alloc] initWithObjectsAndKeys:
                     [NSNumber numberWithFloat: 44100.0],
                      AVSampleRateKey,
                     [NSNumber numberWithInt: kAudioFormatAppleLossless],
 AVFormatIDKey,
                     [NSNumber numberWithInt: 1],
                               AVNumberOfChannelsKey,
                     [NSNumber numberWithInt: AVAudioQualityMax],
       AVEncoderAudioQualityKey,
```

Note

```
                nil];
        AVAudioRecorder *newRecorder = [[AVAudioRecorder alloc]
    initWithURL: soundFileURL
        settings:recordSettings error: nil];
        [recordSettings release];
        self.soundRecorder = newRecorder;
        [newRecorder release];
        soundRecorder.delegate = self;
        [soundRecorder prepareToRecord];
        [soundRecorder record];
        [recordOrStopButton setTitle: @"Stop" forState:
    UIControlStateNormal];
        [recordOrStopButton setTitle: @"Stop" forState:
UIControlStateHighlighted];
        recording = YES;
    }
}
```

2. 用音频队列服务进行录制

用音频队列服务进行录制时，应用程序需要配置音频会话、实例化一个录音音频队列对象，并为其提供一个回调函数。回调函数负责将音频数据存入内存以备随时使用，或者写入文件进行长期存储。

声音的录制发生在 iOS 的系统定义级别（system-defined level）。系统会从用户选择的音频源取得输入数据，例如，内置的麦克风、耳机麦克风（如果连接到 iPhone 上），或者其他输入源。

和声音的回放一样，可以通过查询音频队列对象的 kAudioQueueProperty_CurrentLevelMeter 属性来取得当前的录制音量，具体描述参见 18.1.11 节。

18.1.15 解析音频流

为了播放音频流内容，例如，来自网络连接的音频流，可以结合使用音频文件流服务和音频队列服务。音频文件流服务负责从常见的、采用网络位流格式的音频文件容器中解析出音频数据和元数据。也可以用音频文件来解析磁盘文件中的数据包和元数据。

iOS 可以解析的音频文件和位流格式与 Mac OS X 相同，具体如下：

- ☑ MPEG-1 Audio Layer 3，用于.mp3 文件。
- ☑ MPEG-2 ADTS，用于.aac 音频数据格式。
- ☑ AIFC。
- ☑ AIFF。
- ☑ CAF。
- ☑ MPEG-4，用于.m4a、.mp4 和.3gp 文件。
- ☑ NeXT。
- ☑ WAVE。

在取得音频数据包之后，就可以以任何 iOS 系统支持的格式进行播放，这些格式在 18.1.2 节已列出。

为了获得最好的性能，处理网络音频流的应用程序应该仅使用来自 Wi-Fi 连接的数据。可以通过 iOS 提供的 System Configuration 框架及其 SCNetworkReachability.h 头文件定义的接口来确定什么网络

是可到达和可用的。如果需要实例代码，请参见 iPhone Dev Center 网站的 Reachability 工程。

为了连接网络音频流，可以使用 iOS 系统中的 Core Foundation 框架中的接口，例如，CFHTTPMessage 接口。通过音频文件流服务解析网络数据包，将其恢复为音频数据包，然后放入缓冲区，发送给负责回放的音频队列对象。

音频文件流服务依赖于音频文件服务定义的接口，例如，AudioFramePacketTranslation 结构和 AudioFilePacketTableInfo 结构。

18.1.16　iOS 系统上的音频单元支持

iOS 提供一组音频插件，称为音频单元，详细说明如表 18.3 所示，可以用于所有的应用程序。可通过 Audio Unit 框架提供的接口来打开、连接和使用音频单元，还可以定义定制的音频单元，在自己的应用程序内部使用。由于应用程序必须静态连接定制的音频单元，所以 iOS 系统上的其他应用程序不能使用用户开发的音频单元。

表 18.3　系统提供的音频单元

音频单元	描述
转换器单元	转换器单元，类型为 kAudioUnitSubType_AUConverter，用于音频数据的格式转换
iPod 均衡器单元	iPod EQ 单元，类型为 kAudioUnitSubType_AUiPodEQ，提供一个简单的、基于预设的均衡器，可以在应用程序中使用
3D 混音器单元	3D 混音器单元，类型为 kAudioUnitSubType_AU3DMixerEmbedded，用于混合多个音频流，指定立体声输出移动，操作采样率等
多通道混音器单元	多通道混音器单元，类型为 kAudioUnitSubType_MultiChannelMixer，用于将多个音频流混合成为单一的音频流
一般输出单元	一般输出单元，类型为 kAudioUnitSubType_GenericOutput，支持和线性 PCM 格式互相转换，可以用于开始或结束一个音频单元图
I/O 单元	I/O 单元，类型为 kAudioUnitSubType_RemoteIO，用于连接音频输入和输出硬件，支持实时 I/O
语音处理 I/O 单元	语音处理 I/O 单元，类型为 kAudioUnitSubType_VoiceProcessingIO，具有 I/O 单元的特征，同时为了支持双向交流，加入了回响抑制功能

18.1.17　iPhone 音频的最佳实践

1. 操作音频的贴士

在操作 iOS 系统上的音频内容时，需要记住表 18.4 列出的基本贴士。

表 18.4　音频贴士

贴士	动作
正确地使用压缩音频	对于 AAC、MP3 和 ALAC（Apple Lossless）音频，解码过程是由硬件来完成的，虽然比较有效，但同时只能解码一个音频流。如果需要同时播放多路声音，可使用 IMA4（压缩）或者线性 PCM（无压缩）格式来存储那些文件
将音频转换为需要的数据格式和文件格式	Mac OS X 的 afconvert 工具可以进行很多数据格式和文件类型的转换

Note

续表

贴　士	动　作
评价音频的内存使用问题	当使用音频队列服务播放音频时，需要编写一个回调函数，负责将较短的音频数据片断发送到音频队列的缓冲区。在某些情况下，将整个音频文件载入内存是最佳的选择，这样可以使播放时的磁盘访问尽最少；而在另外一些情况下，最好的方法则是每次只载入足够填满缓冲区的数据。请测试和评价哪种策略对应用程序最好
限制音频的采样率和位深度，减少音频文件的尺寸	采样率和每个样本的位深度对无压缩音频的尺寸有直接的影响。如果需要播放很多这样的声音，则应该考虑降低这些指标，以减少音频数据的内存开销。例如，相对于使用采样率为 44.1kHz 的音频作为声音效果，可以使用采样率为 32kHz（或可能更低）的音频，仍然可以得到很合理的品质
选择恰当的技术	使用 Core Audio 的系统声音服务来播放警告和用户界面声音效果。当希望使用便利的高级接口来定位立体声场中的声音，或者要求很低的回放延迟时，则应该使用 OpenAL。如果需要从文件或网络数据流中解析出音频数据，可以使用音频文件服务接口。如果只是简单回放一路或多路声音，则应该使用 AVAudioPlayer 类。对于具有其他音频功能的应用程序，包括音频流的回放和音频录制，可以使用音频队列服务
低延迟编码	如果需要尽可能低的回放延迟，可以使用 OpenAL，或者直接使用 I/O 单元

2. iPhone OS 中偏好的音频格式

对于无压缩（最高品质）音频，请使用封装在 CAF 文件中的 16 位，且低位在前（little endian）的线性 PCM 音频数据。可以用 Mac OS X 的 afconvert 命令行工具将音频文件转换为如下格式：

```
/usr/bin/afconvert -f caff -d LEI16 {INPUT} {OUTPUT}
```

afconvert 工具可以进行广泛的音频数据格式和文件类型转换。可以通过 afconvert 的手册页面，以及在 shell 提示符下输入 afconvert -h 命令获取更多信息。

对于压缩音频，当每次只需播放一个声音，或者当不需要和 iPod 同时播放音频时，适合使用 AAC 格式的 CAF 或.m4a 文件。

当需要在播放多路声音时减少内存开销的情况下，应使用 IMA4（IMA/ADPCM）压缩格式，这样可以减少文件尺寸，同时在解压缩过程中对 CPU 的影响又最小。和线性 PCM 数据一样，请将 IMA4 数据封装在 CAF 文件中。

18.2 使用视频

本节将简单介绍 iOS 对视频的支持和基本操作原理。

18.2.1 录制视频

从 iOS 3.0 开始，可以在具有录制支持的设备上录制视频，包括当时的音频。显示视频录制界面的方法是创建和推出一个 UIImagePickerController 对象，与显示静态图片照相机界面完全一样。

在录制视频时，必须首先检查是否存在照相机源类型（UIImagePickerControllerSourceTypeCamera），以及照相机是否支持电影媒体类型 （kUTTypeMovie）。根据为 mediaTypes 属性分配的媒体类型的不同，选择器对象可以直接显示静态图像照相机或者视频摄像机，还可以显示一个选择界面，让用户

选择。

使用 UIImagePickerControllerDelegate 协议，注册为图像选择器的委托。在视频录制完成时，委托对象的 imagePickerController:didFinishPickingMediaWithInfo:方法会被调用。

对于支持录制的设备，也可以从用户照片库中选择之前录制的视频。

Note

18.2.2　播放视频文件

在 iOS 系统中，应用程序可以通过 Media Player 框架（MediaPlayer.framework）来播放视频文件。视频的回放只支持全屏模式，需要播放场景切换动画的游戏开发者或需要播放媒体文件的其他开发者可以使用。当应用程序开始播放视频时，媒体播放器界面就会接管，将屏幕渐变为黑色，然后渐渐显示视频内容。视频播放界面上可以显示调整回放的用户控件，也可不显示。可以通过部分或全部激活这些控件加以控制，如图 18.2 所示，使用户可以改变音量、改变回放点、开始或停止视频的播放。如果禁用所有的控件，视频会一直播放，直到结束。

图 18.2　带有播放控制的媒体播放器界面

在开始播放前，必须知道希望播放的 URL。对于应用程序提供的文件，这个 URL 通常是指向应用程序包中某个文件的指针；但是，它也可以是指向远程服务器文件的指针。可以用这个 URL 来实例化一个新的 MPMoviePlayerController 类的实例。这个类负责视频文件的回放和管理用户交互，例如，响应用户对播放控制（如果显示）的触击动作。简单调用控制器的 play 方法，就可以开始播放了。

【示例】本示例显示一个实例方法，功能是播放位于指定 URL 的视频。play 方法是异步的调用，在电影播放时会将控制权返回给调用者。电影控制器负责将电影载入一个全屏的视图，并通过动画效果将电影放到应用程序现有内容的上方。在视频回放完成后，电影控制器会向委托对象发出一个通告，该委托对象负责在不再需要时释放电影控制器。

```
-(void)playMovieAtURL:(NSURL*)theURL
{
    MPMoviePlayerController* theMovie = [[MPMoviePlayerController alloc] initWithContentURL:theURL];
    theMovie.scalingMode = MPMovieScalingModeAspectFill;
    theMovie.movieControlMode = MPMovieControlModeHidden;
    //播放完成通知寄存器
    [[NSNotificationCenter defaultCenter] addObserver:self
                selector:@selector(myMovieFinishedCallback:)
                name:MPMoviePlayerPlaybackDidFinishNotification
                object:theMovie];
    //电影播放是异步的，所以这种方法会立即返回
    [theMovie play];
}
//当电影完成后，释放控制器
-(void)myMovieFinishedCallback:(NSNotification*)aNotification
{
    MPMoviePlayerController* theMovie = [aNotification object];
```

```
    [[NSNotificationCenter defaultCenter] removeObserver:self
              name:MPMoviePlayerPlaybackDidFinishNotification
              object:theMovie];
    //释放 playMovieAtURL 电影实例
    [theMovie release];
}
```

Note

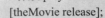

18.3 案例实战

本节将通过多个案例演示在 iOS 中如何通过代码控制音频和视频的播放和录制操作。

18.3.1 案例：播放音效

使用 System Sound Services 播放音效效果比较简单，也是比较底层的音效播放服务，调用 AudioServicesPlaySystemSound()函数就可以播放一些简单的音频文件。

使用 System Sound Services 方式只适合播放提示或警告音频，具体限制如下：

- ☑ 声音长度不能超过 30 秒。
- ☑ 声音文件必须是 PCM 或者 IMA4（IMA/ADPCM）格式。
- ☑ 打包成.caf、.aif 或.wav 文件。
- ☑ 不能控制播放进度。
- ☑ 调用方法后立即播放声音。
- ☑ 没有循环播放和立体声控制。

另外，使用 System Sound Services 播放音频时可以调用系统的震动功能，可以为 AudioServices AddSystemSoundCompletion()函数增加 CallBack()函数来支持循环播放。

下面通过一个案例介绍如何使用 System Sound Services 播放音频。

【操作步骤】

第 1 步，创建一个 Single View Application，保存为 test。该应用将包含一个应用程序委托类、一个视图控制器类和 Main.storyboard 文件。

第 2 步，打开 Main.storyboard 文件，向该界面设计文件的视图类上添加一个按钮，并为该按钮的 Touch Up Inside 事件绑定 play 事件处理方法（ViewController.h）。

```
#import <UIKit/UIKit.h>
@interface ViewController: UIViewController
- (IBAction)play:(id)sender;
@end
```

第 3 步，由于使用 System Sound Services 播放音频需要 AudioToolbox 框架的支持，因此需要为该应用添加 AudioToolbox 框架。

第 4 步，在该视图控制器类的第 1 行使用“#import<AudioToolbox/AudioToolbox.h>”导入 AudioToolbox 的头文件。

第 5 步，编译该应用的视图控制器类。视图控制器类的实现部分代码如下（ViewController.m）：

```
#import <AudioToolbox/AudioToolbox.h>
#import "ViewController.h"
```

```
static void completionCallback(SystemSoundID mySSID)
{
 //声音播放完成后再次播放
 AudioServicesPlaySystemSound(mySSID);
}
@implementation ViewController
SystemSoundID crash;
- (void)viewDidLoad
{
 [super viewDidLoad];
 //定义要播放的音频文件的 URL
 NSURL* crashUrl = [[NSBundle mainBundle]
                    URLForResource:@"crash" withExtension:@"wav"];
 //加载音效文件
 AudioServicesCreateSystemSoundID((__bridge CFURLRef)crashUrl, &crash);
 //为 crash 播放完成绑定回调函数
 AudioServicesAddSystemSoundCompletion(crash, NULL, NULL,
        (void*)completionCallback,NULL);
}
- (IBAction)play:(id)sender {
 //播放 crash 代表的音频
 AudioServicesPlaySystemSound(crash);
 //播放 crash 代表的音频，并控制设备震动
 AudioServicesPlayAlertSound(crash);
}
@end
```

18.3.2 案例：播放音乐

AVAudioPlayer 属于 AVFoundation.framework 的一个类，其作用类似于一个功能强大的播放器。AVAudioPlayer 支持多种音频格式：

- ☑ AAC。
- ☑ AMR（Adaptive Multi-Rate）。
- ☑ ALAC（Apple Lossless Audio Codec）。
- ☑ iLBC（internet Low Bitrate Codec）。
- ☑ IMA4（IMA/ADPCM）。
- ☑ linearPCM（uncompressed）。
- ☑ µ-law 和 a-law。
- ☑ MP3。

使用 AVAudioPlayer 播放音频十分简单，当 AVAudioPlayer 对象装载音频完成之后，可以调用 AVAudioPlayer 的如下方法进行播放控制。

- ☑ - play：开始或恢复播放。
- ☑ - playAtTime:(NSTimeInterval)time：在指定时间点开始或恢复播放。
- ☑ - pause：暂停。
- ☑ - stop：停止。
- ☑ - prepareToPlay：准备开始播放。调用 play 方法时，如果该音频还没有准备好，程序会隐式

先执行该方法。

☑ - initWithContentsOfURL:error:：从指定 URL 装载音频文件，并返回新创建的 AVAudioPlayer 对象。

☑ - initWithData:error:：装载指定 NSData 对象所代表的音频数据，并返回新创建的 AVAudioPlayer 对象。

AVAudioPlayer 还提供如下属性来访问音频文件的相关信息。

☑ playing：只读属性，返回播放器是否正在播放音频。

☑ volume：设置和返回播放器的音量增益。取值范围为 0.0～1.00。

☑ pan：设置或返回立体声平衡。如果该属性设为-1.0，则完全在左边播放；如果设为 0.0，则左右音量相同；如果设为 1.0，则完全在右边播放。

☑ rate：设置或返回播放速率。该属性值支持 0.5（半速播放）～2.0（倍速播放）之间的浮点值。

☑ enableRate：设置或返回播放器是否允许改变播放速率。

☑ numberOfLoops：设置或返回播放器的循环次数。如果将该属性设为负值，那么播放器将会一直播放，直到程序调用 stop 方法停止播放。

☑ delegate：为 AVAudioPlayer 设置代理对象。

☑ numberOfChannels：只读属性，返回音频的声道数目。

☑ duration：只读属性，返回音频的持续时间。

☑ currentTime：获取音频的播放点。

☑ deviceCurrentTime：只读属性，返回音频输出设备播放音频的时间。当音频播放或暂停时，该属性值都会增加。

☑ url：只读属性，返回播放器关联的音频 URL。

☑ data：只读属性，返回播放器关联的音频数据。

下面通过一个案例介绍 AVAudioPlayer 的功能和用法。

【操作步骤】

第 1 步，创建 Single View Application 类型项目，保存为 test。该应用将包含一个应用程序委托类、一个视图控制器类和 Main.storyboard 文件。

第 2 步，打开 Main.storyboard 文件，在视图文件中添加两个按钮，按钮通过代码控制使用图片显示，并为这两个按钮的 Touch Up InSide 事件分别绑定 play、stop 两个事件处理方法。

第 3 步，在界面上添加一个 UILabel 控件，用来显示音乐的基本信息，使用一个 UIProgressView 控件显示音乐的播放进度，如图 18.3 所示，并在 Interface Builder 中将这些控件绑定到相应的 IBOutlet 属性。

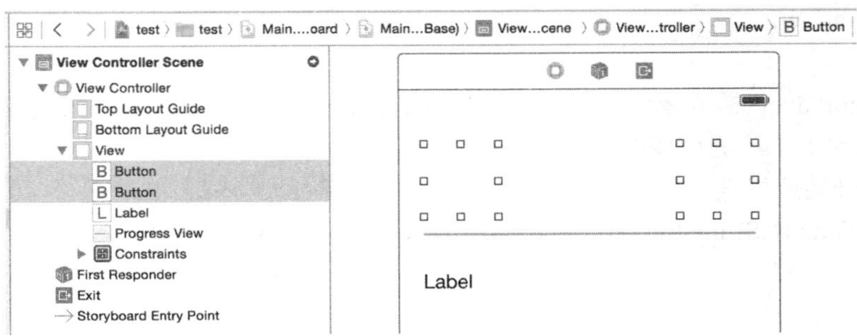

图 18.3　设计界面效果

第 4 步，定义视图控制器作为 AVAudioPlayer 的代理对象，让该视图控制器实现 AVAudioPlayer Delegate 协议。下面是视图控制器类的接口部分代码（ViewController.h）：

```
#import <UIKit/UIKit.h>
//实现 AVAudioPlayerDelegate 接口
@interface ViewController: UIViewController<AVAudioPlayerDelegate>
@property (strong, nonatomic) IBOutlet UIButton *bn1;
@property (strong, nonatomic) IBOutlet UIButton *bn2;
@property (strong, nonatomic) IBOutlet UILabel *show;
@property (strong, nonatomic) IBOutlet UIProgressView *prog;
- (IBAction)play:(id)sender;
- (IBAction)stop:(id)sender;
@end
```

第 5 步，修改视图控制器的实现类部分，在实现部分使用 AVAudioPlayer 播放音乐。下面是视图控制器类的实现部分代码（ViewController. m）：

```
#import <AVFoundation/AVFoundation.h>
#import "ViewController.h"
@implementation ViewController
AVAudioPlayer* audioPlayer;
UIImage* playImage;
UIImage* pauseImage;
UIImage* stopImage;
CGFloat durationTime;
NSTimer* timer;
- (void)viewDidLoad
{
 [super viewDidLoad];
 playImage = [UIImage imageNamed:@"play.png"];
 pauseImage = [UIImage imageNamed:@"pause.png"];
 stopImage = [UIImage imageNamed:@"stop.png"];
 //为两个按钮设置图片
 [self.bn1 setImage:playImage forState:UIControlStateNormal];
 [self.bn2 setImage:stopImage forState:UIControlStateNormal];
 //获取要播放的音频文件的 URL
 NSURL* fileURL = [[NSBundle mainBundle]
                              URLForResource:@"默" withExtension:@"mp3"];
 //创建 AVAudioPlayer 对象
 audioPlayer = [[AVAudioPlayer alloc] initWithContentsOfURL:fileURL error: nil];
 NSString* msg = [NSString stringWithFormat:
        @"声道：%lu\n 时间：%g",
        (unsigned long)audioPlayer.numberOfChannels,
        audioPlayer.duration];
 self.show.text = msg;
 durationTime = audioPlayer.duration;
 //将循环次数设为-1，用于指定该音频文件循环播放
 audioPlayer.numberOfLoops = -1;
 //为 AVAudioPlayer 设置代理，监听它的播放事件
 audioPlayer.delegate = self;
}
```

Note

```
//当 AVAudioPlayer 播放完成后将会自动调用该方法
- (void)audioPlayerDidFinishPlaying:(AVAudioPlayer *)player successfully:(BOOL)flag
{
 if (player == audioPlayer && flag)
 {
        NSLog(@"播放完成!! ");
        [self.bn1 setImage:playImage forState:UIControlStateNormal];
 }
}
- (void)audioPlayerBeginInterruption:(AVAudioPlayer *)player
{
 if (player == audioPlayer)
 {
        NSLog(@"被中断!! ");
 }
}
- (IBAction)play:(id)sender {
 //如果当前正在播放
 if (audioPlayer.playing)
 {
        //暂停播放
        [audioPlayer pause];
        [sender setImage:playImage forState:UIControlStateNormal];
 }
 else
 {
        //播放音频
        [audioPlayer play];
        [sender setImage:pauseImage forState:UIControlStateNormal];
 }
 //如果 timer 为 nil，执行如下方法
 if (timer == nil)
 {
        //周期性地执行某个方法
        timer = [NSTimer scheduledTimerWithTimeInterval:0.1 target:self
                selector:@selector(updateProg) userInfo:nil repeats:YES];
 }
}
- (IBAction)stop:(id)sender {
 //停止播放音频
 [audioPlayer stop];
 [timer invalidate];
 timer = nil;
}
- (void) updateProg
{
 self.prog.progress = audioPlayer.currentTime/durationTime;
}
@end
```

上面的代码创建了一个 AVAudioPlayer 对象，然后通过该对象获取了音频文件的相关信息，包括音频文件的声道数、持续时间。程序将该视图控制器自身设为 AVAudioPlayer 的委托对象，然后分别调用 AVAudioPlayer 的 play、pause、stop 方法控制音频的播放、暂停和停止。

第 6 步，运行程序，显示效果如图 18.4 所示。

图 18.4　音乐控件效果

18.3.3　案例：播放视频

MPMoviePlayerController 与 MPMusicPlayerController 都是简单播放器，且都实现 MPMediaPlayback 协议，因此它们拥有相似的 play、stop、pause 等播放方法。

MPMoviePlayerController 播放器播放的视频需要被显示出来，该对象的 view 属性代表其播放器视图。创建 MPMoviePlayerController 对象之后，通过如下属性获取视频的相关信息。

- ☑ contentURL：设置或返回 MPMoviePlayerController 关联的视频的 NSURL 对象。通过该属性可控制播放器播放另一段视频。
- ☑ movieMediaTypes：返回 MPMoviePlayerController 播放的多媒体类型，包括 MPMovieMediaTypeMaskNone、MPMovieMediaTypeMaskVideo、MPMovieMediaTypeMaskAudio 这 3 个枚举值。
- ☑ allowsAirPlay：返回或设置是否允许无线播放视频。
- ☑ airPlayVideoActive：只读属性，返回当前是否处于无线播放模式。
- ☑ naturalSize：只读属性，返回视频的大小。
- ☑ fullscreen：返回视频是否处于全屏播放模式。
- ☑ scalingMode：设置或返回视频的缩放模式。
- ☑ controlStyle：返回或设置视频播放的控制条风格。
- ☑ duration：只读属性，返回视频总的播放时间。
- ☑ playableDuration：返回视频已下载的、可播放部分的持续时间。

下面通过案例介绍 MPMoviePlayerController 的功能与用法。

【操作步骤】

第 1 步，创建 Single View Application 类型项目，保存为 test。该应用包含一个应用程序委托类、一个视图控制器类和 Main.storyboard 文件。

第 2 步，打开 Main.storyboard 文件，在应用界面中拖入一个按钮、一个 UIView 作为播放视频的容器。

第 3 步，为了访问控件，在 Interface Builder 中为按钮的 Touch Up Inside 事件绑定 play 事件处理方法，并将界面上的 UIView 绑定到 movieView IBOutlet 属性（ViewController.h）。

```
#import <UIKit/UIKit.h>
@interface ViewController: UIViewController
@property (strong, nonatomic) IBOutlet UIView *movieView;
- (IBAction)play:(id)sender;
@end
```

第 4 步，修改视图控制器类的实现部分，在实现部分调用 MPMoviePlayerController 播放视频。视图控制器类的实现部分代码如下（ViewController.m）：

Note

```
#import <MediaPlayer/MediaPlayer.h>
#import "ViewController.h"
@implementation ViewController
MPMoviePlayerController *moviePlayer;
- (void)viewDidLoad
{
    [super viewDidLoad];
    //创建本地 URL（也可创建基于网络的 URL）
    NSURL* movieUrl = [[NSBundle mainBundle]
                       URLForResource:@"golf" withExtension:@"mp4"];
    //使用指定 URL 创建 MPMoviePlayerController
    //MPMoviePlayerController 将会播放该 URL 对应的视频
    moviePlayer = [[MPMoviePlayerController alloc]
                   initWithContentURL:movieUrl];
    //设置该播放器的控制条风格
    moviePlayer.controlStyle = MPMovieControlStyleEmbedded;
    //设置该播放器的缩放模式
    moviePlayer.scalingMode = MPMovieScalingModeAspectFit;
    [moviePlayer.view setFrame: CGRectMake(0, 0, 380, 320)];
}
//重写该方法，控制该视图控制器只支持横屏显示
- (NSUInteger)supportedInterfaceOrientations
{
return UIInterfaceOrientationMaskLandscape;
}
- (IBAction)play:(id)sender
{
[moviePlayer prepareToPlay];
    [self.movieView addSubview: moviePlayer.view];
}
@end
```

第 5 步，运行程序，显示效果如图 18.5 所示。

图 18.5　播放视频效果

18.3.4　案例：录制音频

AVAudioRecorder 和 AVAudioPlayer 都属于 AVFoundation.framework 的类。使用 AVAudioRecorder 录制音频比较简单，当 AVAudioRecorder 对象创建完成之后，可以调用 AVAudioRecorder 的方法进行录制。

- ☑　-prepareToRecord：准备开始录制。
- ☑　-record：开始或恢复录制。调用该方法时，如果音频还没有准备好，程序会隐式先执行 prepareToRecord 方法。
- ☑　-recordAtTime:(NS TimeInterval)time：在指定时间点开始或恢复录制。
- ☑　-(BOOL)recordAtTime:(NSTimeInterval)time forDuration:(NSTimeInterval)duratione：在指定时

间点开始或恢复录制，并指定录制的持续时间。

☑ -pause：暂停。

☑ -stop：停止。

☑ -prepareToPlay：准备开始播放。调用 play 方法时，如果音频还没有准备好，程序会隐式先执行该方法。

为了为 AVAudioRecorder 录制的音频文件指定文件名，以及指定录制音频的相关选项，AVAudio Recorder 提供如下初始化方法。

-initWithURL:settings:error:：指定将录制的音频存入 URL 对应的音频文件。该方法的第二个参数需要一个 NSDictionary 对象，该对象包含大量 key-value 对，用于设置录制音频的相关信息，其中，key 是 AVFormatIDKey（格式）、AVSampleRateKey（采样率）、AVNumberOf ChannelsKey（声道数）等常量。

【操作步骤】

第 1 步，创建 Single View Application 类型项目，保存为 test。该应用包含一个应用程序委托类、一个视图控制器类和 Main.storyboard 文件。

第 2 步，使用 Interface Builder 打开 Main.storyboard 文件，在应用界面中拖入一些 UI 控件设置音频的相关属性，如图 18.6 所示。

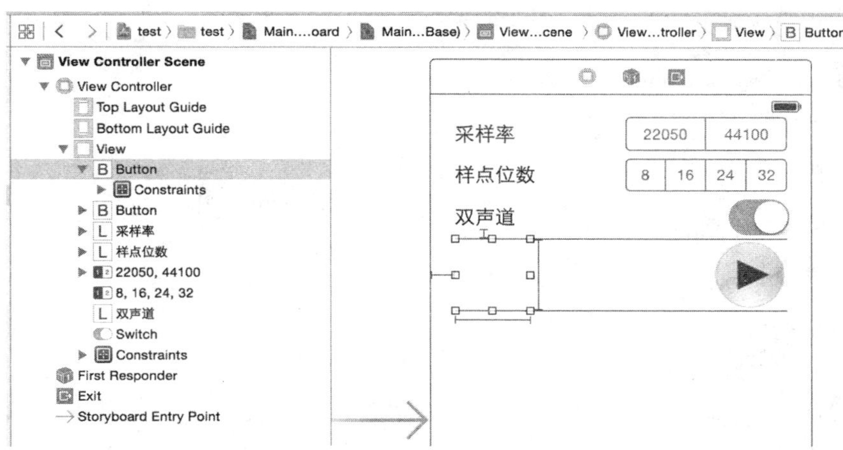

图 18.6　界面控件设计效果

第 3 步，为了访问这些 UI 控件，将第一个 UISegmentedControl 绑定到 sampleRateSeg IBOutlet 属性，将第二个 UISegmentedControl 绑定到 bitDeptSeg IBOutlet 属性，将 UISwitch 绑定到 stereoSwitch IBOutlet 属性。

第 4 步，为两个按钮的 Touch Up Inside 事件分别绑定 clicked:和 play:事件处理方法。

第 5 步，使用视图控制器监听 AVAudioRecorder 的录制事件，定义该视图控制器实现 AVAudioRecorderDelegate 协议。下面是该视图控制器类的接口部分代码（ViewController.h）：

```
#import <UIKit/UIKit.h>
@interface ViewController: UIViewController<AVAudioRecorderDelegate>
@property (strong, nonatomic) IBOutlet UISegmentedControl *sampleRateSeg;
@property (strong, nonatomic) IBOutlet UISegmentedControl *bitDeptSeg;
@property (strong, nonatomic) IBOutlet UISwitch *stereoSwitch;
@property (strong, nonatomic) IBOutlet UIButton *recordBn;
```

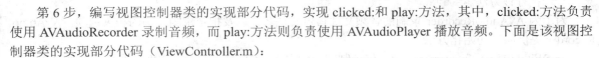

```
//该属性代表了该应用的 Documnts 目录
@property (nonatomic, copy) NSString* documentsPath;
- (IBAction)clicked:(id)sender;
- (IBAction)play:(id)sender;
@end
```

Note

第 6 步，编写视图控制器类的实现部分代码，实现 clicked:和 play:方法，其中，clicked:方法负责使用 AVAudioRecorder 录制音频，而 play:方法则负责使用 AVAudioPlayer 播放音频。下面是该视图控制器类的实现部分代码（ViewController.m）：

```
#import <AVFoundation/AVFoundation.h>
#import "ViewController.h"
@implementation ViewController
AVAudioRecorder* audioRecorder;
UIImage* recordImage;
UIImage* stopImage;
AVAudioPlayer* audioPlayer;
- (void)viewDidLoad
{
 [super viewDidLoad];
 recordImage = [UIImage imageNamed:@"record.png"];
 stopImage = [UIImage imageNamed:@"stop.png"];
 [self.recordBn setImage:recordImage forState:UIControlStateNormal];
 //获取当前应用的音频会话
 AVAudioSession * audioSession = [AVAudioSession sharedInstance];
 //设置音频类别，PlayAndRecord——这说明当前音频会话既可播放，也可录制
 [audioSession setCategory:AVAudioSessionCategoryPlayAndRecord error: nil];
 //激活当前应用的音频会话
 [audioSession setActive:YES error: nil];
}
//获取 document 目录的路径
- (NSString*) documentsPath {
 if (! _documentsPath) {
        NSArray *searchPaths =
        NSSearchPathForDirectoriesInDomains
        (NSDocumentDirectory, NSUserDomainMask, YES);
        _documentsPath = [searchPaths objectAtIndex: 0];
 }
 return _documentsPath;
}
- (IBAction)clicked:(id)sender
{
 if(audioRecorder != nil && audioRecorder.isRecording)
 {
        [audioRecorder stop];
        [self.recordBn setImage:recordImage forState:UIControlStateNormal];
 }
 else
 {
        //获取音频文件的保存路径
```

```
    NSString *destinationString = [[self documentsPath]
        stringByAppendingPathComponent:@"sound.wav"];
    NSURL *destinationURL = [NSURL fileURLWithPath:destinationString];
    //创建一个 NSDictionary，用于保存录制属性
    NSMutableDictionary *recordSettings = [[NSMutableDictionary alloc] init];
    //设置录制音频的格式
    [recordSettings setObject:[NSNumber numberWithInt:kAudioFormatLinearPCM]
        forKey: AVFormatIDKey];
    NSString* sampleRate = [self.sampleRateSeg titleForSegmentAtIndex:
        self.sampleRateSeg.selectedSegmentIndex];
    //设置录制音频的采样率
    [recordSettings setObject:[NSNumber numberWithFloat:
        sampleRate.floatValue] forKey: AVSampleRateKey];
    //设置录制音频的通道数
    [recordSettings setObject:
        [NSNumber numberWithInt:(self.stereoSwitch.on ? 2: 1)]
        forKey:AVNumberOfChannelsKey];
    NSString* bitDepth = [self.bitDeptSeg titleForSegmentAtIndex:
        self.bitDeptSeg.selectedSegmentIndex];
    //设置录制音频的每个样点的位数
    [recordSettings setObject: [NSNumber numberWithInt:bitDepth.integerValue]
        forKey:AVLinearPCMBitDepthKey];
    //设置录制音频采用高位优先的记录格式
    [recordSettings setObject:[NSNumber numberWithBool:YES]
        forKey:AVLinearPCMIsBigEndianKey];
    //设置采样信号采用浮点数
    [recordSettings setObject:[NSNumber numberWithBool:YES]
        forKey:AVLinearPCMIsFloatKey];
    NSError *recorderSetupError = nil;
    //初始化 AVAudioRecorder
    audioRecorder = [[AVAudioRecorder alloc] initWithURL:destinationURL
        settings:recordSettings error:&recorderSetupError];
    audioRecorder.delegate = self;
    [audioRecorder record];
    [self.recordBn setImage:stopImage forState:UIControlStateNormal];
  }
}
- (IBAction)play:(id)sender
{
  //获取音频文件的保存路径
  NSString *destinationString = [[self documentsPath]
      stringByAppendingPathComponent:@"sound.wav"];
  NSURL *url = [NSURL fileURLWithPath:destinationString];
  //创建 AVAudioPlayer 对象
  audioPlayer = [[AVAudioPlayer alloc]
      initWithContentsOfURL:url error: nil];
  //开始播放
  [audioPlayer play];
}
- (void)audioRecorderBeginInterruption:(AVAudioRecorder *)recorder
```

Note

```
{
NSLog(@"被中断！");
}
- (void)audioRecorderDidFinishRecording:(AVAudioRecorder *)aRecorder
successfully:(BOOL)flag
{
if(flag)
{
    NSLog(@"录制完成!!");
}
}
@end
```

上面的代码判断如果 AVAudioRecorder 当前已经处于录制状态，就调用该对象的 stop 方法停止录制，否则创建 AVAudioRecorder 对象，开始录制音频。

第 7 步，运行程序，单击程序界面左边的按钮，可开始录制音频，录制完成后依然单击左边的按钮停止录制。录制完成后，可以在该项目的 Documents 目录下看到刚录制的音频文件。单击界面右边的“播放”按钮，可以播放刚刚录制的音频。

18.3.5 案例：录制视频

UIImagePickerController 是一个视图控制器类，该类继承 UINavigationController，可以作为视图控制器使用，通过本案例可以实现以下操作：

☑ 选取手机相册的图片和视频。

☑ 控制摄像头拍照。

☑ 控制摄像头录制视频。

UIImagePickerController 提供了如下常用的属性。

☑ sourceType：控制是选取手机相册中的图片，还是拍摄新图片。

☑ allowsEditing：控制拍摄的图片是否允许编辑。

☑ mediaTypes：控制是拍照还是录制视频。

☑ videoQuality：设置录制视频的质量。

☑ videoMaximumDuration：设置视频的最大录制时间。

☑ showsCameraControls：设置是否显示拍摄按钮等控件。

☑ cameraViewTransform：设置对预览画面进行变换的变换矩阵。

☑ cameraDevice：设置使用设备的哪个摄像头。

☑ cameraCaptureMode：设置拍摄模式，是拍摄照片还是录制视频。

☑ cameraFlashMode：控制闪光灯模式。

☑ delegate：为 UIImagePickerController 设置委托对象。

除此之外，如果需要通过代码控制拍照和录制视频，则可调用如下方法。

☑ -takePicture：拍照。

☑ -startVideoCapture：开始录制视频。

☑ -stopVideoCapture：结束录制视频。

下面的案例演示了如何使用 UIImagePickerController 拍照和录制视频。

【操作步骤】

第 1 步，创建 Single View Application 类型项目，保存为 test。该应用包含一个应用程序委托类、一个视图控制器类和 Main.storyboard 文件。

第 2 步，使用 Interface Builder 打开 Main.storyboard 文件，在应用界面中拖入 3 个按钮，分别用于拍照、录制视频和选取照片，如图 18.7 所示。

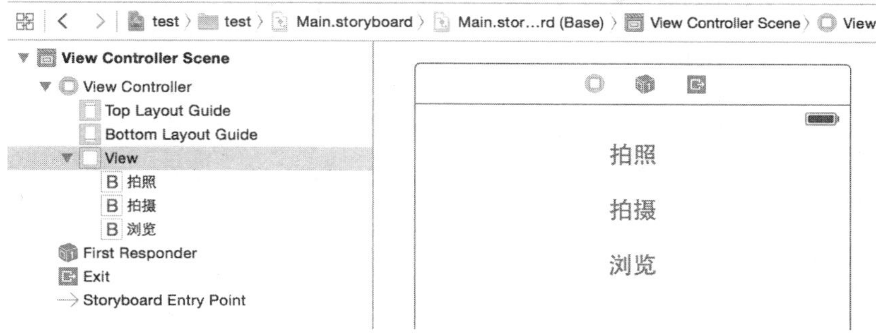

图 18.7 界面控件设计效果

第 3 步，为了响应按钮事件，分别为这 3 个按钮绑定 takePhoto:、takeVideo:、loadPhoto:事件处理方法（ViewController.h）。

```
#import <UIKit/UIKit.h>
@interface ViewController: UIViewController
 <UIImagePickerControllerDelegate,UINavigationControllerDelegate>
- (IBAction)takePhoto:(id)sender;
- (IBAction)takeVideo:(id)sender;
- (IBAction)loadPhoto:(id)sender;
@end
```

第 4 步，此处用到了 AssetsLibrary 框架，该框架提供了在应用程序中操作图片和视频的相关功能，相当于一个桥梁，用于连接应用程序和多媒体文件之间的相互操作。因此需要添加并引入该框架（ViewController.m）。

```
#import <MobileCoreServices/MobileCoreServices.h>
#import <AssetsLibrary/AssetsLibrary.h>
#import "ViewController.h"
```

第 5 步，编写视图控制器类的实现部分代码，实现第 4 步的 3 个方法。下面是该视图控制器类的实现部分代码（ViewController.m）：

```
@implementation ViewController
UIImagePickerController* picker;
- (void)viewDidLoad
{
 [super viewDidLoad];
 picker = [[UIImagePickerController alloc] init];
 picker.delegate = self;
}
- (IBAction)takePhoto:(id)sender
{
 //如果拍摄的摄像头可用
```

Note

```
    if ([UIImagePickerController isSourceTypeAvailable:
            UIImagePickerControllerSourceTypeCamera])
    {
            //将 sourceType 设为 UIImagePickerControllerSourceTypeCamera 代表拍照或拍视频
            picker.sourceType = UIImagePickerControllerSourceTypeCamera;
            //设置拍摄照片
            picker.cameraCaptureMode = UIImagePickerControllerCameraCaptureModePhoto;
            //设置使用手机的后置摄像头（默认使用后置摄像头）
            picker.cameraDevice = UIImagePickerControllerCameraDeviceRear;
            //设置使用手机的前置摄像头
            picker.cameraDevice = UIImagePickerControllerCameraDeviceFront;
            //设置拍摄的照片允许编辑
            picker.allowsEditing = YES;
    }
    else
    {
            NSLog(@"模拟器无法打开摄像头");
    }
    //显示 picker 视图控制器
    [self presentViewController:picker animated: YES completion:nil];
}
- (IBAction)takeVideo:(id)sender
{
    if ([UIImagePickerController isSourceTypeAvailable:
            UIImagePickerControllerSourceTypeCamera])
    {
            //将 sourceType 设为 UIImagePickerControllerSourceTypeCamera 代表拍照或拍视频
            picker.sourceType = UIImagePickerControllerSourceTypeCamera;
            //将 mediaTypes 设为所有支持的多媒体类型
            picker.mediaTypes = [UIImagePickerController
                    availableMediaTypesForSourceType:
                    UIImagePickerControllerSourceTypeCamera];
            //设置拍摄视频
            picker.cameraCaptureMode = UIImagePickerControllerCameraCaptureModeVideo;
            //设置拍摄高质量的视频
            picker.videoQuality = UIImagePickerControllerQualityTypeHigh;
    }
    else
    {
            NSLog(@"模拟器无法打开摄像头");
    }
    [self presentViewController:picker animated: YES completion:nil];
}
- (IBAction)loadPhoto:(id)sender
{
    //设置选择加载相册的图片或视频
    picker.sourceType = UIImagePickerControllerSourceTypePhotoLibrary;
    picker.allowsEditing = NO;
    [self presentViewController:picker animated: YES completion:nil];
}
```

```
//当得到照片或者视频后，调用该方法
-(void)imagePickerController:(UIImagePickerController *)picker
 didFinishPickingMediaWithInfo:(NSDictionary *)info
{
 NSLog(@"成功：%@", info);
 //获取用户拍摄的是照片还是视频
 NSString *mediaType = [info objectForKey:UIImagePickerControllerMediaType];
 //判断获取类型：照片，并且是刚拍摄的照片
 if ([mediaType isEqualToString:(NSString *)kUTTypeImage]
      && picker.sourceType == UIImagePickerControllerSourceTypeCamera)
 {
      UIImage *theImage = nil;
      //判断图片是否允许修改
      if ([picker allowsEditing])
      {
           //获取用户编辑之后的图像
           theImage = [info objectForKey:UIImagePickerControllerEditedImage];
      }
      else
      {
           //获取原始的照片
           theImage = [info objectForKey:UIImagePickerControllerOriginalImage];
      }
      //保存图片到相册中
      UIImageWriteToSavedPhotosAlbum(theImage, self,nil, nil);
 }
 //判断获取类型：视频，并且是刚拍摄的视频
 else if ([mediaType isEqualToString:(NSString *)kUTTypeMovie])
 {
      //获取视频文件的 URL
      NSURL* mediaURL = [info objectForKey:UIImagePickerControllerMediaURL];

      //创建 ALAssetsLibrary 对象并将视频保存到媒体库
      ALAssetsLibrary *assetsLibrary = [[ALAssetsLibrary alloc] init];
      //将视频保存到相册中
      [assetsLibrary writeVideoAtPathToSavedPhotosAlbum:mediaURL
           completionBlock:^(NSURL *assetURL, NSError *error)
           {
                //如果没有错误，显示保存成功
                if (!error)
                {
                     NSLog(@"视频保存成功！");
                }
                else
                {
                     NSLog(@"保存视频出现错误：%@", error);
                }
           }];
 }
 //隐藏 UIImagePickerController
```

Note

```
    [picker dismissViewControllerAnimated:YES completion:nil];
}
//当用户取消时，调用该方法
- (void)imagePickerControllerDidCancel:(UIImagePickerController *)picker
{
    NSLog(@"用户取消的拍摄！");
    //隐藏 UIImagePickerController
    [picker dismissViewControllerAnimated:YES completion:nil];
}
@end
```

上面的代码创建了 UIImagePickerController，然后将该对象的 sourceType 设置为 UIImagePickerControllerSourceTypeCamera，代表录制视频和拍摄照片，设置为 UIImagePickerControllerSourceTypePhotoLibrary 代表选取相册的照片，将该对象的 cameraCaptureMode 设置为 UIImagePickerControllerCameraCaptureModeVideo 代表录制视频。

另外，还为 UIImagePickerController 指定了 delegate 属性，该属性值为 self，代表使用该视图控制器本身作为委托对象，因此视图控制器类将负责处理拍摄事件。当用户拍摄成功时，程序将会把拍摄的照片和录制的视频保存到相册。

第 6 步，运行程序，单击界面上的拍照按钮，就可以进入拍照界面。单击拍照界面上的拍照按钮，程序将会开始拍照，拍照完成后进入图片编辑界面，编辑完成后单击确定按钮，拍摄的照片将会被保存到手机相册中。单击界面上的“拍摄”按钮，将可以进入录制视频界面。

18.4 小　结

iOS 提供了超级强大的多媒体功能，通过多媒体框架为应用程序加入各种功能，如高品质的音频录制和回放、生动的游戏声音、实时的声音聊天、用户 iPod 音乐库内容的回放、在支持的设备上进行视频的回放和录制等，本章详细介绍了 iOS 为应用程序添加音视频功能的多媒体技术，并对其中的一些基本特性进行了说明。

第19章 设备管理

（视频讲解：28 分钟）

iOS 支持很多更具吸引力的特性，能够满足移动用户的需求。通过 iOS，应用程序可以访问诸如加速计和照相机这样的硬件，也可以访问像用户照片库这样的软件。本章将描述这些特性，并展示如何将它们集成到应用程序中。

【学习要点】

- 正确检测硬件
- 了解配件通信
- 使用加速计
- 使用位置和方向
- 使用地图

19.1 硬件检测

为 iOS 设计的应用程序必须能够运行在具有不同硬件特性的多种设备上。如果应用程序运行的前提是某个特性一定要存在，则应该在应用程序的 Info.plist 文件中对 UIRequiredDeviceCapabilities 进行相应的设置，以避免将需要某种特性的应用程序安装在不具有该特性的设备上。但是，如果应用程序在给定特性存在或不存在时都可以运行，则不应该包含这个键。

表 19.1 列出了确定某种硬件是否存在的方法。如果应用程序在缺少某个特性时可以工作，而在该特性存在时又可以加以利用，则应该使用这些技术。

表 19.1　识别可用的硬件特性

特　性	选　项
确定网络是否存在	使用 Software Configuration 框架的可达性（reachability）接口检测当前的网络连接
确定静态照相机是否存在	使用 UIImagePickerController 类的 isSourceTypeAvailable:方法来确定照相机是否存在
确定音频输入（麦克风）是否存在	使用 AVAudioSession 类来确定音频输入是否存在。该类考虑了 iOS 设备上的很多不同的音频输入设备，包括内置的麦克风、耳机插座和连接的配件
确定 GPS 硬件是否存在	在配置 CLLocationManager 对象、使应用程序可以获取位置变化时，指定高精度级别。Core Location 框架并不指定硬件是否存在的直接信息，而是使用精度值来提供所需要的数据。如果一系列位置事件报告的精度都不够高，可以通知用户
确定特定的配件是否存在	使用 External Accessory 框架的类来寻找合适的对象，并进行链接

19.2 配件通信

External Accessory 框架（ExternalAccessory.framework）提供了一种管道机制，使应用程序可以和 iPhone 或 iPod touch 设备的配件进行通信。通过这种管道，应用程序开发者可以将配件级别的功能集成到自己的程序中。

为了使用 External Accessory 框架的接口，必须将 ExternalAccessory.framework 加入到 Xcode 工程，并连接到相应的目标中。此外，还需要在相应的源代码文件的顶部包含一个“#import <ExternalAccessory/ExternalAccessory.h>”语句，才能访问该框架的类和头文件。

19.2.1 配件基础

在与配件进行通信之前，需要与配件的制造商紧密合作，理解配件可提供的服务。制造商必须在配件的硬件中加入显式的支持，才能和 iOS 进行通信。作为这种支持的一部分，配件必须支持至少一种命令协议，也就是支持一种定制的通信模式，使配件和应用程序之间可以进行数据传输。苹果并不维护一个协议的注册表，支持何种协议及是否使用其他制造商支持的定制或标准协议是由制造商自行决定的。

作为和配件制造商通信的一部分，必须找出给定的配件支持什么协议。为了避免名字空间发生冲突，协议的名称由反向的 DNS 字符串来指定，形式是 com.apple.myProtocol，这使得每个配件制造商都可以根据自己的需要定义协议，以支持不同的配件产品线。

应用程序通过打开一个使用指定协议的会话来和配件进行通信。打开会话的方法是创建一个EASession类的实例，该类中包含NSInputStream和NSOutputStream对象，可以和配件进行通信。通过这些流对象，应用程序可以向配件发送未经加工的数据包，以及接收来自配件的类似数据包。因此，必须按照期望的协议来理解每个数据包的格式。

19.2.2　声明协议

能够和配件通信的应用程序应该在其Info.plist文件中声明支持的协议，使系统知道在相应的配件接入时，该应用程序可以被启动。如果当前没有应用程序可以支持接入的配件，系统可以选择启动App Store并指向支持该设备的应用程序。

为了声明支持的协议，必须在应用程序的Info.plist文件中包含UISupportedExternalAccessoryProtocols键，该键包含一个字符串数组，用于标识应用程序支持的通信协议。应用程序可以在这个列表中以任意顺序包含任意数量的协议。系统并不使用这个列表来确定应用程序应该选择哪个协议，而只是用它来确定应用程序是否能够和相应的配件进行通信。代码需要在开始和配件进行对话时选择适当的通信协议。

19.2.3　连接配件

在配件接入系统并做好通信准备之前，通过External Accessory框架无法看到配件。当配件变为可见时，应用程序就可以获取相应的配件对象，然后用其支持的一个或多个协议打开会话。

共享的EAAccessoryManager对象为应用程序寻找与之通信的配件提供主入口点。该类包含一个已经接入的配件对象的数组，可以对其进行枚举，看看是否存在应用程序支持的配件。EAAccessory对象中的绝大多数信息（如名称、制造商和型号信息）都只是用于显示。如果要确定应用程序是否可以连接一个配件，必须看配件的协议，确认应用程序是否支持其中的某个协议。

> **注意：** 多个配件对象支持同一协议是可能的。如果发生这种情况，代码必须负责选择使用哪个配件对象。

对于给定的配件对象，每次只能有一个指定协议的会话。EAAccessory对象的protocolStrings属性包含一个字典，字典的键是配件支持的协议。如果试图用一个已经在使用的协议创建会话，External Accessory框架就会产生错误。

【示例 1】 本示例展示了如何检查接入配件的列表并从中取得应用程序支持的第一个配件，为指定的协议创建一个会话，并对会话的输入和输出流进行配置。在这个方法返回会话对象时，已经完成和配件的连接，并可以开始发送和接收数据了。

```
- (EASession *)openSessionForProtocol:(NSString *)protocolString
{
NSArray *accessories = [[EAAccessoryManager
sharedAccessoryManager] connectedAccessories];
        EAAccessory *accessory = nil;
        EASession *session = nil;
        for (EAAccessory *obj in accessories)
        {
          if ([[obj protocolStrings] containsObject:protocolString])
          {
              accessory = obj;
```

```
                break;
            }
        }
    if (accessory)
    {
        session = [[EASession alloc] initWithAccessory:accessory
                                          forProtocol:protocolString];
        if (session)
        {
            [[session inputStream] setDelegate:self];
            [[session inputStream] scheduleInRunLoop:[NSRunLoop
            currentRunLoop] forMode:NSDefaultRunLoopMode];
            [[session inputStream] open];
            [[session outputStream] setDelegate:self];
            [[session outputStream] scheduleInRunLoop:[NSRunLoop
            currentRunLoop] forMode:NSDefaultRunLoopMode];
            [[session outputStream] open];
            [session autorelease];
        }
    }
    return session;
}
```

在配置好输入/输出流之后，最后一步就是处理和流相关的数据了。

【示例 2】本示例展示了在委托方法中处理流事件的基本代码结构。代码中的方法可以响应来自配件输入/输出流的事件。当配件向应用程序发送数据时，事件发生表示有数据可供读取；类似地，当配件准备好接收应用程序数据时，也通过事件来表示（当然，并不一定要等到这个事件发生才向流写出数据，应用程序也可以调用流的 hasBytesAvailable 方法来确认配件是否还能够接收数据）。

```
//以流的方式处理通信
- (void)stream:(NSStream*)theStream handleEvent:(NSStreamEvent)streamEvent
{
    switch (streamEvent)
    {
        case NSStreamHasBytesAvailable:
            //处理传入的流数据
            break;
        case NSStreamEventHasSpaceAvailable:
            //发送下一个队列命令
            break;
        default:
            break;
    }
}
```

19.2.4 监控配件

当配件接入或断开时，External Accessory 框架都可以发送通告，但是这些通告并不自动发送，如果应用程序感兴趣，必须调用 EAAccessoryManager 类的 registerForLocalNotifications 方法来显式请求。

当配件接入、认证并准备好和应用程序进行交互时，框架可以发出一个 EAAccessoryDidConnect Notification 通告；而当配件断开时，框架则可以发送一个 EAAccessoryDidDisconnectNotification 通告。可以通过默认的 NSNotificationCenter 来注册接收这些通告。两种通告都包含受影响的配件的信息。

除了通过默认的通告中心接收通告之外，当前正在和配件进行交互的应用程序可以为相应的 EAAccessory 对象分配一个委托，使其在发生变化时得到通知。委托对象必须遵循 EAAccessory Delegate 协议，该协议目前包含名为 accessoryDidDisconnect:的可选方法，可以通过这个方法接收配件断开通告，而不需要事先配置通告观察者。

19.3　使用加速计

加速计以时间为轴，测量速度沿着给定线性路径发生的变化。每个 iPhone 和 iPod touch 都包含 3 个加速计，分别负责设备的 3 个轴向。这种加速计的组合可以实现检测设备在任意方向上的运动。可以用这些数据来跟踪设备突然发生的运动，以及当前相对于重力的方向。

每个应用程序都可以通过 UIAccelerometer 对象来接收加速计数据。可以通过 UIAccelerometer 的 sharedAccelerometer 类方法来取得该类的实例。之后，就可以设置加速计数据更新的间隔时间及负责取得数据的自定义委托。数据更新的间隔时间的最小值是 10 毫秒，对应于 100Hz 的刷新频率。对于大多数应用程序来说，可以使用更大的时间间隔。一旦设置了委托对象，加速计就会开始发送数据，而委托对象也会在请求的时间间隔之后收到数据。

【示例 1】本示例展示了配置加速计的基本步骤。在这个示例中，更新频率设置为 50Hz，对应于 20 毫秒的时间间隔。myDelegateObject 是定义的定制对象，必须支持 UIAccelerometerDelegate 协议，该协议定义了接收加速计数据的方法。

```
#define kAccelerometerFrequency 50 //Hz
-(void)configureAccelerometer
{
UIAccelerometer*    theAccelerometer = [UIAccelerometer
sharedAccelerometer];
    theAccelerometer.updateInterval = 1 / kAccelerometerFrequency;
    theAccelerometer.delegate = self;
    //委托事件立即开始
}
```

【示例 2】全局共享的加速计会以固定频率调用委托对象的 accelerometer:didAccelerate:方法，通过它传送事件数据，如下面的代码所示。在这个方法中，可以根据自己的需要处理加速计数据。一般来说，推荐使用一些过滤器来分离感兴趣的数据成分。

```
-(void)accelerometer:(UIAccelerometer *)accelerometer didAccelerate:(UIAcceleration *)acceleration
{
    UIAccelerationValue x, y, z;
    x = acceleration.x;
    y = acceleration.y;
    z = acceleration.z;
    //根据值做一些事
}
```

将全局共享的 UIAccelerometer 对象的委托设置为 nil，就可以停止加速计事件的传送。将委托对

象设置为 nil 的操作会向系统发出通知，使其在需要时关闭加速计硬件，从而节省电池的寿命。

在委托方法中收到的加速计数据代表的是来自加速计硬件的实时数据。即使设备完全处于休息状态，加速计硬件报告的数据也可能产生轻微的波动。使用这些数据时，务必通过取平均值或对收到的数据进行调整的方法来控制这种波动。例如，Bubble Level 示例程序提供了一些控制，可以根据已知的表面调整当前的角度，后续读取的数据则是相对于调整后的角度进行调整。如果代码需要类似级别的精度，也应该在程序界面中包含一些调整的选项。

Note

19.3.1 选择更新频率

在配置加速计事件的更新频率时，最好既能满足应用程序的需求，又能使事件发送次数最少。需要系统以每秒 100 次的频率发送加速计事件的应用程序是很少的。使用较低的频率可以避免应用程序过于繁忙，从而提高电池的寿命。表 19.2 列出了一些典型的更新频率，以及在该频率下产生的加速计数据适合哪些应用场合。

表 19.2 常用的加速计事件更新频率

事件频率（Hz）	用　途
10～20	适合用于确定代表设备当前方向的向量
30～60	适合用于游戏和使用加速计进行实时输入的应用程序
70～100	适合用于需要检测设备高频运动的应用程序，例如，检测用户快速触击或摆动设备

19.3.2 分离重力数据

如果希望通过加速计数据来检测设备的当前方向，就需要将数据中源于重力的部分从源于设备运动的部分中分离开来。为此，可以使用低通滤波器来减少加速计数据中剧烈变化部分的权重，这样过滤之后的数据更能反映由重力产生的较为稳定的因素。

【示例】本示例展示了一个低通滤波器的简化版本。代码中使用一个低通滤波因子生成一个由当前的滤波前数据的 10%和前一个滤波后数据的 90%组成的值。前一个加速计数值存储在类的 accelX、accelY 和 accelZ 成员变量中。由于加速计数据以固定的频率进入应用程序，所以这些数值会很快稳定下来，但过滤后的数据对突然而短暂的运动响应缓慢。

```
#define kFilteringFactor 0.1
-(void)accelerometer:(UIAccelerometer *)accelerometer
didAccelerate:(UIAcceleration *)acceleration {
    //使用一个基本的低通滤波器，只保留每个轴的重力分量
    accelX = (acceleration.x * kFilteringFactor) + (accelX * (1.0 - kFilteringFactor));
    accelY = (acceleration.y * kFilteringFactor) + (accelY * (1.0 - kFilteringFactor));
    accelZ = (acceleration.z * kFilteringFactor) + (accelZ * (1.0 - kFilteringFactor));
   //使用加速数据
}
```

19.3.3 分离实时运动数据

如果希望通过加速计数据检测设备的实时运动，则需要将突然发生的运动变化从稳定的重力效果中分离出来。可以通过高通滤波器来实现这个目的。

【示例】本示例展示了一个简化版的高通滤波器算法。从前一个事件得到的加速计数值存储在类的 accelX、accelY 和 accelZ 成员变量中。下面的代码首先计算低通滤波器的值，然后从当前加速计数据中减去该值，得到仅包含实时运动成分的数据。

```
#define kFilteringFactor 0.1
-(void)accelerometer:(UIAccelerometer *)accelerometer
didAccelerate:(UIAcceleration *)acceleration {
    //从当前值中减去低通信，得到一个简化的高通滤波器
    accelX = acceleration.x - ( (acceleration.x * kFilteringFactor) + (accelX * (1.0 - kFilteringFactor)) );
    accelY = acceleration.y - ( (acceleration.y * kFilteringFactor) + (accelY * (1.0 - kFilteringFactor)) );
    accelZ = acceleration.z - ( (acceleration.z * kFilteringFactor) + (accelZ * (1.0 - kFilteringFactor)) );
   //使用加速数据
}
```

19.3.4　获取设备方向

如果需要获取的是设备的大体方向，而不是精确的方向向量，则应该通过 UIDevice 类的相关方法来取得。使用 UIDevice 接口比较简单，不需要自行计算方向向量。

在取得当前方向之前，必须调用 beginGeneratingDeviceOrientationNotifications 方法，使 UIDevice 类开始产生设备方向通告。对该方法的调用会打开加速计硬件（否则为了省电，加速计硬件处于关闭状态）。

在打开方向通告的很短时间后，就可以从 UIDevice 对象的 orientation 属性声明得到当前的方向。也可以通过注册接收 UIDeviceOrientationDidChangeNotification 通告来得到方向信息，当设备的大体方向发生改变时，系统就会发出该通告。设备的方向由 UIDeviceOrientation 常量来描述，可以指示设备处于景观模式还是肖像模式，以及设备的正面是朝上还是朝下。这些常量指示的是设备的物理方向，不一定和应用程序的用户界面相对应。

当不再需要设备的方向信息时，应该调用 UIDevice 的 endGeneratingDeviceOrientationNotifications 方法来关闭方向通告，使系统有机会关闭加速计硬件。

19.4　使用位置和方向

Core Location 框架为定位用户当前位置和方向（Heading）提供支持，负责从相应的设备硬件收集信息，并以异步的方式报告给应用程序。数据是否可用取决于设备的类型以及所需的硬件当前是否打开，如果设备处于飞行模式，则某些硬件可能不可用。

在使用 Core Location 框架的接口之前，必须将 CoreLocation.framework 加入到 Xcode 工程中，并在相关的目标中进行连接。要访问该框架的类和头文件，还需要在相应的源代码文件的顶部包含“#import <CoreLocation/CoreLocation.h>”语句。

19.4.1　获取当前位置

Core Location 框架可以定位设备的当前位置，并将这个信息应用到程序中。该框架利用设备内置的硬件，在已有信号的基础上通过三角测量得到固定位置，然后将其报告给代码。在接收到新的或更为精确的信号时，该框架还对位置信息进行更新。

如果确实需要使用 Core Location 框架，则务必控制在最小程度，且正确地配置位置服务。收集位置数据需要给主板上的接收装置上电，并向基站、Wi-Fi 热点或者 GPS 卫星查询，这个过程可能要花几秒钟的时间。此外，请求更高精度的位置数据可能需要让接收装置更长时间地处于打开状态，而长时间地打开这个硬件会耗尽设备的电量。如果位置信息不是频繁地变化，通常可以先取得初始位置，然后每隔一段时间请求一次更新就可以了。如果确实需要定期更新位置信息，也可以为位置服务设置一个最小的距离阈值，从而最小化代码必须处理的位置更新。

Note

取得用户当前位置首先要创建 CLLocationManager 类的实例，并用期望的精度和阈值参数进行配置。开始接收通告则需要为该对象分配一个委托，然后调用 startUpdatingLocation 方法来确定用户当前位置。当新的位置数据到来时，位置管理器会通知它的委托对象。如果位置更新通告已经发送完成，也可以直接从 CLLocationManager 对象获取最新的位置数据，而不需要等待新的事件。

【示例】本示例展示了定制的 startUpdates 方法和 locationManager:didUpdateToLocation:fromLocation:委托方法的一个实现。startUpdates 方法创建一个新的位置管理器对象（如果尚未存在），并用它启动位置更新事件的递送（在这个示例中，locationManager 变量是 MyLocationGetter 类中声明的成员变量，该类遵循 CLLocationManagerDelegate 协议。事件处理方法通过事件的时间戳来确定其延迟的程度，对于太过时的事件，该方法会直接忽略，并等待更为实时的事件。在得到足够实时的数据后，即关闭位置服务。

```
#import <CoreLocation/CoreLocation.h>
@implementation MyLocationGetter
- (void)startUpdates
{
    //创建位置管理器，如果没有一个对象
    if (nil == locationManager)
        locationManager = [[CLLocationManager alloc] init];
    locationManager.delegate = self;
    locationManager.desiredAccuracy = kCLLocationAccuracyKilometer;
    //为新事件设置一个运动阈值
    locationManager.distanceFilter = 500;
    [locationManager startUpdatingLocation];
}
//从 CLLocationManagerDelegate 协议委托方法
- (void)locationManager:(CLLocationManager *)manager
    didUpdateToLocation:(CLLocation *)newLocation
    fromLocation:(CLLocation *)oldLocation
{
    //如果这是一个相对最近的事件，则关闭更新，以节省电力
    NSDate* eventDate = newLocation.timestamp;
    NSTimeInterval howRecent = [eventDate timeIntervalSinceNow];
    if (abs(howRecent) < 5.0)
    {
        [manager stopUpdatingLocation];
        printf("latitude %+.6f, longitude %+.6f\n",
                newLocation.coordinate.latitude,
                newLocation.coordinate.longitude);
    }
    //否则跳过事件并处理下一个事件
}
```

```
@end
```

对时间戳进行检查是推荐的做法，因为位置服务通常会立即返回最后缓存的位置事件。得到一个大致的固定位置可能要花几秒钟的时间，更新之前的数据只是反映最后一次得到的数据。也可以通过精度来确定是否希望接收位置事件。位置服务在收到精度更高的数据时，可能返回额外的事件，事件中的精度值也会反映相应的精度变化。

Note

> 提示：Core Location 框架在位置请求的一开始（而不是请求返回时）记录时间戳。由于 Core Location 使用几个不同的技术来取得固定位置，位置请求返回的顺序有时可能和时间戳指示的顺序不同。这样，新事件的时间戳有时会比之前的事件还要老一点，这是正常的。Core Location 框架致力于提高每个新事件的位置精度，而不考虑时间戳的值。

19.4.2　获取方向事件

Core Location 框架支持两种获取方向信息的方法。包含 GPS 硬件的设备可以提供当前移动方向的大致信息，该信息和经纬度数据通过同一个位置事件进行传递。包含磁力计的设备可以通过方向对象提供更为精确的方向信息，方向对象是 CLHeading 类的实例。

通过 GPS 硬件取得大致方向的过程和“取得用户的当前位置”部分的描述是一样的，框架会向应用程序委托传递一个 CLLocation 对象，对象中的 course 和 speed 属性声明包含相关的信息。这个接口适用于需要跟踪用户移动的大多数应用程序，例如，实现汽车导航系统的导航程序。对于基于指南针或者可能需要了解用户静止时朝向的应用程序，可以请求位置管理器提供方向对象。

程序必须运行在包含磁力计的设备上才能接收方向对象。磁力计可以测量地球散发的磁场，进而确定设备的准确方向。虽然磁力计可能受到局部磁场（如扬声器的永磁铁、马达以及其他类型电子设备发出的磁场）的影响，但是 Core Location 框架具有足够的智能，可以过滤很多局部磁场的影响，确保方向对象包含有用的数据。

> 提示：如果路线或方向信息对于应用程序是必需的，则应该在程序的 Info.plist 文件中正确地包含 UIRequiredDeviceCapabilities 键。这个键用于指定应用程序正常工作需要具备的设备特性，可以用它来指定设备必须具有 GPS 和磁力计硬件。

【示例】为了接收方向事件，需要创建一个 CLLocationManager 对象，为其分配一个委托对象，并调用其 startUpdatingHeading 方法，如下面发起方向事件的代码所示。然而，在请求方向事件之前，应该检查一下位置管理器的 headingAvailable 属性，确保相应的硬件是存在的。如果该硬件不存在，应用程序应该回退到通过位置事件获取路线信息的代码路径。

```
CLLocationManager* locManager = [[CLLocationManager alloc] init];
if (locManager.headingAvailable)
{
    locManager.delegate = myDelegateObject; //指定自定义委托对象
    locManager.headingFilter = 5;
    [locManager startUpdatingHeading];
}
else
//使用位置事件
```

赋值给 delegate 属性的对象必须遵循 CLLocationManagerDelegate 协议。当一个新的方向事件到

来时，位置管理器会调用 locationManager:didUpdateHeading:方法，将事件传递给应用程序。一旦收到新的事件，应用程序应该检查 headingAccuracy 属性，确保刚收到的数据是有效的，具体方法如下：

Note

```
- (void)locationManager:(CLLocationManager*)manager didUpdateHeading:(CLHeading*)newHeading
{
    //如果正确性是有效的，就去处理事件
    if (newHeading.headingAccuracy > 0)
    {
        CLLocationDirection theHeading = newHeading.magneticHeading;
        //用事件数据做某事
    }
}
```

CLHeading 对象的 magneticHeading 属性包含主方向数据，且该数据一直存在。这个属性给出了相对于磁北极的方向数据，磁北极和北极不在同一个位置上。如果希望得到相对于北极（也称为地理北极）的方向数据，则必须在 startUpdatingHeading 之前调用 startUpdatingLocation 方法来启动位置更新，然后通过 CLHeading 对象的 trueHeading 属性取得相对于地理北极的方向。

19.5 使用地图

iOS 通过 MapKit 框架可以在应用程序的窗口中嵌入一个全功能的地图界面。Maps 程序中的很多常见功能都包含在这个框架提供的地图支持中，可以通过它来显示标准的街道地图、卫星图像或两者的组合，还可以通过代码来缩放和移动地图。该框架还自动支持触摸事件，用户可以用手指缩放或移动地图，还可以在地图中加入自己定制的注释信息，以及用框架提供的反向地理编码功能寻找和地图坐标关联的地址。

在使用 MapKit 框架之前，必须将 MapKit.framework 加入到 Xcode 工程中，并且在相关的目标中加以连接；在访问框架的类和头文件之前，需要在相应的源代码文件的顶部加入“#import<MapKit/MapKit.h>”语句。

19.5.1 添加地图视图

为应用程序加入地图之前，需要在应用程序的视图层次中嵌入一个 MKMapView 类的实例，该类为地图信息的显示和用户交互提供支持。可以通过代码为该类创建实例，并通过 initWithFrame:方法对其进行初始化，或者用 Interface Builder 将其加入到 nib 文件中。

地图视图也是一个视图，因此可以通过它的 frame 属性声明随意调整其位置和尺寸。虽然地图视图本身没有提供任何控件，但是可以在其上面放置工具条或其他视图，使用户可以和地图内容进行交互。在地图视图中加入的所有子视图的位置是不变的，不会随着地图内容的滚动而滚动。如果希望在地图上加入定制的内容，并使其跟着地图滚动，则必须创建注解，具体描述请参见 19.5.5 节。

MKMapView 类有很多属性，可以在显示之前进行配置，其中最重要的是 region 属性，负责定义最初显示的地图部分及如何缩放和移动地图内容。

19.5.2　缩放和移动地图

Note

MKMapView 类的 region 属性控制着当前显示的地图部分。当希望缩放和移动地图时，需要做的只是正确改变这个属性的值。这个属性包含一个 MKCoordinateRegion 类型的结构，其定义如下：

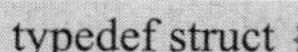

```
typedef struct {
        CLLocationCoordinate2D center;
        MKCoordinateSpan span;
} MKCoordinateRegion;
```

改变 center 域可以将地图移动到新的位置，而改变 span 域的值则可以实现缩放。这些域的值需要用地图坐标来指定，地图坐标用度、分和秒来度量。对于 span 域，需要通过经纬度距离来指定它的值。虽然纬度距离相对固定，每度大约相距 111 千米，但是经度距离却是随着纬度的变化而变化的。在赤道上，经度距离大约为每度 111 千米；而在地球的极点上，这个值则接近于 0。当然，总是可以通过 MKCoordinateRegionMakeWithDistance()函数来创建基于距离值（而不是度数）的区域。

如果希望在更新地图时不显示过程动画，可以直接修改 region 或 centerCoordinate 属性的值；如果需要动画过程，则必须使用 setRegion:animated:或 setCenterCoordinate:animated:方法。setCenterCoordinate:animated:方法可以移动地图，且避免在无意中触发缩放，而 setRegion:animated:方法则可以同时缩放和移动地图。

【示例】如果要使地图向左移动，移动距离为当前宽度的一半，则可以通过下面的代码找到地图左边界的坐标，然后将其用于中心点的设置，如下所示：

```
CLLocationCoordinate2D mapCenter = myMapView.centerCoordinate;
mapCenter = [myMapView convertPoint:
            CGPointMake(1, (myMapView.frame.size.height/2.0))
            toCoordinateFromView:myMapView];
[myMapView setCenterCoordinate:mapCenter animated:YES];
```

缩放地图则应该修改 span 属性的值，而不是中心坐标。减少 span 属性值可以使视图缩小；相反，增加该属性值可以使视图放大。换句话说，如果当前的 span 值是 1°，将其指定为 2°会使地图跨度放大两倍。

```
MKCoordinateRegion theRegion = myMapView.region;
//缩小
theRegion.span.longitudeDelta *= 2.0;
theRegion.span.latitudeDelta *= 2.0;
[myMapView setRegion:theRegion animated:YES];
```

19.5.3　显示用户当前位置

MapKit 框架内置支持将用户的当前位置显示在地图上，具体做法是将地图视图对象的 showsUserLocation 属性值设置为 YES。进行这个设置会使地图视图通过 Core Location 框架找到用户位置，并在地图上加入类型为 MKUserLocation 的注解。

在地图上加入 MKUserLocation 注解对象的事件会通过委托对象进行报告，这和定制注解的报告方式是一样的。如果希望在用户位置上关联一个定制的注解视图，应该在委托对象的 mapView:viewForAnnotation:方法中返回该视图。如果希望使用默认的注解视图，则应该在该方法中返回 nil。

19.5.4 坐标和像素切换

Note

通常通过经纬度值来指定地图上的点，但有时也需要在经纬度值和地图视图对象中的像素之间进行转换。举例来说，如果允许用户在地图表面拖动注解，定制注解视图的事件处理器代码就需要将边框坐标转换为地图坐标，以便更新关联的注解对象。MKMapView 类中有几个例程，用于在地图坐标和地图视图对象的本地坐标系统之间进行转换，这些例程包括：

```
convertCoordinate:toPointToView:
convertPoint:toCoordinateFromView:
convertRegion:toRectToView:
convertRect:toRegionFromView:
```

19.5.5 显示注解

注解是定义并放置在地图上面的信息片段。MapKit 框架将注解实现为两个部分，即注解对象和用于显示注解的视图。大多数情况下，用户需要提供这些定制对象，但框架也提供一些标准的注解和视图供用户使用。

在地图视图上显示注解需要两个步骤：

第 1 步，创建注解对象并将其加入到地图视图中。

第 2 步，在自己的委托对象中实现 mapView:viewForAnnotation:方法，并在该方法中创建相应的注解视图。

注解对象是指遵循 MKAnnotation 协议的任何对象。通常情况下，注解对象是相对小的数据对象，存储注解的坐标及相关信息，例如注解的名称。注解是通过协议来定义的，因此应用程序中的任何对象都可以成为注解对象。然而，在实践上，注解对象应该是轻量级的，因为在显式删除注解对象之前，地图视图会一直保存它们的引用。注意，同样的结论并不一定适用于注解视图。

在将注解显示在屏幕上时，地图视图负责确保注解对象具有相关联的注解视图，具体的方法是在注解坐标即将变为可见时调用其委托对象的 mapView:viewForAnnotation:方法。但是，由于注解视图的量级通常总是比其对应的注解对象更重，所以地图对象尽可能不在内存中同时保存很多注解视图。为此，它实现了注解视图的回收机制。这个机制和表视图在滚动时回收表单元使用的机制相类似，即当一个注解视图移出屏幕时，地图视图就解除其与注解对象之间的关联，将其放入重用队列。而在创建新的注解视图之前，委托的 mapView:viewForAnnotation:方法应该总是调用地图对象的 dequeueReusableAnnotationViewWithIdentifier:方法来检查重用队列中是否还有可用的视图对象。如果该方法返回一个正当的视图对象，就可以对其进行再次初始化，并将其返回；否则，再创建和返回一个新的视图对象。

19.5.6 添加和移除注解对象

不应直接在地图上添加注解视图，而是应该添加注解对象。注解对象通常不是视图，可以是应用程序中遵循 MKAnnotation 协议的任何对象。注解对象中最重要的部分是它的 coordinate 属性声明，这是 MKAnnotation 协议必须实现的属性，用于为地图上的注解提供锚点。

往地图视图加入注解所需要的全部工作就是调用地图视图对象的 addAnnotation:或 addAnnotations:方法。何时往地图视图加入注解以及何时为加入的注解提供用户界面由自己来决定。可以提供一个工具条，由用户通过工具条上的命令创建注解，也可以自行编码创建注解，注解信息可

能来自本地或远程的数据库信息。

如果应用程序需要删除某个旧的注解，在删除之前应该调用 removeAnnotation:或 removeAnnotations:方法将其从地图中移除。地图视图会显示它知道的所有注解，如果不希望某些注解被显示在地图上，就需要显式地将其删除。例如，如果应用程序允许用户对餐厅或本地风景点进行过滤，就需要删除与过滤条件不相匹配的所有注解。

Note

19.5.7　定义注解视图

MapKit 框架提供了两个注解视图类：MKAnnotationView 和 MKPinAnnotationView。MKAnnotationView 类是一个具体的视图，定义了所有注解视图的基本行为。MKPinAnnotationView 类则是 MKAnnotationView 的子类，用于在关联的注解坐标点上显示一个标准的系统大头针图像。

可以将 MKAnnotationView 类用于显示简单的注解，也可以从该类派生出子类，提供更多的交互行为。在直接使用该类时，需要提供一个定制的图像，用于在地图上表示希望显示的内容，并将其赋值给注解视图的 image 属性。如果显示的内容不需要动态改变，而且不需要支持用户交互，则这种用法是非常合适的。但是，如果需要支持动态内容和用户交互，则必须定义定制子类。

在一个定制的子类中，有两种方式可以描画动态内容：可以继续使用 image 属性来显示注解图像，这样或许需要设置一个定时器，负责定时改变当前的图像；也可以重载视图的 drawRect:方法来显示描画内容，这种方法也需要设置一个定时器，以定时调用视图的 setNeedsDisplay 方法。

如果通过 drawRect:方法来描画内容，则必须记住：要在注解视图初始化后不久为其指定尺寸。注解视图的默认初始化方法并不包含边框矩形参数，而是在初始化后通过分配给 image 属性的图像来设置边框尺寸。如果没有设置图像，就必须显式设置边框尺寸，渲染的内容才会被显示。

19.5.8　创建注解视图

应该总是在委托对象的 mapView:viewForAnnotation:创建注解视图。在创建新视图之前，应该总是调用 dequeueReusableAnnotationViewWithIdentifier:方法来检查是否有可重用的视图，如果该方法返回非 nil 值，就应该将地图视图提供的注解分配给重用视图的 annotation 属性，并执行其他必要的配置，使视图处于期望的状态，然后将其返回；如果该方法返回 nil，则应该创建并返回一个新的注解视图对象。

【示例】本示例是 mapView:viewForAnnotation:方法的一个实现，展示了如何为定制注解对象提供大头针注解视图。如果队列中已经存在一个大头针注解视图，该方法就将其和相应的注解对象相关联；如果重用队列中没有视图，该方法则创建一个新的视图，对其基本属性进行配置，并为插图符号配置一个附加视图。

```
- (MKAnnotationView *)mapView:(MKMapView *)mapView
    viewForAnnotation:(id <MKAnnotation>)annotation
{
    //如果它是用户位置，就返回 nil
    if ([annotation isKindOfClass:[MKUserLocation class]])
        return nil;
    //处理任何自定义注释
    if ([annotation isKindOfClass:[CustomPinAnnotation class]])
    {
        //试图将一个现有的 pinView 视图出队
        MKPinAnnotationView* pinView =
```

Note

```
(MKPinAnnotationView*)[mapView
        dequeueReusableAnnotationViewWithIdentifier:
@"CustomPinAnnotation"];
        if (!pinView)
        {
            //如果现有的 pinView 视图不可用，创建一个
            pinView = [[[MKPinAnnotationView alloc]
initWithAnnotation:annotation
                    reuseIdentifier:@"CustomPinAnnotation"]
                        autorelease];
            pinView.pinColor = MKPinAnnotationColorRed;
            pinView.animatesDrop = YES;
            pinView.canShowCallout = YES;
            //标注添加一个详细信息按钮
            UIButton* rightButton = [UIButton buttonWithType:
                            UIButtonTypeDetailDisclosure];
    [rightButton addTarget:self
    action:@selector(myShowDetailsMethod:)
                    forControlEvents:UIControlEventTouchUpInside];
            pinView.rightCalloutAccessoryView = rightButton;
        }
        else
            pinView.annotation = annotation;
        return pinView;
    }
    return nil;
}
```

19.5.9 处理注解视图中的事件

虽然注解视图位于地图内容上面的特殊层中，但它们也是功能完全的视图，能够接收触摸事件。可以通过这些事件来实现用户和注解之间的交互。例如，可以通过视图中的触摸事件来实现注解在地图表面的拖曳行为。

注意：由于地图被显示在一个滚动界面上，所以，在用户触摸定制视图和事件最终被派发之间往往有一个小的延迟。滚动视图可以利用这个延迟来确定触摸事件是否为某种滚动手势的一部分。

随后的一系列示例代码将展示如何实现一个支持用户拖动的注解视图。示例中的注解视图直接在注解坐标点上显示一个公牛眼图像，并包含一个定制的附加视图，用以显示目的地的详细信息。

【示例 1】本示例显示了 BullseyeAnnotationView 类的定义。类中包含一些正确跟踪视图移动需要的其他成员变量，以及一个指向地图视图本身的指针，指针的值是在 mapView:viewForAnnotation:方法中设置的，该方法是创建或再次初始化注解视图的地方。在事件跟踪完成后，代码需要调整注解对象的地图坐标，这时需要用到地图视图对象。

```
@interface BullseyeAnnotationView: MKAnnotationView
{
    BOOL isMoving;
```

```
    CGPoint startLocation;
    CGPoint originalCenter;
    MKMapView* map;
}
@property (assign,nonatomic) MKMapView* map;
- (id)initWithAnnotation:(id <MKAnnotation>)annotation;
@end
@implementation BullseyeAnnotationView
@synthesize map;
- (id)initWithAnnotation:(id <MKAnnotation>)annotation
{
    self = [super initWithAnnotation:annotation
                reuseIdentifier:@"BullseyeAnnotation"];
    if (self)
    {
        UIImage* theImage = [UIImage
imageNamed:@"bullseye32.png"];
        if (!theImage)
            return nil;
        self.image = theImage;
        self.canShowCallout = YES;
        self.multipleTouchEnabled = NO;
        map = nil;
        UIButton* rightButton = [UIButton buttonWithType:
                        UIButtonTypeDetailDisclosure];
        [rightButton addTarget:self
action:@selector(myShowAnnotationAddress:)
                        forControlEvents:UIControlEventTouchUpInside];
        self.rightCalloutAccessoryView = rightButton;
    }
    return self;
}
@end
```

【示例 2】当触摸事件首次到达公牛眼视图时，该类的 touchesBegan:withEvent:方法会记录事件的信息作为初始信息，如下面的实现跟踪视图位置的代码所示。touchesMoved:withEvent:方法会利用这些信息调整视图位置。所有的位置信息都存储在父视图的坐标空间中。

```
@implementation BullseyeAnnotationView (TouchBeginMethods)
- (void)touchesBegan:(NSSet *)touches withEvent:(UIEvent *)event
{
    //该视图仅用于单个触摸
    UITouch* aTouch = [touches anyObject];
    startLocation = [aTouch locationInView:[self superview]];
    originalCenter = self.center;
    [super touchesBegan:touches withEvent:event];
}
- (void)touchesMoved:(NSSet *)touches withEvent:(UIEvent *)event
{
    UITouch* aTouch = [touches anyObject];
    CGPoint newLocation = [aTouch locationInView:[self superview]];
```

Note

```
    CGPoint newCenter;
    //如果用户的手指移动超过 5 像素，开始拖动
    if ( (abs(newLocation.x - startLocation.x) > 5.0) ||
          (abs(newLocation.y - startLocation.y) > 5.0) )
          isMoving = YES;
    //如果拖动已开始，则调整视图的位置
    if (isMoving)
    {
        newCenter.x = originalCenter.x + (newLocation.x - startLocation.x);
        newCenter.y = originalCenter.y + (newLocation.y - startLocation.y);
        self.center = newCenter;
    }
    else      //让父类处理它
        [super touchesMoved:touches withEvent:event];
}
@end
```

【示例 3】当用户停止拖动注解视图时，需要调整原有注解的坐标，确保视图位于新的位置。下面处理最后的触摸事件的代码显示了 BullseyeAnnotationView 类的 touchesEnded:withEvent:方法，该方法通过地图成员变量将基于像素的点转换为地图坐标值。由于注解的 coordinate 属性通常是只读的，所以示例中的注解对象实现了一个名为 changeCoordinate 的定制方法，负责更新它在本地存储的值，而这个值可以通过 coordinate 属性取得。如果触摸事件由于某种原因被取消，touchesCancelled:withEvent:方法会使注解视图回到原来的位置。

```
@implementation BullseyeAnnotationView (TouchEndMethods)
- (void)touchesEnded:(NSSet *)touches withEvent:(UIEvent *)event
{
    if (isMoving)
    {
        //更新地图坐标以反映新的位置
        CGPoint newCenter = self.center;
        BullseyeAnnotation* theAnnotation = self.annotation;
        CLLocationCoordinate2D newCoordinate = [map
convertPoint:newCenter

toCoordinateFromView:self.superview];
        [theAnnotation changeCoordinate:newCoordinate];
        //清理状态信息
        startLocation = CGPointZero;
        originalCenter = CGPointZero;
        isMoving = NO;
    }
    else
        [super touchesEnded:touches withEvent:event];
}
- (void)touchesCancelled:(NSSet *)touches withEvent:(UIEvent *)event
{
    if (isMoving)
    {
        //将视图向后移动到它的起点
```

```
                self.center = originalCenter;
                //清理状态信息
                startLocation = CGPointZero;
                originalCenter = CGPointZero;
                isMoving = NO;
        }
        else
                [super touchesCancelled:touches withEvent:event];
}
@end
```

19.5.10　获取地标信息

MapKit 框架主要处理地图坐标值。地图坐标值由经度和纬度组成，比较易于在代码中使用，但却不是用户最容易理解的描述方式。为使用户更加易于理解，可以通过 MKReverseGeocoder 类来取得与地图坐标相关联的地标信息，例如，街道地址、城市、州和国家。

MKReverseGeocoder 类负责向潜在的地图服务查询指定地图坐标的信息。由于需要访问网络，反向地理编码器对象总是以异步的方式执行查询，并将结果返回给相关联的委托对象。委托对象必须遵循 MKReverseGeocoderDelegate 协议。

启动反向地理编码器的具体做法是首先创建一个 MKReverseGeocoder 类的实例，并将恰当的对象赋值给该实例的 delegate 属性，然后调用 start 方法。如果查询成功完成，委托就会收到带有一个 MKPlacemark 对象的查询结果。MKPlacemark 对象本身也是注解对象，也就是说，它们采纳了 MKAnnotation 协议，因此，如果愿意，可以将其添加到地图视图的注解列表中。

19.6　使用照相机

通过 UIKit 的 UIImagePickerController 类可以访问设备的照相机。该类可以显示标准的系统界面，使用户可以通过现有的照相机拍照，以及对拍得的图像进行裁剪和尺寸调整；该类还可以用于从用户照片库中选取照片。

照相机界面是一个模式视图，由 UIImagePickerController 类来管理。具体使用时，不应从代码中直接访问该视图，而是应该调用当前活动的视图控制器的 presentModalViewController:animated:方法，并向其传入一个 UIImagePickerController 对象作为新的视图控制器。一旦被安装，选取控制器就会自动将照相机界面滑入屏幕，并一直保持活动，直到用户确认或取消图像选取的操作。如果用户做出选择，选取控制器会将这个事件通知其委托对象。

UIImagePickerController 类管理的界面可能并不适用于所有的设备。在显示照相机界面之前，应该调用 UIImagePickerController 类的 isSourceTypeAvailable:类方法，确认该界面是否可用。应该总是尊重该方法的返回值，如果返回 NO，意味着当前设备没有照相机，或者照相机由于某种原因不可用；如果返回 YES，则可以通过下面的步骤显示照相机界面。

第 1 步，创建一个新的 UIImagePickerController 对象。

第 2 步，为该对象分配一个委托对象。

在大多数情况下，可以让当前的视图控制器充当选取控制器的委托，但也可以根据自己的喜好使用完全不同的对象。委托对象必须遵循 UIImagePickerControllerDelegate 和 UINavigationController

Delegate 协议。

> 提示：如果委托不遵循 UINavigationControllerDelegate 协议，在编译时就会看到警告信息。然而，由于该协议的方法是可选的，所以不会对代码带来什么影响。如果要消除该警告信息，需要将 UINavigationControllerDelegate 协议加入委托类支持的协议列表中。

Note

第 3 步，将选取控制器的类型设置为 UIImagePickerControllerSourceTypeCamera。

第 4 步，为 allowsImageEditing 属性声明设置恰当的值，以便激活或者禁用图片编辑控制。这是一个可选步骤。

第 5 步，调用当前视图控制器的 presentModalViewController:animated:方法，显示选取控制器。

【示例 1】下面显示照相界面示例的代码实现了上述步骤。在调用 presentModalViewController:animated 方法之后，选取控制器随即接管控制权，将照相机界面显示出来，并负责响应所有的用户交互，直到退出该界面。而从用户照片库中选取现有照片需要做的只是将选取控制器的 sourceType 属性的值改为 UIImagePickerControllerSourceTypePhotoLibrary 即可。

```
-(BOOL)startCameraPickerFromViewController:(UIViewController*)controller    usingDelegate:
(id<UIImagePickerControllerDelegate>)delegateObject
{
if ( (![UIImagePickerController isSourceTypeAvailable:
UIImagePickerControllerSourceTypeCamera])
                || (delegateObject == nil) || (controller == nil))
        return NO;
UIImagePickerController* picker = [[UIImagePickerController
alloc] init];
    picker.sourceType = UIImagePickerControllerSourceTypeCamera;
    picker.delegate = delegateObject;
    picker.allowsImageEditing = YES;
    //选择器异步显示
    [controller presentModalViewController:picker animated:YES];
    return YES;
}
```

当用户单击相应的按键关闭照相机界面时，UIImagePickerController 会将用户的动作通知委托对象，但并不直接实施关闭操作。选取器界面的关闭由委托对象负责（应用程序还必须负责在不需要选取器对象时将其释放，这个工作也可以在委托方法中进行）。出于这个原因，委托对象实际上应该是将选取器显示出来的视图控制器对象。一旦收到委托消息，视图控制器会调用其 dismissModalViewControllerAnimated:方法来关闭照相机界面。

【示例 2】下面的图像选取器的委托方法示例展示了关闭照相机界面的委托方法，该界面是由上面的显示照相界面示例的代码显示出来的。这些方法是由一个名为 MyViewController 的定制类实现的，它是 UIViewController 的一个子类。在本示例中，执行这些代码和显示选取器的应该是同一个对象。useImage:方法是一个空壳，应该被定制代码代替，可以在这个方法中使用用户选取的图像。

```
@implementation MyViewController (ImagePickerDelegateMethods)
- (void)imagePickerController:(UIImagePickerController *)picker
                    didFinishPickingImage:(UIImage *)image
                    editingInfo:(NSDictionary *)editingInfo
{
```

```
        [self useImage:image];
        //删除选择器界面，并释放该对象
    [[picker parentViewController]
    dismissModalViewControllerAnimated:YES];
        [picker release];
    }
    - (void)imagePickerControllerDidCancel:(UIImagePickerController *)picker
    {
        [[picker parentViewController]
    dismissModalViewControllerAnimated:YES];
        [picker release];
    }
    //在代码中实现这个方法，用图像做一些事
    - (void)useImage:(UIImage*)theImage
    {
    }
    @end
```

如果图像编辑功能被激活，且用户成功选取了一张图片，则 imagePickerController:didFinishPickingImage:editingInfo:方法的 image 参数会包含编辑后的图像，应该将这个图像作为用户选取的图像。当然，如果用户希望存储原始图像，可以从 editingInfo 参数的字典中得到（同时还可以得到编辑用的裁剪矩形）。

19.7　使用照片库

UIKit 通过 UIImagePickerController 类为访问用户照片库提供支持。这个控制器可以显示照片选取器界面，用户可以通过该界面访问用户照片库，选取某个图像，并将其返回给应用程序。也可以打开用户编辑功能，使用户可以移动和裁剪返回的图像。这个类也可以用于显示一个照相机界面。

UIImagePickerController 类既可以显示照相机界面，也可以显示用户照片库，两种显示方式的使用步骤几乎一样，唯一的区别是是否将选取器对象的 sourceType 属性值设置为 UIImagePickerControllerSourceTypePhotoLibrary。显示照相机选取器的具体步骤请参见 19.6 节的介绍。

提示： 当使用照相机选取器时，应该总是调用 UIImagePickerController 类的 isSourceTypeAvailable: 类方法，并尊重其返回值，而不应假定给定的设备总是具有照片库功能。即使设备支持照片库，该方法仍然可能在照片库不可用时返回 NO。

19.8　使用邮件

可以通过 MFMailComposeViewController 类在应用程序内部显示一个标准的邮件发送界面。在显示该界面之前，可以用该类的方法来配置邮件的接收者、主题和希望包含的附件。当邮件在界面显示出来（通过标准的视图控制器技术）之后和提交给 Mail 程序进行发送之前，用户可以对邮件的内容进行编辑。用户也可以将整个邮件取消。

提示：在所有版本的 iOS 中，可以通过创建和打开一个 mailto 类型的 URL 来制作邮件，这种类型的 URL 会自动传递给 Mail 程序进行处理。

在使用邮件编辑界面之前，必须首先把 MessageUI.framework 加入到工程中，并在相应的目标中进行连接。为了访问该框架中的类和头文件，还必须在相应的源代码文件的顶部包含"#import <MessageUI/MessageUI.h>"语句。

应用程序在使用 MFMailComposeViewController 类时，必须首先创建一个实例，并使用该实例的方法设置初始的电子邮件数据；还必须为视图控制器的 mailComposeDelegate 属性声明分配一个对象，负责在用户接收或取消邮件发送时退出界面。指定的委托对象必须遵循 MFMailComposeViewControllerDelegate 协议。

在指定电子邮件地址时，应该使用纯字符串对象。如果希望使用通讯录用户列表中的邮件地址，可以通过 Address Book 框架来实现。更多有关如何通过该框架获取电子邮件及其他数据的信息，请参见 iOS 的 Address Book 编程指南。

【示例】下面的显示邮件编辑界面示例展示了如何在应用程序中创建 MFMailComposeViewController 对象，并用模式视图显示邮件编辑接口的代码。可以将清单中的 displayComposerSheet 方法包含到定制的视图控制器中，并在需要时通过它来显示邮件编辑界面。在本示例中，父视图控制器将自身作为委托，并实现了 mailComposeController:didFinishWithResult:error:方法。该委托方法只是退出邮件编辑界面，没有进行更多的操作。在自己的应用程序中，可以在委托方法中考察 result 参数的值，确定用户是否发送或取消了邮件。

```
@implementation WriteMyMailViewController (MailMethods)
-(void)displayComposerSheet
{
MFMailComposeViewController *picker =
[[MFMailComposeViewController alloc] init];
    picker.mailComposeDelegate = self;
     [picker setSubject:@"Hello from California!"];
    //设置收件人
NSArray *toRecipients = [NSArray
arrayWithObjects:@"first@example.com",
                                  nil];
NSArray *ccRecipients = [NSArray
arrayWithObjects:@"second@example.com",
                                  @"third@example.com", nil];
NSArray *bccRecipients = [NSArray
arrayWithObjects:@"four@example.com",
                                  nil];
    [picker setToRecipients:toRecipients];
    [picker setCcRecipients:ccRecipients];
    [picker setBccRecipients:bccRecipients];
    //给电子邮件附加一个图像
NSString *path = [[NSBundle mainBundle]
pathForResource:@"ipodnano"
                                ofType:@"png"];
    NSData *myData = [NSData dataWithContentsOfFile:path];
    [picker addAttachmentData:myData mimeType:@"image/png"
                                fileName:@"ipodnano"];
```

```
        //填写电子邮件正文文本
        NSString *emailBody = @"It is raining in sunny California!";
        [picker setMessageBody:emailBody isHTML:NO];
        //设置邮件组合接口
        [self presentModalViewController:picker animated:YES];
        [picker release]; //现在可以安全地释放控制器
}
//邮件撰写视图控制器委托方法
- (void)mailComposeController:(MFMailComposeViewController *)controller
                didFinishWithResult:(MFMailComposeResult)result
                error:(NSError *)error
{
        [self dismissModalViewControllerAnimated:YES];
}
@end
```

19.9 案例实战

本节将通过几个案例直观地演示如何在代码中管理 iOS 各种外围服务或设备。

19.9.1 案例：管理通信设备

如果应用直接启用 iOS 系统内置的打电话、发送短信、发送邮件、浏览网页应用程序，则可调用 UIApplication 的 openURL:方法打开特定 NSURL，这个方法将会根据 NSURL 前缀的不同而启动对应的应用程序。

- ☑ sms:或 sms://：发送短信。
- ☑ tel:或 tel://：拨打电话。
- ☑ telprompt:或 telprompt://：拨打电话。
- ☑ mailto:：发送邮件。
- ☑ http:或 http://：浏览网址。

【示例】下面简单演示如何使用 UIApplication 打电话、发短信。本示例界面非常简单，只要向程序界面上拖入几个简单的按钮，并为这些按钮的 Touch Up Inside 事件绑定事件处理方法即可。下面是该应用的视图控制器类的实现部分代码，该视图控制器中的 IBAction 方法都是事件处理方法。

```
#import "ViewController.h"
@interface ViewController ()
{
 UIApplication* app;
}
@end
@implementation ViewController
- (void)viewDidLoad
{
        [super viewDidLoad];
 app = [UIApplication sharedApplication];
```

```
}
- (IBAction)sendSMs:(id)sender
{
 //打开 sms:开头的 URL 代表发送短信，使用 sms:或 sms://前缀均可
 [app openURL:[NSURL URLWithString:@"sms:10010"]];
}
- (IBAction)callPhone:(id)sender
{
 //打开 tel:开头的 URL 代表拨打电话，使用 tel:或 tel://前缀均可
 [app openURL:[NSURL URLWithString:@"tel:10010"]];
}
- (IBAction)webViewCallPhone:(id)sender
{
 UIWebView*callWebview =[[UIWebView alloc] init];
 //使用 UIWebView 加载 tel:开头的 URL 代表拨打电话，电话结束后返回本应用
 //使用 tel:或 tel://前缀均可
 NSURL *telURL =[NSURL URLWithString:@"tel:10010"];
 [callWebview loadRequest:[NSURLRequest requestWithURL:telURL]];
 //将 UIWebView 添加到视图控制器管理的 view 中
 [self.view addSubview:callWebview];
}
- (IBAction)promptCallPhone:(id)sender
{
 //打开 telprompt:开头的 URL 代表拨打电话，使用 telprompt:或 telprompt://前缀均可
 [app openURL:[NSURL URLWithString:@"telprompt:10010"]];
}
- (IBAction)sendMail:(id)sender
{
 //打开 mailto:开头的 URL 代表发送邮件，此处使用 mailto://或 mailto:前缀均可
 [app openURL:[NSURL URLWithString:@"mailto:mme@163.com"]];
}
- (IBAction)browserSite:(id)sender
{
 //打开 http:开头的 URL 代表使用默认浏览器浏览，使用 http:或 http://前缀均可
 [app openURL:[NSURL URLWithString:@"http:www.baidu.com"]];
}
@end
```

19.9.2 案例：获取加速度、陀螺仪、磁场数据

获取加速度（accelerometer）、陀螺仪（gyro）、磁场（magnetometer）数据可按如下步骤进行：

第 1 步，创建 CMMotionManager 对象。

第 2 步，为 CMMotionManager 设置获取加速度数据、陀螺仪数据、磁场数据的频率，通常就是设置 xxxUpdateInterval 属性，该属性值的单位是秒。其中，xxx 代表 accelerometer、gyro 和 magnetometer 中的任意一个。

第 3 步，调用 CMMotionManager 对象的 startXxxUpdatesToQueue:queue withHandler:方法来周期性地获取加速度数据、陀螺仪数据和磁场数据。其中，Xxx 同样代表 accelerometer、gyro 和 magnetometer 中的任意一个。

第 4 步，如果程序出现错误，或者程序想终止获取这些数据，则可调用 stopXxxUpdates 方法停止获取。

下面的案例演示了如何通过代码获取加速度、陀螺仪和磁场数据。

【操作步骤】

第 1 步，新建一个 Single View Application。

第 2 步，打开界面设计文件，向其中拖入 3 个 UILabel，并将其 lines 属性设为 5，这 3 个 UILabel 用于显示程序获取的加速度数据、陀螺仪数据和磁场数据。

第 3 步，为了访问它们，将其绑定到视图控制器的 accelerometerLabel、gyroLabel、magnetometer Label 这 3 个 IBOutlet 属性。

第 4 步，视图控制器类的实现部分可按上面的步骤来获取加速度数据、陀螺仪数据和磁场数据。下面是该案例的视图控制器代码（ViewController.m）：

```
#import <CoreMotion/CoreMotion.h>
#import "ViewController.h"
@interface ViewController ()
@property (strong, nonatomic) CMMotionManager* motionManager;
@end
@implementation ViewController
- (void)viewDidLoad
{
 [super viewDidLoad];
 //创建 CMMotionManager 对象
 self.motionManager = [[CMMotionManager alloc] init];   // ①
 NSOperationQueue *queue = [[NSOperationQueue alloc] init];
 //如果 CMMotionManager 支持获取加速度数据
 if (self.motionManager.accelerometerAvailable)
 {
        //设置 CMMotionManager 的加速度数据更新频率为 0.1 秒
        self.motionManager.accelerometerUpdateInterval = 0.1;
        //使用代码块开始获取加速度数据
        [self.motionManager startAccelerometerUpdatesToQueue:queue withHandler:
         ^(CMAccelerometerData *accelerometerData, NSError *error)
        {
                NSString *labelText;
                //如果发生了错误，error 不为空
                if (error)
                {
                        //停止获取加速度数据
                        [self.motionManager stopAccelerometerUpdates];
                        labelText = [NSString stringWithFormat:
                                @"获取加速度数据出现错误: %@", error];
                }
                else
                {
                        //分别获取系统在 X 轴、Y 轴、Z 轴上的加速度
                        labelText = [NSString stringWithFormat:
                                @"加速度为\n-----------\nX 轴: %+.2f\nY 轴: %+.2f\nZ 轴: %+.2f",
                                        accelerometerData.acceleration.x,
```

```
                        accelerometerData.acceleration.y,
                        accelerometerData.acceleration.z];
            }
            //在主线程中更新 accelerometerLabel 的文本，显示加速度数据
            [self.accelerometerLabel performSelectorOnMainThread:
                @selector(setText:) withObject:labelText waitUntilDone:NO];
        }];
    }
    else
    {
        NSLog(@"该设备不支持获取加速度数据！");
    }
    //如果 CMMotionManager 支持获取陀螺仪数据
    if (self.motionManager.gyroAvailable)
    {
        //设置 CMMotionManager 的陀螺仪数据更新频率为 0.1 秒
        self.motionManager.gyroUpdateInterval = 0.1;
        //使用代码块开始获取陀螺仪数据
        [self.motionManager startGyroUpdatesToQueue:queue withHandler:
        ^(CMGyroData *gyroData, NSError *error)
        {
            NSString *labelText;
            //如果发生了错误，error 不为空
            if (error)
            {
                //停止获取陀螺仪数据
                [self.motionManager stopGyroUpdates];
                labelText = [NSString stringWithFormat:
                    @"获取陀螺仪数据出现错误: %@", error];
            }
            else
            {
                //分别获取设备绕 X 轴、Y 轴、Z 轴上的转速
                labelText = [NSString stringWithFormat:
                    @"绕各轴的转速为\n--------\nX 轴: %+.2f\nY 轴: %+.2f\nZ 轴: %+.2f",
                    gyroData.rotationRate.x,
                    gyroData.rotationRate.y,
                    gyroData.rotationRate.z];
            }
            //在主线程中更新 gyroLabel 的文本，显示绕各轴的转速
            [self.gyroLabel performSelectorOnMainThread:@selector(setText:)
                withObject:labelText waitUntilDone:NO];
        }];
    }
    else
    {
        NSLog(@"该设备不支持获取陀螺仪数据！");
    }
    //如果 CMMotionManager 支持获取磁场数据
    if (self.motionManager. magnetometerAvailable)
```

```
{
        //设置 CMMotionManager 的磁场数据更新频率为 0.1 秒
        self.motionManager.magnetometerUpdateInterval = 0.1;
        [self.motionManager startMagnetometerUpdatesToQueue:queue withHandler:
        ^(CMMagnetometerData* magnetometerData, NSError *error)
        {
            NSString *labelText;
            //如果发生了错误，error 不为空
            if (error)
            {
                //停止获取磁场数据
                [self.motionManager stopMagnetometerUpdates];
                labelText = [NSString stringWithFormat:
                    @"获取磁场数据出现错误: %@", error];
            }
            else
            {
                labelText = [NSString stringWithFormat:
                    @"磁场数据为\n--------\nX 轴: %+.2f\nY 轴: %+.2f\nZ 轴: %+.2f",
                    magnetometerData.magneticField .x,
                    magnetometerData.magneticField .y,
                    magnetometerData.magneticField .z];
            }
            //在主线程中更新 magnetometerLabel 的文本，显示磁场数据
            [self.magnetometerLabel performSelectorOnMainThread:
                @selector(setText:) withObject:labelText waitUntilDone:NO];
        }];
    }
    else
    {
        NSLog(@"该设备不支持获取磁场数据！");
    }
}
@end
```

19.9.3 案例：获取移动数据

除了获取加速度数据、陀螺仪数据和磁场数据之外，CMMotionManager 还可用于感知设备移动数据。

获取设备移动数据时，CMMotionManager 将会返回一个 CMDeviceMotion 对象，该对象包含如下属性。

- ☑ attitude：返回该设备的方位信息。该属性的返回值是一个 CMAttitude 类型的对象，该对象包含 roll、pitch、yaw 这 3 个欧拉角的值，通过这 3 个值即可获取该设备的空间方位。
- ☑ rotationRate：返回原始的陀螺仪信息，该属性值为 CMRotationRate 结构体变量。
- ☑ gravity：返回地球重力对该设备在 X、Y、Z 轴上施加的重力加速度。
- ☑ userAcceleration：返回用户外力对该设备在 X、Y、Z 轴上施加的重力加速度。
- ☑ magneticField：返回校准后的磁场信息。该属性值是一个 CMCalibratedMagneticField 结构体

变量，包括 field 和 accuracy 两个字段，其中，field 代表 X、Y、Z 轴上的磁场强度，accuracy 则代表磁场强度的精度。

下面的案例演示如何使用 CMMotionManager 感知设备移动。

【操作步骤】

Note

第 1 步，新建一个 Single View Application，在应用界面设计文件中添加一个 UILabel 控件，使用该控件显示该设备的移动信息。

第 2 步，为了访问 UILabel 控件，将 UILabel 控件绑定到视图控制器的 showFieldIBOutlet 属性。

第 3 步，修改程序的视图控制器类，在视图控制器类中通过 CMMotionManager 获取设备的移动信息。该视图控制器类的实现部分代码如下（ViewController.m）：

```
#import <CoreMotion/CoreMotion.h>
#import "ViewController.h"
@interface ViewController ()
{
 NSTimer* updateTimer;
}
@property (strong, nonatomic) CMMotionManager* motionManager;
@end
@implementation ViewController
- (void)viewDidLoad {
 [super viewDidLoad];
 //创建 CMMotionManager 对象
 self.motionManager = [[CMMotionManager alloc] init];
 //如果可以获取设备的动作信息
 if (self.motionManager.deviceMotionAvailable)
 {
       //开始更新设备的动作信息
       [self.motionManager startDeviceMotionUpdates];
 }
 else
 {
       NSLog(@"该设备的 deviceMotion 不可用");
 }
}
- (void)viewWillAppear:(BOOL)animated
{
 [super viewWillAppear:animated];
 //使用定时器周期性地获取设备移动信息
 updateTimer = [NSTimer scheduledTimerWithTimeInterval:0.1
       target:self selector:@selector(updateDisplay)
       userInfo:nil repeats:YES];
}
- (void)updateDisplay
{
 if (self.motionManager.deviceMotionAvailable)
 {
       //获取设备移动信息
       CMDeviceMotion *deviceMotion = self.motionManager.deviceMotion;
       NSMutableString* str = [NSMutableString
```

```
            stringWithString:@"deviceMotion 信息为：\n"];
        [str appendString:@"---attitude 信息---\n"];
        [str appendFormat:@"attitude 的 yaw：%+.2f\n", deviceMotion.attitude.yaw];
        [str appendFormat:@"attitude 的 pitch：%+.2f\n", deviceMotion.attitude.pitch];
        [str appendFormat:@"attitude 的 roll：%+.2f\n", deviceMotion.attitude.roll];
        [str appendString:@"---rotationRate 信息---\n"];
        [str appendFormat:@"rotationRate 的 X：%+.2f\n", deviceMotion.rotationRate.x];
        [str appendFormat:@"rotationRate 的 Y：%+.2f\n", deviceMotion.rotationRate.y];
        [str appendFormat:@"rotationRate 的 Z：%+.2f\n", deviceMotion.rotationRate.z];
        [str appendString:@"---gravity 信息---\n"];
        [str appendFormat:@"gravity 的 X：%+.2f\n", deviceMotion.gravity.x];
        [str appendFormat:@"gravity 的 Y：%+.2f\n", deviceMotion.gravity.y];
        [str appendFormat:@"gravity 的 Z：%+.2f\n", deviceMotion.gravity.z];
        [str appendString:@"---magneticField 信息---\n"];
        [str appendFormat:@"magneticField 的精度：%d\n",
            deviceMotion.magneticField.accuracy];
        [str appendFormat:@"magneticField 的 X：%+.2f\n",
            deviceMotion.magneticField.field.x];
        [str appendFormat:@"magneticField 的 Y：%+.2f\n",
            deviceMotion.magneticField.field.y];
        [str appendFormat:@"magneticField 的 Z：%+.2f\n",
            deviceMotion.magneticField.field.z];
        self.showField.text = str;
    }
}
@end
```

上面的代码创建了 CMMotionManager 对象，然后调用 CMMotionManager 对象的 startDeviceMotionUpdates 方法开始更新设备移动信息，接着通过定时器控制周期性轮询设备移动信息，并使用界面上的 UILabel 显示设备移动信息。

19.9.4 案例：获取位置信息

CoreLocation 框架（CoreLocation.framework）可用于定位设备当前经纬度。通过该框架，应用程序可通过附近的蜂窝基站、Wi-Fi 信号或者 GPS 等信息计算用户位置。

iOS SDK 提供了 CLLocationManager、CLLocationManagerDelegate 处理设备的定位信息，包括获取设备的方向以及进行方向检测等。其中，CLLocationManager 是整个 CoreLocation 框架的核心，定位、方向检测、区域检测等都由该 API 完成；而 CLLocationManagerDelegate 是一个协议，实现该协议的对象可作为 CLLocationManager 的 delegate 对象，负责处理 CLLocationManager 的定位、方向检测、区域检测等相关事件。除此之外，iOS 还提供了 CLLocation（代表位置信息）、CLHeading（代表设备方向）、CLRegion（代表区域）等 API，这些 API 与 CLLocationManager、CLLocationManagerDelegate 共同组成 iOS 的 CoreLocation 框架。

使用 CoreLocation.framework 进行定位的操作步骤如下：

第 1 步，创建 CLLocationManager 对象，该对象负责获取定位相关信息，并为该对象设置一些必要的属性。

第 2 步，为 CLLocationManager 对象设置 delegate 属性，该属性值必须是一个实现 CLLocationManagerDelegate 协议的对象。实现 CLLocationManagerDelegate 协议时可根据需要实现协议中特定的

方法。

第 3 步，调用 CLLocationManager 的 startUpdatingLocation 方法获取定位信息。

第 4 步，定位结束时，调用 stopUpdatingLocation 方法结束获取定位信息。

下面通过一个案例演示如何使用 CoreLocation 定位 iOS 设备的位置。

【操作步骤】

第 1 步，创建一个 Single View Application，该项目包含一个应用程序委托类、一个视图控制器类和一个 Main.storyboard 界面设计文件。

第 2 步，打开项目界面设计文件，在其中添加 5 个文本框，分别用于显示当前设备的经度、纬度、高度、速度和方向。

第 3 步，在界面上添加一个 UIButton 按钮。

第 4 步，为了访问这 5 个文本框，将其分别绑定到视图控制器类的 longitudeTxt、latitudeTxt、altitudeTxt、speedTxt、courseTxt 这 5 个 IBOutlet 属性。

第 5 步，为了响应按钮的点击事件，为按钮的 Touch Up Inside 事件绑定 bnTapped:事件处理方法。

第 6 步，设计该视图控制器类的实现部分，具体代码如下（ViewController.m）：

```
#import <CoreLocation/CoreLocation.h>
#import "ViewController.h"
@interface ViewController () <CLLocationManagerDelegate>
@property (strong,nonatomic)CLLocationManager *locationManager;
@end
@implementation ViewController
- (void)viewDidLoad
{
 [super viewDidLoad];
 //创建 CLLocationManager 对象
 self.locationManager = [[CLLocationManager alloc]init];
}
- (IBAction)bnTapped:(id)sender
{
 //如果定位服务可用
 if([CLLocationManager locationServicesEnabled])
 {
       NSLog( @"开始执行定位服务" );
       //设置定位精度：最佳精度
       self.locationManager.desiredAccuracy = kCLLocationAccuracyBest;
       //设置距离过滤器为 50 米，表示每移动 50 米更新一次位置
       self.locationManager.distanceFilter = 50;
       //将视图控制器自身设置为 CLLocationManager 的 delegate
       //因此该视图控制器需要实现 CLLocationManagerDelegate 协议
       self.locationManager.delegate = self;
       //开始监听定位信息
       [self.locationManager startUpdatingLocation];
 }
 else
 {
       NSLog( @"无法使用定位服务！" );
 }
}
```

```
//成功获取定位数据后将会激发该方法
-(void)locationManager:(CLLocationManager *)manager
 didUpdateLocations:(NSArray *)locations
{
 //获取最后一个定位数据
 CLLocation* location = [locations lastObject];
 //依次获取 CLLocation 中封装的经度、纬度、高度、速度、方向等信息
 self.latitudeTxt.text = [NSString stringWithFormat:@"%g", location.coordinate.latitude];
 self.longitudeTxt.text = [NSString stringWithFormat:@"%g", location.coordinate.longitude];
 self.altitudeTxt.text = [NSString stringWithFormat:@"%g", location.altitude];
 self.speedTxt.text = [NSString stringWithFormat:@"%g", location.speed];
 NSLog(@"~~~~%g", location.speed);
 self.courseTxt.text = [NSString stringWithFormat:@"%g", location.course];
}
//定位失败时激发的方法
- (void)locationManager:(CLLocationManager *)manager
 didFailWithError:(NSError *)error
{
 NSLog(@"定位失败: %@",error);
}
@end
```

上面的代码将视图控制器设置为 CLLocationManager 的 delegate，程序调用 CLLocationManager 的 startUpdatingLocation 方法开始获取定位数据。由于程序指定该视图控制器作为 CLLocationManager 的 delegate，因此该视图控制器需要实现 CLLocationManagerDelegate 协议，并实现该协议中定位相关的两个事件处理方法。当程序成功获取定位数据时，将会激发 delegate 的 locationManager: didUpdateLocations:方法，因此上面视图控制器类实现了该方法，并在该方法中获取最后一个定位数据 CLLocation 对象。

19.9.5　案例：地图定位

根据地址定位的思路非常简单，只要进行如下两步操作即可。

第 1 步，使用 CLGeocoder 根据字符串地址得到该地址的经度、纬度。

第 2 步，根据解析得到的经度、纬度进行定位。

下面的案例设计让用户通过搜索框输入一个字符串地址，然后当用户单击“搜索”按钮时，地图将会定位到用户输入的字符串地址。

【操作步骤】

第 1 步，新建一个 Single View Application，在界面设计文件中添加一个 UISearchBar 和一个 MKMapView。

第 2 步，为了在程序中访问这两个控件，将这两个控件分别绑定到视图控制器的 searchBar、mapView 两个 IBOutlet 属性。

第 3 步，将视图控制器本身设置为 searchBar 的 delegate，让视图控制器类实现 UISearchBarDelegate 协议，并实现该协议中定义的特定方法，该视图控制器将会负责处理搜索框的特定事件。

第 4 步，设计当用户执行搜索时，该事件将会交给该视图控制器处理，该视图控制器就会执行上面两步，将地图定位到用户输入的地址处。下面是该视图控制器类的实现部分代码（ViewController.m）：

```
#import <MapKit/MapKit.h>
#import <CoreLocation/CoreLocation.h>
#import "ViewController.h"
@interface ViewController () <UISearchBarDelegate>
@property (strong, nonatomic) IBOutlet UISearchBar *searchBar;
@property (strong, nonatomic) IBOutlet MKMapView *mapView;
@property (strong,nonatomic) CLGeocoder *geocoder;
@end
@implementation ViewController
- (void)viewDidLoad
{
 [super viewDidLoad];
 self.geocoder = [[CLGeocoder alloc]init];
 //设置地图可缩放
 self.mapView.zoomEnabled = YES;
 //设置地图可滚动
 self.mapView.scrollEnabled = YES;
 //设置地图不可旋转
 self.mapView.rotateEnabled = NO;
 //设置显示用户当前位置
 self.mapView.showsUserLocation = YES;
 //设置地图的类型
 self.mapView.mapType = MKMapTypeStandard;
 //为了方便测试，直接设置搜索框的文本内容
 self.searchBar.text =@"北京市故宫博物院";
 self.searchBar.delegate = self;
}
//当用户单击虚拟键盘上的“搜索”按钮时调用该方法
- (void)searchBarSearchButtonClicked:(UISearchBar *)searchBar
{
 //调用 searchBar 方法进行搜索
 [self doSearch:searchBar];
}
//当用户单击“取消”按钮时调用该方法
//由于此处重定义了该控件的外观，将取消按钮的文本改成了“搜索”，因此单击“取消”按钮也执行搜索
- (void)searchBarCancelButtonClicked:(UISearchBar *)searchBar
{
 //调用 searchBar 方法进行搜索
 [self doSearch:searchBar];
}
//进行搜索的方法
- (void)doSearch:(UISearchBar *)searchBar
{
 //关闭 searchBar 关联的虚拟键盘
 [self.searchBar resignFirstResponder];
 NSString* searchText = self.searchBar.text;
 if(searchText != nil && searchText.length > 0)
 {
      [self locateAt:searchText];
 }
```

```
}
//当用户在搜索框内输入文本时调用该方法
- (void)searchBarTextDidBeginEditing:(UISearchBar *)searchBar
{
    //显示"取消"按钮
    searchBar.showsCancelButton = YES;
    //通过遍历找到该搜索框内的"取消"按钮，并将"取消"按钮的文本设为"搜索"
    for (id cc in [searchBar.subviews[0] subviews])
    {
        if ([cc isKindOfClass:[UIButton class]])
        {
            UIButton *button = (UIButton *)cc;
            [button setTitle:@"搜索" forState:UIControlStateNormal];
        }
    }
}
//将字符串地址转换为经度、纬度信息，并进行定位
-(void)locateAt:(NSString*)address
{
    [self.geocoder geocodeAddressString:address completionHandler:
        ^(NSArray *placemarks, NSError *error)
        {
            if ([placemarks count] > 0 && error == nil)
            {
                NSLog(@"搜索到匹配%lu 条地址数据.", (unsigned long)placemarks.count);
                //处理第一个地址
                CLPlacemark * placemark = [placemarks objectAtIndex:0];
                NSLog(@"经度 =:%f", placemark.location.coordinate.longitude);
                NSLog(@"纬度 =:%f", placemark.location.coordinate.latitude);
                NSLog(@"国家 = %@", placemark.country);
                NSLog(@"邮编 = %@", placemark.postalCode);
                NSLog(@"位置 = %@", placemark.locality);
                //设置地图显示的范围
                MKCoordinateSpan span;
                //地图显示范围越小，细节越清楚
                span.latitudeDelta = 0.01;
                span.longitudeDelta = 0.01;
                MKCoordinateRegion region = {placemark.location.coordinate,span};
                //设置地图中心位置为搜索到的位置
                [self.mapView setRegion:region];  //①
                //创建一个 MKPointAnnotation，该对象将作为地图锚点
                MKPointAnnotation *point = [[MKPointAnnotation alloc]init];
                //设置地图锚点的坐标
                point.coordinate = placemark.location.coordinate;
                //设置地图锚点的标题
                point.title = placemark.name;
                //设置地图锚点的副标题
                point.subtitle = [NSString stringWithFormat:@"%@-%@-%@-%@",
                    placemark.country, placemark.administrativeArea,
                    placemark.locality, placemark.subLocality];
```

```
                //将地图锚点添加到地图上
                [self.mapView addAnnotation:point];
                //选中指定锚点
                [self.mapView selectAnnotation:point animated:YES];
            }
            else
            {
                NSLog(@"没有搜索到匹配数据");
            }
        }];
    }
    @end
```

该视图控制器类实现了 searchBarTextDidBeginEditing:方法，当用户在搜索框内开始输入时将会调用该方法，该方法将会把搜索框中“取消”按钮的文本设置为“搜索”，即把搜索框的“取消”按钮改为“搜索”按钮。

该视图控制器类为搜索框的“取消”按钮、虚拟键盘的“搜索”按钮的单击事件都提供了处理方法，而且处理逻辑完全相同，都是根据用户输入的地址进行定位。

该视图控制器类的关键方法就是-(void)locateAt:(NSString*)address，该方法使用 CLGeocoder 执行地址解析，先解析得到用户输入的地址对应的经度值、纬度值，接着控制地图定位到用户输入的地址处。

另外，本案例还使用 MKPointAnnotation 在地图的指定位置添加锚点。

第 5 步，运行该程序，在搜索框内输入地址，然后执行定位，效果如图 19.1 所示。

图 19.1　地图定位

19.10　小　　结

iOS 对设备的支持比较完善，提供了完美的用户体验，通过更具吸引力的使用特性，可以实现更人性化地操作各种附加设备。本章主要讲解了硬件检测、访问加速计、位置服务、方向服务、地图和注释、使用照相机、管理照片、使用邮件等设备，还详细描述了这些特性，并向读者展示了如何将这些特征集成到应用程序中。

第20章

文件和数据操作

（视频讲解：24 分钟）

iOS 支持系统文件、用户媒体数据，以及个人文件共享闪存上的空间。出于安全的目的，应用程序被存放在其自己的目录下，并且只能对该目录进行读写。数据存储是应用程序最基本的问题。任何企业系统和应用软件都必须解决这个问题，数据存储必须以某种方式保存，不能丢失，并且能有效地、简便地使用和更新这些数据。对于数据存储的这些问题，iOS 提供了很多种解决的方案，以供用户根据不同的需求，选择不同的数据存储方式，其中一种最常用的数据存储方式是 SQLite3 数据库。本章将介绍使用程序本地文件系统的结构及几个读写文件的技术，同时介绍 SQLite3 数据库的语法结构以及操作语句。

【学习要点】

- 正确操作文件
- 能够读写各种类型的数据
- 使用 SQLite 数据库
- 能够编写简单的数据存取应用项目

Note

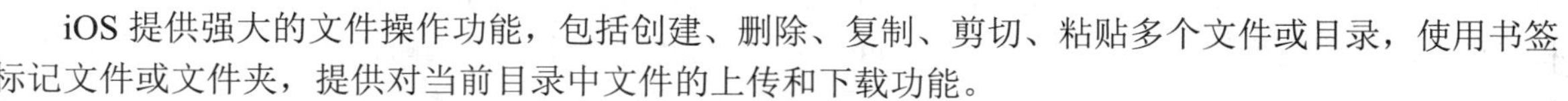

20.1　文件操作

iOS 提供强大的文件操作功能，包括创建、删除、复制、剪切、粘贴多个文件或目录，使用书签标记文件或文件夹，提供对当前目录中文件的上传和下载功能。

在创建文件或写入文件数据时，要记住下面的原则。

（1）写入磁盘的数据量尽可能少。文件操作速度相对较慢，且涉及 Flash 盘的写操作，有一定的寿命限制。下面这些具体的小贴士可以帮助最少化与文件相关的操作：

- ☑ 只写入发生变化的文件部分，但要尽可能对变化进行累计，避免在只有少数字节发生改变时对整个文件进行写操作。
- ☑ 在定义文件格式时，将频繁变化的内容放在一起，以便使每次需要写入磁盘的总块数最少。
- ☑ 如果数据是需要随机访问的结构化内容，则可以将其存储在 Core Data 持久仓库或 SQLite 数据库中。如果处理的数据量可能增长到数兆以上，这一点尤其重要。

（2）避免将缓存文件写入磁盘。这个原则的唯一例外是：在应用程序退出时，需要写入某些状态信息，使程序在下次启动时可以回到之前的状态。

20.1.1　iPhone 常用目录

出于安全的目的，应用程序只能将自己的数据和偏好设置写入到几个特定的位置上。当应用程序被安装到设备上时，系统会为其创建一个目录。表 20.1 列出了应用程序目录下的一些重要子目录，程序可能需要对其进行访问。表中还介绍了每个目录的设计目的和访问限制，以及 iTunes 是否对该目录下的内容进行备份。

表 20.1　iPhone 应用程序的目录

目　录	介　绍
<Application_Home>/AppName.app	这是程序包目录，包含应用程序的本身。由于应用程序必须经过签名，所以在运行时不能对这个目录中的内容进行修改，否则可能会使应用程序无法启动。在 iOS 2.1 及更高版本的系统，iTunes 不对这个目录的内容进行备份。但是，iTunes 会对在 App Store 上购买的应用程序进行一次初始的同步
<Application_Home>/Documents/	应该将所有的应用程序数据文件写入到这个目录下。这个目录用于存储用户数据或其他应该定期备份的信息。有关如何取得这个目录路径的信息，请参见 20.1.2 节 iTunes 会备份这个目录的内容
<Application_Home>/Library/Preferences	这个目录包含应用程序的偏好设置文件。不应该直接创建偏好设置文件，而是应该使用 NSUserDefaults 类或 CFPreferences
<Application_Home>/Library/Caches	这个目录用于存放应用程序专用的支持文件，保存应用程序再次启动过程中需要的信息。应用程序通常需要负责添加和删除这些文件，但在对设备进行完全恢复的过程中，iTunes 会删除这些文件，因此，应该能够在必要时重新创建
<Application_Home>/tmp/	这个目录用于存放临时文件，保存应用程序再次启动过程中不需要的信息。当应用程序不再需要这些临时文件时，应该将其从这个目录中删除（系统也可能在应用程序不运行时清理留在这个目录下的文件）。有关如何获得这个目录路径的信息，请参见 20.1.2 节

20.1.2 获取程序目录路径

系统在各个级别上都提供了用于获取应用程序沙箱目录路径的编程方法。然而，取得这些路径的推荐方式还是使用 Cocoa 编程接口。NSHomeDirectory()函数（在 Foundation 框架中）负责返回顶级根目录的路径，也就是包含应用程序、Documents、Library 和 tmp 目录的路径。除了这个函数，还可以用 NSSearchPathForDirectoriesInDomains()和 NSTemporaryDirectory()函数取得 Documents、Caches 和 tmp 目录的准确路径。

NSHomeDirectory()和 NSTemporaryDirectory()函数都通过 NSString 对象返回正确格式的路径。可以通过 NSString 类提供的与路径相关的方法来修改路径信息或创建新的路径字符串。例如，在取得临时的目录路径之后，可以附加一个文件名，并用结果字符串在临时目录下创建给定名称的文件。

提示： 如果使用带有 ANSI C 编程接口的框架，包括那些接受路径参数的接口，NSString 对象和其在 Core Foundation 框架中的等价类型之间是“免费桥接”的。这意味着可以将一个 NSString 对象（如上述某个函数的返回结果）强制类型转换为一个 CF StringRef 类型，如下所示：

```
CFStringRef homeDir = (CFStringRef)NSHomeDirectory();
```

Foundation 框架中的 NSSearchPathForDirectoriesInDomains()函数用于取得几个应用程序相关目录的全路径。在 iOS 上使用这个函数时，第一个参数指定正确的搜索路径常量，第二个参数则使用 NSUserDomainMask 常量。表 20.2 列出了大多数常用的常量及其返回的目录。

表 20.2 常用的搜索路径常量

常 量	目 录
NSDocumentDirectory	<Application_Home>/Documents
NSCachesDirectory	<Application_Home>/Library/Caches
NSApplicationSupportDirectory	<Application_Home>/Library/Application Support

由于 NSSearchPathForDirectoriesInDomains()函数最初是为 Mac OS X 设计的，而 Mac OS X 上可能存在多个这样的目录，所以其返回值是一个路径数组，而不是单一的路径。在 iOS 上，结果数组中应该只包含一个给定目录的路径。

【示例】下面的代码显示了这个函数的典型用法，用以取得指向应用程序 Documents 目录的文件系统路径。

```
NSArray *paths = NSSearchPathForDirectoriesInDomains(NSDocumentDirectory,
NSUserDomainMask, YES);
NSString *documentsDirectory = [paths objectAtIndex:0];
```

在调用 NSSearchPathForDirectoriesInDomains()函数时，可以使用 NSUserDomainMask 之外的其他域掩码参数，或者使用表 20.2 之外的其他目录常量，但是应用程序不能向其返回的目录写入数据。

例如，如果指定 NSApplicationDirectory 作为目录参数，同时指定 NSSystemDomainMask 作为域掩码参数，则可以返回（设备上的）/Applications 路径，但是，应用程序不能往该位置写入任何文件。

另外一个需要考虑的是，不同平台的目录位置是不一样的。NSSearchPathForDirectoriesInDomains、NSHomeDirectory、NSTemporaryDirectory 和其他类似函数的返回路径取决于应用程序运行在设备还

是仿真器上。

上面代码中显示的函数调用在设备上返回的路径（documentsDirectory）大致如下：

```
/var/mobile/Applications/30B51836-D2DD-43AA-BCB4-9D4DADFED6A2/Documents
```

但是，它在仿真器上返回的路径则具有如下的形式：

```
/Volumes/Stuff/Users/johnDoe/Library/Application Support/iPhone
 Simulator/User/Applications/118086A0-FAAF-4CD4-9A0F-CD5E8D287270/Documents
```

在读写用户偏好设置时，请使用 NSUserDefaults 类或 CFPreferences API。这些接口使用户免于构造 Library/Preferences/目录路径。可直接读写文件。

如果应用程序的程序包中包含声音、图像或其他资源，则应该使用 NSBundle 类或 CFBundleRef 封装类型来装载那些资源。程序包知道应用程序内部资源应该在什么位置上，此外，还知道用户的语言偏好，能够自动选择本地化的资源。

20.1.3 文件更新

更新应用程序就是将用户下载的新版应用程序代替之前的版本。在这个过程中，iTunes 会将更新过的应用程序安装到新的应用程序目录下，并在删除老版本之前，将用户数据文件转移到新的应用程序目录下。在更新的过程中，iTunes 保证<Application_Home>/Documents 和<Application_Home>/Library/Preferences 目录中的文件会得以保留。

虽然其他用户目录下的文件也可能被转移，但是不应该假定更新之后该文件仍然存在。

20.1.4 文件备份和恢复

不需要在应用程序中为备份和恢复操作做任何准备。在 iOS 系统中，当设备被连接到计算机并完成同步时，iTunes 会对除了下面这些目录之外的所有文件进行增量式的备份：

```
<Application_Home>/AppName.app
<Application_Home>/Library/Caches
<Application_Home>/tmp
```

虽然 iTunes 确实对应用程序的程序包本身进行备份，但并不是在每次同步时都进行这样的操作。通过设备上的 App Store 购买的应用程序在下一次设备和 iTunes 同步时进行备份。而在之后的同步操作中，应用程序并不进行备份，除非应用程序包本身发生了变化（如由于应用程序被更新了）。

为了避免同步过程花费太长时间，应该有选择地往应用程序根目录中存放文件。<Application_Home>/Documents 目录应该用于存放用户数据文件或不容易在应用程序中重新创建的文件。存储临时数据的文件应该放在 Application Home/tmp 目录，而且应该在不需要时将其删除。如果应用程序需要创建用于下次启动的数据文件，则应该将那些文件放到 Application Home/Library/Caches 目录下。

> 注意：如果应用程序需要创建数据量大或频繁变化的文件，则应该考虑将其存储在 Application Home/Library/Caches 目录下，而不是<Application_Home>/Documents 目录。备份大数据文件会使备份过程显著变慢，备份频繁变化（因此必须频繁备份）的文件也同样如此。将这些文件放到 Caches 目录下可以避免每次同步都对其进行备份（在 iOS 2.2 及更高版本）。

20.2 数据读写

Note

在 iOS 中，数据的读写对不同的数据有不同的读写方式，本节将重点介绍在 iOS 中经常用到的几种数据的读写方式。

20.2.1 文件数据的读写

iOS 提供了如下几种读、写和管理文件的方法。

1. Foundation 框架

☑ 如果可以将应用程序数据表示为一个属性列表，则可以用 NSPropertyListSerialization API 来将属性列表转换为一个 NSData 对象，然后通过 NSData 类的方法将数据对象写入磁盘。

☑ 如果应用程序的模型对象采纳了 NSCoding 协议，则可以通过 NSKeyedArchiver 类，特别是它的 archivedDataWithRootObject:方法将模型对象图进行归档。

☑ Foundation 框架中的 NSFileHandle 类提供了随机访问文件内容的方法。

☑ Foundation 框架中的 NSFileManager 类提供了在文件系统中创建和操作文件的方法。

2. Core OS 调用

☑ 调用 fopen、fread 和 fwrite 可以对文件进行顺序或随机读写。

☑ mmap 和 munmap 调用是将大文件载入内存并访问其内容的有效方法。

上面列举的 Core OS 调用只是一些较为常用的例子。

20.2.2 属性列表数据的读写

属性列表是一种数据表示形式，用于封装几种 Foundation（及 Core Foundation）的数据类型，包括字典、数组、字符串、日期、二进制数据、数值及布尔值。属性列表通常用于存储结构化的配置数据。例如，每个 Cocoa 和 iPhone 应用程序中都有一个 Info.plist 文件，这就是用于存储应用程序本身配置信息的属性列表。也可以用属性列表来存储其他信息，如应用程序退出时的状态等。

在代码中，属性列表的构造通常从构造一个字典或数组并将其作为容器对象开始，然后在容器中加入其他的属性列表对象，（可能）包含其他的字典和数组。字典的键必须是字符串对象，键的值则是 NSDictionary、NSArray、NSString、NSDate、NSData 和 NSNumber 类的实例。

【示例 1】 对于可以将数据表示为属性列表对象的应用程序（如 NSDictionary 对象），可以使用如下方法来将属性列表写入磁盘。该方法将属性列表序列化为 NSData 对象，然后调用 writeApplicationData:toFile:方法（其实现如下面的代码所示，将属性列表对象转换为 NSData 对象并存储）将数据写入磁盘。

```
- (BOOL)writeApplicationPlist:(id)plist toFile:(NSString *)fileName {
NSString *error;
NSData *pData = [NSPropertyListSerialization
dataFromPropertyList:plist format:
NSPropertyListBinaryFormat_v1_0 errorDescription:&error];
            if (!pData) {
                NSLog(@"%@", error);
```

```
                return NO;
            }
    return ([self writeApplicationData:pDatatoFile:(NSString *)fileName]);
    }
```

在 iOS 系统上保存属性列表文件时，采用二进制格式进行存储是很重要的。在编码时，可以通过为 dataFromPropertyList:format:errorDescription:方法的 format 参数指定 NSPropertyListBinaryFormat_v1_0 值来实现。二进制格式比其他基于文本的格式紧凑得多，这种紧凑不仅使属性列表在用户设备上占用的空间最小，还可以减少读写属性列表的时间。

【示例 2】下面的代码展示了如何从磁盘装载属性列表，并重新生成属性列表中的对象。

```
    - (id)applicationPlistFromFile:(NSString *)fileName {
                NSData *retData;
                NSString *error;
                id retPlist;
                NSPropertyListFormat format;
                retData = [self applicationDataFromFile:fileName];
                if (!retData) {
                    NSLog(@"Data file not returned.");
                    return nil;
                }
                retPlist = [NSPropertyListSerialization propertyListFromData:retData mutabilityOption:NSProperty
ListImmutable format:&format
    errorDescription:&error];
                if (!retPlist){
                    NSLog(@"Plist not returned, error: %@", error);
                }
                return retPlist;
    }
```

20.2.3　用归档器对数据进行读写

归档器的作用是将任意的对象集合转换为字节流。与 NSPropertyListSerialization 类采用的过程不同，属性列表序列化只能转换一个有限集合的数据类型（大多数是数量类型），而归档器可以转换任意的 Objective-C 对象、数量类型、数组、结构、字符串以及更多其他类型。

归档过程的关键在于目标对象的本身。归档器操作的对象必须遵循 NSCoding 协议，该协议定义了读写对象状态的接口。归档器在编码一组对象时，会向每个对象发送一个 encodeWithCoder:消息，目标对象则在这个方法中将自身的关键状态信息写入到对应的档案中。解档过程的信息流与此相反，在解档过程中，每个对象都会接收到一个 initWithCoder:消息，用于从档案中读取当前状态信息，并基于这些信息进行初始化。解档过程完成后，字节流就被重新组成一组与之前写入档案时具有相同状态的新对象。

Foundation 框架支持两种归档器——顺序归档和基于键的归档。基于键的归档器更加灵活，是应用程序开发中推荐使用的归档器。下面的例子显示如何用一个基于键的归档器对一个对象图进行归档。_myDataSource 对象的 representation 方法返回一个单独的对象（可能是一个数组或字典），指向将要包含到档案中的所有对象，之后该数据对象就被写入由 myFilePath 变量指定路径的文件中。

```
NSData *data = [NSKeyedArchiver
archivedDataWithRootObject:[_myDataSource representation]];
[data writeToFile:myFilePath atomically:YES];
```

Note

注意：还可以向 NSKeyedArchiver 对象发送 archiveRootObject:toFile:消息，以便在一个步骤中完成档案的创建和将档案写入存储。

可以简单地通过相反的流程来装载磁盘上的档案内容。在装载磁盘数据之后，可以通过 NSKeyedUnarchiver 类及其 unarchiveObjectWithData:类方法取回模型对象图。

20.2.4 将数据写到 Documents 目录

有了封装应用程序数据的 NSData 对象（或者是档案，或者是序列化了的属性列表）之后，就可以调用下面代码的方法来将数据写到应用程序的 Documents 目录中。

```
NSData* data = [NSData dataWithContentsOfFile:myFilePath];
id rootObject = [NSKeyedUnarchiver unarchiveObjectWithData:data];
```

20.2.5 从 Documents 目录对数据进行读取

为了从应用程序的 Documents 目录读取文件，首先需要根据文件名构建相应的路径，然后以期望的方法将文件内容读入内存。

【示例】对于相对较小的文件，也就是尺寸小于几个内存页面的文件，可以用下面的代码来取得文件内容。该代码首先为 Documents 目录下的文件构建一个全路径，并为这个路径创建一个数据对象，然后返回。

```
-(BOOL)writeApplicationData:(NSData *)data toFile:(NSString *)fileName {
            NSArray *paths = NSSearchPathForDirectoriesInDomains(
            NSDocumentDirectory, NSUserDomainMask, YES);
            NSString *documentsDirectory = [paths objectAtIndex:0];
            if (!documentsDirectory) {
               NSLog(@"Documents directory not found!");
               return NO;
            }
          NSString *appFile = [documentsDirectory
          stringByAppendingPathComponent:fileName];
          return ([data writeToFile:appFile atomically:YES]);
}
```

对于载入时需要多个内存页面的文件，应该避免一次性地装载整个文件。如果只是计划使用部分文件，这一点就尤其重要。对于大文件，应该考虑用 mmap()函数或 NSData 的 initWithContentsOfMappedFile:方法来将文件映射到内存。

是采用映射文件还是直接装载需根据情况而定。如果只需要少量（3～4 个）内存页面，则将整个文件载入内存相对安全一些。但是，如果文件需要数十或上百个页面，则将文件映射到内存可能更为有效一些。当然，无论采用什么方法，都应该测试应用程序的性能，确定装载文件和为其分配必要内存需要多长时间。

20.2.6　保存状态信息

当用户按下 Home 键时，iOS 会退出应用程序，返回到 Home 屏幕。类似地，如果应用程序打开一个由其他应用程序处理的 URI 模式，iOS 也会退出应用程序，在相应的应用程序上打开该 URI。换句话说，在 Mac OS X 上引起应用程序挂起或转向后台的动作，在 iOS 上都会使其退出。这些动作在移动设备上经常发生，因此，应用程序必须改变管理可变数据和程序状态的方式。

大多数桌面应用程序由用户手工选择将文件存入磁盘的时机，与此不同的是，iPhone 应用程序应该在工作流的关键点上自动保存已发生的变化。究竟何时保存数据由自己来决定，但是有两个潜在的时间点：或者在用户做出改变之后马上进行保存；或者将同一页面上的变化累计成批，然后在退出该页面、显示新页面或者应用程序退出时进行保存。在任何情况下，不应该让用户漫游到新的页面而不保存之前页面的内容。

当应用程序被要求退出时，应该将当前状态保持到临时的缓存文件或偏好数据库中。在用户下次启动应用程序时，可以根据这些信息将程序恢复到之前的状态。保持的状态信息应该尽可能少，但同时又足够使应用程序恢复到恰当的点。不一定要显示用户上次退出时操作的页面，如果那样做并不合理的话。例如，如果一个用户在编辑某个联系人时离开了 Phone 程序，那么在下次运行时，Phone 程序显示的是联系人的顶级列表，而不是该联系人的编辑屏幕。

20.3　SQLite

SQLite 是一款轻型的数据库，遵守 ACID 的关联式数据库管理系统，包含在一个相对较小的 C 库中。SQLite 具有独特的结构模式，不是常见的客户端/服务器结构模式。其设计目标是嵌入式的，而且目前已经在很多嵌入式产品中使用，例如，基于 iOS 和 Android 等嵌入式操作系统的开发应用中，都已经广泛采用 SQLite 来处理数据存储。SQLite 占用资源非常低，在嵌入式设备中，可能只需要几百 KB 的内存就够了。但它也能够支持 Windows/Linux/UNIX 等主流的操作系统。与 MySQL、PostgreSQL 这两款开源数据库管理系统相比，SQLite 的处理速度更快，同时还能够和很多程序语言相结合，在 C/C++程序中，可以直接使用这个库。SQLite 库实现了多数的 SQL-92 标准。

OS X 自从 10.4 后把 SQLite 这套相当出名的数据库软件放进了操作系统工具集中。OS X 包装的是第三版的 SQLite，又称 SQLite3。后来，SQLite3 又集成到 iOS 中，因此在 iOS 的编程中，要引用 SQLite3，首先要引入 SQLite3 的 lib 库，然后包含头文件#import <sqlite3.h>。

20.3.1　数据类型

在关系型数据库中，大多数数据库使用静态的严格的类型系统，列的类型在创建表时就已经指定了。SQLite 使用动态的类型系统，会根据存入值自动判断，也就是说，列的类型由值决定。

在 SQLite 数据库中，主要有 5 种基本的数据类型，这 5 种基本的数据类型的分类具体如下。

- ☑ NULL：空值。
- ☑ INTEGER：带符号的整型，具体取决于存入数字的范围大小。
- ☑ REAL：浮点数字，被存储为 8 字节 IEEE 浮点数。
- ☑ TEXT：值为文本字符串，使用数据库编码存储（TUTF-8、UTF-16BE 或 UTF-16-LE）。
- ☑ BLOB：值是 BLOB 数据，如何输入就如何存储，不改变格式。

20.3.2 常用函数及返回编码

Note

在 SQLite 数据库中，常用的函数主要分为数据库创建关闭类、数据操纵语句类和数据查询填充语句类等相关的函数类型。这些常用函数在被执行后，经常根据不同的情况来返回不同的编码值，这样，使用者根据这些返回的编码值提供的信息来判断情况。表 20.3 列出了这些函数返回的常用编码。

表 20.3 常用编码

编码名称	值	说明
SQLITE_OK	0	成功
SQLITE_ERROR	1	SQL 错误或者数据不存在
SQLITE_INTERNAL	2	SQLite 中的一个内部的逻辑错误
SQLITE_PERM	3	访问权限拒绝
SQLITE_ABORT	4	回调例程请求中止
SQLITE_BUSY	5	数据库文件被锁
SQLITE_LOCKED	6	数据库中的表被锁定
SQLITE_NOMEM	7	一个 malloc()失败
SQLITE_READONLY	8	尝试写一个只读数据库
SQLITE_INTERRUPT	9	由 sqlite_interrupt()结束操作
SQLITE_IOERR	10	磁盘一些 I/O 错误发生
SQLITE_CORRUPT	11	数据库磁盘映像是畸形的
SQLITE_NOTFOUND	12	（只是内部）表或记录没有找到
SQLITE_FULL	13	插入失败了，因为数据库被填满了
SQLITE_CANTOPEN	14	无法打开数据库文件
SQLITE_PROTOCOL	15	数据库锁协议错误
SQLITE_EMPTY	16	（只是内部）数据库表是空的
SQLITE_SCHEMA	17	数据库结构改变了
SQLITE_TOOBIG	18	对于表的一行，数据太多
SQLITE_CONSTRAINT	19	由于违反 contraint 失败
SQLITE_MISMATCH	20	数据类型不匹配
SQLITE_MISUSE	21	不正确地使用数据库
SQLITE_NOLFS	22	使用操作系统功能不受主机支持
SQLITE_AUTH	23	授权否认
SQLITE_ROW	100	sqlite_step()已经准备好另一行
SQLITE_DONE	101	sqlite_step()执行完成

数据库打开关闭类，这个类型包含的函数主要完成数据的打开和关闭功能，这样的函数有以下几个：

```
int sqlite3_open(const char*, sqlite3**)
```

该函数主要完成数据库的创建和打开。第一参数是指数据库存放的路径，第二个参数是指数据库实例变量。如果所指路径位置不存在数据库，则会创建一个新的数据库，否则将打开该路径位置的数据库。默认编码为 UTF-8。

```
int sqlite3_open16(const void*, sqlite3**)
```

该函数的功能同 sqlite3_open()函数一样，也是用于创建或者打开数据库，参数用法参考上面的介绍。这两个函数的不同在于，sqlite3_open16()函数采用的是 UTF-16 编码。

Note

```
int sqlite3_close(sqlite3*)
```

该函数主要完成对数据库的关闭。参数为数据库实例变量。

数据操纵语句类主要完成对数据库数据的插入（insert）、修改（update）和删除（delete）处理。数据操纵语句一般分预处理和执行处理两个过程，即执行之前，先做预处理。

在 SQLite3 中，用于预处理的函数主要包括以下几个，其中 sqlite3_stmt 为数据结构类型。

```
int sqlite3_prepare(sqlite3*, const char*, int, sqlite3_stmt**, const char**)
int sqlite3_prepare16(sqlite3*, const void*, int, sqlite3_stmt**, const void**)
int sqlite3_finalize(sqlite3_stmt*)
int sqlite3_reset(sqlite3_stmt*)
```

在预处理后，应该使用下面这个函数来执行：

```
int sqlite3_step(sqlite3_stmt*);
```

在 SQLite3 中还有一种，类似参数化语句的执行方式，需要绑定参数，下面列出了这些常用的绑定函数：

```
int sqlite3_bind_blob(sqlite3_stmt*, int, const void*, int n, void(*)(void*))
int sqlite3_bind_double(sqlite3_stmt*, int, double)
int sqlite3_bind_int(sqlite3_stmt*, int, int)
int sqlite3_bind_int64(sqlite3_stmt*, int, long long int)
int sqlite3_bind_null(sqlite3_stmt*, int)
int sqlite3_bind_text(sqlite3_stmt*, int, const char*, int n, void(*)(void*))
int sqlite3_bind_text16(sqlite3_stmt*, int, const void*, int n, void(*)(void*))
int sqlite3_bind_value(sqlite3_stmt*, int, const sqlite3_value*)
```

注意：上面的这些绑定函数，第二个参数是 sql 参数的索引值，以 1 开始。

数据查询填充语句类，这个类型函数主要完成数据的查询和数据的填充处理。其处理过程和上述的数据操纵语句类似，唯一的不同是需要列值绑定。当 sqlite3_step 返回 SQLITE_ROW，需要以下列函数来接收数据。

```
const void *sqlite3_column_blob(sqlite3_stmt*, int iCol)
int sqlite3_column_bytes(sqlite3_stmt*, int iCol)
int sqlite3_column_bytes16(sqlite3_stmt*, int iCol)
double sqlite3_column_double(sqlite3_stmt*, int iCol)
int sqlite3_column_int(sqlite3_stmt*, int iCol)
sqlite3_int64 sqlite3_column_int64(sqlite3_stmt*, int iCol)
const unsigned char *sqlite3_column_text(sqlite3_stmt*, int iCol)
const void *sqlite3_column_text16(sqlite3_stmt*, int iCol)
int sqlite3_column_type(sqlite3_stmt*, int iCol)
sqlite3_value *sqlite3_column_value(sqlite3_stmt*, int iCol)
```

在上述参数中，iCol 参数起始值是 0。

判断数据列的类型，就需要用到函数 sqlite3_column_type()，根据该函数的返回编码就可以判断

出列属于哪个数据类型。sqlite3_column_type()函数的具体展现形式如下：

```
int sqlite3_column_type(sqlite3_stmt*, int iCol);
```

Note

表 20.4 列出了这个函数返回的编码以及说明。

表 20.4　数据类型编码表

编　码　值	数 据 类 型
1	SQLITE_INTEGER
2	SQLITE_FLOAT
3	SQLITE_TEXT
4	SQLITE_BLOB
5	SQLITE_NULL

在 SQLite3 的应用中，sqlite3_exec()函数也经常用到，该函数主要执行 SQL 语句，特别是数据操纵，如果不涉及检索数据，就可以应用此函数。

```
int sqlite3_exec(sqlite3* ppDb, const char *sql, int (*callback)(void*,int,char**,char**), void *, char **errmsg );
```

在这个函数中，第 1 个参数是前面 open()函数得到的指针。第 2 个参数 const char *sql 是一条 SQL 语句，以\0 结尾。第 3 个参数 sqlite3_callback 用于回调，当这条语句执行之后，SQLite3 会调用提供的这个函数。第 4 个参数 void*是所提供的指针，可以传递任何一个指针参数到这里，如果不需要传递指针给回调函数，这个参数最终会传到回调函数中。第 5 个参数 char** errmsg 是错误信息。注意是指针的指针。SQLite3 里面有很多固定的错误信息。

在实际的应用中，通常 sqlite3_callback 和它后面的 void*这两个位置都可以输入 NULL。输入 NULL 表示不需要回调。例如，做 insert 操作，或做 delete 操作，就没有必要使用回调。而当做 select 操作时，就要使用回调，因为 SQLite3 把数据查出来，得通过回调显示查出了什么数据。

20.3.3　操作数据库

创建、打开和关闭数据库可以使用函数 sqlite3_open(const char*, sqlite3**)、int sqlite3_open16(const void*, sqlite3**)和 int sqlite3_close(sqlite3*)来完成。

【示例】下面的代码展示了如何创建、打开和关闭数据库。

```
//声明 sqlite3 实例变量
sqlite3* sqlDataBase
//该函数主要打开数据库 myDaDataBase.sql，如果该数据库不存在，则进行创建
//打开或者创建成功将会返回 YES，否则将返回 FALSE，参数 dbName 是数据库的名称
-(BOOL) CreateOrOpen:(NSString *)dbName
{
        //获取用户域路径信息
        NSArray *paths = NSSearchPathForDirectoriesInDomains(NSDocumentDirectory, NSUserDomainMask,
YES);
        NSString *documentsDirectory = [paths objectAtIndex:0];
         /********判断用户域是否有数据库 dbName*************/
        NSString *path;
path = [documentsDirectory stringByAppendingPathComponent:dbName];
        NSFileManager *fileManager = [NSFileManager defaultManager];
```

```
            //如果用户域内有该数据库，则返回 YES，否则返回 NO
            BOOL find = [fileManager fileExistsAtPath:path];
            //找到数据库文件 dbName
            if (find) {
            //打开该数据库，如果打开失败，返回 NO，否则返回 YES
                if(sqlite3_open([path UTF8String], &sqlDataBase) != SQLITE_OK) {
                    //关闭 sqlDataBase，实际上是释放了它
                    sqlite3_close(sqlDataBase);
                    return NO;
                }
                return YES;
            }
    //创建数据库，创建成功返回 YES，并且打开数据库，否则返回 NO
            if(sqlite3_open([path UTF8String], &sqlDataBase) == SQLITE_OK) {
                return YES;
            } else {
                //关闭 sqlDataBase，实际上是释放了它
                sqlite3_close(sqlDataBase);
                return NO;
}
```

20.3.4　创建表

创建表需要预处理和执行创建两个过程。在预处理上有好几个函数供选择，在执行创建时多选择 sqlite3_step 来处理。

【示例】下面的代码展示了如何在一个打开的数据库中创建表。其中数据库表有 5 个字段，包括 id、cid、title、imageData 和 imageLen。其中，id 为表格的主键，cid 和 title 都是字符串，imageData 是二进制数据，imageLen 是该二进制数据的长度。

```
//在打开的数据库中创建表，其中，sqldb 为成功打开数据库的 sqlite3 对象
- (BOOL) createChannelsTable:(sqlite3*)sqlDataBase{
        //设置 SQL 语句
        char *sql = "CREATE TABLE channels (id integer primary key, \
            cid text, \ title text, \ imageData BLOB, \ imageLen integer)";
        sqlite3_stmt *statement;
        //进行预处理，预处理失败返回 NO
        if(sqlite3_prepare_v2(sqlDataBase, sql, -1, &statement, nil) != SQLITE_OK) {
            return NO;
        }
        //预处理成功，进行执行创建
        int success = sqlite3_step(statement);
        sqlite3_finalize(statement);
        if (success != SQLITE_DONE) {
          return NO;
        }
        return YES;
    }
```

Note

20.3.5 操作数据语句

数据操纵是在数据库管理中使用很频繁的操作，主要完成数据的插入、修改和删除等功能。在前面章节中已介绍了它的一些语法结构。

【示例】下面的代码将展示如何向数据表中插入数据。

```
-(void) InsertMBKey:(NSString *)key
{
    BOOL isOK = NO;
    sqlite3_stmt *statement;
    static char* sql ="Insert Into MBKey (key) values (?);";
    int success = sqlite3_prepare_v2(sqlDataBase, sql, -1, &statement, NULL);
    if (success != SQLITE_OK)
    {
        isOK = NO;
    }
    else
    {
        sqlite3_bind_text(statement, 1, [key UTF8String], -1, SQLITE_TRANSIENT);
        success = sqlite3_step(statement);
        sqlite3_finalize(statement);
    }
    if (success == SQLITE_ERROR)
    {
        isOK = NO;
    }
    else
    {
        isOK = YES;
    }

    return;
}
```

20.3.6 数据查询

数据库查询（select）是数据库管理操作中最重要的应用之一。

【示例】下面的代码展示了如何应用查询。

```
-(void) GetList:(NSMutableArray*)KeysList
{
            BOOL isOK = NO;
            sqlite3_stmt *statement;
            static char* sql ="Select KeyID,Key From MBKey Order by KeyID;";
            int success = sqlite3_prepare_v2(self->_database, sql, -1, &statement, NULL);
            if (success != SQLITE_OK)
            {
              isOK = NO;
            }
```

```
else
            {
              //在结果集中逐条遍历所有的记录，这里的数字对应的是列值
              while (sqlite3_step(statement) == SQLITE_ROW)
              {
                  int kid = sqlite3_column_int(statement, 0);
                  char* key = (char*)sqlite3_column_text(statement, 1);
                  KeyInfo* keyInfo = [[KeyInfo alloc] init];
                  if(key)
                     [keyInfo.Key setString:[NSString stringWithUTF8String:key]];
                  keyInfo.KeyID = kid;
                  [KeysList addObject:keyInfo];
                  [keyInfo release];
              }
             sqlite3_finalize(statement);
           }
          if (success == SQLITE_ERROR)
          {
              isOK = NO;
          }
          else
          {
             isOK = YES;
          }
      return;
}
```

通过对文件和数据管理的介绍，相信读者对读写数据有了更深的认识。由于 iOS 对安全的管理比较严格，因此对文件和数据的管理上有严格的标准。

20.4 案例实战

本节将通过两个案例介绍数据操作的基本方法，以及在应用开发中的使用技巧。

20.4.1 案例：使用属性列表设计备忘录

在应用程序中，常使用 NSUserDefaults 读取、保存应用程序参数。NSUserDefaults 是一个单例类，每个应用程序只有一个 NSUserDefaults 对象，用户通过如下代码获取 NSUserDefaults 对象：

```
NSUserDefaults *defaults = [NSUserDefaults standardUserDefaults];
```

获取 NSUserDefaults 对象之后，可以通过如下方法来获取、设置参数。

☑ xxxForKey: (NSString *)key：根据指定的 key 来获取对应的参数值。随着参数值类型的不同，xxx 可以随之改变。

☑ setBool:(Xxx) value forKey:(NSString*) key：设置参数。

参数设置完成后，可调用 NSUserDefaults 对象的 synchronize 方法进行保存。下面通过为该项目增加应用界面，从而允许程序读取、显示应用程序参数，也可以通过该界面来改变参数。

如果应用仅需要保存简单的数据，使用属性列表是一个不错的选择。NSArray、NSDictionary 对象都提供了方法把 NSArray 和 NSDictionary 包含的数据写入属性文件。

本实例开发一个允许用户自行添加数据行的备忘录，用户可通过单击导航条上的“添加”按钮来添加数据行，每个数据行代表用户需要保存的一条备忘录。用户也可通过单击导航条上的“删除”按钮来删除数据行。当用户单击“保存”按钮时，程序就会把多条数据收集到 NSArray 集合中，再调用 NSArray 的 writeToFile:(NSString*) filePath atomically:(BOOL)flag 方法写入属性文件。

Note

【操作步骤】

第 1 步，新建一个 Single View Application，保存为 test。该应用将会包含一个应用程序委托类、一个视图控制器类以及 Main.storyboard 界面设计文件。

第 2 步，本案例中的界面比较简单，不需要使用 Interface Builde:来修改 Main.storyboard 文件。将会直接使用代码来创建程序界面。编辑该实例的视图控制器类的实现部分，将实现部分改为如下形式（ViewController.m）：

```
@interface ViewController ()
//定义一个 NSMutableArray 记录所有动态添加的 UILabel 控件
@property (nonatomic, strong) NSMutableArray* labelArray;
//定义一个 NSMutableArray 记录所有动态添加的 UITextField 控件
@property (nonatomic, strong) NSMutableArray* fieldArray;
@end
@implementation ViewController
//定义一个变量来记录下一个将要添加的 UILabel 的 Y 坐标
int nextY = 80;
//定义一个变量，记录当前正在添加第几项
int i = 1;
- (void)viewDidLoad
{
     [super viewDidLoad];
 //初始化 labelArray 和 fieldArray
 self.labelArray = [NSMutableArray array];
 self.fieldArray = [NSMutableArray array];
 //创建一个导航条，并将其添加到程序界面上
 UINavigationBar* bar = [[UINavigationBar alloc] initWithFrame:
      CGRectMake(0, 20, 320, 44)];
 [self.view addSubview:bar];
 //创建一个 UINavigationItem 导航项，并添加到导航条上
 UINavigationItem* item = [[UINavigationItem alloc]
      initWithTitle:@"属性列表"];
 bar.items = [NSArray arrayWithObject:item];
 //创建导航条上的“添加”按钮
 UIBarButtonItem* addBn = [[UIBarButtonItem alloc]
      initWithTitle:@"添加" style:UIBarButtonItemStyleBordered
      target:self action:@selector(addItem:)];
 //创建导航条上的“删除”按钮
 UIBarButtonItem* removeBn = [[UIBarButtonItem alloc]
      initWithTitle:@"删除" style:UIBarButtonItemStyleBordered
      target:self action:@selector(removeItem:)];
 //将“添加”按钮、“删除”按钮添加到导航条的左边
 item.leftBarButtonItems = [NSArray
```

```
        arrayWithObjects:addBn, removeBn, nil];
    //创建导航条上的“保存”按钮
    UIBarButtonItem* saveBn = [[UIBarButtonItem alloc]
        initWithTitle:@"保存" style:UIBarButtonItemStyleBordered
        target:self action:@selector(save:)];
    //将“保存”按钮添加到导航条的右边
    item.rightBarButtonItem = saveBn;
    //使用 NSArray 加载属性文件
    NSArray* contentArray = [NSArray arrayWithContentsOfFile:[self filePath]];
    //遍历属性文件中包含的数据项，并调用 addItem:content:方法将数据项显示出来
    for (NSString* content in contentArray)
    {
        [self addItem:nil content:content];
    }
}
- (void)addItem:(id)sender{
    //调用 addItem:content:方法添加数据项
    [self addItem:sender content:nil];
}
- (void)addItem:(id)sender content:(NSString*)content{
    //创建一个 UILabel 控件
    UILabel* label = [[UILabel alloc] initWithFrame:
        CGRectMake(10, nextY, 80, 30)];
    //设置该 UILabel 显示的文本
    label.text = [NSString stringWithFormat:@"备忘 %d", i];
    //将该 UILabel 添加到 labelArray 数组中
    [self.labelArray addObject: label];
    //将 UILabel 控件添加到 view 父控件内
    [self.view addSubview:label];
    //创建一个 UITextField 控件
    UITextField* textField = [[UITextField alloc] initWithFrame:
        CGRectMake(100, nextY, 210, 30)];
    //设置 TextField 的边框风格
    textField.borderStyle = UITextBorderStyleRoundedRect;
    //如果 content 不为 nil，且有数据，设置 textField 显示 content 数据
    if (content != nil && content.length > 0)
    {
        textField.text = content;
    }
    //为 textField 的 EditingDidEndOnExit 事件绑定监听器
    //保证用户在该文本框内输入完成后，让该文本框放弃焦点
    [textField addTarget:self action:@selector(resign:)
        forControlEvents:UIControlEventEditingDidEndOnExit];
    //将该 UILabel 添加到 fieldArray 数组中
    [self.fieldArray addObject: textField];
    //将 UITextField 控件添加到 view 父控件内
    [self.view addSubview:textField];
    //控制 nextY 的值加 40
    nextY += 40;
    i++;
```

Note

```
}
- (void)removeItem:(id)sender
{
 //获取 labelArray、fieldArray 的最后一个元素
 UILabel* lastLabel = [self.labelArray lastObject];
 UITextField* lastField = [self.fieldArray lastObject];
 //从用户界面上删除 lastLabel、lastField 控件
 [lastLabel removeFromSuperview];
 [lastField removeFromSuperview];
 //从 labelArray、fieldArray 集合中删除 lastLabel、lastField
 [self.labelArray removeObject:lastLabel];
 [self.fieldArray removeObject:lastField];
 nextY -= 40;
 i--;
}
- (void) save:(id)sender
{
 //创建一个 NSMutableArray 集合
 NSMutableArray* array = [[NSMutableArray alloc] init];
 //遍历程序中 fieldArray 集合中的 UITextField 控件
 //将 UITextField 控件中文本内容添加到 array 集合中
 for (UITextField* tf in self.fieldArray)
 {
        [array addObject:tf.text];
 }
 //调用 NSMutableArray 的方法将集合数据写入属性列表
 [array writeToFile:[self filePath] atomically:YES];
 //使用 UIActionSheet 提示用户保存成功
 UIActionSheet * sheet = [[UIActionSheet alloc]
        initWithTitle:@"保存成功" delegate:nil cancelButtonTitle:nil
        destructiveButtonTitle:@"确定" otherButtonTitles:nil];
 [sheet showInView:self.view];
}
- (void) resign:(id)sender
{
 //sender 放弃作为第一响应者
 [sender resignFirstResponder];
}
//定义一个方法，获取属性列表文件的保存路径
- (NSString*) filePath
{
 //获取应用的 Documents 路径
 NSArray *paths = NSSearchPathForDirectoriesInDomains(
        NSDocumentDirectory, NSUserDomainMask, YES);
 NSString *documentsDirectory = [paths objectAtIndex:0];
 return [NSString stringWithFormat:@"%@/myList.plist", documentsDirectory];
}
@end
```

上面的代码主要用于创建程序界面：为程序界面添加导航条，在导航条上添加“添加”、“删除”

和“保存”3 个按钮。当用户单击“添加”按钮时添加一个 UILabel 和 UITextField，当用户单击“删除”按钮时删除最后一行的 UILabel 和 UITextField。

当用户单击导航条上的“保存”按钮时，程序将会激发-(void)save:(id)sender 方法，该方法创建一个 NSMutableArray 集合，并将程序界面上所有 UITextField 内的文本添加到 NSMutableArray 集合中，再将该 NSMutableArray 包含的数据写入属性文件。

第 3 步，运行该程序，显示效果如图 20.1 所示。当用户单击导航条右边的“保存”按钮时，程序将会使用属性文件保存这些数据项，保存成功后将会弹出 A-+ctionSheet 提示用户保存成功。

添加记录　　确定保存

图 20.1　程序界面设计

20.4.2　案例：使用 SQLite 设计单词本

本案例设计使用 SQLite 开发单词本。案例需要两个视图控制器，其中，第一个视图控制器让用户添加生词和查询生词，第二个视图控制器则用于显示查询结果。

【操作步骤】

第 1 步，新建一个 Single View Application，保存项目为 test。该应用包含一个应用程序委托类、一个视图控制器类和 Main.storyboard 界面设计文件。

第 2 步，打开 Main.storyboard 文件，在其中添加一个 UITableViewController 视图控制器。

第 3 步，在第一个视图控制器上添加 3 个 UITextField、两个 UIButton 控件，并为第三个 UIButton 创建一个跳转到第二个视图控制器的 segue，这样，单击“查询单词”按钮时会打开第二个视图控制器，界面设计如图 20.2 所示。

第 4 步，为了访问界面上的 UI 控件，将第一个界面上的 3 个文本框分别绑定到视图控制器的 wordField、detailField 和 keyField。

第 5 步，当用户单击“添加生词”按钮时，把输入的生词添加到 SQLite 数据库，可以为“保存单词”按钮的 Touch Up Inside 事件绑定 addWord:事件处理函数。

第 6 步，为了控制用户在文本框内输入完成后关闭虚拟键盘，还要为 3 个文本框的 Did End On Exit 事件绑定 finishEdit:事件处理函数，在该函数中控制文本框放弃作为第一响应者。

第 7 步，第二个视图控制器是一个 UITableViewController，因此需要自定义一个 Objective-C 类，并继承 UITableViewController。该视图控制器采用了动态单元格来设计单元格的外观，如图 20.2 所示。

第 8 步，为了正常使用动态单元格，需要将动态单元格的 Identifier 指定为 cell。

第 9 步，本案例的关键在于第一个视图控制器，当用户单击界面上的“保存单词”按钮时，程序打开 SQLite 数据库，并将用户输入的生词添加到底层数据表。当用户单击界面上的“查询单词”按

钮时，程序查询底层数据表，并使用第二个视图控制器显示查询结果。下面是 ViewController 类的接口部分代码（ViewController.h）：

```
@interface ViewController: UIViewController
@property (strong, nonatomic) IBOutlet UITextField *wordField;
@property (strong, nonatomic) IBOutlet UITextField *detailField;
@property (strong, nonatomic) IBOutlet UITextField *keyField;
- (IBAction)finishEdit:(id)sender;
- (IBAction)addWord:(id)sender;
@end
```

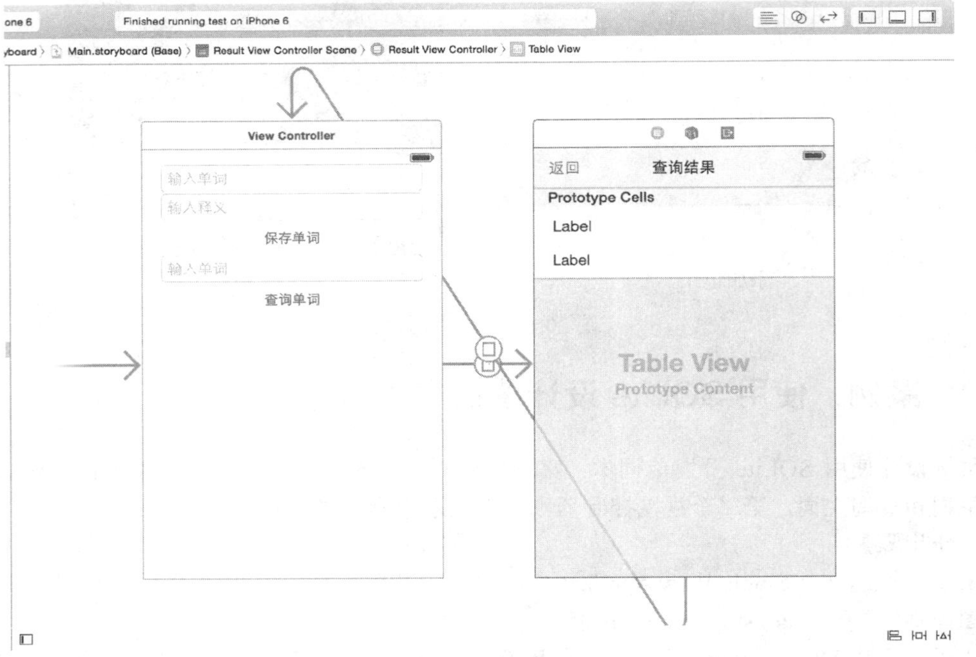

图 20.2　程序界面设计

第 10 步，实现部分在实现 addWord:方法时负责将用户输入的生词添加到 SQLite 数据库，当应用从 ViewController 过渡到 ResultViewController 时，将会查询 SQLite 数据库中的数据，并将查询结果通过 ResultViewController 显示出来。下面是 ViewController 类的实现部分代码（ViewController.m）：

```
#import <sqlite3.h>
#import "ViewController.h"
#import "ResultViewController.h"
#import "Word.h"

@implementation ViewController
- (void)viewDidLoad
{
    [super viewDidLoad];
}
- (IBAction)finishEdit:(id)sender {
 //让该文本框放弃作为第一响应者
```

```
 [sender resignFirstResponder];
 }
- (IBAction)addWord:(id)sender
{
 NSString* word = self.wordField.text;
 NSString* detail = self.detailField.text;
 //只有当 self.wordField、self.detailField 两个控件内有内容时才插入
 if(word != nil && word.length > 0
        && detail != nil && detail.length > 0)
 {
        sqlite3* database;
        //新建和打开数据库，database 变量保存了打开的数据库的指针
        sqlite3_open([[self dbPath] UTF8String], &database);
        //定义错误字符串
        char * errMsg;
        //定义执行建表的 SQL 语句
        const char * createSQL = "create table if not exists word_inf \
               (_id integer primary key autoincrement,\
               word,\
               detail)";
        //执行建表语句
        int result = sqlite3_exec(database, createSQL, NULL, NULL, &errMsg);
        if (result == SQLITE_OK)
        {
               const char * insertSQL = "insert into word_inf values(null, ?, ?)";
               sqlite3_stmt * stmt;
               //预编译 SQL 语句，stmt 变量保存了预编译结果的指针
               int insertResult = sqlite3_prepare_v2(database, insertSQL, -1, &stmt, nil);
               //如果预编译成功
               if (insertResult == SQLITE_OK)
               {
                      //为第一个“?”占位符绑定参数
                      sqlite3_bind_text(stmt, 1, [word UTF8String], -1, NULL);
                      //为第二个“?”占位符绑定参数
                      sqlite3_bind_text(stmt, 2, [detail UTF8String], -1, NULL);
                      //执行 SQL 语句
                      sqlite3_step(stmt);
                      //将 wordField、detailField 控件的内容清空
                      self.wordField.text = @"";
                      self.detailField.text = @"";
               }
               sqlite3_finalize(stmt);
        }
        //关闭数据库
        sqlite3_close(database);
 }
}
//定义一个方法，获取数据库文件的保存路径
- (NSString*) dbPath
{
```

```
    //获取应用的 Documents 路径
    NSArray *paths = NSSearchPathForDirectoriesInDomains(
        NSDocumentDirectory, NSUserDomainMask, YES);
    NSString *documentsDirectory = [paths objectAtIndex:0];
    return [NSString stringWithFormat:@"%@/myWords.db"
        , documentsDirectory];
}
//当应用从该视图控制器过渡到下一个视图控制器时自动执行该方法
- (void) prepareForSegue:(UIStoryboardSegue *)segue sender:(id)sender
{
    NSString* key = self.keyField.text;
    //只有当 self.keyField 控件内有内容时才执行查询
    if(key != nil && key.length > 0)
    {
        sqlite3* database;
        //新建或打开数据库，database 变量保存了打开的数据库的指针
        sqlite3_open([[self dbPath] UTF8String], &database);
        const char * selectSQL = "select * from word_inf where word like ?";
        sqlite3_stmt * stmt;
        //预编译 SQL 语句，stmt 变量保存了预编译结果的指针
        int queryResult = sqlite3_prepare_v2(database, selectSQL, -1, &stmt, nil);
        NSMutableArray* result = [[NSMutableArray alloc] init];
        //如果预编译成功
        if(queryResult == SQLITE_OK)
        {
            //为第一个“?”占位符绑定参数
            sqlite3_bind_text(stmt, 1, [[NSString stringWithFormat:@"%%%@%%", key] UTF8String], -1, NULL);
            //采用循环多次执行 sqlite3_step()函数，并从中取出查询结果
            while (sqlite3_step(stmt) == SQLITE_ROW)
            {
                //分别获取当前行的不同列的查询数据
                int word_id = sqlite3_column_int(stmt, 0);
                char* word = (char*)sqlite3_column_text(stmt, 1);
                char* detail = (char*)sqlite3_column_text(stmt, 2);
                //将当前行的数据封装成 Word 对象
                Word * wordObj = [[Word alloc] initWithId:word_id
                    word:[NSString stringWithUTF8String:word]
                    detail:[NSString stringWithUTF8String:detail]];
                [result addObject:wordObj];
            }
        }
        //关闭数据库
        sqlite3_close(database);
        ResultViewController* resultViewController =
            (ResultViewController*)segue.destinationViewController;
        //将查询结果传给 ResultViewController 对象显示
        resultViewController.wordArray = result;
    }
}
@end
```

上面的程序只是执行了插入语句，但执行更新、删除操作的方法与执行插入操作基本相同，更换执行的 SQL 语句即可。

第 11 步，运行该程序，显示效果如图 20.3 所示。单击“保存单词”按钮，即可将用户输入的单词、单词解释添加到底层的 SQLite 数据库。单击“查询单词”按钮，即可找出匹配的生词。

图 20.3　程序运行效果

20.5　小　　结

文件操作和数据安全是移动开发中最关键的技术要点，iOS 对于文件和目录管理提供了完善的体系，同时对于用户的操作也提出了严格的要求，以确保用户数据的安全。本章介绍了 iOS 文件访问的基本原则，如何进行文件管理，对于文件保存、备份和恢复等操作提供了详细的代码演示，然后详细讲解了 iOS 的数据读写操作要点，介绍了 SQLite 数据库的管理和使用，以方便用户存储操作信息和数据。

第21章

综合案例：抢扑克

（视频讲解：8分钟）

本游戏家在虚拟扑克桌上进行，扑克从背面转为正面，遇到黑桃时玩家按下扑克，弹出提示框显示当黑桃显示时到按下扑克所使用的时间，可玩性是每个玩家最关心的，本游戏程序使用随机数改变扑克中黑桃的转变速度。

本程序中包含一个Image View控件，其为游戏的构建提供了一个显示游戏图像的视图窗口，并和程序中的按钮控件紧密联合在一起。在图像视图控件与按钮控件的互动中，图像视图为玩家提供操作变化，按钮为玩家做出引导动作反应。

本游戏程序还加入了另一个提示框。Alert View控件会在相同界面中弹出一个小窗口为用户显示程序指定的提示信息，此控件通常用在View Controller（视图控制器）内，从而获取视图控制器内的数据。

游戏中结合提示框、视图控件和按钮控件的互动。首先，为玩家显示开始游戏的信息，如图 21.1 所示。接着，在开始游戏后提示框控件继续为玩家显示游戏帮助信息，提醒玩家如何进行游戏，如图 21.2 所示。最后，在游戏结束时，为玩家显示游戏的得分，引导玩家再次进行游戏，如图 21.3 所示。

图 21.1　游戏运行结果

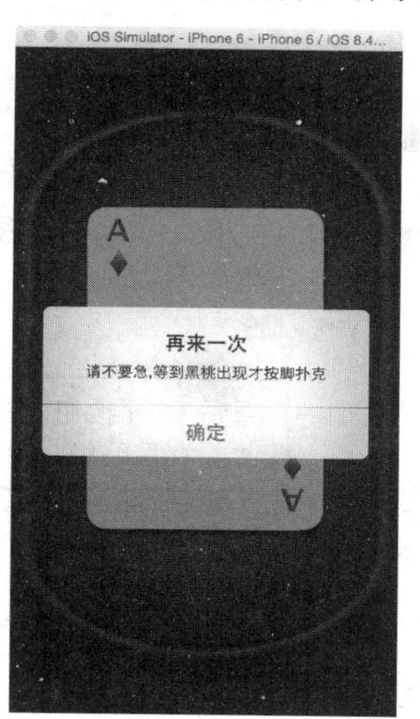

图 21.2　绿灯没亮前单击油门按钮效果

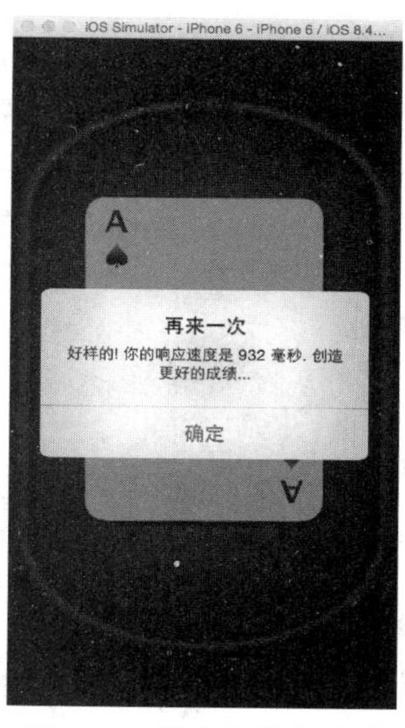

图 21.3　游戏的得分界面

21.1　设计提示框交互项目

本案例使用 Single View Application 模板构建的应用程序项目，本模板运用一个单面的界面设计。

【操作步骤】

第 1 步，打开 Mac 应用程序栏中的 Xcode 软件。

第 2 步，单击 Greate a new Xcode project 图标，Xcode 便打开 New Project 窗口，选择 Single View Application 模板构建应用程序，如图 21.4 所示。

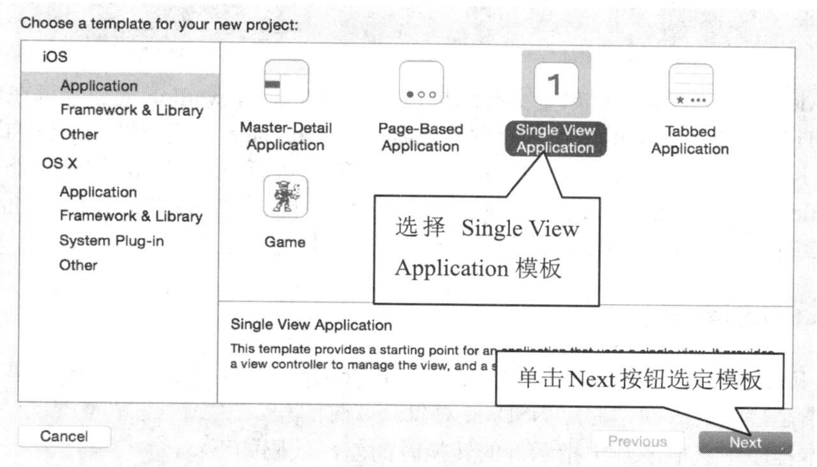

图 21.4　New Project 窗口

第 3 步，在命名和保存窗口中，命名文件为 test，如图 21.5 所示。

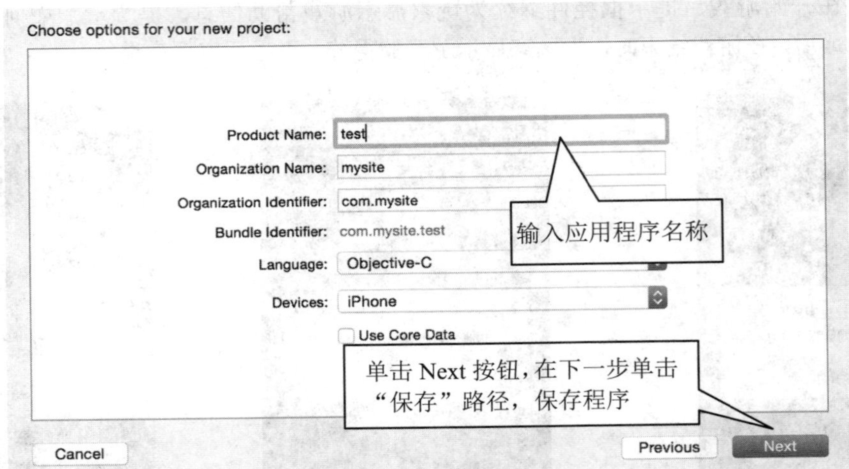

图 21.5　命名和保存

21.1.1　使用 UIAlertView

UIAlertView 是 UIView 框架中的提示框类，当读取 Interface Builder 的档案后，准备好所有的项目（Object），使游戏刚运行就可以读取显示 UIAlertView 中所定义的游戏开始的信息和按钮，代码如下（ViewController.m）：

```
UIAlertView *alert = [[UIAlertView alloc]                    //分配
initWithTitle:@"考反应扑克游戏"                              //标题
message:@"当黑桃出现时以最快的速度按下扑克"                  //信息
delegate:self                                                //代理协议
cancelButtonTitle:@"游戏开始"                                //取消按钮的标题
otherButtonTitles: nil];                                     //其他按钮的标题为空
//显示提示框对象 alert
[alert show];
//释放对象
[alert release];
```

其中，UIAlertView *alert 为对象定义提示框内容；UIAlertView alloc 为提示框在内存中自动分配内容；initWithTitle 为提示框显示标题“准备开始游戏”；Message 为提示框显示详细消息“当绿灯亮时以最快的速度按下油门按钮”；delegate 为对象定义执行的代理协议，此处 self 为本体；CancelButtonTitle 为提示框显示取消按钮为“游戏开始”，单击按钮关闭提示框；otherButtonTitles:nil 表示提示框中没有其他按钮。“[alert show]:”表示在视图中显示提示框。

21.1.2　保存时间值

NSDate 是 Foundation 框架中的定时器类，在 Objective-C 中用于保存时间值，显示消息时一般都需要附带一个消息接收的时间，通过 NSData 对象获取时间差。

例如，在本程序中获取游戏中指示灯的转换时间差，代码如下：

```
self.startDate = [NSDate date];
```

21.1.3　添加图像文件

下面是添加移动图像的操作步骤。

【操作步骤】

第 1 步，在 Xcode 程序文件列表栏中，右击 Resources 文件夹。

第 2 步，在弹出的快捷菜单中选择 Add Files to “test”命令，如图 21.6 所示。

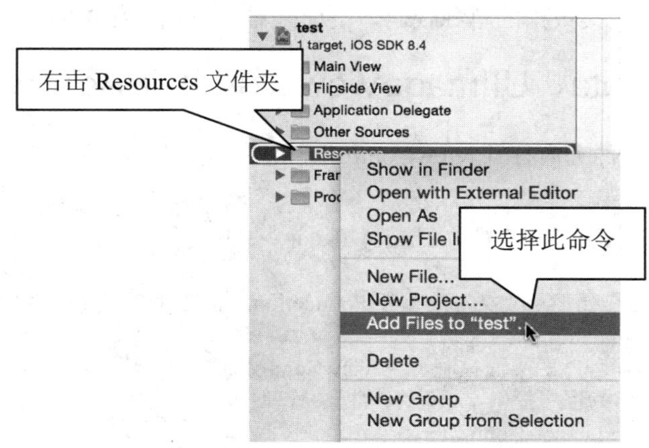

图 21.6　添加已经存在的文件

第 3 步，选择程序中的图像文件，按住 Command 键不放，同时单击所有已经创建的游戏图像文件，包括 clubsAce.png、diamonAce.png、heartsAce.png、spadesAce.png、table.png 和 pokerBack.png，单击 Add 按钮，如图 21.7 所示。

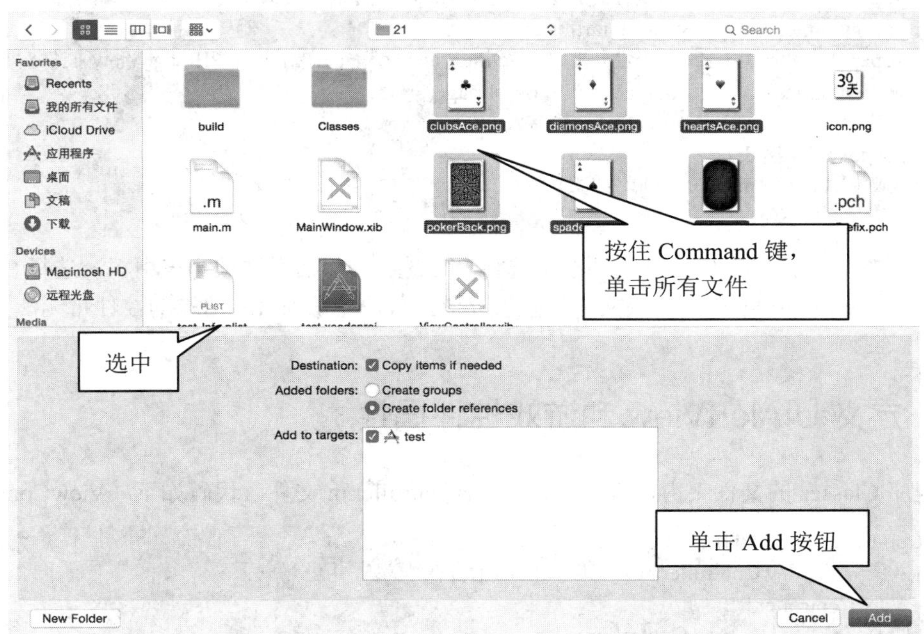

图 21.7　选择已经创建的图像和声音文件

提示：在图标文件被添加到程序中之前，为了程序可以更为完整，将文件复制到程序所在目录，选中 Copy items if needed 复选框。

Note

21.2 设计时间差视图控制器

前面的代码是获取自定义数据的单独代码，下面来看一下在程序中的实际运用。

21.2.1 建立 NSData、UIImageView 对象和 IBAction 方法

在本程序 Classes 的文件夹内打开 ViewController.h 文件，代码如下（ViewController.h）：

```
/* ViewController.h 文件的内容*/
//模板默认引入包含程序需要使用“类”的框架 UIKit.h 头文件，使其包含在程序中
#import <UIKit/UIKit.h>
//模板默认引入包含程序需要使用“类”的框架 Foundation.h 头文件，使其包含在程序中
#import <Foundation / Foundation.h>
//此处使用@interface 声明程序的界面控制器为 ViewController
//UIViewController 这个类为程序提供了最基本的视图管理模块
@interface ViewController: UIViewController {
        //建立 NSDate 数据流对象变量
        NSDate *startDate;
        //此处 IBOutlet UIImageView 建立图像视图，显示时间文字，把所需要显示的图像告诉 Interface
 IBOutlet UIImageView *pokerImage;
}
//此处@Property 声明程序的复制属性，加入在@interface 中指定的相同的 NSData 控件对象
@property(nonatomic, copy) NSDate *startDate;
//此处@property 声明程序的保存属性，加入在@interface 中指定的相同的 UIImageView 控件对象
@property(nonatomic,retain) UIImageView * pokerImage;
//建立操作效应的方法，单击按钮显示游戏结果
- (IBAction) pokerPressed;
//程序的头文件 ViewController.h 到此结束
@end
```

完成上面的代码后，在 XCode 选项栏中选择 File 选项，然后在选项列表中再次选择 Save 选项存储文件。若 ViewController.h 这个头文件没有被存储，代码中所有 IB 前端的控件将无法与 Interface Builder 进行连接。

21.2.2 定义 UIAlertView 和游戏控件属性

在本程序 Classes 的文件夹内，双击打开 ViewController.m 文件，代码如下（ViewController.m）：

```
/* ViewController.m 文件的内容*/
//模板引入所需的 ViewController.h 头文件，使其包含在程序中并进行联系
#import "ViewController.h"
//程序开始点，表明启用 ViewController
@implementation ViewController
//告诉编译器在编译期间产生数据流对象的 getter/setter 方法
```

```
@synthesize startDate;
//告诉编译器在编译期间产生图像视图控件的 getter/setter 方法
@synthesize pokerImage;
//创建一个整数数据类型的数字，数据为 0 不显示扑克的黑桃
int spadeOn = 0;
//视图控制器读取到内存后再进行呼出，在程序屏幕显示读到内存后加入额外步骤对显示进行修改
- (void)viewDidLoad{
    //执行 ViewDidLoad 的工作
     [super viewDidLoad];
    //建立一个提示框对象 alert，定义提示框的内容
    UIAlertView *alert = [[UIAlertView alloc]                    //分配
    initWithTitle:@"考反应扑克游戏"                              //标题
    message:@" 当黑桃出现时以最快的速度按下扑克."                //信息
    delegate:self      //代理协议为本体
    cancelButtonTitle:@"游戏开始"                                //取消按钮的标题为“游戏开始”
    otherButtonTitles: nil];                                      //其他按钮的标题为空
    //显示提示框对象
     [alert show];
    //释放对象
     [alert release];
}
//游戏中单击按钮关闭提示框的事件方法
-(void)alertView:(UIAlertView *)alertView didDismissWithButtonIndex:(NSInteger)buttonIndex
{
     //把游戏扑克图像视图对象定义为“扑克的背面图像文件”
 pokerImage.image = [UIImage imageNamed:@"pokerBack.png"];
     //出现黑桃整数变量数据为 0，表示游戏中绿灯没亮
 spadeOn = 0;
     //定义定时器对象的时间属性值
 [NSTimer scheduledTimerWithTimeInterval:(3.0)  //3.0 代表 3 秒
                   target:self            //目标为本体
                   selector:@selector(onOtherAceTime)  //选择器名为 onOtherAceTime 的方法
                   userInfo:nil           //nil 代表用户信息不存在
                   repeats:NO];           //NO 表明定时器不重复
}
//游戏中出现黑桃的时间差方法
- (void) onSpadesAceTimer {
     //把游戏指示灯图像视图对象定义为“扑克的黑桃图像文件”
      pokerImage.image = [UIImage imageNamed:@"spadesAce.png"];
     //出现黑桃的整数变量数据为 1，表示游戏中的黑桃出现
     spadeOn = 1;
     //对象获取时间差
 self.startDate = [NSDate date];
}
//游戏中出现其他扑克的时间差方法
- (void)onOtherAceTimer{
     //创建一个取得整数的变量，rand%2 为变量返回 0、1 或 2
     int rNumber = rand() % 3;
     //在 switch 语句中使用 rNumber 整数的变量作为事件进行转换
     switch (rNumber) {
```

Note

```
        //事件 0
        case 0:
            //把游戏指示灯图像视图对象定义为扑克的梅花图像文件
            pokerImage.image = [UIImage imageNamed:@"clubsAce.png"];
            //表明将不再继续执行事件
            break;
        //事件 1
        case 1:
            //把游戏指示灯图像视图对象定义为扑克的方片图像文件
            pokerImage.image = [UIImage imageNamed:@"diamonsAce.png"];
            //表明将不再继续执行事件
            break;
        //事件 2
        case 2:
            //把游戏指示灯图像视图对象定义为扑克的红桃图像文件
            pokerImage.image = [UIImage imageNamed:@"heartsAce.png"];
            //表明将不再继续执行事件
            break;
        //执行 default 关键字后面的语句，生成默认的信息
        default:
            //表明将不再继续执行事件
            break;
    }
    //建立游戏中的考反应的随机时间差数值
    //创建整数变量对象，定义程序中随机数除以 7 再加 1 的数值
    int delay = ((int) (random() % 7) + 1);
    //定义对象的时间属性值
    [NSTimer scheduledTimerWithTimeInterval:(3.0 + delay)   //3 秒加时间随机时间差数值
                target:self    //目标为本体
                selector:@selector(onSpadesAceTimer) //选择器名为 onSpadesAceTimer 的方法
                userInfo:nil    //nil 表明用户信息不存在
                repeats:NO];  //NO 表明定时器不重复
}
//建立操作效应的方法，单击“游戏中扑克”的透明按钮，计算反应时间
- (IBAction)pokerPressed{

        //创建双位数变量对象，定义程序中反应时间数值，获取对象时间差数值 self.startDate
        //此处*-1000，将数值转换为毫秒显示
        double noSeconds = (double) [self.startDate timeIntervalSinceNow] * -1000;
        //创建游戏的反应时间文字的变量对象，定义文字内容，返回反应时间
        NSString *reactionTime= [[NSString alloc] initWithFormat:
        @"好样的！你的响应速度是%1.0f 毫秒。再来一次，创造更好的成绩...",
        noSeconds];
        //当黑桃没出现时的条件假定语句
        if(spadeOn == 0)
        //更新反应时间文字对象的内容
        reactionTime = @"请不要急，等到黑桃出现时才按下扑克";
        //建立一个提示框对象 alert，定义提示框的内容
        UIAlertView *alert = [[UIAlertView alloc]           //分配
        initWithTitle:@"扑克游戏"     //标题
```

```
        message:reactionTime         //信息
        delegate:self                //代理协议为本体
        cancelButtonTitle:@"确定" //取消按钮的标题
        otherButtonTitles: nil];  //其他按钮的标题为空
        //显示 alert 提示框对象
        [alert show];
        //释放对象
        [alert release];
    }
    //释放可用内存，并提早发出警告提示
    - (void)didReceiveMemoryWarning {
    //执行 didReceiveMemoryWarning 的工作
        [super didReceiveMemoryWarning];
}
//使用(void)dealloc 的释放方法，把程序中使用过的所有控件对象释放
//最后用于[super dealloc]；执行内存进行清理的工作
- (void)dealloc {
        [startDate release];
        [stopLight release];
        [super dealloc];
}
//程序结束点，表明结束 ViewController.m 文件
@end
```

注意： 要区分代码中的大小写，错误的大小写将导致程序出错。并且建议在每次代码编辑完成后，对代码进行保存。在 Xcode 选项栏中选择 File 选项，然后在选项列表中再次选择 Save 选项保存 ViewController.m 文件。

21.3　构建扑克游戏控件

运行 Interface Builder，在文件列表栏中打开 Resources 组，双击 ViewController.xib 文件，Interface Builder 程序自动运行，在此处可以编辑界面。

21.3.1　添加扑克游戏控件

下面在 ViewController.xib 界面文件中添加各种界面元素，具体操作步骤如下。

【操作步骤】

第 1 步，在 Xcode 菜单栏选择 View→Utilities→Show Object Library 命令，如图 21.8 所示，打开 Library 组件面板窗口。

第 2 步，在控件列表中，拖动控件将其添加到程序视图，此过程中不要关闭 Library 库的组件面板窗口；拖动一个 Button（按钮）到 View（视图）窗口中，使用此 Button 分别为程序定制时间操作事件按钮。

第 3 步，拖动两个 Image View（图像视图）到 View 窗口中，第一个图像视图显示游戏背景，第二个显示游戏指示灯，如图 21.9 所示。

Note

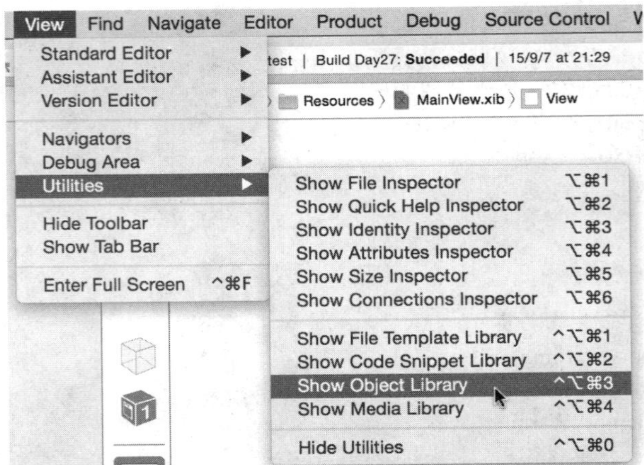

图 21.8　Library 库的组件面板

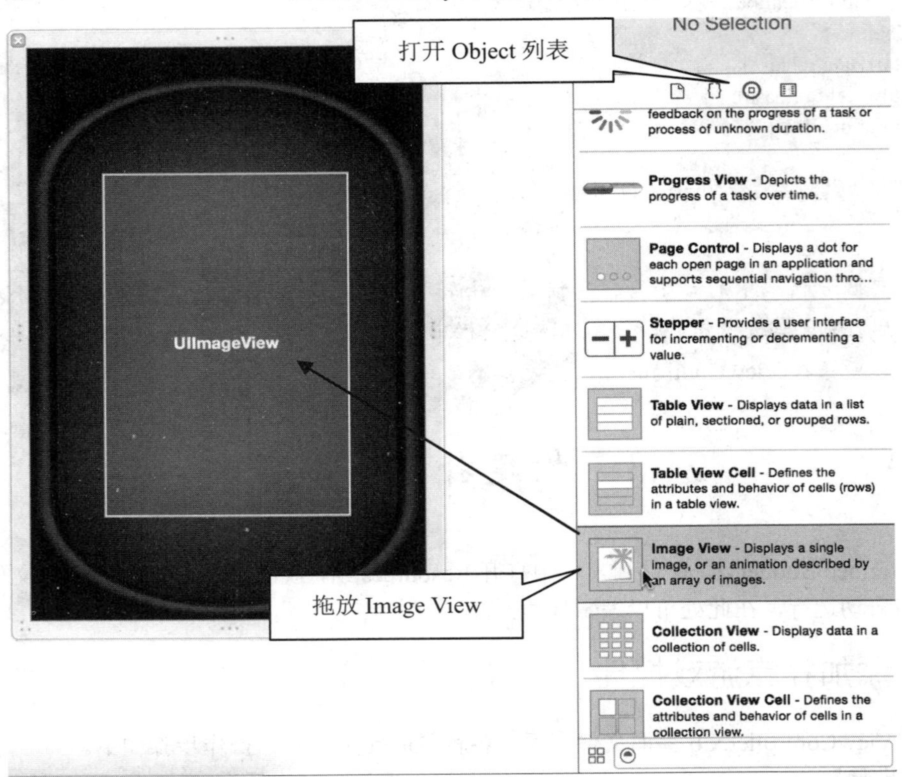

图 21.9　Library 库的 Image View 组件面板

21.3.2　设置游戏背景视图检查器

下面介绍如何详细设置界面显示属性，操作步骤如下。

【操作步骤】

第 1 步，在完成控件的添加后，在 Interface Builder 菜单栏中选择 View→Utilities→Show Attributes Inspector 命令，如图 21.10 所示，打开 Attributes Inspector（特性检查器窗口）。

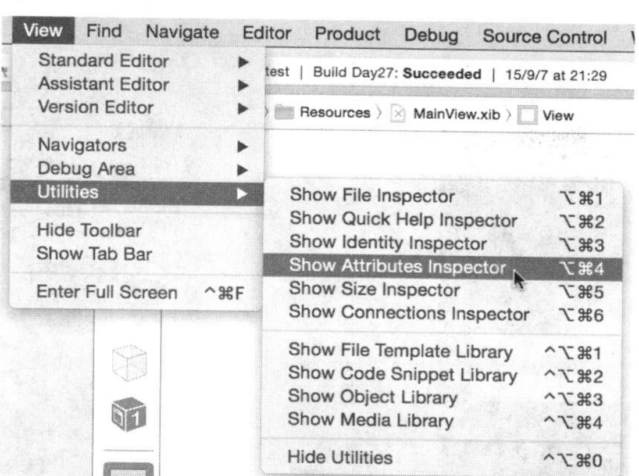

图 21.10　打开 Attributes Inspector

第 2 步，在 View 窗口中，单击 Image View 控件或按 Tab 键选择此控件，保持游戏背景图像视图的选择状态。在 Inspector 窗口中，单击 Auttributes Inspector 按钮，使用特性检查器。

第 3 步，在 Image View Attributes 窗口的 Image View 选项中设置 Image 下拉列表框为 table.png，如图 21.11 所示。

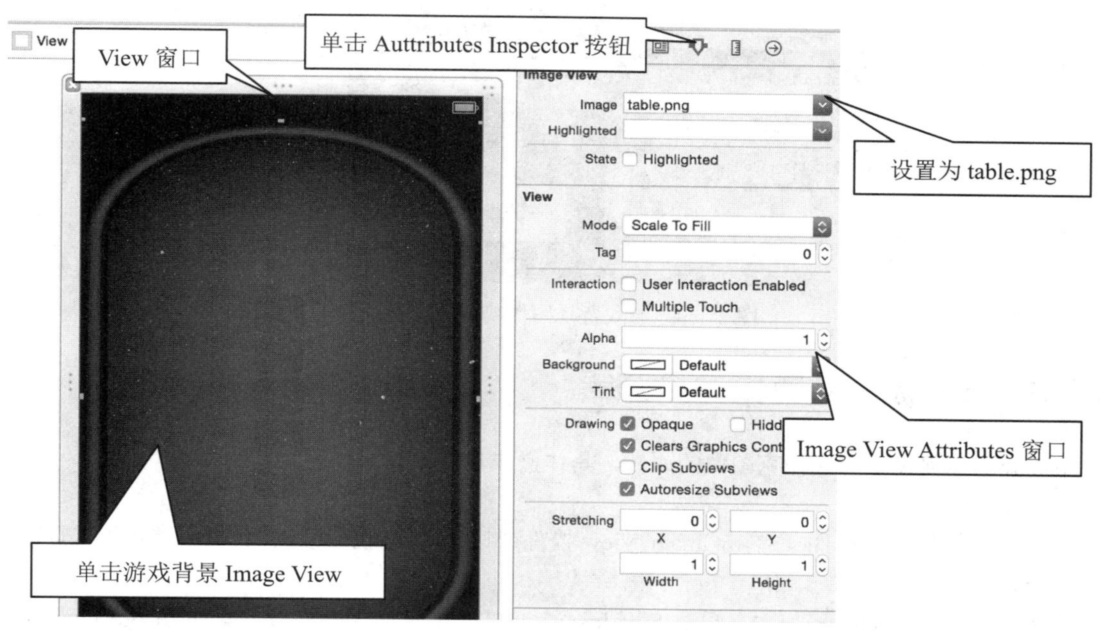

图 21.11　游戏背景图像视图的特性设置

第 4 步，在 Interface Builder 菜单栏中选择 View→Utilities→Show Size Inspector 命令，打开 Size Inspector（尺寸检查器窗口），或在 Inspector 的窗口中单击 Size Inspector 按钮，使用尺寸检查器。

在 View 窗口中保持游戏背景图像视图的选择状态。在 Inspector 窗口中，单击 Size Inspector 按钮，使用尺寸检查器。在 Image View Size 窗口设置 Size 和 Position 的 X、Y、Width、Height 属性，在文本框中分别输入 0、0、320、460，如图 21.12 所示。

第 5 步，在 View 窗口中，保持游戏背景图像视图的选择状态。在 Interface Builder 菜单栏中选择 Editor→Arrange→Send to Back 命令，如图 21.13 所示。

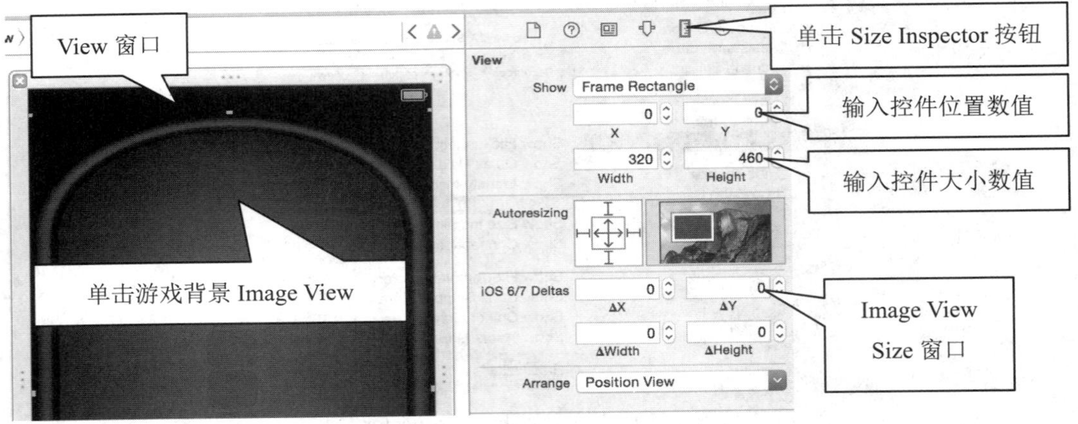

图 21.12　游戏背景图像视图的尺寸设置

图 21.13　游戏背景图像视图的布局设置

21.3.3　设置游戏扑克图像检查器

下面介绍如何设置游戏扑克图像的属性，具体操作步骤如下。

【操作步骤】

第 1 步，在 View 窗口中，单击 Image View 控件或按 Tab 键选择此控件，保持游戏指示灯图像视图的选择状态。

第 2 步，在 Inspector 窗口中，单击 Size Inspector 按钮，使用尺寸检查器。在 Image View Size 窗口设置 Size 和 Position 的 X、Y、Width、Height 属性，在文本框中分别输入 60、85、200、290，如图 21.14 所示。

第 3 步，在 View 窗口中，保持游戏指示灯图像视图的选择状态。在 Inspector 窗口中，单击 Connections Inspector 按钮，使用连接检查器。

第 4 步，在 Image View Connections 窗口的 Referencing Outlets 选项中选中 New Referencing Outlet，并拖动直线连接到 ViewController.xib 文件对象窗口的 File’s Owner 图标上，放开鼠标后出现对象列表，单击 pokerImage 列表项，如图 21.15 所示。

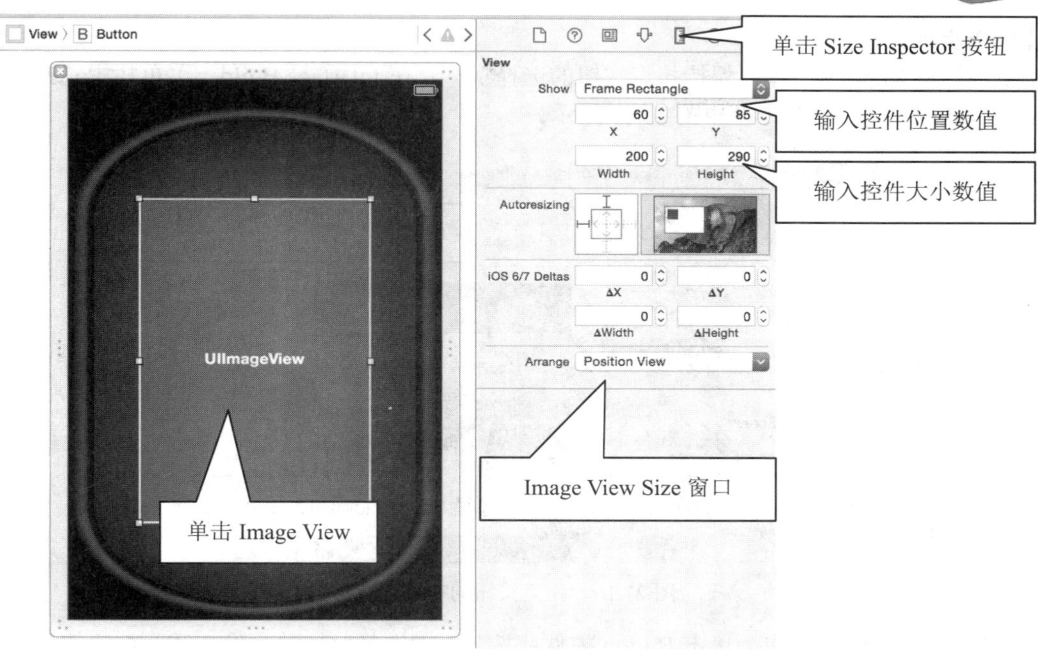

图 21.14　扑克按钮的尺寸设置

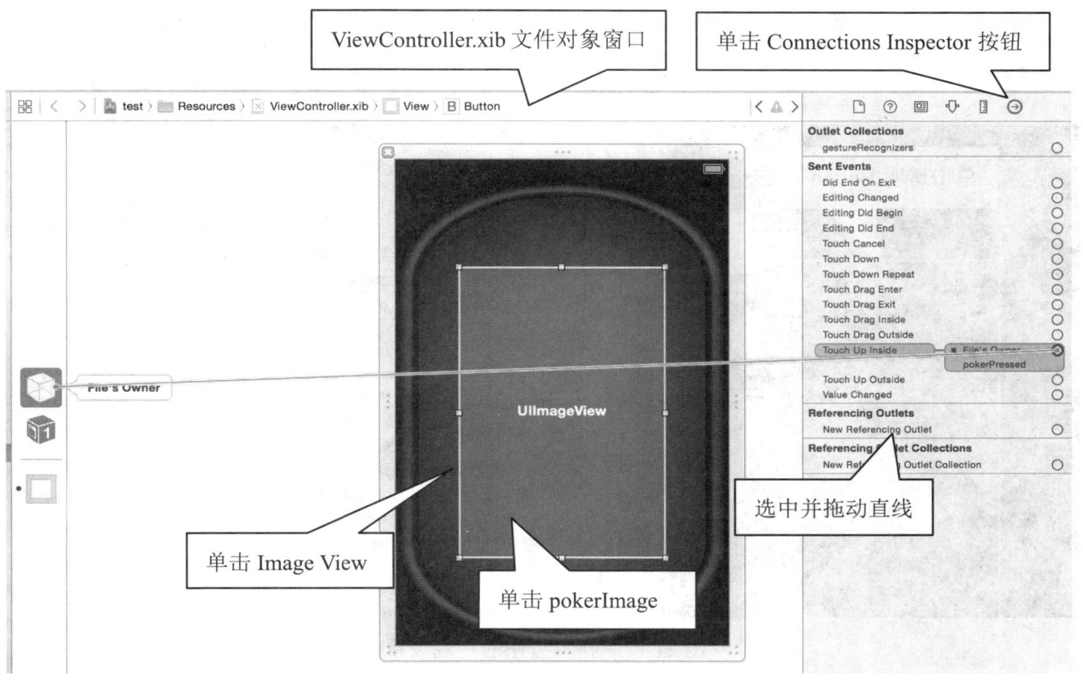

图 21.15　扑克按钮的连接设置

21.3.4　设置游戏透明按钮检查器

设置游戏透明按钮的步骤如下。

Note

【操作步骤】

第 1 步，在 View 窗口中，保持扑克按钮的选择状态，在 Interface Builder 菜单栏中选择 Editor→Arrange→Send Backward 命令，如图 21.16 所示。

图 21.16　扑克按钮的布局设置

第 2 步，在 View 窗口中，单击 Button 控件或按 Tab 键选择此控件，保持透明按钮的选择状态。在 Inspector 窗口中，单击 Auttributes Inspector 按钮，使用特性检查器。

在 Button Attributes 窗口中 Button 选项的 Type 列表框中选择 Custom，如图 21.17 所示。

图 21.17　扑克按钮的特性设置

第 3 步，在 Interface Builder 菜单栏中选择 Utilities→Show Size Inspector 命令，打开 Size Inspector，或在 Inspector 窗口中单击 Size Inspector 按钮，使用尺寸检查器。

在 View 窗口中，保持透明按钮的选择状态，在 Button Size 窗口设置 Size 和 Position 的 X、Y、Width、Height 属性，在文本框中分别输入 60、85、200、290，如图 21.18 所示。

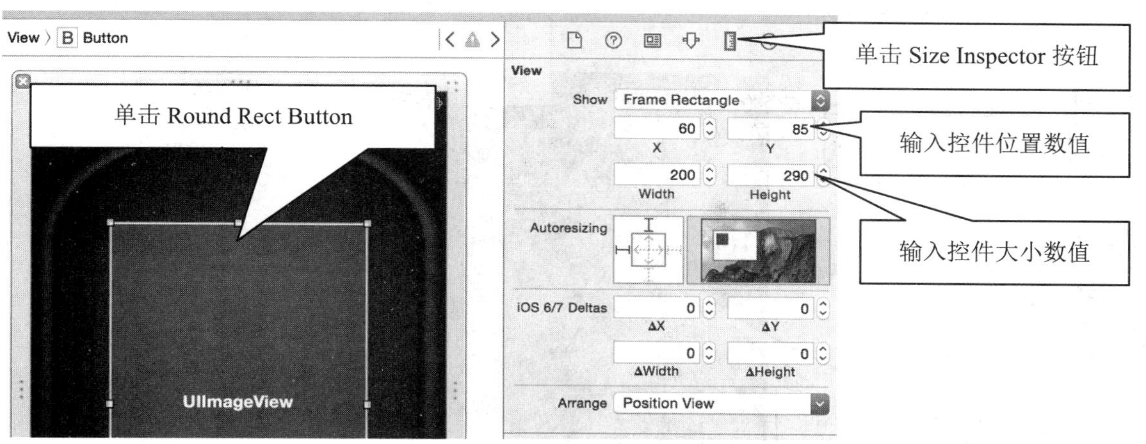

图 21.18　扑克按钮的尺寸设置

第 4 步，在 View 窗口中，保持“游戏指示灯”图像视图的选择状态。在 Inspector 窗口中单击 Connections Inspector 按钮，使用连接检查器。

在 Button Connections 窗口中的 senf Events 选项中选中 Touch Up Inside，并拖动直线连接到 ViewController.xib 文件对象窗口的 File’s Owner 图标上。放开鼠标后出现按钮操作效应列表，选择 pokerPressed 列表项，如图 21.19 所示。

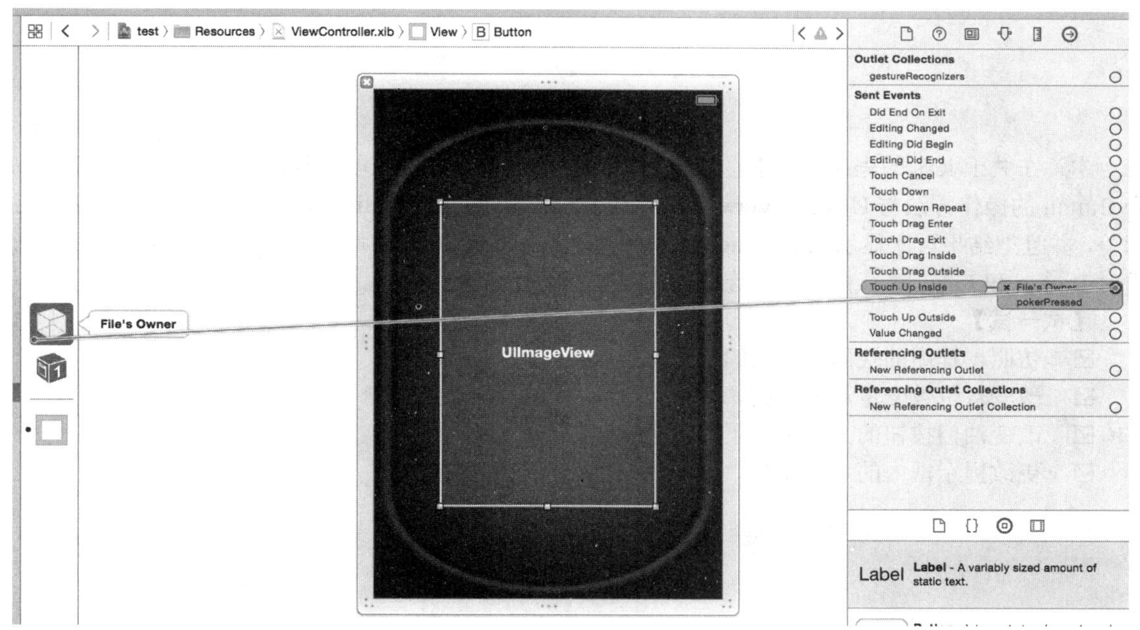

图 21.19　“扑克”按钮的连接设置

第 5 步，本程序中所有的控件与 ViewController.xib 文件中的 File’s Owner 的连接便建立完成，在 ViewController.xib 文件窗口中单击 File’s Owner 图标，检查所有控件在 ViewController Connections 窗口的连接状态，如图 21.20 所示。

第 6 步，确认所有连接无误后，保存 ViewController.xib 文件，在 Interface Builder 中，选择 File→Save 命令。在 xib 文件成功保存后便可以关闭 Interface Builder 了。

Note

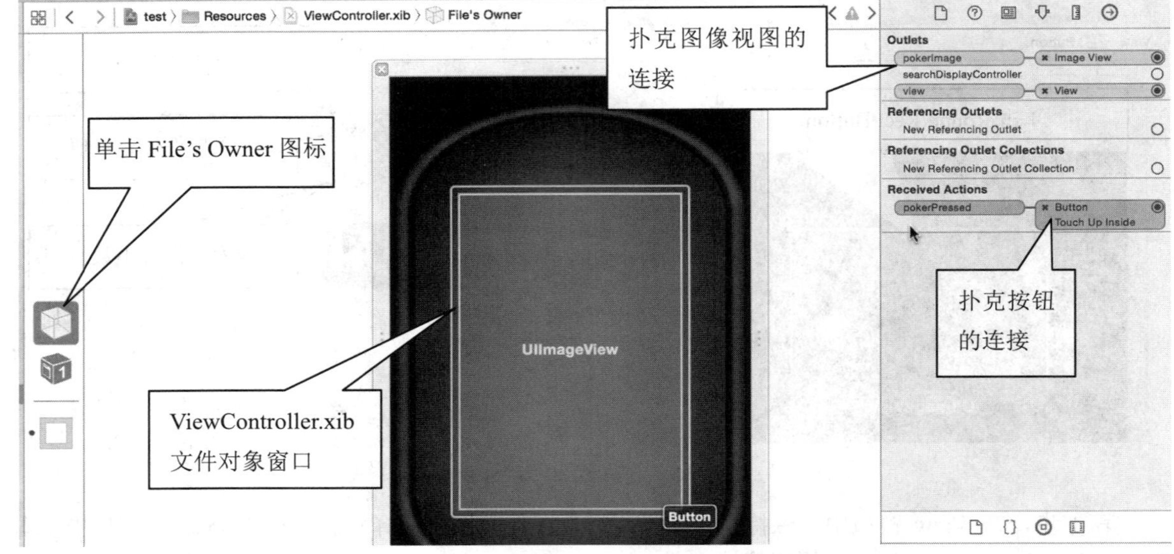

图 21.20　File's Owner 的连接

第 7 步，回到 Xcode，选择 Product→Run 命令，这时 Xcode 会提醒用户保存所编辑过的文件，在此处单击 Save All 按钮。文件保存后，所构建的程序将在仿真虚拟测试器 iPhone Simulator 中运行。

21.4　小　　结

本章在关于 iOS 的程序构建中，使用 Xcode 的 UIAlertView 获取定时器值，存放在 NSData，配合 Button 的操作方法与 UIImageView 连接，在 Single View Application 模板中，使用 NSData 读写时间差，并且把结果再次显示在 UIImageView，使用代码获取 Button 操作方法，并且在 Interface Builder 内对 Button 和 Label 进行操作交互连接，最终显示运行结果。

【试一试】

☑　仿照本程序的代码和界面的设置对各个控件做调整。

☑　改变双位数变量对象。例如，把数值*-1000 毫秒显示改为*-100。

☑　改变油门按钮的大小和位置、消息按钮的大小和位置。

☑　更改提示框内的内容文字。

第22章

综合案例：电子琴

本章介绍的应用程序将把 iPhone 变成一个便携式电子琴，在 iPhone SDK 环境下实现声音播放。本案例主要针对较短的音频文件，如鼠标点击声音、打开系统的警告声音或琴键声音等，如图 22.1 和图 22.2 所示。

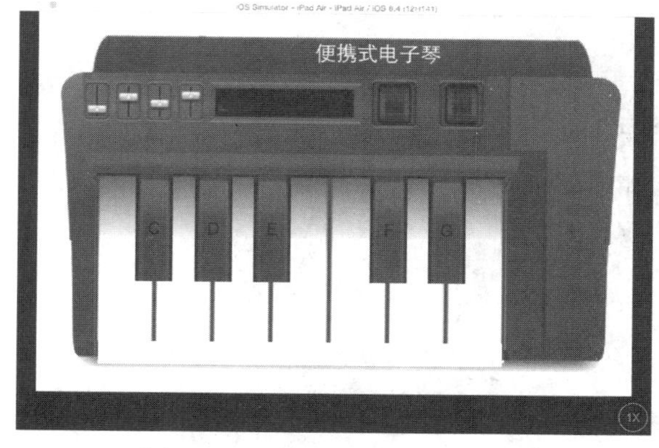

图 22.1　便携式电子琴的运行结果

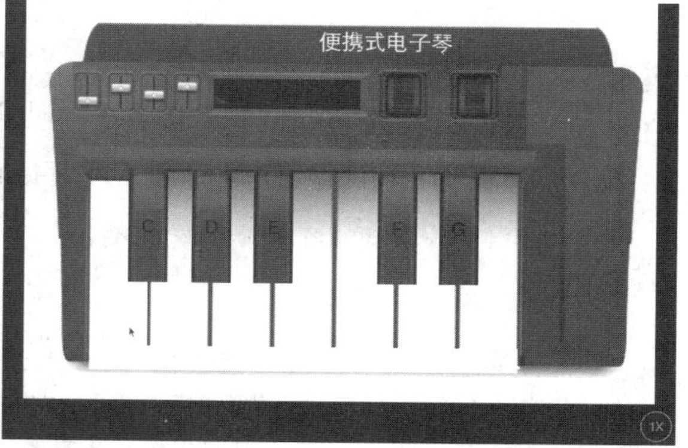

图 22.2　便携式电子琴的 Do 声音键

此外，还讲解了如何运用 iPhone SDK 的 Audio File Service（音频文件服务），其内含有一个 C 语言编程接口，为程序开启音频类型数据文件的读与写功能，把声音文件从存储器或缓存中读取或写入其中。

本应用程序为横向显示的便携式电子琴应用程序，其中使用 Image View 控件设置程序中形象的电子琴背景图像，结合 12 个 Button 控件，引导用户控制电子琴中按键的声音，每个按钮控件运用声音文件服务，针对程序中相应的琴键声音文件做出音频的回放。

22.1 创建音频工具项目

Note

本案例使用 Single View Application 模板构建应用程序项目。

【操作步骤】

第 1 步，打开 Mac 应用程序栏中的 Xcode 软件。

第 2 步，单击 Greate a new Xcode project 图标，Xcode 便打开 New Project 窗口，选择 Single View Application 模板构建应用程序，如图 22.3 所示。

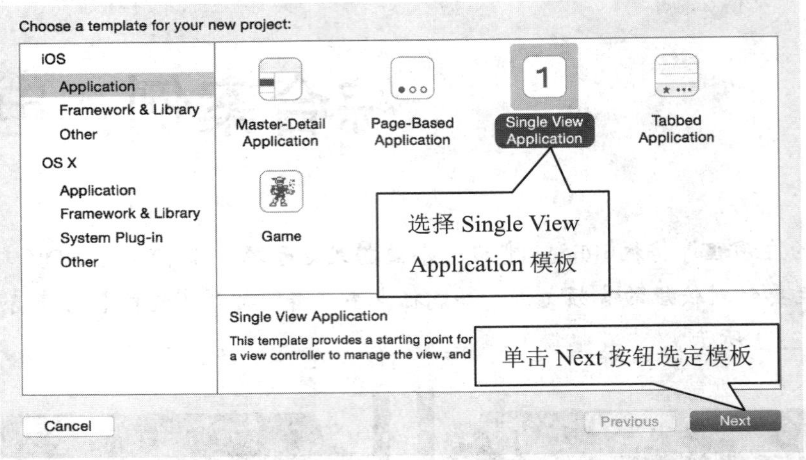

图 22.3 打开 New Project 窗口

第 3 步，在命名和保存窗口中命名文件为 test，如图 22.4 所示。

图 22.4 命名和保存

22.1.1 设置屏幕横向显示

通过简单的项目设置，就可以设置屏幕视图横向显示，具体步骤如下。

Note

【操作步骤】

第 1 步，在程序文件列表栏中双击 Resources 文件夹，单击 test-Info.plist 文件，在文件表格中单击加号按钮添加新内容。

第 2 步，在列表选项中选择 Initial interface orientation（初始化界面方向）选项，添加 info.plist 文件的 Key（关键字），如图 22.5 所示。

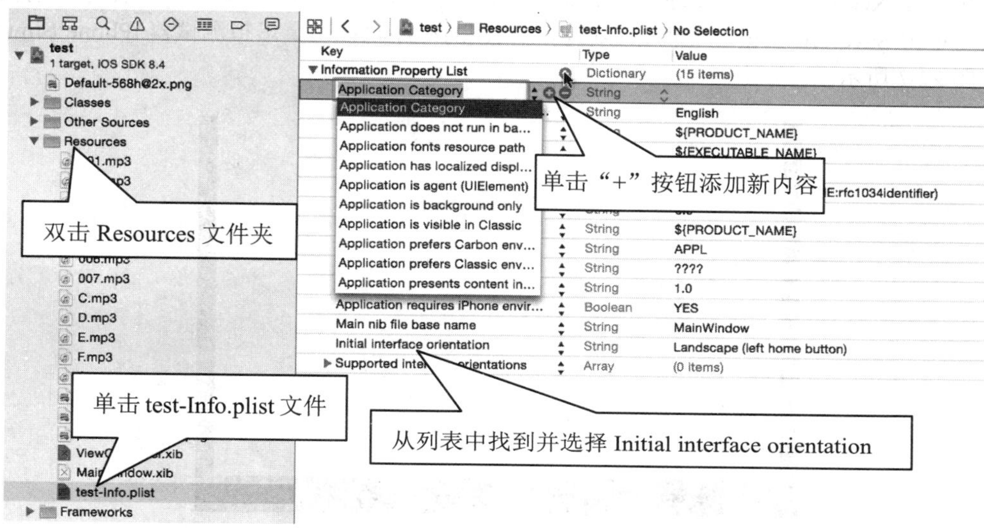

图 22.5　在 test-Info.plist 文件中添加 Key

第 3 步，在 test-Info.plist 文件的 initial interface orientation 关键字后的 Value（数据）列中选择 Landscape(left home button)（横向显示，iPhone 的主菜单键将在左方），如图 22.6 所示。

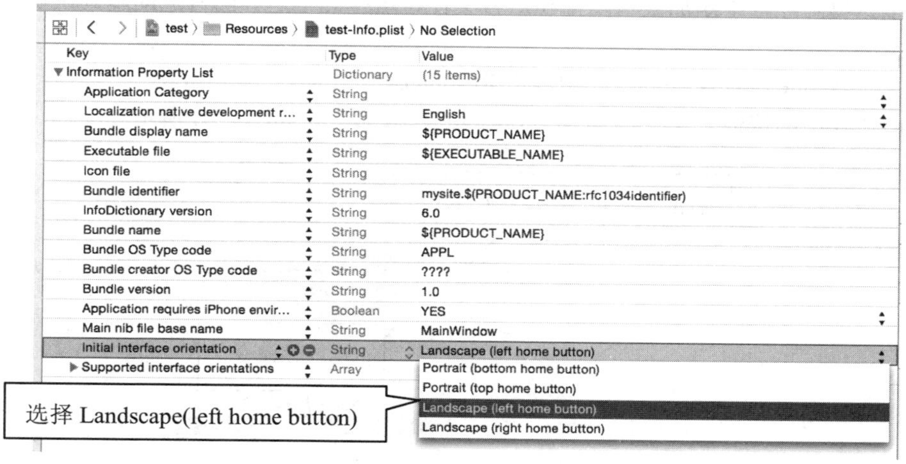

选择 Landscape(left home button)

图 22.6　在 initial interface orientation 键中添加 Value

第 4 步，在 Xcode 菜单栏中选择 File→Save 命令。

第 5 步，在程序文件列表栏中双击 ViewController.m 文件，在模板默认状态下建立的自动界面方向调整方法的代码如下：

```
-(BOOL)shouldAutorotateToInterfaceOrientation:
        (UIInterfaceOrientation)interfaceOrientation {
```

```
    //模板默认下界面方向为 interfaceOrientation == UIInterfaceOrientationPortrait
    //此处，把 Portrait 改为 LandscapeLeft
    //与 test-Info.plist 文件中所添加的 initial interface orientation 的 Key 中 value 一致
    return (interfaceOrientation == UIInterfaceOrientationLandscapeLeft);
}
```

Note

第 6 步，在 Xcode 菜单栏中选择 Product→Run 命令，此时 Xcode 会提醒用户保存所编辑过的文件，在此处单击 Save All 按钮。文件保存后，所构建的程序将在仿真虚拟测试器 iPhone Simulator 中运行，如图 22.7 所示。

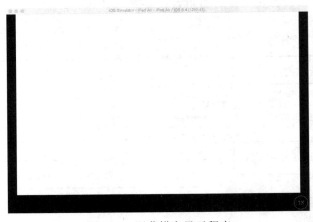

图 22.7　屏幕横向显示程序

22.1.2　添加背景图像和声音文件

下面介绍如何向项目中添加素材图像和声音文件，这些元素是界面构成的基础，操作步骤如下。

【操作步骤】

第 1 步，在 Xcode 程序文件列表栏中右击 Resources 文件夹。

第 2 步，在弹出的快捷菜单中选择 Add Files to "test"命令，如图 22.8 所示。

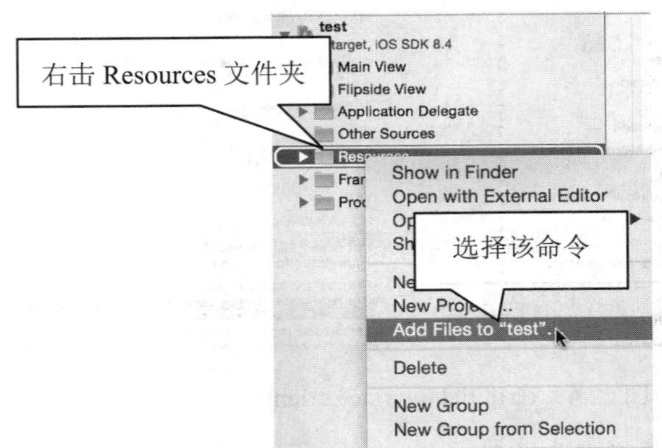

图 22.8　添加已经存在的文件

第 3 步，选择程序中的图像，按住 Command 键不放，同时单击已经创建的电子琴背景图像文件 pianoBackground.png；琴键背景图文件 keyBackground01.png 和 keyBackground02.png；12 个琴键声音文件 001.mp3、002.mp3、003mp3、004.mp3、005.mp3、006.mp3、007.mp3、C.mp3、D.mp3、E.mp3、

F.mp3 和 G.mp3，单击 Add 按钮，如图 22.9 所示。

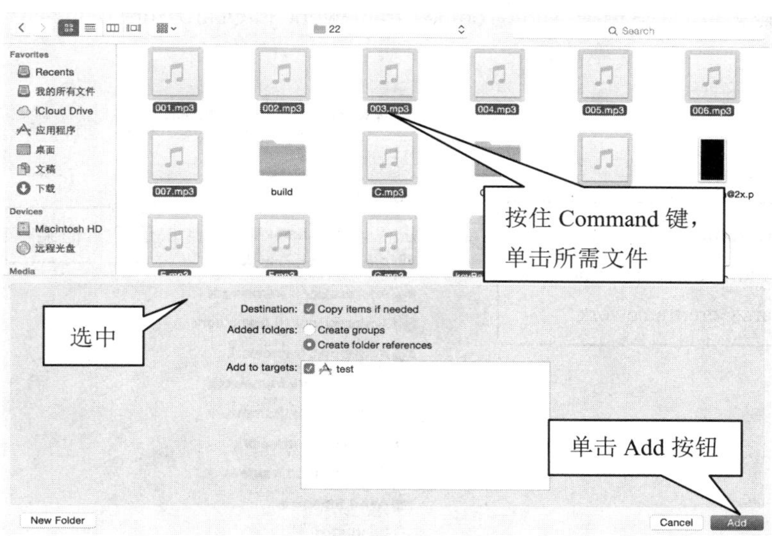

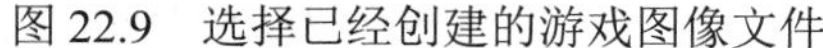

图 22.9　选择已经创建的游戏图像文件

提示： 在图像文件被添加到程序中之前，为了程序可以更为完整，将文件复制到程序所在目录，选中 Copy items if needed 复选框。

22.1.3　添加音频工具框架

下面是添加支持框架文件的操作步骤。

【操作步骤】

第 1 步，在导航窗口中选中项目名称，如 test。

第 2 步，选中 TARGETS 下的 test 项目，在编辑窗口中选择 General，如图 22.10 所示。

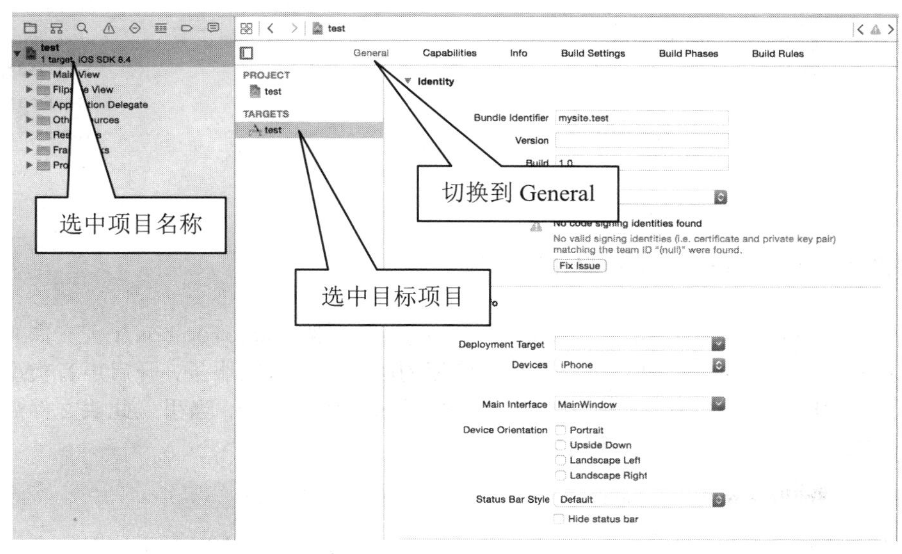

图 22.10　选中项目

Note

第 3 步，找到 Linked Frameworks and Libraries 设置项目，单击加号按钮，在打开的框架库列表框中选择程序的框架文件，这里选择 AudioToolbox.framework 和 QuartzCore.framework，单击 Add 按钮，如图 22.11 所示。

图 22.11　iPhone 框架文件列表

第 4 步，单击 Add 按钮后，就可以在 Linked Frameworks and Libraries 项目组下看到新添加的库文件列表，如图 22.12 所示。

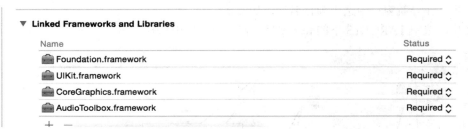

图 22.12　新添加的框架文件列表

22.1.4　Audio Toolbox 框架的作用

本案例引入了包含程序需要使用的 AudioToolbox 类的框架 AudioToolbox.h 头文件，使其包含在程序中。在 iOS 相关结构中，针对音频文件和音频流的回放和录音的服务，开启声音类型的数据文件的读与写功能，此框架也支持管理音频文件以及播放系统警告的声音，当引入此头文件后便可以在程序里使用任何在 AudioToolbox 中声明的类。

```
#import <AudioToolbox/AudioToolbox.h>
```

此框架也支持管理音频文件以及播放系统警告的声音，例如，在本书中所使用的音频文件播放方法，代码如下：

```
//音频文件播放方法，其中，soundKey 是字符类型的音频文件名称
-(void)playSound:(NSString*)soundKey{
 //建立字符类型变量对象，获取音频文件的路径名称
 NSString *path = [NSString stringWithFormat:@"%@%@",
                        [[NSBundle mainBundle] resourcePath],
                        soundKey];
 //释放字符类型变量对象
 NSLog(@"%@\n", path);
 //声明一个系统声音标识符
 SystemSoundID soundID;
 //建立 URL 类型变量对象，转换字符类型变量的路径文件为 URL 连接，其中，isDirectory:NO 表明不存在
目录
 NSURL *filePath = [NSURL fileURLWithPath:path isDirectory:NO];
 //使用 Audio Toolbox 框架提供的创建声音服务，定义音频的路径和创建声音标识符
 AudioServicesCreateSystemSoundID((CFURLRef)filePath, &soundID);
 //使用 Audio Toolbox 框架提供的播放声音服务，播放指定的声音标识符
 AudioServicesPlaySystemSound(soundID);
}
```

22.2 定义电子琴的交互方法

本节将详解案例代码，包括建立音频文件播放方法和播放动态，以及定义琴键属性值。

22.2.1 建立音频文件播放方法和播放动态

在本程序的 Classes 文件夹内，打开 ViewController.h 文件，代码如下：

```
/* ViewController.h 文件的内容*/
//模板默认引入包含程序需要使用“类”的框架头文件 UIKit.h，使其包含在程序中
#import <UIKit/UIKit.h>
//引入包含程序需要使用“类”的框架头文件 Foundation.h，使其包含在程序中
#import <Foundation/Foundation.h>
//导入音频工具框架头文件，引入包含程序需要使用“类”的框架头文件 AudioToolbox.h，使其包含在程序中
#import <AudioToolbox/AudioToolbox.h>
//此处使用@interface 声明程序的界面控制器为 ViewController
//UIViewController 为程序提供了最基本的视图管理模块
@interface ViewController: UIViewController {
     //创建字符类型变量，用于存放程序所需的声音文件名称
 NSString *soundFile;
}
//此处用@property 声明程序的属性，加入在@interface 中指定的相同的 NSString 控件对象
@property(nonatomic,retain)NSString *soundFile;
//建立音频文件播放方法
-(void)playSound:(NSString*)soundKey;
//建立操作效应的方法，电子琴的 7 个白色琴键，单击按钮播放指定的音频文件
- (IBAction)DO:(id)sender;
- (IBAction)RE:(id)sender;
- (IBAction)MI:(id)sender;
```

```
- (IBAction)FA:(id)sender;
- (IBAction)SO:(id)sender;
- (IBAction)LA:(id)sender;
- (IBAction)SI:(id)sender;
//建立操作效应的方法，电子琴的 5 个黑色琴键，单击按钮播放指定的音频文件
- (IBAction)C:(id)sender;
- (IBAction)D:(id)sender;
- (IBAction)E:(id)sender;
- (IBAction)F:(id)sender;
- (IBAction)G:(id)sender;
//程序的头文件 ViewController.h 到此结束
@end
```

完成上面的代码后，在 Xcode 选项栏中选择 File 选项，然后在选项列表中再次选择 Save 选项存储文件。若 ViewController.h 这个头文件没有被存储，代码中的所有 IB 前端的控件将无法与 Interface Builder 进行连接，并且 AVAudioPlayer 对象控件和声音播放方法将无法在 ViewController.m 文件中使用。

22.2.2 定义琴键属性值

在程序的 Classes 文件夹内，打开 ViewController.m 文件，代码如下：

```
/* ViewController.m 文件的内容*/
//引入所需的 ViewController.h 头文件，使其包含在程序中并进行联系
#import "ViewController.h"
//程序开始点，表明启用 ViewController
@implementation ViewController
//告诉编译器在编译期间产生字符类型变量对象的 getter/setter 方法
@synthesize soundFile;
//音频文件播放方法的内容
-(void)playSound:(NSString*)soundKey{
 //建立字符类型变量对象，获取音频文件的路径名称
 NSString *path = [NSString stringWithFormat:@"%@%@",
                   [[NSBundle mainBundle] resourcePath],
                   soundKey];
       //释放字符类型变量对象
 NSLog(@"%@\n", path);
 //声明一个系统声音标识符
 SystemSoundID soundID;
 //建立 URL 类型变量对象，转换字符类型变量的路径文件为 URL 连接，其中，isDirectory:NO 表明不存在
目录
 NSURL *filePath = [NSURL fileURLWithPath:path isDirectory:NO];
 //使用 Audio Toolbox 框架提供的创建声音服务，定义音频的路径和创建声音标识符
 AudioServicesCreateSystemSoundID((CFURLRef)filePath, &soundID);
 //使用 Audio Toolbox 框架提供的播放声音服务，播放指定的声音标识符
 AudioServicesPlaySystemSound(soundID);
}
//编写操作效应的方法，播放电子琴的白色琴键音 DO
- (IBAction)DO:(id)sender{
 //定义指定所要播放的音频文件名称
```

```
 soundFile = [NSString stringWithFormat:@"/001.mp3"];
 //调用 playSound 音频文件播放方法，播放指定的音频文件
 [self playSound: soundFile];
}
//编写操作效应的方法，播放电子琴的白色琴键音 RE
- (IBAction)RE:(id)sender{
 //定义所要播放的音频文件名称
 soundFile = [NSString stringWithFormat:@"/002.mp3"];
 //调用 playSound 音频文件播放方法，播放指定的音频文件
 [self playSound: soundFile];
}
//编写操作效应的方法，播放电子琴的白色琴键音 MI
- (IBAction)MI:(id)sender{
 //定义指定所要播放的音频文件名称
 soundFile = [NSString stringWithFormat:@"/003.mp3"];
 //调用 playSound 音频文件播放方法，播放指定的音频文件
 [self playSound: soundFile];
}
//编写操作效应的方法，播放电子琴的白色琴键音 FA
- (IBAction)FA:(id)sender{
 //定义所要播放的音频文件名称
 soundFile = [NSString stringWithFormat:@"/004.mp3"];
 //调用 playSound 音频文件播放方法，播放指定的音频文件
 [self playSound: soundFile];
}
//编写操作效应的方法，播放电子琴的白色琴键音 SO
- (IBAction)SO:(id)sender{
 //定义所要播放的音频文件名称
 soundFile = [NSString stringWithFormat:@"/005.mp3"];
 //调用 playSound 音频文件播放方法，播放指定的音频文件
 [self playSound: soundFile];
}
//编写操作效应的方法，播放电子琴的白色琴键音 LA
- (IBAction)LA:(id)sender{
 //定义所要播放的音频文件名称
 soundFile = [NSString stringWithFormat:@"/006.mp3"];
 //调用 playSound 音频文件播放方法，播放指定的音频文件
 [self playSound: soundFile];
}
//编写操作效应的方法，播放电子琴的白色琴键音 SI
- (IBAction)SI:(id)sender{
 //定义所要播放的音频文件名称
 soundFile = [NSString stringWithFormat:@"/007.mp3"];
 //调用 playSound 音频文件播放方法，播放指定的音频文件
 [self playSound: soundFile];
}
//编写操作效应的方法，播放电子琴的黑色琴键音 C
- (IBAction)C:(id)sender{
 //定义所要播放的音频文件名称
 soundFile = [NSString stringWithFormat:@"/C.mp3"];
```

Note

```
//调用 playSound 音频文件播放方法，播放指定的音频文件
[self playSound: soundFile];
}
//编写操作效应的方法，播放电子琴的黑色琴键音 D
- (IBAction)D:(id)sender{
//定义所要播放的音频文件名称
soundFile = [NSString stringWithFormat:@"/D.mp3"];
//调用 playSound 音频文件播放方法，播放指定的音频文件
[self playSound: soundFile];
}
//编写操作效应的方法，播放电子琴的黑色琴键音 E
- (IBAction)E:(id)sender{
//定义所要播放的音频文件名称
soundFile = [NSString stringWithFormat:@"/E.mp3"];
//调用 playSound 音频文件播放方法，播放指定的音频文件
[self playSound: soundFile];
}
//编写操作效应的方法，播放电子琴的黑色琴键音 F
- (IBAction)F:(id)sender{
//定义所要播放的音频文件名称
soundFile = [NSString stringWithFormat:@"/F.mp3"];
//调用 playSound 音频文件播放方法，播放指定的音频文件
[self playSound: soundFile];
}
//编写操作效应的方法，播放电子琴的黑色琴键音 G
- (IBAction)G:(id)sender{
//定义所要播放的音频文件名称
soundFile = [NSString stringWithFormat:@"/G.mp3"];
//调用 playSound 音频文件播放方法，播放指定的音频文件
[self playSound: soundFile];
}
//自动界面方向调整方法，设置程序横向运行
-(BOOL)shouldAutorotateToInterfaceOrientation:
        (UIInterfaceOrientation)interfaceOrientation {
    //模板默认下界面方向为 interfaceOrientation == UIInterfaceOrientationPortrait;
    //此处，把 Portrait 改为 LandscapeLeft
    //与 test-Info.plist 文件中所添加的 Initial Interface orientation 的 Key 中 value 一致
    return (interfaceOrientation == UIInterfaceOrientationLandscapeLeft);
}
//释放可用内存并提早发出警告
- (void)didReceiveMemoryWarning {
//执行 didReceiveMemoryWarning 的工作
    [super didReceiveMemoryWarning];
}
//使用(void)dealloc 的释放方法
//最后用"[super dealloc];"进行内存清理工作
- (void)dealloc {
    [soundFile release];
    [super dealloc];
}
```

```
//程序的头文件 ViewController.m 到此结束
@end
```

提示：区分代码中的大小写，错误的大小写将导致程序出错。建议在每次代码编辑完成后，对代码进行保存。在 Xcode 选项栏中选择 File 选项，然后在选项列表中再次选择 Save 选项保存 ViewController.m 文件。

22.3 构建电子琴界面

运行 Interface Builder，在文件列表栏中打开 Resources 组，双击 ViewController.xib 文件，Interface Builder 程序自动运行，在此处可以编辑界面。

22.3.1 设置电子琴视图背景

下面介绍如何设置电子琴视图背景。

【操作步骤】

第 1 步，在 Interface Builder 菜单栏中选择 View→Utilities→Show Attributes Inspector 命令，如图 22.13 所示，打开 Attributes Inspector。

图 22.13　打开 Attributes Inspector

第 2 步，为了使程序中的文字可以更鲜明地显示在屏幕中，将视图背景颜色设置为白色。选择 View（视图）界面后，在特性检查器窗口的 View 选项中设置 Background 为 White Color（白色）选项，如图 22.14 所示。

22.3.2 添加控件

下面在 ViewController.xib 界面文件中添加各种界面元素，具体操作步骤如下。

【操作步骤】

第 1 步，在 Xcode 菜单栏中选择 View→Utilities→Show Object Library 命令，如图 22.15 所示，打开 Library 组件面板窗口。

Note

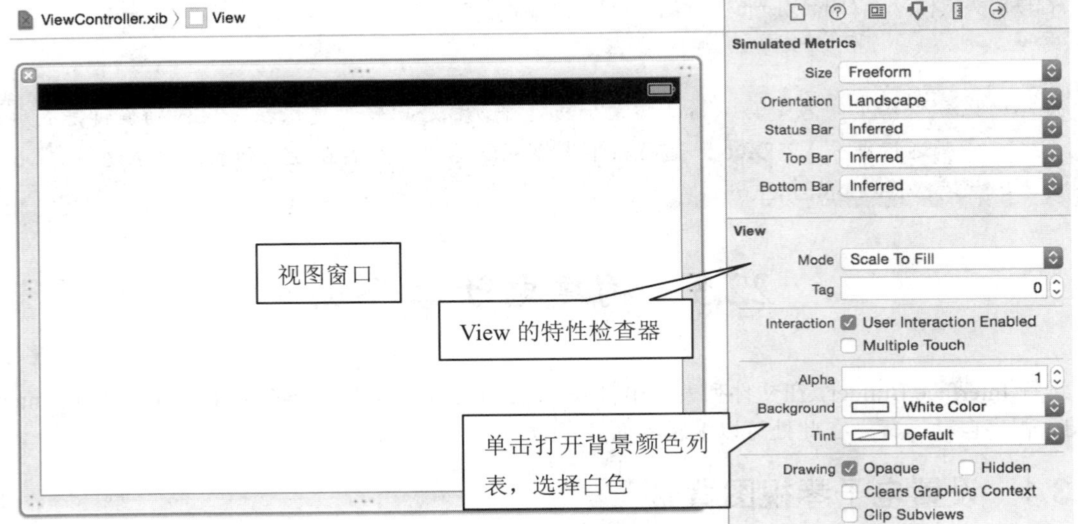

图 22.14　将 View Attributes 检查器中视图的背景颜色设置为白色

第 2 步，在控件列表中，拖动控件将其添加到程序视图，此过程中不要关闭 Library 库的组件面板窗口。拖动一个 Label 添加到 View 窗口中，使用标签显示程序的标题。

第 3 步，拖动两个 Button，添加到 View 窗口中，分别进行复制，显示电子琴的 7 个白色琴键和 5 个黑色琴键。

第 4 步，拖动一个 Image View 添加到 View 窗口中，使用此图像视图显示电子琴的背景。

第 5 步，单击 View 窗口中最上面的 Label 控件，在 Label Attributes 窗口中 Label 选项的 Text 文本框中输入“便携式电子琴”，拖动 Label 中圆点，调整 Label 到适当长度，最后界面设计效果如图 22.16 所示。

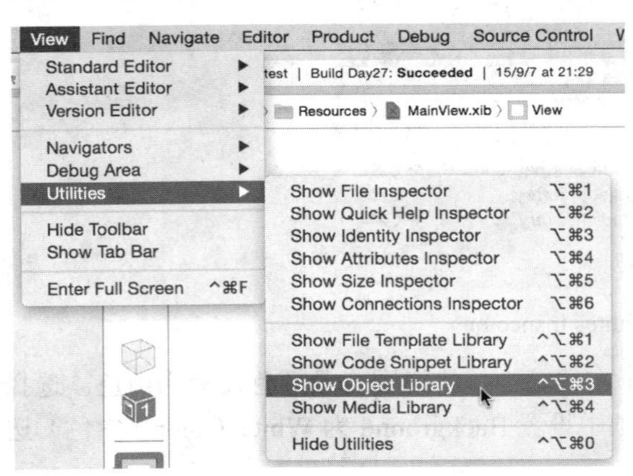

图 22.15　Library 库的组件面板

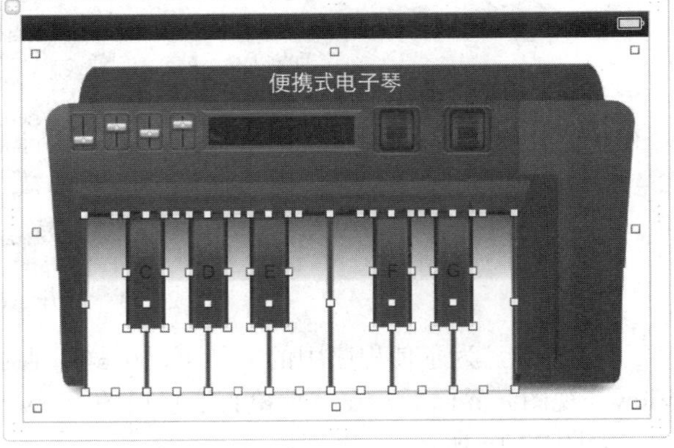

图 22.16　电子琴界面设计效果

22.3.3　设置电子琴背景图检查器

下面介绍如何设置电子琴背景图显示属性，操作步骤如下。

【操作步骤】

第 1 步，在 Inspector 窗口中，单击 Auttributes Inspector 按钮，使用特性检查器。

在 Image View Attributes 窗口中 Image View 选项的 Image 下拉列表框中选择 piano Background.png，设置 View 选项的 Background 为 Default 选项，如图 22.17 所示。

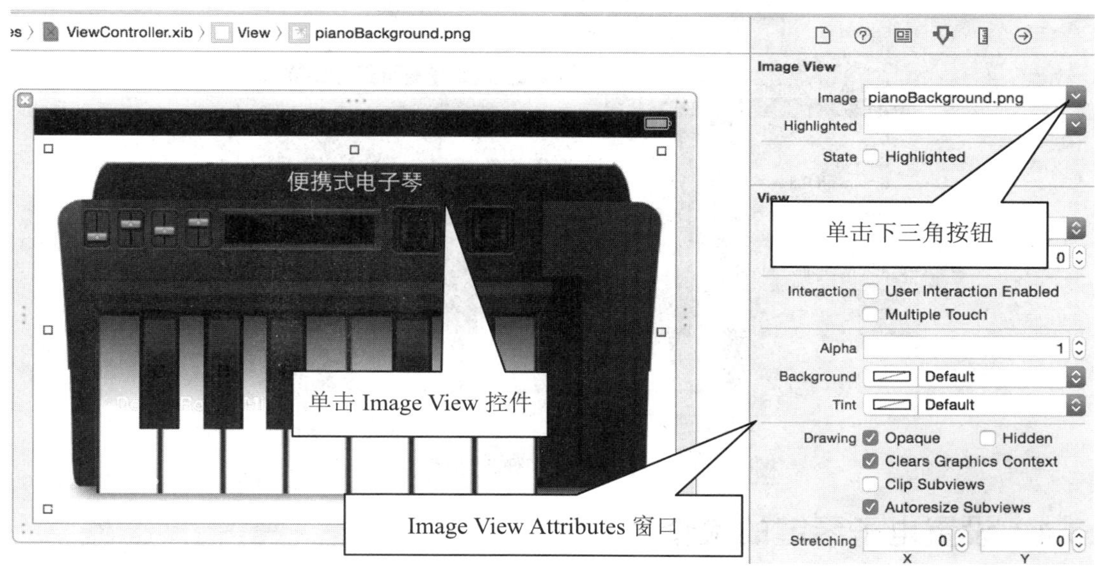

图 22.17　电子琴背景图像视图的特性设置

第 2 步，在 View 窗口中，保持游戏背景图像视图的选择状态。在 Inspector 窗口中单击 Size Inspector 按钮，使用尺寸检查器。

在 Image View Size 窗口 Size 和 Position 的 X、Y、Width、Height 文本框中输入 10、10、460、280，如图 22.18 所示。

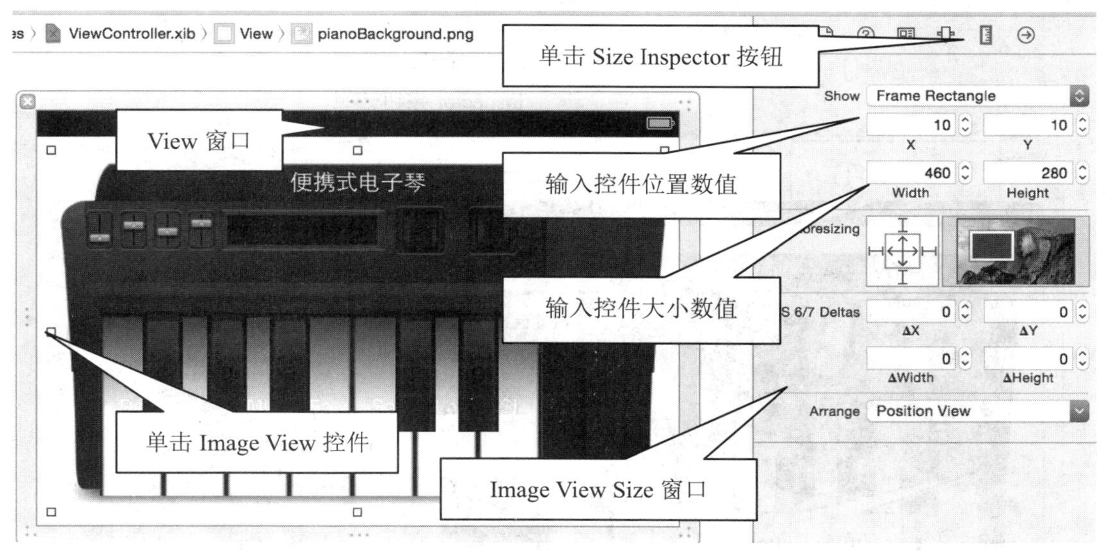

图 22.18　电子琴背景图像视图的尺寸设置

第 3 步，在 View 窗口中，保持游戏背景图像视图的选择状态。在 Interface Builder 菜单栏中选择 Editor→Arrange→Send Backword 命令，如图 22.19 所示。

Note

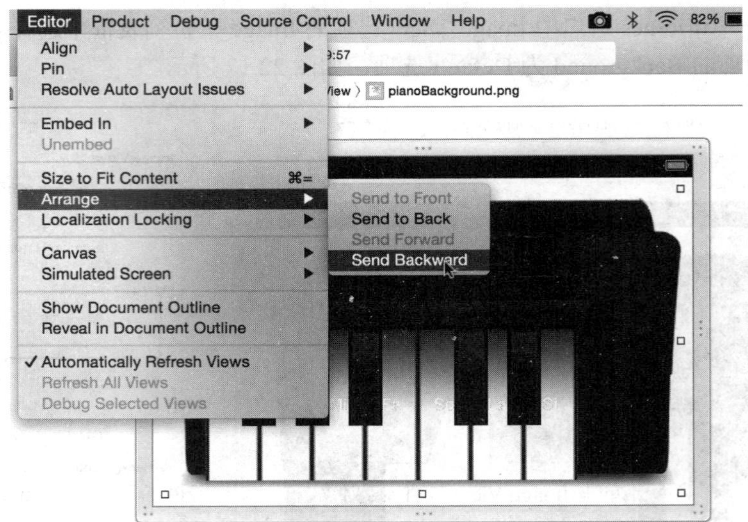

图 22.19　电子琴背景图像视图的布局设置

22.3.4　设置电子琴键的检查器

下面介绍如何设置电子琴键显示属性，操作步骤如下。

【操作步骤】

第 1 步，使用特性检查器，在 Inspector 窗口中单击 Auttributes Inspector 按钮。

单击 View 窗口中的一个 Button 控件或按 Tab 键选择控件，在 Button Attributes 窗口中 Button 选项的 Title 文本框中输入按钮显示文本 Do，在 Background 下拉列表框中选择 keyBackground01.png，在 Text Color 选项中选择 White Color 选项，如图 22.20 所示。

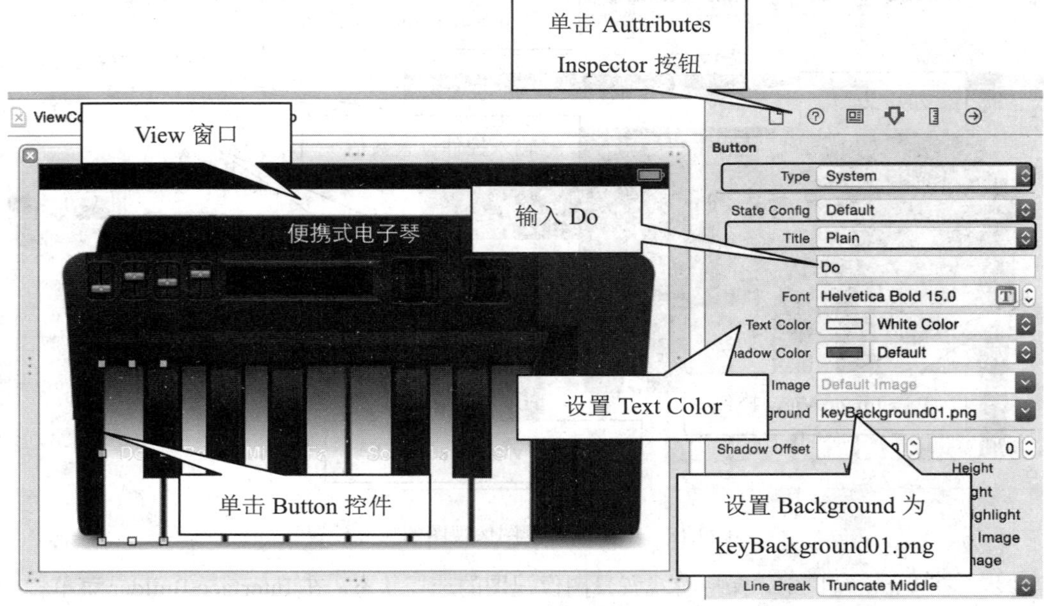

图 22.20　电子琴 Do 按钮的特性设置

第 2 步，单击 View 窗口中的另一个 Button 控件或按 Tab 键选择控件，在 Button Attributes 窗口中 Button 选项的 Title 文本框中输入按钮显示文本 C，在 Background 下拉列表框中选择 keyBackground02.png，在 Text Color 选项中选择 Clear Color 选项。

第 3 步，在 View 窗口中，保持 C 按钮的选择状态。在 Interface Builder 菜单栏中选择 Layout→Send to Front 命令。

第 4 步，在 View 窗口中，单击 Do 按钮，保持按钮的选择状态，按 Command+C 快捷键，复制电子琴中的白色按钮。按 Command+V 快捷键，粘贴电子琴中的白色按钮，连续粘贴 6 次，产生 6 个白色按钮。

第 5 步，单击 View 窗口中的白色按钮或按 Tab 键选择控件，在 Button Attributes 窗口中 Button 选项的 Title 文本框中输入按钮显示文本 Re。

第 6 步，单击 View 窗口中的白色按钮或按 Tab 键选择控件，在 Button Attributes 窗口中 Button 选项的 Title 文本框中输入按钮显示文本 Me。

第 7 步，单击 View 窗口中的白色按钮或按 Tab 键选择控件，在 Button Attributes 窗口中 Button 选项的 Title 文本框中输入按钮显示文本 Fa。

第 8 步，单击 View 窗口中的白色按钮或按 Tab 键选择控件，在 Button Attributes 窗口中 Button 选项的 Title 文本框中输入按钮显示文本 So。

第 9 步，单击 View 窗口中的白色按钮或按 Tab 键选择控件，在 Button Attributes 窗口中 Button 选项的 Title 文本框中输入按钮显示文本 La。

第 10 步，单击 View 窗口中的白色按钮或按 Tab 键选择控件，在 Button Attributes 窗口中 Button 选项的 Title 文本框中输入按钮显示文本 Si。

第 11 步，使用尺寸检查器，在 Interface Builder 的 Inspector 窗口中单击 Size Inspector 按钮。单击 View 窗口中的 Do 按钮控件或按 Tab 键选择此控件，在 Button Size 窗口中 Size 和 Position 的 X、Y、Width、Hight 文本框中输入 47、137、48、140，如图 22.21 所示。

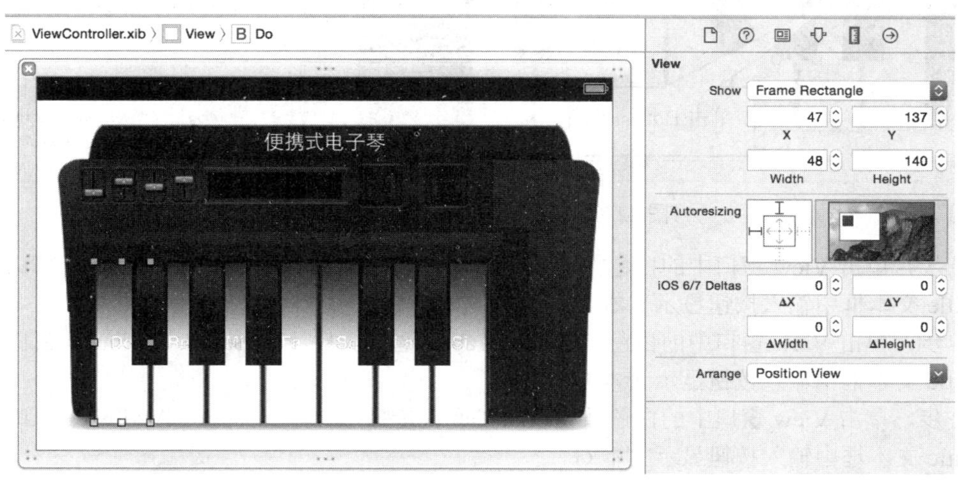

图 22.21　电子琴按键图像视图的尺寸设置

第 12 步，单击 View 窗口中的 Re 按钮控件或按 Tab 键选择此控件，在 Button Size 窗口中 Size 和 Position 的 X、Y、Width、Hight 文本框中输入 94、137、48、140。

第 13 步，单击 View 窗口中的 Me 按钮控件或按 Tab 键选择此控件，在 Button Size 窗口中 Size 和 Position 的 X、Y、Width、Hight 文本框中输入 141、137、48、140。

Note

第 14 步，单击 View 窗口中的 Fa 按钮控件或按 Tab 键选择此控件，在 Button Size 窗口中 Size 和 Position 的 X、Y、Width、Hight 文本框中输入 188、137、48、140。

第 15 步，单击 View 窗口中的 So 按钮控件或按 Tab 键选择此控件，在 Button Size 窗口中 Size 和 Position 的 X、Y、Width、Hight 文本框中输入 235、137、48、140。

第 16 步，单击 View 窗口中的 La 按钮控件或按 Tab 键选择此控件，在 Button Size 窗口中 Size 和 Position 的 X、Y、Width、Hight 文本框中输入 282、137、48、140。

第 17 步，单击 View 窗口中的 Si 按钮控件或按 Tab 键选择此控件，在 Button Size 窗口中 Size 和 Position 的 X、Y、Width、Hight 文本框中输入 329、137、48、140。

第 18 步，在 Inspector 窗口中单击 Auttributes Inspector 按钮，使用特性检查器。

在 View 窗口中，单击 C 按钮，保持按钮的选择状态，按 Command+C 快捷键，复制电子琴中的黑色按钮。按 Command+V 快捷键，粘贴电子琴中的黑色按钮，连续粘贴按钮 4 次，产生 4 个黑色按钮。

第 19 步，单击 View 窗口中的白色按钮或按 Tab 键选择控件，在 Button Attributes 窗口中 Button 选项的 Title 文本框中输入按钮显示文本 D，如图 22.22 所示。

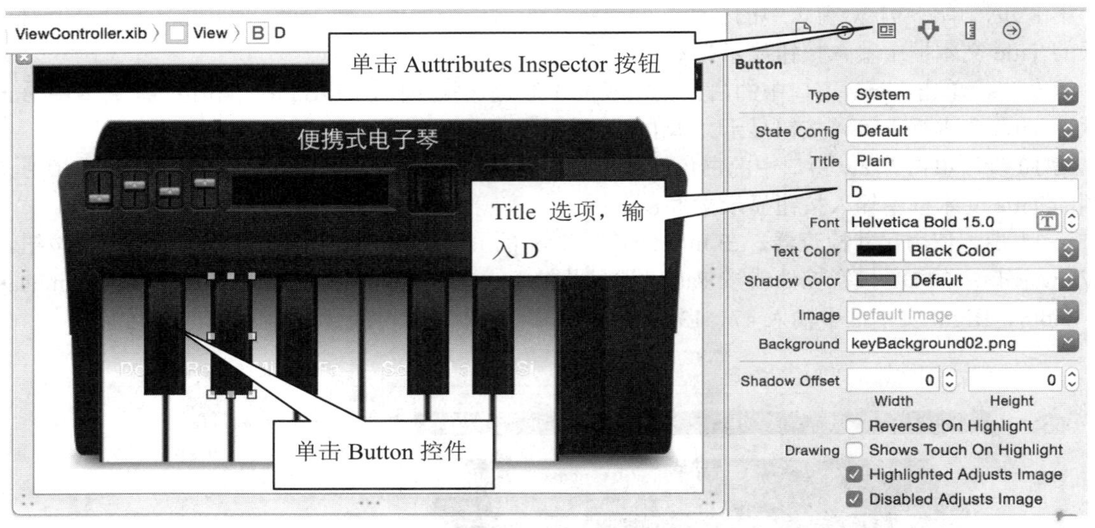

图 22.22　电子琴 D 按钮的特性设置

第 20 步，单击 View 窗口中的白色按钮或按 Tab 键选择控件，在 Button Attributes 窗口中 Button 选项的 Title 文本框中输入按钮显示文本 E。

第 21 步，单击 View 窗口中的白色按钮或按 Tab 键选择控件，在 Button Attributes 窗口中 Button 选项的 Title 文本框中输入按钮显示文本 F。

第 22 步，单击 View 窗口中的白色按钮或按 Tab 键选择控件，在 Button Attributes 窗口中 Button 选项的 Title 文本框中输入按钮显示文本 G。

第 23 步，在 Interface Builder 的 Inspector 窗口中单击 Size Inspector 按钮，使用尺寸检查器。

第 24 步，单击 View 窗口中的 C 按钮控件或按 Tab 键选择此控件。在 Button Size 窗口中 View Size 选项的 Size 和 Position 的 X、Y、Width、Hight 文本框中输入 79、137、30、90，如图 22.23 所示。

第 25 步，单击 View 窗口中的 D 按钮控件或按 Tab 键选择此控件，在 Button Size 窗口中 View Size 选项的 Size 和 Position 的 X、Y、Width、Hight 文本框中输入 127、137、30、140。

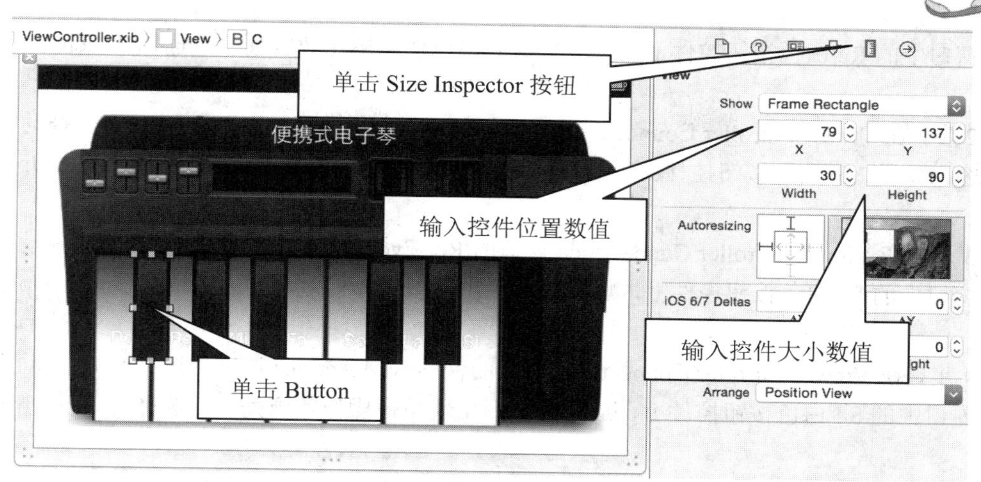

图 22.23　按键图像视图的尺寸设置

第 26 步，单击 View 窗口中的 E 按钮控件或按 Tab 键选择此控件，在 Button Size 窗口中 View Size 选项的 Size 和 Position 的 X、Y、Width、Hight 文本框中输入 174、137、30、140。

第 27 步，单击 View 窗口中的 F 按钮控件或按 Tab 键选择此控件，在 Button Size 窗口中 View Size 选项的 Size 和 Position 的 X、Y、Width、Hight 文本框中输入 268、137、30、140。

第 28 步，单击 View 窗口中的 G 按钮控件或按 Tab 键选择此控件，在 Button Size 窗口中 View Size 选项的 Size 和 Position 的 X、Y、Width、Hight 文本框中输入 315、137、48、140。

第 29 步，使用连接检查器，在 Interface Builder 的 Inspector 窗口中，将控件与 File's Owner 图标连接，使控件运行代码。

在 ViewController.xib 文件对象窗口中双击 File's Owner 图标，在检查器窗口中单击 Connection Inspector 按钮。

第 30 步，在 View Controller Connections 窗口的 Received Actions 选项中选中 Do，拖动直线连接到 View 窗口中的 Do 白色按钮控件上，放开鼠标后出现按钮操作效应列表，选择 Touch Up Inside 列表项，如图 22.24 所示。

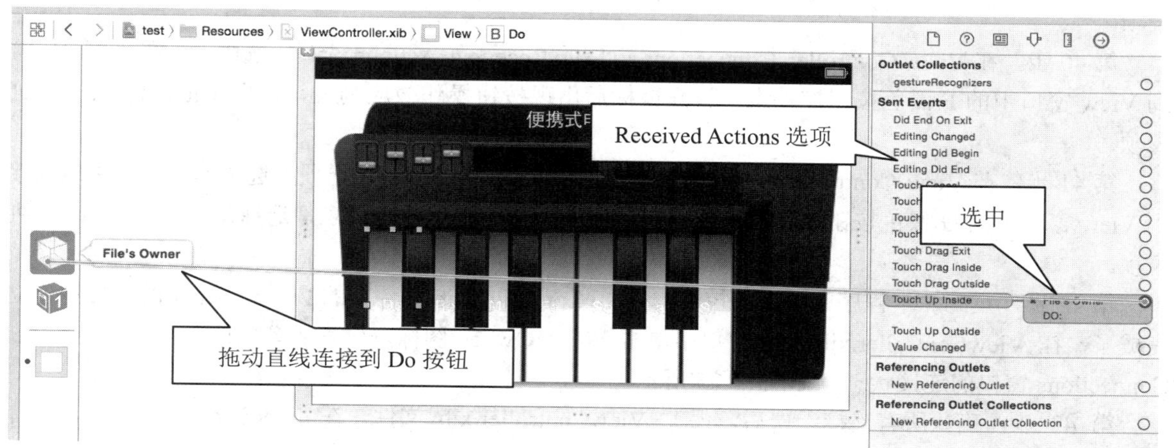

图 22.24　连接 Do 按钮

第 31 步，在 View Controller Connections 窗口的 Received Actions 选项中选中 RE，拖动直线连接

Note

到 View 窗口中的 Re 白色按钮控件上，放开鼠标后出现按钮操作效应列表，选择 Touch Up Inside 列表项。

第 32 步，在 View Controller Connections 窗口的 Received Actions 选项中选中 ME，拖动直线连接到 View 窗口中的 Me 白色按钮控件上，放开鼠标后出现按钮操作效应列表，选择 Touch Up Inside 列表项。

第 33 步，在 View Controller Connections 窗口的 Received Actions 选项中选中 FA，拖动直线连接到 View 窗口中的 Fa 白色按钮控件上，放开鼠标后出现按钮操作效应列表，选择 Touch Up Inside 列表项。

第 34 步，在 View Controller Connections 窗口的 Received Actions 选项中选中 SO，拖动直线连接到 View 窗口中的 So 白色按钮控件上，放开鼠标后出现按钮操作效应列表，选择 Touch Up Inside 列表项。

第 35 步，在 View Controller Connections 窗口的 Received Actions 选项中选中 LA，拖动直线连接到 View 窗口中的 La 白色按钮控件上，放开鼠标后出现按钮操作效应列表，选择 Touch Up Inside 列表项。

第 36 步，在 View Controller Connections 窗口的 Received Actions 选项中选中 SI，拖动直线连接到 View 窗口中的 Si 白色按钮控件上，放开鼠标后出现按钮操作效应列表，选择 Touch Up Inside 列表项。

第 37 步，在 View Controller Connections 窗口的 Received Actions 选项中选中 C，拖动直线连接到 View 窗口中的 C 黑色按钮控件上，放开鼠标后出现按钮操作效应列表，选择 Touch Up Inside 列表项。

第 38 步，在 View Controller Connections 窗口的 Received Actions 选项中选中 D，拖动直线连接到 View 窗口中的 D 黑色按钮控件上，放开鼠标后出现按钮操作效应列表，选择 Touch Up Inside 列表项。

第 39 步，在 View Controller Connections 窗口的 Received Actions 选项中选中 E，拖动直线连接到 View 窗口中的 E 黑色按钮控件上，放开鼠标后出现按钮操作效应列表，选择 Touch Up Inside 列表项。

第 40 步，在 View Controller Connections 窗口的 Received Actions 选项中选中 F，拖动直线连接到 View 窗口中的 F 黑色按钮控件上，放开鼠标后出现按钮操作效应列表，选择 Touch Up Inside 列表项。

第 41 步，在 View Controller Connections 窗口的 Received Actions 选项中选中 G，拖动直线连接到 View 窗口中的 G 黑色按钮控件上，放开鼠标后出现按钮操作效应列表，选择 Touch Up Inside 列表项。

第 42 步，至此，本程序中所有的控件与 ViewController.xib 文件中的 File's Owner 的连接便建立完成了，在 ViewController.xib 文件窗口中单击 File's Owner 图标，检查所有控件在 ViewController Connections 窗口的连接状态，如图 22.25 所示。

第 43 步，确认所有连接无误后，保存 ViewController.xib 文件，在 Interface Builder 中，选择 File→Save 命令。在 xib 文件成功保存后便可以关闭 Interface Builder 了。

第 44 步，回到 Xcode，选择 Product→Run 命令，这时 Xcode 会提醒用户保存所编辑过的文件，在此处单击 Save All 按钮。文件保存后，所构建的程序将在仿真虚拟测试器 iPhone Simulator 中运行。

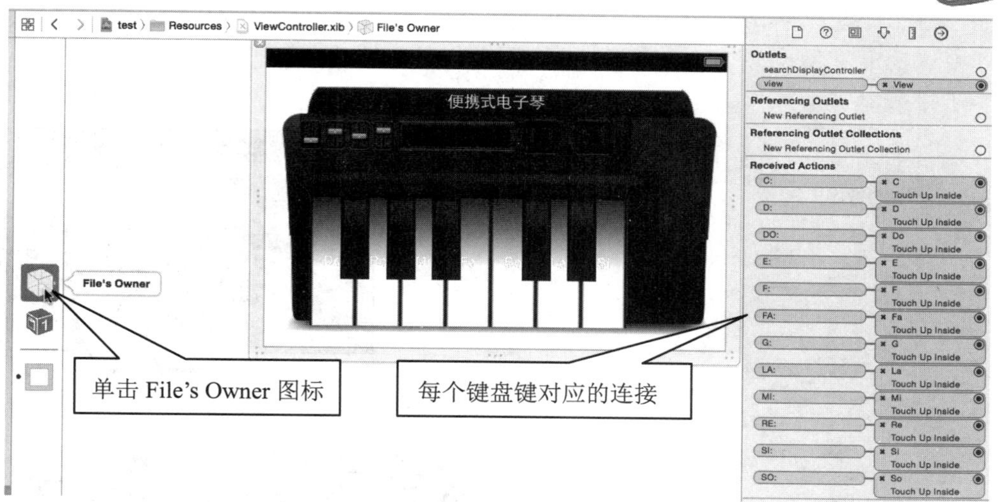

图 22.25　File's Owner 的连接

22.4　小　　结

本章使用 Xcode 的 Single View Application 模板构建一个简单的电子琴模拟器，介绍了使用 Button 操作方法连接 Audio Toolbox，建立 Audio Toolbox 对象，选择播放音频文件，使用代码获取 Button 操作方法，并且在 Interface Builder 内对 Button 操作交互连接，最终显示运行结果。

【试一试】

☑　仿照本程序代码，尝试把电子琴改为其他打击乐器，例如鼓。

☑　修改 ViewControlle.h 文件，改变音频工具和按钮操作方法的名称。

☑　修改 ViewControlle.m 文件，改变音频工具交互方法的声音文件对象，播放不同的声音。

☑　使用 ViewController.xib 文件，调整按钮的形状和位置并且连接新的播放按钮。

第23章

综合案例：吃豆人

（视频讲解：7分钟）

《吃豆人》是电子游戏历史上一款老少皆宜的经典休闲游戏，据不完全统计，20 世纪全球有五分之一的人玩过此游戏。此游戏的玩法是通过方向键控制游戏的主角吃豆人吃掉藏在迷宫内所有的豆子，并且不能被幽灵抓到。本程序并不是一个完整的吃豆人游戏，此处并没有豆子、幽灵和迷宫，只通过十字方向键控制吃豆人在屏幕的固定范围上、下、左、右地移动，并且运用 iPhone SDK 的 Audio File Service（声音文件服务）为程序添加图像视图移动时的声音文件，在吃豆人移动时发出声音。

本案例主要内容将显示于主页视图中，在主页视图右下角设有一个信息按钮引导用户打开副页视图，在副页视图左上角设有一个返回按钮引导用户打开主页视图，如图 23.1 所示。

本程序的主页视图中，详细地介绍了十字方向键是如何在程序中运作的，此处使用 Image View 控件结合 4 个 Button 控件的互动，每一个按钮分别控制一个图像视图的移动方向，并且使用 Quartz 2D（平面图像）引擎，改变图像视图的位置和方向，如图 23.2 所示；当图像视图的方向改变时把视图转换为指定的图像，如图 23.3 所示。

图 23.1　程序运行

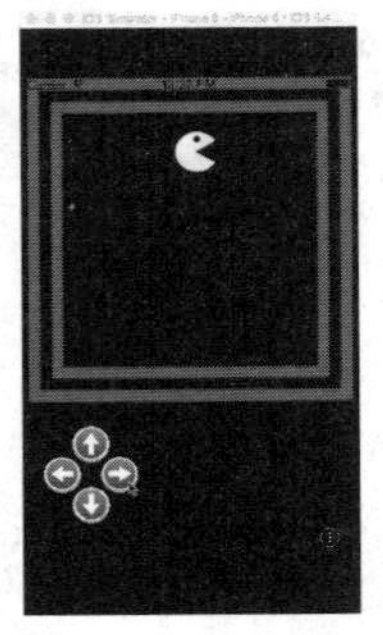

图 23.2　吃豆人向右移动

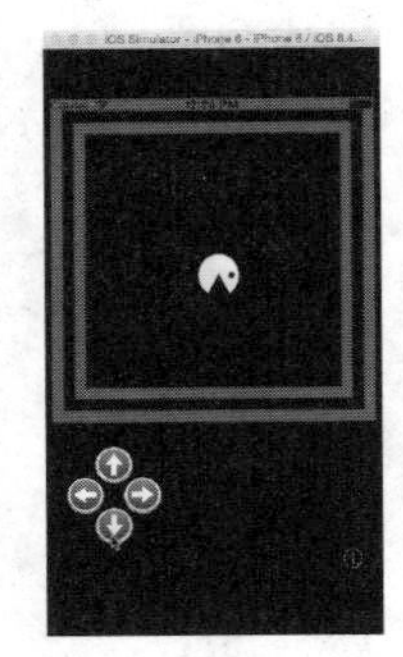

图 23.3　吃豆人向下移动

23.1　创建 Utility Application 图像移动按钮项目

本程序将使用 Xcode 4 的 Utility Application 模板构建应用程序项目。Utility Application 模板运用一个主面界面和一个背面界面为应用程序规定一个开发起点，并为程序设置一个 info 按钮，翻转主面界面到背面界面，再设置一个导航条按钮，翻转背面界面回到主面界面。

【操作步骤】

第 1 步，Xcode 5 及新版本默认不包含 Utility Application 模板。用户可以在网上检索 Utility Application 模板，下载模板压缩包。

第 2 步，将下载的模板压缩包解压后，复制到 Xcode 模板文件夹中，如 Macintosh HD→应用程序→Xcode.app→Contents→Developer→Platforms→iPhoneOS.platform→Developer→Library→Xcode→Templates→Project Templates→Application→XC4 Application。

第 3 步，打开 Mac 应用程序栏中的 Xcode 软件。

第 4 步，单击 Greate a new Xcode project 图标，Xcode 便打开 New Project 窗口，可以看到该窗口中显示新添加的 XC4 Application 模板组。

第 5 步，选择 Utility Application 模板构建应用程序，如图 23.4 所示。

图 23.4　New Project 窗口

第 6 步，在命名和保存窗口中，将文件命名为 test，如图 23.5 所示。

图 23.5　命名和保存

23.1.1 添加移动图像和声音文件

下面是添加移动图像和声音文件的操作步骤。

【操作步骤】

第 1 步，在 Xcode 程序文件列表栏中右击 Resources 文件夹。

第 2 步，在弹出的快捷菜单中选择 Add Files to “test”命令，如图 23.6 所示。

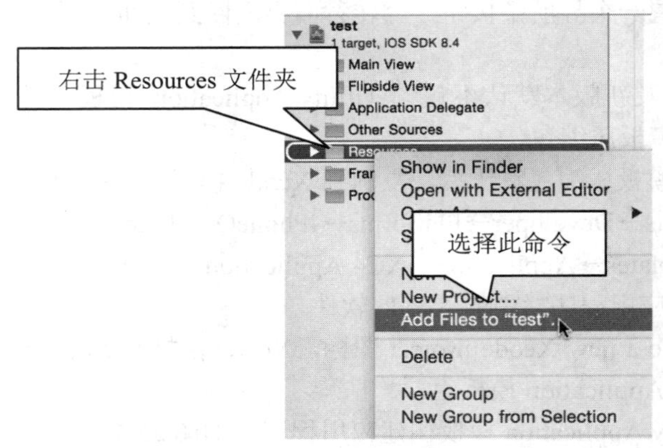

图 23.6　添加已经存在的文件

第 3 步，此处选择程序图像的路径，按住 Command 键不放，同时单击已经创建的吃豆人图像文件 PacMan_Up.png、PacMan_Left.png、PacMan_Down.png、PacMan_Right，十字方向键的图像文件 up.png、left.png、down.png、right.png 以及吃豆人移动时的声音文件 Sound.wav，单击 Add 按钮，如图 23.7 所示。

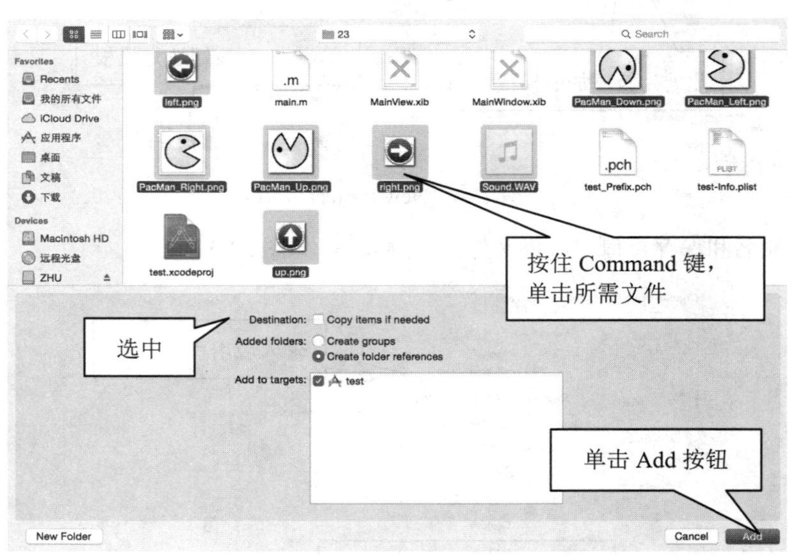

图 23.7　选择已经创建的图像和声音文件

提示：在图标文件被添加到程序中之前，为了程序可以更为完整，将文件复制到程序所在目录，选中 Copy items if needed 复选框。

23.1.2 添加支持动画和声音文件的框架

下面是添加支持框架文件的操作步骤。

【操作步骤】

第 1 步，在导航窗口中选中项目名称，如 test。

第 2 步，选中 TARGETS 下的 test 项目，在编辑窗口中选择 General，如图 23.8 所示。

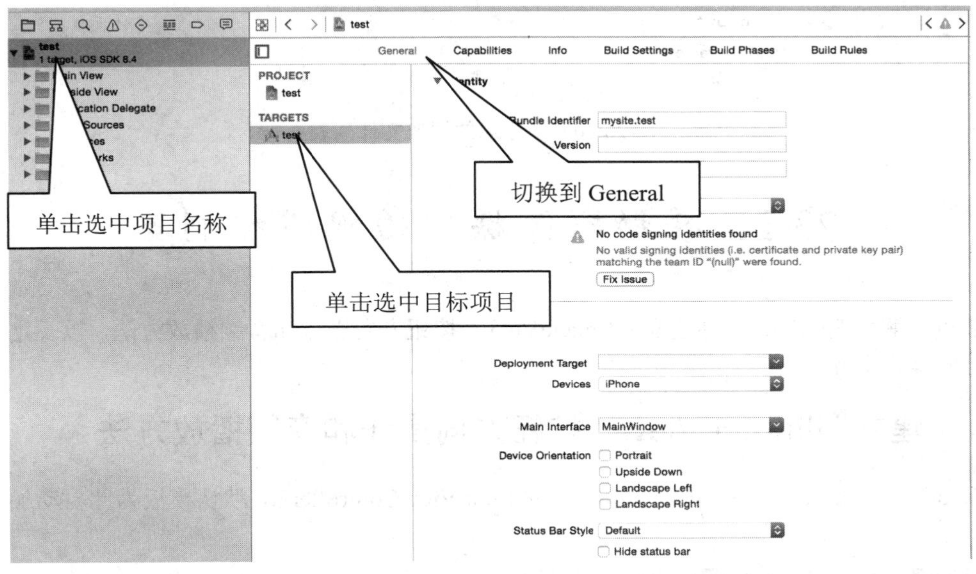

图 23.8 选中项目

第 3 步，找到 Linked Frameworks and Libraries 设置项目，单击加号按钮，在打开的框架库列表框中选择程序的框架文件，按住 Command 键不放，同时单击 AudioToolsbox.framework 和 Quartz Core.framework，单击 Add 按钮，如图 23.9 所示。

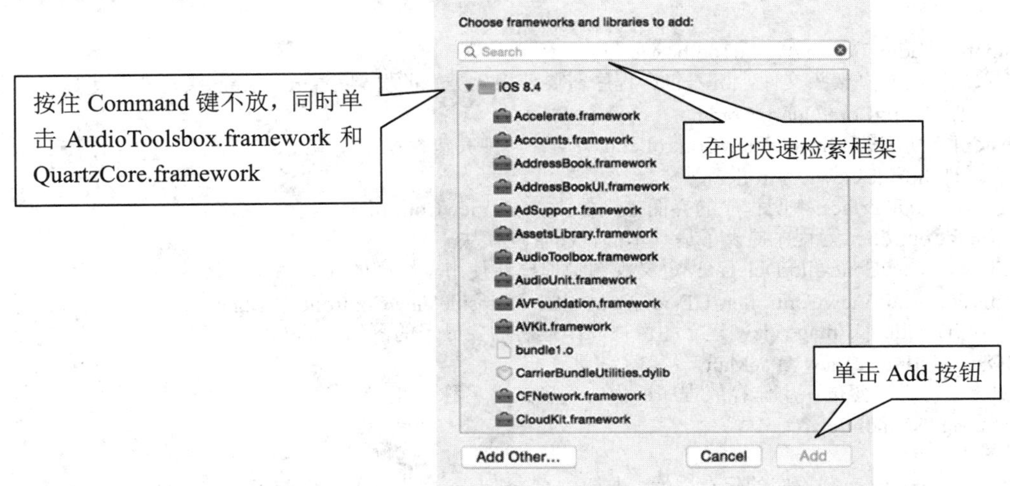

图 23.9 iPhone 框架文件列表

Note

第 4 步，单击 Add 按钮后，就可以在 Linked Frameworks and Libraries 项目组下看到新添加的框架文件列表，如图 23.10 所示。

▼ Linked Frameworks and Libraries

Name	Status
Foundation.framework	Required ◇
UIKit.framework	Required ◇
CoreGraphics.framework	Required ◇
AudioToolbox.framework	Required ◇
QuartzCore.framework	Required ◇

\+ −

图 23.10　新添加的框架文件列表

23.2　移动图像操作的视图控制器

本节将详解案例代码，包括建立 UIImageView、按钮方向操作和音频播放方法，以及定义图像属性值和方向操作交互。

23.2.1　建立 UIImageView、按钮方向操作和音频播放方法

在 Xcode 的 Classes 文件夹内，双击头文件 MainViewController.h，默认模板为此自动加入连接副页视图按钮。

```
/*MainViewController.h 文件的内容*/
//模板默认引入包含程序需要使用“类”的框架 UIKit.h 头文件，使其包含在程序中
#import <UIKit/UIKit.h>
//模板默认引入包含程序需要使用“类”的框架 Foundation.h 头文件，使其包含在程序中
#import <Foundation/Foundation.h>
//导入音频工具框架头文件，引入包含程序需要使用“类”的框架 AudioToolbox.h 头文件，使其包含在程序中
#import <AudioToolbox/AudioToolbox.h>
//导入二维动画框架头文件，引入包含程序需要使用“类”的框架 QuartzCore.h 头文件，使其包含在程序中
#import <QuartzCore/QuartzCore.h>
//模板引入所需的 FlipsideViewController.h 头文件，使其包含在程序中
#import "FlipsideViewController.h"
//此处使用@interface 声明程序的界面控制器为 MainViewController
//UIViewController 为程序提供了最基本的视图管理模块
//<FlipsideViewControllerDelegate>定义视图管理模块使用副视图的代理协议
@interface MainViewController: UIViewController <FlipsideViewControllerDelegate> {
 //此处 IBOutlet UIImageView 建立图像视图，把所需要显示的图像告诉 Interface
 IBOutlet UIImageView *PacMan;
 //创建字符类型变量，用作存放程序所需的声音文件名称
 NSString *soundFile;
}
//此处@Property 声明程序的保存属性，加入在@interface 中指定的相同 UIImage 控件对象
@property(nonatomic,retain)UIImageView *PacMan;
```

```
//此处@Property 声明程序的保存属性，加入在@interface 中指定的相同 NSString 控件对象
@property(nonatomic,retain)NSString *soundFile;
//建立音频文件播放方法
-(void)playSound:(NSString*)soundAct;
//建立操作效应的方法，单击按钮向左移动并且播放指定的音频文件
- (IBAction)onLeft:(id)sender;
//建立操作效应的方法，单击按钮向右移动并且播放指定的音频文件
- (IBAction)onRight:(id)sender;
//建立操作效应的方法，单击按钮向上移动并且播放指定的音频文件
- (IBAction)onUp:(id)sender;
//建立操作效应的方法，单击按钮向下移动并且播放指定的音频文件
- (IBAction)onDown:(id)sender;
//建立操作效应的方法，主视图中的 info 按钮方法
- (IBAction)showInfo:(id)sender;
//程序的头文件 MainViewController.h 到此结束
@end
```

23.2.2　定义图像属性值和方向操作交互

在 Xcode 的 Classes 文件夹内，双击实现文件 MainViewController.m，在此定义按钮交互的详细方法。

```
/*MainViewController.m 文件的内容*/
//引入所需的 MainViewController.h 头文件，使其包含在程序中并进行联系
#import "MainViewController.h"
//程序开始点，表明启动 MainViewController
@implementation MainViewController
//告诉编译器合成本例需要的图像视图对象的存储器方法
@synthesize PacMan;
//本指令告诉编译器合成本例所需要的字符类型变量对象的存储器方法
@synthesize soundFile;
//音频文件播放方法的内容
-(void)playSound:(NSString*)soundAct{
 //建立字符类型变量对象，获取音频文件的路径名称
 NSString *path = [NSString stringWithFormat:@"%@%@",
                         [[NSBundle mainBundle] resourcePath],
                         soundAct];
      //释放字符类型变量对象
 NSLog(@"%@\n", path);
 //声明一个系统声音标识符
 SystemSoundID soundID;
 //建立 URL 类型变量对象，转换字符类型变量的路径文件为 URL 连接，其中 isDirectory:NO 表明不存在目录
 NSURL *filePath = [NSURL fileURLWithPath:path isDirectory:NO];
 //使用 Audio Toolbox 框架提供的创建声音服务，定义音频的路径和创建声音标识符
 AudioServicesCreateSystemSoundID((CFURLRef)filePath, &soundID);
 //使用 Audio Toolbox 框架提供的播放声音服务，播放指定的声音标识符
 AudioServicesPlaySystemSound(soundID);
}
//向左操作效应的方法
- (IBAction)onLeft:(id)sender {
```

Note

```
        //条件语句 if，当吃豆人图像视图位置的 x 坐标大于 50 时
        if(PacMan.center.x > 50){
        //定义视图中的吃豆人图像视图动画开始
        [UIImageView beginAnimations:nil context:PacMan];
        //定义视图的动画持续时间值
        [UIImageView setAnimationDuration:0.5];
        //定义图像视图移动结束时的坐标，此处 x-10 表明向左移动 10px
        PacMan.center=CGPointMake(PacMan.center.x-10, PacMan.center.y);
        //定义图像视图的图像名称
        [PacMan setImage:[UIImage imageNamed:@"PacMan_Left.png"]];
        //提交动画，完成吃豆人图像视图动画
        [UIImageView commitAnimations];
    }//条件语句 if 结束
    //定义指定所要播放的音频文件名称
    soundFile = [NSString stringWithFormat:@"/Sound.wav"];
    //调用 playSound 音频文件播放方法，播放指定的音频文件
    [self playSound: soundFile];
}
//向右操作效应的方法
- (IBAction)onRight:(id)sender {
    //条件语句 if，当吃豆人图像视图位置的 x 坐标小于 270 时
    if(PacMan.center.x < 270){
        //定义视图中的吃豆人图像视图动画开始
        [UIImageView beginAnimations:nil context:PacMan];
        //定义视图的动画持续时间值
        [UIImageView setAnimationDuration:0.5];
        //定义图像视图移动结束时的坐标，此处 x+10 表明向右移动 10px
        PacMan.center=CGPointMake(PacMan.center.x+10, PacMan.center.y);
        //定义图像视图的图像名称
        [PacMan setImage:[UIImage imageNamed:@"pacMan_Right.png"]];
        //提交动画，完成吃豆人图像视图动画
        [UIImageView commitAnimations];
    }//条件语句 if 结束
    //定义所要播放的音频文件名称
    soundFile = [NSString stringWithFormat:@"/Sound.wav"];
    //调用 playSound 音频文件播放方法，播放指定的音频文件
    [self playSound: soundFile];
}
//向上操作效应的方法
- (IBAction)onUp:(id)sender {
    //条件语句 if，当吃豆人图像视图位置的 y 坐标大于 50 时
    if(PacMan.center.y>50){
        //定义视图中的吃豆人图像视图动画开始
        [UIImageView beginAnimations:nil context:PacMan];
        //定义视图的动画持续时间值
        [UIImageView setAnimationDuration:0.5];
        //定义图像视图移动结束时的坐标，此处 y-10 表明向上移动 10px
        PacMan.center=CGPointMake(PacMan.center.x, PacMan.center.y-10);
        //定义图像视图的图像名称
        [PacMan setImage:[UIImage imageNamed:@"PacMan_Up.png"]];
```

```
        //提交动画，完成吃豆人图像视图动画
        [UIImageView commitAnimations];
    }//条件语句 if 结束
        //定义指定所要播放的音频文件名称
    soundFile = [NSString stringWithFormat:@"/Sound.wav"];
    //调用 playSound 音频文件播放方法，播放指定的音频文件
    [self playSound: soundFile];
}
//向下操作效应的方法
- (IBAction)onDown:(id)sender {
    //条件语句 if，当吃豆人图像视图位置 y 坐标小于 270 时
    if(PacMan.center.y < 270){
        //定义视图中的吃豆人图像视图动画开始
        [UIImageView beginAnimations:nil context:PacMan];
        //定义视图的动画持续时间值
        [UIImageView setAnimationDuration:0.5];
        //定义图像视图移动结束时的坐标，此处 y+10 表明向下移动 10px
        PacMan.center=CGPointMake(PacMan.center.x, PacMan.center.y+10);
        //定义图像视图的图像名称
        [PacMan setImage:[UIImage imageNamed:@"PacMan_Down.png"]];
        //提交动画，完成吃豆人图像视图动画
        [UIImageView commitAnimations];
    }//条件语句 if 结束
    //定义所要播放的音频文件名称
    soundFile = [NSString stringWithFormat:@"/Sound.wav"];
    //调用 playSound 音频文件播放方法，播放指定的音频文件
    [self playSound: soundFile];
}
//副视图控制器方法
- (void)flipsideViewControllerDidFinish:(FlipsideViewController *)controller {
        //视图转换，翻页动态效果
    [self dismissModalViewControllerAnimated:YES];
}
//主视图中的 info 按钮方法，单击按钮转到副视图
- (IBAction)showInfo:(id)sender {
        //使用副视图控制器方法，转到副视图
    FlipsideViewController *controller = [[FlipsideViewController alloc]
                                          initWithNibName:@"FlipsideView" bundle:nil];
        //定义控制器代理为本体
    controller.delegate = self;
        //定义控制器转换视图的形态类型
    controller.modalTransitionStyle = UIModalTransitionStyleFlipHorizontal;
        //开始控制器转换视图的动态
    [self presentModalViewController:controller animated:YES];
        //释放控制器
    [controller release];
}
//释放可用内存供给应用程序，并提早发出警告提示
```

Note

```
- (void)didReceiveMemoryWarning {
 //执行 didReceiveMemoryWarning 的工作
    [super didReceiveMemoryWarning];
}
//使用(void)dealloc 的释放方法，把程序中使用过的所有控件对象释放
//最后用“[super dealloc],”进行内存清理
- (void)dealloc {
        [PacMan release];
        [soundFile release];
        [super dealloc];
}
//程序的 MainViewController.m 到此结束
@end
```

23.3 在 Interface Builder 中构建吃豆人主页

运行 Interface Builder，在 Xcode 文件列表栏中打开 Resources 组，双击 MainView.xib 文件，Interface Builder 程序自动运行，在此处可以编辑界面。

23.3.1 构建吃豆人图像和背景图像

下面是界面元素设计和布局详细操作步骤。

【操作步骤】

第 1 步，在导航栏中打开 Resources 目录下的 MainView.xib 文件。在 Interface Builder 菜单栏中选择 View→Utilities→Show Attributes Inspector 命令，如图 23.11 所示，打开 Attributes Inspector。这样使程序中的文字可以更鲜明地显示在屏幕中。

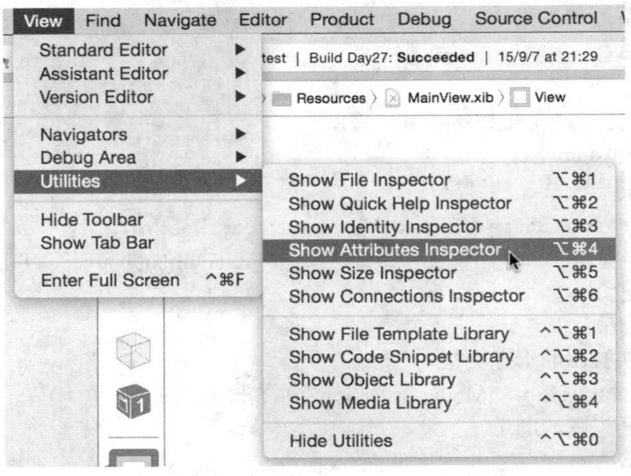

图 23.11　打开 Attributes Inspector

第 2 步，选择 View 界面后，在视图特性检查器窗口的 View 选项中设置 Background 为 Black Color，将视图背景颜色设置为黑色，如图 23.12 所示。

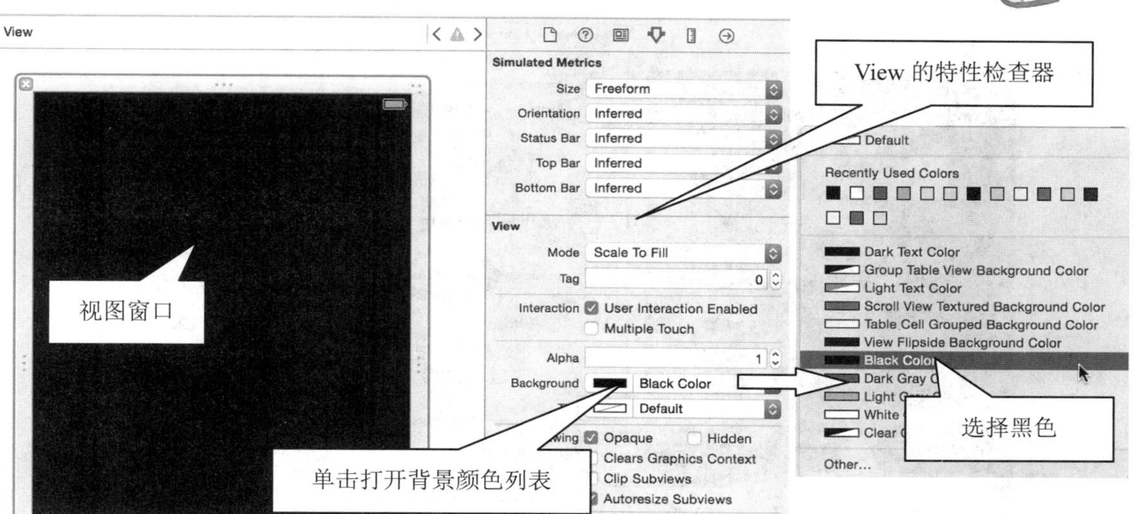

图 23.12　将 View Attributes 检查器中视图的背景颜色设置为黑色

第 3 步，在 Xcode 菜单栏中选择 View→Utilities→Show Object Library 命令，如图 23.13 所示，打开 Library 组件面板窗口。

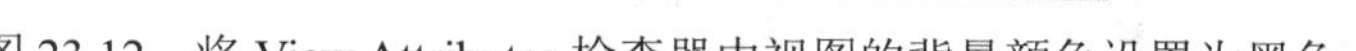

图 23.13　打开 Library 库的组件面板

第 4 步，在 Library 控件列表菜单中，拖动控件并将其添加到程序视图，此过程中不要关闭 Library 库的组件面板窗口，拖动两个 Image View 添加到 View 窗口中，使用一个图像视图显示程序的吃豆人图像，另一个图像视图显示程序的背景图像，如图 23.14 所示。

第 5 步，在 Auttributes Inspector 特性检查器中，单击 Image View 控件或按 Tab 键选择此控件，保持 Image View 图像的选择状态。

第 6 步，在 Image View Attributes 窗口中 Image View 选项的 Image 下拉列表框中选择 background.png，如图 23.15 所示。

第 7 步，在 Interface Builder 菜单栏中选择 View→Utilities→Show Size Inspector 命令，打开 Size Inspector，或在 Inspector 窗口中单击 Size Inspector 按钮，使用尺寸检查器。

在 View 窗口中，保持背景 Image View 控件的被选择状态，在 Image View Size 窗口设置 Size 和 Position 的 X、Y、Width、Height 属性，在文本框中分别输入 0、0、320、320，如图 23.16 所示。

Note

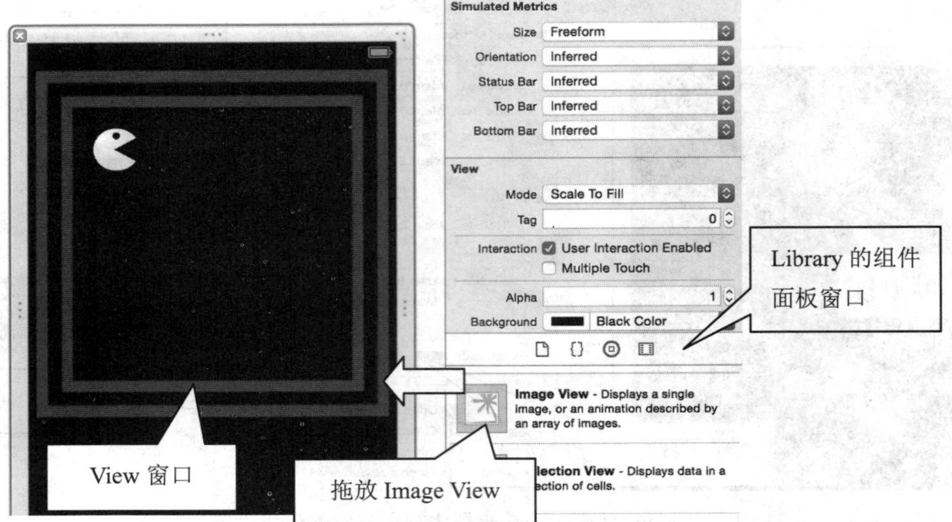

图 23.14　Library 库的 Image View 组件面板

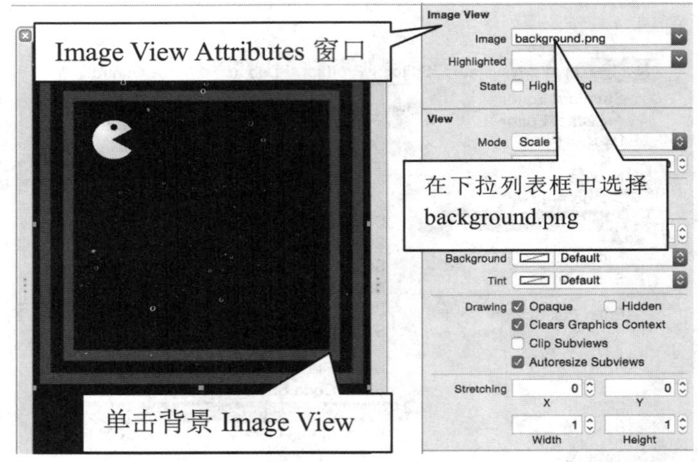

图 23.15　背景图像视图的特性设置

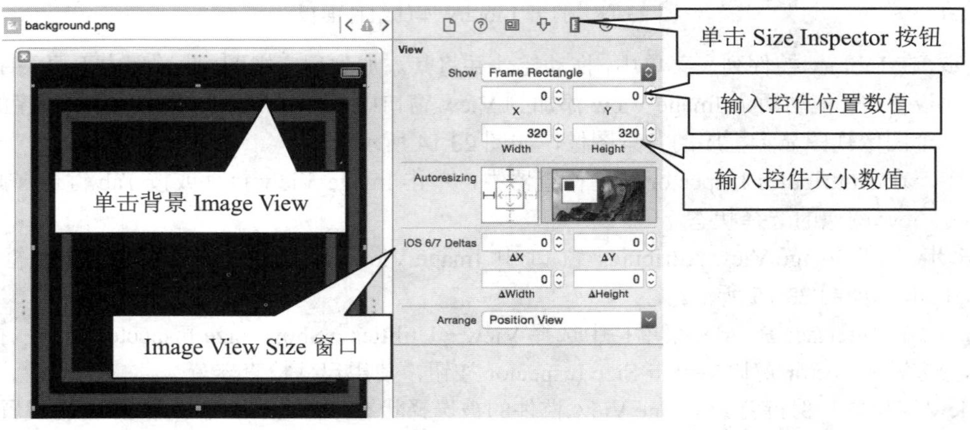

图 23.16　背景图像视图的尺寸设置

第 8 步，在 View 窗口中，保持背景 Image View 控件的被选择状态。在 Interface Builder 菜单栏中选择 Editor→Arrange→Send Backward 命令，如图 23.17 所示。

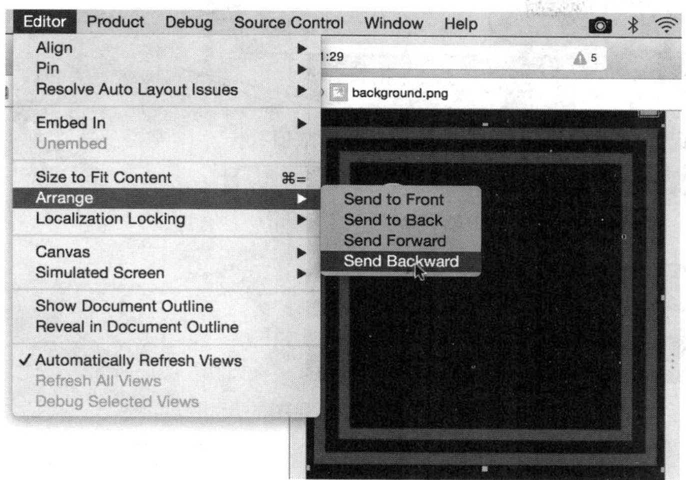

图 23.17　背景图像视图的布局设置

第 9 步，打开 Auttributes Inspector 特性检查器。在 View 窗口中，单击 Image View 控件或按 Tab 键选择此控件，保持 Image View 图像的选择状态。在 Image View Attributes 窗口中 Image View 选项的 Image 下拉列表框中选择 PacMan_Right.png，如图 23.18 所示。

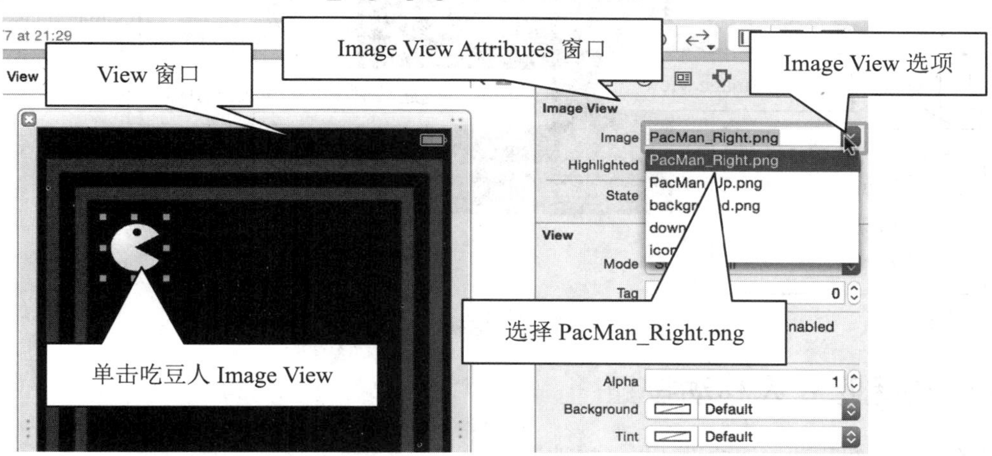

图 23.18　吃豆人图像视图的特性设置

第 10 步，在 View 窗口中，保持 Image View 控件的被选择状态，单击 Size Inspector 命令，使用尺寸检查器。

在 Image View Size 窗口分别设置 Size 和 Position 的 X、Y、Width、Height 属性，在文本框中分别输入 47、50、50、50，如图 23.19 所示。

第 11 步，单击 Connection Inspector 按钮，使用连接检查器。在 View 窗口中，保持 Image View 控件的被选择状态；在 Image View Connections 窗口的 Referencing Outlets 选项中选中 New Referencing Outlet，拖动直线连接到 MainView.xib 窗口中的 File's Owner 图标上，放开鼠标后出现代码中的操作效应列表，选择 PacMan 列表项，如图 23.20 所示。

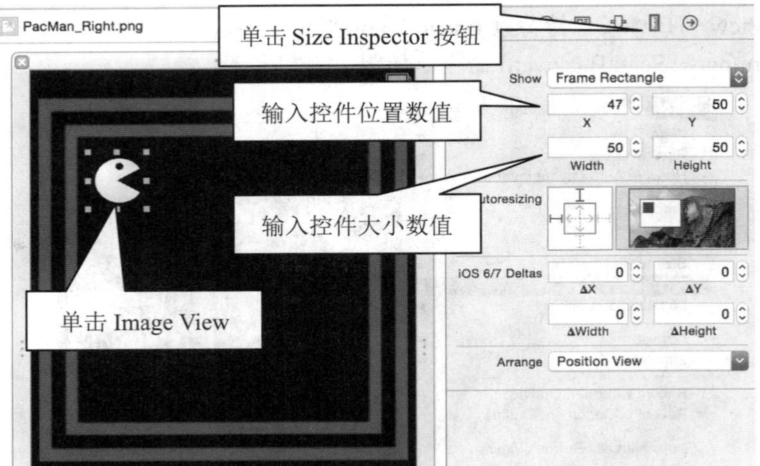

图 23.19　吃豆人图像视图的尺寸设置

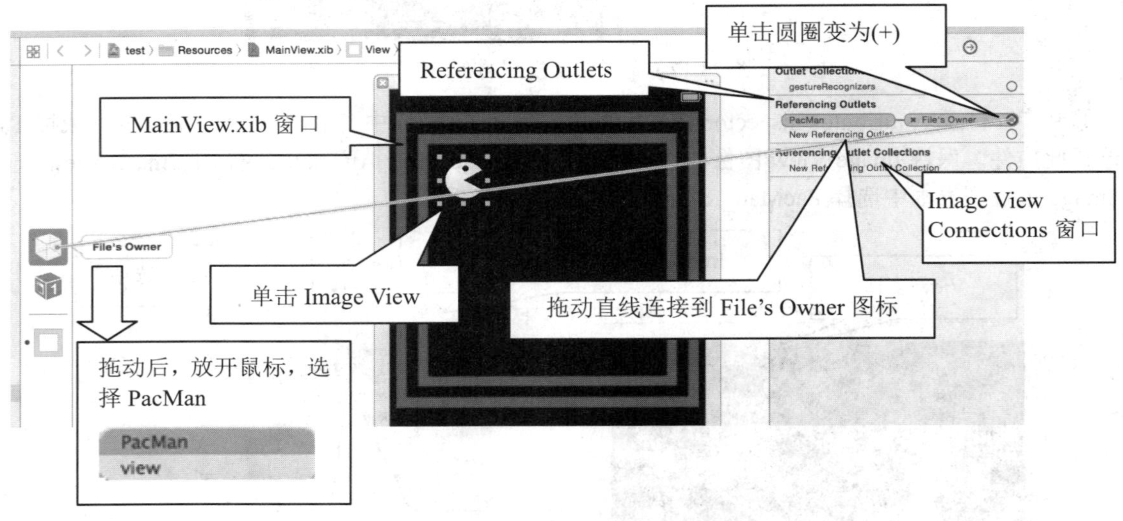

图 23.20　吃豆人图像视图的连接设置

23.3.2　构建吃豆人移动按钮

本节将详细介绍移动按钮的设计以及属性设置。

【操作步骤】

第 1 步，打开 Resources 目录下的 MainView.xib 界面设计文件，同时打开 Library 控件列表窗口。

第 2 步，在 Library 控件列表菜单中，拖动控件并将其添加到程序视图，此过程中不要关闭 Library 库的组件面板窗口，拖动 4 个 Button 添加到 View 窗口中，分别控制程序中吃豆人的上、下、左、右移动，如图 23.21 所示。

第 3 步，单击 View 窗口中的第 1 个 Button 控件或按 Tab 键选择控件，在 Button Attributes 窗口中 Button 选项的 Background 下拉列表框中选择 up.png，如图 23.22 所示。

第 4 步，单击 View 窗口中的第 2 个 Button 控件或按 Tab 键选择控件，在 Button Attributes 窗口中 Button 选项的 Background 下拉列表框中选择 left.png。

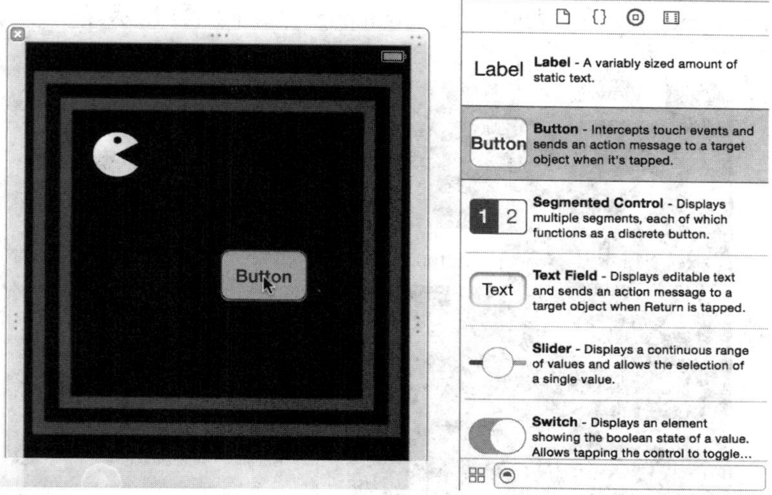

图 23.21　Library 库的 Button 组件面板

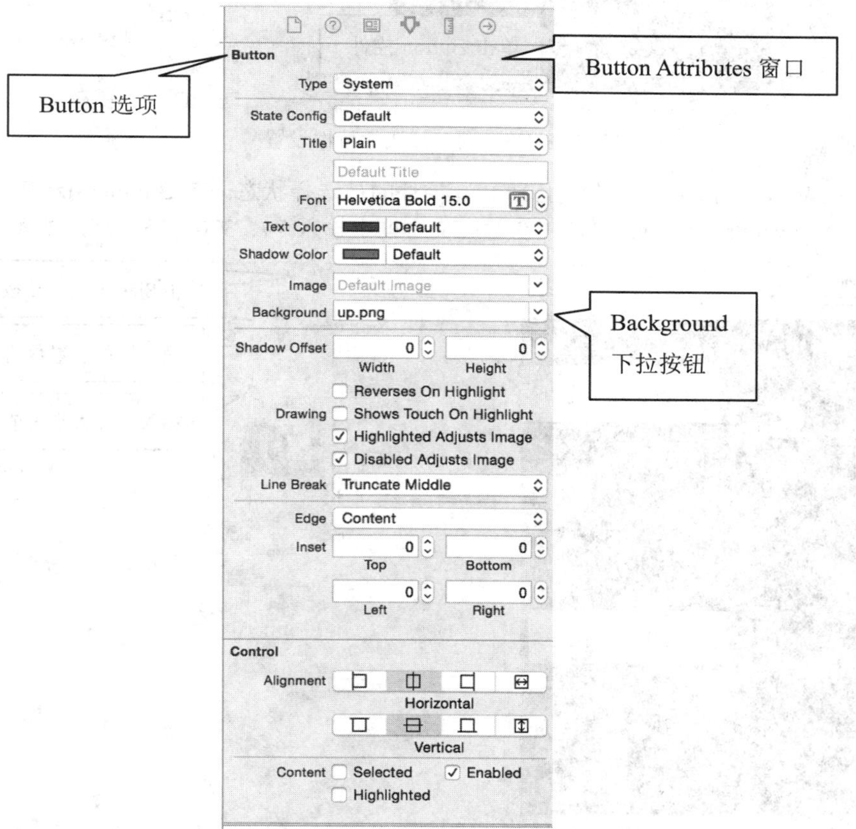

图 23.22　向上按钮的特性设置

第 5 步，单击 View 窗口中的第 3 个 Button 控件或按 Tab 键选择控件，在 Button Attributes 窗口中 Button 选项的 Background 下拉列表框中选择 down.png。

第 6 步，单击 View 窗口中的第 4 个 Button 控件或按 Tab 键选择控件，在 Button Attributes 窗口

中 Button 选项的 Background 下拉列表框中选择 right.png，如图 23.23 所示。

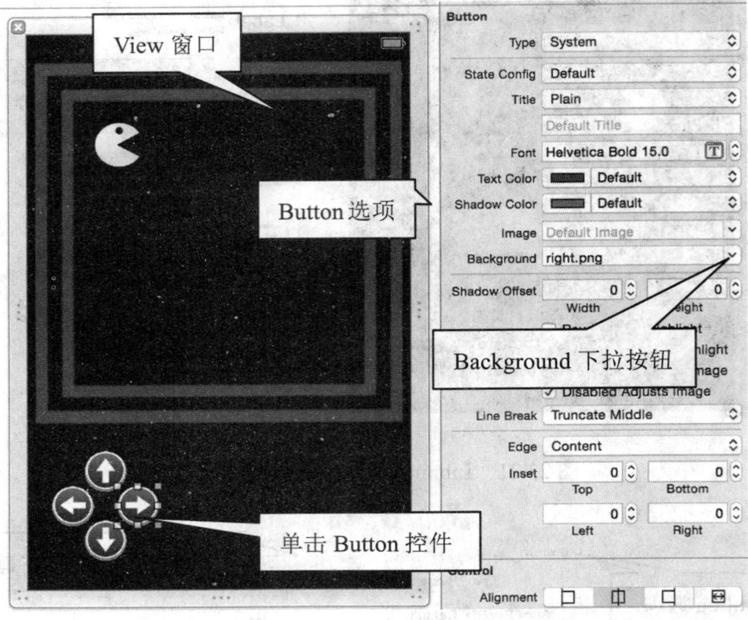

图 23.23　向右按钮的特性设置

第 7 步，在 View 窗口中，保持向上 Button 控件的被选择状态。在 Button Size 窗口设置 Size 和 Position 的 X、Y、Width、Height 属性，在对应文本框中输入 74、370、35、35，如图 23.24 所示。

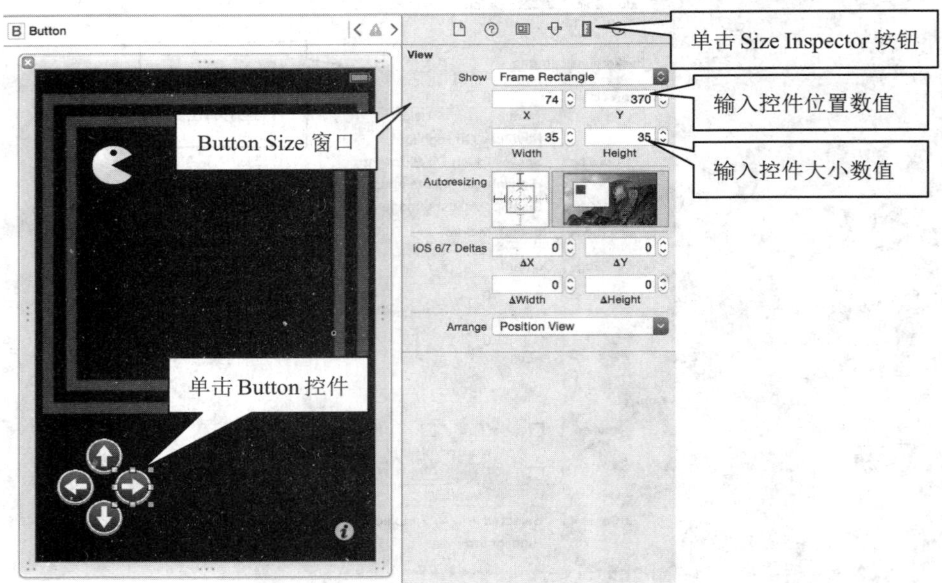

图 23.24　向上按钮的尺寸设置

第 8 步，在 View 窗口中，保持向左 Button 控件的被选择状态，在 Button Size 窗口设置 Size 和 Position 的 X、Y、Width、Height 属性，在对应文本框中输入 20、370、35、35。

第 9 步，在 View 窗口中，保持向下 Button 控件的被选择状态，在 Button Size 窗口设置 Size 和

Position 的 X、Y、Width、Height 属性，在对应文本框中输入 47、400、35、35。

第 10 步，在 View 窗口中，保持向右 Button 控件的被选择状态，在 Button Size 窗口设置 Size 和 Position 的 X、Y、Width、Height 属性，在对应文本框中输入 74、370、35、35。

第 11 步，单击 Connection Inspector 按钮，使用连接检查器。把控件与 File's Owner 连接，使控件运行代码所编写的内容。在 MainView.xib 文件对象窗口中单击 File's Owner 图标，如图 23.25 所示。

图 23.25　MainView.xib 文件对象连接

第 12 步，在 Main View Controller Connections 窗口的 Received Actions 选项中选中 onDown，拖动直线连接到 View 窗口中的向下 Button 控件上，放开鼠标后出现按钮操作效应列表，选择 Touch Up Inside 列表项，如图 23.26 所示。

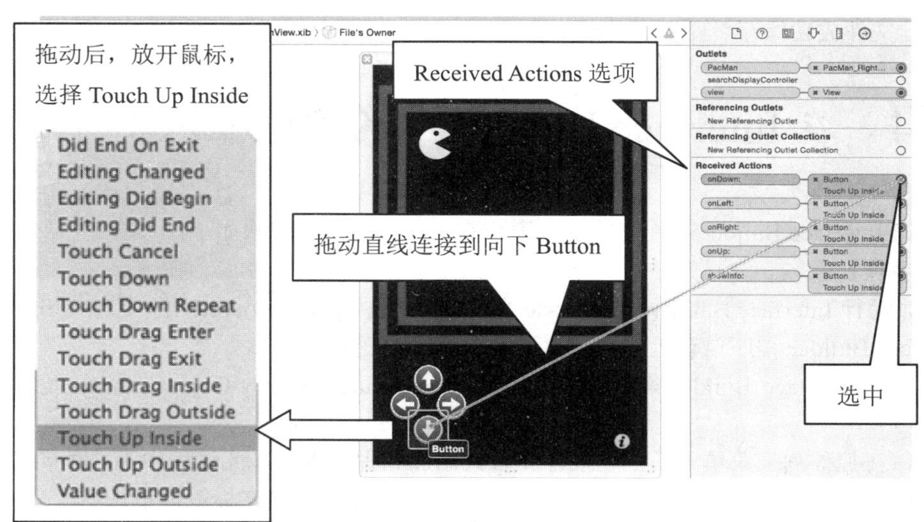

图 23.26　向下按钮的连接设置

Note

第 13 步，在 Main View Controller Connections 窗口的 Received Actions 选项中选中 onLeft，拖动直线连接到 View 窗口中的向左 Button 控件上，放开鼠标后出现按钮操作效应列表，选择 Touch Up Inside 列表项。

第 14 步，在 Main View Controller Connections 窗口的 Received Actions 选项中选中 onRight，拖动直线连接到 View 窗口中的向右 Button 控件上，放开鼠标后出现按钮操作效应列表，选择 Touch Up Inside 列表项。

第 15 步，在 Main View Controller Connections 窗口的 Received Actions 选项中选中 onUp，拖动直线连接到 View 窗口中的向上 Round Rect Button 控件上，放开鼠标后出现按钮操作效应列表，选择 Touch Up Inside 列表项，如图 23.27 所示。

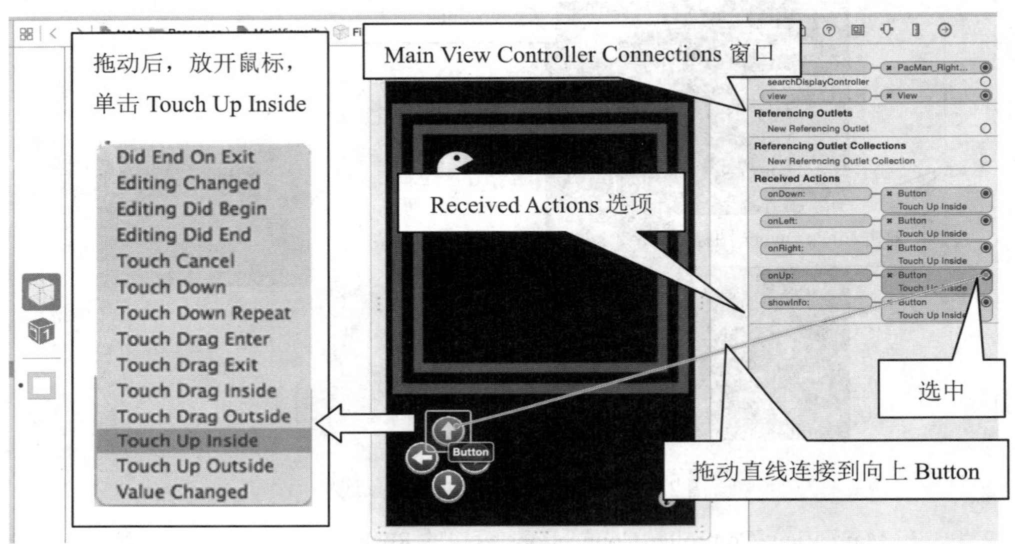

图 23.27　向上按钮的连接设置

第 16 步，确认所有连接无误后，保存 MainView.xib 文件，在 Interface Builder 中，选择 File→Save 命令。在 xib 文件成功保存后便可以关闭 Interface Builder 了。

23.4　在 Interface Builder 中构建吃豆人简介副页

本节将在 Interface Builder 中构建吃豆人简介副页，具体操作步骤如下。

【操作步骤】

第 1 步，运行 Interface Builder，在 Xcode 文件列表栏中打开 Resources 组，双击 FlipsideView.xib 文件，Interface Builder 程序自动运行，在此处可以编辑改变界面。

第 2 步，在 Interface Builder 菜单栏中选择 View→Utilities→Show Object Libray 命令，打开库的组件面板。

第 3 步，在控件列表菜单中，拖动控件并将其添加到程序视图，此过程中不要关闭 Library 库的组件面板窗口，拖动一个 Text View 添加到 View 窗口中，使用此文字标签显示说明。

第 4 步，在 Interface Builder 菜单栏中选择 View→Utilities→Show Attributes Inspector 命令，打开 Attributes Inspector。

第 5 步，单击 View 窗口的 Navigation Item 控件或按 Tab 键选择此控件，在 Navigation Item Attributes 窗口中 Navigation Item 选项的 Title 文本框中输入“十字方向键”，如图 23.28 所示。

图 23.28　Navigation Item 的特性检查器

第 6 步，单击 View 窗口中的 Text View 控件或按 Tab 键选择此控件，在 Text View Attributes 窗口中 Text View 选项的 Text 文本框中输入吃豆人的百科文字介绍，如图 23.29 所示。

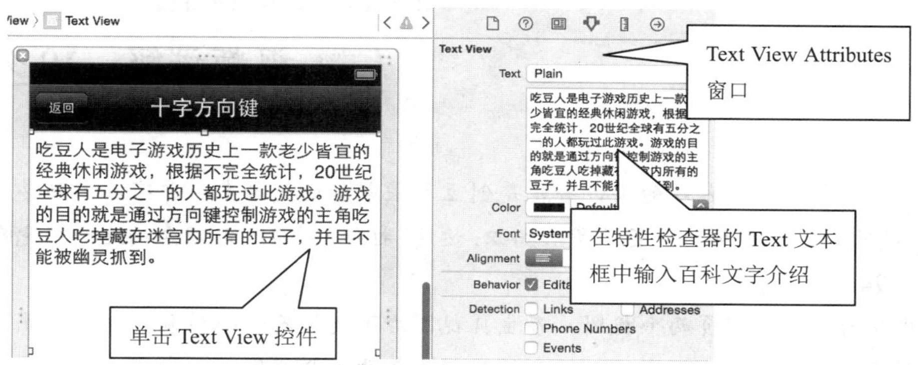

图 23.29　Text View 的特性检查器

第 7 步，在 Interface Builder 中选择 File→Save 命令。在 xib 文件成功保存后便可以关闭 Interface Builder 了。

第 8 步，回到 Xcode，选择 Product→Run 命令，这时 Xcode 会提醒用户保存所编辑过的文件，在此处单击 Save All 按钮。文件保存后，所构建的程序将在仿真虚拟测试器 iPhone Simulator 中运行。

23.5　小　　结

本章在 Utility Application 模板中，使用代码获取 Button 操作方法，配合 UIimageView 的动画属性操作方法，并且在 Interface Builder 内对 Button 和 UIImageView 进行移动的操作交互连接，生成移动动画，最终显示运行结果。

【试一试】

☑　仿照和本案例一样的代码，更改图像的属性值。例如，改变吃豆人的移动距离、移动范围和图像的文件名。

☑　在程序文件 MainViewController.m 中，修改 CGPointMake（移动距离）的值。

☑　在程序文件 MainViewController.m 中，修改 PacMan.center（移动范围）的值。

☑　在程序文件 MainViewController.m 中，修改 PacMan setImage（图像文件名）的值。

第24章

综合案例：打砖块

（视频讲解：19分钟）

世界上第一款打砖块游戏的设计者就是创立苹果电脑的史蒂夫·乔布斯与斯蒂夫·沃兹尼亚克。本游戏的制作将运用到前面的所有知识，按照“打砖块”游戏的理念构建一个完整的iPhone游戏，如图24.1所示。

本游戏分为主页和副页两个视图，在主页视图右下角设有一个信息按钮引导用户打开副页视图，在副视图左上角设有一个返回按钮引导用户打开主页视图。玩家在主页视图中单击“开始”按钮后游戏开始；在游戏弹板上生成打击球，游戏中左右两个方向按钮可以控制弹板的移动，每当打击球打到砖块时，玩家将得分，如图24.2所示；当打击球落到游戏弹板以下，玩家将输掉游戏并且游戏结束，如图24.3所示。

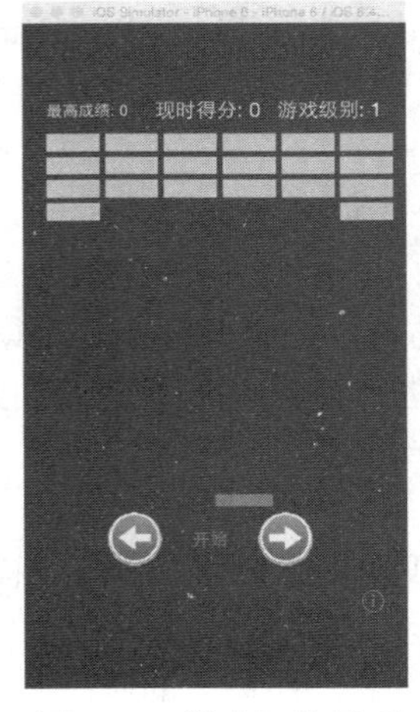

图24.1　游戏初始界面

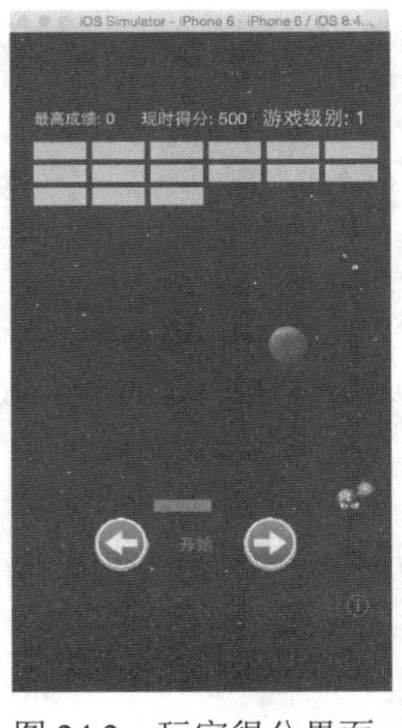

图24.2　玩家得分界面

图24.3　玩家输掉界面

在本游戏的构建中，Quartz 2D（平面图像）引擎和Audio File Service（声音文件服务）是必不可

少的，其为游戏提供动态事件方法和在事件中播放声音，通过结合游戏中的事件和控件的交互方法，构建出生动有趣的游戏。游戏界面构件如下：

☑ 3 个 Label 控件分别显示游戏中的最高成绩、现时得分和游戏级别。
☑ 3 个 Button 控件左右按钮控制游戏的弹板，“开始”按钮为游戏生成弹动的打击球。
☑ 3 个 Image View 控件，为游戏显示打击球、弹板和方块。
☑ 游戏程序还加入了一个 Alert View 控件，为用户显示游戏结束的提示信息。

24.1　创建 Utility Application 项目

本程序将继续使用 Utility Application 模板构建的应用程序项目，本模板运用一个主面页界面和一个背面页界面为应用程序规定一个开发起点，为程序设置一个 info 按钮，翻转主页界面到背面界面和一个导航条按钮，翻转背面界面回到主页界面。

【操作步骤】

第 1 步，打开 Mac 应用程序栏中的 Xcode 软件。

第 2 步，单击 Greate a new Xcode Project 图标，Xcode 便打开 New Project 窗口，选择 Utility Application 模板构建应用程序。

第 3 步，在 Save as 窗口中，将文件命名为 test。

24.1.1　添加打砖块的图像和声音文件

下面是添加打砖块的图像和声音文件的操作步骤。

【操作步骤】

第 1 步，在 Xcode 程序文件列表栏中，右击 Resources 文件夹。

第 2 步，在弹出的快捷菜单中选择 Add Files to “test”命令，如图 24.4 所示。

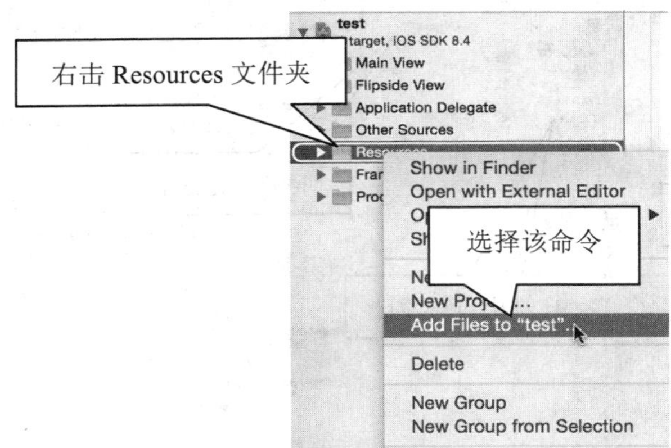

图 24.4　添加已经存在的文件

第 3 步，此处选择程序的图像的路径，按住 Command 键不放，同时单击已经创建的游戏人物图像文件 ball.png、board.png、brick.png 和 shortan.png；游戏按钮图像文件 left.png 和 right.png；声音文件 Brick_move.caf、Button_press.caf、Kick.caf、Lose.caf 和 Win.caf，单击 Add 按钮，如图 24.5 所示。

Note

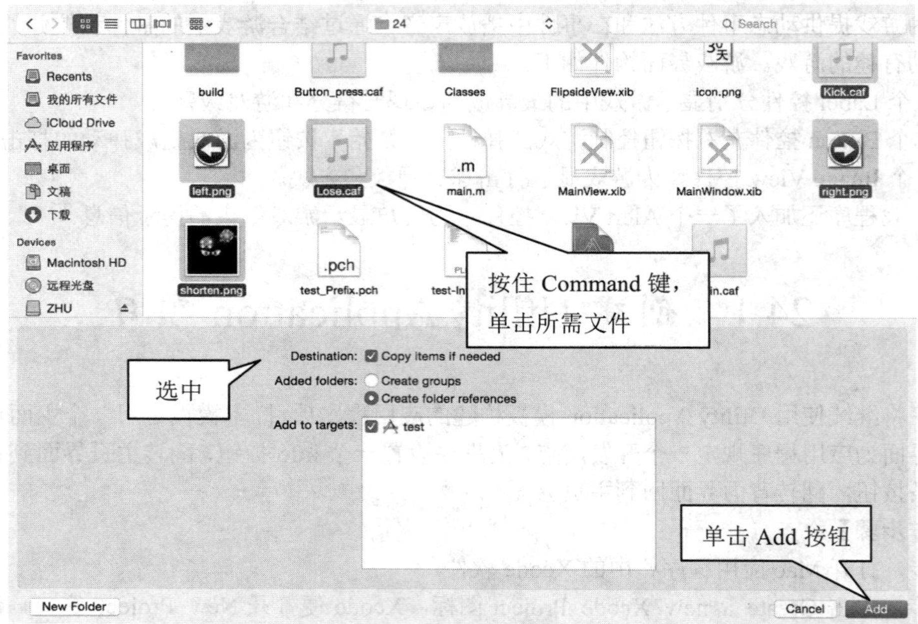

图 24.5　选择已经创建的图像和声音文件

24.1.2　添加框架文件

下面是添加支持框架文件的操作步骤。

【操作步骤】

第 1 步，在导航窗口中选中项目名称，如 test。

第 2 步，选中 TARGETS 下的 test 项目，在编辑窗口中选择 General，如图 24.6 所示。

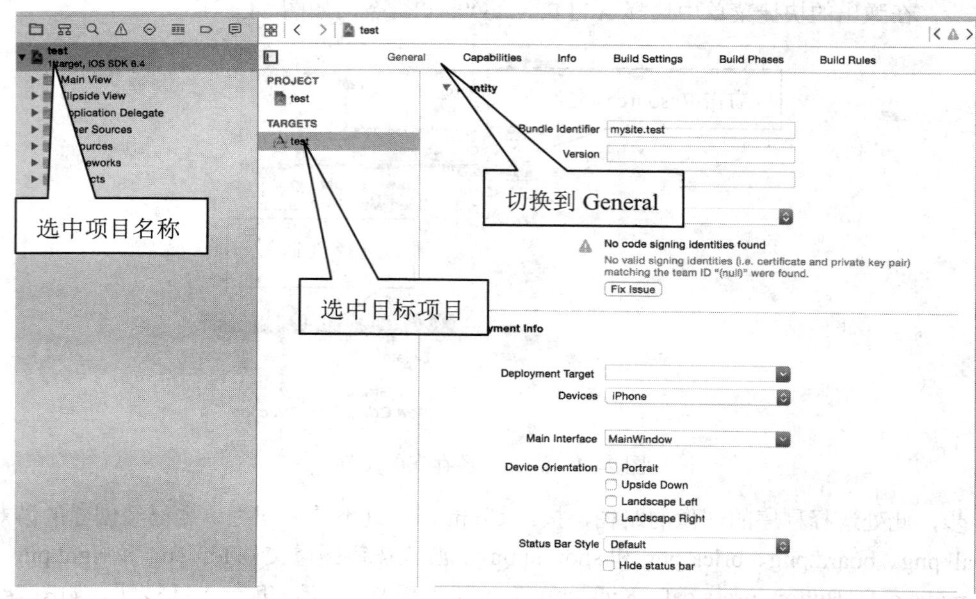

图 24.6　选中项目

第 3 步，找到 Linked Frameworks and Libraries 设置项目，单击加号按钮，在打开的框架库列表框中选择程序的框架文件，按住 Command 键不放，同时单击 AudioToolbox.framework 和 QuartzCore.framework，单击 Add 按钮，如图 24.7 所示。

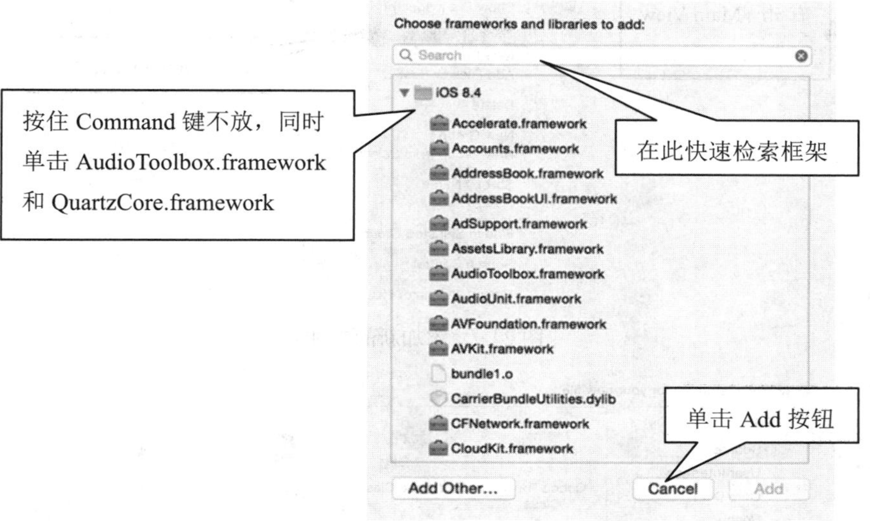

图 24.7 iPhone 框架文件列表

第 4 步，单击 Add 按钮后，就可以在 Linked Frameworks and Libraries 项目组下看到新添加的库文件列表，如图 24.8 所示。

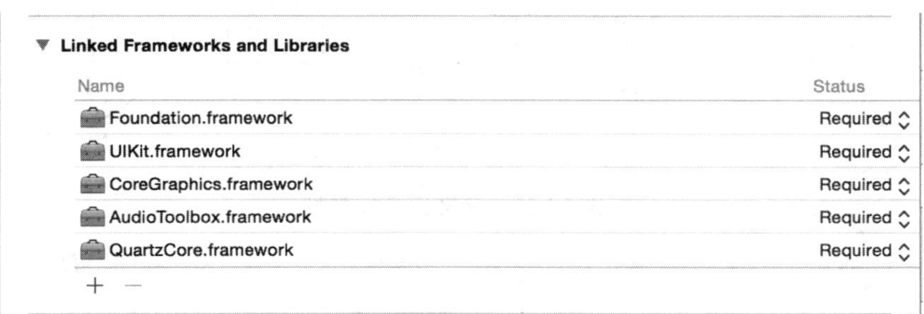

图 24.8 新添加的框架文件列表

24.1.3 添加 UIImageView 控制器

此处在程序中添加一个 UIImageView 类，为程序建立导航连接页面。

【操作步骤】

第 1 步，在 Xcode 程序文件列表栏中右击 Main View 文件夹，在弹出的快捷菜单中选择 New File...命令，如图 24.9 所示。

第 2 步，在 New Project 窗口左侧的 iOS 分类下，选择 Source 项目的类型，选择 Cocoa Touch Class 选项，最后在右下角单击 Next 按钮，此处将选定应用程序文件模板类型，如图 24.10 所示。

第 3 步，此处为新的文件命名，在 File Name 文本框中输入此文件的名称 BoardView，同时选择本文件的继承 Class 和语言类型，如图 24.11 所示。

Note

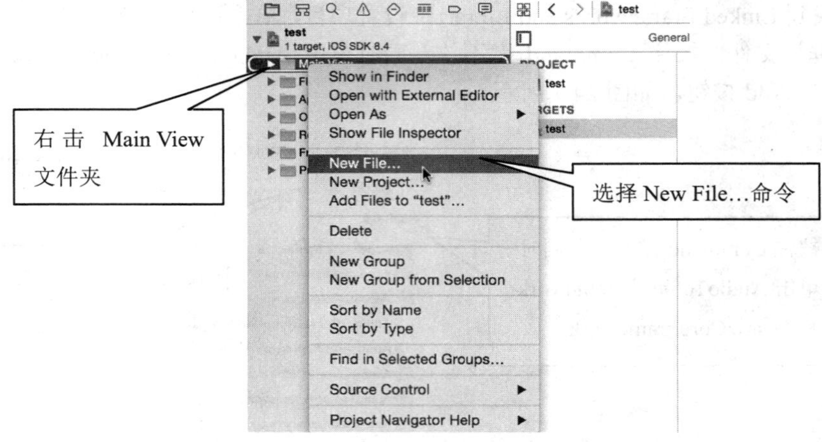

图 24.9 添加新的文件

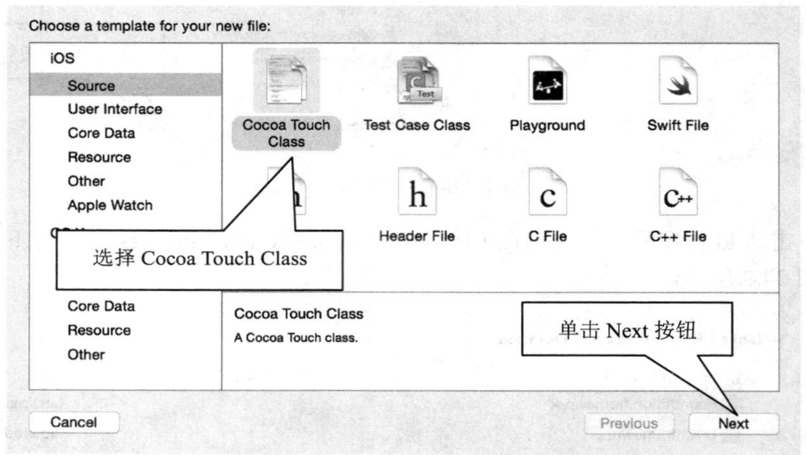

图 24.10 新文件模板类型

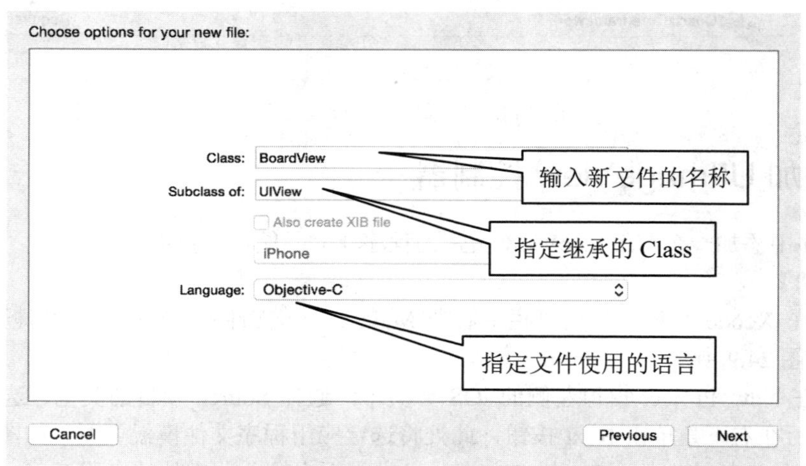

图 24.11 设置文件名称、类型和语言

第 4 步，此处设置文件保存的路径。Group（添加到所在项目分组位置）和 Targets（对象）都使

用程序中的默认选项，最后单击 Finish 按钮完成添加文件操作，如图 24.12 所示。

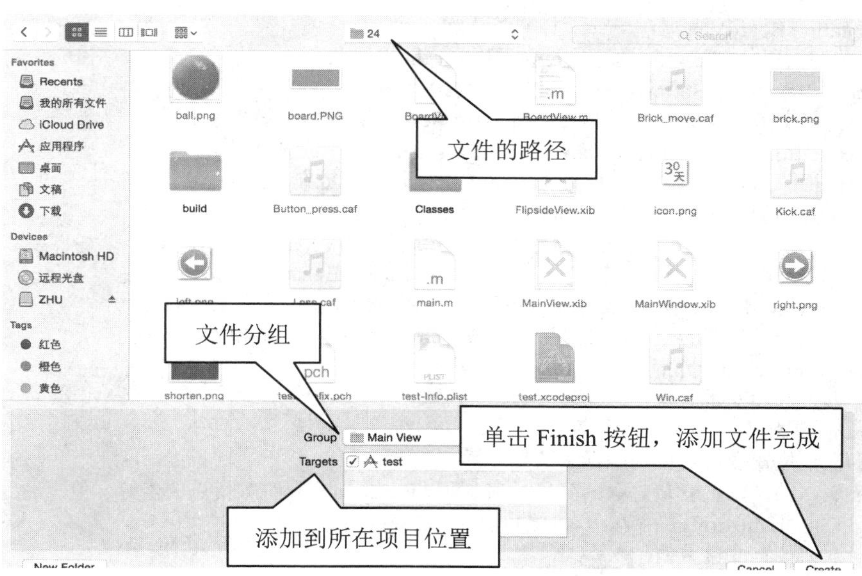

图 24.12　保存新文件

24.1.4　自定义 UIImageView 视图检查器

在 Xcode 程序文件列表栏中 Main View 文件夹内，双击打开 BoardView.h 文件，构建 UIImageView，代码如下：

```
/*BoardView.h 文件的内容*/
//模板默认引入包含程序需要使用“类”的框架 UIKit.h 头文件，使其包含在程序中
#import <UIKit/UIKit.h>
//导入二维动画框架头文件，引入包含程序需要使用“类”的框架 QuartzCore.h 头文件，使其包含在程序中
#import <QuartzCore/QuartzCore.h>
//此处使用@interface 声明程序的界面控制为 UIImageView
@interface BoardView: UIImageView {
    //此处 IBOutlet UIImageView 建立图像视图，把所需要显示的图像告诉 Interface Builder
    CGPoint startLocation;
}
//程序的头文件 BoardView.h 到此结束
@end
```

注意： 默认情况下 UIViewController 类文件为视图作出控制，此处把 UIViewController 改为本程序的 UIImageView。完成上面的代码后，在 Xcode 选项栏中选择 File 选项，然后在选项列表中再次选择 Save 选项存储文件。

在 Xcode 程序文件列表栏中 Main View 文件夹内，打开 BoardView.m 文件，构建 UIImageView，代码如下：

```
/*BoardView.m 文件的内容*/
//模板引入所需的 BoardView.h 头文件，使其包含在程序中并进行联系
```

Note

```
#import "BoardView.h"
//程序开始点，表明启用 BoardView
@implementation BoardView
//捕获手指的触摸事件方法，触摸开始时会调用 touchesBegan
- (void) touchesBegan:(NSSet *)touches withEvent:(UIEvent *)event{
 //定义图形位置变量对象的坐标，此处 locationInView 表明视图中触摸点的坐标
 startLocation= [[touches anyObject] locationInView:self];
 //定义主窗口视图的布局属性值，此处把 BoardView 子视图放在最前面
 [[self superview] bringSubviewToFront:self];
}
//捕获手指的触摸移动事件方法，触摸开始时会调用 touchesBegan
- (void) touchesMoved:(NSSet *)touches withEvent:(UIEvent *)event{
 //定义图形位置变量对象的坐标，此处 locationInView 表明视图中触摸点的坐标
 CGPoint pt=[[touches anyObject] locationInView:self];
 //创建图形框架尺寸变量对象
 CGRect frame=[self frame];
 //定义图形框架位置变量对象的坐标 x 值
 //此处 pt.x 表明图形位置变量对象的坐标 x 值，startLocation.x 表明触摸点的坐标 x 值
 frame.origin.x = frame.origin.x + (pt.x-startLocation.x);
 //设定图形框架位置变量数值
 [self setFrame:frame];
}
//程序的头文件 BoardView.m 到此结束
@end
```

24.2 打砖块的 MainViewController 交互方法

本节将详解案例代码，包括建立游戏分数控件、操作交互和音频播放方法，以及定义游戏的操作和属性值。

24.2.1 建立游戏分数控件、操作交互和音频播放方法

在 Xcode 程序文件列表栏中 Main View 文件夹内，打开 MainViewController.h 文件，自定义代码如下：

```
/*MainViewController.h 文件的内容*/
//模板默认引入包含程序需要使用“类”的框架 UIKit.h 头文件，使其包含在程序中
#import <UIKit/UIKit.h>
//模板默认引入包含程序需要使用“类”的框架 Foundation.h 头文件，使其包含在程序中
#import <Foundation/Foundation.h>
//导入二维动画框架头文件，引入包含程序需要使用“类”的框架 QuartzCore.h 头文件，使其包含在程序中
#import <QuartzCore/QuartzCore.h>
//导入音频工具框架头文件，引入包含程序需要使用“类”的框架 AudioToolbox.h 头文件，使其包含在程序中
#import <AudioToolbox/AudioToolbox.h>
//模板引入所需的 FlipsideViewController.h 头文件，使其包含在程序中
#import "FlipsideViewController.h"
//模板引入所需的 BoardView.h 头文件，使其包含在程序中
```

```
#import "BoardView.h"
//宏定义游戏中砖块的长度为 15，宽度为 44
#define BRICKHIGHT 15
#define BRICKWIDTH 44
//宏定义游戏中弹板的长度为 10，宽度为 48
#define BOARDHIGHT 10
#define BOARDWIDTH 48
#define TOP 40
//此处使用@interface 声明程序的界面控制器为 MainViewController
//接着 UIViewController 此类，为程序提供了最基本的视图管理模块
//然而<FlipsideViewControllerDelegate>定义视图管理模块使用副视图的代理协议
@interface MainViewController: UIViewController <FlipsideViewControllerDelegate> {
        //此处 IBOutlet UILabel 建立标签，把所需要显示的"最高成绩"标签告诉 Interface builder
        IBOutlet UILabel *HighestLabel;
        //此处 IBOutlet UILabel 建立标签，把所需要显示的"游戏级别"标签告诉 Interface builder
        IBOutlet UILabel *levelLabel;
        //此处 IBOutlet UILabel 建立标签，把所需要显示的"现时得分"标签告诉 Interface builder
        IBOutlet UILabel *scoreLabel;
        //此处 NSTimer 建立定时器对象变量
        NSTimer *timer;
 //此处 IBOutlet UIImageView 建立图像视图
 UIImageView *ball;
 //建立图形位置变量对象
 CGPoint moveDis;
 //此处使用在 BoardView.h 头文件中自定义的图像视图控制器，建立弹板图像
 BoardView *board;
 //此处建立可修改式数组，用于存放砖块的内容
 NSMutableArray *bricks;
 //此处分别建立"最高成绩"、"游戏级别"和"现时得分"3 个整数变量
 int highest,level,score;
 //此处建立整数变量，用作砖块的数量
 int numOfBricks;
 //此处建立双位数变量，用作球的速度
 double speed;
       //创建字符类型变量，用作存放程序所需的声音文件名称
       NSString *soundFile;
}
//此处@property 声明程序的保存属性，加入在@interface 中指定的相同 level、score、highest 变量对象中
@property int level,score,highest;
//此处@property 声明程序的保存属性，加入在@interface 中指定的相同 numOfBricks 变量对象中
@property int numOfBricks;
//此处@property 声明程序的保存属性，加入在@interface 中指定的相同 speed 变量对象中
@property double speed;
//此处@property 声明程序的保存属性，加入在@interface 中指定的相同 NSString 变量对象中
@property(nonatomic,retain)NSString *soundFile;
//建立操作效应的方法，单击按钮向左移动弹板，并且播放指定的音频文件
- (IBAction)onLeft:(id)sender;
//建立操作效应的方法，单击按钮向右移动弹板，并且播放指定的音频文件
- (IBAction)onRight:(id)sender;
//建立操作效应的方法，游戏开始
```

```
- (IBAction)onStart:(id)sender;
//建立显示游戏级别的方法
- (void)levelMap:(int)inlevel;
//建立音频文件播放方法
-(void)playSound:(NSString*)soundAct;
//建立操作效应的方法，主视图中的 info 按钮方法
- (IBAction)showInfo:(id)sender;
//程序的头文件 MainViewController.h 到此结束
@end
```

24.2.2 定义游戏的操作和属性值

在 Xcode 程序文件列表栏中 Main View 文件夹内，双击打开 MainViewController.h 文件，自定义代码如下：

```
/*MainViewController.m 文件的内容*/
//模板引入所需的 MainViewController.h 头文件，使其包含在程序中并进行联系
#import "MainViewController.h"
//程序开始点，表明启动 MainViewController
@implementation MainViewController
//告诉编译器，在编译期间产生标签对象的 getter/setter 方法
@synthesize level,score,highest;
//此处告诉编译器，合成本例所需要的整数变量对象的存储器方法
@synthesize numOfBricks;
//此处告诉编译器，合成本例所需要的双位数对象的存储器方法
@synthesize speed;
//此处告诉编译器，在编译期间产生字符类型变量对象的 getter/setter 方法
@synthesize soundFile;
//音频文件播放方法的内容
-(void)playSound:(NSString*)soundAct{
 //建立字符类型变量对象，获取音频文件的路径名称
 NSString *path = [NSString stringWithFormat:@"%@%@",
                          [[NSBundle mainBundle] resourcePath],
                          soundAct];
      //释放字符类型变量对象
 NSLog(@"%@\n", path);
 //声明一个系统声音标识符
 SystemSoundID soundID;
 //建立 URL 类型变量对象，转换字符类型变量的路径文件为 URL 连接，其中，isDirectory:NO 表明不存在
目录
 NSURL *filePath = [NSURL fileURLWithPath:path isDirectory:NO];
 //使用 Audio Toolbox 框架提供的创建声音服务，定义音频的路径和创建声音标识符
 AudioServicesCreateSystemSoundID((CFURLRef)filePath, &soundID);
 //使用 Audio Toolbox 框架提供的播放声音服务，播放指定的声音标识符
 AudioServicesPlaySystemSound(soundID);
}
//向左操作响应的方法
- (IBAction)onLeft:(id)sender {
 //定义视图中的弹板图像视图动画开始
 [UIImageView beginAnimations:@"animLeft" context:NULL];
```

```
    //定义视图的动画持续时间值
    [UIImageView setAnimationDuration:0.2];
    //定义图像视图移动结束时的坐标，此处 x-20 表明向左移动 20px
    board.center=CGPointMake(board.center.x-20, board.center.y);
    //提交动画，完成弹板图像视图动画
    [UIImageView commitAnimations];
    //定义指定所要播放的音频文件名称
    soundFile = [NSString stringWithFormat:@"/button_press.caf"];
    //调用 playSound 音频文件播放方法，播放指定的音频文件
    [self playSound: soundFile];
}
//向右操作效应的方法
- (IBAction)onRight:(id)sender {
    //定义视图中的弹板图像视图动画开始
    [UIImageView beginAnimations:@"animRight" context:NULL];
    //定义视图的动画持续时间值
    [UIImageView setAnimationDuration:0.2];
    //定义图像视图移动结束时的坐标，此处 x+20 表明向右移动 20px
    board.center=CGPointMake(board.center.x+20, board.center.y);
    //提交动画，完成弹板图像视图动画
    [UIImageView commitAnimations];
    //定义指定所要播放的音频文件名称
    soundFile = [NSString stringWithFormat:@"/button_press.caf"];
    //定义指定所要播放的音频文件名称
    [self playSound: soundFile];
}
//游戏开始按钮操作效应的方法
- (IBAction)onStart:(id)sender {
    //条件语句 if，当不存在 timer 时
    if(!timer){
        timer=[NSTimer scheduledTimerWithTimeInterval:speed   //代表使用 speed 对象数值
            target:self      //目标为本体
            selector:@selector(onTimer)   //选择器名为 onTimer 的方法
            userInfo:nil   //nil 代表用户信息不存在
            repeats:YES];   //NO 表明定时器不重复
        //定义“球”图像视图开始时的坐标位置和尺寸大小
        ball.frame=CGRectMake(160, 328, 32, 32);
        //在主窗口视图的子视图中添加“球”图像视图
        [self.view addSubview:ball];
        //定义弹板图像视图开始时的坐标位置和尺寸大小
        board.frame=CGRectMake(160, 360, 48, 10);
    }//条件语句 if 结束
}
//视图控制器读取到内存后再进行呼出，在程序屏幕显示读到内存后加入额外步骤对显示进行修改
- (void)viewDidLoad {
    //执行 viewDidLoad 的工作
        [super viewDidLoad];
    //定义图形位置变量对象的数值，此处数值表明游戏中“球”图像的动态移动距离
    moveDis=CGPointMake(-3, -3);
    //定义双位变量数值为 0.03
```

Note

```
speed=0.03;
//定义弹板图像视图的图像文件名称
board=[[BoardView alloc] initWithImage:[UIImage imageNamed:@"board.png"]];
//定义图像的用户交互作用属性值，此处 YES 表明开启
[board setUserInteractionEnabled:YES];
//定义弹板图像视图开始时的坐标位置和尺寸大小，使用程序宏的数值
board.frame=CGRectMake(160, 360, BOARDWIDTH, BOARDHIGHT);
//定义"球"图像视图的图像文件名称
ball=[[UIImageView alloc] initWithImage:[UIImage imageNamed:@"ball.png"]];
//在主窗口视图的子视图中添加弹板图像视图
[self.view addSubview:board];
//定义整数变量数值
level=1; score=0; highest=0;
//标签 label 的文字替换为"游戏级别"，把整数 level 数据转换为文字格式显示到%i
levelLabel.text=[NSString stringWithFormat:@"游戏级别: %i",level];
//标签 label 的文字替换为"现时得分"，把整数 score 数据转换为文字格式显示到%i
scoreLabel.text=[NSString stringWithFormat:@"现时得分: %i",score];
//标签 label 的文字替换为"最高成绩"，把整数 highest 数据转换为文字格式显示到%i
HighestLabel.text=[NSString stringWithFormat:@"最高成绩: %i",highest];
//调用显示游戏级数方法，此处 level=1
[self levelMap: level];
}
//显示游戏级别方法
- (void)levelMap:(int)inlevel {
 //建立图像视图，用作显示砖块
 UIImageView *brick;
 //在 switch 中使用 inlevel 整数的变量作为事件进行转换
 switch (inlevel) {
     //事件 1，游戏级别 1
     case 1:
         //定义图像视图对象为可修改式数组，此处数组数量为 20
         bricks=[NSMutableArray arrayWithCapacity:20];
         //定义整数变量的数值为 20，用作砖块的数量
         numOfBricks=20;
         //循环语句，数值从 0 开始，当数值小于 3 时，数值加 1 循环
         for (int i=0; i<3; i++) {
             //循环语句，数值从 0 开始，当数值小于 6 时，数值加 1 循环
             for (int j=0; j<6; j++) {
                 //定义砖块图像视图的图像文件名称
                 brick=[[UIImageView alloc] initWithImage:
                     [UIImage imageNamed:@"brick.png"]];
                 //定义砖块图像视图开始时的坐标位置和尺寸大小
                 brick.frame=CGRectMake (20+j*BRICKWIDTH+j*5,
                                         TOP+10+BRICKHIGHT*i+5*i,
                                         BRICKWIDTH,
                                         BRICKHIGHT);
                 //在主窗口视图的子视图中添加砖块图像视图
                 [self.view addSubview:brick];
                 //在视图中添加实体
                 [bricks addObject: brick];
```

Note

```
        }//循环语句结束
    }//循环语句结束
    //定义砖块图像视图的图像文件名称
    brick=[[UIImageView alloc] initWithImage:[UIImage mageNamed:@"brick.png"]];
    //定义砖块图像视图开始时的坐标位置和尺寸大小
    brick.frame=CGRectMake(20, TOP+10+20*2+5*4, BRICKWIDTH, RICKHIGHT);
    //在主窗口视图的子视图中添加砖块图像视图
    [self.view addSubview:brick];
    //在视图中添加实体
    [bricks addObject:brick];
    //定义砖块图像视图的图像文件名称
    brick=[[UIImageView alloc] initWithImage:[UIImage mageNamed:@"brick.png"]];
    //定义砖块图像视图开始时的坐标位置和尺寸大小
    brick.frame=CGRectMake(20+5*BRICKWIDTH+5*5, TOP+10+20*2+5*4,
                                    BRICKWIDTH, BRICKHIGHT);
    //在主窗口视图的子视图中添加砖块图像视图
    [self.view addSubview:brick];
    //在视图中添加实体
    [bricks addObject:brick];
    //保留实体
    [bricks retain];
    //表明将不再继续执行事件
    break;
//事件 2，游戏级别 1
case 2:
    //定义图像视图对象为可修改式数组，此处数组数量为 28
    bricks=[NSMutableArray arrayWithCapacity:28];
    //定义整数变量的数值为 20，用作砖块的数量
    numOfBricks=20;
    //循环语句，数值从 0 开始，当数值小于 7 时，数值加 1 循环
    for (int i=0; i<7; i++) {
        //循环语句，数值从 0 开始，当数值小于 2 时，数值加 1 循环
        for (int j=0;j<2;j++) {
            //定义砖块图像视图的图像文件名称
            brick=[[UIImageView alloc] initWithImage:
                [UIImage imageNamed:@"brick.png"]];
            //定义砖块图像视图开始时的坐标位置和尺寸大小
            brick.frame=CGRectMake(20+j*BRICKWIDTH+j*5,
                                    TOP+10+BRICKHIGHT*i+5*i,
                                    BRICKWIDTH,
                                    BRICKHIGHT);
            //在主窗口视图的子视图中添加砖块图像视图
            [self.view addSubview:brick];
            //在视图中添加实体
            [bricks addObject:brick];
        }//循环语句结束
    }//循环语句结束
    //循环语句，数值从 0 开始，当数值小于 7 时，数值加 1 循环
    for (int i=0; i<7; i++) {
        //循环语句，数值从 0 开始，当数值小于 2 时，数值加 1 循环
```

Note

```
                for (int j=0;j<2;j++) {
                    //定义砖块图像视图的图像文件名称
                    brick=[[UIImageView alloc] initWithImage:
                        [UIImage imageNamed:@"brick.png"]];
                    //定义砖块图像视图开始时的坐标位置和尺寸大小
                    brick.frame=CGRectMake(20+j*BRICKWIDTH+j*5+180,
                                                    TOP+10+BRICKHIGHT*i+5*i,
                                                    BRICKWIDTH,
                                                    BRICKHIGHT);
                    //在主窗口视图的子视图中添加砖块图像视图
                    [self.view addSubview:brick];
                    //在视图中添加实体
                    [bricks addObject:brick];
                }//循环语句结束
            }//循环语句结束
            //保留实体
            [bricks retain];
            //表明将不再继续执行事件
            break;
        //执行 default 关键字后面的语句，生成默认的信息
        default:
            //表明将不再继续执行事件
            break;
    }//switch 事件转换语句结束
}
//定时器对象选择器方法
- (void)onTimer{
    //建立浮点变量对象
    float posx,posy;
    //使用浮点变量对象获取球的中心点坐标位置
    posx=ball.center.x; posy=ball.center.y;
    //定义图像视图的中心点位置，表明图像的动态移动距离为中心点位置加上动态移动距离变量对象的数值
    ball.center = CGPointMake(posx+moveDis.x, posy+moveDis.y);
    //条件语句 if，定义图像移动范围，坐标 x 的值，从屏幕左边 15 到右边 305
    //当图像移动超出范围值时，定义动态移动距离变量对象的数值为负数，表明反向移动
        moveDis.x=-moveDis.x;
    }//条件语句结束
    //条件语句 if，定义图像移动范围，坐标 y 的值为 TOP 时
    if ( ball.center.y < TOP ) {
        //当图像移动超出范围值时，定义动态移动距离变量对象的数值为负数，表明反向移动
        moveDis.y=-moveDis.y;
    }//条件语句结束
    //建立整数变量，定义为砖块的总数
    int j=[bricks count];
    //循环语句，数值从 0 开始，当数值小于砖块的总数，数值加 1 循环
    for (int i=0; i<j; i++) {
        //定义砖块图像视图的图像实体对象的存放位置
        UIImageView *brick=(UIImageView *)[bricks objectAtIndex:i];
        //条件语句 if，当球图像视图位置和砖块图像视图位置接触，并且存在砖块子视图时
        if (CGRectIntersectsRect(ball.frame, brick.frame)&&[brick superview]) {
```

```
//定义指定所要播放的音频文件名称
soundFile = [NSString stringWithFormat:@"/Brick_move.caf"];
//调用 playSound 音频文件播放方法，播放指定的音频文件
[self playSound: soundFile];
//现时分数变量加 100
score+=100;
//在主窗口视图的子视图中删除砖块图像视图
[brick removeFromSuperview];
//条件语句 if，此处 rand()%5 表明结果是随机数除以 5 后所得的余数时
if (rand()%5==0) {
    //建立图像视图，定义游戏中短块图像视图的图像文件名称
    UIImageView* imageView = [[UIImageView alloc]
        initWithImage:[UIImage imageNamed:@"shorten.png"]];
    //定义短块图像视图开始时的坐标位置和尺寸大小
    imageView.frame = CGRectMake(brick.frame.origin.x,
                                 brick.frame.origin.y, 48, 48);
    //在主窗口视图的子视图中添加短块图像视图
    [self.view addSubview:imageView];
    //定义视图中的短块图像视图动画开始
    [UIView beginAnimations:nil context:imageView];
    //定义视图的动画持续时间值
    [UIView setAnimationDuration:5.0];
    //定义视图的动画时间曲线值，此处表示缓慢进出动画效果
    [UIView setAnimationCurve:UIViewAnimationCurveEaseOut];
    //定义图像视图移动结束时的坐标
    imageView.frame = CGRectMake(brick.frame.origin.x, 380, 40, 40);
    //定义图像视图的代理协议为本体
    [UIView setAnimationDelegate:self];
    //定义图像视图停止后的选择器选择 removeSmoke 方法
    [UIView setAnimationDidStopSelector:
        @selector(removeSmoke:finished:context:)];
    //提交动画，完成图像视图动画
    [UIView commitAnimations];
//条件语句 if 结束
//砖块的数量减 1
numOfBricks--;
//条件语句 if，定义图像移动范围，当球碰到砖块时
if (
        (ball.center.y-16<brick.frame.origin.y+BRICKHIGHT ||
         ball.center.y+16>brick.frame.origin.y) &&
        ball.center.x>brick.frame.origin.x &&
        ball.center.x<brick.frame.origin.x+BRICKWIDTH
        ){
    //定义动态移动距离变量对象的数值为负数，表明反向移动
    moveDis.y=-moveDis.y;
//条件语句 if 结束，else if 开始
}else if (
            ball.center.y>brick.frame.origin.y &&
            ball.center.y<brick.frame.origin.y+BRICKHIGHT &&
            (ball.center.x+16>brick.frame.origin.x ||
```

Note

```
                    ball.center.x-16<brick.frame.origin.x+BRICKWIDTH)
                    ){
                    //定义动态移动距离变量对象的数值为负数，表明反向移动
                    moveDis.x=-moveDis.x;
            //条件语句 else if 结束，else 开始，当球没有碰到砖块时
            }else{
                //定义动态移动距离变量对象的数值为负数，表明反向移动
                moveDis.x=-moveDis.x;
                moveDis.y=-moveDis.y;
            }条件语句 else  结束
            //表明将不再继续执行事件
            break;
        }//条件语句 if (CGRectIntersectsRect(ball.frame, brick.frame)&&[brick superview])结束
    }//循环语句 for (int i=0; i<j; i++)  结束
    //条件语句砖块的数量等于 0 时
    if (numOfBricks==0) {
        //条件语句 if，当游戏级别小于 2 时
        if (level<2) {
            //在主窗口视图的子视图中删除球图像视图
            [ball removeFromSuperview];
            //定义定时器，使 timer 无效
            [timer invalidate];
            //游戏级别加 1
            level++;
                //定义速度变量对象减 0.003
                speed=speed-0.003;
            //把整数 level 数据转换为文字格式数据显示到%i
            levelLabel.text=[NSString stringWithFormat:@"Level %i",level];
            //调用显示游戏级别方法
            [self levelMap:level];
        //条件语句 if 结束，else 开始，当游戏级别不小于 2 时
        }else{
            //建立提示框对象 alert，定义提示框的内容
            UIAlertView *alert=[[UIAlertView alloc]                    //在内存中自动释放
                        initWithTitle:@"K.O."                           //标题
                        message:@"Congratulations!You win!"             //信息
                        delegate:self                                   //代理协议为本体
                        cancelButtonTitle:@"OK"                         //取消按钮的标题
                        otherButtonTitles:nil];                         //其他按钮的标题为空
            //显示提示框对象 show
            [alert show];
            //获胜发出的声音
            //定义所要播放的音频文件名称
            soundFile = [NSString stringWithFormat:@"/Win.caf"];
            //调用 playSound 音频文件播放方法，播放指定的音频文件
            [self playSound: soundFile];
        }//条件语句 else 结束
    }//条件语句 if，当砖块的数量等于 0 时结束
    //条件语句 if，当球图像视图位置和弹板图像视图位置接触时
    if (CGRectIntersectsRect(ball.frame, board.frame)) {
```

```
        //游戏中弹板打击到球的声音
        //定义指定所要播放的音频文件名称
        soundFile = [NSString stringWithFormat:@"/Kick.caf"];
        //调用 playSound 音频文件播放方法，播放指定的音频文件
        [self playSound: soundFile];
        //条件语句 if，定义图像移动范围，当球碰到弹板时
        if (ball.center.x>board.frame.origin.x &&
                ball.center.x<board.frame.origin.x+BOARDWIDTH
                ) {
              //定义动态移动距离变量对象的数值为负数，表明反向移动
              moveDis.y=-moveDis.y;
        //条件语句 if 结束，else 开始
        }else {
            //定义动态移动距离变量对象的数值为负数，表明反向移动
            moveDis.x=-moveDis.x;
            //定义动态移动距离变量对象的数值为负数，表明反向移动
            moveDis.y=-moveDis.y;
        }//条件语句 else 结束
    //条件语句 if 结束，else 开始，当球图像视图位置和弹板图像视图位置没有接触时
    }else{
        //条件语句 if 开始，当球的中心点超越屏幕的坐标位置 y 值时
        if (ball.center.y>380){
            //在主窗口视图的子视图中删除球图像视图
            [ball removeFromSuperview];
            //定义定时器，使 timer 无效
            [timer invalidate];
            //释放定时器
            timer=NULL;
            //建立提示框对象 alert，定义提示框的内容
            UIAlertView *alert=[[UIAlertView alloc]                          //在内存中自动释放
                       initWithTitle:@"Game over"                           //标题
                       message:@"你输了，继续获取更好的成绩..."               //信息
                       delegate:self                                        //代理协议为本体
                       cancelButtonTitle:@"确定"                            //取消按钮的标题
                       otherButtonTitles:nil];                              //其他按钮的标题为空
            //显示提示框对象 show
            [alert show];
            //游戏输了发出的声音
            //定义所要播放的音频文件名称
            soundFile = [NSString stringWithFormat:@"/Lose.caf"];
            //调用 playSound 音频文件播放方法，播放指定的音频文件
            [self playSound: soundFile];
        }//条件语句 if 结束
    }//条件语句 else 结束
    //把整数 score 数据转换为文字格式数据显示到%i
    scoreLabel.text=[NSString stringWithFormat:@"现时得分: %i",score];
}
//当动画停止时选择器所选择的方法
- (void)removeSmoke:(NSString *)animationID finished:(NSNumber *)finished context:(void *)context {
    //建立图像视图，定义方法中的对象
```

```
UIImageView *imageView = context;
//在主窗口视图的子视图中删除图像视图
[imageView removeFromSuperview];
//释放图像视图
[imageView release];
}
//副视图控制器方法
- (void)flipsideViewControllerDidFinish:(FlipsideViewController *)controller {
    //视图转换，翻页动态效果
[self dismissModalViewControllerAnimated:YES];
}
//主视图中的 info 按钮方法，单击按钮转到副视图
- (IBAction)showInfo:(id)sender {
    //使用副视图控制器方法，转到副视图
FlipsideViewController *controller = [[FlipsideViewController alloc]
            initWithNibName:@"FlipsideView" bundle:nil];
    //定义控制器代理为本体
controller.delegate = self;
    //定义控制器转换视图的形态类型
controller.modalTransitionStyle = UIModalTransitionStyleFlipHorizontal;
    //开始控制器转换视图的动态
[self presentModalViewController:controller animated:YES];
    //释放控制器
[controller release];
}
//使用(void)dealloc 的释放方法，把程序中使用过的所有控件对象释放
//最后用“[super dealloc],”进行内存清理工作
- (void)didReceiveMemoryWarning {
//执行 didReceiveMemoryWarning 的工作
    [super didReceiveMemoryWarning];
}
- (void)dealloc {
[soundFile release];
    [super dealloc];
}
//程序的 MainViewController.m 到此结束
@end
```

24.3 在 Interface Builder 内构建 BoardView

运行 Interface Builder，在 Xcode 文件列表栏中双击 Resources 文件夹，然后双击 MainWindow.xib 文件，在此处编辑程序界面。

24.3.1 添加 NSObject

下面是界面对象布局操作步骤。

【操作步骤】

第 1 步，在 Xcode 菜单栏中选择 View→Utilities→Show Object Library 命令，如图 24.13 所示，打开 Library 组件面板窗口。

第 2 步，在 Library 控件列表中，拖动一个 Object 控件，将其添加到 MainWindow.xib 文件对象窗口，如图 24.14 所示。

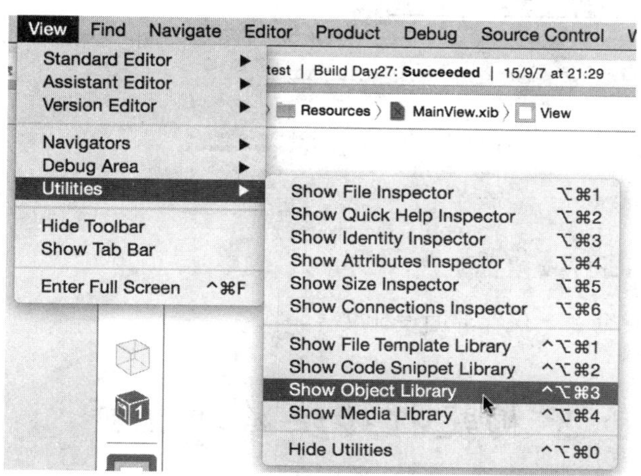

图 24.13 打开 Library 库的组件面板

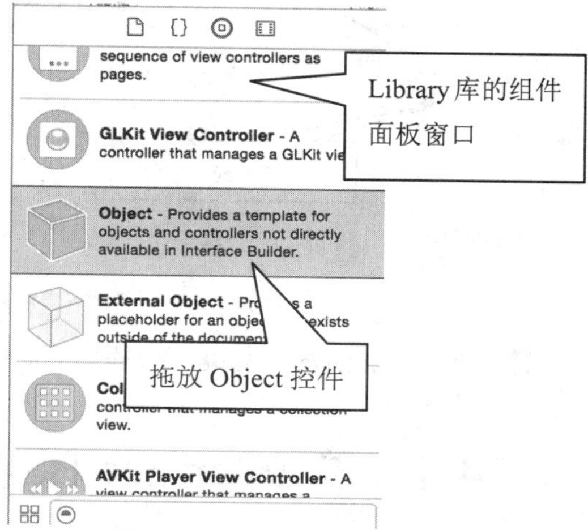

图 24.14 添加 Object 控件

24.3.2 设置 NSObject 身份

下面是对界面对象进行设置的操作步骤。

【操作步骤】

第 1 步，在导航栏中打开 Resources 目录下的 MainView.xib 文件。在 Interface Builder 菜单栏中选择 View→Utilities→Show Attributes Inspector 命令，如图 24.15 所示，打开 Attributes Inspector。

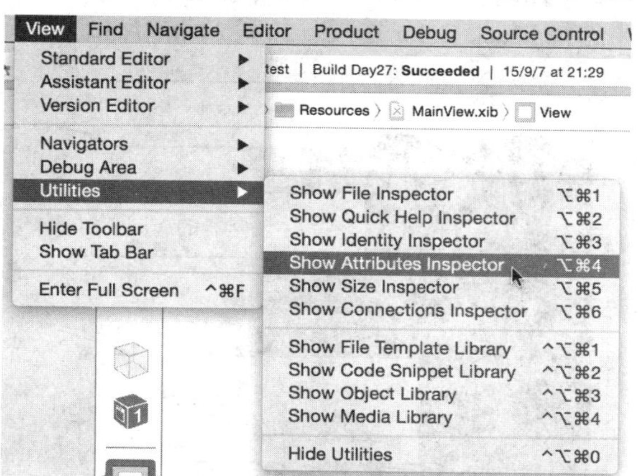

图 24.15 打开 Attributes Inspector

第 2 步，在 MainWindow.xib 文件对象窗口中，单击 Object 图标。在 Inspector 窗口中单击 Identity 按钮，使用身份检查器。

在 Object Identity 窗口 Custom Class 选项的 Class 下拉列表框中选择 BoardView，如图 24.16 所示。

Note

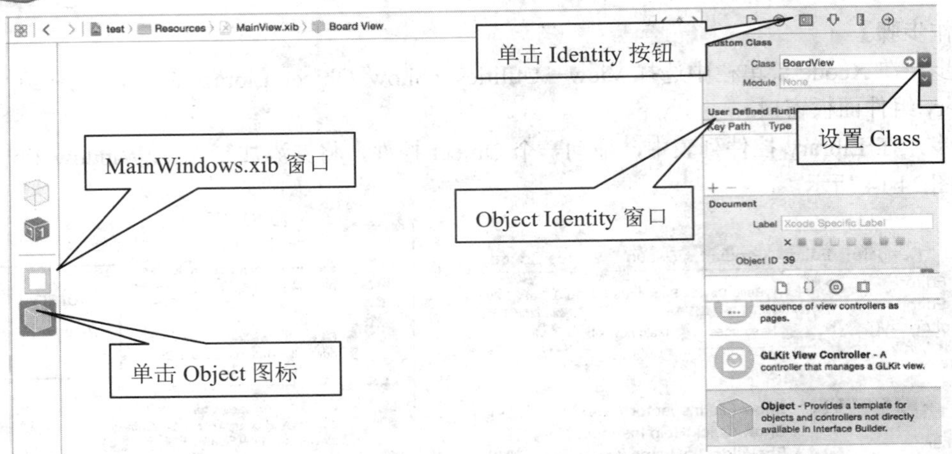

图 24.16　设置 BoardView 身份检查器

第 3 步，在 Interface Builder 中选择 File Save 命令，保存界面设计文件。

24.4　在 Interface Builder 中构建打砖块游戏主页

本节将在 Interface Builder 中构建打砖块游戏主页，具体操作步骤如下。

【操作步骤】

第 1 步，运行 Interface Builder，在 Xcode 文件列表栏中双击 Resources 文件夹，再双击打开 MainView.xib 文件，在此处编辑程序界面。

第 2 步，在 Interface Builder 菜单栏中选择 View→Utilities→Show Attributes Inspector 命令，打开 Attributes Inspector。

第 3 步，把视图背景颜色设置为黑色。在 View 控件被选择后，在 View Attributes 窗口中 View 选项的 Background 列表框中选择 Black Color 选项，如图 24.17 所示。

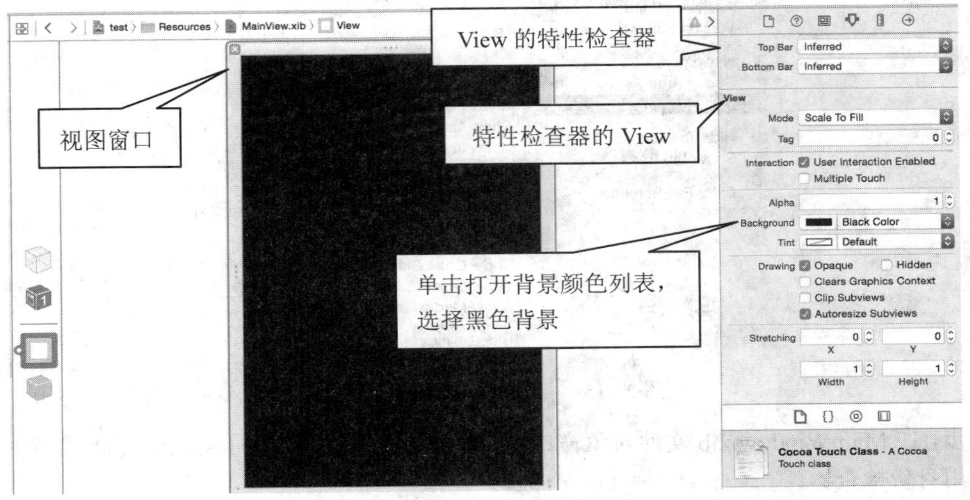

图 24.17　在 View Attributes 检查器中将视图的背景颜色设置为黑色

第 4 步，打开库的组件面板。在 Xcode 菜单栏中选择 View→Utilities→Show Object Library 命令，打开 Library 组件面板窗口。

第 5 步，在控件列表中，拖动控件并将其添加到程序视图，此过程中不要关闭 Library 库的组件面板窗口。

拖动 3 个 Label 控件添加到 View 窗口中，分别显示游戏的最高成绩、现时得分和游戏级数，如图 24.18 所示。

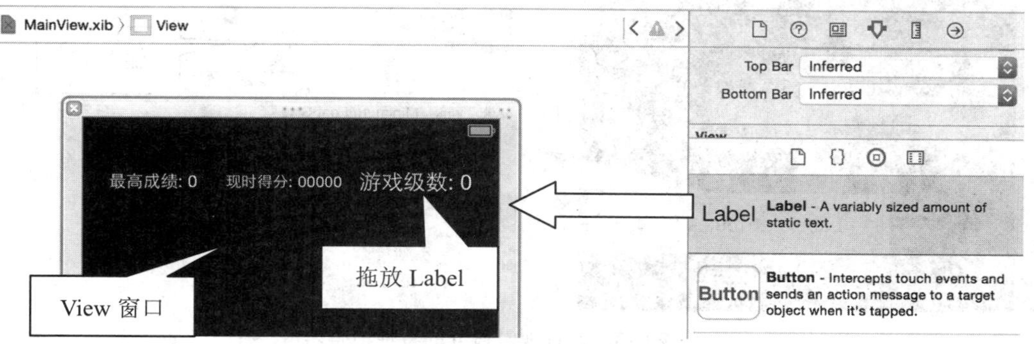

图 24.18　添加 Label 控件

第 6 步，完成控件添加后，回到 Interface Builder 中的 Inspector 窗口。在 View 窗口中，单击 Label 标签控件或按 Tab 键选择此标签控件。

在 Label Attributes 窗口中 Label 选项的 Text 文本框中输入“最高成绩：0”，在 Font 中设置字体大小为 System 17.0，如图 24.19 所示。

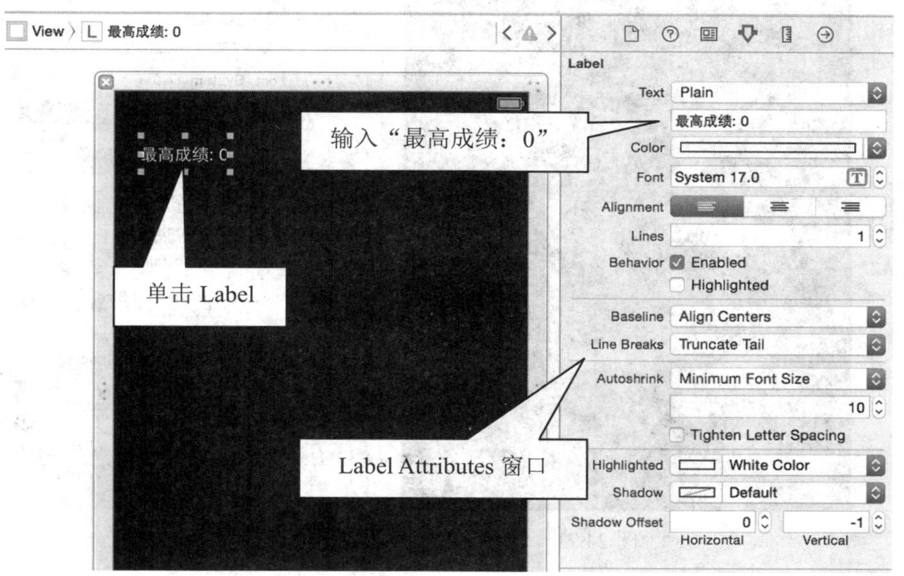

图 24.19　设置最高成绩的特性检查器

第 7 步，在 View 窗口中，单击 Label 标签控件或按 Tab 键选择此标签控件。在 Label Attributes 窗口中 Label 选项的 Text 文本框中输入“现时得分：00000”，在 Font 选项中设置字体大小为 System 17.0，如图 24.20 所示。

Note

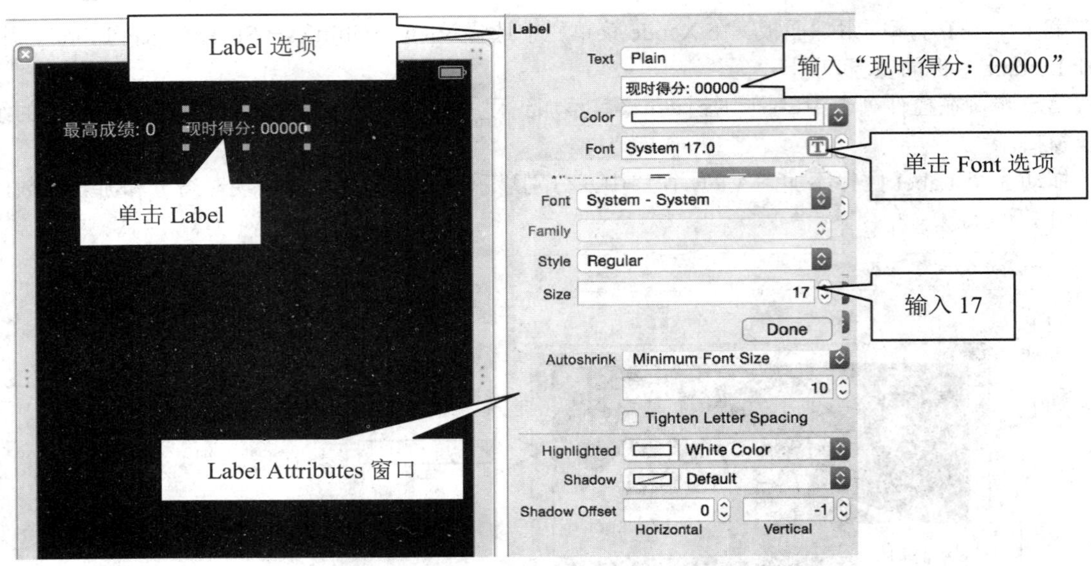

图 24.20　设置现时得分的特性检查器

第 8 步，在 View 窗口中，单击 Label 标签控件或按 Tab 键选择此标签控件。在 Label Attributes 窗口中 Label 选项的 Text 文本框中输入“游戏级数：0”，在 Font 选项中设置字体大小为 System 17.0，如图 24.21 所示。

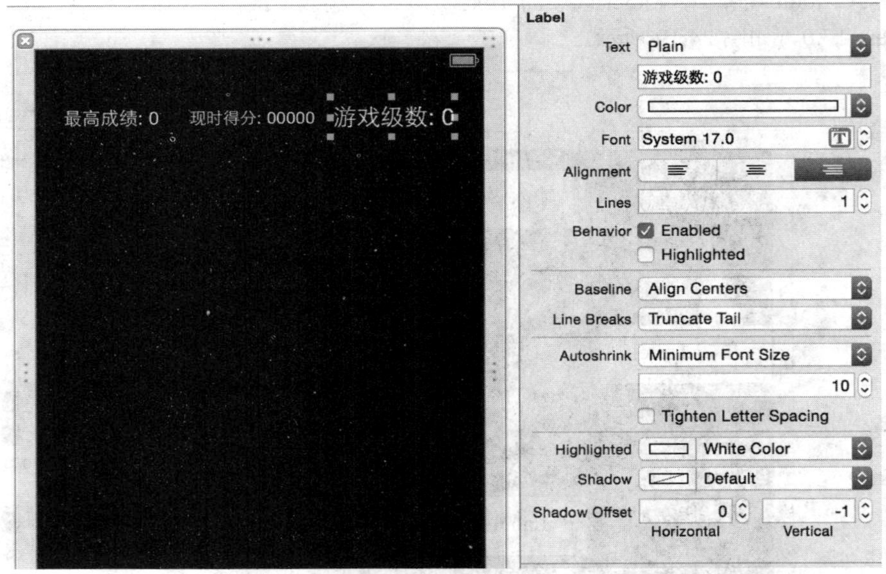

图 24.21　设置游戏级数的特性检查器

第 9 步，在 Interface Builder 菜单栏中选择 Utilities→Show Size Inspector 命令，打开 Size Inspector，或在 Inspector 窗口中单击 Size Inspector 按钮，使用尺寸检查器。

在 View 窗口中，单击最高成绩 Label 标签控件或按 Tab 键选择此标签控件，在 Label Size 窗口设置 Size 和 Position 的 X、Y、Width、Height 属性，在文本框中分别输入 20、15、70、30，如图 24.22 所示。

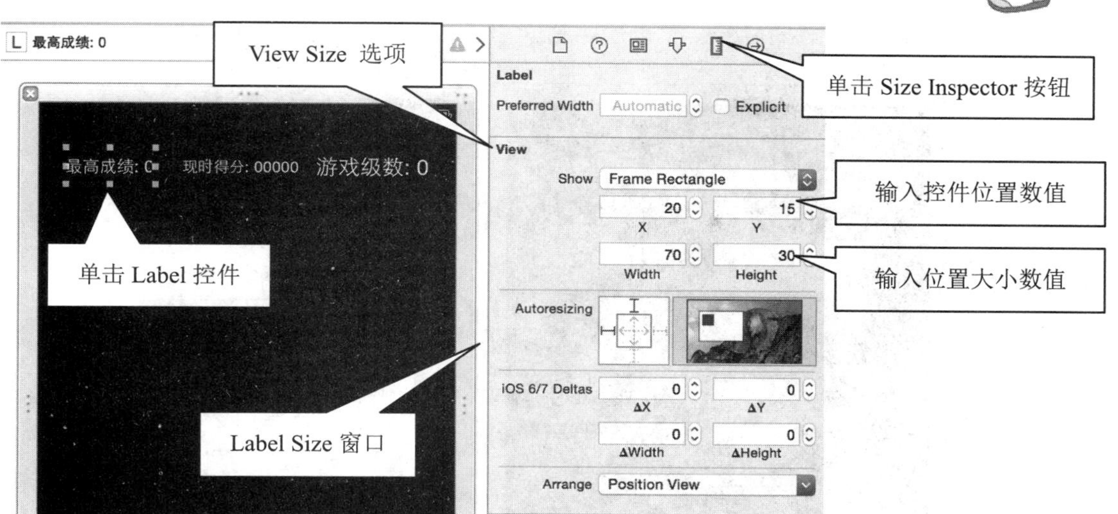

图 24.22　最高成绩 Label 的尺寸检查器窗口

第 10 步，模仿第 9 步操作，选中第二个标签文本，在 Label Size 窗口设置 Size 和 Position 的 X、Y、Width、Height 属性，在文本框中分别输入 110、15、90、30，如图 24.23 所示。

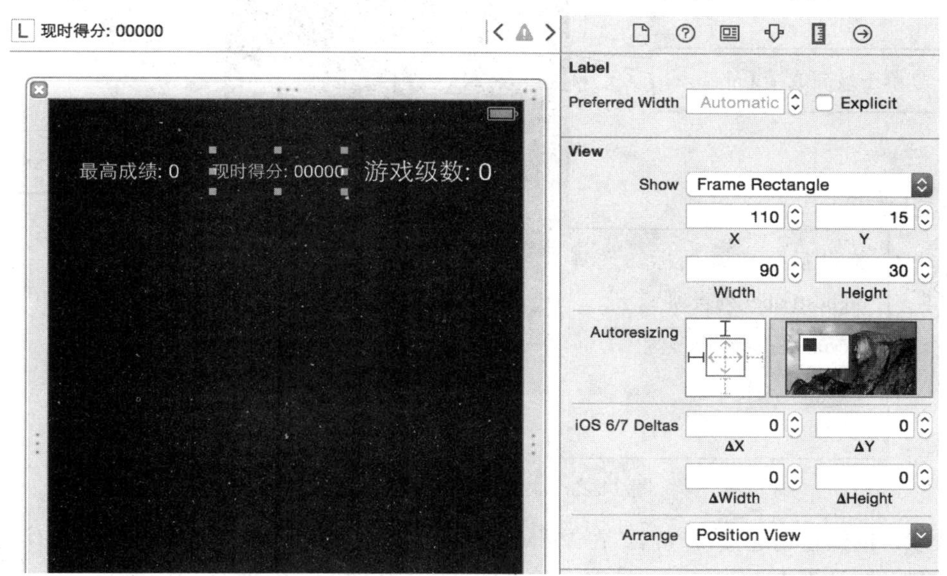

图 24.23　现时得分 Label 的尺寸检查器窗口

第 11 步，选中第二个标签文本，在 Label Size 窗口设置 Size 和 Position 的 X、Y、Width、Height 属性，在文本框中分别输入 210、15、90、30，如图 24.24 所示。

第 12 步，单击 Connection Inspector 按钮，使用连接检查器。

在 View 窗口中，单击“最高成绩”Label 标签控件或按 Tab 键选择此标签控件；在 Label Connections 窗口的 Referencing Outlets 选项中选中 New Referencing Outlet，拖动直线连接到 MainView.xib 窗口中的 File’s Owner 图标上，放开鼠标后出现代码中的操作效应列表，选择 highestLabel 列表项，如图 24.25 所示。

Note

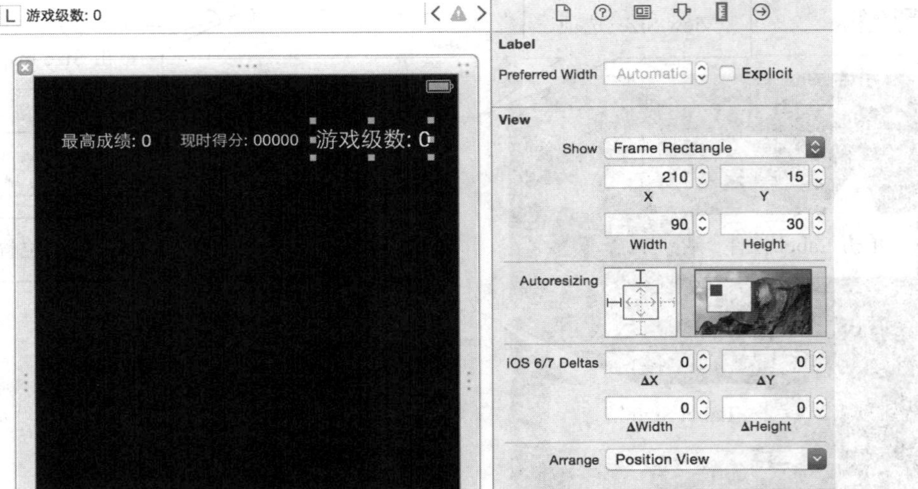

图 24.24　游戏级数 Label 的尺寸检查器窗口

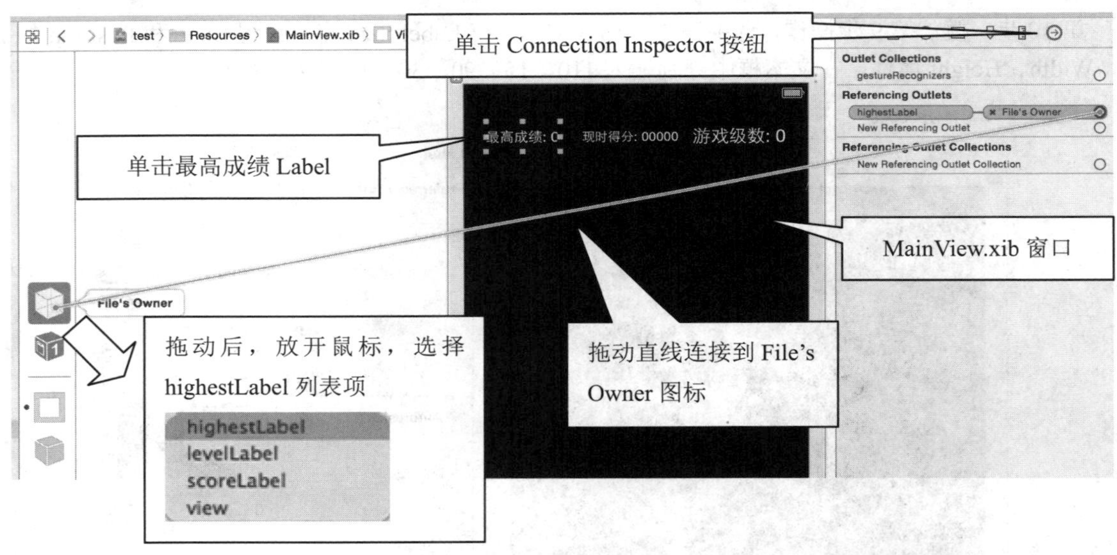

图 24.25　最高成绩标签的连接设置

第 13 步，继续使用连接检查器。在 View 窗口中，单击“现时得分”Label 标签控件或按 Tab 键选择此标签控件；在 Label Connections 窗口的 Referencing Outlets 选项中选中 New Referencing Outlet，拖动直线连接到 MainView.xib 窗口中的 File’s Owner 图标上，放开鼠标后出现代码中的操作效应列表，选择 scoreLabel 列表项，如图 24.26 所示。

第 14 步，继续使用连接检查器。在 View 窗口中，单击“游戏级数”Label 标签控件或按 Tab 键选择此标签控件；在 Label Connections 窗口的 Referencing Outlets 选项中选中 New Referencing Outlet，拖动直线连接到 MainView.xib 窗口中的 File’s Owner 图标上，放开鼠标后出现代码中的操作效应列表，选择 levelLabel 列表项，如图 24.27 所示。

第 15 步，在控件列表中，拖动 Button 控件将其放到程序视图，此过程中不要关闭 Library 库的组件面板窗口。拖动 3 个 Button 控件添加到 View 窗口中，分别控制开始游戏、弹板向左移动和弹板向右移动。

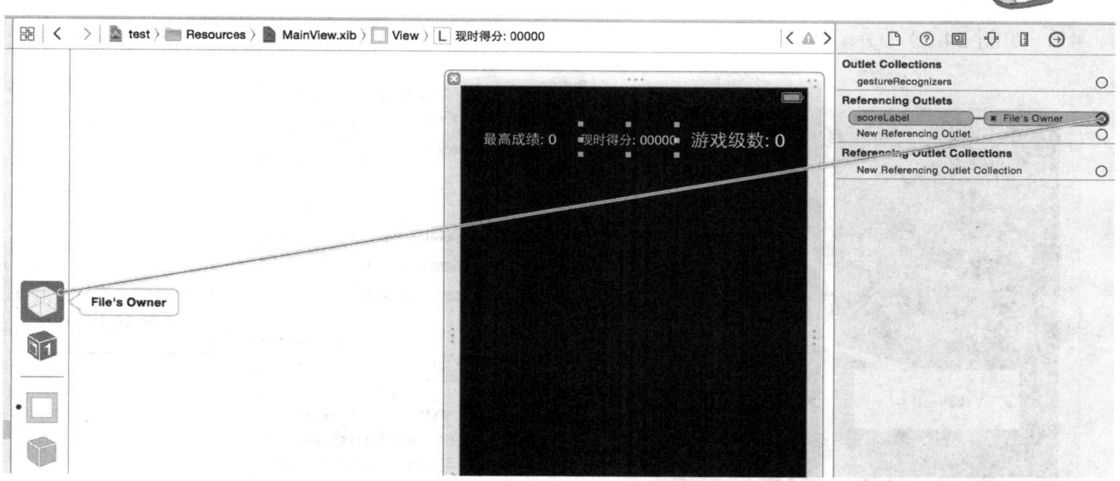

图 24.26　现时得分标签的连接设置

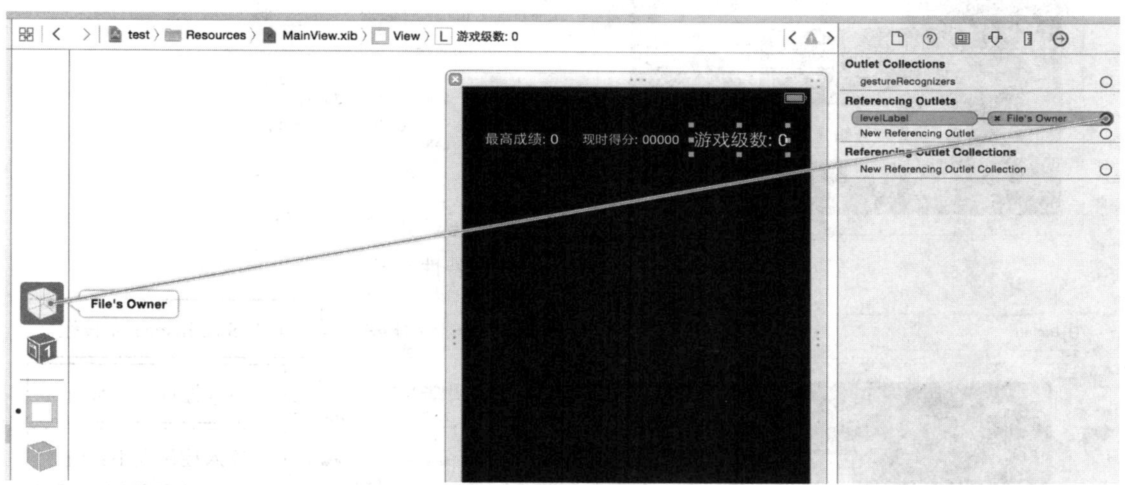

图 24.27　游戏级数标签的连接设置

第 16 步，在 Inspector 的窗口中，单击 Attributes Inspector 按钮，使用特性检查器。

在 View 窗口中，单击 Button 控件或按 Tab 键选择控件。在 Button Attributes 窗口中 Button 选项的 Background 下拉列表框中选择 left.png。

第 17 步，继续使用特性检查器。在 View 窗口中，单击 Button 控件或按 Tab 键选择控件。在 Button Attributes 窗口的 Title 文本框中输入“开始”。

第 18 步，继续使用特性检查器。在 View 窗口中，单击 Button 控件或按 Tab 键选择控件。在 Button Attributes 窗口中 Button 选项的 Background 下拉列表框中选择 right.png，如图 24.28 所示。

第 19 步，在 Interface Builder 菜单栏中选择 Utilities→Show Size Inspector 命令，打开 Size Inspector，或在 Inspector 窗口中单击 Size Inspector 按钮，使用尺寸检查器。

在 View 窗口中，单击向左移动 Button 控件或按 Tab 键选择控件，在 Button Size 窗口设置 Size 和 Position 的 X、Y、Width、Height 属性，在文本框中分别输入 70、375、45、45，如图 24.29 所示。

第 20 步，继续使用尺寸检查器。在 View 窗口中，单击“开始”Button 控件或按 Tab 键选择控件，在 Button Size 窗口设置 Size 和 Position 的 X、Y、Width、Height 属性，在文本框中分别输入 120、375、

Note

70、45，如图 24.30 所示。

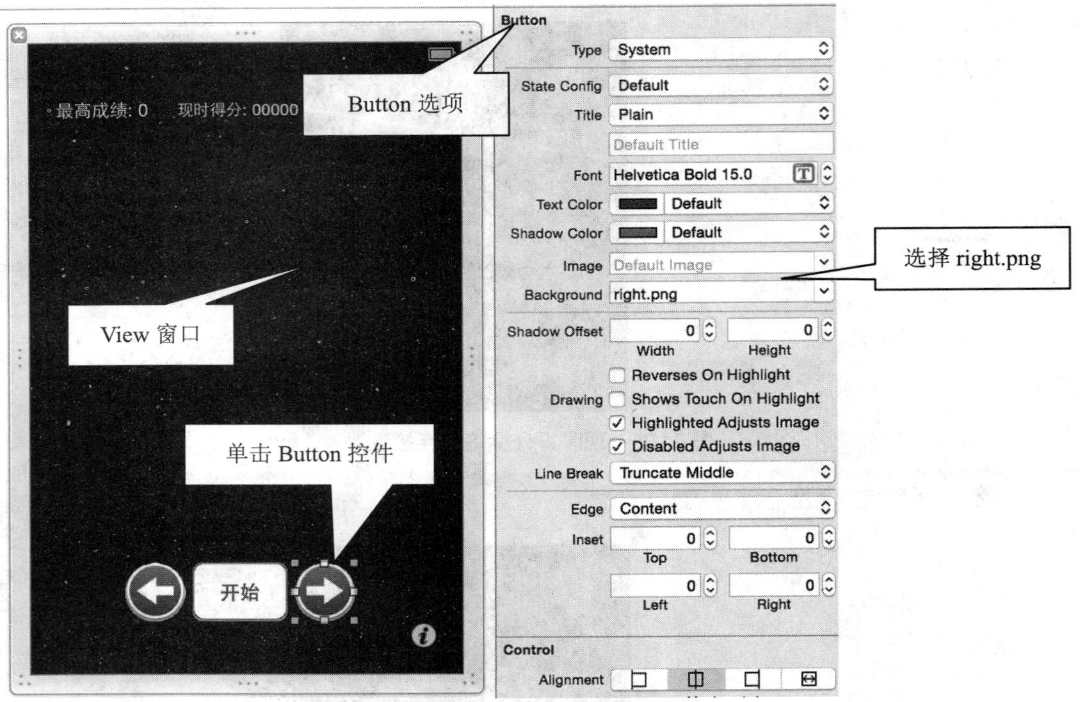

图 24.28　向右移动按钮的特性设置

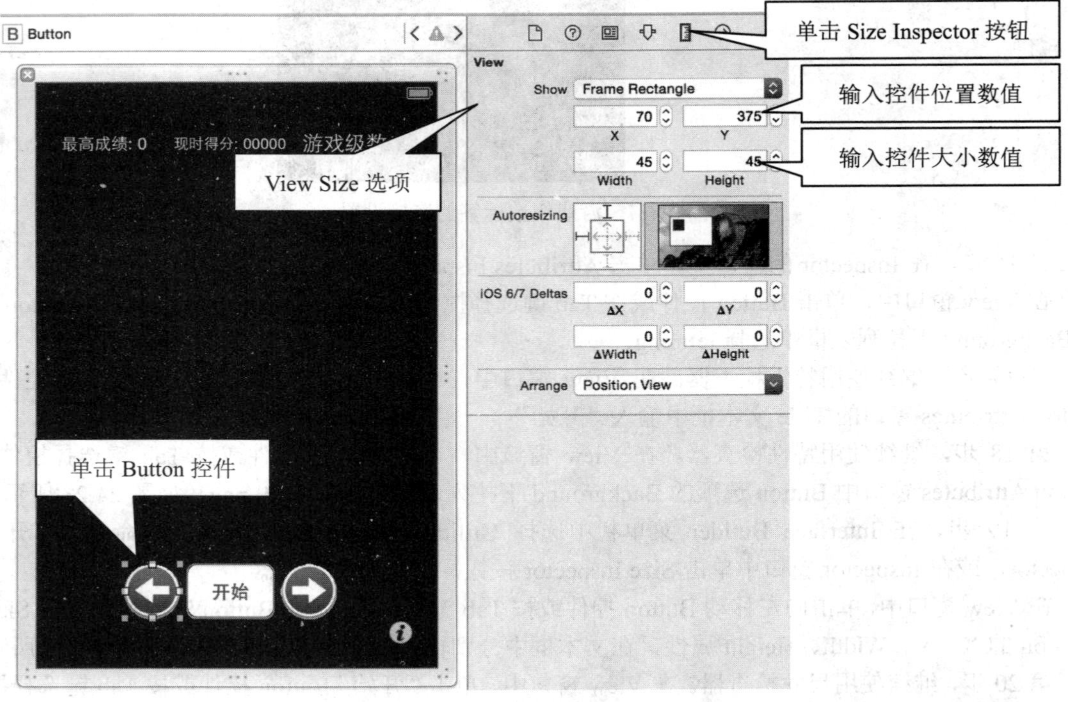

图 24.29　向左移动按钮的尺寸设置

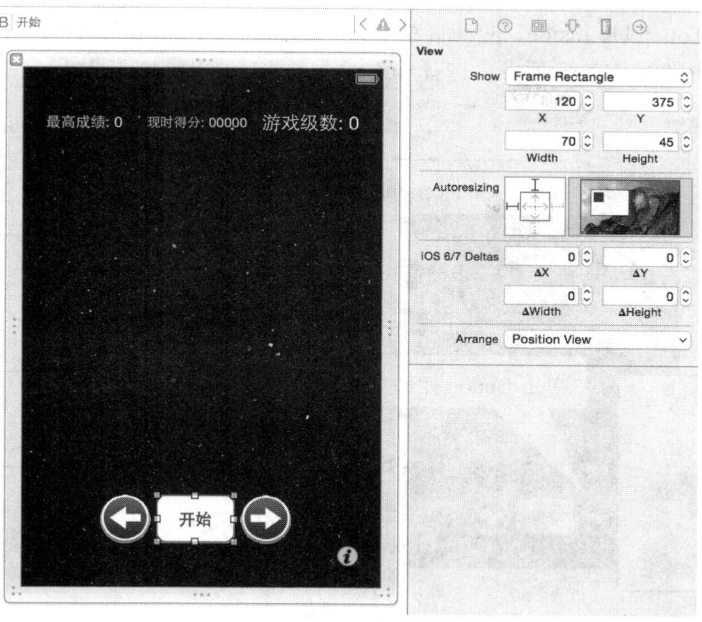

图 24.30 “开始”按钮的尺寸设置

第 21 步，继续使用尺寸检查器。在 View 窗口中，单击向右移动 Button 控件或按 Tab 键选择控件，在 Button Size 窗口设置 Size 和 Position 的 X、Y、Width、Height 属性，在文本框中分别输入 195、375、45、45，如图 24.31 所示。

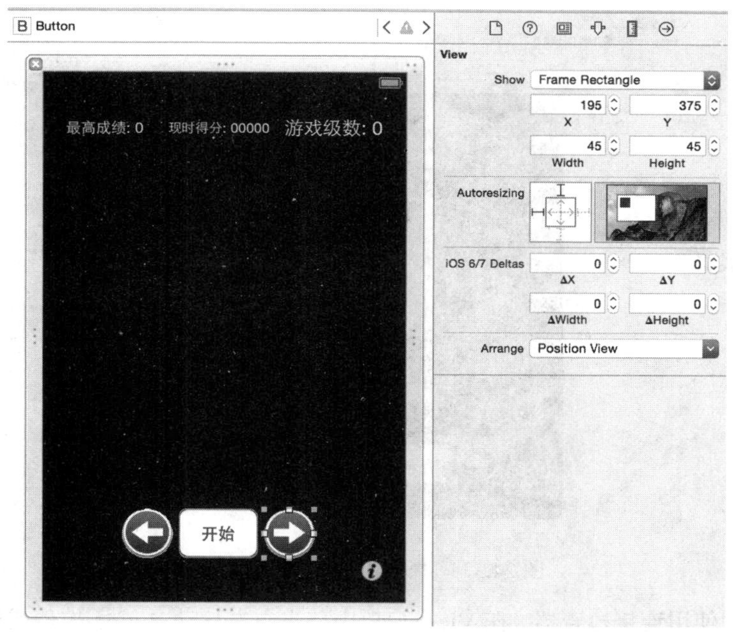

图 24.31 向右移动按钮的尺寸设置

第 22 步，单击 Connection Inspector 按钮，使用连接检查器。

在 View 窗口中，单击向左移动 Button 控件或按 Tab 键选择控件。在 Button Connections 窗口的

Events 选项中选中 Touch Up Inside，拖动直线连接到 MainView.xib 窗口中的 File's Owner 图标上，放开鼠标后出现代码中的操作效应列表，选择 onLeft:列表项，如图 24.32 所示。

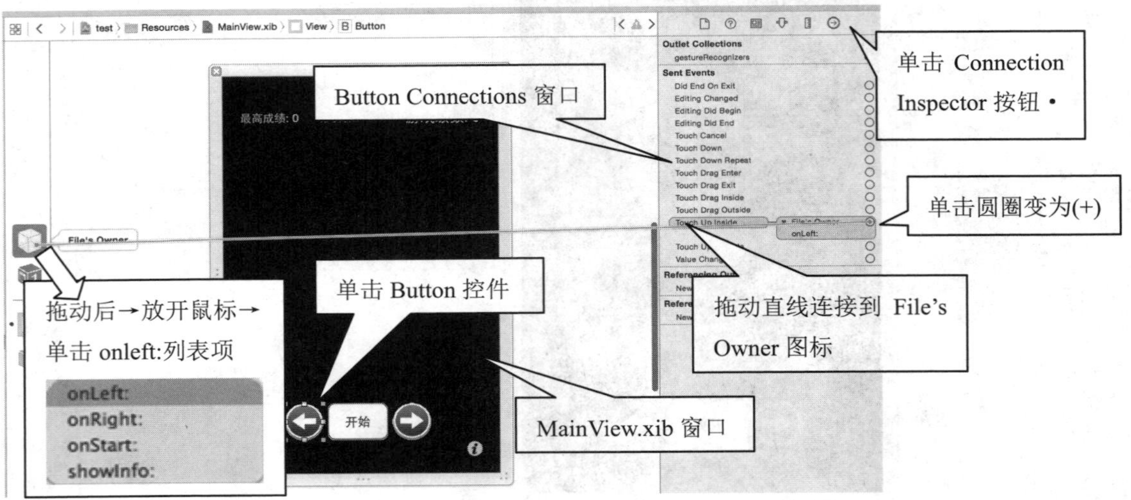

图 24.32 向左移动按钮的连接设置

第 23 步，继续使用连接检查器。在 View 窗口中，单击开始 Button 控件或按 Tab 键选择控件。在 Button Connections 窗口的 Events 选项中选中 Touch Up Inside，拖动直线连接到 MainView.xib 窗口中的 File's Owner 图标上，放开鼠标后出现代码中的操作效应列表，选择 onStart:列表项，如图 24.33 所示。

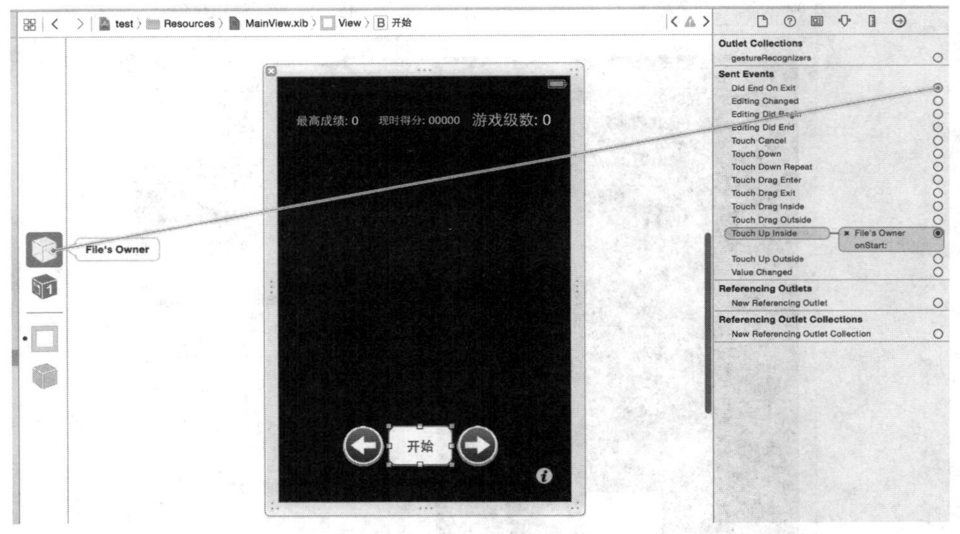

图 24.33 “开始”按钮的连接设置

第 24 步，继续使用连接检查器。在 View 窗口中单击向右移动 Button 控件或按 Tab 键选择控件。在 Button Connections 窗口的 Events 选项中选中 Touch Up Inside，拖动直线连接到 MainView.xib 窗口中的 File's Owner 图标，放开鼠标后出现代码中的操作效应列表，选择 onRight:列表项，如图 24.34 所示。

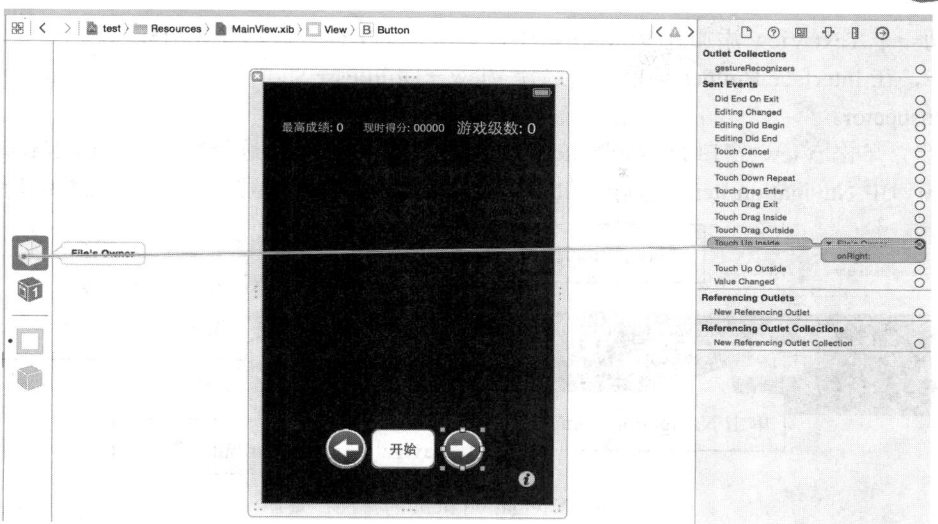

图 24.34　向右移动按钮的连接设置

第 25 步，确认所有连接无误后，保存 MainView.xib 文件，在 Interface Builder 中，选择 File→Save 命令。在 xib 文件成功保存后便可以关闭 Interface Builder 了。

24.5　在 Interface Builder 中构建打砖块简介副页

本节将在 Interface Builder 中构建打砖块简介副页，具体操作步骤如下。

【操作步骤】

第 1 步，运行 Interface Builder，在 Xcode 文件列表栏中打开 Resources 组，双击 FlipsideView.xib 文件，Interface Builder 程序自动运行，在此处可以编辑改变界面。

第 2 步，在 Xcode 菜单栏中选择 View→Utilities→Show Object Library 命令，如图 24.35 所示，打开 Library 组件面板窗口。

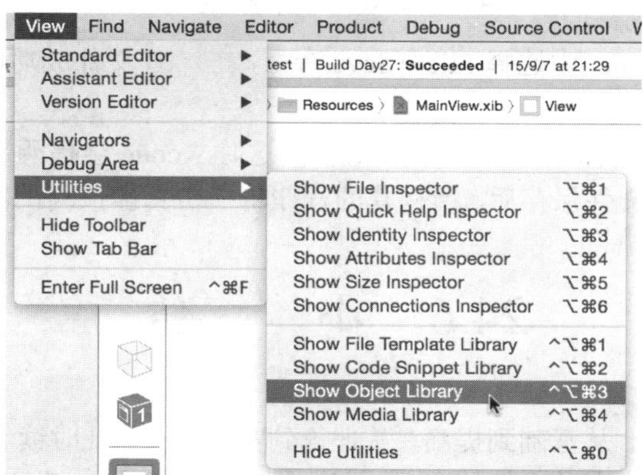

图 24.35　打开 Library 库的组件面板

第 3 步，在控件列表中，拖动并添加控件到程序视图，此过程中不要关闭 Library 库的组件面板

Note

窗口，拖动一个 Text View 添加到 View 窗口中，使用此文字标签显示今天的标题。

第 4 步，在 Interface Builder 菜单栏中选择 View→Utilities→Show Attributes Inspector 命令，打开 Attributes Inspector。

第 5 步，单击 View 窗口的 Navigation Item 控件或按 Tab 键选择此控件，在 Navigation Item Attributes 窗口中 Navigation Item 选项的 Title 文本框中输入“打砖块游戏”，如图 24.36 所示。

图 24.36　Navigation Item 的特性检查器

第 6 步，单击 View 窗口中的 Text View 控件或按 Tab 键选择此控件，在 Text View Attributes 窗口中 Text View 选项的 Text 文本框中输入打砖块游戏的文字介绍，如图 24.37 所示。

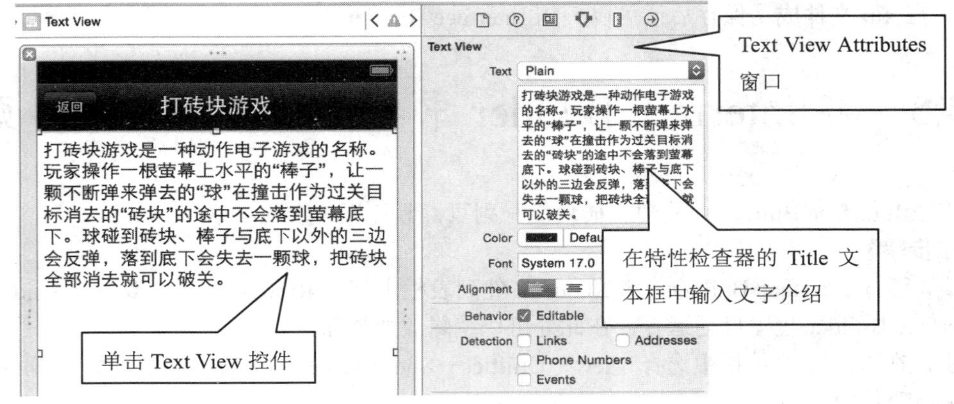

图 24.37　Text View 的特性检查器

第 7 步，在 Interface Builder 中选择 File→Save 命令，在 XIB 文件成功保存后便可以关闭 Interface Builder。

第 8 步，回到 Xcode，选择 Product→Run 命令，这时 Xcode 会提醒用户保存所编辑过的文件，在此处单击 Save All 按钮。文件保存后，所构建的程序将在仿真虚拟测试器 iPhone Simulator 中运行。

24.6　小　结

通过对本书系统地学习，从基础到提高，从理论到实践，相信此时读者对 iOS 的程序构建已经有了全面的了解。不妨做一做本书的上机练习，加深对程序构建的巩固和理解，在今后的学习中多注意苹果公司提供的开发文档，概念、框架和示例等资源，为自己的开发之路奠定良好的基础。现在正是 iPhone 光芒四射的时候，未来将会有更多更完美的产品。在开发过程尽量发挥个人开阔的想象空间，在 iPhone 的世界里是只有想不到，而没有做不到的。